Kristallstrukturen zweikomponentiger Phasen

Reine und angewandte Metallkunde in Einzeldarstellungen
Herausgegeben von W. Köster
17

Kristallstrukturen zweikomponentiger Phasen

Von

Konrad Schubert
Dr.-Ing., Abteilungsleiter am Max-Plank-Institut für Metallforschung
apl. Professor für Strukturforschung an der Technischen Hochschule Stuttgart

Mit 273 Abbildungen

Springer-Verlag
Berlin Heidelberg GmbH
1964

ISBN 978-3-642-49075-0 ISBN 978-3-642-94904-3 (eBook)
DOI 10.1007/978-3-642-94904-3

Ursprünglich erschienen bei Springer-Verlag OHG., Berlin/ Gottingen/ Heidelberg 1964
Softcover reprint of the hardcover 1st edition 1964
Library of Congress Catalog Card Number: 63—16207

Vorwort

„Warum fallen die primären Schneeteilchen nicht fünfstrahlig oder siebenstrahlig, warum immer sechsstrahlig?" Diese Frage von J. KEPLER (1571—1630) hat sich heute zu einer Forschungsaufgabe von großer wirtschaftlicher Bedeutung ausgeweitet. Tausende von Bearbeitern sind mit den verschiedensten sich ergebenden Teilproblemen beschäftigt, und *eine* Teilaufgabe ist die Systematik der vielen vorliegenden experimentellen Strukturbestimmungen. Ein Überblick über das „Wie" der Festkörperstruktur ist nützlich nicht nur für diejenigen, die sich mit der chemischen Bindung in festen Phasen befassen oder für diejenigen, die Eigenschaften erforschen und dabei den Einfluß der Struktur betrachten, sondern auch für diejenigen, die neue Kristallstrukturen aufklären.

Ich habe bei vorliegender systematischer Darstellung der Kristallstrukturen zweikomponentiger Phasen in erster Linie an Studenten gedacht, die sich mit der Bestimmung einer Kristallstruktur beschäftigen wollen, und habe deshalb in einem einleitenden Kapitel die Grundlage der heutigen Strukturforschung umrissen und Literaturhinweise gegeben. Zu diesen Grundlagen sollte man auch die Grundbegriffe der Bindungslehre zählen, da obiges „Warum" ein hervorragender Antrieb aller Strukturforschung ist. Trotz großer geleisteter Forschungsarbeit stehen wir heute noch im Anfang der Entwicklung der Bindungslehre aber die Quantentechnik hat gezeigt, daß ein verhältnismäßig einfaches mathematisches Gebilde, die Zweiteilchen-Dichtematrix oder Ortsspinkorrelation der Elektronen für die Energetik der Verbindungen maßgebend ist. Alle seitherigen Gesichtspunkte chemischer Systematik sind Sonderfälle dieser Korrelation, aber diese Gesichtspunkte haben noch nicht alle Möglichkeiten erschöpft. In vorliegender Darstellung wird eine einfache Methode benützt, gewisse Annahmen über die Korrelation zur Systematik der Phasen heranzuziehen. Wie bei allen früheren chemischen Theorien wird auch hier ein begrenztes Gebiet ziemlich erhellt, während in anderen Gebieten die Annahmen weniger wahrscheinlich wirken. Sie werden trotzdem angeführt, um Anhaltspunkte für weitere Verbesserungen zu geben. — Bei der Vielfalt der zu benützenden Tatsachen sind Fehler schwer vermeidbar, ich bin daher stets dankbar für Hinweise auf solche, ebenso wie für nützliche Kritik. Wenn das Buch mithilft, strukturelle Kenntnisse zu vermitteln und das Nachdenken über sie zu verstärken, so ist sein Ziel erreicht.

Die in diesem Buch enthaltenen Ansichten sind zum Teil Ergebnis langjähriger Arbeit, für deren Unterstützung ich Herrn Prof. W. Köster danke. Mein Dank geht ebenso an Herrn Prof. H. Nowotny, Wien, dessen Mitarbeiter ich für einige Zeit sein durfte, sowie an alle diejenigen, die ein Stück Weges zusammen mit mir zurücklegten — ihre Namen finden sich im Literaturverzeichnis. Hinweise zur Verbesserung des Textes verdanke ich den Herren Dr. B. Aronsson, Uppsala, Prof. F. Jellinek, Groningen, Prof. H. Nowotny, Wien, Prof. E. Parthé, Philadelphia, Dr. J. H. Westbrook, Schenectady, Dr. M. Wilkens, Stuttgart. Auch meinen Helferinnen sowie dem Springer-Verlag gilt mein Dank für gute Zusammenarbeit. Ich widme dieses Buch meiner Frau Ruth in Dankbarkeit.

Stuttgart, im November 1963

Seestraße 75 **K. Schubert**

Hinweise

Die in diesem Buch benützte *Strukturtypenbezeichnung* findet man erläutert auf S. 27 und S. 359. Die *Homöotypiesymbole* sind erklärt auf S. 28. Die benützten *Atomartensymbole* findet man auf S. 29.

In den Tabellen sind die *Strukturberichte* (SB) bzw. *Strukture Reports* (SR) nur mit Bandzahl (kursiv) und Seitenzahl zitiert. Hinweise auf die Originalarbeiten des Literaturverzeichnisses sind gegeben durch Jahreszahlen (zweiziffrig) und Autorennamen (in den Tabellen abgekürzt).

Inhaltsverzeichnis

1. Allgemeine Grundlagen der Strukturforschung

Der Hintergrund der Strukturforschungsmethode wird umrissen, um Anhaltspunkte für weitere Bemühung um die Grundlagen der Strukturforschung zu geben.

1.1 Strukturkunde als Teil der Festkörperkunde

1.11 Begriff der Struktur. Unter der gesamten Struktur eines Festkörpers versteht man letzten Endes eine Wahrscheinlichkeitsfunktion, die für einen ausreichenden Zeitabschnitt hinreichende Auskunft über die Orte der Teile gibt. Da eine solche Funktion schwierig zu handhaben wäre, begnügt man sich mit der Betrachtung einfacherer Strukturen oder *Strukturstufen*, die zwar nicht scharf gegeneinander abgegrenzt sind, aber durch verschiedene Untersuchungsmethoden voneinander deutlich unterschieden sind. Nach unseren heutigen Kenntnissen kann man bei einem Festkörper folgende 4 Strukturstufen unterscheiden.

Die *Grobstruktur* (Makrostruktur) ist häufig mit bloßem Auge an einem Festkörper erkennbar (Beispiel: Seigerung eines Gußblocks), ihr wissenschaftlicher Rahmen ist die Technologie.

Die *Gefügestruktur* (Phasenaufbau) bezieht sich auf die Abgrenzung und Anordnung einkristalliner Bereiche in einem polykristallinen Festkörper. Sie ist im Mikroskop erkennbar, ihr wissenschaftlicher Rahmen ist die Thermodynamik.

Die *Fehlerstruktur* (Sekundärstruktur) ist im Lichtmikroskop nicht mehr sichtbar und im Röntgenbild nur an Effekten kleinerer Ordnung zu erfassen wegen mangelnder Periodizität. Man ist daher genötigt, mit einem hochauflösenden Elektronenmikroskop oder in weniger direkter Weise auf sie zu schließen. Zur Fehlerstruktur gehören z. B. Zerteilungen einkristalliner Bereiche durch kleine Orientierungsunterschiede, ferner die Verteilung und Struktur von null- bis zweidimensionalen Kristallbaufehlern, Entmischungsstellen und Nahordnungen. Wissenschaftlicher Rahmen ist die statistische Mechanik, ergänzt durch vereinfachte quantenmechanische Modelle.

Die *Atomarstruktur* (Feinstruktur, Kristallstruktur) schließlich wird mit Röntgen-, Elektronen- und Neutronenwellen untersucht. Man unterscheidet im kondensierten Zustand die amorphen und die kristallinen Strukturen, wobei wieder die Grenzen nicht scharf sind, sondern eine reiche Mannigfaltigkeit von Übergangstypen beobachtet wurde, wie beispielsweise die halbkristallinen Kunststoffe. — Die sog. Elektronenstruktur, die z. B. die chemische Bindung in einer Phase zum Ausdruck bringt, ist so eng mit der Atomarstruktur verknüpft, daß sie von ihr nicht getrennt werden kann: Die durch Analyse der Röntgenstrahlbeugung ermittelte Kristallstruktur ist der geometrische Rahmen der physikalischen Erscheinung der Bindung. Diese und mit ihr die Atomarstruktur ist, wie man heute allgemein annimmt, mit Hilfe der Quantenmechanik zu verstehen.

1.12 Bedeutung der Strukturforschung. Es kann nicht sinngemäß sein, eine Rangfolge zwischen obigen Strukturen festzulegen, weil diese von der jeweiligen Absicht des Fragenden abhängt. Es gibt jedoch eine logische Folge, d. h., die atomare Struktur spielt eine theoretisch grundlegende Rolle bei allen Festkörperstrukturen.

Glücklicherweise besitzt man in den heutigen hochentwickelten röntgenographischen Experimental- und Auswertungsmethoden ein wirksames Hilfsmittel zur Erforschung der Kristallstrukturen. Die vorhandenen Strukturkenntnisse sind daher umfangreich; bis 1950 hat man über 1700 binäre, d. h. aus 2 Atomsorten bestehende Kristallstrukturen analysiert, während die Gesamtzahl der analysierten Verbindungen bei über 4000 lag. Allein die Referate der Originalarbeiten in den Strukturberichten bzw. Structure Reports (SB bzw. SR) umfassen heute 18 Bände mit zusammen 9500 Seiten. Durch diese umfassende Arbeit, die unternommen wurde in der Hoffnung, aus der Struktur heraus die Eigenschaften der Stoffe besser verstehen zu können, wurde die Kristallstruktur eine der weitestgehend erforschten Festkörpereigenschaften. Man ging deshalb in der Folge häufig so vor, daß man beim Studium einer Eigenschaft Phasen heraussuchte, die die gleiche Struktur haben. — Auch in methodischer Hinsicht kommt also der Atomarstruktur eine grundlegende Bedeutung zu.

Für die Technik sind strukturelle Arbeitsmethoden ebenfalls von großem Nutzen. Zwar sind die technischen Produkte im allgemeinen weder zweikomponentig noch einphasig, sondern aus vielen Komponenten zusammengesetzte mehrphasige Gefüge, die noch dazu nicht im thermodynamischen Gleichgewicht sind. Trotzdem lassen sich Methoden, die an einfachen Stoffen entwickelt wurden, auch auf kompliziertere Stoffe anwenden, wie folgende praktische Aufgaben zeigen:

1. Definition, Identifizierung und Beurteilung von Stoffen und ihren Zuständen: Rohstoffe, Zwischenprodukte, Endprodukte.

2. Verfolgung chemischer Prozesse, an denen Festkörper beteiligt sind: Extraktion von Metallen aus Erzen, Schlackenbildung bei Schmelzprozessen, Umwandlung bei Warmbehandlung, Diffusion, Kristallisation aus wässeriger Lösung, Korrosion.

3. Entwicklung von Festkörpern mit gewünschten Eigenschaften: Legierungen, keramische, salzartige und organische Stoffe.

Daß auch die Erforschung *metallischer Verbindungen* von wirtschaftlicher Bedeutung ist, zeigen

1. Beispiele von technisch benützten metallischen Verbindungen: Martensitische Stähle, Hartmetalle, Ferroelektrika, Heizleiter (SiC), thermoelektrische Paare, Halbleiter, warmfeste Stoffe, Magnetisolatoren, Supraleiter Schmiermittel (MoS_2);

2. Beispiele von technischen Problemen, in denen Verbindungen sich störend bemerkbar machen: Austenitische Stähle, Diffusionsprobleme, Lötprobleme, Härtungsprobleme, Korrosionsprobleme usw. —

Die Technik macht also in weitem Maße Gebrauch von Methoden und Ergebnissen der Strukturuntersuchung, eine Vernachlässigung dieses Forschungsgebiets würde sich schlecht bezahlt machen. —

Die Kenntnis der Struktur führt zur Frage nach ihrem Zusammenhang mit anderen Eigenschaften des Festkörpers. Es gibt schon umfangreiche Daten über diesen Zusammenhang und viele Bemühungen der Festkörperforscher gehen darauf aus, die Eigenschaften aus der Struktur heraus zu verstehen. In dem vorliegenden Buch können wir auf diese Frage jedoch nicht eingehen.

1.2 Feste Phasen

1.21 Thermodynamische Beschreibung von festen Verbindungen. Die ältere Chemie untersuchte besonders eingehend die *Verbindungen* im verdünnten (gasförmigen oder gelösten) Zustand, bei dem die Vereinigung von verhältnismäßig wenigen Atomen zu Molekülen auf das „Gesetz der konstanten und multiplen Proportionen" führt. In Festkörpern, deren Dichte um den Faktor 1000 über der Dichte der Gase liegt, wird die Zusammensetzung kontinuierlich variabel, weil sich in den meisten Fällen keine kleinen Moleküle bilden, sondern dreidimensionale Polymerisate, die man *Kristalle*[1] nennt. Es kann aber nicht jede kondensierte *Mischung* (Legierung, Keramik) als Verbindung angesehen werden, weil es, wie die mikroskopische Beobachtung zeigt, Mischungen gibt, die gleichzeitig mehrere Verbindungen enthalten, oder, wie man sagt, gefügemäßig nicht homogen sind.

Die gefügemäßige Heterogenität wird thermodynamisch wie folgt beschrieben: Ist $U(x_i)$ die Energie (des Gleichgewichtszustands) je Mol (oder je g-Atom) in Funktion der charakteristischen extensiven Variablen des thermodynamischen Zustands (wie Entropie, Volumen, Molenbrüche usw. zusammen f Variable), so gilt die TAYLOR-Entwicklung

$$U(x_i + dx_i) = U(x_i) + \Sigma_k^{1\ldots f} \frac{\partial U}{\partial x_k} dx_k + \frac{1}{2} \Sigma_{kl}^{1\ldots f} \frac{\partial^2 U}{\partial x_k \partial x_l} dx_k\, dx_l + \cdots$$

($\partial U/\partial x_k$ = zu x_k gehörige Kraft, $\partial^2 U/\partial x_k \partial x_l$ = zu x_k, x_l gehörige Steifheit.) Die Mathematik lehrt, daß die symmetrische Matrix $\partial^2 U/\partial x_k \partial x_l$ durch reellineare Transformation der dx_k auf Diagonalform gebracht werden kann, wobei die Zahl der positiven bzw. negativen bzw. verschwindenden Diagonalglieder unabhängig von der Art der Transformation gegeben ist. Die Kräfte des Systems sind im thermodyna-

[1] Griechisch: krýstallos = Eis.

mischen Gleichgewicht durch Gegenkräfte kompensiert, und in der diagonalisierten Steifheitsmatrix sind negative Glieder ausgeschlossen, weil die Energieabgabe an die Umgebung zu einer Entropievermehrung führen kann, die durch die Forderung des Gleichgewichts ausgeschlossen ist. Kommt ein (kein) Nullglied vor, so spricht man von einem *semistabilen* (*stabilen*) *Zustand.* Die Semistabilitätsgebiete im Zustandsraum enthalten Scharen von Geraden (TISZA 51) auf denen die Energie eine lineare Funktion der Extensiven wird (*Konoden*[1]). Physikalisch kommen die Konoden dadurch zustande, daß die Legierung aus gefügemäßig getrennten Bestandteilen aufgebaut ist, die in sich stabil und homogen sind und verschiedenen thermodynamischen Zuständen angehören aber miteinander im Gleichgewicht sind. Bei den gefügemäßigen Bestandteilen kann es sich auch um WEISSsche Ordnungsdomänen von Ferromagnetika handeln, in denen das magnetische Moment verschiedene Richtung hat. Sind jedoch elektrische und magnetische Variable ausgeschlossen, so nennt man die Bestandteile *Phasen*[2] und die stabilen bzw. semistabilen Gebiete Einphasen- bzw. Mehrphasengebiete oder *homogene* bzw. *heterogene Gebiete.* Phasen, die in Zweikomponentenmischungen mit den Molenbrüchen 0 bzw. 1 homogen zusammenhängen, nennt man gelegentlich auch *Randphasen* im Gegensatz zu *Zwischenphasen,* bei denen das nicht der Fall ist. Läuft der Zustandspunkt von einem stabilen Gebiet in ein semistabiles Gebiet, so spricht man von einer *Umwandlung* im allgemeinen Sinne. Eine Umwandlung in ein Gebiet von 2 Bestandteilen heißt *kongruent, inkongruent* bzw. *kritisch,* je nachdem, ob der Zustandspunkt parallel einer Konode eintritt, nichtparallel aber bei Richtungsänderung möglicherweise parallel bzw. an einem Punkt, in dem die Konoden parallel zum Rand des Stabilitätsgebiets verlaufen. [Ordnungsumwandlungen werden heute von vielen Forschern als Durchschreiten eines (schmalen) Zweiphasengebiets angesehen. Die Durchschreitung der Curietemperatur bei Eisen ist als kritische Umwandlung anzusehen.] Bei *Umwandlungen im engeren Sinne* setzt man die Konstanz der Zusammensetzung der Probe voraus. Elemente bzw. Verbindungen, die bei Änderung der Entropie eine Umwandlung im engeren Sinne erleiden, heißen *allotrop* bzw. *polymorph*; diese Unterscheidung ist wohl gerechtfertigt dadurch, daß Elemente sich nur kongruent umwandeln können, Verbindungen dagegen auch inkongruent. — Eine inkongruente Umwandlung im engeren Sinne heißt *Ausscheidung.*

Sind die unabhängigen Variablen gegeben durch die Entropie (bzw. die Temperatur) und die $c - 1$-Molenbrüche, so gibt es (bei konstantem

---

[1] Griechisch: koinos hodos = gemeinsamer Weg.

[2] Griechisch: phásis = Erscheinung.

Druck) c Freiheitsgrade. Verlangt man, daß die Mengenverhältnisse von p Phasen konstant sein sollen, so bleiben noch $(c - p + 1)$ Freiheitsgrade übrig (*Phasenregel*). In einer zweikomponentigen Mischung z. B. kann es also bei einer bestimmten Entropie (bzw. Temperatur) höchstens 3 Phasen geben (*Dreiphasengleichgewicht*). Bei Wahl der Temperatur als unabhängiger Variabler erhält man einfache Differentialgleichungen wenn man statt U die isothermfreie Energie $F = U - \partial U/\partial S \cdot S$ benützt, dann werden die Konoden isotherme Geraden parallel zum Molenbruchraum. Die Verteilung der Komponenten einer Mischung auf die Phasen ist eine *innere Variable*. Diese Variablen nehmen im Gleichgewicht einen Wert an, der die freie Entropie zu einem Maximum macht; die isothermfreie Entropie ist $-F/T$, es wird also F ein Minimum.

Die Kenntnisse über den Phasenaufbau einer Mischung und damit über wesentliche Züge ihrer Gefügestruktur in Abhängigkeit von Temperatur und Molenbruch faßt man im *Phasendiagramm* (Zustandsbild) zusammen, das bei 2 Komponenten im Koordinatensystem der Temperatur (als Ordinate) und des Molenbruchs (als Abszisse) die Grenzen

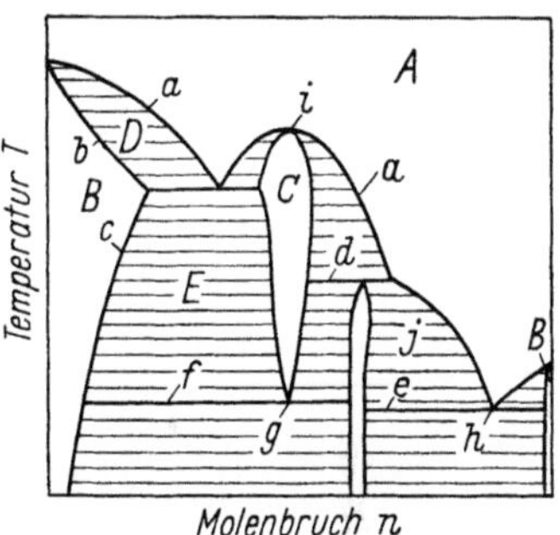

Abb. 1. Schematisches Phasendiagramm einer zweikomponentigen Legierung

A Schmelze; *B* Randphase; *C* Intermediär- oder Zwischenphase; *D* Heterogenes Gebiet fest-flüssig; *E* Heterogenes Gebiet fest-fest

a Liquiduslinie; *b* Soliduslinie; *c* (rückläufige) Löslichkeitslinie; *d* Peritektische Dreiphasengerade; *e* Eutektische Dreiphasengerade; *f* Eutektoidische Dreiphasengerade; *g* Eutektoidischer Punkt; *h* Eutektischer Punkt; *i* Kongruenter Erstarrungspunkt; *j* Konode

der Einphasengebiete und die Dreiphasengeraden enthält. Als Regeln für den Aufbau von binären Phasendiagrammen sind folgende Merksätze nützlich (vgl. Abb. 1):

1. Einphasengebiete grenzen längs Kurven an Zweiphasengebiete; in Punkten (durch die 2 Grenzkurven horizontaler Tangente führen) an andere Einphasengebiete; und in Knickpunkten der Randkurve an Dreiphasengeraden.

2. Die Tangenten an die Randkurve eines Einphasengebiets in einem Schnittpunkt mit einer Dreiphasengeraden müssen, wenn ihre Steigung gleiches Vorzeichen hat, halb im Einphasengebiet und halb im Zweiphasengebiet liegen.

3. Zweiphasengebiete sind ausgefüllt zu denken mit horizontalen Konoden, die zwei verschiedene Grenzeinphasenzustände gleicher Temperatur verbinden.

Ist eine der Konoden eine „Dreiphasengerade", d. h. berührt sie drei verschiedene Zustände im Phasendiagramm, dann werden durch sie drei verschiedene Zweiphasengebiete getrennt. Die Strukturuntersuchung hat gezeigt, daß gelegentlich in einem engen Bereich der Konzentrationsvariablen mehrere Phasen von ganz ähnlicher Struktur auftreten; eine solche Erscheinung kann man ein ***Phasenbündel*** nennen. Zwischen den Molzahlen N der Mischung M und der in ihr vorhandenen Phasen 1,2 und deren Molenbrüchen n gilt die Gleichung

$$N^{(1)}\,n^{(1)} + N^{(2)}\,n^{(2)} = N^{(M)}\,n^{(M)}$$

oder

$$N^{(1)}\,(n^{(1)} - n^{(M)}) = N^{(2)}\,(n^{(M)} - n^{(2)}) \quad (\textit{Hebelgesetz}).$$

Ebenso gilt im heterogenen Gebiet für eine beliebige molare extensive Größe f: $N^{(1)}\,f^{(1)} + N^{(2)}\,f^{(2)} = (N^{(1)} + N^{(2)})\,f^{(M)}$, d. h. $f^{(M)}$ ist eine lineare Funktion von $n^{(M)}$ (*Mischungsregel*).

Die Kenntnis des Phasenaufbaus einer Legierung verschafft nicht die Kenntnis ihres thermodynamischen Verhaltens. Um diese zu gewinnen, muß man die Energie oder eine ihrer „LEGENDRE-Transformierten", z. B. die isothermfreie Energie, messen (Thermochemie). Wegen dem großen Aufwand solcher Messungen (KUBASCHEWSKI/EVANS 55, WITTIG 61) sind unsere energetischen Kenntnisse trotz des großen Interesses an ihnen weniger umfangreich als die Kenntnisse über den Phasenaufbau. Es ist aber von Nutzen, gewisse allgemeine Regeln der Energetik im Auge zu behalten. So folgt z. B. aus dem Entropiesatz, wonach im isothermen Gleichgewicht die isothermfreie Energie ein Minimum (d. h. die isothermfreie Entropie ein Maximum) im Vergleich zu anderen denkbaren Gleichgewichtszuständen ist, die Möglichkeit, daß eine Phase mit energetisch vorteilhafter Struktur nicht auftritt, weil konzentrationsmäßig benachbarte Strukturen noch vorteilhafter sind. — Der Homogenitätsbereich einer Phase kann aus ähnlichen Gründen außerhalb der Idealzusammensetzung ihrer Struktur liegen (Abb. 2).

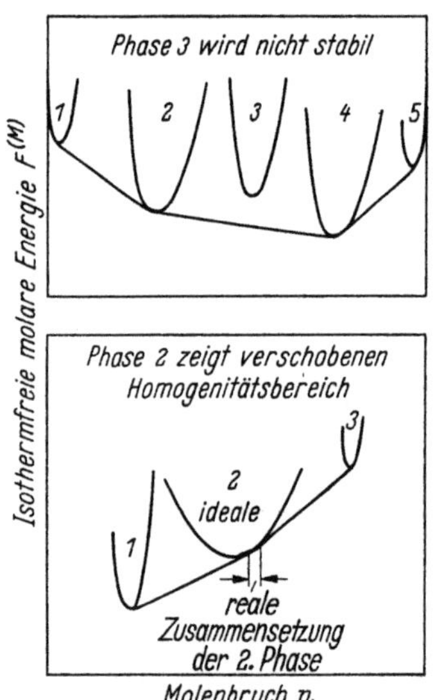

Abb. 2. Energetische Erläuterung von besonderen Vorkommnissen im Phasendiagramm

Literatur über die Thermodynamik chemischer Systeme findet man z. B. bei WAGNER (40), GUGGENHEIM (50), LUMSDEN (52). — Die

750 vollständig bekannten und 600 weiteren teilweise bekannten Phasendiagramme binärer Legierungen findet man bei HANSEN/ANDERKO (58) dargestellt und erläutert (zusammen mit Angaben über die Kristallstrukturen der festen Phasen). Hinweise auf ternäre Systeme geben HAUGHTON/PRINCE (56). Energetische Daten findet man bei KUBASCHEWSKI/EVANS (55), KUBASCHEWSKI/CATTERALL (56). —

Außer Kenntnissen über die Gleichgewichtsverhältnisse sind auch gewisse Kenntnisse des Ablaufs von (irreversiblen) Vorgängen notwendig, wie z. B. mit Diffusion verbundene *Reaktion* in Festkörpern, *Entspannung* von verzerrten Kristallen durch Erwärmen, *Entwicklung* einer Umwandlung durch Glühung (in endlichem Abstand von der Umwandlungstemperatur) oder *Abschreckung* eines bei höherer Temperatur vorhandenen Gleichgewichtszustands auf Raumtemperatur (wonach sich die Probe im *gehemmten Gleichgewicht* befindet, bei dem alle inneren Vorgänge lang gegen die Versuchsdauer währen). Man nennt gehemmte Gleichgewichte auch *metastabile Zustände*, weil der wahre Gleichgewichtszustand eine tiefere freie Energie hat. Eine der geläufigsten Metastabilitäten ist die vielkristalline Erstarrung von Festkörpern.

Eine Umwandlung aus einer metastabilen Phase, die bei keiner Temperatur einen stabilen Zustand hat, in eine stabile, wird *monotrop*[1] genannt. Die Abhängigkeit des Wertes einer abhängigen thermodynamischen Variablen von der vorausgegangenen Änderungsrichtung der unabhängigen nennt man *Hysterese*[2]. Die zeitliche Änderung einer abhängigen extensiven Variablen bei konstanter unabhängiger intensiver Variabler kann man *Kriechen* nennen. Eine besondere Art des Kriechens besteht darin, daß ein Vorgang erst nach einer bestimmten *Latenzzeit*[3] in Gang kommt.

1.22 Statistische Beschreibung von Mischungen. Die Zurückführung der Eigenschaften eines Phasendiagramms auf atomare Eigenschaften geschieht durch die Bindungslehre. Es gibt jedoch einfache Annahmen über die atomaren Wechselwirkungen, die in der statistischen Thermodynamik auf einfache Phasendiagramme führen.

Die Thermostatistik verknüpft die Entropie mit Wahrscheinlichkeitseigenschaften eines aus Atomen aufgebauten Systems. Die Grundereignisse heißen Mikrozustände l des Systems; sie werden so gewählt, daß sie allein auf Grund der Bewegungsgleichungen gleich wahrscheinlich sind. Eine Wahrscheinlichkeitsverteilung $\varrho(l)$ heißt Makrozustand; besonderes Interesse haben die Gleichgewichtsmakrozustände $\bar{\varrho}(l)$. Bei

---

[1] Griechisch: trópos = Wendung, Richtung.
[2] Griechisch: hysteréo = verspäten.
[3] Lateinisch: latére = verborgen sein.

lockerer Kopplung von Systemen multiplizieren sich die zugehörigen ϱ und addieren sich die positiven Größen

$$\overline{S}/k = -\int_{dl}^{\text{a.v.Z.}} \overline{\varrho} \ln \overline{\varrho}$$

(a. v. Z. = alle verschiedenen möglichen Zustände).
$\overline{S}$ ist nach BOLTZMANN gleich der mittleren Entropie und $k = 0{,}086\,\text{meV}/$ Grad. Im Falle vorgegebener Größen von U, V, N (Energie, Volumen, Molekülzahl) wird $\overline{\varrho} = 1/Q(U)$ (Q = Zahl der zu U gehörenden Zustände, Verteilungsintegral für U, V, N oder adiabatische Zustandssumme), so daß $\overline{S}/k = \ln Q$. — Bei lockerer Kopplung zweier Teilsysteme wird

$$Q^{(1+2)}(U^{(1+2)}) = \int_{dU^{(1)}}^{0\ldots\infty} Q^{(1)}(U^{(1)})\, Q^{(2)}(U^{(1+2)} - U^{(1)}).$$

Dies „Faltungsprodukt" läßt sich in ein „Multiplikationsprodukt" verwandeln, wenn man statt U, V, N die Größen T, V, N vorgibt, d. h. das System (1) locker an einen Thermostaten (2) ankoppelt. Meßbar ist bei gegebener Temperatur $dS^{(1)} - (T^{-1})\, dU^{(1)}$ oder besser $d(-F^{(1)}/T) = dS^{(1)} - (T^{-1})\, dU^{(1)} - U^{(1)}\, d(T^{-1})$ die isothermfreie Entropie; diese Funktion wird jetzt bei gegebenem T^{-1} ein Maximum im Gleichgewicht.

Man erhält folgende T, V, N-Wahrscheinlichkeitsdichte in $U^{(1)}$

$$\overline{\varrho}(U^{(1)}; T, V, N) = Q^{(1)}(U^{(1)})\, Q^{(2)}(U^{(1+2)} - U^{(1)}) / Q^{(1+2)}(U^{(1+2)}),$$

oder wegen $\overline{S}/k = \ln Q$, $\quad S^{(2)}(U^{(1+2)} - U^{(1)}) = S^{(2)}(U^{(1+2)}) - U^{(1)}/T$,

$$\overline{\varrho}(\;) = Q^{(1)}(U^{(1)}) \exp(-U^{(1)}/kT) / \int_{dU^{(1)}}^{0\ldots\infty} Q^{(1)}(U^{(1)}) \exp(-U^{(1)}/kT).$$

(Den Nenner bezeichnet man als T, V, N-Verteilungsintegral oder isotherme Zustandssumme.) Diese Verteilung ist sehr scharf, so daß man auf sie nochmals obige BOLTZMANNsche Gleichung anwenden kann, und erhält

$$\overline{S}/k - \overline{U}/kT = -\overline{F}/kT = \ln \int_{dU}^{0\ldots\infty} Q(U) \exp(-U/kT).$$

Nach einem mathematischen Satz geht bei dieser LAPLACEschen Integraltransformation von Q ein Faltungsprodukt in ein Multiplikationsprodukt über.

Wir wenden diese Gleichung auf eine kondensierte Mischung aus N_A, N_B Atomen A, B an. Die Koordinaten: Impuls eines Atoms, elastische Verschiebung eines Atoms, Anordnung (Konfiguration) der Atome auf den Gitterplätzen beeinflussen sich nicht stark, so daß das Verteilungsintegral faktorisiert. Die Zahl der verschiedenen Konfigurationen ohne Rücksicht auf ihre Energie ist

$$\int_{dU}^{0\ldots\infty} {}^{K}Q = N!/N_A!\, N_B!, \qquad N = N_A + N_B.$$

Die Lageenergie für den wahrscheinlichsten Fall der statistischen Verteilung der Komponenten ist

$$^K\overline{U} = \frac{z}{2} N(n_A^2 u_{AA} + 2 n_A n_B u_{AB} + n_B^2 u_{BB}),$$

$$= \frac{z}{2} N(n_A u_{AA} + n_B u_{BB} + 2 n_A n_B u).$$

z Koordinationszahl, $n_A = N_A/N$, $n_A^2 = n_A - n_A n_B$,

u_{AA} Energie eines „Bindungsstrichs", $u = u_{AB} - \frac{1}{2}(u_{AA} + u_{BB})$,

so daß mit Berücksichtigung von $\ln N! \approx N(\ln N - 1)$ folgt

$$-F/k\,T = \ln(N!/N_A!\,N_B!\exp -{}^K\overline{U}/k\,T)$$
$$= N(-n_A \ln n_A - n_B \ln n_B - [\;]/k\,T - $$
$$- \frac{z\,u}{k\,T} n_A n_B).$$

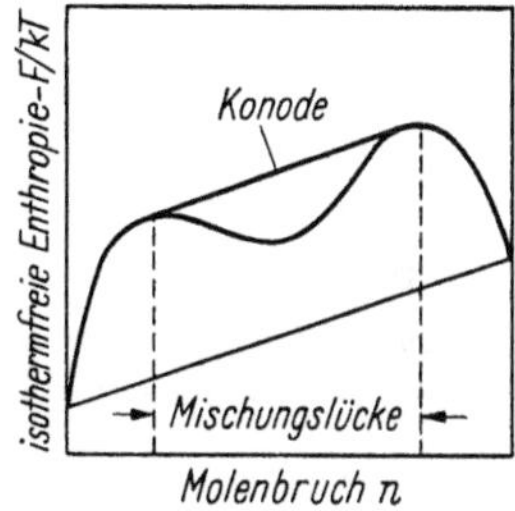

Abb. 1. Isothermfreie Entropie je Mol bei regulärer Mischung mit Mischungslücke für eine unterkritische Temperatur

Die beiden ersten Glieder geben einen positiven Beitrag; [ ] ist linear in n_B und das letzte Glied gibt bei $u > 0$ („Abstoßung" der Partner) einen temperaturabhängigen negativen Beitrag. Da $-F/k\,T$ ein Maximum sein muß, ergibt sich bei hinreichend kleinen Temperaturen ein Zerfall der Mischung in 2 Randphasen (Abb. 1).

In ähnlicher Weise lassen sich weitere einfache Phasendiagramme erklären. — Literatur: Fowler/Guggenheim (49), Münster (56).

1.23 Aufklärung der Phasenstruktur von Festkörpern. Eine ausreichende Kenntnis über die Phasenstruktur eines Mischsystems ist erforderlich, wenn man mit den Phasen experimentieren möchte und insbesondere die Atomarstruktur zu untersuchen beabsichtigt. Man arbeitet ein Phasendiagramm aus, indem man eine passende Eigenschaft der Mischung in Abhängigkeit von der Temperatur verfolgt; die qualitative Feststellung der isobarfreien Energie in Abhängigkeit von der Temperatur nennt man kurz *Thermoanalyse*.

Auch die mikroskopische Beobachtung des Gefügeaufbaus erlaubt weitgehende Aussagen über das Phasendiagramm. *Ausscheidungen* vermöge rückläufiger Löslichkeislinien zeigen sich als feine Kristalle in den aus der Schmelze kristallisierten Körnern oder an deren Rande. Zerfällt auf einer Dreiphasengeraden die mittlere Phase, die flüssig (fest) sei, beim Abkühlen in zwei feste Phasen, so spricht man von *eutektischem*[1] (*eutektoidem*) Zerfall; man erkennt ein Eutektikum an seinem feinen, häufig lamellaren Gefüge. Entsteht auf einer Dreiphasen-

[1] Griechisch = schöngebaut.

gerade die mittlere Phase beim Abkühlen aus einer festen und einer flüssigen (ebenfalls festen) Phase, so spricht man von *peritektischer*[1] (*peritektoider*) Entstehung; man erkennt ein Peritektikum an der Umhüllung der primär kristallisierten durch die entstehende Phase. *Umwandlungen* (im engeren Sinne) von festen Phasen erkennt man (besonders gut im Polarisationsmikroskop) an einem *martensitischen* Gefüge, in dem der ursprüngliche Kristall in eigentümlich ausgedehnte feinere Körner aufgeteilt ist.

Wenn die Mikroskopie zur Erkennung einer Phase nicht ausreicht, bedient man sich mit Vorteil der Röntgenpulveraufnahme; hierbei ist eine von der American Society for Testing Materials herausgegebene Kartei mit Glanzwinkeln und relativen Intensitäten der Röntgenlinien von Verbindungen sehr nützlich.

Literatur über experimentelle Verfahren zur Bestimmung der Phasenstruktur findet man in den Lehrbüchern der Festkörperkunde (Metallkunde, Mineralogie usw.); empfehlenswert für mikroskopische Fragen sind die Bücher von GREAVES/WRIGHTON (57), KEHL (49), OETTEL (59), SCHNEIDERHÖHN (52), SCHOTTKY (53), SCHRADER (57), SCHUMANN (60), für Fragen der Thermoanalyse die Bücher von HUME-ROTHERY/CHRISTIAN/PEARSON (52) und SMOTHERS/CHIANG (58), für Fragen der Röntgenmetallographie die Bücher von GLOCKER (58), BARRETT (53), TAYLOR (61), für sonstige experimentelle Fragen SEYBOLD/BURKE (53) und LARK-HOROVITZ/JOHNSON (59), RHINES (56).

1.24 Beschränkung auf binäre Phasen, Betonung metallischer Phasen. Wir wollen uns in diesem Buch auf zweikomponentige Phasen beschränken und dreikomponentige Phasen nur gelegentlich in Betracht ziehen. Die genannte Beschränkung gestattet nicht die Abstufung der Bindungsstärke in einem Molekül zu erfassen (wie sie z. B. in der Erscheinung fester Radikale bei Elektrolyten geläufig ist). Für das Grundproblem der chemischen Bindung ist diese Abstufung aber nicht von erstrangiger Bedeutung. Besonders bei metallischen Phasen tritt sie in den Hintergrund. Trotzdem muß zugegeben werden, daß eine Fortentwicklung der systematischen Strukturkunde die Berücksichtigung des gesamten Erfahrungsmaterials erfordert, eine Aufgabe, die noch viele Bemühungen fordert. — Noch stärker können wir uns allerdings nicht beschränken, denn im Binären kann man die für die Bindung wichtige mittlere Zahl der Elektronen je Atom noch kontinuierlich variieren, nicht mehr aber bei Elementen. Aus diesem Grunde findet man auch viel mehr verschiedene binäre Strukturen als Elementstrukturen, aber verhältnismäßig weniger ternäre Strukturen, die nicht auch im Binären vorkommen.

---

[1] Griechisch = herumgebaut.

Als Entgelt für obige Beschränkung wollen wir versuchen, die binären Verbindungen möglichst weitgehend zu erfassen. Allerdings werden wir nichtmetallische Phasen weniger eingehend betrachten, weil eine Reihe guter Berichte, die vorwiegend den Kristallbau nichtmetallischer Phasen behandeln, verfügbar ist: HASSEL (34), STILLWELL (38), PAULING (45), EVANS (48), HÜCKEL (48), STRUNZ (49), WELLS (50), HILLER (52), KITAIGORODSKII (55), aber nur weniger umfangreiche Berichte über den Kristallbau metallischer Phasen vorhanden sind: BERNAL (31), DEHLINGER (35), HUME-ROTHERY (36), HALLA (51, 57), HUME-ROTHERY/RAYNOR (54), LAVES (55). BOKII (54) behandelt das Gesamtgebiet der zweikomponentigen Phasen; (dieses Buch konnte ich nach Fertigstellung meines Manuskripts kurz einsehen; manche Ähnlichkeiten zwischen vorliegender Darstellung und BOKIIS Buch stützen die Annahme, daß die Systematik der Kristallstrukturen eine konvergente Entwicklung durchläuft.) Das Überwiegen der anorganischen Berichte mutet merkwürdig an im Hinblick auf den Umfang der metallischen bzw. nichtmetallischen Mischungen. Etwa 3/4 aller Elemente sind Metalle, also sind über die Hälfte aller binären Kombinationen von Elementen rein metallische Kombinationen. Der größere Umfang der nichtmetallischen Phasen wird wohl dadurch vorgetäuscht, daß die Untersuchungen über salzartige Phasen sich z. Z. meist mit ternären und höheren Phasen beschäftigen, während erst ein kleiner Teil der metallischen Dreikomponentensysteme erforscht ist.

Der Unterschied in der Entwicklung von Metallchemie und Nichtmetallchemie ist z. T. dadurch bedingt, daß die Präparations- und Untersuchungsmethoden der Metallchemie weniger früh entwickelt waren als einige Methoden der Nichtmetallchemie. Ein noch später entwickelter Zweig der Chemie ist z. B. die Makromolekülchemie.

1.25 Bezeichnung metallischer Phasen. Das Mischsystem der Elemente A, B, C wird mit A–B–C bezeichnet. Die *Anordnung der Komponenten* geschieht so, daß die Nummer der Kolonne des periodischen Systems der Elemente (in langperiodischer Schreibweise vgl. S. 30) bei jedem folgenden Elementsymbol größer oder gleich der der vorangehenden Symbole ist. Im Falle der Gleichheit soll die Atomnummer bei jedem folgenden Elementsymbol größer als bei den vorangehenden Elementen derselben Kolonne sein (Beispiel: Cu–Al nicht Al–Cu, Cu–Au nicht Au–Cu). Diese Anordnungsregel wird ebenfalls für die chemische Formel benützt.

Als *Konzentrationsangabe* werden entsprechend dem Gebrauch der anorganischen Chemie möglichst einfache Indizes benutzt. Eine größere Phasenbreite bzw. von der Nennzusammensetzung abweichende Realzusammensetzung kann durch $\sim$ bzw. $\approx$ vor dem ersten Elementsymbol angedeutet werden. Eine betrachtete Phase wird nach der Phase in dem einfachsten Randsystem, mit der sie homogen zusammenhängt, benannt. Die übrigen Elemente des betrachteten Systems werden in runden Klammern beigefügt [z. B. Cu(Zn) für α-Messing, (Cu)Zn für η-Messing, (Ni)CuZn für den Ni-Mischkristall der Phase CuZn]. Um die gelegentlich bei komplizierteren Verbindungen gebräuchlichen Klammern von den vorliegenden zu unterscheiden, kann man sie mit ganzzahligen Indizes versehen und die vorliegenden, wenn nötig, mit einem x indizieren. Kommt eine Phase in mehreren gleich einfachen Randsystemen vor, so verbindet man die Randphasen mit einem Komma und klammert sie ein [z. B. (Ag, Au) für die feste Phase des Systems Ag–Au oder (CuZn, AuZn) = $(\mathrm{Cu, Au})_1\mathrm{Zn}$ für die 50 At.-% Zn enthaltende Phase, $(\mathrm{Cu, Au})_x\mathrm{Zn}$ für die Zn-Phase des Systems Cu–Au–Zn].

Um Hoch-, Raum- bzw. Tieftemperaturphasen zu unterscheiden, fügen wir dem Symbol für den Chemismus ein *Modifikationssymbol* (h), (r), (t) bei. Falls mehr als eine Hoch- bzw. Tiefphase bei einer Legierung homogen existiert, wird der extremeren Temperatur die höhere Indexzahl zugeordnet: (h_2), (h_1), (r), (t_1), (t_2). Dem Phasensymbol kann ein *Struktursymbol* beigefügt werden, und zwar in runden Klammern gegebenenfalls nach dem Modifikationssymbol durch Komma von diesem abgetrennt. Weiteres über die Strukturbezeichnung vgl. 1.33 und 1.38.

Mit den vorliegenden Regeln soll kein starres Schema, sondern nur eine Richtlinie gegeben werden, die eine einfache Bezeichnungsweise ermöglicht und die Wahl zwischen verschiedenen Möglichkeiten erleichtern soll.

Die obigen Regeln sind weitgehend mit denen der IUPAC (59) verträglich; lediglich die Regel, bei gleicher Kolonnennummer der Komponenten die mit niedriger Atomnummer zuerst zu erwähnen, wird dort umgekehrt; die Fälle, in denen unsere Bezeichnung abweicht, sind nicht sehr häufig. Die Absicht der IUPAC-Regelung ist, die stark elektronegativen Elemente F und O an den Schluß des Symbols zu bringen; bei metallischen Phasen bringt diese Regelung jedoch keine Vorteile, sondern Nachteile, weil die Elemente hoher Atomnummern durch ihr Volumen und durch zusätzliche Bindungskräfte der Atomrümpfe von größerer Bedeutung in der Verbindung sein können. Wir werden deshalb etwas inkonsequent die obige IUPAC-Regel höchstens bei salzartigen Phasen anwenden und im allgemeinen unsere Regel benützen. — Bei der Bezeichnung der Elementphasen benützen wir häufig das Kurzsymbol; man wird leicht aus dem Zusammenhang schließen, ob ein Atom oder die Phase des Elements gemeint ist.

1.3 Atomarstruktur fester Phasen

1.31 Entwicklung der allgemeinen Kristallgeometrie. Die Erscheinung der regelmäßigen Oberflächen frei gewachsener Kristalle hatte in der Zeit der Entwicklung der analytischen Geometrie die Physiker Keppler (1611), Hooke (1665) und Huyghens (1690) zur Ansicht geführt, daß molekulare Kügelchen sich gitterartig zusammenpacken.

Erst gegen Ende des 18. Jahrhunderts wurde diese Ansicht durch den Mineralogen Abbé Haüy fortentwickelt und mit der „Koordinatengeometrie" der Kristalle verknüpft, d. h. mit dem Auftreten rationaler Verhältnisse in den Ebenenkoordinaten von Kristalloberflächen. Das 19. Jahrhundert, in dem die mathematische Lehre von den linearen Transformationen entstand, erreichte auf dem Gebiet der Kristallographie schrittweise das Ziel der Erfassung der „Symmetriegeometrie" eines atomistisch gebaut gedachten Kristalls: Der Mineraloge Hessel (1830) gab die Symmetrie der äußeren Kristallform an; die Physiker Frankenheim (1842) und Bravais (1850) gaben die verschiedenen Translationsgruppen oder, wie sie es sich vorstellten, Strukturen mit einem Atom in der Zelle an; der Physiker Sohncke (1879) untersuchte die Raumgruppen (s. u.), die keine Spiegelungen und Inversionen enthalten; und der Kristallograph Fedorow (1885 ...1890) und der Mathematiker Schoenflies (1891) leiteten auf unabhängigen Wegen alle möglichen Raumgruppen her. Weit über die Symmetrielehre der Kristalle hinaus entwickelte sich die Kenntnis der linearen Transformationen durch die Arbeiten der Mathematiker Frobenius, Schur, Weyl, deren Theorien für die Atomphysik und die Lehre von den Kristalleigenschaften bedeutungsvoll sind. — Am Anfang des 20. Jahrhunderts, in dem die Hilbert-Raum-Geometrie entstand, war die Experimentalphysik so weit fortgeschritten, daß v. Laue die von der Atomarstruktur direkt abhängigen Röntgenbeugungsbilder finden konnte. Man lernte Atomarstrukturen zu bestimmen und die Strukturanalytiker bedienten sich einer „Beugungsgeometrie", die zur Aufklärung der Atomarstruktur der Kristalle führte (vgl. v. Laue 48, James 54). Heute kann man die bei der Strukturanalyse benötigten Geräte kaufen und einfach bedienen und die anzuwendenden Verfahren unschwer erlernen, so daß die Strukturanalyse eine Tausende von Bearbeitern beschäftigende Aufgabe geworden ist.

1.32 Koordinatenmäßige Beschreibung von Kristallstrukturen. Eine Atomarstruktur beschreiben heißt, Wahrscheinlichkeitsdichten angeben, die gestatten, an einer bestimmten Stelle des Raumes ein Atom bestimmter Art zu finden, wenn an einer anderen bestimmten Stelle ein Atom einer bestimmten anderen Art vorhanden ist. Setzt man voraus, daß ein Atom oder ein Festkörper durch seine Elektronendichte gekennzeichnet ist, so kann man auch eine gesamte Elektronendichtefunktion angeben. In dieser Weise lassen sich kristalline und nichtkristalline Stoffe beschreiben. Die Dichtefunktion eines Kristalls ist ausgezeichnet durch ihre dreifache Periodizität, d. h. es gibt drei bestimmte, nicht in einer Ebene liegende Verschiebungen (*Symmetrietranslationen*), die bewirken, daß sich die nicht verschobene Struktur mit der verschobenen deckt oder, wie man sagt, mit ihr *gleichwertig* ist (wenn man von den

Kristallgrenzen absieht). Während vom nichtatomistischen Standpunkt jede makroskopisch unterscheidbare Translation eines unendlich ausgedehnten Einkristalls zu einer Deckung führt, d. h. Symmetrietranslation ist, gibt es vom atomistischen Standpunkt genau meßbare kleinste Translationsvektoren von der Größenordnung einiger 10^{-8} cm, die ein Parallelepiped bilden, in welchem kein weiterer Translationsvektor mehr liegt. Ein solches Parallelepiped nennt man (*Elementar-*) *Zelle* (oder im Zweidimensionalen *Masche*) und seine Kanten Elementartranslationen.

Die Symmetrietranslationen T bilden zusammen eine *Gruppe* (die *Translationsgruppe*), d. h. sie genügen hinsichtlich der Nacheinanderausführung $T_2 T_1$ (erst T_1 dann T_2) einfachen algebraischen Gesetzmäßigkeiten. Ist z. B. T_1 eine Translation, so gibt es in der Gruppe auch die reziproke T_1^{-1}, für die $T_1 T_1^{-1}$ = Identität ist, ferner gilt $(T_1 T_2) T_3 = T_1 (T_2 T_3)$.

Die Translationsgruppe erzeugt aus einem gegebenen Punkt ein *Gitter* (zweidimensional: *Netz*), die Längen und Winkel der Elementartranslationen heißen deshalb auch (*primitive*) *Gitterkonstanten*. Alle Punkte des Gitters sind also dem gegebenen Punkt vermöge der Translationsgruppe gleichwertig. Wählt man drei geeignete Elementartranslationen als *Basisvektoren* eines Parallelkoordinatensystems (wobei diese Vektoren auf ein orthogonales „Urkoordinatensystem" bezogen seien), so haben die dem Ursprung entsprechenden Gitterpunkte alle möglichen ganzzahligen Koordinatenwerte; man kann ein solches Koordinatensystem deshalb ein in den Gitterpunkten ganzzahliges Koordinatensystem nennen. Man braucht dann nur die Lage derjenigen Atome zu kennen, deren Koordinaten x^i dem Intervall $0 \leqq x^i < 1$ angehören; diese Koordinaten werden auch *Atomlagenparameter* genannt. — Sind $\mathbf{a}_i$ bzw. $\mathbf{a}'_{i'}$ die Elementartranslationsvektoren verschiedener Koordinatensysteme ( ) bzw. (′) gleichen Ursprungs, so gelten die Beziehungen

$$\mathbf{a}_i = \Sigma_{i'} \mathbf{a}'_{i'} A_i^{i'}, \qquad \mathbf{x} = \Sigma_i \mathbf{a}_i x^i = \Sigma_{i'} \mathbf{a}'_{i'} x'^{i'}, \qquad x'^{i'} = \Sigma_i A_i^{i'} x^i,$$

wobei die Indizes und Summen von 1 ... 3 laufen, die dritte Gleichung folgt aus den beiden ersten wegen der Linearunabhängigkeit der Elementarvektoren. Man nennt die x^i Koordinaten des Vektors $\Sigma \mathbf{a}_i x^i$ im ungestrichenen Koordinatensystem und sagt, die $\mathbf{a}_i$ transformieren sich (linearhomogen) kovariant (oder mit kovarianter Matrix A) und die x^i kontravariant und deutet diese Eigenschaft durch die Indexstellung an. Diese ist ein Ausdruck für die besondere Beziehung beider Transformationsarten, d. h. dafür, daß die kovariante Matrix der Kovarianten die Kontravariante ist. Die $\mathbf{a}_i$ sind letzten Endes auch Transformationsmatrizen von einem ganzzahligen in das orthogonale Urkoordinatensystem; die Methode den Urindex zu unterdrücken ist jedoch von Vorteil bei der Betrachtung von Unterräumen. — Ein Beispiel einer Transformation der Elementartranslationen ist der Übergang von rhomboedrischen zu hexagonalen Grundvektoren, für deren Beträge, wie man zeigen kann, gilt:

$$a_{\text{hex}} = 2\, a_{\text{rh}} \sin(\alpha/2), \qquad c_{\text{hex}} = 3\, a_{\text{rh}} \sqrt{\left(1 - \frac{4}{3}\sin^2(\alpha/2)\right)}$$

(α Rhomboederwinkel).

Wird der Ursprung nicht festgehalten, so transformieren sich die obigen Größen linearunhomogen; Geradenrichtungen, die durch die Differenzen der Koordinaten zweier Punkte festgelegt werden, transformieren sich aber immer linearhomogen kontravariant; solche *Richtungskoordinaten* werden deshalb zum Unterschied von Ortskoordinaten in eckige Klammern gesetzt. — Eine nicht durch den Ursprung gehende Ebene kann durch Festlegung des Wertes einer Linearform gegeben werden: $\Sigma_i h_i x^i = 1$. Die h_i heißen dann *Ebenenkoordinaten* und bedeuten die reziproken Parameter der von der Ebene auf den Achsen [100], [010], [001] abgeschnittenen Stücke. Aus der Forderung $\Sigma h_i x^i = \Sigma h'_i x'^i$ folgt wieder, daß die h_i sich kovariant transformieren. Aus diesem Grunde unterscheidet man Ebenenkoordinaten von Richtungskoordinaten und setzt sie bei Zahlenangaben in runde Klammern.

Sind die Basisvektoren $\mathbf{a}_i$ auf ein orthogonales Koordinatensystem bezogen, so gilt $\mathbf{x}^2 = \Sigma_{ik}\, \mathbf{a}_i \cdot \mathbf{a}_k\, x^i x^k$. Man nennt $\mathbf{a}_i \cdot \mathbf{a}_k =: g_{ik}$ die *Metrik* der Vektorkoordinaten x^i. Nach einem Satz der Determinantenlehre ist ihre Determinante ungleich Null, sie liefert also eine eineindeutige Abbildung kontravarianter auf kovariante Vektorkoordinaten und hat ein reziprokes g^{ik} mit der Eigenschaft $\Sigma_k g^{ik} g_{kj} = \delta^i_j = {}^1_0$ für $i \,{}^{=}_{\neq}\, j$, so daß, wie man leicht nachrechnet, mit $\mathbf{a}^i = \Sigma g^{ik} \mathbf{a}_k$, $x_i = \Sigma g_{il} x^l$,

$$\Sigma_i \mathbf{a}^i x_i = \Sigma_k \mathbf{a}_k x^k, \qquad \mathbf{a}^i \cdot \mathbf{a}_k = \delta^i_k.$$

Faßt man die für alle $\mathbf{x}$ definierte Linearform $\mathbf{x} \cdot \mathbf{h} = \Sigma_i h_i x^i$ als Phase einer Welle $\exp 2\pi i\, \mathbf{x} \cdot \mathbf{h}$ auf, so ist $\mathbf{h} = h_i \mathbf{a}^i$ der Wellenzahlvektor senkrecht auf den Wellenebenen; man nennt daher die Menge aller $\mathbf{h}$, auch den *Wellenzahlraum* und das zu ganzzahligen h_i gehörige Gitter, das dem Ortsraumgitter reziproke *Wellenzahlgitter*. Die Phasen von Wellen mit ganzzahligen h_i (*Miller-Indizes*) sind gleich Eins auf allen Gitterpunkten (solche Wellen können also z. B. in der Fourier-Entwicklung der Elektronendichte auftreten). Sind die Miller-Indizes von $\mathbf{h}$ teilerfremd, so ist $h_i x^i$ die langwelligste Phase von Wellen, deren Amplitude auf allen Gitterpunkten gleich Eins ist. — Gittergeraden bzw. Gitterebenen des Wellenzahlgitters nennt man auch *Serien* bzw. *Zonen*. Manchmal ist es zweckmäßig, eine Elementarzelle zu benutzen, die n (= ganze Zahl) Gitterpunkte enthält (Abb. 1); die Zelle heißt dann *n-fach primitiv*. (Der Mehrfachprimitivität im Ortsgitter entspricht, wie man zeigen kann, ein Auslöschungsgesetz im Wellenzahlgitter.)

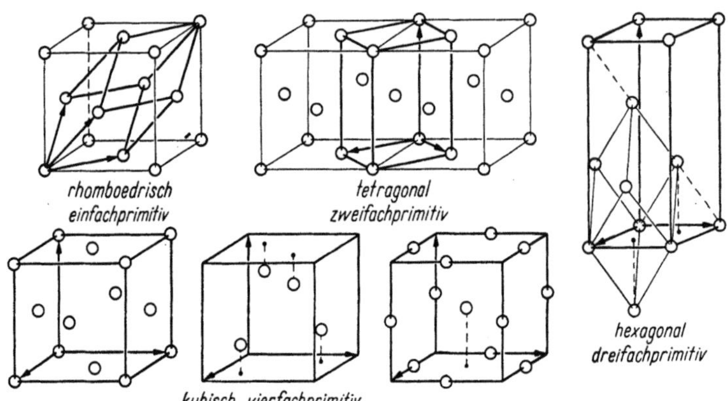

Abb. 1. Verschiedene Aufstellungen einer kubisch dichtesten Kugelpackung (F^1-Struktur)

1.33 Symmetrien von Kristallstrukturen. Die Koordinatentransformationen, die zwischen obigen ganzzahligen Koordinatensystemen desselben Gitters vermitteln, sonst aber beliebig sind, sind ganzzahlig, d. h. haben eine Matrix aus ganzen Zahlen. Sie bilden eine Gruppe, die eine Untermenge aller linearen Transformationen umfaßt. Eine andere wichtigere Untergruppe der linearen Transformationen ist die Gruppe der Transformationen, die bei Substitution in den mathematischen Ausdruck der Struktur (d. h. der Elektronendichte) diesen ungeändert oder, wie man sagt, *selbstgleichwertig* läßt. (Anstatt wie oben die Struktur gegen das Koordinatensystem können wir auch das Koordinatensystem gegen die Struktur verschieben.) Eine solche Gruppe läßt im Fall von Kristallen außerdem bei Substitution die Koeffizienten der Metrik ungeändert und heißt deshalb eine *Bewegungsgruppe*. Die Translationsgruppe ist eine Bewegungsgruppe; sie ist aber nicht die umfassendste Bewegungsgruppe, die die Struktur ungeändert läßt; diese kann vielmehr noch (i. allg. nicht ganzzahlige) Symmetriebewegungen enthalten, die Drehungen, Drehinversionen, Verschiebungsdrehungen (oder, wie man auch sagt, Gleitdrehungen) und Gleitspiegelungen sind. Die Menge aller Symmetriebewegungen einer periodischen Struktur ist eine Bewegungsgruppe und heißt *Raumgruppe* der Struktur; es gibt 219 wesentlich verschiedene Raumgruppen. Die gewöhnlich genannte Zahl 230 kommt dadurch zustande, daß man einige vermöge Inversion gleichwertige Gruppen als verschiedene zählt (was zwar nicht ganz systematisch ist aber dadurch gerechtfertigt wird, daß man Bewegungen der Determinante -1 praktisch nicht ausführen kann). Läßt man die Länge aller Gleitungen einer Raumgruppe gegen Null gehen, so erhält man die Kristalldrehgruppe oder *Kristallklasse* einer Struktur; es gibt 32 Kristallklassen, aber unendlich viel *Punktgruppen* oder *Drehgruppen* (d. h. Bewegungsgruppen, die einen Punkt selbstgleichwertig lassen und nicht notwendig zu einer Struktur gehören). Für die Kristallklassen benutzt man herkömmliche *Koordinatenwahlen*, von denen wir als Beispiel folgende erwähnen: Gibt es in der Klasse eine einzige Drehachse höchster Zähligkeit (die größer als 2 sei), so wird sie die *Achse* der Kristallklasse genannt und als c-Achse senkrecht gestellt; die Ebene senkrecht zu ihr heißt *Basis- (ebene)*, ihre a-Achse läuft auf den Betrachter zu und die b-Achse nach rechts.

Die Menge der Geraden (Ebenen), die aus der Geraden $[xyz]$ [Ebene (hkl)] durch die Bewegungen der Kristallklasse entsteht, heißt *Geradenform* $\langle x, y, z\rangle$ (*Ebenenform* $\{hkl\}$). Die Menge der Punkte, die aus dem Punkt xyz durch die Bewegungen der Raumgruppe bzw. Kristallklasse entsteht, heißt (anstatt Punktform) *Punktlage*; liegt der Punkt auf einem Unterraum selbstgleichwertiger Punkte, so heißt die Lage *speziell* anderenfalls *allgemein*. Für einige Punktlagen von Punktgruppen sind Namen gebräuchlich: *Polygon*, *Prisma*, *Antiprisma*, *Tetraeder*, *Oktaeder*, *Würfel*, *Rhombendodekaeder*, *Quasiikosaeder*, *Kubooktaeder* usw.

Die Kristallklasse einer Struktur ist nur mit bestimmten Arten von Translationsgruppen vereinbar; diese werden unterschieden als *P*rimitive, *C* — flächenzentrierte, *I*nnenzentrierte, *F* = Allflächenzentrierte und *R*homboedrische. Umgekehrt sind mit einer Translationsgruppe nur bestimmte Kristallklassen verträglich. — Die höchstsymmetrische Kristallklasse oder Holoedrie[1] einer Translationsgruppe kennzeichnet das *Kristallsystem* einer Struktur. Es gibt sieben verschiedene Kristallsysteme und 14 hinsichtlich der Symmetrie verschiedene Translationsgruppen:

Kristallsystem	konventionelle Koordinatenachsen $\mathfrak{a}$, $\mathfrak{b}$, $\mathfrak{c}$	Translationsgruppen	Typen-Symbol (neu)
triklin	$\mathfrak{a}^2 \neq \mathfrak{b}^2 \neq \mathfrak{c}^2$, $\mathfrak{ab} \neq 0$, $\mathfrak{bc} \neq 0$, $\mathfrak{ca} \neq 0$	P	Z
monoklin	$\mathfrak{a}^2 \neq \mathfrak{b}^2 \neq \mathfrak{c}^2$, $\mathfrak{ab} = \mathfrak{bc} = 0$, $\mathfrak{ca} \neq 0$	P, C	M, N
rhombisch	$\mathfrak{a}^2 \neq \mathfrak{b}^2 \neq \mathfrak{c}^2$, $\mathfrak{ab} = \mathfrak{bc} = \mathfrak{ca} = 0$	P, I, C, F	O, P, Q, S
rhomboedrisch	$\mathfrak{a}^2 = \mathfrak{b}^2 = \mathfrak{c}^2$, $\mathfrak{ab} = \mathfrak{bc} = \mathfrak{ca} \neq 0$	R	R
hexagonal	$\mathfrak{a}^2 = \mathfrak{b}^2 \neq \mathfrak{c}^2$, $\mathfrak{ab} = -\mathfrak{a}^2/2$, $\mathfrak{bc} = \mathfrak{ca} = 0$	P	H
tetragonal	$\mathfrak{a}^2 = \mathfrak{b}^2 \neq \mathfrak{c}^2$, $\mathfrak{ab} = \mathfrak{bc} = \mathfrak{ca} = 0$	P, I	T, U
kubisch	$\mathfrak{a}^2 = \mathfrak{b}^2 = \mathfrak{c}^2$, $\mathfrak{ab} = \mathfrak{bc} = \mathfrak{ca} = 0$	P, I, F	C, B, F

Für die Bezeichnung der Raumgruppe bedient man sich der Schoenfliesschen und Hermann-Mauguinschen Symbolik. Schoenflies nennt die Kristallklasse und fügt ihr einen Exponenten bei, der die zur Kristallklasse gehörigen Raumgruppen unterscheidet; Hermann-Mauguin nennt die Art der Translationsgruppe und fügt ihr eine Anzahl

[1] Griechisch: hólos = vollständig, hédra = fläche.

von Drehungen und Gleitspiegelungen bei, die ausreicht, die Raumgruppe zu bestimmen. — Eine Raumgruppenstenographie wurde von P. NIGGLI entwickelt (vgl. A. NIGGLI/P. NIGGLI 51).

Außer der Raumgruppe und der Kristallpunktgruppe gibt es noch weitere für einen Kristall wichtige Symmetriegruppen, z. B. die genannten BRAVAISschen Translationsgruppen, ferner die Symmetrie der Intensitätsfunktion (vgl. 1.36) im Wellenzahlraum (LAUE-Gruppe), schließlich z. B. die Symmetrien, die entstehen, wenn den Ortskoordinaten noch eine Koordinate zugestellt wird, die zweier Werte fähig ist (1651 SCHUBNIKOW-Gruppen).

Allgemeiner als die Frage, welche Gruppe einen bestimmten Gegenstand ungeändert läßt, oder, wie man sagt, unter welcher er sich identisch transformiert, ist die Frage, wie (d. h. „mit welcher Matrixgruppe oder Darstellung") sich ein Gegenstand z. B. eine tensorielle Eigenschaft unter einer gegebenen Gruppe von Koordinatentransformationen transformiert (vgl. SPEISER 37, WONDRATSCHEK in JAGODZINSKI 55, SMIRNOFF 60).

Mit einer annähernden Symmetrie hängen zusammen die Begriffe *Quasihöhersymmetrie* (annähernde Höhersymmetrie), *Pseudohöhersymmetrie* (eine Eigenschaft hat bei bestimmter Temperatur eine Symmetrie, die von der Raumgruppe nicht erfordert wird), *Überstruktur* (annäherndes Vorliegen einer höheren Translationssymmetrie).

Die Symmetrielehre spielt auch in der HILBERT-Raum-Geometrie eine bedeutende Rolle. Ist $x' = R\,x$ eine Drehung im Ortsraum, dann ist $D(R)\,f(x) := f(R^{-1}\,x') = f'(x')$ eine unitäre Operation im HILBERT-Raum. Sei $\mathscr{H}$ ein hermitescher Operator, aus $\mathscr{H}\,f = H\,f$ (H = reelle Zahl, Eigenwert von $\mathscr{H}$) folgt dann $D\,\mathscr{H}\,D^{-1}\,f' = H\,f'$. Ist $D\,\mathscr{H}\,D^{-1} = \mathscr{H}$, so heißt R eine Symmetrie von $\mathscr{H}$. Dann ist mit f auch $D\,f$ Eigenvektor von $\mathscr{H}$. Wählt man Basisvektoren hermitesch orthogonal so, daß die Gruppe von D sie zu Unterräumen zusammenfaßt, die keine selbstgleichwertigen Unterräume haben, was möglich ist, so wirkt $\mathscr{H}$ in diesen als einfache Multiplikation, so daß $\mathscr{H}$ verschwindende Matrixelemente zwischen Basisvektoren verschiedener Unterräume hat. Die Reduktion der f in die genannten Unterräume vereinfacht also die Eigenwertgleichung.

1.34 Metrische Begriffe bei Strukturen. Bei der Besprechung von Strukturen sind häufig Begriffe nützlich, die sich ohne Kenntnis der Symmetrie aus den Abmessungen der Struktur ergeben. — Errichtet man auf allen Atomverbindungsgeraden mittelsenkrechte Ebenen, so entsteht um jedes Atom sein *Atompolyeder*. Atome, deren Polyeder eine Fläche gemeinsam haben, nennen wir *Anrainer*; die Anrainer geringsten Abstands heißen *Nachbarn*. Zusammengefaßt ergeben sie die Anrainer- bzw. Nachbar-*Koordination*; man zieht die *Koordinationszahl* und das *Koordinationspolyeder* in Betracht. — Die durch einen kleinsten Atomabstand miteinander verbundenen Atome können null-, ein-, zwei- oder dreidimensional ausgedehnte *Vereine* darstellen (*Mole-*

küle oder Inseln, *Ketten, Schichten, Gitterkomplexe*). Die geometrischen Eigenschaften von Schichten werden als *eben, gewellt* (*gefältelt*) oder *gebuckelt* beschrieben. Die Zahl der Nachbar- oder *Stützabstände* in einen (offenen) Halbraum kann man als (*Halb-*) *Stützzahl* bezeichnen, indem man annimmt, daß die Atome einer Gitterebene, die einen Gitterhalbraum begrenzt, durch die darunterliegende Gitterebene gestützt werden. — Aus den Stützabständen lassen sich *Atomkugeln* herleiten, die sich im Gitter z. T. berühren; das Verhältnis des Volumens aller Kugeln zum Zellvolumen benützt man gelegentlich als *Raumerfüllungsverhältnis*, es beträgt 0,74 für dichteste Kugelpackung und 0,68 für innenzentriert kubische Kugelpackung. Strukturen mit hohem (niedrigem) Raumerfüllungsverhältnis nennt man *dicht* (*locker*) *gepackt* (vgl. auch PARTHÉ 61). Auch Koordinationspolyeder können dicht gepackt sein; haben sie jedoch gemeinsame Atome, so sprechen wir von einer *Zusammenfügung* von Koordinationspolyedern.

Die koordinatenmäßige Beschreibung von analysierten Kristallstrukturen ist in den Werken von EWALD-HERMANN (31), WILSON (51), WYCKOFF (48), LAVES (49), BOKII (54), ERNST (55), PEARSON (58) zugänglich. Eine Zusammenstellung der Strukturen nach Achsverhältnissen bzw. Raumgruppen findet man bei DONNAY/NOWACKI (54). Originalarbeiten findet man in den Acta Crystallographica, der Zeitschrift für Kristallographie und Kristallografia und in den chemischen und metallkundlichen Zeitschriften.

Die *Abbildungen dieses Buches* sollen die Anschauung unterstützen; der Abbildungsmaßstab ist, falls nicht anders angegeben: 1 Å entspricht 0,5 cm; die Punktlagenangaben beziehen sich auf die Internationalen Tabellen bzw. International Tables; die angegebenen Parameter der zur Papierebene senkrechten Koordinate sind abgerundet; die Atomdurchmesser sind i. allg. 1/3 des „metallischen" Atomradius für 12 Koordination; die Elementarzellen sind doppelt umrandet. Es sind meistens senkrechte Projektionen gezeichnet, weil diese die metrischen Verhältnisse besser abzuschätzen erlauben (besonders schöne Schrägrisse findet man bei ERNST 55). Beim Betrachten der Bilder denke man sich weitere Zellen an die abgebildete angefügt, dann erhält man einen guten Eindruck vom Gesamtgitter.

Für spätere Überlegungen an einfachen Kristallgittern ist es nützlich, einige metrische Beziehungen vorzumerken: Aus einem flächenzentriert kubischen Gitter kann man durch Kompression längs der a_3-Achse (tetragonale Kompression) mit dem Faktor $1/\sqrt{2}$ ein kubisch raumzentriertes Gitter herleiten. Das kubisch flächenzentrierte, das kubisch primitive und das kubisch innenzentrierte Gitter lassen sich rhomboedrisch beschreiben mit den Achsverhältnissen $c/a = \sqrt{3} \cdot \sqrt{2} = 2{,}45$, $\sqrt{3}/\sqrt{2} = 1{,}22$ und $\sqrt{3}/\sqrt{8} = 0{,}612$ bezüglich der hexagonalen Zellen; die Achsverhältnisbeiträge $c/3a$ der einzelnen Schichten sind 0,816, 0,408 und 0,204. Projiziert man jedes zweite zur Basis parallele Netz eines rhomboedrisch aufgestellten B^1-Gitters[1] auf das unter ihm befindliche, so erhält man ein zu 2/3 besetztes hexagonal primitives Gitter mit $c/a = 0{,}71$. — Zu einem quadratischen

[1] Gittertypenbezeichnung vgl. 8.1.

Netz der Gitterkonstante a_Q sind „Übernetze" gegeben durch die Gitterkonstanten $a = a_Q/\sqrt{s}$, $s = n_1^2 + n_2^2$, n_i = ganze Zahl. Zu einem hexagonalen Netz erhält man Übernetze durch die an der Maschenkante anzubringenden Teiler $\sqrt{3}$, $\sqrt{4}$, $\sqrt{7}$, $\sqrt{9}$, $\sqrt{12}$, $\sqrt{13}$, $\sqrt{16}$, $\sqrt{19}$, $\sqrt{21}$ usw.

Weitere Literatur über Geometrie von Strukturen findet man in den Büchern von Barrett (53), Brandenberger (38), Burckhardt (47), Glocker (58), de Jong (59), Niggli (28), Schoenflies (23), Seitz (34), Weyl (52), Zachariasen (45). Alle für die Kristallographie wichtigen Methoden und Angaben findet man in den Internationalen Tabellen (35) bzw. in deren Neuausgabe, den International Tables (52) zusammengestellt; viele Zahlentabellen (z. B. für die Umrechnung rhomboedrischer in hexagonale Koordinaten) findet man auch in dem praktischen Büchlein von Sagel (58).

1.35 Wechselwirkung von Wellen mit Kristallstrukturen. Wenn eine Welle von Photonen oder Teilchen aus dem Vakuum in einen mit homogener Materie gefüllten Halbraum fällt, so erleidet sie Brechung (und Reflexion) sowie Beugung (ohne oder mit Energieverlust). Man kann dies unter Absehen von der Beugung makroskopisch beschreiben durch ein Brechungs- und ein Schwächungsgesetz.

$$\sin\alpha_1/\sin\alpha_2 = |\mathbf{k}_2|/|\mathbf{k}_1| = n,$$

$$I_2/I_1 = \exp - \mu x.$$

α_1, α_2 Ein- bzw. Ausfallswinkel eines Strahls,
$\mathbf{k}$ Wellenzahlenvektor, $|\mathbf{k}|$ = 1/Wellenlänge, $\mathbf{k}/|\mathbf{k}|$ = Wellennormale,
n Brechungsquotient,
I Intensität (1 = einfallend, 2 = durchgelassen),
x Eindringlänge,
μ Schwächungskoeffizient.

Das Experiment liefert für Strahlungen mit Wellenlängen, die zur Strukturbestimmung geeignet sind, etwa folgende größenordnungsmäßige Daten:

	Atomgewicht	Energie eV	Wellen-länge Å	Brechungs-quotient n	Schwächungs-koeffizient cm
Photonen	0	10^4	1,5	$1 - 10^{-5}$	1000*
Elektronen	0,0005	10^4	0,1	1,0005	10^7
Neutronen	1,009	10^{-1}	1,0	i. allg. $1 - 10^{-6}$	0,3

* Mehr als 99% Absorption, Rest Streuung.

Die große Schwächung der Elektronenstrahlen läßt bei Durchstrahlung nur sehr dünne Präparate zu; diesem experimentellen Nachteil steht der Vorteil der intensiven Beugbarkeit gegenüber, der zu einer um den Faktor 10^4 kürzeren Belichtungszeit führt. Aus diesem Grunde untersucht man Moleküle im Gaszustand vorwiegend mit Elektronenstrahlen. Die Neutronenstrahlen (vgl. Bacon 55) zeigen eine schwache Wechselwirkung mit Materie, d. h. eine große Durchdringungsfähigkeit, so daß Absorptionseffekte weniger ins Gewicht fallen.

Die in der Kristallographie benützte Längeneinheit ist das *Ångström:* 1 Å = 10^{-8} cm = 1/1,002 kX. Die *kX-Einheit* war früher durch eine Definition festgelegt, die sich auf das Mineral Calzit stützte; sie wurde in der kristallographischen Literatur vor 1946 ebenfalls mit „Å" bezeichnet. 1946 wurden obige Beziehungen zwischen kX und Å von der X-Ray Analysis Group of the Institute of Physics (England) ausgesprochen.

Beugung der Wellen: Die Wellen werden durch Materie aus ihrem Lauf abgebeugt, wobei die (Teilchen der) Wellen auch Energie abgeben können. Photonen im Röntgengebiet, die an ein Elektron Impuls abgegeben haben, machen die COMPTONsche Strahlung aus, die eine Wellenlängenvergrößerung von maximal 0,05 Å zeigt. Der Anteil dieser *unelastischen Beugung* darf, wie die Erfahrung und die Quantentheorie lehrt, bei den für die Strukturbestimmung benützten Energien vernachlässigt werden. Die vollständige Umwandlung von Photonen in Wärmeschwingungen und Eigenspannungen (Absorption) ist atomistisch kompliziert und muß durch einen Absorptionsfaktor berücksichtigt werden. Bei der *elastischen Beugung* tritt keine Änderung der Energie (der Teilchen und) des Streuers auf, so daß als Koordinaten des Problems nur die Ortskoordinaten der freien Teilchen der Welle und nicht die der gebundenen Teilchen des Streuers berücksichtigt werden müssen. Genügt die Wellenamplitude $^{\circ}A(x)$ bei Abwesenheit des Beugers der Wellengleichung

$$^{\circ}H\,^{\circ}A = 0, \qquad \text{Randbedingung für } ^{\circ}A\text{: ebene Welle,}$$

(wo $^{\circ}H$ ein zur Frequenz bzw. Energie von $^{\circ}A$ gehöriger linearer Operator ist), so gilt bei Anwesenheit eines Beugungspräparats vom Einfluß $\delta \cdot {}^{1}H$

$$(^{\circ}H + \delta \cdot {}^{1}H)\,(^{0}A + \delta \cdot {}^{1}A + \delta^{2} \cdot {}^{2}A + \cdots) = 0,$$

Randbedingung: ebene Welle plus auslaufende Kugelwelle.

Jeder Koeffizient von δ^{n} muß für sich verschwinden, so daß Bestimmungsgleichungen für die ^{i}A folgen. Für Fragen der Strukturforschung genügt die Berechnung der ersten Näherung:

$$^{0}H\,^{1}A = -{}^{1}H\,^{0}A, \quad \text{Randbedingung: auslaufende Kugelwelle.}$$

Man kann nämlich zeigen, daß die höheren Glieder der Beugung einer mehrfach gebeugten Welle entsprechen, die i. allg. nur bei Elektronenstrahlen von Bedeutung sind. Daß die Elektronen intensiver gebeugt werden als die Photonen, geht aus Experiment und Theorie hervor. Es kommt dabei auf den differentiellen Wirkungsquerschnitt je Elektron:

$$(|x| \cdot |d\,^{1}A|/|^{0}A|)^{2} \qquad (x \text{ Entfernung Streuer} \ldots \text{Empfänger})$$

an, der für Photonen $9 \cdot 10^{-26}$ cm², für Elektronen etwa 10^{-18} cm² beträgt. Bei Atomen ist der Wirkungsquerschnitt je Atom vom Winkel abhängig, weil die verschiedenen Volumenelemente Wellen verschiedener Phasen zum Empfänger senden. Bei Neutronen ist er nicht winkelabhängig, weil vorwiegend die Kerne streuen. Das magnetische Moment der Neutronen ist zwar weniger als 1/1000 des Moments der Elektronen, aber es eignet sich wegen fehlender elektrostatischer Wirkungen zur Untersuchung der Verteilung magnetischer Momente in Kristallen (vgl. SHULL/WOLLAN 56). Die Fernordnung der Spins ist jedoch von untergeordneter Bedeutung für die Kristallstruktur, wie man aus den sehr kleinen Energien bei Zerstörung der Ordnung entnimmt.

1.36 Zusammenwirken der Beugungswellen. Wir betrachten das Beispiel der Photonenstrahlen; andere Teilchenstrahlen verhalten sich ähnlich. Die gebeugten Wellen haben am hinreichend entfernten Beobachtungsort einen Phasenunterschied, der nur vom Ort des beugenden Elektrons abhängt, wenn man energieverbrauchende Beugung vernachlässigt. Es gilt (für polarisierte Primärstrahlung), wenn man die Beugung der gebeugten Photonen vernachlässigt:

$$\mathbf{E}_{\mathrm{Sy}}/\mathbf{E}_{\mathrm{El}} = \Sigma_n^K\, \varepsilon(\mathbf{k}_1 \cdot \mathbf{x}_n - \mathbf{k}_2 \cdot \mathbf{x}_n) =: \Sigma_n^K\, \varepsilon_n,$$

$$\varepsilon_n := \varepsilon\, \mathbf{h} \cdot \mathbf{x}_n := \exp 2\pi i\, \mathbf{h} \cdot \mathbf{x}_n, \quad \mathbf{h} := \mathbf{k}_1 - \mathbf{k}_2.$$

$\mathbf{E}$ elektrischer Feldvektor, Sy System, El Elektron, $\mathbf{k}$ Wellenzahlvektor der elektromagnetischen Wellen, 1 einfallend, 2 gebeugt, $\mathbf{x}$ Ortsvektor, n Elektronennummer, $K = (1 \ldots N)$, N Gesamtzahl der Elektronen, $\mathbf{h}$ Wellenzahlvektor der Anordnung, $:=$ bedeutet gleich vermöge Definition.

Der Erwartungswert von $\mathbf{E}_{\mathrm{Sy}}/\mathbf{E}_{\mathrm{El}}$, die *Amplitude* $F_{\mathrm{Sy}}(\mathbf{h}) := \mathrm{Erw}\, \mathbf{E}_{\mathrm{Sy}}/\mathbf{E}_{\mathrm{El}}$, wird in der Beugungslehre viel benützt. Da $F(\mathbf{h})$ für Kristalle, wie wir unten sehen werden, als Gitterzackenfunktion des Wellenzahlgitters angenommen werden kann, erlaubt die Gleichung $\mathbf{h} = \mathbf{k}_1 - \mathbf{k}_2$ eine einfache (von EWALD herrührende) *Konstruktion* von $\mathbf{k}_2$ aus $\mathbf{k}_1$ und $\mathbf{h}$ (Abb. 1). — In Wirklichkeit entzieht sich F selbst der Messung, gemessen wird vielmehr der Erwartungswert des Absolutquadrats der Amplitude, die *Intensität*, die durch Division von Faktoren, die mit der Meßanordnung zusammenhängen (z. B. Polarisationsfaktor, LORENTZ-Faktor usw.) aus der experimentellen Intensität gewonnen wird:

$$I_{\mathrm{Sy}}(\mathbf{h}) := \mathrm{Erw}\, |\mathbf{E}_{\mathrm{Sy}}/\mathbf{E}_{\mathrm{El}}|^2 = \mathrm{Erw}\, \Sigma_{mn}^K\, \varepsilon_m\, \varepsilon_n^*,$$

worin $\mathrm{Erw} = \int d_v\mathbf{x}_1 \ldots d_v\mathbf{x}_N\; {}^N w(\mathbf{x}_1, \ldots, \mathbf{x}_N)$, ${}^N w$ Konfigurations(wahrscheinlichkeits)dichte. Es ist sinnvoll vorauszusetzen $P\, {}^N w = {}^N w$ (P Permutation der N Indizes der $\mathbf{x}$). Dann werden die Begriffe *Orts*-(wahrscheinlichkeits)*dichte* ${}^1 w$ und *Ortskorrelation* ${}^2 w$ von Bedeutung:

$${}^1 w(\mathbf{x}) = N \int d_v\mathbf{x}_2 \ldots d_v\mathbf{x}_N\; {}^N w, \quad {}^2 w(\mathbf{x}_1, \mathbf{x}_2) = N(N-1) \int d_v\mathbf{x}_3 \ldots d_v\mathbf{x}_N\; {}^N w.$$

${}^1w(\mathbf{x})\,d_v\mathbf{x}$ ist die Wahrscheinlichkeit, in $d_v\mathbf{x}$ ein Elektron zu finden. ${}^2w(\mathbf{x}_1, \mathbf{x}_2)\,d_v\mathbf{x}_1\,d_v\mathbf{x}_2$ ist die Wahrscheinlichkeit, in $d_v\mathbf{x}_1$ und $d_v\mathbf{x}_2$ je ein Elektron zu finden. Damit erhalten wir die Intensität

$$I = \int d_v\mathbf{x}_1\,{}^1w(\mathbf{x}_1)\,\varepsilon_1\,\varepsilon_1^* + \int d_v\mathbf{x}_1\,d_v\mathbf{x}_2\,{}^2w(\mathbf{x}_1, \mathbf{x}_2)\,\varepsilon_1\,\varepsilon_2^*.$$

Eine einschneidende Vereinfachung für ${}^Nw$ ist die *symmetrisierte Produktkonfiguration:*

$${}^Nw = N!^{-1}\,\Sigma_P\,P\Pi_n\,w_n(\mathbf{x}_n),\ {}^2w = \Sigma_{mn}^{m \neq n}\,w_m(\mathbf{x}_1)\,w_n(\mathbf{x}_2),\ {}^1w = \Sigma_n^K\,w_n(\mathbf{x}).$$

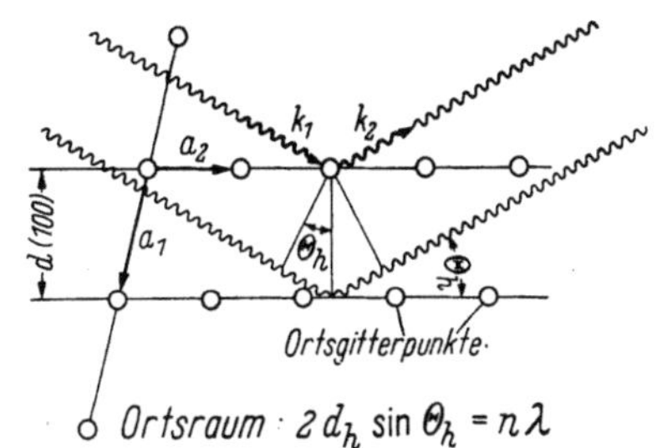

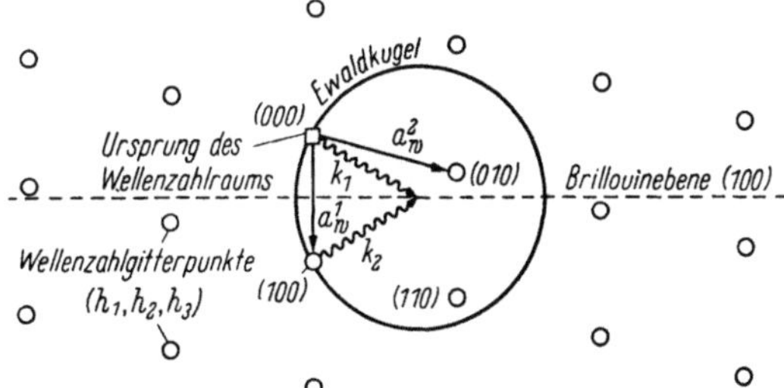

Abb. 1. Beugung von Wellen an einem Gitter. (Die Verschiebung der beugenden Atome in der Netzebene bedingt keine Änderung der Phasenverschiebung.) Alle EWALD-Kugeln, deren Mittelpunkt auf der auf (100) mittelsenkrechten Brillouinebene liegen, enthalten eine an (100) gebeugte Welle

k Wellenzahlvektor (einfallend bzw. gestreut); d_h Netzebenenabstand; Θ_h Glanzwinkel; n Ordnung des Reflexes; $\mathbf{a}_i$ Gittervektoren; $\mathbf{a}_w^i$ Wellenzahlgittervektoren; h_i MILLER-Indizes

Wenn die Konfigurationen voneinander abgetrennte Wahrscheinlichkeitsberge $P\,\Pi\,w$ bilden, so sind innerhalb eines Berges die Elektronen statistisch voneinander unabhängig. Damit wird

$$I = \Sigma_n^K\left(\int d_v\mathbf{x}_1\,w_n\,\varepsilon_1\,\varepsilon_1^* - \left|\int d_v\mathbf{x}_1\,w_n\,\varepsilon_1\right|^2\right) + \left|\int d_v\mathbf{x}_1\,\Sigma_n^K\,w_n\,\varepsilon_1\right|^2.$$

In dieser Gleichung gibt das erste Glied einen mit h monoton steigenden Untergrund, das zweite Glied ist das Absolutquadrat der *Fourier*-

transformierten von $\Sigma\, w_n$[1], welche nichts anderes als die Amplitude F ist. Praktisch alle kristallchemischen Messungen werden nach dieser Formel ausgewertet, bedeuten also keine wahren, sondern nur *scheinbare Elektronendichten*, d. h. Messungen, die streng nur in bezug auf das vereinfachte Modell eine Bedeutung haben.

Die Tatsache, daß die Atome ziemlich unveränderliche Elemente der Chemie sind, legt eine weitere Vereinfachung nahe, nämlich die, daß der Ortsvektor zu einem Atomkern $\mathbf{x}_{\mathrm{At}1}$ statistisch unabhängig von $\mathbf{x}_1 - \mathbf{x}_{\mathrm{At}1}$ sei; nimmt man darüber hinaus an, daß die Elektronen im Atom als unabhängig behandelt werden dürfen, so läßt sich nach Sätzen der Wahrscheinlichkeitslehre schreiben:

$$^2w(\mathbf{x}_1, \mathbf{x}_2) = {}^2w_{\mathrm{At}}(\mathbf{x}_{\mathrm{At}1}, \mathbf{x}_{\mathrm{At}2}) \frown f_{\mathrm{At}}(\mathbf{x}_1 - \mathbf{x}_{\mathrm{At}1}) \frown f_{\mathrm{At}}(\mathbf{x}_2 - \mathbf{x}_{\mathrm{At}2}).$$

[$\frown$ Faltungsoperator (s. Fußnote), $^2w_{\mathrm{At}}$ Ortskorrelation der Atomkerne, f_{At} Elektronendichte im Atom]. Gehören $\mathbf{x}_1$ und $\mathbf{x}_2$ zum selben Atom, so gibt das Ortskorrelationsintegral in der Intensität die Beiträge $|F_{\mathrm{At}}|^2 - N_{\mathrm{El}}^{\mathrm{At}}$, so daß wir (für chemische Elemente) insgesamt erhalten

$$I = |F_{\mathrm{At}}|^2 \left(N_{\mathrm{At}} + \int d_v\mathbf{x}_1\, d_v\mathbf{x}_2\, {}^2w_{\mathrm{At}}(\mathbf{x}_1, \mathbf{x}_2)\, \varepsilon_1\, \varepsilon_2^*\right) \quad (\mathbf{x}_1, \mathbf{x}_2 \text{ Atomkernorte}).$$

Bei Flüssigkeiten findet man experimentell die über den Raumwinkel gemittelte Intensität, weil die anisotropen Bezirke (außer bei anisotropen Flüssigkeiten) desorientiert sind. Bei einatomigen Gasen hat $^2w_{\mathrm{At}}$ einen kleinen und wesentlich konstanten Wert, so daß nur $|F_{\mathrm{At}}|^2$ gemessen wird.

Mit Hilfe der für die Fouriertransformation gültigen Sätze lassen sich weitere Vereinfachungen für w diskutieren. Es seien die Gitter-

---

[1] Folgende Eigenschaften der Fouriertransformation $\mathcal{F} = \int d_v\mathbf{x}\, \varepsilon\, \mathbf{h}\cdot\mathbf{x}$ (vgl. z. B. LIGHTHILL 58) werden oft benötigt:

1. $\mathcal{F}\, \Sigma_i\, c_i\, f_i = \Sigma_i\, c_i\, \mathcal{F}\, f_i$ (Linearität).

2. Es sei $V_{\mathbf{x}_0}$ ein Verschiebungsoperator, d. h. $V_{\mathbf{x}_0} f(\mathbf{x}) = f(\mathbf{x} - \mathbf{x}_0)$, dann gilt $\mathcal{F}\, V_{\mathbf{x}_0} = \varepsilon(\mathbf{h}\cdot\mathbf{x}_0)\, F$ (Verschiebungssatz).

3. Es sei A ein Drehungsoperator, d. h. $A\, f(\mathbf{x}) = f(A^{-1}\,\mathbf{x})$, $(A\,\mathbf{x})^2 = \mathbf{x}^2$, so gilt $\mathcal{F} A = (\det A)\, A\, \mathcal{F}$ (Abbildungssatz).

4. Es sei $K f = f^*$, $I f(\mathbf{x}) = f(-\mathbf{x})$, so gilt $\mathcal{F} K = K I \mathcal{F}$ (Konjugierungssatz).

5. $\int\!\int dx\, dy\, \varepsilon(h\,x + k\,y + 0\,z) \int dz\, f = \mathcal{F}(hk0)$ (Projektionssatz).

6. $\mathcal{F} \int d\mathbf{y}\, f_1^*(\mathbf{y})\, f_2(\mathbf{x}+\mathbf{y}) = \int d\mathbf{y}\, d\mathbf{x}\, \varepsilon^*\, \mathbf{h}\,\mathbf{y}\, \varepsilon\mathbf{h}(\mathbf{x}+\mathbf{y})\, f_1^*(\mathbf{y})\, f_2(\mathbf{x}+\mathbf{y})$ (und wegen $\det\partial(\mathbf{x}+\mathbf{y})/\partial\mathbf{x} = 1$) $= \mathcal{F}^* f_1^* \cdot \mathcal{F} f_2$ (Faltungssatz). Schreibt man $\int d\mathbf{y}\, f_1^*(\mathbf{y})\, f_2(\mathbf{x}+\mathbf{y}) = f_1 \frown f_2(\mathbf{x})$, so lautet der Faltungssatz $\mathcal{F}\,\Pi^{\frown} = \Pi^{\cdot}\,\mathcal{F}$; für manche Zwecke ist nützlicher $\mathcal{F} \int d\mathbf{y}\, f_1(\mathbf{y})\, f_2(\mathbf{x}-\mathbf{y}) = \mathcal{F} f_1 \cdot \mathcal{F} f_2$.

7. $\mathcal{F}\, N \exp - (x/2\Delta)^2 = \int d\mathbf{x}\, N \exp\left[-\left(\frac{x}{2\Delta}\right)^2 + 2\pi\, i\, \mathbf{h}\cdot\mathbf{x} + (\pi\, 2\Delta h)^2 - (\pi\, 2\Delta h)^2\right] = N(\sqrt{\pi}\, 2\Delta)^3 \exp - (2\pi\, \Delta h)^2$ (Beispiel für den allgemeineren Unschärfesatz).

8. Es sei für alle f $\mathcal{E} f = f$, so gilt $\mathcal{F}^*\, \mathcal{F} = \mathcal{E}$ (Unitaritätssatz).

vektoren z. B. unabhängige Zufallsvariable, dann wird

$$\Sigma_n^K w_n = \widehat{\Pi}_i^{1\ldots 3}\, \Sigma_{m_i}^{1\ldots M_i - 1} \left((I\,{}^0w_i)^{\frown m_i} + \delta(\mathbf{x} - 0) + {}^0w_i^{\frown m_i}\right).$$

${}^0w_i$ Grundwahrscheinlichkeitsdichten, ${}^0w_i^{\frown m_i}$ Faltungspotenz, δ Dirac-Zackenfunktion, I Inversion.

Die Mitführung von δ ist nicht wesentlich für das Endergebnis, denkt man sich aber die w_n statt durch physikalische Gesetze durch Auszählen eines vorgegebenen verwackelten Punktgitters erhalten, so bedeutet $w^{\frown 0} = \delta$, daß der Abstand jedes Atoms von sich selbst verschwindet.

Mit einer solchen *flüssigkeitsartigen Struktur* kommt die Fouriertransformierte (Hosemann 50, Hosemann/Bagchi 62)

$$\mathscr{F}\,\Sigma w = \dot{\Pi}_i^{1\ldots 3}\, \Sigma_{m_i}^{1\ldots M_i - 1} \left((\mathscr{F}\,{}^0w_i)^{*m_i} + 1 + (\mathscr{F}\,{}^0w_i)^{m_i}\right),$$

$$= \dot{\Pi}_i^{1\ldots 3} \left(\frac{1 - (\mathscr{F}\,{}^0w_i)^{*M_i}}{1 - (\mathscr{F}\,{}^0w_i)^*} + \frac{1 - (\mathscr{F}\,{}^0w_i)^{M_i}}{1 - \mathscr{F}\,{}^0w_i} - 1\right).$$

Für große h geht $\mathscr{F}\,{}^0w \to 0$, also $\mathscr{F}\,\Sigma w \to 1$, d. h., daß bei hinreichend großen Wellenzahlen und Abbeugungswinkeln $\sphericalangle \mathbf{k}_1\,\mathbf{k}_2$ keine Interferenzmaxima liegen. Für kleine h sind die $\mathscr{F}\,{}^0w$ nicht beliebig klein, der Sachverhalt wird übersichtlich an dem Spezialfall ${}^0w_i = \delta(\mathbf{x} - \mathbf{a}_i)$, der streng *gitterartigen Struktur*:

$$\mathscr{F}\,\Sigma w = \Pi_i\left(2\,\mathrm{Re}\,(1 - \varepsilon\,\mathbf{h}\cdot\mathbf{a}_i\,M_i)/(1 - \varepsilon\,\mathbf{h}\cdot\mathbf{a}_i) - 1\right).$$

Die Maxima an den Stellen $\mathbf{h}\cdot\mathbf{a}_i = h_i =$ (ganze Zahlen) definieren das *Wellenzahlgitter* (1.32). Man kann zeigen, daß die Maxima von $\mathscr{F}\,\Sigma w$ die Werte von $\mathscr{F}\,\Sigma w$ an gegebenen Stellen zwischen dem Maxima beliebig übertreffen bei hinreichend großem M_i. — Wie bei Fourierreihen gilt $\int_{d\mathrm{h}}^{V^W} \mathscr{F}\,\Sigma w = 1/(\mathbf{a}_1\,\mathbf{a}_2\,\mathbf{a}_3)$, ($V^W =$ Volumen der Wellenzahlzelle). Für mittlere h treten bei nicht streng gitterartiger Struktur zunehmend verbreiterte Reflexe auf.

Aus der umfangreichen *Literatur* über die Technik der Strukturbestimmung seien erwähnt die Bücher von Buerger (60), Ewald (33), Glocker (58), Guinier/v. Eller (57), Kohlhaas/Otto (55), Lipson/Cochran (53), Henry/Lipson/Wooster (51), International Tables for X-ray Crystallography (59), Neff (62), Peiser/Rooksby/Wilson (55), Zachariasen (45). Originalliteratur zu diesem Thema findet man in den Acta Crystallographica, in Kristallografia und in der Zeitschrift für Kristallographie.

1.37 Eine Grenze der einfachen Beugungslehre. Die bis hierher behandelte Beugungslehre nimmt die Orte der Elektronen benachbarter Atome als weitgehend unabhängig an. Auf Grund physikalischer Kenntnisse weiß man jedoch, daß Elektronen, die sich in Außengebieten hinreichend nahe benachbarter Atome befinden, statistisch nicht unabhängig sein können. Wie man aus der Störungsrechnung weiß, beeinflussen Elektronen gleicher Energie (im Einelektronenzustand) sich besonders stark, also liegt es nahe, anzunehmen, daß in der Gesamtheit der Valenzelektronen eine besonders starke Korrelation herrscht und daß die Beziehung zwischen Valenzelektronen und Rumpfelektronen annähernd durch statistische Unabhängigkeit beschrieben werden kann. Man könnte danach das Valenzelektronengas als ein zweites Gitter der obigen einfachen Beugungstheorie ansehen, wobei im einfachsten Fall jede translatorische Stellung zum Kristall gleich wahrscheinlich wäre, so daß seine Stellung in bezug auf das übrige Kristallgitter offen bliebe. Eine solche Fourieramplitude des Valenzelektronengases addiert sich zu der des Kristalls ohne Valenzelektronen. Wenn die Gitterkonstanten des Valenzelektronengitters mit ganzen Zahlen multipliziert die Gitterkonstanten des Atomgitters ergeben (was weiter unten als energetisch günstig erläutert wird), so treten kleine Zusatzamplituden an einigen Atomgitterreflexen auf. Wegen der translatorischen Freiheit bleibt bei jeder Zusatzamplitude ein komplexer Faktor vom Betrag Eins unbestimmt, d. h., im Mittel wird das Elektronengitter praktisch nicht gefunden. Könnte man einen so kleinen Kristall untersuchen, daß es in ihm nur ein Gitter gäbe (und nicht deren viele in verschiedenen translatorischen Stellungen) und könnte man Meßapparaturen mit außerordentlich hohem zeitlichem Auflösungsvermögen bauen, so müßte eine zeitliche Korrelation in der Schwankung der Intensitäten bemerkbar werden. Solche Experimente sind jedoch außerhalb heutiger Möglichkeiten, weil man nur raumzeitliche Mittelwerte mißt. Auf der anderen Seite kann man nicht sagen, daß die heutigen Experimente beweisen, daß keine Ortskorrelation von nennenswertem Einfluß vorhanden wäre; die Synthese der Elektronendichte aus scharf bestimmten Kristallgitteramplituden (Hypothese!), wie sie gemacht wird beim Studium der chemischen Bindung, ist nicht ausreichend. Wegen der Verwaschenheit des Elektronengitters müßten aber besondere Intensitäten im kontinuierlichen Untergrund bei geeigneten hinreichend kalten und störungsfreien Präparaten gefunden werden. Auch solche Experimente fehlen noch, vermutlich, weil die Nullpunktschwingung der Atome noch nicht genügend genau erforscht ist.

1.38 Systematik der Strukturen: Typen, Familien, Argumente. Zu den Systematisierungsarbeiten der makroskopischen Kristallographie (Groth 06, Fedorow 20, Dana 44) treten, seitdem man die Atomarstruktur bestimmen kann, Bemühungen um die Ordnung der Kristallstrukturen. Die Aufsuchung eines „natürlichen Systems" der Strukturerfahrung ist ein Beitrag zur Auffindung zweckmäßiger Fragestellung: „Without speculation there is no good and original observation" (Ch. Darwin).

Ein erstes Hilfsmittel zur Ordnung der kristallinen Strukturen ist der Typenbegriff (Ewald/Hermann 31). — Zwei Kristallphasen gehören zum gleichen *Typ*[1], zwischen ihnen besteht *Isotypie,* wenn sie gleiche Raumgruppe, Punktlagen, Besetzung dieser Lagen und ähnliche Atomlagenparameter haben. Gelegentlich ist es zweckmäßig, die Vertretermengen eines Typs in *Untertypen* oder *Zweige* aufzuteilen.

Zur Typenbezeichnung werden häufig gewisse *Hauptrepräsentanten* (oft die zuerst analysierten Vertreter) herangezogen. Eine viel gebrauchte

[1] Griechisch: typos = Gestalt.

Typenbezeichnung, die keine Hauptvertreter benützt, ist die *Strukturberichtsnomenklatur* (EWALD/HERMANN 31). Sie setzt sich zusammen aus einem großen lateinischen Buchstaben und einigen Zahlen. Der Buchstabe bezeichnet die Art der Verbindung (A = Element; B = Verbindung $X_1 Y_1$; C = Verbindung $X Y_2$; D = Verbindung $X_m Y_n$, hier bezeichnet eine weitere zum Buchstaben gehörende Zahl die genaue Art der Zusammensetzung, z. B. D5-Verbindung $X_2 Y_3$; E = ternäre Verbindung; F, G, H, I, K = Verbindungen mit Radikalen; L = Legierungsstruktur; S = Silikatstruktur). Die Zahl hinter dem Buchstaben bzw. der zu ihm gehörenden Zahl ist ein Unterscheidungssymbol für die Typen, das im wesentlichen die zeitliche Reihenfolge der Auffindung der Struktur betrifft. Näheres über diese Typennomenklatur findet man im Strukturbericht Bd. 2. Über einige Erweiterungen vergleiche z. B. PEARSON (58).

Eine weitere Typenbezeichnung („*Neunomenklatur*") wurde von WILSON und LAVES vorgeschlagen (vgl. auch BERNAL 31) und von der American Society for Testing Materials als Tentative Standard publiziert; danach soll die Bravaisgruppe (mit Symbolen von 1.33) und die Gesamtzahl der Atome in der Zelle zur Typenbezeichnung dienen; noch besser wäre es, wenn man den Zahlenteil so aufschlüsselte, daß die Anzahlen der Atome der Komponenten in der primitiven Zelle zum Ausdruck kommen. Bei Verbindungen, die aus vielen Atomsorten aufgebaut sind und deren Struktur nicht auch bei einfacheren Phasen auftritt, wird das Struktursymbol allerdings kompliziert. Wir werden diese Neunomenklatur wegen ihres informativen Gehalts und um ein Anwendungsbeispiel für sie zu geben gelegentlich benützen und von der Strukturberichtsnomenklatur dadurch unterscheiden, daß wir bei ihr die Zahlen in den Exponenten stellen; weiteres vgl. 8.1.

Je geringer die Vertreterzahl von Strukturtypen ist, um so größere Bedeutung erhält der Begriff der *Homöotypie*. Er ist durch „Strukturverwandtschaft infolge bindungsmäßiger Ähnlichkeit" zu umreißen. Die Homöotypiebeziehung führt auf *Strukturfamilien* [SCHUBERT/ANDERKO 51. — LAVES (55) spricht in ähnlicher Bedeutung von „Übertypen"]. Während die Frage der Isotypie eine geometrische Angelegenheit ist, leitet die Frage der Homöotypie zur bindungsmäßigen Vergleichung. Die Strukturfamilie liefert nicht immer eine Zusammenfassung von Typen, weil es isotype Phasen gibt, die nicht bindungsmäßig ähnlich sind. Strukturfamilien und Strukturtypen können sich mithin überschneiden. Einige Homöotypien seien in Abb. 1 veranschaulicht und mit einem *Homöotypiesymbol* bezeichnet, das man möglicherweise an ein Typensymbol anhängen kann:

Ersetzung von Atomen durch andere im Verhältnis 1:1 (oder im Verhältnis 2:1, Zweifachersetzung), — die Verschiebung von Atomen in andere Gitterlücken (gleichzeitige Vakantstellenbildung und Einlagerung) wollen wir ebenfalls kurz als Ersetzung bezeichnen; Einführung von *Leerstellen* oder *Einlagerung* von Atomen in Gitterlücken; *Änderung der Stapelfolge* eines schichtartigen Gitterbereichs, — Stapeländerungen in größerem Abstand nennen wir gelegentlich Verwerfungen; *homogene* bzw. *inhomogene Deformation* einer Struktur. Die Ersetzung von Atomen durch andere stellt manchmal eine geringe Änderung einer Struktur dar, die sich in der Röntgenaufnahme durch Auftreten schwacher Reflexe kundtut. Man nennt die zu den starken Linien führende Struktur Grundstruktur oder *Unterstruktur* und die durch die schwachen Reflexe erzeugte Änderung *Überstruktur*. Das Problem der Überstrukturen hat eine weitgehende Beachtung gefunden, weil es in der Reichweite einfacher Modelle der statistischen Mechanik liegt (vgl. z. B. GUTTMAN 56). In vorliegendem Buch werden jedoch nur die strukturellen Aspekte der Überstrukturen betrachtet. — Zur Bezeichnung eines gegenüber der Homöotypie

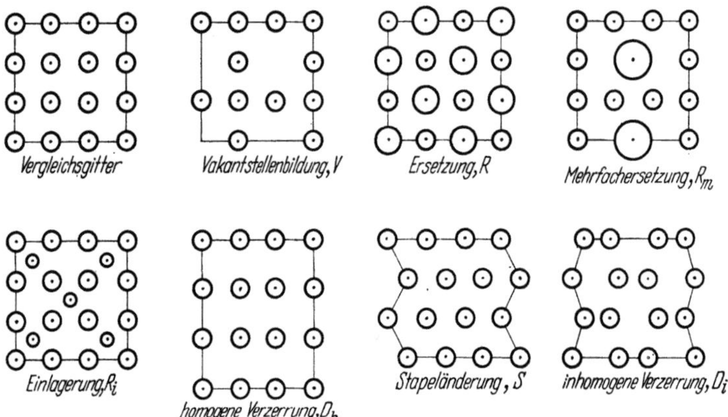

Abb. 1. Einige schematische Beispiele für Homöotypien

allgemeineren (d. h. nicht die strukturelle Ähnlichkeit erfordernden) Begriffs für die Änderung einer Struktur bei Änderung des Chemismus benützt man das Wort *Morphotropie*. — Isotypie und zugleich Mischbarkeit wird *Isomorphie* genannt (vgl. auch Isomorphiebericht 44); sie hat in den Anfängen der Kristallographie, als man noch keine Strukturen bestimmte, eine größere Rolle gespielt. Komponenten, die sich in Mischkristallen ersetzen können, werden gelegentlich *diadoche* Komponenten genannt.

Es wäre schön, wenn es analog zu den Gesetzen der makrophysikalischen Theorien ein *Strukturgesetz* gäbe, das durch ein System von Bedingungen die jeweils bevorzugte Struktur lieferte. So wurde von dem Strukturforscher V. M. GOLDSCHMIDT ein „Grundgesetz" formuliert, nach dem „der Bau eines Kristalls bedingt ist durch Mengenverhältnis, Größenverhältnis und Polarisationseigenschaften seiner Bausteine". Diese Aussage stellt jedoch lediglich ein Forschungsprogramm dar, das heute noch nicht erledigt ist. Die Betrachtung der *Nachbarkoordination* (NIGGLI 45, BRANDENBERGER 47, LAVES 30) bringt nur einen Teilerfolg, weil es viele Strukturen gibt, die sich durch räumlich weitreichende Einflüsse unterscheiden. Auch *sonstige geometrische Betrachtungen* (NIGGLI 45, BRANDENBERGER 47, WELLS 50, 58) können nur Teilerfolge bringen, weil die chemischen Kräfte den Rahmen der Geometrie sprengen. — Es ist also notwendig, alle heute vorhandenen Ansatzpunkte zu verfolgen, um zu einer Systematik der Strukturen zu kommen.

Die gegenüber der Frage nach den thermodynamischen Funktionen beschränkte Frage nach der Kristallstruktur einer gefundenen Verbindung kann man *Strukturfrage* nennen; sie ist nach GOLDSCHMIDT (34) das Grundproblem der Kristallchemie. Hinweise auf die Beantwortung der Strukturfrage aus bestimmten begrenzt gültigen Theorien (oder Regeln) kann man *Strukturargumente* (SCHUBERT/PFISTERER 50) nennen und sagen, daß es im jetzigen Zustand der Strukturkunde notwendig ist, neue Strukturargumente zu gewinnen, um eine weitergehende Ordnung des großen zusammengetragenen Materials zu erhalten. Wir werden im folgenden einige quasimakroskopische Strukturargumente kennenlernen, und später atomistische Argumente betrachten.

1.4 Quasimakroskopische Beurteilung der Bindung

1.41 Homologe Verwandtschaft. Durch Untersuchung der Abhängigkeit der Eigenschaften der chemischen Elemente von ihrer Atomnummer (damals Atomgewicht) fanden MENDELEJEW (1869) und L. MEYER und andere den periodischen Charakter dieser Abhängigkeit. Das „periodische System" der Elemente (Abb. 1) erwies sich als ein einfacher Wegweiser durch die verwickelte chemische Erfahrung; es wurde später gedeutet durch die Quantenmechanik.

Zwei Elemente, die in derselben (in benachbarten) Kolonnen stehen, heißen *homolog* (quasihomolog), weshalb man auch *Homologieklasse* statt Kolonne sagen kann. Mehrere Kolonnen faßt man zweckmäßigerweise zu *Elementarten* zusammen, indem man die ersten beiden oder ersten 3 Kolonnen des Systems *A-Metalle* nennt, die 3. bis 10. *T-Metalle* oder Übergangsmetalle (englisch: transition metals) und die 11. bis 18. *B-Elemente* nach den B-Kolonnen des gedrängt geschriebenen Periodischen Systems. (Um einer Verwechslung mit dem Element Bor vorzubeugen, werden wir dieses häufig mit „Bo" bezeichnen.) Die umfangreiche Elementart T unterteilen wir gelegentlich in die Hälften T^A und T^B je nach dem Nachbarn. Die Homologieklassen benennen wir durch Angabe der Elementart und eines Exponenten, der die Kolonnennummer bezeichnet. (Diese Bezeichnungsweise überdeckt sich ein wenig mit der neuen Strukturtypenbezeichnung; durch geeignete Ergänzungen, wie z. B. B^1-Element und B^1-Struktur, wird dieser Übelstand gemildert.) Die Kolonnennummern entsprechen, wie die Atomphysik lehrt, einer physikalischen Realität: Bei den A- und T-Elementen der Zahl der Elektronen außerhalb der äußersten Edelgasschale (*Außenelektronenzahl*) ($A^{1\cdots 2}$, $T^{3\cdots 10}$), bei den B-Elementen der Zahl der Elektronen außerhalb der äußersten Achter- bzw. Achtzehnerschale (*Valenzelektronenzahl*) ($B^{1\cdots 7}$). Einige Homologieklassen haben Eigennamen. A^1 *Alkalimetalle*, A^2 *Erdalkalimetalle*, T^3 *Erdmetalle*, $T^{8\cdots 10}$ *Platinmetalle*, B^1 *Buntmetalle*,

A-Metalle		T-Metalle (Übergangsmetalle)								B-Elemente							Edelgase	
																1 H 1,008 0,78	2 He 4,003 H^2	K
3 Li 6,940 H^2, B^1 1,57											4 Be 9,02 H^2 1,13	5 B 10,82 R^{12}, T^{50}, R^{108} 0,92	6 C 12,01 (F^2), H^4_a 0,86	7 N 14,01 H^4_b 0,80	8 O 16,0000	9 F 19,00	10 Ne 20,18 F^1	L
11 Na 22,99 H^2, B^1 1,92											12 Mg 24,32 H^2 1,60	13 Al 26,98 F^1 1,43	14 Si 28,09 F^2 1,34	15 P 30,98 Q^4_c 1,3	16 S 32,06 S^{32} u.a. ~1,3	17 Cl 35,46 Q^4_b	18 Ar 39,94 F^1	M
19 K 39,10 B^1 2,36	20 Ca 40,08 F^1, B^1 1,97	21 Sc 44,96 (F^1), H^2 1,65	22 Ti 47,90 H^2, B^1 1,45	23 V 50,95 B^1 1,36	24 Cr 52,01 B^1, F^1 1,28	25 Mn 54,94 B^{29}, C^{20}, F^1, B^1 1,31	26 Fe 55,85 B^1, F^1, B^1 1,27	27 Co 58,94 H^2, F^1 1,26	28 Ni 58,71 F^1 1,24	29 Cu 63,54 F^1 1,28	30 Zn 65,38 H^2 1,37	31 Ga 69,72 Q^4_a 1,39	32 Ge 72,60 F^2 1,39	33 As 74,92 R^2 1,48	34 Se 78,96 H^3 1,6	35 Br 79,92 Q^4_b	36 Kr 83,8 F^1	N
37 Rb 85,48 B^1 2,53	38 Sr 87,63 F^1, H^2, B^1 2,16	39 Y 88,92 H^2 1,81	40 Zr 91,22 H^2, B^1 1,60	41 Nb (Cb) 92,91 B^1 1,47	42 Mo 95,95 B^1 1,40	43 Tc 99 H^2 1,34	44 Ru 101,1 H^2 1,32	45 Rh 102,91 F^1 1,34	46 Pd 106,4 F^1 1,37	47 Ag 107,87 F^1 1,44	48 Cd 112,41 H^2 1,52	49 In 114,82 U^1_a 1,57	50 Sn 118,70 F^2, U^2 1,58	51 Sb 121,76 R^2 1,61	52 Te 127,60 H^3 1,7	53 J 126,90 Q^4_b	54 X 131,30 F^1	O
55 Cs 132,91 B^1 2,74	56 Ba 137,36 B^1 2,25	57–71 siehe unten	72 Hf 178,50 H^2, B^1 1,59	73 Ta 180,95 B^1 1,46	74 W 183,86 B^1 1,41	75 Re 186,22 H^2 1,37	76 Os 190,2 H^2 1,34	77 Ir 192,2 F^1 1,35	78 Pt 195,09 F^1 1,38	79 Au 197,0 F^1 1,44	80 Hg 200,61 R^1_a 1,55	81 Tl 204,39 H^2, B^1 1,71	82 Pb 207,21 F^1 1,75	83 Bi 209,00 R^2 1,82	84 Po 210,0 R^1_b	85 At 210	86 Rn 222	P
87 Fr 223	88 Ra 226	89–101 siehe unten														Grenze der metallischen Eigenschaft		Q
Lanthaniden		57 La 138,92 H^4_c, F^1 1,86	58 Ce 140,13 H^2, F^1 1,82	59 Pr 140,92 H^4_c, F^1 1,82	60 Nd 144,27 H^4_c 1,82	61 Pm 147 1,80; 2,00	62 Sm 150,35 R^3 1,80; 2,00	63 Eu 152,0 B^1 2,04	64 Gd 157,26 H^2 1,79	65 Tb 158,93 H^2 1,77	66 Dy 162,51 H^2 1,77	67 Ho 164,94 H^2 1,75; 1,95	68 Er 167,27 H^2 1,75	69 Tm 168,94 H^2 1,74	70 Yb 173,04 F^1 1,93	71 Cp (Lu) 174,99 H^2 1,74		
Actiniden		89 Ac 227 F^1	90 Th 232,05 F^1, B^1 1,80	91 Pa 231 U^1_c	92 U 238,07 Q^2, T^{30}, B^1 1,57	93 Np 237 O^8, T^4, B^1	94 Pu 242 M^{16}, N^{17}, S^8, U^1_b, B^1 1,60	95 Am 243 H^4_c	96 Cm 247	97 Bk 249	98 Cf 249	99 E 254	100 Fm 253	101 Mv 256				

Abb. 1. Periodisches System der Elemente — Angaben: Atomnummer; Bezeichnung; Atomgewicht; Kristallstruktur (Tief-, Raum-, Hochtemperaturphase); Atomradius für 12-Koordination

B^6 *Chalkogene,* B^7 *Halogene,* B^8 *Edelgase.* — Die *Lanthaniden* oder seltenen Erden und die *Actiniden,* deren Auftreten wir unten aus dem Atomaufbau heraus verstehen werden, kann man den T- und gelegentlich auch den A-Elementen zuordnen. Manchmal ist es nützlich, einen gemeinsamen Namen zu haben z. B. für B-Elemente, die in derselben Zeile (Periode) des Periodischen Systems liegen; wir bezeichnen sie kurz als B^L(Li, Be, Bo usw.) bzw. B^M bzw. B^N(Cu, Zn, Ga usw.) Elemente usw. — Die Unterteilung in Elementarten führt bei Mischungen auf *Mischungsarten* z. B. A-B, T-T usw. (vgl. EVANS 48).

Im Hinblick auf die Abhängigkeit der Struktur von den Kolonnennummern der Partner liegt die Frage nahe, ob ein Einfluß der auf ein Atom im Mittel kommenden Zahl von Valenzelektronen bzw. Außenelektronen (*Valenz-* bzw. *Außenelektronenkonzentration*) auf die Struktur einer Verbindung feststellbar ist. Dies ist in der Tat der Fall. Verschiedene chemische Regeln lassen sich als Elektronenkonzentrationsregeln aussprechen: Die isotypen Strukturen NaCl, MgO, ScN, TiC haben die Valenzelektronenkonzentration (VEK) 4 (Teilaussage der Regel der Achterschalenkomplettierung), ebenfalls die Strukturen CuCl, ZnS, GaP, Ge (Regel von GRIMM/SOMMERFELD); bei B^1-B^2-Legierungen haben die α-Grenze die VEK 1,36, die β- ($C^{1,1}$- bzw. B^1-) Strukturen die VEK 1,5, die γ-Messingstrukturen die VEK 1,62, die ε- (H^2-) Strukturen die VEK 1,75 (Regeln von HUME-ROTHERY und WESTGREN); dem Graphit ist das BN homöotyp; dem As ist das GeTe homöotyp usw. — Man kann diese Tatsachen zu einer *Elektronenkonzentrationsregel* zusammenfassen (SCHUBERT/FRICKE 51): „Die Übereinstimmung der Zahl der Valenzelektronen je Zelle ist bei nicht zu entfernter Homologieverwandtschaft entsprechender Komponenten ein Isotypie- oder Homöotypieargument".

Über die isotherme stöchiometrische *Ausdehnung des Homogenitätsbereichs* gibt es eine ähnliche Regel: Das Intervall des Molenbruchs von homogenen Phasen ist um so größer, je langsamer sich die VEK bei Änderung des Molenbruchs ändert. Ein Sonderfall dieser Regelmäßigkeit ist die *Bedingung der Quasihomologie* für lückenlose oder weitgehende Mischbarkeit zweier Elemente: So sind Ni und Cu lückenlos mischbar, nicht aber Ni und Al, wobei alle 3 Elemente dieselbe Struktur haben. Allgemeiner ist natürlich Quasihomologie entsprechender Komponenten eine Homöotypiebedingung für beliebige Strukturen.

Im Hinblick auf die Bedeutung der VEK für die Legierungssystematik bezeichnet man häufig B-B'-Legierungen der VEK 1...2 als *messingartige* Legierungen und BB'-Strukturen der VEK 4 als *diamantartige* Strukturen usw.

Dem Einfluß der mittleren Elektronenzahl ist ein Einfluß des „Trägheitsmoments" oder der „Varianz" der Elektronenzahl einer Verbindung an die Seite zu stellen, über den noch wenig bekannt ist; man weiß lediglich, daß ein zu großer Unterschied der Elektronenbeiträge der Partner die Gültigkeit der Elektronenkonzentrationsregel beeinträchtigt.

1.42 Bindungsarten. Schon ehe man Strukturen analysieren konnte, unterschied man verschiedene Bindungsarten, die verschiedenen älteren Theorien der chemischen Bindung zugeordnet werden können. Der BERZELIUSschen elektrostatischen Theorie der Bindung (Anfang des 19. Jahrhunderts) entspricht die *ionische Bindungsart* etwa des NaCl. Der KEKULÉ/COUPERschen Theorie der Verkettung gleichartiger Atome, die aus Symmetriegründen keine elektrostatische Polarität zulassen, (Mitte des 19. Jahrhunderts) entspricht die *kovalente* oder *homöopolare Bindungsart* etwa des Diamanten. Der WERNERschen Theorie der Nebenvalenzen bei Koordinationsverbindungen (Ende des 19. Jahrhunderts) entspricht die *Molekülbindung* etwa beim Jod. Der DRUDE/LORENTZschen Metalltheorie (Anfang des 20. Jahrhunderts) entspricht die *metallische Bindungsart* etwa des Cu. Es wurde früh erkannt, daß Übergänge zwischen den genannten Bindungsarten möglich sind. Die obigen Elektronenkonzentrationsregeln lassen sich auch mit den Bindungsarten in Zusammenhang bringen (STILLWELL 38, SCHUBERT 50c): Eine VEK 0 bis 2,5 führt zu metallischer Bindung, 3 ... 5 zu ionischer und kovalenter und 5 ... 8 zu Molekülbindung.

Die Strukturforschung stattete diese Einteilung der Bindungsarten mit einer großen Menge neuer Einzelerfahrungen aus. Bei *metallischen* Verbindungen traf man dichteste Kugelpackungen verschiedener Symmetrie, die sich einstellen, weil die metallische Bindung unabgesättigt und sphärisch symmetrisch nach allen Seiten hin wirkt. — Die *kovalente* Bindung zeigte ihre absättigbare Wirkung in Kristallstrukturen, deren Atome nicht dichtest gepackt sind, sondern in denen man gleichsam geometrisch die Bindungsstriche der früheren Theorien vorgeführt bekommt; je nach der Zahl der Bindungsstriche konnte man molekulare, kettenförmige, schichtartige oder das ganze Gitter ausfüllende Bauelemente erkennen. — Wenn die Komponenten einer Verbindung stark verschiedene Ladung zeigten, so daß sich die *ionische* Bindungsart ausbilden konnte, so fand man die (häufig hochsymmetrischen) Strukturen von niedriger elektrostatischer Energie; entsprechend der allseitigen Wirkung der elektrostatischen Anziehung bilden sich dreidimensionale Zusammenhänge aus. — Die *Nebenvalenzbindung* zeigte sich in Strukturen, die im Kristallgitter die Moleküle an kleineren Atomabständen erkennen lassen, wobei entsprechend der unabsättigbaren Eigenschaft der Molekülbindung die Moleküle selbst häufig dicht gepackt sind. — In manchen Strukturen kann man Anhaltspunkte dafür finden (z. B. Vereinsbildung), daß zwischen verschiedenen Teilen einer Struktur verschiedene Bindungen wirksam sind. Solche Strukturen nennt man gelegentlich *heterodesmisch*[1].

Die Einteilung der Bindungsarten wurde übernommen von der quantenmechanischen Bindungslehre; es läßt sich nämlich zeigen, daß die zugrunde liegenden quasimakroskopischen physikalischen Gedanken auch in der Quantenmechanik ihren Ausdruck finden (vgl. 1.5). Durch ihren mathematischen Bau führte die Quantenmechanik natürlich auch zu einer Anzahl von Begriffen, die der älteren Bindungslehre noch verborgen geblieben waren (s. 1.5).

Die einfachen Begriffe der homologen und bindungsmäßigen Verwandtschaft reichen nicht aus, die Vielfalt der Verbindungen zu ordnen, vielmehr führt die Betrachtung jeder Eigenschaft von Zwischenphasen zu eigenen Beiträgen zur Systematik der Phasen.

Als neuere Literatur über die Bindungsarten seien die früher genannten Bücher über Kristallchemie (vgl. 1.24) erwähnt, sowie die Bücher (Aufsätze) von Cottrell (48), Dehlinger (55), Kiessling (57), Pauling (45), Raynor (47, 49), Slater und Mitautoren (56).

1.43 Atomvolumen. Eine in der Mitte des 19. Jahrhunderts aufgefundene volumenchemische Tatsache ist die periodische Abhängigkeit des Atomvolumens von der Atomnummer (Abb. 1). Bemerkenswert sind hier die glatte Interpolation des Edelgasvolumens, die Anomalie bei Mn, der beschleunigte Anstieg bei B^2 und der Einschnitt bei B^5. Die Besonderheiten bei Mn und B^5 können in Zusammenhang gebracht werden mit Hunds Regel der maximalen Termmultiplizität, wonach die Überschreitung der halben Besetzung einer Schale energetisch kostspielig ist. Auch bei geeignet ausgewählten Verbindungsreihen (z. B. Dihalogenide der T-Elemente) findet sich die Erscheinung und wurde ebenfalls mit den Besetzungszahlen der Niveaus der Atome im Gaszustand in Verbindung gebracht (Klemm 50); vgl. auch S. 37.

Bei Verbindungsbildung ist das Atomvolumen im Gegensatz zum Atomgewicht nicht additiv. Bei einigen Legierungen besteht jedoch eine genäherte *Linearitätsbeziehung*. Eine andere Formulierung dieser Regelmäßigkeit stammt von Vegard (21), der bei einer Anzahl von Legierungen die Atomabstände im Bereich eines Mischkristalls als annähernd lineare Funktion des Molenbruchs fand. — Eine weitere Regel liegt darin, daß das mittlere Atomvolumen einer Legierung eine ziemlich *glatte* Funktion des Molenbruchs bildet, so daß von einem besonderen Einfluß der Kristallstruktur nicht viel zu merken ist (Westgren/Almin 29). Diese Tatsache erlaubt, unbekannte mittlere Atomvolumina von Verbindungen aus bekannten zu interpolieren (Schubert/Anderko 51). (Bei der Interpolation sollte man das Volumen mindestens

[1] Griechisch: desmós = Strick.

einer Zwischenphase kennen oder sich wenigstens durch homologen Vergleich ein Bild von der zu erwartenden Kontraktion machen.)

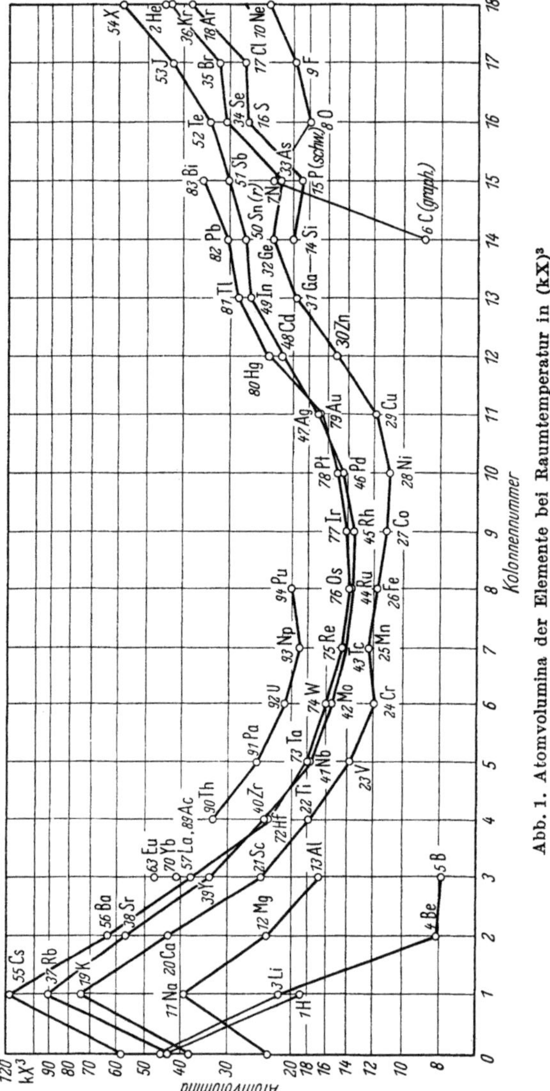

Abb. 1. Atomvolumina der Elemente bei Raumtemperatur in $(kX)^3$

Viele Mischungen zeigen gegenüber dem linear interpolierten Volumen eine mehr oder weniger große (meist positive) *Kontraktion* (d. h. einen Volumendefekt).

Es gibt zwei Regelmäßigkeiten, die eng mit den Kontraktionen zusammenhängen und die bei der Untersuchung des Linearitätsproblems aufgefunden wurden.

Hat man nämlich eine Verbindung $A_N A'_{N'}$, so kann man entweder N, N' konstant halten und A, A' variieren oder A, A' festhalten und N, N' variieren.

Bei Variation von A, A' ist wegen der Valenzregeln besonders bei salzartigen Verbindungen die Änderung der Atomnummern in einer Verbindung häufig nur in annähernd homologer Weise möglich. Man kann nunmehr durch Untersuchung der Abhängigkeit des Wertes $V_{AB} - V_{AB_1}$ von V_{AB_1} bei Variation von A und B innerhalb einer Klasse von homologen Verbindungen feststellen, ob eine Linearitätsbeziehung gilt. Würde eine allgemeine Linearbeziehung gelten, so müßte $V_{AB_2} - V_{AB_1}$ usw. A-unabhängig sein, was nur in angenäherter Form der Fall ist. Man kann in dieser Näherung ein System von Koeffizienten (Biltz 34 nannte sie *Inkremente*) ausarbeiten, das gestattet, eine bestimmte Erwartung für das Volumen einer Verbindung auf Grund der Linearbeziehung

$$V_{A_N A'_{N'}} = N\,\tilde{V}_A + N'\,\tilde{V}_{A'}$$

($\tilde{V}$ Inkrement, N Molenzahl) anzugeben. Da man nur Summen kennt, muß eines der Inkremente aus anderen Überlegungen bestimmt werden, z. B. daraus, daß das Inkrement von $Li^+ \approx 0$ ist. (Eine andere Möglichkeit für den Fall, daß in einem System Verbindungen verschiedener Zusammensetzung bestehen, wird sogleich geschildert.) Die Inkremente $\tilde{V}$ einer Verbindung sind nicht zu verwechseln mit den partiellen Volumina $(\partial V/\partial N)_{TPN}$ einer Verbindung. Man kann die Inkremente ansehen als am häufigsten beobachtete Partialvolumina.

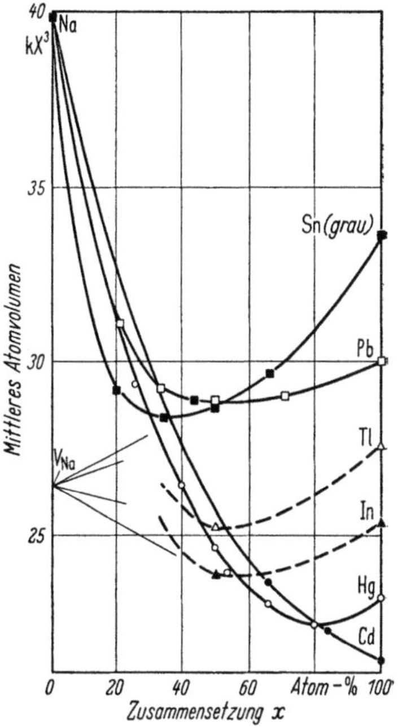

Abb. 2. Mittleres Partialvolumen von Na in Legierungen mit B-Metallen

Die Variation von N, N' setzt ein System, in dem mehrere Verbindungen existieren, voraus. Man erkennt aus Abb. 2, daß das partielle molare Volumen von Na in den B-metallreichsten Verbindungen annähernd konstant ist. Legierungsphasen werden also nur bis zu einem einer Komponente eigentümlichen minimalen partiellen molaren Volumen gebildet (Schubert 57b).

Die Volumenkontraktion bei einigen salzartigen Phasen ist annähernd proportional der Bildungswärme, wenn man isotype Phasen betrachtet (Richards 02, Kubaschewski 41, 43). In gleiche Richtung deuten einige Bemerkungen von Philip/Beck (57). — Literatur über „Volumenchemie“: Biltz/Klemm (34).

1.44 Atomradien. Während sich das Atomvolumen bei Dichtemessung und Atomgewichtsbestimmung unmittelbar darbietet, ist bei Röntgenbeugungsexperimenten der Atomabstand eine ohne weiteres folgende Meßgröße. Ebenso wie das Atomvolumen einer Verbindung nur angenähert additiv aus den Volumenbeiträgen der Verbindungspartner folgt, läßt sich auch der Atomabstand in einer Kristallstruktur nur angenähert additiv aus den halben Atomabständen im Elementzustand zusammensetzen. So fand GOLDSCHMIDT (28) eine Abhängigkeit der Atomradien von der Koordinationszahl (Zahl der nächsten Nachbarn):

Übergang der Koordinationszahl von 12 nach 8 bzw. 6 bzw. 4 ergibt Kontraktion des Radius von etwa 3% bzw. 4% bzw. 12%.

Setzt man das Atomvolumen als fest gegeben voraus, so kommt man für den Übergang der Koordinationszahl 12 → 8, der dem Strukturübergang Cu-Typ → W-Typ entspricht, gerade zu einer Kontraktion von 3%, was im Sinne obiger Volumenregelmäßigkeiten ist. Abweichungen

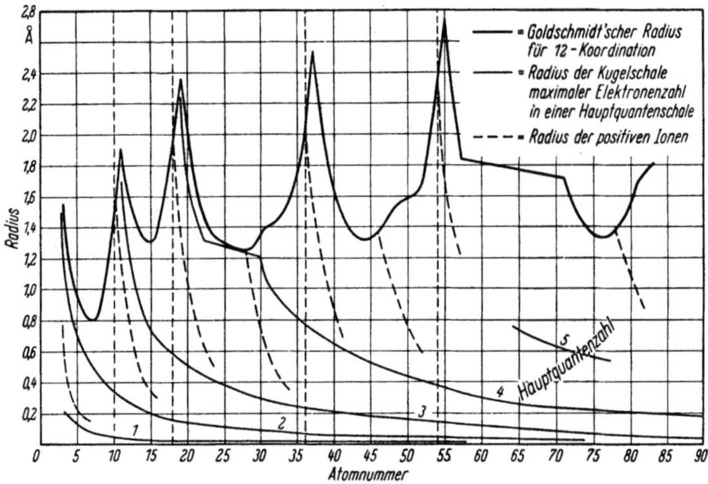

Abb. 1. Maßverhältnisse bei Atomen; GOLDSCHMIDT-Radien stammen aus Röntgenexperimenten, Schalenradien stammen aus HARTREE-Rechnungen

von der Radienadditivität treten besonders auf, wenn große Volumenkontraktionen stattfinden. Es kommt ferner vor, daß die aus den Intensitäten bestimmten Atomlagenparameter einen bemerkenswert kontrahierten Atomabstand liefern. So wurden z. B. von W. H. TAYLOR und Mitarbeitern (54) bei Legierungen von T-Metallen mit Al und Si erheblich kürzere Abstände zwischen verschiedenartigen Atomen gefunden, als nach obiger Korrektur für die Koordinationszahl zu erwarten wäre.

Mit Hilfe der GOLDSCHMIDTschen Kontraktionsregel kann man auch für metallische Elemente, die nicht in einer Struktur mit Koordinationszahl 12 kristallisieren (dichteste Kugelpackungen), einen „*Metallradius für 12-Koordination*" herleiten. Ein System der Metallradien für 12-Koordination wurde von GOLDSCHMIDT (28) angegeben und von LAVES (37) ausgebaut. Hierbei spielten Interpolation von Abständen in Elementen nach der Atomnummer und Extrapolation in Mischungen nach dem Molenbruch eine Rolle. Die Metallradien (Abb. 1, Abb. 1.41/1) sind sehr nützlich, sie erlauben z. B. das Problem der Bestimmung der Lagen der Atome in einer Gitterzelle einer Legierungsphase sehr zu vereinfachen. Die Abhängigkeit des Metallradius von der Atomnummer ist vergleichbar mit der des Atomvolumens; insbesondere erkennt man die durch Auffüllung einer noch nicht besetzten Schale im Rumpf bewirkte „*Lanthanidenkontraktion*", die beispielsweise die Gleichheit der Atomradien von Ag und Au zur Folge hat. Bei den Lanthaniden ist die Abhängigkeit des Radius von der Atomnummer nicht linear, man findet vielmehr bei Gd ein leichtes relatives Maximum, das mit der Halbfüllung der $4f$-Schale zu tun hat. Einen Knick in der Abhängigkeit des Atomradius von der Atomnummer erkennt man auch bei den Elementen Ga und In; er scheint, wie Abb. 2 zeigt, z. T. auf ein ungeeignetes Extrapolationsverfahren zurückführbar zu sein (D'HEURLE und Mitarbeiter 60). Einige Lanthaniden können je nach Partner zwei verschiedene Radien aufweisen. Metallische Radien der Actiniden teilt ZACHARIASEN (55) mit.

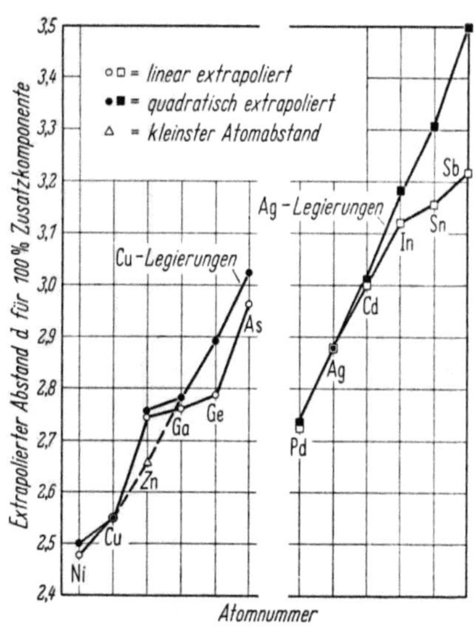

Abb. 2. Extrapolierte Radien von B-Metallen in Cu- und Ag-Legierungen
Quadratische Extrapolation: $d = (1 - c)^2 d_{AA} + 2c(1 - c)\, d_{AB} + c^2 d_{BB} = d_{AA} + (2d_{AB} - 2d_{AA})c + (d_{AA} + d_{BB} - 2d_{AB})c^2$; d_{AB} Atomabstand zwischen Atom A und B; c Molenbruch

Ebenso wie bei Verbindungen mit großem Volumendefekt neben den Begriff des Atomvolumens der Begriff des Volumeninkrements tritt, stellen sich im vorliegenden Fall neben die Atomradien die *Ionenradien*. Da die Gittermessungen nur Ionenradiensummen liefern, muß durch eine andere Methode ein absoluter Radius festgelegt werden. Auf einen solchen führen folgende Überlegungen:

1. Ist ein Kation hinreichend klein, so treten die Anionen in Kontakt und lassen dadurch den Anionenradius bestimmen (LANDÉ 20).

2. An Hand einer (allerdings nicht willkürfreien) Theorie der Polarisierbarkeit konnte WASASTJERNA (23) die Polarisierbarkeit einzelner Ionen berechnen und daraus auf die absoluten Ionenradien schließen. Er kam auf die Werte $r(F^-) = 1{,}33$ kX, $r(O^{2-}) = 1{,}32$ kX, die GOLDSCHMIDT seiner Analyse zugrunde legte. —

Auch die Ionenradien sind nur annähernd additiv. Korrekturen kommen zustande durch die Kristallstruktur (Koordinationszahl) und durch die chemische Natur der Partner (Atomnummer). Bezüglich der Koordinationszahl lehrt die Erfahrung:

Übergang der Koordinationszahl von 6 nach 8 bzw. 4 ergibt Kontraktion von -3% bzw. $+6\%$.

Ein weiterer Einfluß ist gegeben durch den Radienquotienteneffekt (PAULING, vgl. z. B. 45): Wenn sich die Anionen nahezu berühren, so bewirkt die Anionenabstoßung eine zusätzliche Vergrößerung des Atomabstands. — Das erste brauchbare System von Ionenradien wurde 1926 von GOLDSCHMIDT aufgestellt. Es bezieht sich auf 6-Koordination und ist bis heute das nützlichste und am einfachsten anzuwendende System geblieben (vgl. Tab. 1). Man findet Ionenradientabellen z. B. in den

Tabelle 1

			H^{1-} 1,54	He ~1,14	Li^{1+} 0,78	Be^{2+} 0,34	B^{3+} 0,24	C^{4+} ~0,2	N^{5+} ~0,15	O^{6+} (0,09)	F^{7+} (0,07)							
C^{4-} (2,60)	N^{3-} 1,38	O^{2-} 1,32	F^{1-} 1,33	Ne 1,50	Na^{1+} 0,98	Mg^{2+} 0,78	Al^{3+} 0,57	Si^{4+} 0,39	P^{5+} ~0,35	S^{6+} 0,3	Cl^{7+} (0,26)							
Si^{4-} (2,71)	P^{3-} (2,12)	S^{2-} 1,74	Cl^{1-} 1,81	Ar 1,80	K^{1+} 1,33	Ca^{2+} 1,06	Sc^{3+} 0,83	Ti^{4+} 0,64	V^{5+} ~0,4	Cr^{6+} ~0,35	Mn^{7+} (0,46)	Cu^{1+} (0,96)	Zn^{2+} 0,83	Ga^{3+} 0,62	Ge^{4+} 0,44	As^{5+} (0,47)	Se^{6+} ~0,35 (0,42)	Br^{7+} (0,39)
Ge^{4-} (2,72)	As^{3-} (2,22)	Se^{2-} 1,91	Br^{1-} 1,96	Kr 1,86	Rb^{1+} 1,49	Sr^{2+} 1,27	Y^{3+} 1,06	Zr^{4+} 0,87	Nb^{5+} 0,69	Mo^{6+} (0,62)		Ag^{1+} 1,13 (1,26)	Cd^{2+} 1,03	In^{3+} 0,92	Sn^{4+} 0,74	Sb^{5+} (0,62)	Te^{6+} (0,56)	J^{7+} (0,50)
Sn^{4-} (2,94)	Sb^{3-} (2,45)	Te^{2-} 2,11	J^{1-} 2,20	X 2,05	Cs^{1+} 1,65	Ba^{2+} 1,43	La^{3+} 1,22	Ce^{4+} 1,02				Au^{1+} (1,37)	Hg^{2+} 1,12	Tl^{3+} 1,05	Pb^{4+} 0,84	Bi^{5+} (0,74)		

NH_4^{1+}	Tl^{1+}
1,43	1,49

Mn^{2+}	Fe^{2+}	Co^{2+}	Ni^{2+}	Pb^{2+}	Ra^{2+}	Ti^{2+}	V^{2+}	Cr^{2+}	Eu^{2+}	Ge^{2+}
0,91	0,83	0,82	0,78	1,32	1,52	0,80	0,72	~0,83	1,24	~0,9

Ti^{3+}	V^{3+}	Co^{3+}	Mn^{3+}	Fe^{3+}	Rh^{3+}	$La^{3+} \ldots Cp^{3+}$
0,69	0,65	0,64	0,70	0,67	0,68	1,22 … 0,99

V^{4+}	Mn^{4+}	Nb^{4+}	Mo^{4+}	W^{4+}	U^{4+}	Ru^{4+}	Os^{4+}	Ir^{4+}	Te^{4+}	Pr^{4+}	Tb^{4+}	Th^{4+}
0,61	0,52	0,69	0,68	0,68	1,05	0,65	0,67	0,66	0,89	1,00	0,89	1,10

Büchern von GOLDSCHMIDT (34), HASSEL (34), D'ANS/LAX (43), SMITHELLS (49). — Weitere Einzelheiten bezüglich GOLDSCHMIDTS System und weitere verfeinerte Systeme von Ionenradien enthalten die Berichte von HASSEL (34), LAVES (37) und ZACHARIASEN (55). —

Als Beispiele für Gesetzmäßigkeiten, die sich auf Atomradien bzw. Ionenradien beziehen, führen wir die folgenden an:

1. In einem Legierungssystem kontinuierlicher Mischbarkeit ist die Gitterkonstante eine annähernd lineare Funktion der Zusammensetzung (*Vegardsche Regel*, VEGARD/DALE 28).

2. In Ersetzungsmischkristallen, die quasihomolog zu Cu(Zn) sind, wird die bei Cu(Zn) beobachtete Grenzvalenzelektronenkonzentration von $\sim 1{,}36$ nicht erreicht, wenn der Unterschied der kleinsten Atomabstände im Element größer als 15% ist (*15%-Regel von Hume-Rothery* 34), vgl. auch SCHEIL (42), KORNILOW (51, 56).

3. Weitere später zu behandelnde empirische Strukturregeln auf der Grundlage von Komponentenradien wurden ausgesprochen von GOLDSCHMIDT (26), GRIMM (33), LAVES/WITTE (35) und anderen.

1.45 Mikroelastizität. In einer Anzahl von Fällen ist die Anwendung der Elastizitätstheorie auf das Bindungsproblem nützlich.

Das elastische Verhalten eines isotropen Körpers ist gegeben durch

$$S_k^i = 3K\,\delta_k^i(D_1^1 + D_2^2 + D_3^3)/3 + 2G(D_k^i - \delta_k^i(D_1^1 + D_2^2 + D_3^3)/3).$$

S_k^i Spannungstensor = von einer Einheitsfläche, auf der x^i konstant ist, übertragene Kraft in Richtung k, D_k^i Dehnungstensor = symmetrischer Teil der Änderung der Verschiebungsvektoren A^i bei Änderung von x^k, K Kompressions-, G Schubmodul, $0 \leqq 3K - 2G$.

Energiedichte und Gleichgewicht sind gegeben durch $U/V = \frac{1}{2}\,\Sigma_{ik}\,S_k{}^i D^k{}_i$ (V Volumen), $\Sigma_i\,\partial S_k^i/\partial x^i + f_k = 0$ (f_k Volumenkraft).

Eine in die kugelförmige Öffnung vom Radius r_m eines unbegrenzten isotopen Mediums eingeschrumpfte Kugel eines anderen Mediums vom Radius r_a, die auf den Radius $r_{a'}$ durch Kompression verformt wird, hat die Energie

$$U_a = V_a/2 \cdot 3K_a\,3(D_1^1)^2 = 9/2 \cdot 4\pi r_{a'}^3/3 \cdot K_a \cdot (r_{a'} - r_a)^2/r_{a'}^2$$
$$= 6\pi K_a r_{a'}(r_{a'} - r_a)^2.$$

Das umgebende Medium nimmt keine Kompressionsdehnung auf, sondern nur Zerrungsdehnung. Es ergibt sich aus der Gleichgewichtsbedingung für den Vektor A^i der Materialverschiebung

$$\partial^2 A^i/\partial x^2 + \partial^2 A^i/\partial y^2 + \partial^2 A^i/\partial z^2 = 0,$$

woraus man im kugelsymmetrischen Fall schließen darf

$$|A| = \mathrm{const}/r^2 = (r_{a'} - r_m)\,r_{a'}^2/r^2,$$

damit wird an einer Stelle, wo die Koordinatenachsen Hauptachsen der Dehnung sind, $D_1^1 = -2|A|/r$, $D_2^2 = |A|/r$, usw., so daß für die Energie des Mediums folgt

$$U_m = \int_{dr}^{r_{a'}\ldots\infty} 4\pi r^2 G_m \cdot 6(r_{a'} - r_m)^2 r_{a'}^4/r^6 = 8\pi G_m (r_{a'} - r_m)^2 r_{a'}.$$

Die Gesamtenergie ergibt sich durch Minimisierung von $U_a + U_m$ nach $r_{a'}$. — Nach diesem Verfahren (Mott/Nabarro 40) haben verschiedene Autoren (Friedel 54, Oriani 56, vgl. auch Eshelby 56) Vergleiche zwischen Erwartung und Erfahrung über die partielle freie Energie der Substitution angestellt mit dem Ergebnis einer größenordnungsmäßigen Übereinstimmung. Mehr darf man im Hinblick auf den makrophysikalischen Charakter des Moduls nicht erwarten. Es lassen sich jedoch aus solchen Überlegungen weitere Erfahrungsregeln besser verstehen. So konnten Jaswon/Henry/Raynor (51) die Abweichungen von der Vegardschen Regel für Legierungen zwischen Cu, Ag, Au dem Vorzeichen nach richtig wiedergeben, außerdem konnten sie begründen, warum sich ein kompressibleres Metall in einem weniger kompressiblen besser löst als umgekehrt. — Es ist für Fragen der Ausscheidung bemerkenswert, daß nach der Elastizitätstheorie eine Agglomeration der gelösten Atome in Kugelform die Einlagerungsspannungsenergie nicht absenkt, wohl aber eine Agglomeration in Plattenform. Hiermit wird in Zusammenhang gebracht, daß Al(Ag) kugelförmige Ausscheidungen, Al(Cu) mit verschiedenartigeren Atomradien dagegen plattenförmige Ausscheidungen zeigt (FRIEDEL 54, KRÖNER 54).

1.46 Mikroelektrostatik. Bevor die quantenmechanische Bindungslehre zu entstehen begann, entwickelte sich eine Gitterelektrostatik für Ionenkristalle (RIEMANN, APPEL, MADELUNG, EWALD, vgl. BORN 23), die auch heute von Interesse ist. Wir wollen für den Gesamtbestand dieser quasimakroskopischen Theorie auf BORN/HUANG (54) verweisen und hier lediglich die Summationsverfahren betrachten.

Die Lageenergie U zweier Ladungssysteme ϱ_1, ϱ_2 ist (bis auf maßsystemabhängige Konstanten) gegeben durch

$$U = \int\int \varrho_1(\mathbf{x})\,\varrho_2(\mathbf{z})/|\mathbf{x}-\mathbf{z}|\cdot d_v\,\mathbf{x}\,d_v\,\mathbf{z} = \int \varrho_1(\mathbf{x}) \int \varrho_2(\mathbf{x}+\mathbf{y})/|\mathbf{y}|\,d_v\,\mathbf{y}\,d_v\,\mathbf{x}.$$

Der Wert des letzten Integrals heißt Potential $V(\mathbf{x})$ von ϱ_2. Ist ϱ_2 kugelsymmetrisch um einen Punkt $\mathbf{u}$ und Null außerhalb der Kugel mit r um $\mathbf{u}$, so ist V dort nur von $|\mathbf{x}-\mathbf{u}|$ und der Gesamtladung abhängig. Sind also ϱ_1 und ϱ_2 zwei Punktladungen in $\mathbf{u}_1$ und $\mathbf{u}_2$, so bleibt U ungeändert, wenn man ϱ_1 und ϱ_2 durch zwei um $\mathbf{u}_1$ und $\mathbf{u}_2$ kugelsymmetrisch verteilte, sich nicht durchdringende Ladungsdichten derselben Gesamtladungen ersetzt. In Kristallen ist man an der Lageenergie U_{Kr} der geladenen Atome (Ionen) interessiert, die in guter Näherung kugelsymmetrisch vorausgesetzt werden können:

$$U_{\mathrm{Kr}} = \tfrac{1}{2}\int^{\mathrm{Kr}} \varrho(\mathbf{x})\,\varrho(\mathbf{x}+\mathbf{y})/|\mathbf{y}|\,d_v\,\mathbf{x}\,d_v\,\mathbf{y} - \tfrac{1}{2}\Sigma_i^{\mathrm{Kr}} \int \varrho_i(\mathbf{x})\,\varrho_i(\mathbf{x}+\mathbf{y})/\mathbf{y}\,d_v\,\mathbf{x}\,d_v\,\mathbf{y},$$

ϱ ist hier nicht die Elektronendichte, sondern die Ladungsdichte, z. B. >0 bei Na^+ und <0 bei Cl^- in NaCl. $\Sigma\ldots$ ist die Energie der den Kristall aufbauenden einander nicht durchdringenden Atome ϱ_i, d. h. die Selbstenergie, die im ersten Integral (das man Totalenergie U_1 nennen kann) enthalten ist, aber nicht interessiert. Der Faktor 1/2 ist dadurch verursacht, daß ϱ jetzt die Ladungsdichte des ganzen Kristalls bedeutet. Wenn man von Erscheinungen, die von den Kristallgrenzen bedingt sind, absehen darf, kann man statt U_{Kr} auch U_{Zl}, die Energie einer Zelle berechnen. Da ferner ϱ eine periodische Funktion ist, macht man von der Reihenentwicklung in harmonische Funktionen Gebrauch.

$$\varrho(\mathbf{x}) = V_{\mathrm{Zl}}^{-1}\,\Sigma_{\mathbf{h}} F(\mathbf{h})\,\varepsilon(-\mathbf{h}\cdot\mathbf{x}),\quad F(\mathbf{h}) = \int_{d_v\mathbf{x}}^{\mathrm{Zl}} \varepsilon\,\mathbf{h}\cdot\mathbf{x}\,\varrho(\mathbf{x}),\quad \varepsilon = \exp 2\pi i$$

und nach dem Faltungssatz

$$\int_{d_v\mathbf{x}}^{\mathrm{Zl}} \varrho(\mathbf{x})\,\varrho(\mathbf{x}+\mathbf{y}) = P(y) = V_{\mathrm{Zl}}^{-1}\,\Sigma_{\mathbf{h}}\,|F(\mathbf{h})|^2\,\varepsilon - \mathbf{h}\cdot\mathbf{y},$$

die Energie je Zelle wird dann (nach BERTAUT 52a)

$$U_{\mathrm{Zl}} =$$

$$\tfrac{1}{2} V_{\mathrm{Zl}}^{-1}\,\Sigma_{\mathbf{h}}\,|F(\mathbf{h})|^2 \int_{d_v\mathbf{y}}^{\infty} \varepsilon(-\mathbf{h}\cdot\mathbf{y})/|\mathbf{y}| - \tfrac{1}{2}\Sigma_i^{\mathrm{Zl}} \int^{\infty} |F_i(h)|^2\,\varepsilon(-\mathbf{h}\cdot\mathbf{y})/y\,d_v\,\mathbf{h}\,d_v\,\mathbf{y}.$$

In dieser Form ist U_{Zl} nicht konvergent, weil sich die Oberflächenladung des Kristalls störend auswirkt. Es ist aber sinnvoll, den Mittelwert von U zu berechnen. Dann wird

$$\text{Mtw} \int_{d_v \mathbf{y}}^{\infty} \varepsilon(-\mathbf{h}\cdot\mathbf{y})/y = \text{Mtw}\, 2\pi \int \varepsilon(-h\, y \cos\Theta)\, \sin\Theta\, d\Theta\, y\, dy$$

$$= \text{Mtw}\, 4\pi \int \sin(2\pi\, h\, y)/2\,\pi\, h \cdot dy = 1/\pi\, h^2,$$

$$U_{\text{Zl}} = 1/2\pi V_{\text{Zl}} \cdot \Sigma_{\mathbf{h}}^{\infty} \left|F(\mathbf{h})\right|^2/h^2 - 1/2\pi \cdot \Sigma_i^{\text{Zl}} \int^{\infty} \left|F_i(h)\right|^2/h^2\, d_v\mathbf{h}.$$

Durch geeignete Annahmen über ϱ_i und damit F_i kann man die Summe rasch konvergent machen. — Hier sind die Atome noch als sich nicht durchdringend angesehen. Man kann jedoch mit Hilfe eines weiteren Summanden auch kugelsymmetrische einander durchdringende Ladungen in Betracht ziehen. Es sei $\varrho_{\text{Kr}}(\mathbf{x}) = \Sigma_i\, q_i\, \varrho_{\text{At}}(\mathbf{x} - \mathbf{x}_i)$, $\int_{d_v \mathbf{x}}^{\infty} \varrho_{\text{At}}(\mathbf{x}) = 1$, $\int^{\infty} \varrho_{\text{At}}(\mathbf{x})\, \varrho_{\text{At}}(\mathbf{x}+\mathbf{y})\, d_v\mathbf{x} = P_{\text{At}}(\mathbf{y})$, dann wird

$$\int_{d_v \mathbf{x}}^{\text{Kr}} \varrho(\mathbf{x})\, \varrho(\mathbf{x}+\mathbf{y}) = \Sigma_{ij}^{\text{Kr}}\, q_i\, q_j \int_{d_v \mathbf{x}}^{\infty} \varrho_{\text{At}}(\mathbf{x}-\mathbf{x}_i)\, \varrho_{\text{At}}(\mathbf{x}-\mathbf{x}_j+\mathbf{y})$$

$$= \Sigma_{ij}^{\text{Kr}}\, q_i\, q_j\, P_{\text{At}}(\mathbf{y}+\mathbf{x}_i-\mathbf{x}_j),$$

$$U_{\text{Kr}} = \tfrac{1}{2}\, \Sigma_{ij}^{i \neq j}\, q_i\, q_j \int^{\infty} P_{\text{At}}(\mathbf{y}+\mathbf{x}_{ij})/y \cdot d_v\,\mathbf{y} = \tfrac{1}{2}\, \Sigma_{ij}^{i \neq k}\, q_i\, q_j\, I_1, \quad \mathbf{x}_{ij} = \mathbf{x}_i - \mathbf{x}_j,$$

$$I_1 = \int P_{\text{At}}(\mathbf{z})/\left|\mathbf{z}-\mathbf{x}_{ij}\right| \cdot d(-\cos\Theta) \cdot 2\,\pi \cdot z^2\, dz,$$

$$\Theta = \sphericalangle\, \mathbf{z},\, \mathbf{x}_{ij}, \qquad \left|\mathbf{z}-\mathbf{x}_{ij}\right| = +\sqrt{(z^2 + 2\, z\, x_{ij}\,(-\cos\Theta) + x_{ij}^2)}.$$

Wegen $\int du/\sqrt{a+b\,u} = 2\sqrt{a+b\,u}/b$ ergibt die Integration über $\cos\Theta$

$$\left|\sqrt{z^2 + x_{ij}^2 + 2\, z\, x_{ij}\, u}\right|_{-1}^{+1} = \begin{matrix} (z+x_{ij}) - (z-x_{ij}) = 2\, x_{ij} \\ (z+x_{ij}) - (x_{ij}-z) = 2\, z \end{matrix} \;\text{für}\; \begin{matrix} z > x_{ij} \\ z < x_{ij} \end{matrix},$$

$$I_1 = \frac{4\pi}{x_{ij}} \left(\int_{dz}^{0\ldots x_{ij}} z^2\, P_{\text{At}}(z) + \int_{dz}^{x_{ij}\ldots\infty} x_{ij}\, z\, P_{\text{At}}(z)\right)$$

und wegen

$$4\pi \int_{dz}^{0\ldots\infty} z^2\, P_{\text{At}}(z) = 1,$$

$$U_{\text{Kr}} = \tfrac{1}{2}\Sigma_{ij}^{i \neq j} \frac{q_i\, q_j}{x_{ij}} \left(1 - 4\pi \int_{dz}^{x_{ij}\ldots\infty} (z - x_{ij})\, z\, P_{\text{At}}(z)\right).$$

Wenn die Ladungen $\varrho_i = \varrho_{\text{At}}(\mathbf{x}-\mathbf{x}_i)$ sich nicht durchdringen, verschwindet das Integral; es stellt also den gesuchten Summanden dar. Auch hier kann die Transformation des Integrals in ein solches im Wellenzahlraum nützlich sein.

Es ist

$$I_1 = \int_{d_v \mathbf{y}}^{\infty} P_{\text{At}}(\mathbf{y}+\mathbf{x}_{ij})/y = \int_{d_v \mathbf{y}}^{\infty} \int_{d_v \mathbf{h}}^{\infty} \left|F_{\text{At}}(\mathbf{h})\right|^2 \varepsilon(-\mathbf{h}(\mathbf{y}+\mathbf{x}_{ij}))/y,$$

$$= \int_{d_v \mathbf{h}}^{\infty} \left|F_{\text{At}}(h)\right|^2 \varepsilon(-\mathbf{h}\cdot\mathbf{x}_{ij})/\pi\, h^2$$

$$= 2 \int \left|F_{\text{At}}\right|^2 \varepsilon(h\, x_{ij}\,(-\cos\Theta))\, d(-\cos\Theta)\, dh$$

$$= \int^{-\infty\ldots\infty} \left|F_{\text{At}}\right|^2 \frac{\sin(2\pi\, h\, x_{ij})}{\pi\, h\, x_{ij}}\, dh,$$

so daß

$$U_{\mathrm{Kr}} = \frac{1}{2} \Sigma_{ij}^{i \neq j} \frac{q_i q_j}{x_{ij}} \int^{-\infty \ldots \infty} |F_{\mathrm{At}}(h)|^2 \frac{\sin(2\pi h x_{ij})}{\pi h} dh .$$

Für den Fall, daß die ϱ_{At} GAUSSsche Funktionen sind, gehen diese Formeln von BERTAUT (52a) in solche von EWALD (21) über. Eine Verallgemeinerung der EWALDschen Formeln gab G. MOLIÈRE (39) an. Weitere Rechenmethoden findet man bei BORN/GÖPPERT-MAYER (33); zahlenmäßige Ergebnisse stellte K. MOLIÈRE (55) zusammen.

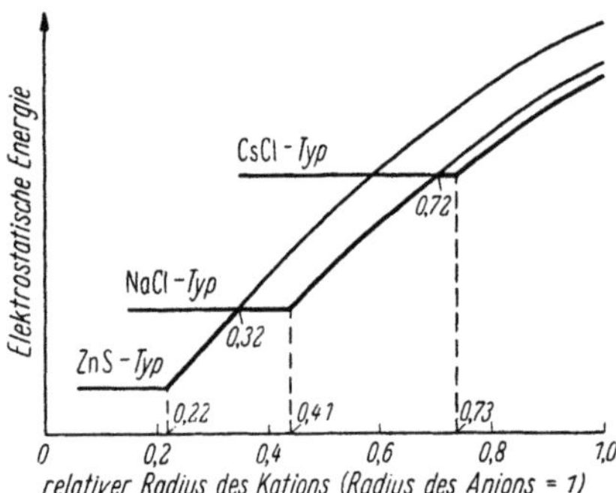

Abb. 1. Elektrostatische Energien der Strukturtypen ZnS, NaCl, CsCl. Bei hinreichend großem Radienquotienten ist das Gitter höchster Koordinationszahl stabil. Stoßen die Anionen zusammen, so bleibt die Energie konstant, und es wird möglich, daß eine kleinere Koordinationszahl stabil wird

Zwischen den PATTERSON-Funktionen verschiedener Strukturen können ebenso wie zwischen deren $|F|^2$ lineare Relationen bestehen, die Beziehungen zwischen den elektrostatischen Energien bedingen (vgl. z. B. BERTAUT 54, HOPPE 56, PARTHÉ 60a).

Schreibt man $U_{\mathrm{Kr}} = N e^2 \alpha / r$ (N Zahl der Zellen im Kristall, e Ionenladung, r normierender Abstand), so wird die *Madelung-Zahl* α eine dimensionslose Größe. Die auf eine Verbindungseinheit und den kürzesten Atomabstand bezogenen MADELUNG-Zahlen für die Typen CsCl, NaCl, ZnS, sind $-1{,}763$; $-1{,}748$; $-1{,}638$. Setzt man die Ionen als harte Kugeln voraus und nimmt den Radius des größten Ions gleich Eins an und läßt den Radius des kleineren von Eins aus abnehmen, so kommen (für jede Struktur) die größeren Ionen bei einem bestimmten Radienquotienten in Kontakt, so daß dann die elektrostatische Energie konstant wird. In Abb. 1 ist dies (nach BORN/GÖPPERT-MAYER 33) gezeichnet, und Abb. 2 zeigt, daß die aus diesem Strukturargument folgende Regel (bei Vernachlässigung von Energiebeiträgen aus VAN DER WAALS-Kräften und aus der Abstoßung der Ionen) nur qualitativ erfüllt ist. — Die MADELUNG-Zahl des NiAs-Typs hat nach ZEMANN (58)

Radius des Anions →

Radius des Kations ↓	F	Cl	Br	I
Li	NaCl	NaCl	NaCl	NaCl
Na	NaCl	NaCl	NaCl	NaCl
Cu	*Di*	*Di*	*Di*	*Di*
Ag	NaCl	NaCl	NaCl	*DiWu*+
K	NaCl	NaCl	NaCl	NaCl
Rb	NaCl	NaCl	NaCl	NaCl
Tl	NaCl/*Di*	CsCl	CsCl	CsCl+
Cs	NaCl	CsCl	CsCl	CsCl

	O	S	Se	Te
Be	*Wu*	*Di*	*Di*	*Di*
Mg	NaCl	NaCl	NaCl	*Wu*
Zn	*Wu*	*DiWu*	*Di*	*Di*
Cd	NaCl	*WuDi*	*WuDi*	*Di*
Ca	NaCl	NaCl	NaCl	NaCl
Hg	+	*Di*+	*Di*	*Di*
Sr	NaCl	NaCl	NaCl	NaCl
Ba	NaCl	NaCl	NaCl	NaCl

erwartet: 8 6 Koordination 4

Abb. 2. Strukturen einiger AB- bzw. BB-Phasen mit Ionenbindung
Die beobachtete Struktur vom Diamant-, Wurtzit-, NaCl- bzw. CsCl-Typ ist verglichen mit der nach Abb. 1 erwarteten Koordinationszahl. + bedeutet: plus weitere Strukturen

bei $c/a = 1{,}77$ ein Minimum, das über dem Wert für den NaCl-Typ liegt. Eine Anwendung der elektrostatischen Theorie auf CdJ_2 stammt von HARTMANN (58). — Eine Folge der Tendenz nach tiefer elektrostatischer Energie sind die allgemeinen *Regeln von Pauling* (29), daß in einem Ionenkristall auch eine höchstmögliche lokale Neutralität angestrebt wird, d. h., daß die Komponenten sich bestmöglich durchmischen und daß geteilte Flächen und Kanten im Koordinationskörper um ein hochgeladenes Kation nach Möglichkeit vermieden werden.

Ähnlich wie die Polenergien eines Gitters ausgerechnet werden, kann man auch Multipolenergien ausrechnen. Die später zu diskutierenden Ortskorrelationen lassen sich nach Mehrpolen um die Atome entwickeln, so daß Rechnungen obiger Art die potentielle Energie von Ortskorrelationen abzuschätzen gestatten. Wir werden von dieser Möglichkeit später (2.35) qualitativen Gebrauch machen.

1.5 Grundbegriffe der Bindungslehre

1.51 Die Grundaussagen der Quantenmechanik. Die Chemie ist ein Problem der Mechanik. Man hat gefunden, daß ausreichend für die Erfassung atomarer Probleme weder die Koordinatenmechanik des 18. Jahrhunderts noch die Koordinatentransformationsmechanik des 19. Jahrhunderts ist, sondern die HILBERT-Raum-Mechanik des 20. Jahrhunderts (Quantenmechanik, Wellenmechanik) welche die früheren Theorien umfaßt.

Die folgenden Ausführungen sollen die Begriffe dieser Mechanik kurz umreißen. Als Einführungen seien z. B. erwähnt die Lehrbücher von BOHM (51), BLOCHINZEW (53), MACKE (59).

Die NEWTONschen Gleichungen der Makromechanik $\frac{d}{dt} p_i = k_i(x_1, x_2, \ldots)$, $p_i = m_i \frac{d}{dt} x_i$ (p_i Impuls der i-ten Koordinate, k_i Kraft, x_i karterische Ortskoordinate, t Zeit, m_i Masse) lassen sich unter gewissen Voraussetzungen in eine Form bringen, die erlaubt, durch nicht mehr als 2 Aussagen das Verhalten eines Systems von Teilchen als mechanisch möglich zu erkennen. Die erste Aussage betrifft das Verhalten in Bahnrichtung:

$$\text{aus} \quad \Sigma_i \frac{p_i}{m_i} \frac{d}{dt} p_i = \frac{\Sigma_i k_i p_i}{m_i} \quad \text{folgt} \quad \frac{d}{dt} \Sigma \frac{p_i^2}{2 m_i} = \Sigma_i k_i \frac{d x_i}{dt};$$

woraus unter den Annahmen

$$\Sigma_i k_i dx_i = -d^p u(x_1, \ldots), \qquad \frac{\partial\, ^p u}{\partial t} = 0 \quad (^p u \text{ potentielle Energie}),$$

folgt $\Sigma_i p_i^2/2m_i + {}^p u(x_1, \ldots) = : u = \text{const}$.

Die *Gesamtenergie* u muß also (unter obiger Annahme) eine zeitunabhängige Konstante (oder, wie man sagt, ein Integral) der

Bewegung sein. — Die zweite Aussage betrifft das Verhalten quer zur Bahnrichtung. Wir betrachten ein Teilchen, das durch eine Ebene fliegt, die 2 Halbräume verschiedener potentieller Energie ${}^p u_e$, ${}^p u_d$ trennt. Die mit der Energie u zu durchlaufende Bahn, oder, wie man auch sagen kann, der Strahl des Teilchens wird gebrochen, doch die zur Randebene parallele Impulskomponente bleibt erhalten. Man erhält eine einfache Formulierung dieser Eigenschaft, wenn man zu dem betrachteten Strahl einen hinreichend benachbarten (nicht mechanischen) vergleicht, der die Punkte $\hat{x}_i^{(e)}$, $\hat{x}_i^{(d)}$ und die Energie u mit ihm gemeinsam hat. Aus Abb. 1 ergibt sich dann (durch Verallgemeinerung)

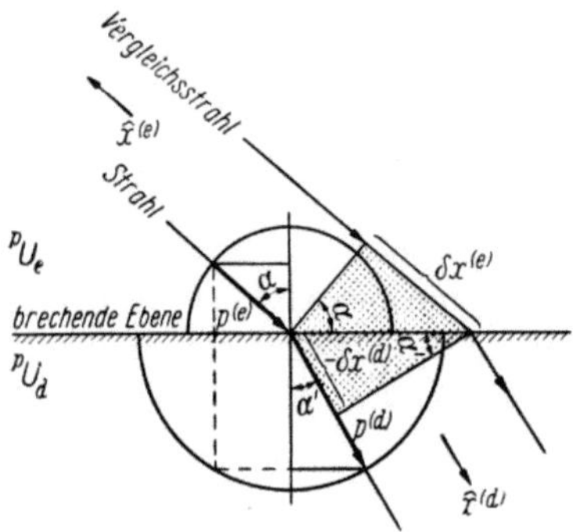

Abb. 1. Brechung eines mechanischen Strahls an der Grenzfläche zweier Gebiete e, d der Lagenenergie ${}^p u_e$ bzw. ${}^p u_d < {}^p u_e$. Es gilt $p^{(e)} \sin\alpha = p^{(d)} \sin\alpha'$ oder $p^{(e)}\, \delta x^{(e)} = -p^{(d)}\, \delta x^{(d)}$, d. h. $\Sigma p\, \delta x = 0$

$$\delta \int^{\hat{x}^{(e)},\ \text{Bahn},\ \hat{x}^{(d)}} \Sigma_i\, dx_i\, p_i = 0\,,$$

$$\left(\Sigma_i\, p_i^2/2m_i = u - {}^p u(x_1, \ldots)\right).$$

Die *Lagenwirkung* $W(\hat{x}^{(e)}, \hat{x}^{(d)}) := \int^{\hat{x}^{(e)},\ \text{Bahn},\ \hat{x}^{(d)}} \Sigma_i\, dx_i\, p_i$ muß also, wie man sagt, stationär sein. Aus $\frac{\partial}{\partial x_i^{(d)}} W = p_i$ folgt durch Einsetzen in die Energiegleichung eine Differentialgleichung für W, die alle möglichen Wirkungen und damit Bahnen zu übersehen gestattet:

$$\Sigma_i (\partial W/\partial x_i^{(d)})^2/2m_i + {}^p u(x_1, \ldots) = u\,.$$

Man weiß aber aus der Optik, daß eine solche Differentialgleichung als Näherungsbedingung einer linearen Differentialgleichung für Wellenamplituden auftritt:

$$\Sigma_i \frac{1}{2\,m_i} \left(\left(\frac{1}{2\pi} \frac{\partial}{\partial x_i} \right)^2 + k^2 \right),\ \psi = 0 \quad (\psi \text{ Wellenamplitude, } k \text{ Wellenzahl}).$$

Setzt man nämlich

$$\psi(x_1, \ldots) = \exp[\ln \hat{\psi}(x_1, \ldots) + 2\pi\, i\, W(x_1, \ldots)]\,,$$

so wird

$$\frac{\partial}{\partial x_i} \psi = \left(\frac{\partial \hat{\psi}}{\partial x_i} \Big/ \hat{\psi} + 2\pi\, i\, \frac{\partial}{\partial x_i} W \right) \psi$$

und wenn man $\frac{\partial \hat{\psi}}{\partial x_i} \Big/ \hat{\psi}$ und $\frac{\partial^2}{\partial x_i^2} W$ als kleine Größen ansieht

$$\frac{1}{2\,m_i} \frac{\partial^2}{\partial x_i^2} \psi = \left(2\pi\, i\, \frac{\partial}{\partial x_i} W \right)^2 \Big/ 2m_i \cdot \psi + \ldots,$$

so daß $\Sigma_i \frac{1}{2 m_i}\left(\left(\frac{\partial}{\partial x_i} W\right)^2 - k^2\right) = 0$ wie behauptet. Zur Bestimmung von k^2 steht (nach PLANCK, EINSTEIN, DE BROGLIE) die empirisch gesicherte Beziehung

$$p_i = h\, k_i \quad (h \text{ PLANCK-Konstante})$$

und obige Analogie zur Verfügung, so daß sich wieder durch Verallgemeinerung die *Schrödinger-Gleichung* für die zeitunabhängige Lagenamplitude ergibt:

$$\Sigma_i - \frac{\hbar^2}{2 m_i} \frac{\partial^2}{\partial x_i^2} + {}^p u - u,\ \psi(x_1, \ldots) = 0, \qquad \hbar := \frac{h}{2\pi}.$$

ψ muß als komplexer „Vektor des Funktionenraums" oder HILBERT-Raums aufgefaßt werden, und die Begriffe Skalarprodukt usw. müssen deshalb nach der Methode des Mathematikers HERMITE gebildet werden: $\psi\,|1|\,\psi := \int \Pi_i\, dx_i\, \psi^*\, \psi$ wo ψ^* der konjugiertkomplexe Wert von ψ ist. Da die Bestimmungsgleichung von ψ linear ist, darf $\psi\,|1|\,\psi = 1$ gesetzt werden. Danach sind nur solche ψ ungleich Null, die bei ∞ verschwinden. Aus dieser Forderung folgt, daß die SCHRÖDINGER-Gleichung nur für bestimmte „Eigenwerte" u_l von u lösbar ist. Die Größe $\Sigma_i - \frac{\hbar^2\, \partial^2}{2 m_i\, \partial\, x_i^2} + {}^p u =: u_{\mathrm{op}}$ heißt *Energieoperator*, und es gilt $\psi_l\, |u_{\mathrm{op}}|\, \psi_l = u_l$. Die Eins muß als Operator des Anwesendseins aufgefaßt werden und eine Funktion, die nur in einem Volumenelement gleich Eins ist, sonst aber verschwindet, muß als Operator der Anwesenheit in dem Volumenelement, d. h. $|\psi|^2$ als *Lagenwahrscheinlichkeit* angesehen werden. Eine quadratische Form $\psi\, |A_{\mathrm{op}}|\, \psi$ bedeutet also einen *Erwartungswert* von A, und ψ kann *Lagenwahrscheinlichkeitsamplitude* genannt werden. Die Anwendung dieser Theorie auf die Erfahrung hat gezeigt, daß zu den Ortskoordinaten der Lage (Konfiguration) eines Systems noch für jedes Teilchen eine *Spinkoordinate* s angegeben werden muß, die sich auf den Eigenwinkelimpuls bezieht und bei einzelnen Elektronen nur zweier Werte fähig ist. Bei chemischen Problemen genügt die Annahme, daß die Spinwahrscheinlichkeitsamplitude $\sigma(s)$ multiplikativ zur Ortsamplitude hinzutritt. Allen physikalischen Größen müssen nun Operatoren mit reellen Eigenwerten entsprechen, aber einer Lagenwahrscheinlichkeitsamplitude entspricht nicht ein Eigenwert jeder Eigenschaft, vielmehr kann man z. B. zeigen, daß der Impuls eine große Varianz hat, wenn die der Lage klein ist, genauer, daß $\Delta x \cdot \Delta p \geqq h/4\pi$ für jede Koordinate (*Unbestimmtheitsrelation*). In der Quantenmechanik hat also der Begriff einer Bahn kein Heimatrecht und somit auch nicht die Beziehung der Identität eines Elektrons mit einem später zu beobachtenden Elektron. Aus diesem Grunde muß sich $\psi\,|1|\,\psi$ ebenso wie alle anderen Erwartungswerte unter der Vertauschung zweier

Teilchen reproduzieren, d. h., ψ muß sich bis auf einen Faktor ± 1 reproduzieren (oder, wie man sagt, eine eindimensionale Darstellung der Vertauschungen bilden). Ein Gas von Teilchen, deren ψ bei Permutation der Teilchen den Faktor 1 annehmen (Bosonen) kondensiert, wie man zeigen kann, bei der absoluten Temperatur Null. Daraus u.a. muß man folgern, daß eine Vertauschung der Koordinaten zweier Elektronen einen Faktor -1 bedingt; man sagt nach PAULI, ψ ist *antisymmetrisch* in den Elektronen.

Nicht jede Situation eines Systems von Untersystemen kann durch eine Wahrscheinlichkeitsamplitude beschrieben werden (ist, wie man sagt, ein reiner Fall), es reicht aber immer aus, anzunehmen, daß jede Amplitude ψ_l bei einem bestimmten Bruchteil w_l der Untersysteme vorliegt. Es ist dann zweckmäßig, den Erwartungswert so zu schreiben:

$$\text{Erw}\, A = \int d_v\mathrm{x}'\, d_v\mathrm{x}\, A_{\mathrm{x}'\mathrm{x}}\, \Sigma_l\, w_l\, \psi_l^*(\mathrm{x}')\, \psi_l(\mathrm{x}).$$

Die Summe heißt *v. Neumannsche Statistische Matrix*, oder *Dichtematrix*, sie ist der kompakte Ausdruck für alle möglichen Eigenschaften eines Systems, d. h. für seinen physikalischen Zustand.

1.52 Aufbau der Atome. Die Atome haben, wie man aus der Messung von Eigenschaften, wie Elektronendichte und Röntgenterme, weiß, im Kristall einen sehr ähnlichen Aufbau wie im Gaszustand. Es ist daher zweckmäßig, daß wir uns zunächst des Aufbaus dieser Grundeinheiten der chemischen Verbindungen erinnern (vgl. z. B. HELLMANN 37, EYRING 44, GOMBAS 49, COULSON 52, HARTMANN 54).

Zentrum des Atoms ist der Kern, der, wie man aus der Beugung von Teilchenstrahlen weiß, einen Durchmesser von 10^{-13} cm hat, aber nach der Massenspektroskopie mehr als 0,999 der Gesamtmasse des Atoms umfaßt und deshalb in ausreichender Näherung als fest im Raum betrachtet werden kann. Um den Kern herum bewegen sich Z-Elektronen, wo Z die Atomnummer ist. Eine charakteristische Tatsache des Atombaus ist die Schalenstruktur der Elektronenhülle, deren Zustandekommen sich wie folgt ergibt. Die Elektronenbewegung läßt sich (im reinen Fall) beschreiben durch die Wahrscheinlichkeitsamplitude (Zustand) $\psi(\mathrm{x}_1\, s_1, \ldots)$, wo x_1 Orts- und s_1 Spinvariable (Eigendrehimpulsvariable) des Elektrons bezeichnen. Die Wahrscheinlichkeitsamplitude ergibt sich bei chemischen Problemen als Lösung der Gleichungen

$$\Sigma_i^{1\ldots 3Z} \frac{-\hbar^2}{2m} \nabla_i^2 + {}^p u(\mathrm{x}_1, \ldots) - u,\ \psi(\mathrm{x}_1, s_1, \ldots) = 0,\ P, \psi = (-1)^p \psi,$$

$$\psi(\infty) = 0.$$

Z Anzahl der Elektronen, $\hbar$ PLANCK-Konstante durch 2π, $\nabla_i^2 = \partial^2/\partial x_i^2 + \partial^2/\partial y_i^2 + \partial^2/\partial z_i^2$, m Elektronenmasse, ${}^p u$ potentielle Energie, u Gesamtenergie, P Permutation (der Koordinaten) von Elektronen, p „Parität" der Permutation.

Die erste Gleichung ist die Eigenwertgleichung des Energieoperators, die zweite Gleichung ist die Antisymmetrieforderung, und die dritte Gleichung ist eine Randbedingung. Es ist zu vermerken, daß magnetische und Gravitationskräfte vernachlässigbar gegenüber den elektrostatischen sind.

Unter der vereinfachenden Annahme, daß zwischen den Elektronen keine oder nur eine durch ein zum COULOMB-Feld hinzutretendes, um den Kern ausgebreitetes Feld beschreibbare Wechselwirkung stattfindet, zerfällt (oder separiert sich) der Energieoperator in eine Summe von Operatoren, die nur auf die Koordinaten eines Elektrons wirken. Man kann dann den zeitunabhängigen Gesamtzustand kennzeichnen, indem man die Z energetisch tiefsten Einelektronenamplituden (*Orbitalfunktionen*) mit je einem Elektron „besetzt", d. h. aus ihnen eine antisymmetrische Linearkombination von Produkten bildet. Es ist daher notwendig, solche Amplituden, d. h. die Eigenfunktionen des „Keplerproblems", zu kennen:

$$\frac{-\hbar^2}{2m}\nabla^2 - Ze^2/|x| - u,\ \psi(\mathrm{x}) = 0,$$

$$\nabla^2 = \frac{1}{r^2}\frac{\partial}{\partial r}r^2\frac{\partial}{\partial r} + \frac{1}{r^2\sin\vartheta}\frac{\partial}{\partial\vartheta}\sin\vartheta\frac{\partial}{\partial\vartheta} + \frac{1}{r^2\sin^2\vartheta}\frac{\partial^2}{\partial\varphi^2}.$$

$x \pm i\,y = r\sin\vartheta\, e^{\pm i\varphi}$, $z = r\cos\vartheta$, $r = |x|$ Radius, ϑ (angulare) Poldistanz, φ Azimut.

Die Amplitudenfunktion kann bei diesen Koordinaten geschrieben werden $\psi = R(r)\,\Theta(\vartheta)\,\Phi(\varphi)$. Die gleichen Funktionen $\Theta\,\Phi$ stellen sich ein bei der Gleichung $\nabla^2 R'\,\Theta\,\Phi = 0$. Man kann verlangen $R'\,\Theta\,\Phi =$ homogenes Polynom vom Grade $l \geqq 0$. Wegen $\Phi = e^{\pm im\varphi} = (x \pm iy)^m/(r\sin\vartheta)^m$ muß gelten $m =$ ganz, $l \geqq m \geqq -l$; m heißt magnetische Quantenzahl, sie mißt, wie man zeigen kann, den azimutalen Winkelimpuls, l heißt Winkelimpulsquantenzahl. Da die restlichen Faktoren von φ unabhängig sind, gilt $\Theta^{(lm)} = \sin\vartheta^{-m}\,P^{(lm)}(\cos\vartheta)$ (P LEGENDRE-Polynome). Der Eigenwert der Kugelfunktion $\Theta\,\Phi^{(lm)}$ unter $-\nabla^2$ ist $l(l+1)$, er führt zu einem auf r wirkenden abstoßenden „Zentrifugalpotential". Wahrscheinlichkeitsamplituden mit $l = 0, 1, 2, 3, \ldots$ bezeichnet man als $s, p, d, f, \ldots$-*Atomorbitalfunktionen*. Für den Radialfaktor der Wahrscheinlichkeitsamplituden bleibt mithin

$$\frac{1}{r^2}\frac{\partial}{\partial r}r^2\frac{\partial}{\partial r} - \frac{l(l+1)}{r^2} + \frac{Ze^2\,2m}{r\,\hbar^2} + u\frac{2m}{\hbar^2},\ R = 0;$$

mit $\frac{\partial}{\partial r}r^2 = r^2\frac{\partial}{\partial r} + 2r$ wird dies

$$\frac{\partial^2}{\partial x^2} + \frac{2\partial}{x\,\partial x} - \frac{l(l+1)}{x^2} + \frac{n}{x} - \frac{1}{4},\ R = 0, \qquad x = 2r\sqrt{\frac{-u\,2m}{\hbar^2}},$$

$$n = \frac{Ze^2\,2m}{\hbar^2\,2\sqrt{\frac{-u\,2m}{\hbar^2}}}.$$

R zeigt für große x und $u < 0$ einen exponentiellen Abfall $e^{-\varepsilon r}$, $\frac{-\hbar^2}{2m}\varepsilon^2 = u$, der diskrete Eigenwerte bedingt; für kleine x muß R wie r^l verschwinden. Mit $R = e^{-x/2} P(x)$ erhalten wir

$$\frac{\partial^2}{\partial x^2} + \left(\frac{2}{x} - 1\right)\frac{\partial}{\partial x} + \frac{n-1}{x} - \frac{l(l+1)}{x^2}, \; P(x) = 0 .$$

Durch Einführung der Potenzreihe $P = \Sigma_i a_i x^i$ erhält man

$$\Sigma_i [a_i(-i + n - 1)\, x^{i-1} + a_i(i(i-1) + 2i - l(l+1))\, x^{i-2}] = 0,$$

$$\frac{a_{i+1}}{a_i} = \frac{n - (i+1)}{-(i+2)(i+1) + l(l+1)}, \quad \frac{a_l}{a_{l-1}} = \frac{n-l}{0}, \; a_l = 1, \; a_{l-1} = 0,$$

$$a_{l-2} = 0 \ldots$$

Für große i geht dies in die Exponentialreihe $\Sigma_i x^i/i!$ über, was zu keiner Lösung führt. Die Reihe wird dagegen zum Polynom, wenn $n = l + r + 1$, r = ganze Zahl $(\geqq 0)$ = Radialquantenzahl, die den Radialimpuls mißt. Damit wird

$$-u = \frac{Z^2 e^4 2m}{\hbar^2 4n^2} \approx Z^2/n^2 \cdot 13\,\mathrm{eV}, \qquad n - 1 \geqq l .$$

Die Energie hängt beim Potential $Z\,e/r$ nur von den *Hauptquantenzahlen* ab, die vor dem Symbol für l angegeben wird, z. B. $1s$ = „s-Funktion der Hauptquantenzahl 1". Weicht das Potential ${}^p u$ vermöge der Wolke der Rumpfelektronen vom Coulombpotential ab, so hängt die Energie von n, l ab und Orbitalfunktionen mit kleinerem l haben die tiefere Energie. Der Spin (Eigenwinkelimpuls) eines Elektrons kann, wie die Spektroskopie lehrt, zweierlei Werte annehmen. Für chemische Probleme kann man ihn als konstant ansehen, er beeinflußt nur die Zahl der Orbitalzustände. Die Zahl der Elektronen mit der Quantenzahl (oder Darstellung oder *Schale*) „$n\,l$" wird im Exponenten angegeben, z. B. $1s^2$.

Damit kann man jedem Element des Periodischen Systems eine antisymmetrische Linearkombination der (tiefstmöglichen) Orbitalfunktionen der Elektronen, d. h. eine *Zustandsbesetzung* (oder, wie man gelegentlich sagt, „Orbitalkonfiguration") zuordnen und schreiben ($|\mathrm{He}|$ bedeutet He-Rumpf):

$$\begin{aligned}
\mathrm{H}, \ldots, \mathrm{He} &= 1s, \ldots, 1s^2,\\
\mathrm{Li}, \ldots, \mathrm{Ne} &= |\mathrm{He}|\,(2s, \ldots, 2s^2\,2p^6),\\
\mathrm{Na}, \ldots, \mathrm{Ar} &= |\mathrm{Ne}|\,(3s, \ldots, 3s^2\,3p^6),\\
\mathrm{K}, \ldots, \mathrm{Kr} &= |\mathrm{Ar}|\,(4s, \ldots, 4s^2\,3d^{10}\,4p^6),\\
\mathrm{Rb}, \ldots, \mathrm{X} &= |\mathrm{Kr}|\,(5s, \ldots, 5s^2\,4d^{10}\,5p^6),\\
\mathrm{Cs}, \ldots, \mathrm{Rn} &= |\mathrm{X}|\,(6s, \ldots, 6s^2\,4f^{14}\,5d^{10}\,6p^6),\\
\mathrm{Fr}, \ldots, &= |\mathrm{Rn}|\,(7s, \ldots, 7s^2\,5f^{14} \ldots).
\end{aligned}$$

Sind für eine gegebene Hauptquantenzahl gerade alle s- und p-Funktionen besetzt, so spricht man von einer aufgefüllten *Edelgasschale*.

Die d-Elektronen der Hauptquantenzahl n sind gegenüber den p-Elektronen so stark angehoben, daß sie erst besetzt werden, wenn schon in der Hauptquantenzahl $n + 1$ ein oder zwei s-Elektronen besetzt sind. Die p-Elektronen liegen dagegen energetisch so nahe an den s-Elektronen, daß eine gefüllte s-Schale keine Edelgaseigenschaft ergibt, wenn noch p-Schalen der gleichen Hauptquantenzahl frei sind. Das nach einer aufgefüllten Edelgasschale hinzukommende Elektron hat eine wesentlich höhere Energie im Orbitalzustand, weil die Hauptquantenzahl steigt; es ist also lockerer gebunden und chemisch aktiv. Die s- und p-Elektronen außerhalb der äußersten aufgefüllten Edelgasschale sind am stärksten für die chemische Bindung maßgebend, man nennt sie *Valenzelektronen*. Alle Elektronen außerhalb der äußersten aufgefüllten Edelgasschale nennt man *Außenelektronen*. Elemente, bei denen eine d-Schale aufgefüllt wird, heißen *Übergangsmetalle*. Elemente, bei denen die $4f$- bzw. $5f$-Schale aufgefüllt wird, heißen *Lanthaniden* bzw. *Actiniden*. Die $4f$-Schale wird erst besetzt, wenn sich schon Elektronen in der $6s$-Schale befinden.

Im Fall der Atome im Gaszustand hat der Energieoperator alle Drehungen und Spiegelungen um den Kern als Symmetriegruppe. Die Orbitalfunktionen, die zur Energie von n, l gehören, sind $2l + 1$ an der Zahl. Sie bilden, wie man sagt, einen $2l + 1$-dimensionalen Vektorraum; man kann nämlich zeigen, daß eine Symmetrie des Energieoperators lineare Transformationen in den Vektoren gleicher Energie bewirkt, und daß bei allen solchen Transformationen (Darstellungen der Symmetriegruppe) in diesem Vektorraum kein echter Unterraum selbstgleichwertig bleibt. Ist die Symmetrie vermöge der Felder von Liganden (gebundenen Atomen) von einer niedrigeren Symmetrie, so spalten die Schalen in Unterdarstellungen verschiedener Energie auf. So spaltet z. B., wie man zeigen kann, eine d-Schale (fünfdimensionaler Vektorraum) unter der Punktsymmetrie des Oktaeders in eine zweidimensionale und eine dreidimensionale Darstellung e_g und t_{2g} auf; e zweidimensionale Darstellung der Oktaedergruppe, g gerade = unter Inversion symmetrisch und t_2 dreidimensionale Darstellung mit negativem Charakter der Viererdrehung.

1.53 Bindung von Atomen in Molekülen. Die Bildung von Molekülen bringt man in Erfahrung, indem man die Materie im verdünnten Zustand (gasförmig oder gelöst in Flüssigkeiten) untersucht. Ein besonders einfacher Fall chemischer Bindung ist das H_2^{1+}-Molekülion. Der Energieoperator

$$u_{\text{op}} = -\frac{\hbar^2}{2m}\nabla_1^2 + e^2\left(-\frac{1}{r_{a1}} - \frac{1}{r_{b1}} + \frac{1}{r_{ab}}\right) = u_{\text{Hop}} + e^2\left(-\frac{1}{r_{b1}} + \frac{1}{r_{ab}}\right)$$

(r_{a1} Abstand zwischen Elektron 1 und Kern a).

dieses Systems zerfällt, wie man zeigen kann, bei elliptischen Koordinaten in Summanden, die nur auf je eine Koordinate wirken, er läßt sich also streng auswerten. — Einen durchsichtigen Einblick in die Erscheinung der Bindung zweier Protonen durch ein Elektron erhält man jedoch auch durch eine Näherungsrechnung. Sind $a(1)$ bzw. $b(1)$ die zur tiefstmöglichen Energie gehörigen normierten $1s$-Amplituden für ein um den Kern a bzw. b bewegtes Elektron 1, so sind $a \overset{+}{\underset{(-)}{}} b$ symmetrische (antisymmetrische) miteinander entartete (d. h. gleiche Energie nullter Näherung zeigende) unnormierte Näherungsamplituden, die sich unter Spiegelung der Koordinaten an der auf der Kernverbindungsgeraden mittelsenkrechten Ebene identisch oder „alternierend" transformieren, die also im Vektorraum aller Linearkombinationen von Amplituden die tiefsten Werte für die Energie geben

$$u = (a \overset{+}{\underset{(-)}{}} b)\,|u_{\mathrm{op}}|\,(a \overset{+}{\underset{(-)}{}} b)/(a \overset{+}{\underset{(-)}{}} b)\,|1|\,(a \overset{+}{\underset{(-)}{}} b),$$

$$= \left[u_H + a e^2 \left| -\frac{1}{r_{b1}} + \frac{1}{r_{ab}} \right| a \overset{+}{\underset{(-)}{}} \Delta u_H \overset{+}{\underset{(-)}{}} a e^2 \left| -\frac{1}{r_{a1}} + \frac{1}{r_{ab}} \right| b\right] / (1 \overset{+}{\underset{(-)}{}} \Delta),$$

$$\Delta = a\,|1|\,b.$$

Das erste Integral gibt immer eine kleine Lockerung, weil durch Eintauchen des Kerns b in die Ladungswolke a ein Teil von deren Wirkung verlorengeht. Das letzte Integral (*Resonanz-* oder Überlappungsintegral) bewirkt im symmetrischen (antisymmetrischen) Fall eine Bindung (Lockerung): Bei hinreichend großem r_{ab} entsteht im Bindungsfall eine Anziehung, bei hinreichend kleinem r_{ab} dagegen eine Abstoßung, weil die Kerne sich stark abstoßen und die Überlappung einen größeren Nenner erzeugt. Das Resonanzintegral hat keine von der Art der Näherung unabhängige Bedeutung. — Stilisiert man das vorliegende Problem auf ein in einem Zylinder mit Kolben gefangenes Elektron, so erkennt man, daß die (adiabatische) Expansion zwar die potentielle Energie des Elektrons nicht ändert, aber die kinetische Energie herabsetzt. Dieser Effekt ist in obiger Näherungsrechnung insofern enthalten, als das Resonanzintegral, wie man zeigen kann, proportional der Frequenz des Hin- und Herwanderns des Elektrons im Molekül ist. Wir können die H_2^{1+}-Bindung also durch die Expansion der Orbitalfunktion des Elektrons („Expansionsbindung") verstehen. Die oben behandelte Wahrscheinlichkeitsamplitude wird auch *Molekulare Orbitalfunktion* genannt und, weil sie durch *L*inear-*C*ombination von *a*tomaren *O*rbitalfunktionen entstanden ist, „MOLCAO".

Ein weiterer einfacher Fall chemischer Bindung ist das *H_2-Molekül*, das bei festgehaltenen Kernen ein Zweiteilchenproblem darstellt

$$u_{\mathrm{op}} = -\frac{\hbar^2}{2m}(\nabla_1^2 + \nabla_2^2) + e^2\left(-\frac{1}{r_{a1}} - \frac{1}{r_{b1}} - \frac{1}{r_{a2}} - \frac{1}{r_{b2}} + \frac{1}{r_{12}} + \frac{1}{r_{ab}}\right).$$

Es gibt vier linearunabhängige Ortswahrscheinlichkeitsamplituden gleicher tiefster Energie bei Vernachlässigung der Lagenenergie zwischen den Elektronen. Man kann sie zusammenfassen in den orthogonalen Vektoren

$$\psi(1, 2) = \big(a(1) \pm b(1)\big)\,\big(a(2) \pm b(2)\big).$$

Außer der Molekülsymmetrie gibt es hier noch die Symmetrie vermöge Vertauschung der Elektronenkoordinaten („Austauschsymmetrie“) des Energieoperators. Wählt man entweder nur die oberen oder nur die unteren Vorzeichen in den Klammern, so erhält man zwei austauschsymmetrische Lösungen, die außerdem noch gegen Vertauschung der Kerne symmetrisch sind. Die übrigen Amplituden treten, wie man zeigen kann, nicht in die Näherungsrechnung ein, sie „kombinieren nicht“ mit den symmetrischen Funktionen. Die Ausführung der Rechnung zeigt, daß die optimale Energie bereits nahe erreicht wird und mit der austauschsymmetrischen Linearkombination

$$\psi(1,2) = a(1)\,b(2) + b(1)\,a(2)\,.$$

Diese Funktion wurde zuerst benutzt von HEITLER/LONDON (27), zu ihr gehören antiparallele Spine, d. h. eine austauschantisymmetrische Spinfunktion $\sigma^+(1)\,\sigma^-(2) - \sigma^-(1)\,\sigma^+(2)$. Die Gesamtfunktion stellt eine Angabe über die Orts(spin)korrelation dar, die zugehörige Bindung kann als „*korrelierte Expansionsbindung*“ verstanden werden. Für die Energie kommt

$$\begin{aligned} u &\doteq (a(1)b(2)+b(1)a(2))\,|u_{\mathrm{op}}|\,(a(1)b(2)+b(1)a(2))/(ab+ba)\,|1|\,(ab+ba),\\ &= [a\,b\,|u_{\mathrm{op}}|\,a\,b + a\,b\,|u_{\mathrm{op}}|\,b\,a]/[a\,b\,|1|\,a\,b + a\,b\,|1|\,b\,a],\\ &= \left[2u_H + a\,b\,e^2\left|-\frac{1}{r_{b1}} - \frac{1}{r_{a2}} + \frac{1}{r_{12}} + \frac{1}{r_{ab}}\right|a\,b + 2\Delta^2 u_H + \right.\\ &\qquad \left. + a\,b\,e^2\left|-\frac{1}{r_{a1}} - \frac{1}{r_{b2}} + \frac{1}{r_{12}} + \frac{1}{r_{ab}}\right|b\,a\right]\Big/(1+\Delta^2),\\ \Delta &= a\,|1|\,b. \end{aligned}$$

Das erste bzw. zweite Integral wird Coulomb- bzw *Austauschintegral* genannt. Das Austauschintegral entspricht dem Resonanzintegral beim Molekülion. Die Ausrechnung lehrt, daß das Austauschintegral dem Betrag nach größer als das Coulombintegral ist und daß es negatives Vorzeichen hat. Die Expansion eines Elektrons ist gekoppelt mit der des anderen Elektrons. Da diese Bindungsart bei Verbindungen wie H_2 die allein denkbare ist, spricht man auch von homöopolarer Bindung. Diese Bezeichnung könnte den Eindruck erwecken, daß bei heteropolaren Verbindungen keine homöopolare Bindung vorhanden wäre, das ist aber nicht der Fall. Es ist deshalb der Ausdruck *kovalente Bindung* zu bevorzugen. — Es ist nicht jede denkbare Ortskorrelation möglich wegen des PAULI-Prinzips; eine denkbare vollsymmetrische Ortskorrelation von 3 s-Elektronen im Felde von 3 Wasserstoffkernen ist nicht möglich, weil es keine antisymmetrische Spinfunktion dazu gibt. Das H_2-Molekül verhält sich also wie ein Edelgas: die Heranführung eines weiteren H-Atoms bedingt die Besetzung eines Einelektronenzustands von hoher Energie, so daß das dritte H nicht gebunden wird.

Wenn ein zweiatomiges Molekül kein Symmetriezentrum hat wie z. B. LiH, so kann $a(1)\,a(2)$ in der Molekül(wahrscheinlichkeits)amplitude der Valenzelektronen unabhängig von $b(1)\,b(2)$ vorkommen. Kommt es überwiegend in der Amplitude vor, so spricht man von überwiegend *ionischer Bindung*. Die Lehre der ionischen Bindung in Molekeln kann, wenn man die Ausbildung der Ionen als Erfahrungstatsache hinnimmt und die Ionen als Kugeln von festgegebenem Radius ansieht, im Rahmen der Makrophysik entwickelt werden (VAN ARKEL/DE BOER 31), sie erlaubt auch eine Anzahl kristallstruktureller Erscheinungen besser zu verstehen. Die Erklärung, warum sich die Ionen ausbilden, kann im Rahmen der LCAO-Theorie gegeben werden. Insofern ist diese Theorie von grundlegender Bedeutung für das Verständnis der chemischen Bindung.

Bei Edelgasen ist die Tendenz, ein fremdes Elektron in den eigenen Bereich hinein- oder herauszulassen, sehr klein, es findet keine Bindung durch Expansion von Elektronen statt, weil eines der Elektronen erst in eine höhere Hauptquantenschale gehoben werden müßte. Trotzdem gibt es noch eine schwache sog. *Dispersionsbindung*, die daher rührt, daß die Atome in jeder besonderen Konfiguration eine Dipolkraft aufeinander ausüben, über die für alle Konfigurationen gemittelt wird; dabei kommt erst in zweiter Näherung eine Anziehung heraus, weil die abstoßenden Lagen unwahrscheinlicher werden. Da die potentielle Energie zweier Dipole mit $1/r^3$ abnimmt und die Energiestörung erst in zweiter Näherung zustande kommt, nimmt die Dispersionsbindung mit $1/r^6$ ab. Wenn besondere Bedingungen in einem Kristallgitter (z.B. eine kristalline Ortskorrelation im Elektronengas) dafür sorgen, daß die abstoßenden Dipole wahrscheinlicher werden, kommt es zu einer *Dispersionsabstoßung*.

1.54 Bindung im Kristall bei nichtwechselwirkenden Valenzelektronen. Die Kräfte, welche zur Molekülbildung führen, spielen auch in Kristallen eine Rolle. Da die Bindung vornehmlich durch Valenzelektronen bewirkt wird, untersucht man zunächst die Bewegung dieser Elektronen und berücksichtigt die Rumpfelektronen durch ein Abschirmpotential, nimmt also an, daß die Bewegung der Valenzelektronen unabhängig von der Bewegung der Rumpfelektronen ist. Das Potential ist nicht allein elektrostatischen Ursprungs, weil, wie wir gleich sehen werden, auch die Antisymmetrieforderung z. T. wie eine Abstoßung wirkt. Ist die Zahl der Valenzelektronen je Atom nicht groß, so kann man auch die Wechselwirkung der Valenzelektronen untereinander unterschlagen und gelangt so wieder zu einer Kombination von Einelektronenproblemen, ähnlich wie bei der Deutung des Periodischen Systems. Die Bindung in diesem „*Bandmodell*" (FRÖHLICH 36, SEITZ 40, elementar: HUME-ROTHERY/RAYNOR 54) muß wesentlich eine Expansionsbindung sein. Während das Bandmodell bei der Theorie einiger Eigenschaften von großem Nutzen ist, sind seine Erfolge beim Problem der chemischen Bindung nicht sehr befriedigend geworden.

Das Einelektronenproblem des Bandmodells lautet

$$-\frac{\hbar^2}{2m}\nabla^2 + {}^p u(\mathbf{x}) - u,\ \psi(\mathbf{x}) = 0, \qquad {}^p u(\mathbf{x} + \mathbf{x}_t) = {}^p u(\mathbf{x}),$$

$$\psi(\mathbf{x} + \mathbf{x}_g) = \psi(\mathbf{x}), \qquad \mathbf{x}_g = g\,\mathbf{x}_{t'}, \qquad g \gg 1,$$

$\mathbf{x}_t$ Elementartranslation des Gitters, $\mathbf{x}_g$ Kanten des Potentialkastengebiets, ${}^p u$ potentielle Energie.

Das Problem entspricht z. B. einem Pendel mit zeitlich veränderlicher Richtkraft. Bekanntlich lassen sich auf einer Schaukel zeitlich exponentiell angeregte oder gedämpfte sog. „Stoppzustände“ erhalten, wenn die Anregungsfrequenz z. B. genau doppelt so groß ist wie die Frequenz „nullter Näherung“, d. h. ohne zeitliche Anregung. Steht die Anregungsfrequenz nicht in doppelt so großem oder ähnlich wirksamem Verhältnis zur Frequenz nullter Näherung, so stellen sich sog. „Passierzustände“ ein, die nicht gedämpft sind (die Namen stammen aus der Elektrotechnik der kettenartigen Schaltelemente). Um eine genauere Einsicht in das

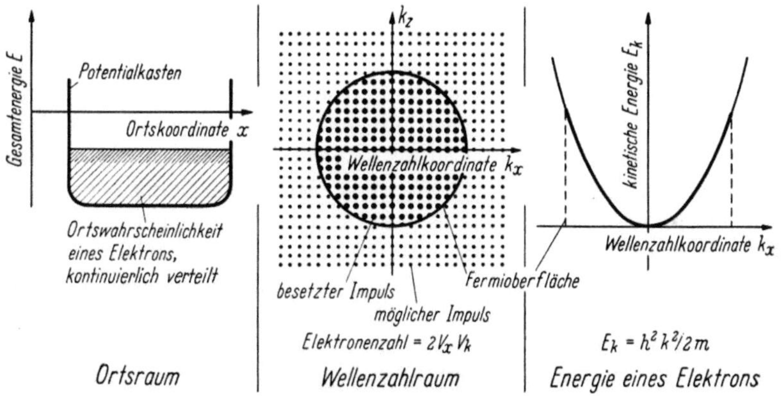

Abb. 1. Kastenmodell

V_x Volumen des Kastens; V_k Volumen der Fermikugel; E_k kinetische Energie; m Elektronenmasse

Problem zu erhalten, stellen wir eine Näherungsrechnung an. Nullte Näherung sei (mit der Bezeichnung ${}^p\bar{u}$ = mittlere potentielle Energie)

$$-\frac{\hbar^2}{2m}\nabla^2 + {}^p\bar{u} - {}^0u,\ {}^0\psi = 0, \qquad {}^0\psi_{\mathbf{k}} = \frac{1}{\sqrt{V_x}}\exp 2\pi i\,\mathbf{k}\cdot\mathbf{x}, \qquad V_x = \mathbf{x}_g^3,$$

$$\mathbf{k}\cdot\mathbf{x}_g = \text{ganze Zahl}, \qquad {}^0u = {}^p\bar{u} + h^2k^2/2m.$$

Man nennt $\mathbf{k}$ den *Wellenzahlvektor* der Orbitalwelle und $h^2k^2/2m$ *Translationsenergie*. Die zulässigen Wellenzahlvektoren bilden ein feines Gitterraster (Abb. 1), dessen Elementarvolumen $1/V_x$ ist. Man kann eine Gesamteigenfunktion nullter Näherung angeben durch eine „Besetzung des Wellenzahlraums“. Ist die absolute Temperatur $T = 0$, so ist die Energie minimal, es wird also im Wellenzahlraum eine Kugel um den Ursprung besetzt, die sog. *Fermikugel.* Da wegen der beiden Spinmöglichkeiten jeder zulässige Wellenzahlvektor zweimal besetzt werden muß, ergibt sich für die Zahl der Valenzelektronen des Metalls $N = 2 V_k V_x$, wo V_k das besetzte Wellenzahlvolumen ist, so daß $\mathrm{VEK} = 2 V_k V_{\mathrm{At}}$, wo V_{At} das Volumen eines Atoms ist.

Schon aus dieser Näherung für das Verhalten des Elektronengases (dem *Kastenmodell*) ergeben sich wichtige Aussagen. So ist die Nullpunktsenergie der Valenzelektronen z. B. von Na soweit sie von der translatorischen Bewegung herrührt nach obiger Gleichung etwa 3 eV, dagegen die kinetische Energie $3\,k\,T/2$ eines Atomgases bei Raumtemperatur nur 0,075 eV. Mit dieser sog. Gasentartung der Valenzelektronen hängt z. B. ihre nahezu verschwindende spezifische Wärme zusammen. — Die hohe kinetische Nullpunktsenergie wirkt wie eine abstoßende Kraft auf hinzukommende Elektronen.

Will man die Energie ${}^{0+1}u$ einer Passieramplitude in erster Näherung berechnen, so hat man zunächst zu untersuchen, in welche Linearkombination ${}^{0}\psi = \Sigma_i\, a_i \exp 2\pi\, i\, \mathbf{k}_i \cdot \mathbf{x}$ von Amplituden nullter Näherung und gleicher Energie die gestörte Amplitude übergeht, d. h. welches die der Störenergie ${}^{p}u$ *angepaßte nullte Näherung* ist. Zu diesem Zwecke setzt man ${}^{0}\psi$ unter den obigen Eigenwertoperator und leitet durch Skalarmultiplikation mit den einzelnen Orbitalfunktionen ein endliches Gleichungssystem für die a_i her, das Säkulargleichungssystem. Da 2 Wellenzahlvektoren $\mathbf{k}_1$ und $\mathbf{k}_2$ annähernd zur gleichen Energie gehören, wenn $k_1^2 \approx k_2^2$, könnte man meinen, ein sehr großes Säkulargleichungssystem zur Bestimmung der angepaßten nullten Näherung der Amplitude und der Energieverbesserung zu erhalten. Nun ist aber das Matrixelement des Säkulargleichungssystems, welches entsteht, wenn man die SCHRÖDINGER-Gleichung mit den ${}^{0}\psi^{*}_{\mathbf{k}_i}$ skalarmultipliziert,

$$ {}^{p}u_{12} = \int_{dx}^{V_x} \frac{1}{V_x}\, {}^{p}u \exp 2\pi\, i(-\mathbf{k}_1 + \mathbf{k}_2)\,\mathbf{x} \neq 0, \qquad \text{wenn} \qquad -\mathbf{k}_1 + \mathbf{k}_2 = \mathbf{k}_t, $$

wo $\mathbf{k}_t$ ein Wellenzahlvektor des reziproken Gitters oder Wellenzahlgitters von ${}^{p}u(\mathbf{x})$ ist. Diese Forderung ist erfüllt, wenn $\mathbf{k}_1$ mit seinem Anfangspunkt (nahezu) auf der zu $\mathbf{k}_t$ mittelsenkrechten Ebene (*Brillouinebene*, BE) und mit seinem Endpunkt im Ursprung liegt. Liegt $\mathbf{k}_1$ nicht in der Nähe weiterer Brillouinebenen, so lautet das Eigenwertproblem bezüglich der Amplituden der nullten Näherung mit ${}^{0}\psi = \Sigma_i^{1,2} a_i \exp 2\pi i\, \mathbf{k}_i \cdot \mathbf{x}$

$$ 0 = \begin{pmatrix} {}^{0}u_{11} - {}^{0+1}u & {}^{p}u_{12} \\ {}^{p}u_{21} & {}^{0}u_{22} - {}^{0+1}u \end{pmatrix} \begin{pmatrix} a_1 \\ a_2 \end{pmatrix}, $$

so daß man fordern muß

$$({}^0u_{11} - {}^{0+1}u)\ ({}^0u_{22} - {}^{0+1}u) - {}^pu_{12}\,{}^pu_{21} = 0\,.$$

${}^0u_{11}$ Matrixelement der Energie nullter Näherung, ${}^pu_{12}$ Matrixelement der „Störenergie“ ${}^pu(\mathbf{x})$.

Für ${}^0u_{11} = {}^0u_{22}$ folgt die Energiekorrektur als $\pm\,|{}^pu_{12}|$ und die Linearkombination nullter Näherung wird (im Falle eines Gitters mit Symmetriezentrum, d. h. reeller u_{ik}) $\psi_{\mathbf{k}_1} \pm \psi_{\mathbf{k}_2}$, das sind sog. *Koppelwellen*, die parallel zur Netzebene fortlaufend und senkrecht dazu stehend sind. Aus obigen Formeln kann man ferner entnehmen, daß die Energie-

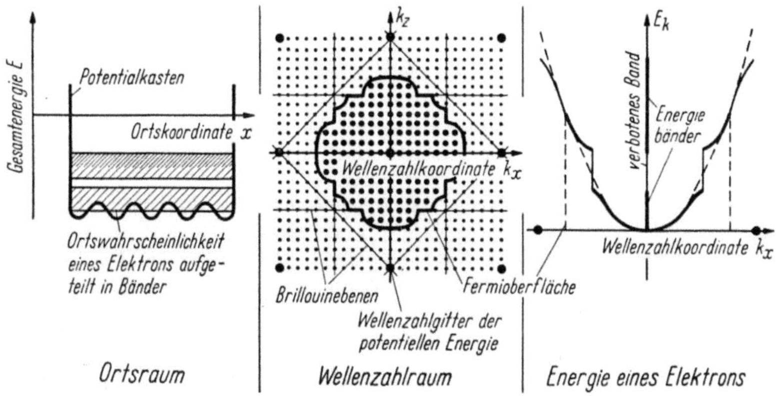

Abb. 2. Bandmodell (lockere Bindung)

korrektur immer kleiner wird, je mehr $\mathbf{k}_1$ sich von der Brillouinebene entfernt und daß gleichzeitig die Eigenfunktion immer ähnlicher einer einfachen Welle wird (vgl. Abb. 2). Auf den Brillouinebenen dagegen ist die Energie zweiwertig und die Eigenfunktion eine Koppelwelle. Der Energiesprung ist groß, wenn die Fourieramplitude von ${}^pu$ oder, wie man zeigen kann, der Elektronendichte groß ist, d. h., wenn die zu dem Wellenzahlvektor gehörende Debyelinie intensiv ist. Es muß also, wenn die Oberfläche der Fermikugel in der Nähe einer „intensiven“ Brillouinebene liegt, zu energetischen Auswirkungen kommen, die wir später näher betrachten werden. Durch die Energiesprünge auf den Brillouinebenen wird die Energie in *Energiebänder* (Passierbänder) und der Wellenzahlraum in *Brillouinzonen* aufgeteilt. Bei hinreichend kleinem Energiesprung auf der Brillouinebene kann es vorkommen, daß die höchste Energie des tieferen Bandes höher ist als die tiefste Energie des höheren Bandes; man sagt dann, daß die Bänder einander auf der Energiekoordinaten *überlappen*. Man kann zeigen, daß vollgefüllte nicht überlappende Bänder keine elektrische Leitfähigkeit und keinen Paramagnetismus geben, man kann also aus der Leitfähigkeit der Metalle auf die Überlappung der Bänder schließen.

Die Berücksichtigung aller auch der schwach angekoppelten Wellen zeigt, daß die Ortsamplituden des Bandmodells von der Form $\exp(2\pi i\,\mathbf{k}\cdot\mathbf{x})\,v(\mathbf{x})$ wird, wo v der Translationsgruppe des Kristalls genügt und zu einem zur Translationsenergie hinzukommenden Anteil kinetischer Energie führt.

Um die Energie eines Valenzelektrons im Metall mit der im freien Atom vergleichen zu können, muß man die Energie u_0 für $k = 0$ berechnen; es gilt nämlich genähert (Fröhlich 36) $u = u_0 + h^2 k^2/2m$. Man umschließt ein Atom mit einem „Atompolyeder", das gebildet wird von den mittelsenkrechten Ebenen auf allen Verbindungsstrecken zu Nachbarn, nähert dieses Polyeder durch eine volumengleiche Kugel an und fordert, daß an der Oberfläche der Kugel der Ortsgradient der Wahrscheinlichkeitsamplitude verschwindet. Mit der so erhältlichen Energie u_0 minimisiert man die Gesamtenergie u durch Verändern des Kugelradius und kommt so auf Aussagen über die Sublimationswärme, Gitterabstand und Kompressibilität. Diese Größen interessieren im vorliegenden Zusammenhang nicht. Für die Strukturfrage von Interesse dagegen sind die Auswirkungen der Bandstruktur auf die Zusammensetzung einer Verbindung oder auf ihre Gitterkonstantenverhältnisse.

Der erste Schritt bei der Suche nach solchen Auswirkungen ist eine Zuordnung von Aussagen des Bandmodells zu Erfahrungstatsachen. Dabei ist es zweckmäßig, mit einem kugelförmigen Fermikörper zu rechnen und die Taktion der Fermikugel an Brillouinebenen mit Homogenitätsgrenzen in Verbindung zu bringen. In dieser Weise haben Mott und Jones (36) einige Regeln von Hume-Rothery (26) über das Auftreten bestimmter Kristallstrukturen (α, β, γ, ε) in messingartigen Legierungssystemen erklärt. Wir kommen auf diese Regeln bei der Besprechung der einzelnen Strukturen zurück. Wir wollen die zu einem kugelförmigen Fermikörper, welcher eine BE(hkl) tangiert, gehörige Valenzelektronenkonzentration *Taktionsvalenzelektronenkonzentration* (TVEK) nennen. Die spätere Diskussion wird zeigen, daß die zu einer Erscheinung (z. B. Homogenitätsgrenze) gehörige VEK meistens etwas größer als die zuzuordnende TVEK ist. Man kann dies dadurch deuten, daß man annimmt, der „wahre" Fermikörper sei gegenüber der Fermikugel etwas ausgebaucht. Die Differenz (VEK ... TVEK) läßt sich als *Ausbauchungsbeitrag* bezeichnen (Schubert 52a; vgl. auch „truncation faktor", Sato/Toth 62). — Die Besetzung von Zuständen jenseits einer Brillouinebene wollen wir eine *Überragung* der Brillouinebene durch die Fermikugel nennen; sie kann auch ohne Überlappung der Bänder auftreten.

Auch auf T-Elemente hat man das Bandmodell angewandt (vgl. z. B. Bader 53, Griffith 56, Goodenough 58); die pauschale Berücksichtigung der Elektronenwechselwirkungen ist bei d-Elektronen jedoch noch weniger tragbar als bei den Valenzelektronen.

1.55 Einfluß der wechselseitigen Abhängigkeit der Elektronen

Zu Anfang dieses Jahrhunderts, als man die Metallelektronen im Rahmen der Makromechanik studierte, schlugen einige Forscher vor, daß „die Metallelektronen ein Raumgitter bilden, in welches die positiv geladenen Atomrümpfe eingelagert sind" (Haber 11) und daß wegen der (im Vergleich zu der makromechanisch zu erwartenden kinetischen Energie) großen Abstoßungsenergie der Elektronen „die Metallelektronen weniger einem idealen Gas als einem ideal starren Körper" entsprächen (Lindemann 15). Im Anschluß an diese Forscher schrieb Hume-Rothery (26): „It is therefore suggested that the β phases of alloys of copper, silver, and gold (with B-metals) are interpenetrating space lattices of atoms and electrons for which the fundamental ratio is 3 electrons to 2 atoms with a certain amount of variation on either side". HUME-ROTHERY stieß damals auf Widerstand: „The main point whether there are two space lattices, one for the atoms and the other for the electrons has still to be cleared by investigation and by patient research (BELAIEW)". Merkwürdigerweise ist die geduldige Forschung in dieser Richtung nicht sehr umfassend betrieben worden. Man findet eine Mitteilung von LAVES (32) über Strukturen messingartiger Legierungen; ferner eine Bemerkung von BRADLEY (49). Der Grund dafür liegt paradoxerweise im Erfolg der Elektronentheorie der Metalle:

Vermöge der Antisymmetrie der Wahrscheinlichkeitsamplitude (bei Vertauschung der Koordinaten zweier Elektronen) liegt die Nullpunktsenergie je Elektron um den Faktor 100 über der Äquipartionsenergie bei Raumtemperatur, so daß die Vorstellung eines Elektronengitters unwahrscheinlich wurde. Es war aber kein Grund dafür gegeben, daß die Elektronen für alle Zwecke ausreichend als ideales Gas betrachtet werden konnten. Im Gegenteil führt die Antisymmetrie der Wahrscheinlichkeitsamplitude sogar zu einem „kinematischen" Ausweichen der Elektronen gleichen Spins, weil jede Amplitude an der Stelle der Übereinstimmung der Orts- und Spinkoordinaten zweier Elektronen verschwindet, so daß die Wahrscheinlichkeit dort in zweiter Potenz verschwindet. Ein Hinweis auf die Abhängigkeit der Elektronenbewegung bei verschiedenen Spinen war die HEITLER/LONDONsche Theorie (27) des Wasserstoffmoleküls, welche lehrte, daß die Wahrscheinlichkeitsamplitude „ein Elektron bei Kern a und ein Elektron von anderem Spin bei Kern b" bereits gute Bindung ergibt. Ferner wurde der aus der Korrelation der Orte von Elektronen folgende Gewinn an Energie lebenswichtig für die statistische (THOMAS/FERMIsche) Theorie der Atome.

Das Ausweichen der Elektronen läßt sich nach WIGNER/SEITZ (33) für ein „Elektronengas" nichtwechselwirkender gleicher „Fermiteilchen" wie folgt erhalten.

Es seien $\psi_i(\mathbf{x}_{i'})\,\sigma_i(s_{i'})$, $i = 1 \ldots N$, die besetzten Orbitalfunktionen, dann ist $\frac{1}{\sqrt{N!}} \det \psi_1(\mathbf{x}_1)\,\sigma_1(s_1) \ldots \psi_n(\mathbf{x}_n)\,\sigma_n(s_n)$ die Gesamtamplitude (in der Determinante sind nur die Diagonalglieder notiert). Wir erhalten unter Voraussetzung der Orthogonalität der Orbitalfunktionen die Ortskorrelation, d. h. die Wahrscheinlichkeit in einem Einheitsvolumenelement bei $\mathbf{x}_1$ und einem bei $\mathbf{x}_2$ zugleich ein Elektron zu finden,

$$ {}^2w(\mathbf{x}_1, \mathbf{x}_2) = \frac{1}{N(N-1)} \Big(\Sigma_{i\,j}^{i \neq j} |\psi_i(\mathbf{x}_1)|^2 |\psi_j(\mathbf{x}_2)|^2 - $$

$$ - \Sigma_{i\,j}^{i \neq j,\, \| \mathrm{Sp}} |\psi_i^*(\mathbf{x}_1)|\, |\psi_j^*(\mathbf{x}_2)|\, |\psi_i(\mathbf{x}_2)|\, |\psi_j(\mathbf{x}_1)| \Big) $$

($\|$Sp bedeutet parallele Spins). Die erste Summe hat $N(N-1)$-Summanden, die zweite $N(N/2-1)$, falls alle Orbitalfunktionen doppelt besetzt sind, was wir voraussetzen wollen. Die erste Summe gibt unabhängige Korrelation, die zweite Summe liefert die Antisymmetriekorrelation. Für ebene Wellen wird sie zu

$$\frac{1}{V_x^2}\Sigma_{\mathbf{k}_1\,\mathbf{k}_2}^{\mathbf{k}_1\neq\mathbf{k}_2,\,||\mathrm{Sp}}\exp 2\pi i(\mathbf{k}_2-\mathbf{k}_1)(\mathbf{x}_1-\mathbf{x}_2)$$

(||Sp bedeutet: unter Voraussetzung paralleler Spine). Anstatt über die Fermikugel vom Radius $\widehat{k}$ (und vom Volumen V_k) zu summieren, kann man integrieren und setzen:

$$\Sigma_{\mathbf{k}_1\,\mathbf{k}_2}^{\mathbf{k}_1\neq\mathbf{k}_2,\,||\mathrm{Sp}} = 2\int_{d_v\mathbf{k}_1\,d_v\mathbf{k}_2}^{V_k}(N/2\,V_k)^2,\ [2\cdot N/2(N/2-1)\text{-Summanden}].$$

Wir nehmen $\mathbf{x}_1-\mathbf{x}_2=\mathbf{x}$ parallel der x-Achse an, integrieren über k_{iy} und k_{iz} und erhalten:

$$\begin{aligned}
2\,V_k^2/N^2\cdot\Sigma_{\mathbf{k}_1\,\mathbf{k}_2}^{\mathbf{k}_1\neq\mathbf{k}_2,\,||\mathrm{Sp}} &= \int_{d k_{1x}\,d k_{2x}}^{-\hat{k}\ldots\hat{k}}\pi^2(\hat{k}^2-k_{1x}^2)(\hat{k}^2-k_{2x}^2)\exp 2\pi i\times\\
&\qquad\times(k_{2x}-k_{1x})x,\\
&=\left(\pi\int_{dk}^{-\hat{k}\ldots\hat{k}}(\hat{k}^2-k^2)\exp 2\pi i k x\right)^2,\\
&=\left(\pi\hat{k}^2\frac{1}{2\pi i x}\int_{dk}^{\cdots}\frac{\partial}{\partial k}\exp 2\pi i k x-\int_{dk}^{\cdots}\frac{\pi}{-4\pi^2}\times\right.\\
&\qquad\left.\times\frac{\partial^2}{\partial x^2}\frac{1}{2\pi i x}\frac{\partial}{\partial k}\exp 2\pi i k x\right)^2,\\
&=\left(\frac{\pi\hat{k}^2}{2\pi i x}2i\sin 2\pi\hat{k}x+\frac{\pi}{4\pi^2}\frac{2i}{2\pi i}\left(-\frac{2}{x^3}\sin 2\pi\hat{k}x-\right.\right.\\
&\qquad\left.\left.-\frac{4\pi\hat{k}}{x^2}\cos 2\pi\hat{k}x-\frac{4\pi^2\hat{k}^2}{x}\sin 2\pi\hat{k}x\right)\right)^2,\\
&=\left(\frac{2}{4\pi^2x^3}\sin 2\pi\hat{k}x-\frac{4\pi\hat{k}}{4\pi^2x^2}\cos 2\pi\hat{k}x\right)^2,\\
&=\left[\frac{4\pi\hat{k}^3}{3}\,3\left(\frac{\sin 2\pi\hat{k}x-2\pi\hat{k}x\cos 2\pi\hat{k}x}{8\pi^3k^3x^3}\right)\right]^2,
\end{aligned}$$

$$^2w(\mathbf{x}_1,\mathbf{x}_2)=\frac{1}{V_x^2}\left(1-\frac{1}{2}\left[3\frac{\sin u-u\cos u}{u^3}\right]^2\right),\ u=2\pi\hat{k}|\mathbf{x}_1-\mathbf{x}_2|,$$

$$\lim_{\mathbf{x}_1-\mathbf{x}_2}^{\to\infty}[\,]=0,\ \lim_{\mathbf{x}_1-\mathbf{x}_2}^{\to 0}[\,]=1.$$

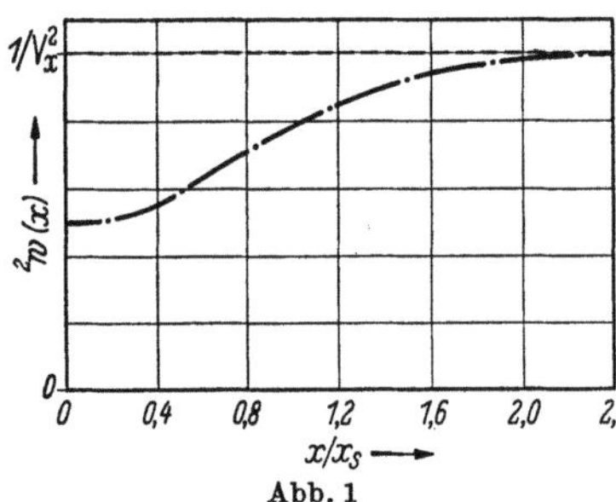

Abb. 1
Wahrscheinlichkeit in einem verdünnten Gas von Elektronen beim Abstandsverhältnis x/x_s ein weiteres Elektron zu finden

Die Ortskorrelation ergibt sich somit als Funktion von $\hat{k}\,x$ oder von x/x_s, wo x_s der Radius einer Kugel ist, deren Volumen dem mittleren einem Teilchen zur Verfügung stehendem Volumen gleicht. Man erkennt aus Abb. 1, daß das einem herausgegriffenen Elektron benachbarte mit großer Wahrscheinlichkeit einen entgegengesetzten Spin hat. Man kann das veranschaulichen durch die Redeweise, daß „gleichgerichtete Spins sich ausweichen“ vermöge der Antisymmetrie der Wahrscheinlichkeitsamplitude. Da die Elektronen trotzdem dicht gedrängt sind, liegt die Annahme nahe, daß die Ortskorrelation gitterartig ist, und zwar eine dichteste Packung gleich großer Kugeln, die in 2 Mengen aufgeteilt sind, und deren gleichartige Glieder das Bestreben haben, möglichst weit voneinander entfernt zu sein. Das gibt, wie später gezeigt wird, eine Ortskorrelation vom CsCl-Typ.

Wenn man die elektrostatische Abstoßung der Elektronen in Betracht zieht, können wesentliche Änderungen eintreten. So stellte beispielsweise HUND empirisch fest, daß Elektronen, welche in einem Atom (eines Gases) Orbitalamplituden gleicher Haupt- und Winkelimpulsquantenzahl besetzen, im energetisch tiefsten Zustand möglichst viele Spine parallel stellen. Dann muß nämlich der Ortsfaktor der Wahrscheinlichkeitsamplitude antisymmetrisch sein, wodurch die potentielle Energie herabgesetzt wird. In diesem Fall wird man eine dichteste Kugelpackung (aus elektrostatischen Gründen die einfachste, vom Cu-Typ) der Elektronen erwarten.

Der Begriff einer Ortskorrelation wurde oben in ziemlich spezieller Weise eingeführt als Wahrscheinlichkeit an den Orten $\mathfrak{x}_1$ und $\mathfrak{x}_2$ zugleich ein Elektron anzutreffen. In der Quantenmechanik ist diese Funktion aber nicht ausreichend, es ist vielmehr notwendig, als vollständige *Ortsspinkorrelation* eine Funktion der Orts- und Spinkoordinaten zweier Elektronen zu verstehen, die sich aus der statistischen Matrix (Dichtematrix) von v. NEUMANN (32) $P(\mathfrak{x}_1 s_1, \mathfrak{x}_1' s_1', \ldots)$ durch Multiplikation mit $\delta(\mathfrak{x}_3 s_3, \mathfrak{x}_3' s_3') \ldots$ und Integration (HUSIMI 40, LÖWDIN 55, BOPP 59) über die Koordinaten $\mathfrak{x}_3, s_3; \ldots; \mathfrak{x}_N, s_N$ ergibt. Diese *Zweiteilchen-Dichtematrix* beherrscht das energetische Erscheinungsbild, weil der Energieoperator nur Summanden enthält, die von höchstens 2 Elektronen zugleich abhängen und weil die statistische Matrix invariant unter Vertauschung der Koordinaten zweier Elektronen ist. Den früheren speziellen Begriff kann man, wenn nötig, mit der Bezeichnung *diagonale Ortskorrelation* von der vollständigen absondern. Schon mit der Diagonalen allein erhält man einen wichtigen Energieanteil, den Erwartungswert der potentiellen Energie. Das Coulombpotential zweier Teilchen, über welches zu mitteln ist, gibt besonders den Außenbezirken der Atome entscheidende Bedeutung für die Verbindungsbildung.

Man spricht oft von einem Bindungszustand, wobei sich das Wort „Zustand“ auf die Wahrscheinlichkeitsamplitude $\psi(\mathfrak{x}_1, s_1; \ldots; \mathfrak{x}_N, s_N)$ bezieht. Die integrierte v. NEUMANNsche Matrix ist aber eine allgemeinere Größe, weil sie alle vorhandenen Zustände nach den Gesetzen der statistischen Mechanik umfaßt. Es ist daher angebracht, im Hinblick auf sie von einer *Bindungsbeziehung* zu sprechen. Alle Bemühung um die Deutung von chemischen Strukturen, die bei einer bestimmten Temperatur im Gleichgewicht sind, ist letztlich auf die Erfassung der Bindungsbeziehung gerichtet. Die Aufsuchung der Bindungsbeziehung ist eine Art Metakristallographie, die sich induktiver und deduktiver Methoden bedient. Einer der Gründe, warum man nicht schon lange diese naheliegende Funktion studiert, dürfte in der Sechsdimensionalität des Arguments der Ortskorrelation liegen. Wir werden diese Schwierigkeit unten durch eine ganz grobe Spezialisierung umgehen.

1.6 Methoden zur Auffindung der Bindungsbeziehung

1.61 Annahmen über Elektronenabzählung. Da Methoden zur direkten experimentellen Erforschung der Bindungsbeziehung (1.55) noch kaum entwickelt sind, ist man angewiesen, einerseits auf indirekte experimentelle Erforschung, d. h. Induktion aus Erfahrungsdaten und andererseits auf deduktive Bestimmung aus den Grunddaten mittels der Quantenmechanik. In der Praxis arbeiten Induktion und Deduktion immer Hand in Hand: Die Induktion bedarf der Sprache und der Modelle der Quantenmechanik, und die Deduktion bedarf der Indizien von Erfahrungstatsachen, die mit der Bindungsbeziehung in enger Berührung stehen. — Am Anfang beider Forschungsrichtungen stehen Annahmen über die Elektronenabzählung, deren Grundlagen wir jetzt betrachten wollen.

Die Näherungstheorie des Periodischen Systems gibt eine Elektronenbesetzung der verschiedenen atomaren Orbitalfunktionen. Da aber deren Energie nicht von vornherein bekannt ist, müssen die Besetzungszahlen (die „Orbitalkonfiguration") an Hand von weiteren Erfahrungsdaten festgelegt werden.

Eine erste Methode zur Bestimmung der Besetzungszahlen ist die Analyse der Atomspektren. Die gemessenen Photonenenergien hf (h Planck-Konstante, f Frequenz) kennzeichnen Differenzen der Energie von Atomzuständen. Ein Atomzustand wird klassifiziert durch ein Termsymbol, das die Gesamtwinkelimpulsbeträge der Spins, der Bahnen und der Resultante beider kennzeichnet. Diese Größen sind für die Übergangsmöglichkeiten der Zustände ineinander maßgebend, sie können durch Analyse der Spektren bestimmt werden und legen zusammen mit Angaben über die Termenergie die Orbitalkonfiguration fest.

Die Elektronen der höchsten Hauptquantenschale heißen Valenzelektronen; ihre Zahl gibt die positive Wertigkeit der Atome an, die andererseits durch chemische Analysen bestimmt werden kann. Wie Abb. 1 zeigt, besteht eine gute Übereinstimmung zwischen spektroskopischen und chemischen Aussagen, besonders bei A- und B-Elementen, weil hier die d-Schale entweder unbesetzt oder aber vollbesetzt ist. Bei den T-Atomen gibt es Abweichungen, weil die Wertigkeit außer vom Atom selbst auch erstens vom Partner und zweitens von der Temperatur abhängt. Während z. B. Fe gegenüber Cl zwei- und dreiwertig ist, leitete

Ekmann (31) aus dem Homogenitätsbereich von zweikomponentigen γ-Messingphasen, die T^B-Elemente enthalten, unter Voraussetzung der Hume-Rotheryschen Regel den Vorschlag her, daß diese Elemente gegenüber niedrigwertigen B-Elementen Null Valenzelektronen ins Elektronengas abgeben; dieser Vorschlag (*Ekmanns Regel*) hat sich gut bewährt (vgl. NiAs-Familie, 7.5). — Das Legierungsverhalten von Mn läßt sich allerdings gelegentlich besonders gut verstehen, wenn man

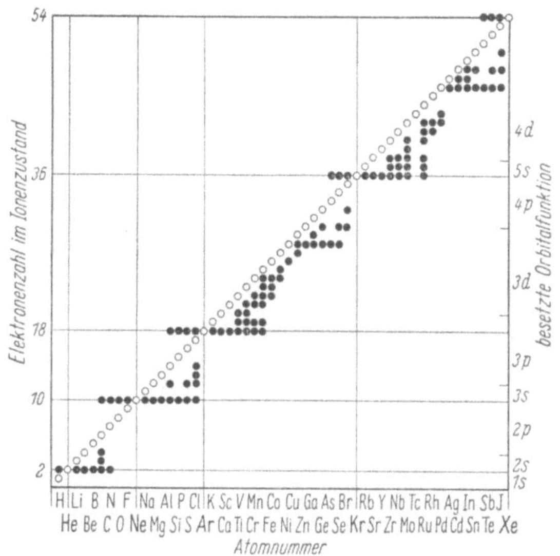

Abb. 1. Empirische Ionenwertigkeiten einiger Elemente (nach Kossel)
Die Angaben über die Orbitalbesetzung gelten für den Gaszustand. Zwischen 3p und 3d füge man 4s ein

annimmt, daß Mn ~2 Valenzelektronen beiträgt. Raynor (44, 49) machte durch Diskussion Al-reicher T-Al-Phasen wahrscheinlich, daß T-Atome in diesen Legierungen Valenzelektronen absorbieren, was von Foex/Wucher (56) an Co-Al-Legierungen durch magnetische Messungen (s. u.) bestätigt und von Jones (53) gedeutet wurde. Bei einigen T-Elementen sind im Gaszustand andere Zustandsbesetzungen als im festen Zustand anzunehmen. Besonders bei Lanthaniden treten häufig Valenzelektronen in einen im Rumpf lokalisierten Zustand zurück (Schubert 48). — Ein Beispiel für die Temperaturabhängigkeit des Valenzelektronenbeitrags bietet das Ni; je nach der Temperatur, bei der die Valenzelektronenzahl bestimmt wird, erhält man verschiedene Werte (Abb. 2) (Vogt 51, vgl. auch Hume-Rothery/Coles 54, Höhl 60).

Ein weiteres System von Elektronenzahlen in Verbindungen wurde von Pauling (38) vorgeschlagen auf Grund seiner „resonating valence bond"-Theorie der Legierungen, es hat jedoch nur wenig weitergehende

Benützung gefunden. — Vereinzelte Valenzannahmen finden sich ferner in der Literatur verstreut.

Bei den T-Elementen sind häufig *magnetische Methoden* zur Wertigkeitsbestimmung anwendbar, weil die Rümpfe dieser Elemente ein magnetisches Moment besitzen. Für ein auf einer Kreisbahn umlaufendes Elektron ist das magnetische Moment $M =$ Strom · Fläche$/c = p_\varphi \cdot e/2mc$ (p_φ Winkelimpuls, m bzw. e Elektronenmasse bzw. Ladung, c Lichtgeschwindigkeit). Der Erwartungswert der Komponente des Winkelimpulses in Feldrichtung ist $p_\varphi = \hbar\, l_m$, $l_m = 0, 1, 2, \ldots$, so daß ein magnetisches Moment sich berechnet mittels der Größe $M_B = \hbar\, e/2mc =$ Bohrmagneton.

Die Erfahrung lehrt beim STERN-GERLACHschen Versuch der magnetischen Ablenkung von Atomstrahlen, daß auch der Gesamtspin S in der Feldrichtung,

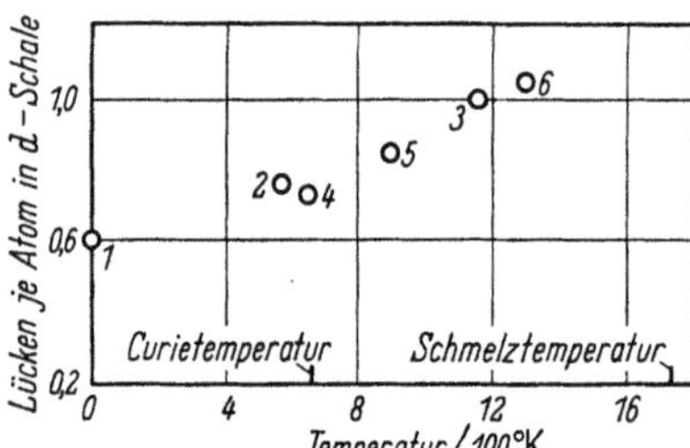

Abb. 2. Temperaturabhängiger Valenzelektronenbeitrag des Ni-Atoms. Die Zahl der Lücken wurde berechnet:

1 aus Magnetonenzahl am absoluten Nullpunkt; *2* aus Abweichung der Sättigungsmagnetisierung in der Nähe des Curiepunktes vom theoretischen Wert; *3* aus der Taktionsvalenzelektronenkonzentration der NiZn(A 2)-Phase; *4* aus Anomalie der spezifischen Wärme am Curiepunkt; *5* erster Kurvenast der paramagnetischen Suszeptibilität des Ni (nach SUCKSMITH 1938); *6* zweiter Ast der paramagnetischen Suszeptibilität (nach SUCKSMITH)

der, wie man zeigen kann, zu $S = 1/2,\ 2/2, \ldots$ gehört, ganzzahlige Magnetonenzahlen hat, d. h. $M = M_B\, 2S$ (magnetomechanische Anomalie des Spins). Bei den Übergangsmetallen ist der Winkelimpuls der Bahnbewegung der d-Elektronen, wie man aus magnetomechanischen Experimenten weiß, dem Einfluß des Magnetfeldes entzogen (wegen starken Einflusses der Elektronen benachbarter Atome). Der Gesamtspin ist nur schwach an den Bahnwinkelimpuls gekoppelt, so daß er allein zum magnetischen Moment beiträgt. Nach einer aus spektroskopischen Erfahrungen gewonnenen Regel von HUND sind in einer Elektronenschale soviel Einzelspins wie möglich parallel (vgl. 1.55). Man kann danach bei einigen geeigneten Elementen und Legierungen aus dem Moment des Atoms auf die Zahl der Elektronen oder der Leerstellen im d-Niveau der T-Atome schließen. Das Moment eines Atoms ist direkt meßbar im Fall einer ferromagnetischen Phase, bei der nahezu alle Gesamtspins der Atome in einer WEISSschen Ordnungsdomäne parallel gerichtet sind, wenn man sich hinreichend unter der CURIEschen Entordnungstemperatur der Spins befindet. Im Falle einer paramagnetischen Phase herrscht diese Ordnung nicht. Hier hat man die Abhängigkeit der Suszeptibilität (Moment je Feldeinheit) von der Temperatur zu messen, die dem Gesetz von CURIE/WEISS gehorcht:

$$\frac{M}{NH} = \frac{(2M_B)^2\, S(S+1)}{3k\,(T - T_{cp})},$$

worin N Zahl der Atome, H erregende Feldstärke, $2S$ Zahl der Magnetonen je Atom, k BOLTZMANN-Konstante und T_{cp} paramagnetische Curietemperatur ist.

Die lineare Abhängigkeit der Größe NH/M von der Temperatur, die eine Bestimmung des gesuchten S erlaubt, kommt wie folgt zustande: M/NH ist der Erwartungswert für das magnetische Moment, das nach der Quantentheorie die $2S + 1$-Werte $M_H = -M_B\, 2S,\ -M_B\, 2(S-1), \ldots, M_B\, 2S$ annehmen kann, und zwar jedes mit der Wahrscheinlichkeit $e^{-M_H H/kT}$, so daß

$$M/N = M_B\, 2\Sigma_s^{-S\ldots S} s\, e^{as/S} / \Sigma_s^{-S\ldots S} e^{as/S}, \quad a = M_B\, 2S(H_a + CM)/kT,$$

$$H_a + CM = H.$$

(H_a ist das äußere magnetische Feld, $C \neq 0$ liefert ein „inneres" Feld, das durch Bindungskräfte verursacht wird). Je nachdem, ob C positiv oder negativ ist, stellt sich (bei hinreichend tiefer Temperatur) gleichsinnige oder ungleichsinnige Kopplung der atomaren Gesamtspins ein: *Ferromagnetismus* und *Antiferromagnetismus*; bei nur teilweiser Aufhebung der Spins spricht man von *Ferrimagnetismus*; kompliziertere Spinstrukturen wurden auch bekannt (Yoshimori 59, Herpin/Mériel/Villain 59). Dieser Mittelwert wird für den meist vorliegenden Fall $a \ll 1$ zu

$$M/N = M_B\, 2a/S(2S+1) \cdot b, \qquad b/2 = \Sigma_s^{1\ldots S} s^2 = S + S(S-1)/2! \cdot 3 +$$
$$+ S(S-1)(S-2)/3! \cdot 2 = S(S+1)(2S+1)/6,$$

so daß

$$M/N = (2M_B)^2 (H_a + CM)\, S(S+1)/3kT,$$

was auf obige Gleichung führt.

Aus der so meßbaren Zahl der Elektronen im d-Zustand und der durch das Periodische System der Elemente gegebenen Außenelektronenzahl kann man auf die Valenzelektronenzahl schließen. So nimmt man z. B. aus magnetischen Daten folgende Orbitalkonfigurationen an: Fe: $d^{7,2}(s, p)^{0,8}$, Co: $d^{8,3}(s, p)^{0,7}$, Ni: $d^{9,4}\, s^{0,6}$; bei T-Elementen unterhalb Fe findet man allerdings keinen weiteren Anstieg des ferromagnetischen Sättigungsmoments mit Abfallen der Atomnummer mehr, aus Gründen, die heute noch nicht ganz geklärt sind (vgl. Vogt 58). — Auch an Legierungen hat man eine Anzahl von Aussagen über die VEK durch magnetische Messungen erhalten (z. B. NiAl u. ä. Höhl 60, CoSb u. ä. Schmid 60, vgl. ferner 7.3).

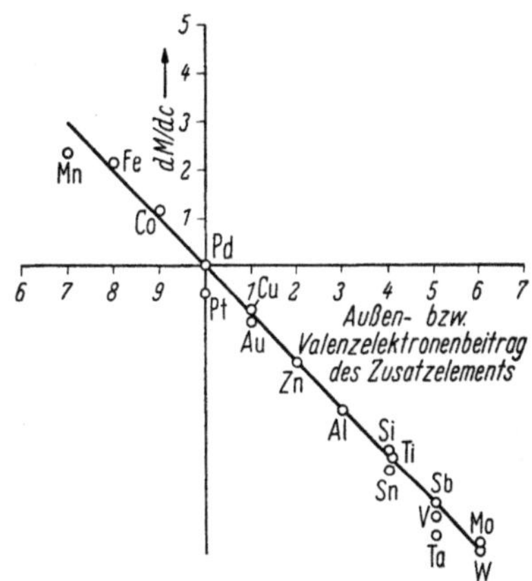

Abb. 3. Änderung der Magnetonenzahl dM von Nickel je Atom eines Zusatzelementes ($dc = 1$) in Abhängigkeit von dessen Elektronenbeitrag (nach Vogt 58)

Eine weitere aus magnetischen Messungen folgende Aussage über die Besetzung der Niveaus von Ni bei Einbau geringer Mengen anderer Elemente ist in Abb. 3 enthalten: Die Valenzelektronen der B-Atome treten in das d-Niveau von Ni zurück. Der Ausdruck „Zurücktreten" soll andeuten, daß die Elektronen aus der Valenzschale der B-Atome in die den Kernen näheren Schalen der Ni eintreten. Bemerkenswert erscheint das Verhalten von Ti, V, Cr: Möglicherweise werden diese Elemente mit entgegengesetztem Moment in das Ni-Gitter eingebaut. Die Regel von Abb. 3 steht nicht zu Ekmanns Regel im Widerspruch, weil es sich dort um geringe B-Gehalte, bei Ekmann aber um größere Gehalte handelt. — Magnetische Untersuchungen zeigen viele interessante Zusammenhänge mit Strukturdaten, sie bilden eine einzigartige Möglichkeit die Verteilung der Elektronen auf die Bänder zu erkennen, man muß jedoch die magnetischen Ordnungen als strukturell sekundär ansehen, weil der Eintritt der magnetischen Ordnung einen nur untergeordneten Einfluß auf die Kristallstruktur hat.

1.62 Methode der molekularen Orbitalfunktion und der Valenzbindung. Besonders zahlreich sind die Bemühungen um die deduktive Bestimmung eines Bindungszustands mittels der *MO*- und der *VB-Methode* (vgl. z. B. COULSON 52).

Die MO-Methode ersetzt die Wechselenergie der Elektronen durch eine ortsabhängige potentielle Energie und erhält dadurch Orbitalfunktionen mit denen man Zustandsbesetzungen (Orbitalkonfigurationen vgl. 1.52) aufbauen kann. Aus allen möglichen Besetzungen kann man (zwar im Prinzip, aber wegen großer Rechenschwierigkeit nicht praktisch) einen richtigen Bindungszustand bei der Temperatur Null durch Linearkombination aufbauen, etwa unter Ausnutzung der Minimaleigenschaft von $\psi_l \,|u_{\mathrm{op}}|\, \psi_l$ bei Variation der Ortsamplitude. Wir haben die tiefste MO-Besetzung z. B. bei der Diskussion des Periodischen Systems mit großem Erfolg benutzt, weil die höheren Besetzungen wahrscheinlich nicht sehr weitgehend im wahren Zustand der Atome auftreten, wegen ihrer hohen Energie. Bei Kristallproblemen sind aber die höheren Besetzungen wahrscheinlich viel stärker im wahren Zustand vertreten, so daß die tiefste Besetzung für chemische Probleme nicht ausreicht. Die chemischen Eigenschaften beruhen ausschlaggebend auf korrelativen Eigenschaften der Zustände, und diese sind verursacht durch die Wechselenergien, die man bei der Gewinnung der MO-Funktionen gerade vernachlässigt.

Die VB-Methode entspringt der Elektronenpaarbindungsamplitude beim H_2-Molekül. Eine bestimmte Anordnung von Elektronenpaarbindungen wird Valenzstruktur genannt. Ähnlich wie oben Zustandsbesetzungen in den richtigen Bindungszustand eintraten, sind hier Valenzstrukturen zu kombinieren, und wenn man genügend linearunabhängige Strukturen (auch ionische) in geeigneter Weise benutzt, muß man ebenfalls zum richtigen Bindungszustand gelangen. Wenn 2 Valenzstrukturen in einem Bindungszustand vorkommen, sagt man häufig, sie seien in *Resonanz.* Wie bei der MO-Methode ist auch hier im Falle der Kristallverbindungen die Güte der praktisch erreichbaren Näherung nicht abzuschätzen, d. h. die Methode ist für Fragen der strukturellen Systematik von zweifelhaftem Nutzen.

Im Zusammenhang mit der VB-Methode muß noch ein Modell erwähnt werden, das PAULING (45, 47) für die chemische Bindung in Metallen erdacht hat: Die resonating-valence-bond-Theorie, die mit der Teilnahme von vielen homöopolaren Bindungen die metallische Bindung in anderer Weise als das Bandmodell erfaßt. Ein besonderer Zug dieser Theorie ist ein Zusammenhang zwischen Atomabstand und Bindungsordnung, der häufig zu Elektronenabzählungen führt, die nicht den konventionellen entsprechen und daher mehrfach kritisiert wurden (vgl. HUME-ROTHERY/COLES 54, dort weitere Literatur).

Gegen MO- und VB-Methoden ist ferner einzuwenden, daß sie nur Bindungszustände liefern, wogegen der Strukturforscher Bindungsbeziehungen kennen möchte, da er Strukturen und Umwandlungen von Strukturen oberhalb des Nullpunkts der absoluten Temperatur untersucht und die Verhältnisse beim Nullpunkt ihm kaum bekannt sind. Trotz der Mängel in den genannten Methoden kann man in vielen diese Methoden benutzenden Arbeiten strukturelle, bindungsmäßige und verwandtschaftsmäßige Erkenntnisse finden, die unabhängig von der speziellen Methode sind.

Die weite Verbreitung der Isotypie von Phasen, die nur quasihomolog sind, zeigt, daß es verhältnismäßig einfache Näherungen für die Bindungsbeziehung geben muß, d. h., daß es auch nützlich sein könnte, die Bindungsbeziehung auf induktivem Wege zu bestimmen. Auf einen Versuch in dieser Richtung gehen wir nunmehr ein.

1.63 Methode der Ortskorrelationsvorschläge. Bei metallischen Phasen, die wesentlich dichteste Kugelpackungen sind, wirkt der Kristall auf das Valenzelektronengas wie ein strukturloser Potentialtopf. Die von den Elektronen der Nachbaratome ausgeübten Kräfte sind vergleichbar mit den Kräften, die vom Atomrumpf ausgehen. Man kann sich daher ein Elektronengas (Elektronenflüssigkeit, Plasma) niedriger potentieller Energie vorstellen und dessen Wechselwirkung mit dem Kristallgitter untersuchen. Man kann diese Methode auch auf Strukturen mit höherer VEK anwenden, muß aber dann i. allg. nicht den ganzen Raum als Gefäß für die Elektronenflüssigkeit ansehen, sondern nur die Summe der atomaren Töpfe, die kleiner sein kann als das Metallvolumen. Die kinetische Energie des Elektronengases soll bei diesem Verfahren durch das Bandmodell gegeben sein. Diese Annahme entspricht allgemeinen Verfahren bei der Aufsuchung des Extremums einer von mehreren Argumenten abhängenden Funktion: Man setzt den Wert eines Arguments in grober Näherung fest und verbessert die übrigen Argumente (hier die diagonale Ortskorrelation).

Die Bedeutung der (diagonalen) Ortskorrelation macht man sich am besten an einem sehr einfachen Beispiel klar. In Abb. 1 ist ein eindimensionaler (kreisförmig in sich geschlossener) Ortsraum gezeichnet. In ihm mögen sich 2 Teilchen aufhalten. Dann ist der Konfigurationsraum zugleich der Ortskorrelationsraum. Man erkennt, daß zu verschiedenen Korrelationen die gleiche Ortswahrscheinlichkeit (die als Integral über eine der Koordinaten aus der Ortskorrelation gewonnen wird), gehören kann; insbesondere bedingt eine gitterartige Ortskorrelation nicht notwendig eine gitterartige Verteilung der Ortswahrscheinlichkeit. (Das Wort „Rotation“ soll in Abb. 1 nicht einen zeitabhängigen Vorgang bezeichnen, sondern lediglich eine Korrelation.)

Man kann trotz dieser Tatsache eine Ortskorrelation im Ortsraum darstellen, *wenn man die grobe Annahme macht,* daß eine besondere Konfiguration in jeder translatorischen Stellung vorkommen kann und daß diese Stellungen annähernd gleichwahrscheinlich sind, oder aber daß eine der Stellungen besonders große Wahrscheinlichkeit hat. Die Ortskorrelation erhält so in dem Beispiel a von Abb. 1 einen faserigen Aufbau längs der Diagonalen, und man kann sie durch ein bis auf Translationen festgelegtes „momentanes“ Gitter (*Elektronen(platz)gitter* oder *Raster*) bezeichnen. Diese Gitterstruktur braucht nur ganz schwach angedeutet zu sein, gleichsam eine Korrekturgröße an der atomaren Ortskorrelation die nur in den Außenbezirken größere Werte annimmt, denn das Coulombpotential gibt den in den Außenbezirken der Atome befindlichen Elektronen eine ausschlaggebende Bedeutung in bezug auf die Verbindungsbildung. Eine Verfeinerung obiger grober Annahme wäre es z. B., nicht jede translatorische Stellung als gleich wahrscheinlich anzusehen. — Man könnte fragen, wo denn die Elektronen hinlaufen, wenn sie eine Weile in der Nähe eines Rasterpunktes waren. Eine solche Frage ist aber in der Quantenmechanik nicht sinnvoll, weil die Wahrscheinlichkeitsamplitude in gewisser Näherung Bahngesamtheiten umfaßt. Man könnte höchstens nach der sog. SCHRÖDINGER-Stromdichte fragen, diese verschwindet aber im stationären Fall. Die Ortskorrelation ist also eine statische Erscheinung in dem Sinne, daß es keinen von Null verschiedenen SCHRÖDINGER-Strom gibt.

	Teilchendichte = Wahrscheinlichkeit im Ortsraum x	Ortskorrelation = Wahrscheinlichkeit im Konfigurationsraum $x_1 x_2$
gleichläufige „Rotation“ sich abstoßender Teilchen a	x, 0	0, x_1, 2π, x_2, 2π
gegenläufige „Rotation“ b		
gegenüber dem Ortsraum festgelegte Korrelation mit Wahrscheinlichkeitsmaximum c		
dasselbe ohne Wahrscheinlichkeitsmaximum d		

Abb. 1. Zwei sich meidende (abstoßende) Teilchen in einem endlichen Raum. Ortskorrelation ist in a) translationssymmetrisch und in c) „festgelegt“

Man kann die Ortskorrelation auch zu einer Ortsspinkorrelation erweitern, indem man den Punkten des Elektronenplatzgitters ein Spinvorzeichen zuordnet. Die Tatsache, daß z. B. Eisen oberhalb des Curiepunktes seine Struktur nicht ändert, spricht dafür, daß in vielen Fällen die Betrachtung der Ortskorrelation ausreicht. Einige Möglichkeiten für den Verlauf einer Ortskorrelation in einem eindimensionalen bzw. zweidimensionalen Raum mit vielen Teilchen sind in Abb. 2 zusammengestellt. Wir machen nun die grobvereinfachende *Grundannahme*, daß die Ortskorrelation der an der chemischen Bindung in Kristallen beteiligten Elektronen gitterartig ist (SCHUBERT 50a). Mit dieser Annahme treten eine Anzahl wichtiger Begriffe in die Argumentation über Kristallstrukturen ein.

Der *Gittertyp* (das Raster) der Ortskorrelation wird mit dem Strukturberichtssymbol angegeben um einen Unterschied zur Strukturbezeichnung zu haben. Achtet man auf die Verteilung der Spine, so kann man sich z. B. eine Ortskorrelation vom CsCl(B2)-Typ vorstellen, achtet man nicht auf die Spine, so wird die Korrelation zu einer Korrelation vom W(A2)-Typ. Eine kubisch primitive Korrelation benennen wir in Ermangelung eines A-Symbols mit B1, eine kubisch flächenzentrierte Korrelation nennen wir vom Cu(A1)-Typ. Im übrigen muß das Elektronengitter nicht notwendig ein einfaches Translationsgitter sein (besonders bei den Elektronengasen mit ungleichmäßiger Dichte im Raum). Die Orientierung des Rasters bezüglich des Kristallgitters wird durch die Angabe der Gittervektoren des Elektronengitters (*Rastervektoren*) (oder Elektronenabstandsvektoren die immer den Index der Korrelation tragen: d_{A1}) in den Gittervektoren der Kristallstruktur festgelegt und durch Skizzen veranschaulicht. Wenn ein Rastervektor mit einer ganzen Zahl multipliziert einen kleinen Gittervektor ergibt, mögen beide Gitter in einer Richtung *kommensurabel* oder kohärent heißen. Die Zahl der Rasterebenen parallel $\mathfrak{b} \times \mathfrak{c}$ je a-Strecke nennen wir *Rasterzahl* l_a. Als Rasterlänge d der NaCl(B1)-Struktur wird immer $a_{B1}/2 = d_{B1}$ bezeichnet, weil nur diese Größe bei Identifizierung der Komponenten von Bedeutung ist. Findet man bei einer Struktur keinen Ortskorrelationsvorschlag angegeben, so kann die Betrachtung verwandter Strukturen häufig auf einen brauchbaren Vorschlag führen.

Der *Wirkungsradius* (oder die *Reichweite*) der Ortskorrelation, d. h. der Abstand bis zu welchem eine Ortskorrelation noch Gitterstruktur erkennen läßt, ist ebenfalls von Bedeutung (SCHUBERT 56a). Er wird in Elementen groß sein und in Verbindungen im allgemeinen kleiner. Ebenso wie bei Kristallstrukturen ist auch bei Ortskorrelationen gelegentlich eine nicht vollständige Besetzung von Gitterplätzen zu erwarten (Amplitudenmodulation). Man kann den Quotienten der besetzten Plätze zur Gesamtzahl der Plätze (*Besetzungsverhältnis*) als Maß für die Leerstellenzahl ansehen (SCHUBERT 56a).

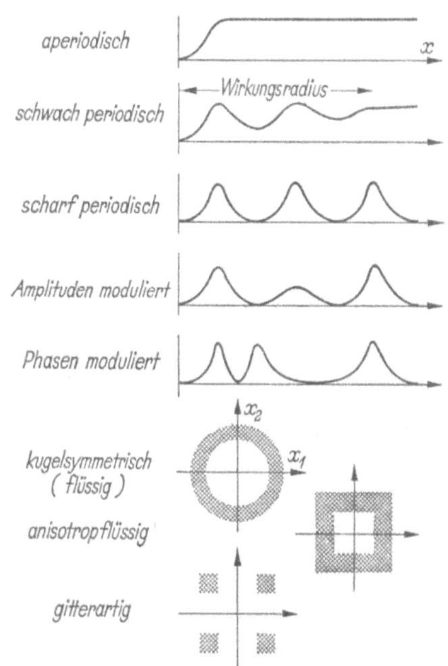

Abb. 2. Beispiele für Ortskorrelationen x bzw. x_1, x_2 bedeuten Abstandsvektoren zwischen Elektronen

Eine stets zu beantwortende Frage ist die, welche Elektronen an einem Elektronengitter teilnehmen. Eine bestimmte Annahme in dieser Richtung kann man eine *Elektronenabzählung* nennen und kann z. B. mit der Formel Cu^1Zn^2 andeuten, daß Cu ein Valenzelektron und Zn deren zwei in das Valenzelektronengas abgibt. Das *Elektronenangebot* (EA) einer Struktur ist zu vergleichen mit der *Platzzahl* (PZ) je Zelle, die aus einem Ortskorrelationsvorschlag folgt.

Man kennt z. Z. noch keine ausgearbeiteten experimentellen Methoden zur Bestimmung der Ortskorrelation. Man muß daher auf sie nach den Regeln der logischen Induktion (oder, wie man in der Strukturforschung häufig sagt, mittels trial and error) schließen: Man hat eine Hypothese, d. h. einen *Ortskorrelationsvorschlag* zu machen und dessen physikalische Wahrscheinlichkeit zu prüfen an den aus ihm fließenden Folgerungen. Damit ein Ortskorrelationsvorschlag von vornherein eine gewisse Wahrscheinlichkeit hat, muß er bestimmte Bedingungen erfüllen:

1. Die *Elektronendichte der Atome* muß richtig zum Ausdruck kommen. Die Elektronenplätze sollen also nahe der Valenzschale der an dem Kristallgitter

beteiligten Atome liegen. Elektronenplätze, die in zu großer Nähe des Atomkerns liegen oder sich zu weit außerhalb der Valenzschale befinden, werden nicht besetzt. Man muß nicht fürchten, durch ein Elektronengitter die Elektronendichte der Atome zu weit auseinanderzuziehen, denn in die Energie gehen die Elektronenabstände r mit dem Gewichtsfaktor r^{-1} ein, d. h. die außerhalb des Atoms befindlichen Elektronen haben eine größere Bedeutung für die Bindung als die innerhalb. — Abb. 1.44/1, die die Radien der verschiedenen Atomschalen nach HARTREE-Rechnungen zusammenstellt, ist eine nützliche Hilfe bei der Untersuchung eines Ortskorrelationsvorschlages auf seine Zulässigkeit. Die Forderung, daß jedes Atom die für seine Neutralität notwendige Zahl von Elektronen in seiner Nähe hat (Elektroneutralitätsforderung) sollte nicht sehr verletzt werden.

2. Die *elektrostatische Energie* des Elektronenplatzgitters soll niedrig (nicht notwendig minimal) sein. — Diese Regel wird dadurch nahegelegt, daß sich die kinetische und potentielle Energie in jedem Zustand miteinander in einem gewissen Zustandsraum minimisieren müssen. Die Regel 1 hat den Vorrang vor Regel 2, d. h. die Elektronenplatzgitter können amplituden- und phasenmoduliert sein wegen des starken Einflusses der Atomrümpfe. Man wird jedoch in einer ersten Näherung annehmen, daß das Elektronenplatzgitter nahezu ein Translationsgitter ist. Der Elektronenabstand einer Korrelation in einer Verbindung sollte nahe den für die Komponenten angegebenen Abständen liegen.

3. An der Ortskorrelation sollten „*Schalen von Elektronen*" teilnehmen (z. B. s-, p-, d-Schale). Wenn Elektronen an einer gitterartigen Korrelation teilnehmen, die üblicherweise zu den (äußeren) Rumpfelektronen gezählt werden, so sprechen wir von einem Einfluß der Rumpfelektronen oder von „*Durchdringungskorrelation*", Diese Regel kann auch dazu führen, daß mehrere voneinander ziemlich unabhängige Elektronengitter zusammenwirken. Die Unabhängigkeit rührt daher, daß die Geschwindigkeiten der verschiedenen Elektronen sehr verschieden sind, so daß die schnelleren Elektronen auf die langsameren wie ein festes Potential wirken. Es kann sein, daß eine bei höheren Temperaturen einheitliche Ortskorrelation bei tieferen Temperaturen zerfällt, wie ein Mischkristall in 2 Phasen zerfallen kann.

Für das Eintreten von Durchdringungskorrelation bei einer Atomsorte in einer Verbindung sind nach Ausweis der Erfahrung über Strukturen, in denen sich annehmbare, d. h. mit den Regeln verträgliche Vorschläge finden ließen, bestimmte Umstände günstig: Die Elektronendichte der äußeren Rumpfschale ist an der Atomoberfläche groß; die äußeren Rumpfelektronen werden nicht durch eine stark besetzte Valenzschale abgeschirmt; und die beteiligten Atomrümpfe sind ähnlich gebaut, so daß eine gute korrelative Wechselwirkung (ein „im-Takt-laufen") entsteht.

4. Für die energetische Wechselwirkung eines Elektronengitters mit einer Kristallstruktur ist es vorteilhaft, wenn die Rasterkonstanten durch ganzzahlige Vervielfachung in die Gitterkonstanten übergehen, d. h. kommensurabel sind. Im Fall der Kommensurabilität ist mit einem Elektron stets eine umfangreiche Schar weiterer Elektronen in einem Minimum des Gitterpotentials. Manchmal scheinen jedoch die Kommensurabilitätsbedingungen gelockert zu werden; insbesondere finden sie ihre Begrenzung in der endlichen Reichweite der Ortskorrelation, welche bedingt, daß das zur Kommensurabilität gehörige Potentialminimum nicht unendlich spitz ist. Ferner gibt es Fälle mit kommensurabler Ortskorrelation der Partner oder *zusammengesetzter Ortskorrelation* (SCHUBERT 56b), bei der sich in verschiedenen Raumteilen der Gitter verschiedene Raster befinden. Diese Möglichkeit ist zu unterscheiden von dem *Zusammenwirken zweier einfacher Ortskorrelationen* (z. B. der Valenz- und der Rumpfelektronen) im gleichen Raumgebiet (*Koexistenz*). Ebenso wie die Atomkorrelationen werden die Elektronenkorrelationen die Neigung

haben, bei hohen Temperaturen eine gemeinsame Ortskorrelation zu bilden und bei tieferen Temperaturen verschiedene „getrennte“. Eine weitere Abweichung von der einfachen Kommensurabilität entsteht durch *verzwillingte Korrelationen*: Im Struktureinkristall sind verschiedene Ausrichtungen einer Ortskorrelation möglich, die erst durch ihr Zusammenwirken die Symmetrie der Struktur bedingen.

5. Die Gültigkeit von *vorhandenen Strukturargumenten* (z. B. Atomradienargumente oder Argumente aus dem Bandmodell), soll nicht sehr beeinträchtigt werden. — Diese Regel besagt, daß die Ortskorrelationsargumente die nützlichen älteren Strukturargumente ergänzen.

Wenn auch die vorgeschlagenen Elektronenplatzgitter nur Symbole für die wirklichen Ortskorrelationen sind, können sie doch ein besseres Verständnis ermöglichen, ebenso wie beispielsweise in der LEWISschen Theorie der Elektronenpaare die Elektronenpunkte zwar nur Symbole darstellten, aber einfacher zu handhaben waren als das volle quantenmechanische Bild und dazu eine tiefere Bedeutung besaßen. Es braucht nicht besonders hervorgehoben zu werden, daß sich im Anschluß an einen Ortskorrelationsvorschlag noch *weitere Fragen* erheben, die z. Z. unbeantwortet sind. Es kommt jedoch zunächst lediglich darauf an, und das soll in diesem Buch versucht werden, die Erfahrung mit einem Netz von Ortskorrelationsvorschlägen zu überdecken, die mit den genannten Regeln verträglich sind, d. h. physikalisch annehmbar erscheinen. Danach wird es leichter möglich sein, obige Fragen an ganzen Klassen verwandter Korrelationen und Strukturfamilien zu studieren und weitere Gesetzmäßigkeiten, denen die Ortskorrelation unterworfen ist, aufzufinden. — Bei Molekülgittern versagt die einfache geschilderte Methode. Es bilden sich molekulare Korrelationen, die erst in zweiter Linie untereinander wechselwirken; man erkennt dies daran, daß PZ $\approx$ 2EA wird.

Zusammenfassend kann man feststellen, daß die oben entwickelte Betrachtungsweise nicht im Gegensatz zu den heutigen Theorien steht, daß sie aber allgemeiner ist als alle bisherigen in der Strukturkunde benützten speziellen Argumente, wie z. B. Polarität und Polarisierbarkeit von Atomsorten, Bandstruktur oder Annahmen über homöopolare Bindungen usw. Alle diese Aussagen lassen sich auch in der Ortskorrelationsbegriffsbildung aussprechen, aber nicht alle Aussagen über Ortskorrelationen lassen sich in Gestalt der seither bekannten Strukturargumente aussprechen. Die Frage nach der Ortskorrelation lenkt die Aufmerksamkeit von den seither vorwiegend diskutierten Atomabständen und Erstkoordination weg auf den Gesamtzusammenhang der Struktur, auf Verzerrungen der Elementarzelle und auf Stapeländerung von häufig zweifach ausgedehnten Bauelementen, womit eine wesentliche Ergänzung zu der üblichen lokalen Betrachtungsart erreicht wird. Das direkte Studium der Ortskorrelationen kommt den Wünschen des Chemikers besonders entgegen, indem es erlaubt, die Neigung der Atome kennenzulernen, bestimmte eigene Ortskorrelationen in sich zu tragen, die sich bei Verbindungsbildung in bestimmter Weise zurechtrücken und aneinander anpassen zu einer Verbindungskorrelation. Ähnlich bemerkt schon SCHOENFLIES (1890): „Sollten die Atome die Fähigkeit besitzen, verschiedenen Einwirkungen gegenüber eine verschiedene Symmetrie zu betätigen, so würde dies eine einfache Erklärung ihres verschiedenartigen Verhaltens (in Strukturen) liefern“.

1.64 Einige weitere Anzeichen für gitterartige Ortskorrelation. Die oben geschilderte Untersuchungsmethode ist wie jedes neuartige wissenschaftliche Verfahren nicht unwidersprochen geblieben, so kritisierte ein Autor: „One may wonder whether the fact that a given intermediate phase crystallizes in a certain structure is evidence for the presence of an ingeniuosly devised electron lattice or even evidence for any sort of electron correlation at all“. — Es erscheint deshalb angebracht, zusätzlich zu den obigen Gründen einige Argumente zugunsten unserer

Annahmen zu betrachten. Die erste Frage wird stets nach dem direkten Nachweis mittels Photonenbeugung gestellt. Obgleich dieser Nachweis wie wir oben erkannten (1.37) nicht ganz einfach ist, kann z. B. das Auftreten der Reflexe (222) beim Diamanten möglicherweise durch die Ortskorrelation gedeutet werden (SCHUBERT 53b). Da diese Fragen noch in den Anfängen stecken, wollen wir weiterhin die indirekten Anzeichen betrachten. Zunächst fällt auf, daß ein merkwürdiger *Parallelismus* zwischen Bandmodellargumentationen und Ortskorrelationsargumentationen besteht. Beim Bandmodell wird die Kristallstruktur gegeben durch die Gesamtheit der Brillouinebenen; in diese „Struktur" ist die Fermikugel (Fermikörper) einzupassen, die mit der dritten Potenz ihres Radius die Zahl der Valenzelektronen je Zelle liefert. Bei Ortskorrelationsbetrachtungen wird die Kristallstruktur selbst benützt; in diese Struktur ist das Ortskorrelationsgitter einzupassen, welches an Hand seiner 3 Lineardimensionen die Zahl der Elektronen je Zelle gibt. Wenn nun die Fermikugel eine Brillouinebene mit starker Fourieramplitude berührt, dann gibt es für das Ortskorrelationsgitter eine Richtung starker Kommensurabilität. Bei wachsender Valenzelektronenkonzentration drückt die Fermikugel das Brillouinebenenpaar auseinander, während das Ortskorrelationsgitter senkrecht zu der Richtung der Brillouinebenennormale zusätzliche Elektronenplatzebenen einschiebt. Trotz dieser Ähnlichkeiten ist das Ortskorrelationsmodell natürlich viel reicher an Aussagen, weil dem Volumen der Fermikugel nur das Volumen eines Elektronenplatzes entspricht, während die Ortskorrelationsüberlegungen außer dem Volumen auch die Anordnung der Elektronenplätze in Betracht ziehen.

Eine verbreitete strukturelle Erscheinung, die unmittelbar für die Wirksamkeit einer gitterartigen Ortskorrelation der Elektronen spricht, ist die Tatsache daß oft wesentlich *einachsige Dehnungen* von Strukturen bei *Erhöhung der Elektronenkonzentration* vermöge quasihomologer Änderungen stattfinden (SCHUBERT 57a). Eine ähnliche Aussage machte GOLDSCHMIDT (31): „In morphotropen Substitutionsreihen können zwischen zwei verschiedenen hochsymmetrischen Typen Strukturen verminderter Symmetrie auftreten, deren Koordinationsverhältnisse zwischen den beiden Haupttypen vermitteln". Man kann sich vorstellen, daß in einem solchen Fall die Ortskorrelation in der symmetrischen und der gedehnten Struktur ähnlich ist mit dem Unterschied, daß in der gedehnten Struktur einige zusätzliche Elektronenplatzebenen senkrecht zu der Richtung, in der die Dehnung stattfand, eingeschoben sind. Ähnlich wie bei den Bandmodellverzerrungen verschiedene Arten der Verzerrung möglich sind (SCHUBERT 52a), kann man, wie man sich leicht klarmacht, auch bei Ortskorrelationsverzerrungen unterscheiden zwischen solchen, die auf eine gute Kommensurabilität hingehen und solchen, die sich von ihr entfernen. Dadurch, daß die Rasterung in der Dehnungsrichtung geändert wird, werden Stapeländerungen mit der Dehnungsrichtung als Stapelnormale möglich. Auch diese Erscheinung der Verknüpfung von Dehnungen mit Stapeländerungen ist in der Natur weit verbreitet (SCHUBERT 58). — Weitere Fälle der Deutung elektronischer und geometrischer Strukturdaten durch die Ortskorrelation sind häufig; die oben angeführte Elektronenkonzentrationsregel ist z. B. lediglich ein Ausdruck für das Fortbestehen der Ortskorrelation bei gewissen Änderungen des Chemismus.

Die Ortskorrelationsvorschläge sollten physikalisch plausible *Regelmäßigkeiten* herausstellen wie z. B. die Deutung eines größeren Legierungsgebietes mit einer oder einigen wenigen verschiedenen Ortskorrelationen, die bei Kristallstrukturänderungen nur zweitrangige Änderungen durchmachen. Daß dies, wie wir unten sehen werden, möglich ist, ist nicht selbstverständlich. Es ist physikalisch plausibel, daß die A1-Korrelation von großer Bedeutung ist, weil sie energetisch vorteilhaft ist. Die A2-Korrelation ist ebenfalls energetisch vorteilhaft: auch sie kommt vor. — Wird eine halbbesetzte Schale weiter aufgefüllt, so ist es im Sinne der HUNDschen Regel physikalisch plausibel, daß die hinzukommenden Elektronen sich etwas anders verhalten als die vorhandenen Elektronen und sich z. B. in die Oktaederlücken der A1-Korrelation einlagern, d. h. die A1-Korrelation B1-artig auffüllen. Eine Anzahl struktureller Vorkommnisse legt dies nahe.

Einen Hinweis auf einen endlichen Wirkungsradius der Ortskorrelation stellt die Regel dar, daß in der Natur möglichst *atomarme Elementarzellen* auftreten (SCHUBERT 50c): Eine Vergrößerung der Elementarzelle über den Wirkungsbereich der Ortskorrelation hinaus ist nicht möglich. Andererseits erlaubt die Berücksichtigung der Ortskorrelation erstmalig die seit langem bekannte, im Vergleich zum Atomabstand große Reichweite der Kräfte zu verstehen, welchen die Struktur bei Phasen mit großen Gitterkonstanten festlegen.

Ortskorrelationen verwandter Legierungsphasen sind *metrisch verwandt* (SCHUBERT 59), d. h. man findet in ihnen etwa gleiche Elektronenabstände. Man könnte meinen, daß diese Tatsache lediglich eine logische Folge volumenchemischer Gesetzmäßigkeiten bedeutet; die häufigen Fälle guter Kommensurabilität sprechen

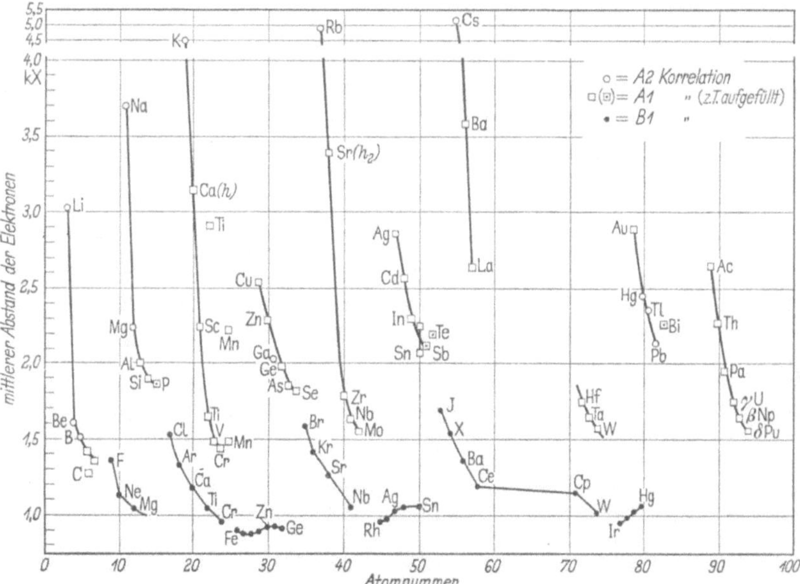

Abb. 1. Wahrscheinliche Elektronenabstände. Die B1-Korrelation bezieht sich vorwiegend auf Rumpfelektronen

jedoch dafür, daß die Volumenchemie eine physikalische Folge der Ortskorrelationseigenschaften ist. Eine Zusammenstellung von Elektronenabständen, die aus einigen besonders naheliegenden Ortskorrelationsvorschlägen erhalten wurden, ist in Abb. 1 gegeben. — Wenngleich die Elektronenabstände viel weniger konstant sind als die Atomradien, so ist doch wahrscheinlich, daß das System der Elektronenabstände für die Strukturkunde von ähnlicher Bedeutung ist wie das System der Atomradien.

Eine ungehinderte Ausbildung einer Ortskorrelation ist energetisch vorteilhaft; als Hinweis dafür kann eine Regel von WITTIG angesehen werden, nach der die Mischungsenthalpie in quasihomologen Mischungen bei Festhalten der Homologieklassen und Variation der Periode der Partner besonders negativ wird, wenn die Periode übereinstimmt (WITTIG 59, WITTIG/SCHEIDT 61).

Ein Bedenken gegen die vorliegende Methode kann daraus erwachsen, daß durch die Elektronengitter viele Elektronen der Atome ganz gleichmäßig im Raum verteilt werden im Gegensatz zu der Erfahrung aus den Elektronendichtesynthesen. Diese Schwierigkeit kann durch Phasenmodulation und Amplitudenmodulation des Elektronengitters gemildert werden.

Das Wesen der Induktion bringt es mit sich, daß dem Deutungsvorschlag erst dann eine gewisse Wahrscheinlichkeit zukommt, wenn er mit einem umfangreichen Erfahrungsmaterial harmoniert. Wir müssen daher im folgenden zu möglichst vielen Strukturen Ortskorrelationsvorschläge erörtern, auch auf die Gefahr hin, daß beim ersten Versuch nicht die „richtige“ Ortskorrelation gefunden wird. Die Auffindung physikalisch sinnvoller Ortskorrelationsvorschläge wird erleichtert oder sogar erst ermöglicht durch eine systematische Ordnung der Erfahrungsdaten. Die strukturelle Verwandtschaftslehre ist daher eine Voraussetzung der Aufsuchung der Bindungsbeziehung. Ohne Zweifel stellen die Ortskorrelationsvorschläge nur eine erste Diskussionsgrundlage dar; der Anfang, der hier gemacht wird, bedarf einer Weiterbearbeitung sowohl in Richtung auf bessere empirische Untersuchung als auch auf weitergehende mathematische Erfassung und Durcharbeitung.

2. Messingartige Phasen und weitere dichteste Kugelpackungen

2.1 Besonderheit der Messinglegierungen

Die dem Messing (Cu-Zn) quasihomologen Legierungen, die wir kurz *messingartige Legierungen* nennen wollen, sind leicht herzustellen und gehören zu den ersten, die mikroskopisch und thermoanalytisch erforscht wurden. In diesen Legierungen gab es spröde Phasen mit großen Kristalliten, die man β-Phasen nannte, weil sie im Gleichgewicht mit dem Kupfermischkristall [allgemeiner $B^1(B^n)$-Mischkristall] waren, den man α nannte. Für das Auftreten dieser Phasen konnte HUME-ROTHERY (26) seine oben erwähnte Valenzelektronenkonzentrationsregel angeben und die Vermutung aussprechen, daß ihnen die CuZn-($C^{1,1}$)-Struktur (gelegentlich ungenau „kubisch raumzentrierte Struktur“ genannt) zukäme, was dann durch WESTGREN/PHRAGMÉN (28) röntgenographisch bestätigt wurde. Die Regeln von HUME-ROTHERY hat man viel beachtet, nicht nur als erste metallchemische Gesetzmäßigkeiten, sondern auch deshalb, weil sie einige Jahre später (durch MOTT/JONES 36) eine Deutung im Rahmen des Bandmodells der Elektronentheorie fanden. Messingartige Phasen werden daher oft HUME-ROTHERY-Phasen genannt oder auch electronic compounds; letztere Bezeichnung suggeriert, daß die nicht messingartigen Legierungen keinen elektronischen Gesetzmäßigkeiten genügen, was nicht zutrifft. Wir wollen an den messingartigen Legierungen erste einfache Strukturargumente kennenlernen. — Besonders kennzeichnend für messingartige Legierungen ist das Auftreten verschiedener Abarten dichtester Kugelpackungen. Diese Kristallstrukturen zeigen nicht nur bemerkenswerte Zusammenhänge zwischen Homogenitätsbereich (bzw. Achsverhältnis) und Valenzelektronenkonzentration, sondern auch eine Vielzahl von Überstrukturabarten, die einen Rückschluß auf die Bindungsbeziehung zulassen. Außer den dichtesten Packungen werden wir die dem β-Messing homöotypen Strukturen betrachten. Schließlich werden wir auch Legierungsphasen besprechen die zwar nicht messingartig sind aber eine dichteste Kugelpackung als Unterstruktur besitzen.

2.2 Dichteste Packungen gleich großer Kugeln

2.21 Geometrie dichtester Kugelpackungen. Um eine als Kristallstruktur mögliche dichteste Packung gleich großer Kugeln zu finden, kann man zunächst nach einer dichtesten Packung von Kugeln fragen, die alle vermöge einer Translationsgruppe gleichwertig sind. Auf der durch die kleinste Translation $\mathbf{a}_1$ erzeugten Gittergeraden berühren sich alle Kugeln, denn sonst würden sich überhaupt keine Kugeln der Packung berühren. Aus diesen eindimensionalen Kugelreihen kann man eine zweidimensionale dichteste Kugelpackung dadurch aufbauen, daß man die Kugelgeraden möglichst dicht aneinanderlegt, d. h. eine zweite kleinste Translation $\mathbf{a}_2$ annimmt. Aus dieser sich eindeutig ergebenden dichtesten Kugelpackung, welche eine hexagonale Ebenensymmetrie und die Koordinationszahl 6 hat (vgl. Abb. 2.22/1), läßt sich dann eine räumliche Kugelpackung durch translatorische Wiederholung aufbauen, wenn man eine Kugel der (zur ersten parallelen) folgenden Gitterschicht in eine der trigonalen Vertiefungen der ersten legt, z. B. über Punkt $B = \frac{2}{3}\frac{1}{3}0$ der hexagonalen Masche. Durch die 2 Gitterschichten sind nun drei linear unabhängige Translationen und damit das ganze Gitter bekannt. Die dritte Schicht hat beispielsweise eine Kugel über Punkt $C = \frac{1}{3}\frac{2}{3}0$ und die vierte wieder über $A = 000$ der Basismasche. Man kann also die soeben abgeleitete Kugelpackung, die der Struktur von Cu(F[1]) (vgl. 2.22) zukommt durch die *Stapelfolge* (ABC) kennzeichnen. In dieser Kugelpackung wird jede Kugel von zwölf weiteren Kugeln (im Koordinationspolyeder eines Kubooktaeders) berührt. Bei der Translationsgruppe, vermöge der alle Kugeln einander gleichwertig sind, handelt es sich um das kubisch flächenzentrierte Bravaisgitter. Daß unsere Konstruktion wirklich zum Gitter größter Gitterpunktdichte geführt hat und nicht nur zu einem Gitter mit stationärer Dichte, erkennt man daran, daß jede Verzerrung des Elementarparallelepipeds, die den Minimalabstand des Gitters ungeändert läßt, zu einer Vergrößerung der Elementarzelle führt.

Außer der Kugelpackung vom Cu-Typ erhält man andere ebenso dichte, wenn man die Forderung der translatorischen Gleichwertigkeit nur noch für einen Teil aller Kugeln aufrechthält: Man gehe von der hexagonal dichtesten ebenen Kugelschicht aus und lege auf sie eine weitere; nach unserer Voraussetzung braucht nun die dritte Schicht nicht mehr durch dieselbe Translation aus der zweiten hervorzugehen wie die zweite aus der ersten, sondern sie kann z. B. durch die an der Schichtnormalen gespiegelte Translation daraus hervorgehen. Wechselt man mit den beiden Translationsmöglichkeiten ab, so erhält man eine Kugelpackung von hexagonaler Translationsgruppe mit 2 Kugeln in der Elementarzelle, wie sie bei Mg(H[2]) (vgl. 2.22) gefunden wurde [Stapelfolge (AB)].

Je nach der Aufeinanderfolge der Translationsmöglichkeiten kann man weitere kristalline hexagonale dichteste Kugelpackungen ableiten, und wenn die Aufeinanderfolge der Schichten keine Periodizität aufweist, so erhält man *partiell aperiodische* dichteste Kugelpackungen. — Das Koordinationspolyeder ist in der Mg(H^2)-artigen Packung etwas anders gebaut als in der Cu(F^1)-artigen Packung, es sind aber nur diese beiden Polyeder möglich. — Die Frage nach den nicht notwendig kristallographischen dichtesten Kugelpackungen ist viel bearbeitet, aber heute noch nicht gelöst, vgl. FEJES TÓTH (53). Dagegen scheint das geometrische Problem der bedingten dichtesten Kugelpackungen noch wenig bearbeitet zu sein; solche Überlegungen spielen unten z. B. bei der Deutung der B^1- und der Cr_3Si-Struktur eine Rolle. — Es ist erwähnenswert, daß die beiden für die F^1- bzw. H^2-Struktur gefundenen Koordinationspolyeder als Molekularkonfigurationen keine maximale Symmetrie zeigen. Diese kommt dem *Ikosaeder* zu, das wegen seiner Fünferachse nicht als Konfiguration von Gitterpunkten auftreten kann. Als Bauelement in einer Struktur kann das Ikosaeder natürlich auftreten (vgl. $NaZn_{13}$). — Weitere Literatur über Kugelpackungen: PATTERSON/KASPER (59); über geometrisch mögliche und in der Natur beobachtete Überstrukturen bei dichtesten Kugelpackungen vgl. SMIRNOWA (59); dichteste Packungen organischer Moleküle: KITAIGORODSKII (55).

2.22 Verbreitung dichtester Kugelpackungen. Die bei Elementen gefundenen dichtesten Kugelpackungen sind in Tab. 1 zusammengestellt,

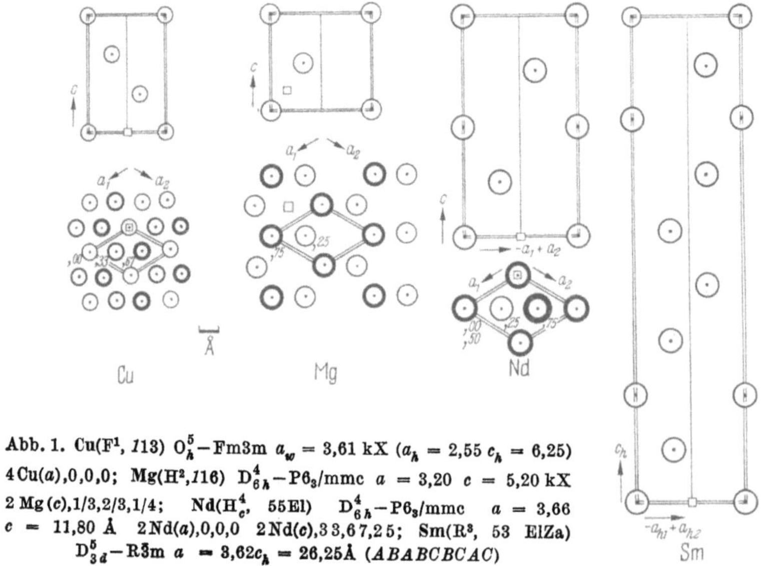

Abb. 1. Cu(F^1, *1*13) O_h^5—Fm3m $a_w = 3{,}61$ kX ($a_h = 2{,}55$ $c_h = 6{,}25$) 4Cu(*a*),0,0,0; Mg(H^2,*1*16) D_{6h}^4—$P6_3$/mmc $a = 3{,}20$ $c = 5{,}20$ kX 2 Mg (*c*),1/3,2/3,1/4; Nd(H_c^4, 55El) D_{6h}^4—$P6_3$/mmc $a = 3{,}66$ $c = 11{,}80$ Å 2Nd(*a*),0,0,0 2Nd(*c*),33,67,25; Sm(R^3, 53 ElZa) D_{3d}^5—R$\bar{3}$m $a = 3{,}62$ $c_h = 26{,}25$ Å (*ABABCBCAC*)

Tabelle 1. *Dichteste Kugelpackungen unter den Elementen*

Cu(F¹)-Typ, Stapelfolge (*ABC*)					
Ne	2201[1]	Al	143	Co(h)	2193
$a = 4{,}52(20\,°K)$		Sc(h?)	757	Rh	169
Ar	171	La(h, > 260 °C)	3203	Ir	170
$a = 5{,}40(20\,°K)$		Ce	144	Ni	168
Kr	2202	Pr(h)	37KB	Pd	170
$a = 5{,}68(92\,°K)$		Yb	37KB	Pt	171
Xe	2203	Ac	58P	Cu	113,35
$a = 6{,}24(88\,°K)$		Th(r)	154	$a = 3{,}16$ Å	
Li(78 °K)	11152	Pu(h_3)	56E	Ag	136
nach Deformation		Cr(h)	947	Au	138
Ca(r)	141	Mn(h_2)	53BC	Pb	155
Sr(r)	1748	Fe(h)	166		
Mg(H²)-Typ, Stapelfolge (*AB*)[2]					
He(2 °K, 25 At)	637	Y	2171	Ti(r)	153
Li(78 °K)	11152	Ce(r)	144	Zr(r)	153
spont. Umw.		Gd(106 °K)	37KB	Hf(r)	153
Na(t)	55B	Tb	37KB	Tc	11183
Be	119	Dy(49 °K)	37KB	Re	2193
Mg	140	Ho	765	Ru	169
Ca(h, 450 °C)	3195	Er(43 °K)	2172	Os	170
Sr(h_1, 248 °C)	53SK	Tu	37KB	Co(r)	119
Sc(r)	757	Cp	37KB	Tl(r)	145
Nd(H_c^4)-Typ, Stapelfolge (*ABAC*)				**Sm(R³)**-Typ, Stapelfolge (*ABABCBCAC*)	
Am[3]	56Gr	Pr(r)	56Sp	Sm	53EZ
La(r)	56Sp	Nd	56Sp		

[1] Die Literaturangabe bezieht sich auf Strukturbericht, Structure Report oder das Literaturverzeichnis 8.3.

[2] Über die Strukturen von Zn, Cd vgl. 4.21; hexagonale Packungen aus Molekülen (H_2, N_2) vgl. 4.54; La, Pr, Nd vgl. Nd(H_c^4-Typ).

[3] Das Atomvolumen erscheint auffallend groß.

welche zeigt, daß der Typ des **Cu** (F¹ = A1, Abb. 1)[1] bzw. der Typ des **Mg** (H² = A3, Abb. 1) bei weitem am häufigsten vorkommen.

Diese Typen bestehen allerdings nicht aus lauter chemisch verwandten Vertretern, sondern sie lassen eine Einteilung in Zweige erkennen. Im **F¹-Typ** kristallisieren alle *Edelgase* mit Ausnahme von He(H²). Ein zweiter Zweig von F¹-Strukturen besteht aus den $T^{2\cdots3}$-*Elementen* Ca, Sr, Al, Sc, La, Ce, Pr, Y. Ein dritter Zweig besteht aus Ele-

[1] Die Autoren, die einen Typ erstmalig beschrieben haben, findet man im Typenverzeichnis 8.1.

menten, die dem Cu quasihomolog sind (*Cu-Zweig*). Die Elemente Mn, Fe, Co sind vom Cu-Zweig zwar etwas entfernt, genügen aber der Regel, daß ein Element bei höheren Temperaturen dazu neigt, die Kristallstruktur einer im Periodischen System rechts benachbarten (d. h. elektronenreicheren) Kolonne anzunehmen, was vielleicht gedeutet werden kann durch Anregung von Elektronen aus dem Rumpf in Außenschalen, d. h. durch temperaturbedingte Erhöhung der Elektronenzahl. Dem Element Pb darf man vielleicht das Th zuordnen (*Pb-Zweig*).

Bei den hexagonalen dichtesten Kugelpackungen vom **H^2-Typ** kann man stets eine Zuordnung zu kubischen Strukturen vornehmen: Die Elemente Be, Mg, Ca, Sr sind den Alkalielementen benachbart (*Mg-Zweig*), die Elemente Sc usw. und Ti usw. sind den B^1-Strukturen des V-Zweiges benachbart, die H^2-Vertreter, die dem Ru quasihomolog sind (*Ru-Zweig*), lehnen sich an die F^1-Struktur des Cu-Zweiges an, ebenso der *Messingzweig der H^2-Struktur*, und das Tl schließlich ist ein Vorläufer des Pb.

Stapelvarianten dichtester Kugelpackungen mit der Stapelfolge *ABAC* sind die Struktur von **Nd** (H^4_c, Abb. 1, Tab. 1) und mit der Stapelfolge *ABABCBCAC* die Struktur von **Sm** (R^3, Abb. 1, Tab. 1).

Phasen mit *aperiodischer Stapelfolge* wurden im Gleichgewicht nicht gefunden — ein Zeichen für die Existenz von Bindungseinflüssen, die über das Streben nach dichter Packung hinausgehen. Im Nichtgleichgewicht dagegen sind Strukturen mit „Stapelfehlern", d. h. zufällig verteilten Abweichungen von einer vorwiegenden Stapelfolge bobachtet worden. So haben EDWARDS/LIPSON (41) und WILSON (41) bei Co, das bei 477 °C eine $F^1 \rightarrow H^2$-Umwandlung zeigt, an Proben mit 99,99 % Co nach Glühung unterhalb von 400 °C eine H^2-Struktur beobachtet, in der etwa alle 10 Schichten ein „Fehler" im H^2-Rhythmus (d. h. eine Folge von 3 Schichten mit F^1-Rhythmus) auftritt. Ähnliche Fälle wurden beobachtet im System Au–Cd (BYSTRÖM/ALMIN 47) und im System Cu–Si (BARRETT 50). Für die röntgenoptischen Eigenschaften solcher mit Stapelfehlern behafteter Strukturen vgl. WILSON (49) und WARREN (59).

Dichteste Kugelpackungen kommen auch häufig als *Zwischenphasen* vor (vgl. 2.31, 2.41); diese entstehen aus gedachten oder wirklichen Elementstrukturen durch (geordnete oder ungeordnete) Einfachersetzung. Besonders leicht geschieht diese Ersetzung bei quasihomologer Verwandtschaft der Komponenten. (Neben der umfangreichen Menge der quasihomologen Ersetzungen gibt es auch eine kleinere Menge von nichtquasihomologen Ersetzungen, auf die wir bei den Überstrukturen im einzelnen eingehen.) Die Quasihomologiebedingung für Mischbarkeit legt nahe, die Kristallstruktur von Legierungen in Funktion der mittleren Außenelektronenzahl je Atom zu untersuchen (SCHUBERT 56, RAUB 57, HAWORTH/HUME-ROTHERY 58). Der Mittelwert der Außenelektronenzahlen wird um so entscheidender für das Erscheinungsbild sein, je kleiner die Differenz der Außenelektronenzahlen der Partner ist. Aus diesem Grunde wurden bei der Sammlung des Materials für Abb. 2 nur Legierungen in Betracht gezogen, bei denen die Differenz der Außenelektronenzahl kleiner als 6 ist. Die Außenelektronenabszisse wurde in Intervalle von 0,25 eingeteilt und in sämtlichen in Betracht gezogenen Legierungssystemen nach einer in dieses

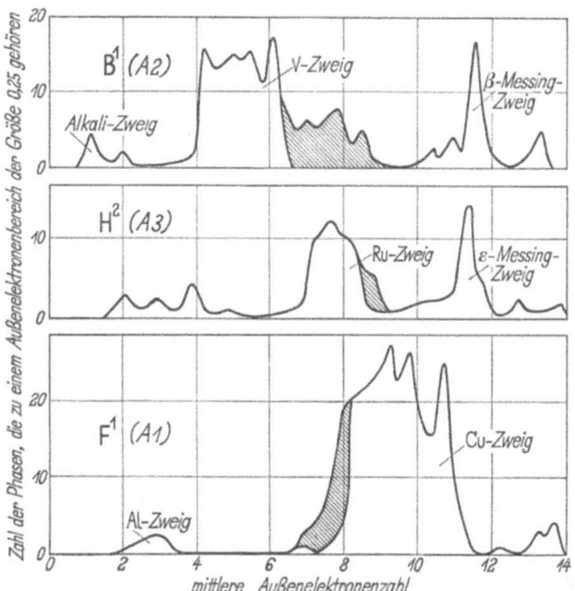

Abb. 2. Häufigkeitsverteilung von 120 B^1- und $C^{1,1}$-Phasen, 85 H^2- und $H_a^{6,2}$-Phasen und 140 F^1-, $C_a^{3,1}$ und $T_a^{1,1}$-Phasen in Abhängigkeit von der mittleren Außenelektronenkonzentration. Die schraffierten Flächen geben Phasen mit überwiegend ferromagnetischen Komponenten an. Mischkristalle von Elementen sind dann aufgeführt, wenn die Differenz der mittleren Elektronenkonzentration der Ränder 0,25 übersteigt. Phasen, bei denen die Differenz des Elektronenbeitrags der Partner 5 überschreitet, sind nicht mitgezählt

Intervall fallenden Phase gesucht. Die klare Bündelung der Phasen in Zweige zeigt, daß bei T-T-Legierungen die Außenelektronenkonzentration ein zweckmäßiger Parameter zur Darstellung des Erscheinungsbildes ist; die (schwache) Überlappung der Zweige zeigt dagegen, daß die Außenelektronenkonzentration nicht der einzige Parameter sein kann. Insbesondere scheint es von Bedeutung zu sein, ob Komponenten an der Legierung beteiligt sind, die im Element ferromagnetisch sind. Die Abb. 2 umfaßt außer den Elementen auch eine große Anzahl von binären Legierungssystemen. In diesem Sinne wird die Verteilung der Strukturen im Periodischen System der Elemente durch die Verteilung der Strukturen im Gebiet der binären Legierungen bestätigt. —

Während die Übergangsmetallegierungen eine verhältnismäßig langsame Änderung der Struktur bei Änderung der Außenelektronenzahl zeigen, findet man steile eng begrenzte Maxima im Gebiet der messingartigen Legierungen (Außenelektronenkonzentration 11 bis 12). Bei den Übergangsmetallen ist die Änderung der VEK bei wachsender Atomnummer klein, bei B-Metallen dagegen groß.

2.23 Energetische Argumente für dichteste Kugelpackungen. Dichteste Kugelpackungen treten auf, wenn die VEK hinreichend klein ist und die Atomrümpfe hochbesetzte Außenschalen haben, die eine hinreichende Anziehung aufeinander ausüben. Das Aneinanderrücken der Atome wird dann nicht durch das Valenzelektronengas begrenzt, sondern durch die Abstoßung der Atomrümpfe. Bei den Edelgasen ist die VEK $= 0$, und die Anziehung der Atomrümpfe ist kugelsymmetrisch. Da die Anziehung der Edelgasrümpfe schwach ist, sind die Alkalimetalle, deren VEK $= 1$, also klein, ist, bei Raumtemperatur nicht im F^1-, sondern im B^1-Typ gebaut; hier werden die (korrelativen) Wirkungen des Valenzelektronengases bereits wirksamer als die Anziehung der Rümpfe (vgl. 2.64). Bei Ca usw. begünstigen die für die Alkalimetalle später zu diskutierenden Wirkungen nicht eine B^1-Struktur, so daß sich eine dichteste Kugelpackung einstellen kann trotz höherer VEK. Im V-Zweig der B^1-Struktur haben wir keinen hoch aufgefüllten Atomrumpf mehr, wenn wir annehmen, daß das Valenzelektronengas aus etwa 1 Elektron je Atom besteht. Im Ru-Zweig der H^2-Struktur und Cu-Zweig der F^1-Struktur gibt es wieder einen hoch aufgefüllten Rumpf und ein verdünntes Valenzelektronengas. Bei den Homologen des Zn beginnen sich bereits Einflüsse des Valenzelektronengases bemerkbar zu machen, die das Bauprinzip der dichtesten Packung energetisch ungünstig werden lassen. Lediglich der zu Tl und Pb gehörige Zweig hat bei verhältnismäßig hoher VEK noch eine dichte Packung. Es könnte sein, daß der große Radius des Atomrumpfes dazu führt, daß der Einfluß des Valenzelektronengases etwas in den Hintergrund gedrängt wird.

Bei dichtesten Kugelpackungen von Mischungen mit ausgedehntem Homogenitätsbereich kommen zu obigen allgemeinen Bedingungen noch Bedingungen der gegenseitigen „Verträglichkeit" der Partner: Quasihomologie (1.41) und Volumenverwandtschaft (1.44). — Bei durchgehender Mischbarkeit tritt hinzu noch die evidente Bedingung der Isotypie.

Bei dichtesten Packungen aus nicht sehr ähnlichen Komponenten findet man häufig eine Ordnung der Komponenten; die obigen Bedingungen für Valenzelektronen und Rumpfelektronengas sind dann im Mittel erfüllt.

Weitere Argumente für die spezielle Stapelfolge einer dichtesten Kugelpackung kommen bei den nunmehr zu betrachtenden Abarten zu Wort.

2.3 Abarten der Cu(F^1)-Struktur

2.31 Einfluß der Bandstruktur auf F^1-Gitter. Die Struktur des Cu kommt nicht nur bei Elementen (2.22) sondern auch bei Zwischenphasen häufig vor (Tab. 1). Wir wollen hier den Einfluß der Valenzelektronen auf das Gitter betrachten. Nach der oben angegebenen Gleichung VEK $= 2 V_k V_{\mathrm{At}}$ berechnen sich die folgenden TVEK für die Brillouinebenen (hkl) (Mott/Jones 36, Jones/Mott 37):

F^1-Struktur: TVEK$(111) = 1{,}36_2$, TVEK$(200) = 2{,}10$, TVEK(220) $= 5{,}9$.

Tabelle 1 (vgl. Tab. 2.22/1)

$Cu(F^1)$-Typ (bei Zwischenphasen)

$CdIn_{10}$(h)	*61*79	$\sim Tl_4Pb$	*161*06	$MgIn_5$	63SchGF
$\sim In_2Tl$	*131*22	Tl_4Sb	60Su		
$\sim Tl_4Sn$ [1]	60Su	$\sim Tl_3Bi$(h)	*36*48		

[1] Soll 0,5% Leerstellen haben.

Da V_k proportional a^{-3} (a Gitterkonstante der vieratomigen Zelle) und V_x proportional a^3 ist, hängt TVEK nicht von a^3, d. h. vom Volumen ab. In Abb. 1 sind die zu (111) und (200) gehörigen Brillouinebenenpolyeder gezeichnet.

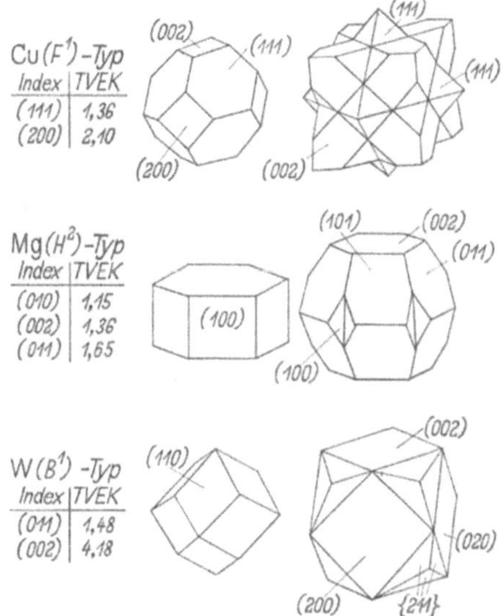

Abb. 1. Brillouinebenenpolyeder für die Strukturtypen von $Cu(F^1)$, $Mg(H^2)$, $W(B^1)$

Wir betrachten zunächst den Fall einer *Fermioberfläche in Nähe von BE (111)*. Er gestattet eine Deutung der elektronenreichen Homogenitätsgrenze des Cu-Zweiges der F^1-Struktur, d. h. aller dem α-Messing quasihomologen F^1-Phasen, die nach HUME-ROTHERY/MABBOT/CHANNEL-EWANS (34) bei etwa 1,4 Valenzelektronen je Atom liegt. In Abb. 2

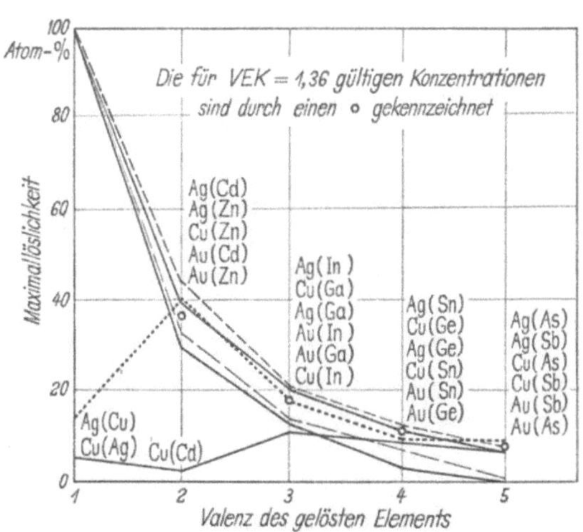

Abb. 2. Maximallösungsvermögen bei F^1-Messingphasen (nach OWEN 47)

sind einige Maximallöslichkeiten von B-Metallen in Cu, Ag, Au in Abhängigkeit von der Valenz des gelösten Elements aufgetragen. Die für die VEK 1,36 gültigen Werte sind durch kleine Kreise angedeutet. Die Aussage von Abb. 2 legt die Annahme nahe, daß die elektronenreiche Grenze der messingartigen F^1-Phasen mit der Taktion eines kugelförmigen Fermikörpers an der Brillouinebene (111) zusammenfällt, d. h. also, daß diese Taktion (zwar nicht notwendig die einzige, aber doch) eine der energetischen Ursachen für die Grenze der Homogenität ist (MOTT/JONES 36). Die Taktion selbst ist zwar energetisch günstig, aber die Besetzung der Wellenzahlvektoren jenseits der BE (111) ist energetisch ungünstig. Sie führt zu einer kleinen Ausbuchtung in der Kurve der isothermfreien molaren Energie in Abhängigkeit von der Zusammensetzung, und diese Ausbuchtung begrenzt den Homogenitätsbereich. — Das abweichende Verhalten einiger Ag- und Cd-Legierungen ist mit dem Atomradienunterschied in Zusammenhang zu bringen. Bei Cu–Au besteht jedoch durchgehende Mischbarkeit. Aus Abb. 2 kann man noch entnehmen, daß alle Au-Legierungen besser in den Zusammenhang der elektronenreichen Grenzkonzentration der messingartigen F^1-Phasen passen, wenn man für Au einen höheren Valenzelektronenbeitrag (RAYNOR 45) etwa 1,15 statt des konventionellen Wertes 1,00 einsetzt (SCHUBERT 52b). Eine andere Deutungsmöglichkeit liegt in der Annahme einer besonderen Verzerrung der Fermioberfläche (COHEN/HEINE 58, diese Arbeit zieht auch andere physikalische Eigenschaften in Betracht).

Nächst der Diskussion der Homogenitätsgrenzen vom Standpunkt der Bandstruktur ist für die Strukturkunde die Betrachtung von bindungsmäßig verursachten Verzerrungen von Interesse. Wenn man den Einfluß einer z. B. tetragonalen Verzerrung einer F^1-Struktur auf die Bandstruktur untersuchen will, ist es zweckmäßig, die TVEK der verschiedenen Brillouinebenen in Abhängigkeit vom Achsverhältnis c/a zu berechnen (SCHUBERT 52a), Abb. 3. Dabei zeigt sich, daß die TVEK von BE(111) für eine tetragonal verzerrte F^1-Struktur größer als 1,36 ist. Man könnte also vermuten, daß eine messingartige F^1-Phase ihren Homogenitätsbereich gegen höhere VEK ausdehnen kann durch tetragonale Verzerrung. Es gibt in der Tat tetragonal verzerrte F^1-Strukturen, die in messingartigen Systemen im Gleichgewicht mit einer kubischen F^1-Phase sind, z. B. NiZn($T_a^{1,1}$) (vgl. 2.33). Die Annahme, daß in tetragonal verzerrten F^1-Phasen die BE(111) von der Fermikugel tangiert wird, schließt eine Voraussage über die Abhängigkeit des Achsverhältnisses c/a ein, die experimentell geprüft wurde (SCHUBERT 55a) und die sich nicht durchweg bestätigte, so nimmt z. B. c/a von NiZn mit zunehmendem Zn-Gehalt zu. Damit ist gezeigt, daß das Bandmodell nicht für das Auftreten der $T_a^{1,1}$-Phasen ausschlaggebend ist. Eine weitere Bestätigung hierfür ist zu entnehmen aus einem Befund von NOWOTNY (51, 52), wonach $T_a^{1,1}$ Phasen der Art PdZn diamagnetisch sind, also eine VEK von 1,0 haben. Ein diese Bemerkungen berücksichtigender Deutungsvorschlag für $T_a^{1,1}$-Phasen wird sich, wie wir sehen werden, aus der Betrachtung der Ortskorrelation ergeben. — Ein zusammenfassender Bericht über die Beeinflussung der Gitterkonstanten durch Abänderung der Zusammensetzung insbesondere bei hexagonalen Strukturen wurde von MASSALSKY (58) geschrieben.

Wir betrachten nun den Fall einer *Fermioberfläche in Nähe von BE (200)*. Es gibt eine Struktur, deren Unterstruktur ein F¹-Typ ist, nämlich die Überstruktur des $Cu_3Au(C_a^{3,1})$, auf die wir ebenfalls zurück-

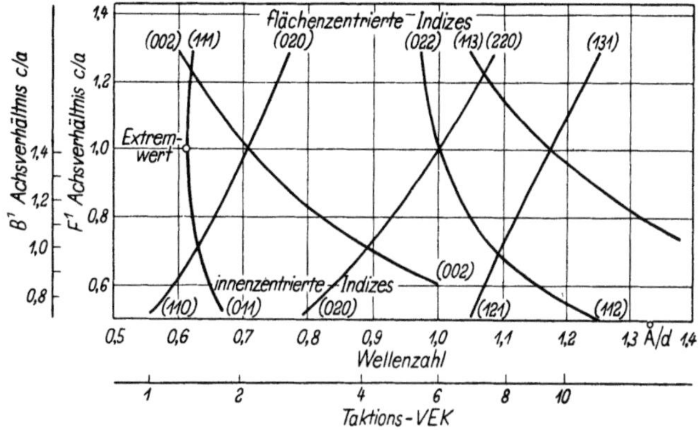

Abb. 3. Wellenzahlen einer tetragonal deformierten F¹-Struktur in Abhängigkeit vom Achsverhältnis

kommen werden und zu der die Phasen Mg_3In, $Cd_3In(h)$, Hg_3Tl gehören. Die VEK dieser Phasen ist 2,25, was zu einer Taktion von BE (200) passen würde, ähnlich wie die maximale VEK der α-Messingphasen zur Taktion von BE (111) paßt.

Ein weiterer Hinweis auf die Wirkungen einer Fermioberfläche in der Nähe von BE (200) ist im System **Zn-Al** enthalten (SCHUBERT 50c). In diesem System existiert bei höheren Temperaturen ein sehr ausgedehnter Al(Zn)-(F¹)-Mischkristall, der bei tieferen Temperaturen in zwei F¹-Phasen zerfällt. Diese Phasen sind durch eine Mischungslücke getrennt, deren kritischer Punkt bei etwa 50 At.-% Al und 355 °C liegt. Im homogenen Bereich bei 370 °C wurden Gitterkonstanten und elektrischer Widerstand (PETROW/BADAJEWA 47, ELLWOOD 51) sowie magnetische Suszeptibilität (AUER 38) gemessen (Abb. 4). Die Größen zeigten charakteristische Anomalien. Allerdings sind die Ergebnisse noch strittig, so deuten ELLWOOD (51) bzw. MÜNSTER/SAGEL (56) durch die Kurven, mit denen sie ihre (in dem fraglichen Gebiet nicht genügend eng liegenden) Meßpunkte interpolieren, einen glatten Verlauf der Gitterkonstante bzw. elektrischen Widerstandes an; andererseits finden ROLL/MOTZ (57) allerdings bei etwa 40 At.-% Al einen sehr deutlichen Effekt sogar in der Schmelze (500 ... 800 °C). Man sollte bis zum Beweis des Gegenteils annehmen, daß die Effekte reell sind. Es liegt dann die Annahme nahe, daß es sich hier um die Überragung von BE (200) durch die Fermikugel handelt (SCHUBERT 47, 48). Da die Anomalien etwa bei VEK = 2,5 stattfinden, ist der Betrag von 0,4 Elektronen als Ausbauchungsbeitrag zu deuten. Auf Grund einer Berechnung der Bandstruktur des Al wurde angenommen, daß BE (200) im Al nicht überragt wird (MATHYAS 48). Es konnte jedoch gezeigt werden, daß plausible Annahmen doch zu einer Überragung von BE (200) führen (SCHUBERT 50c). Der Verlauf der Gitterkonstanten läßt sich qualitativ verstehen; bei Besetzung

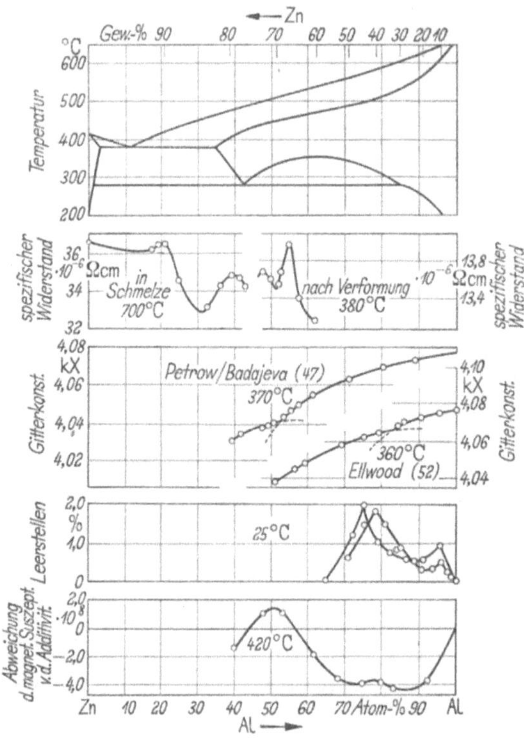

Abb. 4. Besondere Effekte im System Zn–Al

von Zuständen jenseits der BE (200) dehnt sich das Kristallgitter etwas, um die translatorische Energie herabzusetzen. — Den Leitfähigkeitseffekt macht man sich wie folgt klar. Berührt die Fermikugel BE (002), so wird die Leitfähigkeit herabgesetzt, weil an großen Oberflächenstücken der Kugel die Gruppengeschwindigkeit $\nabla_k U/h = 0$, der Widerstand wächst also für ein kurzes Konzentrationsintervall übernormal schnell an, um bei weiterer Steigerung der VEK wieder abzufallen, weil die Fermikugel sich ausdehnt. Bei Besetzung von Zuständen jenseits der Brillouinebene kommt es zu einem nochmaligen Anstieg des Widerstandes. — Die zweite Anomalie im System Zn–Al, die sich bei 80 At.-% Al bemerkbar macht in der magnetischen Suszeptibilität und der Gitterkonstante, hängt wohl mit den Leerstellen zusammen, die nach ELLWOOD (51, vgl. auch 52) in jenem Konzentrationsbereich eine maximale Konzentration zeigen. — Einen analogen Fall zu dem Effekt bei 50% im System Zn–Al fanden RAYNOR/WAKEMANN (49) bei Ag–Al. Dort zeigt der (Ag)Al-Mischkristall bei der VEK 2,6 eine Ausbuchtung des Homogenitätsbereichs, die mit der Mischungslücke bei ZnAl in Vergleich gesetzt werden kann. Auch zeigt (Ag)Al bei etwa 12 At.-% Ag einen plötzlichen Anstieg der Gitterkonstante (Ellwood 52), der vielleicht mit einem Fortfall von Leerstellen zusammenhängt; Ellwoods Dichtemessungen geben dafür allerdings keinen sehr deutlichen Hinweis. — Während durch die Gesamtheit der besprochenen Effekte ihre elektronische Ursache wahrscheinlich gemacht wird, ist andererseits sicher, daß bei Zn–Al eine Entmischung in kleinen Bereichen von bedeutendem Einfluß ist (Rudman/Averbach 54, Münster/Sagel 60).

An Stelle der eben betrachteten symmetrischen Überragung ist auch eine solche denkbar, bei der nur ein Teil der mit BE (200) gleichwertigen Brillouinebenen überragt wird. In der Tat kristallisiert das dem Aluminium homologe *Indium* in einer tetragonal gedehnten F^1-Packung. Man wird also annehmen dürfen, daß BE (002) von der Fermikugel überragt wird, aber BE (200) usw. tangiert wird (Raynor 48). Wie oben gilt hier wieder, daß die Bandstruktur nicht notwendig die einzige Ursache der A6-Struktur des In ist, vielmehr ist das Gitter nur mit dem Vorschlag für die Bandstruktur verträglich. Auf den Einfluß der Ortskorrelation gehen wir unten (2.32; 4.22) ein, ebenso auf den Einfluß von Beimengungen auf das Achsverhältnis.

2.32 Ortskorrelationsvorschläge für F^1-Strukturen. Den *Edelgasen* kann man eine mit 50% besetzte B1-Korrelation der 8 Außenelektronen vom Raster $a/4 = d_{B1}$ zuordnen (Schubert 56a), die später bei den Ionenverbindungen eine Rolle spielen wird.

Auch die dem *Cu-Zweig* der F^1-Struktur angehörenden Elemente lassen eine solche Ortskorrelation für die d-Elektronen annehmen, das Besetzungsverhältnis ist hier nicht 0,50, sondern z. B. bei Cu 10/16 = 0,62. Die Annahme einer Ergänzung dieser Korrelation durch die $3sp$-Elektronen zu einer B2-Korrelation liegt nahe. — Die Valenzelektronen unter sich können, sofern ihre Konzentration gleich Eins ist, eine A1-Korrelation bilden, die der Struktur kongruent ist (Bradley 49) und die sich der d-Elektronenkorrelation überlagert, oder falls die VEK = 0,5 ist, eine A2-Korrelation (z. B. Ni). Die Annahme zweier voneinander unabhängiger Ortskorrelationen (Schubert 59) ist deshalb naheliegend, weil die d-Elektronen eine andere „Geschwindigkeit" als die s-Elektronen haben und so keine stark ins Gewicht fallende Abhängigkeit der Bewegungen erzeugen. Einige Phasen, bei denen die zum Cu-Zweig der F^1-Struktur gehörige Elektronenkonzentration durch Einlagerung kleiner Atome erreicht wird, werden bei den Einlagerungsverbindungen (Kap. 6) erwähnt.

Der *Al-Zweig* legt eine durch $a/2 = d_{A1}$ $l_c = 3$ gegebene A1-Korrelation der Valenzelektronen nahe, es befindet sich also in der Basis der F^1-Zelle ein quadratisches Raster, das A1-artig gestapelt und etwas in $c = a_3$-Richtung zusammengedrückt 3 Schichten je c-Strecke aufweist. Die früher diskutierte A2-Korrelation vom Raster $a/2$ (Schubert 55a) ist eng verwandt mit vorliegendem Vorschlag, hält aber dem Vergleich der Elektronenabstände mit benachbarten Elementen nicht stand. Der vorliegende Vorschlag sollte eine tetragonale Verzerrung erwarten lassen; diese Verzerrung wird bei In und bei den Verbindungen der Art $TiAl_3$ wirklich gefunden. — Wir treffen bei Al zum ersten Mal auf einen Vorschlag, der bei unverzwillingter Korrelation (1.63) zu einer tetragonalen Struktur führen sollte; man erhält die kubische Symmetrie durch die Annahme eines „Ortskorrelationsdrillings" im Struktureinkristall. Die Ortskorrelation ist also tetragonal komprimiert mit wechselnder Kompressionsrichtung [001], [010] oder [100] zu denken. Dies mag Leerstellen wohl etwas begünstigen. Bei VEK 2,83 (falls alle Elektronenplätze besetzt sind) ist das in der F^1-Basis kommensurable Elektronengitter auch in *c*-Richtung unverzerrt. Es ist aber sehr wahrscheinlich, daß bei höherem Zn-Gehalt nicht alle Plätze besetzt sind, da bei den mit vorliegendem Vorschlag eng zusammenhängenden Vorschlag für die messingartigen B^1-Phasen (2.64) nur 75% aller Plätze besetzt sind. Mit 90%iger Besetzung folgt für obigen Effekt die VEK 2,55. — Die vorliegenden Vorschläge sind verträglich mit Ergebnissen der Fouriersynthese der Elektronendichte (Brill/Hermann/Peters 44, Ageew/Ageewa 48), wonach sich in einem Elektronengas konstanter Elektronendichte 2 ... 3 Valenzelektronen je Atom befinden. Verwandte Ergebnisse für Mg waren von Brill/Hermann/Peters (42) erhalten worden.

Für *Pb* sollte man in Analogie zu Si, Ge, Sn eine der typischen B-Metallstrukturen erwarten. Da jedoch der Atomradius des Pb groß ist, würde dann eine sehr geräumige Struktur entstehen, so daß die F^1-Struktur energetisch relativ günstig wird. — Es liegt eine A2-Korrelation mit $a_{\mathrm{Pb}}/2 = a_{\mathrm{A}2}$ (Schubert 54a) nahe, die sich an den Vorschlag für In anschließt. Wir werden bei den F^1 RS-Strukturen ebenfalls einen Übergang von einer A1- zur A2-Korrelation finden.

Zwei weitere merkwürdige F^1-Zweige sind gegeben durch $Mg_3In(h)$ und Tl_4Pb. Man kann Mg_3In die Bindungsbeziehung von Mg zuordnen und Tl_4Pb die Bindungsbeziehung von Pb. Eine Anomalie der Gitterkonstante bei Tl_3Pb wurde von Tang/Pauling (SR *16*106) angegeben. — Die Phase $HgPb_2(T_a^{1,1})$ $c/a = 0{,}90$, spricht ebenfalls für eine A2-Korrelation.

Für *Pu*, das 8 Elektronen mehr als Rn enthält, sollte man nicht ohne weiteres Homologie zu Fe annehmen, weil es einige ganz andere Kristallstrukturen zeigt. Nimmt man $a_{\mathrm{Pu}(F^1)}/2 = a_{\mathrm{A}1}$ an, so gelangt man zu 32 Plätzen und einem Elektronenabstand, der gut zu Abständen aus anderen Deutungen paßt.

2.33 Häufig vorkommende F^1R-Varianten: Cu_3Au und CuAu. Die $C_a^{3,1}$-Struktur von $\mathbf{Cu_3Au}$ (Au in 000, 3Cu in $\frac{1}{2}\,\frac{1}{2}\,0$; $\frac{1}{2}\,0\,\frac{1}{2}$; $0\,\frac{1}{2}\,\frac{1}{2}$) ist eine Überstruktur des Cu-Gitters. Die meisten Vertreter dieses Typs lassen sich einer Elementstruktur zuordnen (s. unten). Die Überstruktur bedeutet also nur eine weniger ins Gewicht fallende Abänderung der geometrischen Begleitumstände des Bindungszustandes. Dieser Tatsache entspricht z. B. das Phasendiagramm Cu–Au, bei dem sich die Überstrukturphase im festen Zustand aus einem (bis auf geringe Nahordnungen) statistisch ungeordneten $Cu(Au)(F^1)$-Mischkristall bei etwa 400 °C bildet. Man kann den Umwandlungsvorgang als Schmelzen bzw. Erstarren der Überstruktur bezeichnen. Der tiefere Schmelzpunkt der Überstruktur zeigt dann gegenüber dem höheren Schmelzpunkt der Unterstruktur, daß die Überstruktur durch Wärmebewegung leichter zerstört wird als die Unterstruktur. — Wenn $Cu_3Au(C_\alpha^{3,1})$ sich in der Energetik nur wenig von $Cu_3Au(F^1)$, der auf Raumtemperatur abschreckbaren Hochtemperaturphase, unterscheidet, so gilt das nicht für alle anderen Eigenschaften. So wurde z. B. die Raumtemperaturphase erstmalig bei der Messung des elektrischen Widerstandes getemperter Legierungsproben auf Grund sehr merklicher Effekte gefunden.

Ein wichtiges Argument für das Auftreten der Cu_3Au-Struktur im Rahmen der F^1-Struktur ist mikroelastischer Art. Au hat einen um 12% größeren Atomradius als Cu, es drückt also in der Struktur die umgebenden Cu etwas auseinander. Jedes Au ist von 12 Cu in erster Sphäre umgeben, und unter dieser Bedingung ist eine Höchstzahl von Au-Atomen in der Struktur. Jede Ersetzung von Cu durch Au oder von Au durch Cu führt zu einer energetisch ungünstigen Situation, d. h., die Zusammensetzung Cu_3Au ist energetisch bevorzugt. — Die Anordnung der Minderheitsatome scheint bei Annahme verschiedener elektrostatischer Aufladungen der Komponenten nicht optimal zu sein. Denkt man sich in dem kubisch primitiven Teilgitter der Minderheitskomponente eine (001)-Netzebene parallel zu sich verschiebbar, so wird eine elektrostatisch günstigere Lage eingenommen, wenn nicht Au-Atom über Au-Atom liegt, sondern die Atome „auf Lücke" gestapelt sind. — Daß die Überstruktur von $CuAu_3(C_a^{3,1})$ bei niedrigerer Temperatur schmilzt als die von Cu_3Au, hängt wohl mit der Asymmetrie der Potentialfunktion zwischen 2 Atomen zusammen. Dieselbe Erscheinung fand man in den Systemen Fe–Pt und Pt–Ag. Im großen und ganzen bestätigt die Vertretertabelle, daß das Minderheitsatom etwas größer als das Mehrheitsatom ist.

Der *messingartige Zweig* der $C_a^{3,1}$-Struktur (vgl. Tab. 1) läßt sich dem Bindungszustand des Cu zuordnen (2.32). Die Vermutung, daß die $C_a^{3,1}$-Phasen dieses Zweiges eine VEK in der Nähe von Eins haben, sollte man durch Messung der magnetischen Suszeptibilität prüfen. Daß die Rumpfelektronenkorrelation auch Leerstellen aufweisen kann im Vergleich zur Korrelation bei Cu, zeigt der *T-T-Zweig* der $C_a^{3,1}$-Struktur. Die bekannten magnetischen Suszeptibilitäten passen zu obiger Annahme: $MnNi_3$ hat 4,1 Magnetonen je Zelle (GILLAUD 44), $FePd_3$ hat 3,9 Magnetonen je Zelle und Ni_3Pt ist ferromagnetisch (FALLOT 38).

Beim *Mg_3In-Zweig* der $C_a^{3,1}$-Struktur darf man eine $a/4 = d_{B1}$-Korrelation der Rumpfelektronen annehmen, aber die Korrelation der Valenzelektronen muß wegen der größeren VEK von anderer Art sein als bei Cu. Man hat eine Ortskorrelation anzunehmen wie bei Mg, in welcher einige Plätze durch Atome besetzt sind. Diese Erscheinung wird uns bei den β-Messingphasen wieder begegnen. [Es ist nebenbei zu bemerken, daß die VEK 2,25 günstig für Taktion der Fermikugel an BE (002) ist.]

Besonders interessant ist der *$TB_3^{2\cdots 3}$-Zweig*, der die Korrelation des In bei verkleinertem l_c zeigt. Man könnte eine Verwerfungsdichte (2.34) von 1/2 erwarten (vgl. 2.35), aber wegen der genau kubischen Kristallsymmetrie weiß das Verwerfungssystem offenbar nicht welche Richtung es haben soll und fällt daher fort. Bei UAl_3 usw. dürfte die Bindungsbeziehung von Pb vorliegen; man hätte anderenfalls mit Verwerfungen zu rechnen (vgl. 2.35).

Der *$NaPb_3$-Zweig* der $C_a^{3,1}$-Struktur endlich ist der Bindungsbeziehung des Pb zuzuordnen.

Die Korrelation nimmt also etwa 4 Elektronen je Atom auf, so daß man bei $CaSn_3$ das Besetzungsverhältnis 0,87 und bei $LaSn_3$ 0,94 hat. Daß dieses etwas geringere Besetzungsverhältnis energetisch günstig sein muß, erkennt man z. B. auch daran, daß der (Tl)Pb-Mischkristall bei der Legierung $Tl_{67}Pb_{33}$ ein Schmelz-

Tabelle 1

$Cu_3Au(C_a^{3,1} = L1_2)$-Typ

Phase	Lit.	Phase	Lit.	Phase	Lit.
T-Mehrheitsphasen		YPt_3	61DDC	$NpAl_3$	1728
La_3Al	59Ia	$DyPt_3$	61BM	UGa_3	1693
Ce_3Al(h)	59Ia	$HoPt_3$	61DDC	$LaIn_3$	59Ia
Pr_3Al	59Ia	$TiPt_3$	9120	$CeIn_3$	18103
Sm_3Al	59Ia	$CrPt_3$?	55RM	$PrIn_3$	58P
Pu_3In	55CE	$MnPt_3$	13137	$NdIn_3$	59Ia
$Ti_3Hg(h_2)$	54P	$FePt_3$	13129	$SmIn_3$	59Ia
Zr_3Al	55KM	$CoPt_3$	52GM	$GdIn_3$	61BM
Zr_3In	58An	*Messingartige Phasen*		$DyIn_3$	61BM
Mn_3Rh	55RM	Pt_3Ag(r)	9117	UIn_3	1693
Mn_3Ir	55RM	Pt_3Zn	16137	$MgIn_{2,5}$	6180
Mn_3Pt	55RM	Pt_3Cd	1640	$CaTl_3$	3639
Mn_3Au	62StSch	Ni_3Al	6158	$LaTl_3$	59Ia
Fe_3Pt	13129	Ni_3Ga	18157	$CeTl_3$	59Ia
Fe_3Ga	60SchMi	Pt_3Al		$PrTl_3$	59Ia
URu_3	55HW	Pt_3Ga	60SchMi	$NdTl_3$	59Ia
$TiCo_3$?	59FF	Ni_3Si	15108	$SmTl_3$	59Ia
$ScRh_3$	61DDC	Ni_3Ge	13113	$GdTl_3$	61BM
$TiRh_3$	59SB	Pd_3Sn	11173	$DyTl_3$	61BM
$ZrRh_3$	59SB	Pd_3Pb	1065	UTl_3	1693
$HfRh_3$	59SB	Pt_3Sn	11177	*$NaPb_3$-Zweig*	
$ThRh_3$	61DDC	Pt_3Pb	1066	USi_3	1693
VRh_3	59SB	$PdCu_3$+		UGe_3	1693
$NbRh_3$	59SB	$\approx PdCu_5$	7187;2626	$PuGe_3$	55CE
$TaRh_3$	59SB	$PtCu_3$+		$CaSn_3$	3638
URh_3	61DDC	$\approx PtCu_4$	1519	$LaSn_3$	3646
$TiIr_3$	59SB	Cu_3Au	1505	$CeSn_3$	3647
$ZrIr_3$	59SB	$PtAg_3$	9117	$PrSn_3$	3647
$HfIr_3$	59SB	$PtAu_3$	58HA	$NdSn_3$	59Ia
VIr_3	59SB	$CuAu_3$	vgl.	$SmSn_3$	59Ia
$NbIr_3$	59SB		Tab. 2.34/1	USn_3	1130
$TaIr_3$	59SB	*B-B-Phasen*		$PuSn_3$	58P
$CrIr_3$	55aRM	Li_3Cd	3637	$NaPb_3$	2734
UIr_3	61DDC	Mg_3In	11131	$CaPb_3$	3639
$MnNi_3$	2651;1265	Cd_3In(h)	59HP	$LaPb_3$	3646
$FeNi_3$	11141	Hg_3Tl	3645	$CePb_3$	3647
Ni_3Pt	6171;12114	*$TB_3^{2\cdots3}$-Zweig*		$PrPb_3$	3648
$ScPd_3$	61DDC	$TiZn_3$	54P	$NdPb_3$	59Ia
YPd_3	61DDC	$NbZn_3$	60Vo	$SmPb_3$	59Ia
$LaPd_3$	61DDC	$MnZn_3$	897	$ThPb_3$	59Mak
$HoPd_3$	61DDC	$ZrHg_3$	54P	UPb_3	1693
$FePd_3$	6165	UAl_3	1130	$PuPb_3$	58P
$ScPt_3$	61DDC				

$SrPb_3(T^{1,3})$-Typ (D-Variante), Zahlenangabe = c/a

Phase	c/a	Lit.	Phase	c/a	Lit.	Phase	c/a	Lit.
$SrPb_3$	1,01	3639	Pd_3In	0,90	11122	$Mn_{\sim3}Ga$	0,91	1596 [1]
Pu_3Al	1,01	55CE	Pd_3Tl?	0,93	61StH	Mn_3Al_2	0,908	58Ko
Pd_3In	0,93	11122	Pt_3Al?		61StH	$Mn_{3+}Ge$	0,951	61OYK

[1] Dort weitere Mn-reiche Phasen (metastabil?).

punktsmaximum hat. Bei Annahme einer A1-Korrelation müßte man erwarten, daß diese Verbindungen Stapelvariationen der Überstruktur zeigen, weil etwa 3 Elektronen auf eine c-Strecke kämen (vgl. 2.35); da eine solche aber nicht gefunden wird, kann man annehmen, daß eine B2-Korrelation vorliegt. Mit der obigen Annahme ist das Auftreten der Phase $Pb_2Bi(H^2)$ verträglich. Die Korrelation des Pb wäre überfüllt, das Elektronenplatzgitter muß sich zusammenziehen. Wählt man statt dem hexagonalen Gitter vom Raster a in der $(001)_{H^2}$-Ebene das Raster $8a/9$, so wird bei idealem Achsverhältnis die Zahl der Elektronenplatzschichten je c_{H^2}-Achse gerade 9, d. h. die H^2-Stapelung wird begünstigt. Das Besetzungsverhältnis würde in diesem Falle nur 0,75. Bei höherem Besetzungsverhältnis, d. h. kleinerer Platzzahl müßte sich ein überideales Achsverhältnis ergeben. In der Tat wurde für die Phase ein überideales Achsverhältnis gefunden (SOLOMON/MORRIS-JONES 31, AUERHAMMER 52) ($c/a = 1{,}66$).

Zur $Cu_3Au(C_a^{3,1})$-Struktur ist eine *D-Variante* bekannt geworden: die $T_a^{1,3}$-Struktur von **$SrPb_3$** (Tab. 1). Nach ZIEGLER (50) zeigt das Achsverhältnis (c/a) folgenden Verlauf: $Sr_{26}Pb_{74}$ ($1{,}010_{2\pm10}$), $Na_2Sr_{24}Pb_{74}$ ($1{,}012_{8\pm10}$), $Na_4Sr_{22}Pb_{74}$ ($1{,}013_{7\pm10}$). Man kann daraus den Schluß ziehen, daß bei der VEK 3,0 das Achsverhältnis 1,06 erreicht würde, das etwa dem In zukommt. Wie das zu verstehen sein soll ist noch unbekannt; man vergleiche jedoch das Verhalten anderer A-B-Verbindungen. Auch Pu_3Al ist dem $SrPb_3$ isotyp, seine Bindungsbeziehung ist wohl andersartig.

Eine ebenfalls häufige Überstruktur des F^1-Gitters ist die $T_a^{1,1}$-Struktur von **CuAu** (Cu in 000; $\frac{1}{2}\frac{1}{2}0$; Au in $\frac{1}{2}0\frac{1}{2}$; $0\frac{1}{2}\frac{1}{2}$. Tab. 2). Um die Tetragonalität zu erklären, brachten JOHANSSON/LINDE (25) die Ver-

Tabelle 2

$CuAu(T_a^{1,1} = L1_0)$-Typ, Zahlenangaben = c/a

Cu-homöotype Phasen			*Messingartige Phasen*			*A-B-Phasen*		
TiAg	0,99	53TRK	NiZn(r)	0,83	*6186*	LiBi(r)	0,90	*3638*
TiHg	0,95	54P	Ni_3Al_2(h)	0,86	*1512*	NaBi	0,98	*2237*
$ZrCd_3$	0,973	54P	Ni_2Ga(r)	0,90	11123	MgIn	0,96	11131
$a = 4{,}42$ Å			PdZn	0,82	*1348*			
ZrHg	0,94	54P	PdCd	0,84	*1348*	*B-B-Phasen*		
ThHg	1,00	58DER	bzw. Pd_3Cd_2			$HgPb_2$	$0{,}90_6$	54TR
CrPd	0,98	54aRM	PdHg	0,86	16115	$MoSi_2$-Ordnung?		*1855*
~CrPt	1,00	*852*	Pd_3In	0,93	11122	InBi(B10)	0,953	*1147*
MnNi	0,96	*1598*		0,90		vgl. 4.22		
~MnPd	0,88	*4231*	Pt_3Zn_2	0,87	*1348*			
MnIr	0,89	55RM	PtCd	0,92	*1348*			
MnPt	0,92	55RM	PtHg(h)	0,91	53B			
FeIr?			CuAu	0,93	*1505*			
FePd	0,97	*6165*						
FePt	0,97	*886*	*Al-homöotype Phasen*					
CoPt	0,97	*1269*	TiAl	1,02	*1616*			
NiPt	0,94	*9112*	TiGa	1,00	61PöSch			

Weitere Vertreter und Abarten vgl. Tab. 3.21/1, 6.32/1, 7.43/1.

zerrung mit den verschiedenen Atomradien der Komponenten in Zusammenhang, die sich in der ungeordneten kubischen CuAu(h)-Phase bei Erniedrigung der Temperatur ordnen. Da in den späteren Jahren eine größere Zahl von Phasen mit der $T_a^{1,1}$-Struktur von CuAu gefunden wurde, konnte man dieses Strukturargument an einem umfassenderen Erfahrungsmaterial prüfen (SCHUBERT 55a). Es zeigte sich, daß der Quotient der üblichen Atomradien für 12-Koordination nicht von ausschlaggebendem Einfluß auf die tetragonale Verzerrung sein kann. Daß andererseits der Einfluß der Atomradien nicht völlig zu vernachlässigen ist, entnimmt man aus mikroelastischen Untersuchungen von SHDANOW/TSCHEGLOKOW (52) und HULTGREN (57). Wir werden weiter unten erörtern, welche Größen für die Verzerrung den Ausschlag geben.

Ein weiteres Strukturargument für die $T_a^{1,1}$-Phasen besteht in der Annahme, daß die Legierung sich so ordnet, daß in der Raumtemperaturphase das Atom A möglichst viele Nachbarn B hat. Diese Annahme tritt notwendigerweise bei jeder Überlegung auf, die die Energie als lineare Funktion der Anzahlen verschiedener Atomnachbarpaare ansetzt (HERZFELD/HEITLER 25). In der Tat besitzt ein Au-Atom im CuAu(r) 8 Cu-Nachbarn und nur 4 Au-Nachbarn. Wäre nun der lineare Energieansatz wesentlich für die Einstellung der Struktur, so müßte man annehmen, daß die aus dem Ansatz zu ziehenden Folgerungen für alle ähnlichen Phasen zutreffen. Im Gegensatz zu dieser Erwartung ist das PtCu zwar dem CuAu homöotyp, aber nicht tetragonal sondern schwach rhomboedrisch verzerrt. In dieser Struktur besitzt ein Cu-Atom 6 Nachbarn jeder Art. Man muß daraus entnehmen, daß der lineare Ansatz für die Energie nicht das Wesen der tetragonalen Verzerrung erfaßt. Auch die Tatsache, daß bei der Umwandlungstemperatur $T_a^{1,1} \longleftrightarrow T_a^{1,1} S$ in CuAu bereits 40% der Ordnungsenergie wieder absorbiert ist (Abb. 1), während nach entsprechenden Messungen die Ordnung nur 3% schlechter geworden ist, spricht gegen dies Modell (ORR/LUCIAT-LABRY/HULTGREN 60).

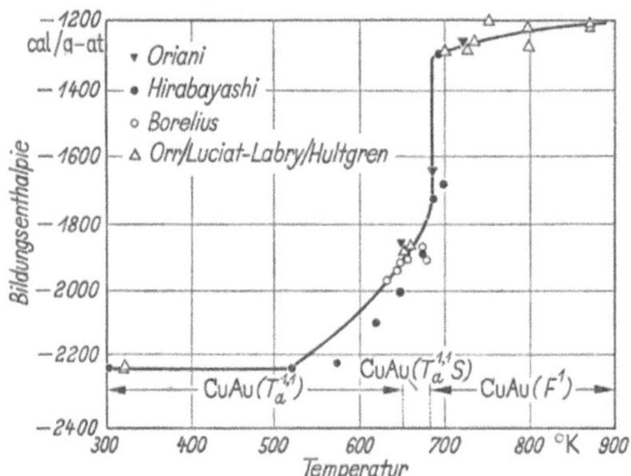

Abb. 1. Bildungswärme von CuAu (nach ORR/LUCIAT-LABRY/HULTGREN 60)

Als dritte zur Überstrukturbildung und damit zur Verzerrung führende Kraft wurde von DEHLINGER (37) und SLATER (51) das Auftreten neuer Brillouinebenen im Wellenzahlraum des geordneten Gitters angesehen. Durch die Brillouinebenen kann, wenn diese eine geeignete Lage bezüglich der Fermikugel besitzen, die Energie der Struktur erniedrigt werden. Es läßt sich zeigen, daß dieses Argument bei CuAu nicht den Ausschlag geben kann (SCHUBERT 52b). Außerdem können als Gegenbeispiel die Phasen NiZn, PdCd, PtHg angeführt werden, die keine Überstrukturlinien aufweisen, d. h. keine wesentlichen neuen Brillouinebenen bei Einstellung der Ordnung erhalten und trotzdem bei Zimmertemperatur die Struktur von CuAu besitzen.

Auf ein viertes Argument für die Einstellung der tetragonalen Verzerrung kommt man, wenn man untersucht, wie sich die TVEK der BE (111), d. h. also einer Unterstrukturbrillouinebene, die bei CuAu um mehr als 100% stärker wirkt als eine Überstrukturbrillouinebene, bei Variation des Achsverhältnisses ändert (Schubert 50b, 52a). Dies Argument trifft aber nicht das Wesen der Struktur (vgl. 2.31).

Um zu einem Ortskorrelationsvorschlag zu gelangen, kann man davon Gebrauch machen, daß die Struktur den F^1-Phasen vom Cu-Zweig nahesteht. Man wird also für die Rumpfelektronen eine B1-Korrelation vom Raster $a/4$ annehmen. Da die Korrelationen der verschiedenen Partner ein verschiedenes Raster mitbringen, findet eine quasielastische Wechselwirkung statt. Der Elastizitätsmodul bei F^1-Strukturen hat in Richtung [001] ein Minimum, so daß die Atomanordnung in (001)-Ebenen energetisch vorteilhaft ist.

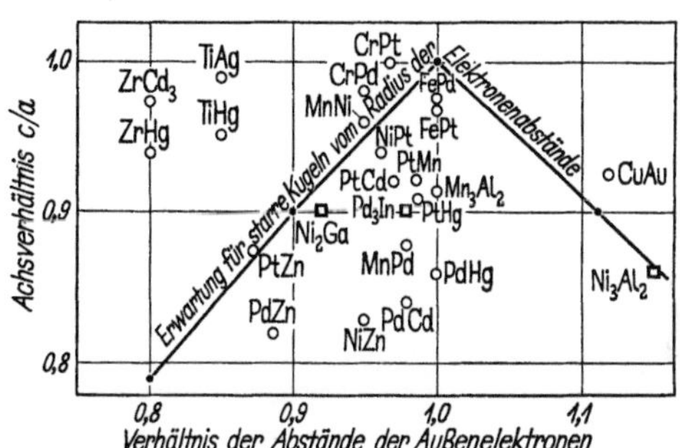

Abb. 2. Einfluß der Rumpfelektronenabstände auf das Achsverhältnis von $T_a^{1,1}$-Strukturen. Folgende Abstände wurden benutzt: Ti 1,05, Cr 0,96, Fe 0,90, Ni 0,86, Zn 0,80; Zr 1,12, Pd 0,90, Cd 0,88, Ir 0,95, Pt 0,92, Hg 0,90. Diese Werte stammen aus Zusammenstellungen wie Abb. 1.64/1

Aus Abb. 2 erkennt man in der Tat eine Abhängigkeit des Achsverhältnisses von der Rumpfmetrik. Der Anstieg der Verbindungslinie verwandter Phasen ist nicht so stark, wie bei starren Kugeln zu erwarten wäre wegen der elastischen Wechselwirkung. Da die VEK bei einer größeren Zahl von $T_a^{1,1}$-Phasen (*messingartiger Zweig*) genau Eins ist, liegt es nahe, eine etwas verzerrte A1-Korrelation der Valenzelektronen anzunehmen. Die Rumpfelektronen verzerren die F^1-Struktur, die Valenzelektronen streben die F^1-Unterstruktur an. Beide Korrelationen bilden einen Kompromiß miteinander.[1] (Man kann allerdings auch $a/\sqrt{2{,}5} = d_{A1}\ l_c = 2$ annehmen, vgl. z. B. die Phasen in Pt-Hg.)

Die Abhängigkeit des Achsverhältnisse c/a von Temperatur und Zusammensetzung läßt sich nun besser verstehen. Das Achsverhältnis einer dem NiZn chemisch ähnlichen $T_a^{1,1}$-Struktur fällt oder steigt mit zunehmender Temperatur, je nachdem, ob die Hochtemperaturphase

[1] Daß obige Annahme naheliegt, bestätigt eine alte Bemerkung des Mineralogen Beckenkamp (15): „Es liegt nahe", bei der Pseudosymmetrie „die Wirkung zweier, vielleicht auf einen gemeinsamen Ursprung zurückführbarer aber doch verschiedener Arten von Kräften zu vermuten, von welchen die eine die höhere Symmetrie anstrebt, die andere ihr entgegenwirkt."

eine B^1- oder F^1-Struktur hat (Abb. 3). Die F^1-Struktur ist möglich bis zur VEK 1,36; wenn also die Überstruktur schmilzt bei Temperaturen, bei denen nicht mehr als 1,36 Elektronen im Valenzband sind, wird nur die Wirkung der Entordnung sichtbar, d. h. das Achsverhältnis steigt, wenn aber mehr als 1,36 Elektronen im Valenzband sind, so wird die $C^{1,1}$-Struktur (oder B^1-Struktur) nach dem Unterstruktur-Brillouin-

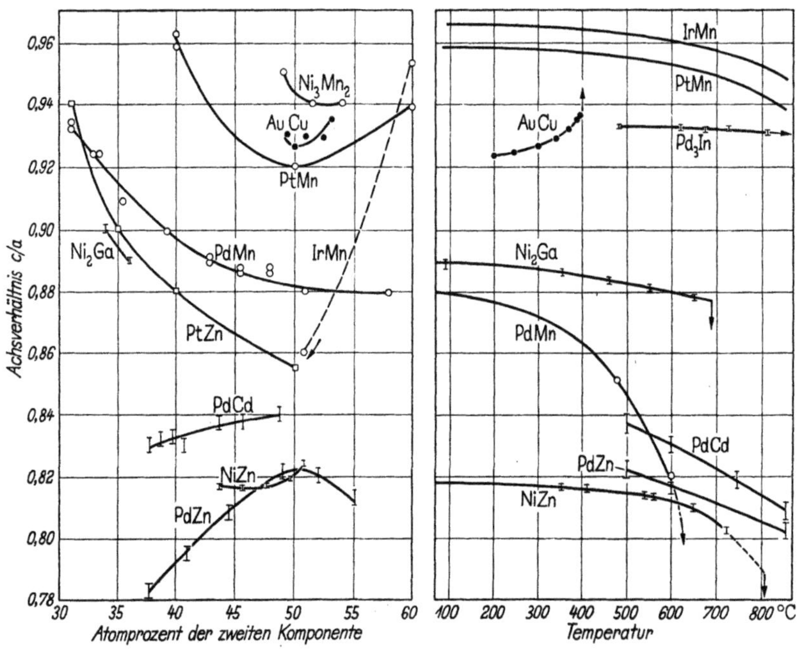

Abb. 3a
Konzentrationsabhängigkeit des Achsverhältnisses bei CuAu($T_a^{1,1}$)-Strukturen (55aSch)

Abb. 3b
Temperaturabhängigkeit des Achsverhältnisses bei CuAu($T_a^{1,1}$)-Strukturen (55aSch)

ebenenmechanismus von (2.31) stabilisiert, so daß das Achsverhältnis absinkt. — Wenn eine dem NiZn ähnliche $T_a^{1,1}$-Struktur die Zusammensetzung 50 At.-% umschließt, so hat das Achsverhältnis dort einen Extremwert. Bei 50 At.-% ist der Einfluß der verschiedenartigen Schichten am stärksten, der Extremwert ist daher meistens ein Minimum (Schubert 55a). Nur bei PdZn (und PdCd?) findet man ein Maximum, das vielleicht mit einem positiven Valenzelektronenbeitrag von Pd zusammenhängt.

Bei den *T-T-Phasen der $T_a^{1,1}$-Struktur* hat die Rumpfelektronenkorrelation Leerstellen, so daß sich kein Diamagnetismus einstellt. Einige Phasen dieses Zweiges zeigen Ferromagnetismus. — Das Achsverhältnis c/a steigt von PtZn über NiPt, CoPt bis zur Phase CrPt, die das Achsverhältnis 1 hat. Lediglich MnPt hat ein kleineres Achsverhältnis als NiPt, und das Achsverhältnis von FePt liegt etwas unterhalb CoPt.

Der *NaBi-Zweig* der $T_a^{1,1}$-Struktur hat nichts mit obigem messingartigen Zweig zu tun. Zwar bilden auch hier die Rumpfelektronen möglicherweise eine B1-Korrelation vom Raster $a/4$, aber die VEK ist erheblich höher. Man muß die Struktur mit der Bindungsbeziehung von In (bzw. In_3Sn) in Zusammenhang bringen, wobei Bi nur 4 Elektronen in die A1-Korrelation gibt (vgl. 4.51), so daß $l_c = 2{,}5$. Diese Korrelation entspricht auch der in den CsCl-Strukturen der Art MgHg, so daß man die Struktur auch als tetragonal gedehnte $C^{1,1}$-Struktur ansehen kann. Die Struktur von $HgPb_2$ ist schließlich mit der Bindungsbeziehung von Pb zu vergleichen. Auf die Struktur von InBi kommen wir unten zurück (4.22).

Die Phasen bei **TiAl** bilden einen besonderen Zweig, der aus den Erwägungen über $TiAl_3$ (2.34) verständlich wird; ebenso bilden die Phasen auf *Mn-Basis* einen Zweig für sich. Daß, wie zu erwarten, bei der Phase TiAl keine Leerstellenbildung an irgendeiner Stelle des Homogenitätsbereiches einsetzt, wurde von ELLIOTT/ROSTOKER (54) experimentell bestätigt. Verwandt sind die Strukturen vom $MoSi_2$-Typ (3.21), vom VRu-Typ (3.21), Ti_{1+}Cu-Typ (7.1) und $TiCu_{1+}(T_b^{1,1})$-Typ (7.1).

2.34 F^1RS-Strukturen. Es gibt Strukturen, die bei F^1-Unterstruktur eine Überstruktur zeigen, welche aus einer $Cu_3Au(C_a^{3,1})$-Struktur dadurch hervorgeht, daß zwei benachbarte Atomschichten senkrecht der $[001]_{F^1}$-Achse als Bauelement in verschiedener Weise gestapelt werden. Wir betrachten zunächst den am längsten bekannten Vertreter dieser Strukturfamilie, die $U^{1,3}$-Struktur von $\mathbf{TiAl_3}$ (Abb. 1, Tab. 1). Ein Ti-Atom einer Atomdoppelschicht parallel zur Basis kann entweder über $A = 000$ oder $B = \frac{1}{2}\frac{1}{2}0$ der F^1-Unterzelle liegen. Bei $TiAl_3$ haben wir den Stapelrhythmus (AB). Bei $\mathbf{ZrAl_3}$ ($U_a^{2,6}$, Abb. 1, Tab. 1) haben wir den Rhythmus (AABB), und es wurden messingartige Legierungsphasen gefunden, die z. B. den Rhythmus (AAABBB) aufweisen oder sogar (A^9B^9) (Tab. 1). Man kann sich diese Strukturen aus einer $C_a^{3,1}$-Struktur erzeugt denken, indem man äquidistante „*Verwerfungsebenen*" senkrecht zu $[001]_{F^1}$ einführt und verlangt, daß die durch jede Verwerfungsebene getrennten Halbräume um den Vektor $[\frac{1}{2}\frac{1}{2}0]_{F^1}$ gegeneinander (im Vergleich zur $C_a^{3,1}$-Struktur) verschoben sind. Ein solches geometrisches Gebilde hat Ähnlichkeit mit einer ebenen Welle, so daß man auch eine Wellenzahl definieren kann: der Abstand zweier Verwerfungsebenen dividiert durch die Dicke einer Atomschicht der Art [001] kann als (relative) *Verwerfungslänge* und ihr Reziprokes als (relative) *Verwerfungsdichte* D bezeichnet werden. Die Verwerfungslänge bei $TiAl_3$ wäre z. B. 2 und die von $ZrAl_3$ 4. Es erscheint zweckmäßig, die Stapelvarianten der $C_a^{3,1}$-Struktur als $C_a^{3,1}$-Struktur mit

Stapelvariation der Überstruktur oder mit Verwerfungen, kurz $C_a^{3,1}$S-Struktur, zu bezeichnen: hinter das Zeichen S kann man die Verwerfungsdichte schreiben. Man beachte, daß Tab. 1 in 3 Zweige zerfällt.

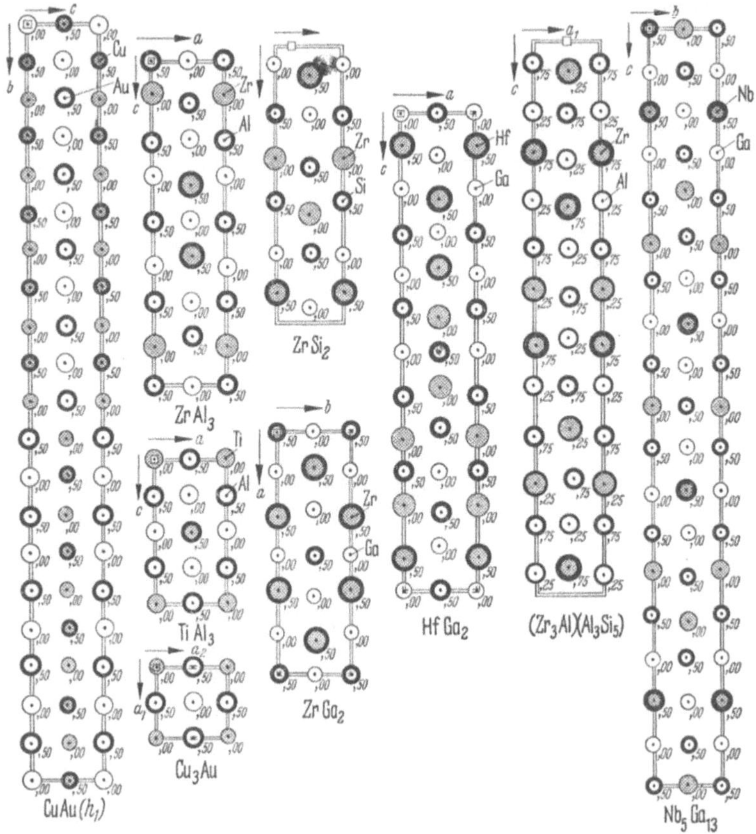

Abb. 1. Stapelvarianten der Überstruktur bei Phasen mit F^1-Unterstruktur

Cu_3Au($C_a^{3,1}$,$L1_2$,*1486*) O_h^1–Pm3m $a = 3,75$ kX 3 Cu(c),0,1/2,1/2 Au(a),0,0,0; **$TiAl_3$**($U^{1,3}$,DO_{22},713) D_{4h}^{17}–I4/mmm $a = 3,84$ $c = 8,58$ kX 2 Ti(a),0,0,0 2 Al(b),0,0,1/2, 4 Al(d),0,1/2,1/4; **$ZrAl_3$**($U_a^{2,6}$,DO_{23},714) D_{4h}^{17} $a = 4,003$ $c = 17,285$ kX 4 Zr(e),0,0,122 4 Al(c),0,1/2,0 4 Al(d)0,1/2,1/4 4 Al(e),0,0,361; **CuAu(h_1)**(36JoLi) $a = 3,954$ $b = 39,66$ $c = 3,683$ kX; **$ZrGa_2$**($Q_b^{2,4}$, 62PöSch) D_{2h}^{19}–Cmmm $a = 12,894$ $b = 3,994$ $c = 4,123$ Å 4 Zr(g),351,0,0 4 Ga(h),176,0,50 2 Ga(a),0,0,0 2 Ga(c),1/2,0,1/2; **$HfGa_2$**($U^{4,8}$,62PöSch) D_{4h}^{19}–$I4_1$/amd $a = 4,046$ $c = 25,446$ Å $c/a = 6 \cdot 1,048$ 8 Hf(e),0,0,074 2 · 8 Ga(e),0,0,250 ,0,0,414; **$ZrSi_2$**($Q_a^{2,4}$,55) D_{2h}^{17}–Cmcm $a = 3,72$ $b = 14,61$ $c = 3,67$ kX 4 Zr(c),0,104,25 2 · 4 Si(c),0,750,25 ,0,439,25; **Nb_5Ga_{13}**($Q^{5,13}$,63SchMi) D_{2h}^{19}–Ammm $a = b = 3,78$ $c = 40,10$ Å 2 Nb(b),0,5,0 4 Nb(j),5,0,109 4 Nb(i),0,0,282 2 Ga(d),5,0,0 3 · 4 Ga(j),5,0,445 ,5,0,335 ,5,0,225 3 · 4 Ga(i),0,0,055 ,0,0,389 ,0,0,165

Auch andere Überstrukturen zeigen Stapelvarianten, so z. B. die $P^{10,10}$-Struktur von **CuAu(h_1)** (Abb. 1, Tab. 1), das nach geeigneter Warmbehandlung zu erhalten ist. Die Verwerfungsnormale ist hier die a_2-Achse der vieratomig aufgestellten $T_a^{1,1}$-Struktur.

Tabelle 1. *Einige Strukturen mit Stapeländerung der Überstruktur*

$T_a^{1,1}$S-Typ (Abb. 1), Zahlenangaben: Verwerfungsdichte

CuAu(h_1)	0,1	orthorhombisch	36JL, 54OW
CuAu(Zn)	0,1 ... 0,35		54SchKW

$C_a^{3,1}$S-Strukturen (Abb. 1), Zahlenangaben: Verwerfungsdichte, a/Å, c/a der Unterstruktur

Messingzweig

$PdCu_3$	−0,15 ... −0,05		0,990	54SchKW, 57HO, 55WHO
$PtCu_3$	−0,08		0,996	55SchKWH
$Cu_{3-}Au_{1+}$	$0{,}05_5$			60Sc
Cu_3Au(Zn)	0,1 ... 0,35			54SchKW
$CuAu_3$	klein[1]			55SchKWH, 57Ba, 61ᴅ'HG
Ag_3Mg(r)	1/4		∼1,0	54SchKW, 58FHWO
Au_3Zn(h)	1/4		1,02	54SchKW
Au_3Cd	1/4		1,003	54SchKW 61HO

T-T-Zweig

VNi_3	1/2	3,55	1,018	*16*124
VPd_3	1/2	3,85	1,007	58KH
VPt_3	1/2	3,86	1,013	61DDC
$NbPd_3$	1/2	3,84	1,015	62SchMi
$TaPd_3$	1/2	3,89	1,015	62Nev
$TaPt_{3+}$	1/2?		1,01	62SchMi
$MnPd_3$	1/4			62Wa

T-B-Zweig

$TiAl_3$	1/2	3,85	1,12	*713*
$ZrAl_3$	1/4	4,01	1,08	*714*
$HfAl_3$(h)	1/2	3,89	1,15	60SchMi, 62PSch
$HfAl_{3+}$	1/4	3,98	1,07	60SchMi, 62PSch
VAl_3	1/2	3,77	1,10	*919*
$NbAl_3$	1/2	3,85	1,12	*713*
$TaAl_3$	1/2	3,85	1,11	*713*
$TiGa_3$	1/2	3,79	1,15	62PSch
$ZrGa_3$	1/4	3,98	1,10	*983*; 62PSch
$HfGa_3$	1/2	3,88	1,16	62PSch
$NbGa_3$	1/2	3,79	1,15	62SchMi
$ZrIn_3$(r)	1/4	4,30	1,10	63SchMi
$ZrIn_3$(h)	1/2	4,24	1,15	63SchMi

Verwandte der $TiAl_3$-Struktur

$ZrGa_2(Q_b^{2,4})$-Typ (Abb. 1)

$ZrGa_2$	62PSch
$Th_{1-}Ge_2$	62Br

$HfGa_2(U_a^{4,8})$-Typ (Abb. 1)

$TiAl_2$	62PSch
$TiGa_2$	62PSch
$HfGa_2$	62PSch
$ZrIn_2$	62SchMi

$ZrSi_2(Q_a^{2,4})$-Typ (Abb. 1)

$ZrSi_2$	*55*,*53*;*18*280
$ZrGe_2$	*985*
$HfSi_2$	*18*166
$HfGe_2$	57SB
UGe_2	59MB
$ThGe_2$	62Br
$TiAl_{0,3\ldots0,6}Si_{1,7\ldots1,4}$	61BNSB

$Zr_2AlSi_3(U_b^{4,8})$-Typ (Abb. 1)

∼Ti_2AlSi_3	62SchMi
∼Zr_2AlSi_3	62SchMi

$Nb_5Ga_{13}(Q^{5,13})$-Typ

Nb_5Ga_{13}	63SchMi

$C_a^{3,1}$**SS**-Strukturen (zwei Verwerfungssysteme)

Cu_3Au_{1-}(Zn)	57WiSch
Cu_3Au_{1+}(Zn)	57WiSch
Au_3Mn	58Wa, 60W
Au_4Zn	57WiSch
$Pd_{1+}Cu_3 \approx Pd_3Cu_7$	55WHOg

[1] (110) bleibt 2° breit, ohne allerdings in getrennte Komponenten aufzuspalten.

Durch die Verwerfung wird die Koordination erster Sphäre in einer $C_a^{3,1}$-Struktur nicht geändert. Die mikroelastische Vorteilhaftigkeit der $C_a^{3,1}$-Struktur gilt also auch für die $C_a^{3,1}$S-Struktur. Dem entspricht es (Abb. 2.33/1), daß die Umwandlungsenthalpie CuAu(F^1) $\rightarrow$ $T_a^{1,1}$S die Enthalpie CuAu$T_a^{1,1}$S $\rightarrow$ $T_a^{1,1}$ bei weitem überwiegt (Borelius/Larson/Selberg 50).

Man könnte vermuten, daß nur ganzzahlige Verwerfungslängen vorkommen. Das Experiment lehrt jedoch, daß auch unganzzahlige Verwerfungslängen gemessen werden (Schubert/Kiefer/Wilkens 54, Watanabe/Hirabayashi/Ogawa 55, Schubert/Kiefer/Wilkens/Haufler 55). Die Erscheinung, daß die Aufspaltung der Überstrukturlinien so ist, daß eine unganzzahlige Verwerfungslänge herauskommt, ist natürlich als Mittelungseffekt zu verstehen; Fujiwara (57) hat gezeigt, daß es für das Auftreten scharfer Linien, die unganzzahligen Verwerfungslängen entsprechen, notwendig ist, daß die verschiedenen beteiligten Verwerfungslängen möglichst gleichmäßig verteilt sind, so daß möglichst wenig Iterationen gleichartiger Verwerfungslängen vorkommen. Diese Anordnung wird gerade dann erreicht, wenn die Verwerfungsdomänen durch ein System von genau äquidistanten Verwerfungsebenen unganzzahliger Verwerfungslänge in der oben geschilderten Art erzeugt werden.

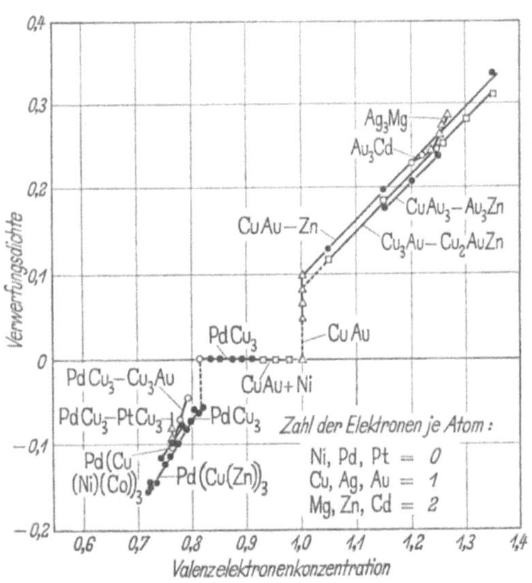

Abb. 2. Zusammenhang zwischen Verwerfungsdichte und VEK bei $C_a^{3,1}$S- und $T_a^{1,1}$S-Phasen (55SchKWH)

Die Verwerfungsdichte D in messingartigen $C_a^{3,1}$S- bzw. $T_a^{1,1}$S-Strukturen ist eine Funktion der VEK (Schubert/Kiefer/Wilkens/Haufler 55). Dies wurde von Sato/Toth (61) bestätigt; merkwürdigerweise mußten diese Autoren jedoch Sn mit dem Valenzelektronenbeitrag 2 in Rechnung setzen. — Bei unvoreingenommener Betrachtung müßte der Zusammenhang $D \ldots$ VEK aus zwei linearen Ästen bestehen (vgl. z. B. Köster/Lang 58), einem Ast bei VEK 0,7 ... 0,8, auf dem die Verwerfungsdichte mit zunehmender VEK abnimmt und einem bei VEK 1,0 ... 1,3, auf dem die Verwerfungsdichte mit zunehmender

VEK zunimmt. Man kann dieses Gesetz jedoch vereinfachen, wenn man die Verwerfungsdichte auf dem ersten Ast negativ zählt (Abb. 2). Diese Übereinkunft wird auch dadurch nahegelegt, daß die $C_a^{3,1}$S-Strukturen mit positiven (negativen) Verwerfungen ein vergrößertes (verkleinertes) Achsverhältnis haben. — Wie Abb. 2 zeigt, sind die beiden Zweige der $C_a^{3,1}$S-Strukturen getrennt durch ein Gebiet der VEK 0,8 bis 1,0, in dem $C_a^{3,1}$- bzw. $T_a^{1,1}$-Strukturen angetroffen werden. Diese Tatsache erlaubt, die CuAu($T_a^{1,1}$S $\rightarrow$ $T_a^{1,1}$)-Umwandlung zu verstehen als Folge eines temperaturabhängigen Valenzelektronenbeitrags des Au. Bei Raumtemperatur ist hier die zum Elektronenbeitrag Eins gehörige $T_a^{1,1}$-Struktur stabil, bei höheren Temperaturen jedoch eine Struktur, die auch bei Raumtemperatur erhalten werden kann durch Zulegieren von Zn (Schubert/Kiefer/Wilkens 54). Die Annahme, daß Au die zusätzlichen Elektronen beisteuert, wird auch dadurch gestützt, daß bei $Cu_{70}Au_{30}$ eine Verwerfungslänge von 20 (Schubert/Kiefer/Wilkens/Haufler 55), bei $Cu_{68}Au_{32}$ von 18 (Scott 60) und bei $CuAu_3$ nach geeigneter Warmbehandlung eine verbreiterte (110)-Linie (d'Heurle/Gordon 61) gefunden wurde. Ferner fanden Sato/Toth (61), daß

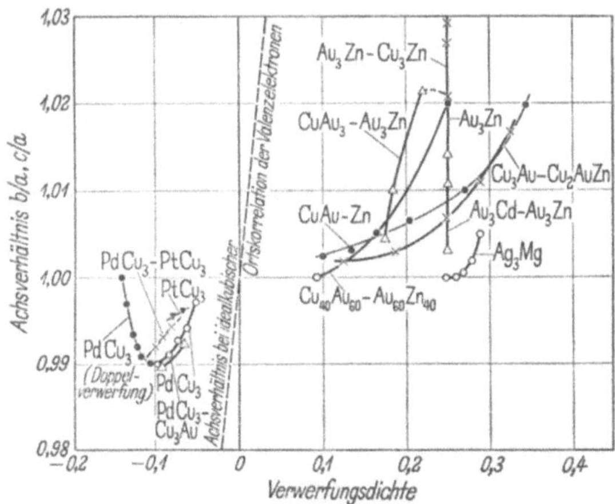

Abb. 3. Achsverhältnis bei F[1]RS-Strukturen im Messinggebiet (55SchKWH)

zulegieren von Ag die Verwerfungsdichte verkleinert. — Die Erscheinung, daß die Verwerfungsdichte von einem endlichen Wert (etwa 0,1) auf Null springt, besagt, daß regelmäßige Verwerfungslängen größer als 10 ... 20 Atomschichten nicht existenzfähig sind. Die ordnenden Kräfte haben hier also eine Grenze.

Das Achsverhältnis in Funktion der Verwerfungsdichte (Abb. 3) zeigt kein sehr einheitliches Bild. Dies rührt z. T. daher, daß das Achsverhältnis sich bei Wärmebehandlung erheblich langsamer einstellt als die Überstruktur: es können Glühdauern von Monaten notwendig sein, denn bei der Änderung von c/a muß das vielkristalline Gefüge fließen, bei der Einstellung der Überstruktur dagegen nicht. Einige Legierungen von Abb. 3 sind daher bezüglich des Achsverhältnisses nicht ganz im Gleichgewicht. Dennoch läßt sich die Regelmäßigkeit festhalten, daß bei positiven Verwerfungen das Achsverhältnis nur zögernd mit wachsender Verwerfungsdichte ansteigt, dagegen bei negativen Verwerfungen mit erheblichem Abfall beginnt. Daß das Achsverhältnis von $PdCu_3$ bei abnehmender VEK stationär wird und nachher wieder ansteigt, hängt mit dem Auftreten eines weiteren Verwerfungssystems zusammen, auf das unten näher eingegangen wird. Auch die Achsverhältnisse der T-B-Phasen unserer Strukturfamilie zeigen ein charakteristisches Verhalten (Abb. 4).

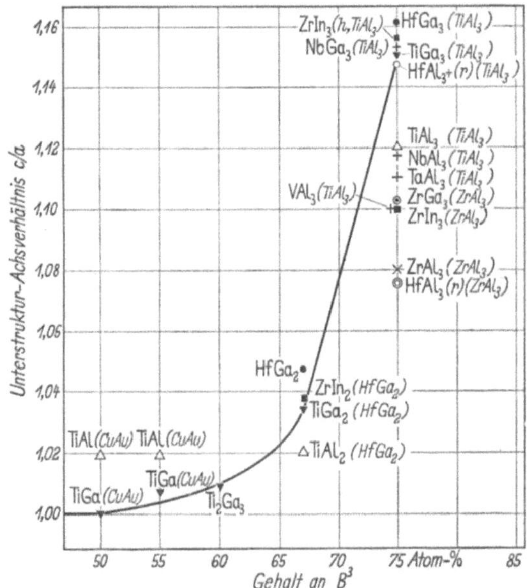

Abb. 4. Achsverhältnis bei F¹RS-Strukturen im T-B³-Gebiet (62PöSch)

Außer der eben besprochenen Stapeländerung (der $C_a^{3,1}$-Bauelemente), die zur Aufspaltung gewisser $C_a^{3,1}$-Überstrukturreflexe führt, wurden bei CuAu *Satelliten zweiter Ordnung* am Reflex (000) gefunden (Ogawa/Watanabe 54), welche besagen, daß die Fourierkomponenten der Elektronendichte, welche zur Wellenzahl 2 bezüglich der langen Überstrukturachse gehören, einen nichtverschwindenden Betrag haben. Diese Modulation der Elektronendichte konnte von Ogawa/D. Watanabe/H. Watanabe/Komoda (58) auch strahlenoptisch (d. h. im Elektronenmikroskop) sichtbar gemacht werden. Besonders schöne Dunkelfeldaufnahmen stellten GLOSSOP/PASHLEY (59) her. Daß an dieser Modulation außer einer möglichen Häufung der Elektronendichte vermöge Atomsubstitution auch eine inhomogene Verzerrung der Unterstruktur beteiligt ist, d. h. eine periodische Änderung der Netzebenenabstände, folgt daraus, daß die Reflexhanteln der höher indizierten aufspaltenden Überstrukturreflexe nicht symmetrisch sind (WILKENS/SCHUBERT 57); im Fall der $C_a^{3,1}$-Strukturen mit $(c/a)_{F^1} \neq 1$ ergab sich unter vereinfachten Annahmen eine Verkleinerung oder Vergrößerung des Netzebenenabstandes in der Verwerfungsebene, je nachdem das Achsverhältnis $(c/a)_{F^1}$ kleiner oder größer als Eins war.

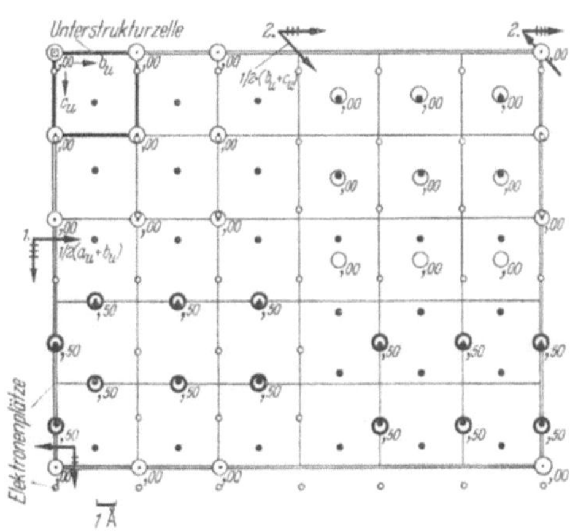

Abb. 5. Struktur von $Au_4Zn(C_a^{3,1}$SS, 57 WiSch) Projektion der Überstrukturzelle längs der Achse $a_{\ddot{U}}$ auf die $b_{\ddot{U}} \times c_{\ddot{U}}$-Ebene. $a_{\ddot{U}} = a_U$, $b_{\ddot{U}} = 6b_U$, $c_{\ddot{U}} = 5c_U$, ⇟ = Normale der 1. (normalen) Verwerfung. Der Verwerfungsvektor → translatiert die Überstruktur-(elektronendichte) in dem durch ⇟ festgelegten Halbraum. Analoges gilt für das 2. unnormale Verwerfungssystem ⇻. Die Au-Atome sind nicht gezeichnet

Die kleinen Verschiebungen der Zr in $ZrAl_3$ (s. o.) aus den idealen F^1-Lagen verkleinern den Abstand Zr ... Zr parallel c, deuten also auf eine besondere Wechselwirkung zwischen den Zr.

Auch bei Zusammensetzungen TB_2 findet man verwerfungsartige Strukturen, die mit dem Begriff einer *unnormalen Verwerfung* beschrieben werden können; hier hat der Verwerfungsvektor eine Komponente in Richtung der Verwerfungsnormale, ist aber trotzdem noch Gittervektor der Unterstruktur: **$ZrGa_2(Q_b^{2,4})$**, **$HfGa_2(U^{4,8})$**, **$ZrSi_2(Q_a^{2,4})$** und **$Zr_{1-}AlSi_{1+}$** (Abb. 1, Tab. 1). Man findet hier Zickzackketten aus T-Atomen parallel der kleinsten Basisfläche, die bei den 3 Typen verschiedenartige Anordnung zeigen und in denen der T-T-Abstand größer als der B-B-Abstand ist. Auf Regelmäßigkeiten bei den Achsverhältnissen werden wir bei der Deutung der Strukturen zurückkommen. Homolog zur $ZrSi_2(Q_a^{2,4})$-Struktur tritt die $TiSi_2(S^{2,4})$-Struktur auf (7.43). Weitere verwandte Strukturen sind die von NbP(r) (6.42) mit $c/a = 1{,}71$, die $TlJ(Q_a^{2,2})$-Struktur (4.53) beispielsweise von ZrAl, und die MoBo-Struktur (6.42) beispielsweise von ZrGa(r), bei denen durch die starke Dehnung der Struktur in Richtung der langen Achse die F^1-Unterstruktur verlassen wird.

Neben Strukturen mit einem Verwerfungssystem wurden auch solche mit zwei Verwerfungssystemen beobachtet. Die Struktur von $\mathbf{Pd_{1+}Cu_3}$ (Tab. 1), die sich bei höherem Pd-Gehalt an die einfache $C_a^{3,1}$S-Struktur von $PdCu_3$ anschließt, zeigt erstens ein Verwerfungssystem, das mit dem der $C_a^{3,1}$S-Phase stetig zusammenhängt („normales" Verwerfungssystem, weil Verwerfungsvektor normal zur Verwerfungsnormalen liegt), und zweitens ein Verwerfungssystem, dessen Verwerfungsdichte im vorliegenden Fall dem Betrag nach kleiner als die des normalen Systems ist (Abb. 6) und dessen Verwerfungsvektor nicht normal zur zweiten Verwerfungsnormalen ist.

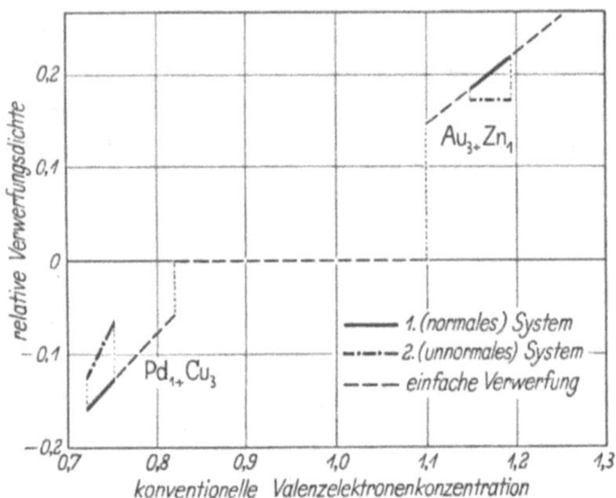

Abb. 6. Verwerfungsdichte bei Strukturen mit zwei Verwerfungssystemen

Im Bereich positiver Verwerfungen wurde eine analoge Struktur in $\mathbf{Au_{3+}Zn} = Au_4Zn$ (Tab. 1, Abb. 5) gefunden. Auch hier ist, wie Abb. 6 zeigt, das unnormale Verwerfungssystem im Betrag von kleinerer Dichte als das normale. Nach den genannten Beispielen scheint die Abweichung von der Stöchiometrie notwendig für das Auftreten des zweiten Verwerfungssystems. Es ist deshalb bemerkenswert, daß die $\sim T^{48,16}$-Struktur von $\mathbf{Cu_3Au_{1-}(Zn)}$ (Tab. 1) zwei normale Verwerfungssysteme gleicher Dichte zeigt (Abb. 7) und daß ähnlich für $\mathbf{MnAu_3}$ (Tab. 1) eine Doppelverwerfung ohne stöchiometrische Abweichung beobachtet wurde, wobei die Dichten der beiden normalen Verwerfungssysteme 1/2,4 und 1/4,4 betragen. Diese Struktur gehört zu denen von VNi_3 usw. (Tab. 1). Das Achsverhältnis reagiert auf das Erscheinen eines zweiten Verwerfungssystems mit einem Nachlassen der Verzerrung (vgl. Abb. 3).

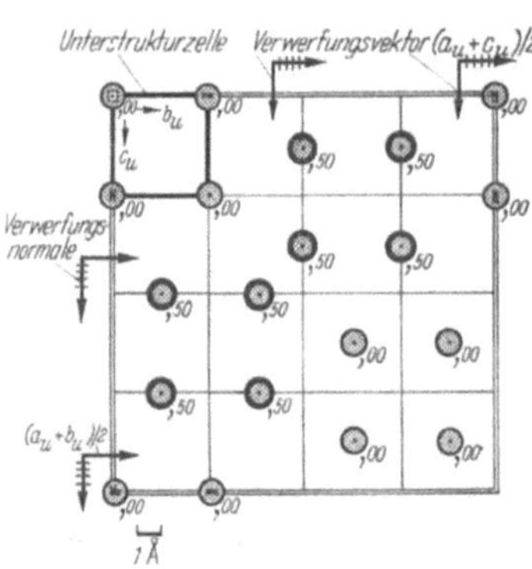

Abb. 7. $Cu_{3-}Au_{1-}(Zn)$(57WiSch). Projektion der Überstrukturzelle längs der Achse $a_{\bar U}$ auf die $b_{\bar U} \times c_{\bar U}$-Ebene. $a_{\bar U} = a_U$, $b_{\bar U} = 4b_U$, $c_{\bar U} = 4c_U$. Es sind nur Au-Atome für die ideale Zusammensetzung 1:3 gezeichnet. Verwerfungsvektoren translatieren die Überstrukturelektronendichte in dem durch die Verwerfungsnormale bezeichneten Halbraum

Zum Schluß möge noch erwähnt werden, daß außer Verwerfungen der Überstruktur auch Verwerfungen des magnetischen Moments gefunden wurden, und zwar mit Neutronenbeugungsversuchen z. B. bei Cr (Corliss/Hastings/Weiss 59) und bei $MnAu_2$ (Herpin/Mériel/Villain 59).

2.35 Zur Deutung der F^1RS-Strukturen. Eine erfolgreiche Deutung der F^1RS-Strukturen aus dem Bandmodell ist unwahrscheinlich, da die Wirkung der Überstrukturreflexe, die die Verzerrung bedingen müßte, z. B. bei $PdCu_3$ um den Faktor 10 unter der Wirkung der Unterstrukturreflexe liegt, mit denen z. B. die valenzelektronenreiche Grenze der messingartigen F^1-Phasen erklärt werden kann. Die quantitative Abschätzung gibt für die Bandmodellwirkung eine um den Faktor 1000 zu geringe Energie. Wir wollen mithin nach einer Ortskorrelationsdeutung suchen (Schubert/Kiefer/Wilkens/Haufler 55, Schubert 59, 62). Der energetische Unterschied zwischen einer Verwerfungsstruktur und einer einfachen Überstruktur ist, wie man vom Beispiel CuAu weiß, sehr gering, d. h., die Verwerfung reagiert auf energetisch nicht sehr hervorragende Begleitumstände bei der Abänderung der Ortskorrelation.

Oben war vorgeschlagen worden, daß in F^1-Strukturen der Art Cu außer einer Korrelation der *d*-Elektronen vom B1-Typ eine A1-Korrelation der Valenzelektronen wahrscheinlich ist. Wenn die VEK von dem Idealwert 1,0 abweicht, können entweder Zwischengitterplätze in der Korrelation besetzt werden, oder das Elektronenplatzgitter kann gegenüber dem Kristallgitter seine Abmessung ändern. In der Struktur einer dichtesten Kugelpackung, die eine freie Bahn für die Ortskorrelation der Valenzelektronen darstellt, wird die Änderung der Abmessung des Rasters bevorzugt. (Aus Abb. 2.34/2 erkennt man, daß der genannte Idealwert in Wirklichkeit 0,9 oder 0,85 zu sein scheint, was man wohl im Sinne eines überkonventionellen Elektronenbeitrags von Au zu verstehen hat, denn Ag–Mg extrapoliert sich auf 1,0.) Da die Kommensurabilität des Elektronengitters mit dem Kristallgitter energetisch günstig ist, wird sie allein in einer Achsenrichtung a_3 aufgegeben, in den beiden anderen Richtungen dagegen beibehalten; die a_3-Richtung zeigt, wie man weiß, einen gegenüber anderen Richtungen minimalen Elastizitätsmodul. Während im Falle des Cu_3Au bei VEK $= 1$ die Au-Atome bei A1-Korrelation der Valenzelektronen alle den gleichen momentanen Dipol tragen, gibt es im Falle des $Cu_3Au(Zn)$, d. h. des Mischkristalls der Phase Cu_3Au mit Zn bei Lösung der Kommensurabilität in [001]-Richtung Schichten parallel (001), in denen Au-Atome, die in [001]-Richtung benachbart sind, verschiedene Dipole tragen (Abb. 1). Die Au-Atome bilden also im $C_a^{3,1}$-Fall ein Gitter gleichausgerichteter elektrostatischer Dipole, die sich im Sinne einer Dispersionsbindung anziehen und im $C_a^{3,1}$S-Fall in der Nähe der Verwerfungsebene 2 Schichten mit entgegengesetzt ausgerichteten Dipolen, die sich abstoßen. Es ist von Bedeutung, daß es sich bei der Erscheinung um einen Differenzeffekt handelt: Wäre das Dipolmoment des Au gleich wie das von Cu, so würde keine Verwerfung entstehen.

Wenn jede Verwerfungsebene zu einer zusätzlichen Elektronenplatzebene gehört, wird die *Verwerfungsdichte* D mit der VEK V so zusammenhängen:

$$(V-1)\,D^{-1} = 1, \quad \text{d. h.}\ V = D + 1, \quad \text{d. h.}\ dD/dV = 1.$$

Hierzu passen gut die Legierungen $PdCu_3$ und Ag_3Mg; die Goldlegierungen zeigen einen etwas kleineren Differentialquotienten, was mit einem von der VEK abhängigen Valenzelektronenbeitrag der Au-Atome in Zusammenhang gebracht werden kann. Bei VEK $\approx$ 1 ist die konventionelle VEK (d. h. diejenige, welche auf dem VE-Beitrag 1 des Au aufbaut) kleiner als die wahre VEK, bei VEK $\approx$ 1,35 dürfte die konventionelle VEK mit der wahren wieder übereinstimmen. — Einige komplizierte Überstrukturen von Au-Legierungen zeigen $dD/dV = 1$ (WILKENS/SCHUBERT 58, Abb. 2.37/2a). — Die Existenz *negativer Verwerfungen* folgt aus der Möglichkeit der Wegnahme von Elektronenplatzebenen.

Die Abhängigkeit des *Achsverhältnisses* von der Verwerfungsdichte folgt aus diesen Annahmen dem Vorzeichen nach richtig. Selbst die Tatsache des langsamen nichtlinearen Anstiegs von c/a mit zunehmendem D bei positiven Verwerfungen

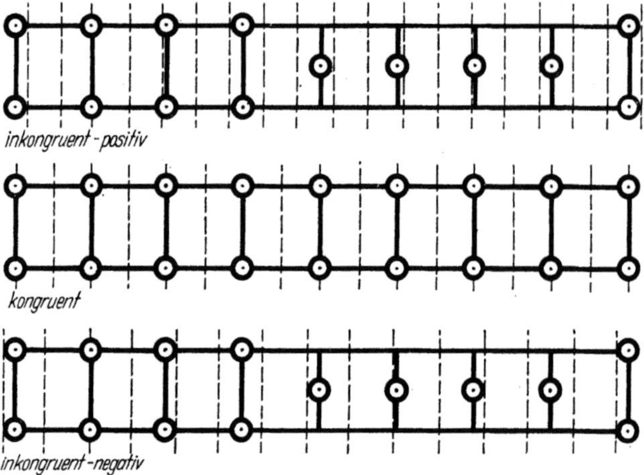

Abb. 1. Gitter und Raster bei $C_a^{3,1}$S-Strukturen

läßt sich in Zusammenhang bringen mit einer allmählichen tetragonalen Verkürzung des Elektronenplatzgitters im Sinne eines allmählichen Übergangs von der A1-Korrelation zur B2-Korrelation; bei negativen Verwerfungen kann die Fortlassung von Elektronenplatzebenen dagegen nicht von einer Verzerrung der Korrelation aufgefangen werden. Würde das Elektronenplatzgitter streng kubisch bleiben, so müßte das Achsverhältnis c/a der Überstruktur mit der Verwerfungsdichte so zusammenhängen:

$$c/a = (1/D + 1):(1/D) = D + 1 = V.$$

In Wirklichkeit wird diese Beziehung jedoch etwa um den Faktor 1/10 unterschritten, weil die B1-Korrelation der Rumpfelektronen bestrebt ist, das Achsverhältnis 1 aufrechtzuerhalten (man kann hieraus auf das Verhältnis der Steifheit beider Korrelationen schließen). Ferner läßt sich auch der *Sprung* von kleinen Werten der Verwerfungsdichte auf *Null* in der Nähe der VEK 1 besser verstehen: Die zu der minimalen Verwerfungsdichte gehörige Verwerfungslänge ist vergleichbar mit der Reichweite der Ortskorrelation der Valenzelektronen, und die Aufladung der Atome mit verschiedenem Dipol wird immer weniger ausgeprägt. Diese Annahme eines statistischen Verwerfungsabstands bei VEK $\approx$ 1 konnte später von GLOSSOP/PASHLEY (59) durch Elektronenmikroskopie bestätigt werden. Schließlich paßt die Existenz einer nicht genau abstandsgleichen Aufeinanderfolge der Netzebenenabstände in Richtung der Verwerfungsnormalen zu unserem Bild.

Der eben besprochene Vorgang in der Ortskorrelation der Valenzelektronen ist wohl auch vorhanden, wenn keine Überstruktur ihn sichtbar macht. So kann man die Anomalien der partiellen Lösungsentropie von Cd in Ag (HERASYMENKO 56) und von Zn in Cu (ARGENT/WAKEMAN 58) verhältnismäßig gut den ganzzahligen Verwerfungslängen nach Abb. 2.34/2 zuordnen (Abb. 2). Da keine Häufung der Effekte bei kleinen Zn-Gehalten auftritt, wird man annehmen müssen, daß die Gerade der Verwerfungsdichte in Abhängigkeit von der VEK auch hier die Abszisse bei Werten unterhalb Eins schneidet. Eine tetragonale Verzerrung wird bei diesen Legierungen nicht beobachtet, weil anscheinend der Unterschied der Dipolmomente der Komponenten hier kleiner ist, so daß der strukturelle Effekt ausbleibt. Dagegen führt die Neigung zur Tetragonalität zu deutlichen Dämpfungserscheinungen (ZENER 43).

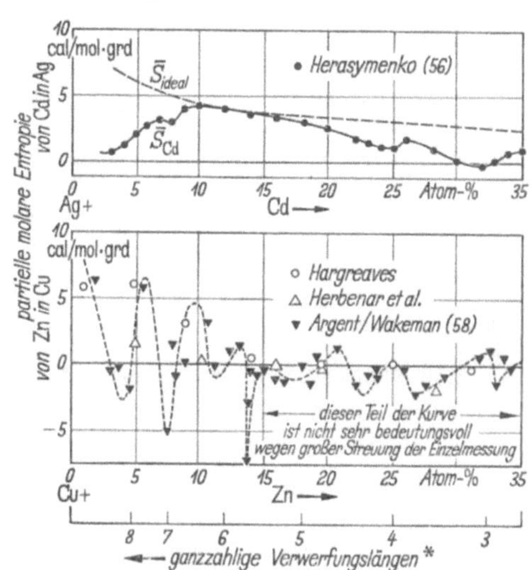

Abb. 2. Entropie in A1-Mischkristallen

Die Deutung der $T_a^{1,1}$S-Strukturen kann in gleicher Weise erfolgen wie die der $C_a^{3,1}$S-Strukturen. Daß die Verwerfungsnormale bei CuAu in Richtung der a_2-Achse liegt, folgt daraus, daß die Korrelation in a_2-Richtung stärker gedehnt ist, also dort für zusätzliche Elektronenplatzebenen aufnahmebereit ist. Negative Verwerfungen könnten allerdings in Richtung der a_3-Achse liegen, sie würden bei binären Phasen zwar nicht bemerkt werden, aber sie könnten das gegenseitige Spannungsverhältnis zwischen Rumpfelektronen- und Valenzelektronenkorrelation mildern. Bei ternären Legierungen wurde eine Verwerfung einer $C_a^{3,1}$-artigen Phase in Richtung a_3 gefunden: $PtCuZn_2$ zeigt nach Wärmebehandlung $3d$ 300 °C eine $C_a^{3,1}$-artige Struktur, aber ein $c/a = 0{,}94$ und ein Verwerfungssystem in Richtung der a_3-Achse mit der Dichte 1/4 (SCHUBERT/Mitarbeiter 59). Hier ist also die Korrelation bereits in den A2-Typ umgeklappt. Dieses Ergebnis legt die Vermutung nahe, daß bei einigen $T_a^{1,1}$-Phasen eine Nichtkommensurabilität der Valenzelektronenkorrelation mit dem Kristallgitter in Richtung der c-Achse vorliegt. Einige Gesichtspunkte zur Deutung der Doppelverwerfungsstrukturen wurden anderwärts (SCHUBERT 59) erörtert.

Bei den $C_a^{3,1}$S-Strukturen vom Zweig VNi_3 kann man eine A1-Korrelation der 5 Außenelektronen von V vom Raster $a/2 = d_{A1}$ annehmen, so daß in der Basis Kommensurabilität zwischen den Korrelationen der Partner besteht und die Verwerfungslänge erklärt wird. Die verwandten Phasen $TiNi_3$, VCo_3 zeigen hexagonale Strukturen, die sich ähnlich deuten lassen sollten.

Bei dem *Zweig* $TiAl_3$ liegt die Korrelation des Al vor (2.32), an die sich die Korrelation der Außenelektronen der T-Atome anpaßt. Nach den Regeln bei messingartigen Strukturen ist die Verwerfungsdichte 1/2 zu erwarten, wenn $l_c = 3$ in der Unterstrukturzelle. Wegen des Unterschieds von Ti und Al wird die Reichweite der Ortskorrelation nicht sehr groß sein, so daß l_c auch ein wenig größer als 3 sein kann. Nimmt man an, daß das A1-Elektronengitter nicht beliebig translatierbar ist, so entstehen 2 Sorten von hinsichtlich ihrer Umgebung mit Elektronenplätzen verschiedenen Al–Al-Schichten parallel zur Basis, wodurch die Struktur von $ZrAl_3$ begünstigt werden könnte. — Die oben genannten TB_2-Strukturen entstehen aus der $TiAl_3$-Struktur durch Entfernen von basisparallelen Al–Al-Schichten. Da die T-Atome einen größeren Radius als Al bzw. Ga haben, weichen sie nach ihren Freiheitsgraden aus. Zwischen zwei in Richtung der langen Achse benachbarten Zr liegen dann 2,6 Elektronenebenen parallel zur Basis bei $ZrGa_2$ und 3,5 bei $ZrSi_2$. Man kann sich also wieder durch Dispersionskräfte die spezielle Stapelfolge erklären. Das gegenüber $TiAl_3$ relativ niedrigere Achsverhältnis der TB_2-Phasen (Abb. 2.34/4) folgt aus dem höheren T-Gehalt und dem kleineren Elektronenabstand dieser Komponente. Berechnet man aus den Basisabmessungen die l-Werte der langen Achsen, so gelangt man zu PZ-Werten, die etwa 10% unter den EA-Werten liegen. Man muß dies so verstehen, daß die Elektronenschichten parallel zur Basis enger aufeinanderfolgen als die Basisabmessung erwarten läßt, weil die Basisabmessung stärker von der B-Komponente beherrscht wird; oder daß etwa 1 Elektron je T-Atom in einem höheren Band liegt. Auch die kleinere Basis von $ZrSi_2$ gegenüber $ZrGa_2$ läßt den kleineren Elektronenabstand von Si gegenüber Ga erkennen. Die lange Achse ist bei $ZrSi_2$ sehr gestreckt $[(c/a)_{F^1} = 1{,}32]$, so daß es verständlich wird, daß bei einigen verwandten Phasen die Strukturen von TlJ und MoBo auftreten.

2.36 Weitere F^1R-Strukturen. Bei der Untersuchung der Frage, ob bei Ordnungsumwandlungen immer die Zahl der Paare verschiedenartiger Nachbarn erhöht wird, war oben (2.33) **PtCu($R_a^{1,1}$)** (Beschreibung vgl. Tab. 1) als Gegenbeispiel angeführt worden. Hier sind die $(111)_{F^1}$-Ebenen wechselweise von Pt- und von Cu-Atomen besetzt, was nach ähnlichen Überlegungen wie bei CuAu hier eine rhomboedrische Zusammendrückung des Gitters längs der Achse bedingt und außerdem eine Verdoppelung der a-Achsen der vieratomigen Unterstruktur. Die kleinste rhomboedrische Zelle enthält 2 Atome. Eine $T_a^{1,1}$-Struktur wird

Tabelle 1. *Weitere F^1R-Phasen*

$MoNi_4(U_a^{1,4})$-Typ (Abb. 1)			**$MoPt_2(P^{1,2})$**-Typ (Abb. 2)		**$Ti_2Ga_3(T_b^{4,6})$**-Typ	
$MoNi_4$	0,986 [1]	*9*110	VNi_2	62SchMi	Ti_2Ga_3	62PSch
WNi_4	0,979	*12*115	$CrNi_2$	56Baer		
$TiAu_4$	$0{,}97_5$	58SchMi	VPd_2	62SchMi		
$HfAu_{4+}$	$0{,}97_5$	62StSch	$NbPd_2$	62SchMi		
VAu_4	0,986	62StSch	VPt_2	62SchMi		
$CrAu_4$ [2]	1,0	62StSch	$MoPt_2$	56SchMi		
$MnAu_4$	0,988	57Wa	**PtCu($R_a^{1,1}$)**-Typ[3]		**$Mo_3Al_8(N^{3,8})$**-Typ	
			PtCu	*1*485,517	Mo_3Al_8	62PSch

[1] Zahlenangabe: c/a der Unterstruktur.

[2] Nur teilweise geordnet.

[3] PtCu (Johansson/Linde) D_{3d}^5—$R\bar{3}m$ $a_h = 2{,}70$ $c_h = 12{,}9$ $a_r^{(32)} = 7{,}56$ $\alpha = 90{,}9°$ 1Pt(a) 1Cu(b).

für diese Ordnungsphase offenbar nicht stabil, weil die VEK zu sehr von Eins abweicht.

Auch hier haben wir die Rumpfelektronenkorrelation des Cu anzunehmen, aber die VEK, die zwischen 1/2 und 1 liegen wird, führt offenbar zu einer Valenzelektronenkorrelation, die die rhomboedrische Translationsgruppe bevorzugt. Da die VEK kleiner als 1 ist, wird man annehmen dürfen, daß eine B2-Korrelation vorliegt. Wäre die VEK genau 1/2, so könnte sich eine B2-Korrelation vom Raster $a/1$ bezüglich der vieratomigen A1-Unterstrukturzelle ausbilden, die keinen Grund zur Verzerrung gäbe. In Analogie zu Au und Ni wird man jedoch erwarten, daß Pt in PtCu noch einen kleinen Valenzelektronenbeitrag gibt. Baut man mit dem auf die F^1-Unterstruktur bezogenen Vektor $a_1 - (a_2 + a_3)/2$ und seinen um die Achse $a_1 + a_2 + a_3$ trigonal äquivalenten ein hexagonal dichtes ebenes Gitter auf, so kann man dieses zum B2-Typ stapeln. Im Fall eines idealen F^1-Atomgitters würde eine solche Korrelation $\sqrt{3} \cdot 4 = 6{,}93$ Schichten je Identitätsperiode $[111]_{A1}$ der Unterstruktur und $\sqrt{3} \cdot 4/9 = 0{,}77$ Plätze je Atom aufweisen. Nimmt man nur 6 Schichten, so kommt man auf 0,67 Plätze und das Achsverhältnis wäre, wenn allein die Valenzelektronenkorrelation maßgebend wäre, statt $\sqrt{3} \cdot 2 = 2{,}45$ nur 2,12. Das beobachtete Achsverhältnis der Unterstruktur von $2{,}37_9$ entspricht einer Verzerrung, die um den Faktor 1/5 unter der erwarteten liegt.

Die Struktur $L1_3$(PtCuII) des SB*1*486 wurde für ein Diagramm vorgeschlagen, von dem man heute weiß, daß es zu Pt-Cu-Legierungen mit mehr als 60 At.-% Pt gehört.

In ihrem Chemismus ähnlich wie die F^1RS-Phasen VNi_3 usw. ist $\mathbf{MoNi_4(U_a^{1,4})}$ (Abb. 1, Tab. 1). Während VNi_3 tetragonal gedehnt ist, zeigt $MoNi_4$ ein tetragonal verkürztes Unterstrukturachsverhältnis. Die Mo-Ketten längs c bei $MoNi_4$ entsprechen den V-Ketten längs a bei VNi_3; eine (110)-Schicht bei $MoNi_4$ entspricht einer (011)-Schicht bei VNi_3. Man kann die Struktur von $MoNi_4$ durch ein schräg liegendes unnormales Verwerfungssystem aus der VNi_3-Struktur erzeugen (vgl. auch Watanabe 60). Aus diesen Gründen kann man $MoNi_4$ vielleicht ein verzwillingtes Elektronengitter des bei VNi_4 angenommenen zuordnen. Im Hinblick auf die Regel, daß sich nur die d-Elektronen der zweiten Halbschale ferromagnetisch koppeln können, ist der Ferromagnetismus von $MnAu_4$ (Kussmann/Raub 56) interessant.

Dem $MoNi_4$ ist die $P^{1,2}$-Struktur des $\mathbf{MoPt_2}$ (Tab. 1, Abb. 1) eng verwandt. Sie geht ebenfalls mittels eines schrägen unnormalen Verwerfungssystems aus der VNi_3-Struktur hervor, nur erhöht hier das zweite Verwerfungssystem den T^A-Gehalt. Eine interessante Abart der vorliegenden Struktur ist der $MoSi_2$-Typ, der z. B. dem $TiAu_2$ zukommt (vgl. 7.43).

Auch bei T-B-Phasen, die dem $TiAl_3$ quasihomolog sind, finden sich ähnliche Strukturen. Die $T_b^{4,6}$-Struktur von $\mathbf{Ti_2Ga_3}$ (Tab. 1, Abb. 1) ist ähnlich der von CuAu bzw. TiAl. Die Überstrukturachsen in der Basis sind gegen die Unterstrukturachsen um die c-Achse verdreht. Das

Unterstrukturachsverhältnis ist 1,01. Die Struktur wurde in den vielen untersuchten Systemen mit CuAu-Struktur nie gefunden.

Nimmt man in den Ga-Schichten die Korrelation von Al an und in den Ti-Schichten $a/4 = d_{\mathrm{A}1} = 1{,}58$ Å, so könnte sich ein mikroelastisches Spannungsfeld ergeben, dem die Struktur Ausdruck verleiht; mit $l_c = 2{,}0$ in den Ga-Schichten käme der $(c/a)_{\mathrm{F}^1}$-Beitrag von 0,71 mit PZ = 20 und mit $l_c = 1{,}0$, in den Ti-Schichten käme der Beitrag 0,28

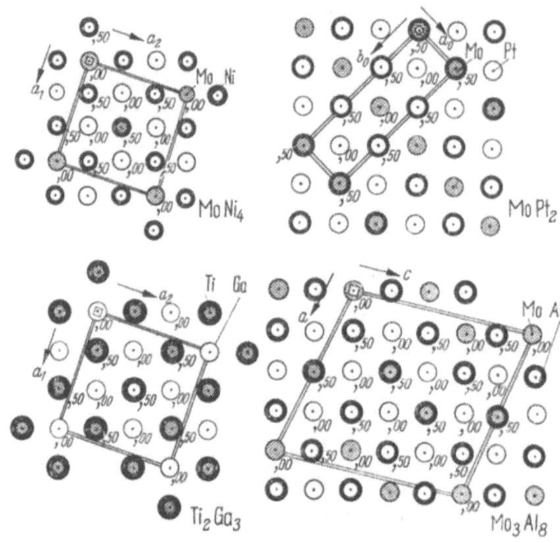

Abb. 1. Weitere F¹R-Strukturen

$MoNi_4$($U_a^{1,4}$,9110) C_{4h}^5–I4/m $a = 5{,}720$ $c = 3{,}564$ Å 2Mo(*a*),0,0,0 8Ni(*h*),200,400,0;
$MoPt_2$($P^{1,2}$,56SchMi) D_{2h}^{25}–Immm $a = 2{,}76$ kX $b = 8{,}27$ $c = 3{,}92$ 2Mo(*a*),0,0,0 4Pt(*g*),0,35,0;
Ti_2Ga_3($T_b^{4,6}$,62PSch) C_{4h}^1–P4/m $a = 6{,}284$ $c = 4{,}010$ Å 4Ti(*k*),31,12,50 1Ga(*a*),0,0,0
1Ga(*d*),1/2,1/2,1/2 4Ga(*j*),19,39,00; **Mo_3Al_8**($N_b^{3,8}$,62PSch) C_{2h}^3–C2/m $a = 9{,}164$ $b = 3{,}639$
$c = 10{,}040$ Å $\beta = 100{,}50°$ 2Mo(*a*),0,0,0 4Mo(*i*),092,0,659
4 · 4Al(*i*),2/11,0,3/11 ,3/11,0,10/11 ,4/11,0,6/11 ,5/11,0,2/11

mit PZ = 16, wobei EA = 34. Für eine Verkleinerung des $(c/a)_{\mathrm{F}^1}$ wie bei den $T_b^{1,1}$-Strukturen besteht hier kein Anlaß, weil die Angleichung der Rumpfelektronenkorrelation hier wegen der höheren Valenzelektronenzahl von geringerer Bedeutung ist. Bei **TiAl**($T_a^{1,1}$) ($c/a = 1{,}02$) dürfen wir eine ähnliche Bindungsbeziehung erwarten.

Die $N_b^{3,8}$-Struktur von **Mo_3Al_8** = $Mo_{1,12}Al_3$ (Tab. 1, Abb. 1) schmilzt bei ~2000° kongruent und hat ein hervorragendes Kristallisationsvermögen. Man erkennt die Ähnlichkeit zu $TiAl_3$ und zu $ZrGa_3$. Der T-Gehalt ist größer als bei $TiAl_3$, aber noch nicht so groß, daß sich T-Ketten ausbilden können, es bilden sich daher T-Paare durch ein besonderes, die Konzentration änderndes Verwerfungssystem. Es fällt auf, daß die $a(Mo_3Al_8)$-Achse mit den Unterstrukturachsen etwa denselben Winkel bildet wie $a(Ti_2Ga_3)$. Auch hier erkennt man die besondere Wechselwirkung der Mo. In der Struktur herrscht Durchdringungsbindung, z. B. $a/5 \approx b/2 = d_{A1}$ $l_c = 8$.

Eine **Pt_7Mg**($F^{1,7}$)-Struktur mit Cu-Unterstruktur fanden BRONGER/KLEMM (62).

Eine gewisse Verwandtschaft mit obigen Phasen sollen **ThPb** (und UPb) haben, für die eine tetragonal gedehnte F^1-Unterstruktur berichtet wurde mit $a = 4{,}55$ (4,58), $c/a = 1{,}24$ (1,15) (BROWN 61). — Auf verwerfungsartige Abarten der B^1-Struktur im System Li–Pb wollen wir hier hinweisen.

2.37 F^1RD_i-Strukturen. Den einfachen Strukturen der Art $C_a^{3,1}$, $C_a^{3,1}S$ sind eng verwandt die Phasen der folgenden Strukturfamilie. Die $U_b^{6,2}$-Struktur des **U_3Si** (Abb. 1, Tab. 1) ist, abgesehen von der

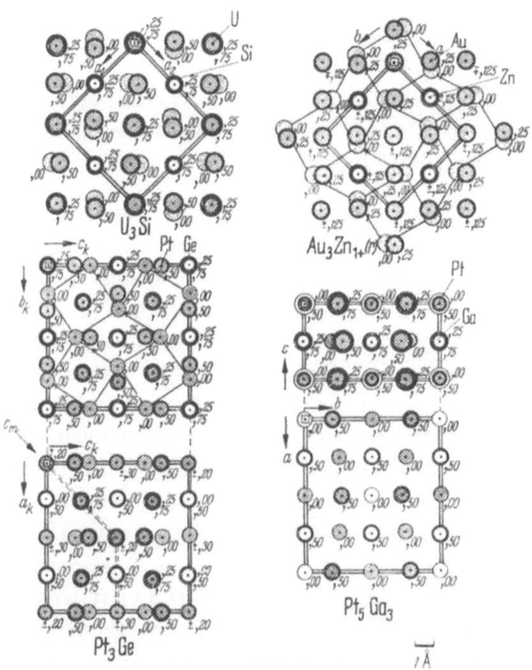

Abb. 1. F^1RD_i-Strukturen

U_3Si($U_b^{6,2}$,*11284*) D_{4h}^{18}–I4/mcm $a = 6{,}029$ $c = 8{,}696$ Å 4U(a),0,0,1/4 8U(h),231,731,0 4Si(b),0,1/2,1/4; **Pt_3Ge**($N_b^{6,2}$,60BSch, isotyp ist Pt_3Si) C_{2h}^3–C2/m $a = 7{,}930$ $b = 7{,}767$ $c = 5{,}520$ Å $\beta = 44{,}72°$ 4Pt(g),0,1/5,0 4Pt(h),0,1/4,1/2 4Pt(i),70,0,60 4Ge(i),25,00,00. Die in der Abbildung eingetragenen Parameter sind auf die Vektoren $\mathbf{a}_k$, $\mathbf{b}_k$, $\mathbf{c}_k$ bezogen, die die allflächenzentrierte quasikubische Zelle aufspannen; **Au_3Zn_{1+}(r)** ($Q_a^{12,4}$, 58WiSch) D_{2h}^{18}–Abam, $a = 5{,}57$ $b = 5{,}58$ $c = 16{,}62$ 8Au(d),0,0,119 8Au(e),1/4,1/4,1/4 8Au(f),190,310,0 8Zn(d),0,0,367. Projektion der halben Elementarzelle auf die quasitetragonale ($b/a = 1{,}001_5$) Basis. Die andere Hälfte der Elementarzelle folgt aus der abgebildeten durch Translation um den Vektor $1/2\cdot(b+c)$.

Pt_5Ga_3($Q_a^{5,3}$, 60BSch) D_{2h}^{19}–Cmmm $a = 8{,}03$ $b = 7{,}44$ $c = 3{,}95$ Å 2Pt(b),1/2,0,0 4Pt(e),1/4,1/4,1/4 4Pt(j),00,225,50 2Ga(a),0,0,0 4Ga(h),1/4,0,1/2

Verzerrung der Atomlagen, eine $C_a^{3,1}$-Struktur. Die U-Atome weichen einander aus auf Kosten der Si-Atome: diese haben vier besonders enge Nachbarn und vier etwas weiter entfernte. Da die Radien für 12-Koordi-

Tabelle 1. *F^1RD_t-Strukturen*

$U_3Si(U_b^{6,2})$-Typ (Abb. 1)		**$Au_3Zn(r)$**-Familie (Abb. 1)	
U_3Si	*11284*	$Au_3Zn_{1-}(r_1)$	59Iw [1,2]
Ir_3Si	60BSch	$Au_3Zn_{1+}(r_2)$	58WiSch, 59Iw [1]
		$Au_3Zn_{2/3}Ga_{1/3}$	58WiSch
		Au_5Zn_3	58WiSch [1]
		Au_5Zn_2Ga	58WiSch
$Pt_3Si(N^{6,2})$-Typ (Abb. 1)		**$Pt_5Ga_3(Q^{5,3})$**-Typ (Abb. 1)	
Pt_3Si	60BSch	Pt_5Ga_3	60BSch
Pt_3Ge	60BSch		
Pt_4Ga ähnlich	60BSch		

[1] Ferner Iwasaki/Hirabayashi/Fujiwara/Watanabe/Ogawa (60).

[2] D_{4h}^{20}—$I4_1acd$ 16Au(*f*)*x*,*y*,*z* = ,194,194,250 16Au(*e*),250,250,125 16Au(*d*) 000,000,059 16Zn(*d*),000,000,181.

nation bei den Partnern von Ir_3Si praktisch gleich sind, wird die Verzerrung mit dem Elektronenaufbau zusammenhängen. — Die $N^{6,2}$-Struktur von **Pt_3Si** (bzw. Pt_3Ge, Abb. 1, Tab. 1) ist ähnlich wie die von Ir_3Si. Das Achsverhältnis a/c ist bei Pt_3Si kleiner und bei Pt_3Ge größer als 1. Pt_3Ge ist schwach diamagnetisch (Bhan/Schubert 60), Pt gibt also keine Elektronen ins Valenzband. — Während $Au_3Zn(h)$ eine $C_a^{3,1}S_{1/4}$-Struktur hat, weist die $Q^{12,4}$-Struktur von **$Au_3Zn_{1+}(r)$** (Abb. 1, Tab. 1) außerdem noch eine Verschränkung derjenigen Au-Au-Schichten auf, die keine Überstrukturstapeländerung in den benachbarten Au-Zn-Schichten haben. Nach Iwasaki (59) ist diese Struktur nur bei geringem Zn-Überschuß stabil, während bei **Au_3Zn_{1-}** eine $U^{24,8}$-Struktur der gleichen Verwerfungsdichte auftritt, die eine gegenüber Cu_3Au verachtfachte c-Achse hat. **$Au_3Zn_{2/3}Ga_{1/3}$** (Tab. 1) hat eine $U^{18,6}$-Struktur, die ähnlich wie $Au_3Zn(r)$ ist und auf der Verwerfungsdichte 1/3 aufbaut; da hier nur jede dritte Au-Au-Ebene verschränkt ist und die Verschränkung in benachbarten verschränkten Ebenen gegenläufig ist, hat die Struktur 12 Atomschichten je c-Translation parallel zur Basis. — Die $Q^{5,3}$-Struktur von **Pt_5Ga_3** (Abb. 1, Tab. 1) ähnelt einer CuAu-Struktur. In den Ga-Ga-(010)-Ebenen sind in gesetzmäßiger Weise gewisse Ga durch Pt ersetzt, gewisse Pt sind so verschoben, als ob Ga einen kleineren Atomradius hätte als Pt. — Die Phasen **Au_5Zn_3** und **Au_5Zn_2Ga** (Tab. 1) haben ebenfalls zu Ir_3Si homöotype Strukturen ($P^{40,24}$ und $P^{10,6}$). Die Verwerfungsdichte dieser Phasen liegt nach Abb. 2a auf einer etwas anderen Kurve als die der $C_a^{3,1}S$- bzw. $T_a^{1,1}S$-Strukturen; auch das Achsverhältnis ist deutlich größer.

Bei der vorliegenden Strukturfamilie fällt zunächst das gegenüber $C_a^{3,1}$, $C_a^{3,1}S$ und $T_a^{1,1}S$ deutlich erhöhte Achsverhältnis auf. Denkt man sich z. B. bei Ir_3Si die Ir–Ir-Abstände physikalisch gegeben, so wäre infolge der Verschränkung eine Vergrößerung des Achsverhältnisses von etwa 2% zu erwarten; man findet dagegen sogar 7,5% (Abb. 2b). Die monokline Verzerrung von Pt_3Si und Pt_3Ge bleibt

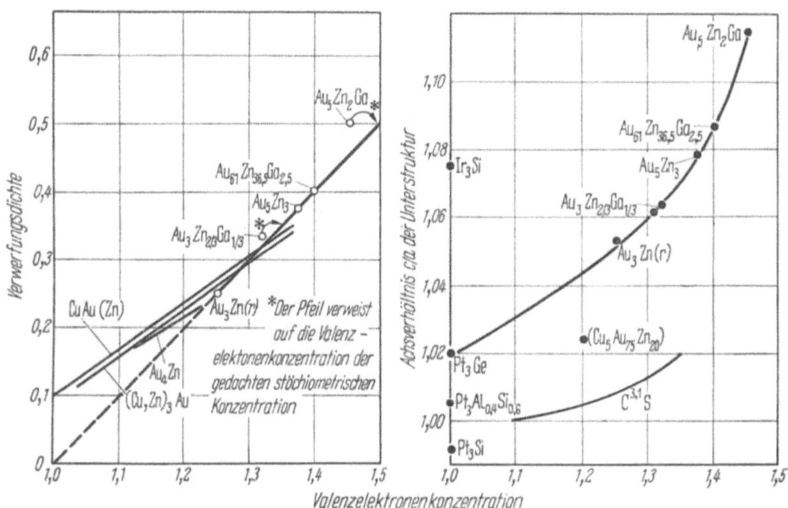

Abb. 2a. Verwerfungsdichte bei $Au_3Zn(r)$ und einigen Homöotypen

Abb. 2b. Verzerrung der F^1-Unterstrukturzelle bei einigen innerlich verzerrten Strukturen

in dem früheren Bild der Verwerfungsstrukturen unverständlich. Bei den Au-Verbindungen fällt die hohe VEK auf, die nach den unten angestellten Überlegungen schon eine H^2-Struktur bedingen sollte. Als T-Komponenten treten bemerkenswerterweise nur schwere und als B-Komponente nur leichte Elemente auf.

Man kann die Annahme machen, daß der Valenzelektronenabstand von etwa 2 Å bewirkt, daß das bei einem B^4-Atom befindliche Valenzelektronentetraeder sich gegenüber der Korrelation bei Cu um $\pm 45°$ um die c_{F^1}-Achse dreht, weil der Kristall zu geräumig ist für eine einheitliche A1-Korrelation, die d-Elektronen der T-Atome können sich korrelativ auf das Valenzelektronenraster einstellen. Die durch die Drehung bewirkte Veränderung der Elektronennetze, parallel zur Basis, ist in Abb. 3 gezeigt. Die T-Atome machen nun den Valenzelektronen Platz, bewirken aber zugleich, daß in c-Richtung benachbarte Tetraeder entgegengesetzt orientiert sind. Die einander zugewandten Elektronenebenen verschiedener Ir-Si-

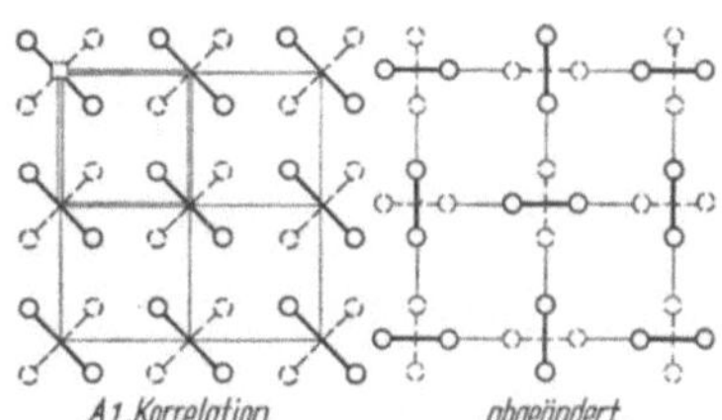

Abb. 3. Abänderung der A1-Korrelation der Valenzelektronen in einer Cu_3Au-Struktur der Art T_3B^4, wenn das Volumen von T nicht kleiner als das von B ist

Schichten wären dann einstützig gestapelt, was eine Monoklinität begünstigen könnte. Die Zahl der Elektronenebenen je Unterstruktur c-Translation wäre Zwei, so daß eine Stapelvariation der Überstruktur nicht in Betracht käme; die Stapelung der Elektronenebenen in a-Richtung ist nicht einstützig, so daß ein übernormales Achsverhältnis möglich scheint. Steigt die VEK über 1, so können sich wie oben Zwischenelektronenebenen (parallel zur Basis) ausbilden, die zu Verwerfungen führen.

2.4 Abarten der $Mg(H^2)$-Struktur

2.41 Einfluß der Elektronenimpulse auf die Zelle bei H^2-Strukturen. Ähnlich wie die F^1-Strukturen vom Cu-Zweig in ihrer valenzelektronenreichen Homogenitätsgrenze einem Bandmodelleffekt zugeordnet werden konnten, können auch bei H^2-Strukturen des Messingzweiges bestimmte Erscheinungen mit dem Bandmodell in Zusammenhang gebracht werden. Zunächst gilt für das Auftreten der messingartigen H^2-Phasen (Tab. 1) eine *Valenzelektronenregel* (WESTGREN/PHRAGMÉN 28) wonach

Tabelle 1

$Mg(H^2)$-Typ, Zwischenphasen[1]					
Messingzweig		$Ag_3Sb(h)$?	*2744*	$MoRh_2$	54Ra
$LiCd_3$	*3637*	$AuZn_8(h)$	*1560*	$MoIr$	54Ra
$LiZn_4(h)$	*319,265,634*	Au_2Cd	*1154*	$Mo_2Pd_3(h)$	58HH
$CuZn_4$	*1532*; *2691*	$AuCd_3$(?, h)		$MoPt(h)$	54Ra, 62SchMi
$Cu_3Ga(h_1)$	*4237*; 59BS		28HA	WRh_2	*15116*
+ R-Variante		Au_3Hg	*1561*	$\sim WIr_2$	*1582*
$Cu_7Si(h)$	*2757*	$Au_3Ga(h)$	58P	$MnFe_4$	*2641*; *4244*
Cu_5Ge	*1544*	Au_6In	*6164*; *11123*		
Cu_9As	*667*; *2300*	Au_6Sn	*2719*	*Tl-Zweig*	
$Cu_{5,5}Sb(h)$	*825*	$\sim Mn_2Zn_3(h)$		$LaHg_3$	$c/a = 1,454$ 58HA
$AgZn_3$	*1552*; *3607*		*11163*	$ThHg_3$	1,46 56BRS
$AgCd(h_1)$	*2700*	$Mn_3Al_2(h_2)$		geordnet	
$AgCd_3$	*1555*		58Ko	UHg_3	1,47 *11164*
Ni_xHg	?	$Mn_3Ga(h)$	60SchMi	ungeordnet	
Ag_5Hg_4	*1557*; *2704*; *3611*	$Fe_{70}Ga_{30}(h)$		$PuHg_3$	58HA
Ag_2Al	*1557*		60SchMi	$LaTl_3$	1,60 *3327*
$Ag_{\sim 3}Ga(h)$	*11123*			Pb_3Bi	*2755*
$Ag_{2+}In(h)$	*3609*; *11123,134*	*Ruthenzweig*			
Ag_5Sn	*1559*; *2717*	V_2Rh_3	56GB		
$Ag_9As(h)$	*2741*	$\sim Cr_3Rh_2$	55aRM		
Ag_9Sb	*1597*; *2744*	$CrIr$	55RM		

[1] Die Phasen haben meistens einen breiten Homogenitätsbereich.

die VEK $= 7/4 = 1,75$ das Auftreten der Struktur begünstigt. Bei den H^2-Phasen liegt jedoch im Gegensatz zu den unten betrachteten β- und γ-Messingphasen eine größere Streuung der beobachteten VEK-Werte um den der Regel entsprechenden Wert vor (WITTE 37): Man findet messingartige H²-Phasen zwischen den VEK 1,2 und 2,0. Es läßt sich jedoch eine Einteilung in Zweige angeben, die sich um VEK-Werte 1,50; 1,75 bzw. 2,0 gruppieren (NORBURY 39). Daß diese Zweige zu ein und derselben Bindungsbeziehung gehören, wird nahegelegt dadurch, daß fast alle ein mit zunehmender VEK abnehmendes Achsverhältnis zeigen (Abb. 1). Da die TVEK nur eine Funktion des Achsverhältnisses c/a

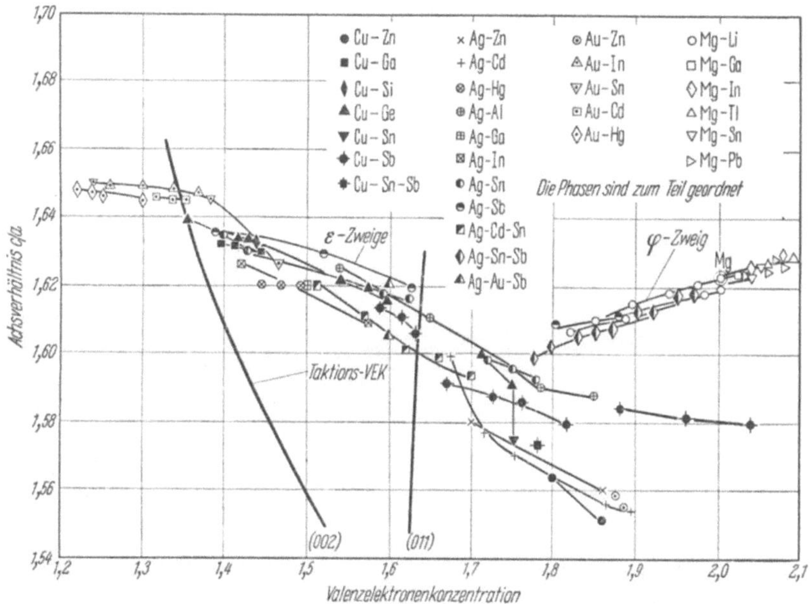

Abb. 1. Achsverhältnisse von H²-Strukturen nach LÖHBERGS Regel (BURCKHARDT/SCHUBERT 59)

der (primitiv, d. h. zweiatomig aufgestellten) H²-Struktur ist (2.31), Abb. 2, wird die empirische Abhängigkeit zwischen VEK und c/a eine bedeutungsvolle Aussage. Für die Phase $CuZn_4$(H²) war aus Messungen von WESTGREN/PHRAGMÉN (25) und OVEN/PICKUP (33) bekannt, daß das Achsverhältnis c/a mit steigender VEK abfällt. Daraufhin zeigte JONES (34), daß sich dieser Abfall deuten läßt aus dem Überragen des Fermikörpers (im Wellenzahlraum) über die BE (010). Da in derselben Arbeit auch die Zunahme des Achsverhältnisses mit der VEK bei der Zn(Cu)-Phase in Übereinstimmung mit der Erfahrung herauskam (s. u.), fand diese Arbeit sofort eine stärkere Beachtung. Die Frage, ob der Abfall des Achsverhältnisses bei steigender VEK auch von Phase zu Phase bemerkbar sei, wurde durch eine *Regel* von LÖHBERG (49) bejaht; vgl. auch MASSALSKI (56) und BURKHARDT/SCHUBERT (59) (Abb. 1). Wenn man zunächst den abfallenden ε-Zweig betrachtet, dann sollte man nach der Deutung von JONES (34) einen Einfluß der mittleren Atomnummer erwarten, weil diese für den Energiesprung auf den Brillouinebenen maßgebend ist. Bemerkenswerterweise ist ein solcher nicht klar erkennbar. Aus diesem Grunde kann man JONES' Deutung dahingehend abändern, daß die c/a-Änderung in den H^2-Strukturen von dem Kontakt der Fermikugel mit der Brillouinebene (002) verursacht ist, daß also die mit der VEK wachsende Fermikugel die BE (002) in der Darstellung von Abb. 2 vor sich her drückt. Die Diskussion der Beeinflussung einzelner Achsen ist nicht sinnvoll, weil die VEK in erster

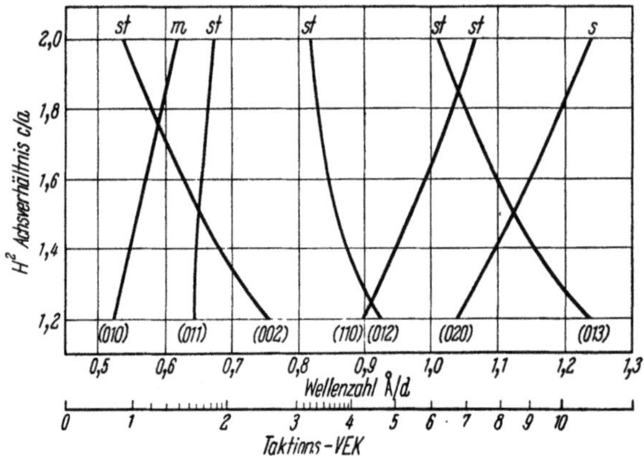

Abb. 2. Wellenzahlen einer H^2-Struktur in Abhängigkeit vom Achsverhältnis. Das Atomvolumen wird konstant gehalten. Oben ist die Stärke der Strukturamplituden angedeutet

Näherung nur auf das Achsverhältnis wirkt. — Die beobachtete VEK ... c/a-Kurve hat allerdings eine geringere Steigung als die berechnete TVEK ... c/a-Kurve. Man könnte dies als zunehmende Ausbauchung des Fermikörpers bei zunehmender VEK deuten, da bei höherem Zellvolumen die Potentialwälle zwischen den Atomen höher werden, so daß die Energiesprünge auf den Brillouinebenen größer werden und die Wellenzahlbesetzung mehr zur Auffüllung der unteren Brillouinzonen neigt. Eine wahrscheinlichere Begründung, auf die wir unten zurückkommen werden, liegt jedoch in der Annahme eines Einflusses der Rümpfe, der bestrebt ist, das ideale Achsverhältnis von 1,63 einzuhalten (2.42).

Aus dem oben angeführten einfachen Modell folgt, daß außer dem „Vordrücken" von Brillouinebenen durch die Fermikugel auch noch eine „Anziehung" möglich ist (SCHUBERT 52a, GOODENOUGH 53). Dieser Effekt sollte zusammen mit der Reaktion der Fermikugel an BE (100) dazu führen, daß es überideale Achsverhältnisse gibt, wenn bei hinreichend valenzelektronenarmen Legierungen eine H^2-Phase auftritt. Daß es in der Tat messingartige H^2-Phasen mit überidealem Achsverhältnis gibt, ist aus den Messungen mehrerer Autoren bekannt (vgl. Abb. 1). Auch der Anstieg von c/a mit wachsender VEK, der aus einer tangierten BE (100) (TVEK = 1,15) folgen sollte, konnte experimentell bestätigt werden (WEGST/SCHUBERT 58b). Insofern wird also die Erwartung aus dem Bandmodell bestätigt; nicht verständlich ist dagegen, daß überhaupt H^2-Phasen mit einer VEK $< 1{,}36$ auftreten, denn in diesem VEK-Bereich sollte nach obigen Überlegungen eine F^1-Struktur stabil sein. Ferner ist nicht verständlich, warum auf dem abfallenden Ast der c/a ... VEK-Kurve bei niedrigen VEK $TiNi_3$-Strukturen auftreten. Die Aussagen des Bandmodells sind also zwar verträglich mit der Erfahrung, aber weitere Argumente sind notwendig, das Erscheinungsbild der dichtesten Kugelpackungen zu verstehen.

Bei Mg-Mischkristallen [z. B. Mg(Pb)] hat man eine Anomalie der c/a ... VEK-Kurve gefunden und mit der Wellenzahlbesetzung in Zusammenhang gebracht (RAYNOR 40); neuerdings wurde diese Anomalie bestritten (WALKER/MAREZIO 59).

2.42 Ortskorrelationsvorschläge für H^2-Strukturen. Die obige Diskussion der $C_a^{3,1}S$-Strukturen hat die Annahme nahegelegt, daß sich die ursprüngliche A1-Korrelation der Valenzelektronen der Cu(F^1)-Struktur bei Erhöhung der VEK durch Einbau von Elektronenplatzebenen parallel zu $(001)_{F^1}$ schrittweise bei wachsender VEK in eine B2-Korrelation umwandelt. Man darf vermuten, daß die A1-Korrelation den Valenzelektronen nur aufgezwungen war, weil die Kristallstruktur vom F^1-Typ war und die VEK = 1 war. Man überzeugt sich leicht, daß bei der Verwerfungsdichte $\sqrt{2} - 1 \approx 0{,}4$ (d. h. wenn auf eine c_{F^1}-Strecke $\sqrt{2}$ Korrelations-c_{B2}-Strecken kommen) die Ebenen $(111)_{F^1}$ des Gitters und $(111)_{B2}$ der vorgeschlagenen Valenzelektronenkorrelation gegen die gemeinsame c-Richtung die gleiche Neigung haben. Dreht man nun das Elektronenplatzgitter gegen das Kristallgitter um die $\mathfrak{c}_{F^1}$-Achse mit 45°, so hat man an Kommensurabilität gewonnen, weil eine Elektronenplatzebene mit einer Kristallgitterebene zusammenfällt. Die Rasterung in dieser Ebene wäre allerdings mit $a_{H^2}\sqrt{2}$ nicht rational. Man kann jedoch den Wert $\sqrt{2}$ durch den Bruch 4/3 ersetzen ohne tiefgreifende Veränderung der anderen Verhältnisse. Die Verwerfungsdichte, falls eine solche vorhanden ist, ändert sich bei obiger Drehung nicht wesentlich, es kann aber die Stapelfolge der Unterstruktur in c_{H^2}-Richtung geändert werden. Bei einer B2-Korrelation vom Raster 4/3 in der Basis einer hexagonal aufgestellten dichtesten Kugelpackung wird $l_c = 6$. Da die nächstfolgende Atomschicht bei dichtester Packung nicht in c_{H^2}-Richtung der Basis translatorisch gleichwertig sein kann, ist das energetisch Optimale, daß die zweitfolgende Schicht der ersten translatorisch identisch ist: So gelangt man zum (AB)-Rhythmus der H^2-Struktur. Bei dieser Ortskorrelation gibt es 1,68 Elektronen je Atom; da nach LÖHBERGs Beziehung ein ideales Achsverhältnis zwischen den VEK 1,4 und 1,5 anzutreffen ist, führt unser Vorschlag zu einem Besetzungsverhältnis von 0,83 ... 0,89 für die Valenzelektronenkorrelation. Die B1-Ortskorrelation der Rumpfelektronen, die man der Korrelation im Cu analog anzunehmen hat, erfüllt allerdings nicht die Kristalltranslationsgruppe in c-Richtung. Es gibt hier 8 Elektronenplatzschichten parallel zur Basis je $\mathfrak{c}_{H^2}$-Strecke; man muß also annehmen, daß bei den vorliegenden Strukturen die Ortskorrelation der Valenzelektronen entscheidet. Wenn die VEK gegenüber dem eben betrachteten Fall absinkt (zunimmt), so muß das Raster (bei etwa gleichbleibendem Besetzungsverhältnis und gleichbleibender Rasterung in $\mathfrak{c}_{H^2}$-Richtung) größer (kleiner) werden. Verlangt man, daß das Raster in c-Richtung konstant gleich $c/6$ bleibt, so folgt daraus also das richtige Vorzeichen der Achsverhältnisänderung. Beim Raster $a\sqrt{2}$ ergeben sich 1,5 Plätze und $c/a = 1{,}73$, das ergibt zusammen mit dem oben genannten Punkt im c/a-VEK-Diagramm eine Parallelität des aus dem Valenzelektronengitter berechneten Achsverhältnisses in Funktion der VEK zur Kurve c/a ... TVEK. Diese Parallelität ist natürlich verständlich, da, wie oben bemerkt, die Einpassung eines Korrelationsgitters in das Raumgitter und die Einpassung der Fermikugel in das Wellenzahlgitter eng verwandte Operationen sind. Der Grund für die große Steifheit des Gitters gegenüber der Valenzelektronenkorrelation liegt vermutlich in der Rumpfelektronenkorrelation, die bestrebt ist, das ideale Achsverhältnis aufrechtzuerhalten. — Das Elektronengitter in der Basis hat bei den verschiedenen Rastergrößen verschiedene Möglichkeiten der Kommensurabilität. Vielleicht ist darauf die Andeutung des Zerfalls der $H^2\varepsilon$-Phasen in Unterzweige zurückzuführen (SCHUBERT 59).

Wir fassen die Möglichkeiten, die man sich an Abb. 1 veranschaulichen kann, in einer Tabelle zusammen:

Bezeichnung	Raster	Plätze je Atom	c/a bei 6 Schichten
ε_0	$\mathbf{a}\sqrt{2}$	1,5	1,73
ε_1	$4\mathbf{a}/3$	1,68	1,63
ε_2	$(-\mathbf{a}_1 + 3\mathbf{a}_2)/3$	2,08	1,47
ε_3	$(-2\mathbf{a}_1 + 2\mathbf{a}_2)/3$	2,25	1,41

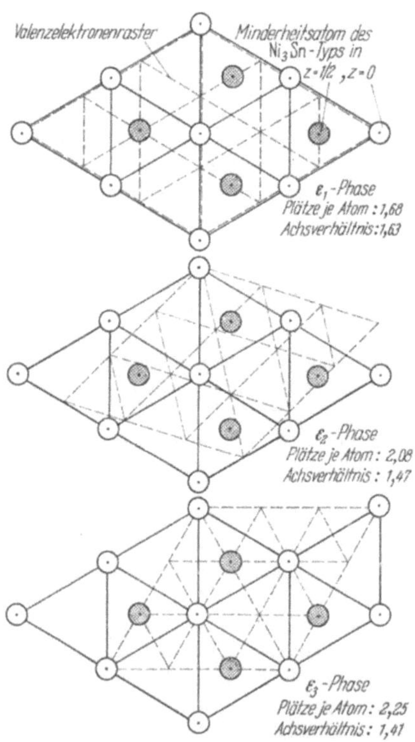

Abb. 1. Mögliche Lagen des Elektronenrasters in einem geordneten H²-Gitter

Für $Be(H^2)$ liegt eine ε_2- oder ε_3-Korrelation nahe, das beobachtete $c/a = 1{,}56_8$ liegt weit über dem Wert 1,47 oder 1,41, so daß ein gegenwirkender Einfluß der Rumpfelektronen anzunehmen ist; ein weiterer Einfluß kann aus der Bandstruktur herrühren. Bei $Mg(H^2)$ hat man ein nahezu ideales Achsverhältnis beobachtet; hier muß ebenfalls eine Wirkung der Rumpfelektronen gesucht werden; es könnte auch sein, daß die Zahl l_c etwas größer als 6 ist. Die Abhängigkeit des Achsverhältnisses von der VEK ist bei Mg nicht ε-artig, sondern mit steigender VEK ebenfalls ansteigend (φ-Zweig). Dies ließe sich so verstehen, daß in der Basis die ε_3-Korrelation einrastet, so daß eine Vermehrung der Elektronen eine Vergrößerung des Achsverhältnisses bewirken würde. Einige messingartige H^2RS-Phasen zeigen bemerkenswerterweise ebenfalls dieses Verhalten. Wenn hier die Kommensurabilität der Ortskorrelation in der Basis festgehalten wird, dann sollte man aber Stapelvariationen in Richtung der c-Achse erwarten. Eine andere Deutung ist $2a/\sqrt{7} = d_{A1}$ $l_c = 2{,}5$ bzw. 2,66, Plätze je Atom: 2,19 bzw. 2,33 (SCHUBERT/

GAUZZI/FRANK 63). Warum Ca und Sr im Gegensatz zu Mg eine F^1-Struktur haben, ist noch nicht bekannt; vielleicht differenziert sich hier das Elektronengas in *s*- und *d*-Elektronengas. Bei Ba(B^1) kann man ein Valenzelektron in einem 4*f*-Zustand erwarten, so daß das restliche Valenzelektron zu einer Alkalistruktur (B^1) führt.

Auch Sc(H^2), Y(H^2), La(H_c^4) usw., Ti(H^2), Zr(H^2), Hf(H^2) gehören vermutlich in dieses Schema. Ein Ortskorrelationsvorschlag ergibt sich so: Wenn ein Ti-Atom 0,5 Elektronen ins Valenzband abgibt, hat es die Elektronenkonzentration 3,5. Das ist gerade das Doppelte der HUME-ROTHERYschen Zahl 1,75, die für H^2-Struktur günstig ist. Wenn also in den messingartigen H^2-Phasen eine A2-Korrelation herrscht, so kann in Ti(H^2) sich eine A1-Korrelation ähnlicher Lage und Wirkung ausbilden. Eine nochmalige Verdoppelung führt zur Elektronenkonzentration 7, die gerade für den *Ru-Zweig* charakteristisch ist. Da nach Aussage der Zn-Struktur naheliegt, daß die Rumpfelektronen in B1-Korrelation liegen, wäre diese Zahlenbeziehung möglich. Aus Abb. 3.21/2 erkennt man, daß in der Tat *c/a* bei zunehmender Außenelektronenkonzentration abnimmt, und der Vergleich mit Abb. 2.41/1 zeigt, daß die Steigung nahezu gleich groß wie bei den H^2-Strukturen vom Messingzweig ist.

2.43 H^2R-Strukturen. Die $H_a^{6,2}$-Struktur von **Ni_3Sn** (Abb. 1, Tab. 1) ist eine Überstruktur des H^2-Gitters, die nach Verdoppelung der

Tabelle 1

$Ni_3Sn(H_a^{6,2})$-Typ, Zahlenangaben: *a*/Å, 2*c*/*a*

Sc_3In	6,421	1,612	62CM	Mg_3Cd	6,27	1,620	*1565*; *2727*
Ce_3Al(r)	7,04	1,548	59Ia	$ScCd_3$	6,33	1,532	62Nev
Ti_3Al	5,73	1,625	57ASZ	$LiHg_3$	6,25	1,536	*3632*
Ti_3Ga	5,75	1,615	58An	$LaHg_3$	6,822	1,45	59Ia
Ti_3In	5,85	1,632	57ASZ	$CeHg_3$	6,755	1,47	59Ia
Ti_3Sn	5,90	1,610	52P	$PrHg_3$	6,724	1,47	59Ia
Ti_4Pb	5,97	1,618	*1591*	$NdHg_3$	6,695	1,47	59Ia
Ti_4Sb	5,96	1,614	*1517*	$SmHg_3$	6,632	1,48	59Ia
Ta_4Si(C)	6,11	1,612	53NowMi	$ThAl_3$	6,50	2,046	55BvV
$Mn_{3,25}Ge$	5,35	1,633	*1294*	$GdAl_3$	6,31	1,45	61BM
$Mn_{3,25}Sn$	5,67	1,595	*9109*	$SmAl_{3+}$	6,35	1,44	59Ia
Fe_3Sn(h)	5,46	1,598	*11147*	$MoCo_3$	5,13	1,604	38BabMi
Ni_3In	5,32	1,594	*11123*,*132*	WCo_3	5,13	1,610	*6176*
Ni_3Sn(r)	5,29	1,604	*57*,*61*; *11147*	UPt_3	5,75	1,702	55HW
$MgCd_3$	5,87	1,888	*2727*				

a_{H^2}-Achse zu beschreiben ist: Jede Schicht parallel zur Basis hat dieselbe Atomanordnung wie Cu_3Au in einer beliebig herausgegriffenen hexagonal dichtest gepackten Schicht. Die Mehrheit der z. Z. bekannten $H_a^{6,2}$-Phasen kann nicht als dem Messingzweig zugehörig betrachtet werden, weil die Außenelektronenzahl der Partner sich um mehr als 5 unterscheidet. Nur Ni_3In und Ni_3Sn muß man wohl dem Messingzweig zuordnen; die Außenelektronenkonzentration von 10,75 bzw. 11,0 spricht nach der obigen Verteilungsregel (2.22) für F^1- und H^2-Strukturen, allerdings eher für F^1-Unterstruktur; in der Tat findet man z. B.

$Ni_3Ga(C_a^{3,1})$ und $Ni_3Ge(C_a^{3,1})$. Man erkennt an der unterschiedlichen Stapelfolge dieser Homologen die Begrenzung der Messingbindung. Die auf H^2 hinwirkende VEK $> 1{,}36$ kommt bei Ni_3In vermutlich durch einen nichtverschwindenden Valenzelektronenbeitrag des Ni zustande; daß ein positiver (temperaturabhängiger) Valenzelektronenbeitrag des Ni vorliegt, wird auch dadurch nahegelegt, daß Ni_3Sn(h) eine B^1-Unterstruktur hat (2.75, Tab. 1), die wie wir unten sehen werden, bei einer VEK $= 1{,}5$ begünstigt wird.

Die $O^{2,6}$-Struktur von **$TiCu_3$** (Abb. 1, Tab. 2) ist nach heutigen Kenntnissen ebenso häufig wie die $H_a^{6,2}$-Struktur. Längs der c-Achse gibt

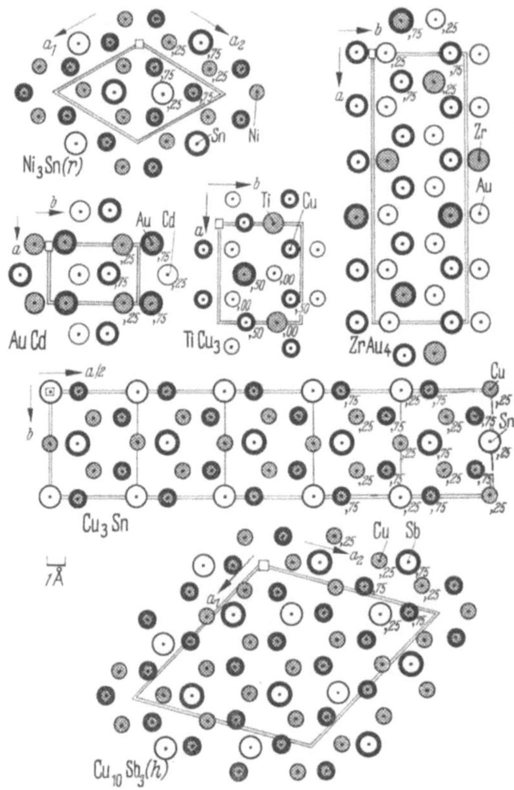

Abb. 1. **Ni_3Sn(r)** ($H_a^{6,2}$ = DO_{19},*57*) D_{6h}^4–C6/mmc $a = 5{,}275$ $c = 4{,}234$ kX 6 Ni(h) ,5/6,4/6,1/4 2 Sn(c) ,1/3,2/3,1/4; **AuCd**($O_a^{2,2}$,*211*) D_{2h}^5–Pmcm $a = 3{,}14$ $b = 4{,}85$ $c = 4{,}74$ kX 2 Au(e),0,$\bar{3}$/16,1/4 2 Cd(f),1/2,5/16,1/4; **$TiCu_3$**($O^{2,6}$,*1569*) D_{2h}^{13}–Pmnm $a = 5{,}166$ $b = 4{,}527$ $c = 4{,}313$ Å 2 Ti(a),0,655,0 2 Cu(b),0,345,5 4 Cu(f),25,155,0; **$ZrAu_4$**($O^{4,16}$, 62StSch) D_{2h}^{16}–Pbnm $a = 5 \cdot 2{,}85_3$ $b = 4{,}99_6$ $c = 4{,}83_5$ kX $4 \cdot 4$ Au(c),0,1/6,1/4 ,1/5,1/6,1/4 ,3/5,1/6,1/4 ,7/10,2/3,1/4 4 Zr(c),1/10,2/3,1/4; **Cu_3Sn**(55SchKWH) $a = 2 \cdot 2{,}76$ kX $b = 10 \cdot 4{,}77$ kX $c = 4{,}33$ kX; **$Cu_{10}Sb_3$(h)**($H_a^{20,6}$, 58GSch) C_{3i}^1–P$\bar{3}$ $a = 9{,}90$ $c = 4{,}31$ kX $3 \cdot 6$ Cu(g),5/39,7/39,1/4; ,17/39,16/39,1/4; ,8/39,19/39,1/4 2 Cu(d),1/3,2/3,1/4 6 Sb(g),14/39,4/39,1/4

es wie bei $H_a^{6,2}$ 2 Atomschichten, die eine i. allg. schwach verzerrte, H^2-artig gepackte Unterstruktur aufweisen. Die Überstruktur der Basisschicht läßt sich durch eine Anzahl von Abgleitbewegungen aus einer $H_a^{6,2}$-Schicht erzeugen, ähnlich wie die $C_a^{3,1}$S-Typen aus der $C_a^{3,1}$-Struktur erzeugt werden. Der Vergleich mit der $C_a^{3,1}$-Struktur zeigt, daß eine Verwerfungsdichte 1/2 erzeugt wurde. Ist der Abstand der Verwerfungsgeraden etwas größer (oder kleiner) als bei $TiCu_3$, so ergibt sich ein Abwechseln von Ni_3Sn- und $TiCu_3$-Maschen. Die *Verwerfungsdichte* kann

Tabelle 2

$TiCu_3(O^{2,6})$-Familie, Zahlenangaben: VEK, a/Å, $2b/a$, $2c/a$, Verwerfungsdichte[1]

$NbNi_3$	?	5,11	$1{,}78_3$	$1{,}66_5$	0,5	57SchMi
$TaNi_3$	?	5,11	$1{,}77_6$	$1{,}66_2$	0,5	*1569*
$MoNi_3$		5,06	1,75	1,67	0,5	59SB
$TiCu_3$(r)	?	5,15	$1{,}75_6$	1,684	0,5	*1569*
Cu_3Al(r)	metastabil					38KMS
Cu_3Ge	1,71	5,27	1,721	1,600	0,5	59BSch
Cu_3Sn(Ge)	1,75	5,48	1,727	1,574	0,5	59BSch
Cu_3Sn	1,75	5,52	1,728	1,576	~0,4	55SchMi
Ni_3Sb(r)	1,25	5,34	1,692	1,608	0,5	57SchMi
Cu_7SnSb	1,78	5,49	1,730	1,574	0,336	58GSch
Cu_3Sb(h)	1,88	5,46	$\sqrt{3}$	1,586	0,5	58GSch
Ag_3Sn[2]	1,75	5,98	1,722	1,596	?	*2717*
Ag_3Sb[2]	1,912	5,97	1,752	1,614	?	*830*
$Au_3Cd_{0,1}In_{0,9}$	1,475	5,85	1,742	1,627	0,400	58WeSch
Au_3In	1,50	5,85	1,764	1,620	0,5	57SchMi
$ZrAu_3$	?	6,05	1,60	1,58	0,5	60SchMi
$HfAu_3$	?	6,01	1,62	1,58	0,5	60SchMi
Fe_2N	?	5,51	1,75	1,60	—	*1590*;*2284*;*11143*
Co_2N	?	5,68	1,63	1,52	—	*1044*

[1] Definition der Verwerfungsdichte in diesem Fall vgl. Text.

[2] Die Überstruktur dieser Phasen konnte noch nicht festgestellt werden, jedoch ist möglich, daß sie vom $H_a^{6,2}$-Typ ist.

man hier definieren als Zahl der $TiCu_3$-Maschen, geteilt durch die Anzahl der Atomketten, parallel $(a_1 + a_2)_{H^2}$ in der Basismasche der H^2-Überstruktur. Zwei Atome der Minderheitskomponente berühren sich nicht; man kann also annehmen, daß auch die $TiCu_3$-Struktur mikroelastisch vorteilhaft ist. Es gibt eine ganze Reihe von messingartigen Vertretern.

Die $O_a^{2,2}$-Struktur von **AuCd(r)** (Abb. 1, Tab. 3) ist verwandt zur CsCl-Struktur; dort wäre $(b/a)_{O_a^{2,2}} = 1{,}41$, während es in Wirklichkeit gleich 1,54 ist. AuCd wandelt sich bei sinkender Temperatur aus einer CsCl($C^{1,1}$)-Struktur um und das isotype MgCd aus einer H^2-Struktur.

Tabelle 3. *Weitere H^2R-Strukturen*

AuCd(r, $O_a^{2,2}$)-Typ (Abb. 1)				
AgCd(t)	3,11	1,57	4,78	58MB
AuCd(r)	3,15[1]	1,54[2]	4,75[3]	*2*11,702
MgCd	3,22	1,64	$5{,}00_5$	*16*36
TiAu(h)	2,94	1,66	$4{,}63_1$	62StSch
VPt	2,69	1,77	4,41	62SchMi
$Mo_{1+}Pt_{1-}$	2,74	1,78	4,47	62SchMi
$NiCuAl_2$	2,80	1,63	4,42	*18*19

$CuAu_2Zn(O_a^{4,4})$-Typ [Abart der AuCd(r)-Struktur] (Abb. 2)	
$CuAu_2Zn$	58WiSch

$Cu_{10}Sb_3$(h, $H^{20,6}$)-Typ (Abb. 1)	
$Cu_{3,3}Sb$(h) = $Cu_{10}Sb_3$(h)	58GSch
$Au_{3,5}In$(r)	60BSch

$Cu_{4,5}Sb$-Typ (noch nicht vollständig bestimmt)	
$Cu_{4,5}Sb$	58GSch
$Au_{3,5}In$(h)	60BSch

$ZrAu_4(O^{4,16})$-Typ	
$ZrAu_4$	62StSch
$HfAu_4$	62StSch

[1] a/Å. [2] b/a. [3] c/Å.

Auch eine Stapelvariante mit verdoppelter c_{H^2}-Achse wurde gefunden: **$CuAu_2Zn(O_a^{4,4})$** (Abb. 2, Tab. 3).

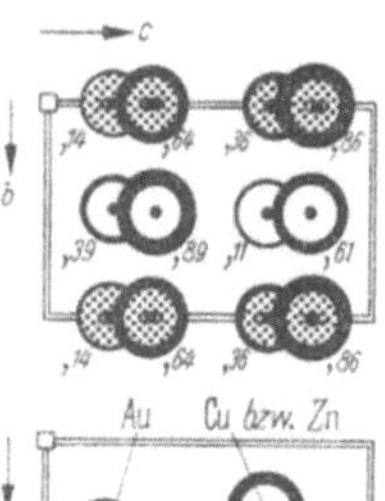

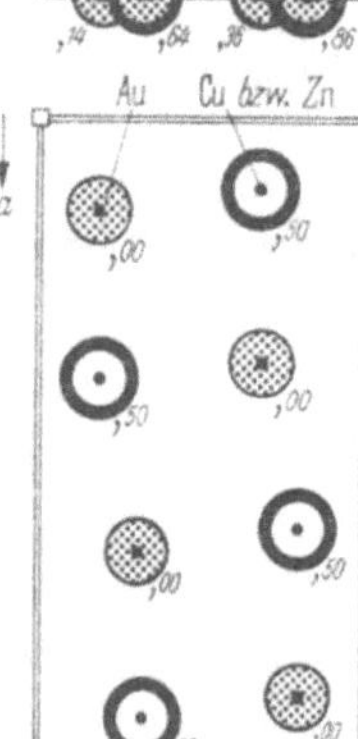

Abb. 2. $CuAu_2Zn(O_a^{4,4}$, 58WSch) D_{2h}^9—Pcma a = 8,920 b = 2,886 c = 4,539 kX 4Au(g) ,136,0,3/16 4Cu bzw. Zn(h), 114,1/2,11/16

Eine weitere Abart der $H_a^{6,2}$-Struktur ist die $O^{4,16}$-Struktur von **$ZrAu_4$** (Tab. 3, Abb. 1), sie kann als $H_a^{6,2}$-Struktur mit 2 Verwerfungssystemen aufgefaßt werden.

Eine besonders interessante Überstruktur des H^2-Gitters ist die $H^{20,6}$-Struktur von **$Cu_{10}Sb_3$(h)** (Abb. 1, Tab. 3). Ebenso wie bei $H_a^{6,2}$ und $H_a^{6,2}$S findet keine Vervielfachung der c_{H^2}-Achse statt, sondern nur eine Vervielfachung der a_{H^2}-Achsen:

$$\mathbf{a}_1^{H^2R} = 3\mathbf{a}_1^{H^2} + (\mathbf{a}_1^{H^2} + \mathbf{a}_2^{H^2}),\quad \mathbf{a}_2^{H^2R} = 3\mathbf{a}_2^{H^2} - \mathbf{a}_1^{H^2},\quad \mathbf{c}^{H^2R} = c^{H^2}.$$

Ähnlich zu diesem Gitter dürfte die Struktur von **$Cu_{4,5}Sb$** (Tab. 3) sein.

Bei einigen messingartigen H^2-Phasen — nämlich Cu_3Ga, Ag_3In — weiß man, daß eine Ordnungsumwandlung besteht (LANG 58), kennt aber nicht die Überstruktur; es ist nicht angebracht, eine Vermutung über den Strukturtyp auszusprechen, da, wie wir oben gesehen haben, messingartige H^2R-Strukturen recht komplizierter Art nachgewiesen wurden.

2.44 Zur Deutung der H^2R-Strukturen. Sehr nahe liegt die Zuordnung der $Cu_{3,3}Sb$(h)-Struktur zur ε_2-Korrelation (vgl. Abb. 2.42/1 und 2.43/2). Wie es im einzelnen zur $Cu_{3,3}Sb$(h)-Struktur kommt, ist durch unsere Zuordnung natürlich noch nicht ausgeführt, jedoch kann man allgemein feststellen, daß die Ortskorrelation zusammen mit dem Kristallgitter ein „Spannungsfeld" erzeugt, das gerade die Translationsgruppe hat, die sowohl dem Gitter als auch der Korrelation zukommt, und daß die Überstruktur sich diesem Spannungsfeld anpaßt.

Etwas größere Schwierigkeiten bereiten dem Verständnis die $H_a^{6,2}S$-Phasen, d. h. die $H_a^{6,2}$-Strukturen mit Stapelvariation der Überstruktur. Die Darstellung von Abb. 1 legt nahe, daß der wahre Existenzbereich dieser Phasen erst oberhalb VEK 1,6 beginnt. Sowohl bei $Ni_3Sb(H_a^{6,2}S_{1/2})$- als auch bei den Au-Legierungen

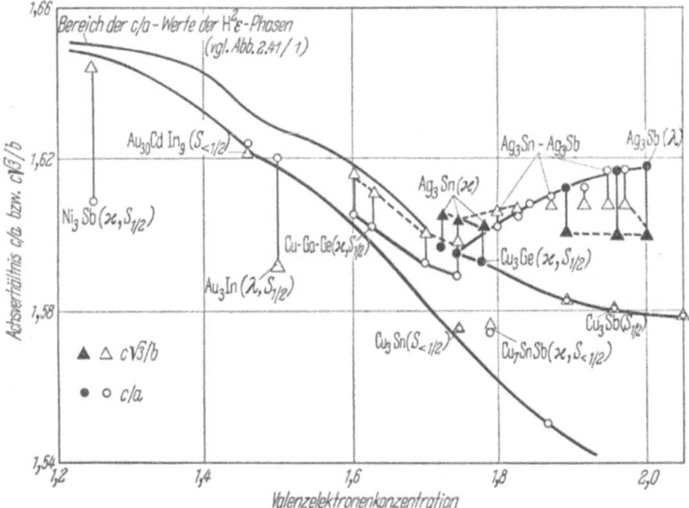

Abb. 1. Achsverhältnisse messingartiger H^2R-Phasen

könnte man einen überkonventionellen Elektronenbeitrag der erstgenannten Atomsorte annehmen: Bei Ni_3Sb zeigt die (h)(B^1R)-Phase die Möglichkeit eines nichtverschwindenden Elektronenbeitrags an, wogegen bei den Au-Legierungen die Annahme eines überkonventionellen Elektronenbeitrags eher verwundern wird, da ja bei Au_3Zn(r) und seinen Verwandten schon für VEK = 1,4 der Elektronenbeitrag Eins des Au anzunehmen war. — Es liegt nahe, die $H_a^{6,2}S$-Phasen mit der ε_3-Lage der Korrelationsbasis in Verbindung zu bringen. Die kürzesten Abstände zwischen Minderheitsatomen liegen in der $H_a^{6,2}$-Struktur zwischen Atomen aus benachbarten Ebenen $(001)_{H^2}$, und man erkennt (vgl. Abb. 2.42/1), daß solche Nachbarn im ε_3-Fall im Mittel mit entgegengesetzten Dipolen aufgeladen sind, so daß auf jede $(a_1 - a_2)_{H^2}$-Translation eine Verwerfung zu erwarten ist; das ist aber gerade der $H_a^{6,2}S_{1/2}$-Typ. Man kann sich vorstellen, daß die Ortskorrelation schon bei „zu kleiner" VEK in die ε_3-Lage „schnappt", so daß sich zuerst Verwerfungsdichten kleiner als 1/2 ausbilden. Das wird z. B. bei der Homöotypie Cu_3Sn ... Cu_3Sb in der Tat beobachtet (Schubert/Kiefer/Wilkens/Haufler 55, Günzel/Schubert 58). Die Ausbildung einer orthorhombischen Struktur aus einer hexagonalen Ortskorrelation der Elektronen und Atome hat Ähnlichkeit mit der Entstehung einer tetragonalen $C_a^{3,1}S$-Struktur. In der $\mathbf{a}_1$, $\mathbf{a}_2$-Basis von $C_a^{3,1}S$ gibt es eine gute Kommensurabilität zwischen Kristall und Korrelation der Valenzelektronen, in der Richtung senkrecht dazu wird die ideale Kommensurabilität gelöst, und es tritt eine Verwerfung mit dieser Normalen auf. Bei $H_a^{6;}{}^2S_{1/2}$ wird man die c-Richtung als gut kommensurabel ansehen müssen, damit die Unterstrukturstapelfolge gewährleistet wird. Die a-Richtung muß man ebenfalls als gut kommensurabel ansehen, weil das Achsverhältnis $b/a <, =, > \sqrt{3}$ ist bei steigender VEK (BURKHARD/SCHUBERT 59). Die b-Richtung muß mithin als wenigst gut kommensurabel gelten, und sie fällt mit der Verwerfungsnormalen zusammen. Da man nach den Erkenntnissen bei $C_a^{3;}{}^1S$ einen Zusammenhang der Achsverhältnisänderung mit der Verwerfungsdichte erwartet aber nicht findet (Abb. 1), muß man annehmen, daß die $H_a^{6;}{}^2S_{1/2}$-Struktur besonders stabil ist und kleine Abänderungen der Elektronenkorrelation in bezug auf das Kristallgitter verträgt. — Es gibt für die orthorhombische Verzerrung der $H_a^{6;}{}^2S$-Phasen auch eine Deutung aus dem Bandmodell der Elektronentheorie, danach sollen Phasen mit $b/a < \sqrt{3}$ ($\varkappa$-Phasen) auftreten, wenn 2/3 der BE {011} von der Fermikugel angezogen werden und Phasen mit $b/a > \sqrt{3}$ (λ-Phasen), wenn 2/3 der BE {011} von der Fermikugel herausgedrückt werden, so daß 1/3 der BE {011} von ihr überragt wird (BURKHARD/SCHUBERT 59). Man kann also feststellen, daß die $H_a^{6;}{}^2S$-Phasen auch mit dem Bandmodell verträglich sind. — Die $H_a^{6;}{}^2$-Phasen könnten vielleicht der ε_1-Korrelation zugehören.

Bei den Phasen vom Zweig $MoNi_3$ gelten wohl ähnliche Beziehungen wie bei den $C_a^{3;}{}^1$-Phasen vom Zweig VNi_3; es liegt aber auch nahe die Isotypie von $TiCu_3$ und Cu_3Ge zu einem Korrelationsvorschlag heranzuziehen.

Bei den Phasen vom AuCd(r)-Typ wird die Orthorhombizität noch durch die Korrelation der Rumpfelektronen in einer ähnlichen Weise wie bei CuAu(r) unterstützt.

2.5 Weitere Stapelvarianten dichtester Kugelpackungen

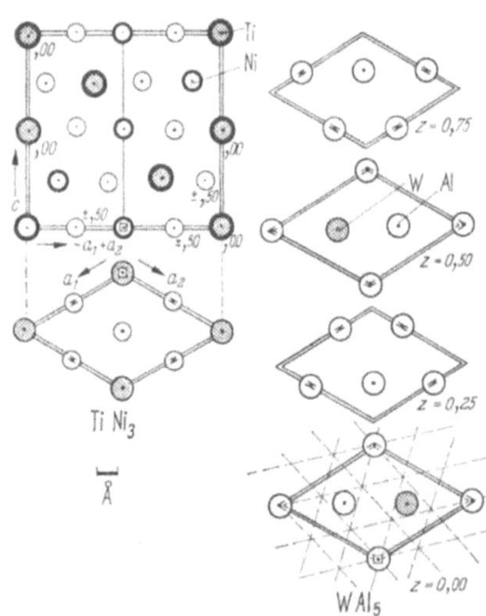

Abb. 1. **$TiNi_3$**($H_a^{4,12}$,714) D_{6h}^4-C6/mmc
a = 5,096 kX c = 8,304 4 Ti(a),0,0,0
2 Ti(c),1/3,2/3,1/4 6 Ni(g),1/2,0,0
6 Ni(h),$\bar{1}$/6,$\bar{2}$/6,1/4; **WAl_5**($H^{2,10}$, 55AR) $C_6^6-P6_3$
a = 4,902 c = 8,857 Å 2 W(b),1/3,2/3,1/2
2 Al(b),1/3,2/3,0 2 Al(a),0,0,0 6 Al(c),1/3,1/3,1/4

2.51 Stapelvarianten bei messingähnlichen Legierungen.

Die $H_a^{4,12}$-Struktur von **$TiNi_3$** (Abb. 1, Tab. 1) ist Stapelvariante des Cu_3Au-Typs. Sowohl die Unterstruktur als auch die Überstruktur von $TiNi_3$ haben bei Zugrundelegung geeigneter Koordinaten die Stapelfolge $ABAC$. Ähnlich wie bei den Cu_3Au-Isotypen ist auch hier das Minderheitsatom größer als das Mehrheitsatom. Nach DWIGHT/BECK (59) müßte daraus bei H^2-Stapelung und harten Atomkugeln folgen, daß $c/a < 1{,}633$; die Tatsache, daß c/a eher $> 1{,}633$ ist, spricht (ebenso wie die Verteilung der Phasen im Periodischen System) für elektronische

Einflüsse. — Es gibt auch Phasen, die aus ebenen dichtesten Kugelpackungen ohne Überstruktur in der Stapelfolge *ABAC* aufgebaut sind, z. B. Au_7In (Tab. 1); diese Phase ist ferner bemerkenswert dadurch, daß sie für messingartige Legierungen, bei denen keine Zweifel über die Elektronenabzählung bestehen, das Vorkommen der Stapelfolge *ABAC* beweist. — Eine $H_a^{6,18}$-Struktur mit $H_a^{6,2}$-Stapelschicht und der Stapelfolge *ABCACB* ist $\mathbf{VCo_3}$ (zuerst gefunden bei $PuAl_3$, Tab. 1).

Tabelle 1. *Weitere Stapelvarianten messingartiger dichtester Kugelpackungen*

$\mathbf{TiNi_3(H_a^{4,12})}$-Typ, Stapelfolge (*ABAC*) (Abb. 1), Zahlenangaben: *c/a, a*			
$TiNi_3$	1,630	5,096 kX	*714*
$TiPd_3$	1,636	5,486 Å	*9116*
$ZrPd_3$	1,64	5,61 Å	59DB
$ThPd_3$	1,678	5,86 Å	61DDC
UPd_3	1,671	5,757	55HW
$ZrPt_3$	1,635	5,644 Å	*9116*
$HfNi_3$	1,6	5,2 Å	*18123*
$HfPd_3$	1,64	5,59 Å	59DB
$HfPt_3$	1,635	5,64 Å	59DB

Überstruktur nicht gefunden			
Au_3-Cd	1,641	2,910 Å	61HiOg
Au_7In	1,643	2,895 kX	58WeSch
$Au_{10}Sn(h)$	1,642	$2{,}89_8$ kX	59SchBG
$\mathbf{VCo_3(H_a^{6,18})}$-Typ, Stapelfolge (*ABCACB*)			
$PuAl_3$	1,57	6,17 Å	57LCSt
VCo_3	$1{,}62_5$	5,032 Å	59Sai

Die *messingartigen* $TiNi_3$-Isotypen erlauben ein Ortskorrelationsargument für diese Strukturen anzugeben (SCHUBERT 59). Der VEK nach zu urteilen liegen die messingartigen $H_a^{4,12}$-Phasen zwischen den messingartigen H^2-Strukturen mit überidealem Achsverhältnis (ε_0) und den F^1-Phasen. Das Unterstrukturachsverhältnis

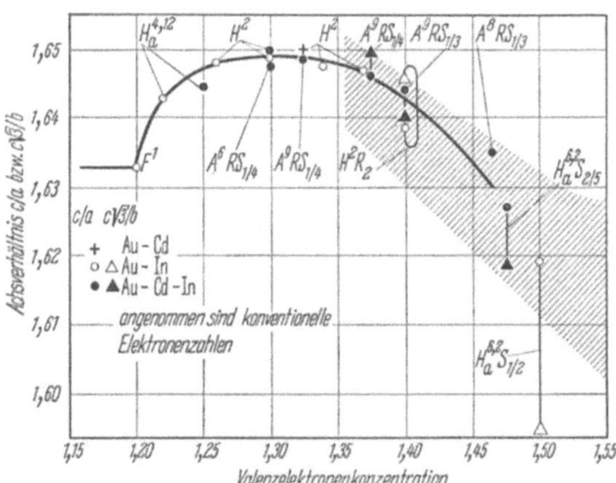

Abb. 2. Achsverhältnisse einiger messingartiger H-verwandter Packungen
A^n = dichteste Kugelpackung mit *n* Schichten je *c* (als Unterstruktur)

liegt zwischen dem idealen der F^1-Struktur und dem überidealen der ε_0-Struktur (Abb. 2, WEGST/SCHUBERT 58). Man wird also annehmen dürfen, daß das A2-Valenzelektronengitter bereits seine $(111)_{A2}$-Ebene parallel $(001)_{H^2}$ gestellt hat, daß aber das Achsverhältnis *c/a* für 2 Atomschichten dem großen Wert 1,73 nahekommen oder ihn übertreffen müßte, wenn das Elektronengitter idealkubisch wäre. Da die beobachteten Achsverhältnisse alle deutlich unter diesem Wert liegen, muß man annehmen, daß in c_{H^2}-Richtung nicht 3 Elektronenschichten auf eine Atomschicht parallel zur Basis kommen, sondern weniger. Damit ist die gute Kommensurabilität der H^2-Phasen in c_{H^2}-Richtung verloren oder wenigstens verschlechtert, so daß die Stapelfolge *AB* der H^2-Strukturen nicht mehr notwendig ist. Mit dem Achsverhältnis von 1,64 kämen 5,7 Elektronenplatzschichten auf eine c_{H^2}-Strecke. Man kann jedoch annehmen, daß nur 5,5 Schichten auf eine c_{H^2}-Strecke kommen, dann erhält man 11,0 Schichten auf eine $c_{H^{4,12}_a}$-Strecke. Daß die Zahl von 11 Schichten je $c_{H^{4,12}_a}$-Strecke wirklich den $H^{4,12}_a$-Typ stabilisiert, ist hiermit natürlich nicht gezeigt; es ist nur gezeigt, daß die Bedingungen für H^2 noch nicht erfüllt sind. — An die Abhängigkeit des Achsverhältnisses von der VEK bei messingartigen H^2-Phasen (Abb. 2.41/1) erinnert die in Abb. 3 angeführte Beobachtung bei einigen Lanthaniden. Da die Außenelektronenkonzentration der Lanthaniden etwa das Doppelte der VEK der messingartigen H^2-Phasen ist, könnte auch eine Verwandtschaft der Bindungsbeziehung vorliegen etwa so, daß die A2-Korrelation durch eine zellgleiche A1-Korrelation zu ersetzen wäre.

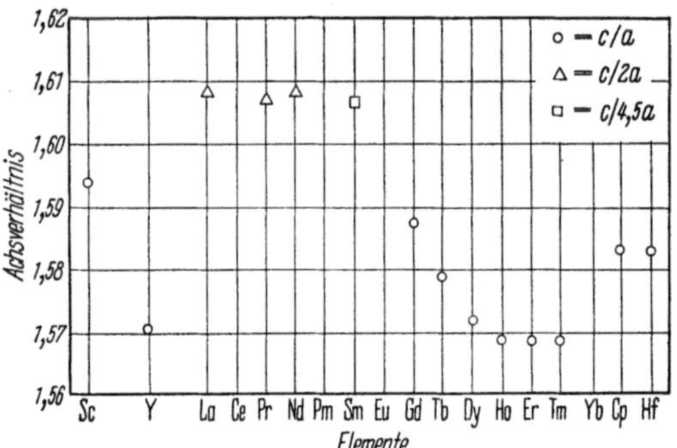

Abb. 3. Achsverhältnisse von $T^3(H^2)$-Strukturen (nach SPEDDING und Mitarbeiter)

Kompliziertere Stapelvarianten dichtester Kugelpackungen wurden im System **Au–Cd–In** gefunden (WEGST/SCHUBERT 58a). Dieses Legierungssystem ist für die Aufsuchung von Stapelvarianten dichtester

Tabelle 2. *Weitere Varianten bei einigen Phasen des Legierungssystems Au–Cd–In*

Phase	Struktur	Unterstrukturstapelung	Schichtencharakter	h-Anteil	Verwerfungsdichte	Valenzelektronenkonzentration	Lit.
Au(Cd,In)	F^1	*ABC*	*ccc*	0	0	1 ...1,20	58WeSch
$Au_{88}In_{12}$	$H^{4,12}_a$	*ABAC*	*chch*	1/2	0	1,20...1,25	58WeSch
$Au_{78}Cd_{14}In_8$	$M^{72,24}$	*ABABAC*	*chhhch*	2/3	1/4	1,28...1,30	58WeSch
$Au_{75}Cd_{10}In_{15}$	$M^{486,162}$	*ABABCBCAC*	*chhchhchh*	2/3	1/3	1,40	58WeSch
$Au_{75}Cd_{15}In_{10}$	$M^{432,144}$	*ABABCBCAC*	*chhchhchh*	2/3	1/4	1,32...1,40	58WeSch
$Au_{75}Cd_3In_{22}$	$O^{144,48}$	*ABABACAC*	*chhhchhh*	3/4	1/3	1,47	58WeSch
ε-Messingphasen	H^2	*AB*	*hh*	1	0	1,48...2,00	58WeSch

Kugelpackungen besonders geeignet: Das Au-Atom in der Mehrheit begünstigt erfahrungsgemäß die Ausbildung von Überstrukturen; die großen (aber nicht zu großen) Atome Cd und In begünstigen aus mikroelastischen Gründen das Auftreten von Au_3B-Phasen, und die verschiedenen Valenzelektronenzahlen von Cd und In bedingen einen Konzentrationsgradienten der VEK im Gebiet Au_3B (Tab. 2). — Die elektronenreiche F^1-Grenze und eine $H_a^{4,12}$-Phase erstrecken sich wesentlich längs einer Geraden konstanter VEK. Bei Au_3Cd erreicht der F^1-Bereich die mikroelastisch vorteilhafte Zusammensetzung Au_3B, wodurch eine $C_a^{3,1}S_{1/4}$-Struktur (2.34, Tab. 1) stabil wird. Die an $H_a^{4,12}$ und H^2 anschließende Phase $\mathbf{Au_{78}Cd_{14}In_8}$ ist eine Stapelvariante mit sechs H^2-artigen Schichten je c-Translation und zeigt Ordnungsstruktur mit $TiCu_3$-artiger

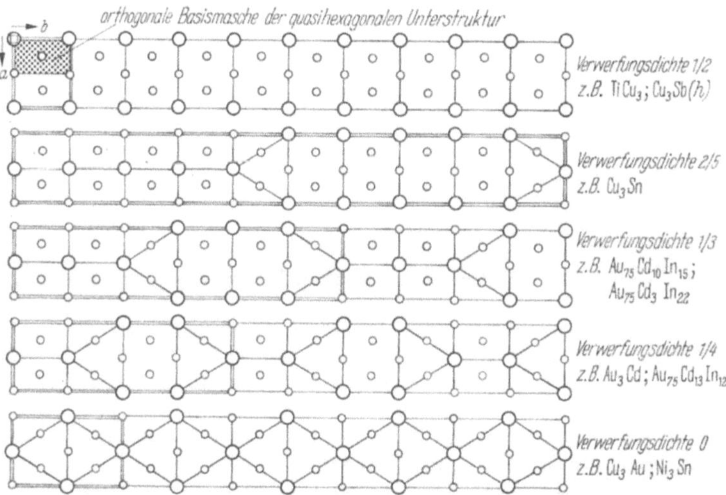

Abb. 4. Überstrukturmaschen von quasihexagonalen Schichten (doppelt umrandet), aus denen einige messingartige Strukturen gestapelt sind

Stapelvariation der Überstruktur (d. h. Verwerfung) und Verwerfungsdichte 1/4 (Tab. 1). Diese Phase hat zwar noch nicht die Zusammensetzung Au_3B, läßt sich aber schon als Überstruktur erkennen. Ähnlich dieser Phase sind die übrigen Phasen (Tab. 1) aufgebaut. Als neue Unterstrukturen finden sich außer dem 6-Schichttyp noch Typen mit 8 und 9 Schichten je c-Achse. Alle diese Varianten zeigen eine Ordnung, die sich auf einer $H_a^{6,2}S$-Basis aufbaut (Abb. 4); dabei kommen die Minderheitsatome nie in Kontakt. Das Zusammenspiel von Stapelvariation der Unterstruktur und Stapelvariation der Überstruktur ist in Abb. 5 gezeichnet.

Die Ursache der Stapelvariation der Unterstruktur ist ähnlich wie die der Überstruktur. Ebenso wie $l_c(F^1) = 2$ bei $C_a^{3,1}S$-Strukturen zu einer $C_a^{3,1}$-Stapelung führen und $l = 3$ zu einer Verwerfungsstapelung, ebenso führen hier vermutlich $l_c(H^2) = 6$ zu einer H^2-Stapelung, während eine abweichende Zahl zu einer F^1-Stapelung führt. Nach dieser einfachen Betrachtungsweise liegt es nahe, in den obigen Varianten die Stapelung dadurch zu beschreiben, daß man für jede Schicht angibt, ob sie bezüglich der beiden unter ihr liegenden Schichten F^1- oder H^2-artig oder, wie man auch sagen kann, c- oder h-artig ist. Man kommt in dieser Weise zu den Aussagen von Tab. 1, die zeigen, daß mit zunehmender VEK der Anteil der h-Stapelungen zunimmt. Der niedrigste h-Anteil ist 1/2, die F^1-Struktur ist deshalb wenig zu Stapelfehlern geneigt, weil die Rumpfelektronenkorrelation F^1

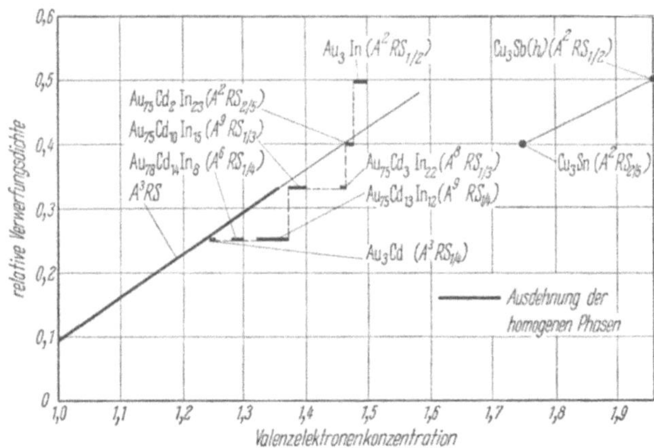

Abb. 5. Verwerfungsdichte bei einigen messingähnlichen Phasen. A-Bezeichnung wie in Abb. 2

begünstigt. Es kommen keine c-Iterationen vor, wie es zu erwarten ist, wenn der Wert 1/2 überschritten ist; dies ist ganz analog dem Fall, daß bei den $C_a^{3;1}$S-Phasen mit $D < 1/2$ keine Iterationen von Zellen mit Verwerfungsebenen vorkommen. Die Stapeländerung der Überstruktur (Verwerfung) nimmt, wie Abb. 5 zeigt, etwa entsprechend der Beziehung bei $C_a^{3;1}$S-Phasen zu. Es gibt Anhaltspunkte dafür, daß dies besser verständlich wird (SCHUBERT 59).

2.52 Weitere Varianten bei Al-reichen Phasen. Bei **WAl_5** (Tab. 1, Abb. 2.51/1) findet sich eine andersartige hexagonale dichteste Kugelpackung, die aus WAl_2- und Al_3-Schichten im Unterstrukturrhythmus *ABAC* aufgebaut ist. Man erkennt in der $H^{2,10}$-Struktur Schichten, wie sie später bei $MoSi_2$ wiederkehren werden. Die Phase **$MoAl_5$(r)** (Tab. 1) ist eine Stapelvariante dieser Struktur. Beide Strukturen zeigen gegenüber Al einen deutlich kontrahierten Abstand der dichtest gepackten basisparallelen Schichten wie die messingartigen H^2-Phasen.

Tabelle 1. *Dichteste Kugelpackungen mit Schichten vom $MoSi_2$-Typ*

$WAl_5(H^{2,10})$-Typ (Abb. 2.51/1)		**$MoAl_5$(r)-Typ**		
WAl_5	55AR	$MoAl_5$(r)	Stapelvariante	60SchMi
$MoAl_5$(h)	55AR			

Nimmt man an, daß die AEK 21/6 = 3,5 ist, so zeigt sich diese Zahl als doppelt so groß, wie die der messingartigen H^2-Phasen. Man könnte daher den dortigen A2-Ortskorrelationsvorschlag hier in einen A1-Vorschlag umdeuten. Auch bei der $MoSi_2$-Familie liegt die Annahme nahe, daß die Außenelektronen der T-Atome mit den Valenzelektronen der B-Atome eine gemeinsame A1-Korrelation bilden. Mit $d_{A1} = a/\sqrt{7}$ kommt $l_c \approx 6$ in vorzüglicher Übereinstimmung mit der Struktur.

2.6 „Kubisch innenzentrierte Kugelpackung“

2.61 Geometrie der kubisch innenzentrierten Kugelpackung mit einem Atom in der primitiven Zelle. Wir fragen nach einer Packung gleich großer, jedoch vermöge eines weiteren Kennzeichens in zwei gleich umfangreiche Mengen A und B einzuteilender Kugeln mit folgender Eigenschaft: Der engste Abstand soll möglichst häufig zwischen Kugeln verschiedener Art liegen; gleichartige Kugeln sollen dagegen möglichst weit voneinander entfernt sein; im Sinne einer hohen Symmetrie verlangen wir außerdem noch translatorische Identität der A und B, abstrahieren also nachträglich von dem Unterscheidungsmerkmal. — Das lineare Element sieht dann so aus, wie in Abb. 1a zu sehen ist. Ein zweidimensionales Element wie Abb. 1b ist auszuschließen. Wir müssen also die zweite Translation mit noch unbekanntem Winkel um das Ursprungsatom von der ersten Translation wegdrehen (Abbildung 1c). Die dritte Translation muß so angebracht werden, daß zwei A möglichst dicht an ein B herankommen. Auch hier bleibt noch ein Drehwinkel unbestimmt. Beide Winkel bestimmen sich durch die Forderung, daß die mit dem Zentralatom eines Koordinationskörpers gleichartigen Kugeln möglichst weit weg sein sollen. Durch die seitherige Konstruktion haben wir die Koordinationszahl 8 erreicht, und für diese Zahl ergeben sich größte Abstände (bei translatorischer Identität) im Falle eines Würfels als Koordinationspolyeder. Damit sind wir zum CsCl ($C^{1,1}$)-Typ (2.65) gelangt. Dieser Typ und der aus ihm durch Identifizierung der Partner entstehende Typ von **W** ($B^1 = A2$, Abb. 1, Tab. 2.62/1) erfüllen also die Forderung der möglichst dichten Packung bei möglichst weitem Abstand gleichartiger Partner unter der weiteren Zusatzforderung der translatorischen Identität, d. h. möglichst kleiner Elementarzellen. —

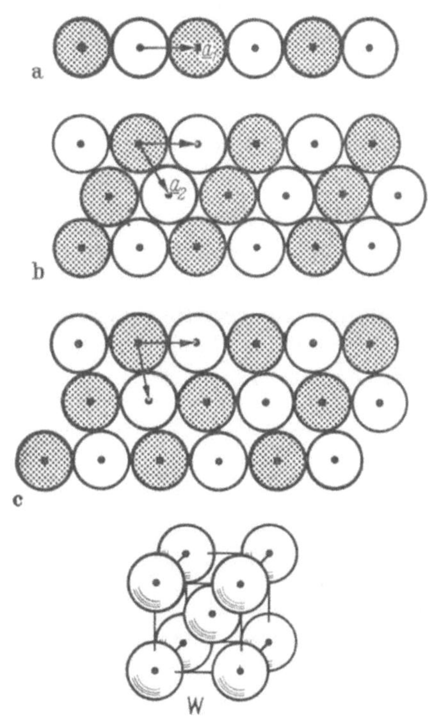

Abb. 1. Zur Geometrie der B^1-Packungen. Struktur von W(B^1, *1*15,61) $O_h^9 - Im3m$ $a = 3{,}155$ kX 2 W(*a*),0,0,0

Die W(B^1)-Struktur kann noch in einer anderen Weise als dichteste Kugelpackung mit einer Nebenbedingung aufgefaßt werden: Schreibt man der Elementarzelle von gleich großen harten Kugeln des Radius 1 eine quadratische Basis der Kante $4/\sqrt{3}$ vor, so ordnen sich die Kugeln unter dem Einfluß einer allseitig wirkenden Anziehung (bei hinreichender Nullpunktsbewegung) von selbst im B^1-Typ.

Da das Koordinationspolyeder der B^1-Struktur eindeutig festliegt, gibt es keine Stapelvariation wie bei den dichtesten Kugelpackungen. — Der Aufbau einer dichtest gepackten (110)-Schicht ist immer noch nahe verwandt zu einer hexagonalen dichtesten Packung; der Unterschied zwischen erstem und zweitem Koordinationsabstand beträgt nur 15% gegen 41% bei F^1, so daß man der B^1-Struktur auch eine auf Anrainer bezogene 14-Koordination zuschreiben kann.

2.62 Verbreitung der B^1-Strukturen. Bei Legierungen aus nicht zu entfernt homologen Elementen ergibt sich die Verteilung der B^1-Struktur in Abhängigkeit von der Außenelektronenkonzentration aus Abb. 2.22/1 (Schubert 56). Deutlich zu unterscheiden sind: der *Alkalizweig* plus *Bariumzweig*, der *Vanadinzweig*, der *Eisenzweig*, der *Messingzweig* und der *Tl(h)-Zweig* (Tab. 1).

Tabelle 1

W(B^1)-Typ					
Elemente		Ta	*157*	Cu_2Be(h)	*3588*
Li	*132*	Pa	52Za	CuZn(h)	*1533*
Na	*133*	Cr	*161*	AgZn(h)	*2698*
K	*134*	Mo	*161*	AgCd(h)	*17*
Rb	*1747*	W	*11561*	Cu_3Al(h)	*2668*
Cs	*1747*	U(h_2)	*12131*	Ag_3Al(h)	*3609*
Be(h)	59MM	Mn(h_3)	53BC	Au_4Al(h)	*155*
Ca(h)	58P	Np(h_2)	52Za	NiGa(h)	50M
Sr(h_2)	58P	Fe(r, h_2)	*166*	Cu_3Ga(h)	*3601*
Ba	*1749*	Tl(h)	*8114*	Cu_4In(h)	*3573*
Eu	37KB	Pu	58P	Ag_3In(h)	61MW
Ti(h)	*484*	*Zwischenphasen*		Cu_6Si(h)	*3332*
Zr(h)	*2181*			Cu_3Ge(h)β_1,β_2 [1]	Hume-
Hf(h)	*1580*	MnNi(h)	*1599*		Rothery,
Th(h)	54Ch	Mn_3Zn_2(h)	*898*		pers. Mitt.
V	*156*	Fe_2Si(h) [2]	*1061*	Cu_6Sn(h)	*2713*
Nb	*156*	NiZn(h)	*2709*	Cu_4Sn(h_3)	

[1] Beide Phasen sind durch schmales Zweiphasenfeld getrennt.
[2] Nach Aronsson zweifelhaft.

Die Elemente des Bariumzweiges dürfen vielleicht dem zweiten Teil des Messingzweiges zugezählt werden. Ba und Eu können unter der Annahme von Valenzelektronenrücktritt auch zu den Alkalimetallen gehören.

Für die B^1-Strukturen vom V-Zweig trifft eine Außenelektronenkonzentration von 4 ... 6 zu (vgl. auch DARBY/ARORA/BECK 56 und PHILIP/BECK 57).

Für die B^1-Strukturen vom Messingzweig trifft nach HUME-ROTHERYS Regel eine VEK von 1,5 zu; es sind aber eine größere Zahl von B^1-artigen Strukturen bekannt mit der VEK > 1,5, z. B. $MgHg(C^{1,1})$, $Cu_3Sn(h)(F^{3,1})$, $Cu_3Sb(h)(F^{3,1})$ oder $NaTl(F^{2,2})$ und seine Isotypen.

Schließlich gibt es noch einen nichtmetallischen Zweig der VEK 4: die homologen Isotypen von CsCl.

Die B^1R-Varianten sind sehr verbreitet. Wir erwähnen $CsCl(C^{1,1})$, $NaTl(F^{2,2})$ und $Fe_3Si(F^{3,1})$, dem das BiF_3 isotyp ist. Wie wir von den dichtesten Kugelpackungen her wissen, muß sich jede Überstruktur einem Unterstrukturzweig zuordnen; die $F^{2,2}$(NaTl)-Phasen werden dabei dem Messingzweig zugeordnet. Ferner gibt es eine Gruppe von *B^1RD-Varianten* wie z. B. $MoSi_2(U_b^{1,2})$, $Ag_{1+}Zn(H_c^{6,3})$. — Schließlich gibt es eine Reihe von *B^1RV-Varianten*: $NiAl(C^{1,1})$, $Cu_5Zn_8(B^{10,16})$, Ni_2Al_3 $(H_a^{2,3})$, $CoSi_2(F_a^{1,2})$ usw. Alle diese B^1RV-Varianten zeigen wieder Deformations-, Ordnungs- und Stapelvarianten, die wir im einzelnen betrachten werden. Die Familie der vom B^1-Typ abgeleiteten Strukturen ist also nicht weniger vielgestaltig als die der dichtesten Kugelpackungen.

2.63 Bandmodell-Argumente bei B^1-Strukturen. Die erste Linie einer Pulveraufnahme hat den Index (011). Die BE {011} bilden im Wellenzahlraum ein Rhombendodekaeder. Die TVEK ist, wie man leicht nachrechnet, 1,48; die von BE {002} ist bereits 4,18.

Mit der bei der TVEK 1,48 vorliegenden energetisch günstigen Impulsverteilung hängt die Regel von HUME-ROTHERY (26) zusammen, wonach die β-Messingphasen bevorzugt bei der Zahl von 3 Elektronen je 2 Atome auftreten. WESTGREN und Mitarbeiter (28) zeigten später, daß diese β-Phasen alle eine B^1- bzw. $C^{1,1}$-Struktur haben (vgl. Tabelle 2.72/1). Von den in dieser Tabelle aufgeführten Hochtemperaturphasen zerfallen allerdings die meisten eutektoidisch, und einige wandeln sich in H^2 um bzw. in kompliziertere Strukturen, auf die wir gesondert eingehen werden. Die Instabilität der B^1-Struktur bei tieferen Temperaturen hat ZENER (47) in Zusammenhang mit dem Schwingungsspektrum der B^1-Struktur gebracht. Wie man aus der Struktur ersieht, hat eine Scherung $(110)[1\bar{1}0]$ eine besonders geringe Steifheit. Derartige Gitterschwingungen haben also eine besonders niedrige Frequenz, was nach der Beziehung Energie = PLANCK-Konstante mal Frequenz zu besonders enger Termlage und nach der Theorie der spezifischen Wärme zu einer höheren Entropie führt, welche bei hohen Temperaturen eine besonders tiefe freie Energie im Vergleich mit anderen Strukturen ergibt.

Deutungen von Deformationen von B^1-artigen Strukturen aus dem Bandmodell wurden diskutiert (SCHUBERT 52a), so daß das Bandmodell verträglich mit der Erfahrung ist. Da wir jedoch im folgenden Gründe für mannigfache Strukturänderungen aus der Ortskorrelation der Elektronen herleiten werden, wollen wir hier nur folgende Erscheinung erwähnen. — Als Anhaltspunkt dafür, daß das Bandmodell von Einfluß ist, kann man dem Aufbau von $\sim Cu_3Sn$(h) aus 2 Phasen, bei denen die Fermikugel die BE{110} berührt bzw. überragt, ansehen; das heterogene Gebiet liegt bei $Cu_{84}Sn_{16}$, d. h. bei VEK 1,48, so daß man annehmen muß, daß die Kurve der freien Energie in Funktion der Zusammensetzung an dieser Stelle eine kleine Ausbuchtung zeigt. Auch folgende Mehrphasenfelder legen etwas Ähnliches nahe: Cu-Al-Beta-Chi, Cu-Be-Beta-Beta-Strich, Cu-Zn-Gamma-Delta (Bezeichnungen nach HANSEN/ANDERKO 58), Cu_3Ge(h) (HUME-ROTHERY 61).

Eine weitere Erscheinung bei den β-Messingphasen ist die Leerstellenhomöotypie von γ-Messing und ähnlichen Phasen, die zuerst von KONOBEJEWSKI (38) mit dem Bandmodell in Verbindung gebracht wurde (vgl. 2.67).

2.64 Ortskorrelationsvorschläge für die B^1-Strukturen. Bei den *Alkalimetallen* ist, wie man von den Edelgasen her weiß, die Anziehung der Rümpfe schwach. Die Rümpfe können daher bei Raumtemperatur nicht eine dichteste Kugelpackung erzeugen und so dem einzigen Valenzelektron eine A1-Korrelation aufzwingen wie bei Cu. Die Ortskorrelation des Valenzelektronengases ist daher vom A2-Typ, und aus Gründen der Kommensurabilität ergibt sich eine B^1-Struktur. — Bei tieferen Temperaturen fand BARRET (47) Li(H^2) und (55) Na(H^2). Eine Isotypie von Na(t) mit Cu tritt vielleicht nicht ein, weil das Atomvolumen zu groß bleibt für eine $a/4$-Korrelation der Rumpfelektronen.

Auf den *Ba-Zweig*, den *V-Zweig* und den *Fe-Zweig* kommen wir in 3.21 zu sprechen.

Für den *Messingzweig* liegt die Annahme einer A1-Korrelation der Valenzelektronen nahe. Da, wie wir bei den F^1RS-Strukturen sahen, die Erhaltung der Kommensurabilität in zwei Richtungen zu einer tetragonalen Dehnung einer F^1R-Struktur führt, kann man vermuten, daß bei den B^1-Strukturen vom Messingzweig die Kommensurabilität nur in einer Richtung erhalten bleibt, d. h., daß die Struktur in zwei [100]-Richtungen gedehnt und dann gegen die Korrelation gedreht wird. Dies führt zu einer Korrelation, die man einfach dadurch beschreiben kann, daß man in den Würfel der B^1-Zelle der Atome eine gleich große A1 = F^1-Zelle der Elektronen stellt, so daß zwei Plätze je Atom verfügbar wären. Wir werden bei einigen Abarten der B^1-Struktur von dieser Korrelation später Gebrauch machen für die B^1-Struktur vom valenzelektronenärmeren Teil des Messingzweigs wird aber die bei der niedrigen Elektronenkonzentration naheliegende Vollbesetzung nicht erreicht. Es zeigt sich, daß ein Elektronenplatz von einem Atom zugedeckt wird, wenn die übrigen 3 Elektronen die günstigsten Plätze der Art $0\,\frac{1}{2}\,\frac{1}{2}$ usw. besetzen. Wir müssen also annehmen, daß die A1-Korrelation in CuZn nicht translatorisch verschieblich ist, sondern relativ zum Kristallgitter weitgehend festliegt. Der Elektronenabstand von 2,08 ist klein wegen des Zudeckens. Vielleicht hängt auch damit der Zerfall derartiger Phasen bei tieferen Temperaturen bzw. das Auftreten komplizierterer (r)- und (t)-Modifikationen zusammen. — Diesen Ortskorrelationsvorschlag haben bereits HUME-ROTHERY (26), LAVES (32), NORBURY (39) und BRADLEY (49) angegeben. — Für die d-Elektronen wird man wieder eine B1-Korrelation als zutreffend ansehen; der metrische Vergleich zwischen geeigneten B^1- und F^1-Phasen legt das auffällige Raster $a/3,3_3$ nahe (SCHUBERT 59). Dieser Ortskorrelationsvorschlag ist annähernd vergleichbar mit dem zur B1-Korrelation aufgefüllten Vorschlag für den V-Zweig, er wird unten eine Deutung der γ-Messingstruktur nahelegen. — Für PdCu($C^{1,1}$) wird man 1,4 Elektronen je Zelle mit A1-Korrelation vom Abstand $d = a_{\text{PdCu}}$ annehmen.

Für den *Tl(h)-Zweig* kann man eine A2-Korrelation mit $(a_1 \pm a_2)/2 \approx 2a_3/3 \approx a_{A2}$ annehmen; diese Annahme paßt zu der für Pb annehmbaren A2-Korrelation, sie ergibt sich durch Kompression längs c aus der Bindung von In. Vergleiche auch A2R-Strukturen (2.75). Charakteristisch ist, daß (Hg)Tl(r) B^1-Struktur zeigt.

2.65 B^1R-Varianten. Mikroelastisch naheliegend ist die $F^{3,1}$-Struktur des **Fe_3Si** (Abb. 1, Tab. 1). Vertreter dieser Überstruktur finden sich im

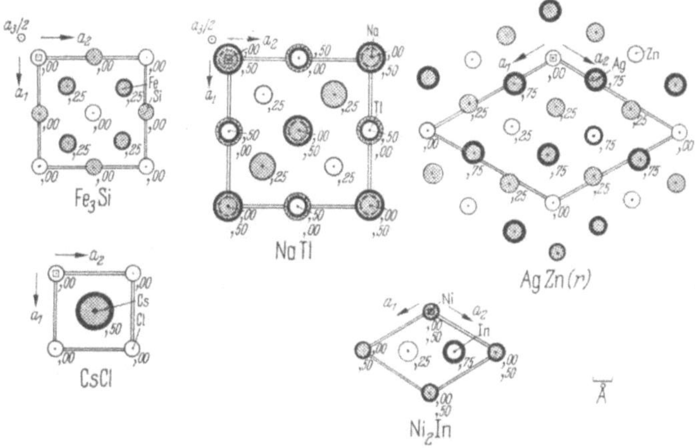

Abb. 1. B^1R-Strukturen
Fe_3Si($F^{3,1}$,*1488*,588) O_h^5–Fm3m $a = 2 \cdot 2{,}815$ kX 4Fe(b),1/2,1/2,1/2 8Fe(c),1/4,1/4,1/4 4Si(a),0,0,0 (vgl. 5.3); **CsCl**($C^{1,1}$,*174*) O_h^1–Pm3m $a = 4{,}110$ kX 1Cs(a),0,0,0 1Cl(b),1/2,1/2,1/2; **NaTl**($F^{2,2}$,*319*) O_h^7–Fd3m $a = 7{,}472$ kX 8Tl(a),0,0,0 8Na(b),1/2,1/2,1/2; **Ag_2–Zn(r)** ($H_c^{6,3}$,*15*120) C_{3i}^1–C$\bar{3}$ $a = 7{,}636_0$ $c = 2{,}819_7$ Å 1Zn(a),0,0,0 2Zn(d),1/3,2/3,75 (1,5Zn + 4,5Ag) (g),350,032,750; **Ni_2In**($H_e^{4,2}$,*11*132) vgl. NiAs-Typ

Fe-Zweig, im Messingzweig und bei den Anionenpackungen. Interessant sind bei diesem Typ die Phasen der Art $MnCu_2Al$ (HEUSLER-Phasen); bei der Elektronenabzählung $Mn^1Cu_2^{\frac{1}{2}}Al^3$ ergibt sich die für B^1 günstige VEK = 1,5 (HUME-ROTHERY/COLES 54), während für den Mn-Rumpf ein magnetisches Moment bleibt, das ferromagnetisch gekoppelt ist; das Moment je Verbindungseinheit beträgt nach HEUSLER (34) 4 Magnetonen.

Besonders zahlreich sind die Vertreter der $C^{1,1}$-Struktur von **CsCl** (Tab. 1). Während man die $C^{1,1}$-Phasen der Systeme V–Ru, Nb–Ru usw. als dem V-Zweig zugehörig ansehen muß und einige Phasen vielleicht dem Fe-Zweig zuordnen kann, gehört der überwiegende Teil der Phasen zum Messingzweig mit der VEK = 1,5 ... 2,0 (ESSLINGER/SCHUBERT 57, DWIGHT 59). Bei TiNi könnte die Bindungsbeziehung ebenfalls ähnlich

Tabelle 1. *B^1R-Varianten*

$Fe_3Si(F^{3,1} = L2_1)$-Typ

Fe_3Al	2679	$LaMg_3$	319,326	$MnCo_2Sn$	53C
Cu_3Al	2689	$CeMg_3$	1186	$MnNi_2Sn$	53C
(metastabil)		$PrMg_3$	319,326	$MnCu_2Sn$	11102,118
Mn_3Si	(3629,60)	$NdMg_3$	59Ia	$FeCu_2Sn$	58P
	60Ar	$SmMg_3$	59Ia	$CoCu_2Sn$	58P
Fe_3Si	1488,588	$CeCd_3$	1873	$Ni_{1,5}Cu_{1,5}Sn$	5123
Ni_3Sn(h)	56SchMi	$PrCd_3$	59Ia	$Ni_{1,5}Cu_{1,5}Sb$	5123
Ni_3Sb(h)	56SchMi	$NdCd_3$	59Ia	Ni_2MgSn [1]	5124
Cu_3Sb(h)	826	($BiF_3(DO_3)$	222,290) [2]	Ni_2MgSb [1]	5124
Li_3Hg	3633	$TiNi_2Al$	P58	$CuAuZn_2$	56SchMi
Li_3Pb	56ZR	$MnCu_2Al$	1488,551	$AgAuZn_2$	63M
Li_3Sb(r)	57,59	$a = 5{,}90$ kX		$AgAuCd_2$	63M
Li_3Bi	3637	$MnCu_2In$	1281	Li_2MgSn	57MP

$CsCl(C^{1,1})$-Typ (metallische Vertreter)

VMn	62Nev	ScIr	62Nev	CpAg	62Nev
TiTc	62Nev	TmIr	62Nev	ScAu	62Nev
HfTc	62Nev	CpIr	62Nev	HoAu	62Nev
VTc	62Nev	MnIr	55RM	ErAu	62Nev
TaTc	62Nev	ScNi	62Nev	CpAu	62Nev
TiFe	1391	TiNi	1391	MnAu(h)	56KR
VFe	59Dw	ScPd	62Nev	CoBe	46,240
ScRu	62Nev	TmPd	62Nev	NiBe	3617
PuRu	62Nev	CpPd	62Nev	PdBe	46,240
TiRu	39bLW	MnPd(h)	54RM	Cu_2Be	4235, 3588
ZrRu	59Dw	MnPt(h)	55RM	CuBe	1529
HfRu	59Dw	ScCu	62Nev	SrMg	946
$V_{64}Ru_{36}$	56GB	YCu	59Dw	YMg	62Nev
$Nb_{68}Ru_{32}$	56GB	GdCu	61BM	LaMg	946
$Ta_{62}Ru_{38}$	56GB	DyCu	61BM	CeMg	946
TiOs	59bLW	ErCu	62Nev	PrMg	3272
ZrOs	59Dw	CpCu	62Nev	NdMg	62Nev
HfOs	59Dw	$PdCu_{1+}$	1515, 262	SmMg	62Nev
VOs	59Dw	LiAg(h)	2663, 3265	RhMg	58C
ScCo	62Nev	ScAg	62Nev	PdMg	61StH
TiCo	1391	YAg	62Nev	AgMg	1551
ZrCo	59Dw	LaAg	851	AuMg	46,101
HfCo	59Dw	CeAg	851	BaZn	1851
FeCo	853	PrAg	851	LaZn	544
ScRh	58C	NdAg	62Nev	CeZn	544
YRh	62Nev	SmAg	62Nev	PrZn	544
ErRh	62Nev	GdAg	59Dw	TiZn	39bLW
CpRh	62Nev	DyAg	61BM	ZrZn	62SchMi
MnRh	58P	HoAg	62Nev	CoZn(h)	2707
FeRh	58HA	ErAg	62Nev	NiZn(h)	58HA

[1] Die Mg bilden zusammen mit Sn bzw. Sb eine C^1-Lage.

[2] Die Struktur gehört wahrscheinlich zu einer K-Bi-F-Phase (Aurivillius 55). Reines BiF_3 hat eine $O^{4,12}$-Struktur.

Tabelle 1 (Fortsetzung)

CsCl($C^{1,1}$)-Typ (metallische Vertreter)

PdZn(h)	51NBSt	PrHg	545	CoGa	57ESch
CuZn(r)	1533	NdHg	1540	RhGa	18158
AgZn(h)	1552	SmHg	62Ne	NiGa(r)	11123
AuZn	1560, 6161	MnHg(h)	55Li	GdIn	61BM
CaCd	58HA	MgHg	46,101	DyIn	61BM
SrCd	1851	CeAl	62Ne	RhIn	57SchMi
BaCd	1851	NdAl	3273	NiIn(h)	11123,132
LaCd	543	GdAl?	61BM	PdIn	11123,133
CeCd	543	DyAl?	61BM	LiTl	3268
PrCd	543	PuAl	58HA	CaTl	3271
NdCd	62Ne	MnAl(h)	2687	SrTl	3272
SmCd	62Ne	ReAl	60Ob	LaTl	851
Pd_2Cd_3	50NBSt	FeAl	2679	CeTl	851
AgCd(r)(h_2)	1555	RuAl	62R	PrTl	851
AuCd(h)	1156	OsAl	57ESch	SmTl	62Ne
LiHg	3265	CoAl	2683	GdTl	61BM
CaHg	58HA	RhAl	57SchMi	DyTl	61BM
SrHg	1851	IrAl	57ESch	MgTl	3175
BaHg	1851	NiAl	1565, 6168	Fe_2Si(h)	1061
LaHg	545	PdAl(h)	1512	RuSiα	1525
CeHg	545	FeGa(h)	MEISSNER	LiPb(h)∼$C^{1,1}$	893

CsCl($C^{1,1}$)-Typ (salzartige Vertreter)

ThTe	18292	CsBr	197	CsSeH	74,78
RbCl	46	TlBr	1113	CsCN(r)	9138
CsCl	175,97,107;	CsJ	198	TlCN	55Er
	2211	TlJ(h)	1113,768		
TlCl	1113	CsSH	37,261;778		

NaTl($F^{2,2}$ = B32)-Typ (Abb. 1)

LiZn	319	LiIn	319	Li_2MgAl	58P
LiCd	319	NaIn	319	(metastabil)	
LiAl	319	NaTl	319	Cs_3Sb	57JW
LiGa	319				

der des Messingzweiges sein. Bei Phasen wie Fe^{0}Al^3 haben wir die EKMANNsche Regel (1.61) heranzuziehen, vgl. auch Abb. 7.53/1. Die Wertigkeit von Komponenten wie Ba, La usw. steht nicht ganz fest, weil die im Rumpf lokalisierten $4f$-Orbitalfunktionen eine etwas tiefere Energie als die $5d$- und $6p$-Funktion haben, so daß sie vor ihnen besetzt werden.

Bei Legierungen voluminöser A- bzw. T-Metalle mit B-Metallen finden sich starke Kontraktionen (1,43); diese Kontraktionen kann man auch an Hand von Radienbetrachtungen bestimmen (LAVES 55) und zu Schlüssen über die Polarität in den Phasen benützen. — Verbindungen der Art MgTl($C^{1,1}$) darf man vielleicht als zur Bindungsbeziehung von As zugehörig ansehen (KREBS 56). Da LiPb(r) rhomboedrisch gedehnt ist (ZALKIN/RAMSEY 57), fällt die Beziehung zu As bzw. Bi in die Augen.

Eine B^1R-Variante der Zusammensetzung 1 : 1 mit verdoppelter Unterstrukturgitterkonstante ist die $F^{2,2}$-Struktur von **NaTl** (Abb. 1, Tab. 1). Sowohl die A-Atome als auch die B-Atome bilden ein Teilgitter mit Diamantstruktur. Es verbinden sich A-Metalle mit B^2- und B^3-Komponenten zu dieser Struktur.

Da die B^4-Homologieklasse überwiegend in der Diamantstruktur kristallisiert, kann man (nach ZINTL/WOLTERSDORF 35) annehmen, daß die Alkaliatome mit ihrem locker gebundenen Valenzelektron den B-Atomen die B^4-Bindung herzustellen helfen. Die VEK ≈ 2 legt wieder die A1-Korrelation mit $a_{A1} = a_{F^{2,2}}/2$ nahe, diese Korrelation tritt, wie wir unten sehen werden, auch bei der F^2-Struktur auf. — Welche Einflüsse bevorzugen die $C^{1,1}$-Struktur vor der $F^{2,2}$-Struktur? Bei Vorliegen eines polaren Bindungsanteils ist der $C^{1,1}$-Typ elektrostatisch günstiger als der $F^{2,2}$-Typ. Ferner wird (nach LAVES 55) durch die größere Komponente zwar der $F^{2,2}$-Struktur die Abmessung aufgeprägt, nicht aber dem $C^{1,1}$-Gitter, wie man leicht erkennt, wenn man sich beide Komponenten als harte Kugeln vorstellt. Aus Abb. 2 ergibt sich in der Tat, daß bei hinreichend großen B-Atomen der $C^{1,1}$-Typ stabil wird.

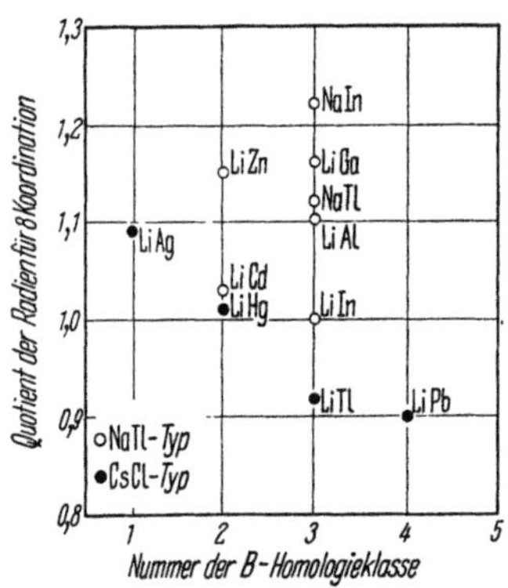

Abb. 2. Phasen mit NaTl- und CsCl-Struktur in Abhängigkeit vom Radienquotienten (nach LAVES 55)

2.66 B^1RD-Varianten. Die $H_c^{6,3}$-Struktur des **$Ag_{2-}Zn_{1+}$(r)** (Abbildung 2.65/1, Tab. 2.65/1) entwickelt sich bei etwa 280 °C aus AgZn(h, B^1); (die auf Raumtemperatur abgeschreckte B^1-Legierung zeigt $C^{1,1}$-Struktur). Diese Struktur kommt auch dem $Ag_{2+}Ga$(r) zu und wahrscheinlich ebenfalls der metastabilen $Cu_5Sn(\gamma)$-Struktur (BAGARIATSKI 57). Sie ist zu vergleichen mit Fe_2P (7.52) und läßt sich mittels kleiner Verschiebungen in der Basisebene und etwas größerer parallel zur Achse der Überstrukturzelle aus einer B^1-Struktur herleiten. Die Ordnung ist erheblich anders als eine $C^{1,1}$-Ordnung: Die Überstrukturzelle ist gegeben durch

$$a_{\text{Ü}} = \sqrt{6}\, a_{B^1} = 7{,}64\,,\quad c_{\text{Ü}} = \sqrt{3}\, a_{B^1}/2 = 2{,}82\,\text{Å}\,,$$

so daß

$$\mathbf{a}_{\text{Ü}1} - \mathbf{a}_{\text{Ü}2} = 3(\mathbf{a}_1 - \mathbf{a}_2)_{B^1}.$$

Damit wird die Kommensurabilität der Rumpfelektronenkorrelation in der Basis gegenüber B^1 verbessert. Ferner wird $(c/a)_{\text{Ü}} = 0{,}35_4$ im Idealfall; das beobachtete Achsverhältnis ist 4% größer: $(c/a)_{\text{Ü}} = 0{,}369_3$. Senkrecht zur Strecke $(a_1 + a_2 + a_3)_{B^1}$ gibt es im B^1-Fall 10 Rumpfelektronenplatzebenen. Diese Kommensurabilität wird durch die Dehnung nicht verbessert. Nun baut das nicht voll besetzte Valenzelektronenraster der B^1-Struktur vom Messingzweig bezüglich der Überstruktur auf $(\mathbf{a}_{\text{Ü}1} - \mathbf{a}_{\text{Ü}2})/6$ auf mit 1,5 Schichten je $c_{\text{Ü}}$-Achse. Eine Vergrößerung der Basismasche wird erhalten durch das Basisraster $a_{\text{Ü}}/3$. Dann würden 1,5 Schichten bei A1-Korrelation ein Achsverhältnis $(c/a)_{\text{Ü}} = 0{,}41$ ergeben (13% gedehnt) und ein Besetzungsverhältnis 1,0. Mit dieser Überlegung wird also die Umwandlung gedeutet durch eine Behebung der Teilbesetzung und bessere Anpassung der Ortskorrelationsgitter an das Kristallgitter. — Einen Vergleich mit der metastabilen ω-Struktur bei Ti-Legierungen stellte BAGARIATSKI (57) an.

Eine weitere Tieftemperaturmodifikation, in die ein B^1- bzw. $C^{1,1}$-Gitter übergehen kann, ist die Struktur von AuCd, die wir oben (2.43) kennengelernt haben, ferner die β-Mn-Struktur, auf die wir später eingehen.

Als deformierte Ordnungsvariante der B^1-Struktur muß auch das **Ni_2In** (Abb. 2.65/1) angesprochen werden, dessen hexagonale Zelle 6 Atome umfaßt. Wir werden diese Struktur unten als aufgefüllte NiAs-Phase beschreiben. Etwas verschieden von dieser Struktur ist die trigonal gedehnte B^1R-Struktur von **$CeCd_2$** ($a = 5{,}07$, $c = 3{,}45$ Å, SR*1873*, IANDELLI/FERRO) die wir unter $B_2Al(H_c^{2,1})$ in 6.51 besprechen.

Auf eine Reihe von B^1RD-Struktur im System Li–Pb sei ferner hingewiesen.

2.67 Einfache B^1V-Varianten. BRADLEY/TAYLOR (37) fanden bei der hochschmelzenden Phase **$NiAl(C^{1,1})$**, deren Homogenbereich die Zusammensetzung $Ni_{50}Al_{50}$ umschließt, ein Maximum der Gitterkonstante (Abb. 1). Dichtemessungen zeigten, daß das Al-Teilgitter bei mehr als 50 At.-% Al bestehen bleibt, aber im Ni-Teilgitter Leerstellen entstehen. Eine etwas schwächere Leerstellenbildung tritt auch bei CuZn auf (Abb. 2). Bei Phasen vom V-Zweig der B^1-Struktur ist die Erscheinung dagegen nicht bekannt geworden.

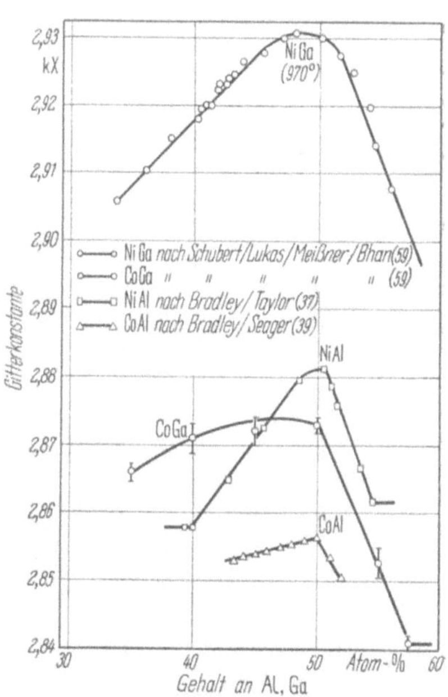

Abb. 1. Gitterkonstanten einiger $C^{1,1}$-Phasen in Abhängigkeit von der Konzentration

Die Leerstellenbildung ist bei NiAl z. T. auf den größeren Atomradius des Al zurückzuführen. Bei CuZn und den unten erwähnten dem Cu_5Zn_8 ähnlichen Strukturen kann diese Ursache jedoch nur zu geringem Teil wirken, weil sich in den benachbarten messingartigen H^2-Phasen die Komponenten ohne Schwierigkeit substituieren. Nach KONOBEJEWSKI (38) ändert sich die Struktur bei zunehmender VEK so, daß der Kontakt der Fermikugel an den BE {011} erhalten bleibt, was der Fall ist, wenn die Zahl der Elektronen je Zelle konstant bleibt. Die schwache Zunahme der Elektronenkonzentration bei CuZn (Abb. 2) müßte dann als zunehmende Ausbauchung des Fermikörpers gedeutet werden. Das Mitspielen eines von der Elektronenkonzentration abhängigen Einflusses wurde von LIPSON/TAYLOR (39) durch Messungen an ternären Legierungen erhärtet. NORBURY (39) zeigte bei den sogleich zu besprechenden zu Cu_5Zn_8 isotypen Phasen, daß für jedes aus der Struktur herausgenommene Atom ein Elektron in die Korrelation zusätzlich eingebaut wird (*Norburys Regel*), was, wie Abb. 2 darlegt, auch für CuZn besser mit der Erfahrung übereinstimmt als die Annahme von KONOBEJEWSKI. Die bessere Anpassung der NiAl-Legierungen an die Kurve für konstante Elektronenzahl ist wahrscheinlich nur vorgetäuscht durch die nicht ganz zutreffende Annahme der Nullwertigkeit von Ni. Da der Ortskorrelationsvorschlag für CuZn eine A1-Korrelation mit teilweiser Besetzung darstellt, ist in der Tat die Deutung nach NORBURY plausibel.

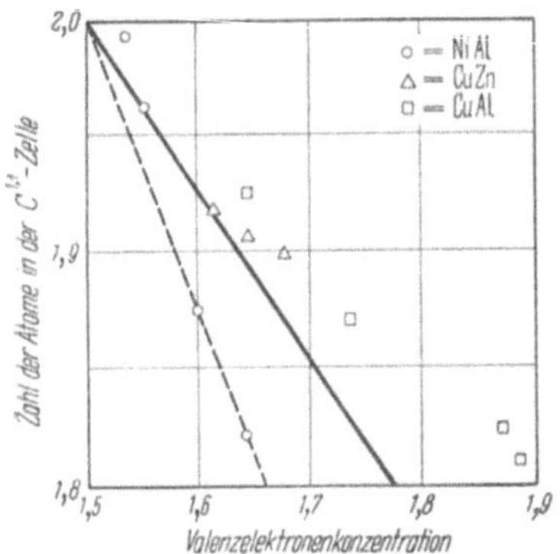

Abb. 2. Abhängigkeit der Zahl der Atome je Elementarzelle bei $C^{1,1}$ verwandten Strukturen

Die gestrichelte Kurve entspricht einer konstanten Zahl der Elektronen je Elementarzelle, die ausgezogene Kurve entspricht der Ersetzung von Atomen durch Elektronen

Nicht nur in homogener $C^{1,1}$-Phase ist eine Leerstellenbildung bei zunehmender VEK festzustellen, sondern auch bei homöotypen Übergängen. So muß man die $B^{10,16}$-Struktur von $\mathbf{Cu_5Zn_8}$ (γ-Messingphase, Abb. 3) den B^1V-Strukturen zuordnen. Man denke sich die a_{B^1}-Achse der Unterstruktur verdreifacht, von den so entstehenden $2 \cdot 3^3 = 54$ Atom-

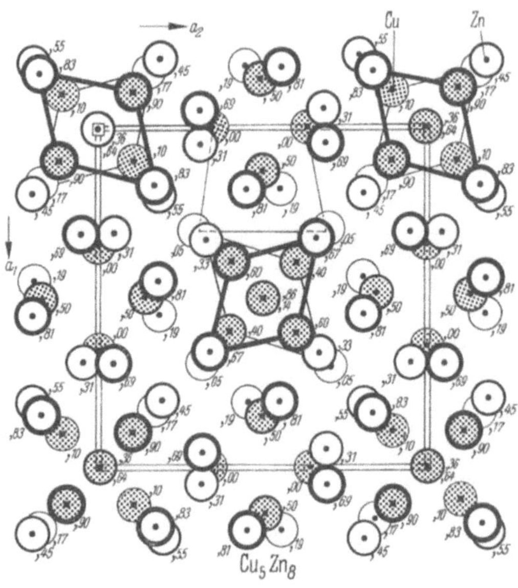

Abb. 3. Cu_5Zn_8($B^{10,16}$ = $D8_2$, *1497*) $T_d^3 - I\bar{4}3m$, $a = 8{,}85$ kX 12Cu(*e*),358,0,0 8Cu(*c*),103,103,103 8Zn(*c*),$\overline{167}$,$\overline{167}$,$\overline{167}$ 24Zn(*g*),305,305,045

lagen entferne man 2 Atome, die miteinander ein raumzentriertes Gitter in der großen Zelle bilden und rücke die verbleibenden Atome ein wenig auf die Leerstellen. — Es wurden weitere Varianten dieser Struktur analysiert: **Fe_3Zn_{10}** (wahrscheinlich ,1497,562) und **Cu_9Al_4** (SB357), die sich durch verschiedene Anordnung der Komponenten auf den Plätzen der Cu_5Zn_8-Struktur unterscheiden; bei Cu_9Al_4 fällt sogar die Innenzentrierung der Translationsgruppe fort. Für $Ag_5Zn_8(B^{10,16})$ wurde eine Parameterfeinung durchgeführt (Marsh 54). — Bei den meisten dem γ-Messing homologen oder quasihomologen homöotypen Phasen wurden die genaue Atomverteilung und die genauen Lagenparameter nicht bestimmt. Man kann die Strukturfamilie deshalb mit $\sim B^{10,16}$ bezeichnen (Tab. 1). Außer den kubischen $\sim B^{10,16}$-Varianten gibt es eine Anzahl deformierter Varianten, die jedoch mit Ausnahme von Cr_5Al_8 (s. u.) noch nicht näher untersucht worden sind. Daß auch innerhalb der $\sim B^{10,16}$-Struktur Leerstellenbildung herrscht, erkennt

Tabelle 1. *γ-Messingstrukturen*

$Cu_5Zn_8(\sim B^{10,16} = D8_{1/3})$-Typ[1]

V_5Al_8	1829	Cu_9Al_4+D	357,590,154
Cr_5Al_8D+	511,65	Cu_2Ga(h)+D	4237
MnAlD	60SchMi	Cu_7In_3(h)+D	11117
Mn_3In	13120	Cu_5Si(h) vermutlich	52HBR
$MnZn_4$(h),(r)D	898	Cu_4Sn(h)+D	2717
$FeZn_{3,3}$+D $\approx$ Fe_3Zn_{10}	2707,6185	Li_4Ag+	54FR
Co_5Be_{21}D	1521	Ordnungsvarianten	
Co_5Zn_{21}+D	6188	Ag_5Zn_8	1552; 6161
Co_5Cd_{21}	vgl. 58HA	Ag_5Cd_8+D	7198
Rh_5Zn_{21}	2711	Ag_3Hg_4	2704,3361,
Rh_5Cd_{21}	vgl. 58HA		611,5123
Ni_5Be_{21}D	3617	Ag_2In+R	11123,134
Ni_5Zn_{21}+D	4241	Au_5Zn_8(Zn)	1560
$NiCd_4$+D	2710	$Au_2Cd_3(h_2)$+D	1561
$PdZn_4$+D	2711	$AuHg_2$	58P
$PdCd_4$+D	30WE	Au_4Al	vgl. 58HA
Pd_2Hg_5 ähnlich	16116	Au_7In_3(h)+(r)D	11126
Pt_5Be_{21}D	3617; 4240	$LaHg_4$	1588
$PtZn_4$+D	2711	$CeHg_4$	59Ia
$PtCd_5$+D	52NBS	$PrHg_4$	59Ia
Cu_5Zn_8+D?	2691	$NdHg_4$	59Ia
Cu_5Cd_8	6699,3602	$SmHg_4$	59Ia
Cu_4Hg_3	1537,2702,		
	3268		

$Cr_5Al_8(R^{10,16})$-Typ

Cr_5Al_8	511	$Mn_{55}Ga_{45}$(h?)	60SchMi
MnAl(r)	60SchMi	$Fe_{55}Ga_{45}$(h)	60SchMi

[1] D = Deformationsvariante bei etwas anderer Zusammensetzung vorhanden.

man aus einigen Meßpunkten von Abb. 2. Einige γ-Phasen, denen man früher einen breiteren Homogenitätsbereich zugeordnet hatte, erwiesen sich bei Untersuchung mit verbesserten Methoden für Pulveraufnahmen (Guinierverfahren) als Phasenbündel aus schwach verschiedenen Varianten (z. B. im System Cu–Ga). Eine sorgfältige Diskussion der Faktoren, die die Bildung der $\sim B^{10,16}$-Phasen beeinflussen, findet man bei HUME-ROTHERY/BETTERTON/REYNOLD (51). Auch die $CuZn_3$(h)-Phase ist kubisch mit hohem Leerstellengehalt (SCHUBERT/WALL 49).

Auf die energetische Vorteilhaftigkeit des Brillouinebenenpolyeders nahe der Fermioberfläche bei der γ-Messingstruktur wurde von JONES (34) hingewiesen. Der bei diesen Phasen gefundene anormal hohe Diamagnetismus ist eine gute Stütze für die Annahme, daß ein großer Teil der Fermioberfläche von Brillouinebenen bedeckt ist, so daß kein temperaturunabhängiger Paramagnetismus entstehen kann. NORBURY (39) diskutierte an Hand der $\sim B^{10,16}$-Struktur die Elektronen-Atom-Substitution. BRADLEY (49) gab einen ins einzelne gehenden Vorschlag für die Ortskorrelation der Valenzelektronen an (vgl. auch LAVES 32). Trotz allen diesen Strukturargumenten bleibt immer noch die Frage offen, warum es $\sim B^{10,16}$-Strukturen nur mit verdreifachter a_{B^1}-Kante gibt und nicht auch solche mit verzweifachter oder vervierfachter Kante. Nun hatten wir oben gesehen, daß unter der Annahme, daß auch in der B^1-Struktur vom Messingzweig eine B1-Korrelation der d-Elektronen herrscht, der metrische Vergleich das Raster $a_{B^1}/3{,}33$ nahegelegt. Dieses Raster wird ein mikroelastisches periodisches Potential vom Raster $3a_{B^1}$ erzeugen, und so den $B^{10,16}$-Fall mit $3a_{B^1}$ auszeichnen. Die Phase $V_5Al_8(B^{10,16})$ ($a = 9{,}207$ Å) hat vielleicht ein Valenzelektronengas aus den Elektronen der Al-Atome, das von dem Gas der d-Elektronen der V-Atome getrennt ist. Es könnte sich dann die Valenzelektronenkorrelation der messingartigen $\sim B^{10,16}$-Strukturen ausbilden, während die d-Elektronen der V mit den Rumpfelektronen der Al eine Korrelation bilden würden, die bei den T-Atomen A1-artig und bei den B-Atomen B1-artig ist. Man beachte jedoch $TiAl_3$ (2.35).

Die $R^{10,16}$-Struktur von $\mathbf{Cr_5Al_8}$ stellt eine verzerrte $B^{10,16}$-Struktur dar, der auch MnAl(r) und MnGa isotyp sind. Hier wird die Verschiedenartigkeit der Rumpfelektronenkorrelation gegenüber der in den Messingphasen eine Rolle spielen.

Eine entfernte Verwandtschaft mit den γ-Messingstrukturen haben ferner $NiGa_4$, $NiIn_4$ und $PdIn_3$ (HELLNER/LAVES 47). Die Struktur dieser Phasen, die 36 ... 38 Atome in der kubischen Zelle hat, ist praktisch isotyp mit $Ru_3Sn_7(B^{6,14})$, dessen Gitter dem $CuAl_2$-Typ nahesteht (7.44).

Während bei $Cu_5Zn_8(B^{10,16})$ die Elektronenzahl etwas größer als 3 je B^1-Unterstrukturzelle ist, findet man diese Zahl genau eingehalten bei der $H_a^{2,3}$-Struktur von $\mathbf{Ni_2Al_3}$ (Tab. 2). Man denke sich die $C^{1,1}$-Struktur NiAl hexagonal aufgestellt, dann hat man 6 Atome je Zelle und ein Achsverhältnis von $\sqrt{3/2} = 1{,}225$. Läßt man eines der Ni-Atome aus der Zelle heraus und bringt eine ganz leichte hexagonale Verzerrung sowie eine kleine Verschiebung der Atome an, so gelangt man zum Ni_2Al_3-Typ.

Tabelle 2. *B^1V-Strukturen*

$Ni_2Al_3(H_a^{2,3})$-Typ[1]		**$Pt_2Al_3(H_b^{4,6})$-Typ**	
Ni_2Al_3	*5*10,67	Pt_2Al_3	BRONGER
Ni_2Ga_3	*11*123	**$NiHg_4(B_a^{1,4})$-Typ**[2]	
Ni_2In_3	*11*123,132		
Pd_2Al_3	*13*23		
Pd_2In_3	*11*123,133	$NiHg_4$	*27*11, *17*225
Pt_2Ga_3	*11*123	$PtHg_4$	*17*227
Pt_2In_3	*11*123	$MnGa_4$	60SchMi
$Au_3In_2(h)$	58SchMi	$Cr_{1+}Ga_{4-}$	60SchMi

[1] D_{3d}^3—$C\bar{3}m$ $a = 4{,}028$ $c = 4{,}891$ kX 2Ni(*d*) $z = ,\overline{149}$ 1Al(*a*) 2Al(*d*) $z = ,352$
[2] O_h^9—Im3m $a = 6{,}0$ kX 2Ni(*a*) 8Hg(*c*).

Setzt man die Elektronenabzählung $Ni_2^0Al_3^3$ voraus, so ergibt sich die VEK von 1,8. Alle seither bekannt gewordenen Vertreter der Struktur haben diese VEK, und bis auf $Au_3In_2(h)$ sind alle dem Ni_2Al_3 homolog. Es ist bei unserer Beschreibung der Struktur klar, daß die Fermikugel die BE {011} der Unterstruktur tangiert (SCHUBERT 47), es bleibt aber doch verwunderlich, daß im System Ni–Al keine $B^{10,16}$-Struktur existiert. Die Anzahl von $B^{10,16}$-Phasen mit B-Komponenten aus der Homologieklasse des Al ist auffallend gering, insbesondere gibt es keine solchen mit Ni-Homologen; umgekehrt gibt es keine $H_a^{2,3}$-Strukturen mit einer B-Komponente homolog zu Zn. — Die Ortskorrelation ergibt sich wieder aus NORBURYS Regel.

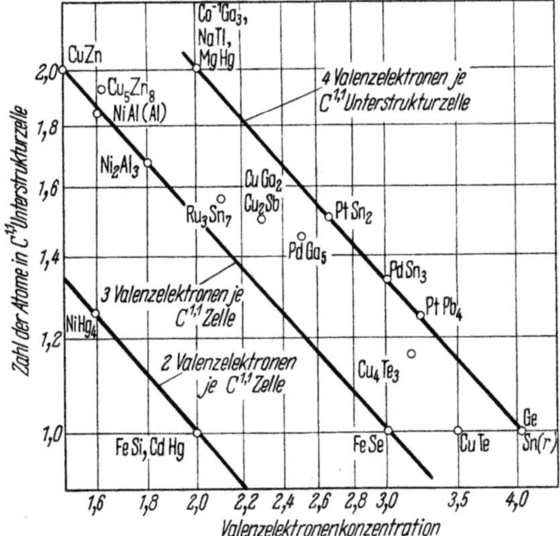

Abb. 4. Leerstellen bei B^1-Verwandten

Bei den $B^{10,16}$-Phasen haben wir im Mittel 1,93 Atome in der Unterstrukturzelle, bei Ni_2Al_3 noch 1,66, bei der $PtAl_2(F_a^{1,2})$-Struktur noch 1,50 und bei Ru_3Sn_7 noch 1,48. Wir werden die beiden letzteren Strukturen im Zusammenhang mit ihren Varianten besprechen. Weitere hierher gehörige Strukturen, die später besprochen werden, findet man in Abb. 4 erwähnt. Die Struktur von Diamant, die auch zu vorliegender Reihe gehört und nur 1,00 Atome in der Unterstrukturzelle hat, werden wir bei den B-B-Phasen besprechen.

Zum Schluß wollen wir eine seltene nur geometrisch hierhergehörige Struktur betrachten. Eng verwandt zu $PtAl_2$ ist die $B_a^{1,4}$-Struktur von **$NiHg_4$** (Tab. 2), in einem kubisch primitiven Hg-Teilgitter befinden sich die Ni so eingelagert, daß jede vierte Hexaederlücke ausgefüllt ist. Hier muß man im Gegensatz zu den obigen Phasen eine B2-Korrelation der Valenzelektronen mit $a/2 = a_{A2}$ annehmen. Nach BAUER/NOWOTNY/STEMPFL (53) hat **$PtHg_2$** eine $T^{1,2}$-Struktur mit $a = 4{,}68$ $c = 2{,}91$ kX, die eine Auffüllungsvariante von $PtHg_4$ ($B_a^{1,4}$, $a = 6{,}17$ kX) ist. Verwandt zu dieser Struktur ist wiederum die von Mn_2Hg_5 (vgl. 7.2).

2.7 Abwandlung des Baugesetzes der dichtesten Kugelpackung

Als Abwandlungen (Morphotropien) der dichtesten Kugelpackung haben wir bisher die homogene Verzerrung kennengelernt und die Leerstellenbildung. Wir betrachten nun eine Struktur, die vermöge einer stärkeren Verzerrung aus einer dichtesten Kugelpackung hervorgeht, und außerdem messingartig ist.

Die $C^{8,24}$-Struktur von $AuZn_3$ (GÜNZEL/SCHUBERT 58a) ist isotyp **UH_3**, Cu_6AsSb ebenfalls. Die Struktur ist im Messinggebiet selten, dagegen hat sie einige verwandte bei B-reichen T-B-Phasen. Die in Abb. 1 gezeigte Zelle läßt sich durch Atomverschiebung aus 8 Cu_3Au-Zellen herleiten. Das in der Mitte und an den Ecken der Zelle erkennbare Quasiikosaeder hat die kubische Symmetrie m3; es kann durch Drehen der exakt gleichseitigen Dreiecke in ein Kubooktaeder verwandelt werden, welches Bauelement der F^1-Struktur ist. Während $AuZn_3$ die konventionelle VEK 1,75 aufweist, ist die von Cu_6AsSb nach der genauen Zusammensetzung etwa 2,1 gerechnet für vollbesetzte

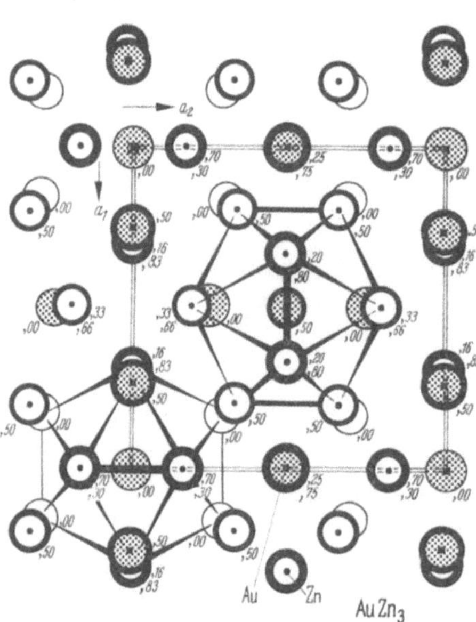

Abb. 1. **$AuZn_3$(r)**($C^{8,24}$, isotyp zu UH_3, *1581*) O_h^3–Pm3n $a = 7{,}89$ kX 2 Au(a),0,0,0 6 Au(c),1/4,0,1/2 24 Zn(k),0 0,1 6,3 0

Struktur. Es erscheint möglich, daß diese Struktur Leerstellen aufweist, wodurch die Zahl der Elektronen je Zelle herabgesetzt würde. Mit 32 Atomen in der Zelle erhielte man für $AuZn_3$ 56 Valenzelektronen je Zelle.

Mit 54 Plätzen ließe sich eine A2-Korrelation vom Raster $a/3 = a_{A2}$ in die Zelle stellen, während die d-Elektronen die übliche B1-Korrelation vom Raster $a/8$ bilden. Die hieraus folgenden Elektronenabstände passen gut in das System der Abstände und der Ortskorrelationsvorschlag paßt gut zur Atomlage.

Eine weitere Abwandlung des Baugesetzes der dichtesten Kugelpackungen wird gegeben durch netzartig zusammenhängende Leerstellen m. a. W., durch Stapeländerung der Unterstruktur. Zuerst ist hier die Struktur des Ga zu nennen (4.31); alsdann die $Q_a^{2,2}$-Struktur des TlJ, in der z. B. ZrAl und HfAl kristallisieren, d. h. Homologe von $TiAl_3$ (4.53); ferner die Cu_2Sb-Verwandten (7.51); schließlich die Strukturen von UPt_2 und UAl_4 (3.25).

3. T-T-Phasen

3.1 Besonderheit der T-T-Legierungen

Bei den messingartigen Legierungen haben sich Valenzelektronenkonzentrationsregeln als Leitfaden der Systematik bewährt, d. h., die strukturellen Eigenschaften werden hier vornehmlich durch ein Valenzelektronengas bestimmt, bei dem es in erster Linie auf die gemittelte Zahl der Elektronen je Atom ankommt. Die Valenzelektronenbeiträge der beteiligten Elemente sind hier meist eindeutig von Seiten der Chemie ihrer salzartigen Verbindungen und der Spektroskopie der Atome im Gaszustand gegeben. Diejenigen Elektronen, die sich energetisch unterhalb des Valenzelektronengases befinden, bilden abgeschlossene Atomrümpfe, die nur einen untergeordneten Einfluß auf das strukturelle Erscheinungsbild ausüben, wie z. B. in der Tatsache, daß die B^1- (Buntmetall-) Elemente nicht wie die A^1- (Alkali-) Elemente struiert sind.

Bei den T-Elementen dagegen gibt die anorganische Chemie für jedes Element eine Vielzahl von „Valenzstufen" an, und die Atomspektroskopie lehrt, daß unter einer äußeren s-Schale, die mit 1 ... 2 Elektronen besetzt ist, eine d-Schale aufgefüllt wird. Eine d-Orbitalfunktion hat einen großen Winkelimpuls der Bahnbewegung und ist deshalb nicht so stark um den Kern konzentriert wie eine s-Funktion gleicher Gesamtquantenzahl. Dies führt im Vergleich zu den s-Elektronen zu einer höheren Energie und einer größeren chemischen Wirksamkeit der d-Elektronen. Wir werden daher bei den T-T-Legierungen gerade die umgekehrte Situation vorfinden wie bei den B^1-B-Legierungen: *Das von der Homologienummer unabhängige Valenzelektronengas ist von untergeordneter Bedeutung gegenüber den Außenelektronen, die vornehmlich das strukturelle Bild bestimmen.* Wegen der Unsicherheit bei der Aufteilung der Außenelektronen in d- und s-Elektronen ist es zweckmäßig, diese Aufteilung nicht zu früh einzuführen, sondern alle Elektronen außerhalb der äußersten aufgefüllten Edelgasschale d. h. die Außenelektronen bei Untersuchungen der strukturellen Systematik in Rechnung zu stellen. Da die Außenelektronen in höheren Konzentrationen auftreten als die Valenzelektronen bei den messingartigen Legierungen, werden sich Strukturen zeigen, die im Messinggebiet nicht vorkommen. — Der Begriff der Außenelektronenkonzentration ist allerdings mit Vorsicht zu benutzen, da hier größere Differenzen der Elektronenbeiträge möglich sind als bei den messingartigen Legierungen. Daß der Begriff jedoch nützlich ist, wurde oben (2.22) bei den dichtesten Kugelpackungen nahegelegt, deren verschiedene Typenzweige sich bei Elementen und Legierungen in Funktion der Außenelektronenkonzentration klassifizieren ließen. Diese Art der Elektronenabzählung wurde auch schon früher dem Wesen nach benützt, wenn man in Abhängigkeit von der Atomnummer das Atomvolumen (LOTHAR MAYER 1870) oder die Atomabstände (HUME-ROTHERY 31) auftrug; DEHLINGER (39) benutzte die Abzählung bei der Diskussion der T-Elementstrukturen, PAULING (38) z. T. in seiner Theorie der metallischen Bindung.

Will man bei der Diskussion der Ortskorrelation der Elektronen die Methode des gitterartigen Rasters anwenden, so kann man nicht mehr wie bei den Valenzelektronenkorrelationen der Messinglegierungen mit voll aufgefüllten Rastern rechnen, sondern muß ein Besetzungsverhältnis unter Eins benutzen. Diese Tatsache vermindert die Wahrscheinlichkeit von Translationsgittern als Elektronenraster und erschwert dadurch die Auffindung „richtiger" Ortskorrelationsvorschläge. Auch ist nicht immer ein einheitliches *d*-Gas gesichert, d. h., es können eher zusammengesetzte Korrelationen vorkommen. Als Beispiel für Situationen, in denen man nicht mit einem einheitlichen *d*-Gas rechnen darf, führen wir die magnetischen Eigenschaften von T^A-Ni-Legierungen an (vgl. 1.61), bei denen die *d*-Elektronen des T^A-Elements wie Valenzelektronen wirken.

Als wesentliche strukturelle Familien bei T-T-Phasen seien erwähnt die elementartigen Strukturen (3.2) (Cu-Typ, Mg-Typ, W-Typ); die Familie der β-wolframähnlichen Strukturen (3.3), die der Außenelektronenkonzentration nach zwischen dem V-Zweig der B^1-Struktur und dem Ru-Zweig der H^2-Struktur liegt (vgl. 2.22); und die Familie der dichtesten Kugelpackungen mit Mehrfachersetzung (3.4), die das Bauprinzip der dichten Kugelpackung auf Strukturen aus verschieden großen Komponenten erweitern.

Die oben erwähnte große chemische Wirksamkeit der Außenelektronen findet ihren Ausdruck in den physikalischen Eigenschaften. Das Atomvolumen ist klein (Abb. 1.43/1), die Kompressibilität ebenfalls und die Sublimationswärme ist groß ebenso wie die Schmelztemperatur (vgl. auch HUME-ROTHERY/COLES 54). Bei hinreichender Reinheit können einige der spröden T-Elemente duktil werden (z. B. Cr). — Die genannten Eigenschaften machen Legierungen auf T-Basis technisch wichtig; während man aber Eisen und Nickel schon lange behandeln kann, ist die Technologie der anderen T-Elemente erst in unserem Jahrhundert, z. T. erst in der letzten Zeit im Zusammenhang mit der Raumfahrt- und Kerntechnik entwickelt worden. — Eisen und einige andere T-Elemente zeigen eine ferromagnetische Ordnung der Elektronenspins im *d*-Niveau. Diese Erscheinung ist für die Elektrotechnik von großer Bedeutung.

Eine Diskussion der T-T-Legierungen im Sinne der homöopolaren Bindung findet man bei HUME-ROTHERY/IRVING/WILLIAMS (51), HUME-ROTHERY/COLES (54) und ROBINS (59). Über die Geometrie der βW-Verwandten vgl. FRANK/KASPER (58, 59). — Eine Theorie der einfachen T-Elementstrukturen, die vom Bandmodell Gebrauch macht, findet man bei DEHLINGER (55). Da bei *MO*-Funktionen die Korrelation erst bei höheren Näherungsstufen richtig herauskommt, können einfache *MO*-Näherungen diese nicht erfassen. — Über Legierungen der seltenen Erdmetalle berichtet GSCHNEIDER (61).

3.2 T-Elementstrukturen

3.21 Einfache Strukturen bei T-Elementen. Bei den Übergangselementen wird die *d*-Schale über einem Edelgasrumpf aufgebaut, wobei nach spektroskopischen Aussagen im Gaszustand noch stets etwa 1 Valenzelektron (s-Elektron) vorhanden ist. Die d-Elektronen geben im festen Zustand eines T-Metalls einen großen von der Homologieklasse abhängigen Beitrag zur Kohäsionsenergie ($= H_{Gas} - H_{Met}$, H isobarfreie Energie) (vgl. Abb. 1).

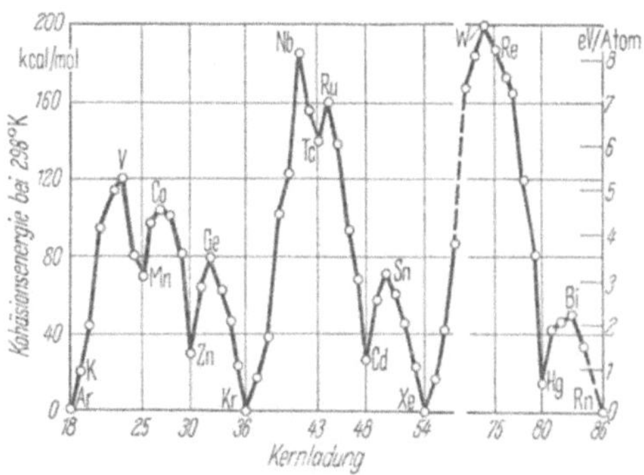

Abb. 1. Kohäsionsenergie (bei 298 °K) einiger Elemente (nach GRIFFITH 56)

Einer weiteren Besonderheit des Elektronenaufbaus wird durch eine Annahme von PAULING (47) Ausdruck gegeben: Die Elektronen $d^{1...5,78}$ besetzen bindende Bahnen, während die Elektronen $d^{5,78...10}$ „Atombahnen" besetzen und zu ferromagnetischer Kopplung fähig sind. Diese Annahme soll dadurch untermauert werden, daß die d-Schale unter kubischer Punktsymmetrie im Kristall in eine dreidimensionale und eine zweidimensionale Darstellung zerfällt, wobei man annehmen kann, daß das der dreidimensionalen Darstellung entsprechende Sechserband infolge der Überlappung der entsprechenden Orbitalbahnen breit und das Viererband schmal ist. Es ist von Bedeutung, daß die PAULINGschen Annahmen (in etwas abgeänderter Form) auch mit der Ortskorrelation zusammenhängen. Das „bindende Band" ($d^{1...5}$-Elektronen) zeigt maximalen Spin und deshalb eine A1-Korrelation, die bezüglich der sp-Elektronen derselben Hauptschale korrelativ nicht festgelegt ist. Die $d^{6...10}$-Elektronen mögen die A1-Korrelation zur B1-Korrelation auffüllen, wodurch eine korrelative Festlegung zu den Rumpfelektronen (etwa im NaTl-Typ) erfolgt, so daß magnetische Fernordnung auftreten kann. — In den unten vorgeschlagenen Elektronenkorrelationen findet das Auftreten eines Leitfähigkeitsbandes mit etwa 1 Elektron je T-Atom häufig dadurch Ausdruck, daß die Platzzahl kleiner als das Elektronenangebot ist.

Der Sc-*Zweig* der H^2-Struktur besteht aus $T^{2...4}$-Elementen. Das Achsverhältnis c/a scheint in einem Minimum zu liegen: Die mit Ta gesättigte Ti(Ta)(H^2)-Phase hat ein größeres Achsverhältnis als Ti(r) (MAYKUTH 53); und Ti(Al) zeigt eine steigende Tendenz des Achsverhältnisses (BUMPS/KESSLER/HANSEN 52), die in ihrer Größe zu dem Deutungsvorschlag (2.42) paßt. Von den Lanthaniden haben ebenfalls viele eine H^2(r)-Modifikation (La, Pr, Nd(H^4_c), Sm(R^3) (Tab. 2.22/1), Eu(B^1) und Yb(F^1) haben andere Strukturen). — Ein zweiter H^2-Zweig, der **Ru**-*Zweig*, besteht aus $T^{7...8}$-Elementen (Tab. 2.22/1). — Die Achsverhältnisse der H^2-Strukturen sind in den Abb. 2 und 3 zusammengestellt und zeigen gute Übereinstimmung mit der Deutung 2.42 (SCHUBERT 56a). Co liegt mit seinem Achsverhältnis am Ende des wieder aufsteigenden Astes des Ru-Zweiges, wie Co–Ru und Co–Os zeigen; bei Co–Rh und Co–Ir findet jedoch merkwürdigerweise ein starker Abfall des c/a bei steigendem Rh- bzw. Ir-Gehalt statt (SR *16*67).

Eine zweite verbreitete einfache Struktur ist die B^1-Struktur des Ba und der $T^{4\cdots6}$-Elemente. Bei **Ba(B^1)** liegt nahe (HOPPE), daß

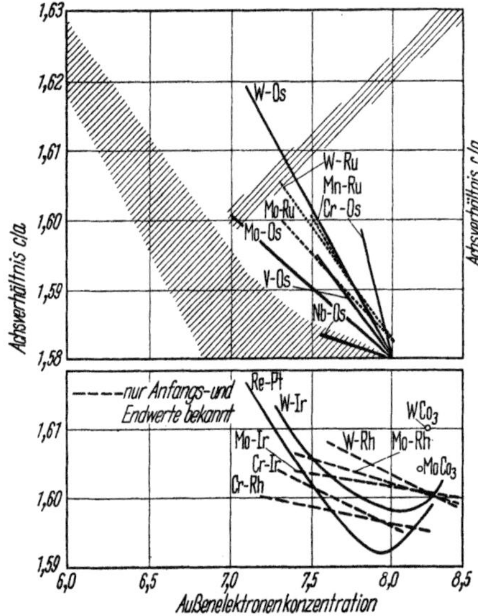

Abb. 2
Achsverhältnis von H^2-Phasen des Ru-Zweiges. Die schraffierten Bereiche umfassen die c/a-Werte messingartiger H^2-Phasen in Funktion von 4 VEK ≙ AEK (erweiterte LÖHBERG-Regel)

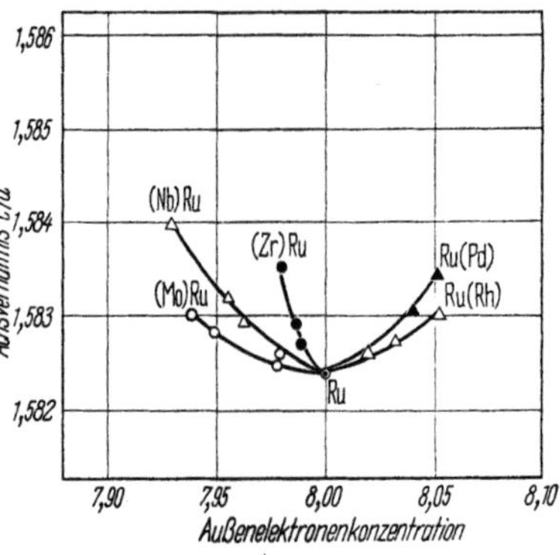

Abb. 3. Achsverhältnis von Ru-Mischkristallen (HELLAWELL/HUME-ROTHERY 54)

eines der beiden Valenzelektronen als $4f$-Elektron in den Rumpf eintritt, so daß die Bindungsbeziehung die der Alkalielemente wird; allerdings liegt bei Ca(h, B^1) usw. auch eine A1-Korrelation der Außenelektronen mit $a_{A1} = a_{B^1}$ nahe. — Die Phasen Ti(h), Zr(h), Hf(h) des V-*Zweigs* der B^1-Struktur genügen der Regel, daß die Hochtemperaturmodifikation häufig die Struktur der elektronenreicheren Nachbarn hat.

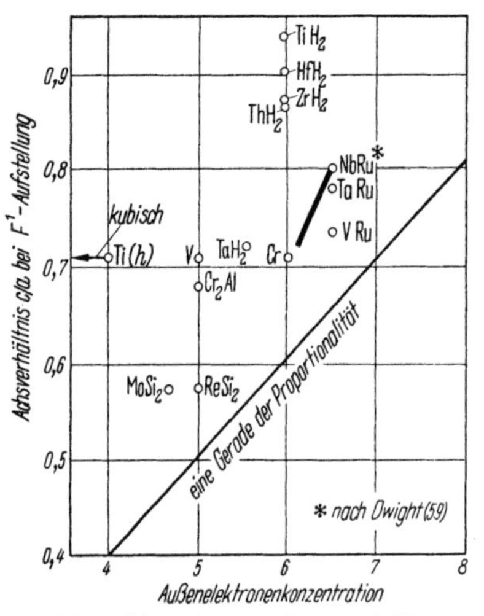

Abb. 4. Einige tetragonal verzerrte Phasen mit B^1-Unterstruktur

Die Elektronenzahl im Vanadinzweig, dem noch Nb, Ta, Cr, Mo, W angehören, ist maximal 6; man kann eine A1-Korrelation mit $a_{A1} = (a_1 \pm a_2)_{B^1}/2$ annehmen ähnlich wie in Al. Nach GREENFIELD/BECK (56) haben **VRu** und seine Isotypen (Tab. 1) eine CuAu($T^{1,1} = B^1D$)-Struktur. Wie Abb. 4 zeigt, fügen sie sich zusammen mit Cr_2Al vom $MoSi_2$-Typ, der später besprochen werden soll, und einigen Hydriden in einen proportionalen Zusammenhang c/a ... AEK ein (SCHUBERT 57a). Daß es auch (dem Cr_2Al entsprechende) gedehnte **$MoSi_2$**-Strukturen gibt, zeigt Tab. 1. Der A1-Korrelation von Zr paßt sich hier

Tabelle 1. *Einfache Strukturen mit Bindung ähnlich wie im Vanadinzweig*

$Zr_2Cu(U_c^{1,2})$ = $MoSi_2$[$D_{tetr.}$]-Typ, Zahlenangaben: a/Å, c/a (vgl. Tab. 7.43/1)

Ti_2Pd	3,090	3,25	62Nev	Zr_2Ag	3,23	3,70	*16*138
Zr_2Pd	3,29	3,35	60SchMi	Zr_2Au	3,28	3,52	62SchMi
Hf_2Pd	3,25	3,40	62ND	Hf_2Au	3,21	3,59	61SchMi
Ti_2Cu	2,944	3,65	62Nev	Ti_2Zn	3,04	3,50	62SchMi
Zr_2Cu	3,22	3,48	*13*109	Hf_2Zn	3,25	3,45	62SchMi
Hf_2Cu	3,170	3,51	62ND	Ti_2Cd	2,865	4,69	62Nev
Ti_2Ag?			58HA	$PdBi_2$(h)[1]	3,36	3,86	54Shd

CsCl[$D_{tetr.}$]-Typ

VRu		1,04	56GB	$MnAu_{1+}$	3,29 Å	0,96	53RZB
NbRu		1,13	56GB	$MnAu_{1-}$	3,15	$c = 3{,}29$	59SchMi
TaRu		1,17	56GB		$b = 3{,}19$		
$TiCu_{1+}$		0,90	*15*70				

$ZrH_2(U_d^{1,2})$ = CaF_2[$D_{tetr.}$]-Typ

ZrH_2	3,53	1,23	*28*00[2]	ThH_2	4,10	1,23	*16*102
HfH_2	3,45	1,27	*16*101				

[1] Wohl bindungsmäßig dem LiBi($T^{1,1}$) zuzuordnen.
[2] Laut Neutronenbeugung CaF_2[D]-Typ (SR*16*102).

anscheinend die zur B1-Korrelation aufgefüllte Außenelektronenkorrelation von Cu an. Wegen $l_c = 10$ ist die verwerfungsähnliche Lage des Minderheitsatoms energetisch günstig (vgl. 2.35). — Außer der A1-d-Elektronenkorrelation dürfte noch eine A2-Korrelation der s-Elektronen bzw. eine A1-Korrelation vorliegen. — Die d-A1-Korrelation in den T^4 paßt gut zur Hundschen Regel; Zehner (51) schlug eine antiferromagnetische Ordnung der Gesamtspine vor, die durch Neutroneninterferenzen jedoch nicht bestätigt wurde (Shull/Wollan 56). Vielleicht sind die Spine in der ersten Hälfte der d-Schale nicht geordnet wegen starker Wechselwirkung mit dem Rumpf, so daß sich erst bei Besetzung der zweiten Hälfte eine Ordnung (z. B. vom NaTl-Typ) einstellt.

Ein weiterer B^1-Zweig, der **Fe**-*Zweig*, wird durch Mn(h_3) und Fe(r und h_2) gebildet. Ähnlich wie bei den Ru-ähnlichen Phasen eine B1-Korrelation nahelag, kann man auch bei Fe(r) die Korrelation von V teilweise zur B1-Korrelation aufgefüllt denken. Eine andere Möglichkeit läge in einer A2-Korrelation der Außenelektronen.

Die F^1-Struktur tritt bei $T^{9 \cdots 11}$-Elementen auf (**Cu**-*Zweig*) (Deutung vgl. 2.32). Weitere F^1-Strukturen sind Mn(h_2), Fe(h_1), ferner eine Modifikation von Sc sowie von La und einigen Lanthaniden.

3.22 Komplizierte T-Elementstrukturen. Die Struktur von „βW“ werden wir bei T-T-Legierungen betrachten; W ist nicht dimorph, „βW“ ist vielmehr ein durch gewisse Elemente (vorwiegend O) verunreinigtes W.

Für Mn sind vier kristalline Phasen gefunden worden: Mn(h_3, δ, B^1), Mn(h_2, γ, F^1), Mn(h_1, β, C^{20}) und Mn(r, α, B^{29}). Eine in Mn-B-Legierungen bei B-Gehalten von mehr als 10 At.-% sich häufig zeigende tetragonal komprimierte F^1-Struktur gehört nicht, wie man früher annahm, dem Element an (vgl. 2.33). Die C^{20}-Struktur von **Mn(h_1)** (Abb. 1, Tab. 1) hat 4 Atome zuviel in der Zelle für eine B^1-Struktur. Die (c)-Lage gibt eine stark verzerrte Diamantlage, alle diese Atome liegen auf Dreierachsen der Raumgruppe; würde man eine weitere Diamantlage hinzufügen, so ergäbe sich eine annähernde B^1-Struktur. Statt dessen wird jedoch eine zwölfzählige (d)-Lage hinzugefügt, die aus dreiatomigen Ringen besteht, welche sich um den größten Atomabstand der Diamantlage herumlegen. Jedes Atom hat zwölf etwa gleich weit entfernte Nachbarn.

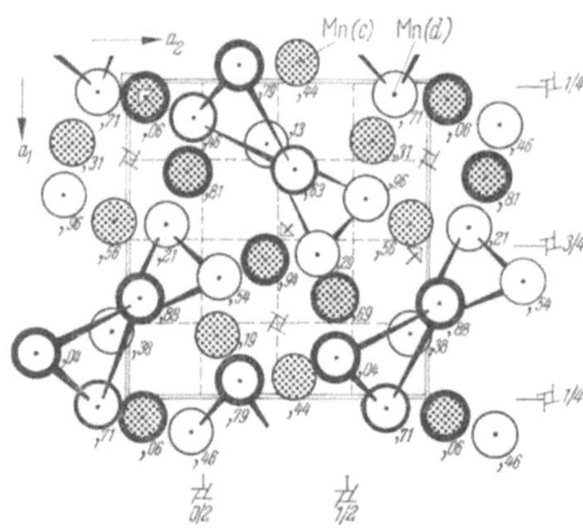

Abb. 1. **Mn**(h_1, β, C^{20}, *23*) O^7-P4_13 $a = 6{,}29$ kX
8 Mn(c) ,061,061,061 12 Mn(d),3/8,$\overline{206}$, 3/4+,206
Das System der Viererschraubenachsen und der Durchstoßpunkte der Dreierachsen durch die Basisebene ist angegeben. Die dunkel getönten Mn(c) liegen auf Dreierachsen und bilden ein verzerrtes Diamantgitter. Die hellen Mn(d) liegen auf Zweierachsen und sind zu Dreiecken zusammengefaßt, die durch eine „Diamantbindungsgerade" zentriert werden

Die isotypen Phasen (Tab. 1) zeigen, daß wir mit einer VEK von 1,5 zu rechnen haben: 32 Elektronen kann man in A1-Korrelation $a/2 = a_{A1}$ unterbringen (SCHUBERT 53), die restlichen $108 = 4 \cdot 27$ Elektronen lassen eine A1-Korrelation vom Raster $a/3 = a_{A1}$ zu, die bei den messingartigen Phasen zur B1-Korrelation aufgefüllt ist.

Die B^{29}-Struktur von **Mn(r)** werden wir im Zusammenhang mit der βW-Familie betrachten (3.33); hier erwähnen wir nur eine Verwandtschaft zur B^1-Stuktur. Die innenzentriert kubische Zelle enthält 58 Atome, und es gilt annähernd $a_{C^{20}}\sqrt{2} = a_{B^{29}}$. Man denke sich 27 B^1-Zellen zu einer B^{29}-Zelle zusammengesetzt, entnehme 8 Atome in $(000,\ \frac{1}{2}\frac{1}{2}\frac{1}{2}) + (\frac{1}{6}\frac{1}{6}\frac{1}{6},\ \frac{1}{6}\bar{\frac{1}{6}}\bar{\frac{1}{6}}\curvearrowright)$ und zwölf weitere in $(000,\ \frac{1}{2}\frac{1}{2}\frac{1}{2}) \pm (\frac{1}{3}00\curvearrowright)$ und füge an Stelle dieser 20 fortgenommenen Atome 24 neue Atome ein. — Nach GOLDSCHMIDT (57) ist die Löslichkeit von C in isotypen Legierungsphasen bemerkenswert.

Interessant ist noch die Isotypie von Mg_3Al_2. Hier befinden sich 140 Elektronen in der Zelle (vgl. 3.33).

Die Strukturen der Aktiniden behandeln wir unter (3.24).

Die *Mischkristalle von T-Metallen* wurden besonders im Hinblick auf ihre Gitterkonstanten von HUME-ROTHERY und seinen Mitarbeitern

Tabelle 1. *Zwischenphasen mit Mn-Typ-Strukturen*

Mn(h_1, β, C^{20} = A13)-Typ			
Mn(h_1) $a = 6,29$ kX	*23*; *1757*	$Ni_{15}Cu_{65}Ge_{20}$	59BSch
CoZn	*2707*; *6188*	$\sim Nb_{55}Au_{45}$	60SchMi
Cu_5Si(r)	*3332*	$Cr_9W_2Fe_{10}C$(h)	57Go
Ag_3Al(r)	*1557*; *2677*; *3326*	W–Mn–Fe–C	56Kuo
		Mo–Fe–N und ähnliche	Jack
Au_4Al(h)	*3326*; *813*		
Mn(r, α, B^{29} = A12)-Typ			
Mn(r) $a = 8,89$ kX	*22*; *1756*	$\sim TaRe_3$	56GB
$ScTc_8$	62Nev	$MoRe_4$	56GB
$TiTc_8$	62Nev	WRe_4	56GB
$ZrTc_8$	62Nev	$CrMn_2$?	58P
$HfTc_8$	62Nev	Nb_2Os_3	60Kn
$NbTc_8$	62Nev	TaOs	60Kn
$TaTc_4$	62Nev	$Re_{24}Al_5$	62KK
ScRe	62Nev	$Mg_4Al_3 \approx Mg_{17}Al_{12}$	
Ti_5Re_{24}	58HA	$a = 10,54$ kX	*3358*
Zr_5Re_{24}	59STZ, 62Nev	$Cr_{12}Mo_{10}Fe_{36}$	*1256*; 54Ka
$HfRe_5$	62Nev	Cr–W–Fe (χ)	57Go
$\sim NbRe_3$	56GB	WCo(h)	57Go

systematisch studiert (vgl. Hume-Rothery/Coles 54), dabei bestätigte sich die Hume-Rotherysche 15%-Regel (1.44) und die Anomalie des Atomvolumens bei Mn. — Die H^2-Phase der T^4-Elemente nimmt i. allg. viel weniger Zusatzkomponenten auf als die B^1-Phase; im System Ti–O ist es allerdings umgekehrt.

3.23 Einfluß von Zusatzelementen auf die Umwandlungen Fe(B^1...F^1), Ti(H^2...B^1), Zr(H^2...B^1). In Abb. 1 sind nach Wever (28) die Eigenschaften der Elemente, bei Zusatz zu Eisen den Temperaturbereich der F^1-Phase (γ) zu verengen bzw. zu erweitern oder sich praktisch nicht zu lösen, eingetragen. (Da der Temperaturbereich nicht immer eindeutig zu erfassen ist, zieht man gelegentlich auch die über die Konzentration gemittelte Temperaturerweiterung in Betracht, z. B. Cr–Fe und Fe–Zn (Stadelmaier/Bridgers 61).) Ein bemerkenswerter Zug dieses Bildes ist, daß auf die „F^1-Stabilisatoren" rechts von Fe nochmals eine Gruppe von Elementen folgt, die B^1 energetisch bevorzugen. Man kann die in Abb. 1 enthaltene *Weversche Regel* z. T. auch auffassen als Bestandteil der Regel von Abb. 2.22/1, danach liegt Fe praktisch am Ende des B^1(Fe)-Zweiges und am Anfang des F^1(Cu)-Zweiges; Erhöhung der Außenelektronenkonzentration stabilisiert F^1, Erniedrigung stabilisiert B^1.

Vorschläge für die Deutung dieser Erscheinung im Rahmen des Bandmodells wurden von Manning (43) und Dehlinger (53) gemacht. Wegen der im Bandmodell vorausgesetzten Vernachlässigung der

Wechselwirkung zwischen den Elektronen wollen wir jedoch den Einfluß der Ortskorrelation der Elektronen untersuchen (SCHUBERT 55c). Dazu benötigen wir neben den oben erwähnten Korrelationen für Fe(B^1)

× unlöslich
○ verengter } Temperaturbereich der F^1-Phase
□ erweiterter }

																1 H	2 He ×
3 Li ×											4 Be ○	5 B ○	6 C □	7 N □	8 O ×	9 F ×	10 Ne ×
11 Na ×											12 Mg ×	13 Al ○	14 Si ○	15 P ○	16 S ○	17 Cl ×	18 Ar ×
19 K ×	20 Ca ×	21 Sc ×	22 Ti ○	23 V ○	24 Cr ○	25 Mn □	26 Fe	27 Co □	28 Ni □	29 Cu □	30 Zn ○	31 Ga ○	32 Ge ○	33 As ○	34 Se ×	35 Br ×	36 Kr ×
37 Rb ×	38 Sr ×	39 Y ×	40 Zr ○	41 Nb ○	42 Mo ○	43 Tc	44 Ru □	45 Rh □	46 Pd □	47 Ag ×	48 Cd ×	49 In ×	50 Sn ○	51 Sb ○	52 Te ×	53 J ×	54 X ×
55 Cs ×	56 Ba ×	58 Ce ○	72 Hf	73 Ta ○	74 W ○	75 Re ○	76 Os □	77 Ir □	78 Pt □	79 Au □	80 Hg ×	81 Tl ×	82 Pb ×	83 Bi ×	84 Po ×	85 At	86 Rn ×
87 Fr	88 Ra ×	89 Ac	90 Th	91 Pa	92 U												

Abb. 1. Einfluß von Zusatzelementen auf die Polymorphie des Eisens

einen Ortskorrelationsvorschlag für Fe(F^1); als solcher liegt eine ähnliche Korrelation wie in Cu nahe. Das Besetzungsverhältnis [0,59 für Fe(B^1) und 0,50 für Fe(F^1)] legt die Annahme nahe, daß in die Korrelation von Fe(F^1) leichter zusätzliche Elektronen eingebracht werden können als in die von Fe(B^1). Auch bei anderen Ortskorrelationsvorschlägen wird man auf diese Annahme geführt. Wenn aber die Energie von F^1 durch Einbau eines Elements mit mehr Außenelektronen weniger erhöht wird als die von B^1, so bedeutet das bei gleichbleibendem Verhalten der Entropie eine relative Erniedrigung der (isothermisobar) freien Energie von F^1, d. h. eine Erweiterung des F^1-Bereichs. Andererseits wird man dann bei Entnahme von Elektronen vermöge Substitution eines Elements, das im Periodischen System links von Fe steht, im Verhältnis weniger Energie aufwenden müssen bei B^1 als bei F^1, weil die höhere Expansionsenergie der Elektronen aus der Korrelation des Fe(B^1) verfügbar wird, d. h., hier wird der Fe(F^1)-Temperaturbereich verengt. Die Verengung des F^1-Bereichs bei Zulegieren von B-Elementen

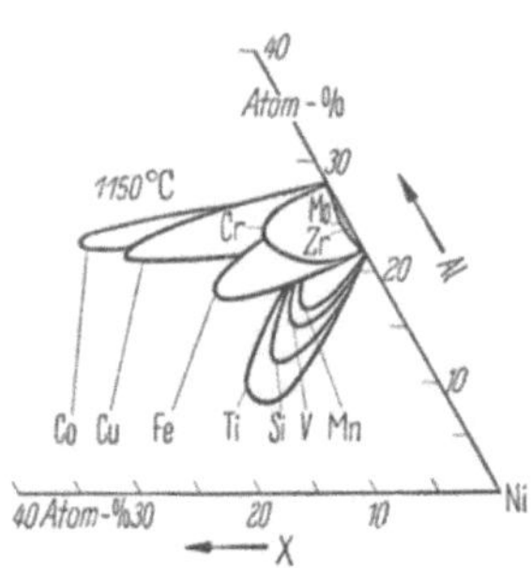

Abb. 2. Angenäherte Homogenbereiche von Ni_3Al in verschiedenen ternären Legierungssystemen (nach GUARD/WESTBROOK 59). Die T^A ersetzen vornehmlich Al, die T^B dagegen Ni

muß dann so verstanden werden, daß hier die Valenzelektronen in die Korrelation der Außenelektronen des Fe eintreten. Als weiteres Beispiel, daß sich Valenzelektronen von B-Atomen ähnlich wie Außenelektronen von T^1-Atomen verhalten können, sehe man Abb. 2 an. — Die Erweiterung des F^1-Bereichs bei Zulegieren von C bzw. N ergibt sich daraus, daß diese Elemente vermöge ihres kleinen Atomradius in das Fe-Gitter eingelagert werden, also die Elektronendichte erhöhen wie ein F^1-Stabilisator aus dem T-Gebiet.

Die Frage, ob Elemente mit besonders großem Atomvolumen in Fe weitgehend löslich sind, kann mit Hilfe mikroelastischer Vorstellungen beantwortet werden. Man erkennt aus Abb. 1, daß gerade die voluminösen Elemente in Fe praktisch unlöslich sind.

Ähnliche Gesichtspunkte gelten für die $H^2 \ldots B^1$-Umwandlungen von Ti (Worner 54) und Zr (Schwope 53): Al mit 3 Außenelektronen erhöht die Umwandlungstemperatur, stabilisiert also H^2, ähnlich verhalten sich einige der B-Metalle; Si, Zr und Sn verursachen nur eine schwache Verschiebung der Umwandlungstemperatur; und alle T-Metalle mit mehr als 4 Außenelektronen senken die Umwandlungstemperatur, wobei der Effekt um so merklicher wird, je höher die Außenelektronenzahl des Zusatzelements ist. — Da die bei Cr aufgefüllte Ortskorrelation des V-Zweiges der B^1-Struktur bei Ti(h) am wenigsten aufgefüllt ist, bleibt auch hier unsere Ortskorrelationsüberlegung gültig. — Die Elemente C, N, O stabilisieren entgegen der Regel bei Ti und Zr die H^2-Phase. Vielleicht ist das im Sinne einer Elektronegativität dieser Elemente zu verstehen (Schubert 55a, Iwanow 58). Jedenfalls zeigt hier die lokale Erhöhung der Elektronenkonzentration eine besondere Wirkung. — Quantitative thermodynamische Berechnungen findet man bei Kaufman (59). — Legiert man dem Ti bzw. Zr nur so viel B^1 stabilisierendes Element zu, daß B^1 noch nicht bei Raumtemperatur stabilisiert wird (z. B. 16 At.-% V), dann bildet sich durch kleine Atomverschiebungen eine hexagonale Phase, die bei Ti-Legierungen meist metastabil, aber bei Zr_2U oder TiU_2 auch stabil ist und die häufig *Omega* genannt wird. Die Struktur dieser Phase ist nach Bagarjatski (55) und Silcock/Davies/Hardy (56) vom Bo_2Al-Typ (vgl. 6.51) bzw. sehr eng verwandt zu diesem (T in 000, $\pm \frac{1}{3}\frac{2}{3}z$, $z = 0{,}49$; Bagarjatski/Nosowa/Tagunowa 61).

Eine Zusammenstellung und z. T. Untersuchung des Verhaltens der Umwandlungstemperatur des Kobalts bei Zulegieren anderer Elemente ist Köster (52) zu verdanken. Betrachtet man die Ergebnisse, so fällt auf, daß zwar gewisse Regelmäßigkeiten zu finden sind, daß jedoch das Gesamtbild bei weitem nicht so einheitlich ist wie bei Eisen oder Titan. Diese Tatsache hat ihren Grund in dem geringen Unterschied der beiden Strukturen des Co; die Umwandlungswärme beträgt mit 0,006 kcal/mol nur 2% der $B^1 \ldots F^1$-Umwandlungswärme des Eisens mit 0,342 kcal/mol. Daraus ist zu schließen, daß das Gesamtbild der $H^2 \ldots F^1$-Umwandlung des Kobalts von verschiedenartigen Einflüssen beherrscht wird, die sich einer Analyse, wie sie für die Umwandlung von Fe und Ti, Zr möglich ist, z. Z. noch widersetzen.

3.24 Strukturen der Actinidenelemente. Die Metalle höchster Atomnummer werden Actiniden genannt, sie zeigen in ihrem Verhalten Ähnlichkeiten zu den Lanthaniden und zu den T-Metallen. Bei den Lanthaniden wird die $4f$-Schale aufgefüllt, während die $5s, p$-Schale stets vollgefüllt ist, und außerdem noch (meistens) 3 Elektronen außerhalb der $5s, p$-Schale liegen. Die Folge davon ist ein chemisch nahezu konstantes Verhalten der Lanthaniden bei Änderung der Atomnummer und eine langsame Kontraktion der äußeren kristallchemisch wirksamen Schalen. — Bei den T-Metallen dagegen gibt es eine mit nur einem Elektron besetzte Leitfähigkeitsschale, von der die aufzufüllende d-Schale nur wenig abgeschirmt wird, so daß diese deutliche strukturelle Wirkungen nach sich zieht. — Die Actiniden ähneln einigen T-Elementen in der Vielgestaltigkeit ihrer Elementstrukturen. Der Reichtum an Strukturen und Valenzzuständen hängt offenbar damit zusammen, daß einige Elektronenniveaus energetisch eng benachbart sind, so daß ihre Besetzung temperaturabhängig wird. Den Lanthaniden ähneln die Actiniden in der strukturellen Gleichartigkeit der Verbindungen. — Ebenso wie die Actinidenelemente viele neue Strukturtypen zeigen, ist auch der Bau zweikomponentiger Phasen mit einer Actinidenkomponente häufig eigenartig; außerdem gibt es viele Strukturen, die den Lanthaniden und Actiniden gemeinsam sind. Eine gute Übersicht findet man bei MAKAROW (59). Wir behandeln die Actinidenverbindungen zusammen mit T-Elementverbindungen in den entsprechenden Kapiteln; hier betrachten wir nur die Elemente.

Für **Ac** ist eine F^1-Struktur bekannt geworden, die isotyp zu Al und Sc(r) ist.

Bei **Th** gibt es 2 Phasen, die allerdings erst oberhalb 1400 °C miteinander im Gleichgewicht sind; die h(B^1)-Phase ist isotyp Ti(h), während die r(F^1)-Phase keine Homologisotype hat; es liegt wegen der Elektronenabzählung vielleicht Zugehörigkeit zum Pb-Zweig der F^1-Struktur vor.

Für **Pa** wurde eine U_c^1-Struktur ($c/a = 0{,}825$; $a = 3{,}925$ Å) gefunden (SR*18*269), zu der eine A1-Korrelation mit $a/2 = d_{A1}$, $l_c = 2{,}3 \approx 2{,}5$, PZ $= 10 \doteq$ EA paßt.

U hat drei feste Phasen: Die Q^2-Struktur von **U(r)** (Abb. 1) ist dem H^2-Typ ähnlich.

Mit $a/\sqrt{3} = d_{A1}$, $l_b = 4{,}4 \approx 4$ oder $c/3 = d_{A1}$, $b/4 = d_{A1}\sqrt{3}/2$, $l_a = 2$, PZ $= 24 \doteq$ EA erhält man eine mögliche Annahme. Die Verzerrung der Korrelation deutet vielleicht auf einen Einfluß der Rumpfelektronen hin.

$U(h_1, \beta)$ hat eine T^{30}-Struktur, die bei den σ-Phasen der T-T-Legierungen häufig beobachtet wurde und dort beschrieben wird. Die Struktur von **$U(h_2)(B^1)$** entspricht der der Cr-Homologieklasse.

Bei **Np** wurden ebenfalls drei feste Phasen gefunden. Die O^8-Struktur von **Np(r)** (Abb. 1) gestattet die Annahme einer gut passenden A1-Korrelation.

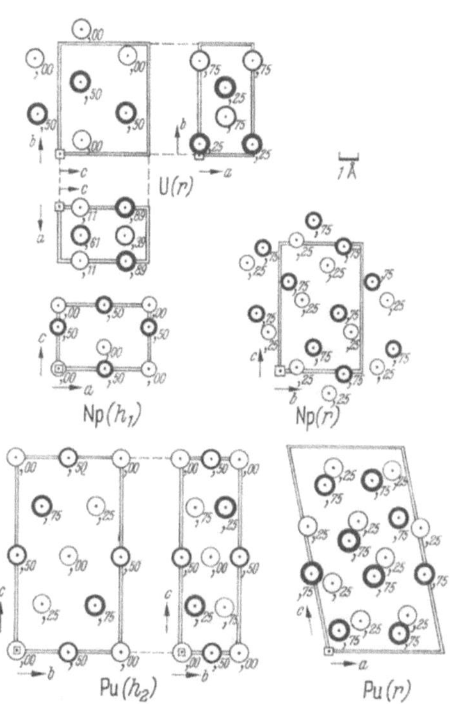

Abb. 1. Einige Strukturen von Actiniden

U(r)(Q^2,*63*) D_{2h}^{17}–Cmcm $a = 2{,}852$ $b = 5{,}865$ $c = 4{,}945$ kX 4U(c),000,105,1/4; **Np(r)**(O^8,*16*119) D_{2h}^{16}–Pmcn $a = 4{,}73$ $b = 4{,}89$ $c = 6{,}66$ Å $2 \cdot 4$Np(c),250,208,036 ,250,842,319; **Np(h₁)**(T^4,*16*121) D_{4h}^{7}–P4/nmm $a = 4{,}90$ $c = 3{,}39$ Å 2Np(a),0,0,0 2Np(c),0,1/2,375 **Pu(r)**(M^{16}, 57ZaEl) C_{2h}^{2}–$P2_1$/m $a = 6{,}18$ $b = 4{,}82$ $c = 10{,}97$ Å $\beta = 101{,}8°$ $8 \cdot 2$Pu(e),332,250,152 ,767,250,169 ,138,250,337 ,651,250,456 ,013,250,617 ,459,250,642 ,335,250,924 ,885,250,897; **Pu(h₂)**(S^8, 55ZaEl) D_{2h}^{24}–Fddd $a = 3{,}16$ $b = 5{,}77$ $c = 10{,}16$ Å 8Pu(a),0,0,0

relation. Die T^4-Struktur von **$Np(h_1)$** (Abb. 1) ist F^1-artig und gibt ebenfalls einer A1-Korrelation Platz ($a/3 = d_{A1}$, $l_c = 3$, PZ $= 27$, EA $= 28$). **$Np(h_2, B^1)$** ist homolog zu $Mn(h_2, B^1)$.

Die Erscheinung, daß bei 7 Außenelektronen immer noch A1-Korrelation möglich bleibt, unterscheidet die Actiniden von den T-Elementen; sie bringt es wohl auch mit sich, daß bei Actinidenverbindungen viele Strukturen angetroffen werden, die bei Verbindungen mit T-Atomen nicht gefunden wurden.

Bei **Pu** wurden sogar sechs verschiedene Kristallphasen bekannt, unter denen keine H^2-Struktur ist, so daß hier die Analogie zu den T-Metallen wieder durchbrochen ist. **Pu(r)** (Abb. 1) hat eine M^{16}-Struktur. **$Pu(h_1)$** hat eine N^{17}-Struktur. Am ähnlichsten einer H^2-Struktur ist die S^8-Struktur von **$Pu(h_2)$** [Abb. 1; vgl. die Ähnlichkeit zu U(r)], bei der die hexagonalen Schichten zweistützig gestapelt sind. ($a/2 = d_{A1}$, $l_c = 8$, PZ $= 64 =$ EA.) **$Pu(h_3, \delta)$** hat eine F^1-Struktur ($a = 4{,}637$Å) und **Pu(h$_4$)** eine U_b^1-Struktur ($a\sqrt{2} = 4{,}701$; $c = 4{,}489$ Å). ($a'/3 = d_{A1}$, $l_c = 4$, PZ $= 36$, EA $= 32$.) **Pu(h$_5$)** hat eine B^1-Struktur ($a' = 3{,}638$ Å).

Für **Am** wurde eine Nd(H_c^4)-Struktur angegeben.

3.25 Elementähnliche Strukturen bei Legierungen mit Actiniden. Die $P^{4,16}$-Struktur des **UAl$_4$** (Abb. 1, Tab. 1) ist im Gleichgewicht mit $UAl_3(C_a^{3,1})$ und setzt sich aus $C_a^{3,1}$-Elementen zusammen. Man entferne aus $UAl_3(C_a^{3,1})$ Schichten parallel (110) mit höherem U-Gehalt und rücke die übrigbleibenden Domänen geeignet zurecht. Die $Q^{2,4}$-Struktur von **UPt$_2$** (Abb. 1) erhält man in ähnlicher Weise aus $C_a^{3,1}$ wie die von UAl$_4$. UPt$_3$ ist vom Ni$_3$Sn-Typ.

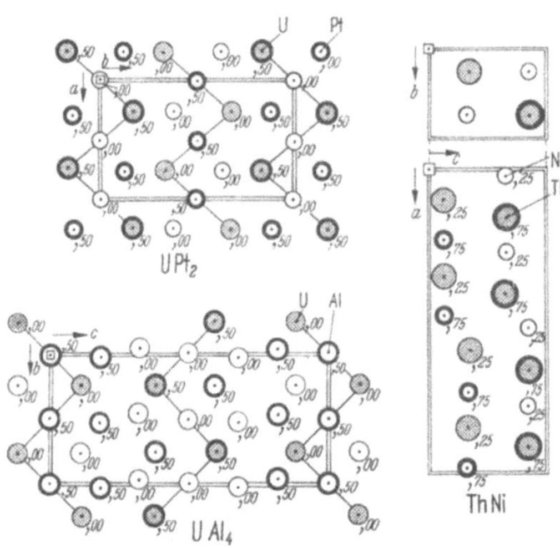

Abb. 1. **UPt$_2$**($Q_c^{2,4}$, 59HaWi) C_{2v}^{15}–Ama2 $a = 5{,}60$ $b = 9{,}68$ $c = 4{,}12$ Å 4U(c),25,17,50 4Pt(c),25,38,00 4Pt(a),00,00,00; **UAl$_4$**($P^{4,16}$,*1324*) D_{2h}^{28}–Imma $a = 4{,}41$ $b = 6{,}27$ $c = 13{,}71$ Å 4U(e),0,1/4,111 4Al(e),0,1/4,$\overline{111}$ 4Al(b),0,0,1/2 8Al(h),000,033,314; **ThNi**($O_b^{8,8}$, 56FBR) D_{2h}^{16}–Pnma $a = 14{,}51$ $b = 4{,}31$ $c = 5{,}73$ Å 2·4Th(c),094,250,140 ,344,250,140 2·4Ni(c),268,250,630 ,518,250,870

Die Phasen ThCo, ThAl, PuNi sind vom TlJ-Typ (4.53), der zur NaCl-Struktur verwandt ist und auch als CuAu-Struktur mit Verwerfungen der Unterstruktur angesehen werden kann. Die Phase **ThNi** (Abb. 1) hat eine verwandte $O^{8,8}$-Struktur.

Die $B^{4,4}$-Struktur von **UCo** (Abb. 2a) ist eine innerlich verzerrte CsCl-Struktur. Die Verzerrung bewirkt eine Bildung von U–Co-Hanteln und eine Verdoppelung der a-Achse.

Die $H^{14,6}$-Struktur von Th$_7$Fe$_3$ betrachten wir später (6.42).

Tabelle 1. *Elementähnliche Strukturen bei Legierungen mit Actiniden*

UAl$_4$($P^{4,16}$)-Typ (Abb. 1)		**U$_6$Mn($U^{12,2}$)**-Typ (Abb. 2b)		**UCo($B^{4,4}$)**-Typ (Abb. 2a)	
UAl$_4$	*1324*	U$_6$Mn	*1393*	UCo	*1394*
NpAl$_4$	*1729*	U$_6$Fe	*1393*	**ThNi($O_b^{8,8}$)**-Typ	
PuAl$_4$	*1729*	U$_6$Co	*1393*		
		U$_6$Ni	*1393*	ThNi	56FBR
		Pu$_6$Fe	P58		
		Pu$_6$Co	58HA		

Die $U^{12,2}$-Struktur von U_6Mn (Abb. 2b, Tab. 1) ist entfernt verwandt zur βW-Struktur, zeigt ferner eine Beziehung zu W_5Si_3. Man erkennt in der Struktur außer größeren tetragonal gedehnten F^1-Gebieten auch $CuAl_2$-artige Bereiche, in denen Mn achtkoordiniert vorliegt. Durch kleine Verschiebungen an einigen Atomen und Einführung von einigen zusätzlichen Atomen kann man βW-artige Bereiche erzeugen.

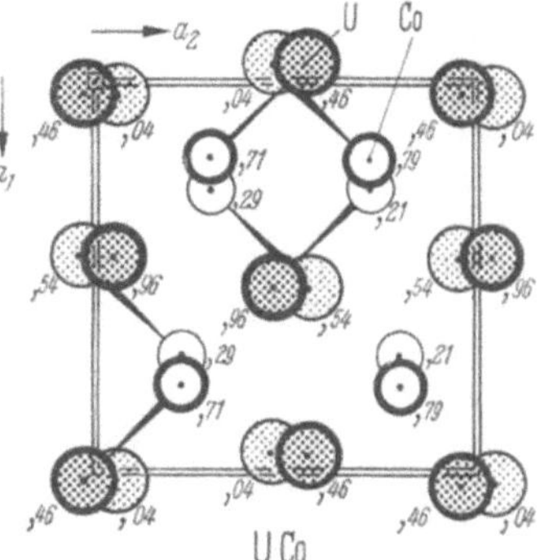

Abb. 2a. UCo($B^{4,4}$, *1394*) T^5-I2_13 $a = 6{,}358$ Å 8U(*a*),035,035,035 8Co(*a*),294,294,294

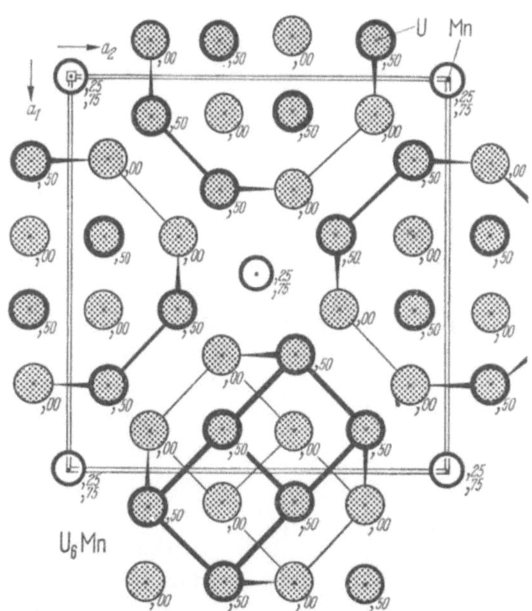

Abb. 2b. $U_6Mn(U^{12,2}$, *1393*) $D^{18}_{4h}-I4/mcm$ $a = 10{,}29$ $c = 5{,}24$ Å 8U(*h*),407,907,0 16U(*k*),214,102,000 4Mn(*a*),0,0,1/4

3.3 „β-Wolfram“-Familie

3.31 Die Struktur von $Cr_3Si(C^{6,2})$, βW-Typ (Abb. 1, Tab. 1) enthält zwei kristallographisch nicht gleichwertige Lagen im Mengenverhältnis 3:1 [etwas abweichende Zusammensetzung hat vielleicht Nb_3Ge

Tabelle 1

$Cr_3Si(C^{6,2}$ = A15)-Typ (βW-Typ)

Ti_3Ir	56Ge, 58Nev	V_3Sn	55GMG	Cr_3Os	58Nev
Ti_3Pt	*16*100	V_3As	55BN	Cr_3Rh	56GB
Ti_3Au	*16*100	V_3Sb	56Ge, 58Nev	Cr_3Ir	55RM
Ti_3Hg(h)	*18*318	Nb_3Os	55GMG	Cr_3Pt	55RM
Ti_3Sb	59Kj	Nb_3Rh	56GB	Cr_3Ga	58WCMC
Zr_3Au	58Nev	Nb_3Ir	55GMG	Cr_3Si	*36*28
Zr_3Hg	*18*318	Nb_3Pt	56GB	Cr_3Ge	*9*47
Zr_4Sn(h)	60SchMi	Nb_3Au	56WM	Mo_3Zr	*9*111
V_3Co	*15*56	Nb_3Al	58WCMC	Mo_1Tc_1	62DLD
V_3Rh	56GB	Nb_3Ga	58WCMC	Mo_3Os	*18*228
V_3Ir	56Ge, 58Nev	Nb_3In	62BRGLK	Mo_3Ir	*18*229
V_3Ni	*18*313	Nb_3Ge	56CS, 58Nev	Mo_3Be	60PC
V_3Pd	58KH	Nb_3Sn	*18*240	Mo_3Al	58HA
V_3Pt	56GB	Nb_3Sb	56Ge, 58Nev	Mo_3Ga	56Ge
V_3Au	56WM	Ta_3Au	61RBM	Mo_3Si	*12*111
V_3Ga	56Ge	Ta_3Sn	*18*240	Mo_3Ge	*16*94
V_3Si	73	Ta_3Sb	58Nev	W_3Si	59MES
V_3Ge	*9*47	Cr_3Ru	55aRM	W(O)	*26*;*18*259 [1]

[1] Mehr als 6W in der Zelle (vgl. MILLNER 57).

(NEVITT 58) und Zr_4Sn(h)]. Die Struktur kommt bei Phasen $T_3^AT^B$ und T_3^AB vor. Die Atome sind sehr dicht gepackt, wie man u. a. an der Koordinationsfigur in Abb. 1 erkennt, die wir kurz *Tetraederstern* nennen wollen. Die T^B- bzw. B-Atome sind ikosaedrisch von 12 T umgeben, und die Ikosaeder sind so zusammengesetzt, daß die Struktur nur tetraedrische Lücken hat. Die anderen Atome zeigen alle eine 14-Koordination der Anrainer, allerdings keine kubische wie bei V(B^1), sondern eine quasihexagonale. Es ist eine bemerkenswerte Erscheinung, daß acht etwas elastisch verformbare Kugeln, in einen Kasten geeigneter Größe gefüllt, sich bei geeignet angeordneter erster Kugelschicht unter dem Einfluß der Schwerkraft von selbst im βW-Typ anordnen; dieser Typ ist also ähnlich wie die B^1-Struktur eine dichteste Kugelpackung

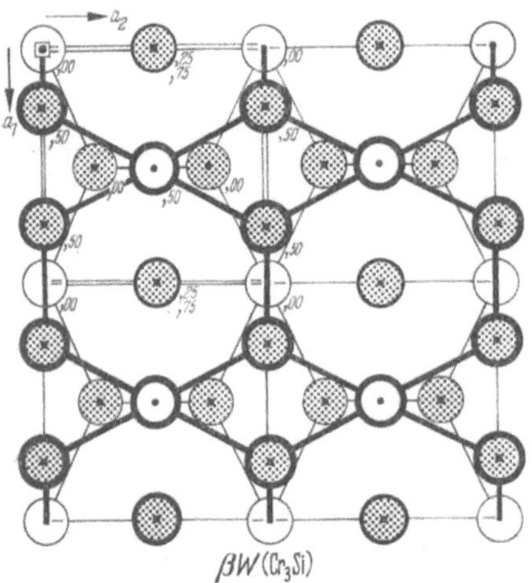

Abb. 1. βW = W(O) = $Cr_3Si(C^{6,2},26)$ O_h^3—Pm3n
a = 5,04 kX 2 W(a),0,0,0 6 W(c),1/4,0,1/2

mit einer Nebenbedingung. Hinweise für eine teilweise Unordnung der Komponenten bei βW-Phasen fand NEVITT (58). Aus der Vertretertabelle erkennt man, daß als T^A-Komponenten nur solche beobachtet wurden, die im Elementzustand eine B^1-Struktur vom V-Zweig aufweisen; das Fehlen von vielen $C^{6,2}$-Phasen mit W und Ta kann nicht auf die gleich zu besprechende Radienregel zurückgeführt werden. Als zweite Komponente findet man Elemente mit ziemlich weiter Streubreite im Periodischen System, wobei jedoch die Bevorzugung von B^4-Elementen, die zur A1-Korrelation der Valenzelektronen neigen, oder von $T^{8\cdots10}$-Elementen, welche sich mit ihren Außenelektronen korrelativ anpassen können, erkennbar ist. Nach RAUB (57), HAWORTH/HUME-ROTHERY (58) treten βW-Strukturen bezüglich der Außenelektronenkonzentration zwischen B^1-Strukturen (vom V-Zweig) und βU-Strukturen auf. Die enge Verwandtschaft der Struktur zur B^1-Struktur kommt auch darin zum Ausdruck, daß sich die βW-Struktur aus der vierfach primitiv aufgestellten B^1-Struktur durch tetragonale Zusammendrückung und verhältnismäßig kleine Atomverschiebungen herleiten läßt. Auch eine enge Beziehung zu dichtesten Kugelpackungen besteht: Man nehme eine hexagonal dichtest gepackte Atomschicht, dehne sie etwas in $(a_1 + a_2)$hex-Richtung und lege auf sie um 90° um die Normale gedreht eine zweite und führe anschließend einige kleine Atomverschiebungen aus. Man beachte schließlich die bemerkenswerte Verwandtschaft zu V_3S (7.51). — Einige der βW-Phasen sind supraleitend, V_3Si (17 °K) und Nb_3Sn (17,8 °K) gehören zu den Phasen mit den höchsten bekannten Sprungpunkten.

Eine scharfe Existenzbedingung aus den Atomradien für 12-Koordination läßt sich nicht angeben, so liegt der Quotient $r_{T^A}:r_{T^B}$ bzw. $r_{T^A}:r_B$ zwischen 0,84 und 1,11 mit einem Häufigkeitsmaximum bei 1,00. Die Radien sollen also nicht mehr als 15% voneinander abweichen (NEVITT 58). GELLER (56) hat ein System von effektiven Radien angegeben, welches erlaubt, durch lineare Kombination die Gitterkonstanten auf $\pm$ 0,03 Å zu reproduzieren (vgl. auch PAULING 57); leider wird dadurch jedoch die Existenzbedingung nicht deutlicher. Der Grund für die Möglichkeit des GELLERschen Radiensystems liegt nach NEVITT (58) in der empirischen Gültigkeit der Gitterkonstantengleichung $a(T_3^A T^B) - a(T_3^A T^{B'}) = a(T_3^{A'} T^B) - a(T_3^{A'} T^{B'})$. — Bei der in Tab. 1 nicht hinzugenommenen Phase UH_3 liegt keine echte βW-Struktur vor; die H-Lagen wurden mit Neutronenstrahlung bestimmt; für die Bindungsbeziehung dieser Struktur, die in ihrer Gitterkonstante von den metallischen βW-Phasen stark abweicht, wird unten (6.6) ein besonderer Vorschlag erwähnt. — Nach GELLER (59) verhält sich die βW-Struktur zur Granatstruktur wie die Cu_2Mg-Struktur zu der eines normalen Spinells.

Für die Gewinnung eines Ortskorrelationsvorschlags in der βW-Struktur läge es nahe, den Vorschlag für die B^1-Phasen vom V-Typ sinngemäß zu übertragen: Ein Leitfähigkeits- (oder s-) Elektron je T-Atom bildet eine A2-Korrelation mit $a/1{,}5 = a_{A2}$, PZ $= 7$. Für die Außenelektronen erhielte man $d_{A1} = a/\sqrt{10} = 1{,}59$ Å, $l_c = 4{,}5$, PZ $= 45$ in guter Übereinstimmung mit dem Elektronenangebot. Die Zahl 4,5 wird vielleicht annehmbarer, wenn man bedenkt, daß die Ortskorrelation der Außenelektronen irgendwie an die Ortskorrelation der äußeren Rumpfelektronen angepaßt ist. — Eine plausiblere Beziehung ergibt sich jedoch aus einem Vergleich zwischen Cr_3Si und CrSi, das vom FeSi-Typ ist. Eine A1-Korrelation $a/\sqrt{8} = d_{A1}$ ergibt zwar einen sehr großen Abstand für die d-Elektronen, dafür aber auch eine gute Kommensurabilität zur Struktur. Die s-Elektronen könnten sich dieser Korrelation mit $a/2 = a_{A2}$ anpassen und damit einen Grund für die übernormale Größe des d_{A1} darstellen. — Im Hinblick auf das von 1 verschiedene Besetzungsverhältnis sollte man außer einer A1-Korrelation jedoch auch Korrelationen in Erwägung ziehen, die keine Translationsgitter sind.

3.32 Die Struktur von βU (T^{30}, Abb. 1, Tab. 1) ist eine Variante der βW-Struktur. Man erkennt die gleichen quasihexagonalen Netze

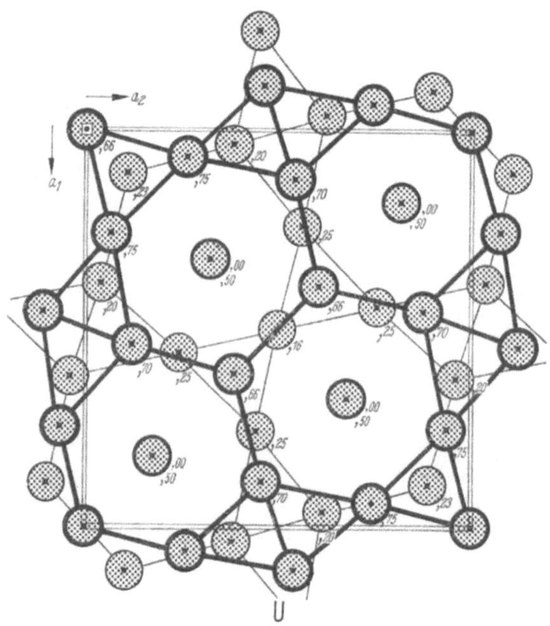

Abb. 1. βU(T^{30},*13*148) C_{4v}^4—P4nm $a = 10{,}52$ $c = 5{,}57$ Å 2U(a),00,00,66 3 · 4U(c),11,11,23 ,32,32,00 ,68,68,50 2 · 8U(d),56,24,25 ,38,04,20

wie bei βW, die um 90° gegeneinander verdreht übereinandergelagert sind, und die durch Atomketten parallel zur tetragonalen Achse zentriert werden, wobei wie bei βW-„Berührung“ zwischen den Atomen einer quasihexagonalen Schicht und zwischen diesen und den benach-

Tabelle 1. *Verwandte der Cr_3Si-Struktur*

βU(T^{30})-Typ (σ-Struktur). Die Homogenitätsbereiche sind i. a. breit					
TiMn	53ER	Ta_3Rh_2(h)	56GB	(Linien-	
existiert nicht		Ta_3Ir	57ND	system)	
nach Beck		Ta_3Pd	62Nev	Mo_5Ru_3(h)	56GB
$VTa_{\sim 1}$(h)	58HA	Ta_2Pt	56GB	Mo_5Os_3	56GB
VMn_3	*15*45	Ta_2Au	61RBM	Mo_3Co_2(h)	*15*45
VRe	60TPS	Ta_2Al	60EH	Mo_2Ir	58Kn
VFe	52PC	$CrMn_3$(h)	*15*45	MoNi(h)?	59Ob
VCo	*15*45	$CrTc_2$	62Nev	WTc_3	62Nev
V_3Ni_2	*15*45	$CrRe_2$	56GB	WRe	56GB
NbRe(h)	56GB	CrFe	*15*43,*18*104	WFe(h)?	58P
NbFe	57Go	(Linien-		W_3Ru_2	62Nev
Nb_3Os_2	58Kn	system	*11*89)	W_2Os	57R
Nb_3Rh_2	56GB	Cr_2Ru	56GB	W_3Co_2(h)?	58P
Nb_2Ir	58Kn	Cr_3Os_2	58Kn	W_3Ir_2	58Kn
Nb_3Pd_2(h)	56GB	Cr_3Co_2	*15*43	Mn_2Tc_3	62Nev
~Nb_2Pt(h)	56GB	$MoMn_2$(h)	*18*213	MnRe	62Nev
Nb_2Al	59McKF	$MoTc_3$	62Nev	$TcFe_2$	62Nev
Ta_2Re_3(h)	56GB	~Mo_2Re_3(h)	56GB	Re_2Fe_3	58HA
Ta_3Os	57ND	MoFe(h)	*11*89	βU	SR *13*148
W_6Fe_7($R^{6,7}$)-Typ (μ-Struktur)					
Mo_6Fe_7	*3*364	Mo_6Co_7	*12*68	Nb_6Ni_7	62KGP
W_6Fe_7	*3*364	W_6Co_7	*6*176	Ta_6Ni_7	62KGP
Zr_4Al_3($H_a^{4,3}$)-Typ				**Th_6Mn_{23}($F_a^{6,23}$)**-Typ	
Zr_4Al_3	60WThSp	Hf_4Al_3	62PSch	Th_6Mn_{23}	*16*113

barten Zwischenschichten herrscht. Man erkennt ferner in den Kantenmitten der projizierten Zelle das Tetraedersternmuster, welches sich auch bei βW gezeigt hatte. Die Zelle enthält nicht 32 Atome, wie man nach der Verwandtschaft mit βW erwarten sollte, sondern nur 30. Das Gitter ist auch bei Zwischenphasen gefunden worden, und zwar in Stählen als versprödender Bestandteil; die Struktur dieser sog. σ-Phasen unterscheidet sich nur untergeordnet von der Struktur des βU. Die Phase tritt nach Tab. 1, Abb. 2, im wesentlichen bei 6,7 Außenelektronen je Atom auf (Bloom/Grant 53, vgl. auch Haworth/Hume-Rothery 58), jedoch zeigt Nb_2Al, daß es auch hier einen T-B-Zweig der Struktur gibt. Ähnlich wie bei βW tritt die T^B- bzw. B-Komponente bevorzugt in 12-koordinierten Lagen; von denen gibt es bei βW 2, bei βU 10, so daß das Auftreten der βU-Struktur bei im Vergleich zu Cr_3Si höheren Außenelektronenkonzentrationen und etwa der Zusammensetzung $T_2^A T^B$ verständlich wird. Weitere Erörterung der Geometrie der βU-Struktur findet man bei Stüwe (59). T^{30}-Phasen des T-T-Zweiges werden durch Si bei höheren AEK stabilisiert, durch Al dagegen destabilisiert (Gupta/Rajan/Beck 60).

Die schräge Lage der Sechsecke bezüglich der Basisachsen erlaubt, die Achsen der Außenelektronenkorrelation parallel zu den Zellachsen anzunehmen. Mit

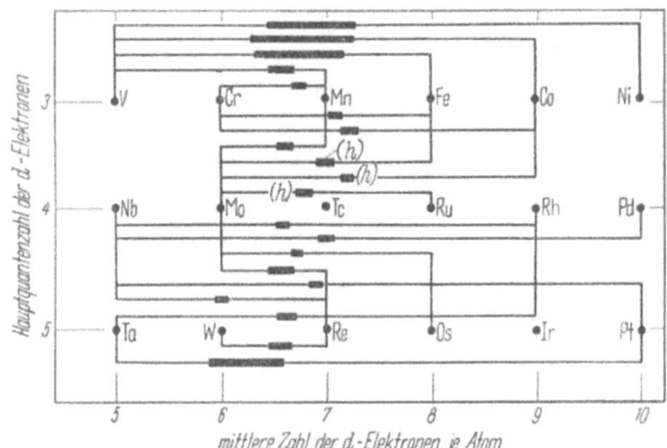

Abb. 2. βU-Strukturen aus T-Komponenten (h) Hochtemperaturphasen

$a/6 = d_{A1}$, $l_c = 4{,}5$ (5?) ergibt sich PZ = 162 (5,4 Plätze je Atom). Dieses Elektronengitter erlaubt nicht, sämtliche 200 Elektronen unterzubringen. Man muß daher vermuten, daß einige der zusätzlichen Elektronen ein Valenzband bilden mit $a/\sqrt{8}$ oder $a/3 = a_{A2}$ $l_c = 1{,}5$, und einige vielleicht die A1-Korrelation auffüllen. Eine andere bemerkenswerte Möglichkeit wäre $a/\sqrt{29} = a_{A1}$, $l_c = 4$. Im Gegensatz zu den βW-Phasen sind die T-T-Phasen vom βU-Typ nicht an eine bestimmte Zusammensetzung gebunden. Im Hinblick auf die enge Verwandtschaft der beiden Strukturen kann also die hohe Koordination eines Minderheitsatoms nicht die einzige Ursache für das Auftreten der Struktur sein; vielmehr ist bei den βU-Phasen ohne Zweifel eine für die B^1-Struktur zu hohe Außenelektronenkonzentration das treibende Moment für die Morphotropie.

3.33 Die Struktur von αMn (B^{29}, bei intermetallischen Phasen als χ bezeichnet, Abb. 1, Tab. 3.22/1) ist eine Stapelvariante von βU (Kasper 54). Man erhält die kubisch innenzentrierte Zelle von αMn, indem man 2 βU-Zellen so stapelt, daß der Punkt 000 der zweiten Zelle auf $\frac{1}{2}\frac{1}{2}1$ der ersten Zelle zu liegen kommt; dabei decken sich 2 Atome, so daß αMn nur 58 Atome je Zelle enthält, also 6 Atome weniger als 8 βW-Zellen. Man erkennt in den Kantenmitten das Tetraedersternmuster, welches wir schon oben fanden, und das auch bei βU ein grundlegendes Baumotiv war. Nach Haworth/Hume-Rothery (58) tritt die αMn-Struktur in ihrer Außenelektronenkonzentration zwischen den Phasen mit βU-Struktur und den H^2-Phasen vom Ru-Zweig auf.

Interessant ist die Bestimmung der Ordnung der Komponenten von $Cr_{12}Mo_{10}Fe_{36}$ durch KASPER (54): Wie zu vermuten war, befinden sich die größeren Mo-Atome in den geräumigeren Lagen (*a*) und (*c*). Durch Untersuchungen mit Neutronen konnte sogar wahrscheinlich gemacht werden, daß Cr gegenüber Fe die geräumigeren Plätze beansprucht. — Unterhalb 100 °K wird Mn nach Neutronenexperimenten antiferromagnetisch (KASPER/ROBERTS 56); die Magnetonenzahl je Mn-Atom

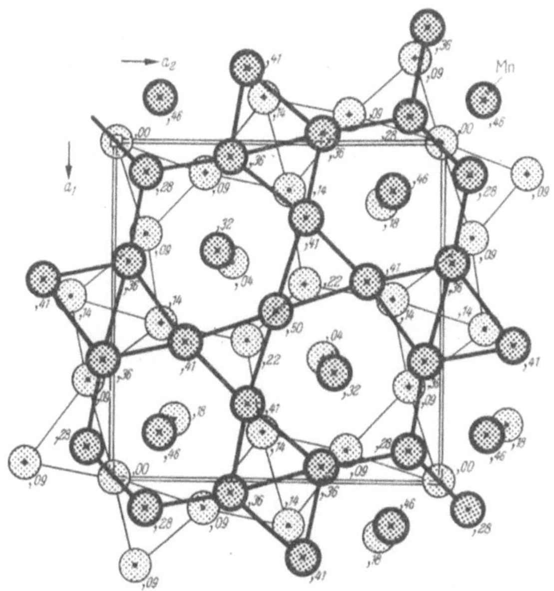

Abb. 1. **Mn**(r,α,B^{29},*22*,*1756*) T_3^d–$I\bar{4}3m$ a = 8,89 kX 2Mn(*a*),0,0,0 8Mn(*c*),317,317,317 2 · 24Mn(*g*),356,356,042, ,089,089,278

st jedoch nur 1,1 (SHULL/WOLLAN 56). — Einen besonderen Zweig der αMn-Struktur bildet die Phase $\mathbf{Mg_3Al_2}$. Da ihre VEK 2,4 beträgt kann man in ihr vielleicht eine A1-Korrelation vermuten.

Es ist anzunehmen, daß die VEK ähnlich wie bei Mn(C^{20}) von Bedeutung für die Auswahl der Struktur ist. Da der Tetraederstern schräg zu den Zellkanten liegt, wird man zu der Annahme geführt, daß die Achsen der A1-Korrelation parallel den Achsen der Mn-Zelle liegen. Mit $a/4{,}5 = a_{A1}$ ergeben sich der Elektronenabstand 1,40 und die Platzzahl 364, die bei Mn^7 einem Elektronenangebot von 406 gegenübersteht. Für die Valenzelektronen liegt $a/3 = a_{A2}$ nahe.

Als Mehrfachersetzungsstruktur von Mn(r) kann vielleicht die $F_a^{6,23}$-Struktur von $\mathbf{Th_6Mn_{23}}$ (Abb. 2) angesehen werden. Man erkennt den Tetraederstern, und ferner gibt es metrische Beziehungen der Zelle zu Mn(h_1). Isotyp ist $Cu_{16}Mg_6Si_7$ [SR *16*84, vgl. auch $Cr_{23}C_6$ (6.35)] ($a/4 = a_{A1}$, PZ = 256, EA = 224).

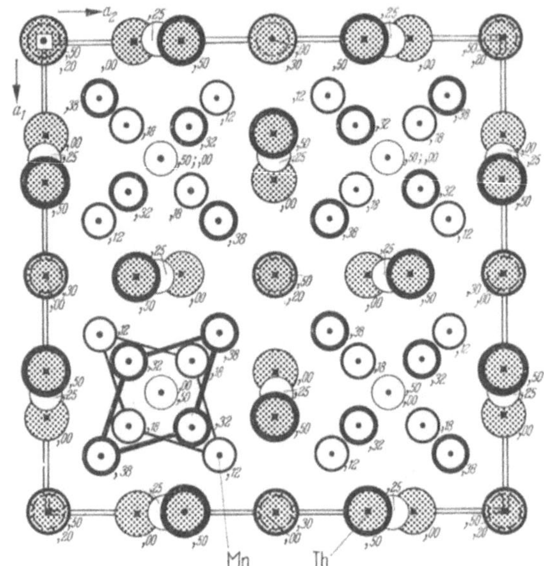

Abb. 2. $\mathbf{Th_6Mn_{23}}$($F_a^{6,23}$,*16*113) O_h^5–Fm3m a = 12,523 Å 24 Th(e),203,0,0 4 Mn(b),1/2,1/2,1/2 24 Mn(d),0,1/4,1/4 2 · 32 Mn(f) ,378,378,378,178,178,178
Nur die untere Hälfte der Zelle ist gezeichnet

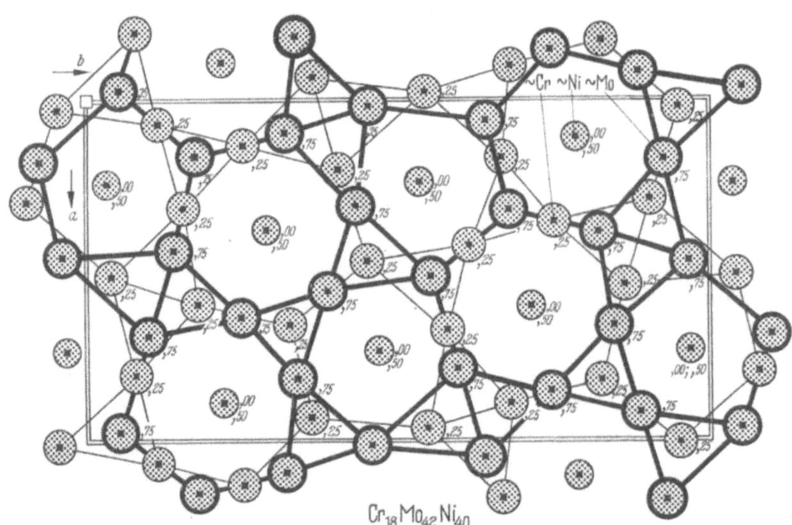

Abb. 1/3.34. $\mathbf{Cr_{18}Mo_{42}Ni_{40}}$ (P-Phase, 57ShShWi) D_{2h}^{16}–Pbnm a = 9,070 b = 16,983 c = 4,752 Å
4 $At_{0,95}$(c),074,113,25 4 $At_{0,87}$(c),136,255,25 4 $At_{0,76}$(c) ,326,158,25 4 $At_{1,18}$(c) ,606,182,25
4 $At_{1,11}$(c) ,665,325,25 4 $At_{1,41}$(c) ,475,454,25 4 $At_{1,32}$(c),199,405,25 4 $At_{0,61}$(c),815,078,25
4 $At_{1,18}$(c) ,938,365,25 4 $At_{1,37}$(c),520,036,25 8 $At_{0,59}$(d),250,537,999 8 $At_{1,04}$(d),386,288,001
Die Indizes an den Atomen bedeuten Faktoren, mit denen das mittlere Streuvermögen zu multiplizieren ist. Man beachte das Auftreten von Fünferringen auch in Abb. 3.41/2

3.34 Weitere Abarten der β-Wolfram-Familie. Eine Variante der βU-Struktur ist die Struktur von $\mathbf{Cr_{18}Mo_{42}Ni_{40}}$ (Abb. 1, S. 156). Im System Cr–Mo–Ni tritt dicht neben der genannten Phase eine Phase mit βU-Struktur auf. $Cr_{18}Mo_{42}Ni_{40}$ hat eine orthorhombisch primitive Zelle mit 56 Atomen, deren a- und c-Achse ähnlich groß wie bei der σ-Phase sind, wogegen die b-Achse annähernd verdoppelt ist, $b/2a = 0{,}93$. Die Struktur kann genähert als Nebeneinanderstellung zweier βU-Zellen aufgefaßt werden, die um den Vektor $c/2$ gegeneinander verschoben sind, wobei fünfeckige Maschen entstehen; exakt gilt dies allerdings nicht, weil die Zahl der Atome je Zelle abgenommen hat ähnlich wie beim Übergang $\beta W \rightarrow \beta U$. — Wir haben also wieder eine DS-Homöotypie vor uns und dürfen daher eine ähnliche Ortskorrelation annehmen wie bei βU.

Eine ebenfalls hierhergehörige komplizierte Struktur besitzt $\mathbf{Cr_{18,3}Mo_{30,4}Co_{51,3}}$ (R-Phase, Komura/Sly/Shoemaker 60), wir wollen uns begnügen, auf die Originalarbeit hinzuweisen.

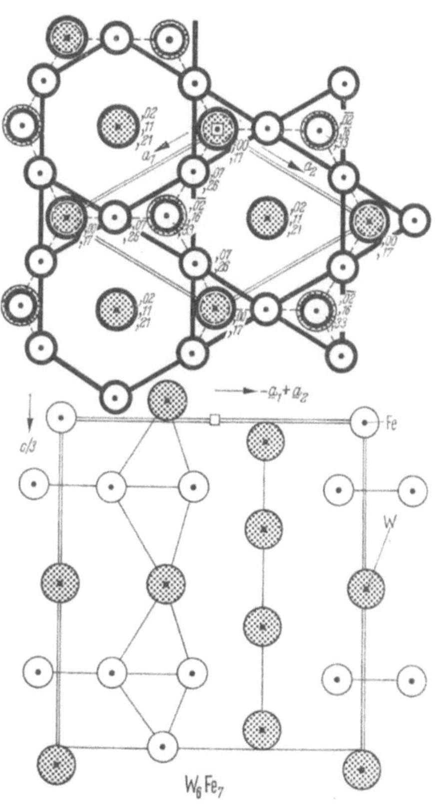

Abb. 2. $\mathbf{W_6Fe_7}$($R^{6,7}$,*361*) $D_{3d}^5 - R\bar{3}m$ $a = 9{,}02$ kX $\alpha = 30°\,30{,}5'$ ($a_h = 4{,}74$ $1/3\,c_h = 8{,}60$ kX) 1 Fe(a),0,0,0 6 Fe(h),09,09,59 3 · 2 W(c),1/6,1/6,1/6 ,346,346,346 448,448,448

Die $R^{6,7}$-Struktur von $\mathbf{W_6Fe_7}$ (gelegentlich als μ-Phasenstruktur bezeichnet, Tab. 3.32/1, Abb. 2) zeigt wieder die zentrierten hexagonalen Antiprismen, die hier im Gegensatz zu βW und βU völlig hexagonal zusammengefügt sind; auf die Verwandtschaft zur $MgZn_2$-Struktur wird z. B. im Strukturberichtsreferat hingewiesen. Nach Untersuchungen im System Mo–Mn–Co ist auch für diese Struktur eine Elektronenregel gültig (Das/Beck 60). Die Außenelektronenkonzentration ist, wie die Vertretertabelle zeigt, mit 7 am höchsten von den besprochenen Varianten. Die Phase tritt beispielsweise im System Cr–Mo–Fe auf zusammen mit einer αMn-Struktur.

Die Struktur von W_6Fe_7 ist Stapelvariante der $H_a^{4,3}$-Struktur des $\mathbf{Zr_4Al_3}$ (Tab. 3.32/1). Die Außenelektronenkonzentration ist hier allerdings kleiner als 4. Man beachte die Beziehungen zu Mn_5Si_3 und CoSn. (Möglich scheint die Ortskorrelation $a/3 = d_{A1} = 1{,}81$, $l_c = 3{,}6$, PZ $= 32$, EA $= 25$, es wird also Durchdringungsbindung angenommen.)

Es gibt auch Typen, die βW- und $CuAl_2$-Elemente gemischt enthalten, z. B. das W_5Si_3; in ähnlicher Weise kann Mn_5Si_3 als Mischung aus βW- und Mg-Strukturelementen angesehen werden. Wir wollen diese Strukturen bei den T-B-Phasen betrachten (7.41).

3.4 Mehrfachersetzungsstrukturen

3.41 Dichteste Kugelpackungen mit Zweifachersetzung. Neben der Einfachersetzung (vgl. 2.23) ist eine Ersetzung von 2 Atomen durch ein größeres Atom denkbar (*Zweifachersetzung*). Die Fälle mit energetisch nicht sehr vorteilhafter statistischer Zweifachersetzung interessieren uns nicht, wohl aber eine Familie von dicht gepackten Strukturen, in denen die Zweifachersetzungen in einer solchen Weise miteinander verknüpft sind, daß sie sich gegenseitig energetisch begünstigen. Der einfachste Vertreter dieser Familie von Zweifachersetzungspackungen ist die $F_a^{4,2}$-Struktur von $\mathbf{Cu_2Mg}$ (Abb. 1, Tab. 1). Hexagonale Stapelvarianten sind die $H_a^{4,8}$-Struktur von $\mathbf{MgZn_2}$ (Abb. 2, Tab. 2) und die $H^{16,8}$-Struktur von $\mathbf{Ni_2Mg}$ (Tab. 2). Man nennt die Vertreter dieser Strukturfamilie häufig Laves-Phasen, weil Laves sich eingehend mit ihnen beschäftigt hat: Er wies erneut auf die Stapelverwandtschaft hin (Laves/Löhberg 34), untersuchte die Gesetze des Übergangs der Varianten ineinander und studierte die Verbreitung der Typen (Laves 39).

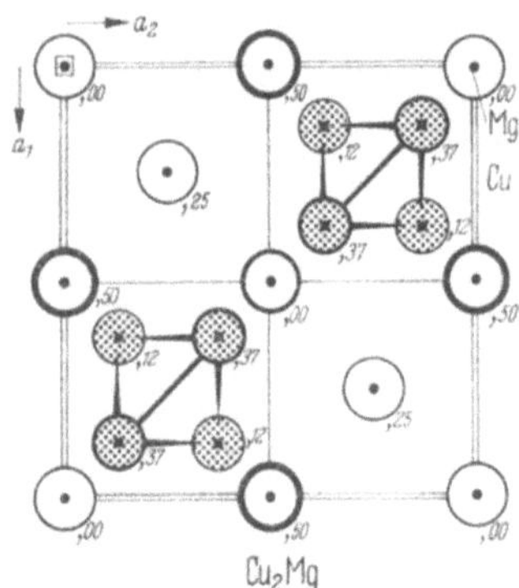

Abb. 1. $\mathbf{Cu_2Mg}$($F_a^{4,2}$, C15, *1*490,531) O_h^7–Fd3m $a = 7{,}03$ kX 16 Cu(*d*) ,1/2,1/2,1/2 8 Mg(*a*),1/8,1/8,1/8. Der Ursprung dieser Beschreibung ist 1/8, 1/8, 1/8. Die gerasterte Komponente ist Cu

Die Herleitung der Cu_2Mg-Struktur aus einem F^1-Gitter (vgl. SB *1*490) läßt sich an Hand von Abb. 1 leicht verfolgen. — Auch die Betrachtung der hexagonalen Varianten (vgl. Abb. 2) ist lehrreich, weil sie die Anpassung zweier verschiedener hexagonaler Netze erkennen läßt. Aus der Volumengleichheit zweier Cu-Vertreter mit einem Mg-Vertreter folgt der Wert $r_{Mg}/r_{Cu} = 2^{1/3} = 1{,}26$ (Nowotny 39); aus Radienüberlegungen folgt der Wert $r_{Mg}/r_{Cu} = \sqrt{3/2} = 1{,}23$ (Zintl/Harder 32, Laves/Witte 35, Dehlinger/Schulze 40); ein Mittelwert aus einer

Tabelle 1

$Cu_2Mg(F_a^{4,2} = C15)$-Typ

$TiBe_2$	48,240	$PuMn_2$	55CE	YRh_2	59CM
$NbBe_2$	59SZK	YFe_2	62Nev	$LaRh_2$	59CM
$TaBe_2$	61ZSBK	$CeFe_2$	55JD	$CeRh_2$	59CM
$CuBe_3$	3588	$SmFe_2$	60WG	$PrRh_2$	59CM
$AgBe_3$(h)	48;6162	$GdFe_2$	981	$NdRh_2$	59CM
$LaMg_2$(h)	946	$DyFe_2$	60WG	$GdRh_2$	59CM
$CeMg_2$(h)	946;1186	$HoFe_2$	60WG	$DyRh_2$	62Nev
$PrMg_2$	59Ia	$ErFe_2$	60WG	$HoRh_2$	62Nev
$NdMg_2$	59Ia	$TmFe_2$	62Nev	$ErRh_2$	62Nev
$SmMg_2$	59Ia	$CpFe_2$	62Nev	$CpRh_2$	62Nev
$ThMg_2$(h)	56PDV	UFe_2	1395	$CaIr_2$	58WC
$CaAl_2$	77,203	$PuFe_2$	55CE	$SrIr_2$	57HK
$ScAl_2$	62Nev	$ZrFe_2$	856	$ScIr_2$	59CM
YAl_2	59CM	$HfFe_2$	18123	YIr_2	59CM
$LaAl_2$	910	$LaRu_2$	59CM	$LaIr_2$	59CM
$CeAl_2$	95	$CeRu_2$	59CM	$CeIr_2$	59CM
$PrAl_2$	59Ia	$PrRu_2$	59CM	$PrIr_2$	59CM
$NdAl_2$	59Ia	$NdRu_2$	59CM	$NdIr_2$	59CM
$SmAl_2$	59Ia	$SmRu_2$	62Nev	$GdIr_2$	59CM
$EuAl_2$	62Nev	$ThRu_2$	62Nev	$HoIr_2$	62Nev
$GdAl_2$	60WG	$PuRu_2$	62Nev	$ErIr_2$	62Nev
$TbAl_2$	60WG	$LaOs_2$	59CM	$ThIr_2$	58DDC
$DyAl_2$	60WG	$CeOs_2$	59CM	UIr_2	55HW
$HoAl_2$	60WG	$PrOs_2$	59CM	$ZrIr_2$	61Dw
$ErAl_2$	60WG	$ThOs_2$	58DDC	$ScNi_2$	62Nev
$TmAl_2$	62Nev	UOs_2	55HW	YNi_2	60BD
$YbAl_2$	62Nev	$ScCo_2$	62Nev	$LaNi_2$	1187
$CpAl_2$	62Nev	YCo_2	60WG	$CeNi_2$	1187
UAl_2	1130	$CeCo_2$	1187	$PrNi_2$	1187
$NpAl_2$	1730	$PrCo_2$	60WG	$NdNi_2$	60WG
$PuAl_2$	55CE	$NdCo_2$	62Nev	$SmNi_2$	60WG
ZrV_2	949	$SmCo_2$	60WG	$GdNi_2$	60WG
HfV_2	18123	$GdCo_2$	60WG	$TbNi_2$	60WG
TaV_2	62Nev	$TbCo_2$	60WG	$DyNi_2$	60WG
$TiCr_2$	1661	$DyCo_2$	60WG	$HoNi_2$	60WG
$ZrCr_2$(h)	1663	$HoCo_2$	60WG	$ErNi_2$	60WG
$HfCr_2$	58ER	$ErCo_2$	60WG	$TmNi_2$	62Nev
$NbCr_2$	1262	$TmCo_2$	62Nev	$YbNi_2$	62Nev
$TaCr_2$(r)	1659	$CpCo_2$	62Nev	$CpNi_2$	62Nev
$ZrMo_2$	15106	$Ti_{1+}Co_2$	77,211	$PuNi_2$	55CE
$HfMo_2$(h)	18123	$ZrCo_2$	856	$CaPd_2$	58WC
ZrW_2	334,316	$HfCo_2$	18123	$SrPd_2$	57HK
HfW_2	18123	$NbCo_2$	856	$BaPd_2$	58WC
YMn_2	62Nev	$TaCo_2$(h)	856	$LiPt_2$	60NBW
$GdMn_2$	981	UCo_2	1393	$NaPt_2$	60NBW
$TbMn_2$	60WG	$PuCo_2$	55CE	$CaPt_2$	58WC
$DyMn_2$	60WG	$CaRh_2$	58WC	$SrPt_2$	57HK
$HoMn_2$	60WG	$SrRh_2$	57HK	$BaPt_2$	58WC
UMn_2	1395	$BaRh_2$	58WC	YPt_2	59CM

Tabelle 1 (Fortsetzung)

$Cu_2Mg(F_a^{4,2} = C15)$-Typ

$LaPt_2$	59CM	$MgCu_2$	*15*31	$ZrZn_2$	54P
$CePt_2$	*12*52	$NaAg_2$	59Schul	$HfZn_2$	SchMi demn.
$PrPt_2$	59CM	$NaAu_2$	*5*55	KBi_2	*22*71
$NdPt_2$	59CM	$PbAu_2$	*3*21,*6*12	$RbBi_2$	58Sh
$GdPt_2$	59CM	$BiAu_2$(h)	*33*15	$CsBi_2$	58Sh
$DyPt_2$	61BM	$PuZn_2$	62Ne		

$PdBe_5(F^{1,5})$-Typ

$MnBe_8$		$PtBe_5$	58BR	UCu_5	*13*107
$FeBe_5$	*36*13	$AuBe_5$	*33*30	$ZrNi_5$	57SG
$PdBe_5$	*33*30	UNi_5	*13*107	$HfNi_5$	61Dw

Tabelle 2. *Abarten des Cu_2Mg-Typs*

$MgZn_2(H_a^{4,8})$-Typ (Abb. 2)

$CaLi_2$	*9*31	$ScRe_2$	62Nev	$CpOs_2$	59CM
KNa_2	*9*120	YRe_2	59CM	$ZrOs_2$	*9*49
VBe_2	*48*,240	$CpRe_2$	62Nev	$HfOs_2$	59CM
$CrBe_2$	*48*,240	$ThRe_2$	62Nev	$PuOs_2$	58P
$MoBe_2$	*48*,240	URe_2(h) [1]	61Ha	$ZrIr_2$	*9*49
WBe_2	*48*,240	$PuRe_2$	62Nev	UNi_2	*13*141
$MnBe_2$	*48*,240	$ZrRe_2$	*9*49	$CdCu_2$	*16*36
$ReBe_2$	*48*,240	$HfRe_2$	59CM	Ca(Mg)Ag_2 bzw.	
$FeBe_2$	*36*13	$TiFe_2$	*13*131	$(Ag,Mg)_2Ca$	*10*31
$CaMg_2$	*5*53	$ZrFe_2$	*8*56	$MgZn_2$	*11*80
$SrMg_2$	*9*31	$HfFe_2$(h)	*18*123	$TiZn_2$	54P
$BaMg_2$	*9*31	$NbFe_2$	*8*85	$CaCd_2$	*10*32
$ZrAl_2$	60SchMi	$TaFe_2$	*8*85	KPb_2	56Gi
$HfAl_2$	60EA	$MoFe_2$	58P	CuAlMg	36LW
ZrV_2	*9*49	WFe_2	*3*36	$Cu_{1,5}Si_{0,5}Mg$	38W
$TiCr_2$(h)	52DM	$ScRu_2$	59CM	Ag_2Ca(Al)	37aW
$ZrCr_2$(r)	*9*49	YRu_2	59CM	CrCoTa	53K
$HfCr_2$	61El	$GdRu_2$	59CM	TiCoTa	53K
$TaCr_2$(h)	*16*59	$DyRu_2$	62Nev	$V_{1,5}Cu_{0,5}Ta$	53K
$ScMn_2$	62Nev	$HoRu_2$	62Nev	VCoTa	53K
$ErMn_2$	62Nev	$ErRu_2$	59CM	Cr_3CuTa_2	53K
$TmMn_2$	62Nev	$CpRu_2$	59CM	CrNiTa	53K
$CpMn_2$	62Nev	$ZrRu_2$	*9*49	VNiTa	53K
$TiMn_2$	*8*85	$TaCo_2$	58HA	$Ti_{36}Mn_{50}Si_{14}$	61BGB
$ZrMn_2$	*8*85	$ScOs_2$	59CM	$Mo_{25}Mn_{48}Si_{27}$	61BGB
$HfMn_2$	61El	YOs_2	59CM	$W_{40}Fe_{50}Si_{10}$	61BGB
$ThMn_2$	*16*112	$PrOs_2$	59CM	$V_2Co_{2,5}Si_{1,5}$	61BGB
$NbMn_2$	*8*85	$NdOs_2$	59CM	Ti_2Ni_3Si	61BGB
$TaMn_2$	*8*85	$SmOs_2$	59CM	$V_2Ni_{2,5}Si_{1,5}$	61BGB
$ScTc_2$	62Nev	$GdOs_2$	59CM	Mo_2Ni_3Si	61BGB
$ZrTc_2$	62Nev	$DyOs_2$	62Nev		
$HfTc_2$	62Nev	$ErOs_2$	62Nev		

[1] Bei Raumtemperatur besteht verzerrte Struktur (HATT 61).

Tabelle 2 (Fortsetzung)

$Ni_2Mg(H^{16,8})$-Typ[1]					
$ThMg_2$(r)	56PDV	$Ti_{0,8}Co_{2,2}$	*78*,211	MgCuAl(h)	36LW
$HfCr_2$	*18*123	$Nb_{0,8}Co_{2,2}$	*856*	Cu_3Mg_2Si(h)	58P
$HfMo_2$	*18*123	$Ta_{0,8}Co_{2,2}$	*856*	$Ag_{0,4}MgZn_{1,6}$	37W
$HfMn_2$	*18*123	$MgNi_2$	*331*,316	$(Mn,Ni)_2U$	55BWS
$HfZn_2$	62SchMi	UPt_2	58P	$(Fe,Ni)_2U$	55BWS
$Zr_{0,8}Fe_{2,2}$	*856*	Mg_2CuZn_3	52LW	$(Co,Ni)_2U$	55BWS
Weitere Abart		**$Zr_2Al_3(S^{4,6})$**-Typ			
$ScFe_2$	61Dw	Zr_2Al_3	62PSch	Zr_2Ga_3	62PSch
$NbZn_2$	61Vo	Hf_2Al_3	62PSch	Hf_2Ga_3	62PSch

[1] D^4_{6h}—C6/mmc $a = 4,805$ $c = 15,77$ kX 4Ni(f),1/3,2/3,1/8 6Ni(g),1/2,0,0 6Ni(h),1/6,1/3,1/4 4Mg(e),0,0,3/32 4Mg(f),1/3,2/3,27/32.

größeren Zahl von Experimentaldaten ist 1,206 (Laves/Wallbaum 42). Da also die Beobachtungsdaten gut zu dem Wert für Volumengleichheit passen, zeigen Cu_2Mg und seine Stapelvarianten eine gute Raumerfüllung (Schulze 39 und die oben genannten Autoren). Weitere meist geometrische Erörterungen (z. B. über die größere Starrheit des Gitters der Mehrheitskomponente) findet man bei Bokii/Wainstein (43), Kripiakewitsch/Tscherkaschin (50), Berry/Raynor (53), Schulze (59).— Die mit den Radienquotienten zusammenhängenden Strukturargumente sind jedoch nicht ausreichend (Laves/Wallbaum 39, Wallbaum 43). So zeigt Tab. 3, daß in der Ni-Kolonne Einfachersetzung die Zweifachersetzung ablöst trotz günstigem Radienquotienten. Analoges gilt für einige U-T-Verbindungen (Tab. 3). —

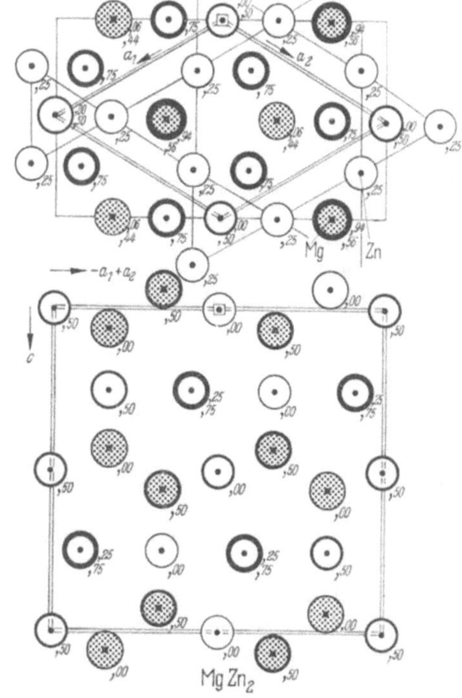

Abb. 2. **$MgZn_2$**($H^{4,8}_a$, C14, *1*180,228) $D^4_{6h}-P6_3/mmc$ $a = 5,15$ $c = 8,48$ kX $c/a = 1,64_8$ 4Mg(f),1/3,2/3 062 2Zn(a),0,0,0 6Zn(h) $,\overline{17}_0,17_0,1/4$

Eine elektronische Gesetzmäßigkeit fanden LAVES/WITTE (36) bei einigen Mg-Legierungen. Sie hielten die geometrischen Einflüsse durch Festhalten des Magnesiumgehalts konstant und variierten die VEK.

Tabelle 3. *XY_2-Strukturen bei einigen T-T-Legierungen* (nach KUO 53, HEAL/WILLIAMS 55)

X \ Y	V (1,36)	Cr (1,28)	Mn (1,31)	Fe (1,27)	Co (1,26)	Ni (1,24)	Cu (1,28)
Ti (1,45)*	B^1 1,07*	(h) H F 1,13	H 1,11	H 1,14	+Co H' F 1,15	Ni_3Ti ($H_a^{4,12}$) 1,17	Cu_3Ti (H^2D) 1,13
Zr (1,60)	H** 1,18	(h) H F 1,25	H 1,22	H' +Fe F 1,26	F 1,27	Ni_3Zr (H^2D) 1,29	Cu_3Zr 1,25
Nb (1,47)	B^1 1,08	F 1,15	H 1,12	H 1,16	+Co H' F 1,17	Ni_3Nb (H^2D) 1,18	1,15
Ta (1,46)	B^1 1,08	(h) H F 1,14	H 1,11	H 1,15	+Co H' F 1,16	Ni_3Ta (H^2D) 1,18	1,14
	U-Ta keine Verbindung	U-W keine Verbindung		UOs_2 F	UIr_2 F	UPt_3 ($H_a^{4,12}$)	

* Zahlen bedeuten (Atomradien für 12-Koordination) bzw. Radienquotienten.
** H = $MgZn_2$-Typ, F = $MgCu_2$-Typ, H' = $MgNi_2$-Typ, *h* = Hochtemperaturmodifikation, +Fe = bei Überschuß von Fe, H^2D = H^2 mit Verzerrung und Ordnung.

Dabei ergab sich folgender Zusammenhang zwischen VEK und Strukturtyp:

VEK:	0,7 ... 1,0	1,0 ... 1,8	1,8 ... 1,9	1,9 ... 2,2
Typ:	Ni_2Mg	Cu_2Mg	Ni_2Mg	$MgZn_2$

Bedenkt man, daß in Cu_2Mg ein Mg zwei Cu ersetzt, so liegt es nahe (und ist auch im Sinne des Bandmodells richtig), die VEK-Werte mit 3/4 zu multiplizieren, was die Übergangswerte 0,75, 1,35 und 1,42 ergibt. Die genannte Regel ist also eine Erweiterung der HUME-ROTHERY-Regel für messingartige Legierungen (SCHUBERT 52c), die durch Bandmodell- und Ortskorrelationsbetrachtungen gedeutet wird. Ein Versuch, die Zweifachersetzung auch bei T-T-Legierungen auf Valenzelektronenregeln zurückzuführen (Elliott/Rostoker 58) wirkt weniger überzeugend. — Neben den Regeln für messingähnliche Phasen gilt, wie wir in 2.22 sahen, eine erweiterte Regel, wenn man die Außenelektronenkonzentration als Variable annimmt; bei den Laves-Verbindungen kann man auch diese Regel wiedererkennen, wenn man eine Verbindung mit der Elementstruktur ihrer Mehrheitskomponente vergleicht:

Bei Li, Na sind die Verbindungen vom $MgZn_2$-Typ, also hexagonal, entsprechend den (t)-Modifikationen dieser Elemente. Mit Be und Mg sind die meisten Verbindungen hexagonal; $TiBe_2(F_a^{4,2})$ ist eine Ausnahme, ferner einige Verbindungen mit Be- bzw. Mg-Überschuß sowie (h)-Modifikationen. Mit Al gibt es nur einen $MgZn_2$-Vertreter, dagegen 9 Cu_2Mg-Strukturen. Mit V, Cr, Mo und W treten, abgesehen von einigen (h)-Phasen Cu_2Mg-Strukturen auf; wenngleich hier keine F^1-Struktur bei Elementen

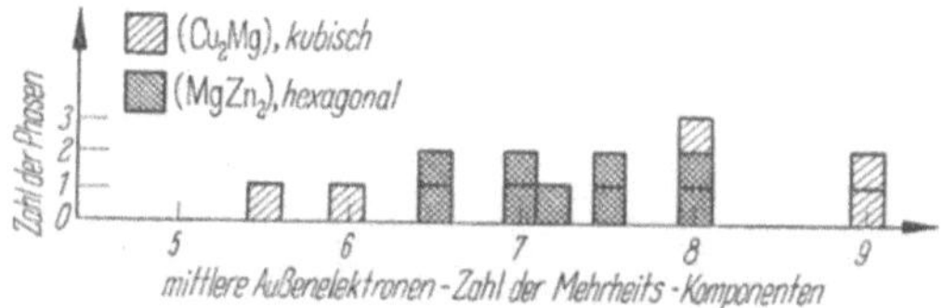

Abb. 3. Ternäre Laves-Phasen mit Ta- und T-Elementen (nach Kuo 53)

vorkommt, wird man vermuten dürfen, daß die Cu_2Mg-Strukturen eine relative Vorteilhaftigkeit der F^1-Struktur anzeigen. Mit Mn, Re, Fe, Ru, Os kommen vorwiegend $MgZn_2$-Gitter entsprechend der Zugehörigkeit der Mehrheitskomponente zum Ru-Zweig der H^2-Struktur (vgl. Abb. 3). Mit Co kommen entsprechend seiner Zwischenstellung Ni_2Mg-Strukturen, aber auch $MgZn_2$- und Cu_2Mg-Gitter. Mit Ni, Cu und ihren Homologen im Cu-Zweig der F^1-Struktur kommen vorwiegend Cu_2Mg-Gitter; bei einigen $MgZn_2$-Vertretern (z. B. den binären mit Si) befindet man sich vermutlich im Messingzweig der H^2-Struktur. Mit Pb gibt es eine $MgZn_2$-Phase entsprechend dem benachbarten Tl. Mit Bi gibt es eine $F_a^{4,2}$-Phase entsprechend dem benachbarten Pb. — Versuchsweise weitergehende Zuordnungen zum Messingzweig der H^2-Struktur usw. findet man bei Schubert (56b). Ferner findet man Bestätigungen einer Regel, wonach bei höheren Temperaturen elektronenreichere Strukturen stabil werden (vgl. 3.21). Auch bei ternären Legierungen sind gemäß der Elektronenkonzentrationsregel Laves-Strukturen zu erwarten, und man findet obige Beziehung zur Elementstruktur der Mehrheitskomponenten bestätigt (Abb. 4). Eine ähnliche Diskussion der elektronischen Effekte gibt Dwight (61).

Diese umfangreiche gute Entsprechung führt zur Annahme folgender Bedingung für das Auftreten von Zweifachersetzungsstrukturen (Schubert 56b): die Mehrheitskomponente muß als Element in einer dichtesten

Kugelpackung kristallisieren oder wenigstens im Periodischen System nahe einer solchen stehen. Weniger ins Gewicht fallend scheint die Anforderung, daß die Minderheitskomponente im Periodischen System in der Nähe einer B^1-Struktur stehen sollte. — Durch diese Regeln wird eine große Zahl hinsichtlich des Radienquotienten möglicher LAVES-Strukturen ausgeschlossen. — Einige interessante elektronische Argumente bei Verbindungen mit Lanthaniden findet man bei WERNICK/GELLER (60), die Gitterkonstantenbesonderheiten mit dem Energieniveau der Schalen in Zusammenhang bringen.

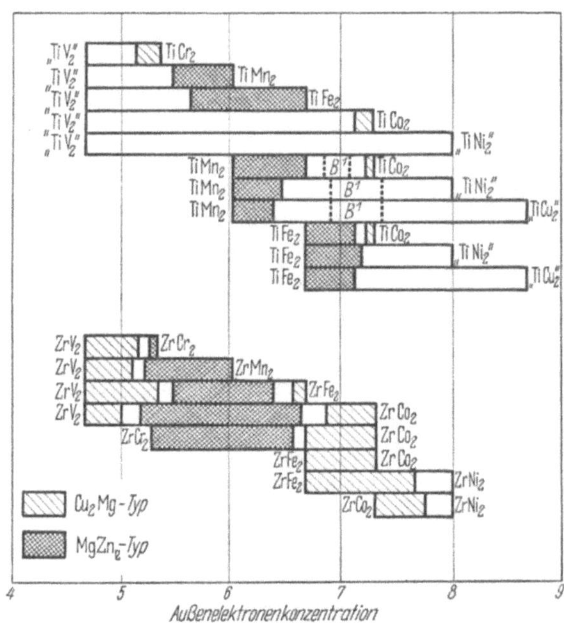

Abb. 4. Cu_2Mg- und Zn_2Mg-Typ in quasibinären Schnitten (nach ELLIOT/ROSTOKER 58) Die Verschiebung nach links im Vergleich zu H^2,F^1 in Abb. 2.22/1 deutet auf Abgabe von Elektronen durch Ti bzw. Zr

R-Varianten der $Cu_2Mg(F_a^{4,2})$*-Struktur* sind bei Be-Legierungen häufig beobachtet worden, so hat man z. B. gefunden: $FeBe_5$ (ungeordnet), **$PdBe_5$** (geordnet); die Hälfte der Minderheitsatome ist einfachersetzt, z. B. $(PdBe)Be_4$. Eine Überstruktur bei Cu_2Be_3Al wurde von NICKEL (58) gefunden und mit einem tetragonalen Strukturvorschlag versehen. Eine monokline Abart der $F_a^{4,2}$-Struktur hat BLACK (55) beobachtet bei $FeBe_{2,3}Al_2$; Cu-Vertreter sind hier Fe und Be; gegenüber der Idealformel $FeBe_3Al_2$ gibt es Be-Leerstellen, die vielleicht durch ein zu hohes Valenzelektronenangebot bedingt sind; Fe dürfte in dieser Phase Valenzelektronen absorbieren, was man magnetisch prüfen könnte.

Die Bindungsbeziehung der Zweifachersetzungsphasen wird wegen des großen Einflusses der Mehrheitskomponente auf die Stapelfolge ähnlich wie im Elementzustand der Mehrheitskomponente sein. Bei Cu_2Mg wird man also eine A1-Korrelation der Valenzelektronen im Cu-Teilgitter annehmen. Da Mg 2 Cu-Atome vertritt und 2 Elektronen mitbringt, kann sich die Valenzelektronenkorrelation ungestört ins Mg-Teilgitter ausbreiten. Da Pb in $Au_2Pb(F_a^{4,2})$ 4 Elektronen mitbringt, wird man annehmen müssen, daß die Valenzelektronenkorrelation in der Nähe der Pb-Atome etwa zum B1-Typ aufgefüllt ist. — Bei V-Ni-Legierungen darf man eine Kommensurabilität der Ni $3d^{10}$-B1-Korrelation mit der V $3d^5$-A1-Korrelation annehmen, die energetisch günstig ist, so daß kein Anreiz mehr zur Bildung einer Cu_2Mg-Struktur besteht.

3.42 Dreifachersetzungsstrukturen. Die $H^{1,5}$-Struktur von $\mathbf{CaZn_5}$ (Abb. 1, Tab. 1) kann beschrieben werden als H^2-Zelle mit verdoppelter a-Achse, in der statt 8 Atome nur 6 sind; das Ca-Atom ersetzt also 3 Zn-Atome einer gedachten H^2-Packung. Aus der Volumengleichheit dreier Zn-Vertreter mit einem Ca-Vertreter folgt der Radienquotient $r_{(Ca)}/r_{(Zn)} = 3^{1/3} = 1{,}44$, das Mittel ist nach HEUMANN (50) 1,476. HEUMANN zeigte auch, daß die a-Achse durch den Zn-Vertreter bestimmt wird, der dem Ca-Vertreter ein bestimmtes Volumen zur Verfügung stellt. Man kann $CaZn_5$ auch als $H_a^{4,8}$-Struktur beschreiben (NOWOTNY 42). Da die Partner aus nicht sehr weiten Bereichen des Periodischen Systems stammen, müssen auch hier elektronische Einflüsse (Kommensurabilität der Ortskorrelationen der Partner) wirksam sein. Eine Diskussion der Struktur vom Standpunkt der PAULINGschen Theorie wurde von BYSTRÖM/KIRKEGAARD/KNOP (52) mitgeteilt.

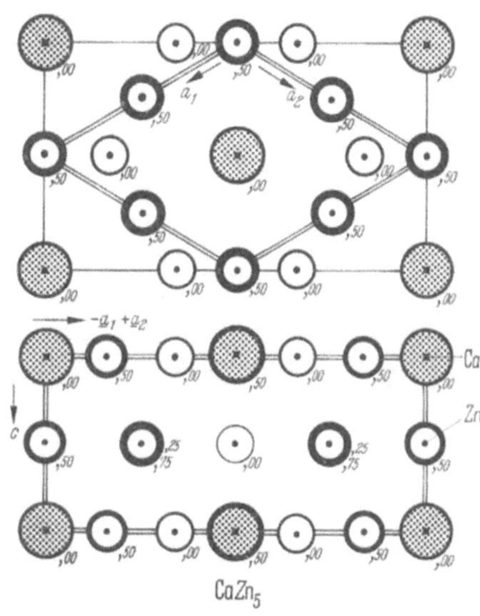

Abb. 1. $CaZn_5(H^{1,5}, 1159)$ D_{6h}^1 – P6/mmm $a = 5{,}416$ $c = 4{,}191$ kX 1 Ca(a),0,0,0 2 Zn(c),1/3,2/3,0 3 Zn(g),1/2,0,1/2

Zwei orthorhombische Strukturen, verwandt zu $CaZn_5$, nämlich $\mathbf{SrZn_5}$ und $\mathbf{BaZn_5}$, wurden von BAENZIGER/CONANT (56) beschrieben.

Durch Weglassen von Ni-Schichten aus $PuNi_5$ ($CaZn_5$-Typ) entsteht die $N^{6,24}$-Struktur von $\mathbf{PuNi_4}$ (Tab. 1). Weiterhin ist verwandt die $O^{4,24}$-Struktur von $\mathbf{CeCu_6}$ (CROMER/LARSON/ROOF 60). Wegen ihrer strukturellen Ähnlichkeit müssen wir ferner hier die $U^{1,12}$-Struktur

Tabelle 1. *$CaZn_5$-Familie*

$CaZn_5(H^{1,5})$-Typ (Abb. 1)

$CeFe_5$?	55JD	$CeNi_5$	*11*59	$CaCu_5$	*11*59
$ThFe_5$	58P	$PrNi_5$	*11*59	YCu_5	59WG
$CaCo_5$	*11*59	$NdNi_5$	59WG	$LaCu_5(LaCu_{4,5})$ [1]	*11*59
YCo_5	59WG	$SmNi_5$	60Ha	$Ce_{1+}Cu_{5-}(CeCu_4)$	59WG
$LaCo_5$	61Dw	$GdNi_5$	*11*59	$PrCu_5$	61Dw
$CeCo_5$	*11*59	$TbNi_5$	60Ha	$NdCu_5$	59WG
$PrCo_5$	59WG	$DyNi_5$	59WG	$SmCu_5$	60Ha
$NdCo_5$	59WG	$HoNi_5$	60Ha	$GdCu_5$	59WG
$SmCo_5$	60Ha	$ErNi_5$	59WG	$TbCu_5$	60Ha
$GdCo_5$	59WG	$YbNi_5$	60Ha	$HoCu_5$	61Dw
$TbCo_5$	60Ha	$ThNi_5$	*11*59	$SrAg_5(SrAg_4)$	*13*31
$DyCo_5$	59WG	$PuNi_5$	55CE	$BaAg_5(BaAg_4)$	*13*31
$ErCo_5$	59WG	$SrPd_5$	57HK	$SrAu_5$	60F-KH
$HoCo_5$	60Ha	$SrPt_5$	57HK	$BaAu_5(BaAu_6)$	*13*31
$ThCo_5$	*11*59	$BaPt_5$	*13*31	$ZrBe_5$	59ZBS
$ThIr_5$	61Dw	$LaPt_5$	61Dw	$HfBe_5$	61ZSBK
$CaNi_5$	*11*59	$CePt_5$	61Dw	$CaZn_5$	*11*59
YNi_5	59WG	$PrPt_5$	61Dw	$LaZn_5$	*11*59
$LaNi_5$	*11*59	$NdPt_5$	61Dw	$ThZn_5(ThZn_9)$	*11*59

R-Varianten der $CaZn_5$-Struktur

$ThMn_{12}(U^{1,12})$-Typ (Abb. 2)

$TiBe_{12}$	61ZSBK (52RR)	$PdBe_{12}$	58BR	Pu_2Ni_{17}	56R
VBe_{12}	55KG	$PtBe_{12}$	58BR	Pu_2Co_{17}	vgl. 58HA
$NbBe_{12}$	55KG	$AgBe_{12}$	58BR	$Ti_2Be_{17}\beta$	61ZSBK
$TaBe_{12}$	57GK	$ThMn_{12}$	*16*113	$Hf_2Be_{17}\beta$	61ZSBK
$CrBe_{12}$	55KG				
$MoBe_{12}$	55RB				
WBe_{12}	57GK				
$MnBe_{12}$	57BR				
$FeBe_{12}$	57BR				
$CoBe_{12}$	57BR				

$Th_2Fe_{17}(N^{2,17})$-Typ, monoklin

Th_2Fe_{17}	56FBR
Th_2Co_{17}	56FBR

$Th_2Ni_{17}(H^{4,34})$-Typ [2]

Th_2Ni_{17}	56FBR

$Th_2Zn_{17}(R^{6,51})$-Typ [3]

Th_2Zn_{17}	56MW

$U_2Zn_{17}(H^{12,102})$-Typ, hexagonal

U_2Zn_{17}	56MW

Mischungen aus $MgZn_2$- und $CaZn_5$-Elementen

$NbBe_3(R^{3,9})$-Typ

$TiBe_3$	61ZSBK
$NbBe_3$	59SZK
$TaBe_3$	61ZSBK
$PuNi_3$	59CO

$CeNi_3(H_b^{6,18})$-Typ

$CeNi_3$	59CO

$Ce_2Ni_7(H^{8,28})$-Typ

Ce_2Ni_7	59CL

$PuNi_4(N^{6,24})$-Typ

$PuNi_4$	60CL

$CeCu_6(O^{4,24})$-Typ

$CeCu_6$	60CLR

$Nb_2Be_{17}(R^{2,17})$-Typ

$Ti_2Be_{17}\alpha$	61ZSBK
Zr_2Be_{17}	59ZBS
$Hf_2Be_{17}\alpha$	61ZSBK
Nb_2Be_{17}	59ZSK
Ta_2Be_{17}	61ZSBK

[1] Wahre Zusammensetzung.

[2] FLORIO/BAENZINGER/RUNDLE (56) D_{6h}^4—C6/mmc $a = 8{,}37$ $c = 8{,}14$ Å 2Th(*b*) 2Th(*d*) 4Ni(*f*) $z = {,}11$ 6Ni(*g*) 12Ni(*j*) $(x, y) = {,}33{,}00$ 12Ni(*k*) $(x, z) = {,}167{,}00$

[3] MAKAROW/WINOGRADOW (56) D_{3d}^5—R$\bar{3}$m $a_h = 9{,}03$ Å $c_h = 13{,}20$ Å 6Th(*c*) $z = {,}33$ 9Zn(*d*) 18Zn(*f*) $x = {,}33$ 18Zn(*h*) $x = {,}500$ $z = {,}167$ 6Zn(*c*) $z = {,}097$.

von **$ThMn_{12}$** (Abb. 2, Tab. 1) besprechen am Beispiel des chemisch ähnlichen $MoBe_{12}$. Jedes Mo ist von 12 Be umgeben, aber 8 Be-Atome von Mo-Nachbarn kommen so nahe an das Mo-Atom heran, daß sie ebenfalls angenähert zur Erstkoordination gezählt werden können. Die Vertretertabelle enthält mit Ausnahme von $ThMn_{12}$ nur Be-Verbindungen.

Die Projektion in die (010)-Ebene ist, wie RÄUCHLE/v. BATCHELDER bemerkten, pseudohexagonal. Die Phase $MoBe_2(H_a^{4,8})$ zeigt eine enge Verwandtschaft mit obiger Pseudozelle. Nach GLADYSCHEWSKI/KRIPIAKEWITSCH (57) gibt es in den Systemen Mo–Be und W–Be noch B-reichere Zwischenphasen als TBe_{12}.

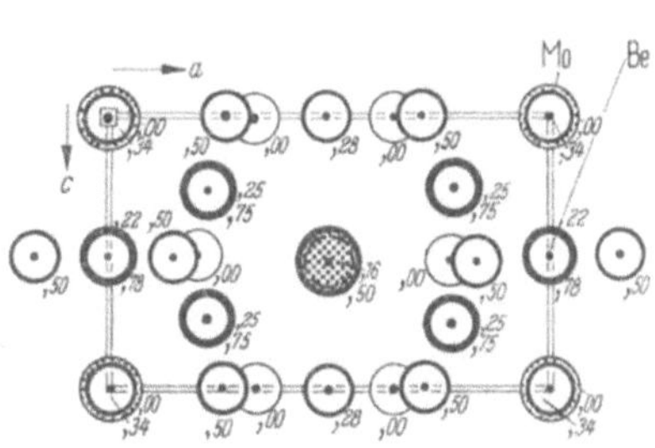

Eine A1-Korrelation mit

$$(\mathbf{a}_1 \mp \mathbf{a}_2)/6 = 1{,}71$$

und $l_c = 3{,}5$ gibt PZ = 63, während das Elektronenangebot bei $MoBe_{12}$ 60 beträgt.

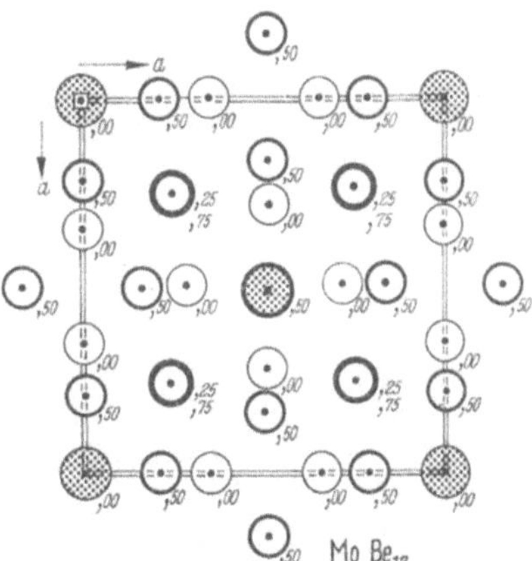

Abb. 2. $MoBe_{12}(U^{1,12}$, isotyp $ThMn_{12}$, *16*113) D_{4h}^{17}–I4/mmm a=7,271 c=4,234 Å 2Mo(a),0,0,0 8Be(f),1/4,1/4,1/4 8 Be(j),284,1/2,0 8 Be(i),344,0,0

Die Zelle von $TiBe_{12}$ (SR*16*27) ist homöotyp zu $MoBe_{12}$ und hat eine z. T. aufgeklärte komplizierte hexagonale Struktur. Das Ti-Atom ist wieder von 20 Be-Atomen umgeben, und das Koordinationspolyeder ähnelt dem von $MoBe_{12}$. In Pulveraufnahmen konnte diese Struktur allerdings nicht wiedergefunden werden (ZALKIN/SANDS/BEDFORD/KRIKORIAN 61).

Während sich die (010)-Projektion der $ThMn_{12}$-Struktur aus 2 Basismaschen der $CaZn_5$-Struktur zusammensetzen läßt, besteht die Basis der $H^{4,34}$-Struktur von **Th_2Ni_{17}** (Tab. 1) aus 3 $CaZn_5$-Basisflächen ($a \approx \sqrt{3}a_{CaZn_5}$, $c \approx 2c_{CaZn_5}$). In dieser Elementarzelle haben die Th die Koordinaten $0 0 \frac{1}{4}$ $0 0 \frac{3}{4}$ und $\frac{1}{3}\frac{2}{3}\frac{3}{4}$ $\frac{2}{3}\frac{1}{3}\frac{1}{4}$ (2 Formeleinheiten je Zelle); die besondere Geometrie der Struktur bringt es mit sich, daß jedes gegenüber $CaZn_5$ fehlende Th durch 2 Ni ersetzt wird, die eine Hantel parallel c bilden; der Hantelabstandsparameter ist statt 0,5 nur 0,28 wegen des Platzbedarfs der Th-Atome.

Eine weitere Abart des $CaZn_5$-Typs ist die $N^{2,17}$-Struktur von **Th_2Fe_{17}** (Tab. 1). Durch die Transformation $\mathbf{a}' = \mathbf{a} + 2\mathbf{c}$, $\mathbf{b}' = \mathbf{b}$, $\mathbf{c}' = \mathbf{a} - \mathbf{c}$

kann man eine quasiorthogonale Zelle herleiten, die zu den Gitterkonstanten von $ThFe_5$ ($CaZn_5$-Typ) in folgender Beziehung steht: $a' \approx 3a_{ThFe_5}$, $b' \approx \sqrt{3}a_{ThFe_5}$, $c' \approx 3c_{ThFe_5}$. Auch hier werden die gegenüber $CaZn_5$ fehlenden Th durch Fe-Hanteln parallel c_{CaZn_5} ersetzt. Die Monoklinität kommt durch die Verteilung der Ersetzungsstellen zustande.

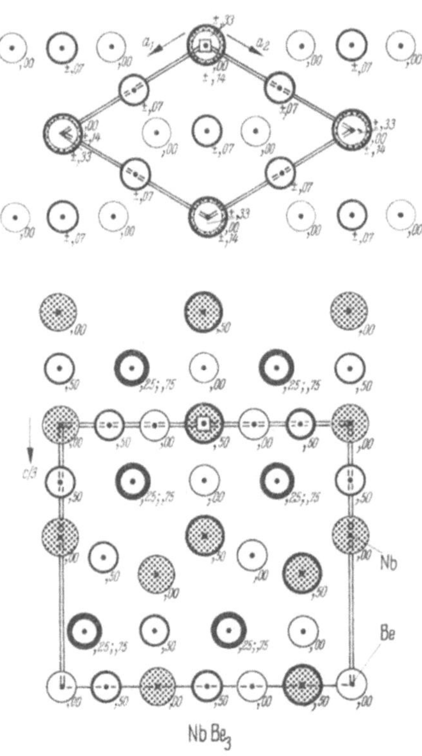

Abb. 3. $NbBe_3$($R^{3,9}$, 59SZK) $D^5_{3d}-R\bar{3}m$ $a_h = 4{,}56$ $c_h = 21{,}05$ Å 3Nb(a),0,0,0 6Nb(c),00,00,14 3Be(b),0,0,1/2 6Be(c),0,0,1/3 18Be(h),50,$\bar{5}$0,07

Für die Gitterkonstanten der $R^{6,51}$-Struktur von $\mathbf{Th_2Zn_{17}}$ (Tab. 1) gilt $a \approx \sqrt{3}a_{CaZn_5}$, $c \approx 3c_{CaZn_5}$; die Phase ist ähnlich wie Th_2Ni_{17} gebaut. Ähnlich gilt ferner für $\mathbf{U_2Zn_{17}}$ $a \approx \sqrt{3}a_{CaZn_5}$, $c \approx 6c_{CaZn_5}$; diese $H^{12,102}$-Struktur ist etwas anders gestapelt als Th_2Zn_{17}.

Eine Mischung aus $MgZn_2$- und $CaZn_5$-Strukturelementen zeigt die $R^{3,9}$-Struktur von $\mathbf{NbBe_3}$ (Abb. 3, Tab. 1). Nach 2 Schichten $CaZn_5$-Struktur folgen 2 Schichten (davon eine gebuckelt) $MgZn_2$-Struktur und diese Pakete sind rhomboedrisch gestapelt. Zur $NbBe_3$-Struktur gehört auch $PuNi_3$, während $\mathbf{CeNi_3}$ (Tab. 1) etwas komplizierter gebaut ist. In $\mathbf{Ce_2Ni_7}$($H^{8,28}$) (Tab. 1) folgen auf 4 $CaZn_5$-Schichten 1 $MgZn_2$-Schicht. Eine ähnliche rhomboedrische Struktur mit einer Formeleinheit in der primitiven Zelle hat $\mathbf{Nb_2Be_{17}}$ (Tab. 1); einige Be-Verbindungen kristallisieren außerdem in der Th_2Ni_{17}-Struktur (Zalkin/Sands/Bedford/Krikorian 61).

4. B-B-Phasen

4.1 Besonderheit der B-B-Verbindungen

Bei den T^{10}-Elementen ist die Auffüllung der *d*-Schalen der Elemente abgeschlossen, und es wird bei weiterer Steigerung der Atomnummer, d. h. bei den B-Elementen, die bei den A^1-Elementen erstmalig besetzte Hauptquantenschale weiter aufgefüllt. Das bei allen T-Elementen vorhandene Elektron dieser neuen Schale und die starke Wechselwirkung der d-Elektronen bewirken, daß die T^{10}-Elemente nicht gasförmig sind und daß ein Minimum der Kohäsionsenergie erst bei Zn auftritt. Bei den B-Elementen wird die Edelgasschale vollgefüllt und erst dann eine neue Hauptquantenschale besetzt. Die Elemente mit vollständig aufgefüllter Hauptquantenschale sind Gase, weil die Atome nur noch schwache Dispersionskräfte aufeinander ausüben können und das Band der Leitfähigkeitselektronen energetisch unerreichbar ist. Im Gegensatz zu den T-Elementen ist bei B-Elementen die Valenzelektronenabzählung sicher, weil nicht gleichzeitig zwei teilweise aufgefüllte Schalen vorliegen. Die energetische Vorteilhaftigkeit der Edelgasschale führt dazu, daß in Verbindungen eine Komponente „bestrebt ist", ihre Edelgasschale durch Elektronen anderer Komponenten zu vervollständigen (Anionen). Die Elektronendonatoren (Kationen) geben häufig nicht alle Valenzelektronen ab, sondern nur die p-Elektronen; man sagt, die s-Elektronen bilden ein *inertes Paar*.

Ist bei einem B-Element ein d-Rumpf vorhanden, so hat auch dieser eine zusätzliche Bindung der Atome aneinander zur Folge, weil die d-Elektronen vermöge ihres großen Winkelimpulses der Bahnbewegung verhältnismäßig stark miteinander wechselwirken durch die Schale der Valenzelektronen hindurch. Besteht der Rumpf nur aus s, p-Elektronen, so sind diese Wirkungen schwächer (P und As, S und Se sind nicht isotyp). Noch schwächer sind die Wirkungen, wenn der Rumpf allein aus s-Elektronen besteht (die Atome N, O, F sind bei Raumtemperatur nur zu Molekülen aneinander gebunden und bilden auch bei tieferen Temperaturen Molekülstrukturen). Das Hereinspielen der Rumpfelektronen in die Bindung ist auch der Grund dafür, daß homologe B-Elemente bei höherer Kernladung stärker metallischen Charakter zeigen.

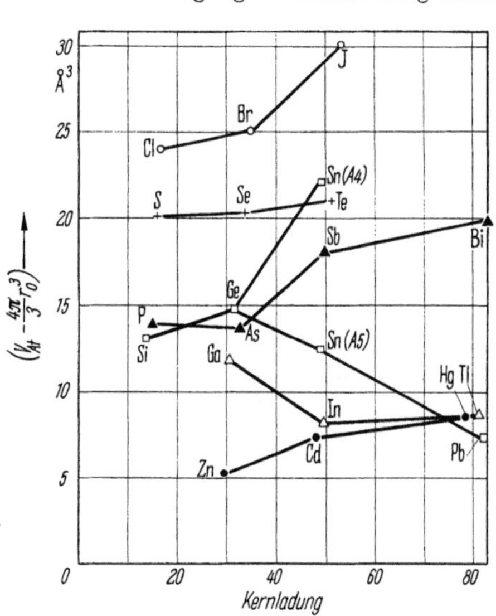

Abb. 1. Valenzelektronenvolumen bei B-Elementen V_{At} Atomvolumen; r_0 minimaler Abstand im Element

Die zusätzliche Bindung durch die Rumpfelektronen hat eine *Volumenregel* zur Folge (SCHUBERT 50c). Es stellen sich Atomabstände ein, die als Kontakte der d-Schalen aufgefaßt werden können und die sich mit zunehmender Kernladung wegen der größeren Anziehungskraft der Kerne verkürzen; bei zunehmender Kernladung wird aber zugleich das Valenzelektronengas dichter, übt also eine ausdehnende Wirkung auf das Gitter aus. Das Gitter reagiert darauf so, daß es in seiner Struktur weniger dicht gepackt („offener") wird, vgl. z. B. das Diamantgitter. In Abb. 1 ist das „Valenzelektronenvolumen" der B-Elemente in Funktion der Kernladungszahl aufgetragen. Man erkennt, daß die Elemente mit viel Valenzelektronen auch ein großes Valenzelektronenvolumen beanspruchen. — Da bei T-Elementen keine starke Wechselwirkung zwischen aufgefüllten Rümpfen besteht, kommen bei ihnen auch keine B-Elementstrukturen vor.

Nach der *8 − n-Koordinationsregel* kristallisieren die B-Elemente so, daß jedes Atom $8-n$ engste Nachbarn hat, wo n die Valenzelektronenzahl des B-Elements ist. Die Regel trifft zwar bei Cu, Ag, Au, Hg, Ga, In, Tl, Pb nicht zu, ist aber bei den anderen Strukturen unverkennbar erfüllt. Huggins (22), Bradley (24) und Hume-Rothery (30) diskutierten die Regel und deuteten sie im Sinne der Edelgasschalenkomplettierung durch „geteilte" Elektronen; es liegt aber auch im Sinne obiger Auflockerung der Struktur, daß die Koordinationszahl abnimmt; wir werden unten sehen, daß weitere Argumente aus der Ortskorrelation der Valenzelektronen folgen. Auch bei Zwischenphasen in B-B-Systemen läßt sich ähnlich wie bei Elementen der Übergang von einer in 3 Raumdimensionen gebundenen Struktur zu einer aus zwei-, ein- und nulldimensionalen Bauelementen zusammengesetzten Struktur verfolgen, wenn man die VEK von kleinen Werten auf 8 steigert. —

Die Strukturen der B-B-Phasen lassen sich um folgende Familien gruppieren: aufgelockerte dichteste Kugelpackungen (4.2; 4.3), diamantartige Strukturen (4.4), Strukturen der P-, As-, Se-Gruppe (4.5), Strukturen mit Molekülbindung (4.6; 4.7). Für die Ortskorrelation der Valenzelektronen kann man ähnlich wie bei den T-Elementen vorwiegend eine A1-Korrelation annehmen, die bei mehr als 4 Valenzelektronen zur B1-Korrelation aufgefüllt wird und so das strukturelle Bild bestimmt. Bei Verbindungen hoher VEK ist die Auffindung geeigneter Ortskorrelationsvorschläge ähnlich wie bei T-T-Legierungen schwierig, vielleicht ist die Ortskorrelation dort nicht in unserem einfachen Sinne gitterartig, jedenfalls treten Gesichtspunkte der dichtesten Packung in den Vordergrund (Kitaigorodski 55).

Die Offenheit der Strukturen und die Struktur des Valenzelektronengases wirken sich auf die physikalischen Eigenschaften aus. Vergleichen mit den T-Elementen ist das Atomvolumen und die Kompressibilität größer und Sublimationswärme und Schmelztemperatur kleiner. Während die Leitfähigkeit für den elektrischen Strom bei den B^1-Metallen noch sehr gut ist, zeigen beispielsweise einige B^4-Elemente nur nach geeigneter Mischkristallbildung eine mit steigender Temperatur zunehmende geringe Leitfähigkeit (Halbleiter). Diese Tatsache hängt damit zusammen, daß die Elektronen der A1-Korrelation nicht zur Leitfähigkeit beitragen und die Bewegung der in dieser Korrelation liegenden Zusatzladungen temperaturaktiviert ist. Aus diesem Grunde sind Phasen mit VEK $>$ 4 Halbleiter. Die Halbleitereigenschaften sind schon seit dem 19. Jahrhundert bekannt, sie haben in unserem Jahrhundert eine technische Schlüsselstellung gewonnen. Bei B-B-Phasen, deren Komponenten schwache Rumpfwirkungen ausüben, treten Stoffe auf, die den elektrischen Strom nicht leiten und z. T. durchsichtig sind. Einige von ihnen reagieren nicht mehr wesentlich mit Wasser und sind bis zu hohen Temperaturen stabil; sie haben in der keramischen Technik eine Jahrtausende alte Bedeutung. Viele Verbindungen aus B^L-Elementen sind zwar sehr temperaturempfindlich, bilden aber bei Raumtemperatur eine überwältigende Menge von strukturellen Variationen, sie bilden den Gegenstand der organischen Chemie.

4.2 Deformationsvarianten dichtester Kugelpackungen

4.21 Die Strukturen der B^2-Elemente. Die H^2-Struktur von **Zn** (Tab. 4.32/1, Abb. 1) hat ein Achsverhältnis von $\approx 1{,}86$, welches das ideale Achsverhältnis für dichteste Kugelpackung (1.63_3) weit übertrifft. — Einige Autoren nahmen an, daß das Zn-Atom von Natur aus länglich sei. — Jones (34) zeigte, daß die Impulsbesetzung bei Zn besonders günstig ist. Die TVEK für BE (011) ist bei $c/a = 1{,}63$

gleich 1,65, bei $c/a = 1{,}85$ jedoch etwa gleich 1,75 (SCHUBERT 52a), so daß mit einem angenommenen Ausbauchungsbeitrag von 0,25 die BE $\{011\}$ vom Fermikörper berührt, aber nicht überragt werden. Die

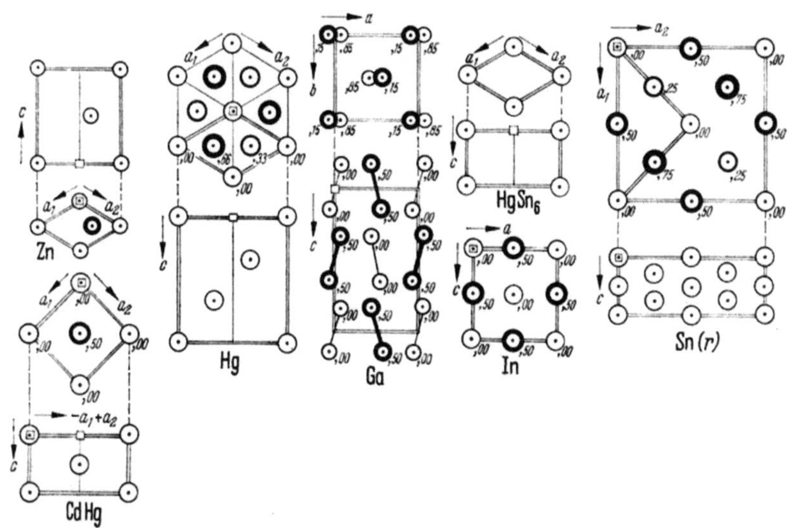

Abb. 1. **Zn**(H^2,*116*) $D_{6h}^4 - P6_3/mmc$ $a = 2{,}649$ kX $c = 4{,}930$ $c/a = 1{,}861$ 2 Zn(c),1/3,2/3,1/4; **Hg**(R_a^1,*1737*) $D_{3d}^5 - R\bar{3}m$ $a_r = 3{,}00$kX $\alpha = 70{,}53°$ $a_h = 3{,}46$ $c_h = 6{,}70$ 1 Hg(a),0,0,0; **Ga**(Q_a^4,*21*) D_{2h}^{18} – Abma $a = b = 4{,}506$ $c = 7{,}642$ kX 8 Ga(f) ,080,000,153; **Sn(r)**(U^2,A 5,*121*,54) $D_{4h}^{19} - I4_1/amd$ $a = 5{,}84(8{,}25)$ $c = 3{,}15$ kX 4 Sn(a),0,0,0; **CdHg**($T_b^{1,1}$,*1569*) $a = 3{,}9$ $c = 2{,}9$ kX; **HgSn$_6$**(H^1,*1570*) $a = 2{,}98$ $c = 2{,}99$ kX; **In**(U_a^1,*124*) D_{4h}^{17} – I4/mmm $a\sqrt{2} = 4{,}58$ $c = 4{,}86$ kX 2 In(a),0,0,0

beobachtete Änderung des Achsverhältnisses bei steigender VEK ist verträglich mit der Erwartung aus dem Bandmodell (Abb. 2 und 2.41/2). Dennoch reicht das Bandmodell zur Deutung des Tatbestandes nicht aus, denn sonst müßte ja Mg ebenfalls isotyp zu Zn sein, während es in Wirklichkeit ein etwas unter dem idealen liegendes Achsverhältnis besitzt ($c/a = 1{,}624$). Es müssen also weitere Einflüsse vorhanden sein, die in Richtung auf eine Erhöhung des Achsverhältnisses wirken. — NABARRO/VARLEY (52) postulierten die Existenz einer nur vom Volumen abhängigen Kraft und zeigten, daß diese unter geeigneten Umständen zu einer H^2-Struktur mit Dehnung in Richtung der c-Achse führen kann. Da aber auch andere Verbindungen mit besetzter d-Schale wie z. B. Cu_3Sb keine Zn-Struktur zeigen, liegt die Annahme näher, daß es sich um einen Einfluß handelt, der besonders wirksam wird, wenn alle Rümpfe zur selben Atomsorte gehören.

Solcher Art sind gerade die Einflüsse der Korrelation der Rumpfelektronen. Man erkennt nun leicht, daß aus der Ortskorrelation der Rumpfelektronen des Cu bei hexagonaler Aufstellung 4 Elektronenplatzebenen je dichtest gepackter Atomschicht folgen; für eine H^2-Struktur mit idealem Achsverhältnis folgt daraus $l_c = 8$. Nimmt man nun an, daß bei Zn $l_c = 9$, so folgt aus dem idealen Achsverhältnis 1,63 das Achsverhältnis 1,84, das in der Nähe der beobachteten Verhältnisse 1,86 (Zn) bzw. 1,89 (Cd) liegt (SCHUBERT 56). Außerdem wird wegen der Periodizität der Elektronenplätze in Richtung der c-Achse die H^2-Stapelfolge energetisch günstiger aus Gründen der Kommensurabilität, da ja bei 9 Elektronenschichten einer hexagonal aufgestellten B1-Korrelation gerade wieder die Identität längs c erreicht wird (SCHUBERT 58). Die Frage bleibt nur, warum die Rumpfelektronenkorrelation bei der Homöotypie Cu ... Zn sich nach dieser Voraussetzung so ändert. Man muß vermuten, daß auch die Valenzelektronenkorrelation ein hohes Achsverhältnis energetisch günstig macht. Nun kann man mit dem Vektor $(a_1-a_2)/2$ und seinen trigonal äquivalenten ein ebenes Gitter aufbauen, das in A1-Stapelung mit 3 Schichten ein Achsverhältnis $c/a = 2{,}12$ und 4 Elektronenplätze je Zelle liefert (SCHUBERT 59). Ebenso wie bei Cu ist die Valenzelektronenkorrelation hier vollständig besetzt. Aus der Deutung der $C_a^{3,1}$S-Strukturen wissen wir, daß die Steifheit der Valenzelektronenkorrelation sehr viel kleiner ist als die der Rumpfelektronenkorrelation, so daß es verständlich wird, daß diese Korrelation nur etwa mit dem Faktor 1/10 auf die Achsverhältnisänderung einwirkt. Ferner bevorzugt diese Korrelation der Valenzelektronen aus Gründen der Kommensurabilität ebenfalls die H^2-Stapelfolge.

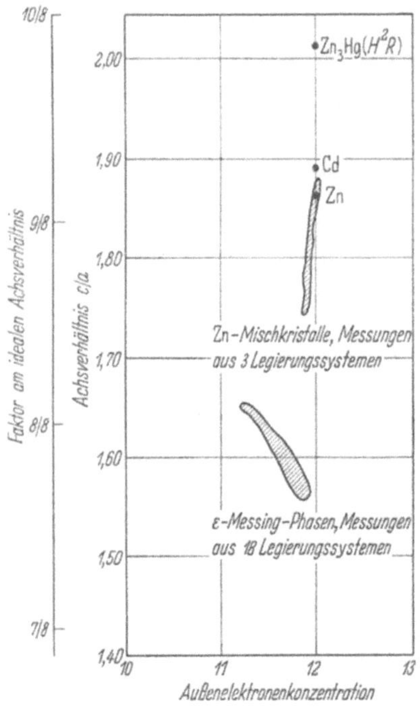

Abb. 2. Achsverhältnisse einiger H^2-Strukturen

Die R_a^1-Struktur von **Hg** (Abb. 1) ist ein trigonal gestauchtes F^1-Gitter (F^1D_{trig}). Im Hinblick darauf, daß bei der für Zn vorgeschlagenen Valenzelektronenkorrelation eine vollständige Besetzung zu fordern ist, liegt es nahe, anzunehmen, daß die Homöotypie Cd ... Hg durch einen Valenzelektronenbeitrag des Hg verursacht ist, der in Analogie zu Au etwas über dem konventionellen Wert von 2 liegt. Bei tiefen Temperaturen wurde Hg (t_2, U_c^1, $a = 3{,}99$ $c = 2{,}83$ Å) gefunden (ATOJI/SCHIRBER/SWENSON 59). Dieselbe Struktur kommt auch dem **CdHg** (Abb. 1) zu.

Bei Hg(t_2) ist $a/\sqrt{2} = a_{A2}$ klar, schwieriger ist Hg(t_1) zu verstehen. Für die zehn äußeren Rumpfelektronen kann man annehmen $a\sqrt{3}/4 = d_{B1}$ $l_c = 11 \approx 12$, PZ $= 64$, EA $= 30$ (SCHUBERT 56) und für die Valenzelektronen $a\,3/4 = d_{A1}$, $l_c = 3{,}2 \approx 3{,}5$, PZ $= 6{,}2$, EA $= 6$ oder $a\sqrt{3}\,\frac{2}{3} = a_{A2}\sqrt{2}$, $l_c = 8{,}2 \approx 9$, PZ $= 6{,}75$. Die A2-Korrelation begünstigt sowohl eine H^2- wie eine F^1-Stapelung, während die B1-Korrelation vermutlich nur die F^1-Stapelung begünstigt, also entscheidend wird. Zur Stützung obigen Vorschlags sei das System U–Hg angeführt. 1. UHg_4 ($\approx B^1$, $a = 3{,}62$), mit $a/\sqrt{2} = d_{A1} = 2{,}57$ Å erhält man PZ = 4; 2. UHg_3 ($\approx H^2$, $a = 3{,}327$, $c = 4{,}888$, $c/a = 1{,}47$), mit $a\,3/4 = 2{,}5$ Å $= d_{A1}$, $l_c = 2{,}4$, PZ = 4,3 erhält man einen analogen Vorschlag wie für Hg mit dem Unterschied, daß der Einfluß der U die H^2-Stapelfolge offenbar begünstigt; 3. UHg_2 (B_2Al-Typ, $a = 4{,}99$ Å, $c = 3{,}23$), naheliegend $a/2 = d_{A1} = 2{,}5$, $l_c = 1{,}6 \approx 1{,}5$, PZ = 6.

4.22 Struktur von In. Als weiterer Vertreter einer deformierten dichtesten Kugelpackung unter den B-Elementen möge die U^1-Struktur von **In** (Abb. 4.21/1) betrachtet werden. Die VEK 3 führte Raynor zu der Annahme einer Überragung von BE (002) (2.31). Auch die Änderung des Achsverhältnisses bei In(Cd), In(Sn) usw. (Abb. 1) ist mit dieser Bandstruktur verträglich, es nimmt mit steigender VEK zu, weil die Fermikugel die BE {200} auseinanderdrückt. Es fällt jedoch auf, daß der Anstieg nicht linear, sondern gekrümmt ist.

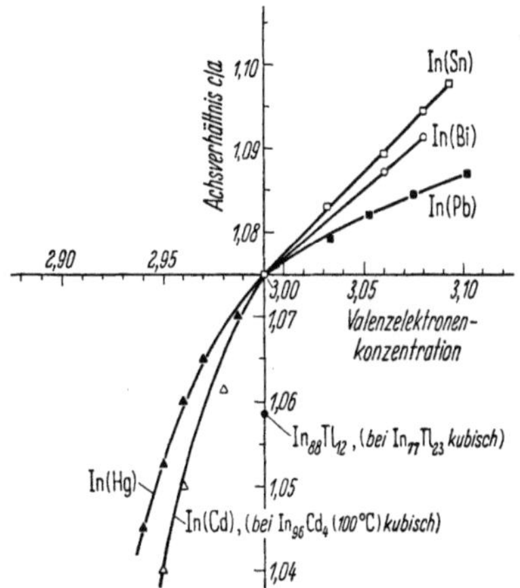

Abb. 1. Achsverhältnis von In-Mischkristallen (nach Betteridge 38, Fink/Jette/Katz/Schnettler *10*59, Peretti/Carapella *11*46, Tyzack/Raynor 54, Bowles/Barrett/Guttmann *13*122, Makarow *13*125)

Legiert man In + 15 At.-% Sn oder Pb, so wird eine tetragonal verkürzte F^1-Phase, $\mathbf{In_3Sn}$, stabil. Hier kann BE (002) tangiert und BE (200) sowie BE (020) überragt angenommen werden (Schubert 50c). Es ist plausibel, daß bei der höheren VEK ein solcher Überragungstyp gewählt wird, bei dem nicht nur 2 Überragungsstellen möglich sind, sondern deren vier. Obige Deutung des In_3Sn zieht eine Vorhersage über die Änderung des Achsverhältnisses in Abhängigkeit von der VEK nach sich; ein unnormales Achsverhältnis sollte mit steigender VEK noch unnormaler werden, weil die nicht überragten BE bei steigender VEK weiter nach außen gedrückt werden. Daß dies in der Tat für beide tetragonale Phasen der Fall ist, zeigen Messungen von Fink und Mitarbeitern (45). — Man könnte erwarten, daß bei 30 At.-% Sn vielleicht eine allseitig überragte F^1-Phase stabil wird. Im binären System In–Sn ist dies aber nicht der Fall (Schubert/Rösler/Mahler/Dörre/Schütt 54). — Eine $T_a^{2,2}$-Struktur (F^1D mit kleinen Verschiebungen der Atome) hat **InBi** [SR*11*47, $a = 5{,}01$, $c = 4{,}78$ Å, In (000; $\frac{1}{2}\frac{1}{2}0$), Bi ($0\frac{1}{2}\frac{1}{3}$; $\frac{1}{2}0\frac{2}{3}$)]. Auch $\mathbf{Np(h_1)}$ hat eine solche Struktur. Auf die dem In verwandten Phasen mit CuAu-Struktur sind wir früher (2.33) eingegangen, ebenso auf Pb und seine Verwandten.

Trotz der Strukturargumente für In aus dem Bandmodell erscheint es notwendig, nach dem Einfluß der Ortskorrelation der Valenzelektronen zu fragen. Die tetragonale Struktur des In legt eine A1-Korrelation nahe mit $a/2 = d_{\mathrm{A}1}, l_c = 3$ (a bezogen auf vieratomig aufgestellte In-Struktur), was zu $c/a = 1{,}5/\sqrt{2} = 1{,}06$ und EA = PZ führt. Bei strenger Kommensurabilität sollte man vielleicht erwarten, daß die c-Achse verdoppelt wäre, das trifft aber nicht zu. Der Einfluß der Valenzelektronenkorrelation auf das Gitter überdeckt den der Rumpfelektronen. Bei $\mathrm{MgIn_3}(\mathrm{C}_a^{3,1})$ (SB6180) und $\mathrm{CdIn_4}(\mathrm{h}, \mathrm{F}^1)$ (BETTERIDGE 38) wird l_c verkleinert, weil die Kommensurabilität in der Basis gut ist. Bei $\mathrm{MgIn}(\mathrm{T}_a^{1,1})$ wird dieser Mecha-

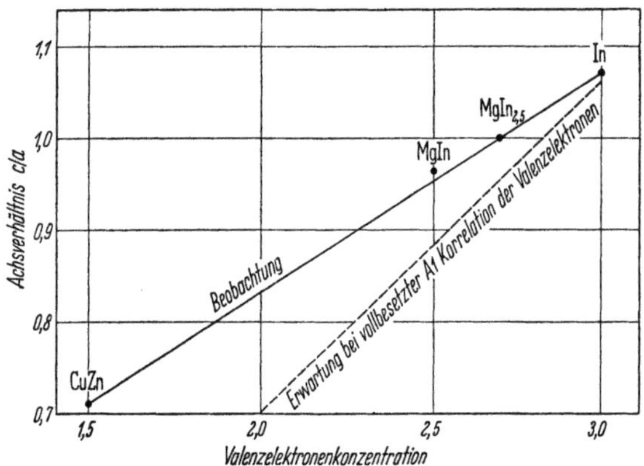

Abb. 2. Achsverhältnis einiger verzerrter F^1-Strukturen

nismus fortgesetzt; das bei vollbesetzter Ortskorrelation zu erwartende Achsverhältnis ist aber um etwa 6% kleiner als das beobachtete, was durch Elektronenleerstellen gedeutet werden kann; die messingartigen B^1-Phasen können als Endglied dieser Reihe angesehen werden, sie haben 25% unbesetzte Plätze (vgl. Abb. 2). — Beim In(Sn)-Mischkristall werden parallel zur Basis Ebenen eingeschoben. — Bei der Phase $\mathrm{In_3Sn}$ (14 ... 40 At.% Sn) kann man vielleicht ein Valenzelektronenraster mit $d_{\mathrm{A}1} = a/\sqrt{5},\ l_c = 3$ annehmen, das $c/a = 0{,}95$ liefert (und ein Rumpfelektronenraster mit $a/4{,}5$; $c/4{,}0$, das zu $c/a = 0{,}89$ führt, während das beobachtete Verhältnis bei 0,90 liegt); die Verhältnisse kann man vergleichen mit denen bei $\mathrm{TiAl_3}$ und TiAl. Eine weitere Möglichkeit bestünde in einem Umklappen der A1-Korrelation in eine A2-Korrelation. — Die vorliegenden Überlegungen geben einen Hinweis, warum im System In–Sn keine kubische F^1-Phase stabil ist: Im Falle der A2-Korrelation z. B. wäre eine solche erst bei VEK ≈ 4 zu erwarten. — Allerdings beantworten obige Betrachtungen noch nicht alle Fragen: Welche Bedeutung hat der Befund von SCREATON/FERGUSON (54), wonach die Intensitäten von $\mathrm{In_3Sn}$ nicht mit einer $\mathrm{F}^1\mathrm{D}$-Zelle zusammenpassen? — Hat $\mathrm{In_3Pb}$ bei hinreichend tiefen Temperaturen eine Überstruktur und welche? — Die Struktur von InBi hat man vielleicht mit der Bindungsbeziehung von $\mathrm{In_3Sn}$ in Zusammenhang zu bringen, d. h. $a/\sqrt{5} = d_{\mathrm{A}1},\ l_c = 3$, wobei Bi nur 4 Elektronen in die A1-Korrelation beisteuert; das die A1-Korrelation teilweise zur B1-Korrelation auffüllende Elektron ist dann für die Verschiebung der Bi aus den Ideallagen verantwortlich. Durch die Einlagerung eines Elektrons bei Bi wird der Übergang in die Bindungsbeziehung von Pb verhindert.

Bei der Struktur von Tl(h, B^1) sind Kristallstruktur bzw. Ortskorrelation in die B^1- bzw. A2-Anordnung umgeklappt. Eine bemerkenswerte Abart wurde beschrieben für **Tl_7Sb_2** ($B^{21,6}$, Abb. 3). Die Verdreifachung der Gitterkonstante $a_{Tl} = 3{,}88$ Å erinnert an die γ-Messingstruktur, aber Tl_7Sb_2 hat keine Leerstellen. Weitere Vertreter sind nicht bekannt geworden.

Im Hinblick auf die Bindungsbeziehung von Tl(h, B^1) erscheint das Auftreten einer B^1-artigen Struktur bei Erhöhung des Valenzelektronenangebots merkwürdig.

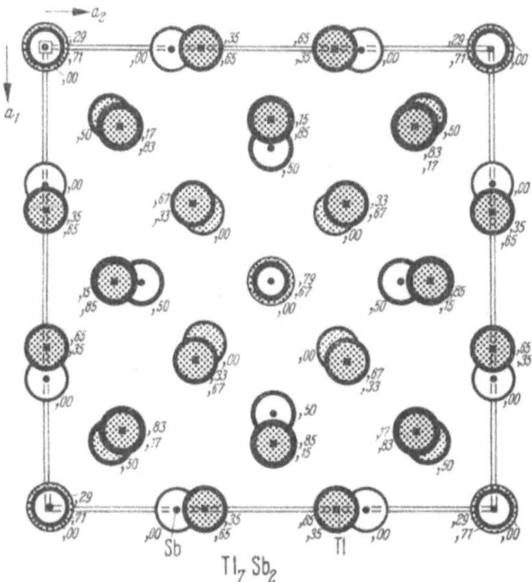

Abb. 3. **Tl_7Sb_2** ($B^{21,6}$,L22,*3*175,362) O_h^9–Im3m a = 11,59 kX 2Tl(a),0,0,0 16Tl(f),1/6,1/6,1/6 24Tl(h),00,35,35 12Sb(e),29,00,00

Vielleicht zieht Sb ähnlich wie möglicherweise Se in TlSe-Valenzelektronen an sich, um eine B1-Korrelation in seiner Umgebung aufzubauen; da die Elektronen von Sb sich denen von Tl anpassen werden, wäre die Korrelation wesentlich tetragonal (vgl. TlSe).

Eine $H^2_?$-ähnliche $R^{18,9}$-Struktur wurde für Tl_2S (SB*7*92) bestimmt.

4.3 Strukturen mit dicht gepackten Bauelementen

4.31 Struktur von Ga. Die Q_a^4-Struktur des **Ga** (Abb. 4.21/1) kann man mit einer tetragonal verzerrten F^1-Struktur vergleichen und erhält das Achsverhältnis $(c/2a)_{Ga} = (c/a)_{F^1D} = 0{,}85$. Vermöge der besonderen Lage der Atome ist die c-Achse gegenüber F^1 verdoppelt. In grober Näherung kann man die $(001)_{F^1}$-Schichten als abwechselnd vierstützig und einstützig gestapelt beschreiben. Die Atomabstände bei einstütziger Stapelung sind besonders kurz wegen der Abhängigkeit der Atomabstände von der Koordinationszahl (vgl. 1.44). Die dadurch entstehenden Hanteln sind abwechselnd schräg zur c-Achse gestellt.

Dem zu In gehörigen Ortskorrelationsvorschlag ähnlich ist eine tetragonal etwas gedehnte A2-Korrelation mit $a/2 = a_{A2}$, $l_c = 6$, die gute Kommensurabilität mit der Atomlage zeigt (SCHUBERT 55d). Da $c/8 = 0{,}95$ Å ist, wird es wahrscheinlich, daß die Rumpfelektronenkorrelation die tetragonale Kompression bedingt, ähnlich wie bei der Zn-Struktur.

4.32 Struktur von Sn und einigen verwandten Phasen. Die bei Raumtemperatur stabile U²-Modifikation von **Sn(r)** (Abb. 4.21/1) kann als tetragonal gestauchte Diamantstruktur, der Struktur von Sn(t), beschrieben werden; eine andere Beschreibungsmöglichkeit geht davon aus, daß die (100)-Ebenen der innenzentrierten Aufstellung ähnlich dichtest gepackten Ebenen aufgebaut sind und so eine Brücke zu den verzerrten dichtesten Packungen bilden. In einer dritten Betrachtungsweise kann die Struktur mit einer NaCl-Struktur verglichen werden. Die Koordinationszahl ist gegenüber Sn(F²) auf 6 gestiegen, das Atomvolumen entsprechend kleiner geworden, was bekanntlich zur Erscheinung der „Zinnpest" bei tieferen Temperaturen führt.

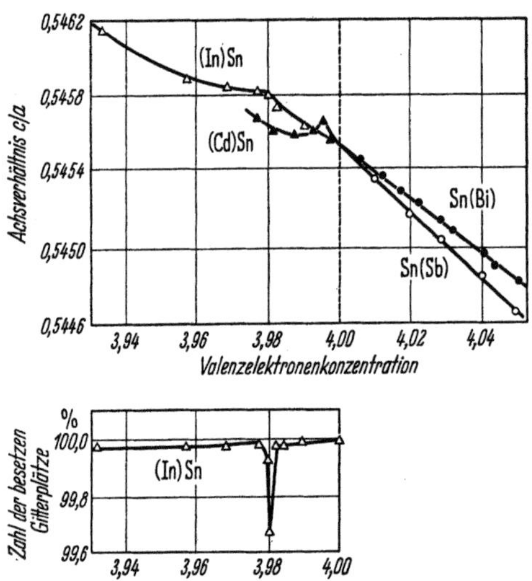

Abb. 1. Gitterdaten von Sn-Mischkristallen (nach LEE/RAYNOR 54)

Das Achsverhältnis der Struktur reagiert in einheitlicher Weise auf Zulegierung von Metallen mit ähnlichem Rumpf (Abb. 1). Nimmt man an, daß BE (400) und BE (131) an der Oberfläche der Fermikugel liegen (SCHUBERT 50c), wobei BE (400) überragt wäre (TVEK = 3,45), müßte man nach Abb. 2.31/3 ein Ansteigen des Achsverhältnisses c/a bei steigender VEK erwarten. LEE und RAYNOR (54) fanden aber eine im allgemeinen mit steigender VEK fallende Kurve, bei der allerdings der Abfall etwa zehnmal so schwach wie der Anstieg bei In ist (Abb. 4.22/1). Deutet man die Anomalien bei VEK < 4 als Überragung von BE (131) (in innenzentrierter Aufstellung BE (121)] (LEE/RAYNOR 54), so wird dadurch zwar nicht die allgemeine Abnahme des Achsverhältnisses verständlich, aber dafür eine ebenfalls von LEE und RAYNOR mitgeteilte Leerstellenbildung (Abb. 1), die im Sinne der Befunde bei den messingartigen $C^{1,1}$-Phasen liegt. Die A1-Korrelation (SCHUBERT 50c) $a_F/4 = d_{A1}$, $l_c = 2$, PZ = EA ist in der innenzentrierten Zelle ähnlich wie in der Diamantstruktur. Für die Rumpfelektronenkorrelation ließe sich etwa $a/8 \approx c/3 = d_{B1}$ vorschlagen. Die Zahl der Rumpfelektronenplätze wird damit 192 gegen 216 bei Sn(F^2), d. h. der Beitrag der Rumpfelektronen zur Bindung wird größer. Die genannte A 1-Korrelation liefert auch einen interessanten Vergleich zur In-Struktur.

Ähnlich wie Sn(r) erscheint die H^1-Struktur von **$HgSn_6$** (Tab. 1, Abb. 4.21/1) gebaut, wenn man die innenzentriert aufgestellte Struktur des Sn längs *a* und die hexagonale längs *c* betrachtet. Die Isotypen von $HgSn_6$ haben etwa die VEK 3,7 ... 3,9.

Tabelle 1. *Zn-Typ und Verwandte* (Abb. 4.21/1)

Zn-Zweig des H^2-Typs, Zahlenangaben: *a*, *c/a*				$HgSn_6(H^1)$-Typ	
Zn	2,65 kX	1,86	*119*	$CdSn_9$(h)	54SchMi
Cd	2,97 kX	1,89	*119*	$InSn_4$	*1060*
Zn_3Hg	2,71 Å	2,02	*11165*	$HgSn_6$	*1570*; *3645*
				$HgSn_5$ orthorhombisch deformiert	*3645*
CdHg-Zweig des $T_b^{1,1}$-Typs				**Sn(r)(U^2)-Typ**	
CdHg			*1569*	Sn(r)	*123*

Der den Sn-Reflexen (400) und (220) entsprechende Reflex heißt (011) und die Fermikugel, welche BE (011) tangiert, faßt 3,3 Valenzelektronen; der Aufbauchungsbeitrag von 0,5 Elektronen je Atom erscheint tragbar. Das Verzerrungsdiagramm (Abb. 2.41/2) lehrt, daß bei zunehmender VEK das Achsverhältnis abnimmt, wenn die Taktion der Fermikugel erhalten bleiben soll (SCHUBERT/RÖSLER/MAHLER/DÖRRE/SCHÜTT 54); Abb. 2 zeigt, daß dies in der Tat der Fall ist. Nach der geometrischen Verwandtschaft mit Sn sollte $HgSn_6$ (im Gegensatz zur Erfahrung) ein mit steigender VEK zunehmendes Achsverhältnis haben. — Die Valenzelektronen könnten eine A1-Korrelation ($a/1{,}5 = d_{A1}$, $l_c = 1{,}7$) haben, was zur richtigen Zahl der Plätze führte. Allerdings spricht die Abnahme von *c/a* bei steigender VEK eher für eine gute Kommensurabilität in Richtung der *c*-Achse. Man sollte daher auch die Verwandtschaft der $a \times c$-Masche mit der $a/\sqrt{2} \times a/\sqrt{2}$-Masche von In beachten, indem man $c = a_{A1}$, $a \approx a_{A1}$ und $l(a\sqrt{3}/2) \approx 1{,}7$ setzt, und so eine verzwillingte, wegen der Rumpfkräfte verzerrte Korrelation annimmt. Bei $HgSn_5$ wurde eine orthorhombische Verzerrung der $HgSn_6$-Struktur gefunden (Tab. 1), die Hinweise für einen verbesserten Ortskorrelationsvorschlag geben könnte.

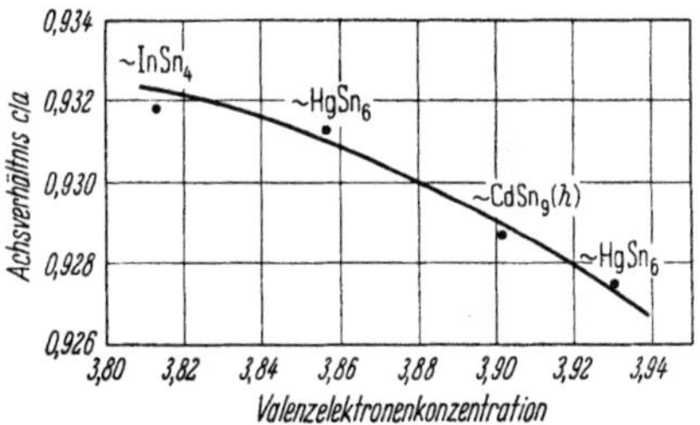

Abb. 2. $HgSn_6$-Typ, Achsverhältnis (nach RAYNOR/LEE 54)

Geometrisch verwandt zu den Strukturen von Sn und $HgSn_6$ ist die $T_b^{1,1}$-Struktur von **CdHg** (Abb. 4.21/1, Tab. 1); die quasihexagonalen Schichten (110) sind hier (im Gegensatz etwa zu Cd) zweistützig

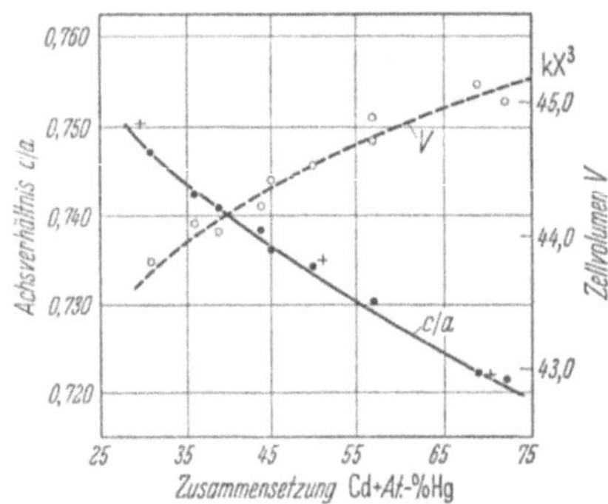

Abb.3. Gitterkonstanten von CdHg (54SchRMDS) Die Kreuze stellen Werte des Achsverhältnisses dar, die mit einem Valenzelektronenbeitrag des Hg-Atoms zur VEK von 2,2 und einem Aufbauchungsbeitrag zur TVEK von 0,25 Elektronen je Atom unter Annahme der Berührung von BE (011) berechnet wurden. Für den Cd(Hg)-Mischkristall erhält man eine Anpassung an die Erfahrung mit den Konstanten 2,1 und 0,25

gestapelt. Das Achsverhältnis genügt nach Abb. 3 der Erwartung aus dem Bandmodell (SCHUBERT/RÖSLER/MAHLER/DÖRRE/SCHÜTT 54), (110) wird bei steigendem Cd-Gehalt hexagonaler. Über einen homogenen Zusammenhang mit Hg(t_2) ist nichts bekannt.

Ein A2-Ortskorrelationsvorschlag ($a/\sqrt{2} = a_{A2}$ 2 Schichten je c-Strecke) würde 4 Plätze je Zelle darbieten in Übereinstimmung mit der Erfahrung. Aus diesen Gründen gehört die Struktur eigentlich nach 4.21.

4.33 Bor und Graphit. Während unter den B^L-Elementen noch Be in einer dichtesten Kugelpackung kristallisiert, zeigt schon Bo andere Bauprinzipien (vgl. HOARD 60). Zwischen 800 und 1200 °C kristallisiert eine Modifikation von **Bo(h, R¹²)** (Abb. 1), die man beschreiben kann als

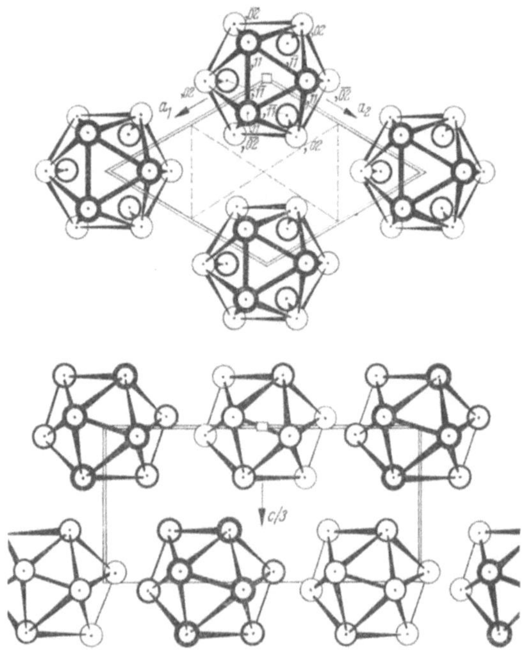

Abb. 1. Bo(800 ... 1200°C,R¹²,59DK) $D_{3d}^5 - R\bar{3}m$ $a_h = 4{,}90_8$ $c_h = 12{,}56_7$ Å $c/a = 2{,}56$
18 Bo(h), $117_7, \overline{11}7_7, \overline{107}_3$ 18 Bo(h), $196_1, \overline{196}_1, 024_5$

rhomboedrisch etwas gedehnte F^1-Packung von Bo_{12}-Ikosaedern. Eine Auffassung als Abart einer trigonal gedehnten kubisch primitiven Kugelpackung mit Leerstellen ist ebenfalls lehrreich. Eine bei Temperaturen oberhalb 1500 °C entstehende $\mathbf{R^{108}}$-Modifikation ($a = 10{,}95$, $c = 23{,}72$ Å) wurde von SANDS/HOARD (57) beschrieben. Eine $\mathbf{T^{50}}$-Modifikation (HOARD/GELLER/HUGHES 51, HOARD/HUGHES/SANDS 58) mit $a = 8{,}75$, $c = 5{,}06$ Å kann genähert als tetragonal deformierte F^1-Packung von Bo_{12}-Ikosaedern beschrieben werden; die Fläche (010) ist ähnlich wie die Basis von R^{12} bemessen, so daß T^{50} als Stapelverwandte von R^{12} angesehen werden kann. Da Bo bei hohen Temperaturen kristallisiert, hat man ebenso wie bei CSi viele strukturelle Abarten gefunden, die wahrscheinlich durch Verunreinigungen verursacht werden (HOARD/NEWKIRK 60). Ähnlich wie Bo(R^{12}) ist $\mathbf{Bo_4C(R^{12,3})}$ (Abb. 2) aufgebaut.

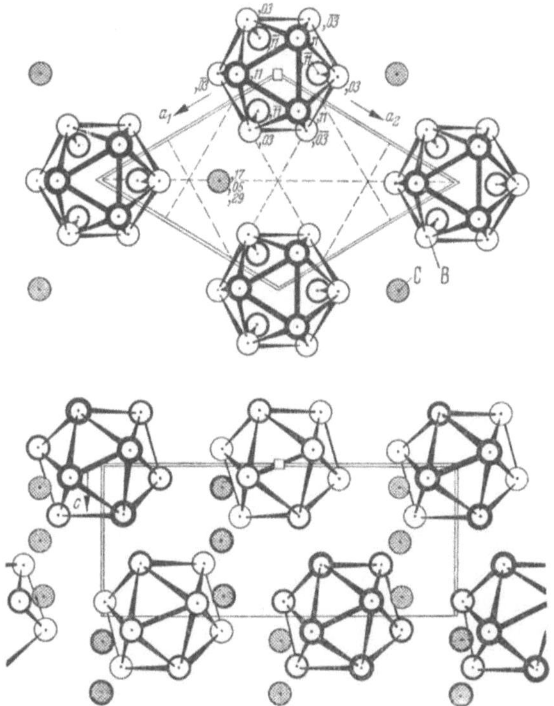

Abb. 2. $Bo_4C(R^{12,3}, 9154)$ $D^5_{3d}-R\bar{3}m$ $a_h = 5{,}63$ $c_h = 12{,}14$ Å $c/a = 2{,}16$ 18 Bo(h),17,$\overline{17}$,36 18 Bo(h),11,$\overline{11}$,11 3 C(b),0,0,5 6 C(c),00,00,38

Die Struktur von Bo legt eine A2-Korrelation nahe: $a_{R^{12}}/2 = a_{A2}\sqrt{2}$ ($d_{El} = 1{,}50$), $l_c^{id} = 25$, mit $l_c = 27$ folgt PZ = 108 = EA. Auch bei Bo_4C muß man eine merkliche Kontraktion der A2-Ortskorrelation in Richtung der c-Achse annehmen und erhält dann PZ = 144 = EA. Es äußern sich darin wahrscheinlich Wirkungen der Rumpfelektronen.

Die im Gegensatz zum Diamanten thermodynamisch stabile C-Modifikation, die H_a^4-Struktur von **C(r)** (Graphit, Abb. 3) ist eine Schichtstruktur, in der die Bindung von Schicht zu Schicht sehr schwach ist, was auch in den mechanischen Eigenschaften (geringe Härte, gute Spaltbarkeit) zum Ausdruck kommt. Der Vergleich mit der Struktur von Diamant zeigt, daß zwar die auch aus der Chemie der aromatischen Kohlenwasserstoffe bekannten Sechserringschichten parallel $(001)_{H_a^4}$ ebenfalls im Diamanten vorkommen in $(111)_{F^2}$, daß aber der Schichtabstand bei H_a^4 viel größer ist. Ferner ist auch H_a^4 im Gegensatz zur F^2-Struktur H^2-artig gestapelt. — Es gibt auch andere Graphit-Modifikationen (Tab. 1), z. B. eine *rhomboedrische* Modifikation, die allerdings noch nicht in reinem Zustand erhalten zu sein scheint; ferner wurde eine große *orthorhombische* Überstrukturzelle aufgefunden. — Die Graphitstruktur tritt auch bei der Verbindung BoN auf, hier sind die C-Netze durch BoN-Netze „bester Durchmischung" ersetzt. Eine Verbindung, die ebenfalls graphitähnliche Netze zeigt, ist $Bo(OH)_3$. Bei schwereren Verbindungen ist die Graphitstruktur nicht beobachtet worden.

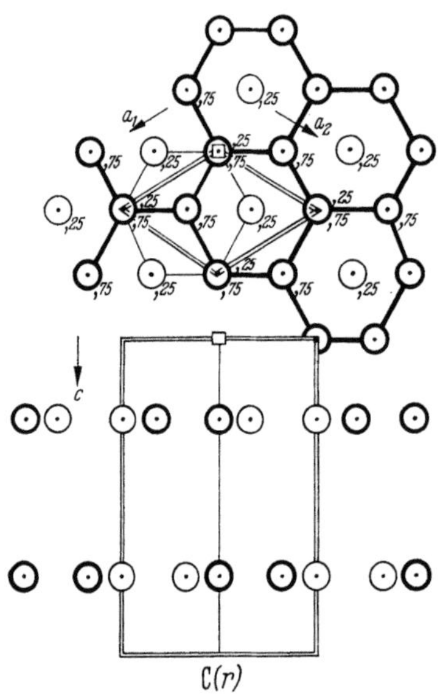

Abb. 3. C(r, H_a^4, A 9, *128*) $D_{6h}^4 - P6_3/mmc$ $a = 2{,}46$ $c = 6{,}80$ kX 2 C(*b*), 0, 0, 25 2 C(*c*), 333, 667, 25

Tabelle 1. *Graphitartige Strukturen*

C	(H_a^4 = A9) $a = 2{,}46$ $c = 6{,}69$	*128*
C	(rhomboedrische Modifikation)	*11*198
C	(orthorhombische Überstruktur) $a_Ü = \sqrt{3}\, a_{\mathrm{hex}}$ $b_Ü = 15 a_{\mathrm{hex}}$ $c_Ü = c_{\mathrm{hex}}$	*13*157, *15*127
BN	($H_c^{2,2}$ = B12)	*1*95

Die Vorschläge für die Bindung in Bo legen nahe, auch hier eine A2-Korrelation zu betrachten: $a = a_{A2}\sqrt{2}$, $l_c^{\mathrm{id}} = 13{,}3$, $l_c^{\mathrm{real}} = 15$ (aus Gründen der Kommensurabilität), PZ = 15, EA = 16. Wie bei Bo erscheint eine Kontraktion in Richtung der trigonalen Achse. Die Diskrepanz in der Elektronenabzählung könnte mit der Überstruktur zusammenhängen.

4.4 Diamantfamilie

4.41 Diamantstruktur. Als extreme kubische B^1V-Variante darf die F^2-Struktur von **C** (Diamant, thermodyn. metast., Abb. 4.51/1, 2.65/1,

Tab. 4.42/1) angesehen werden, in der auch Si, Ge und Sn(t) kristallisieren, und deren Bindungsart in den aliphatischen Kohlewasserstoffen wiederkehrt. Man erhält die Struktur des Diamanten, indem man flächenzentrierte Gitter in 000 und $\frac{1}{4}\frac{1}{4}\frac{1}{4}$ einer kubischen Zelle beginnen läßt. Eine solche Zelle enthält 8 B^1-Unterstrukturzellen und in bezug auf eine B^1-Struktur 50% Leerstellen. Ließe man das zweite flächenzentrierte Gitter in $\frac{1}{2}\frac{1}{2}\frac{1}{2}$ beginnen, so hätte man eine kubisch primitive Struktur (C^1) erhalten. Führt man in der C^1-Struktur eine Stapeländerung parallel zu (001) durch, so hat man eine F^1D-Struktur mit $c/a = 1{,}42$; es gibt in der Tat bei $ZrSi_2$ eine F^1DR-Struktur mit $c/a = 1{,}32$, die die Brücke zur Struktur von Al(F^1) schlägt.

Man hat die Diamantstruktur oft als Musterbeispiel kovalenter Bindung angesehen. Im Hinblick auf den fehlenden Konvergenzbeweis der vorgeschlagenen Ortsamplitude muß diese Betrachtungsweise mit Vorsicht geübt werden. Bei SnSb bewirkt schon $\frac{1}{2}$ Elektron je Atom eine Morphotropie in eine NaCl-ähnliche Struktur. — Als Ortskorrelation haben wir wieder eine vollbesetzte A1-Korrelation vom Raster $a_{F^2}/2 = a_{A1}$ zu betrachten. Es wird bevorzugt ein Atom in einem Tetraeder der A1-Korrelation liegen, womit jedes Atom von 4 Elektronen umgeben ist; dabei bestehen aber noch 2 Möglichkeiten; entweder sitzen Elektronenplätze auf Stützabständen der Atome oder möglichst weit weg davon. Da es im ersten Fall Elektronenplätze gibt, die nicht in der Nähe eines Atoms liegen, ist er weniger wahrscheinlich (Schubert 53b). (Das Gleiche gilt für die Umgebung eines Atoms durch 6 Elektronen.) Die Diamantstruktur unterscheidet sich offenbar von der C^1-Struktur dadurch, daß in der Diamantstruktur das Elektronenplatzgitter (z. B. die Dipolkomponente) energetisch vorteilhafter liegt als in der NaCl-Struktur. Ferner ist ein Kontakt der Rümpfe besser möglich als in der C^1-Anordnung. — Nach Göttlicher/Wölfel (59) und Brill (59) sollen auf den Stützabständen des Diamanten Ansammlungen von Valenzelektronen liegen; abgesehen davon, daß die Auswertungsmethode der Fouriersynthese im Sinne von 1.37 modifizierbar sein könnte, macht man sich leicht klar, daß letzterer Befund und obiger Vorschlag nicht unvereinbar sind. Nach Wentorf/Kasper (63) entsteht bei hohen Drucken eine Struktur Si(p, B^8)$Ia3$ $a = 6{,}64$ Å 16Si(c),103,103,103, in der eine Korrelation $a/4 = d_{B1}$ PZ = EA herrschen dürfte. Die B1-artige Auffüllung einer A1-Korrelation wird also durch Druck gefördert.

4.42 Varianten der Diamantstruktur. Eine häufige Ersetzungsabart der Diamantstruktur ist die $F_b^{1,1}$-Struktur von **ZnS** (Sphalerit, Zinkblende, Tab. 1). (Die Verbindung ZnS hat noch andere Modifikationen, z. B. $H_b^{2,2}$, s. u.) Man erhält Vertreter der ZnS-Struktur, indem man eines der flächenzentrierten Teilgitter der F^2-Struktur mit einer Atomsorte B^i und das andere mit B^{8-i} besetzt (Grimm/Sommerfeld 26). — Die Vertreter der $F_b^{1,1}$-Struktur sind wegen ihrer Halbleitereigenschaften von Interesse für die Technik. Man hat deshalb auch ternäre Ersetzungsphasen untersucht. Dabei stellte sich u. a. heraus, daß Ge und GaAs nicht mischbar sind.

Für diese Verbindungen wurden kovalente und ionische Bindungsanteile diskutiert, wobei aber der Ladungssinn kontrovers war (vgl. z. B. Folberth 60).

Tabelle 1. *Vertreter und Varianten der Diamantstruktur*

Kubische Abarten

C(Diamant, $\mathbf{F}^2$)-Typ (Abb. 4.51/1)	
C(Diamant)	121
Si	121
$a = 5{,}42$ kX,	
Ge	121
Sn(t)	121

ZnS(Sphalerit, $\mathbf{F}_b^{1,1}$)-Typ	
CSi	3261;11226
(„amorph“)	
BP	
AlP	1140,772
AlAs	1140,773
AlSb	1141,599
GaP	1141
GaAs	1141
GaSb	1141
InP	832
InAs	832
InSb	832
BeS	1126
BeSe	1134
BeTe	1134
ZnS(Blende)	176,127
ZnSe	1135
ZnTe	1136
CdS	1129;3250
CdSe	1136
CdTe	1136
HgS(h)	1129
HgSe	1136
HgTe	1137
MnS(rot)	2233
MnSe	668
(CuF, andere Struktur	176;3226; 18350)
BePo	60WGV
ZnPo	60WGV
CdPo	60WGV
CuCl	1110
CuBr(r)	1110,16200
CuJ(r)(h_2)	1110,16202
AgJ(r)	1112

$\mathbf{FeCuS_2}$(Chalkopyrit)-Typ	
$FeCuS_2$	248
und viele ternäre, z.B.: $CuAlS_2$, $CuGaSe_2$, $AgAlS_2$, $AgInTe_2$ usw.	16274

Leerstellenabarten der Diamantfamilie

$\mathbf{Al_4C_3(R_b^{4,3})}$-Typ (Abb. 2)	
Al_4C_3	356,360

$\mathbf{Ga_2S_3(r, F_b^{1,1}V)}$-Typ	
Ga_2S_3(r)	12177
Ga_2Se_3	12177
Ga_2Te_3	12177
In_2Te_3	12177;
genähert	18177

Wurtzitabarten $(\mathbf{H}_b^{2,2}\mathbf{V})$	
Ga_2S_3(h)	12178
Al_2S_3(β)	16275
Al_2Se_3(r)	1826
$Al_2S_3\alpha$-Stapelvariante?	16275

$\mathbf{HgJ_2}$-Typ (Abb. 4.71/4)	
HgJ_2 (rot)	1177

$ZnCl_2$(Mod. 1) 61Br

Auffüllungsvariante des **ZnO**-Typs[1]	
Cu_2S(h)	12156

Stapelvarianten der Diamantstruktur

$\mathbf{ZnO(H_b^{2,2})}$-Typ = ZnS (Wurtzittyp)	
AlN	1140
GaN	64
InN	64,59
BeO	1115,116
$a = 2{,}70$ Å	
$c = 4{,}38$ Å	
$c/a = 1{,}63$ Å	
MgTe	1134
ZnO	1119
$a = 3{,}25$ Å	
$c = 5{,}19$ Å	
ZnS(h, Wurtzit)	1127
CdS(h)	1129;3250
CdSe	1136
MnS(rosa)	2233
MnSe	658
CuJ(h_1)	16202
AgJ(h, 137...146 °C)	1112,767; 2211
$AgInS_2$(h)	
$ZnAl_2S_4$(h)	
NH_4F	
CuH	1147

[1] Cu_2S(*h* (SR12156) D_{6h}^4—H6/mcm $a = 3{,}89$ $c = 6{,}68$ Å 2Cu(*b*) 2Cu(*d*) 2S(*c*).

Tabelle 1 (Fortsetzung)

Weitere Stapelvarianten verschiedener Typen					
CSi vgl. Tab. 2	vgl. *11226*	$GaSe_{1+}$	55SchDK, 53SchD	**$CuS(H_b^{6,6})$**-Typ (Abb. 2)	
ZnS	vgl. *11225*				
GaS	55HF	InSe	55SchDK	CuS	*210*,*229*; *792*
$GaSe_{1-}$	55SchDK, 53SchD			CuSe	*11255*

Diese Fragen treten bei der Ortskorrelationsbetrachtung erst in höherer Näherung ins Spiel. Nach Ortskorrelation von Ge wird es verständlich, daß die VEK der Phasen 4 sein muß. Diese Bedingung wäre zwar bei der gedachten Zusammensetzung „$GaGe_2As$“ eingehalten, aber es kämen bei statistischer Einlagerung von Ge in GaAs zu viele Fälle weiter Abdiffusion von Elektronen zwecks Aufrechterhaltung der A 1-Korrelation vor, so daß eine solche Verbindung offenbar energetisch ungünstig wird (vgl. auch FOLBERTH 59).

In der $T^{2,2,4}$-Struktur des **$FeCuS_2$** (Chalkopyrit, Tab. 1, PAULING/BROCKWAY) ist die c-Achse gegenüber F^2 verdoppelt ($c/a = 1{,}96_5$), eines der die F^2-Struktur erzeugenden F^1-Gitter ist von S besetzt, das andere bei innenzentrierter Raumgruppe von Fe und Cu so, daß Schichten (001) gemischt sind. Das Achsverhältnis ist immer kleiner als 2.

Das Vorkommen von einfachen *Leerstellenvarianten* der F^2-Struktur ist nach obiger Bindungsbeziehung zu erwarten. Bei **$Ga_2S_3(r, F_b^{1,1}V)$** sind statistisch verteilte Ga-Leerstellen anzunehmen; es befinden sich 4 S in der kubischen Zelle. Bei höheren Temperaturen leitet sich die Ga_2S_3-Struktur vom $ZnO(H_b^{2,2})$-Typ ab; sie soll nach längerer Glühung oberhalb 1000 °C eine $H^{12,18}$-Struktur mit Ordnung der Leerstellen zeigen, so daß $a = \sqrt{3}\,a_{H_b^{2,2}}$, $c = 3c_{H_b^{2,2}}$ (HAHN/FRANK 55). [Die Verbindung **$In_2S_3(h)$** (SR *12*179) hat dagegen eine spinellartige Struktur (vgl. 4.61) und **$In_2S_3(r)$** (SR *12*179) eine γ'-Al_2O_3-Struktur (vgl. 4.61).] Auf die Struktur von HgJ_2, die formal als $F_b^{1,1}V$-Struktur angesehen werden kann, kommen wir bei B-B^7-Verbindungen zurück.

Als *Auffüllungsvariante* der F^2-Struktur kann man die Strukturen von $Ag_2Te(h)$ und Mg_3P_2 ansehen (vgl. 5.42; 5.43). Das interessante Co_9S_8 behandeln wir bei T-B-Phasen (7.61).

Von den *Stapelvarianten* ist der umfangreichste Typ die $H_b^{2,2}$-Struktur von ZnS (Wurtzit, **ZnO**-Typ, Tab. 1). Stellt man die F^2-Struktur hexagonal auf, so ergibt sie sich durch Stapelung von 6 Atomschichten parallel zur Basis (Abb. 4.51/1). Faßt man jeweils zwei der in Richtung von c_h etwas weiter voneinander entfernten benachbarten Schichten zu „Paarschichten“ zusammen, so kann man eine beliebige Stapelvariante wie bei den dichtesten Kugelpackungen durch *ABC*-Symbole angeben. Im ZnS-Typ ist die Stapelfolge *ABC*, der ZnO-Typ ergibt sich durch die Stapelfolge AB. — Die hexagonale Modifikation ist bei Dimorphen wie ZnS und Ga_2S_3 merkwürdigerweise die Hochtemperaturmodifikation. In der Vertretertabelle fällt die starke Beteiligung von B^L-Anionen auf, wodurch nahegelegt wird, daß die Ursache der Stapeländerung ähnlich wie bei CdJ_2 liegt: d. h. l_c ist in Wirklichkeit $= 6$, was durch Ausbildung von leeren Gebieten und von B1-aufgefüllten Gebieten der Ortskorrelation erreicht wird. Auch zur ZnO-Struktur gibt es eine $H_b^{4,2}$-Auffüllungsvariante, das **Cu_2S(h)** (Tab. 1), in dem ähnlich wie in Ag_2Te(h) ($\sim CaF_2$-Typ) die Cu statistisch verteilt sind. — In ZnS-Mineralen mit schwachem Fe-Gehalt wurden weitere Stapelvarianten gefunden (SR *11*225), ferner in $PbJ_2(H_a^{1,2})$, das aus Wasserglaslösung kristallisiert war (MITCHEL 59).

Über acht verschiedene Stapelvarianten der F^2-Unterstruktur enthält das **CSi** mit Fremdstoffgehalt (vgl. z. B. LUNDQUIST 48, SB *1*144,

Tabelle 2. *CSi-Strukturen*

Trivialname	Doppelschichten	Typ	Schichtencharakter (vgl. 2.52)	Reaktionstemperatur
„Amorphe Modifikation"	3	$F_b^{1,1} = B3$	(ccc)	entsteht bei $\sim$1800°C
Typ I	15	$R^{5,5} = B7$	$(cchch)^3$	entsteht bei $>$1900°C
Typ II	6	$H_a^{6,6} = B6$	$(cchcch)$	ebenso alle folgenden
Typ III	4	$H_a^{4,4} = B5$	$(chch)$	
Typ IV	21	$R^{7,7}$ —	$(cchccch)^3$	seltenere Typen
Typ V	51	$R^{17,17}$ —	$((cch)^5ch)^3$	seltenere Typen
Typ VI	33	$R^{11,11}$ —	$((cch)^3ch)^3$	seltenere Typen
Typ VII	87	$R^{29,29}$ —	$((cch)^9ch)^3$	seltenere Typen

SR *11*226, Tab. 2). Iterationen von h kommen nicht vor, weil nur der Bereich zwischen ccc und ch überdeckt wird. Iterationen von c größer als 3 wurden ebenfalls nicht beobachtet. Diese Regelmäßigkeiten der Iterationen sind analog den bei dichtesten Kugelpackungen (2.52) gefundenen. Nach LUNDQUIST (48) gibt es einen Einfluß des Al-Gehalts, obwohl nur sehr wenig Al gelöst wird (Abb. 1). Auch ein Achsverhältniseffekt ist merklich: Typ III hat ein um 0,15% größeres c/a als Typ II. Man sollte noch untersuchen, ob eine eingefrorene Nichtstöchiometrie oder Leerstellen einen Einfluß auf die Struktur haben, was bei den

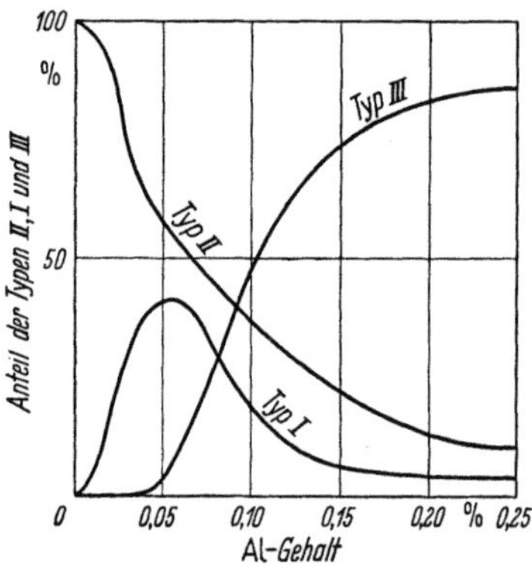

Abb. 1. Zusammenhang zwischen dem Al-Gehalt und den Anteilen der drei Haupttypen des CSi (nach LUNDQVIST 48)

hohen Reaktionstemperaturen nicht ausgeschlossen sein dürfte. Im Hinblick auf die geringen Al-Gehalte könnte es sein, daß nur in der Verwerfungsschicht ein höherer Al-Gehalt besteht, so daß ein Spiralenwachstum von bestimmtem BURGERS-Vektor durch eine solche Verunreinigung energetisch begünstigt würde. Das bedeutet, daß das Spiralenwachstum nicht Ursache, sondern eher Folge der Strukturart ist. Bei den dichtesten Kugelpackungen mit großer Überstrukturperiode (2.34) konnte jedenfalls eine kinetische Verursachung ausgeschlossen werden, weil die Unterstruktur fertig kristallisiert vorliegt, wenn sich die Überstruktur einstellt.

Die $R_b^{4,3}$-Struktur von $\mathbf{Al_4C_3}$ (Abb. 2) entsteht durch Einlagerung und Stapelvariation aus $F_b^{1,1}$ und bildet einen Übergangstyp zum

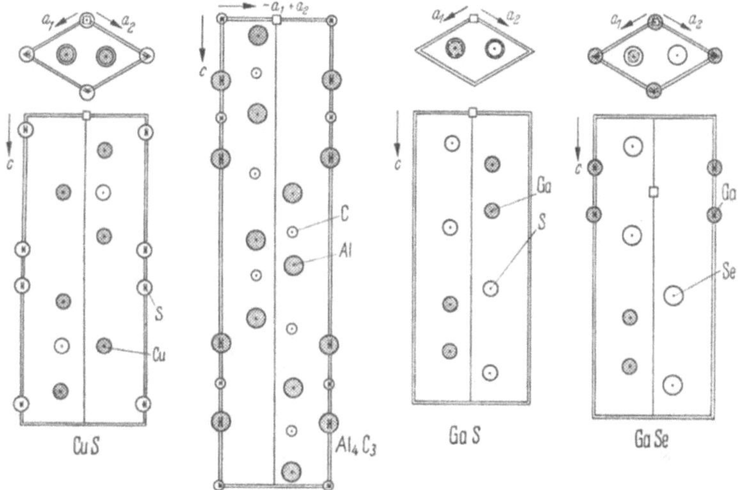

Abb. 2. **CuS**($H_b^{6,6}$,B 18,*210*) D_{6h}^4 – C6/mmc a = 3,80 c = 16,4 kX 2 Cu(d),333,667,75 4 Cu(f),333,667,10$_7$ 2 S(c),333,667,25 4 S(e),0,0,062; **Al_4C_3**($R_b^{4,3}$,*356*) D_{3d}^5 – R$\bar{3}$m a_h = 3,33 c_h = 24,9 kX 2·2 Al(c),293,293,293 ,128,128,128 1 C(a),0,0,0 1 C(c),217,217,217; **GaS**($H_b^{4,4}$, 55HF) D_{6h}^4 – P6$_3$/mmc a = 3,578 kX c/a = 4,321 4 Ga(f),333,667,17 4 S(f),333,667,60; **GaSe**($H_c^{4,4}$, 55SchDK) C_{3h}^1 – P$\bar{6}$ a = 3,73$_5$ c = 15,88$_7$ kX 2 Ga(g),0,0,07$_5$ 2 Ga(i),667,333,57$_5$ 2 Se(i),667,333,15$_0$ 2 Se(h),333,667,65$_0$

$F_a^{1,2}$-Typ, in dem z. B. Mg_2Si kristallisiert. Die hexagonale Basismasche dieses Gitters entspricht der von CSi. Es gibt 9 C- und 12 Al-Schichten. Da das hexagonale Achsverhältnis $c/a = 7{,}5$ ist, bilden die C ein dichtest gepacktes Gitter; es hat die Stapelfolge $(hhc)^3$ mit um etwa 2% überidealem Achsverhältnis. Die Al-Schichten sind merkwürdigerweise auch genähert äquidistant.

Da auf ein C ebenso wie bei CSi 8 Elektronen kommen, ist auch die Elektronenkorrelation annähernd ideal.

Die $H_b^{6,6}$-Struktur von **CuS** (Abb. 2) hat zwar die Zusammensetzung, aber nicht die Elektronenzahl wie die vergleichbare Struktur ZnS($F_b^{1,1}$).

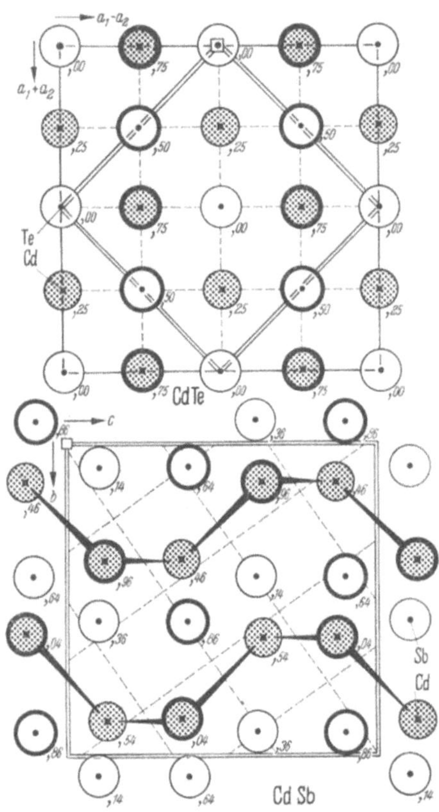

Abb. 1/4.43. CdTe[$F_b^{1,1}$, Struktur von ZnS (Sphalerit), *1*76,127] T_d^2–$F\bar{4}3m$ a_{ZnS} = 5,42 kX 4 Zn(a),0,0,0 4 S(c),25,25,25; **CdSb**($O_a^{8,8}$,*11*32) D_{2h}^{15}–Pbca a = 6,47 b = 8,25 c = 8,53 Å 8 Cd(c) ,456,119,$\overline{128}$ 8 Sb(c),136,072,108

Das Achsverhältnis, daß bei ZnS-artiger Struktur 4,90 sein sollte, ist nur **4,32**; ebenso sollte die Elektronenzahl $6 \cdot 8 = 48$ sein, ist aber nur $6 \cdot 7 = 42$. Diese Verhältnisse legen wieder eine vollbesetzte A1-Korrelation der Valenzelektronen nahe (SCHUBERT 53a). Die tetraedrische Koordination gilt nicht für alle Cu-Atome.

Die Verbindung CuSe ist annähernd isotyp zu CuS, zeigt aber eine Überstruktur, die auf $\sqrt{13}a$, c aufbaut, wo a, c die Unterstrukturachsen sind (TAYLOR 60, vgl. dazu $Cu_{3,3}Sb$).

Die $H_b^{4,4}$-Struktur von **GaS** (Abb. 1) und die $H_c^{4,4}$-Struktur von **GaSe** (Abb. 2) zeigen im Vergleich zu ZnS einen Elektronenüberschuß. Das $GaSe_{1+}$ hat eine $R^{2,2}$-Struktur (der auch InSe isotyp ist), was ebenso wie der Unterschied GaS ... GaSe zeigt, daß für die Stapelfolge auch feinere Einflüsse von Bedeutung sind. Eine schwache geometrische Verwandtschaft besteht zur Graphitstruktur.

Die Achsverhältnisse $(c/a)_{GaS} = 4{,}32$, $(c/a)_{GaSe} = 4{,}26$ sind größer als ein F^2-artiges Achsverhältnis von $2{,}45 \cdot 4/3 = 3{,}26$ erwarten läßt und führen auf $l_c = 10{,}5 \approx 9$, PZ = EA (SCHUBERT/DÖRRE 53).

4.43 Entferntere Abarten der Diamantstruktur. Die $O_a^{8,8}$-Struktur des **CdSb** (Abb. 1) und ZnSb (SR*11*32) ist verwandt zum Diamanttyp. Da das Cd-Quadratnetz parallel zur Basis verschränkt ist, wird diese Verwandtschaft ziemlich verdeckt, und es fällt eine Beziehung zu den $CuAl_2$-Verwandten auf (z. B. zu Fe_3C).

Mit $b/\sqrt{13} \approx c/\sqrt{13} = d_{\mathrm{A}1} = 2{,}30$, $l_a = 3{,}95 \approx 4$, PZ $= 52$, EA $= 48 - 8$ erhält man einen möglichen Ortskorrelationsvorschlag, der auch verwandt zu dem der Diamantstruktur ist.

4.5 Phosphor- und Arsenfamilie

4.51 Die Strukturen der Elemente As, Se, Te, Br sind Stapelvarianten voneinander (Bradley 24, Schubert 53b), wie man leicht erkennt, wenn man auch Ge hexagonal aufstellt. In der R^2-Struktur von **As** (Abb. 1)

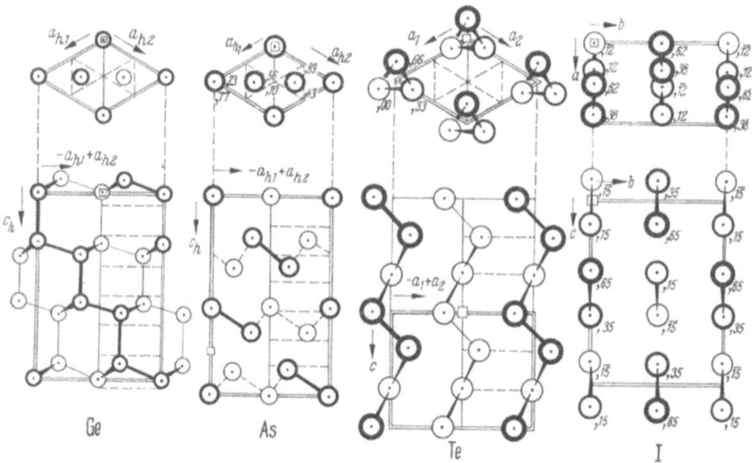

Abb. 1. Ge(F^2, Struktur des Diamant, *1*19) O_h^7–Fd3m $a_w = 5{,}62$ kX ($a_h = 3{,}97$ $c_h = 9{,}72$ kX) 8 Ge(*a*),125,125,125; As(R^2,*1*25,57) D_{3d}^5–R$\bar{3}$m $a_h = 3{,}77$ $c_h = 10{,}57$ kX 6 As(*c*),000,000,226; Te(H^3,A8,*1*28) D_3^4–P$3_1$21 $a = 4{,}44_5$ $c = 5{,}91$ kX 3 Te(*a*) ,26_9,000,333; J(Q_b^4,A14,*25*,*1*760) D_{2h}^{18}–Ccma $a = 4{,}79_5$ $b = 7{,}25_5$ $c = 9{,}780$ kX 8 J(*f*),150,000,117

bemerkt man gebuckelte Schichten parallel zur Basis, die Koordinationszahl ist drei; sieht man von kleinen Unterschieden in der Lage der Atome ab, so kann man die Struktur als kubisch primitiv ansehen ($F_a^{1,1}$-Struktur mit identifizierten Komponenten). — In der H^3-Struktur von **Se** (Abb. 1) bzw. Te bemerkt man spiralig gewundene Ketten parallel zur c-Achse, die Koordinationszahl ist 2; die Struktur kann in erster Näherung als kubisch primitiv angesehen werden oder als Packung von Ketten. — Die Q_b^4-Struktur von **J** (Abb. 1) zeigt die Koordinationszahl Eins, sie kann als dichteste Packung von Hantelmolekülen aufgefaßt werden (vgl. Tab. 1).

Mit dem Basisraster von Ge und A1-Korrelation kommt $l_c(\mathrm{As}) = 7$, PZ $= 28$ gegenüber EA $= 30$. Während man bei As $(c/a)_h = 2{,}80_3$ findet, zeigt Sb nur $c/a = 2{,}64_6$ und Bi $c/a = 2{,}60_5$; wir haben hier also $l_c = 6{,}5$. Da bei den Edelgasen die Elektronen in B1-Korrelation liegen, kann man sich die Vorstellung bilden, daß bei As der Anfang zum Übergang zur B1-Korrelation gemacht wird.

Tabelle 1

B-B-Phasen mit **As-ähnlicher** Struktur, Zahlenangaben: a/kX, c/kX, c/a für 6 At., VEK, Zahl der Atome je Zelle.

Ge(F^2)	$3{,}99_5$	9,783	2,45	4	6	121	vgl. Abb. 1
As(R^2)	$3{,}75_4$	10,52	$2{,}80_2$	5	6	127	vgl. Abb. 1
Se(H^3)	$4{,}355_1$	9,898	2,272	6	6	128 Ausnahme!	vgl. Abb. 1
Cl(Q_b^4)				7		16157	J-Typ
Br(Q_b^4)	$\begin{cases} 4{,}4_8 \\ 4{,}0_5 \end{cases}$	8,72	3,06	7	4	43	J-Typ
(Kr(F^1)	4,02	9,85	4,90	8	3	2202)	F^1-Struktur
Sn(t,F^2)	4,591	11,24	2,45	4	6	121	vgl. Abb. 4.21/1
Sb(R^2)	$4{,}29_5$	$11{,}24_7$	2,618	5	6	127	As-Typ
Te(H^3)	4,447	11,830	2,660	6	6	128	vgl. Abb. 1
J(Q_b^4)	$\begin{cases} 4{,}79 \\ 4{,}4_5 \end{cases}$	$9{,}78_8$	3,16	7	4	25	vgl. Abb. 1
(X(F^1)	4,42	10,80	4,90	8	3	2203)	F^1-Struktur
Bi(R^2)	$4{,}53_7$	11,838	2,608	5	6	127	As-Typ
Sn_4As_3	$4{,}08_2$	$7 \cdot 5{,}142$	2,52	4,4	$7 \cdot 3$	3650	[1]
$Sn_{56}Sb_{44}$(r)	4,31	10,6	2,46	$4{,}4_4$	6	3651	Typ: NaCl $D_{rhbd.}$ [2]
$Sn_{40}Sb_{60}$(r)	4,31	10,75	2,49	4,6	6	3651	Typ: NaCl $D_{rhbd.}$ [2]
GeTe	4,18	10,6	2,53	5,0	6	53SF	Typ: NaCl $D_{rhbd.}$ [2]
As_2Se_3				5,6		2324	[3]
Sb_2Te_3	4,25	30,4	2,86	5,6	15	15242	[3]
Bi_2Se_3	4,14	28,59	2,76	5,6	15	15242,1860	[3]
Bi_2STe_2	4,316	30,0	2,78	5,6	15	328	[3]
Bi_2Te_3	4,34	30,4	2,77	5,6	15	7110	[3]
Bi_3Se_4	4,28	41,0	2,73	5,6	21	1866	[1]

[1] $Sn_4As_3 \approx Sn_3As_2$ (SB 3650 HÄGG/HYBINETTE) D_{3d}^5—$R\bar{3}m$ $a_h = 4{,}082$ $c_h = 7 \cdot 5{,}142$ kX $2 \cdot 2$Sn(c) $x_1 = \frac{1}{7}$ $x_2 = \frac{2}{7}$ 2As(c) $x = \frac{3}{7}$ 1As(a).

[2] Vergleiche auch Zr_3Se_4, LiPb(r).

[3] Bi_2Te_3 (7110 isotyp Bi_2STe_2, SB 328,287 HARKER) D_{3d}^5—$R\bar{3}m$ $a_r = 10{,}45$ kX $\alpha = 24{,}13°$ $a_h = 4{,}37$ $c_h = 30{,}4$ kX 2Bi(c)$x =$,399 1Te(a) 2Te(c) $x =$,792. Rhomboedrische Unterstruktur mit 1 Atom je Zelle. Bi_2Se_3 — Bi_2Te_3 cf. 60WM.

Es ist zu vermuten, daß die Einlagerung der Elektronen in die A1-Korrelation sich durch einen größeren Atomabstand in bestimmten Richtungen bemerkbar macht, was in vielfältiger Weise möglich ist. Am einfachsten stellt man sich zunächst basisparallele Schichten eingelagerter Plätze vor. — Die Art der Stapelfolge in As läßt wieder den Einfluß der Kommensurabilitätsregel erkennen (vgl. Abb. 1). — Bei Se haben wir einen Abfall des auf 6 Atome bezogenen Achsverhältnisses $2c/a$ gegenüber As. Man muß dies deuten durch eine Drehung des Rasters in der Basis. Die metrischen Verhältnisse legen den Basisvektor $(-\mathbf{a}_1 + \mathbf{a}_2)/4$ nahe, der zu $5{,}3_3$-Plätzen je Kristallbasismasche führt. Damit erhält man $l_c = 3{,}2$, d. h. PZ = 17 bei EA = 18. Auch hier lassen sich wieder Kommensurabilitätsbeziehungen feststellen. Bei Te dagegen ist das auf 6 Atome bezogene Achsverhältnis gegenüber Sb weiter gestiegen. Mit dem Basisraster aus $a/2 = d_{A1} = 2{,}22$ Å ergeben sich ebenfalls 3,2 Schichten und nur 13 Plätze. — Bei der Struktur von Cl, Br bzw. J ist die Basis nicht mehr hexagonal, sondern $b/a = 1{,}5$. Die Metrik der Basisschicht ist ähnlich wie in der dicht gepackten Schicht des im Periodischen System benachbarten Edelgases. Mit $a/2 = d_{A1}$ ergeben sich etwa 7 Plätze je Basismasche und 5 Schichten je c-Strecke, d. h. 35 Plätze gegenüber einem Angebot von $7 \cdot 8 = 56$ Elektronen (Elektronenüberschuß in eingelagerten Plätzen).

Po ist experimentell schwierig, weil es mit einer Halbzeit von 138 Tagen radioaktiv in Pb übergeht. **Po(r)** hat eine C^1-Struktur ($a = 3{,}35$ Å), während **Po(h)** eine R_b^1-Struktur hat ($a = 3{,}366$ Å, $\alpha = 98{,}22°$). — Die Struktur von S(r) betrachten wir bei B-S-Verbindungen (4.62). Sie zeigt eine Packung von S_8-Ringen. Für **Se** wurden ferner durch Kristallisation aus CS_2 zwei monotrope, d. h. vermutlich durch Verunreinigung stabilisierte Modifikationen, M_a^{32} und M_b^{32} analysiert (SR *15*132, SR *16*156) sie enthalten wie S(r) Achterringe von Atomen.

4.52 Verbindungen mit einer zu As homöotypen Struktur. Nicht nur bei Elementstrukturen, sondern auch bei Verbindungsstrukturen treten hexagonale Stapelvarianten der Arsenfamilie auf. In Abb. 1 und Tab. 4.51/1 sind einige Beispiele zusammengestellt.

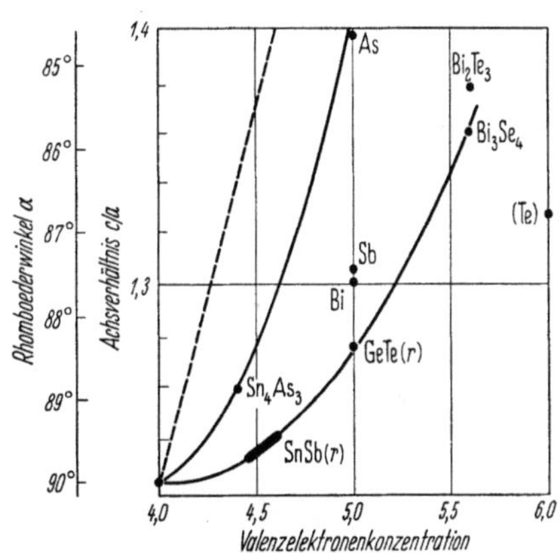

Abb. 1. Trigonal gedehnte $F_a^{1,1}$-Strukturen α Rhomboederwinkel der B1-artig aufgestellten Struktur; c/a Achsverhältnisbeitrag von drei Atomschichten; – – – zu erwartendes c/a bei vollbesetzter A1-Korrelation

$\mathbf{Sn_4As_3} \approx Sn_3As_2$ (Tab. 4.51/1) hat eine $R_a^{4,3}$-Struktur mit $\sim C^1$-Unterstruktur; die hexagonale Basismasche enthält ein Atom. Es sind 21 Atomschichten parallel zur Basis je c-Strecke gestapelt: SnAsSnAsSnAsSn; SnAsSnAsSn AsSn; SnAsSnAsSnAsSn; d. h. nach sechs alternierenden Schichten kommt eine iterierende Schicht. Das Achsverhältnis liegt auch für die anderen Strukturen unter dem für vollbesetzte A1-Korrelation zu erwartenden, es sind also einige Oktaederlücken in der A1-Korrelation besetzt. Merkwürdigerweise wird SnAs und BiSe ($F_a^{1,1}$) berichtet; es ist zu vermuten, daß entweder Atomleerstellen vorhanden sind oder bei tieferen Temperaturen eine Umwandlung stattfindet wie bei der folgenden Struktur.

SnSb(h) ist vom NaCl($F_a^{1,1}$)-Typ, **SnSb(r)** (Tab. 4.51/1) dagegen vom $F_a^{1,1}D = R_b^{1,1}$-Typ. Wie Abb. 1 erkennen läßt, liegt zwar das Achsverhältnis weit unter dem Wert für eine gedachte vollbesetzte

A1-Korrelation aller Valenzelektronen, fügt sich aber doch gut den Werten anderer Phasen ein. **GeTe** (Tab. 4.51/1) hat ebenso wie SnSb

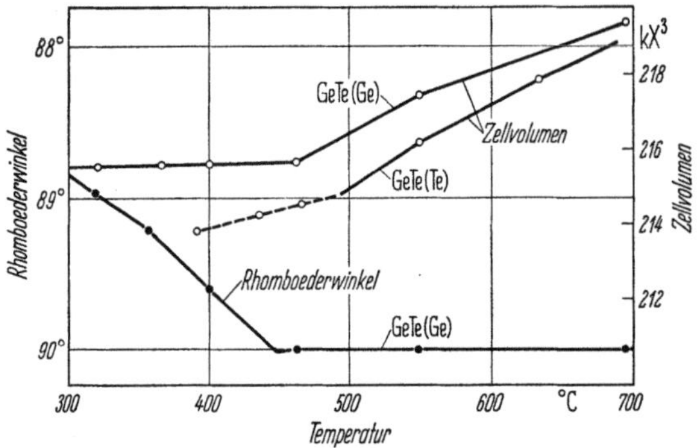

Abb. 2. Gitterkonstanten von GeTe

eine (h)$F_a^{1,1}$-Modifikation und eine (r)$R_b^{1,1}$-Modifikation. Abb. 2 zeigt, wie Achsverhältnis und Zellvolumen von der Temperatur abhängen. In der Hochmodifikation ist das überzählige Elektron vermutlich immer noch in die A1-Korrelation B1-artig eingelagert, nur nicht mehr geordnet. Diese Bindungsbeziehung kommt wohl auch einigen der nichtvalenzmäßigen $F_a^{1,1}$-Strukturen (vgl. 5.44) zu, wie z. B. SnTe, PbSe usw.

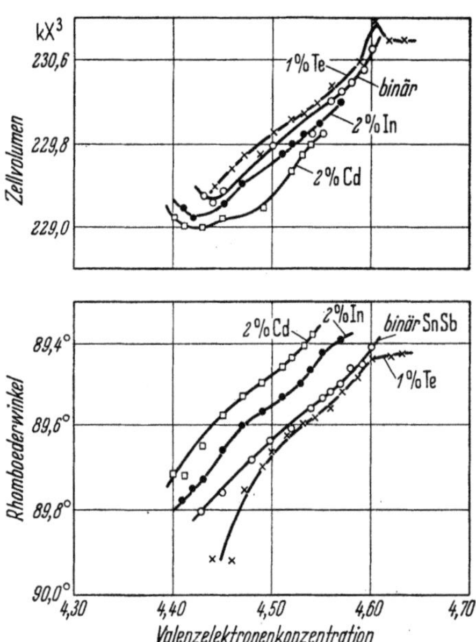

Abb. 3. Gitterkonstanten von Mischkristallen der Phase SnSb mit verschiedenen Zusatzelementen (53SchF)

Ferner gehört hierher Bi_2Te_2S bzw. $\mathbf{Bi_2Te_3}$ ($R_a^{2,3}$, Tab. 4.51/1), die Unterstruktur ist wieder R_b^1 und die Schichtfolge der Überstruktur ist SBiTeTeBi;SBi TeTeBi;SBiTeTeBi wobei S durch Te ersetzt werden kann. Wie bei Sn_4As_3 haben wir eine weitgehende Durchmischung der Komponenten. Es erscheint möglich, daß ein Grund für die Stabilität dieser Verbindungen die annähernde Zahl von 7 Elektronenschichten (je 6 Atome) ist. Schließlich kann man die Strukturen der CdJ_2-Familie in vorliegendem Zusammenhang betrachten (vgl. 4.71; 7.63).

As und Sb erhöhen merkwürdigerweise bei Zulegieren kleiner Mengen valenzelektronenärmerer Elemente ihr Achsverhältnis (SCHUBERT 53b). Auch SnSb(r) zeigt dieses Verhalten (Abb. 3). Man könnte vermuten, daß das niedrigerwertige Element den Prozeß der B1-artigen Einlagerung der Elektronen in die A1-Korrelation stört, d. h. den Anteil der A1-artig korrelierten Elektronen erhöht, dann würde aber kaum die spezielle Abhängigkeit von der Wertigkeit bei Cd, In, Te in SnSb entstehen, sondern eher eine Abhängigkeit von den Atomprozenten. Eine weitere Deutungsmöglichkeit liegt in einem Bandmodelleinfluß (SCHUBERT 53b).

Eine Diskussion von As und Se vom Standpunkt der Valenzbondtheorie findet man bei KREBS (56).

4.53 Phosphorstruktur und Varianten. Die stabile Q_c^4-Struktur des Phosphors **P(r)** (schwarz, Abb. 1, Tab. 1) zeigt die Koordinationszahl 3;

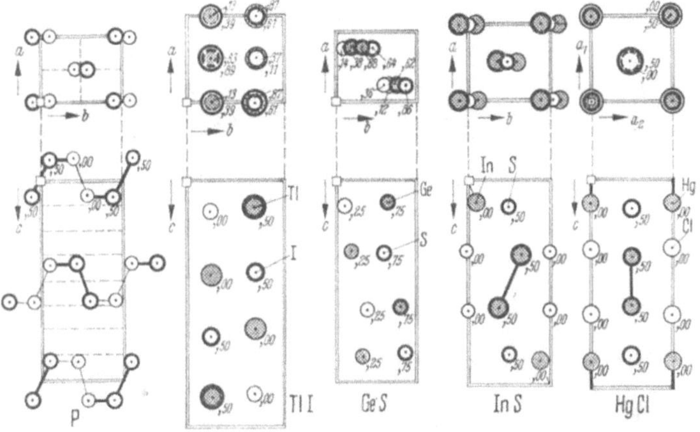

Abb. 1. **P**(Q_c^4,A17,*36*) D_{2h}^{18}—Bmab a = 3,31 b = 4,38 c = 10,50 kX 8P(f),000,090,098; **TlJ**($Q_a^{2,2}$,B33,*46*) D_{2h}^{17}—Amma(Cmcm) a = 5,24 b = 4,57 c = 12,92 kX 4Tl(c),25,00,392 4J(c),25,00,133; **GeS**($O_a^{4,4}$,B16,*28*,232) D_{2h}^{16}—Pbnm a = 4,29 b = 10,42 c = 3,64 kX 4Ge(c),17,38,25 4S(c),11,14,25; **InS**($O_e^{4,4}$,54SchDG) D_{2h}^{12}-Pmnn $a = 3{,}93_2$ $b = 4{,}43_4$ $c = 10{,}62_1$ kX 4In(g),000,125,121 4S(g),000,$\overline{005}$,355; **HgCl**($U_a^{2,2}$,*12*37,255) D_{4h}^{17}—I4/mmm a = 4,45 c = 10,89 kX 4Hg(e),000,000,116 4Cl(e),000,000,347

die gebuckelten Schichten des As sind hier zusätzlich gefältelt, so daß wieder Schichten einer C^1-Unterstruktur erkennbar werden. Man beachte die Verwandtschaft der kleinen Basis zu der von Al. Nach KREBS (56) kann man amorphes As mit flüssigem Quecksilber als Katalysator in eine zu P(Q_c^4) isotype Modifikation umwandeln. — Roter Phosphor soll ein kubisches Gitter mit 66 Atomen in der Zelle haben (KLEIN, SR*11*218). — In der Dampfphase findet man sehr stabile P_4-Moleküle.

Mit $a/2 \approx b/2 \approx d_{A1}$, $l_c = 8$ ergibt sich eine verzerrte A1-Korrelation mit PZ = 32, die nicht untergebrachten Valenzelektronen sind wieder B1-artig und geordnet eingelagert und verursachen so die besondere Atomlage.

Tabelle 1

P-Familie (Abb. 1) Zahlenangaben: *a*, *b*, *c* in Å

	a	*b*	*c*	
$P(Q_c^4)$-Typ $(D_{2h}^{18}$—Bmab)				
P	3,32	4,39	10,52	*36*
$GeS(O_a^{4,4})$-Typ $(D_{2h}^{16}$—Pnma)				
GeS	10,47	3,65	4,30	*28*
SnS	11,20	3,99	4,34	*314*
GeSe				58Ok
SnSe				56OU
$SnPbS_2$				*314*
$InS(O_e^{4,4})$-Typ $(D_{2h}^{12}$—Pmnn)				
InS	3,94	4,44	10,64	*18*176
$HgCl(U_a^{2,2})$-Typ (Abb. 2)				
HgCl	4,46	—	10,91	*12*37
HgBr	4,66	—	11,12	*12*39
				256
HgJ	4,93	—	11,63	*12*39
$TlJ(Q_a^{2,2})$-Typ $(D_{2h}^{17}$—Amma)				
CaSi	3,92	4,60	10,81	*13*48
CaGe	4,00	4,58	10,8	55EMW
CaSn	4,35	4,82	11,52	55EMW
SrGe?				55Ia
PrGa	4,19	4,45	11,33	59Ia
GdGa	4,066	4,341	11,02	61BM
DyGa	4,067	4,300	10,89	61BM
ThAl				55BV
PrGe	4,06	4,47	11,10	59Ia
YSi	3,82	4,25	10,52	59Pa
GdGe	3,960	4,175	10,61	61BM
DyGe	3,924	4,112	10,81	61BM
ZrAl	4,266	3,353	10,866	62PSch
HfAl	4,280	3,253	10,822	62PSch
ZrSi(h)	3,74	3,74	9,86	61SNB
VBo				52Blu
NbBo	3,17	3,30	8,72	*13*42
TaBo	3,16	3,28	8,67	*12*32
CrBo	2,93	2,97	7,86	*12*30
MoBo(h)	3,08	3,16	8,61	58P
WBo(h)	3,07	3,19	8,40	58P
NiBo	2,966	2,925	$7,39_6$	*16*32
ThCo	4,16	3,74	10,88	56FBR
CeNi				61FR
PuNi				59Cr
ZrNi				62KBS
HfNi				62KBS
InJ	4,91	4,75	12,76	55JT
TlJ	5,25	4,58	12,94	*46*,96
NaOH				*11*252
KOH				*11*253
RbOH				*11*254

Ähnlich zu $P(Q_c^4)$ ist die $O_a^{4,4}$-Struktur **GeS** (Abb. 1, Tab. 1). Die feineren Unterschiede zwischen beiden Strukturen sind noch nicht verständlich. Auch die $O_e^{4,4}$-Struktur von **InS** (Abb. 1, Tab. 1) ist dem P ähnlich, zeigt aber auch deutliche Unterschiede. Es nähert sich mehr der tetragonalen Symmetrie und damit der $U_a^{2,2}$-Struktur von **HgCl** (Abb. 1, Tab. 1), das zwar den gleichen Mittelwert der Valenzelektronenzahl hat, aber eine andere Verteilung der Elektronen auf die Partner. Das NaCl-artige Achsverhältnis von HgCl ist mit 0,86 klein; entsprechend der höheren Elektronenzahl des B^7 sind mehr Elektronen B1-artig eingelagert, so daß das Achsverhältnis möglicherweise dadurch verkleinert wird. Dieselbe Valenzelektronenzahl wie GeS, aber eine $Q_a^{2,2}$-Struktur hat **TlJ** (Abb. 1, Tab. 1), auch hier ist die Atomlage etwas anders als die von P. Die Struktur hat einen zweiten Zweig, der durch CaSi gegeben ist, bei TlJ ist senkrecht auf der zentrierten Fläche die längere und bei CaSi (und CrBo) die kürzere der beiden kurzen Achsen. Das

Achsverhältnis für ideale NaCl-artige Schichten sollte $\sqrt{8} = 2{,}83$ sein; merkwürdigerweise kommt beidemal das größere Achsverhältnis diesem Wert nahe, obwohl TlJ hinsichtlich der Bindungsbeziehung von NaCl zuviel und CaSi zuwenig Elektronen aufweist. — Bei CrBo sind beide Achsverhältnisse $\approx 2{,}6_5$. Auch die Verbindungen dieses Zweiges haben hinsichtlich der Bindungsbeziehung von NaCl (bzw. TiC) zuwenig Elektronen, weil mindestens ein T-Elektron ein Leitfähigkeitsband besetzt. Man beachte die Verwandtschaft der Elektronenabzählung bei TlJ und CrBo. Dem NiBo (TlJ-Struktur) entspricht ein besonderer Zweig, der auch bei NaCl-Strukturen verwandter Verbindungen vorkommt. Kompliziertere Abarten der TlJ-Struktur werden bei T-Bo-Verbindungen besprochen (6.42).

Entsprechend den Vertretertabellen muß man eine Abweichung der Valenzelektronensumme von 8 je Verbindungseinheit als eine der Ursachen für die Stapelvariation ansehen. Die feineren Unterschiede GeS ... TlJ, InS ... HgCl zeigen, daß es nicht allein auf die Elektronenkonzentration ankommt, sondern daß auch das Moment der Elektronenzahlen und ebenso auch die Rumpfelektronen von Bedeutung sind. — Ortskorrelationsvorschläge liegen besonders nahe bei den Strukturen, deren Komponenten etwa gleiche Elektronenabstände haben. So gelangt man bei CrBo mit $a/2 \approx c/2 = d_{\mathrm{A1}} = 1{,}45$ Å und $l_c = 7{,}5 \approx 8$ zu PZ = 32 gegenüber EA = 36. Nicht alle Elektronen gehören zur genannten A1-Korrelation, sondern füllen sie stellenweise B1-artig auf. Die Korrelation paßt ohne Auffüllung auch gut zu ThAl. Bei TlJ (analog bei GeS) muß man ebenfalls annehmen, daß die A1-Korrelation um die J teilweise zur B1-Korrelation ergänzt ist, so daß in der A1-Korrelation von seiten der J nur 4 Elektronen wirksam sind. Diese Annahme war schon bei InBi (4.22) naheliegend. Bei CaSi und den zugehörigen Verbindungen nehmen die Ca-Rumpfelektronen wohl ähnlich wie bei NaCl (5.44) an der Korrelation teil. Auch bei HgCl wurden ähnliche Annahmen gemacht (Schubert 57a). — Bei NbP(r) (vgl. 6.42) gilt die Korrelation $a/2 = 1{,}66 = d_{\mathrm{A1}}$, $l_c = 10$, PZ = 40 = EA (Schubert 55b). Diese Struktur ist nicht aus $\mathrm{F}_a^{1,1}$- und F¹-Strukturelementen gemischt, sondern zeigt wieder die reine F¹-Folge. — Bei ZrOS (PbFCl-Typ, vgl. *245*, *18*289) gibt die Korrelation $a/2 = 1{,}77 = d_{\mathrm{A1}}$, $l_c = 5$, 20 Plätze in Übereinstimmung mit dem Elektronenangebot. Trotz großer Ähnlichkeit der Korrelation zu der in NbP haben wir eine B¹-artige Struktur und keine F¹-artige, offenbar weil die Elektronen anders auf die Atome verteilt sind.

4.54 Weitere B-B⁵-Phasen. Die folgenden hierher gehörigen Strukturen werden an anderer Stelle behandelt:

Typ	Vertreter	vgl. Abschn.
ReO_3	Cu_3N	6.52
Be_3N_2 (Anti-Mn_2O_3-Typ)	Zn_3N_2, Cd_3N_2, Mg_3N_2, Mg_3P_2	5.4
ZnS	AlP, AlAs, AlSb, GaP, GaAs, GaSb, InP, InAs, InSb	4.42
ZnO	AlN, GaN, InN	4.42
Zn_3P_2	Cd_3P_2, Zn_3As_2, Cd_3As_2	5.4
Cu_2Sb	Cu_2Sb	7.51

Die $H_c^{18,6}$-Struktur von **Cu_3P(r)** (Abb. 1) zeigt einen etwas komplizierteren Bau; man kann VEK 2 annehmen, die Struktur ist bei anderen messingartigen Legierungen (außer Cu_3As) nicht angetroffen worden. Eine gewisse Ähnlichkeit zu den Strukturen von Fe_2P und Mn_5Si_3

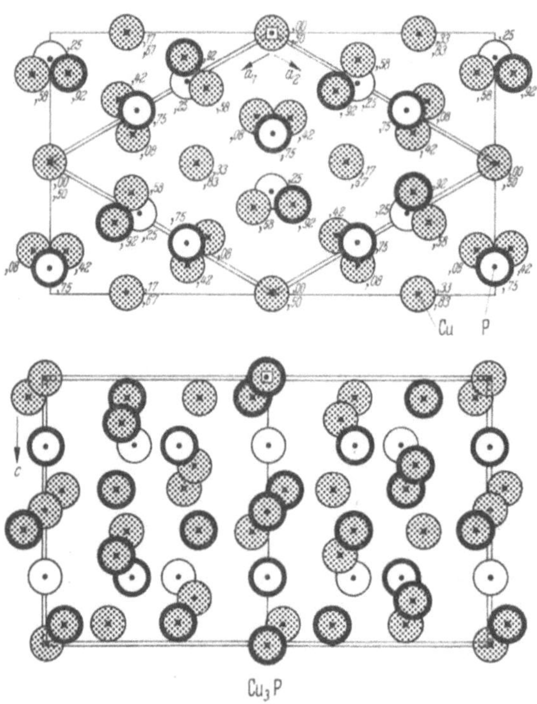

Abb. 1. $Cu_3P(H_c^{18,6}$,DO_{21},*67*) $D_{3d}^4-C\bar{3}c$ $a = 7{,}07$ $c = 7{,}14$ kX 2 Cu(*b*),0,0,0 4 Cu(*d*),333,667,17 12 Cu(*g*),69,07,08 6 P(*f*),38,00,25

fällt auf. Jedes P ist jedoch hier von 12 Cu umgeben, die nach dem Strukturvorschlag untereinander den Abstand 2,56 kX haben wie bei Cu(F^1).

Auch hier müssen wir ein Zusammenwirken zweier Ortskorrelationen annehmen, z. B. $a/\sqrt{7} = d_{A1}$, $l_c = 3{,}3 \approx 3$; $a/5 = d_{B1}\sqrt{2} = 1{,}41$, $l_c = 12{,}4 \approx 12$, PZ $= 300$, REA $= 210$.

Die C^8-Struktur von **$N_2(t_2)$** kommt auch dem CO zu (SB*2*13, T^4-$P2_13$, $a = 5{,}66$ kX, $2 \cdot 4$N(a) $x_1 = 0{,}069$, $x_2 = -0{,}039$); sie stellt eine dichteste Packung von N_2-Molekülen dar, vgl. auch FeSi($C_a^{4,4}$). Die Phase **$N_2(t_1)$** (SB*2*182, Vegard) hat eine H^2-Struktur von N_2-Molekülen, ist also eine H_b^4-Struktur, ebenso H_2 (SB*2*166).

Die Verbindung **Ge_3N_4** zeigt die rhomboedrische Struktur des Be_2SiO_4 (Phenakit) (SR*8*70, SB*1*356,402).

4.6 Weitere Strukturen von B-B^6-Phasen

4.61 Oxyde von B-Elementen. Als tetragonal gedehnte Abart der bei B-B-Phasen auftretenden F^2R-Strukturen könnte man die $T_c^{2,2}$-Struktur von **PtS** (Abb. 1, Tab. 1) ansehen, in der auch 2 Oxyde kristallisieren.

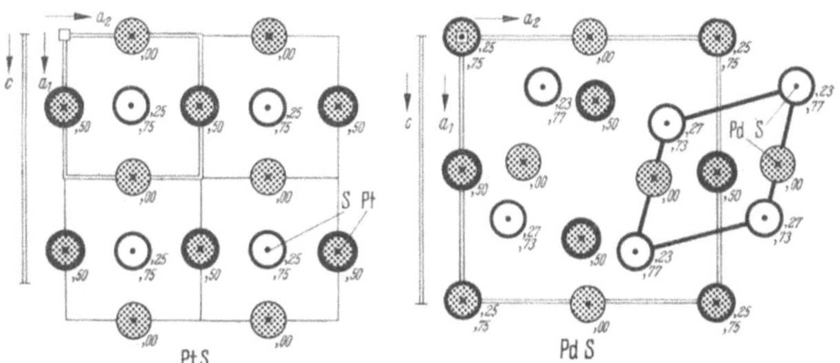

Abb. 1. **PtS**($T_c^{2,2}$,B17,29,234) D_{4h}^9–P4/mmc $a = 3{,}47$ $c = 6{,}10$ kX $c/2a = 0{,}88$ 2Pt(c),0,50,0 2S(f),50,50,25; **PdS**($T^{8,8}$,B34,53) C_{4h}^2–$P4_2$/m $a = 6{,}34$ $c = 6{,}63$ kX $c/a = 1{,}05$ 2Pd(e),0,0,25 2Pd(c),0,50,0 4Pd(j),48,25,00 8S(k) ,19,32,23

Tabelle 1

$B^{0...2}$-O-Strukturen, Zahlenangaben: a, c in Å

PtS($T_c^{2,2}$)-Typ (Abb. 1)			
PdO	3,03	5,32	*8124*
PtO	3,05	5,35	*8125*
PtS	3,48	6,11	*29,234*
PdS($T^{8,8}$)-Typ (Abb. 1)			
PdS	6,44	6,64	*53*
PdSe	6,73	6,91	57SchMi
CuO($N_a^{2,2}$)-Typ (Abb. 2)			
CuO			*311,239*
AgO			54McM

Cu_2O($C_a^{4,2}$)-Typ (Kationen z. T. statistisch verteilt)	
Cu_2O	*1153,222*
Ag_2O	*1222*
Ag_2S(h)	*1224*; *2283*; *4110*
Ag_2Se(h)	*4114*
AgJ(h_2,α,Temp. > 176 °C)	*38,232*
HgO($O_h^{4,4}$)-Typ	
HgO	*1769*, 54Au

Die Pt sind angeordnet in einer tetragonal um 24% gedehnten F^1-Lage, in deren tetraedrischen Lücken die S sitzen, aber nicht in F^1-Anordnung wie bei ZnS, sondern in annähernd quadratischer. Solche quadratischen Koordinationen um T^{10}-Elemente waren schon früher in der Molekülchemie bei Komplexverbindungen gefunden worden. Die meisten TSU-Verbindungen sind dagegen im NiAs-Typ gebaut, aber auch bei FeSe(r) findet sich eine tetragonale Modifikation (7.51); ferner gibt es auch bei Pt_2Si eine tetragonale Modifikation (7.41). Die Vertreter der PtS-Struktur wurden nur mit B^6-Partnern beobachtet.

PAULING (45) schlug bestimmte LCAO vor, wonach z. B. Pt in PtS vier planare homöopolare Bindungen entwickelt, die sich fortlaufend polymerisieren. — Man wird Durchdringungsbindung voraussetzen: $a/2 = d_{A1}$, $l_c = 5$, EA $(Pt_2^5S_2^5) = 20$ und annehmen, daß die Korrelation in Pt-Nähe B1-artig aufgefüllt wird. — Das beobachtete Achsverhältnis gestattet übrigens eine Taktion der Fermikugel der Valenzelektronen an BE (110), wie man durch Betrachtung des Verzerrungsdiagramms leicht erkennt.

Homöotyp zu PtS ist die T^{8,8}-Struktur von **PdS** (Abb. 1, Tab. 1). Die Pd-Lage ist bis auf die kleine tetragonale Verzerrung und kleine Atomverschiebungen der Lage des „βW" gleich, und jedes Pd liegt wie bei PtS in einem Quadrat von S-Atomen.

Erwähnenswert ist $a/\sqrt{13} = 1{,}78 = d_{A1}$, $l_c = 5{,}2 \approx 5{,}5$, PZ = 72, EA $(Pd_8^5S_8^4) = 72$.

Die $C_a^{4,2}$-Struktur von **Cu_2O** (Tab. 1) zeigt ein stark aufgeweitetes Cu(F^1)-Teilgitter, in dessen Tetraederlücken die O so eingelagert sind, daß sie ein B^1-Teilgitter bilden. Die Struktur ist in ihrer Projektion längs [001] ganz ähnlich wie die Projektion von PdO auf die Basis; was man zur Herleitung eines Bindungsvorschlags benutzen kann. Bei

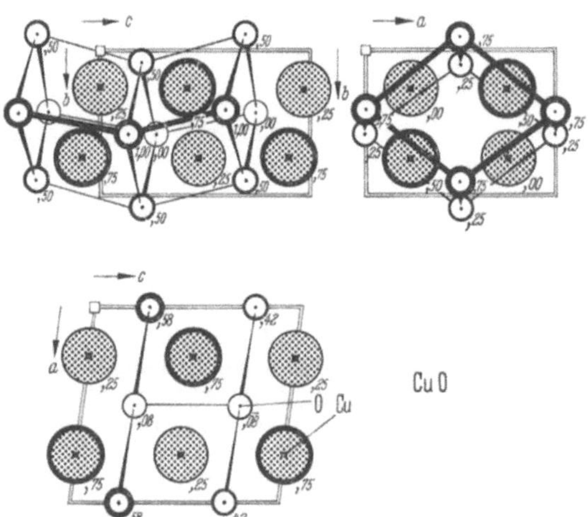

Abb. 2. **CuO**($N_a^{2,2}$,B26,311,239) C_{2h}^6—C2/c $a = 4{,}653$ $b = 3{,}410$ $c = 5{,}108$ kX $\beta = 99° 29'$
4Cu(c),25,25,0 4O(e),000,584,250

den Vertretern Ag_2Se(h) usw. sind die Kationen z. T. statistisch im Gitter verteilt.

Auch die $N_a^{2,2}$-Struktur von **CuO** (Abb. 2, Tab. 1) zeigt noch enge Beziehung zur PtS-Struktur, wenn man die $a \times b$-Ebene der Basis von PtS entsprechen läßt. Andererseits kann man auch schon einen Zusammenhang mit ZnO($H_b^{2,2}$) erkennen, wenn man die Ebene $b \times c$

der Basis von ZnO entsprechen läßt. Es fällt auf, daß der monokline Winkel bei AgO erheblich stumpfer als bei CuO ist, so daß **a** + **c** in beiden Fällen annähernd gleich ist.

Bei den valenzmäßigen B^2O-Verbindungen finden sich die Strukturen von BeO, ZnO($H_b^{2,2}$) (4.42) und MgO, CdO($F_a^{1,1}$, NaCl), die bei Anionenpackungen besprochen werden. Besonders merkwürdig ist die $O_a^{4,4}$-Struktur von **HgO** (Tab. 1), die das pseudotetragonale Unterstrukturachsverhältnis 1,6 mit innenzentriertem Hg-Teilgitter verbindet. Einkristalluntersuchung hat gezeigt, daß a zu verdoppeln ist (AURIVILLIUS 54). Auf ähnliche Strukturen werden wir nochmals unten bei SnO und PbO stoßen. Die O dürften sich in Oktaederlücken oder Tetraederlücken befinden und unter sich in A2-Korrelation $a/2 \approx a_{A2}$ stehen. Die Orthorhombizität käme zustande durch den Einfluß der Elektronen des Hg. Die Verbindung zeigt noch weitere Strukturen ebenso wie PbO.

Das zögernd kristallisierende und bei Rotglut schmelzende $\mathbf{Bo_2O_3}$ (Abb. 3) hat eine $H^{6,9}$-Struktur, in der jedes Bo ähnlich wie in BeO($H_b^{2,2}$) tetraedrisch von O umgeben ist. Die O-Tetraeder zerfallen in 2 Arten, die einander nicht gleichwertig sind.

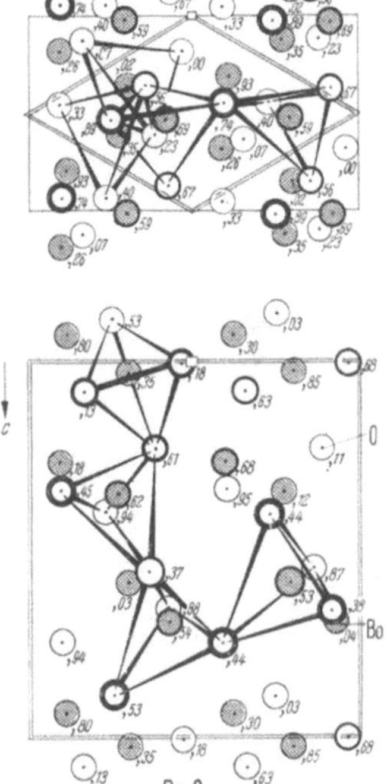

Abb. 3. Bo_2O_3($H^{6,9}$, *16216*) $C_3^2-P3_1$ $a=4{,}325$ $c=8{,}317$ Å $2\cdot 3$Bo(a),54,15,02 ,59,77,26 $3\cdot 3$O(a),20,15,00 ,46,79,07 ,51,23,56

Ähnlich wie man zu BeO($H_a^{1,1}$) eine vollbesetzte A1-Korrelation angeben kann, ist das auch hier mit $a/3 = d_{A1}$, $l_c = 7 \approx 8$, PZ = 72 = EA möglich; man muß jedoch wie dort auch hier wegen der nicht kommensurablen Schichtenzahl annehmen, daß in Wirklichkeit eine kompliziertere Korrelation vorliegt. — Eine andere Möglichkeit wäre $a/2 = a_{A2}\sqrt{2}$, $l_c = 18$, PZ = 72 = EA.

Die $R_a^{4,6}$-Struktur von $\mathbf{Al_2O_3}$**(r, *a*)** (Korund, Abb. 4, Tab. 2) enthält eine angenäherte H^2-Lage der O, wobei die Al in die oktaedrischen Lücken nach gegebenem Mengenverhältnis eingelagert sind, so daß man sie zu Hanteln zusammenfassen kann (NiAsVD-Struktur). Die Hantelbildung ist gegenüber der NaCl-Struktur, mit der man die Al_2O_3-Struktur vergleichen kann, ein Novum und macht wohl die H^2-Stapelung der O energetisch vorteilhafter; man darf ferner vermuten, daß die H^2-Stapelung der Mehrheitskomponente ähnliche Gründe hat wie in BeO($H_b^{2,2}$). Ein Molekülgitter anzunehmen ist hier nicht gerechtfertigt. Das H^2-artige Achsverhältnis der O-Lage ist etwas unterideal, $c/\sqrt{3a} = 1{,}56$. Auffallend ist, daß die Vertretertabelle fast nur Oxyde enthält.

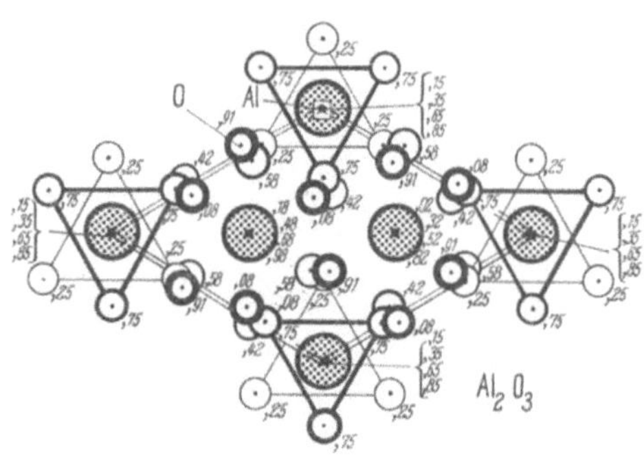

Abb. 4. Al_2O_3(r,α,$R_a^{4,6}$,D5_1,*1240*,258) D_{3d}^6 – R$\bar{3}$c a_h = 4,78 c_h = 12,9 kX 12 Al(c),00,00,15 18 O(e),30,00,25 (Ursprung im SB verschoben)

Die Übertragung der Al-Korrelation der Anionenpackungen gibt $d_{El} = 1{,}38$ kX, $l_c = 12$, PZ = 144 = EA. Die Korrelation $a/2 = a_{A2}\sqrt{2}$, $l_c = 27$, PZ = 108 könnte gerade die Valenzelektronen der O aufnehmen.

Es ist auch eine metastabile $F_a^{6,8}$-„Spinellmodifikation" von $Al_2O_3 = Al_{3-}O_4(\gamma)$ (SB*3338*, $a = 7{,}89$ kX) bekannt, bei der die O eine F^1-Lage erfüllen und die Al so auf die Oktaeder- und

Tabelle 2

B^3-O-Strukturen

$Al_2O_3(R_a^{4,6})$-Typ (Abb. 4)					
$Al_2O_3(\alpha)$	*1257*	$TiCoO_3$	*369*,379	$Ga_2O_3(\gamma)$	*8140*
$Ga_2O_3(\alpha)$	*1260*	$TiNiO_3$	*369*,380	$Fe_2O_3(\gamma$, metastabil)	*7102*
$Al_2S_3(\gamma)$	*16275*	**$Fe_3O_4(F_a^{6,8})$-Typ** (Spinelltyp)		In_2S_3(h)	*12178*
Ti_2O_3	*787*;*1263*	Fe_3O_4	*1266*,350,418; *2317*	Mn_3O_4 (verzerrt)	*3348*;*4171*; *5111*
V_2O_3	*1264*	Co_3O_4	*1771*	$Al_2O_3(\gamma'$, ungeordnet)	*3340*
Cr_2O_3	*1266*	$MgAl_2O_4$	*1350*	In_2S_3 (aus wäßriger Lösung) ungeordnet	*12178*
$Fe_2O_3(\alpha)$	*4131*	Spinell $a = 8{,}09$ kX und viele weitere ternäre Verbindungen (Oxyde)			
Co_2O_3?	*1771*	*mit Metall-Leerstellen:*			
Rh_2O_3	*1242*,268	$Al_2O_3(\gamma$, metastabil)	*3338*		
$LiNbO_3$	*1315*				
$MgTiO_3$	*369*,379				
$CdTiO_3$	*369*,379				
$TiMnO_3$	*369*,379				
$TiFeO_3$	*369*,379				

Tetraederlücken verteilt sind, daß die a_{F^1}-Achse verdoppelt wird (**Fe_3O_4**, Magnetit-Typ, Tab. 2). Der stabile Spinell: **$MgAl_2O_4$** ($a = 8{,}1$ kX) enthält etwas mehr Metallatome je Zelle als Al_2O_3; bei ihm befinden sich Mg in Tetraederlücken und Al in Oktaederlücken, und zwar so, daß Mg und Al zusammen eine $Cu_2Mg(F_a^{2,4})$-Struktur bilden. Bei Herstellung unter bestimmten Bedingungen tritt $\mathbf{Al_2O_3(\gamma')}$ (SB*3*340, VERWEY) auf, eine ungeordnete Abart von $Al_2O_3(\gamma)$.

Eine A1-Korrelation der Valenzelektronen führt hier zu $d_{El} = 1{,}39$. Es hat aber den Anschein, daß die Rumpfelektronen von Mg und Al irgendwie an der Valenzelektronenkorrelation teilnehmen: das größere Mg besetzt die kleineren Lücken des Anionengitters. Einige T_3O_4-Phasen mit Fe_3O_4-Struktur legen ebenfalls eine unvollständig besetzte Korrelation der Valenzelektronen nahe, d. h. eine Bedeckung von Valenzelektronenplätzen durch Rumpfelektronen.

Die Verbindung Co_3S_4 kristallisiert ähnlich wie $MgAl_2O_4$, aber innerlich verzerrt (vgl. 7.61). Es gibt auch Phasen, in denen sich das Mehrheitskation auf Tetraederlücken und die Hälfte der Oktaederlücken verteilt („invertierte Spinelle"), eine Begründung für die Stabilität solcher Strukturen findet man bei VERWEY/HEILMANN (47).

Im System C–O gibt es geringe Rumpfwechselwirkung bei hoher VEK, so daß sich bei Raumtemperatur nur Moleküle bilden und bei tiefen Temperaturen Molekülkristalle, die man als dichteste Packungen von Molekeln auffassen kann: die $C_b^{4,4}$-Struktur von **CO** und die $C_b^{4,8}$-Struktur von $\mathbf{CO_2}$ mit linearen Molekülen ($a/4 = a_{B2}$, PZ = 2 EA). Nach KIHARA (60) sind für solche Strukturen elektrostatische Multipole von ausschlaggebendem Einfluß.

Aufschlußreich sind die Strukturen des $\mathbf{SiO_2}$. Zwischen 1470 °C und dem Schmelzpunkt 1705° ist die $F_b^{2,4}$-Struktur des Cristobalits $\mathbf{SiO_2}$ ($\mathbf{h_2}$, Tab. 3, Abb. 5) stabil. Die O-Lage kann als F^1-Lage mit vielen Leerstellen aufgefaßt werden, was schon eine bemerkenswerte Abweichung vom Prinzip der Anionenpackung (vgl. 5.4) in Richtung auf eine Molekül-

Tabelle 3

B^4-O-Strukturen

$SiO_2(h_2, F_b^{2,4}$, Cristobalit)-Typ (Abb. 5)		SiO_2 $a = 4{,}90$, $c = 5{,}39$ kX	*321*,*786*
$SiO_2(h_2)$	*1*169; *5*110	$AlPO_4$	*3*424
BeF_2	*2*248	$AlAsO_4$	*3*428
		$LiAlSiO_4$	*11*474
		GeO_2 $a = 4{,}98$, $c = 5{,}64$ kX	*1*209; *2*262
$SiO_2(h_2', T_a^{4,8}$, Tiefcristobalit)-Typ (Abb. 5)		**$SiS_2(P_a^{2,4})$-Typ** (Abb. 4.62/2)	
$SiO_2(h_2')$	*3*25,*2*99	$BeCl_2$	*16*183
$SiO_2(h_1, H_b^{4,8}$, Tridymit)-Typ		$Be(CH_3)_2$	*15*415
$SiO_2(h_1)$	*1*171	$SiO_2(h_3)$	*18*361
		$a = 4{,}72$, $b = 5{,}16$, $c = 8{,}36$ Å	
$SiO_2(r_1, H_a^{3,6}$, Quarz)-Typ (Abb. 6)		SiS_2	*337*,*286*
		$a = 5{,}60$, $b = 5{,}53$, $c = 9{,}55$ kX	
BeF_2 $a = 4{,}72$, $c = 5{,}18$ Å	vgl. 48Wy	$SiSe_2$	53WW
		$SiTe_2$	53WW

struktur darstellt. — Es gibt zu h_2 eine metastabile Abschreckmodifikation, die $T_a^{4,8}$-Struktur des Tiefcristobalits **$SiO_2(h_2')$** (Abb. 5). — Bei 870 ... 1470 °C ist die $H_b^{4,8}$-Struktur von Tridymit **$SiO_2(h_1)$** stabil, eine Stapelvariante des Cristobalits mit 4 Verbindungsgewichten in der Zelle und nahezu idealem Achsverhältnis. Bei Abschrecken auf Raumtemperatur deformiert sich Tridymit in den rhombischen Tief-

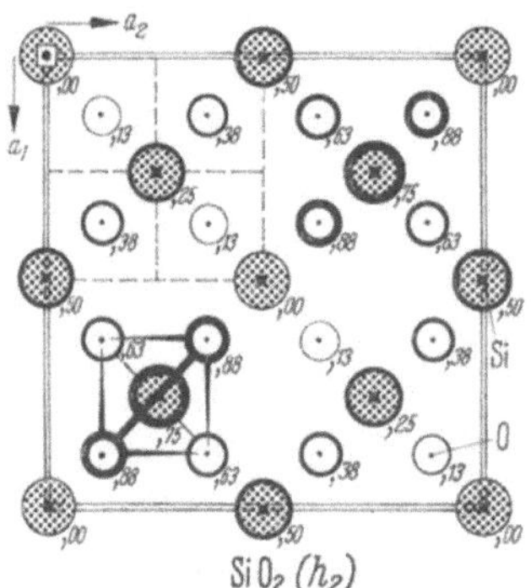

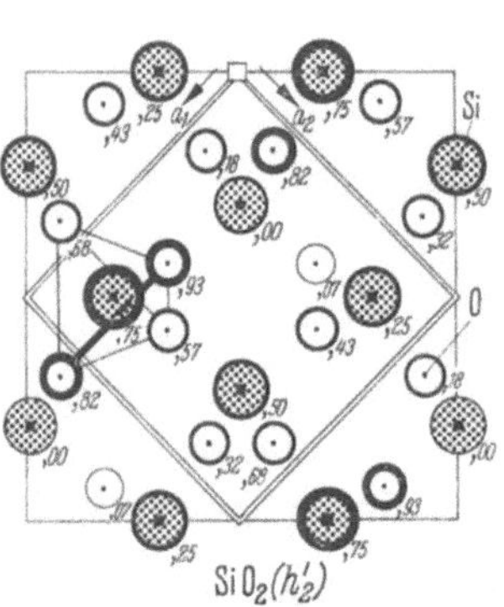

Abb. 5. **SiO_2**(h_2, Cristobalit, $F_b^{2,4}$,C9,*1*169,*5*110) O_h^7−Fd3m a = 7,12 kX 8 Si(a),0,0,0 16 O(c),125,125,125; **SiO_2**(h_2',$T_a^{4,8}$,C30,*3*25,299) $D_4^4-P4_12_12$ a = 4,96 c = 6,92 kX 4 Si(a),30,30,00 8 O(b),245,10,175

Abb. 6. **SiO_2**(r_1,$H_a^{3,6}$,C8α,*1*166,*3*21) $D_3^4-C3_12$ $a = 4{,}90_3$ $c = 5{,}39_3$ kX 3 Si(a),465,000,000 6 O(c),417,278,111

tridymit $SiO_2(h_1')$ (SB*1*171,203). — Zwischen 575° und 870° ist die $H_b^{3,6}$-Struktur des Hochquarzes **$SiO_2(r_2)$** stabil der gegenüber dem sogleich zu besprechenden Tiefquarz $H_a^{3,6}$(C8α), die etwas höhere Symmetrie D_6^5 hat und deren Parameter durch Spezialisierung aus den Lagen von $SiO_2(H_a^{3,6})$ hervorgehen. Bei Raumtemperatur ist die $H_a^{3,6}$-Struktur des Tiefquarzes **$SiO_2(r_1)$** (Abb. 6) stabil, der die Polarisationsebene von sichtbarem Licht dreht und in enantiomorphen Modifikationen auftritt. Abb. 6 läßt die tetraedrische Umgebung der Si durch O erkennen und die Koordination von 2 Si zu jedem O. Ein Linksquarz geht nach Überführung in die ebenfalls enantiomorphe Hochmodifikation wieder in einen Linksquarz über. Man beachte auch die „gefüllte“ Struktur $LiAlSiO_4$ (WINKLER). Schließlich erhielten AL. WEISS und AR. WEISS durch Oxydation von SiO bei 1300° eine Modifikation vom $SiS_2(P^{2,4})$-Typ (4.62). Nach GOLDSCHMIDT (31 b) sind die SiO_2-Strukturen von den Strukturen von TiO_2 und CaF_2 durch einen kleineren Ionenradienquotienten abgegrenzt und von CdJ_2 sowie einigen Molekülgittern durch geringere Polarisierbarkeit.

Bei $SiO_2(F_b^{2,4})$ ist zu betrachten $a/5 = d_{B1} = 1{,}42\,kX$, PZ = 125, EA = 128. Ein besserer Vorschlag (SCHUBERT 50a) nimmt $a/4 = a_{A2}$, $d_{A2} = 1{,}54\,kX$, PZ = 128 = EA an. Dieser Vorschlag, bei dem die Elektronen noch weit verstreut sind, legt zusammen mit der Existenz der Tiefphasen nahe, daß bei Quarz die Korrelation nicht einfach, sondern zusammengesetzt ist. Bei der hexagonalen Stapelvariante $H_b^{4,8}$ ist das Achsverhältnis ideal, es muß also eine verhältnismäßig schwache Wechselwirkung der Si die Stapeländerung herbeiführen. Es ist bemerkenswert,

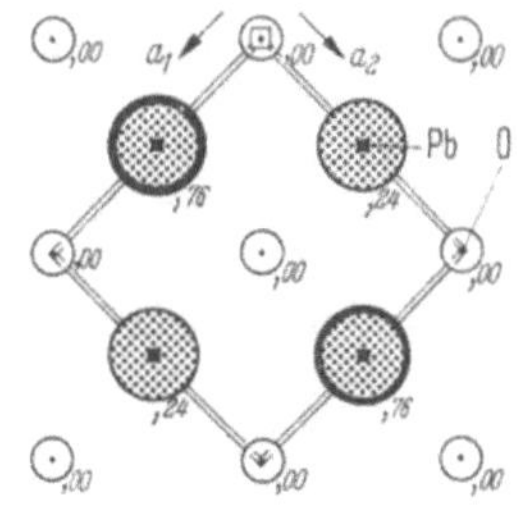

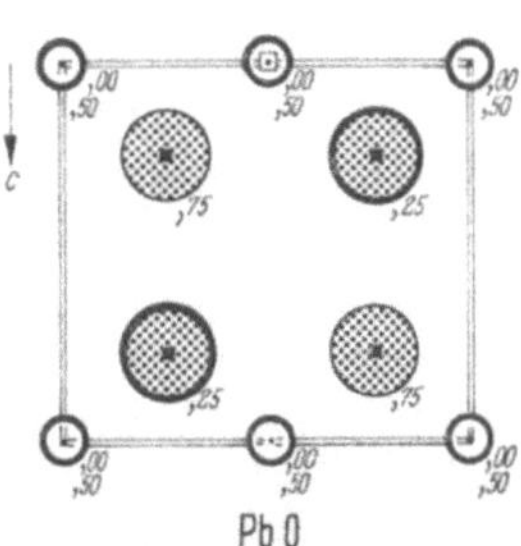

Abb. 7. **PbO**$(T_a^{2,2}$,B10,*1*89) $D_{4h}^7 - P4/nmm$ $a = 3{,}9_8$ $c = 5{,}0_1\,kX$ 2Pb(*c*),00,50,24 2O(*a*),0,0,0

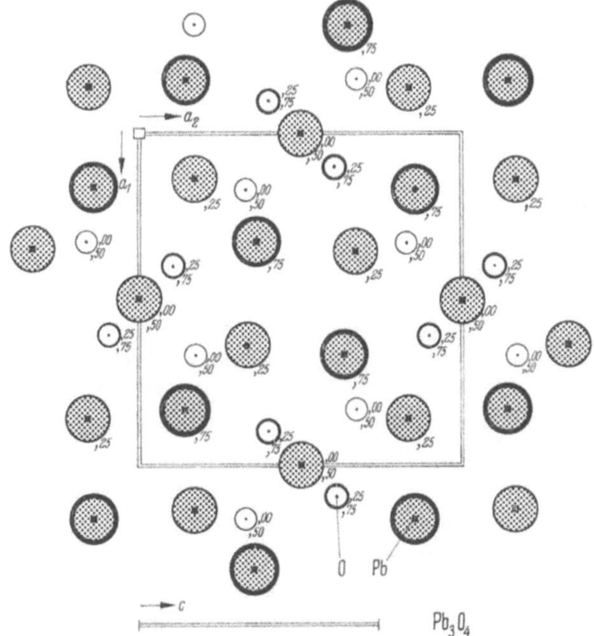

Abb. 8. **Pb_3O_4**(Mennige, $T^{12,16}$,*11*240) $D_{4h}^{13} - P4/mbc$ $a = 8{,}80$ $c = 6{,}56$ Å 2Pb(*c*),0,5,0 2Pb(*d*),0,5,5 8Pb(*i*),14,165,25 8O(*i*),40,10,25 4O(*g*),33,83,00 4O(*h*),33,83,50

daß die Kommensurabilität der A2-Korrelation in c-Richtung aufgegeben wird. Bei $H^{3,6}_{a,b}$ dagegen bemerkt man eine starke Schrumpfung des auf 3 Verbindungseinheiten bezogenen Achsverhältnisses. Die Kommensurabilität in c-Richtung ist wieder da. Man kann z. B. annehmen, daß sich die Korrelation der Si-Elektronen ausscheidet und mit $a/\sqrt{7} = d_{A1} = 1{,}85$, $l_c = 3$ neben die A2-Korrelaton der O-Elektronen tritt. Bei höherem Druck sollte sich wieder eine einheitliche Korrelation bilden.

Während es zu GeO_2 eine Quarz- und eine Rutilmodifikation gibt, ist SnO_2 ebenso wie PbO_2 vom Rutiltyp (6.52). SnO (*11238*) und das rote PbO haben die $T^{2,2}_a$-Struktur von **PbO** (Abb. 7), die aus einem in der Basis gedehnten F^1-Pb-Teilgitter ($c/a = 0{,}89$) besteht, in dessen Tetraederlücken die O in Schichten parallel zur Basis eingelagert sind, so daß abwechselnd alle Tetraeder einer Schicht parallel zur Basis ausgefüllt und alle leer sind.

Man kann eine A1-Korrelation der Valenzelektronen mit eingelagerten Plätzen annehmen oder eine A2-Korrelation der Elektronen der O untereinander mit $a/2\sqrt{2} = a_{A2}$. Geometrisch lassen sich dem PbO-Typ ferner zuordnen $Np(h_1)$ (3.24), InBi (4.22), FeSe (7.51).

Das System Pb–O zeigt eine Reihe weiterer Phasen. So findet man z. B. bei bestimmten Präparationsbedingungen eine weniger stabile gelbe $O^{4,4}_f$-Modifikation: **PbO** (orth.), in der die $Pb(F^1)$-Lage orthorhombisch verzerrt ist und die O-Lage auf Grund von Neutronenexperimenten festgelegt wurde. — Die $T^{12,16}$-Struktur des roten $\mathbf{Pb_3O_4}$ (Mennige, Abb. 8) gehört zur Bindungsbeziehung des $PbO_2(T^{2,4}_c)$, wie man an den Zellabmessungen feststellt. Eine Anzahl Isotype, darunter $ZnSb_2O_4$, $NiAs_2O_4$, fand man im Ternären (SB*9174*). Bei der $M^{4,6}$-Struktur des $\mathbf{Pb_2O_3}$ sind die O-Lagen nur aus räumlichen Betrachtungen bekannt. — Weitere Strukturen für $\mathbf{PbO_{\sim 1,5}}(\alpha, M^{48,72})$ und $\mathbf{PbO_{\sim 1,5}}(\beta, O^{8,12}_a)$ wurden ausgearbeitet, wobei allerdings die Lagen der O ebenfalls aus räumlichen Überlegungen erschlossen wurden. Die Typen ähneln dem CaF_2-Gitter und zeigen komplizierte Überstrukturen.

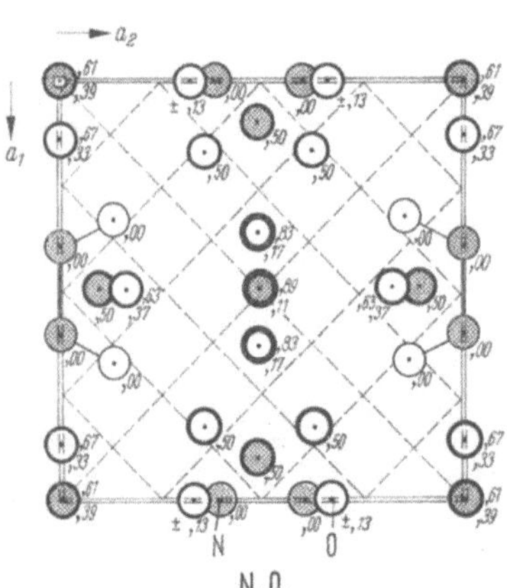

Abb. 9. $N_2O_4(B^{6,12}$,*12146*) T^5_h–Im3
a = 7,77 Å 12N(d),394,0,0
24O(g),000,326,134

Die N-O-Verbindungen sind vorwiegend bei Raumtemperatur flüchtig und bilden bei tieferen Temperaturen Strukturen mit VAN DER WAALS-Bindung zwischen den Molekülen. Wir erwähnen kurz $\mathbf{N_2O}$=NNO (Typ CO_2), $\mathbf{NO_2(B^{6,12})}$ (Abb. 9, $a\sqrt{2}/8 = a_{A2}$, $l_c \approx 11$, PZ = 350,

EA = 204), $N_2O_5(H_a^{4,10})$ (Abb 10, $a/\sqrt{7} = a_{A2}\sqrt{2}$, $l_c = 16$, PZ = 112, EA = 80). Die folgenden Strukturen sind z. T. ebenfalls Molekülstrukturen, oder sie setzen sich zusammen aus eindimensionalen Bändern oder zweidimensional ausgedehnten Bauelementen, so daß sie weniger leicht auf die Ortskorrelation schließen lassen.

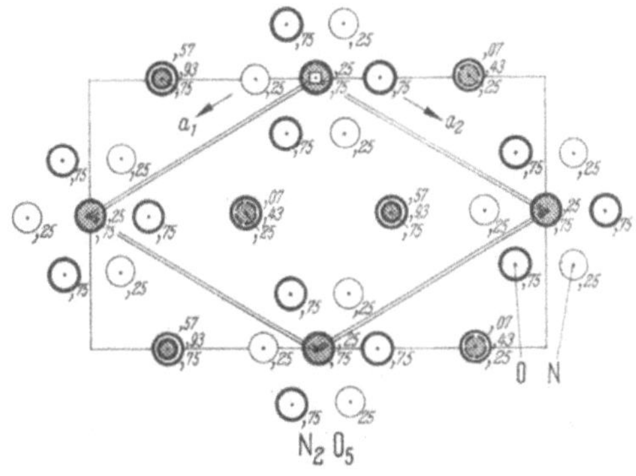

Abb. 10. $N_2O_5(H_a^{4,10}, 13230)$ $D_{6h}^4 - C6/mmc$ $a = 5{,}41$ $c = 6{,}57$ Å 2N(b),0,0,25 2N(d),333,667,75 4O(f),333,667,$\overline{074}$ 6O(h),133,266,250

Das valenzmäßige P_2O_5 sublimiert schon bei 360 °C in P_4O_{10}-Moleküle, die noch erkennbar sind in der metastabilen $R^{8,20}$-Form P_2O_5 (rhomboedr.). Das Molekül kann hier angesehen werden als ein Ausschnitt aus einer $F_b^{1,1}$-Struktur. Die stabile $S^{4,10}$-Form P_2O_5 (orthorhomb., Abb. 11) ist dagegen mit der Struktur von Quarz zu vergleichen: P ist tetraedrisch umgeben von 4 O, und die Tetraeder bilden ein kristallines Netz; dem höheren O-Gehalt entspricht es, daß nicht jedes O zu 2 P gehört. Auch die Zellabmessungen lassen metrische Beziehungen zu Quarz erkennen. Eine dritte $O^{8,20}$-Modifikation, P_2O_5 (orthorhomb. III) soll Ähnlichkeit mit V_2O_5 haben. — Die Struktur von P_2O_3 ist noch unbekannt.

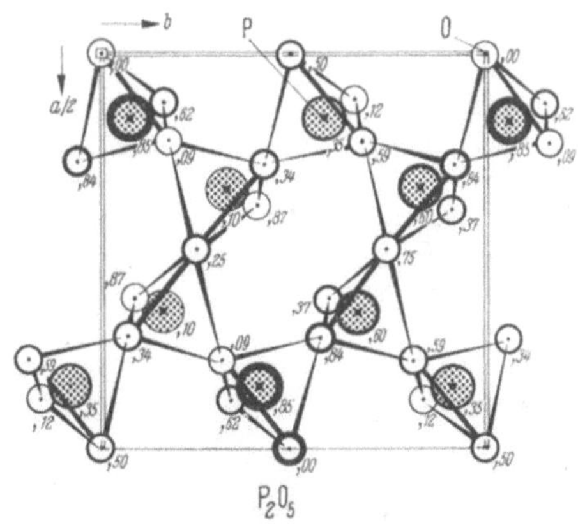

Abb. 11. $P_2O_5(S^{4,10}, 8143)$ $C_{2v}^{19} - Fdd2$ $a = 16{,}3$ $b = 8{,}14$ $c = 5{,}26$ Å 16P(b),075,083,$\overline{153}$ 8O(a),0,0,0 2 · 16O(b),114,178,089 ,058,161,$\overline{383}$

Die Verbindung As_2O_3 ist nicht valenzmäßig zusammengesetzt. Die Raumtemperaturmodifikation kristallisiert in der $F^{8,12}$-Struktur von Sb_2O_3(r) (Senarmontit), die ein Molekülgitter darstellt. Mit einer versuchsweisen A1-Korrelation der Valenzelektronen ($a/4 = a_{A1}$, $d_{El} = 1{,}97$) erhält man gute Kommensurabilität. Die Hochmodifikation (oberhalb 221 °C) zeigt eine $M_a^{8,12}$-Struktur: As_2O_3(h) (Claudetit). Sie ist verwandt mit der $O_b^{8,12}$-Struktur von Sb_2O_3(h) (Valentinit, Abb. 12).

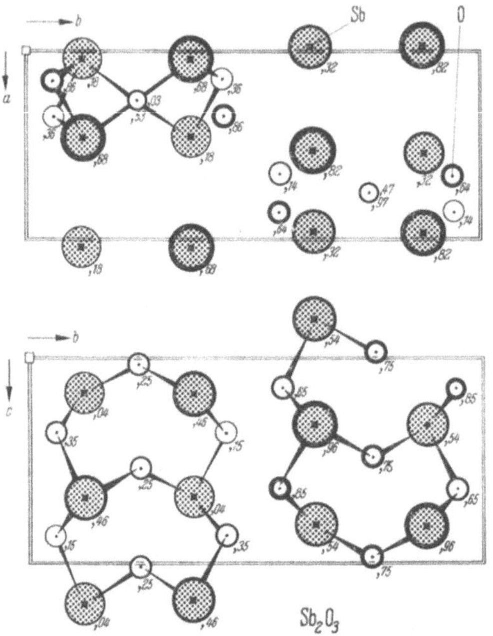

Abb. 12. $\mathbf{Sb_2O_3}$**(h,** Valentinit, $O_b^{8,12}$,*420*,*1434*) D_{2h}^{10}–Pccn $a = 4{,}92$ $b = 12{,}46$ $c = 5{,}42$ kX 8Sb(*e*),044,128,179 8O(*e*),147,058,$\overline{139}$ 4O(*c*),25,25,029

Die Moleküle sind in der h-Modifikation zu Bändern zusammengeschlossen, was einer größeren Beweglichkeit von Valenzelektronen entspricht.

Bei Bi_2O_3 ist eine $M_b^{8,12}$-Modifikation $\mathbf{Bi_2O_3}$**(r)** und eine $T_a^{8,12}$-Modifikation $\mathbf{Bi_2O_3}$**(h,** β**)** (Abb. 13) beschrieben worden, die dem Sb_2O_3(r) ähnelt. Andere Strukturen sollen verunreinigten Phasen entsprechen (SR*9*169). Die Struktur von (h) kann mit HgO oder PbO verglichen werden.

Für O_2 sind bei Temperaturen unter $-200\,°C$ drei verschiedene Phasen beobachtet worden, ihre Struktur ist noch unbekannt.

Auch die $Q_d^{2,4}$-Struktur von $\mathbf{SO_2}$ (Abb. 14) ist eine Molekülstruktur; die Orthorhombizität der quasikubischen Zelle ist durch die Atomlage bedingt ($a/4 = a_{A2}$, PZ = 128, EA = 72 oder Leerstellenkorrelation, vgl. 5.48). Für $\mathbf{SO_3}$**(γ)** (Abb. 15) wurde eine $O^{12,36}$-Struktur gefunden, die sich aus S_3O_9-Molekülen zusammensetzt. Das Molekül besteht aus SO_4-Tetraedern, die zu je zweien eine Ecke gemeinsam haben (A2-Korrelation oder A1-Leerstellenkorrelation möglich).

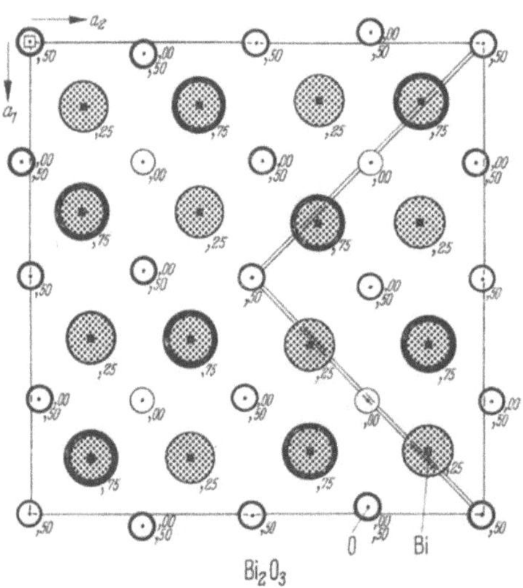

Abb. 13. $\mathbf{Bi_2O_3}$(h,β,$T_a^{8,12}$,*59*) D_{2d}^7–C$\bar{4}$2b $a = 10{,}93$ $c = 5{,}62$ kX 16Bi(*i*),135,115,250 8O(*g*),02,25,00 8O(*h*),02,25,50 4O(*c*),25,25,0 4O(*b*),0,0,5

Eine $T^{8,16}$-Struktur zeigt $\mathbf{SeO_2}$ (Abb. 16, S. 206). Dagegen hat $\mathbf{TeO_2}$ eine rutilähnliche $T_b^{4,8}$-Struktur und darüber hinaus eine brookitähnliche orthorhombische Struktur.

4.62 Die Sulfide der B-Elemente zeigen viele Abweichungen von den Oxyden wegen des großen Unterschieds von O und S. — Die Verbindung HgS besitzt eine schwarze Modifikation vom $F_b^{1,1}$-Typ (Metacinnabarit, $a_{hex} = 4{,}12$, $c_{hex} = 10{,}10$ kX) und eine rote, dichtere $F_a^{1,1}$-ähnliche $H_a^{3,3}$-Modifikation **HgS** (Zinnober, Abb. 1), die in der Natur vorwiegend vorkommt, und in die sich das bei bestimmten chemischen Vorgängen (Fällen aus wäßriger Lösung) einstellende $F_b^{1,1}$-Sulfid umwandeln läßt. Die Lage der Hg-

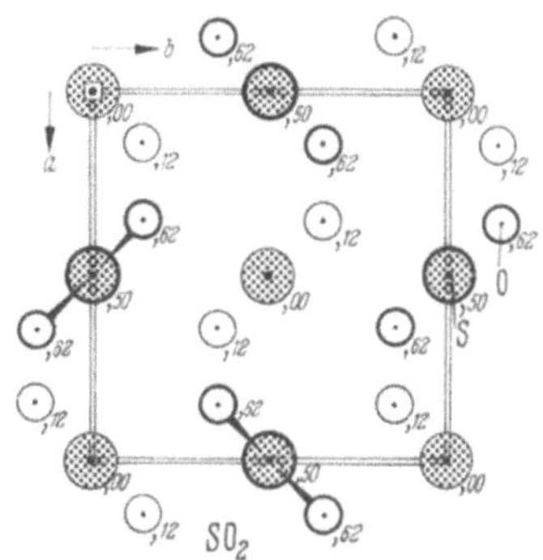

Abb.14/4.61. SO_2($Q_d^{2,4}$,*16*223) C_{2v}^{17}—Aba2 $a = 6{,}07$ $b = 5{,}94$ $c = 6{,}14$ Å 4S(a),0,0,0 8O(b),140,150,118

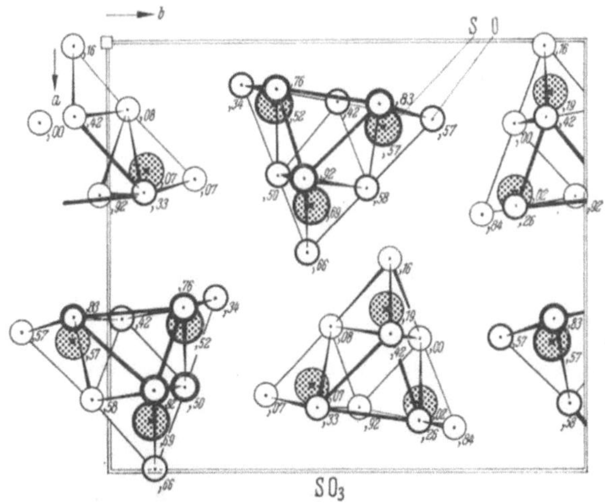

Abb.15/4.61. SO_3(γ,$O^{12,36}$,*8*148) C_{2v}^{9}—Pna $a = 10{,}7$ $b = 12{,}3$ $c = 5{,}3$ Å 3 · 4S(a),119,$\overline{075}$,191 ,346,$\overline{146}$,017 ,303,078,074 9 · 4O(a),175,$\overline{086}$,415 ,375,$\overline{154}$,260 ,350,071,328 ,194,$\overline{153}$,000 ,010,$\overline{090}$,157 ,163,042,079 ,318,175,066 ,364,$\overline{022}$,$\overline{079}$,397,$\overline{219}$,$\overline{157}$

Atome bildet annähernd eine leicht trigonal komprimierte $F_a^{1,1}$-Struktur; die S-Atome sind ein wenig aus den für eine $F_a^{1,1}$-Struktur gültigen Lagen herausgeschoben (wodurch die Voraussetzung für optische Aktivität gegeben ist).

Die größere Dichte legt nahe, daß die A1-Korrelation von HgS(B3) in eine A1-Korrelation umgeschlagen ist, bei der einige Elektronen nahe bei S-Atomen die A1-Korrelation B1-artig auffüllen, so daß das Achsverhältnis unternormal wird. Die Auffüllungsstellen ordnen sich und bedingen die Besonderheiten der Struktur. Ein Einfluß der Hg-Rumpfelektronen, d. h. ein Anteil von Durchdringungsbindung ist naheliegend ähnlich wie bei AuJ und HgJ_2.

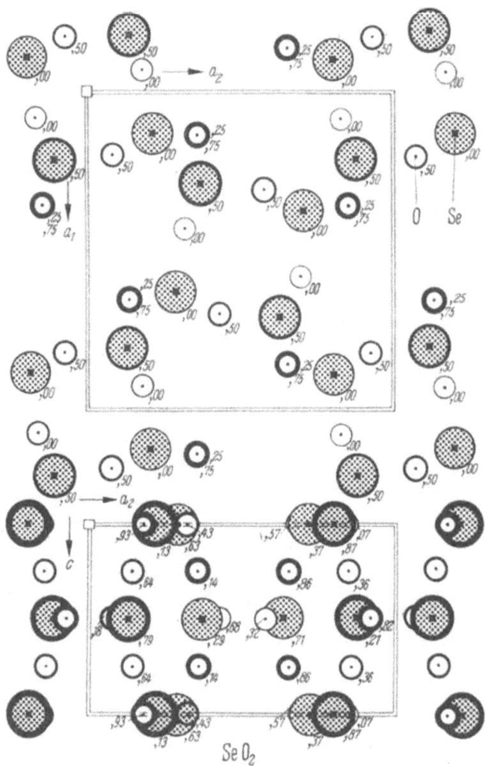

Abb. 16/4.61. SeO_2($T^{8,16}$,C47,*54*,46) D_{4h}^{13}–P4/mbc $a = 8,353$ $c = 5,051$ kX 8Se(h),133,207,000 8O(g),358,858,250 8O(h),425,320,000

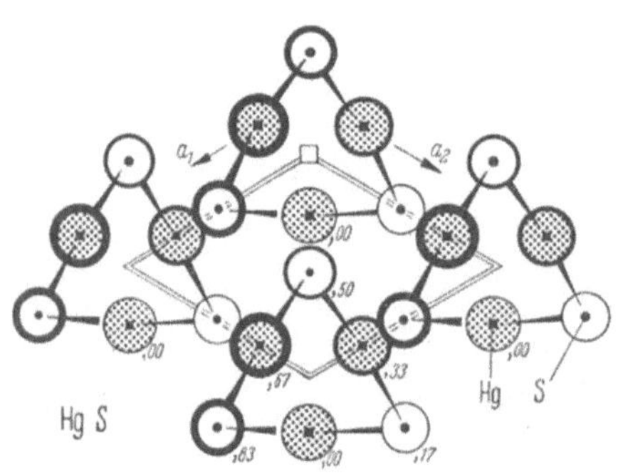

Abb. 1. HgS(Zinnober, $H_a^{3,3}$,B9,*187*,*13*179) D_3^4–$C3_12$ $a = 4,146$ $c = 9,497$ Å $c/a = 2,29$ 3Hg(a),72,00,33 3S(b),48_5,00,83_3

Die Struktur von Tl_2S haben wir in 4.22 erwähnt.

Eine verzerrte F^1-Packung der S zeigt die $P_a^{2,4}$-Struktur von SiS_2 (Abb. 2, Tab. 4.61/3), die Ionenradien verhalten sich wie 0,39 : 1,74 = 0,224, so daß eine Einlagerung des Kations in die Tetraeder einer dichtesten Kugelpackung in Frage kommt. Das Anionenteilgitter ist in der Tat vom F^1-Typ, aber die Kationen lagern sich nicht kubisch (etwa nach dem Anti-Cu_2O-Typ) ein, sondern so, daß die Struktur orthorhombisch wird. Die Kristalle werden durch die besonderen Atomlagen faserig. An den Gitterkonstanten fällt auf, daß die quasitetragonale c-Achse gegenüber dem Idealwert um 17% kontrahiert ist.

Da die Basis metrisch der von Si ähnelt, müssen wir als Korrelation in dieser Ebene $(a \pm b)/4 = 1{,}97\,\text{kX} = d_{\text{A}1}$ annehmen und kommen auf $l_c = 7$, PZ = 56, während EA = 64 ist; es ist also je S mindestens 1 Elektron B1-artig in die Korrelation eingelagert, und die Art der Einlagerung wird mit der der Kationen in noch unbekannter Weise zusammenhängen. Bei der Annahme $l_c = 8$ müßte eine besondere Wechselwirkung der Si-Rümpfe die Ursache für die Kationenanordnung sein; eine solche Wechselwirkung war zwar auch bei Al_2O_3 und SiO_2 wahrscheinlich, aber das Auftreten von $BeCl_2$ in der Vertretertabelle spricht für die erste Annahme. Auch eine Tendenz zum Übergang in eine AZ-Korrelation scheint möglich.

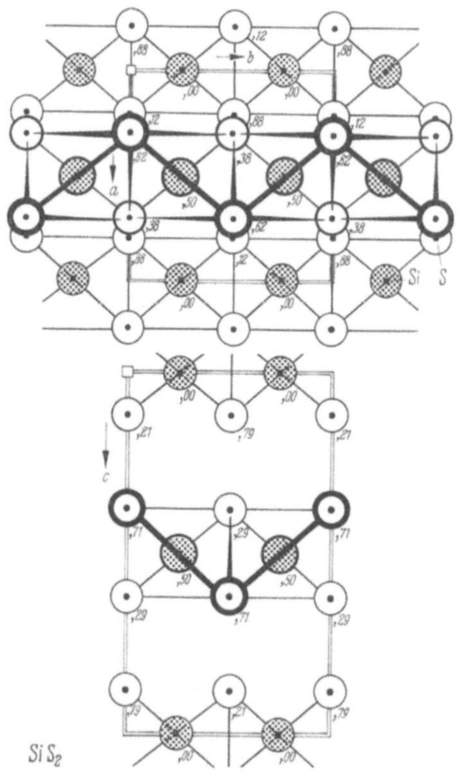

Abb. 2. SiS_2($P_a^{2,4}$,C 42,*337*,286) D_{2h}^{26}—Icma $a = 5{,}60$ $b = 5{,}53$ $c = 9{,}55$ kX 4 Si(a),0,25,0 8 S(j),208,000,119

Die $S^{6,12}$-Struktur von $\mathbf{GeS_2}$ (Abb. 3) hat in Zelle und Atomlagen viele Beziehungen zu SiS_2, ist aber komplizierter gebaut. Die P–S zeigen alle Molekülstrukturen, auf die wir nur kurz hinweisen wollen: Kristallphasen im System $\mathbf{P_4S_3(O^{32,24})}$, $\mathbf{P_4S_5(M^{8,10})}$, $\mathbf{P_4S_7(M^{16,28})}$, $\mathbf{P_4S_{10}(Z^{8,20})}$. Ähnliches gilt für $\mathbf{P_4Se_3(O^{64,48})}$.

Während einige elektronisch überkomplettierte Phasen, wie z. B. SnTe, PbS, PbSe usw., im NaCl-Typ kristallisieren, zeigt der $O_c^{8,12}$-Typ von $\mathbf{Sb_2S_3}$ (Abb. 4a, Tab. 1) eine bemerkenswerte Abart der NaCl-Struktur. Parallel zur kürzesten Achse findet man Bänder, die aus 2 Atomschichten einer $(100)_{\text{NaCl}}$-Ebene bestehen. Die Normalen der Bänder sind aber nicht alle parallel, sondern wechseln zwischen zwei verschiedenen Richtungen. Da die Vertretertabelle auch einige Actinidensulfide enthält, sollte man die Struktur auch mit Th_3P_4 vergleichen.

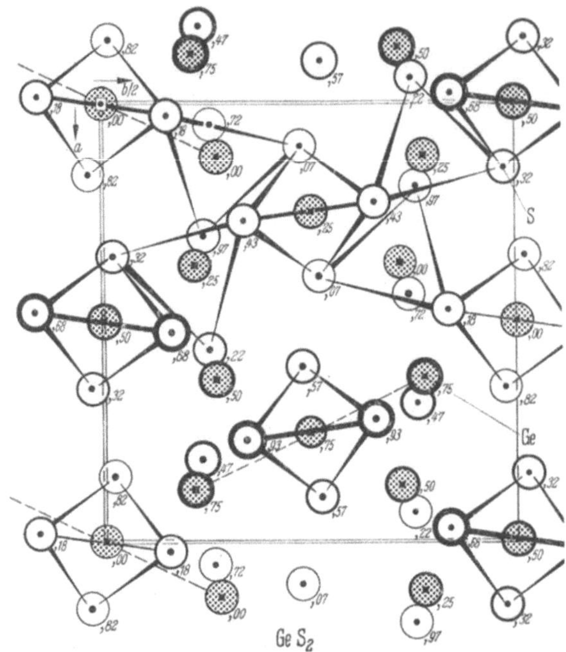

Abb. 3. GeS_2 ($S^{6,12}$,C 44,*411*) C^{19}_{2v} – Fdd a = 11,66 b = 22,34 c = 6,86 kX 8 Ge(a),00,00,00 16 Ge(b),125,139,000 3 · 16 S(b),022,081,183 ,153,$\overline{014}$,$\overline{183}$,063,125,$\overline{278}$

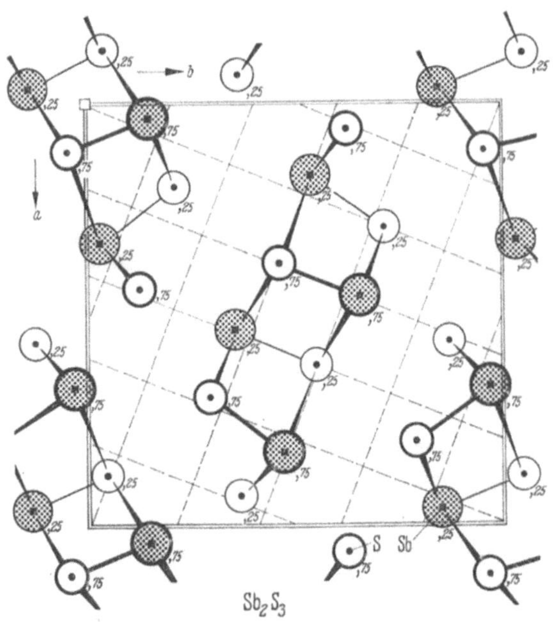

Abb. 4a. Sb_2S_3($O_c^{8,12}$,D 5_8,*349*) D^{16}_{2h} – Pbnm a = 11,20 b = 11,28 c = 3,83 kX 2 · 4 Sb(c) ,33,03,25 ,54,35,25 3 · 4 S(c),88,05,25 ,56,88,25 ,19,21,25

Tabelle 1

$Sb_2S_3(O_c^{8,12})$-Typ (Abb. 4a)			
Sb_2S_3	*3*49	Th_2S_3	*12*181
Sb_2Se_3	*13*227; 57TKMcC	Th_2Se_3 (wahrscheinlich)	*16*135
		U_2S_3	*12*181
Bi_2S_3	*3*51	Np_2S_3	*12*181
$Bi_2(S,Se)_3$	*12*181		

Wesentlich ist hier das Abreißen der NaCl-Anordnung in Richtung der Bandnormale und Bandbreite. Man könnte annehmen, daß in den Bändern die Bindungsbeziehung von NaCl besteht, die nicht alle angebotenen Valenzelektronen aufnimmt, so daß die Bänder von zusätzlichen Elektronen umgeben werden, die bewirken, daß die Bänder nur VAN DER WAALS-Bindung aufeinander ausüben. Ein elektrostatisches Moment (z. B. Quadrupolmoment) könnte die alternierende Lagerung energetisch vorteilhaft machen. Ein anderer Vorschlag lautet merkwürdigerweise $a/\sqrt{29} \approx b/\sqrt{29} = a_{A2}$, $l_c = 3{,}6 \approx 4$, PZ = 116, EA = 112 und paßt gut zur Atomlage.

Gewisse Ähnlichkeit zu Sb_2S_3 aber auch deutliche Unterschiede zeigt die $M_c^{8,12}$-Struktur von As_2S_3 (Abb. 4b) ($a/\sqrt{34} = a_{A2}$, $l_c = 4{,}3 \approx 4$, PZ $\approx$ 115, EA = 112). Die $M^{16,16}$-Struktur von **AsS** soll ähnlich gebaut sein (SB*32*55, *16*269).

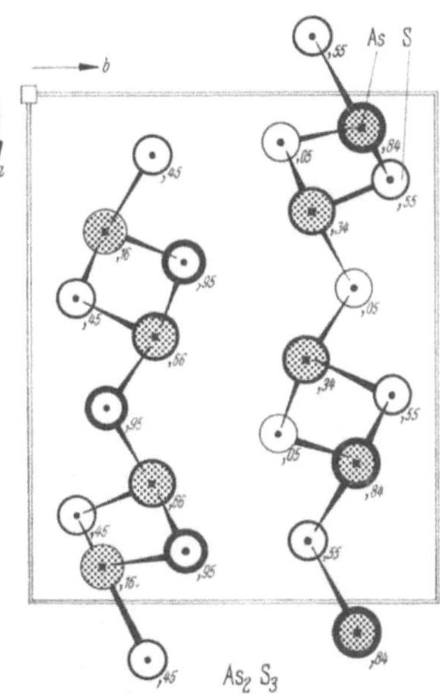

Abb. 4b. As_2S_3(Orpiment, $M_c^{8,12}$,*12*175) $C_{2h}^5-P2_1/n$ a = 11,46 b = 9,56 c = 4,21 Å β = 90,5° 2·4 As(e),268,187,161 ,482,313,$\overline{339}$ 3·4 S(e),410,120,454 ,340,380,$\overline{046}$,125,305, ,455

Die bei Raumtemperatur stabile Modifikation von Schwefel hat eine S^{32}-Struktur: **S(r)** (Abb. 5a, b), deren Atome sich zu S_8-Ringen zusammenschließen. Die Ringe sind recht dicht gepackt. In der Dampfphase findet man nur S_2-Moleküle.

Zur Geometrie des S_8-Ringes und der Zelle paßt sehr gut $a_{A2} = a/\sqrt{25} \approx b/\sqrt{41} \approx 2{,}05$, $l_c = 24$, EA = 24 · 32 = PZ.

Bei höheren Temperaturen gibt es eine monokline, eine rhomboedrische und eine plastische monokline Phase, von denen die Translationsgruppen bestimmt wurden. Weitere Ergebnisse über Metallsulfid-Strukturen findet man bei HAHN (58), strukturelle Zusammenhänge

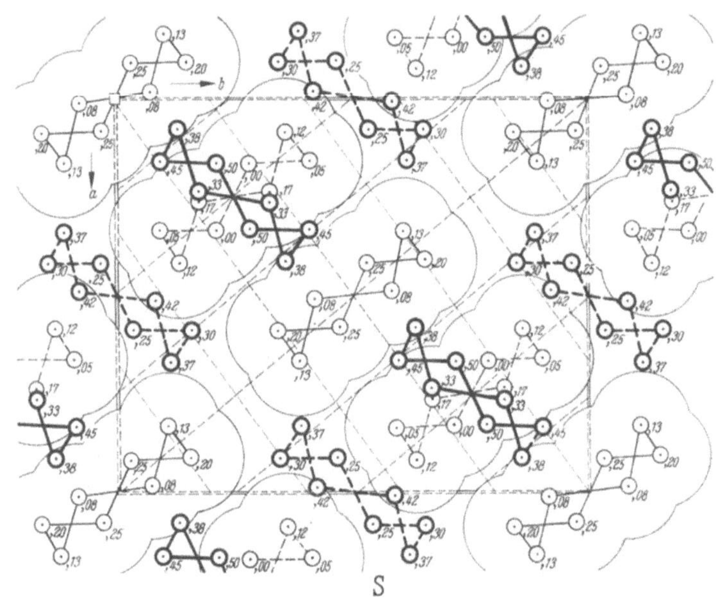

Abb. 5a. S(S^{32},A16,34,55Ab) D_{2h}^{24}–Fddd $a = 10{,}44$ $b = 12{,}85$ $c = 24{,}37$ Å 4 · 32S(h),98,08,08 ,91,16,20 ,83,10,13 ,91,03,25

Es ist nur die halbe Zelle ($c/2$) gezeichnet

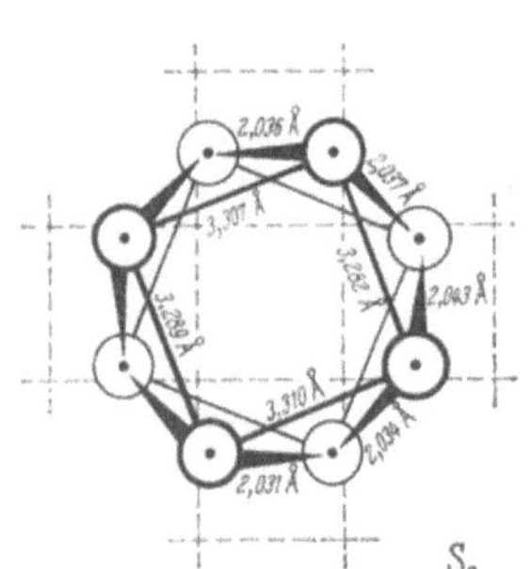

Abb. 5b. S_8-Molekül in der S^{32}-Struktur

bei einigen ternären und höheren Sulfiden diskutierten Hofmann (35) und Hellner (58).

4.63 B-Se- und B-Te-Verbindungen. Selenide und Telluride haben wir bei folgenden Strukturen besprochen:

Typ	Beispiel für Vertreter	vgl. Abschn.
Cu_2O	Ag_2Se(h)	4.61
~ CaF_2 (~ β-Messing)	$Ag_2Te(h_1)$	5.42
ZnS	ZnSe	4.42
~ ZnS	GaSe	4.42
~ P	SnSe	4.53
~ As	GeTe	4.52

Einige weitere Phasen werden wir erst bei T-B-Verbindungen betrachten, weil es dort weitere verwandte Strukturen gibt, so z. B. beim Cu_2Sb-Typ die Strukturen von Cu_3Te_4 (7.51) und CuTe (7.51), beim CdJ_2-Typ die Struktur von $AuTe_2$ (7.63). An dieser Stelle sollen noch einige Strukturen erwähnt werden, die weniger eng mit den oben behandelten Familien zusammenhängen.

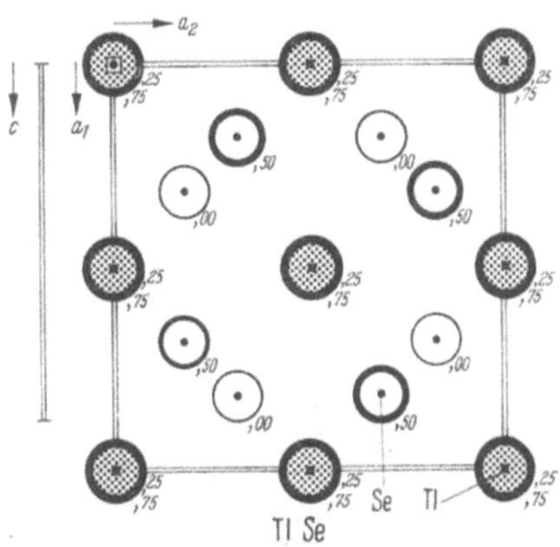

Abb. 1. $TlSe(U_a^{4,4}$,B 37,76,77) D_{4h}^{18} – I4/mcm $a = 8{,}02$ $c = 7{,}00$ kX 4 Tl(*a*),0;0,25 4 Tl(*b*),0,5,25 8 Se(*h*),179,679,000

Für $Cu_2Te(r)$ hat NOWOTNY (SR*1050*) einen einfachen hexagonalen Strukturvorschlag angegeben, der jedoch vermutlich nur eine erste Näherung darstellt.

Die homologe Phase **$Ag_2Te(r)$** (**$M_c^{8,4}$**) hat eine Struktur, in der jedes Te neun ziemlich gleichmäßig verteilte Ag um sich herum hat.

Die $U_a^{4,4}$-Struktur von **TlSe** (Abb. 1, Tab. 1) kann mit einer tetragonal komprimierten CsCl-Struktur verglichen werden. Während aber die Tl-Ketten parallel *c* gerade sind, verlaufen die Se-Ketten geknickt. Man kann die Struktur auch ansehen als aufgefüllte $CuAl_2$-Struktur oder als der Familie des HgCl bzw. TlJ verwandt (vgl. auch Tl_7Sb_2).

Tabelle 1

$TlSe(U_a^{4,4})$-Typ (Abb. 1), Zahlenangaben *a*/Å, *c*/Å, *c*/*a*

InTe	8,42	7,12kX	0,84	53SchMi	TlSe	8,02	7,00kX	0,87	76,77
TlS	7,79	6,80 Å	0,87	*12127*	TlTe ähnlich				60RSE

Mit $a\sqrt{2}/6 = d_{B1} = 1{,}89$ folgt $l_c = 3{,}7 \approx 4$, PZ = 72 = EA. Diese hervorragend passende Ortskorrelation (SCHUBERT/DÖRRE/KLUGE 55) ist ein Beispiel dafür, daß man sich auf gute Kommensurabilität nicht unbedingt verlassen sollte. Ebenfalls wahrscheinlich könnte sein $a/\sqrt{13} = d_{A1}$, $l_c = 4{,}4$, PZ = 57, EA = 56 + 16, besonders im Hinblick auf die Elektronenabstände in InTe. Deutet man $a/\sqrt{13} = a_{A2}$, $l_c = 6$, PZ = 78, so wird eine zusammengesetzte Ortskorrelation wahrscheinlich, in der die B^6-Atome in A2-Korrelation liegen und die B^3 in A1-Korrelation.

4.7 Weitere Strukturen von B-B⁷-Phasen

4.71 B-B⁷-Phasen mit geringer Valenzelektronenkonzentration. In der $O_a^{2,4}$-Struktur von **$PdCl_2$** (Abb. 1a) ist ein Pd nahezu quadratisch von 4 Cl umgeben (vgl. PtS). Die Quadrate sind erheblich kleiner als in einer geeignet vergrößerten Edelgasstruktur. Zu jedem Cl gehören 2 Pd, so daß sich Bänder parallel der kürzesten Achse *b* ausbilden. Die Bändernormalen wechseln zwischen 2 Richtungen ab. — Eine $N_b^{1,2}$-Abart

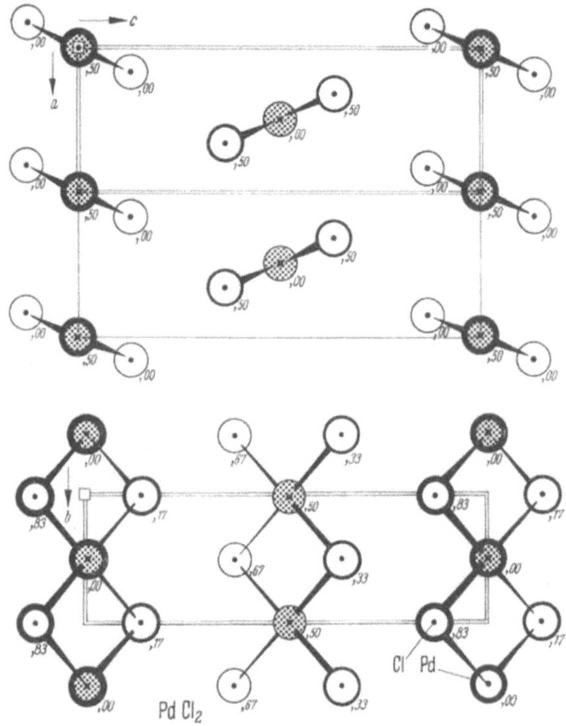

Abb. 1a. $PdCl_2(O_a^{2,4}$,C50,65,61) D_{2h}^{12}–Pnmn a = 3,81 b = 3,34 c = 11,0 kX 2Pd(c),0,5,0 4Cl(g),17,00,13

von $PdCl_2$ ist $\mathbf{CuCl_2}$ (Abb. 1b). Die Bänder sind in ihren Ebenen alle parallel. Auch $CuBr_2$ (SR*11*264) kristallisiert in diesem Typ. Man beachte die Verwandtschaft zu PtS.

Eine B1-Korrelation in $PdCl_2$ mit d_{El} = 1,65kX kann in gute Kommensurabilität zu einer längs *a* erstreckten Domäne paralleler Bänder gebracht werden, PZ = 35 (oder 28?), EA = 28. Bei $CuCl_2$ wird PZ = 32 (oder 30?) EA = 30.

In der $T^{4,4}$-Struktur des lichtempfindlichen **AuJ** (Abb. 2) erkennt man das F^1-artige J-Teilgitter, das durch basisparallele Au-Schichten unterbrochen wird. Die Au sitzen nicht inmitten von J-Tetraedern, sondern auf deren Kanten.

Die Anordnung der Au auf verhältnismäßig weit voneinander entfernten Schichten zeigt eine Au-Au-Wechselwirkung an, die wahrscheinlich besonders die äußeren Rumpfelektronen der Au betrifft. In der Tat haben die Au-Schichten etwas größere Abmessungen als in Au(F^1) die (100)-Schichten; dem entspricht, daß das Achsverhältnis $c/2\sqrt{2}a$ = 1,12 etwas größer ist und daß *a* etwas kleiner ist, als für „J(F¹)" aus der Extrapolation Ba ... Xe zu erwarten wäre. Für die Valenzelektronen der J darf die Xe-Korrelation angenommen werden, die unter dem Einfluß der Au-Schichten unter Spannung gesetzt wird. Der starke Anteil der B1-Korrelation ist ein weiterer Grund für die Abweichung von der ZnS-Struktur. — Bei der relativen Stellung der Teilgitter ist ein Ausweichen benachbarter Au-Schichten vor der Oppositionsstellung möglich. — Bei der $U_a^{2,2}$-Struktur von **HgCl** (vgl. 4.53, Abb. 4.53/1) befinden sich die Hg wegen ihrer Größe in Oktaederlücken eines Cl(F¹)-Teilgitters. Damit aber die Hg miteinander wechselwirken können, muß die F¹-Stapelfolge des Cl-Teilgitters abgeändert werden. Die Struktur wird so zu einer $F_a^{1,1}$-Struktur mit Stapelvariation. — In der $Q_a^{2,2}$-

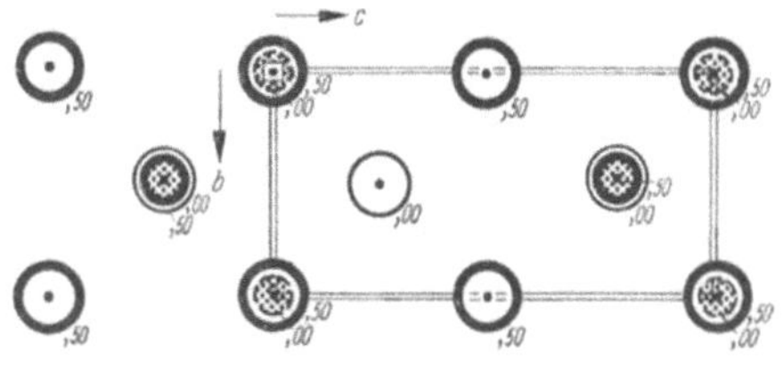

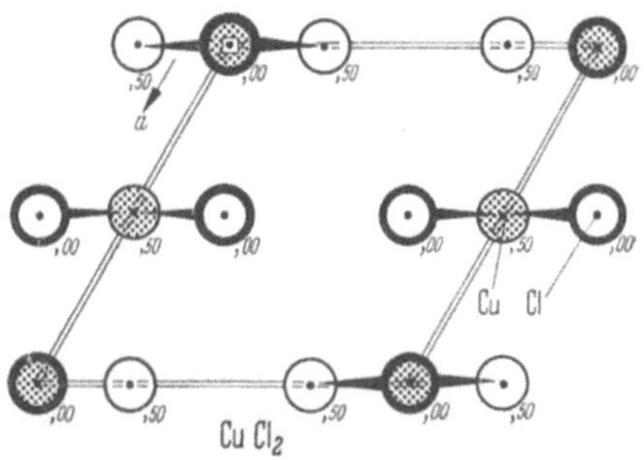

Abb. 1b. **CuCl₂**($N_b^{1,2}$,*11*263) C_{2h}^3—C2/m $a = 6{,}85$ $b = 3{,}30$ $c = 6{,}70$ Å $\beta = 121°$ 2Cu(*a*),0,0,0 4Cl(*i*),50,00,25

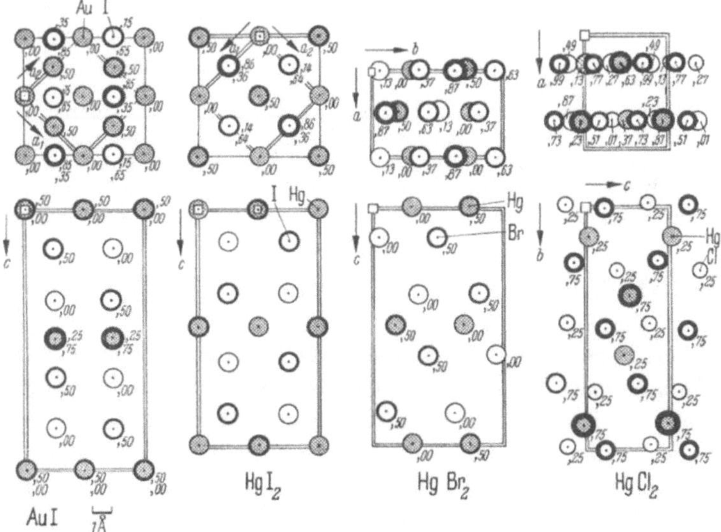

Abb. 2. **AuJ**($T^{4,4}$, 56WW) D_{4h}^{16}—P4₂/ncm $a = 4{,}3_6$ $c = 13{,}7_1$ Å $c/\sqrt{2}\,a = 2{,}24$ 4Au(*d*),0,0,0 4J(*e*),25,25,15₃; **HgJ₂**(rot, $T_a^{2,4}$,C13,*1*177,189) D_{4h}^{15}—P4₂/nmc $a = 4{,}36$ $c = 12{,}36$ kX $c/\sqrt{2}\,a = 2{,}02$ 2**Hg**(*a*),0,0,0 4J(*d*),00,50,14; **HgCl₂**($O_a^{4,8}$,C28,*3*23,277,*13*206) D_{2h}^{16}—Pmnb $a = 5{,}963$ $b = 12{,}735$ $c = 4{,}325$ kX 4Hg(*c*),250,126,053 2 · 4Cl(*c*),250,267,375 ,250,492,778; **HgBr₂**($Q_e^{2,4}$,C24,*2*18,250) C_{2v}^{12}—Cmc $a = 4{,}62$ $b = 6{,}80$ $c = 12{,}45$ kX 4Hg(*a*),00,33,00 2 · 4Br(*a*),00,06,13 ,00,39,37

Struktur von **TlJ** (vgl. 4.53, Abb. 4.53/1) erkennt man ebenfalls NaCl-Elemente. Die Stapelfolge ist so, daß die Struktur orthorhombisch wird. Es gibt hier zwei nicht an der NaCl-Bindungsbeziehung beteiligte Valenzelektronen je Tl. Dem entspricht eine Dehnung der a-Achse.

Die $T_a^{2,4}$-Struktur von **HgJ$_2$(r, rot)** (Abb. 2) kommt auch dem $ZnCl_2$ (γ, aus wäßriger Lösung bei Raumtemperatur, BREHLER 61) zu. In den Tetraederlücken eines J(F^1)-Teilgitters befinden sich die Hg, obwohl der Ionenradienquotient 1,12/2,20 = 0,51 noch für 6 Koordination spricht.

Die Schichtenbildung wird wieder durch die B1-artige Korrelation der J-Elektronen begünstigt. Durch die Versetzung der Hg-Schichten, die elektrostatisch vorteilhaft ist, wird die c-Achse gegenüber der ZnS($F_b^{1,1}$)-Struktur verdoppelt. An die Bindungsbeziehung der J können sich die Rumpfelektronen der Hg korrelativ anpassen.

HgJ_2(h, gelb) kristallisiert in der $Q_e^{2,4}$-Struktur von **HgBr$_2$** (Abb. 2), die als eigentümlich zusammengeklappte Abart des HgJ_2(r) erscheint (A2-Korrelation?). — Auch die $O_a^{4,8}$-Struktur von **HgCl$_2$** (Abb. 2) ist verwandt zu AuJ und HgJ_2. Die Cl(F^1)-Lage zeigt eine starke homogene und inhomogene Verzerrung.

Weitere einfache hierher gehörige Gitter sind der $CdCl_2$($R_a^{1,2}$)-Typ (vgl. A-B-Phasen, 5.45) und die $H_a^{1,2}$-Struktur von **CdJ$_2$** (vgl. 7.63). Während $CdCl_2$ auf einem Cl(F^1)-Teilgitter aufbaut, stellt das J-Teilgitter in CdJ_2 eine H^2-Lage von annähernd idealem Achsverhältnis dar, in deren Oktaederlücken sich das eine Cd je Zelle befindet.

Das hier anzunehmende Raster $a/2 = d_{A1}$ würde zu $l_c = 4$ führen, so daß die H^2-Stapelung nach der Kommensurabilitätsregel nicht bevorzugt wäre. Man muß daher annehmen, daß der Aufbau der B1-Korrelation schon so weit fortgeschritten ist, daß $l_c = 6$ wird, wobei das Elektronengitter nicht ganz besetzt sein kann. Wenn diese Schichten in rhomboedrischer Weise gestapelt sind, was zu erwarten ist, dann begünstigen sie CdJ_2-Struktur.

Zur CdJ_2-Verbindung gibt es ferner eine aus 6 Schichten aufgebaute $H_a^{2,4}$-Struktur: **CdJ$_2$(h)**, die aus der Schmelze kristallisiert (vgl. 7.63). — Zwei neue Typen für $ZnCl_2$ wurden von BREHLER (61) bestimmt.

Während man die seither beschriebenen Halide als Molekülstrukturen mit zweidimensional oder eindimensional ausgedehnten Makromolekülen auffassen kann, zeigt die $\sim R_b^{2,6}$-Struktur von **AlF$_3$(DO$_{14}$)** (SB340,318, KETELAAR) die fast identisch mit PdF_3 (vgl. 6.53) ist, eine gleichmäßigere Verteilung der Kationen. Anderseits hat die $M_a^{4,12}$-Struktur von **Al$_2$Br$_6$** (Abb. 3) einen Aufbau aus Molekülen Al_2Br_6. Die Br befinden sich in hexagonal dichtester Packung [Basis $(10\bar{1})$, $(c/a_{H^2} = 1{,}65)$], in deren Tetraederlücken die Al so verteilt sind, daß monokline Symmetrie entsteht ($a_{H^2}/\sqrt{3} = d_{B1}\sqrt{2}$, $l_{c_{H^2}} = 7$, PZ = 126, EA = 96).

Die Strukturen von $PbCl_2$ (7.52) und SnJ_4 (5.47) behandeln wir später.

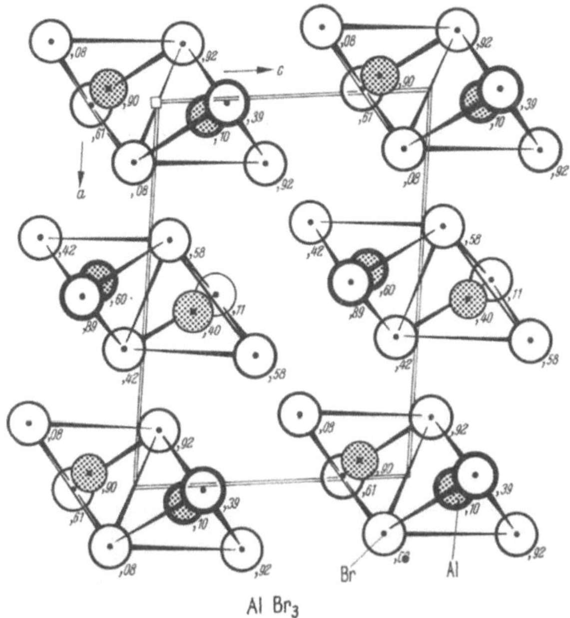

Abb. 3. **$AlBr_3$**($M_a^{4,12}$,*10*104) $C_{2h}^5-P2_1/a$ $a = 10{,}22$ $b = 7{,}10$ $c = 7{,}49$ Å $\beta = 96°$
4Al(*e*),050,095,183 3 · 4Br(*e*),150,075,$\overline{083}$,169,$\overline{078}$,411 ,008,392,252

4.72 B-B^7-Phasen mit höherer Valenzelektronenkonzentration. Eine der leichtesten hierher gehörigen Verbindungen ist das C_2F_4 (Tetrafluoräthylen); man kennt zwar seinen Molekülbau, aber unter Druck polymerisiert es sich zu einem Festkörper (mit hervorragenden technischen Eigenschaften), der nur teilweise kristalline Ordnung zeigt. Das **SiF_4** kristallisiert bei tiefen Temperaturen in einer $B_b^{1,4}$-Struktur mit tetra-

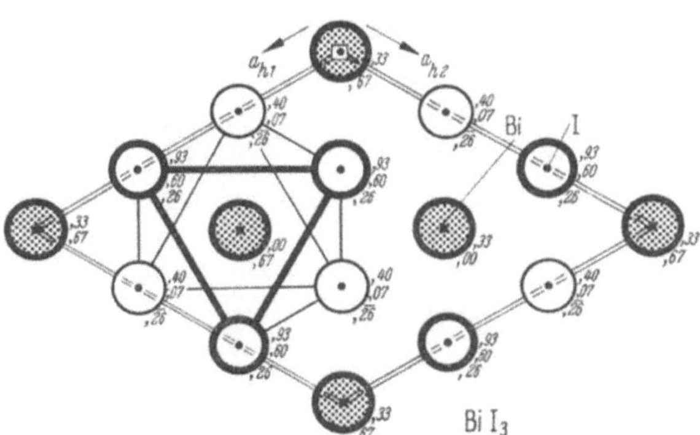

Abb. 1. **BiJ_3**($R_a^{2,6}$,DO_5,*225*) $C_{3i}^2-R\bar{3}$ $a = 8{,}14$ kX $\alpha = 54°\,50'$ ($a_h = 7{,}50$ $c_h = 20{,}68$ kX)
2Bi(*c*),333,333,333 6J(*f*),$\overline{245}$,421,088

edrischen Molekülen. (Ähnlich wie bei SO_2 liegt $a/4 = a_{A2}$, PZ = 128, EA = 64 nahe.)

Tabelle 1

B-B_3-Strukturen höherer VEK

$BiJ_3(R_a^{2,6})$-Typ, CdJ$_2$-Typ mit Leerstellen (Abb. 1)		$TiCl_3$	*11273*	**$SbF_3(Q_b^{2,6})$-Typ**	
		VCl_3	*11273*	SbF_3	*9152*
B-B-Zweig:		$FeCl_3$	*227*	**BiF_3-Typ**	
AsJ_3	*227*	$CrBr_3$	*227*	YF_3	53ZT
SbJ_3	*227*	$FeBr_3$	*15150*	BiF_3	53ZT, 55Au
BiJ_3	*227*	möglicherweise etwas andere Lage der B-Atome bei BoB_3^7			
T-B-Zweig:		$BoCl_3$	*11275*		
$ScCl_3$	*11273*	$BoBr_3$	*11276*		

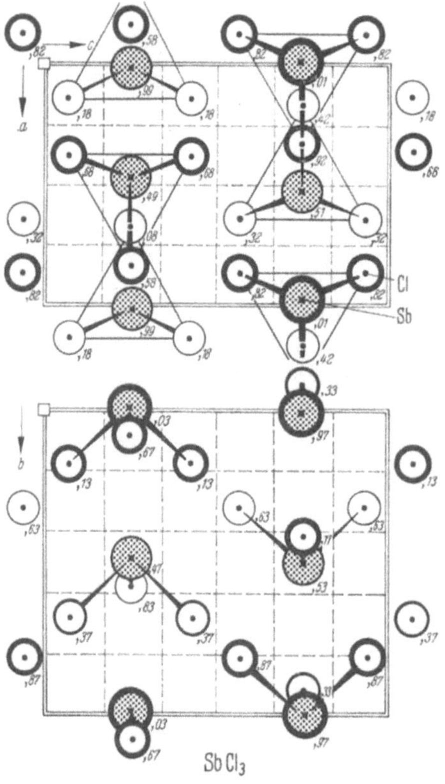

Abb. 2. $SbCl_3(O_b^{4,12}$, 56LN) D_{2h}^{16}–Pbnm $a = 6{,}37$ $b = 8{,}12$ $c = 9{,}47$ Å 4Sb(c),025,992,250 4Cl(c),667,075,250 8Cl(d),133,183,067

Eine Leerstellenvariante von CdJ_2 ist die $R_a^{2,6}$-Struktur von **BiJ_3** (Abb. 1, Tab. 1). Diese Struktur zeigt eine J(H^2)-Packung [$(c/a)_{H^2}$ = 1,59], deren zu einer basisparallelen Ebene gehörige Oktaederlücken abwechselnd besetzt sind oder nicht besetzt sind, wie bei CdJ_2, mit dem Unterschied, daß in einer besetzten Schicht nicht alle Lücken besetzt werden. Bei PdF_3 (vgl. 6.53) sind die Kationen etwas gleichmäßiger verteilt.

Die $O_b^{4,12}$-Struktur von **$SbCl_3$** (Abb. 2) zeigt schon molekelartige $SbCl_3$-Gebilde.

Eine B1-Korrelation mit $a/4 \approx b/5 \approx c/6 \approx d_{B1}$, PZ = 120, EA = 104 liegt nahe; die schräge Lage der Moleküle (Abb. 2) könnte aber auf eine Drehung der Ortskorrelation in der $a \times b$-Ebene hinweisen, wodurch sich eine Verwandtschaft zum Basisraster von TlSe ergäbe.

Bei **SbF_3** (Abb. 3) findet man eine ähnliche $Q_b^{2,6}$-Struktur. Es läßt sich ein ähnlicher Vorschlag für die Ortskorrelation angeben: $a/6 \approx b/6 \approx c/4 = d_{B1} = 1{,}24$, PZ $= 144$, EA $= 104$. Eine andere aber eng verwandte Struktur zeigt **BiF_3** (ZALKIN/TEMPLETON 53, ZACHARIASEN 53).

Die locker gebaute $T^{4,20}$-Struktur von **PCl_5** ist verträglich mit einer Leerstellenkorrelation (vgl. Antianionenpackungen) $a/\sqrt{10} = d_{B1}$, $l_c = 2{,}5$, wobei nur die Cl-Leerstellen zu zählen sind, weil die P-Leerstellen andere Abstände haben. — Ebenfalls Molekülbindung zeigt die $O^{4,2}$-Struktur von **PBr_5** (SR*9*156) und die Struktur von **$SbCl_5$** (SR*18*355, OHLBERG).

Auch einige B^7-B^7-Strukturen wurden bestimmt, z. B. **ClF_3** (BURBANK/BENSEY 53), **J_2Cl_6** ($Z^{2,6}$-Struktur).

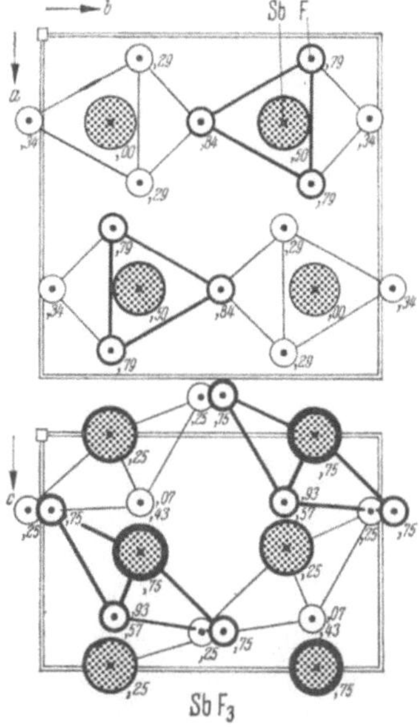

Abb. 3. **SbF_3**($Q_b^{2,6}$,*9*152) C_{2v}^{16}–Ama2
$a = 7{,}26$ $b = 7{,}51$ $c = 4{,}96$ Å
4Sb(b),250,214,000 4F(b),250,467,$\overline{161}$
8F(c),069,286,286

5. A-B-Phasen

5.1 Besonderheit der A-B-Verbindungen

A-$B^{1...3}$-Verbindungen haben kleine VEK, sie sind daher metallisch in ihren Eigenschaften und zeigen keine große Bildungsenergieabgabe (weniger als 1 eV je Atom). Die A-Komponenten sind bindungsmäßig zweitrangig, weil sie zusätzlich zu ihren wenigen Valenzelektronen keine bindenden Rümpfe mitbringen; häufig prägen daher die B-Komponenten mit ihrer starken Rumpfwechselwirkung die Struktur. Mangels kommensurabler Korrelation bei der A-Komponente zeigt die B-Komponente eine Tendenz zu molekularer, ketten- oder netzartiger *Vereinsbildung* verschiedener Ausgestaltung im Gitter. Während zusammengesetzte Ortskorrelationen in den vorausgehenden Kapiteln nur eine untergeordnete Rolle spielen, werden sie bei A-B- und T-B-Phasen vermutlich zur Regel, was die Deutung dieser Phasen erschwert.

A-$B^{6...7}$-Verbindungen dagegen haben oft eine große Bildungsenergieabgabe (mehrere eV), weil die auf hoher Energie befindlichen Valenzelektronen der A die Edelgasschale der stärker elektronennegativen B vervollständigen können, so daß ein kräftiger ionischer Bindungsanteil auftritt. Durch die Achterschalenkomplettierung und das Überwiegen der ionischen Einflüsse wird das Bindungsverhalten einfach, und da die Stoffe auch experimentell häufig leicht zugänglich waren, wurden sie wesentlich für frühe Valenzregeln der Chemie.

A-$B^{3...5}$-Verbindungen sind nach neuen Untersuchungen sehr vielgestaltig und nehmen eine Zwischenstellung ein. Sie werden häufig „ZINTL-Phasen“

genannt, weil ZINTL (z. B. 39) sie studierte und dabei bemerkte, daß die $B^{>3}$-Elemente gegenüber A-Elementen als Anionenbildner wirken, $B^{\leqq 3}$ jedoch nicht; man nennt deshalb die Trennlinie zwischen B^3 und B^4 häufig „*Zintl-Grenze*". Auch hier findet man Vereine, die eindimensional, zweidimensional (Graphitverbindungen) und dreidimensional (NaTl) ausgedehnt sein können.

Verbindungen mit B^L-Elementen werden wir z. T. erst bei T-B-Phasen betrachten; hier sollen sie nur im Zusammenhang mit Strukturen, die auch mit schwereren B-Komponenten vorkommen, erwähnt werden.

Als strukturell auffälligste Familie seien die *Anionenpackungen* genannt, bei denen die Anionen in einer dichtesten Kugelpackung angeordnet sind, in deren Lücken die Kationen nach Maßgabe ihrer Größe und Valenz eingebaut werden.

5.2 A-$B^{1\cdots 3}$-Legierungen

5.21 Die A-B^1-Legierungen zeigen, sofern Zwischenphasen gebildet werden, z. T. messingartigen oder verwandten Charakter. Interessant ist z. B. LiAg($C^{1,1}$); unter der Annahme der Korrelation für die β-Messingphasen müßte diese Verbindung magnetische Eigenschaften zeigen. — Es treten aber auch wegen des großen Unterschieds der Atomradien Zweifachersetzungsstrukturen auf, z. B. $NaAu_2$ (Cu_2Mg-Typ), in welchem Au vermutlich ebenfalls mehr als 1 Valenzelektron je Atom beiträgt.

5.22 Die A^1-B^2-Legierungen können nicht mehr wie A-B^1 eine einheitliche Ortskorrelation zeigen, und als Folge davon ergibt sich eine größere Zahl Strukturen geringerer Symmetrie.

Die $T_b^{12,8}$-Struktur von $\mathbf{Na_3Hg_2}$ (Abb. 1) kann man sich entstanden denken aus 8 Na(B^1)-Zellen, aus denen 4 Na entfernt wurden und durch 4 Hg-Paare ersetzt wurden. Die Hg-Paare fügen sich in der Struktur zu Hg-Quadraten zusammen, die 8 Valenzelektronen um sich haben. Die Elektronen der Hg können sich gut an die Korrelation der Na an-

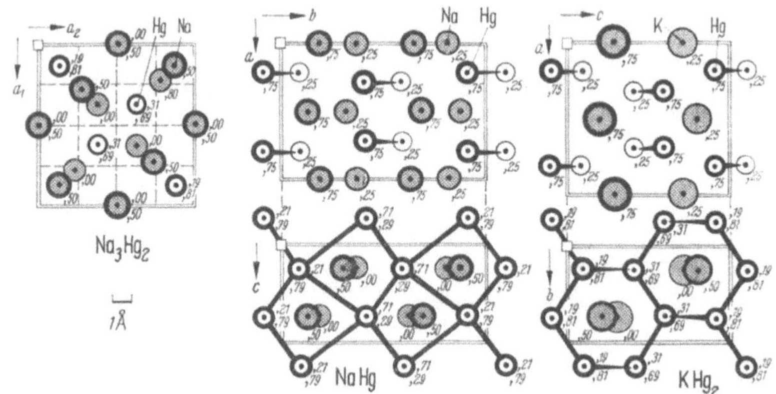

Abb. 1. Na_3Hg_2($T_b^{12,8}$, 54NB) D_{4h}^{14}–$P4_2$/mnm a = 8,52 c = 7,80 Å 4Na(g)210,$\overline{210}$,000 4Na(f),368,368,000 4Na(c),0,1/2,0 8Hg(j),125,125,190; **NaHg**($Q_a^{4,4}$, 54NB) D_{2h}^{17}–Cmcm a = 7,19 b = 10,79 c = 5,21 Å 2 · 4Na(c),000,368,250 ,000,814,250 8Hg(g) ,212,088,250; **KHg_2**($P_b^{2,4}$, 55DB) D_{2h}^{28}–Imma a=8,10 b=5,16 c=8,77Å 4K(e),0,1/4,703 8Hg(i),190,250,087

passen. Auch für die Rumpfelektronen sind ähnliche Überlegungen möglich (SCHUBERT 56b).

In der $Q^{4,4}$-Struktur von **NaHg** (Abb. 1) findet man ebenfalls Hg-Vereine (Atomabstand 3,05 Å), die sich hier zu Zickzackbändern in Richtung c (Atomabstand 3,22 Å) ausbilden. Die Struktur kann als verzerrte CsCl-Struktur aufgefaßt werden.

Da für MgHg($C^{1,1}$) eine A1-Korrelation nahe lag, wird man hier $c/2 \approx b/4 \approx 2{,}6 = d_{\mathrm{A1}}$, $l_a = 4$, PZ = 32, EA = 24 annehmen. Die Rumpfelektronenkorrelation ist wohl für die weiteren Besonderheiten der Struktur verantwortlich.

Die $Z^{4,4}$-Struktur von **KHg** zeigt ähnlich wie Na_3Hg_2 gut angenäherte Hg-Quadrate, die einen kleinsten Abstand von 3,36 Å haben.

Die Phase $NaHg_2$ (B_2Al-Typ; $a = 5{,}03$ Å, $c = 3{,}23$) paßt ebenfalls in den Zusammenhang: $a/2 = d_{\mathrm{A1}} = 2{,}5$, $l_c = 1{,}5$, PZ = 6, EA = 5. Die Beziehung der Struktur zu der von NaHg erkennt man durch Betrachten von Abb. 1.

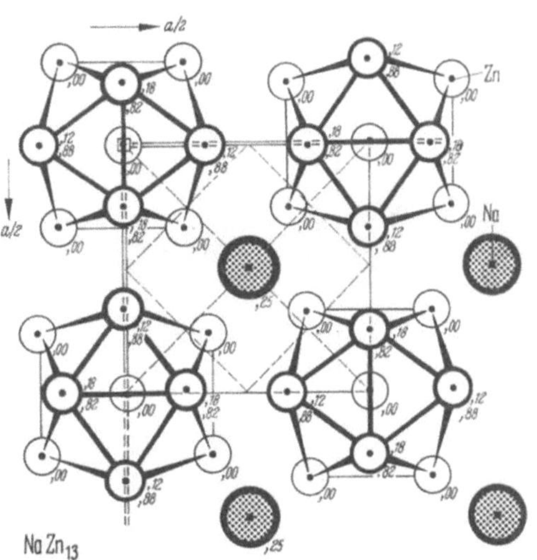

Abb. 2. $NaZn_{13}$($F^{2,26}$,D2_3,68) O_h^6–Fm3c a = 12,27 kX
8 Na(a),2 5,2 5,2 5 8 Zn(b),0,0,0 96 Zn(i),0 0 0,1 7 8,1 2 2
Es ist nur ein Teil der Zelle gezeichnet

Eine bemerkenswerte Abart dieser Struktur ist die $P_b^{2,4}$-Struktur von $\mathbf{KHg_2}$ (Abb. 1). Abgesehen von der orthorhombischen Verkürzung der Basis ist die a-Achse, die $c_{\mathrm{B_2Al}}$ entspricht, stark gedehnt, wodurch der Abstand der K größer wird ($l_c = 4$, PZ = 32, EA = 20). — Auch die $O^{20,28}$-Struktur von $\mathbf{K_5Hg_7}$ ist eng verwandt. Sie ergibt sich aus der KHg_2-Struktur durch Ersetzen von einem Achtel der Hg-Atome durch K-Atome.

In der $F^{2,26}$-Struktur von $\mathbf{NaZn_{13}}$ (Abb. 2, Tab. 1) erkennt man F^1-artige Zn_{13}-Vereine. Die Struktur kann aufgefaßt werden als CsCl-Struktur aus Na und Zn_{13}. Jedes Na ist von 24 Zn umgeben. Nach SHOEMAKER/MARSH/EVING/PAULING (52) verhalten sich die Gitterkonstanten von KZn_{13} und KCd_{13} etwa wie die Radien von Zn und Cd. Dies bestätigt, daß die Mehrheitskomponente Träger der Struktur ist. Aus der Substanztabelle entnimmt man ferner die Radienbedingung $r_A/r_B \approx 1{,}5$.

Tabelle 1

A-B^2-Strukturen (Zahlenangaben r_A/r_B)

$NaZn_{13}$($F^{2,26}$)-Typ (Abb. 2)		
$BaCu_{13}$	1,75	59BM
$MgBe_{13}$	1,41	55BW
$CaBe_{13}$	1,74	55BW
$LaBe_{13}$	1,65	60PC
$CeBe_{13}$	1,61	*1228*
YBe_{13}	1,60	61Gsch
$PrBe_{13}$	1,61	
$NdBe_{13}$	1,61	
$ScBe_{13}$	1,46	62LN
$ZrBe_{13}$	1,41	*1228*
$HfBe_{13}$	1,41	61ZSBK
$ThBe_{13}$	1,59	*1228*
UBe_{13}	1,39	*1228*
$NpBe_{13}$	1,41	*1853*
$PuBe_{13}$	1,41	55CE
$AmBe_{13}$	1,41	55RB
$NaZn_{13}$ a = 12,27 kX	1,40	*69*,157
KZn_{13}	1,72	*565*,*69*,157
$CaZn_{13}$	1,44	37K
$SrZn_{13}$	1,58	37K
$BaZn_{13}$	1,64	37K
KCd_{13}	1,55	*565*,*69*,157
$RbCd_{13}$	1,66	*69*
$CsCd_{13}$	1,80	*69*
Weitere Be-reiche Phasen z. B. vom $ThMn_{12}$-Typ (3.42), $TiBe_{12}$-Typ (3.42)		

Mg_2Zn_{11}($C^{6,33}$)-Typ (Abb. 5.23/2)		
Mg_2Zn_{11}		*128*
$Cu_6Mg_2Al_5$		*128*

$BaCd_{11}$($U^{2,22}$)-Typ (Abb. 5.23/1)		
$SrCd_{11}$	1,42	53SBa
$BaCd_{11}$	1,48	53SBa
$LaZn_{11}$	1,36	53SBa
$CeZn_{11}$	1,33	53SBa
$PrZn_{11}$	1,33	53SBa

$BaHg_{11}$($C^{3,33}$)-Typ (Abb. 3, S. 222)		
KHg_{11}		55DBa
$RbHg_{11}$		55DBa
$SrHg_{11}$		55DBa
$BaHg_{11}$		*1625*
$LaCd_{11}$		*1874*
$CeCd_{11}$		*1874*
$PrCd_{11}$		*1874*
$NdCd_{11}$		59Ia
$SmCd_{11}$		59Ia

Na_3Hg_2($T_b^{12,8}$)-Typ	
Na_3Hg_2	54NBa

NaHg($Q^{4,4}$)-Typ	
NaHg	54NBa

KHg($Z^{4,4}$)-Typ	
KHg	55DBa

KHg_2($P_b^{2,4}$)-Typ	
KHg_2	55DBa

$SrZn_5$($O_a^{4,20}$)-Typ	
$SrZn_5$	56BC

$BaZn_5$($Q^{2,10}$)-Typ	
$BaZn_5$	56BC

Als Ortskorrelation der Valenzelektronen liegt nahe $a/4 = a_{A1}$, $d_{A1} = 2{,}16$ kX, PZ = 256, EA = 216 bzw. 248 bei der Zählung $Na^5Zn^2_{13}$. Auch ein Vorschlag für die Rumpfelektronen (Schubert 56b) könnte zu betrachten sein, muß aber im Hinblick auf die Be-Verbindungen als zweitrangig angesehen werden.

5.23 Von den A^2-B^2-Strukturen wurde der $CaZn_5$-Typ bei T-T-Legierungen behandelt. Eine $U^{2,22}$-Struktur hat **$BaCd_{11}$** (Tab. 5.22/1, Abb. 1). Die Lage der A ist etwas weniger einfach als bei $NaZn_{13}$; jedes A ist hier von 22 B umgeben. Auch hier prägt die Mehrheitskomponente der Struktur die Abmessung auf. Der Platz für A ist etwas kleiner als bei $NaZn_{13}$, was nach SANDERSON/BAENZINGER (53) in den Vertretertabellen zum Ausdruck kommt. Mit $a/4 = a_{A2}$, $l_c = 5{,}2 \approx 6$ folgt

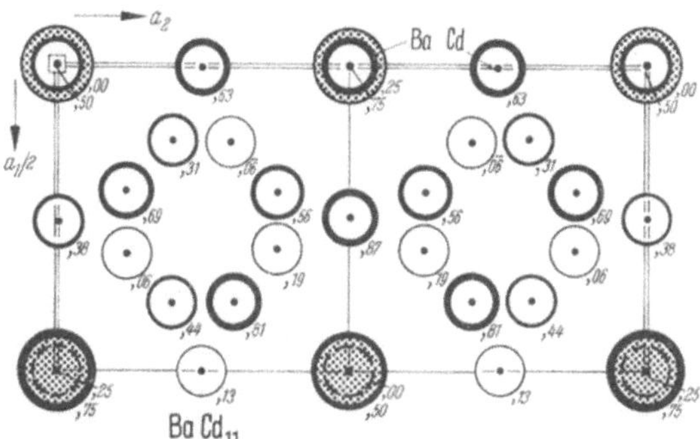

Abb. 1. $\mathbf{BaCd_{11}}(U^{2,22}$, 53SB) $D_{4h}^{19}-I4_1/amd$ $a = 12{,}02$ $c = 7{,}74$ Å 4 Ba(*a*),0,0,0 4 Cd(*b*),0,0,5 8 Cd(*d*),0,25,625 32 Cd(*i*) ,123,205,308

PZ = 96 = EA. Die Zusammendrückung der Korrelation hängt vielleicht mit der Rumpfelektronenkorrelation (SCHUBERT 56b) zusammen.

Eine dem $NaZn_{13}$ ähnliche $C^{6,33}$-Struktur zeigt $\mathbf{Mg_2Zn_{11}}$ (Abb. 2, Tab. 5.22/1). Man erkennt Zn-Vereine als zwei verschiedenartige Teilgebilde einer F^1-Struktur ($a/4 = d_{A1}$, $l_c = 5{,}6 \approx 5$, PZ = 80, EA = 78). Eine gewisse Verwandtschaft besteht zu $AuZn_3$ (2.7).

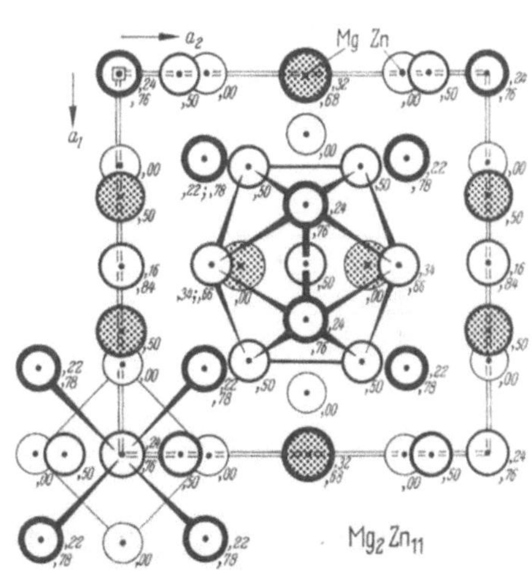

Abb. 2. $\mathbf{Mg_2Zn_{11}}(C^{6,33}$, *128*) T_h^1-Pm3 $a = 8{,}552$ Å 6 Mg(*f*),32,00,50 1 Zn(*b*),5,5,5 6 Zn(*e*),235,0,0 6 Zn(*g*),160,500,0 8 Zn(*i*),222,222,222 12 Zn(*k*),500,243,343

In der $C^{3,33}$-Zelle von $\mathbf{BaHg_{11}}$ (Abb. 3, Seite 222, Tab. 5.22/1) sind wieder F^1-Bauelemente von Hg erkennbar und A ist von 20 B umgeben. Der Autor beschreibt eine Verwandtschaft mit der Struktur von Hg. (Naheliegend erscheint $a/3{,}33 = a_{A2}$, PZ = 74, EA = 72.)

5.24 A-B³-Legierungen. Die bekannteste A-B³-Struktur ist der **NaTl**-Typ (vgl. 2.65): Die B³-Komponente kann hier ein diamantartiges Teilgitter bilden vermöge des Valenzelektrons der auffüllenden A¹-Atome. Ähnlich kann in der Verbindung $MgTl(C^{1,1})$ das Tl eine angenäherte

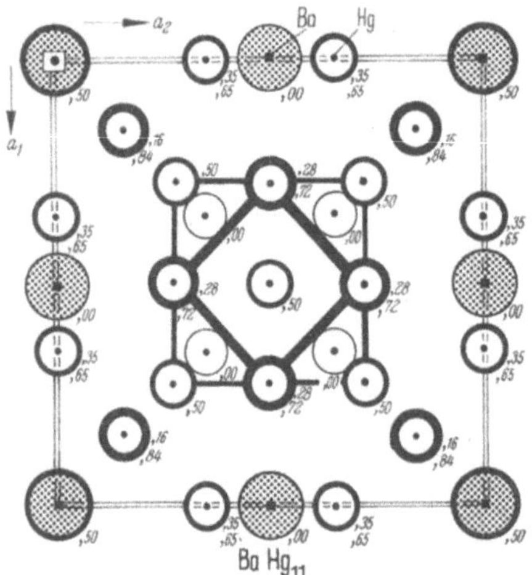

Abb. 3/5.23. **$BaHg_{11}$**($C^{3,33}$, *1625*) O_h^1 – Pm3m $a = 9{,}62$ Å
3 Ba(*d*) ,5,0,0 1 Hg(*b*),5,5,5 8 Hg(*g*),155,155,155
12 Hg(*i*),000,345,345 12 Hg(*j*),50,275,275

As-Struktur bilden vermöge der Valenzelektronen des eingelagerten Mg (Krebs 56), ebenso in LiPb (2.65), das bei tieferen Temperaturen tatsächlich rhomboedrisch verzerrt ist (5.3). Dies Bauprinzip der A-stabilisierten B-Teilgitter ist die Endstufe der Vereinsbildung, der Verein ist dreidimensional geworden.

LiBi, NaBi und MgIn sind allerdings nicht in einer dem Se bzw. Sb ähnlichen Struktur gebaut, sondern im CuAu-Typ (vgl. 2.33).

5.3 A-B⁴-Verbindungen und -Legierungen

Einige A¹-C-Systeme zeigen sog. Graphitverbindungen, z. B. **KC_8($H^{4,32}$)**, **KC_{16}($H^{2,32}$)** (SB*2*180, *18*338), das sind Strukturen, in denen die Schichten parallel zur Basis der Graphitzelle erhalten bleiben, aber die Zwischenräume zwischen ihnen durch Eintritt von Alkaliatomen stark vergrößert werden. Es ist anzunehmen, daß eine Wechselwirkung zwischen den A¹-Rümpfen und den C-Valenzschalen stattfindet.

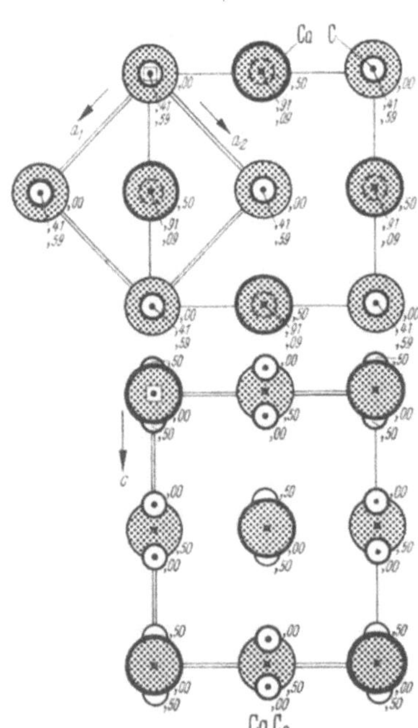

Auch bei dem verwandten $CaSi_2$ (6.51) kann man Si- (bzw. As-)artige Teilschichten erkennen, die durch Ca-Schichten getrennt sind. Bei sonstigen A²-C-Systemen findet eine stärkere Auflösung des Graphitgitters statt. So zeigt **MgC_2** (SR*11*74, Irmann) eine $T_b^{2,4}$-Zelle

Abb. 1a. **CaC_2**($U_a^{1,2}$, C11, *1*740, 782)
D_{4h}^{17} – I4/mmm $a = 3{,}84$ $\sqrt{2}a = 5{,}44$ $c = 6{,}37$ kX
2 Ca(*a*),0,0,0 4 C(*e*),00,00,41

($a = 5{,}55$ Å, $c = 5{,}03$ Å, für die doppelt primitive Zelle mit $Z = 4$). Die Atomlage wird ähnlich der für ThC_2 (alter Vorschlag SB*1*783) vermutet ($a/4 = d_{A1}$, $l_c = 5{,}13 \approx 5$?). Die Phase $\mathbf{Mg_2C_3}$ (SR*1174*, IRMANN) wird hexagonal angegeben ($a = 7{,}45$, $c = 10{,}61$ Å, $Z = 8$).

Die $U_a^{1,2}$-Struktur von $\mathbf{CaC_2}$ (Abb. 1a, Tab. 1) kann als NaCl-Struktur aus Ca und C_2 verstanden werden; alle C_2-Hanteln sind parallel, und

Tabelle 1

A-B^4-Strukturen, Zahlenangaben: a, c/a

$\mathbf{CaC_2(U_a^{1,2})}$-Typ (Abb. 1a)			
CaC_2	5,48	$1{,}16_1$	*1740*,782
SrC_2	5,81	$1{,}15_0$	*1741*
BaC_2	6,22	$1{,}13_4$	*1741*
LaC_2	5,54	1,18	*1741*
CeC_2	5,48	1,18	*1741*
PrC_2	5,44	1,17	*1741*
NdC_2	5,41	1,15	*1741*
SmC_2			54Bo
UC_2	5,01	1,20	*1183*
oberhalb 1820° kubisch			
VC_2			54Bo
$HNaC_2$	5,40	1,51	*1783*
HKC_2	6,05	1,39	*1783*
KO_2	5,70	$1{,}18_2$	*48*; *77*,84
RbO_2	5,98	1,17	*663*
CsO_2	6,25	1,16	*663*
CaO_2	5,01	1,18	55Er
SrO_2	5,02	1,30	*3292*
BaO_2	5,34	1,27	*3292*

$\mathbf{Pu_2C_3B^{8,12}}$-Typ (vgl. Th_3P_4, Tab. 7.52/3), (Abb. 1b)		
U_2C_3	8,088	*1648*; *1539*
Pu_2C_3	8,129	*1648*

Rb_2O_3	9,32	*8150*
Cs_2O_3	9,88	*8150*

$\mathbf{ThC_2}$-Typ	
ThC_2	*1369*
NaCN(t)	

$\mathbf{Cu_{15}Si_4(B^{30,8})}$-Typ (Abb. 4)	
$Cu_{15}Si_4 \approx Cu_4Si$	*362*,366
$Li_{15}Si_4$?	58HA
$Na_{15}Pb_4$	*422*,138
$Na_{15}Sn_4$(verzerrt)	*4139*
$H_{15}Th_4$	53Za
vielleicht ähnlich:	
Cu_3As Domeykit	*666*

$\mathbf{KGe(C^{32,32})}$-Typ (Abb. 6, S. 228)	
KSi	60Bu
RbSi	60Bu
CsSi	60Bu
KGe	60Bu
RbGe	60Bu
CsGe	60Bu

das auf die NaCl-Zelle bezogene Achsverhältnis c/a ist größer als Eins. CaC_2 wird oberhalb 450 °C kubisch und unterhalb 25 °C von niederer Symmetrie (SB*9135*). Beim KO_2-Zweig ist das Achsverhältnis im Mittel etwas größer; besonders auffällig sind die Achsverhältnisse von $HNaC_2$ und HKC_2.

Vergleicht man mit $\sqrt{2}\,a = 5{,}44$ die Gitterkonstante $a(\mathrm{CaO}) = 4{,}80$ kX, so wird eine B1-Korrelation um C_2 unwahrscheinlich. Nimmt man an, daß die Valenzelektronen der C eine A1-Korrelation aufweisen, so gelangt man mit $a/4 = d_{A1} = 1{,}37$ zu einer tragbar erscheinenden Anpassung in der Basis an die B1-Korrelation der Rumpfelektronen der Ca. Der ideale l_c-Wert für die C von 6,5 ist aber wohl

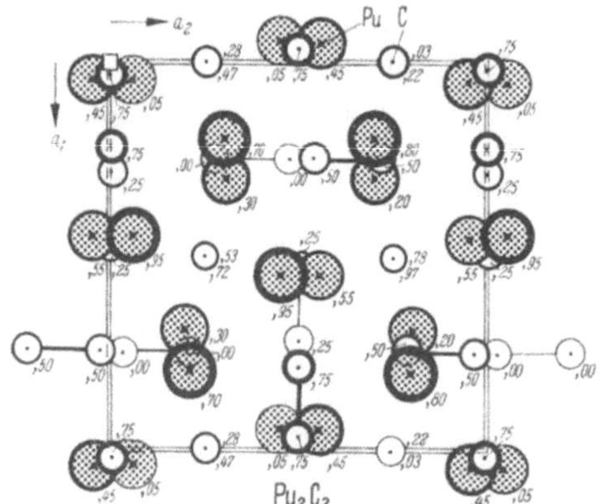

Abb. 1b. Pu_2C_3($B^{8,12}$,*16*48, Typ des Rb_2O_3 *8*150) T_d^6–I$\bar{4}$3d a = 8,129 Å 16 Pu(c) ,050,050,050 24 C(d),280,000,250

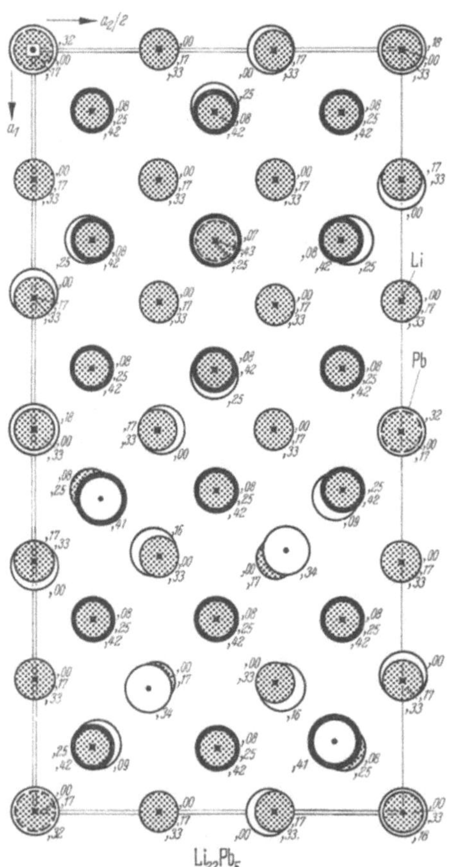

durch 8 zu ersetzen, so daß auch in der c-Richtung Kommensurabilität vorhanden wäre. Die Korrelation der Valenzelektronen der C liegt dann zwischen A1 und A2. Da bei O mehr Valenzelektronen mitgebracht werden, ist die Zusammendrückung schwieriger, d. h., das Achsverhältnis wird größer. Diese Bemerkungen bedeuten eine Verfeinerung früherer Annahmen (SCHUBERT 55b).

In diesem Zusammenhang muß man auch die $B^{8,12}$-Struktur von Pu_2C_3 (SR*16*48, Typ des $\mathbf{Rb_2O_3}$, SR*8*150, HELMS/KLEMM, Abb. 1b, Tab. 1) sehen. Die Maßverhältnisse in der Basis der Pu und der Bo-Struktur geben einen Hinweis auf die Bindungsbeziehung.

In weiteren Systemen A^2–B^4 finden sich noch folgende Strukturen, die in anderen Abschnitten behandelt werden:

$PbCl_2$($O_d^{4,8}$): Ca_2Si, Ca_2Ge (vgl. 7.52),

TlJ($Q_a^{2,2}$): CaSi, CaGe, CaSn, SrGe (verwandt zur NaCl-Struktur, vgl. 4.53),

Abb. 2. $Li_{22}Pb_5$($F^{88,20}$, 58ZR) T^2–F23 a = 20,08 Å 4 Li(a)0,0,0 4 Li(b),5,5,5 4 Li(c),25,25,25 4 Li(d) ,75,75,75 6 · 16 Li(e),1/12,1/12,1/12 ,1/6,1/6,1/6 ,1/3,1/3,1/3 ,5/12,5/12,5/12 7/12,7/12,7/12 5/6,5/6,5/6 24 Li(f),1/6,0,0 24 Li(g),7/12,1/4,1/4 4 · 48 Li(h),5/6,1/6,0,2/3,1/6,0 ,1/4,1/12,1/12 ,$\overline{3/4}$,$\overline{1/12}$,$\overline{1/12}$ 2 · 16 Pb(e),086,086,086 ,$\overline{336}$,$\overline{336}$,$\overline{336}$ 24 Pb(f),321,000,000 24 Pb(g),071,1/4,1/4

$CaSi_2(R^{2,4})$: $CaSi_2$, $CaGe_2$ (verwandt zum Bo_2Al-Typ, vgl. 6.51),
$Cu_3Au(C_a^{3,1})$: $CaSn_3$, $CaPb_3$ (Bindungsbeziehung von Pb, vgl. 2.33).

Die Systeme A^3–B^4 werden unter T–B-Phasen behandelt.

Eine besondere Vielfalt von Strukturen ergibt Pb als Anion: Das System Li–Pb ist strukturell interessant und auch ganz aufgeklärt. Alle Strukturen sind Ersetzungsstrukturen der Li(B^1)-Struktur. Die Li-reichste Phase ist die $F^{88,20}$-Struktur von $\mathbf{Li_{22}Pb_5} = Li_{4,4}Pb$ (Abb. 2). Keine 2 Pb bilden ein Paar. In der kubisch flächenzentrierten Zelle befinden sich $16 \cdot 27 = 2 \cdot 6^3$ Atome und 672 Elektronen, wobei $2 \cdot 7^3 = 686$. Man kann also vermuten, daß die A2-Korrelation in Li(B^1) sich hier relativ zum Gitter komprimiert hat, ähnlich wie bei den $C_a^{3,1}$-Strukturen der F^1-Familie der Messingphasen.

Auch die dem Na_3As verwandte $H^{7,2}$-Struktur von $\mathbf{Li_{3,5}Pb}$ (Abb. 3) ist eine Ersetzungsüberstruktur der B^1-Struktur. Man kann die Struktur charakterisieren durch die Stapelfolge LiLiPbLiLiLiLiPbLi, ... Es liegt nahe, eine ähnliche Drehung des Elektronenrasters anzunehmen wie bei den ε-Messingphasen.

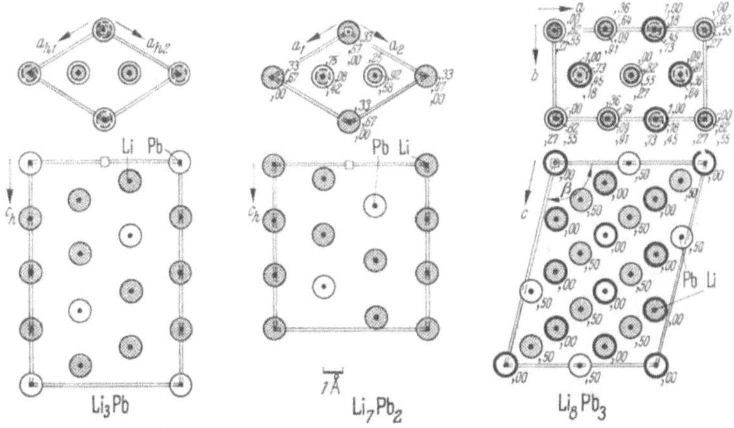

Abb. 3. $\mathbf{Li_3Pb}$($F^{3,1}$ Struktur von Fe_3Si) O_h^5-Fm3m $a_w = 6{,}687$ Å 4Li(b),5,5,5 8Li(c),25,25,25 4Pb(a),0,0,0 hexagonal aufgestellt; $\mathbf{Li_7Pb_2}$($H^{7,2}$, 56ZR) D_3^2-P321 $a = 4{,}751$ $c = 8{,}589$ Å $c/a = 1{,}808$ 2 · 2Li(d),333,667,92 ,333,667,584 2Li(c),0,0,333 1Li(a),0,0,0 2Pb(d),333,667,25; $\mathbf{Li_8Pb_3}$($N_a^{8,3}$, 56ZR) C_{2h}^3-C2/m $a = 8{,}240$ $b = 4{,}757$ $c = 11{,}03$ Å $\beta = 104° 25'$ 4 · 4Li(i),4/11,0,1/11 ,3/11,0,9/11 ,2/11,0,6/11 ,1/11,0,3/11 2Pb(a),0,0,0 4Pb(i),5/11,0,4/11

Bei Li_3Pb (Stapelfolge: PbLiLiLi, ...), dessen Struktur vom Fe_3Si- bzw. Li_3Bi-Typ unten (5.4) nochmals erwähnt wird, ist die A2-Korrelation offenbar in eine A1-Korrelation umgeschlagen. Auch bei **LiPb(h)** kann man eine solche Korrelation annehmen, wobei die Überfüllung der Ortskorrelation durch die rhomboedrische Dehnung bei **LiPb(r)** in Evidenz gesetzt wird, ähnlich wie bei SnSb.

Bei $\mathbf{Li_8Pb_3} = Li_{2,67}Pb$ (Abb. 3) entsteht eine $N_a^{8,3}$-Struktur mit pseudohexagonaler (001)-Ebene. Die Stapelfolge ist PbLiLiLiPbLiLiPbLiLiLi. Diese Phase ist die einzige des Systems, die Paarbildung der Pb zeigt.

Eine A1-Korrelation mit $b/2 = d_{A1} = 2{,}4$ Å, $l_c = 5$ ($l_c^{id} = 5{,}45$), PZ $= 40 =$ EA gibt eine recht gute Kommensurabilität.

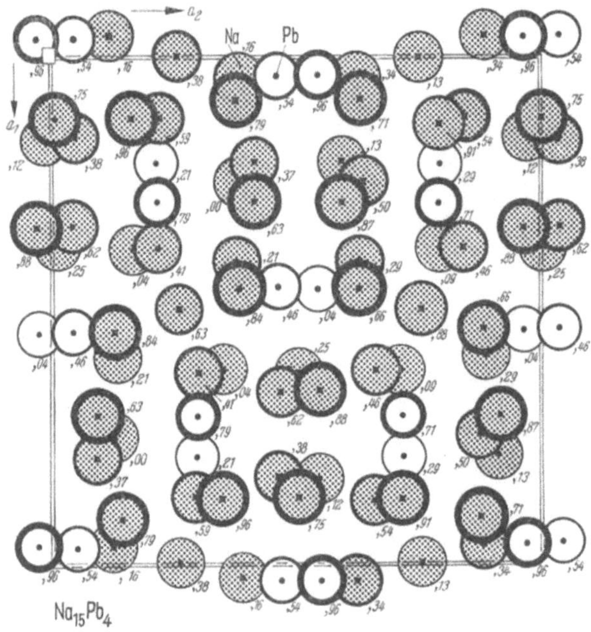

Abb. 4. $Na_{15}Pb_4$($B^{30,8}$,$D8_6$,*4*138, Struktur von $Cu_{15}Si_4$, *362*) $T_d^6-I\bar{4}3d$ $a = 13{,}29$ kX
12 Na(a),375,0,25 48 Na(e),12,16,$\overline{04}$ 16 Pb(c),208,208,208

Die $B^{30,8}$-Struktur von $Na_{15}Pb_4$ ist isotyp und elektronisch ähnlich dem $\mathbf{Cu_{15}Si_4}$ (SB*362*,366, Morral/Westgren, Tab. 1, Abb. 4). Die Pb bilden eine verzerrte A2-Lage, aus der sich nahezu reguläre Tetraeder mit Zentrum in der Lage (a) hervorheben; die Pb sind einzeln in die Struktur eingelagert und von 12 Na umgeben, die chemischen und geometrischen Daten erinnern an die FeSi-Struktur.

Eine einheitliche Ortskorrelation ist zwar nicht sehr wahrscheinlich wegen des großen Unterschieds der Valenzelektronenbeiträge, es könnte aber sein, daß die Mehrheitskomponente A2-Korrelation anregt mit $a/4 = a_{A2}$ (Schubert 53) und sich die Elektronen der B⁴ anpassen. Man vergleiche jedoch auch den Vorschlag für KGe.

In der $U^{16,16}$-Struktur von **NaPb** (Marsh/Shoemaker 53, Abb. 5) findet man tetraedrische Pb_4-Inseln mit dem Atomabstand 3,15 Å, der erstaunlich weit unter dem Abstand 3,5 Å im Element liegt. In der

Projektion auf die Basis wird ein quadratisches Raster sichtbar. An die Korrelation der Na-Elektronen kann sich die der Pb-Elektronen

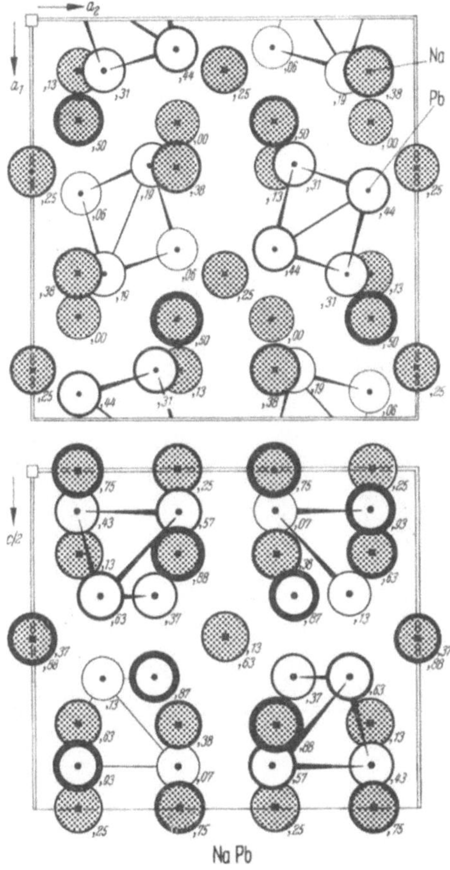

Abb. 5. NaPb($U^{16,16}$, 53MS) D_{4h}^{20}–I4/acd $a = 10{,}58$ $c = 17{,}75$ Å 16 Na(*e*),3/8,0,1/4 16 Na(*f*),5/8,7/8,1/8 32 Pb(*g*),070,119,938

anpassen. Auch in der $C^{32,32}$-Struktur von **KGe** (Busmann 60, Abb. 6, S. 228, Tab. 1) findet man Ge-Tetraeder, deren Mittelpunkte aber hier wie in einer βW-Struktur gelagert sind.

Die Ortskorrelation der Elektronen der K scheint sich unabhängig von der der Ge auszubreiten $a/2 = a_{\mathrm{A1}}$, PZ $= 32$; $a/4 = a_{\mathrm{A1}}$, PZ $= 4 \cdot 64$.

5.4 Anionenpackungen

Bei einigen Strukturen von A-B-Phasen, die man „Anionenpackungen" nennen kann, sind die Anionen dichtest gepackt und die Kationen entsprechend ihrer Größe in die Lücken dieser Packung eingelagert. Das Anion hat seine Edelgasschale „vervollständigt“ und befindet sich in einer F^1-Punktlage wie die Edelgase; die eingelagerten Kationen haben ihre Valenzelektronen „abgegeben“ und spielen eine untergeordnetere Rolle als Lückenfüller. Dieses Bauprinzip war schon 1898 von BARLOW vermutet worden und später von der Strukturforschung für Ionenverbindungen als zutreffend erkannt worden. An Hand der Kenntnisse über Ionenradien stellte sich heraus, daß die Erfahrung, wonach „bei polaren Verbindungen stets jedes Atom von der einen Art in möglichst kurzem Abstand

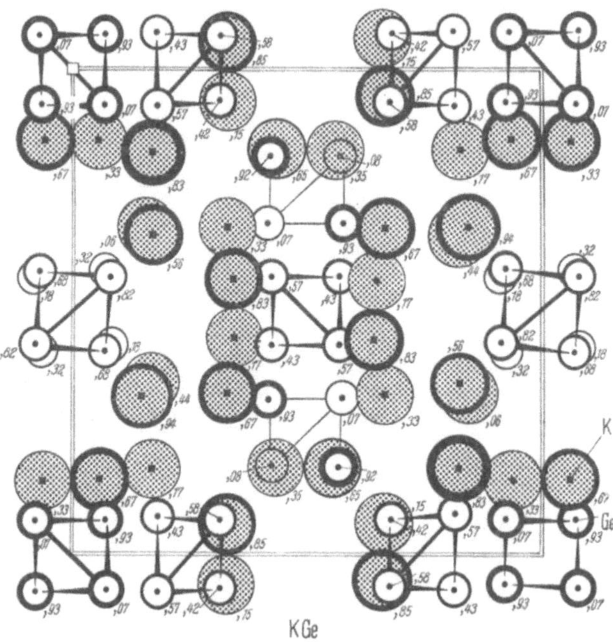

Abb. 6/5.3. KGe($C^{32,32}$, 60B) T_d^4—$P\bar{4}3n$ a = 12,80 Å 8K(e) ,333,333,333 24K(i),333,145,063 8Ge(e),070,070,070 24Ge(i),065,320,422 Isotype: KSi, RbSi, CsSi, RbGe, CsGe

von möglichst vielen Atomen der anderen Art umgeben wird, der geometrische Ausdruck für das Streben nach einem Extremwert der elektrostatischen Energie für Ionengitter ist“ (GOLDSCHMIDT 31). Die Ortskorrelation ist B1-artig wie bei den Edelgasen oder vom vollbesetzten A1-Typ (SCHUBERT 50a), der sich durch kleinere Verschiebungen aus der B1-Korrelation der Edelgase herleiten läßt. Beschreibungen des Bindungszustands der Valenzelektronen im Rahmen der PAULINGschen Bindungslehre wurde von KREBS (56) und von MOOSER/PEARSON (56) gegeben.

Zu den meisten Anionenpackungen gibt es *Antivertreter*, bei denen die Partner ebensoviel Leerstellen in der Achterschale haben, wie die Direktvertreter Elektronen. Wir kommen auf diese Vertreter unten zurück und beginnen nun mit der Betrachtung der kationenreichsten Strukturen.

5.41 A_3B-Verbindungen. Drei Kationen kommen auf ein Anion in der kubischen Struktur von **Li_3Bi** (Abb. 1), die isotyp und auch bez. Elektronenzählung verwandt zu $Fe_3Si(F^{3,1})$ ist (Tab. 2.65/1). Die Tatsache, daß keine Verbindung mit Na oder K von diesem kubischen Typ bekannt ist, kann wohl als Folge des größeren Atomradius (FOLBERTH 60) (und andersartige Teilnahme der äußeren Rumpfelektronen des Kations an

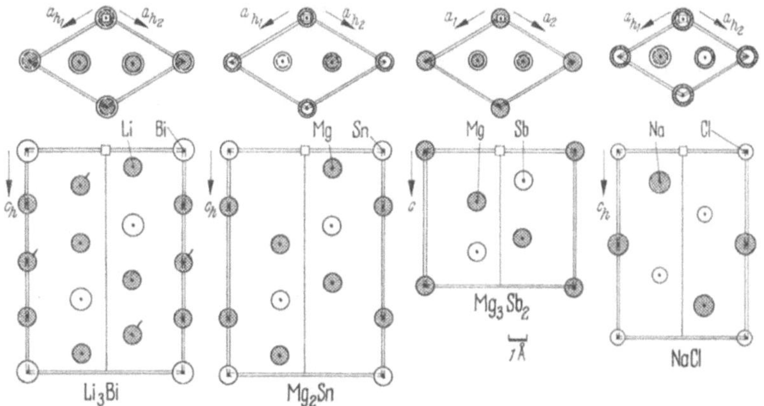

Abb. 1. **Li_3Bi**($F^{3,1}$,$D0_3$,*3637*, Struktur von Fe_3Si) O_h^5—Fm3m a = 6,708 kX 4 Bi(a),0,0,0 4 Li(b),5,5,5 8 Li(c),2 5,2 5,2 5; **Mg_2Sn**($F_a^{1,2}$,*1229*, Struktur von CaF_2, *1148*) O_h^5—Fm3m a_w = 6,77 kX 8 Mg(c),2 5,2 5,2 5 4 Sn(a),0,0,0; **Mg_3Sb_2**(r,$H_b^{3,2}$,D 5_2,*348*,356, Struktur von La_2O_3, *1744*,785) D_{3d}^3—P$\bar{3}$m1 a = 4,57 c = 7,23 kX c/a = 1,58 1 Mg(a),0,0,0 2 Mg(d),3 3 3,6 6 7,6 3 2 Sb(d),3 3 3,6 6 7,2 3 5; **NaCl**($F_a^{1,1}$,B 1,*172*,103) O_h^5—Fm3m a = 5,63 kX 4 Na(b) ,5,5,5 4 Cl(a),0,0,0 (a_h = 3,98 c_h = 9,7_5 kX)

der Bindungsbeziehung) angesehen werden. Nach MOOSER/PEARSON (56) ist Li_3Bi Halbleiter, Li_3Pb dagegen metallischer Leiter, weil ihm ein Elektron zur Komplettierung fehlt. Im Anti-Li_3Bi-Typ kristallisiert BiF_3, das wahrscheinlich durch Verunreinigung stabilisiert wird (Tab. 2.65/1).

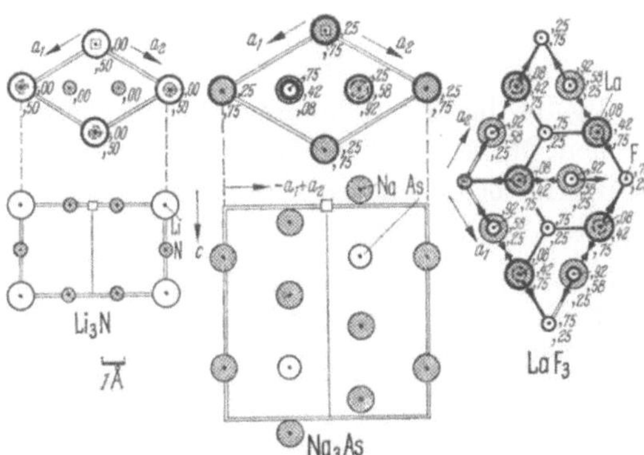

Abb. 2. **Li_3N**($H_a^{3,1}$,*3325*) D_{6h}^1—C6/mmm a = 3,65_8 c = 3,88_2 kX 1 Li(b),0,0,5 2 Li(c) ,3 3 3,6 6 7,0 1 N(a),0,0,0; **Na_3As** ($H_b^{6,2}$,$D0_{18}$,*56*)D_{6h}^4—C6/mmc a = 5,088 c = 8,982 kX 2 Na(b),0,0,2 5 4 Na(f),3 3 3,6 6 7,5 8 3 2 As(c),3 3 3,6 6 7,2 5; **LaF_3**($H_d^{6,18}$,$D0_6$,*227*) D_{6h}^3—C6/mcm a = 7,124 c = 7,280 kX c/a = 1,022 6 La(g),3 4,0 0,2 5 2 F(a),0,0,2 5 4 F(c),3 3 3,6 6 7,2 5 12 F(k),6 6 7 + ε,0 0,0 7 5
Die Pfeile deuten kleine Verschiebungen der Atome an

Stapelverwandt zu Li_3Bi (Fe_3Si-Typ) ist die $H_b^{6,2}$-Struktur von $\mathbf{Na_3As}$ (Abb. 2, Tab. 1); gegenüber einer B^1S-Struktur sind die Atome noch ein wenig zurechtgerückt, wodurch graphitartige Netze parallel zur Basis entstehen. Die Zurechtrückung kann auch ausbleiben, wie die Struktur von Li_7Pb_2 zeigt (5.3). Eine Verwandtschaft zum Auftreten der ω-Phasen (3.23) fällt auf; ferner die Tatsache, daß das Achsverhältnis durchgehend übernormal hinsichtlich der As(H^2)-Lage ist, was an die

Tabelle 1. A_3B-*Phasen*

$\mathbf{Na_3As(H_b^{6,2})}$-Typ (Abb. 2), Zahlenangaben a, c/a				$\mathbf{LaF_3(H_d^{6,18}}$-Tysonit)-Typ (Abb. 2)	
Li_3P	4,264	1,770	*56*,59	LaF_3	*228*,289
Li_3As	4,387	1,780	*56*,59	CeF_3	*228*
Li_3Sb(h)	4,701	1,768	*56*,59	PrF_3	*228*
[Li_3Sb(r,Fe_3Si)]				NdF_3	*228*
[Li_3Bi(Fe_3Si)]				SmF_3	*228*
Na_3P	4,980	1,767	*56*,59	EuF_3	58Wel
Na_3As	5,088	1,765	*56*,59	AcF_3	*12*165
Na_3Sb	5,355	1,773	*56*,59	UF_3	*12*165
Na_3Bi	5,448	1,772	*56*,59	NpF_3	*12*165
K_3As	5,782	1,768	*56*,59	PuF_3	*12*165
K_3Sb	6,025	1,775	*56*,59	AmF_3	*12*165
K_3Bi	6,178	1,770	*56*,59	NpJ_3	*12*165
Rb_3Sb			60 SSM	Weitere ternäre Phasen	*12*165
Rb_3Bi			60 SSM	Etwas anderer Struktur-	
Mg_3Au	4,64	1,82	*15*73	vorschlag	*16*170
Mg_3Hg	4,858	1,674	*11*156	Mit Leerstellen im B^7-Teil-	
$PdMg_3$			60 FR	gitter $BiO_{0,1}F_{2,8}$	55AL
$PtMg_3$			60 FR		

valenzelektronenärmsten Phasen des Messingzweiges der H^2-Struktur erinnert. Wie Mg_3Hg bestätigt, kommen 8 Valenzelektronen auf die Verbindungseinheit, Mg_3Au hat bemerkenswerterweise ein höheres Achsverhältnis als Mg_3Hg, beide Phasen sind in ihrem System an B^1-artige Phasen angelehnt.

Überträgt man die A1-Ortskorrelation der Li_3Bi-Struktur, so wird der Elektronenabstand viel zu groß für As; man wird daher eine zusammengesetzte Korrelation annehmen wollen. Andererseits passen bei Mg_3Hg die Elektronenabstände der Partner sehr gut zusammen; es könnte daher ein Einfluß der Rumpfelektronen im Spiele sein.

Im Anti-Na_3As-Typ kristallisiert nahezu die $H_d^{6,18}$-Phase $\mathbf{LaF_3}$ (Tab. 1, Abb. 2), durch kleine Atomverschiebungen wird die Zelle jedoch gegenüber Na_3As vergrößert.

Die rubinrote, feuchtigkeitsempfindliche $H_a^{3,1}$-Verbindung $\mathbf{Li_3N}$ (Abb. 2) gehört zwar nicht zu den Anionenpackungen, soll aber wegen ihrer Stapelverwandtschaft zu Na_3As hier genannt werden. Die Li können durch kleine Verschiebungen in eine hexagonal komprimierte C^1-Lage gebracht werden.

Mit $a\sqrt{3}/4 = d_{A1} = 1{,}59\,\mathrm{kX}$, $l_c = 3$, PZ = 16, EA = 8 erkennt man auf Grund der Bemerkungen in 1.63 den Übergang zum Molekülgitter.

5.42 A_2B-Verbindungen. Zwei Kationen kommen auf ein Anion bei Mg_2Sn, dessen $F_a^{1,2}$-Struktur nach einem Antitypvertreter, dem $\mathbf{CaF_2}$ (Abb. 1 und 5.41/1, Tab. 1) benannt wird. In einem $Sn(F^1)$-Teilgitter

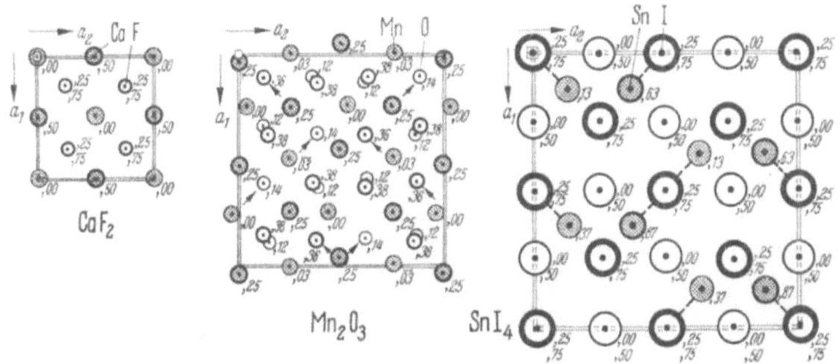

Abb. 1. $\mathbf{CaF_2}(F_a^{1,2}$,C1,*1148*) O_h^5—Fm3m $a = 5{,}45$ kX 4Ca(a),0,0,0 8F(c),25,25,25; $\mathbf{Mn_2O_3}(B^{16,24}$,D$5_3$,*238*,*1785*) T_h^7—Ia3 $a = 9{,}41$ kX 8Mn(b) ,25,25,25 24Mn(d),$\overline{030}$,0,25 48O(e),385,145,380. Es ist nur die halbe Zelle gezeichnet. Die Pfeile deuten auf O Leerstellen $\mathbf{SnJ_4}(C^{8,32}$, D1_1,*1234*) T_h^6—Pa3 $a = 12{,}23$ kX 8Sn(c) ,129,129,129 8J(c),253,253,253 24J(d),009,001,253

sind alle 8 Tetraederlücken mit Mg besetzt. Außer den Anionenpackungen kann man diese Struktur auch den $C^{1,1}V$-Strukturen zuordnen, wie die messingartigen Vertreter $PtAl_2$ usw. nahelegen. Während bei der Cu_5Zn_8-Struktur jedoch ebenso wie gelegentlich bei zweikomponentigen B^1-Phasen die atomare Zusammensetzung gegenüber der VEK nur eine zweitrangige Rolle spielt, ist der $F_a^{1,2}$-Typ binärer Phasen nur bei der Zusammensetzung AB_2 bekannt. — Tab. 1 zeigt einen Zweig *messingartiger Phasen*, den Zweig der eigentlichen *Anionenpackungen* (Be_2C-Antifluoritvertreter), einen Zweig *fluoritartiger Verbindungen* der Art CaF_2 und den *Zweig mit Rh_2P* (bei messingartigen Phasen eingeordnet). — Bei der Fluoritstruktur wird ein Kontakt zwischen Anion und Kation erreicht wenn $r_{Ca}/r_F \geqq \sqrt{3} - 1 = 0{,}73$. Diese Beziehung ist bei Benützung der GOLDSCHMIDTschen Ionenradien meistens annähernd erfüllt. Eine Ausnahme ist nach SCHÖNBERG (54) ZrO_2(h) mit $r_{Zr}/r_O = 0{,}66$. Eine Anzahl weiterer $F_a^{1,2}$-Vertreter mit ungünstigen geometrischen Bedingungen wurde von SCHÖNBERG (54) untersucht. Wird das Kation bei Homologen des Fluoritzweiges zu klein, so tritt der TiO_2- (Rutil-) Typ auf, sofern die Mehrheitskomponente ein B^L-Atom ist. — Bei den

Tabelle 1. *AB_2-Anionenpackungen*

$CaF_2(F_a^{1,2})$-Typ (Abb. 1)					
Messingähnliche Phasen					
$PtAl_2$	554	$AuGa_2$	554	$IrSn_2$	11136
$a = 5{,}91$ kX		$AuIn_2$	554	$PtSn_2$	11136
$PtGa_2$(h)	554	$CoSi_2$	1390	Rh_2P	878
$PtIn_2$(h)	554	$a = 5{,}36$ Å		Ir_2P	878
$AuAl_2$	2679;320,314	$NiSi_2$(r)	1390	$MgPu_2$	55CE
Anionenpackungen					
Be_2B	55MKK	Li_2Se	320	Li_5SiAs_3	54JS
Be_2C	320,309	$a = 6{,}05$ kX		Li_5GeAs_3	54JS
$a = 4{,}34$ kX		Na_2Se	320	Li_5TiAs_3	54JS
Mg_2Si	1228,586	K_2Se	320	NaMgAs	58P
$a = 6{,}34$ kX		Li_2Te	320	NaZnAs	1520
Mg_2Ge	320	Na_2Te	320	CuZnAs	1025
Mg_2Sn	1229;320	K_2Te	320	AgMgAs	828
Mg_2Pb	1229	LiMgN	11154	AgZnAs	1520
Li_2O	1221	$a = 4{,}97$ Å		KZnAs	58P
$a = 4{,}62$ kX		LiZnN	11155	CuMgSn	13103
Na_2O	22,79	Li_3AlN_2	1120	LiMgSb	43AL
$a = 5{,}55$ kX		a verdoppelt		NiMgSb	1621
K_2O	320,283	Li_3GaN_2	1120	CuMgSb	828
Rb_2O	77,84	a verdoppelt		CuCdSb	921
Li_2S	1224	LiMgP	1330	MnCoSb	1621
$a = 5{,}71$ kX		LiZnP	1330	MnNiSb	1516
Na_2S	1224	Li_5SiP_3	54JS	MnCuSb	1621
$a = 6{,}52$ kX		Li_5GeP_3	54JS	LiMgBi	43AL
K_2S	320,283	Li_5TiP_3	54JS	NiMgBi	1621
Rb_2S	48	LiMgAs	43AL	CuMgBi	828
		LiZnAs	1330		
Fluoritzweig (Antizweig)					
LaH_2	3263	NbH_2	58BrM	AmO_2	12148
CeH_2	58BrM	UN_2	11170	CmO_2	55AEFZ
PrH_2	58BrM	PaN_2	52S	CaF_2	1185
NdH_2	58BrM	CeO_2	1197	SrF_2	1186
SmH_2	58BrM	PrO_2	1197	BaF_2	1187
GdH_2	58BrM	TbO_2	58P	RaF_2	48,103
PuH_2	58P	ZrO_2(h)	1206,777;787	EuF_2	65,57
TiH_2	13119	HfO_2	58P	CuF_2	320
$TiD_{1,7}$	56SHZ	PoO_2	18366	CdF_2	1188
$ZrH_{1,5}$	2800	ThO_2	1208	HgF_2	320,276
HfH_2	54Si	$PaO_{2,2}$	12148;18270	PbF_2(h)	1191
$HfD_{1,6}$	56SHZ	UO_2	1212;3302	$SrCl_2$	1186
ThH_2	16102	NpO_2	12148	$BaCl_2$	12149
(deformiert)		PuO_2	55AEFZ		
Abarten mit Entordnung					
$Cu_{2-}S$(h)	4109	Cu_2Te(h)	4115	Ag_2Te(h)	4115
Cu_2Se(h)	4113				

messingähnlichen Phasen und den Anionenpackungen haben wir nach der Leerstellenbildungsregel mit 3,5 ... 4 Valenzelektronen je Unterstrukturzelle (also mit 7 ... 8 je Verbindungseinheit) zu rechnen.

Eine Diskussion der CaF_2-Struktur vom Standpunkt der homöopolaren Bindung findet man z. B. bei Krebs (56). — In unserer Betrachtungsweise kann man annehmen, daß die Valenzelektronen in A1-Korrelation vom Raster $a/2 = a_{A1}$ angeordnet sind (Schubert 50a, 53). Die Rumpfelektronen sind wahrscheinlich nicht im $a/2 \cdot 3{,}33$-Raster angeordnet, weil sich das in strukturellen Besonderheiten bemerkbar machen müßte; durch metrischen Vergleich mit den empirischen Elektronenabständen wird vielmehr das Raster $a/6 = d_{B1}$ nahegelegt. Die Erhöhung der VEK lockert die Struktur auf, so daß sich die Atome besser dehnen und der Rasterquotient auf 3 abfallen kann. — Bei den NaCl-Strukturen der Art CaO, (5.44), die ebenfalls zu den Anionenpackungen gehören, liegt die Annahme nahe, daß sich die acht äußeren Rumpfelektronen des Ca an die Valenzelektronenkorrelation anpassen, indem sie die noch freien Elektronenplätze besetzen. Für Verbindungen wie Na_2O ($a = 5{,}55$ Å) führt die Teilnahme der Rumpfelektronen von Na auf die Annahme einer oktaedrischen Elektronenkorrelation der O. Die Ionenradienquotienten (Li_2O 0,59; Na_2O 0,74; K_2O 1,01; Rb_2O 1,19; Cs_2O 1,25) sprechen für Umgebung des Kations mit 8 Anionen, so daß man auch diese Vertreter als CsCl-Strukturen mit Leerstellen ansehen kann. Bei Cs_2O kommt man offenbar in die Nähe der energetischen Hinderung der Kationen. — Die Phasen vom Rh_2P-Zweig sind in Zusammenhang mit der Struktur des Pt_2Si (7.41) zu bringen.

Eine Ersetzungsvariante der CaF_2-Struktur bei ternären Phasen ist z. B. **AgMgAs** (Nowotny/Sibert 41). Die As-Atome liegen in der Sn-Lage von Mg_2Sn, während Ag und Mg über die Mg-Lage geordnet verteilt sind. Trotz Ähnlichkeit des Formelbildes ist bei **CuMgSb** nicht Sb in der Sn-Lage, sondern Cu (Nowotny/Sibert 41). Der Grund hierfür ist wohl darin zu suchen, daß die annähernd gleich großen Atome Mg und Sb auf der Mg-Lage eine kleinere mikroelastische Energie haben als bei der Verteilung analog zu AgMgAs.

Eine Überstruktur mit verdoppelter a_{CaF_2}-Achse kommt dem $\mathbf{Li_3AlN_2}$ und $\mathbf{Li_3GaN_2}$ zu (SR*11*20, Juza/Hund). Die Sn-Lage von Mg_2Sn wird durch N eingenommen, während sich Li und Ga auf die Mg-Lage verteilen.

Die $F_b^{1,2}$-Struktur von $\mathbf{Cu_2Se(h)}$ (Tab. 1) gehört ebenfalls zu den CaF_2-Verwandten; die Atomzahl und die Elektronenzahl je Zelle entsprechen dem CaF_2-Typ, das Chalkogenatom befindet sich in F^1-Lage, aber die Edelmetallatome sind nicht in den tetraedrischen Lücken lokalisiert, sondern verstreut über tetraedrische, oktaedrische und trigonale Lücken. (Über einige weitere Argumente für die Verteilung der B^1-Atome vgl. SR*10*25.) Das Edelmetall ist gewissermaßen noch „flüssig" in der Struktur. Die Abweichung dieser Struktur von den Strukturen der Art Mg_2Sn hängt offenbar mit dem d-Rumpf des „Kations" zusammen. Merkwürdigerweise ist die $C_b^{4,2}$-Struktur von $\mathbf{Ag_2Se(h)}$ (Tab. 4.61/1) auf einem kubisch innenzentrierten Se-Teilgitter aufgebaut, wobei Ag wieder „flüssig“ verteilt ist. Hier sind Anionenteilgitter und Ortskorrelation in den B^1-Typ umgeklappt. Bei Raumtemperatur zeigen die obigen binären Phasen kompliziertere Strukturen, die zu einer „erstarrten“ Edelmetallage gehören.

Die Verbindung Mg_2In kristallisiert im Fe_2P-Typ (7.52). Eine tetragonale RR_i-Variante von $F_a^{1,2}$ ist $\mathbf{Be_4Bo}$ (BECHER/SCHÄFER 62).

5.43 A_3B_2-Verbindungen. 1,5 Kationen kommen auf ein Anion bei $\mathbf{Mg_3P_2}$, das (ebenso wie vermutlich seine Isotypen als Antivertreter zu der $B^{16,24}$-Struktur von $\mathbf{Mn_2O_3}$ Abb. 5.42/1, Tab. 1) gehört. Man denke sich aus „$Mg_4P_2(F_a^{1,2})$“ ein Mehrheitsatom herausgenommen und die

Tabelle 1. *A_3B_2-Anionenpackungen*

Mg_3P_2- bzw. $Mn_2O_3(B^{16,24})$-Typ (Abb. 5.42/1)

Be_3N_2	349	Y_2O_3	239	Tm_2O_3	1262
Be_3P_2	349	La_2O_3	1744	Yb_2O_3	1262
Mg_3N_2	349	Ce_3O_5	18586	Cp_2O_3	1262
Mg_3P_2	349 (240)	Pr_3O_5	18586	U_2N_3	11170
Mg_3As_2	349	Nd_2O_3	3341	$Pu_2O_{3+}(\alpha)$	12173
Mg_3Sb_2(h)	34Z	Sm_2O_3	239	$Am_2O_3(\alpha)$	53TD
Ca_3N_2	349	Eu_2O_3	239	Mn_2O_3	239
Zn_3N_2	8104	Gd_2O_3	1101;240	In_2O_3	239
Cd_3N_2	844	Tb_2O_3	18375	Tl_2O_3	239
		Dy_2O_3	1261		
Antivertreter		Ho_2O_3	1262		
Sc_2O_3	239	Er_2O_3	1261		

Mg_3Sb_2 bzw. $La_2O_3(H_b^{3,2})$-Typ

Mg_3Sb_2(r)	348,356	U_2N_3	56V	Pr_2O_3	1745
Mg_3Bi_2(r)	348,356	La_2O_3	3342	Nd_2O_3	1745,261
Antivertreter		Ce_2O_3(r)	1261,745	Ac_2O_3	12172
		(h) (CaF_2)-		$Pu_2O_3(\beta)$	16222
Th_2N_3	12172	Typ	57BG		

$Zn_3P_2(T^{24,16})$-Typ[1]

Zn_3P_2	353	Zn_3As_2(r)	353	
Cd_3P_2	353	Cd_3As_2(r)	353	

[1] D_{4h}^{15}—P4/nmc $a = 8{,}097$ $c = 11{,}45$ kX $3 \cdot 8$Zn(g) $(x,z)_1 = (,217,103)$ $()_2 = (,283,386)$ $()_3 = (,250,647)$ 4P(c) $z = ,25$ 4P(d) $z = ,239$ 8P(f) $x = ,261$

Leerstellen in einer solchen Weise verteilt, daß die Gitterkonstante verdoppelt wird. Die Vakantstellenbildung entspricht dem obigen Prinzip der Anionenpackung; noch zu beantworten bleibt allerdings die Frage, warum die Leerstellen nicht die einfachere früher von PASSERINI (SB240) vorgeschlagene Anordnung haben. Die Zweige Sc_2O_3 und Mn_2O_3 entsprechen den NaCl-Zweigen CaO, MnO(grün).

Ganz ähnlich gebaut wie Anti-Mn_2O_3, jedoch tetragonal verzerrt, ist die $T^{24,16}$-Struktur von $\mathbf{Zn_3P_2}$ (SB*3*51,354, v. STACKELBERG/PAULUS, Tab. 1); die B^5 besetzen eine F^1-Lage, die B^2 befinden sich in den Tetraederlücken. Die unbesetzten Lücken sind etwas anders angeordnet als in Mn_2O_3. Wieder bedingt der *d*-Rumpf der Kationen eine strukturelle Besonderheit.

Die dem $\mathbf{Mg_3Sb_2}$ zukommende $H_b^{3,2}$-Struktur von $\mathbf{La_2O_3}$ (Abb. 5.41/1, Tab. 1) gehört nicht eigentlich zu den Anionenpackungen, sondern zu den B^1RV-Phasen. Sie zeigt ein vollbesetztes rhomboedrisch primitives, gegenüber dem kubischen um 29% gedehntes Mg-Teilgitter, dessen Lücken z. T. mit Sb besetzt sind, und zwar so, daß eine „Sb(H^2)"-Lage von schwach unternormalem Achsverhältnis entsteht. Die Struktur kann also wie Mg_2Sn als CsCl-Struktur mit Leerstellen aufgefaßt werden, sie entsteht, wenn man von Mg_2Sn ausgeht und das Mg-Teilgitter erhalten will. Die Bindungsbeziehung läßt sich entsprechend angeben. — Das $Ce_2O_3(H_b^{3,2})$ wandelt sich bei 420° in eine kubische Phase um, die mit $CeO_2(F_a^{1,2})$ homogen zusammenhängt (BRAUER/GINGERICH 57).

5.44 AB-Verbindungen. Die $F_a^{1,1}$-Struktur von **NaCl** (Abb. 5.42/1, Tab. 1) zeigt ein Cl(F^1)-Teilgitter, in dessen Oktaederlücken die Na (ihrerseits auch ein F^1-Gitter bildend) eingelagert sind. Die Folge von $F_a^{1,1}$-Verbindungen KF, CaO, ScN, TiC; RbF, SrO, ?, ZrC; CsF, BaO, LaN, HfC läßt sich nicht über TiC hinaus fortsetzen, da VB, NbB und TaB zu TlJ isotyp sind. — Beim NaCl-Zweig vervollständigen die Valenzelektronen des A-Atoms die Edelgasschale des B-Atoms und ermöglichen so eine ionische Bindung. Das C-Atom in TiC kann jedoch vier zusätzliche Elektronen nicht an sich ziehen. Trotzdem ist TiC mit seinem Schmelzpunkt von 3250° und seiner großen Härte eine Verbindung von auffallender Stabilität. Diese Stabilität kommt auch in der Existenz nichtvalenzmäßiger Vertreter zum Ausdruck, bei denen allerdings bei Raumtemperatur häufig eine abgeänderte Struktur auftritt (z. B. SnSb, vgl. 4.51).

Es liegt eine B1-Korrelation vom Raster $a/4$ nahe, an der die Elektronen der Abzählung Na^9Cl^7 teilnehmen. Bei TiC werden die Rumpfelektronen von Ti die B1-Korrelation mit $a/4$ erfüllen, die 4 Außenelektronen von Ti und die 4 Valenzelektronen von C jedoch eher eine gemeinsame A1-Korrelation vom Raster $a/2 = a_{A1}$ (SCHUBERT 50a, 50b). Beide Vorschläge lassen sich durch verhältnismäßig kleine Verschiebungen von Elektronenplätzen ineinander überführen. Bei MnS ist die Achterschale von S komplettiert, aber der *d*-Rumpf von Mn nur halb aufgefüllt. Bei AgCl wäre die genannte Korrelation überfüllt; damit hängt wohl die Lichtempfindlichkeit zusammen. — Eine Synthese der räumlichen Elektronendichte bei LiF und NaF durch KRUG/WAGNER/WITTE/WÖLFEL (53) zeigt in der Tat Abweichungen der Elektronendichte von der Kugelsymmetrie im Sinne würfelförmiger Verteilung.

Tabelle 1

NaCl($F_a^{1,1}$)-Typ					
„Valenzmäßige“ Phasen		AgF	1111	LaN	543
		AgCl	1111;3230	LaP	543
LiH	1146;37,238	AgBr	1111;3230	LaAs	544
LiF	197,100	MgO	1117	LaSb	544
LiCl	197,100	MgS	1126	LaBi	545
LiBr	197,101	MgSe	1134	CeN	542
LiJ	197,101	CaO	1118,769	CeP	543
NaH	2243;11218	CaS	1126,769	CeAs	544
NaF	197,102;2208	CaSe	1134,769	CeSb	544
NaCl	197,103;2208	CaTe	1135,769	CeBi	545
NaBr	197	CaPo	60WGV	PrN	543
NaJ	197	SrO	1118	PrP	543
KH	2243	SrS	1127	PrAs	544
KF	197;2210	SrSe	1135	PrSb	544
KCl	197,105;2210	SrTe	1135	PrBi	545
KBr	197	SrPo	60WGV	NdN	543
KJ	197	BaO	1119	NdP	543
RbH	2243	BaS	1127	NdAs	543
RbF	198	BaSe	1135	NdSb	543
RbCl	197	BaTe	1135	GdN	11121
RbBr	197	BaPo	60WGV	TiC	1144;46
RbJ	197	CdO	1120	$a = 4{,}60$ kX	
CsH	2243	HgPo	60WGV	ZrC	37
CsF	198	ScN	1139	HfC	46
CsCl(h,		ScSb	62ShS	ThC	1368
450 °C)	37	ScBi	62ShS	ThGe	57NW
„Nichtvalenzmäßige“ Phasen					
ScC	58HA	EuSe	73,77	US	12139
ScS...Sc_2S_3	58Hah	EuTe	73,77	USe	18275
YS	58Hah	YbS	61FDGL	UTe	18275
LaS	55I	YbSe	39SK	NpC	1648
LaSe	55I	YbTe	39SK	NpN	12140
LaTe	55I	ThN	58P	NpO	12140
CeS	12139	ThP	676;7112	PuB	60MSt
$a = 5{,}78$ Å		ThAs	58P	PuC	58P
CeSe	55I	ThSb	58P	PuN	12140
CeTe	55I	ThO		PuP	58P
PrS	55I	ThS	12139	PuAs	58P
PrSe	55I	ThSe	16134	PuBi	58P
PrTe	55I	(ThTe,$C^{1,1}$)		PuO	12140
NdS	55I	PaO	16134	PuS	12139
NdSe	55I	UC	1184	PuTe	58P
NdTe	55I	UN	11170	AmO	12140
SmO	53EZ	UP	8107	TiN	1139;46;
SmS	56I	UAs	1624		11171;12118
SmSe	61Gsch	USb	1623		
SmTe	58P	UBi	1229		
EuS	63;73,77	UO	11221		

Tabelle 1 (Fortsetzung)

„Nichtvalenzmäßige“ Phasen					
TiO(h)	787	NbO	789	GeTe(h)	1572
ZrB(h)?	1635, 61NRB	TaC	1144,146,46	SnAs	3649
ZrN	1139	TaO	18257	SnSb(h)	1601;3651
$ZrP_{0,9}$	18262	CrC(h)	58HA	SnSe(h)	18274
ZrO	18253	CrN	2792	SnTe	58P
Zr_3S_4[v]	57HHMN	MnO	3246;12151	PbS	1131
HfB?	58P, 61NRB	MnS(h)	1132	PbSe	1137
VC	1144	MnSe	1138;658	PbTe	1138
VN	1139;11171	FeO(h)	1122,350;	PbPo	12121
VO	2316		3248;540	BiSe	1861
NbC	1144	CoO	1123,771	BiTe	1861
NbN	1139	NiO(h)	(1123);11254		

Leerstellenvarianten der NaCl-Struktur werden wir bei den T-B^L-Phasen finden. Deformationsvarianten sind **TlF** ($S^{1,1}$), ferner SnSb(r, $R_b^{1,1}$) und GeTe(r) (vgl. 4.51); sie zeigen Valenzelektronenüberschuß. Stapelvarianten sind TlJ usw. (4.53).

Wenn das Kation einer AB-Verbindung hinreichend klein ist, tritt es in die Tetraederlücken ein (ZnS-Typ, 4.42, formal ebenfalls eine Anionenpackung), wenn es hinreichend groß ist, sollte der CsCl-Typ (2.65) auftreten, der allerdings zu den Auffüllungsabarten der CaF_2-Struktur gehört. Abb. 1.42/2 läßt erkennen, daß die Radienüberlegung der elektrostatischen Bindungstheorie die Erfahrung nur bedingt wiedergibt. Bei einigen Phasen treten NaCl-Strukturen auf, wo CsCl-Struktur vorliegen sollte, bei anderen tritt ZnS-Struktur auf, wo NaCl vorliegen sollte. Der ZnS-Typ gibt vor dem NaCl-Typ den Vorteil besserer Wechselwirkung von *d*-Rümpfen, und der NaCl-Typ gestattet eine Teilnahme äußerer *sp*-Rumpfelektronen der Kationen an der Valenzelektronenkorrelation. — Der CsCl-Typ kann aus dem NaCl-Typ durch Zusammendrücken längs der trigonalen Achse hergeleitet werden, es ist aber fraglich, ob die B1-Korrelation dabei in eine B2-Korrelation übergeht; jedenfalls wird die Bindungsbeziehung der des CaF_2 ähnlich sein.

5.45 AB_n-Verbindungen. In der $R_a^{1,2}$-Struktur von **$CdCl_2$** (Tab. 1) bilden die Cl eine leicht hexagonal komprimierte F^1-Lage, in deren Oktaederlücken sich die Cd in Schichten parallel $(111)_{F^1}$ einlagern, und zwar so, daß jede zweite Lückenschicht parallel zur Basis leer bleibt. Man kann das $CdCl_2$ also als Molekülstruktur mit zweidimensional erstreckten Makromolekülen ansehen. Es scheint noch nicht rechnerisch gezeigt worden zu sein, ob die $CdCl_2$-Anordnung vorteilhafter ist als eine denkbare tetragonale Leerstellenabart der NaCl-Struktur. — Eine häufige hexagonale Stapelvariante von $CdCl_2$ ist die Struktur des **CdJ_2** (vgl. 4.71).

Tabelle 1. *Kationenarme Anionenpackungen*

$CdCl_2(R_a^{1,2} = C19)$-Typ[1], Zahlenangaben: c/a, α

	c/a	α	
$MgCl_2$		33°30′	*1*185,743
$ZnCl_2$?·		30°40′	*1*743, 61Bre
ZnJ_2	5,06		*1*091
$CdCl_2$		36°40′	*1*742; *2*249
$CdBr_2$		61°40′	*2*247;*3*280
$MnCl_2$		35°10′	*1*192,743
$FeCl_2$		34°10′	*1*743
$CoCl_2$	4,92	33°30′	*1*743;*3*22,279
$NiCl_2$		33°30′	*1*743
$NiBr_2$	4,93		*3*22
NiJ_2	5,04		*3*22
Cs_2O		36,93°	*7*7,85

$CrCl_3(H_e^{6,18} = DO_4)$-Typ[2]

$CrCl_3$	*2*23

$AlCl_3(N_a^{2,6})$-Typ[3]

$AlCl_3$	*1*1273
YCl_3	*1*8352
$DyCl_3$	*1*8352
$HoCl_3$	*1*8352
$ErCl_3$	*1*8352
$TmCl_3$	*1*8352
$YbCl_3$	*1*8352
$CpCl_3$	*1*8352
$TlCl_3$	*1*8352
$InCl_3$	*1*8352

$SnJ_4(C^{8,32})$-Typ (Abb. 5.42/1)

$TiBr_4$	*2*306
TiJ_4	*2*307
$ZrCl_4$	*2*305
SiJ_4	*2*307
GeJ_4	*1*251
SnJ_4	*1*236,252

[1] D_{3d}^5—$R\bar{3}m$ $a = 6{,}35$ kX $\alpha = 34{,}66°$ 1Cd(a) 2Cl(c) $x = 1/4$ (vgl. 7.63).

[2] D_3^3—$C3_112$ $a = 6{,}00$ kX $c = 17{,}3$ $2 \cdot 3$Cr(a) $x_1 = \frac{2}{9}$ $x_2 = \frac{6}{9}$ $3 \cdot 6$Cl(c) $(x,y,z)_1 = \left(\frac{2}{9},\frac{4}{9},{,}26\right)$ $()_2 = \left(\frac{6}{9},\frac{1}{9},{,}26\right)$ $()_3 = \left(-\frac{1}{9},-\frac{2}{9},{,}26\right)$.

[3] C_{2h}^3—$C2/m$ $a = 5{,}93$ Å $b = 10{,}24$ $c = 6{,}17$ $\beta = 108°$ 4Al(g) $y = {,}167$ 4Cl(i) $(x,z) = {,}226{,}219$ 8Cl(j) $(x,y,z) = ({,}250{,}175{,}\overline{219})$

Die $H_e^{6,18}$-Struktur von $\mathbf{CrCl_3}$ (Tab. 1) baut auf einer leicht gedehnten Cl(F^1)-Lage auf. Jede zweite zu $(111)_{F^1}$ parallele Oktaederlückenebene ist mit Cr besetzt, aber nicht vollständig, sondern so, daß die a-Achse sich um $\sqrt{3}$ vergrößert. Man kann $CrCl_3$ also als $CdCl_2$-Struktur mit Leerstellen beschreiben.

Die Entfernung der Cl in der Basis von $CdCl_2$ ist 4,0kX, hier jedoch nur 3,5kX; es könnte daher sein, daß die für $CdCl_2$ mögliche Ortskorrelation hier in der Basis gedreht ist.

Eine analoge Leerstellenabart der CdJ_2-Struktur ist das $\mathbf{BiJ_3}$ (4.72). Eine dem $CrCl_3$ ähnliche $N_a^{2,6}$-Struktur zeigt $\mathbf{AlCl_3}$ (Tab. 1).

Eine Anionenpackung mit 1/4 Kation je Anion ist die $C^{8,32}$-Struktur von $\mathbf{SnJ_4}$ (Abb. 5.42/1, Tab. 1). Die J bilden annähernd eine F^1-Packung, in deren Tetraederlücken die Sn sitzen. Die Anordnung der gefüllten

Tetraeder bedingt eine Verdoppelung der F^1-Gitterkonstante, was bemerkenswert erscheint, da eine „einfachere“ Struktur ohne Verdoppelung denkbar wäre, ähnlich wie bei Mn_2O_3.

5.46 Anti-Anionenpackungen. Es ist eine merkwürdige Erscheinung, daß zu vielen Anionenpackungen ein Antizweig existiert:

Li_3Bi ... BiF_3,	Mg_3P_2 ... Mn_2O_3, Sc_2O_3,
Na_3As ... LaF_3,	Mg_3Sb_2 ... La_2O_3,
Mg_2Pb ... CaF_2,	$CdCl_2$ ... Cs_2O.

Der Antivertreter hat ebensoviel Leerstellen in der aufgefüllt gedachten Edelgasschale, wie der Direktvertreter Elektronen außerhalb der letzten abgeschlossenen Edelgasschale. Diese Bemerkung kann man zu einem Ortskorrelationsvorschlag ausbauen: Beim Antityp ordnen sich die Leerstellen der Edelgasschale energetisch vorteilhaft an. Es existiert hier allerdings keine direkte positive Ladung, sondern eher ein Dipolmoment, das sich so verhält, als ob an einer Stelle der „Atomoberfläche“ eine positive Ladung säße.

5.5 Weitere A-B⁵-Verbindungen

Die valenzmäßigen Strukturen von Li_3N, Li_3P(*Na_3As*) und Li_3Bi (*Fe_3Si*), Be_3N_2 (*Anti-Mn_2O_3*), Mg_3Sb_2 (*Anti-La_2O_3*) und Zn_3P_2 haben wir bei Anionenpackungen besprochen. Hier müssen wir noch auf einige N-reiche Verbindungen, die Azide, eingehen. Sie zeigen Polyanionenbildung in Gestalt von N_3, und da die B-Komponente bei Raumtemperatur gasförmig ist, sind die Verbindungen leicht (und heftig) zu zersetzen.

NaN_3($R^{1,3}$) (Typ des $NaHF_2$, Abb. 1, Tab. 1) kann als um 35% gedehntes NaCl-Gitter aus Na und N_3 aufgefaßt werden ($a_h/\sqrt{3} = d_{B1}\sqrt{2}$, $l_c = 18$, $PZ = 3 \cdot 18$, $EA = 3 \cdot 16$).

Die $U_c^{2,6}$-Struktur des homologen **KN_3** (Abb. 2, Tab. 1) ist verwandt zu CaC_2 und TlSe, jedoch liegen hier die B-Hanteln senkrecht zur Achse.

Mit $a\sqrt{2}/6 = d_{B1}$, $l_c = 5 \approx 4$, $EA = 64$, $PZ = 72$ erhält man eine stark gedehnte B1-Korrelation, die gut zur Atomlage paßt, aber keine Teilnahme der Rumpfelektronen der K gewährt. $a\sqrt{2}/6 = d_{B1}$, $l_c = 5$, $PZ = 90$, $EA = 96$ erscheint auch möglich.

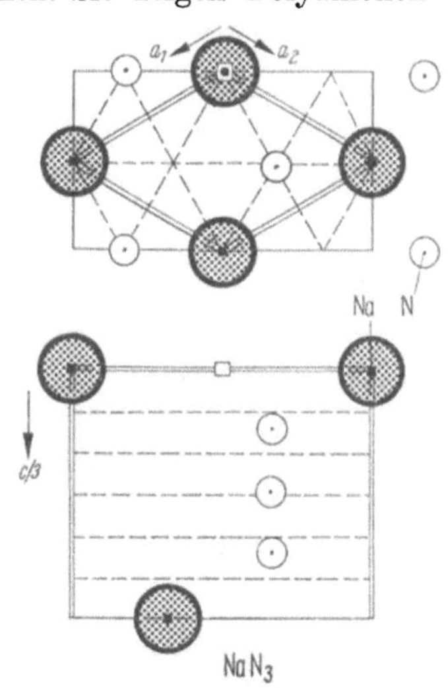

Abb. 1. NaN_3($R^{1,3}$,*1276* vom Typ $NaHF_2$) $D_{3d}^5 - R\bar{3}m$ $a = 5{,}48$ kX $\alpha = 38{,}72°$ ($a_h = 3{,}62$ $c_h = 15{,}2$ kX) 1 Na(*a*),0,0,0 1 N(*b*),5,5,5 2 N(*c*),42,42,42

Tabelle 1. *Strukturen von Aziden*

$NaN_3(R^{1,3})$-Typ (Abb. 1)		$KN_3(U_c^{2,6})$-Typ (Abb. 2)		AgN_3-Typ[1]	
NaN_3	*1276*,797	KN_3	*1279*	AgN_3	375,393
$NaHF_2$	*1276*	RbN_3	*2375*	*Weitere Azide*	
$CaCN_2$	*1276*	KHF_2	*1279*	$Pb(N_3)_2$	
$CsCl_2J$	*1276*	KCNO	*1279*	α orth.	*11359*
(komprimiert).				β mon.	*11359*
$CuFeO_2$	375			$Cd(N_3)_2$	566
$NaFeO_2$	375				

[1] D_{2h}^{26}—Ibam $a = 5{,}58$ $b = 5{,}93$ $c = 6{,}04$ kX 4Ag(b) 4N(c) 8N(j) $(x,y) =$,(145,145).

Das hochexplosible $\mathbf{AgN_3(P^{2,6})}$ (Tab. 1) ist eine deformierte KN_3-Struktur; in der Verzerrung hat man wieder (5.4) die Wirkung der Kationenrümpfe zu erblicken.

Ähnliche Baugesetze gelten bei der $S^{2,12}$-Struktur von $\mathbf{Sr(N_3)_2}$ (Abb. 3). Kationen- und Anionenschichten senkrecht zur a-Achse wechseln ab, und die N_3-Hanteln liegen über Kreuz.

Die $U^{4,12}$-Struktur von $\mathbf{CuN_3}$ (Abb. 4) zeigt nicht mehr das engmaschige Kationennetz, das bestehen würde, wenn die Struktur statt im Inneren auf der Basis zentriert wäre. — Mit $a/6 = d_{B1}$, $l_c = 3{,}9 \approx 4$, $PZ = 4 \cdot 36 = 144$, $EA = 8 \cdot 16 = 128$ ergibt sich eine Korrelation mit guter Anpassung an die Struktur.

Während LiBi und NaBi im CuAu-Typ gebaut sind, ist die $M^{8,8}$-Struktur von **LiAs** (Abb. 5, isotyp NaSb) entfernt ähnlich mit einer NaCl-Struktur. Die Atome sind aber durch Verschiebungen der Größenordnung $b/4$ aus den NaCl-Lagen entfernt, so daß die As keinen F^1-Zusammenhang haben, sondern in vierzähligen spiraligen Ketten längs b zusammengefaßt werden können.

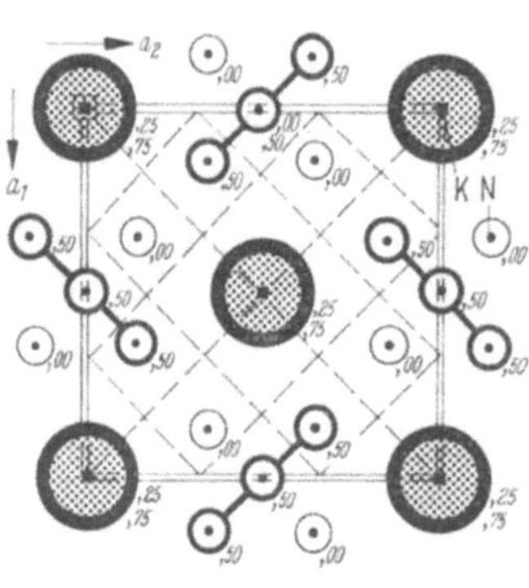

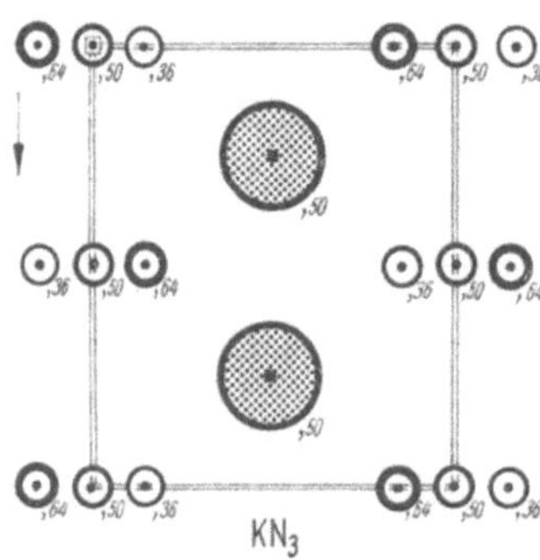

Abb. 2. $KN_3(U_c^{2,6}$,F 5_2,*1276*,289)
D_{4h}^{18} —I4/mcm $a = 6{,}094$ $c = 7{,}056$ kX
4K(a),0,0,25 4N(d),0,5,0
8N(h),135,635,0

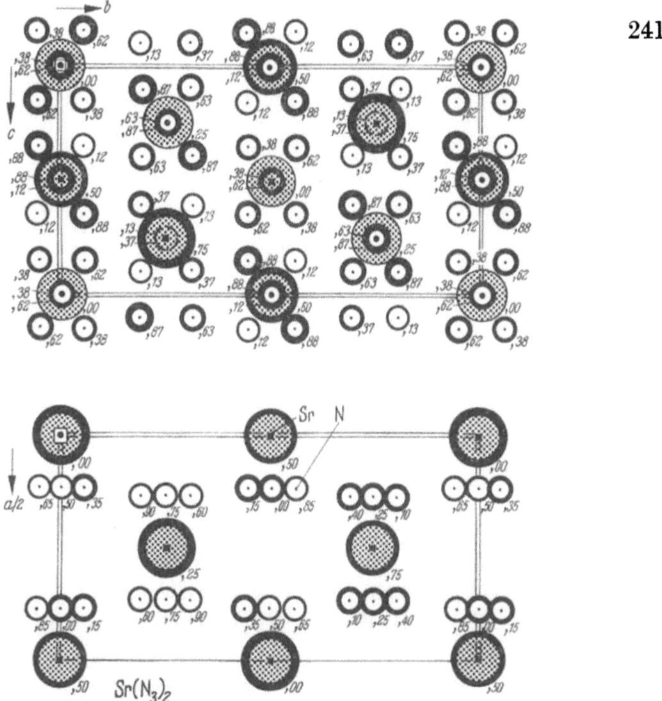

Abb. 3. $Sr(N_3)_2$($S^{2,12}$,*11357*) D_{2h}^{24}—Fddd a = 11,82 b = 11,47 c = 6,08 Å 8Sr(a),0,0,0 16N(e),383,0,0 32N(h),383,058,148

Mit $c/4 = a_{A1}$ usw. (vgl. Abb. 5) könnte man eine A1-Korrelation aufbauen, die zwar zur Translationsgruppe einige Beziehungen erkennen läßt, die aber 64 Plätze aufweist gegenüber 48 angebotenen Elektronen.

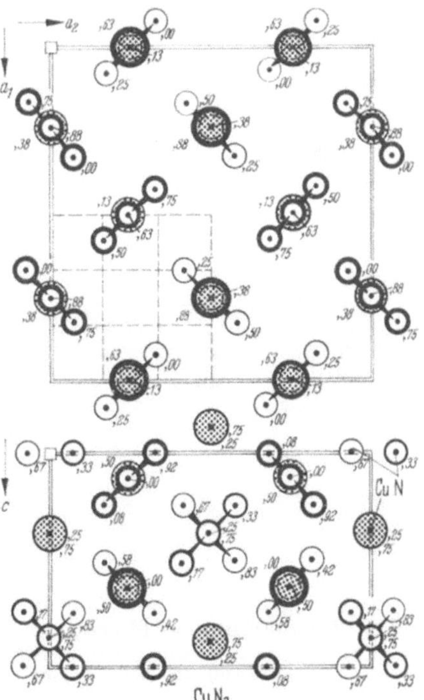

Abb. 4. CuN_3($U_a^{4,12}$,*11356*) C_{4h}^6—$I4_1/a$ a = 8,653 c = 5,594 kX 8Cu(d),0,25,625 8N(c),0,25,125 16N(f),077,173,250

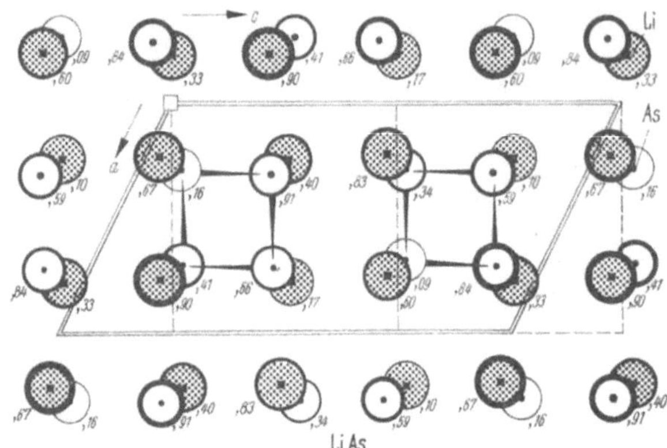

Abb. 5. **LiAs**($M^{8,8}$, 59C) $C^5_{2h}-P2_1/c$ $a=5{,}79$ $b=5{,}24$ $c=10{,}70$ Å $\beta=117{,}4°$ $2\cdot 4$ Li(*e*),24,40,33 ,23,67,05 $2\cdot 4$ As(*e*),30,91,30 ,29,16,10

5.6 Weitere A-B⁶-Verbindungen

Bei A^1-O-Verbindungen mit höheren O-Gehalten trifft man auf die Struktur von CaC_2 [z. B. KO_2(r), RbO_2, CsO_2] und Pu_2C_3 (z. B. Rb_2O_3) (vgl. Th_3P_4), die beide als Verwandte der NaCl-Struktur angesehen werden können.

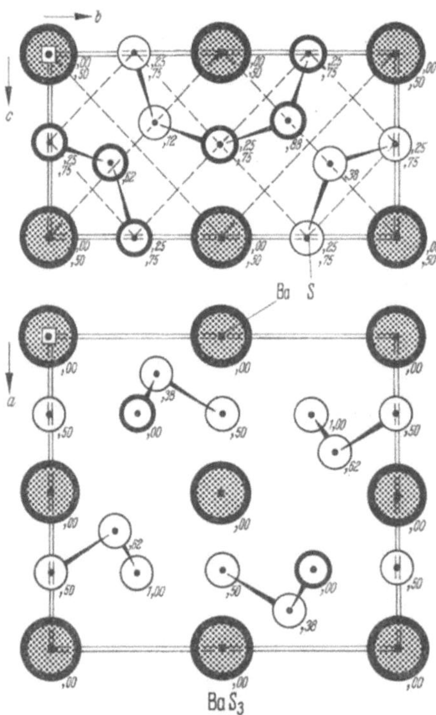

Abb. 1. **BaS₃**($O^{4,12}_c$, DO_{17}, 418) $D^3_2-P2_12_12$ $a=8{,}32$ $b=9{,}64$ $c=4{,}82$ kX 2 Ba(*a*),0,0,0 2 Ba(*b*),0,5,0 $3\cdot 4$ S(*c*),25,25,00 ,25,50,50 ,12,31,38

Bei A^2-O-Verbindungen dominieren die NaCl-Struktur und die CaC_2-Struktur, d. h. Anionenpackungen und deren Abarten. Die oben besprochene Bindungsbeziehung muß energetisch sehr vorteilhaft sein, weil der Ionenradienquotient vorwiegend die $C^{1,1}$-Struktur begünstigt.

Auch mit Schwefel bilden sich Mg_2Pb-Strukturen und NaCl-Strukturen. Als Polysulfid wurde die $O^{4,12}_c$-Struktur von **BaS_3** (Abb. 1) bestimmt. Die A-Atome liegen in einer annähernd kubisch primitiven Lage, in deren hexaedrischen Lücken sich die S_3 befinden, die gewinkelt angeordnet sind.

Mit $c/2 \approx b/4 = 2{,}41\,\mathrm{kX} = a_{\mathrm{A}1}$, $l_a = 7$, PZ = 112, EA($Ba^6S_3^6$) = 96 ergibt sich eine A1-Korrelation, an der auch Rumpfelektronen der Ba teilnehmen, indem sie sie lokal zur B1-Korrelation auffüllen [vgl. BaS ($F_a^{1,1}$)]. Mit $l_a = 6$ käme man zu PZ = EA, es bliebe aber die Dehnung des Elektronengitters unverständlich.

Eng verwandt zu dieser Struktur ist der $Z^{4,12}$-Typ von **CsS_3** (Abb. 2).

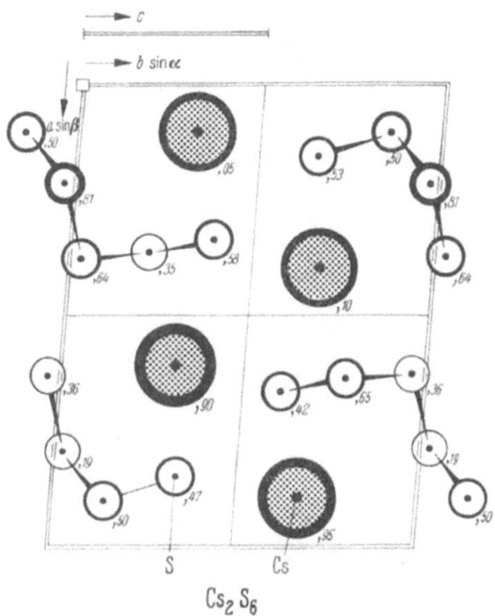

Abb. 2. **Cs_2S_6**($Z^{4,12}$, *17448*) $C_i^1 - P\bar{1}$ $a = 11{,}53$ $b = 9{,}18$ $c = 4{,}67$ Å $\alpha = 89{,}22°$ $\beta = 95{,}20°$ $\gamma = 95{,}13°$
2 · 2Cs(i),096,324,050 ,385,$\overline{310}$,102 6 · 2S(i),146,$\overline{343}$,531 ,102,$\overline{138}$,502 ,214,$\overline{015}$,809 ,369,027,636 ,360,209,352 ,330,387,575

5.7 Weitere A-B⁷-Verbindungen

Diese Verbindungen sind vorwiegend valenzmäßig zusammengesetzt, doch bildet besonders Cs auch Polyhalide. Als Strukturen wurden gefunden:

NaCl-Typ: z. B. NaF, NaCl, NaBr, NaJ (vgl. Anionenpackungen),
CsCl-Typ: z. B. CsCl, CsBr, CsJ (wenn Kation hinreichend groß),
TiO_2-Typ: MgF_2 (nur bei Fluoriden bekannt),
$CaCl_2$-Typ: $CaCl_2$, $CaBr_2$ (vgl. Markasittyp, 7.58),
CdJ_2-Typ: MgJ_2, CaJ_2 (7.63),
$PbCl_2$-Typ: $BaCl_2$, $BaBr_2$, BaJ_2 (7.52),
ReO_3-Typ: ScF_3 (6.54),
$Y(OH)_3$-Typ: $LaCl_3$, $LaBr_3$ (5.8),
LaF_3-Typ: LaF_3.

Als Polyhalid wurde die $M^{4,16}$-Struktur von **CsJ_4** aufgeklärt (SR*18*358).

5.8 Strukturen einiger A- und B-Hydride und -Hydroxyde

Das H-Atom ist ein Sonderfall unter allen Elementen, weil sein Atomrumpf weder Platzbedarf noch besondere Rumpfkräfte aufweist. Die Folge davon ist ein eigentümliches Verhalten der H-Atome im Gitter. Auch in der Lehre von den wäßrigen Lösungen spielt H bekanntlich eine besondere Rolle: Protonendonatoren heißen Säuren und $(OH)^-$-Donatoren Basen; H^+-Akzeptoren heißen Basen im weiteren Sinne. Abgesehen von der Protonendiffusion im Gitter bei hinreichend hohen Temperaturen (leichter Deuteronenaustausch) findet man besonders mit O-Atomen (sowie mit N- und F-Atomen) die sog. *Wasserstoffbrücken*, d. h. lineare O–H .... O-Anordnungen, in denen die H eine asymmetrische Lage einnehmen, so daß nach bandenspektroskopischen Ergebnissen die Abstände O–H bzw. H ... O 1,0 bzw. 1,6 Å werden. Bei geeigneten Strukturen und Temperaturen kann man das H durch elektrische Felder zum Wechsel seiner asymmetrischen Lage zwischen 2 O veranlassen (Ferroelektrizität seignetteähnlicher Strukturen). Auch eine Anzahl von besonderen Eigenschaften von Wasser und von Alkoholen, die man unter dem Namen Assoziation zusammenfaßt, gehen auf Wasserstoffbrücken zurück (vgl. z. B. PAULING 45).

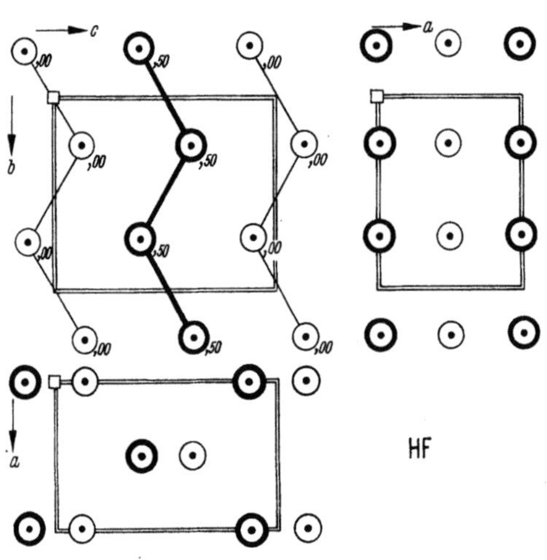

Abb. 1. HF(−125 °C, $Q_b^{2,2}$, *18347*) D_{2h}^{17}–Bmmb $a = 3,42$ $b = 4,32$ $c = 5,41$ Å 4F(*c*),0,25,115. Die H liegen auf den Verbindungsgeraden

Die Annahme von Ortskorrelationsvorschlägen bei Hydroxyden ist nicht ohne Bedenken wegen des Einflusses der Protonen, von denen man häufig die Lage nicht kennt. Da es aber eine Anzahl von Hydroxydstrukturen gibt, in denen auch Nichthydroxyde kristallisieren, wollen wir den Einfluß der Protonen in unserer Näherung unbeachtet lassen.

Die $Q_b^{2,2}$-Struktur von **HF** (Abb. 1) hat eine gewisse Ähnlichkeit mit der F^1-Struktur von Ne. Sie besteht aus gewinkelten Fluorketten, die parallel zur $b \times c$-Ebene liegen. Die kleinsten Abstände zwischen Atomen, die zu verschiedenen Ketten gehören, sind 3,12 und 3,20 Å. Aus der Fouriersynthese ließen sich Anhaltspunkte für die Lage der H auf den kürzesten Atomverbindungslinien der Länge 2,49 Å erkennen. — **HCl** zeigt oberhalb 98 °K eine F^1-Lage der Cl mit $a = 5,54$ kX (SB *196*);

hier findet also keine Polymerisation zu Ketten statt, die Analogie zu Ar ($a = 5{,}40$) wird vollständig. Unterhalb 98 °K berichtet man eine allflächenzentriert orthorhombische Struktur mit $a = 5{,}03$, $b = 5{,}35$, $c = 5{,}71$ kX (SB*3*229). Die Edelgasstruktur verzerrt sich, da die H speziellere Lagen einnehmen.

HBr verhält sich ähnlich, **HJ** weist dagegen eine tetragonale Verzerrung auf (SB*3*208).

Tabelle 1. *Einige Hydride von B^L-Elementen*

B_2H_6(SB*1*239,257, SR*9*289, *11*512) D_{6h}^4—C6/mmc $a = 4{,}54$ $c = 8{,}69$ kX
H^2-Packung von längs c ausgerichteten Molekeln
B_5H_9(SR*15*140 Dulmage/Lipscomb) C_{4v}^9—I4mm $a = 7{,}16$ $c = 5{,}38$ Å
2 B(a) $z =$ 8 B(c) (x,z) $=$ 2 H(a) $z =$ 8 H(c) (x,z) $=$ 8 H(d) (x,z) $=$ Parameter nicht angegeben.
$B_{10}H_{14}$(SR*13*237 Kasper/Lucht/Harker)
CH_4(SB*1*613,640,*2*819 McLennan/Plummer) T_d^2—F$\bar{4}$3m $a = 5{,}89$ kX 4 C(a) 16 H(e) $x =$,09.
C_2H_6 isotyp B_2H_6, $a = 4{,}46$ $c = 8{,}19$ kX (SB*1*240).
C_2H_4(SR*9*315 Keeson/Taconis, Bunn)
D_{2h}^{12}—Pnnm, $a = 4{,}87$ $b = 6{,}46$ $c = 4{,}14$ Å 4 C(g) (x,y) $=$ (,11,06).
NH_3(SB*1*230,247 Mark/Pohland)
T^4—P$2_1$3 $a = 5{,}15$ kX 4 N(a) $x =$,21 12 H(b) (x,y,z) $=$ noch nicht bestimmt.
Schwere Komponente in F^1-Lage:
PH_3(*2*287), AsH_3(*2*288), SH_2(*2*281), SeH_2(*2*281), HCl(t_1)(*3*229).
HBr(t_1?)(*3*229); orthorhombisch verzerrt HCl(t_2)(*3*229), HBr(t_2?) (*3*229), tetragonal verzerrt HJ(*2*208).
Eisstrukturen:
H_2O(t_1, Tridymiteis, *1*219,*2*278,*3*289).
H_2O($T < -70$ °C, Cristobaliteis, *9*134).
H_2O(II, Hochdruckmodifikation, D_2^5, *4*117 McFarlan).
H_2O(III, Hochdruckmodifikation, D_{2h}^{26}, *4*117 McFarlan).

Auch H_2O zeigt starke Abweichung von der Edelgasstruktur wegen Neigung zu Polymerisation. Die unterhalb 0 °C zuerst auftretende Struktur ist das hexagonale **$H_2O(t_1)$** (Tridymiteis, Tab. 1), eine wahrscheinlich monotrope Cristobalitmodifikation mit $a = 6{,}36$ wurde unterhalb -70 °C beobachtet, ferner hat man orthorhombische Hochdruckmodifikationen gefunden (Tab. 1). Die Cristobalitstruktur läßt sich in einfacher Weise aus einer Edelgasstruktur herleiten, und sie erscheint vom Standpunkt der Wasserstoffbindung naturgemäß. — Die dem H_2O homologe Verbindung **H_2S** (SB*2*281) (und H_2Se) hat wegen der die Polymerisation überdeckenden allseitigen Rumpfkräfte des schwereren Anions wieder eine edelgasähnliche Struktur. In **H_2O_2** ist dagegen die Bindungsbeziehung nicht mehr edelgasähnlich. Man fand eine tetragonal-primitive Zelle (SB*4*118) mit 8 O-Atomen. Die Polymerisate im System S–H haben die Formel H_2S_n.

Die $C^{12,4}$-Struktur von $\mathbf{H_3N}$ ($a = 5{,}15$ kX) ist eine kubisch dichteste Packung von H_3N-Molekeln, wobei die N durch die H etwas verschoben werden, so daß die Raumgruppe primitiv wird. Das H_3N-Molekül ist nicht eben, sondern pyramidal. Die Verbindungen H_3P und H_3As kristallisieren wieder edelgasartig. Ähnlich dem H_2O_2 gibt es hier ein dimeres Molekül H_4N_2 (Hydrazin). Die Polymerisate bei P–H sind z. B. $H_4P_2 = H_2(HP)_2$ und H_6P_{12} (?).

Über das weite Reich der C—H-Verbindungen und der „organischen" Strukturen orientieren die Berichte von HERTEL (55) und von KITAIGORODSKI (55); wir betrachten hier kurz nur einige der einfachsten Verbindungen. $\mathbf{CH_4}$ (Tab. 1) kristallisiert in einer $F^{1,4}$-Struktur, deren Gitterkonstante um 30% die von Ne überwiegt und um 6% die von CO_2; man nimmt an, daß die Moleküle frei rotieren (SR*12*308). Bei $\mathbf{C_2H_6}$ (Tab. 1) wurde eine $H_b^{4,12}$-Struktur gefunden, in der die Moleküle mit ihrer Achse parallel c H^2-artig gepackt sind; ($a/\sqrt{3} = a_{A2}\sqrt{2}$, $l_c = 15$, PZ = 45, EA = 28). $\mathbf{C_2H_4}$ (Tab. 1) zeigt eine $O^{4,8}$-Struktur. Die Polymerisation führt u. a. zu den Alkanen $H_2(H_2C)_n$. Auch mit Si findet man sog. Silane.

Während Bo_2H_6 wie C_2H_6 kristallisiert, zeigt $\mathbf{Bo_5H_9}$ (Tab. 1) eine $U^{5,9}$-Molekülstruktur ($a/4 = c/3 = a_{A2}$, PZ $= 2 \cdot 48$, EA = 48). Für $Bo_{10}H_{14}$ wurde eine $O^{20,28}$-Unterstruktur, die alle scharfen Reflexe umfaßt, gefunden und eine $M^{40,56}$-Überstruktur. Die Moleküle bestehen (ähnlich wie die Struktur von Bo) aus Bo-Ikosaedern, in denen allerdings 2 Plätze unbesetzt bleiben; die Oberfläche der Moleküle besteht ganz aus H (vgl. auch SR*18*342).

Die alternierende Richtung der Moleküle legt nahe, daß das Valenzelektronenraster (vermutlich A2) mit seinen Kanten nicht parallel zu allen Kanten der pseudoorthogonalen Zelle liegt.

Bei Übergangsmetallen können H-Verbindungen als Einlagerungsstrukturen entstehen, wobei besonders die T mit niedriger Kolonnennummer die Besetzung ihrer d-Schalen erhöhen. — Bei A^1-Metallen entstehen valenzmäßige Hydride mit NaCl-Struktur, in denen H als Anion wirkt (Tab. 5.44/1). Merkwürdigerweise kristallisiert CuH im ZnO-Typ (SB*1*147).

Mit A^2 findet sich CaH_2, SrH_2, BaH_2 vom Typ des $\mathbf{SrH_2(O_f^{4,8})}$, das eine verzerrte $Sr(H^2)$-Lage zeigt, in deren größten Lücken die H liegen. Die Lage der H wurde von BERGSMA/LOOPSTRA (62) mit Neutronen neu bestimmt, so daß sich eine leicht verzerrte $PbCl_2$-Struktur ergibt.

Die Bindungsbeziehung ist vielleicht verwandt mit der von Ti(r). In $CeH_2(F_a^{1,2})$ (vgl. PEARSON 58) gibt es vielleicht eine A2-Korrelation.

Um das Verhalten des H noch besser kennenzulernen, wollen wir einige Strukturen betrachten, die außer H noch O und eine weitere Elementart enthalten, also Hydroxyde.

LiOH (Abb. 2) kristallisiert im Anti-PbO-Typ. Die OH bilden also eine F^1-ähnliche Lage, in deren Tetraederlücken die Li wegen ihrer Kleinheit eintreten, und zwar so, daß sie quadratische Netze parallel zur tetragonalen Basis bilden. Wie sich auch bei den anderen Hydroxyden zeigen wird, verschieben sich die Zentren der O nach der Seite der Kationen, so daß es lange Tetraederkanten (3,6 kX) und kurze (3,0 kX) gibt. Die Protonen befinden sich in Gebieten kleiner Elektronendichte.

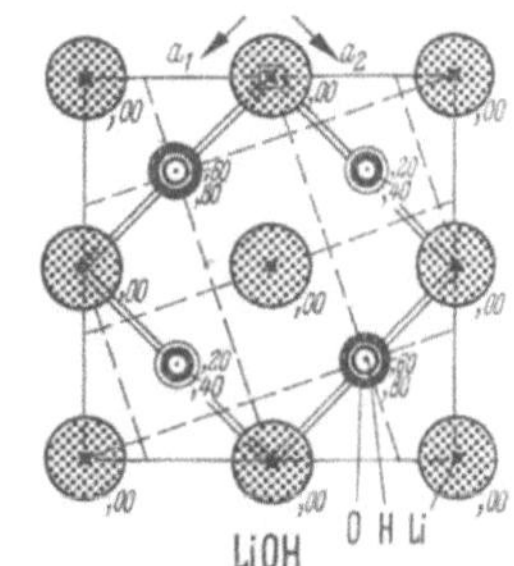

Abb. 2. **LiOH**($T^{2,2,2}$,*3238*) D_{4h}^7 – P4/nmm a = 3,55 c = 4,33 kX 2 Li(a),0,0,0 2 O(c),0,5,20 2 H(c),0,5,41 (59 DACHS)

Mit $a/\sqrt{5} = d_{\mathrm{A}1} = 1{,}58\,\mathrm{kX}$, $l_c = 3{,}85 \approx 4$ erhält man einen Ortskorrelationsvorschlag mit einigen interessanten Eigenschaften.

Während KOH(h) vom NaCl-Typ ist, zeigt **KOH(r)** ebenso wie NaOH(r) und RbOH(r) nach ERNST (SR*11*252f.) die Struktur des TlJ (4.53), die eine Stapelvariante der NaCl-Struktur ist und die erlaubt, daß sich die Ionen gleicher Art etwas näherkommen als in der NaCl-Struktur.

Bei der $O_b^{4,8}$-Struktur von $Be(OH)_2$ und $\mathbf{Zn(OH)_2}$ (ε, Abb. 3) erkennt man ähnlich wie bei LiOH leicht das F^1-Teilgitter der OH. Die Zn bzw. Be liegen in Tetraederlücken, wobei die Kationen weniger zahlreich und etwas anders verteilt sind als in LiOH. Jedes OH gehört zu 2 Kationen, und die OH sind auf das Kation hin verschoben. — Die Bindungsbeziehung dürfte ähnlich der von LiOH sein. $Mg(OH)_2$, $Ca(OH)_2$, $Cd(OH)_2$ und $Mn(OH)_2$ kristallisieren im CdJ-Typ. Die großen Kationen finden nur in Oktaederlücken Platz.

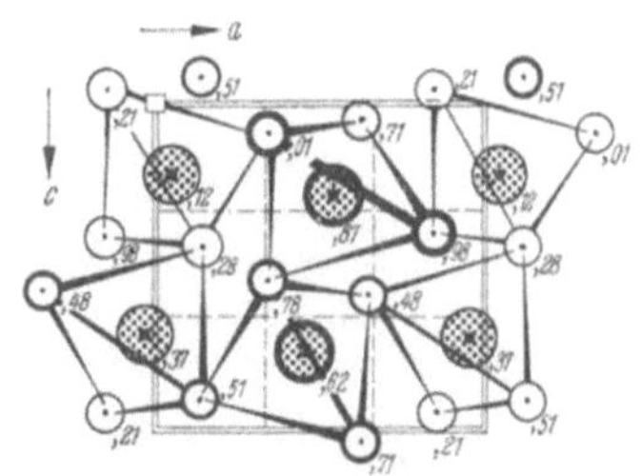
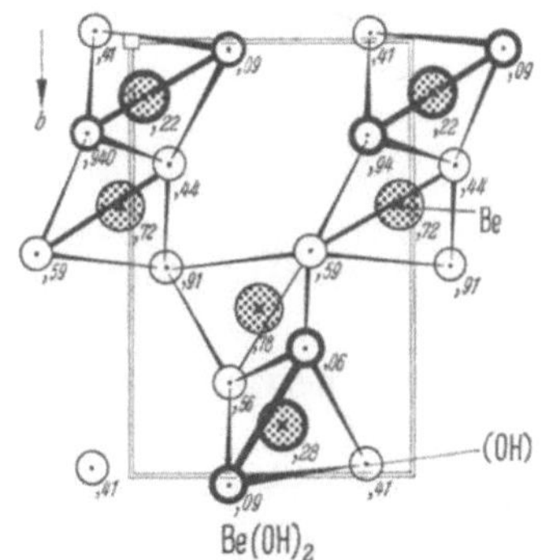

Abb. 3. $\mathbf{Zn(OH)_2}$($O_b^{4,8}$,C31,*326*,304) (gezeichnet ist $Be(OH)_2\beta$ wegen etwas übersichtlicherer Atomlage) $Be(OH)_2$(β,*13210*) D_2^4 – $P2_12_12_1$ a = 4,620 b = 7,039 c = 4,535 Å 4 Be(a),047,125,220 2 · 4 OH(a),345,015,090 ,140,285,440 (Ursprung wie im Strukturbericht)

Bei $\mathbf{Sc(OH)_3}$ (SR*11*278, $CoAs_3$-Typ, vgl. 7.62) und $In(OH)_3$ findet man oktaedrische OH-Koordination um die Kationen, wie nach der Atomgröße zu erwarten, aber kein OH(F^1)-Teilgitter.

Die Struktur ist ähnlich der von ReO_3, und ein analoger Ortskorrelationsvorschlag $a/5 = a_{A2}$ zeigt gute Verträglichkeit mit der Struktur. Merkwürdigerweise liegt bei $CoAs_3$ $a/4 = a_{A2}$ nahe.

Ebenfalls 6-koordiniert ist das Kation in der $M^{8,24}$-Struktur von **Al(OH)₃** (Abb. 4). Die Schichten, aus denen diese Struktur aufgestapelt

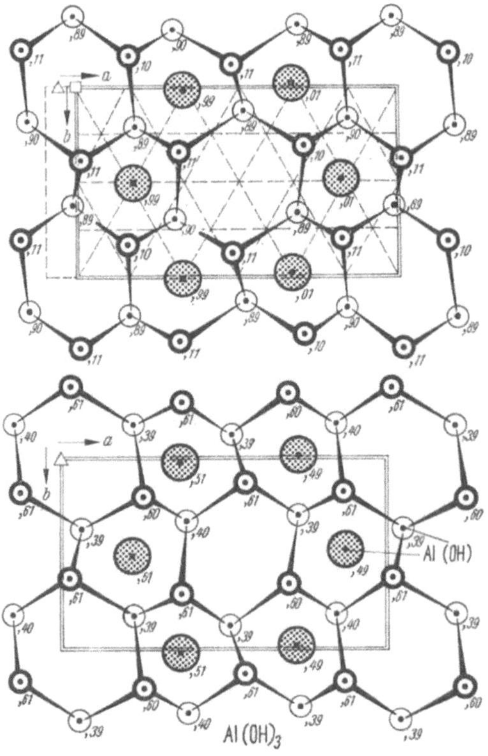

Abb. 4. **Al(OH)$_3$**($M^{8,24}$,$D0_7$,338) $C^5_{2h}-P2_1/n$ $a = 8{,}624$ $b = 5{,}060$ $c = 9{,}699$ kX $\beta = 85° 26'$ 2 · 4Al(e),176,520,$\overline{005}$,333,020,$\overline{005}$ 6 · 4(OH)(e),181,205,$\overline{110}$,681,671,$\overline{110}$,515,131,$\overline{110}$ $\overline{015}$,631,$\overline{110}$,298,701,$\overline{100}$,838,171,$\overline{100}$. Ursprung wie im Strukturbericht

ist, gehen hervor aus den Schichten, aus denen die CdJ_2-Struktur aufgebaut ist durch Kationenleerstellenbildung. Diese Bauelemente sind bemerkenswerterweise einstützig gestapelt, und die Zelle ist monoklin verzerrt.

Mit $a/6 = d_{A1} = 1{,}44$, $l_b = 4$, $l_c = 8$, PZ = EA = 192 ergibt sich eine gute Anpassung an Atomlage und Zelle. Die A1-Korrelation wird aber ebensowenig wörtlich aufzufassen sein, wie bei $Mg(OH)_2$ ($a = 3{,}1$, $c/a = 1{,}52$).

Die hexagonale Struktur von **Y(OH)₃** ist ebenfalls aus CdJ_2-ähnlichen Bauelementen gestapelt, wir betrachten sie bei T-B^7-Verbindungen.

6. T-B^L-Phasen (außer T-Li- und T-Be-Phasen)

6.1 Besonderheit der T-B-Verbindungen

Da das periodische System etwa zur Hälfte aus T- und zur Hälfte aus B-Elementen besteht, darf man etwa ebensoviel T-B-Verbindungen erwarten, wie es T-T- und B-B-Phasen gibt. Die homologe Verwandtschaft der T- und B-Komponenten ist aber gering, so daß der nach der VEK-Regel zu erwartende Verbindungsreichtum wahrscheinlich den der beiden anderen Klassen zusammen noch übertrifft. Es gibt natürlich viele T-B-Phasen, die in einer Struktur des T-T-, B-B- oder A-B-Gebiets kristallisieren, wir haben sie in den früheren Tabellen schon aufgeführt; in den folgenden Abschnitten sollen daher die typischen T-B-Strukturen betrachtet werden.

Trotz vieler Verwandtschaftsbeziehungen zwischen T-B^L- und T-B^M-, T-B^N- usw. -Legierungen ist es zweckmäßig, diese beiden Gruppen getrennt zu betrachten.

Die große homologe Entfernung der Komponenten der T-B-Legierungen macht die Auffindung von Annahmen über das Elektronengas schwierig. Es sprechen eine Anzahl von Gründen dafür, daß die Besetzung der *d*- bzw. Valenzschale einer T-Komponente vom Partner und der Zusammensetzung abhängt. So verhalten sich T-Atome in messingartigen Legierungen nullwertig (Ekman 31), in Al-reichen Legierungen dagegen negativwertig, wie magnetische Messungen gezeigt haben (vgl. Raynor 49, Höhl 60). In vielen, besonders T-reichen Legierungen scheinen die Valenzelektronen von $B^{>2}$-Atomen und besonders von B^L-Atomen mit den *d*-Elektronen der T-Atome eine gemeinsame Korrelation zu bilden. Dies wird durch die Deutung der Weverschen Regel nahegelegt sowie durch magnetische Messungen (1.61). Ein weiteres Argument, das in diese Richtung weist, wurde von Brewer/Krikorian (56) angegeben: Die Kohäsionsenergie der T^A-Metalle (der ersten langen Periode) hat bei Vanadium ein Maximum (vgl. 3.21, Abb. 1), trägt man dagegen die Kohäsionsenergie von Karbiden bzw. Nitriden in Abhängigkeit von der Atomnummer der T^A-Komponente auf, so wird das Maximum nach Ti verschoben; d. h., die durch C bzw. N in die Legierung gebrachten Valenzelektronen wirken (wenigstens teilweise) wie *d*-Elektronen. — Auch der Befund von Seith/Kubaschewski (35), daß C in Fe bei 1000 °C zur Kathode eines elektrischen Feldes wandert, weist in diese Richtung. — In den meisten T-B-Phasen ist die Koexistenz zweier Elektronengase, die die Struktur beeinflussen, ähnlich wie bei einigen A-B-Phasen, wahrscheinlich. Wie bei den T-Elementen nehmen wir auch hier für die $d^{1\cdots5}$-Elektronen das Streben nach A1-Korrelation an und für $d^{6\cdots10}$ eine Auffüllung derselben zu einer B1-Korrelation. Dieser Auffüllungsprozeß ist ein Grund dafür, daß die Elektronenregeln für diese Art von Legierungsphasen nicht ganz einfach zu erkennen sind; ein weiterer liegt in der Existenz eines Leitfähigkeitsbandes, das die Struktur nicht stark beeinflußt, aber bewirkt, daß häufig PZ $<$ EA.

6.2 Besonderheit der T-B^L-Phasen

Legierungen von T-Metallen mit den großen Atomen Li und Be sind häufig messingartig oder T-T-artig und wurden an geeigneter Stelle erwähnt (z. B. 2.65; 3.42; 5.22). Eine besondere Familie von T-B-Phasen bilden dagegen die Phasen aus einer T-Komponente und einer B^L-Komponente, wie Bo, C, N oder O. Das in 6.1 erwähnte Eintreten der Valenzelektronen der B^L-Elemente in das *d*-Gas der T-Elemente ergibt eine weitgehende Verbindungsbildung, die für Bo und C allerdings aufhört, sobald das *d*-Gas bei T^{10} besetzt ist, d. h., sobald die T-Partner zu B-Partnern geworden sind. Viele hier vorkommende Strukturen können als

Einlagerungsstrukturen (gelegentlich auch HÄGG-Phasen genannt) angesehen werden: Bei einer einfachen Einlagerungsstruktur zeigt das T-Teilgitter eine einfache Elementstruktur z. B. vom Cu-Typ, in deren Lücken sich die B-Atome einlagern. Häufig sind auch die Lücken dreieckig prismatisch, d. h., das T-Teilgitter ist zwar einfach aber nicht mehr elementartig. In Wirklichkeit ist die geometrische Definition für die T-B^L-Strukturen nicht ausreichend, denn die Anionenpackungen (5.4) werden nicht als Einlagerungsphasen, sondern als Komplettierungsphasen angesehen. Es scheint vielmehr die Einlagerung der B^L-Elektronen in das unkomplettierte *d*-Gas von wesentlicher Bedeutung zu sein. —Eine erste Diskussion der T-B^L-Phasen ist HÄGG (31a) und später KIESSLING (54) zu verdanken. HÄGG stellte unter anderem die Regel auf, daß die Unterbietung oder Überbietung des Wertes 0,59 des Quotienten der beteiligten Atomradien für 8- bzw. 6-, oder 12- bzw. 4-Koordination, r_T/r_B dafür maßgebend sei, ob sich eine „einfache" oder eine „komplizierte" Einlagerungsstruktur einstellt. KIESSLING betonte, daß je nach dem Bo-Gehalt einer T-Bo-Phase die Bo-Atome vereinzelt, in Ketten, in Netzwerken ebener oder räumlicher Art auftreten. Es ist, wie wir unten sehen werden, wahrscheinlich, daß Elektronenabzählungen für diese Strukturen ebenfalls von Bedeutung sind (SCHUBERT 55b). Es ist daher sinnvoll, zuerst die Boride zu beachten (z. B. 6.31) und danach Karbide, Nitride und Oxyde (z. B. 6.32) und ferner eine Unterteilung in T-reiche Verbindungen und solche mittleren bzw. geringen T-Gehaltes vorzunehmen. Eine Betrachtung der Einlagerungsstrukturen vom Standpunkt der statistischen Mechanik mit Berücksichtigung der Spannungsenergie wurde von SPEISER/SPRETNAK (55) angestellt.

Eine Diskussion von T-Bo-Verbindungen vom Standpunkt verschiedener kristallchemischer Gesichtspunkte gaben KIESSLING (50) und ARONSSON (60). T-C-Verbindungen wurden von EPPRECHT (51) besprochen. Eine allgemeine Diskussion von T-Si-Verbindungen stammt von NOWOTNY/PARTHÉ (54) und von ARONSSON (60). Im Hinblick auf die technische Verwendung als Hartmetall und Hochtemperaturwerkstoff diskutierte PARTHÉ (55) die Baugesetze verschiedener T-B^L- und T-Si-Phasen.

6.3 T-reiche T-B^L-Phasen

6.31 T-reiche Boride. Während, wie wir sehen werden, bei den T-reichen Verbindungen mit C, N, O häufig dichteste T-Packungen, in deren Lücken die B^L eingelagert sind, vorkommen, sind solche Strukturen bei T-reichen T-Bo-Phasen wegen der Größe des Bo nicht bekannt.

Als charakteristischen Strukturtyp dieses Gebietes wollen wir die $U_a^{2,4}$-Struktur von **$CuAl_2$** (Abb. 7.33/2, Tab. 1) betrachten. Der genannte Vertreter ist zwar von der Art $B^1B_2^3$, und ein umfangreicher Zweig besteht aus TB_2-Verbindungen, es gibt jedoch auch einen Zweig der Art T_2B, und wir werden im folgenden sehen, daß die Struktur in T-Bo-Systemen interessante Abarten aufweist, während der TB_2-Zweig der Struktur andersartige Abarten zeigt. Jedes Cu ist in der $CuAl_2$-Struktur von 8 Al in Form eines quadratischen Antiprismas umgeben, und die Al-Schichten parallel zur Basis lassen sich als „verschränkte Quadratnetze" bezeichnen (RÖSLER/SCHUBERT 51, BLACK 56). Die Stapelung dieser Netze kann man mit dem Symbol AB,AB bezeichnen. In Ebenen (110) erkennt man einen quasihexagonalen (bei $c/a = 0{,}817$

Tabelle 1. *T-reiche T-B^L-Strukturen*

CuAl$_2$($U_a^{2,4}$)-Typ (bei T-reichen Phasen) (Abb. 7.33/2), Zahlenangaben c/a

Sc_2Co		62Al	Th_2Pd	0,81	61FC	Mo_2B	0,85	*1152*
Zr_2Co	0,86	61BS	Th_2Cu	0,79	55Mu	W_2B	0,86	*1152*
Zr_2Ni	0,81	61BS	Th_2Ag	0,77	55Mu	Mn_2B	0,82	*1338*
Zr_2Al		62PSch	Th_2Au	0,80	55Mu	Fe_2B	0,83	*2286*,*3619*
Zr_2Ga		62PSch	Th_2Zn	0,74	56BRS	Co_2B	0,84	*322*,619
Zr_2Si	0,80	53SNM	Th_2Al	0,77	55Mu	Ni_2B	0,85	*322*
Hf_2Ni	0,83	62KBS	Th_2In	0,79	59Mu	Fe_5B_2P		59AL
Hf_2Al(h)		61NSB	Ta_2Ni		62KGP	vgl. $CuAl_2$-Isotype bei		
Hf_2Ga		62PSch	Ta_2B	0,84	*1232*	B-reichen Phasen,		
Hf_2Si		58NLKB	Ta_2Si	0,82	*17259*	Tab. 7.33/1		
Hf_2Ge		62SchMi	Cr_2B	0,83	*1767*			

U$_3$Si$_2$($T_a^{6,4}$)-Typ (Stapelfolge der verschränktquadratischen Schichten *AA*) (Abb. 1)

Nb_3Be_2	60ZSK	Zr_3Ga_2	62PSch	Th_3Ge_2	58TSN
Ta_3Be_2	61ZSBK	Th_3Al_2	55Mu	U_3Si_2	*11285*
V_3B_2	59NHW	Zr_3Si_2	61SNB	Mo_2CoB_2	60Ar
Nb_3B_2	59NHW	Hf_3Si_2	61SNB	Mo_2NiB_2	60Ar
Ta_3B_2	59NHW	Th_3Si_2	58P		

Zr$_3$Al$_2$-Typ (Abart des U_3Si_2-Typs)

Zr_3Al_2	60WS	Hf_3Al_2	60SchMi		

Fe$_3$C($O_a^{12,4}$)-Typ (Abb. 2)

Co_3B	58Ru	Pd_3P	61FT	Ni_3C	*6170*,*3327*,627
Ni_3B	58Ru	Mn_3C(h)	54KP	$NiAl_3$	*58*,*60*
Pd_3B	60ARS	Fe_3C [1]	*233*,302,763	La_3Co	61CL
Pd_3Si	60ARS	Co_3C	*5130*,*6178*	$Fe_3(Si, B)_1$	59AL

Cr$_5$B$_3$($U_a^{10,6}$)-Typ (Stapelfolge der verschränktquadratischen Schichten AABB) (Abb. 3)

Cr_5B_3	53BB	Ta_5Ge_3	56NSO	Fe_5B_2Si	59AL
$a = 5{,}46$	$c = 10{,}64$ Å	V_5B_2Si	57KNF	Mn_5B_2P	
Mo_5B_3		Mo_5B_2Si [3]	57NDK; 58Ar	Fe_5B_2P	59AL
Nb_5Si_3(r) [2]	55PLN	W_5B_2Si	57NDK	Co_5B_2P	
Ta_5Si_3(h)	55PLN	Mn_5B_2Si	59AL		

Mn$_4$B($S^{8,2}$)-Typ (Abb. 4)

Cr_4B	53BB	Mn_4B	*1338*		

[1] Vergleiche auch hexagonale Struktur *1165*,*1242*.

[2] Hochmodifikation vgl. W_5Si_3-Typ (7.41).

[3] Bo in „trigonalen" Lücken, Si in tetragonalen.

unverzerrten) Aufbau (vgl. Abb. 7.33/2). An Stellen der Art $\frac{1}{2}0z$ zeigt sich das (etwas in Richtung der c-Achse gedehnte) Tetraedermotiv einer F^1-Packung, das zum *Tetraederstern* (3.31) ergänzt wird. Die

Stellen $00z$ und $\frac{1}{2}\frac{1}{2}z$ weisen eine etwas komprimierte und verzerrte CsCl-Anordnung auf.

Es liegt nahe, die A1-Korrelation der Mehrheitskomponente auf vorliegende Phasen anzuwenden. So erhält man z. B. bei $Cr_2Bo(U_a^{2,4})$ mit $a/\sqrt{13} = d_{A1} = 1{,}43$ Å, $l_c = 4{,}25$, PZ = 55, $EA(Cr_8^5B_4^3) = 52$. Bei den Verbindungen Mn_2Bo, Fe_2Bo, Co_2Bo, Ni_2Bo wird man etwa $Ni_2^5Bo^3$ abzählen und annehmen, daß die nicht-

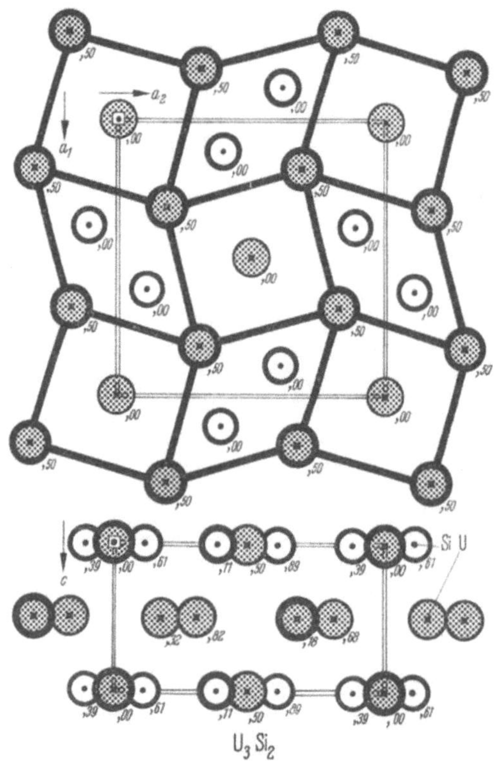

Abb. 1. $U_3Si_2(T_a^{6,4}, 11285)$ D_{4h}^5–P4/mbm $a = 7{,}33$ $c = 3{,}90$Å 2U(a),0,0,0 4U(h),181,681,50 4Si(g),389,889,000

aufgeführten d-Elektronen die Korrelation in der Nähe von Ni zur B1-Korrelation auffüllen. Bei höheren Bo-Gehalten findet man Stapeländerungen normal zur c-Achse, wie es eine Veränderung von l_c erwarten läßt. Auf die Beziehung der Elektronenabzählung zu der der B-reichen Isotypen sei hingewiesen.

Die verwandte $T_a^{6,4}$-Struktur von $\mathbf{U_3Si_2}$ (Abb. 1, Tab. 1), die auch bei Boriden vorkommt, kann als Mischung von CsCl- und $\mathbf{B_2Al}$-Elementen angesehen werden. Man kann die Stapelfolge der U-Schichten mit dem Symbol A,A bezeichnen.

$a/4 = d_{A1} = 1{,}83$ Å, $l_c = 3$, PZ = 48, EA = 52, 1 Elektron je U liegt vermutlich in einem anderen Band.

Eine Abart mit verdoppelter c-Achse ist die $T_c^{12,8}$-Struktur von **Zr_3Al_2** ($a = 7{,}61$, $c = 6{,}98$ Å, Tab. 1). Die Zellvergrößerung wird durch kleine Atomverschiebungen verursacht, dem kleineren Elektronenangebot entspricht das relativ niedrige Achsverhältnis ($a\sqrt{2}/\sqrt{29} = d_{A1}$ $= 2{,}0$ Å, $l_c = 5{,}0$, PZ $= 72{,}5$, EA $= 72$). Auf die Leerstellenvariante **$CoGa_3$** kommen wir bei T^B-B-Phasen zurück.

Eine erheblich verzerrte Leerstellenabart von U_3Si_2 oder eine besondere Stapelvariante von $CuAl_2$ ist die $O_a^{12,4}$-Struktur von **Fe_3C** (Abb. 2, Tab. 3), in der auch einige Boride und wie BRADLEY (49) bemerkt hat, auch $NiAl_3$ kristallisieren. Die Achse $b = 5{,}07$ kX entspricht der Achse $a_{Fe_2B} = 5{,}09$ kX und die Achse $c = 6{,}73$ kX entspricht $3/2 \cdot c_{Fe_2B} = 6{,}35$. Die Achse $a = 4{,}52$ kX ist kürzer als b und kann als Normale einer Umstapelung aufgefaßt werden. Der Tetraederstern ist hier zwar nicht mehr erkennbar, aber die Beziehung zur $CuAl_2$-Struktur ist klar (SCHUBERT 55b, BLACK 56). Eine Beziehung zur F^1-Struktur wird von LÖHBERG (61) erörtert, ferner ist die Verwandtschaft zu FeBo zu bemerken. Mit T^A-Komponenten ist dieses Gitter bislang noch nicht beobachtet worden, dagegen mit den T^B-Komponenten Mn, Fe, Co, Ni, Pd. Wie bei den dichtesten Kugelpackungen finden wir auch hier wieder, daß die Umstapelung mit einer positiven bzw. negativen Dehnung einhergeht.

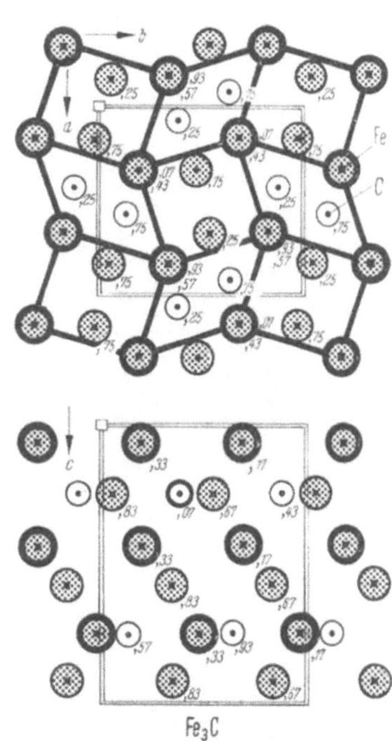

Abb. 2. $Fe_3C(O_a^{12,4}, D0_{11}, 233, 304)$
D_{2h}^{16} – Pbnm $a = 4{,}51_7$ $b = 5{,}07_9$ $c = 6{,}73_0$ kX
4 Fe(c), $\overline{1}67$, 040, 25 8 Fe(d), 333, 175, 065
4 C(c), 43, $\overline{13}$, 25

Bei einer B1-Korrelation mit $b/5 = 1{,}01$, $a/4{,}5$ und $c/6{,}6$ ergeben sich 150 Plätze, denen 112 zu korrelierende Elektronen gegenüberstehen. Dieser Ortskorrelationsvorschlag ist verwandt einerseits mit einem früheren Vorschlag (SCHUBERT 55b) und andererseits mit dem Vorschlag für Fe_2Bo. — Für $NiAl_3$ vgl. 7.33.

Eine Stapel- und Substitutionsvariante von U_3Si_2 oder $CuAl_2$ ist die $U_a^{10,6}$-Struktur von **Cr_5Bo_3** (Abb. 3, Tab. 1). Einige T-Lagen von U_3Si_2 sind durch Bo ersetzt und einige Bo-Lagen durch Leerstellen. Die Stapelfolge der verschränkten Schichten ist AABB.

$a/\sqrt{13} = 1{,}51$ kX $= d_{A1}$, $l_c = 10$, PZ $= 130$, EA$(Cr_{20}^5 Bo_{12}^3) = 136$.

Eine Stapeländerung der quasihexagonalen Bauelemente führt von Fe_2Bo (*$CuAl_2$*-Typ) zur $S^{8,2}$-Struktur von **Mn_4Bo** (Abb. 4, Tab. 1). Die c-Achse dieser Struktur ist gleich groß wie $c_{Mn_2Bo}(U_a^{2,4})$, und man erkennt auch längs $(100)_{Mn_4Bo}$ ein hexagonales Bauelement, das in der $CuAl_2$-Struktur längs $(110)_{CuAl_2}$ liegt. Dieses Baumotiv ist hier etwas anders als im $CuAl_2$-Typ gestapelt, und für die B werden geeignete Lücken benutzt. Die Struktur ist eine V-Variante der $CuMg_2$-Struktur.

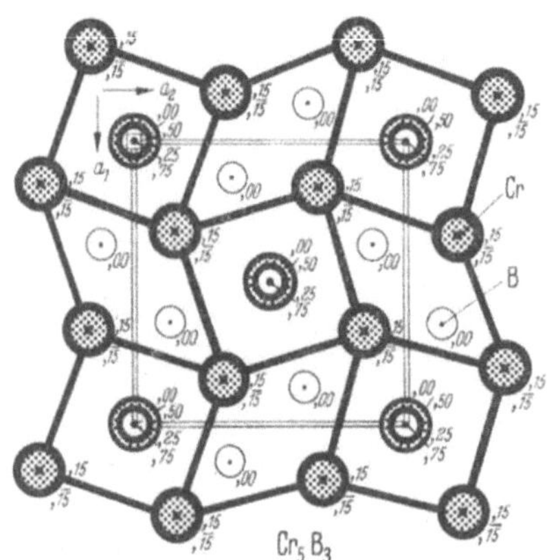

Abb. 3. $Cr_5Bo_3(U_a^{10,6}$, *1767*) D_{4h}^{18}–I4/mcm $a = 5{,}46$ $c = 10{,}64$ Å 4 Cr(c),0,0,0 16 Cr(l),166,666,15 4 Bo(a),0,0,25 8 Bo(h),625,125,000. Es ist nur die untere Hälfte der Zelle gezeichnet

Nach der Zahl der T-Atome in der Zelle und der Metrik kann man setzen $a/2 \approx b \approx \sqrt{2}a_{Mn_2Bo(U_a^{2,4})}$. Das Achsverhältnis $a/2b = 1{,}0$ zeigt, daß die Ortskorrelation ähnlich wie bei den oben besprochenen $Fe_2Bo(U_a^{2,4})$-

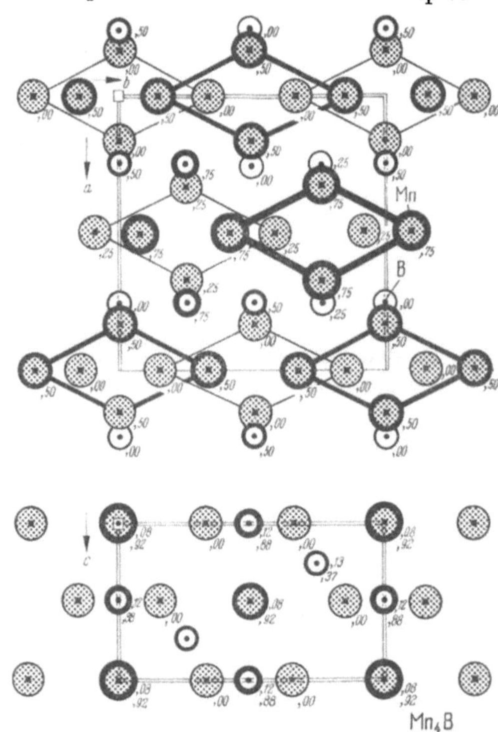

Abb. 4. **Mn_4Bo** ($S^{8,2}$,*1338*) D_{2h}^{24}–Fddd $a = 14{,}53$ $b = 7{,}293$ $c = 4{,}209$ Å 16 Mn(e),083,0,0 16 Mn(f),000,333,000 8 Bo(16e) ,375,0,0, statistisch

Phasen sein wird. Da der Typ bislang nur bei den Phasen Cr_4Bo und Mn_4Bo gefunden wurde, könnte es sein, daß eine Korrelation im Leitfähigkeitsgas für die Stapeländerung den Ausschlag gibt.

Eine Abart des unten zu besprechenden FeBo-Typs wurde in Re_3Bo (Aronsson/Bäckman/Rundquist 60) gefunden, das dem $PuBr_3$ isotyp ist. Diese Isotypie entspricht z. B. der von Ni_2Si zu $PbCl_2$ (vgl. 7.7).

6.32 T-reiche T-C, N, O, H-Verbindungen mit einfachem T-Teilgitter vom $W(B^1)$- bzw. $Cu(F^1)$-Typ. Wegen der vorausgesetzten T-Mehrheit gibt wieder die Bindungsbeziehung der T-Atome den Ausschlag. Bei den Hydriden überwiegt die T-Komponente auch bei höherem H-Gehalt wegen der Kleinheit des H. Es wurden wegen der Kleinheit der C, N, O, H viele Phasen mit einfachem T-Teilgitter gefunden (6.32; 6.33) ferner jedoch auch solche mit komplizierterem T-Teilgitter (6.34).

Eine Struktur, die eine Verbindung herstellt zwischen reinen T-Elementstrukturen vom W-Typ und den unten zu betrachtenden NaCl-Strukturen im $T\text{-}B^L$-Gebiet, wurde zuerst bei $\mathbf{Fe_{95}C_{05}}$ (Martensit, $U^{1,1/20}$, Tab. 1) nach Abschrecken von $\sim 1000\,°C$ metastabil gefunden, tritt aber auch stabil auf: Eine tetragonal gedehnte B^1-Struktur, in

Tabelle 1

Einlagerung von B^L in F^1-artige T-Teilgitter

Kubische Phasen **$Fe_4N(C^{4,1})$**-Typ		**$Fe_{95}C_{05}$**(*Martensit*)-*Typ, tetr. gedehnt* (*bezüglich B^1*)		*Tetragonal komprimiert* (*bezüglich B^1*)	
Y_3C		$V_{95}N_{05}$	54RY	Nb_2O	59BMü
Zr_4H	2800	V_4O	9115, 53SS	Ta_2O	59BMü
Mo_2N	2793	$NbN_{0,8}$	16128	*Orthorhombisch verzerrt* (*bezüglich B^1*)	
W_2N	2795	$NbN_{0,6}O_{0,3}$	18237		
Fe_4N	2784;1590	Mo_2N_{1-}	2793	Ta_4O [1]	18256
Mn_4N	2790,11160	$Fe_{95}C_{05}$	1580	NbH	53BH
Re_2N	58HA	(metastabil)		vgl. auch Einlagerung in B^1-Teilgitter, Tab. 3.21/1	
Pd_2H	1601	Fe(N) bzw.			
Ag_3N	58P	Fe_8N geordnet	13126;1583		

T-B-B^L-Phasen vom Cu-Zweig der F^1-Struktur (B^L eingelagert), Zahlenangaben: Gitterkonstante in kX [2]

$Mn_3ZnC_{1,0}$	3,92	Fe_3InC_x?	3,87	$Co_3GeC_{0,25}$	3,59–3,62
$Mn_3AlC_{1,0}$	3,86	$Fe_3GeC_{0,45}$	3,65	$Co_3SnC_{0,7}$	3,77
Mn_3InC_x	3,90–3,94	$Fe_3SnC_{1,0}$	3,85	$Ni_3MgC_{0,5\ldots1,0}$	3,72–3,81
$Mn_3GeC_{1,0}$	3,86–3,87	Co_3MgC_x	3,81	$Ni_3ZnC_{0,7}$	3,65
$Mn_3SnC_{0,8}$	3,90–3,98	Co_3ZnC_x	3,72	$Ni_3AlC_{0,3}$	3,61
Fe_3ZnC_x	3,80	$Co_3AlC_{0,6}$	3,69	$Ni_3InC_{0,5}$	3,77–3,79
$Fe_3AlC_{0,65}$	3,72–3,78	$Co_3InC_{0,75}$	3,81–3,89	$Ni_3GeC_{0,15}$	3,57

[1] $a = 3{,}61$ $b = 3{,}27$ $c = 3{,}21$ Å.

[2] Nach Hütter/Stadelmaier (59), dort weitere Literatur.

deren Lücken die B^L-Atome eingelagert sind. Das Achsverhältnis nimmt zu bei steigendem B^L-Gehalt (Abb. 1 u. 2). Den beiden Zweigen der $TB^L(F_a^{1,1})$-Phasen entsprechen auch hier zwei Zweige. Bei $\mathbf{Fe_8N}$ wurde nach geeigneter Warmbehandlung eine $U^{8,1}$-Struktur mit $c/a = 1{,}1$ gefunden, in der die N annähernd eine B^1-Lage ausfüllen (Tab. 1). — Bei $\mathbf{Nb_2O(U^{1,1/2})}$ (Tab. 1) findet sich, ähnlich wie bei In-Sn-Legierungen, ein tetragonal komprimiertes, d. h. in 2 Richtungen gedehntes Nb-Teilgitter mit $(c/a)_{B1} = 0{,}97$. Bei $\mathbf{Ta_4O(P^{1,1/4})}$ (Tab. 1) ist das B^1-Teilgitter sogar orthorhombisch verzerrt, andererseits haben $\mathbf{Fe_4N(C^{4,1})}$ (Tab. 1) und $\mathbf{Mo_2N}$ ein $T(F^1)$-Teilgitter. — $\mathbf{TaN_{0,05}}$ hat eine B^1-Überstruktur

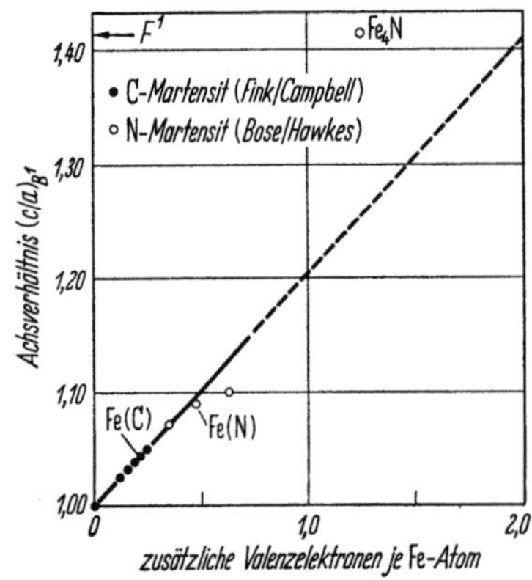

Abb. 1. Tetragonale Dehnung von $Fe(B^1)$ durch Einlagerung von C bzw. N (metastabile Martensitstruktur)

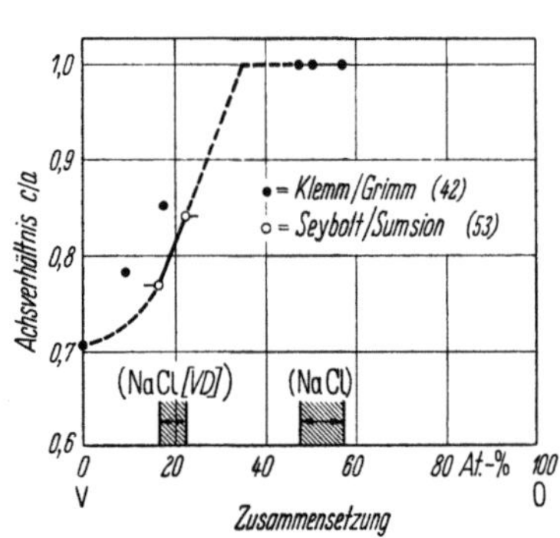

Abb. 2
$F_a^{1,1}$-artige Strukturen im V-O-System

mit verdreifachter a_{B^1}-Achse. Diese Überstrukturen zeigen, daß die Einlagerung eine so starke Beeinflussung des T-Teilgitters darstellt, daß sich in den meisten Fällen Ordnung einstellt. — Eine größere Zahl von T_3B-Verbindungen vom $Cu(F^1)$-Zweig, die durch Einlagerung von C stabilisiert werden, haben HÜTTER/STADELMAIER (59) beschrieben (Tab. 1). Solche Stabilisierungen wurden auch bei anderen Strukturtypen bekannt (z. B. Mn_5Si_3, 7.41).

Zur Deutung der tetragonalen Strukturen kann man annehmen, daß im T^A-B^L-Fall die A1-Korrelation des $V(B^1)$-Zweiges aufgestapelt wird zur A1-Korrelation der $F_a^{1,1}$-Strukturen vom Zweig TiC, und daß im T^B-B^L-Fall die B1-Korrelation des $Fe(B^1)$-Zweiges aufgestapelt wird zu der des Cu-Rumpfes. Im System V–O müßte schon bei $V_{65}O_{35}$ das Achsverhältnis $c/a = 1$ werden, und dann müßte die Leerstellenbildung beginnen. Bei VO sind jedoch nur 9% Leerstellen gefunden worden (SCHÖNBERG 54), so daß vermutlich einige Elektronen die A1-Korrelation teilweise zur B1-Korrelation auffüllen oder ein besonderes Gas bilden. Nach Messung der Sättigungsmagnetisierung (WIENER/BERGER 55) darf man annehmen, daß N 3-Elektronen in die d-Schale der T-Atome abgibt. Auch eine geometrische Diskussion einiger Einlagerungsphasen führte zu solchen Ansichten (JACK 48). — Bei den durch C stabilisierten $T_3B(\sim F^1)$-Phasen treten die Valenzelektronen der C-Atome nicht ins Valenzelektronengas ein, sondern ins d-Gas der T-Atome, so daß die T-Komponente zusammen mit B^L etwa die Bindungsbeziehung von T^{10} zeigt und mit B eine Phase vom Cu-Zweig der F^1-Struktur bildet.

6.33 T-Teilgitter vom Mg(H²)-Typ. Die $H_c^{6,2}$-Struktur von Fe_3N (Abb. 1, Tab. 1) ist gegeben durch ein $T(H^2)$-Teilgitter, in dessen Okta-

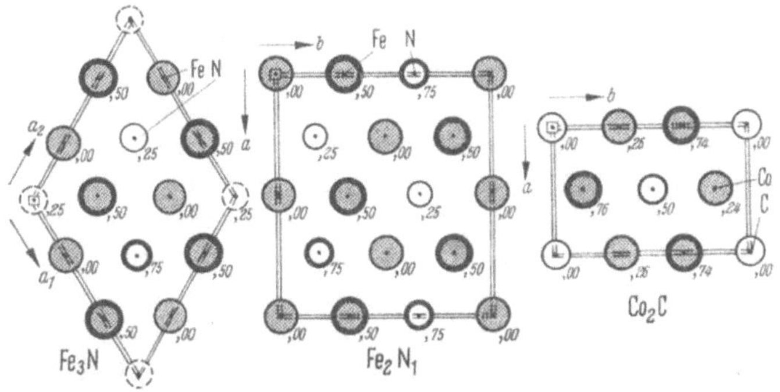

Abb. 1. $Fe_3N(H_c^{6,2}$,*2302*) $D_6^6-C6_32$ $a=\sqrt{3}\cdot 2{,}695$ $c=4{,}362$ kX 6Fe(g),333,0,0 2N(c),333,667,25; Fe_2N_{1-}, diese Struktur ist ähnlich dem Fe_3N, nur ist bei hohen N-Gehalten die Lage 0,0,25 nahezu vollständig mit N besetzt. Ähnlich ist $W_2C(H_b^{2,1}$,*1575*, vgl. Abb. 6.43/1) ein CdJ_2-Typ mit statistischer Verteilung der C; $Fe_2N_1(O_c^{8,4}$,*11143*) D_{2h}^{14}–Pbna $a = 5{,}523$ $b = 4{,}830$ $c = 4{,}425$ Å 8Fe(d),125,$\overline{083}$,25 4N(c),125,25,0; Ursprung in 3/8, 5/12, 1/4 der Abbildung; $Co_2C(O_c^{4,2}$,C35,*1531*) D_{2h}^{12}–Pmnn $a = 2{,}88$ $b = 4{,}45$ $c = 4{,}36$ Å 4Co(g),000,347,258 2C(a),0,0,0

Tabelle 1

Einlagerung von B^L in hexagonales T-Teilgitter

Fe_3N(h, $H_c^{6,2}$)-Typ (Abb. 1)		**$W_2C(H_b^{2,1})$**-Typ (Abb. 1, Abb. 6.43/1)			
V_3N_{1+}	*12*119	Sc_2C	61Gs	Mo_2C	*2239*
Fe_3N(h)...Fe_2N_{1-} (Besetzung von 000)	*2302*; *11*143; *13*127	V_2C	*2780*,*18*100	$c/a = 1{,}57$ mit Neutronen orth. Struktur	63PaSa
Co_3N	*1044*	V_2N	*12*119	W_2C	*1575*;*2240*
Ni_3N	*13*140	Nb_2C	*8126*	Mn_2N	*1599*
$BoCl_3$ usw. (vgl. BiJ_3, verwandte Elektronenabzählung)	*11275*	Nb_2N $c/a = 1{,}62$	*8126*	Ag_2F $c/a = 1{,}91$	*1784*;*2276*
Ternäre Oxyde	54Schö	$Nb_{0,95}N$ $c/a = 1{,}87$	54Schö	Zr_2H	*2800*
		Ta_2C	*3310*	Ta_2H	*2789*
		$\sim Ta_2N$	*18245*		
		Cr_2N	*1660*		

Deformiertes T-Teilgitter (Abb. 1)

				$\frac{b}{\sqrt{3}a}$	
Fe_2N_1(Zeta)	$a = 2\cdot 2{,}76$	$b = 4{,}83$	$c = 4{,}43$ Å	$= 1{,}01$	*11*143
(a-Achse verdoppelt gegenüber H²)					
Co_2C(C35)	2,88	4,45	4,36 Å	0,89	*1531*
Co_2N(C35)	2,85	4,61	4,34 Å	0,93	*1531*
$CaCl_2$ vgl. Markasittyp (7.58)					

ederlücken die N eingelagert sind, wobei die Anordnung der N in ihrer Projektion auf c gleichverteilt ist, aber eine Vergrößerung der a_{H^2}-Achse um $\sqrt{3}$ bedingt. Man kann diese Atomlage verstehen als Anordnung mit möglichst großem N-Abstand. — Die einfachste Struktur der Zusammensetzung T_2B ist gegeben durch die $H_b^{2,1}$-Zelle von $\mathbf{W_2C}$ (Tab. 1); die T(H^2)-Zelle ist hier nicht vergrößert wegen der besonderen Verteilung der B^L in den Oktaederlücken. Die Vertretertabelle zeigt Karbide und Nitride und als T-Atome überwiegend solche aus dem V-Zweig; auffallend ist das Achsverhältnis von $NbN_{0,95}$ (1.87). Ein bemerkenswertes Endglied der W_2C-Struktur ist gegeben durch TaN [CoSn-Struktur mit kleinem Achsverhältnis (vgl. 7.42)]. — Wenn T ein T^B-Element ist, werden nicht mehr W_2C-Strukturen gefunden sondern andere. So geht z. B. die Struktur von $\mathbf{Fe_2N_{1-}}$ (Jack 52) aus der von Fe_3N dadurch hervor, daß in einer der beiden N-Schichten noch eine weitere Oktaederlücke besetzt wird, die in der anderen nicht besetzt ist. Bei $\mathbf{Fe_2N_1}$ (Zeta, $O_c^{8,4}$), das durch einen heterogenen Bereich von weniger als 1 At.-% von Fe_2N_{1-} getrennt ist, wird die T-Lage leicht orthorhombisch verzerrt, und es wird $a = 2a_{H^2}$, $b = \sqrt{3}a_{H^2}$, $c = c_{H^2}$. In dieser $O_c^{8,4}$-Struktur (Tab. 1) bilden sich gewinkelte N-Ketten parallel b, die untereinander einen möglichst großen Abstand haben. Ein ähnliches Bauprinzip gilt für $\mathbf{Co_2C}$ [SR*1*531 $CaCl_2(O_c^{4,2})$-Typ], wo die B^L-Ketten nicht gewinkelt sind und parallel a_{H^2} verlaufen (ähnlich $O_b^{2,4}$-Struktur).

Man kann die Fe_3N-Vertreter dem Messingzweig und die W_2C-Vertreter dem Ru-Zweig der H^2-Struktur zuordnen. Zu dieser Annahme paßt z. B., daß c/a von Fe_2N_{1-} mit zunehmendem N-Gehalt kleiner wird. Merkwürdigerweise tritt hier allerdings nicht wie bei den messingartigen, sondern wie bei den MnP-Phasen bei kleinerer Elektronenkonzentration die lange und bei größerer die kurze Verzerrung auf.

6.34 Kompliziertere T-reiche Karbide. Eine Zwischenstellung zwischen F^1 und $U_a^{2,4}$ nimmt die $F_b^{23,6}$-Struktur von $\mathbf{Cr_{23}C_6}$ (Abb. 1, Tab. 1) ein. In der Ecke der Zelle erkennt man ein ausgefülltes Kubooktaeder, d. h. ein Baumotiv der Cu-Struktur. Zwischen den Kubooktaedern findet man zwei verschränkte durch c zentrierte und einen unverschränkten Cr-Würfel, d. h. ein Baumotiv der $CuAl_2$-Struktur. Beide Vergleichsstrukturen liegen nahe, wie wir z. B. von TiC($F^{1,1}$) und von $Fe_2Bo(U_a^{2,4})$ wissen; durch kleine Verschiebung einiger Atome und Fortlassung der Cr in $\frac{1}{4}, \frac{1}{4}, \frac{1}{4}$ usw. kann man eine durch C substituierte Cr(F^1)-Struktur erhalten. Merkwürdigerweise können bei ternären Phasen nur die zu $\frac{1}{4}, \frac{1}{4}, \frac{1}{4}$ symmetrischen 8 Stellen von Mo und W eingenommen werden.

Durch den Vorschlag $a/5 = a_{A1}$, $d_{A1} = 1{,}50$ kX, PZ = 500, EA = 648 oder besser durch seine Diskrepanz wird eine zusammengesetzte Ortskorrelation nahegelegt.

Tabelle 1. *Strukturen T-reicher Karbide*

$Cr_{23}C_6(F_b^{23,6})$-Typ (Abb. 1)					
$Cr_{23}C_6$	*3367*	$Cr_{21}W_2C_6$	*360*	$W_2Fe_{21}C_6$	*360*
$Mn_{23}C_6$	*360*	$Mo_2Fe_{21}C_6$	*360*		
W_3Fe_3C-Typ (Abb. 2), vgl. **$Ti_2Ni(F^{16,8})$**-Typ (Tab. 7.1/1)					
$(Ti,Nb)_4Ni_2C$	53Ku	$Ta_3(Cr,Ni)_3C$	53Ku	Ti_3Fe_3O	*1552*
$(Ti,Ta)_4Co_2C$	53Ku	$Ta_3(Cr,Cu)_3C$	53Ku	Ti_3Co_3O	*1552*
$(Ti,Ta)_4Ni_2C$	53Ku	Mo_3Mn_3C	53Ku	$Ti_2Rh(O)$	58NSch
Zr_3V_3C	53Ku	Mo_3Fe_3C	*3623*	Ti_3Ni_3O	*1552*
$(V,W)_4Ni_2C$	53Ku	Mo_4Co_2C	53Ku	Ti_3Cu_3O	*1552*
Nb_3Cr_3C	53Ku	Mo_3Ni_3C	53Ku	Zr_4Ir_2O	58NSch
$Nb_3(V,Ni)_3C$	53Ku	W_3Mn_3C	53Ku	Zr_4Pt_2O	58NSch
$Ta_3(V,Fe)_3C$	53Ku	W_3Fe_3C	*371*	$Hf_4Rh_2(O)$	58NSch
$Ta_3(V,Co)_3C$	53Ku	W_3Co_3C	*3623*	$Hf_4Pd_2(O)$	58NSch
$Ta_3(V,Ni)_3C$	53Ku	W_3Ni_3C	*3623*	weitere O-Verbindungen	
$Ta_3(Cr,Fe)_3C$	53Ku	Ti_3Cr_3O	54WG	bei NEWITT et al. (60)	
$Ta_3(Cr,Co)_3C$	53Ku	Ti_3Mn_3O	*1552*		

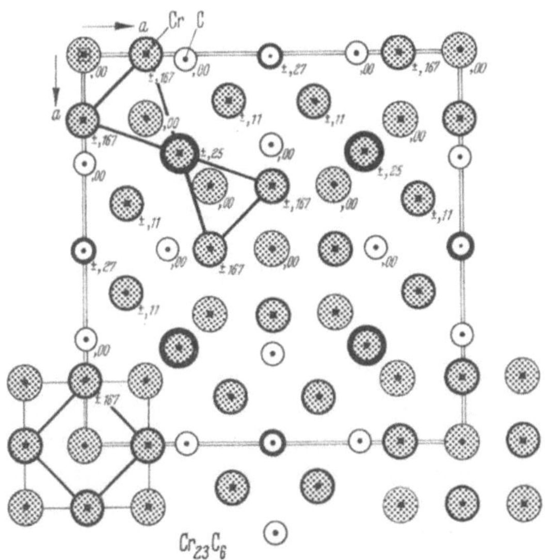

Abb. 1. $Cr_{23}C_6(F_b^{23,6}$,D8_4,*359*,*367*) O_h^5—Fm3m a = 10,64 kX 4Cr(a),0,0,0 8Cr(c),25,25,25 32Cr(f),385,385,385 48Cr(h) ,000,165,165 24C(e),275,000,000. Es ist nur die untere Hälfte der Zelle gezeichnet

Eine nahezu gleich große Zelle hat die $F^{8,16,4}$-Struktur von **W_3Fe_3C** („Etakarbid", E9_3, SB*371* Referat enthält Druckfehler, Abb. 2, Tab. 1). Auch diese Struktur ist eng verwandt mit einer dichtesten Kugelpackung. Man kann sie beschreiben, indem man die flächenzentrierte Zelle in 1/8-Würfel aufteilt, deren Ecken und Mitten abwechselnd mit T-Tetraedern und Oktaedern besetzt sind. In Abb. 2 sind außerdem die Tetraedersterne der $CuAl_2$-Struktur und ihre Zusammensetzung hervorgehoben. Die Struktur ist nicht streng auf die Stöchiometrie $T_3^AT_3^BC$ beschränkt, sie kann vielmehr auch andere Zusammensetzungen haben. Die schweren T^A-Komponenten besetzen das Oktaedernetzwerk und die leichteren T^B-Atome besetzen das

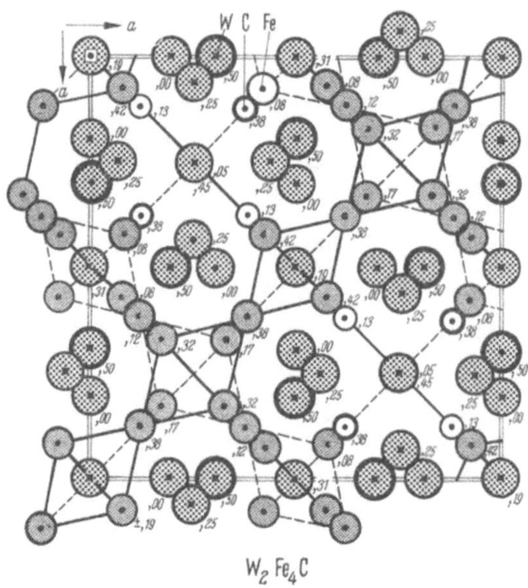

Abb. 2. $\mathbf{W_2Fe_4C}$ bzw. $\mathbf{W_3Fe_3C}$($F^{8,16,4}$,371) O_h^7–Fd3m $a = 11{,}04$ kX 16 Fe(d),5/8,5/8,5/8 32 Fe(e),$\overline{1}\,\overline{7}\,\overline{5}$,$\overline{1}\,\overline{7}\,\overline{5}$,$\overline{1}\,\overline{7}\,\overline{5}$ 32 W + 16 Fe statistisch (48f),1 9 5,0,0 16 C(c), ,1 2 5,1 2 5,1 2 5 (wahrscheinlich)

Tetraedernetzwerk. Ein Teil des Tetraedernetzwerkes kann auch schwere Atome aufnehmen. Ti_2Ni (und Ti_2Cu) sollten auf Grund eines Vergleichs der Pulveraufnahmen von Ti_2Ni und Ti_4Ni_2O ebenfalls diese Struktur haben (Rostoker 52). Die genauere Analyse hat aber einige Verschiedenheiten zwischen beiden Strukturen aufgedeckt (vgl. 7.1). Man beachte ferner die Verwandtschaft zu $Cr_4Al_{13}Si_4$. — Die Vertretertabelle zeigt, daß die Struktur vorwiegend aus T^A- und T^B-Elementen kombiniert wird (Ausnahmen Zr_3V_3C und Nb_3Cr_3C) und daß auch Phasen der Art $T_4^AT_2^BC$ bevorzugt auftreten. Kuo (53) hat ferner isotype Carbide mit 3 T-Komponenten hergestellt. Er diskutiert das Auftreten der Struktur im Hinblick auf die Affinität T–C. Das Atomradienverhältnis der T-Atome liegt zwischen 1,10 und 1,18, was aber nicht hinreichend für das Auftreten der Struktur ist. Kuo (53) weist ferner nach, daß elektronische Existenzregeln bestehen. In dieselbe

Richtung weist die Feststellung von ROSTOKER (52), wonach Ti_2Ni und Ti_2Cu ohne Sauerstoff, $Ti_4(Mn$ oder Fe oder $Co)_2O$ jedoch nur mit Sauerstoff in der W_3Fe_3C-Struktur auftreten. Für die Struktur ist anscheinend eine Valenzelektronenkorrelation $a/3 = a_{A1}$ PZ $= 108$ von Bedeutung.

6.4 T-B^L-Phasen bei mittleren Zusammensetzungen

6.41 T-B^L-Phasen mit NaCl-Struktur. Wie sich bei Betrachtung der A-B-Phasen zeigte, gibt es einen stetigen Übergang von $F_a^{1,1}$-Phasen der Art NaCl zu solchen der Art TiC. Natürlich ist das Ti(F^1)-Teilgitter von TiC nicht allein existenzfähig, dennoch gibt auch in diesem Fall die Bezeichnung Einlagerungsstruktur einen anschaulichen Begriff. Auf Diskussionen der Bindung in Karbiden, Nitriden und Oxyden mit NaCl-Struktur von RUNDLE (48) und von KREBS (56) im Sinne PAULINGscher Überlegungen sei hingewiesen; die Überlegungen von RUNDLE wurden von HUME-ROTHERY (53) einer Erörterung unterzogen. — Die Ortskorrelation wurde in 5.44 besprochen.

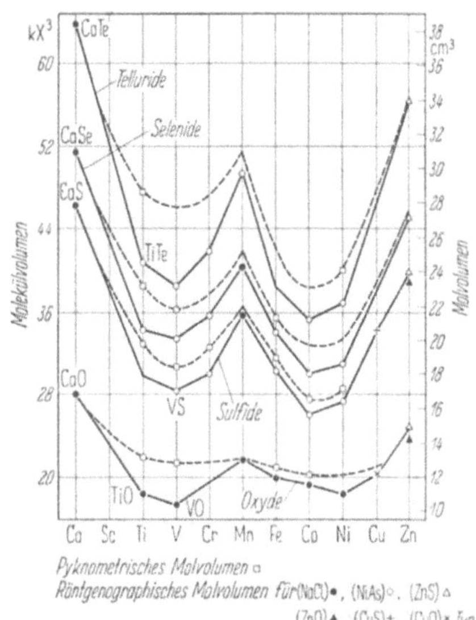

Abb. 1. Molvolumina einiger T_1B_1-Verbindungen (nach KLEMM 50)

Die Gitterkonstanten der $F_a^{1,1}$-Oxyde von Elementen der ersten langen Zeile des Periodischen Systems sowie die anderer Chalkogenide usw. zeigen ein merkwürdiges Verhalten (Abb. 1), das durch eine Verschiedenheit der Bindungsbeziehung in den 2 Zweigen gedeutet werden sollte: Bei Ti^4O^6 haben wir eine weniger als halb gefüllte d-Schale der T-Komponente [A1-Korrelation der Elektronen (vgl. 6.42)], bei Mn^7O^6 usw. dagegen eine mehr als halb gefüllte Schale (B1-Korrelation). Da der Elektronenabstand eine langsam veränderliche Funktion der Atomnummer ist, muß die Gitterkonstante beim Umschlag der Korrelation einen Sprung machen. Die Gitterkonstante von CaO und TiO extrapoliert sich auf etwa 3,4 Å bei MnO; daß dies nicht genau gleich $a_{MnO}/\sqrt{2}$ ist, hängt wohl mit der geänderten Koordinationszahl im Elektronengas und mit den Leerstellen in TiO zusammen, auf die wir sogleich eingehen werden. Übrigens ist auch bei Lanthanidenverbindungen eine ähnliche Beobachtung bekannt.

Die Phasen Ti_3PO_2 und Zr_3PO_2 haben nach Schönberg (54) eine NaCl-Überstruktur; die Überstrukturzelle ist hexagonal und enthält außer den B-Atomen 3 T-Atome.

Wir werden jetzt die Abarten der NaCl-Struktur im T-B^L-Gebiet betrachten.

Tabelle 1

NaCl-Varianten bei T-B^L-Phasen

V-Abarten		*D-Abarten*		**MoB**($U_b^{4,4}$)-Typ (Abb. 1)	
TiO-Typ (ungeordnete B-Leerstellen)		**SnSb**(r, $R_b^{1,1}$)-Typ (rhomboedr.) vgl. Tab. 4.51/1		MoB	*11*51
				WB	*11*51
				ZrGa(r)	61PSch
TiC(WC)mehrLeerstellen bei steigendem WC-Gehalt	47NKG	NiO	*11*254	**NbP**($U_b^{2,2}$)-Typ (Abb. 1)	
		FeO	*13*168	NbP	54Schö
		MnO	*13*175	TaP	54Schö
TiO, 15% Leerstellen	787, 39Eh	**CoO**-Typ (tetragonal)		Verbessert durch Boller/Parthé, im Druck	
V_4C_3...VC, C-Leerstellen	*11*44	$NbN_{0,8}$	*16*128	**Ta_3B_4**($P^{3,4}$)-Typ (Abb. 1)	
VN N-Leerstellen	*11*39 *11*171	Mn_3N_2	*27*91	V_3B_4	56Mo
		CoO(t)	*13*167	Nb_3B_4	*13*42
NbO($C^{3,3}$)-Typ (geordnete Leerstellen)		**TlF**($S^{1,1}$)-Typ (orthorhomb.)		Ta_3B_4	*12*32
		TlF	*39*,226	Cr_3B_4	*13*38
NbO, 25% Nb und O-Leerstellen	*8*123	*S-Abarten*		Mn_3B_4	*13*40
		CrB-Typ = TlJ-Typ (vgl. Tab. 4.53/1)		Mo_2FeB_4	*17*72
				Mo_2CoB_4	*17*72
				Mo_2NiB_4	*17*72

6.42 Tetragonale und orthorhombische Varianten der NaCl-Struktur. Wie bereits oben erwähnt, sind *Vakantstellenvarianten* der $F_a^{1,1}$-Struktur bei T-B^L-Phasen recht verbreitet (Tab. 1, Abb. 6.41/1) und treten bei einer Zahl von mehr als 8 Elektronen (Außen- plus Valenzelektronen) je T-Atom auf (Schubert 55b). Bei **TiO** und seinen Isotypen sind die B^L-Leerstellen ungeordnet. Die $C^{3,3}$-Struktur von **NbO** (Tab. 1) zeigt in geordneter Weise 25% Leerstellen. Mo_2N und Fe_4N sind Endtypen der Leerstellenbildung (6.32).

Leerstellen sind nachteilig für die technisch wertvollen Eigenschaften: Der Schmelzpunkt fällt beim Übergang TiC → VC, ZrC → NbC, HfC → TaC; ein schwacher O-Gehalt in TiC setzt die Härte herab; VN und CrN($F_a^{1,1}$) lassen sich durch hinreichende Erhitzung zersetzen. — Manchmal scheint die Leerstellenanzahl für eine A1-Korrelation zu klein, dann kann man nach 6.1 entweder die teilweise Ausbildung einer B1-Korrelation annehmen oder ein besonderes Leitfähigkeitsgas.

Als *Deformationsvariante* tritt bei MnO, FeO, und NiO eine rhomboedrische und bei CoO eine tetragonale Verzerrung infolge antiferromagnetischer Spinordnung der T-Komponente bei hinreichend tiefen Temperaturen auf ($R_b^{1,1}$- und $U^{1,1}$-Struktur, Tab. 1). Als tetragonal gedehnte $F_a^{1,1}$-Struktur kann **ZrS** (B 11, Hägg/Schönberg 54) aufgefaßt werden. Wir kommen auf diese Struktur zurück bei der $MoSi_2$-Familie.

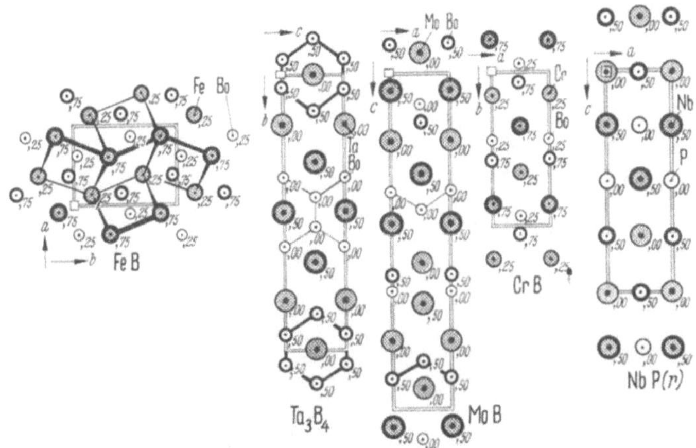

Abb. 1. VSD-Varianten der AlB_2- bzw. NaCl-Struktur
Ta_3Bo_4($P^{3,4}$,*1232*) D_{2h}^{25}–Immm $a = 3{,}29$, $b = 14{,}0$ $c = 3{,}13$ Å 2Ta(*c*),0,0,5 4Ta(*g*),00,180,00 4Bo(*g*),00,375,00 4Bo(*h*),00,444,500; **MoBo**($U_b^{4,4}$,*1151*) D_{4h}^{19}–I4/amd $a = 3{,}105$ $b = 16{,}97$ Å 8Mo(*e*),0,0,197 8Bo(*e*),0,0,352; **CrBo**(*1230*, TlJ-Typ, 4.53); **NbP(r)**($U_b^{2,2}$, *18264*) D_4^{10}–$I4_122$ $a = 3{,}325$ $c = 11{,}38$ Å 4Nb(*a*),0,0,0 4P(*b*),0,0,5. Die Struktur ist verbessert worden: Boller/Parthé, Acta Cryst. im Druck. Die verschiedenen Ordnungsmodifikationen unterscheiden sich nicht durch eine Phasenumwandlung

VD-Varianten wurden bei T-reichen Nitriden und Oxyden erwähnt. Auch TiO_2 (Anatas) kann als VD-Abart der NaCl-Struktur angesehen werden; wegen der besonderen Bindungsbeziehung wird er erst später (6.52) betrachtet.

Stapelvarianten der NaCl-Struktur sind bei Boriden in verschiedenen Arten zu finden. Ein Bauelement von trigonalprismatisch umgebenen Bo-Atomen erweist sich dabei als besonders stabil. Strukturen der Art **CrBo** (TlJ-Typ, Abb. 1) haben wir bereits bei B-B-Phasen betrachtet. Verglichen mit der NaCl-Struktur ist das Achsverhältnis 2,69 von CrBo unternormal, was nahelegt, die Verwandtschaft zur F^1-Struktur zu betrachten (vgl. 2.36) aus der sie durch RS-Morphotropie ebenfalls hergeleitet werden kann. Die Bo-Atome sind in CrBo ein wenig so verschoben, daß sich Bo-Zickzackketten ergeben. Die Verwandtschaft der $U_b^{2,2}$-Struktur von **NbP(r)** (SR*18264*) zu CrBo ist nach Abb. 1 erkennbar, der Kettencharakter der B-Atomlage ist verlorengegangen. Dies hängt wohl damit zusammen, daß der mittlere Elektronenabstand von P mehr dem des T-Metalls gleicht als der von Bo, und daß beide Strukturen in Richtung der langen Achse verschiedene Raster haben. NbP(h) und TaP(h) unterscheiden sich von der Raumtemperaturphase durch statistische wahllose Translationen der basisparallelen Schichten um $(\mathfrak{a}_1 \pm \mathfrak{a}_2)/2$ (SCHÖNBERG 54).

Als Bindungsraster liegt nahe $a/2 = 1{,}66 = d_{\mathrm{A}\,1}$, $l_c = 10$, PZ $= 40 =$ EA (SCHUBERT 55b). Ähnliches gilt für die für ZrS vorgeschlagene Struktur vom PbO-Typ, die aber angezweifelt wird (HAHN/Mitarbeiter 57).

Bei der $U_b^{4,4}$-Struktur von **MoBo** (Abb. 1, Tab. 1) sind die Bo-Ketten verschieden ausgerichtet. Zickzackketten aus B^L-Atomen finden sich auch im Graphit, und es gibt auch Strukturen, in denen Streifen von Graphitnetzen gefunden werden. Dies ist z. B. der Fall in der $P^{3,4}$-Struktur von $\mathbf{Ta_3Bo_4}$ (Abb. 1, Tab. 1), in welcher das Graphitnetz von $TaBo_2$ (Bo_2Al-Struktur) in parallele, gegeneinander etwas versetzte Bänder aufgelöst ist. Während die Größe der a- und der c-Achse recht gut zur $TaBo_2$-Struktur passen, ist die b-Achse bei einer Erwartung von 16 Å nur 14 Å lang. Man kann die Struktur also als eine SVD-Variante des Bo_2Al-Typs ansehen.

$a/2 \approx c/2 = d_{\mathrm{A}\,1} = 1{,}57$ Å, $l_b = 13$, PZ $= 52$, EA$(Ta_3^5Bo_4^3) = 54$, vgl. 6.1.

Tabelle 2

FeB-Verwandte

FeB($O_b^{4,4}$)-Typ (Abb. 3)	
CeCu	61LC
CeSi	60Ar
GdNi	61BM
DyNi	61BM
GdPt	61BM
DyPt	61BM
USi	*12*126
PuSi	58P
$TiB_{1,1}$	*1869*
TiSi	57ASa
TiGe	57ASa
ZrSi	*18280*
ZrGe	
HfSi	58NLKB
ThSi	56JFTS
MnB	58P

FeB	*27,312*
CoB	*313*
Ni_4B_3($O_a^{16,12}$)-Typ (Abb. 2)	
Ni_4B_3	59Ru
Cr_3C_2($O_d^{12,8}$ = $D5_{10}$)-Typ (Abb. 3)	
Cr_3C_2	*353*, 60MK
Cr_7C_3($H^{56,24}$)-Typ	
Cr_7C_3	*3363*
Mn_7C_3	*3363*

Th_7Fe_3($H^{14,6}$)-Typ (Abb. 4)	
Ce_7Ni_3	61RLC
Th_7Fe_3	56FBR
Th_7Ru_3	61Th
Th_7Os_3	61Th
Th_7Co_3	56FBR
Th_7Rh_3	61Th
Th_7Ir_3	61Th
Th_7Ni_3	56FBR
Th_2Pd	61Th
Th_7Pt_3	61Th
Re_7B_3	60AStÅ
Ru_7B_3	59A
Rh_7B_3	60AStÅ

Eine Doppelstapelvariante der NaCl-Struktur ist gegeben durch die $O_b^{4,4}$-Zelle von **FeBo** (Abb. 3, Tab. 2). Außer dem Zweig mit Mn, Fe und Co (NiBo ist wieder vom CrBo-Typ), gibt es auch einen mit Ti und der Homöotypie TiBo → CrBo entspricht CoBo → NiBo. Der FeBo-Typ schließt sich also gegen geringere Elektronenkonzentrationen an den

CrBo-Typ an. Andererseits gilt jedoch $YSi(Q_a^{2,2}) \rightarrow TiSi(O_b^{4,4})$. Die FeBo-Struktur ist auf beiden Seiten von CrBo-Strukturen begrenzt. Man beachte auch die Beziehung zum $CuAl_2$-, Fe_3C- und MnP-Typ. — Die Bindungsbeziehung wird dem Zusammenhang mit CrBo entsprechen.

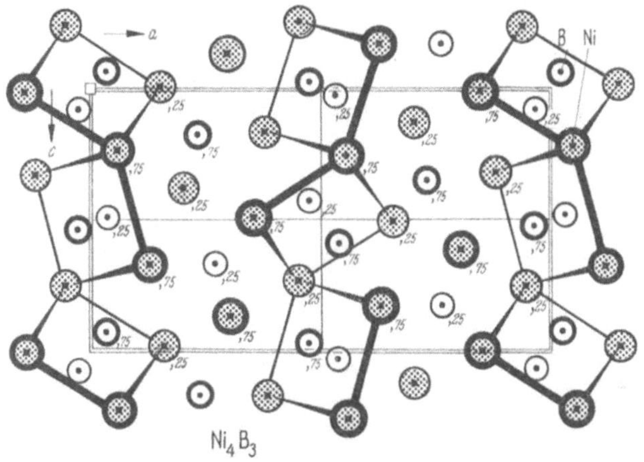

Abb. 2. Ni_4Bo_3(orth., $O_a^{16,12}$, 59Ru) D_{2h}^{16}-Pnma $a = 11{,}97_3$ $b = 2{,}98_5$ $c = 6{,}58_4$ Å
$4 \cdot 4$ Ni(c),149,25,$\overline{010}$,450,25,751 ,200,25,378 ,376,25,167 $3 \cdot 4$ Bo(c),47_3,25,43_0 ,03_7,25,48_1 ,26_5,25,67_3

Mit $a/4 = 1{,}53 = b/2$, $l_c = 4{,}2 \approx 4$ würde PZ $= 32$, was recht groß erscheint gegenüber dem Angebot von 28 Elektronen.

Mit FeBo ist die $O^{16,12}$-Struktur von **Ni_4Bo_3** (Abb. 2) verwandt. Für eine weitere monokline Modifikation dieser Verbindung verweisen wir auf Rundqvist (59). Eine andere Abart ist die $O_d^{12,8}$-Struktur von **Cr_3C_2** (Abb. 3), ihre längste Achse ergibt sich durch Verdreifachen der mittleren Achse der FeBo-Struktur, während die anderen Achsen denen

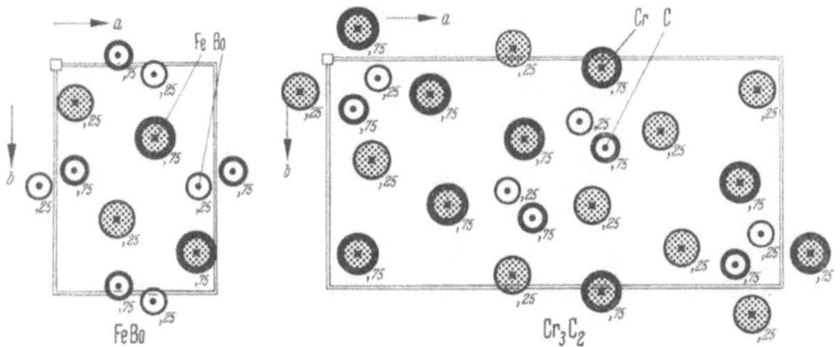

Abb. 3. **FeBo**($O_b^{4,4}$,B27,312) D_{2h}^{16}–Pbnm $a = 4{,}053$ $b = 5{,}495$ $c = 2{,}946$ kX 4 Fe(c),125,180,25 4 Bo(c),610,036,25; **Cr_3C_2**($O_d^{12,8}$,D5_{10},353,351) D_{2h}^{16}–Pbnm $a = 11{,}46$ $b = 5{,}52$ $c = 2{,}82$ kX $3 \cdot 4$ Cr(c),406,03,25 ,$\overline{230}$,175,25 ,$\overline{070}$,$\overline{150}$,25 $2 \cdot 4$ C(c),109,$\overline{100}$,25 ,$\overline{057}$,217,25. Die C-Lage ist nach Meinhardt/Krisement (60) etwas abzuändern

der FeBo-Struktur entsprechen. Die C-Atome sind hier, ebenso wie bei einigen Boriden, wie z. B. Bo_2Al oder CrBo, die Bo-Atome, in einem trigonalen Prisma von T-Atomen umgeben. Auf die Verwandtschaft zum unten zu besprechenden MnP-Typ hat KRIPIAKEWITSCH (51) hingewiesen. Die Zahl der Elektronen je Cr ist 8,6, also kleiner als bei FeBo.

Die $H^{56,24}$-Struktur von $\mathbf{Cr_7C_3}$ (SB3363) ist nach WESTGREN sehr ähnlich der Cr_3C_2-Struktur. Nach ARONSSON (59a) ist sie der Th_7Fe_3-

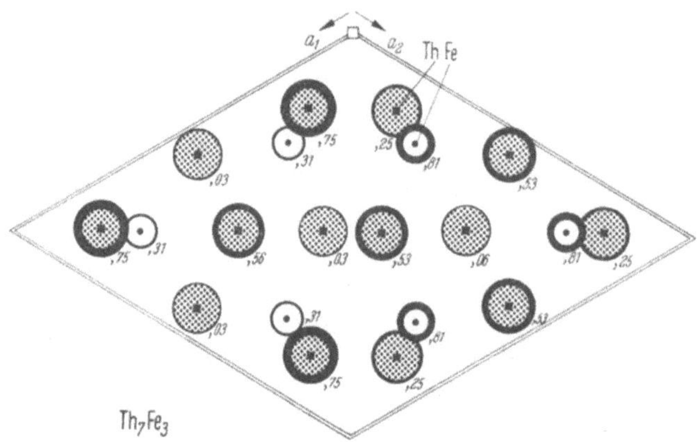

Abb. 4. $\mathbf{Th_7Fe_3}(H^{14,6}$, 56FBR) $C_{6v}^4-P6_3mc$ $a = 9{,}85$ $c = 6{,}15$ Å 2Th(*b*),333,667,06 6Th(*c*),126,$\overline{126}$,250 6Th(*c*),544,$\overline{544}$,03 6Fe(*c*),815,$\overline{815}$,31

Struktur ebenfalls verwandt, und zwar ist Cr_7C_3 eine schwach deformierte Überstruktur der Th_7Fe_3-Struktur, in der die *a*-Achsen verdoppelt sind.

Die $H^{14,6}$-Struktur von $\mathbf{Th_7Fe_3}$ (Abb. 4, Tab. 2) tritt außer bei der genannten T-T-Verbindung auch bei einigen T-Bo-Phasen auf. Ein eindimensionaler H^2-Zusammenhang ist hier längs *c* ausgedehnt. Die eingelagerten Minderheitsatome stören den Zusammenhang in *a*-Richtung, vermutlich weil sie zu groß sind.

6.43 Hexagonale Abwandlungen der NaCl-Struktur im T-B^L-Gebiet. Ähnlich wie bei T-reichen T-B^L-Phasen finden sich auch bei mittleren Zusammensetzungen Phasen, die auf einem T(H^2)-Gitter aufbauen. $\mathbf{RhBo_{1,1}}$ ist als Anti-NiAs-Typ (Abb. 1, Tab. 1) [Bo in Oktaederlücken des T(H^2)-Teilgitters] eine NaCl-Stapelvariante. Man kann vielleicht die Bindungsbeziehung derjenigen der messingartigen H^2-Phasen zuordnen; das Achsverhältnis *c*/*a* liegt allerdings etwa bei 1,25.

Auch eine $H_c^{6,6}$-Struktur der T-Stapelung ABCACB wurde berichtet für **MoC** (Abb. 1).

Tabelle 1

Hexagonale Stapelvarianten der NaCl-Struktur, Zahlenangabe: c/a

RhB-Typ (Abb. 1)[1]	
$NbN_{0,95}$	*18236*
$RhB_{\sim 1,1}$	60AStÅ
PtB	60AStÅ

WC($H^{1,1}$)-Typ (Abb. 1)[2]	
$TiS_{0,66}$	57HN
$ZrS_{0,66}$	57HN
$ZrSe_{0,66}$	57HN
$ZrTe_{0,66}$	57HN
$NbN_{0,85}$	*18236*
$TaN_{0,85}$	*18246*
MoC(h)	*2239*
MoN (hat Überstruktur)	*18224*
MoP	*18263*
WC	*1575*
WN	*18225*
RuC	60KN
OsC	60KN

TiP($H_a^{4,4}$)-Typ (Abb. 1)[3]		
TiP	2 · 1,67	*18262*
TiAs(r)	2 · 1,69	*1849*, 55BNK
ZrP(β)	2 · 1,70	*18262*
NbN(I)	2 · 1,91	*16128*
MoC(γ', metastabil)	2 · 1,871	*1646*
$Ti_{\sim 3}S_4$ (mit Ti-Leerstellen)	2 · 1,66	56HH

TiS($R^{9,9}$)-Typ[4]	
TiS	56HH

[1] Anti-NiAs-Typ, Stapelfolge $A_T C_B B_T C_B$.
[2] Stapelfolge $A_T B_B$.
[3] Stapelfolge $C_T B_B C_T A_B B_T C_B B_T A_B$.
[4] D_{3d}^5—$R\bar{3}m$ $a_h = 3{,}41$ kX $c = 26{,}4$ $c/a = 7{,}7_5$, 3 Ti(b) 6 Ti(c) $z = {,}378$ 3 S(a) 6 S(c) $z = {,}226$, Stapelsymbol $A_S B_{Ti} C_S B_{Ti} A_S B_{Ti}$, $C_S A_{Ti} B_S A_{Ti} C_S A_{Ti}$, $B_S C_{Ti} A_S C_{Ti} B_S C_{Ti}$.

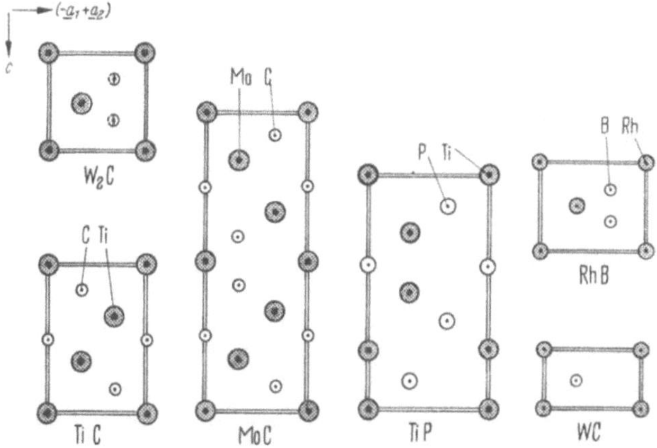

Abb. 1. Hexagonale Abwandlungen von NaCl-Strukturen im T-B^L-Gebiet
W_2C($H_b^{2,1}$,L'3,*1575*, vgl. auch *8126*) D_{6h}^4—$P6_3/mmc$ $a = 2{,}986$ $c = 4{,}712$ kX $c/a = 1{,}578$ 2 W(c),333,667,25 1 C($2a$),0,0,0 statistisch; **TiC** (NaCl-Struktur, vgl. 5.44); **MoC**($H_c^{6,6}$,*1890*) D_{6h}^4—$P6_3/mmc$ $a = 3{,}01$ Å $c = 14{,}61$ 2 Mo(b),0,0,25 4 Mo(f),333,667,083 2 C(a),0,0,0 4 C(f),333,667,667; **TiP**($H_d^{4,4}$,*18262*) D_{6h}^4—$P6_3/mmc$ $a = 3{,}487$ $c = 11{,}65$ Å $c/a = 2 \cdot 1{,}67$ 4 Ti(f),333,667,125 2 P(a),0,0,0 2 P(d),333,667,75; **WC**($H^{1,1}$, *1575*, 61WPL) D_{3h}^1—$P\bar{6}m2$ $a = 2{,}901$ $c = 2{,}830$ kX 1 W(a),0,0,0 1 C(d),333,667,5; **RhBo**($H_a^{2,2}$, CAStÅ, Anti-NiAs-Typ) D_{6h}^4—$P6_3/mmc$ $a = 3{,}309$ $c = 4{,}224$ $c/a = 1{,}27_7$ 2 Rh(c),333,667,25 2 Bo(a),0,0,0

Die eingelagerten Atome bewirken sogar, daß Wiederholungen der Stapellage der hexagonalen T-Schichten vorkommen können: Die $H^{1,1}$-Struktur von **WC** (Abb. 1, Tab. 1) wird gegeben durch ein hexagonal primitives T-Teilgitter mit einem eingelagerten C-Atom. Sie ist eine Leerstellenverwandte zur Struktur von Bo_2Al, auf die wir unten zurückkommen. Nach SCHÖNBERG (54b) hätte eine NiAs-artige Anordnung der P in dem isotypen MoP bemerkt werden müssen, sie war nicht da; dagegen fand SCHÖNBERG (54a) z. B. bei NbS(Nb) eine WC-Struktur und bei NbS(S) eine NiAs-Struktur.

Man hat laut Vertretertabelle mit maximal 11 Elektronen je Zelle zu rechnen und erhielte bei A1-Korrelation ($a/2 = d_{A1}$, $l_c = 2,75$) ein Achsverhältnis der WC-Zelle von 1,12. Da das beobachtete Verhältnis bei 0,97 liegt, müssen wir wieder eine in geringem Maße zur B1-Korrelation aufgefüllte A1-Korrelation annehmen oder ein besonderes Valenzband. Verbindungen wie MoP legen nahe, daß auch die Elemente P und S usw. gelegentlich wie B^L-Elemente wirken.

Eine bislang nur einmal beobachtete Abart der WC-Struktur ist die $H_c^{3,3}$-Struktur von **TaN**, die mit $TaN_{0,9}$ (WC-Typ) im Gleichgewicht ist (SR*18*246). Die Struktur hebt sich durch ihr Achsverhältnis von den $H_b^{3,3}$(CoSn)-Phasen, die wir bei T-B-Phasen besprechen werden, ab.

Bei **VP** (SCHÖNBERG 54b) ist die c-Achse gegenüber WC verdoppelt, und die P liegen alternierend in den beiden möglichen trigonal-prismatischen Lücken. Eine solche Struktur kann formal als NiAs-Struktur angesprochen werden.

Im Hinblick auf das große Achsverhältnis $c/a = 1,96$ muß man jedoch annehmen, daß praktisch eine einheitliche A1-Korrelation der V^5P^5-Elektronen vorliegt ähnlich wie bei WC, während im NiAs-Typ, wie wir sehen werden, die Außenelektronen der Metallatome nicht mit den Valenzelektronen der B-Atome zusammen in A1-Korrelation liegen.

HÄGG (31a) und später SCHÖNBERG (54a) haben folgende Annahme über den Zusammenhang der Atomradien r und der NiAs-Gitterkonstanten a, c gemacht: $r_T = c/4$, $(r_T + r_B)^2 = a^2/3 + c^2/16$. Es folgt daraus eine Erwartung für das Achsverhältnis in Funktion vom Radienverhältnis, welche für einige NiAs- und WC-Phasen gut stimmt (Abb. 2). Bei einigen Verbindungen mit P, S, Se, Te liegt das Achsverhältnis deutlich über dieser Erwartung; die T-Atome sind in diesen Phasen also nicht in c-Richtung in Kontakt, und zwar (nach der obigen Annahme) weil eine gemeinsame A1-Korrelation vom Raster $a/2$ ein hohes Achsverhältnis erfordert. Geht man vom oben erwähnten VP zu VS($H_a^{2,2}$) über, so sinkt das Achsverhältnis c/a auf 1,73. Obwohl also die Zahl der Elektronen je Verbindungsgewicht angestiegen ist, wird das Achsverhältnis nicht größer (wie beim Übergang TiC → WC → $WB_{2,5}$), sondern kleiner. Ein ähnlicher Gang ist (etwas überdeckt) zu finden bei CrS ($c/a = 1,67$), FeS (1,69), CoS (1,54), NiS (1,56). Wir müssen daraus schließen, daß die Bindungsbeziehung sich beim Übergang von WC zu NiAs zwar ändert, aber doch noch enge Verwandtschaft aufweist.

Eine weitere Stapelvariante ist z. B. die metastabile $H_d^{4,4}$-Modifikation des MoC (SR*16*46, KUO/HÄGG), in der die T-Atome die Stapelfolge AABB aufweisen, und die bei **TiP** (Abb. 1, Tab. 1) stabil vorkommt. Eine größere Dicke der Domänen hat das **TiS** (Tab. 1), das durch Si

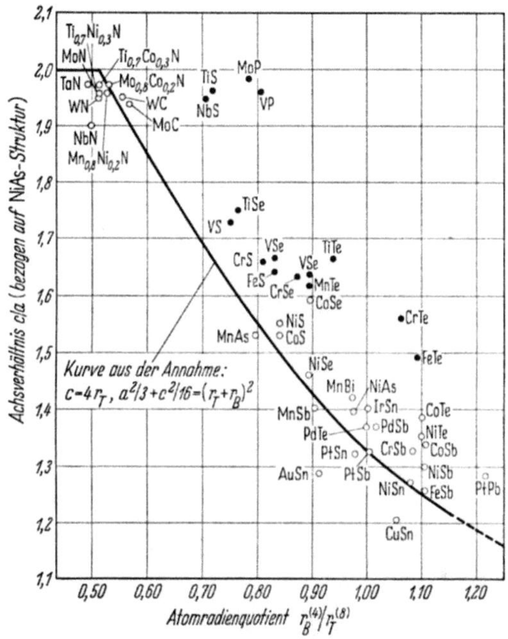

Abb. 2. Achsverhältnis und Radienquotient bei NiAs-verwandten Phasen (nach SCHÖNBERG 54a). Einige der Phasen sind in Wirklichkeit T-reicher als die Formel angibt

stabilisiert sein soll. Man kann aber feststellen, daß die TiP-Vertreter im Durchschnitt mehr Elektronen je T-Atom als die Mo_2C-Vertreter und weniger als die WC-Vertreter aufweisen, und stößt so wieder auf eine elektronische Bedingung für die Stapelfolge.

Man vergleiche auch B-reichere Strukturen wie z. B. CdJ_2.

6.5 T-arme T-B^L-Phasen

6.51 T-arme T-Bo- und T-C-Phasen. Als Auffüllungsvariante der WC-Struktur oder als besondere Stapelabart der CrBo-Struktur kann die $H_c^{2,1}$-Struktur von $\mathbf{Bo_2Al}$ (Abb. 1, Tab. 1) angesehen werden. Verglichen mit WC sind beide Lücken des hexagonalen T- (beim vorliegenden Vertreter des Al-) Teilgitters mit einem kleinen Atom ausgefüllt, dadurch entsteht ein graphitartiges Bo-Teilgitter, ähnlich wie wir es auch bei den $MoSi_2$-Vertretern für Si finden werden. Man kann 2 Zweige je nach der Größe des Achsverhältnisses unterscheiden. Die Stapelabart von $ThSi_2$ betrachten wir später (7.43).

Nach NOWOTNY/PARTHÉ (54) wird für $r_T/r_B \approx 1,0$ eine Struktur der $MoSi_2$-Familie gewählt, für $r_T/r_B \approx 1,2$ eine Struktur der Bo_2Al-Familie und für $r_T/r_B \approx 1,5$ die sogleich zu besprechende $CaSi_2$-Struktur, ARONSSON (60) dagegen gibt für $H_c^{2,1}$ $r_T/r_{B^L} = 1,7$ an. Die Elektronenzahlen der Bo_2Al-Vertreter passen zu denen

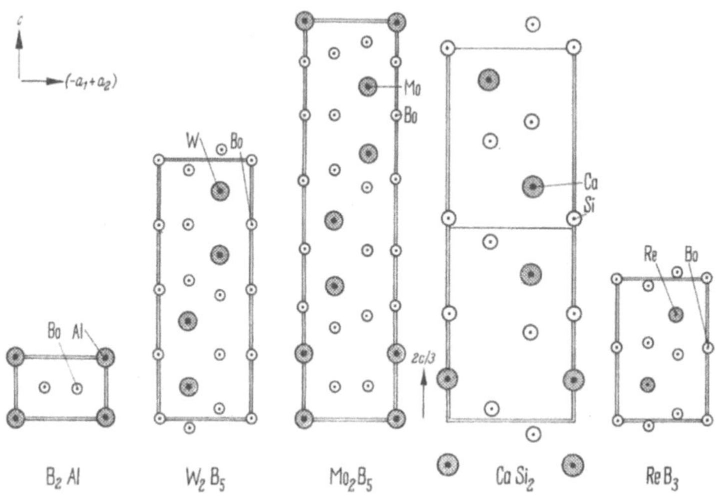

Abb. 1. Hexagonale Abwandlungen von NaCl-Strukturen im T-B^L-Gebiet höheren B-Gehalts **Bo_2Al**($H_c^{2,1}$,*328*) $D_{6h}^1 - C6/mmm$ $a = 3,00$ $c = 3,24$ kX $c/a = 1,08$ 2Bo(*d*),333,667,5 1Al(*a*),0,0,0; **W_2Bo_5**($H_b^{4,10}$,*1149*) $D_{6h}^4 - C6/mmc$ $a = 2,982$ $c = 13,87$ Å 4W(*f*),333,667,139 2Bo(*b*),0,0,25 2Bo(*a*),0,0,0 2Bo(*d*),333,667,75 4Bo(*f*),333,667,$\overline{028}$; **Mo_2Bo_5**($R^{2,5}$,*1149*) $D_{3d}^5 - R\bar{3}m$ ($a = 7,19$ Å $\alpha = 24°\,10'$) $a_h = 3,0$ $c_h = 20,9$ Å 6Mo(*c*),0,0,075 2 · 6Bo(*c*),0,0,333 ,0,0,186 3Bo(*b*),0,0,5; **$CaSi_2$**($R^{2,4}$,*1175*) $D_{3d}^5 - R\bar{3}m$ $a = 10,4$ kX $\alpha = 21,5°$ 2Ca(*c*) ,083,083,083 2 · 2Si(*c*),185,185,185 ,352,352,352; **$ReBo_3$**($H_d^{2,6}$, 60AStÅ) $D_{6h}^4 - P6_3/mmc$ $a = 2,900$ $c = 7,475$ Å 2Re(*c*),333,667,25 2Bo(*a*),0,0,0 4Bo(*f*),333,667,55

von WC, so daß wir eine analoge Bindungsbeziehung voraussetzen dürfen. Das Achsverhältnis dieser Phasen hängt von der Zahl der Elektronenplatzschichten je *c*-Strecke ab. Weitere Einflüsse auf das Achsverhältnis (z. B. Leerstellen im T-Teilgitter) werden von POST/GLASER/MOSKOWITZ (54) diskutiert. — Einige elektromagnetische Eigenschaften von TBo_2-Phasen wurden von JURETSCHKE/STEINITZ (58) im Rahmen des Bandmodells diskutiert; die Autoren nehmen ein *d*-Band an, in welchem die Valenzelektronen der Bo-Atome teilnehmen und außerdem ein Valenzband mit etwa 1 Elektron je T-Atom. Die Phasen In_2Bi und $TlBi_2$ gehören, wie man aus der Elektronenzahl, die nicht zum Achsverhältnis in obiger Weise paßt, entnimmt, zu einem besonderen Zweig, in dem in Analogie zu Pb A2-Korrelation herrscht mit dem Basisraster $a/\sqrt{3}$, d. h. 15 Plätzen je Zelle. Die Phasen mit stöchiometrischer Abweichung zeigen vermutlich Leerstellen in einem Teilgitter. Bei $CaCd_2$ kann man von einer trigonal gedehnten B^1R-Struktur sprechen. Es ist vielleicht $B_2^3Al^4$ bzw. $Mg^4B_2^3$ abzuzählen.

Tabelle 1

$B_2Al(H_c^{2,1})$-Typ (Abb. 1), Zahlenangaben: a, c/a

Phase	a	c/a	Lit.
Zr_2U	5,03	0,61	57Bo
Zr_2Pu			
TiU_2	4,83	0,59	*18*302
$ThNi_2$	3,95	0,97	56FBR
$CeCu_2$ (verzerrt)			61LC
$ThCu_2$	4,35	$0{,}79_8$	56BRS
$ThAg_2$	4,84	$0{,}69_3$	61Bro
$ThAu_2$	4,74	$0{,}71_8$	61Bro
$NbAu_2$	4,61	0,59	60SchMi
$ZrBe_2$	3,82	0,85	*17*51
$HfBe_2$	3,79	0,83	61ZSBK
$ThZn_2$	$4{,}49_7$	0,828	61Bro
$\sim PtZn_{1,7}$	4,11	0,668	*16*132
	ähnlich		
$LaCd_2$	$5{,}07_5$	0,68	59Ia
(Cd-Netz leicht gebuckelt)			
$CeCd_2$	$5{,}07_3$	0,68	59Ia
$PrCd_2$	$5{,}03_5$	0,69	59Ia
$NdCd_2$	$5{,}00_9$	0,69	59Ia
$SmCd_2$	$4{,}94_0$	0,71	59Ia
$ThCd_2$	5,00	0,70	61Bro
$PtCd_2$	ähnlich		*16*40
$NaHg_2$	5,03	0,64	54NB
$LaHg_2$	4,96	0,73	59Ia
$CeHg_2$			59Ia
$PrHg_2$			59Ia
$NdHg_2$			59Ia
$SmHg_2$			59Ia
UHg_2	4,99	0,65	*11*164
$PdHg_2$	ähnlich		
MgB_2	3,08	1,14	58P
B_2Al(h)	3,50	1,08	*3*28
ScB_2			58ShS
YB_2?			
TiB_2	3,03	1,07	*12*36
ZrB_2	3,17	1,11	*12*36
HfB_2	3,14	1,10	58P
VB_2	3,00	1,02	*12*36
NbB_2	3,09	1,07	*12*36
TaB_2	3,08	1,06	*12*36
CrB_2	2,97	1,03	*12*36
MoB_2(h)	3,05	1,01	*15*24
UB_2	3,136	1,27	*13*47
MnB_2			60A
PuB_2			60MSt
RuB_2			61KF
OsB_2			61KF
AgB_2			61Ob
AuB_2			61Ob
$ThAl_2$	4,393	$0{,}94_8$	58P
$CaGa_2$	4,32	1,00	*9*37
$SrGa_2$			58P
$BaGa_2$			58P
YGa_2			61Has
$LaGa_2$	4,35	1,02	*9*37
$CeGa_2$	4,31	1,00	*9*37
$PrGa_2$	4,30	1,00	59Ia
$NdGa_2$			61Has
$SmGa_2$			61Has
$TbGa_2$			61Has
$GdGa_2$			61BM
$DyGa_2$			61BM
$HoGa_2$			61Has
$ErGa_2$			61Has
UGa_2			56ML
In_2Bi	5,50	0,60	*11*47
$BaSi_2$			59Gl
$YSi_2\beta$			Nowotny, pers. Mitt.
$ThSi_{2-}$(r)	3,986	1,06	58P
$ThGe_{1,6}$ leicht verzerrt (M oder Z)			58TSN
$USi_2\beta$	3,85	1,05	*12*124
Pu_2Si_3	3,87	1,05	58P
Pu_2Ge_3	3,97	$1{,}05_6$	58P
$TlBi_2$	5,67	$0{,}59_4$	*36*48

Über einige metastabile sog. *Omega*-Phasen vgl. 3.23

Die $H_b^{4,10}$-Struktur von $\mathbf{W_2Bo_5}$ (Abb. 1, Tab. 2) hat ebenfalls die kleine Basismasche des WC, aber eine große c-Achse; die T-Schichten sind gestapelt gemäß AABB. Zwischen gleich lautenden T-Schichten findet man graphitartige B-Schichten und zwischen verschieden lautenden T-Schichten hexagonal dichtest gepackte leicht gebuckelte B-Schichten mit 3 Atomen je Elementarmasche.

Tabelle 2

W_2B_5-Familie

$W_2B_5(H_b^{4,10})$-Typ (Abb. 1)		**$Mo_2B_5(R^{2,5})$-Typ** (Abb. 1)		**$CaSi_2(R^{2,4})$-Typ** (Abb. 1)	
W_2B_5	*1149*	Mo_2B_5	*1149*	$TaS_2(\delta)$	54HSchö (vgl. 7.63)
Ru_2B_5	61KF	$CaSi_2$	*1175*		
Os_2B_5	61KF	$CaGe_2$	*937*		
Ti_2B_5	*1633*				

Bo-reiche Verbindungen

ThB_4-Typ (Abb. 2)		**$CaB_6(C^{1,6})$-Typ** (Abb. 2)		ErB_6	*238*
YB_4	56Bi			TmB_6	
LaB_4	58FBP	CaB_6	*238*	YbB_6	*238*
CeB_4	*1336*	SrB_6	*238*	CpB_6	58NSs
PrB_4	56PMG	BaB_6	*238*	ThB_6	*238*
NdB_4	59EG	ScB_6	59S	$Th_{0,23}Na_{0,77}B_6$	54BB
SmB_4	59EG	YB_6	*238*	PuB_6	60MSt
GdB_4	59EG	LaB_6	*238*		
TbB_4	59EG	CeB_6	*238*	**$UB_{12}(F^{1,12})$-Typ** (Abb. 2)	
DyB_4	59EG	PrB_6	*238*		
HoB_4	59EG	NdB_6	*238*		
ErB_4	59EG	SmB_6	59EG	ZrB_{12}	*1635*
YbB_4	56PMG	EuB_6	58FBP	UB_{12}	*1234*
CpB_4	58NSs	GdB_6	*238*		
ThB_4	*1336*	TbB_6	59EG		
UB_4	*1336*,*1870*	DyB_6	59EG		
PuB_4	60MSt	HoB_6	59EG		

Gegenüber WC und Bo_2Al ist das Elektronenangebot und das Achsverhältnis größer. $a/2 = d_{A1}$, PZ = 46, EA = 54, so daß wieder ein geringes Maß von Auffüllung zur B1-Korrelation oder ein besonderes Valenzelektronengas vorliegt.

Die $R^{2,5}$-Struktur von **Mo_2Bo_5** (Abb. 1, Tab. 2) ist Stapelvariante von W_2B_5.

Bei der $H_d^{2,6}$-Struktur von **$ReBo_3$** (Abb. 1) finden sich ebenfalls Bauelemente der W_2Bo_5-Struktur. Die Bindungsbeziehung muß deshalb ähnlich angenommen werden. In **$ReBo_2$** (62PP) fehlt gegenüber $ReBo_3$ das Atom in 000.

Die $R^{2,4}$-Struktur von **$CaSi_2$** (Abb. 1, Tab. 2) ist ähnlich wie die Bo_2Al-Struktur aufgebaut aus abwechselnden dichtest gepackten Ca-Schichten und gebuckelten wabenartigen Si_2-Schichten, wie man sie in der F^2-Struktur des Si auf (111)-Ebenen findet, worauf NOWOTNY/PARTHÉ (54) hinwiesen. Beide Schichten passen vorzüglich aneinander, wenn man die Gitterdaten der Elemente beachtet, $a(\text{Ca}, F^1) = 5{,}56$, $a(\text{Si}, F^2) = 5{,}42$ **kX**. In der primitiven Zelle befinden sich 2 Verbindungseinheiten.

Die Ortskorrelation der Elektronen ist naheliegend: $Ca^{10}Si_2^4$, $a_h/2 = d_{A1} = 1{,}94$kX, $l_c/3 = 6{,}5$; von 26 Plätzen werden 16 für die Si verbraucht, die restlichen 10 Plätze sind wegen dem Übergang zur B1-Korrelation zu verdoppeln und geben den Rumpfelektronen des Ca Platz. Die Kommensurabilität zwischen Ca-Rumpfelektronen und Si-Valenzelektronen werden wir unten bei Ca_2Si wiederfinden.

Es gibt mit einigen T-Metallen sehr Bo-reiche Verbindungen. Die $C^{1,6}$-Zelle von $\mathbf{CaBo_6}$ (Abb. 2, Tab. 2) ist ein Würfel, an dessen Ecke ein Ca und in dessen Mitte ein Bo-Oktaeder sitzt, dessen Viererachsen parallel zu denen des Würfels liegen. Der Abstand eines Boratoms zum benachbarten Oktaeder ist praktisch gleich der Oktaederkante

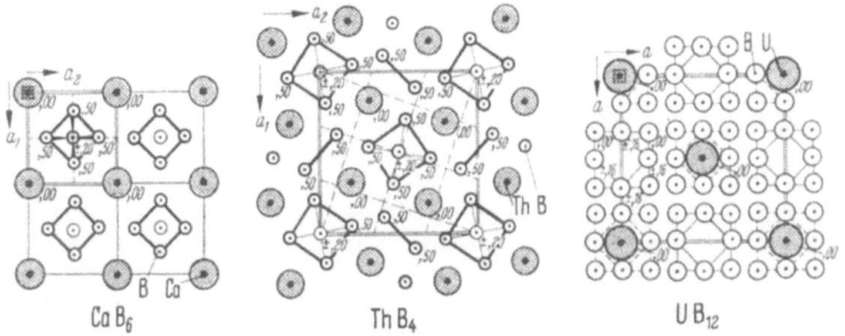

Abb. 2. $\mathbf{CaBo_6}$($C^{1,6}$,D2_1,*237*) O_h^1–Pm3m $a = 4{,}1_5$ kX 1Ca(*a*),0,0,0 6Bo(*f*),20,5,5; $\mathbf{ThBo_4}$($T^{4,16}$,*1336*) D_{4h}^5–P4/mbm $a = 7{,}256$ $c = 4{,}113$ Å 4Th(*g*),31,81,00 4Bo(*e*),0,0,2 4Bo(*h*),1,6,5 8Bo(*j*),2,04,50; $\mathbf{UBo_{12}}$($F^{1,12}$,*1234*) O_h^5–Fm3m $a = 7{,}473$ Å 4U(*a*),0,0,0 48Bo(*i*),5,167,167

(Laves 33a, Blum/Bertaut 54), so daß das Bo-Atom 5 Bo-Nachbarn hat. Nur T-Komponenten mit sehr großem Atomradius (abgesehen von Si) kommen in der aus einem Zweig bestehenden Vertretertabelle vor. Man kann die Struktur auch auffassen als „Bo(F^1)“-Zelle ($a_{CaBo_6} = 2a_{F^1}$), in der ein Ca-Atom 26 Bo-Atome ersetzt (Mehrfachersetzung). Setzt man das Volumen von 26 B gleich dem von einem A, so ergibt sich $r_A/r_B = 26^{1/3} = 2{,}9$, das beobachtete ist jedoch nur 2,1.

Nach Shdanow/Mitarbeiter (57) fallen die Punkte (Durchmesser des T-Atoms: Gitterkonstante des Hexaborids) in einem Parallelkoordinatensystem auf verschiedene Geraden je nach der Valenz des T-Atoms. Die Seltenen Erden sind nach Benoit/Blum (52) dreiwertig in ihren TB_6-Phasen. Die Phasen zeigen metallische Leitfähigkeit (Lafferty 51) wie alle anderen Boride und gehören zu den Stoffen größter Härte. Auf Grund einer Berechnung von MOLCAO-Funktionen (Valenzelektronen nur im Bo-Teilgitter beweglich) untersuchten Longhuet/Higgins/Roberts (54) die Bandstruktur und schlossen, daß T^2B_6 ein Isolator sein sollte, T^3B_6 dagegen metallischer Leiter.

Die $T^{4,16}$-Struktur von $\mathbf{ThBo_4}$ (Abb. 2, Tab. 2) kann aufgefaßt werden als „Mischung“ aus $AlBo_2$- und $CaBo_6$-Zellen (vgl. U_3Si). Andererseits kann man die Verschränkung des T-Teilgitters auch als Mittel zur Verkleinerung des Zellvolumens bei gegebenem T-T-Abstand oder als Mittel zur Anpassung an eine bestimmte Konzentration ansehen. Vergleiche auch Mn_2Hg_5 (7.2).

Die $F^{1,12}$-Struktur von $\mathbf{UBo_{12}}$ (Abb. 2, Tab. 2) kann aufgefaßt werden als NaCl-Struktur von U und Bo_{12}. Der Atomradius des U ist (nach BLUM/BERTAUT 54) zu klein für eine „UBo_6"-Struktur. Auch diese Struktur kann man als „$Bo(F^1)$"-Gitter auffassen, in dem ein U 12 Bo (eigentlich 13) ersetzt (und in dem einige weitere Bo fehlen). In ähnlicher Weise wie bei $CaBo_6$ folgt das Radienverhältnis 2,3, das beobachtete ist nur 1,7.

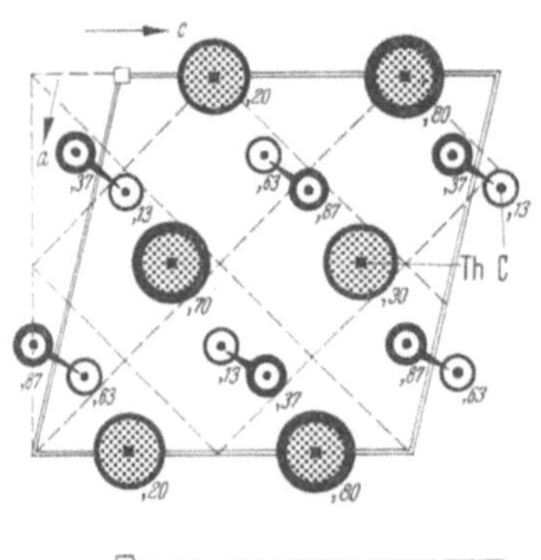

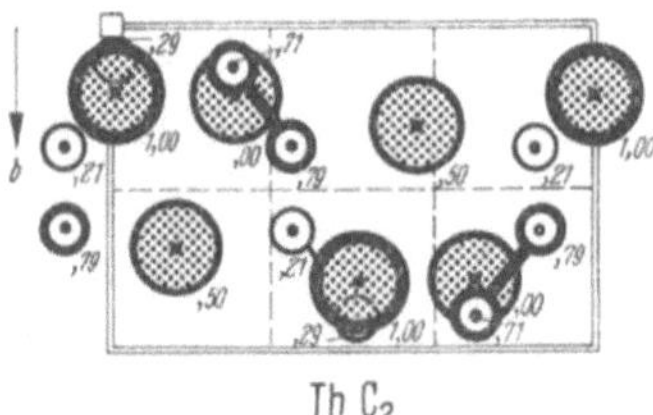

Abb. 3. ThC_2($N^{2,4}$,*1369*) C_{2h}^6 – C2/c
$a = 6{,}53$ $b = 4{,}24$ $c = 6{,}56$ Å $\beta = 104°$
4Th(*e*),00,202,25 8C(*f*),290,132,082

Daß in diesen Strukturen die Bindungsbeziehung der Bo-Atome vorherrscht ist naheliegend (LAVES 33a, KIESSLING 50). Das Elektronenangebot je Zelle kann wie folgt angenommen werden: $CaBo_6$ 22, $ThBo_4$ 64, UBo_{12} 168. Es kann eine A1-Korrelation angenommen werden (SCHUBERT 55b). Ein bis zwei Valenzelektronen der T werden für sich eine Korrelation bilden. Ebenso wie dem βW die tetragonale βU-Struktur verwandt ist, findet sich hier neben $CaBo_6$ das $ThBo_4$.

T-arme T-C-Verbindungen gibt es auffallend wenige, wenn man A-C-Verbindungen wie CaC_2 usw. außer Betracht läßt. Die durch Neutronenbeugung bestimmte $N^{2,4}$-Struktur von $\mathbf{ThC_2}$ (Abb. 3) gehört hierher. Man wird bei dieser Struktur ein zusammengesetztes Elektronenraster erwarten.

Die Struktur von Pu_2C_3 (Rb_2O_3-Typ, vgl. 5.3, Tab. 1) zeigt ebenso wie CaC_2 und ThC_2 Paarbildung der C. Die Pu haben die gleiche Anordnung wie U und Co zusammen in UCo, bilden also eine annähernde B^1-Struktur, in welche die C_2 eingelagert sind.

6.52 T-Oxyde. Die T^3-O-Phasen sind vorwiegend valenzmäßig zusammengesetzt: Die $T_2^3O_3$-Phasen kristallisieren im La_2O_3- und im Mn_2O_3-Typ, die bei den Antianionenpackungen der A-B-Phasen besprochen wurden. Beide Strukturen sind Übergangsgitter zwischen CaF_2 und CsCl. Bei La_2O_3 ist das angenähert kubisch primitive O-Gitter vollständig aber verzerrt und bei Mn_2O_3 ist es unvollständig aber annähernd unverzerrt. — Auch der Fluorittyp findet sich bei quasihomologen Phasen: z. B. CeO_2, PrO_2, ThO_2, UO_2.

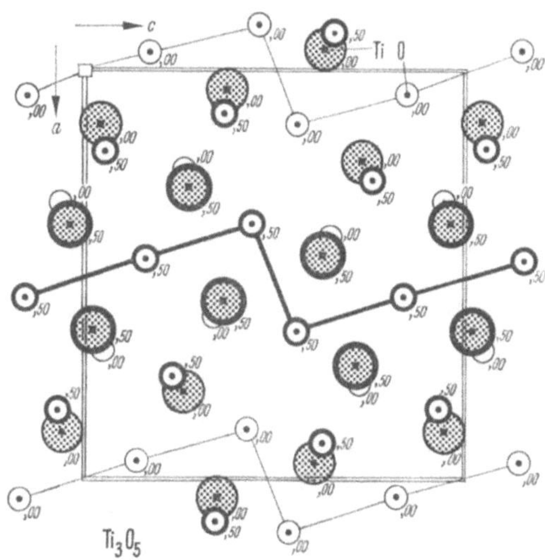

Abb. 1. **Ti_3O_5**(r,$N^{6,10}$, 59ÅM) C^3_{2h}–C2/m a = 9,752 b = 3,802 c = 9,442 Å β = 91,55° 3 · 4Ti(i),128,0,044 ,779,0,267 ,054,0,366 5 · 4O(i),676,0,060 ,241,0,245 ,588,0,345 ,953,0,158 ,866,0,441

Die T^4-O-Systeme sind reicher an verschiedenen Strukturen. Zunächst nehmen Ti(**H^2**) und Zr(**H^2**) bis 33 At.-% O auf, was bemerkenswert ist, weil eine Erhöhung der Außenelektronenkonzentration die B^1-Struktur stabilisieren sollte (vgl. 3.23). Man muß vielleicht annehmen, daß bei geringen O-Gehalten die Außenelektronenkonzentration erniedrigt wird. TiO($F_a^{1,1}$) hat 15% Leerstellen; deshalb hatten wir oben angenommen, daß die 4 Außenelektronen von Ti und die Valenzelektronen von O eine A1-Korrelation bilden. — Mit TiO ist im Gleichgewicht Ti_2O_3 das

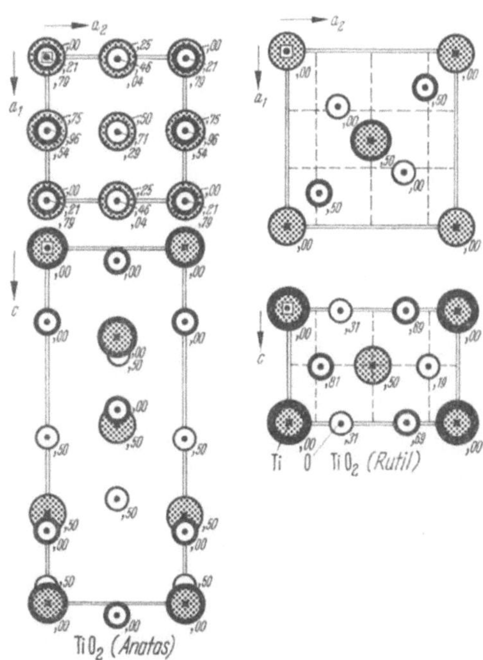

Abb. 2. **TiO_2**(Anatas, $U_b^{2,4}$,C5,*1*158,206) D^{19}_{4h}–$I4_1$/amd $a = 3{,}73$ $c = 9{,}37$ kX $c/a = 2{,}51$ 4Ti(a),0,0,0 8O(e),0,0,20_8; **TiO_2**(Rutil,$T_c^{2,4}$,C4,*1*155,204) D^{14}_{4h}–$P4_2$/mnm a = 4,58 c = 2,95 kX 2Ti(a),0,0,0 4O(f),31,31,00

die rhomboedrische Struktur von Al_2O_3 (4.61) und auch eine ähnliche Bindungsbeziehung hat. Die $N^{6,10}$-Struktur von $\mathbf{Ti_3O_5(r)}$ (Åsbrink/Magnéli 59, Abb. 1) leitet sich wieder von einer F^1-Lage der O ab, die Verteilung der Ti-Leerstellen hat eine gewisse Ähnlichkeit mit der Anordnung der Mo in der Struktur von Mo_3Al_8. Die $Q^{6,10}$-Struktur von $\mathbf{Ti_3O_5(h)}$ (vgl. SR*15*189) hat eine etwas weniger

Tabelle 1

Rutilfamilie, Zahlenangabe: c/a

TiO_2($T_c^{2,4}$-Rutil)-Typ					
MgF_2	0,66	*1*184	GeO_2	0,65	*2*262
MnF_2 [1]	0,68	*1*192	SnO_2	0,67	*1*210,*2*263
FeF_2	0,71	*1*192	PbO_2	0,68	*1*158
CoF_2	0,68	*1*193	TeO_2 [2]	0,79	*12*145 (*1*211)
NiF_2	0,66	*1*193	Ternäre Rutilphasen (z. T. mit Überstruktur) vgl. *8*152,*9*179		
PdF_2	0,69	*2*254	**VO_2**-Typ (Deformationsvariante des Rutiltyps)		
ZnF_2	0,66	*1*188	VO_2		56A
TiO_2	0,64	*1*204,*7*87	**MoO_2**-Typ (möglicherweise identisch mit VO_2-Typ, 55MA)		
VO_2 (Deformationsvariante)	0,63	*1*211, 53,56A	MoO_2		*11*261
NbO_2 (Unterstruktur)	0,62	*1*211, 55MAS	WO_2		*11*262
TaO_2	0,651	*18*257	TcO_2		55MA
CrO_2	0,65	*9*148	ReO_2		55MA
MnO_2	0,65	*1*212,*7*90			
RuO_2	0,69	*1*213			
OsO_2	0,71	*1*213			
IrO_2	0,70	*1*213			

[1] Magnetische Überstruktur mit 7facher c-Achse.
[2] Mit Überstruktur.

enge Beziehung zur NaCl-Struktur. — Die Verbindung TiO_2 zeigt drei verschiedene Strukturen. Die stabile ist die $T_c^{2,4}$-Struktur von $\mathbf{TiO_2}$ (Rutil, Abb. 2, Tab. 1), eine Verfeinerung wurde von Baur (56) durchgeführt. Wären die in Abb. 1 erkennbaren O-Oktaeder (die dem Ionenradienquotienten entsprechen) regulär, so müßte $c/a = 0{,}587$ sein; nach der elektrostatischen Gittertheorie wäre $c/a = 0{,}72$ bevorzugt (Bollnow 25, vgl. auch Baur 61); die beobachteten Werte liegen zwischen beiden Grenzen. Als B-Partner wurden nur O und F bekannt, während der T-Partner sehr variabel ist. Wird der Ionenradius größer als 0,7 so tritt bei homologen Verbindungen der CaF_2-Typ auf (Goldschmidt 34), der 8-Koordination des Kations zeigt. — Es wurden auch einige Überstruktur- und Verzerrungsabarten beschrieben. Als Beispiel führen wir die $M_b^{4,8}$-Struktur von $\mathbf{VO_2}$ (Abb. 3) an, bei dem sich die T in c_{C4}-Richtung zu Paaren anordnen. MoO_2 (SR*11*261) ist nach Magnéli/Andersson (55) möglicherweise isotyp mit VO_2. Eine weitere Deformationsvariante ist $CaCl_2$ (vgl. 7.58).

Während sich keine passende A1-Korrelation der Elektronen findet, zeigt eine A2-Korrelation ($a/3 \approx c/2 = a_{A2}$, PZ = 36, EA = 32) Verträglichkeit mit Atomlage und Vertretertabelle. Interessant sind die Abarten, bei denen T mehr als 4 Außenelektronen mitbringt. Man macht sich nämlich leicht klar, daß der Ortskorrelationsvorschlag nur vier energetisch vorteilhafte Plätze für die Außenelektronen eines T-Atoms bietet und 4 Plätze je Zelle hat, die im wesentlichen unbesetzt bleiben. Die Abarten zeigen offenbar Möglichkeiten mehr als 4 Außenelektronen je T energetisch tragbar unterzubringen. Es ist von Interesse, daß MnF_2 bei $c/a = 0{,}71$ eine magnetische Überstruktur (feststellbar mit Neutronenbeugung) hat, in der $c_{Ü} = 7c$ ist (Yoshimori 59). Bei unverzerrter A2-Korrelation würden dem $l_c = 30$ entsprechen.

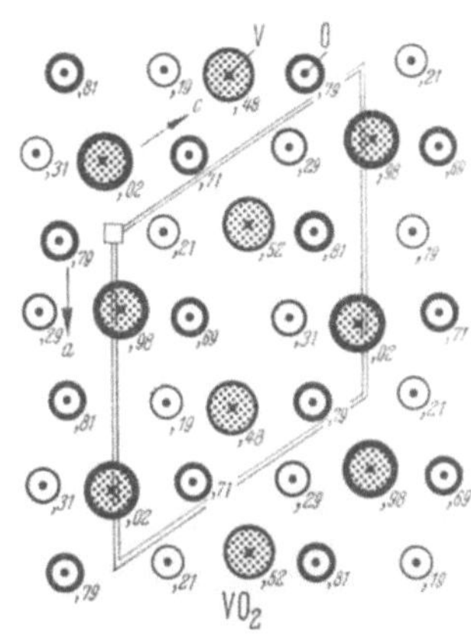

Abb. 3. $VO_2(M_b^{4,8}$, 56An) $C_{2h}^5 - P2_1/c$ $a = 5{,}743$ $b = 4{,}517$ $c = 5{,}375$ Å $\beta = 122{,}61°$ 4V(e),24,98,03 2 · 4O(e),10,21,20 ,39,69,29

Metastabil ist die $U_b^{2,4}$-Phase **TiO_2** (Anatas, Abb. 2) die Ti sind 6-koordiniert ($r_{Ti^{4+}}/r_{O^{2-}} = 0{,}48$) wie bei Rutil. Die Struktur kann als Leerstellenabart der NaCl-Struktur angesehen werden und könnte daher auch eine ähnliche Bindungsbeziehung haben wie $TiO(F_a^{1,1})$, die um 11% kleinere a-Konstante läßt jedoch eine Verwandtschaft mit der ReO_3-Familie vermuten ($a/2{,}5 = a_{A2}$, $l_c = 12{,}6 \approx 12$, PZ = 75, EA = 64). Das Achsverhältnis, bezogen auf die $F_a^{1,1}$-Zelle, ist 1,25. Nach der elektrostatischen Gittertheorie sollen die Leerstellen die tetragonale Verzerrung begünstigen (Bollnow 25). — Ebenfalls metastabil ist die $O^{8,16}$-Struktur von **TiO_2** (Brookit, SB1778, Pauling/Sturdivant neu gefeint Weyl 59, Baur 61). Die Struktur ist eine Stapelvariante der FeS_2- (Pyrit-) Struktur und gehört daher zu deren Bindungsbeziehung.

Im System Zr–O ist der Ionenradienquotient 0,66, so daß die hexaedrische Koordination der Zr mit O energetisch günstiger wird. Die Verbindung ZrO_2 hat außer metastabilen Modifikationen vom kubischen ($a_W = 5{,}08$ kX, SB1206) und tetragonal gedehnten ($a = 4{,}95$ kX, $c/a = 1{,}04$, SB1206) CaF_2-Typ eine stabile $M_a^{4,8}$-Modifikation **ZrO_2** (Abb. 4), die ebenfalls eng verwandt zum CaF_2-Typ, aber auch zum VO_2-Typ ist. [Die Bindungsbeziehung könnte sein $a_W/3{,}5 = a_{A2}$ (vgl. ReO_3), was ganz gut zur Translationsgruppe paßt.] Die Systeme Hf–O (Adam/Rogers 59) und Th–O zeigen ähnliche Phasen.

Das System V–O enthält einige Strukturen des Systems Ti–O, aber außerdem einige neue Gitter. Zwischen $VO_{1,67}$ und $VO_{1,87}$ fand Anderson (54) eine Reihe eng verwandter Strukturen, deren Beziehung zueinander wahrscheinlich ähnlich wie bei den unten zu betrachtenden MoO_{3-}-Phasen ist. — Die $O^{4,10}$-Struktur von $\mathbf{V_2O_5}$ (Abb. 5) ist mit den ReO_3-Verwandten (s. u.) zu vergleichen; das T-Atom ist annähernd 6-koordiniert mit O, und die O-Oktaeder haben teils gemeinsame Kanten und teils gemeinsame Ecken. Mit $a/8 \approx c/3 \approx b/2{,}5 = a_{A2}$, PZ $= 120$, EA $= 80$, ergibt sich ein Besetzungsverhältnis von 0,66. Die Systeme Nb–O und Ta–O zeigen einen ähnlichen Aufbau.

Im System Cr–O findet sich außer $Cr_2O_3(R_a^{4,6})$ und $CrO_2(T_c^{2,4})$ noch eine

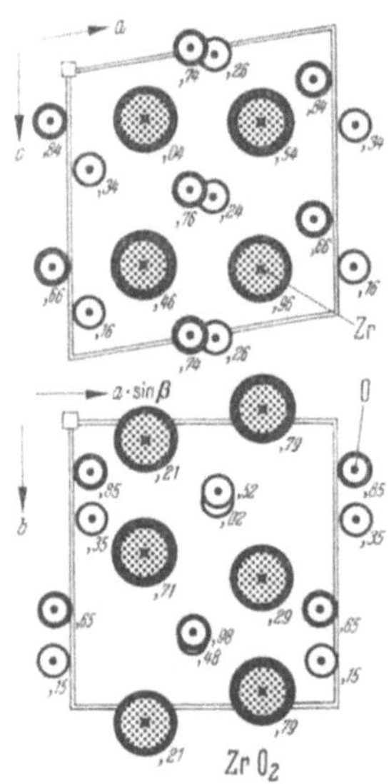

Abb. 4. $\mathbf{ZrO_2}$($M_a^{4,8}$,C43,*49*,59 MeT) $C_{2h}^5-P2_1/c$ $a = 5{,}17$ $b = 5{,}23$ $c = 5{,}34$ Å $\beta = 99{,}25°$ 4 Zr(*e*),28,04,21 2 · 4 O(*e*),07,34,35 ,45,76,48

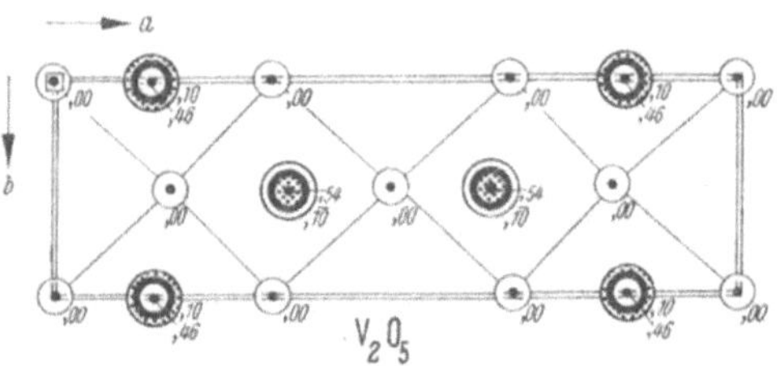

Abb. 5. $\mathbf{V_2O_5}$($O^{4,10}$,D8_7,*13232*) D_{2h}^{13}-Pmmn $a = 11{,}52$ $b = 3{,}56$ $c = 4{,}37$ Å 4 V(*f*),148,0,105 2 · 4 O(*f*),149,0,458 ,320,0,000 2 O(*a*),0,0,00

$Q_a^{2,6}$-Phase $\mathbf{CrO_3}$ (Abb. 6). Die *a*- und *b*-Achse sind gegenüber CrO_2 verdoppelt, die Zahl der Atome aber nur um den Faktor 2,7 ge-

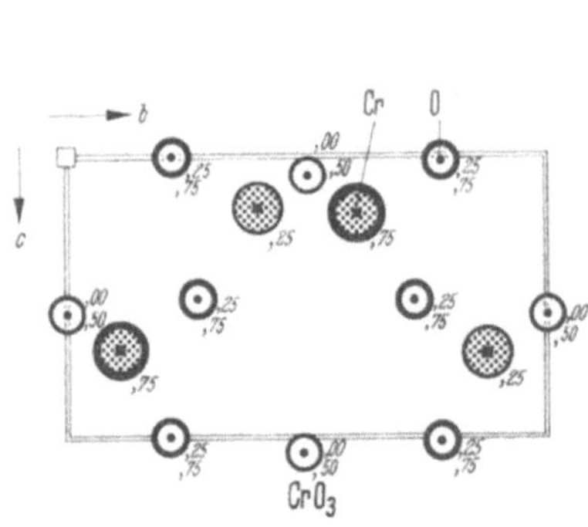

Abb. 6. $\mathbf{CrO_3}$($Q_a^{2,6}$,*13218*) $C_{2v}^{16}-$Ama $a = 5{,}743$ $b = 8{,}557$ $c = 4{,}789$ Å 4 Cr(*b*),25,403,194 2 · 4 O(*b*),25,222,000 ,25,278,500 4 O(*a*),0,0,556

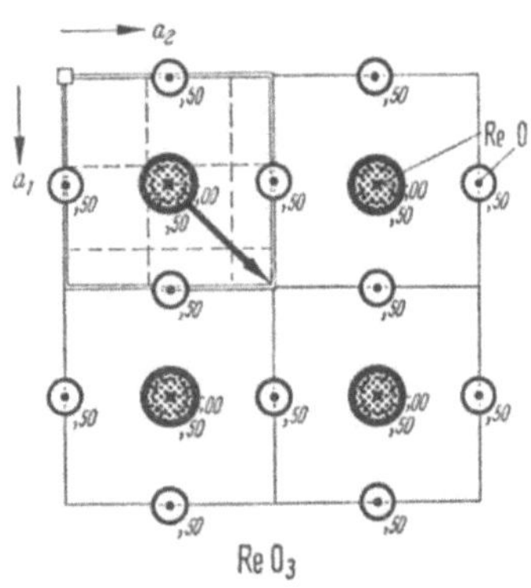

Abb. 7. $\mathbf{ReO_3}$($C_b^{1,3}$,DO$_9$,*231*,299) O_h^1-Pm3m $a = 3{,}73$ kX 1 Re(*a*),0,0,0 3O(*d*),5,0,0. Der Pfeil deutet eine mögliche Verwerfungsrichtung bei Phasen der Art MoO_{3-} an

stiegen. Die Struktur zeigt zwar eine 4-Koordination der Cr mit O, aber die Verwandtschaft zur $TiO_2(T_c^{2,4})$-Struktur ist noch erkennbar. Während a und b gute Kommensurabilität mit CrO_2 geben, ist die von c gebrochen. — Die $T_c^{2,4}$-Abarten MoO_2 und WO_2 haben wir oben erwähnt.

In der $C_b^{1,3}$-Struktur von $\mathbf{ReO_3}$ (Abb. 7, Tab. 6.53/1) sind die T ebenfalls oktaedrisch von O umgeben, aber die O-Oktaeder haben keine Kanten gemeinsam wie noch bei TiO_2 (Rutil) sondern nur Ecken. ScF_3 soll eine verzerrte Abart dieser Struktur zeigen (SB796), diese Verzerrung wurde jedoch nicht wiedergefunden (SCHUBERT/SEITZ 48). Dagegen zeigt $Sc(OH)_3$ eine innerlich verzerrte Abart (5.8). Die sehr stabile Phase $Na_{0,9}WO_3$ (Perowskit-Typ) unterscheidet sich von ReO_3 dadurch, daß in der großen Lücke ein Na liegt; die Gitterkonstante ist nur 3% größer.

Bei beiden Strukturen liegt eine A2-Korrelation der Valenzelektronen sehr nahe mit $a/2{,}5 = a_{A2}$, bei der die O in ähnlicher Weise umgeben sind wie bei TiO_2(Rutil). Die Außenelektronen der T-Atome können sich dieser Korrelation nur in unsymmetrischer Weise anpassen. So wird verständlich, daß die Verbindung $BaTiO_3$ eine elektrostatisch instabile Ti-Lage zeigt. Bei abfallender Temperatur fand man vier verschiedene Strukturen (SR*12*200): Oberhalb 120 °C: kubische Perowskitstruktur, 120 ... 0 °C: tetragonal verzerrte Perowskitstruktur (Ti an ein O angenähert), 0 ... −90 °C: orthorhombisch verzerrte Perowskitstruktur (Ti an 2 O angenähert), unterhalb −90 °C: rhomboedrisch verzerrte Perowskitstruktur (Ti an 3 O angenähert). Man kann daraus entnehmen, daß das Ti im Mittelpunkt des O-Tetraeders elektrostatisch instabil liegt und sich bei abnehmender Temperatur schrittweise in stabilere Lagen begibt. Die Instabilität des zentralliegenden Ti wird nach obigem Vorschlag durch die Ortskorrelation der Elektronen bedingt; zugleich gilt die Regel der Oktettkomplettierung der O, denn $BaTiO_3$ ist valenzmäßig aufgebaut. Die in allen Zellen gleichgerichtete Verlagerung des Ti gegenüber der symmetrischen Struktur führt in Verbindung mit der geringen Leitfähigkeit für den elektrischen Strom zur Erscheinung eines spontanen elektrostatischen Moments (Ferroelektrizität). — Das strukturelle Erscheinungsbild der ferroelektrischen Verbindungen ist allerdings mit $BaTiO_3$ bei weitem nicht erschöpft (vgl. z. B. MEGAW 57).

ReO_3 zeigt wie erwähnt die kubische Struktur (vielleicht wegen seiner Nichtkomplettierung), WO_3 dagegen verschiedene verzerrte Abarten: $\mathbf{WO_3(h)}$ (Abb. 8) hat eine $T^{2,6}$-Struktur, in der die Verschiebungen der W größer sind als die von Ti in $BaTiO_3$. Die Verschiebung mit wechselndem Vorzeichen muß als antiferroelektrisch angesehen werden. Für $\mathbf{WO_3(r)}$ (Abb. 8) wird eine $M_b^{4,12}$-Struktur angegeben mit ähnlichen Verschiebungen der W, aber unaufgelöster O-Lage. Unterhalb −50 °C soll noch eine höhersymmetrische ferroelektrische Phase liegen (MATHIAS/WOOD 51).

Die Strukturen um $\mathbf{MoO_{3-}}$ und $\mathbf{WO_{3-}}$ (SR*11*291f., *13*235, MAGNÉLI 53) lassen sich auf die ReO_3-Struktur in gewisser Weise zurückführen. Das Außenelektronenangebot ist kleiner als bei ReO_3, und durch einen Vorgang im Gitter wird die höhere Elektronenzahl wiederhergestellt.

Es können keine T für sich allein eingelagert werden, weil in einer ReO_3-Struktur keine unbesetzten O-Oktaeder vorhanden sind. Es werden vielmehr, ähnlich wie bei den Verwerfungen bei messingartigen

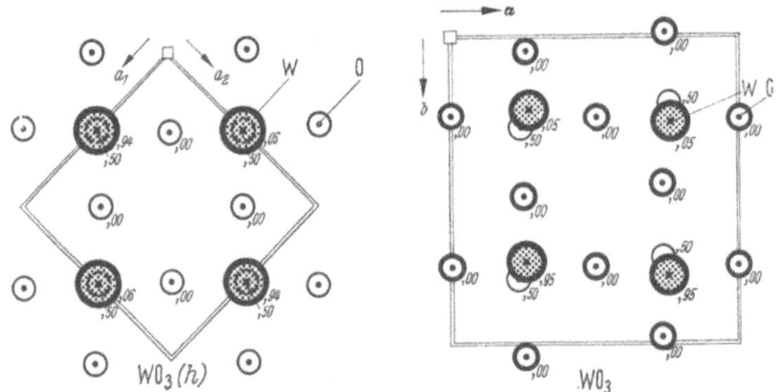

Abb. 8. $\mathbf{WO_3}$(h,$T^{2,6}$,*16230*) D^7_{4h}–P4/nmm $a = 5{,}27$ $c = 3{,}92$ Å $\sqrt{2}c/a = 1{,}05$ 2W(c),0,5,06 2O(c),0,5,5 4O(d),25,25,0; $\mathbf{WO_3}$(r,$M_b^{4,12}$, *17396*) C^5_{2h}–$P2_1/a$ $a = 7{,}274$ $b = 7{,}501$ $c = 3{,}824$ Å $\beta = 89°\,56{,}4'$ W(e),256,229,053 3 · 4O(e),25,03,00 ,00,25,00 ,25,28,50. 0-Lagen auf Grund sterischer Annahmen

Legierungen, parallele Ebenen geschaffen, in denen ein strukturell andersartiger Zustand, hier eine NaCl-Struktur angenähert wird, wogegen in den Räumen zwischen diesen Ebenen die ReO_3-Struktur herrscht.

Wir wollen aus Gründen, die wir sogleich verstehen werden, diese Ebenen kurz ebenfalls Verwerfungsebenen nennen und versuchen, ihre Lage bezüglich der ReO_3-Koordinaten mit der Bindungsbeziehung in Zusammenhang zu bringen. Aus mikroelastischen Gründen liegen $(hk0)$-Ebenen nahe. Zur Vereinfachung der Überlegung teilen wir die Atome der ReO_3-Zelle in solche der Art $\frac{1}{2}\,0\,\frac{1}{2}$ und $0\,\frac{1}{2}\,\frac{1}{2}$ und solche der Art $\frac{1}{2}\,\frac{1}{2}\,\frac{1}{2}$ und $\frac{1}{2}\,\frac{1}{2}\,0$; die Atome der ersten Art bleiben vom Verwerfungsprozeß unbeeinflußt, wenn der Verwerfungsvektor von der Art $(\mathbf{a}_1 + \mathbf{a}_2)/2$ ist (vgl. Abb. 7), was aus strukturellen Gründen naheliegt. Wir werden daher nur Atome der zweiten Klasse zeichnen, und von diesen nur die T-Atome. Die Strukturen entstehen dadurch, daß die Mo-Atome zwischen 2 Verwerfungsebenen alle um $\mathbf{v} = (\mathbf{a}_1 + \mathbf{a}_2)/2$ gegen die rechte Nachbardomäne verschoben sind (Abb. 9). Die Frage ist noch, welche Richtung der auf der Verwerfungsebene senkrechte Einheitsvektor $\mathbf{g}$ hat. Nun ist $\mathbf{v} \cdot \mathbf{g}$ die Dicke der durch die Verwerfung verlorenen Schicht des Elektronenraums und $a^2/\mathbf{a}_2 \cdot \mathbf{g}$ seine Länge je ReO_3-Zelle, d. h. $\mathbf{v} \cdot \mathbf{g}/\mathbf{a}_2 \cdot \mathbf{g} = (\mathbf{a}_1 \cdot \mathbf{g}/\mathbf{a}_2 \cdot \mathbf{g} + 1)/2$ der verlorene Bruchteil des Volumens jeder geschnittenen Zelle. Diese Beziehung ist in Abb. 10 dargestellt. Nehmen wir jetzt an, daß ähnlich wie bei den messingartigen Verwerfungsstrukturen eine Elektronenplatzebene je Verwerfungsdomäne fehlt, so kommen wir zu falschen Ergebnissen; bessere Ergebnisse stellen sich dagegen ein, wenn wir annehmen, daß 2 Elektronen-

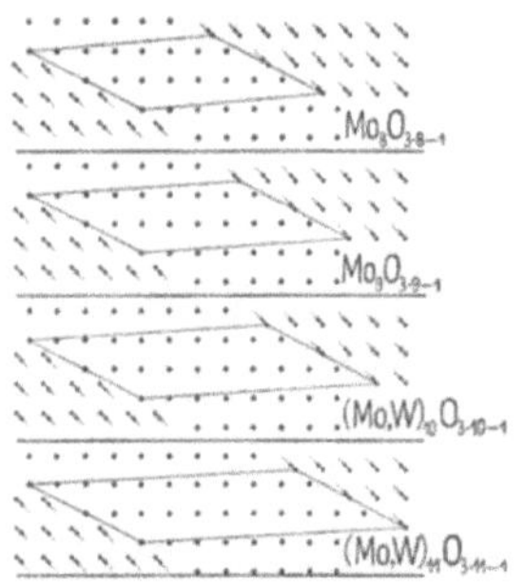

Abb. 9. T-Metall-Lagen einiger Abarten der ReO_3-Struktur (MAGNÉLI 48–53)

ebenen je Domäne fehlen (es äußert sich darin wohl ein Einfluß der Spinverteilung in der A2-Korrelation). Damit würde man einen Volumenverlust von 1/3 erwarten. In der Tat ist bei der Verbindung $\mathbf{W_{20}O_{3\cdot 20-2}}$ (SR*13*235, Magnéli) die Verwerfungsebene ($\bar{1}30$). Bei den anderen Strukturen dieser Gruppe ist jedoch ($\bar{1}20$) Verwerfungsebene, die zu 1/4 Volumenverlust führt. Es kann sein, daß dies durch die Auseinanderdrückung der Atome in der Nähe der Verwerfungsebene bedingt ist.

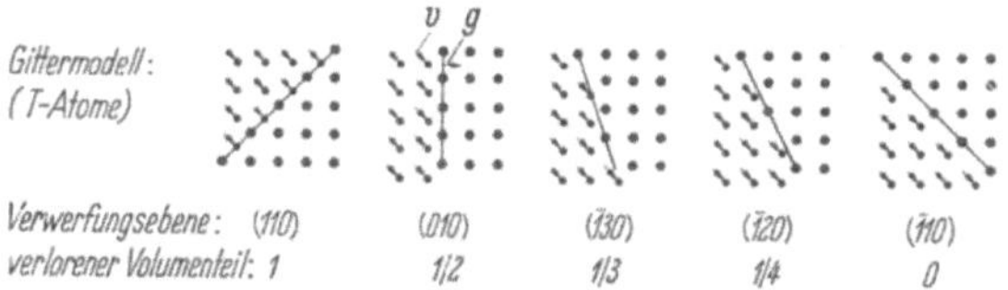

Abb. 10. Verwerfung des Re-Teilgitters in ReO_3 bei verschiedener Lage der Verwerfungsebene und dadurch erzeugten Verdichtung von Elementarzellen, die an der Verwerfungsebene liegen

In Abb. 9 sind einige Vertreter dieser Strukturengruppe schematisch entsprechend obigen Regeln gezeichnet: $\mathbf{Mo_8O_{3\cdot 8-1}}$ (SR*11*293, Magnéli), $\mathbf{Mo_9O_{3\cdot 9-1}}$ (SR*11*294, Magnéli), $\mathbf{(Mo, W)_{10}O_{3\cdot 10-1}}$ und $\mathbf{(Mo,W)_{11}O_{3\cdot 11-1}}$. Wir müssen nun noch die Kettenlänge annähernd in Richtung der langen Achse von Abb. 9 abschätzen. Da die für ReO_3 vorgeschlagene Ortskorrelation 32 Plätze je Zelle hat, von denen 25 besetzt sind, muß man im Vergleich zu ReO_3 mit einer Kettenlänge von 6 ... 13

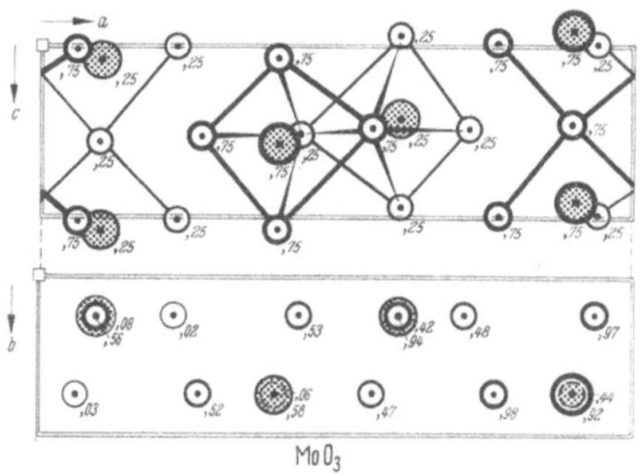

Abb. 11. $MoO_3(O_d^{4,12}$,*13*219) D_{2h}^{16}—Pnma $a = 13{,}85$ $b = 3{,}70$ $c = 3{,}97$ Å 4Mo(c),0998,25,084 3 · 4O(c),435,25,525 ,100,25,56 ,230,25,015

rechnen. Die Erfahrung gab die Werte 8 ... 11. Das obige reine W-Oxyd hat die Kettenlänge 20, weil hier auch die Verdichtung größer ist. Wie aus Abb. 9 hervorgeht, sind in der Elementarzelle immer 2 T-Ketten zusammengefaßt; dies rührt von einer Aufwellung der T-Lage her, wie wir sie schon bei WO_3 kennengelernt hatten. Auch ist die zur Zeichenebene von Abb. 9 senkrechte Achse deutlich verlängert wie bei WO_3.

Ein Endglied der MoO_3-Familie ist die $O_d^{4,12}$-Struktur von $\mathbf{MoO_3}$ (Abb. 11). Gegenüber den MoO_{3-}-Strukturen findet sich hier ein zweites Verwerfungssystem, welches bedingt, daß das O-Teilgitter vom F^1-Typ wird.

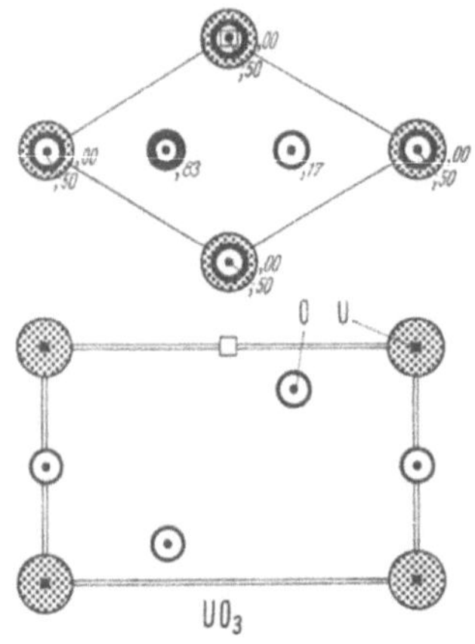

Abb. 12. $UO_3(\alpha, H_b^{1,3}, 11224)\ D_{3d}^3 - C\bar{3}m$
$a = 3{,}971 \quad c = 4{,}168$ Å $\quad c/a = 1{,}05$
1 U(a),0,0,0 1 O(b),0,0,5
2 O(d),333,667,17

Die Verbindung UO_2 hat eine CaF_2-Struktur ($a = 5{,}47$ Å), und bei höheren O-Gehalten treten Verzerrungen der Zelle und Ordnungen der O auf, (vgl. z. B. GRÖNVOLD 55, SIEGEL 55). Die Struktur von $\mathbf{U_4O_9}$ (BELBEOCH/PICKARSKI/PÉRIO 61) hat eine vervierfachte a-Achse. Eine einfache Struktur gibt die $H^{1,3}$-Zelle von $\mathbf{UO_3}(\alpha)$ (Abb. 12, vgl. Li_3N). Der Vorschlag für die Bindungsbeziehung $a/\sqrt{3} = \sqrt{2}a_{A2}, l_c = 9$, PZ = 27, EA = 24, wirft ein eigentümliches Licht auf die $UO_2(F_a^{1,2})$-Struktur. Die anderen Modifikationen der Verbindung sind erheblich komplizierter gebaut.

Tabelle 1/6.53. *ReO_3-Familie*

$ReO_3(C_b^{1,3})$-Typ (Abb. 1, 6.52/7), Zahlenangabe: $-x$

ScF_3 rhombo-edrisch verzerrt?	,25[1]	796, vgl. 47SchS	MoF_3	,25	*15*147
NbF_3	,25	57HJPW	ReO_3	,25	*23*1,299
TaF_3	,25	*15*147	Cu_3N	,25	*66*7

$VF_3(R_c^{2,6})$-Typ (Abb. 1)

TiF_3	,183	*18*351	CoF_3	,15	57HJPW, vgl. *22*91
VF_3	,145	*15*145	RuF_3	,100	57HJPW
CrF_3		57HJPW			
FeF_3	,164	57HJPW, vgl. *22*91			

PdF_3-Typ (Abb. 1)

RhF_3	,083	*22*91, 57HJPW	IrF_3	,083	57HJPW
PdF_3	,083	*22*91, 57HJPW	AlF_3 fast identisch		*34*0

ZrF_4-Typ

CeF_4	*12*168	UF_4	*12*168
TbF_4	*18*354	NpF_4	*12*168
ZrF_4	*12*168	PuF_4	*12*168
HfF_4	*12*168	AmF_4	*18*354
ThF_4	*12*168	PaF_4	

[1] Bezüglich der Beschreibung in D_{3d}^6.

Auch das System Mn–O enthält außer $MnO(F_a^{1,1})$, $Mn_3O_4(F_a^{6,8}D)$, $Mn_2O_3(B^{16,24})$, $MnO_2(T_c^{2,4})$ anscheinend noch weitere Phasen.

6.53 Einige T-Fluoride. An den Fluoriden vom CaF_2-, $TiO_2(T_c^{2,4})$-, LaF_3- und ReO_3-Typ erkennt man, daß F eine ähnliche Bindungsbeziehung wie O zeigen kann. Es gibt jedoch auch eine Reihe von eigenen Strukturtypen. Die $R_c^{2,6}$-Struktur von **VF_3** (Abb. 1, Tab. 1, S. 282) zeigt ebenso

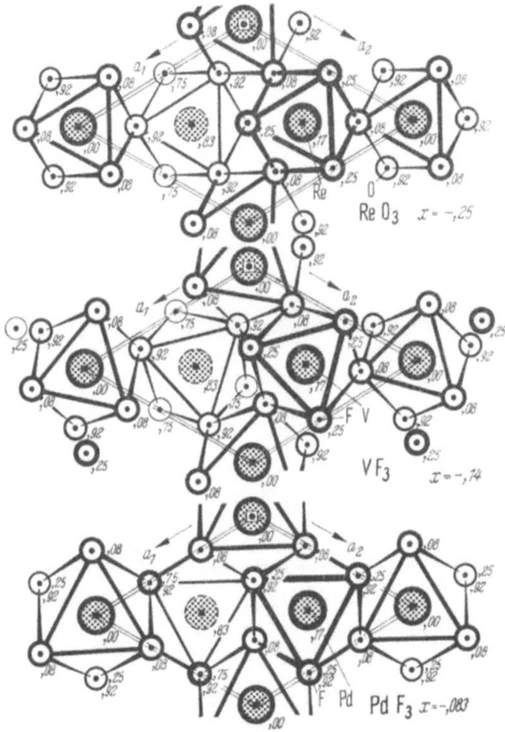

Abb. 1. **$VF_3(R_c^{2,6}$**, *15*145) $D_{3d}^6 - R\bar{3}c$ $a = 5{,}373$ Å $\alpha = 57{,}52°$ ($a_h = 5{,}17$ $c = 13{,}4$ Å) 2V(*b*),0,0,0 6F(*e*),$\overline{145}$,645,25; **PdF_3**($R_b^{2,4}$,DO_{12}, Beispiel für FeF_3-Typ, *234*, *290*) $D_{3d}^6 - R\bar{3}c$ $a = 5{,}523$ Å $\alpha = 53{,}93°$ ($a_h = 5{,}009$ $c = 14{,}118$ Å) 2Pd(*b*),0,0,0 6F(*e*),$\overline{083}$,583,25

wie ReO_3 nahezu reguläre F-Oktaeder, die je eine Ecke gemeinsam haben; die T-Atome bilden auch eine annähernd kubisch primitive Anordnung, aber es gibt eine deutliche alternierende Verdrehung der Oktaeder, welche bewirkt, daß in der primitiven Zelle 2 Verbindungseinheiten liegen. In der $R_b^{2,6}$-Struktur von **PdF_3** (Abb. 1, Tab. 1) ist die Verdrehung der Oktaeder so groß, daß eine $F(H^2)$-Lage entsteht. Die Verfasser weisen darauf hin, daß die Strukturvarianten eine klare Verteilung im Periodischen System zeigen. Die Phase **MnF_3** stellt eine $N^{6,18}$-Verzerrung der VF_3-Struktur dar.

Auch einige Aktinidenfluoride wurden untersucht, wobei allerdings meistens die F-Lagen nicht experimentell festgelegt wurden. Es ergaben sich eine Reihe neuer Typen: $\mathbf{ZrF_4}$ (SR*12*168, nur Translationsgruppe bekannt, Tab. 1) ist monoklin und isotyp zu einer Reihe weiterer Verbindungen. $\mathbf{U_2F_9}$ (Abb. 2) hat eine $B^{4,18}$-Struktur, bei der U von 9 F umgeben ist. $\mathbf{UF_5}(\alpha)$ (Abb. 3) zeigt eine $U^{1,5}$-Struktur. $\mathbf{UF_5}(\beta)$ hat eine $U^{4,20}$-Zelle; auch hier ist die F-Lage nur an Hand sterischer Betrachtungen festgelegt.

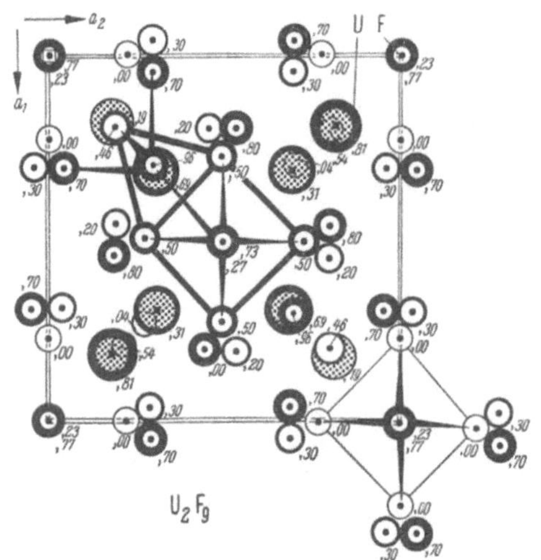

Abb. 2. $U_2F_9(B^{4,18}$,*11290*) T_d^3–I$\bar{4}$3m a = 8,472 Å 8U(c) ,187,187,187 12F(e),225,0,0 24F(g),20,20,46

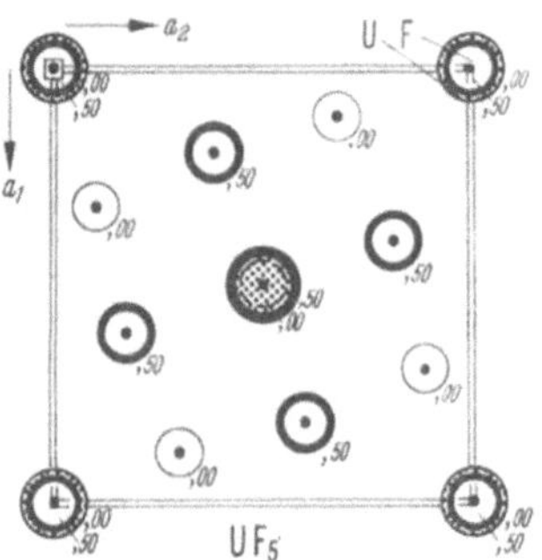

Abb. 3. $UF_5(\alpha, U^{1,5}$,*12169*) C_{4h}^5–I4/m a = 6,525 c = 4,472 Å 2U(a),0,0,0 2F(b),0,0,5 8F(h),315,113,000 Übereinstimmung zwischen beobachteten und gerechneten Intensitäten kann nicht als Bestätigung der F-Lage angesehen werden

6.6 Hydride von T-Metallen

Man weiß, daß die $T^{4\cdots5}$-Elemente exotherme H-Verbindungen bilden, während die übrigen T-Metalle so weit bekannt mit Ausnahme von Pd zur isothermen Auflösung von H-Energie benötigen. Während H sich in Oxyden asymmetrisch auf O-O-Abständen befindet, hat die Neutronenbeugung gezeigt, daß bei T-H-Legierungen die H-Atome in größeren Lücken des Metallgitters liegen z. B. bei NaH($F_a^{1,1}$), $CeH_2(F_a^{1,2})$, so daß man ihnen z. B. in ThH_2 (s. u.) einen Radius von etwa 0,6 Å zuordnen kann.

Die T-H-Strukturen lassen sich mit der Abhängigkeit der T-Elementstrukturen von der Außenelektronenkonzentration in Verbindung bringen. Ein merkwürdiges Verhalten zeigen die T^4-H-Systeme: Bei H-Gehalten von weniger als 67 At.-% H findet sich eine kubische Fluoritphase, bei H-Gehalten von nahezu 67 At.-% dagegen eine tetragonale, wobei das Achsverhältnis verglichen mit $T^4(h, B^1)$ proportional der Außenelektronenzahl der Mischung je T^4 ist (vgl. Abb. 3.21/4).

Diese Erscheinung kann vielleicht so verstanden werden, daß bei der Zusammensetzung T^4H_2 die Struktur von seiten der Atomlage kubisch wäre, so daß die verzerrende Wirkung der Elektronenkorrelation ($a/2 = d_{A1}$) zur Wirkung kommt. Bei geringeren H-Gehalten dagegen gesellt sich zur Wirkung der Elektronenkorrelation noch die Wirkung einer ungleichmäßigen H-Einlagerung, welche die Verzerrung vermöge Elektronenkorrelation gerade aufhebt. — Zr_2H soll allerdings eine CaF_2-Struktur mit $c/a = 1{,}08$ haben. — Eine Unterstützung für diese Vermutung wird gegeben durch das Auftreten der orthorhombischen Phasen $\mathbf{NbH_{0,7}}$ ($a = 4{,}83$, $b = 4{,}89$, $c = 3{,}44$ kX) und $TaH_{0,6}$ ($a = 4{,}72$, $b = 4{,}77$, $c = 3{,}42$ kX).

Die Struktur von Th_4H_{15} (Zachariasen 53) ist, wie Makarow (59) bemerkte, isotyp zu $Cu_{15}Si_4$ (5.3). In der Struktur liegt eine verzerrte B^1-Lage von Th vor. Der kleinste Th-Th-Abstand 3,87 Å ist deutlich größer als der Abstand im Element 3,59, so daß die Th überall durch H auseinandergehalten werden.

Die Phase $CrH(H_b^{2,2})$ (SR*1254*) ist hinsichtlich der Bindungsbeziehung mit dem Ru-Zweig der H^2-Struktur zu vergleichen und $CrH_2(F_a^{1,2})$ wohl mit dem Fe-Zweig der F^1-Struktur. Auch das stark exotherme $\mathbf{UH_3}$ ($C^{8,24}$) ferner PaH_3 hat im Messinggebiet eine isotype Struktur, das $AuZn_3$ (2.7). Die dort vorgeschlagene A2-Korrelation nimmt 6,75 Elektronen je Verbindungseinheit auf, was zu einer Bemerkung von Zachariasen (53) paßt, wonach U in UH_3 eine effektive Valenz von 4,6 hat. — Pd bildet mit **H** eine diamagnetische F^1-Phase, PdH_{1-}, die mit Ag zu vergleichen ist.

7. T-B-Phasen (außer T-B^L-Phasen)

7.1 T-$B^{0\cdots1}$-Legierungen

Als T-reichste Zwischenphase findet man bei T^A-$B^{0\cdots1}$-Legierungen die Struktur des $Cr_3Si(C^{6,2})$ (3.31). Etwas B-reicher ist die $F^{16,8}$-Struktur von $\mathbf{Ti_2Ni}$ (Abb. 1, Tab. 1), die Ni schließen sich zu Tetraedern zusammen, die die restliche Rumpfwechselwirkung des hochgefüllten *d*-Rumpfes erkennen lassen. Diese Tetraeder werden durch 4 Ti zu NaCl-artigen verzerrten Würfeln oder Tetraedersternen ergänzt, wobei aber jedes dieser Ti zu zwei verschiedenen gemischten Würfeln gehört, so daß die Würfel ein diamantartiges Gefüge bilden. Ein dieses Diamantgitter durchdringendes Diamantgitter bilden Ti_6-Oktaeder. Die Struktur ist ähnlich wie die σ-Struktur (T^{30}) von variabler Zusammensetzung (Nevitt/Downey/Morris 60). Sie lagert ferner B^L-Elemente ein, und zwar maximal 1/6 C oder O je T. Die Struktur wird dann sehr ähnlich oder identisch (Nevitt 60) dem W_3Fe_3C-Typ (6.34). Das Lösungsvermögen für B^L-Elemente entspricht der Bildung zweikomponentiger Einlagerungsstrukturen, und ferner Beobachtungen beim Mn_5Si_3-Typ

(7.41); es ist ein Zeichen für die Bedeutung der Elektronenabzählung. Merkwürdigerweise nehmen nach NEVITT (60) Phasen mit höherer Außenelektronenkonzentration leichter O auf. NEVITT gibt dafür einen Deutungsvorschlag, wonach O Valenzelektronen absorbieren soll.

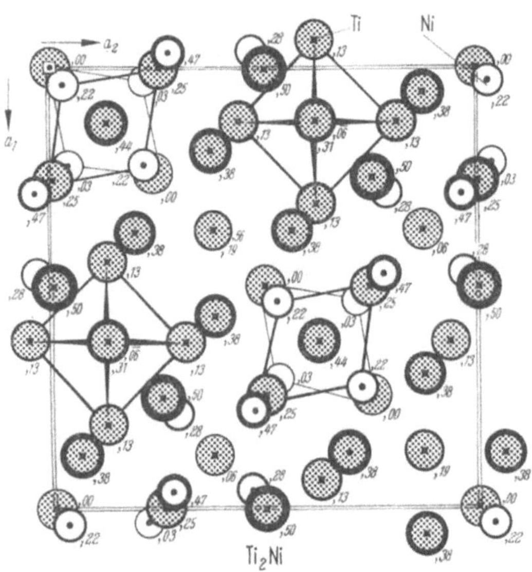

Abb. 1. $Ti_2Ni(F^{16,8}$, 59YBP) O_h^7–Fd3m $a = 11{,}278$ Å 16 Ti(*c*) ,0,0,0 48 Ti(*f*),810,125,125 32 Ni(*e*),215,215,215. Es ist nur die untere Hälfte der Zelle gezeichnet

Tabelle 1

$Ti_2Ni(F^{16,8})$-Typ

Sc_2Pd	62Nev	Hf_2Fe	60NDM	$Hf_{67}Ru_{10}Ni_{23}$	60NDM
Ti_2Co	*1391*	Hf_2Co	60NDM	$Hf_{67}Os_{10}Ni_{23}$	60NDM
Ti_2Ni	*1391*,	Hf_2Rh	58NSc	$Hf_{67}Rh_{16}Ni_{17}$	60NDM
	59YBP	Hf_2Ir	58NSc	$Hf_{67}Ir_{14}Ni_{19}$	60NDM
Ti_2Pt?	39LW	Hf_2Pt	58NSc	ferner viele durch B^L	
Hf_2-Mn	60NDM	Nb_3Fe_2	57Go	stabilisierte Phasen	

Bei 33 ... 67% B stellen sich z. T. einfache Strukturen ein, die dem CuAu verwandt sind. Auf die dem $MoSi_2$ isotypen Strukturen mit gedehnter B^1-Unterstruktur der Art Zr_2Cu waren wir früher (3.21) zur Illustration des Ortskorrelationsvorschlages für die B^1-Strukturen vom Vanadinzweig eingegangen. Auch bei B-reicheren Strukturen gilt ein ähnliches Bauprinzip. Die CuAu-Modifikation von $TiCu_{1+}$ hat $MnAu_{1+}$ als quasihomologisotypen Verwandten (Abb. 2). Dagegen zeigt **$TiCu_{1-}$** (Abb. 2) eine anders gestapelte $T_b^{2,2}$-Struktur; **$MnAu_{1-}$** behält zwar die alternierende Stapelfolge, schlägt aber in eine orthorhombisch pseudotetragonale $C^{1,1}D$-Struktur um mit $c/a = 1{,}05$. — Bei der Zusammensetzung TB_2 finden sich mehrere Vertreter des ungedehnten $MoSi_2$-Typs (Tab. 7.43/1), die nahezu hexagonale (110)-Schichten zeigen. **Nb_3Au_2** (Abb. 2) hat die Stapelfolge TTTBB ($U^{3,2}$-Struktur). — Hierher gehören auch einige $C^{1,1}$-Strukturen wie TiNi, TiCo, TiFe. Da man diesen Strukturen die aufgefüllte Bindungsbeziehung des Ti zuordnen kann,

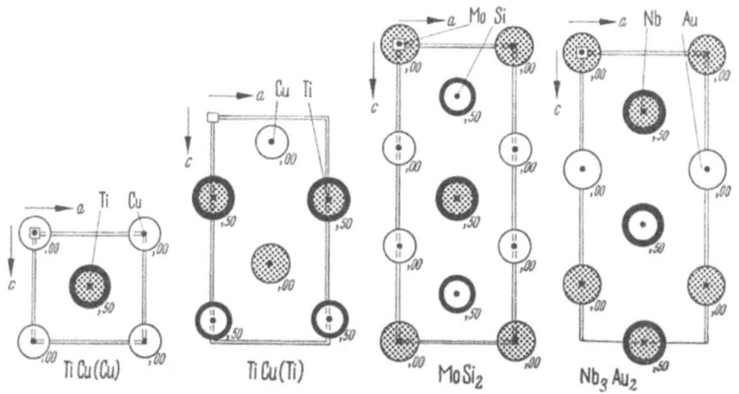

Abb. 2. Tetragonale CuAu-Varianten die bei T-B¹-Legierungen auftreten
TiCu(Cu)($T_b^{1,1}$,$L1_0$,*1570*) D_{4h}^1–P4/mmm $a = 3{,}13$ $c = 2{,}82$ Å $3c/a = 2{,}71$ 1 Cu(*a*),0,0,0 1 Ti(*d*),5,5,5; **TiCu(Ti)**($T_b^{2,2}$,B11,*1569*) D_{4h}^7–P4/nmm $a = 3{,}11$ $c = 5{,}89$ Å 2 Cu(*c*),0,5,10 2 Ti(*c*),0,5,65; **$MoSi_2$**($U_b^{1,2}$,C11b,*1740*) D_{4h}^{17}–I4/mmm $a = 3{,}20$ $c = 7{,}86$ kX 2 Mo(*a*),0,0,0 4 Si(*e*),0,0,3_3; **Nb_3Au_2**($U^{3,2}$, 60SchMi) D_{4h}^{17}–I4/mmm $a = 3{,}37$ $c = 5 \cdot 3{,}03$ kX 2 Nb(*a*),0,0,0 4 Nb(*e*),0,0,40 4 Au(*e*),0,0,20

ist es besonders bemerkenswert, daß TiCu($C^{1,1}D$) wieder von TiZn($C^{1,1}$) benachbart ist. Man kann dies als Anzeichen für Zusammenwirken zweier Ortskorrelationen ansehen.

Im B-reichen Gebiet findet man messingähnliche Strukturen, d. h. dichteste Kugelpackungen; allerdings sind die Typen der Überstrukturen z. T. (z. B. $ZrAu_4$, 2.43) von den eigentlichen messingartigen Typen unterschieden, was bedeutet, daß die T^A ihre Bindungsbeziehung nicht wie die elektronenreichen B-Komponenten in messingartigen Legierungen an die elektronenarmen B-Komponenten angleichen, sondern selbständiger ausbreiten.

7.2 T-B²-Legierungen

Mit B² findet man messingartige Legierungsphasen und ferner Phasen der folgenden Strukturen:

$ThMn_{12}$-Typ: z. B. $MoBe_{12}$ (vgl. 3.42),
$NaZn_{13}$-Typ: z. B. $ZrBe_{13}$, $LaBe_{13}$ (5.22),
$CaZn_5$-Typ: $ZrBe_5$, $LaZn_5$ (3.42),
$MgZn_2$-Typ: $FeBe_2$ (3.41),
Cu_2Mg-Typ: $TiBe_2$ (3.41).

Alle diese Strukturen gehören zu den Mehrfachersetzungsstrukturen dichtester Kugelpackungen, wie sie bei valenzelektronenarmen Phasen energetisch vorteilhaft sind. Strukturen mit Einfachersetzung sind der Zr_2Cu-Typ z. B. bei Ti_2Zn, Zr_2Zn (3.21) und der TiCu-Typ bei TiCd (7.1), sie weichen von den messingartigen Strukturen deutlich ab.

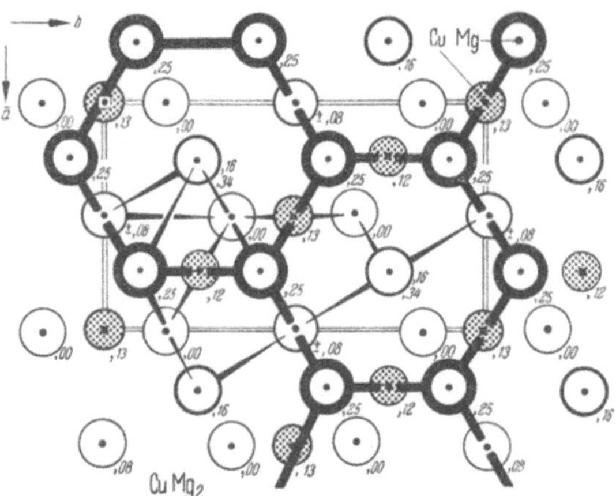

Abb. 1. **$CuMg_2$**($S^{4,8}$,*864*) D_{2h}^{24}–Fddd $a = 5{,}284$ $b = 9{,}07$ $c = 18{,}25$ Å 16 Cu(*g*),0,0,128 16 Mg(*g*),0,0,411 16 Mg(*f*),0,161,0. Es ist nur ein Teil der Zelle gezeichnet

Legierungsphasen mit Mg finden sich wegen des großen Atomradius verhältnismäßig wenige. Es sind zu erwähnen die $S^{4,8}$-Struktur von **$CuMg_2$** (Abb. 1, Tab. 1) und die $H^{6,12}$-Struktur von **$NiMg_2$** (Abb. 2). Jedes Cu in $CuMg_2$ ist umgeben von zwei weiteren Cu und 8 Mg, die zusammen ein verschränktes Hexaeder bilden. Wie bei $CuAl_2$ kann man

Tabelle 1

$CuMg_2$($S^{4,8}$)-Typ		**$NiMg_2$($H^{6,12}$)**-Typ		**Mn_2Hg_5($T^{4,10}$)**-Typ	
$CuMg_2$	*864*	$NiMg_2$	*1595*	Mn_2Hg_5	61dW
				V_2Ga_5	62SchMi
				Mn_2Ga_5	62SchMi

Strukturschichten erkennen, die parallele Cu-Ketten enthalten. Durch verschiedene Stapelung dieser Schichten kann man die Strukturen von $CuAl_2$, $CuMg_2$ und $NiMg_2$ erzeugen. Bei $CuAl_2$ laufen alle Ketten parallel, bei $CuMg_2$ wechseln sie zwischen 2 Richtungen ab, die einen Winkel von 60° miteinander einschließen, und bei $NiMg_2$ wechseln sie zwischen 3 Richtungen ab, die in einer Ebene liegen und jeweils einen Winkel von 60° miteinander bilden. Diese Art Homöotypie der $CuAl_2$-Struktur ist verwandt der Homöotypie, die von $MoSi_2$ zu $CrSi_2$ und

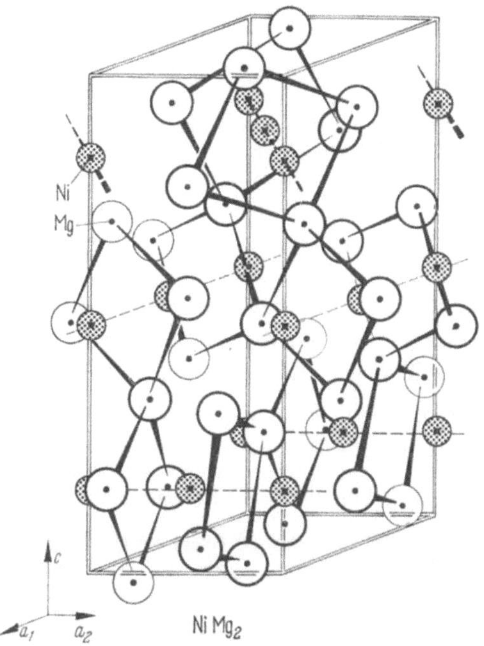

Abb. 2. **$NiMg_2$**($H^{6,12}$,*1595*) $D_6^4-C6_22$ $a=5{,}19$ $c=13{,}22$ Å 3 Ni(*b*),0,0,5 3 Ni(*d*),5,0,5 6 Mg(*f*),5,0,1 1 1 6 Mg(*i*),1 6 7,3 3 3,0. Atome außerhalb der Elementarzelle sind dünner gezeichnet

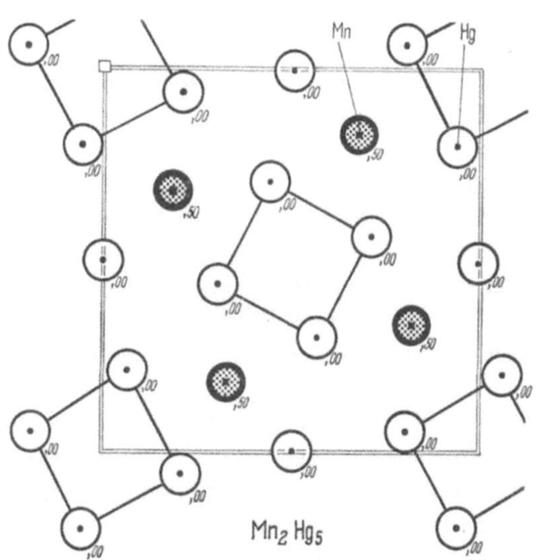

Abb. 3. **Mn_2Hg_5**($T^{4,10}$ 61dW) D_{4h}^5-P4/mbm $a = 9{,}758$ $c = 2{,}998$ Å $c/a = 0{,}307_2$ 4 Mn(*h*),180,680,500 2 Hg(*d*) ,500,000,000 8 Hg(*i*),063,204,000

$TiSi_2$ führt (7.43). Im T-B^L-Gebiet ist Mn_4B eine V-Variante der Struktur von $CuMg_2$.

Wegen des geringen Valenzelektronenangebots besteht eine Tendenz der Valenzelektronen, in eine A2-Korrelation überzugehen. Soll diese in der Basis das Raster $a_{CuMg_2}/2 = a_{A2}$ haben, so liegt eine hexagonale Anpassung der Metrik der $(110)_{A2}$-Ebene nahe. Dies führt zu PZ = 80 = EA und zu der Möglichkeit de vorliegenden Stapelvariation. Andererseits scheint auch Durchdringungskorrelation möglich.

Eine hierhergehörige Verwandte der $NiHg_4$-Struktur (2.67) ist die $T^{4,10}$-Struktur von $\mathbf{Mn_2Hg_5}$ (Abb. 3). Jedes Mn ist von 10 Hg umgeben, während in $NiHg_4$ die Koordinationszahl 8 ist. Würde man das zentrale Hg-Quadrat um einen gewissen Betrag verdrehen, so hätte man einen ähnlichen Typ wie $NiHg_4$ erhalten. $\mathbf{Ti_3In_4}$($T^{6,8}$) ist R-Variante.

Der metrische Vergleich im System Mn–Ga, das beide Strukturen enthält, legt nahe $a/\sqrt{10} = a_{A2}$, $d_{El} = 2{,}67$ Å, $l_c = 2$, PZ = 20 = VEA. Die Atomlage ist der Korrelation angepaßt. Die Außenelektronen der Mn bilden wohl mit den Rumpfelektronen der Hg eine gemeinsame Korrelation.

Die kubischen Phasen $MoBe_{22}$, WBe_{22}, $ReBe_{22}$ gehören zum $ZrZn_{22}$-Typ (Kripiakewitsch/Gladyschewsky 63).

7.3 T-B³-Legierungen

Diese Legierungen sind reich an verschiedenartigen Strukturen. Besonders T-Al-Legierungen zeigen Al-reiche Zwischenphasen. Raynor (49) (vgl. auch Pratt/Raynor 51) schlug vor, daß die T-Atome Valenzelektronen in ihre *d*-Schale absorbieren und daß die Al-reichsten Zwischenphasen dann annähernd die gleiche VEK 2,1 haben. Es wurde in der Tat bestätigt, daß T-Atome Elektronen absorbieren können (vgl. Abb. 1.61/3), so daß in T-armen Legierungen das magnetische Moment der T völlig unterdrückt werden kann (z. B. TSi_2: Foex 38, Mn-Al: Vogt 53, Köster/Wachtel 60, $NiAl_3$, $CoAl_4$, $FeAl_3$, $MnAl_6$, $CrAl_7$: Foex/Wucher 54). Aber Black (55b) vermutet auf Grund von Fouriersynthesen der Elektronendichte in T-Al-Phasen, daß der Elektronenrücktritt geringer als nach Raynor anzunehmen sei, und Ray/Smith (60) nehmen ebenfalls auf Grund ihrer Differenzfouriersynthesen von V_4Al_{23} an, daß eine weitgehende Absorption von Valenzelektronen durch die V unwahrscheinlich sei. — Jedenfalls regte Raynors Annahme ein umfangreiches strukturelles Studium an Al-Legierungen durch W. H. Taylor und seine Mitarbeiter an, das viele komplizierte Typen zutage förderte.

Einige Zwischenphasen des T^A-B^3-Gebiets haben eine F^1-Unterstruktur und wurden daher schon bei messingartigen Phasen besprochen. Der Grund für das Auftreten von F^1R-Strukturen bei T-B^3-Legierungen liegt z. T. in einem hinreichend großen T-Radius; allerdings zeigt Mo-Al außer F^1R-Strukturen auch ikosaedrische (s. u.) Strukturen, so daß vermutlich auch das Verhältnis der Elektronenabstände von Bedeutung ist. Auch die Phasen mit B^1-Unterstruktur im T^B-B^3-Gebiet z. B. NiAl und seine Leerstellenabarten wie Ni_2Al_3 und $PtAl_2(F_a^{1,2})$ wurden bei messingartigen Phasen betrachtet. Die Bindungsbeziehung ergab sich als ähnlich wie bei den Anionenpackungen.

7.31 Ikosaedrische Koordinationspolyeder und deren Verschmelzung. Die $B^{1,12}$-Struktur von $\mathbf{WAl_{12}}$ (Abb. 1, Tab. 1) kann als RVD-Abart einer F^1-Struktur aufgefaßt werden. Die W sind ikosaedrisch von Al umgeben. Ähnlich wie bei $CoAs_3$ erkennt man schräg gestellte Oktaeder der Mehrheitskomponente. Jedes Al gehört zu genau einem W, und die WAl_{12}-Gebilde liegen in möglichst dichter Packung. Es ist auffallend, daß diese und die im folgenden beschriebenen Strukturen ausschließlich mit Al als B^3-Komponente aufzutreten scheinen. Die Tatsache entspricht dem Befund, daß Al unter seinen Homologen allein vom F^1-Typ ist.

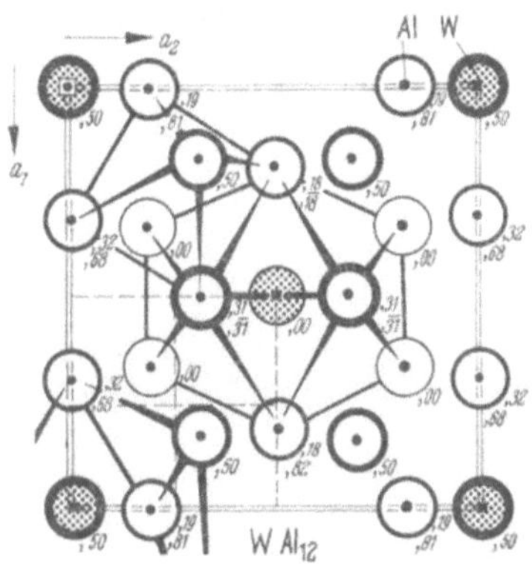

Abb. 1. $WAl_{12}(B^{1,12}$, *1830*) T_h^5–Im3
$a = 7{,}58$ Å 2 W(a),0,0,0 24 Al(g),000,184,309

Die früher (SCHUBERT 56b) vorgeschlagene Al-Korrelation mit $a/3 = a_{A1}$, PZ $= 108$ kommt dem folgenden zu dem von Al analogen Vorschlag schon nahe: $a/4 = d_{A1} = 1{,}90$, $l_c \approx 6$, PZ $= 96$, EA $= 84$. Die besondere Al-Lage in WAl_{12} ist vom Standpunkt der Atomradien, die bei den Komponenten fast gleich sind, nicht zu verstehen, eher wohl vom Standpunkt der Ortskorrelation. Wenn sich, wie oben angenommen, eine einheitliche Ortskorrelation ausbildet, dann wäre jedes W eine Stelle starker Kontraktion des Elektronengitters, so daß es sich mit vielen Al zu umgeben sucht, weil dadurch ein Abreißen der Korrelation verhindert werden kann. — Ein Vergleich von WAl_{12} mit WAl_5 erscheint wünschenswert.

Tabelle 1

WAl_{12}-Familie					
$WAl_{12}(B^{1,12})$-Typ		**$V_7Al_{45}(N^{7,45})$-Typ**		**$V_4Al_{23}(H^{8,46})$-Typ**	
$MoAl_{12}$	*1830*	V_7Al_{45}	59Bro	V_4Al_{23}	57SR
WAl_{12}	*1830*	Cr_7Al_{45}	60Co	**$Co_2Al_5(H^{8,20})$-Typ**	
$ReAl_{12}$	62KK	**$Mn_3Al_{10}(H_b^{6,20})$-Typ**		Co_2Al_5	*611*,175
$(CrMn)Al_{12}$	*1830*			Fe_3NiAl_{10}	*815*
$VAl_{10}(F^{4,40})$-Typ		Mn_3Al_{10}	59Ta		
VAl_{10}	57Bro	Mn_3Al_9Si	*1611*		
$Cr_2Mg_3Al_{18}$	54Sa				

Auch in der $F^{4,40}$-Zelle von **VAl_{10}** (Abb. 2, Tab. 1) sind die T-Atome ikosaedrisch von Al-Atomen umgeben. Zwei in ⟨110⟩-Richtungen benachbarte Ikosaeder haben jedoch hier ein gemeinsames Al. Es ist zweckmäßig, in der Struktur auch die Al-Oktaeder zu betrachten, die durch ein konzentrisches V-Tetraeder zu einem Element einer F^1-Struktur ergänzt werden. Nun sucht sich ein V von möglichst vielen Al zu

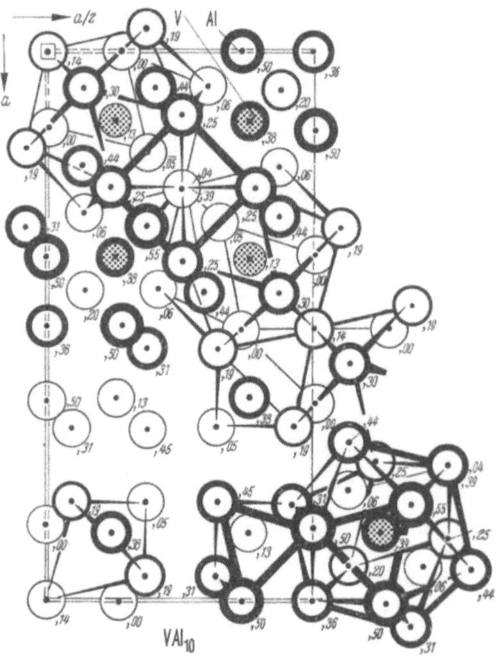

Abb. 2. VAl_{10}($F^{4,40}$, 57Bro) O_h^7 – Fd3m a = 14,492 Å 16 V(c) ,125,125,125 16 Al(d),625,625,625 48 Al(f),141,0,0 96 Al(g),065,065,301

umgeben, so daß die VAl_{12}-Gebilde gleichsam die Moleküle dieser Struktur werden. Da jedes Molekül mit seinen 4 Nachbarn ein Atom gemeinsam hat, folgt die genannte Zusammensetzung. Die Struktur ist nahezu isotyp zu $Cr_2Mg_3Al_{18}$, das aber 8 Atome mehr in der Elementarzelle hat und zu $ZrZn_{22}$ (Samson 54, 61). Die Struktur ist ferner verwandt der von W_3Fe_3C. — Auf Grund einer gemessenen Dichte von VAl_{10} ist nach Brown das Atomvolumen anomal groß.

Die Bindungsbeziehung von VAl_{10} dürfte im Hinblick auf die metrische Verwandtschaft der Translationsgruppe zu WAl_{12}, dessen Bindungsbeziehung, eng verwandt sein. Das Elektronenangebot je 1/8 Kubus ist hier nur 70 im Mittel, aber wegen der ungleichmäßigen Atomverteilung stark schwankend. Im vorliegenden Fall ist vermutlich eine gitterartige Ortskorrelation nur ein Behelf für eine in V zentrierte, nicht einem einfachen Translationsgitter, sondern eher einem Ikosaeder ähnlichen Ortskorrelation, die ihre relative Stabilität wohl gewinnt durch die verhältnismäßige Ungünstigkeit der Korrelation in Al.

Bei höheren T-Gehalten kann nicht mehr jedes T ikosaedrisch von lauter Al umgeben werden. Trotzdem ist die ikosaedrische Koordination offenbar so günstig, daß ein struktureller Prozeß stattfindet, den wir

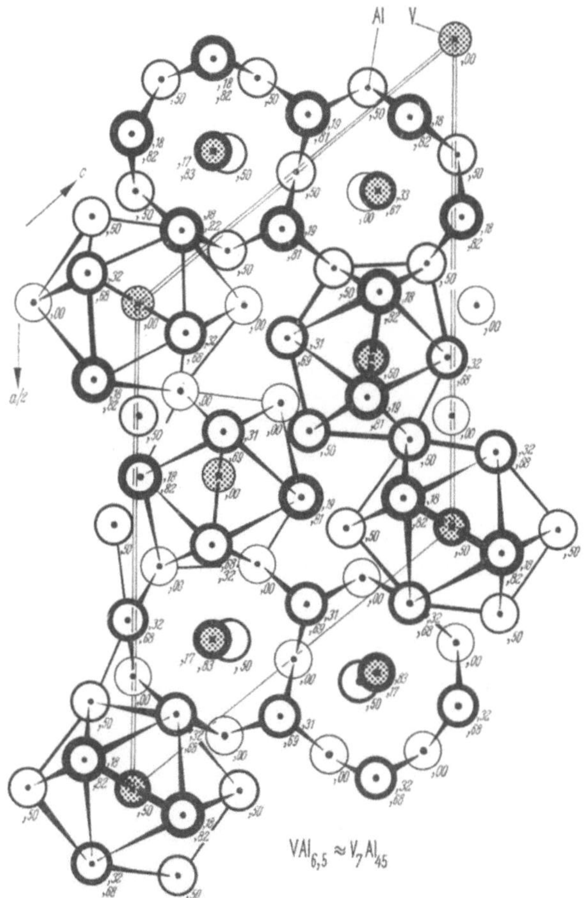

Abb. 3. $V_7Al_{45} \approx VAl_{6,5}$($N^{7,45}$, 59Bro) $C_{2h}^3 - C2/m$ $a = 25{,}604$ $b = 7{,}621$ $c = 11{,}081$ Å $\beta = 128{,}9°$ 2V(*a*),0,0,0 4V(*i*),251,0,263 8V(*j*),086,327,753 2Al(*d*),0,5,5 8 · 4Al(*i*),616,0,003 ,294,0,076 ,376,0,387 ,521,0,284 ,082,0,720 ,129,0,144 ,091,0,337 ,226,0,460 7 · 8Al(*j*),181,183,009 ,068,318,148 964,180,136 ,310,318,242 ,045,194,467 ,165,307,475 ,206,314,278

kurz *Ikosaederverschmelzung* nennen wollen: Dabei treten T-Atome in Berührung, wahren aber ihre ikosaedrische Umgebung, so daß eine oder mehrere Ecken der Al-Ikosaeder von T-Atomen besetzt werden. Die Ikosaederverschmelzung ist analog zu der Erscheinung, daß bei F^1R-Strukturen mit mehr als 25 At.-% T notwendig T-Kontakte stattfinden müssen; so zeigt z. B. Mo_3Al_8 Mo-Paare (2.36). Die energetische

Vorteilhaftigkeit der Ikosaeder wird auch erkennbar an abnormal kleinen T-Al-Abständen (vgl. TAYLOR 54).

Eine Verschmelzung von je 2 Ikosaedern findet man in der $N^{7,45}$-Struktur von $\mathbf{V_7Al_{45}} \approx VAl_{6,5}$ (Abb. 3, Tab. 1). Eine Verschmelzung

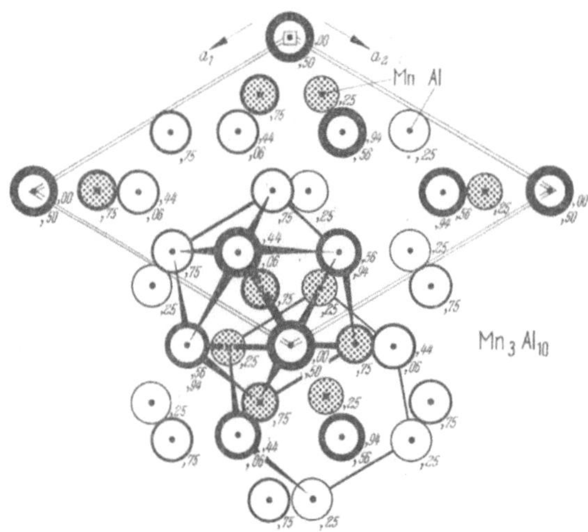

Abb. 4. $\mathbf{Mn_3Al_{10}}$($H_b^{6,20}$, 59T) D_{6h}^4-C6/mmc $a = 7{,}543$ $c = 7{,}898$ Å 6 Mn(h),122,244,25 2 Al(a),0,0,0 6 Al(h),455,910,25 12 Al(k) ,199,398,$\overline{063}$ ähnlich $\mathbf{Co_2Al_5}$($H^{8,20}$,$D8_{11}$,611,175) D_{6h}^4-C6/mmc $a = 7{,}66$ $c = 7{,}59$ kX 2 Co(d),333,667,75 6 Co(h),128,256,25 2 Al(a),0,0,0 6 Al(h),467,934,25 12 Al(k),196,392,$\overline{061}$

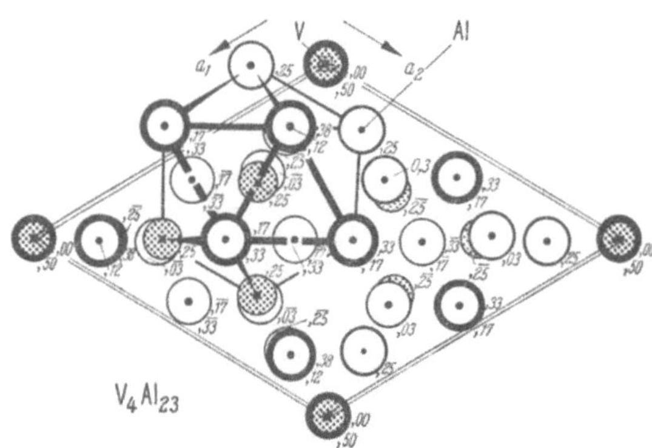

Abb. 5. $\mathbf{V_4Al_{23}}$($H^{8,46}$, 57SR) $D_{6h}^4-P6_3/mmc$ $a = 7{,}693$ $c = 17{,}04$ Å 2 V(a),0,0,0 6 V(h),781,562,25 4 Al(f),333,667,$\overline{167}$ 6 Al(h),126,252,25 $3 \cdot 12$ Al(k),213,426,029 ,124,248,618 ,455,910,166

von 3 Ikosaedern zeigt die $H^{8,20}$-Struktur des $\mathbf{Co_2Al_5}$ (Abb. 4, Tab. 1). Die $H_b^{6,20}$-Struktur von $\mathbf{Mn_3Al_{10}}$ (isotyp zu Mn_3Al_9Si, Abb. 4, Tab. 1) ist eine übersichtlichere V-Variante von Co_2Al_5 mit T-Leerstellen in $\pm[\frac{2}{3}\,\frac{1}{3}\,\frac{1}{4}]$. Man erkennt ein Gefüge von je drei vermöge einer Dreierdrehung der Raumgruppe äquivalenten Ikosaedern, die alle ein Mn als Zentralatom haben, aber an 2 Ecken ebenfalls ein Mn aufweisen. Diese Ikosaedersterne fügen sich längs c aneinander. Die Brillouinzonen dieser Strukturen wurden von ROBINSON (52) und RAYNOR/WALDRON (49) erörtert. — NORBURY (39) deutet das Gitter als Nebengitter der Messing-H^2-Strukturen mittels des von ihm gefundenen Elektronen–Atom-Ersetzungsmechanismus. Mit $a/4 = d_{A1}$, $l_c = 5{,}1 \approx 6$, PZ $= 96$, $EA(Co^5_8Al^3_{20}) = 100$ ergibt sich ein möglicher Vorschlag.

Eine VS-Variante von Co_2Al_5 ist die $H^{8,46}$-Struktur von $\mathbf{V_4Al_{23}}$ (Abb. 5, Tab. 1), die Ikosaedersterne fügen sich hier nicht längs c aneinander, sondern wechseln zwischen 2 Zentren ab.

Eine Al-reiche Struktur, in der die T-Atome bei ikosaedrischer Umgebung durch Al (bzw. Si) zu Vieren vereinigt sind, besitzt $\mathbf{CrAl_{3,25}Si}$ (ROBINSON 53, Abb. 6), die Cr sind zu Tetraedern zusammengezogen. In der Nähe dieser an Valenzelektronen armen Inseln halten sich die Si auf. Die Al sind vorwiegend zu Oktaedern zusammengeschlossen, die denjenigen in $Al(F^1)$ gleichen und die durch Cr-Atome in F^1-artiger Weise ergänzt werden. Die F^1-ähnlichen Zusammenhänge sind aber inselartig begrenzt, so daß sich die in Abb. 6 gezeigten Ikosaederhauben ausbilden können. Die Struktur ist ein dicht gepacktes Gefüge aus solchen $Cr_4Al_{13}Si_4$-Gebilden. Ein Blick auf Abb. 2.67/3 zeigt die Ähnlichkeit mit der Struktur von Cu_5Zn_8 (auch im System V–Al gibt es eine γ-Messingstruktur); ferner besteht eine Verwandtschaft zu W_3Fe_3C.

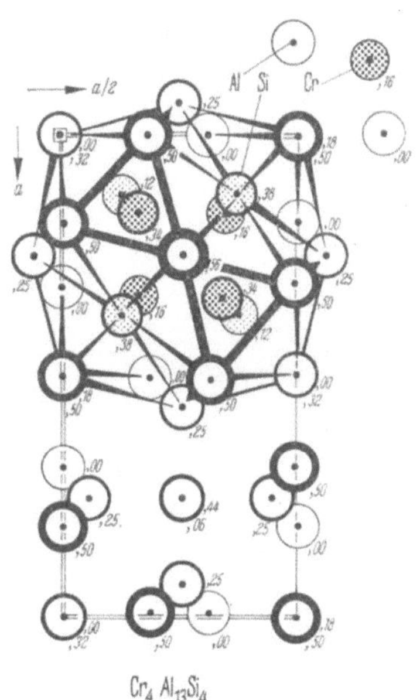

Abb. 6. $\mathbf{Cr_4Al_{13}Si_4}$(*1711*) T_d^2-F$\bar{4}$3m
$a = 10{,}917$ Å 16 Cr(e) ,342,342,342
4 Al(a),0,0,0 24 Al(f),310,0,0
24 Al(g),560,25,25 16 Si(e),126,126,126
Von der Zelle ist nur ein Viertel abgebildet

Mit dem Elektronenraster $a/4 = a_{A1}$ ergeben sich $4 \cdot 64$ Plätze, denen beim Zellinhalt von $4 \cdot Cr_4Al_{13}Si_4$ $4 \cdot 55$ Elektronen der B-Atome gegenüberstehen; die Cr dürften danach höchstens je 2 Valenzelektronen in der A1-Korrelation haben. Die wirkliche Beziehung wird sein, daß Cr-Elektronen absorbiert und in B1-Korrelation gibt.

7.32 Verwerfung im Ikosaeder. Die $Q^{2,6}$-Näherungsstruktur für die Phase $\mathbf{Fe_2Al_5}$ (Abb. 1) läßt einen neuen strukturellen Prozeß erkennen: Die Al-Ikosaeder werden durch eine Scherbewegung (Ver-

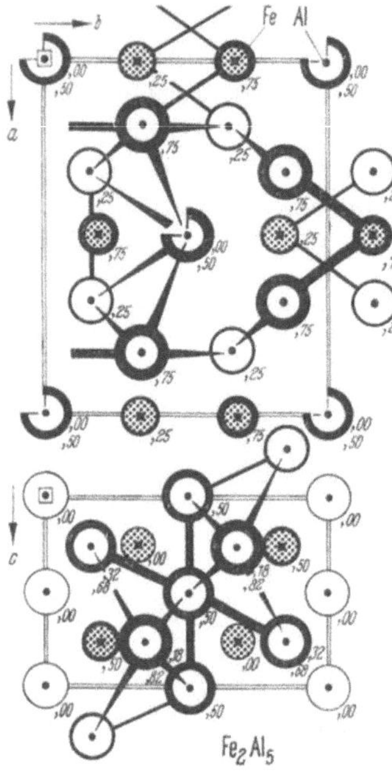

Abb. 1. **Fe_2Al_5**$(\sim Q^{6,2}$, *1723*) D_{2h}^{17}-Cmcm $a = 7{,}66$ $b = 6{,}39$ $c = 4{,}19$ kX 4 Fe(c),00,33,25 8 Al(g),18,65,25 2,8 Al(4a),0,0,0. Die Struktur ist eine erste Näherung

werfung) in der Mitte durchgeschnitten. Eine solche Morphotropie ist vom Standpunkt der Atomradien unverständlich und daher eine wichtige Erscheinung für die Suche nach der vorliegenden Bindungsbeziehung. Die Verwandtschaft zu Co_2Al_5 wird durch die Lage der Ikosaederhälften erkennbar. Die T-Atome besetzen ähnlich wie bei $CoGa_3$ trigonalprismatische Lücken des B-Teilgitters und sind wesentlich nur noch 10-koordiniert. Faßt man die Struktur als Stapelvariante des $CuAl_2$-Typs auf, so ist die Stapeländerung längs $(100)_{CuAl_2}$ wieder von einer merklichen Dehnung senkrecht zu dieser Ebene begleitet. Wie bei $CoGa_3$ sind nicht 8, sondern (formal) 12 Al in der orthogonalen Zelle enthalten.

Denkt man sich die Al-Ortskorrelation der Valenzelektronen von Al in die Struktur gestellt, so erhält man $a/4 \approx b/2\sqrt{3} = d_{\text{Al}}$, $l_c = 2{,}75 \approx 3$, PZ $= 48$, EA ≈ 50.

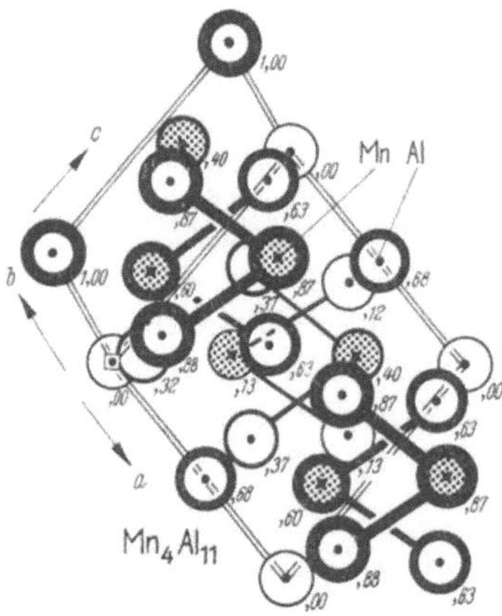

Abb. 2. **Mn_4Al_{11} = $MnAl_{2,75}$**($Z^{4,11}$, 58B) $C_i^1 - P\bar{1}$ $a = 5{,}092$ $b = 8{,}862$ $c = 5{,}047$ Å $\alpha = 85°\ 19'$ $\beta = 100°\ 24'$ $\gamma = 105°\ 20'$ 2 · 2 Mn(i),393,133,339 ,859,402,710 1 Al(a),0,0,0 5 · 2 Al(i) ,534,123,846 ,891,126,491 ,342,372,578 ,724,371,196 ,187,320,057

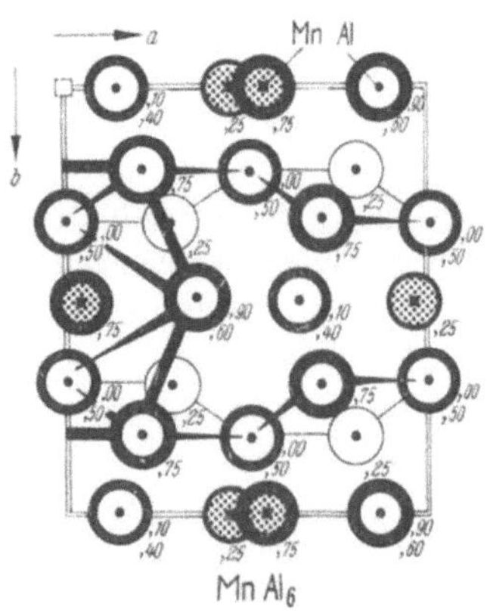

Abb. 3. **$MnAl_6$**($Q^{2,12}$, *1725*) D_{2h}^{17} – Ccmm $a = 6{,}498$ $b = 7{,}552$ $c = 8{,}870$ Å 4 Mn(c),457,0,25 8 Al(e),00,324,00 8 Al(f),140,0,102 8 Al(g),284,317,25

Eine Stapelvariante von $FeAl_{2,5}$ ist die $Z^{4,11}$- (pseudorhombische) Struktur von $\mathbf{Mn_4Al_{11}} \approx MnAl_{2,75}$ (Abb. 2, Tab. 1). Je zwei primitive $FeAl_{2,5}$-Zellen in Richtung $c_{FeAl_{2,5}}$ gestapelt umfassen das Volumen einer primitiven $MnAl_{2,75}$-Zelle. Der zu 000 gleichwertige Punkt der nächsten $MnAl_{2,75}$-Zelle ist aber nicht $2c_{FeAl_{2,5}}$, sondern $[2c + (a + b)/4]$. Dadurch wird die Zelle triklin. Die Dehnung der c-Achse bezüglich $FeAl_{2,5}$ ist geringer als bei $MnAl_6$ (s. u.).

Tabelle 1

$\mathbf{WAl_4(N^{3,12})}$-Typ		$\mathbf{Mn_4Al_{11}(Z^{4,11})}$-Typ		$\mathbf{MnAl_6(Q^{2,12})}$-Typ	
$MoAl_4$(h)	62PSch	Mn_4Al_{11}	58Bl	$MnAl_6$	53Ni
WAl_4	58BC				

Ähnlich wie $MnAl_{2,75}$ ist die $N^{3,12}$-Struktur von $\mathbf{WAl_4}$ gebaut (Tab. 1). Da diese Struktur denselben Schichtaufbau wie WAl_5 (2.52) zeigt, ist ihre Bindungsbeziehung analog: $|a - c|/4 = d_{A1} \approx |a + c|/2\sqrt{3}$, $l_b = 11 \approx 12$, PZ $= 96$, EA $= 108$. Gegenüber WAl_5 ist die Kommensurabilität in Richtung der langen Achse beibehalten aber in Richtung der Basisebene geändert.

Die $Q^{2,12}$-Struktur von $\mathbf{MnAl_6}$ (Abb. 3, Tab. 1) ist eine VS-Variante von der Näherungsstruktur $FeAl_{2,5}$. Die c-Achse von $MnAl_6$ ist etwa doppelt so groß, wie die von $FeAl_{2,5}$, man hat sich also 2 $FeAl_{2,5}$-Zellen übereinandergestapelt zu denken, jedoch nicht durch einfache Translation in Richtung von c sondern durch zwei alternierende Translationen, die im Mittel c-Richtung haben. Die Zahl der Al-Atome in der halben Zelle ist ebenfalls 12, die Zahl der T-Atome jedoch nur 2.

Eine Variante der $FeAl_{2,5}$-Struktur, die einige Ähnlichkeit mit $MnAl_6$ hat, ist wohl die $Q^{11,4,60}$ Struktur von $\mathbf{Mn_{11}Ni_4Al_{60}}$, d.h. $(Mn, Ni)_1Al_4$ (Robinson 54). Die Gitterkonstanten lassen sich mit denen von $FeAl_{2,5}$ vergleichen: $a = 23{,}8 \approx 5c_{FeAl_{2,5}}$, $b = 12{,}5 \approx 2b_{FeAl_{2,5}}$, $c = 7{,}55 \approx a_{FeAl_{2,5}}$. Eine weitere Feinung der Koordinaten dieser Struktur wurde in Aussicht gestellt. Die Struktur von $\mathbf{Mn_3Cu_2Al_{20}}$ ist nach Robinson (52a) wesentlich dieselbe, dagegen die von $\mathbf{Mn_5ZnAl_{24}}$ nicht, was der Verfasser mit Bandmodellargumenten diskutiert. Nach Damjanovic (61) ist $\mathbf{Mn_{17}Zn_{16}Al_{67}}$ dagegen nahezu isotyp mit $Mn_{11}Ni_4Al_{60}$.

Auch die komplizierte $N^{12,39}$-Struktur von $\mathbf{FeAl_3}$ (Black 55, Abb. 4) zeigt enge metrische Beziehungen zu $FeAl_{2,5}$. So gilt z. B. $2a_{FeAl_{2,5}} = a_{FeAl_3}$, $2c_{FeAl_{2,5}} = b_{FeAl_3}$. In Abb. 4 sind auch gewisse Beziehungen zur Struktur von V_7Al_{45} angedeutet.

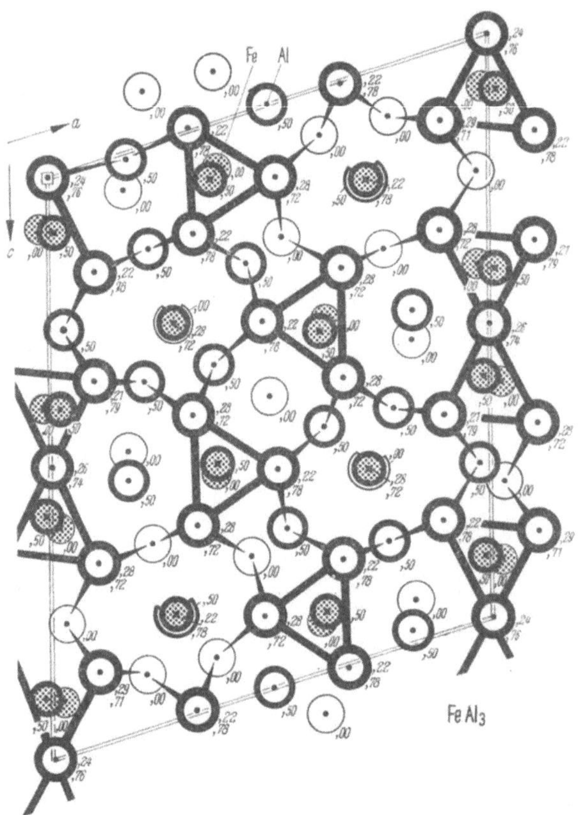

Abb. 4. $FeAl_3$($N^{12,39}$, 55Bl) C^3_{2h}–C2/m $a = 15{,}489$ $b = 8{,}083$ $c = 12{,}476$ Å $\beta = 107°\,43'$ 4 · 4Fe(i),086,0,383 ,402,0,624 ,091,0,989 ,400,0,986 8Fe(j) ,319,285,277 2Al(d),5,0,5 4Al(g),0,244,0 8 · 4Al(i),065,0,173 ,322,0,278 ,235,0,539 ,081,0,582 ,232,0,973 ,480,0,828 310,0,769 ,087,0,781 5 · 8Al(j),188,216,111 ,373,211,107 ,176,217,334 ,496,283,330 ,366,224,480

7.33 $CuAl_2$-Verwandte. RD-Varianten der $F^{1,2}_a$-Struktur sind die $T^{1,2}_a$-Struktur von **$FeSi_2$** (Abb. 1) und die $T^{1,2}_b$-Struktur von **$CuGa_2$** (Abb. 1). In dem annähernd kubisch primitiven Si-Teilgitter ordnen sich die Fe anders als in der $F^{1,2}_a$-Struktur, und zwar so, daß sich Fe-Netze parallel zur tetragonalen Basis ausbilden, die eine bindungsmäßige Bedeutung haben. $CuGa_2$ enthält vermutlich etwas weniger B-Metall als die Formel angibt, nach SIDORENKO und Mitarbeiter (59) sind in $FeSi_2$ Fe-Leerstellen anzunehmen.

Bei $FeSi_2$ kann sich kommensurabel zur A1-Valenzelektronenkorrelation der Si die Rumpfelektronenkorrelation des Fe(r) in den Fe-Schichten ausbilden. Da $a_{Fe(r)} = 2{,}86$ kX ein wenig größer als $1/2 \cdot a_{Si} = 2{,}71$ ist, wird das Achsverhältnis $c/a = 2 \cdot 0{,}95$. Da bei $CuGa_2$ die quadratische Masche von Cu mit 2,65 kleiner ist als die von $CuGa_2$ (2.83), wird $c/a = 2 \cdot 1{,}031$.

Die $U_a^{2,4}$-Struktur von **$CuAl_2$** (Abb. 2, Tab. 1) steht der $F_a^{1,2}$-Struktur chemisch nahe, wie z. B. das homologe $AuAl_2(F_a^{1,2})$ zeigt. Die Al-Lage von $CuAl_2$ geht aus der Al-Lage von $AuAl_2$ durch eine (homogene und) inhomogene Deformation hervor. Die Cu-Lage geht aus der Au-Lage

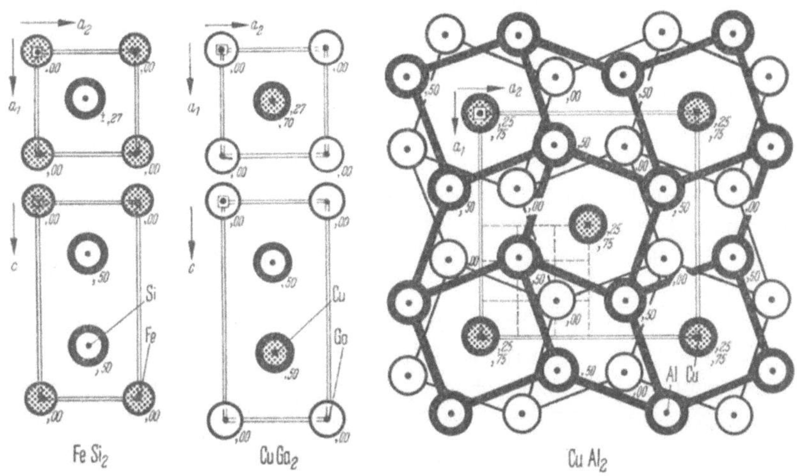

Abb. 1. **$FeSi_2$**($T_a^{1,2}$,*1587*) D_{4h}^1–P4/mmm a = 2,684 c = 5,128 Å 1 Fe(a),0,0,0 2 Si(h),5,5,270; **$CuGa_2$**($T_b^{1,2}$,*4237*) C_{4v}^1–P4mm a = 2,830 c = 5,835 kX 1 Cu(b),5,5,70 1 Ga(a),0,0,00 1 Ga(b),5,5,27

Abb. 2. **$CuAl_2$**($U_a^{2,4}$,C16,*1491*) D_{4h}^{18}–I4/mcm a=6,05 c=4,88 kX c/a = 0,806 4 Cu(a),0,0,25 8 Al(h),158,658,0

Tabelle 1

$CuAl_2(U_a^{2,4})$-Typ bei B-reichen Phasen (Abb. 2), Zahlenangabe: c/a

$AuNa_2$	0,75	*555*	$CoSn_2$	0,86	*61*77
$CuAl_2$	0,80	*1539*	$RhSn_2$(h)	0,88	*11*180
a = 6,04			$RhPb_2$	0,88	*984*
c = 4,86 kX			$PdPb_2$	0,85	*984*
$AgIn_2$	0,82	*11*123,134	$AuPb_2$	0,77	*984*
$FeGe_2$	0,84	*984*	$TiSb_2$	0,87	*15*16
$MnSn_2$	0,82	*10*71	VSb_2	0,86	*15*18
$FeSn_2$	0,82	*10*73	vgl. Tab. 6.31/1		

$CoGa_3(T^{4,12})$-Typ (Abb. 3), Zahlenangaben: a, c/a

$FeGa_3$	6,24	$1{,}05_0$	59SLMB	$RhGa_3$	$6{,}47_5$	$1{,}01_0$	59SLMB
$RuGa_3$	6,46	$1{,}04_0$	59SLMB	$RhIn_3$	7,00	$1{,}02_0$	59SLMB
$OsGa_3$	$6{,}47_5$	$1{,}04_0$	59SLMB	$IrGa_3$(h)	6,40	$1{,}03_0$	59SLMB
$CoGa_3$	6,25	$1{,}03_5$	59SLMB	$IrIn_3$	6,98	$1{,}03_0$	59SLMB

$Co_2Al_9(M^{4,18})$-Typ		**$PdGa_5(U^{2,10})$-Typ**	
Co_2Al_9	*118*	$PdGa_5$	60BSch

hervor durch eine Stapeländerung parallel zur Basis. Das Achsverhältnis c/a liegt zwischen 0,75 und 0,88. Jedes T-Atom (Cu-Vertreter) ist von 8 B-Atomen (Al-Vertreter) umgeben. Der Koordinationskörper ist nicht mehr ein Würfel wie beim $F_a^{1,2}$-Typ, sondern ein „verschränkter" Würfel (Antiprisma). Die T-Atome treten in engere Wechselwirkung als im $F_a^{1,2}$-Typ, was z. B. Antiferromagnetismus ermöglicht und bei T-Leerstellen sogar parasitischen Ferromagnetismus (Kanematsu/Yasukochi/Ohoyama 60, Yasukochi und Mitarbeiter 61). — Wenn der Quotient der Radien für 12-Koordination r_B/r_T im Intervall 0,95 bis 1,17 liegt, ist $F_a^{1,2}$ wahrscheinlich, wenn er zwischen 1,17 und 1,35 liegt, ist $U_a^{2,4}$ wahrscheinlich (Nial 45): bei kleinem T-Atom wird die Verschränkung des B-Teilgitters erleichtert. (Eine Ausnahme von dieser Regel ist die Homöotypie $AgIn_2(U_a^{2,4}) \ldots AuIn_2(F_a^{2,4})$, bei der der Radienquotient konstant gleich $1{,}57/1{,}44 = 1{,}09$ ist.) — Es gibt nach Tab. 1 und 6.31/1 $U_a^{2,4}$-Strukturen auf B-Metallbasis, die wir hier betrachten und auf T-Metallbasis (6.31). Von den Verbindungen auf B-Basis zeigen neun eine VEK zwischen $7/3 = 2{,}3_3$ und $8/3 = 2{,}6_6$, Ausnahmen sind $AuNa_2$ ($c/a = 0{,}74$) und $AuPb_2$, ferner $TiSb_2$ und VSb_2, bei denen man jedoch Rücktritt von Valenzelektronen der B-Atome ins d-Band der T-Atome annehmen kann. Der $U_a^{2,4}$-Zweig mit B-Mehrheitskomponente befolgt also das Leerstellengesetz der messingartigen $C^{1,1}$-Phasen (2.67).

Nach Hägg (31) wird beste Raumerfüllung und höchste Symmetrie mit den Parametern $x = 1/6$, $c/a = \sqrt{2/3} = 0{,}817$ erreicht, wobei der Atomradienquotient $r_B/r_T = 1{,}25$ energetisch günstig wird, der mit den beobachteten Werten gut zusammenpaßt. Bei diesem Achsverhältnis werden in der (110)-Ebene Sechserringe aus B-Atomen sichtbar. Die Sechserringe erinnern an die Struktur des Graphits (Nowotny/Schubert 46) und an die dichtgepackten Schichten von $MoSi_2$ usw. Eine weitere Diskussion der Struktur ist Wallbaum (43b) zu verdanken. Dehlinger/Pfleiderer (56) kamen mit etwas anderen geometrischen Überlegungen zu ähnlichen Ergebnissen wie Hägg. Eine Diskussion der Varianten der $CuAl_2$-Struktur vom Standpunkt charakteristischer Bauelemente findet man bei Rösler/Schubert (51) und Black (56).

Wegen des kurzen Al-Al-Abstandes sollte nach Dehlinger (35b) in $CuAl_2$ sich ein $[Al_2]$-Komplex bilden, der eine Achterschale im Sinne $Cu^{2+}[Al_2]^{2-}$ vervollständigt. Nach Haucke (37) läßt sich diese Ansicht bei einer Reihe von $CuAl_2$-Vertretern (z. B. $AuNa_2$) nicht durchführen, auch haben einige Strukturbestimmungen gezeigt, daß nicht in allen $CuAl_2$-Strukturen eine B_2-Insel ausgezeichnet ist. Die hohe Koordinationszahl und die Kettenbildung (Dehlinger/Schulze 41) reicht ebenfalls nicht zur Erklärung der $CuAl_2$-Phasen aus, da nach Nial (45) diese Argumente nicht erklären, warum die $U_a^{2,4}$-Gitter in anderen TB_2-Phasen nicht verwirklicht sind.

Im Hinblick auf die in der Vertretertabelle zum Ausdruck kommende chemische Verwandtschaft zwischen einigen CaF_2- und einigen $CuAl_2$-Phasen liegt es nahe, auch im $CuAl_2$-Typ 2 Ortskorrelationen anzunehmen. Dadurch kann die Morphotropie $F_a^{1,2} \ldots U_a^{2,4}$ zusätzlich auf die Korrelation im T- bzw. Cu-Teilgitter zurückgeführt werden. Für diese kann man annehmen $a/6 \approx c/5 = d_{B1} = 1{,}00$, während für die Valenzelektronen z. B. $a/3 = d_{A1}$ usw. naheliegt. Während die B in $F_a^{1,2}$ gleiches „momentanes" elektrostatisches Dipolmoment tragen, ist das in $U_a^{2,4}$ nicht mehr der Fall, so daß die Verschränkung begünstigt wird. Eine weitere Möglichkeit für $CuAl_2$ ist $a/3{,}36 = d_{A1}$, $l_c = 3{,}8 \approx 4$, PZ = 44, EA($Cu^5Al_2^3$) = 44. Die Phase $AuNa_2$ hat vielleicht eine A2-Korrelation der Valenzelektronen. Die Phase $AuPb_2$ hat vielleicht $a/\sqrt{13} = d_{A1}$, $l_c = 4$ und $PdPb_2$ $a/\sqrt{10} = d_{A1}$, $l_c = 4$; bei beiden ist damit PZ größer als bei $F_a^{1,2}$. Bei dem Zweig mit T-Mehrheitskomponente können die Außenelektronen der T ähnliche Korrelationen bilden.

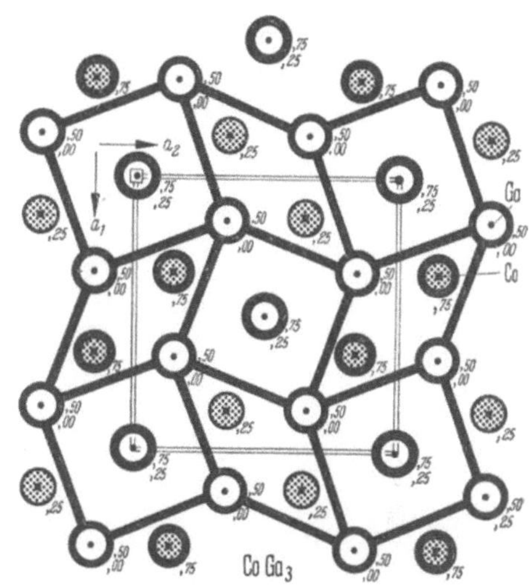

Abb. 3. $CoGa_3(T^{4,12}$, 59SchLMB) D_{2d}^8–P$\bar{4}$n2 $a = 6{,}25$ $c = 6{,}47$ kX 4Co(f),353,147,250 4Ga(e),0,0,250 8Ga(i) ,153,347,000

Eine vom $CuAl_2$-Gitter in charakteristischer Weise abweichende $T^{4,12}$-Struktur hat das **$CoGa_3$** (Abb. 3, Tab. 1.) In einer $F_a^{1,2}$-artigen Zelle ist die primitiv kubische Lage (Al-Lage in $PtAl_2$) mit Ga besetzt; diese Lage weist eine Verschränkung auf, aber benachbarte Lagen sind nicht gegensinnig, sondern gleichsinnig verschränkt, was wohl damit zusammenhängt, daß im Zentrum der Würfel ein Ga-Atom liegt. Die Co sind im Gegensatz zu $CuAl_2$ in dreieckig prismatischen Lücken enthalten und annähernd 9-koordiniert, worunter ein Co-Nachbar ist. Ähnlich wie der $CuAl_2$-Typ auch mit T als Mehrheitskomponente auftritt, ist $CoGa_3$ dem Zr_3Al_2 eng verwandt. Man beachte die Verwandtschaft zu Mn_2Hg_5.

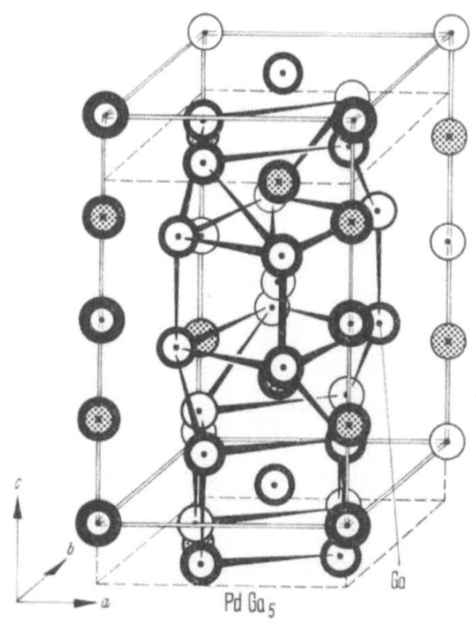

Abb. 4. **$PdGa_5$**($U^{2,10}$, 59SchLMB) D_{4h}^{18}–I4/mcm $a = 6{,}45$ $c = 10{,}00$ Å 4Pd(a),0,0,25 4Ga(c),0,0,0 16Ga(l),15,65,14

Die gedachte Verbindung „$Co^0Ga_2^3$" hätte eine VEK von 2,0, bei der schon eine Struktur möglich ist, die keine Leerstellen enthält. Die Aussage gilt erst recht, wenn bei Co-Elektronenrücktritt stattfindet. Man kann annehmen $a/\sqrt{8} = a_{A2}$, $l_c = 5{,}8 \approx 6$, PZ = 48, VEA = 36 oder $a/\sqrt{10} = d_{A1}$, $l_c = 4{,}6 \approx 4$, PZ = 40.

In der $U^{2,10}$-Struktur von $\mathbf{PdGa_5}$ (Abb. 4) liegen wieder verschränkte Ga-Netze vor, die zu zweit gleichsinnig verschränkt sind, wobei die Würfel mit Ga-Atomen ausgefüllt sind. Die verschränkten Würfel zwischen den ungleichsinnig verschränkten Ga-Ebenen sind mit Pd-Atomen ausgefüllt. Man kann die Struktur also als $CuAl_2$-Stapelvariante auffassen, in der einige Plätze mit Ga ausgefüllt sind (vgl. auch Cr_5B_3). Verglichen mit der $CuAl_2$-Struktur und erst recht mit der $CoGa_3$-Struktur ist das Achsverhältnis mit 2 · 0,778 jedoch auffallend niedrig ($a/\sqrt{10} = d_{A1} = 2{,}03$ Å, $l_c = 6{,}9 \approx 7$, PZ = 70, VEA = 60).

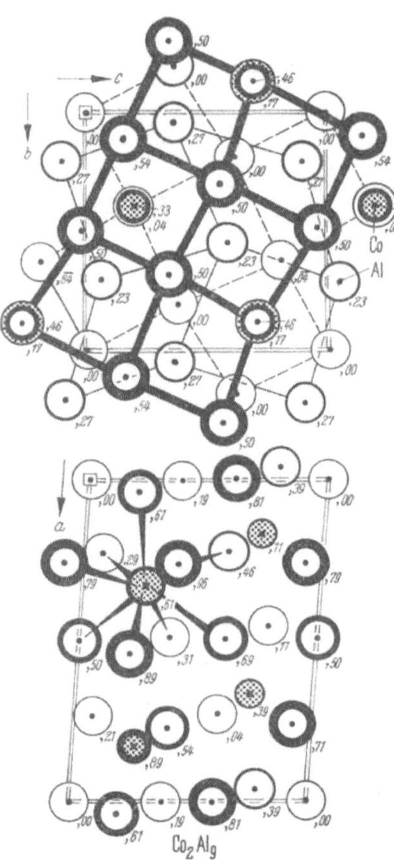

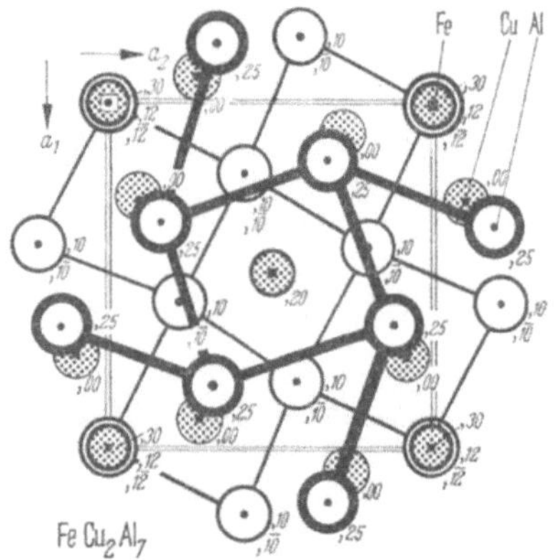

Abb. 5. $\mathbf{Co_2Al_9}$($M^{4,18}$,*118*) $C_{2h}^5 - P2_1/a$ $a = 8{,}557$ $b = 6{,}290$ $c = 6{,}213$ Å $\beta = 94{,}76°$ 4Co(*e*),334,615,265 2Al(*a*),0,0,0 4 · 4Al(*e*),268,962,404 ,231,290,089 ,999,193,389 ,042,615,216

Abb. 6. $\mathbf{FeCu_2Al_7}$($T^{4,8,28}$,*139*) $D_{4h}^6 - P4/mnc$ $a = 6{,}33$ $c = 14{,}81$ Å $c/a = 2{,}34$ 4Fe(*e*),0,0,300 8Cu(*h*),278,092,0 4Al(*e*),0,0,122 8Al(*g*),167,667,250 16Al(*i*),203,414,100 Es ist nur eine Hälfte der Zelle gezeichnet

Als Übergangsstruktur zwischen F^1 und $U_a^{2,4}$ wurde die $M^{4,18}$-Struktur des $\mathbf{Co_2Al_9}$ (Abb. 5) gefunden. Man erkennt in der $b \times c$-Basis eine quadratische Schicht, die genau die Metrik einer Al-(100)-Schicht hat. Solche Schichten wechseln ab mit $CuAl_2$-Schichten, und zwar ist die Stapelung so, daß jedes Co von 9 Al umgeben ist. Der Wechsel zwischen quadratischen und $CuAl_2$-artigen Schichten legt einen Vergleich mit $CoGe_2$ nahe. ($b/\sqrt{12} \approx c/\sqrt{3{,}5} = d_{A1}$, $l_c = 5{,}5$, PZ $= 77$, EA $= 74$). Eine weitere Variante in dieser Richtung ist die $T^{4,8,28}$-Struktur von **$FeCu_2Al_7$** (Abb. 6), in der auch $CoCu_2Al_7$ kristallisiert (BOWN/BROWN 56) ($a/\sqrt{10} = d_{A1}$, $l_c \approx 10$, PZ $= 100$, EA $= 92$).

Eine D-Variante von $CoGa_3$ war schon früher gefunden worden: Die $O_a^{4,12}$-Struktur des **$NiAl_3$** (Typ des Fe_3C, 6.31, Abb. 7). Die Koordinations-

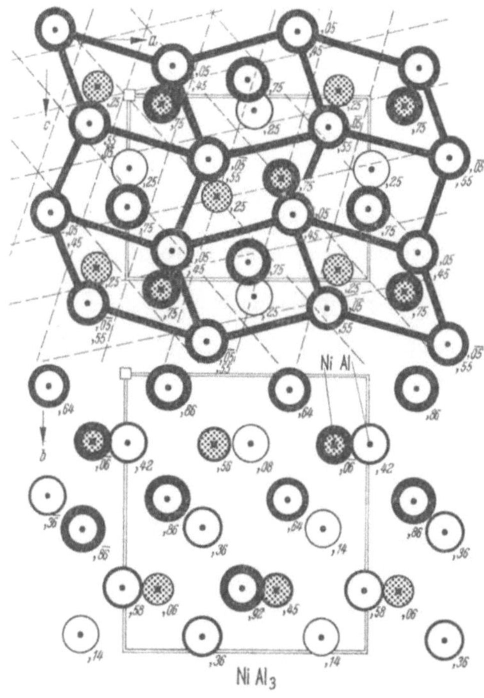

Abb. 7. $NiAl_3$($O_a^{12,4}$,58,60, Struktur von Fe_3C) D_{2h}^{16}–Pnma $a = 6{,}598$ $b = 7{,}351$ $c = 4{,}802$ kX
4 Ni(c),$\overline{131}$,25,$\overline{055}$ 4 Al(c),011,25,415 8 Al(d),174,053,856

verhältnisse beider Strukturen sind ähnlich, so daß es verwunderlich erscheint, daß die Stapelung trotz des großen Unterschiedes in den Achsverhältnissen dieselbe bleibt. Auf die isotypen Vertreter des Fe_3C-Zweiges sind wir oben eingegangen ($a/\sqrt{13} \approx c/\sqrt{7} = d_{A1}$, $l_b = 5$, PZ $= 55$, EA($Ni^5Al_3^2$) $= 56$).

7.34 Weitere T-B³-Strukturen. Während UGa_3($L1_2$) die Bindungsbeziehung des Pb zeigt, wurde für **UGa** (Abb. 1) eine quasitetragonale $Q^{8,8}$-Struktur gefunden. Man findet gewinkelte U-Ketten wie sie auch in U(r) auftreten (Abstand 2,85 Å) und Ga-Paare (Abstand 2,45 Å). $a/\sqrt{20} \approx c/\sqrt{20} = a_{A2}$, $l_b = 7{,}2$, PZ $= 144 =$ EA.

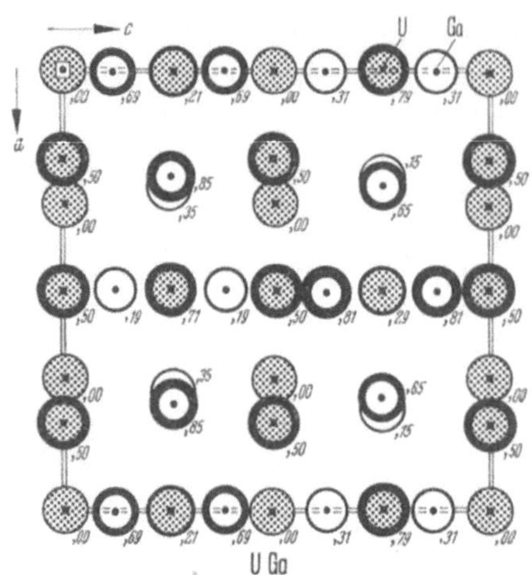

Abb. 1. UGa($Q^{8,8}$, 56ML) D_{2h}^{17}—Cmcm $a = 9{,}40$ $b = 7{,}60$ $c = 9{,}42$ Å 4U(a),0,0,0 4U(c),0,12,25 8U(e),300,0,0 8Ga(f) ,0,689,118 8Ga(g),260,354,25

7.4 T-B⁴-Legierungen

B⁴-Elemente werden bei hohen T-Konzentrationen substitutiv eingebaut, wobei sich oft Überstrukturen einfacher Elementstrukturen ausbilden.

βW-Typ: Zr_3Sn, V_3Si, V_3Ge, V_3Sn, Nb_3Ge, Nb_3Sn, Ta_3Sn, Cr_3Si, Cr_3Ge, Mo_3Si,
Ni_3Sn-Typ: Ti_3Sn, Ti_4Pb, $Mn_{3+}Ge$, $Mn_{3+}Sn$, Fe_3Sn(h), Ni_3Sn(r),
U_3Si-Typ: Ir_3Si; ähnlich: Pt_3Si, Pt_3Ge,
Cu_3Au-Typ: Ni_3Si, Ni_3Ge, Pd_3Sn, Pd_3Pb, Pt_3Sn, Pt_3Pb,
Fe_3Si-Typ: Mn_3Si, Ni_3Sn(h).

Anschließend an diese dichtesten Packungen findet man Strukturen aus der $CuAl_2$-Familie und der βW-Familie,

$CuAl_2$-Typ: Zr_2Si, Hf_2Si, Ta_2Si,
Fe_3C-Typ: Pd_3Si,
U_3Si_2-Typ: U_3Si_2,
Cr_5B_3-Typ: Nb_5Si_3(r), Ta_5Si_3(h),
W_5Si_3-Typ: s. u.,
Mn_5Si_3-Typ: s. u.,

oder aus der NiAs-Familie (s. T-B⁵-Phasen). — Bei mittleren Gehalten finden sich:

FeB-Typ: ZrSi, USi,
FeSi-Typ: s. u.

Bei B⁴-reichen Phasen findet man:

$TiSi_2$-Typ: $TiSi_2$, $TiGe_2$, $ZrSn_2$,
$CrSi_2$-Typ: VSi_2, $NbSi_2$, $NbGe_2$, $TaSi_2$, $TaGe_2$, $CrSi_2$,
$MoSi_2$-Typ: $MoSi_2$, $MoGe_2$(h), WSi_2, $ReSi_2$,
$ZrSi_2$-Typ: $ZrSi_2$, $ZrGe_2$, $HfSi_2$ (vgl. 2.36),
$ThSi_2$-Typ: $LaSi_2$ usw., $LaGe_2$ usw., $ThSi_2$, USi_2, $NpSi_2$, $PuSi_2$, $PuGe_2$,
$ThSi_2$(D)-Typ: YSi_2, $PrSi_2$ usw.

Diese letzten Strukturen hängen ebenfalls mit dichtesten Kugelpackungen zusammen. Eine Übersicht über die T-Si-Phasen ist Aronsson (60) zu verdanken.

7.41 T-reiche T-B⁴-Phasen. Verwandt zu den $CuAl_2$-Vertretern der Art Fe_2B ist die $U_b^{10,6}$-Struktur von $\mathbf{W_5Si_3}$ (Abb. 1, Tab. 1). Neben Si-Ketten parallel c findet man auch abwechselnd W-Ketten. Die Struktur stellt daher eine Mischung aus $CuAl_2$ und βW-Bauelementen dar. Ein Vergleich mit $Mn_5Si_3(D8_8)$ findet sich bei Aronsson (55). [$a/6 = d_{A1}$, $l_c \approx 4$, PZ $= 144$, EA $(W_{20}^5Si_{12}^4) = 148$.]

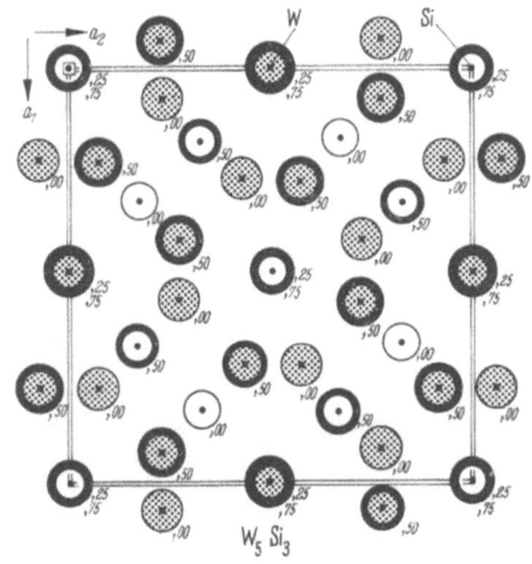

Abb. 1. $W_5Si_3(U_b^{10,6}$, 55Ar) $D_{4h}^{18}-I4/mcm$ $a = 9{,}64_5$ $c = 4{,}97$ Å 16W(k),074,223,000 4W(b),0,5,25 8Si(h),17,67,00 4Si(a),0,0,25

Die $H^{10,6}$-Struktur von $\mathbf{Mn_5Si_3}$ (Abb. 2, Tab. 2) kann in gewisser Weise als aufgefüllte NiAs-Struktur mit eigentümlich verschobenen Atomen und einigen Leerstellen angesehen werden: $c_{H_a^{2,2}} = c$, $a_{H_a^{2,2}} = a/\sqrt{3}$ (Nowotny/Parthé 54). Das Achsverhältnis wäre dann $(c/a)_{H_a^{2,2}} = 1{,}2$, was auch einen Vergleich mit der CsCl-Struktur nahelegt. Von dort wird man auf die Verwandtschaft zur βW-Familie geführt (vgl. Aronsson/Lundström 57, Aronsson 60), die durch einen Blick auf die Vertretertabelle nahegelegt wird. Man kann sich diese stabile Struktur, die in langgestreckten Nadeln kristallisiert, aufgebaut denken aus βW- und Mg-Strukturelementen; die Koordinationsverhältnisse diskutiert Aronsson (60). Auffallend ist die Unabhängigkeit des Achsverhältnisses

Tabelle 1

$W_5Si_3(U_b^{10,6})$-Typ (Stapelfolge der $CuAl_2$-artigen Schichten: $ABAB$) (Abb. 1)

Ti_5Ga_3	62PSch	Cr_5Si_3	55Ar	$Co_{4,7}BSi_2$ (mit Co-Leerstellen)	59AL
Ta_5Ga_3	62SchMi	Mo_5Si_3	55Ar	Nb_5Ge_3	57NW
V_5Si_3(h)	55PNS	W_5Si_3	55Ar	$Ta_5Ge_3(\beta)$	57NW
Nb_5Si_3(h)	55PNS	Re_5Si_3	58Kn	Cr_5Ge_3	57NW
Ta_5Si_3	55PNS	$Fe_{\sim 4,7}BSi_2$	59AL	Mo_5Ge_3	57NW

vom Chemismus. Die Bedeutung der Elektronenabzählung wird durch den Befund unterstrichen, daß eine Anzahl von Phasen durch Gehalt

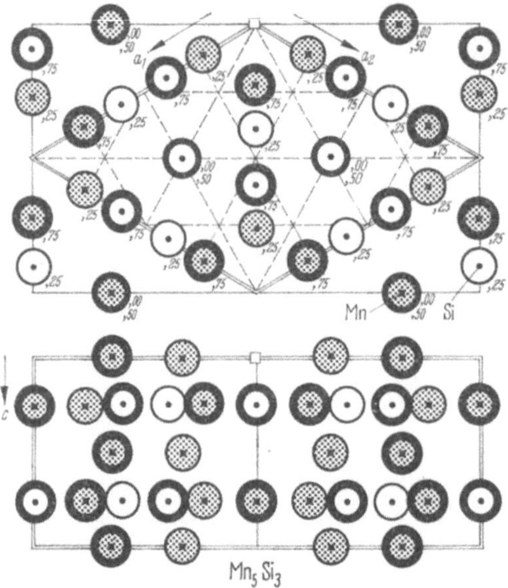

Abb. 2. Mn_5Si_3($H^{10,6}$,$D8_8$,*424*) D^3_{6h}–C6/mcm a = 6,90 c = 4,80 kX 4Mn(*d*),333,667,0 6Mn(*g*),23,0,25 6Si(*g*),60,0,25. Die Atome in (*d*) müssen gerastert werden

Tabelle 2

Mn_5Si_3($H^{10,6}$ = $D8_8$)-Typ (Abb. 2), Zahlenangaben: a/Å, c/a

Mg_5Hg_3	8,26	$0,71_7$	*11*156	V_5Ge_3	7,290	0,682	58Gl
Y_5Si_3	$8,40_3$	0,75	60Pa	Nb_5Si_3(C)	7,53	$0,696_4$	*18*239
Y_5Ge_3	$8,47_1$	0,75	60Pa	Nb_3Ge_2			57NW, 58PN
U_5Ge_3	8,56	0,675	59MB				
Ti_5Si_3	7,465	0,692	*15*72	Ta_5Si_3(C)	$7,47_4$	0,699	54BK
Ti_5Ge_3	7,537	0,693	*15*72	Ta_5Ge_3(C)	$7,58_1$	0,690	57NW, 58PN
Ti_5Sn_3	8,049	0,678	*15*72				
Zr_5Al_3(O)	$8,18_4$	0,697	59WSR, 60EA	Cr_5Si_3(C)	6,99	0,676	55PSN
				Mo_5Si_3(C)	7,28	0,69	55PSN
Zr_5Ga_3	8,04	0,71	58An	W_5Si_3(C)	7,19	0,67	55PSN
Zr_5Si_3(C)	7,88	0,704	53SNM	Mn_5Si_3	6,91	0,696	*424*,137
Zr_5Ge_3	7,99	0,694	56CAW	Mn_5Ge_3	7,18	0,703	53C
Zr_5Sn_3	8,461	0,685	60GA	Fe_5Si_3(h)	6,75	$0,699_4$	*10*63
Zr_5Pb_3	8,53	0,687	53NS				
Hf_5Al_3(O)	8,066	0,704	60EH	**Ti_5Ga_4($H^{10,8}$)-Typ** (Auffüllungsabart)			
Hf_5Ga_3	$7,97_0$	0,714	61SchMi				
Hf_5Si_3(C?)	$7,90_0$	0,707	58NLKB	Ti_5Ga_4			62PSch
Hf_5Sn_3	8,39	0,694	61BS	Zr_5Al_4			62PSch
V_5Si_3(C)	7,141	$0,678_6$	*18*239	Zr_5Ga_4(h)			62PSch

an C oder N stabilisiert werden (NOWOTNY/PARTHÉ 54, PARTHÉ 57). ARONSSON (58) schlug vor, daß die zusätzlichen C- (oder B-, N-, O-) Atome in den oktaedrischen Lücken liegen (vgl. auch ARONSSON 60). Nach BREWER/KRIKORIAN (56) können Leerstellen im T-Teilgitter auftreten. Die Phasen der Mn_5Si_3-Struktur, die NOWOTNY und Mitarbeiter weitgehend studierten, werden gelegentlich NOWOTNY-Phasen genannt. Eine Auffüllungsvariante ist die $H^{10,8}$-Struktur von $\mathbf{Ti_5Ga_4}$ (Tab. 2), in der in 000, $00\frac{1}{2}$ zusätzliche Ga sitzen, die für eine hinreichende Zahl von Valenzelektronen in der Zelle sorgen. — Es ist interessant, daß die Struktur des Apatit (SB*2*99), der in der Knochensubstanz eine Rolle spielt, ähnlich der des Mn_5Si_3 ist.

Man wird zwei verschiedene Ortskorrelationen annehmen müssen. Eine für die Valenzelektronen, $\sqrt{3}a/6 = d_{A1} = 1{,}98$, $l_c = 3$, PZ = 36, VEA $\approx$ 34 und eine für die Rumpfelektronen, etwa $\sqrt{3}a/8 = d_{A1} = 1{,}49$, $l_c = 4$, PZ = 85, REA $\approx$ 60. Es könnte sein, daß das Zusammenspiel der beiden ganzzahligen l_c Werte von Bedeutung für das konstante c/a ist. Im Falle von Durchdringungsbindung hätte man $a/\sqrt{21} = d_{A1}$, $l_c = 4$; dann müßte das Valenzgas aus nur 1 Elektron je Mn bestehen.

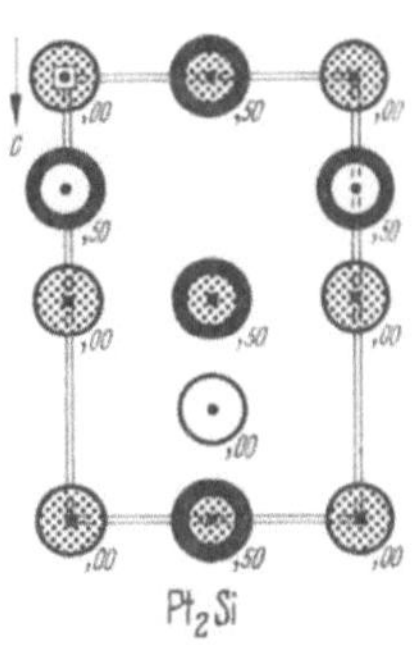

Abb. 3. $Pt_2Si(U_d^{1,2}$, 60SchMi, vom Typ des ZrH_2, *16*102) D_{4h}^{17}—I4/mmm a = 3,92 c = 5,91 kX c/a = 1,51 4Pt(d) ,0,5,25 2Si(a),0,0,0. Das eingetragene feine Raster bezieht sich auf die Pt-d-Elektronen; die kleineren Kreise deuten Tetraeder von Valenzelektronenplätzen an

Die Struktur von Ni_2Si wollen wir zusammen mit einigen Phosphiden betrachten. Hier soll als Beispiel für die Abänderung des F^1-Bauprinzips bei den T^B-Metallen die $U_d^{2,1}$-Struktur von $\mathbf{Pt_2Si}$ (ZrH_2-Struktur, Abb. 3) betrachtet werden, die beschrieben werden kann als tetragonal gedehnte CaF_2-Struktur oder als CuAu-Struktur mit Vakantstellen, die so verteilt sind, daß die c-Achse verdoppelt wird. Man kann die Struktur auch aus einem gedachten „$Pt_3Si(C_a^{3,1}S_{1/2})$" durch Entfernen von Pt-Atomen und Kontraktion erzeugen.

Diese letzte Beziehung legt nahe, daß die Korrelation der d-Elektronen von Pt und der Valenzelektronen von Si ähnlich wie in Pt_3Si ist: Rumpfelektronen $a/4 \approx c/6 = d_{B1}$, Valenzelektronen $a/2 = d_{A1}$, $l_c = 4{,}25 \approx 4$, PZ = 16, VEA = 8. Bei der starken Unterbesetzung der Valenzelektronenkorrelation sind die Tetraeder der Si-Elektronen nicht mehr alle parallel, sondern so verdreht, wie schon bei Pt_3Si angegeben (vgl. Abb. 2.37/7). Merkwürdigerweise ist die Kontraktion gegenüber F^1 so stark, daß es naheliegt, 3 Elektronenebenen senkrecht zur Unterstruktur c-Achse anzunehmen, so daß auch die Verwerfung $S_{1/2}$ nach den Regeln bei messingartigen Legierungen motiviert erscheint.

Bei Rh_2P und Ir_2P (CaF_2-Struktur) ist die Bindungsbeziehung ähnlich, mit dem Unterschied, daß die F^1-Korrelation hier wohl eine oktaedrische Umgebung der P bewirkt, so daß sich keine Tetragonalität ausbildet.

Zusammen mit diesen Strukturen müssen wir auch die Strukturfamilie von PtS (4.61) sehen.

7.42 T-B^4-Phasen bei mittleren Zusammensetzungen. Die $C_a^{4,4}$-Struktur von **FeSi** (Abb. 1, Tab. 1) kann man formal vergleichen mit einer NaCl-Struktur, die bekanntlich durch eine Dehnung mit dem

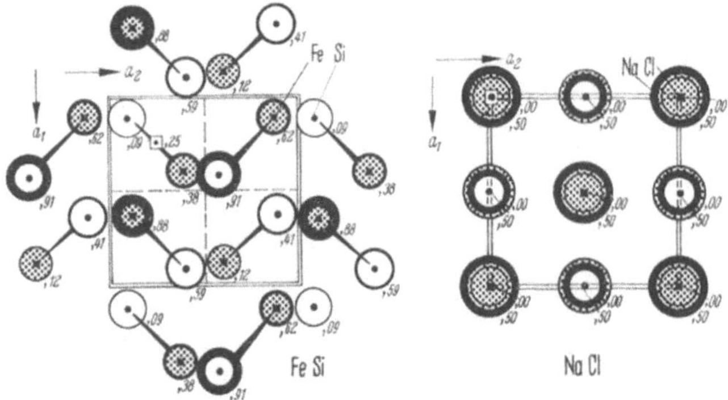

Abb. 1. **FeSi**($C_a^{4,4}$,B20,*213*) T^4-P2_13 $a = 4{,}46_7$ kX 4Fe(*a*),134,134,134 4Si(*a*),845,845,845 verglichen mit der Struktur von **NaCl**($F^{1,1}$,B1,*172*) O_h^5-Fm3m $a = 5{,}628$ kX 4Na(*a*),0,0,0 4Cl(*b*),5,5,5

Faktor 2 längs der trigonalen Achse aus der CsCl-Struktur hervorgeht, in der z. B. FeAl kristallisiert. Hermann/Lohrmann (37) wiesen darauf hin, daß bei den Parametern $x_{Fe} = \bar{x}_{Si} = 0{,}1545$ eine Struktur entsteht, in der jedes Atom von 7 Nachbarn in erster Sphäre umgeben ist. Die Betrachtung von Tab. 1 lehrt aber, daß viele der Phasen mit ihren Parametern im Rahmen der Meßgenauigkeit nicht in der Nähe des Idealwertes liegen. — Wever/Möller (30) sahen die Molekülbildung Fe–Si als bedeutungsvoll an; das später aufgefundene PtAl hat jedoch sehr nahe den idealen Parameter. (Gegen eine Anwendung der Vorstellung der Molekülhanteln zur geometrischen Diskussion ist natürlich nichts einzuwenden; man kann dann z. B. die FeSi-Struktur als dichteste Packung von Hanteln FeSi ansehen.) Pauling/Soldate (48) berechneten aus genauen neu bestimmten Parametern des FeSi die Bindungsordnungen der Paulingschen Valenztheorie; diese Überlegungen geben deshalb noch wenig Verständnis für den Typ, weil die Substanztabelle dadurch keine Erklärung erfährt. — Die durch die Vertretertabelle nahegelegte Regel für die formale VEK 1,6 ... 2,0 der Verbindung konnte dadurch bestätigt werden, daß in ternären Legierungssystemen

Tabelle 1

$FeSi(C_a^{4,4}$ = B20)-Typ (Abb. 1), Zahlenangaben: a/Å, x_T, x_B				
CrSi	4,629	0,136	−0,154	*314*,628
MnSi	4,559	0,138	−0,154	*314*,628
ReSi	4,775	∼0,140	∼−0,160	55MS
FeSi	4,476	0,139	−0,155	*213*,241
RuSi	4,73			57KFS
OsSi	4,729	0,14	−0,16	57KFS
CoSi	4,447	0,140	−0,157	*314*,626
RhSi	4,676	0,144	−0,160 ± 0,007	*18*271
CrGe	4,789			*9*48
RuGe	4,846			62RF
RhSn	5,132	∼0,150	∼−0,150	*11*179
PtAl	4,864	0,152	−0,155 ± 0,007	57ES
PdGa	4,88	0,144	−0,156 ± 0,007	*11*123
PtGa	4,90	0,148	−0,155 ± 0,005	*11*123
PtMg [1]	$4{,}86_3$			61StH
AuBe	4,669	0,150	−0,156	*11*43
Co_4GaGe_3	4,64	0,138	−0,162 ± 0,005	57ES
Rh_5GaGe_4	4,831	0,140	−0,160 ± 0,007	57ES
Ni_2AlSi	4,56	$0{,}147_5$	−0,160 ± 0,005	57ES
$Ni_{50}Ga_{42}Ge_8$	4,65	0,145	−0,162 ± 0,005	57ES
Pd_4Al_3Si	4,839	0,148	$-0{,}157_5$ ± 0,005	57ES
$Pd_{50}Al_{42}Ge_8$	4,87			57ES
Pd(Au)Hg?	5,22	Mineral Potarit		*10*72

[1] Die leichten B bewirken einen höheren VE-Beitrag der T.

in der Nähe der nach der Regel zu erwartenden Zusammensetzung $C_a^{4,4}$-Phasen nachgewiesen wurden (ESSLINGER/SCHUBERT 57). Es ist ferner zu beachten, daß als T-Komponente nur T^B-Elemente vorkommen. Nach PARTHÉ (61) ist die Raumerfüllung beim Radienquotient 1 größer als die des NaCl-Typs.

Die 16 Valenzelektronen je Zelle könnte man in eine A2-Korrelation vom Raster $a/2 = a_{A2}$ bringen, die gut in die Struktur paßt (SCHUBERT 50a). Für die B1-Rumpfelektronenkorrelation läge auf Grund von geometrischen Analogien das Raster $a/5$ nahe, wenngleich daraus ein etwas kleiner Elektronenabstand folgt. Dieser Vorschlag zeigt aber Mängel, die durch spätere Ortskorrelationsvorschläge (ESSLINGER/SCHUBERT 57) mit gemeinsamem Gas der Rumpf- und Valenzelektronen beseitigt werden $a/\sqrt{8} = d_{A1}$, PZ = 32 = EA(Fe^4Si^4). Ein s-Elektron je T durfte eine VE-Korrelation bilden, der Rest der Außenelektronen ist eingelagert. Daß auch die Rumpfelektronenkorrelation wichtig für die Struktur ist, wird dadurch nahegelegt, daß mit Al und Ga vorwiegend T-Atome aus den schwereren Horizontalen des Periodischen Systems FeSi-Strukturen liefern: Al und Ga haben einen größeren Valenzelektronenabstand als Si und Ge, und es kostet weniger Energie, diesen an die Rumpfelektronenabstände der schwereren Atome anzupassen; Indium mit seinem großen Valenzelektronenabstand ist noch nicht in einer $C_a^{4,4}$-Struktur gefunden worden. Daß die Atome sich wie Moleküle zusammenziehen, würde durch eine A1-Korrelation von einem s-Elektron je Atom begünstigt.

Die $H_b^{3,3}$-Struktur von **CoSn** (Abb. 2, Tab. 2) tritt homolog zu der von FeSi($C_a^{4,4}$) auf. Der Typ wird gegenüber $C_a^{4,4}$ begünstigt, wenn B schwerer als T, d. h. Durchdringungsbindung unwahrscheinlich ist. Die Zelle läßt sich aufbauen durch abwechselnde Stapelung dichtest gepackter Schichten Co_3Sn und hexagonaler Schichten Sn_2. Die dadurch entstehenden 6-Ringe sind uns aus der $CuAl_2$-Struktur bekannt, sie durchdringen sich hier nicht, sondern sind alle parallel. In der Tat zeigt die Projektion auf die $(\mathbf{a}_1 - \mathbf{a}_2) \times \mathbf{c}$-Ebene, daß die CoSn-Struktur als T-reiche RS-Variante von $U_a^{2,4}$ mit kleinen Atomverschiebungen aufgefaßt werden kann. Es erscheint bemerkenswert, daß die Stapelnormale der valenzelektronenarmen $U_a^{2,4}$-Abarten CoSn und $CuMg_2$ dieselbe ist. Die Struktur kann auch mit der von MnP verglichen werden, so daß die Morphotropie parallel der von $Co_2Si \ldots Fe_2P$ steht. Ferner beachte man die Beziehung zu Zr_4Al_3 und $CaZn_5$.

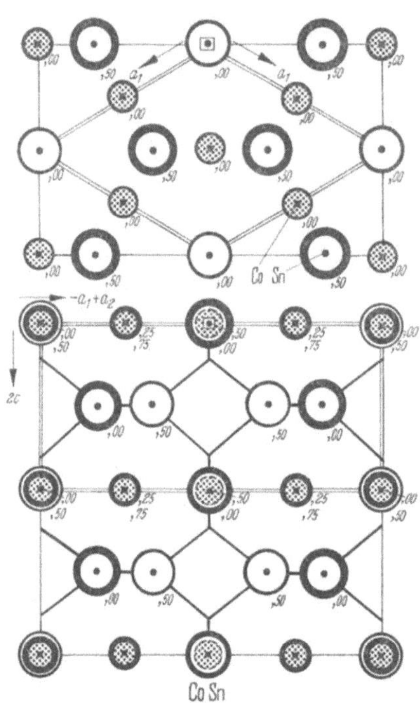

Abb. 2. **CoSn**($H_b^{3,3}$,B35,*64*) D_{6h}^1 – C6/mmm $a = 5{,}268$ $c = 4{,}249$ kX 3 Co(*f*),5,0,0 1 Sn(*a*),0,0,0 2 Sn(*d*),333,667,5. Die hexagonale Struktur wurde so aufgestellt, daß die Ähnlichkeit zur $CuAl_2$-Struktur deutlich wird

Da das Achsverhältnis $2c/a \approx 1{,}63$ ist, können wir für die Rumpfelektronenkorrelation die des elementaren Co voraussetzen, also B1-Korrelation mit $a_{H_b^{3,3}}/4 = d_{B1}\sqrt{2}$ und 8 Schichten je c-Strecke (ESSLINGER/SCHUBERT 57). Für die Valenzelektronenanordnung wird man eine A1-Korrelation anzunehmen haben.

Tabelle 2. *TB-Strukturen*

CoSn($H_b^{3,3}$ = B35)-Typ (Abb. 2), Zahlenangaben: a/kX, $2c/a$

FeSn	5,292	1,678	*65*	PtTl	5,605	1,656	*65*
CoSn	5,268	1,613	*64*	Fe_2GaGe	5,00	1,614	59SchM
NiIn	5,239 [1]	1,656	*13*121	TaN	5,18 Å	1,122	53BZ

$Ni_{1-}Sn_1$($N^{4,4}$)-Typ (Abb. 3), Zahlenangaben: a, b, c, β

Ni_3Sn_4	$12{,}19_8$ kX	4,053	5,177	103° 47′	*10*77
CoGe	$11{,}64_8$ Å	3,807	4,945	$101{,}10_3$°	59SchM

[1] Druckfehler in Originalarbeit.

Metrische Analogie liefert $|\mathbf{a}_1 - \mathbf{a}_2|/4 = d_{A\,1}$ mit $5{,}3_3$ Plätzen je Elementarmasche und 2,25 Schichten je c-Strecke, so daß sich eine vollbesetzte Korrelation ergäbe. Eine an den $CuAl_2$-Typ anschließende Valenzelektronenkorrelation erscheint jedoch auch diskutabel.

Eng verwandt zu CoSn ist die $N^{4,4}$-Struktur von $\mathbf{Ni_1{-}Sn_1}$ (Abb. 3, Tab. 2), die eine Art Stapelvariante mit Stapelebene $(100)_{CoSn}$ darstellt und auch dem Co_1Ge_1 zukommt. Es gibt zwei verschiedenartige CoGe-Schichten parallel (100), eine der Art A und eine der Art B, CoSn ist

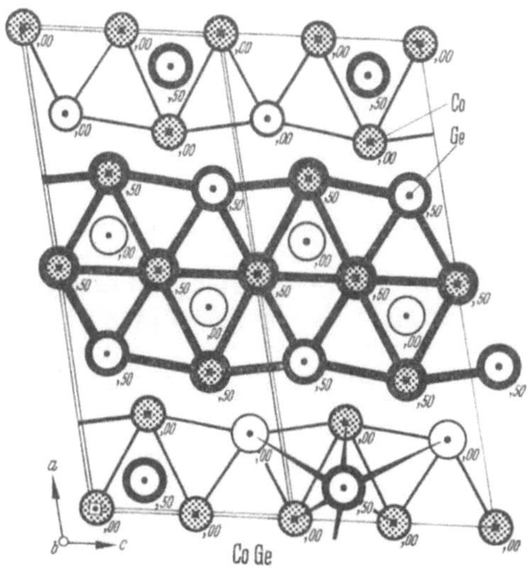

Abb. 3. **CoGe**($N^{4,4}$, isotyp zu $Ni_1{-}Sn_1$, *1077*) $C^3_{2h}-C2/m$ $a = 11{,}64_8$ $b = 3{,}80_7$ $c = 4{,}94_5$ Å $\beta = 101{,}1°$ 2Co(a),0,0,0 2Co(c),0,0,5 4Co(i),20,00,32 2 · 4Ge(i),18,00,$\overline{16}$,43,00,$\overline{26}$

nach AB gestapelt und CoGe nach ABAA′B′A′. Da eine Schicht die Dicke $a\sqrt{3}/4$ hat, ist CoGe in Richtung der Stapelnormale komprimiert; es besteht also wieder die Möglichkeit, daß die Stapeländerung mit der besonderen Rasterung zusammenhängt.

7.43 B-reichere Phasen, $MoSi_2$-Familie. Die $U_b^{1,2}$-Struktur von $\mathbf{MoSi_2}$ (Abb. 1, Tab. 1) kann als B^1RD-Struktur aufgefaßt werden. Die Ebene (110) weist bei $c/a = 2{,}45$ eine mikroelastisch vorteilhafte hexagonal dichteste Anordnung von Atomen auf, die man auch vergleichen kann mit (110) von $CuAl_2$. Die dicht gepackten (110)-Ebenen sind nicht dreistützig, sondern zweistützig gestapelt, wodurch tetragonale Symmetrie entsteht und das H^2-artige Achsverhältnis 1,73 wird. Das T-Atom ist 10-koordiniert. — Nach Entfernung der Mo-Lage aus $MoSi_2$ gleicht nach LAVES (33) die verbleibende Si-Lage der „idealisierten" Ga-Struktur. Oben haben wir in der Tat gesehen, daß einige B^1V-Strukturen (z. B. MgIn) zu Ga überleiten.

Tabelle 1

$MoSi_2$-Familie, Zahlenangaben: a/Å, c/a

$MoSi_2(U_b^{1,2}$ = C11b)-Typ (Abb. 1)			
$MoSi_2$	3,21	2,45	*17*40
$MoGe_2$(h)	3,31	2,47	*17*173
WSi_2	3,21	2,44	*17*83
$ReSi_2$	3,12	2,45	*8*102
Mn_2Au	3,35	2,56	59SchMi
Cr_2Al	3,01	$2,87_8$	*55*,53
MoU_2	3,43	$2,87_1$	57Ha
$MgHg_2$	3,84	$2,29_3$	41BrRu
$ZrPd_2$	3,41	$2,5_2$	60SchMi
$HfPd_2$	3,40	2,54	62Nev
$GdAg_2$	3,728	2,494	61BM
$DyAg_2$	3,696	2,493	61BM
$GdAu_2$	3,732	2,415	61BM
$DyAu_2$	3,694	2,424	61BM
$TiAu_2$	3,43	2,49	59SchMi
$ZrAu_2$	3,53	2,47	59SchMi
$HfAu_2$	3,52	2,45	60SchMi
VAu_2 (deformiert)			62StSch
$MnAu_2$	3,37	2,60	59SchMi

($MoSi_2$-Strukturen mit gedehntem Achsverhältnis und Varianten vgl. 3.21; 7.1)

Stapelvariation des $MoSi_2$-Typs längs der quasihexagonalen Ebene:

$CrSi_2(H_d^{3,6}$ = C40)-Typ, Stapelfolge *ABC* (Abb. 1)	
$HfSn_2$	62SchMi
VSi_2	*8*102
$NbSi_2$	*8*102
$TaSi_2$	*8*102
$CrSi_2$	*3*35
$NbGe_2$	*9*85
$TaGe_2$	*9*85
$Mo(Al,Si)_2$	57NH

$TiSi_2(S^{2,4}$ = C54)-Typ, Stapelfolge *ABCD* (Abb. 1)	
$TiSi_2$	*7*12,95
$TiGe_2$	*9*85
$ZrSn_2$	53NoScha
$MoAl_{1,3}Si_{0,7}$	61BNSB

Weitere Varianten

$TiCu(T_b^{2,2}$ = B11)-Typ			
TiCu(Ti)	3,11	1,90	*15*68
TiAu(r)	3,33	1,81	62StSch
TiCd	2,904	3,08	62STC
ZrAg	3,47	1,90	*16*138; *11*182
HfAu	3,46	$1,82_4$	61SchMi

$Nb_3Au_2(U^{3,2})$-Typ			
Nb_3Au_2			60SchMi
Ta_3Au_2?			61RBM

$ThSi_2(U_c^{2,4})$-Typ (Abb. 1)			
$IrB_{\sim 1,1}$			60AStÅ
$LaSi_2$	4,28	3,22	*13*132
$CeSi_2$	4,16	3,33	*12*124
$PrSi_2$(h)	4,15	3,26	*13*132
$NdSi_2$	4,12	3,27	*13*132
$SmSi_2$(h)	4,06	3,29	*13*132
$EuSi_2$			59PBP
$GdSi_2$			59PBP
$DySi_2$			59PBP
$LaGe_2$			59Ia
$CeGe_2$			59Ia
$PrGe_2$			59Ia
$NdGe_2$			59Ia
$SmGe_2$			59Ia
$ThSi_2$(α,h)	4,13	3,48	*9*121
$ThGe_{2-}$	4,106	3,46	61Br
USi_2(α)	3,98	3,46	*12*124
$NpSi_2$	3,97	3,45	*12*124
$PuSi_2$(α)	3,98	3,42	*12*124
$PuGe_2$	4,10	3,37	58P
YSi_2 (ähnlich)			59PBP

Tabelle 1 (Fortsetzung)

$GdSi_2$-Typ = $ThSi_2$[D]-Typ		**$BaAl_4$**($U_b^{1,4}$)-Typ (Abb. 1)			
YSi_2	59PBP	$CaAl_4$	4,36	2,54	*86*
$PrSi_2$	59PBP	$SrAl_4$	4,46	2,48	*715*
$NdSi_2$	59PBP	$BaAl_4$	4,54	2,46	*345*
$SmSi_2$	59PBP	$LaAl_4$	4,43	2,31	*910*
$GdSi_2$	59PBP	$CeAl_4$	4,37	2,31	*95*
$DySi_2$	59PBP	$PrAl_4$			59Ia
		$NdAl_4$			59Ia
		$ThZn_4$			56MG

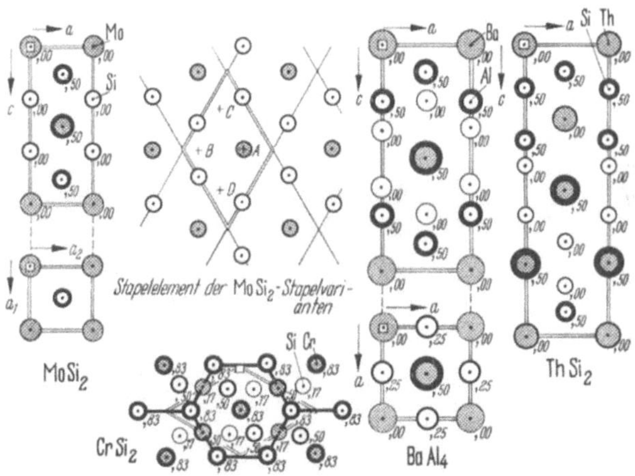

Abb. 1. **$MoSi_2$**($U_b^{1,2}$,C11*b*,*1740*) D_{4h}^{17}–I4/mmm $a=3{,}20$ $c=7{,}86$ kX 2Mo(a),0,0,0 4Si(e),0,0,333. Das rechts gezeichnete Stapelelement der $MoSi_2$-Stapelvarianten entspricht Gitterebene (110) in $MoSi_2$; **$CrSi_2$**($H_d^{3,6}$,C40,*335*) D_6^4–$C6_22$ $a=4{,}422$ $c=6{,}351$ kX 3Cr(d),5,0,17 6Si(j),167,333,167. Eine weitere Stapelvariante ist **$TiSi_2$**($S^{2,4}$,C54,*712*,*95*) D_{2h}^{24}–Fddd $a=8{,}236$ $b=4{,}773$ $c=8{,}523$ kX 8Ti(a),0,0,0 16Si(e),333,0,0; **$BaAl_4$**($U_b^{1,4}$,$D1_3$,*345*) D_{4h}^{17}–I4/mmm $a=4{,}53$ $c=11{,}14$ kX 2Ba(a),0,0,0 4Al(d),0,5,25 4Al(e),0,0,380; **$ThSi_2$**($U_c^{2,4}$,*9121*) D_{4h}^{19}–I4/amd $a=4{,}13_4$ $c=14{,}37_5$ Å 4Th(a),0,0,0 8Si(e),0,0,416_5

Ähnlich wie bei FeSi könnte man annehmen $a/\sqrt{2}=a_{A2}$, $l_c=7$, PZ $=14$, VEA $=16$ oder $l_c=8$, PZ = VEA (die Mo müßten also Valenzelektronen absorbieren; ihre Außenelektronen bildeten eine A1-Korrelation für sich). Wahrscheinlich gilt aber $\sqrt{2a}/\sqrt{7}=d_{A1}=1{,}72$ kX, $l_{a_1+a_2}=3{,}3$, PZ $=24=$ EA($Mo_2^4Si_4^4$). Durch den Einfluß der T würde demnach der Abstand in der Valenzelektronenkorrelation der Si stark beeinflußt. — Bei dem Vertreter $MgHg_2$ haben wir allerdings $a/\sqrt{2}=a_{A2}$, $l_c=6$, so daß die A1-Korrelation von MgHg($C^{1,1}$) hier zusammengeklappt ist. Bei den Phasen mit Au als Mehrheitskomponente besetzen die Valenzelektronen eine A2-Korrelation mit $a=a_{A2}$, $l_c=6$, die Au- und Mn-Rumpfelektronen eine A1 ... B1-Korrelation, die vielleicht $a/\sqrt{2}=d_{A1}$, $l_c=7$ zeigt; der Befund von HERPIN/MÉRIEL/VILLAIN (59), wonach $MnAu_2$ eine magnetische Überstruktur von $c_Ü=7c$ besitzt, wäre damit verträglich. Diese

Annahme ließe insbesondere das merkwürdige Doppelgängertum der Verbindungen $MnAu_2$ und Mn_2Au, die beide vom $MoSi_2$-Typ sind und ähnliches Achsverhältnis haben, besser verstehen. — Im Zusammenhang mit diesen Phasen muß man auch die oben betrachteten Strukturen von MnAu sehen.

Zu $MoSi_2$ gibt es elektronenärmere, längs den quasihexagonalen Schichten umgestapelte Verwandte, und zwar die $H_d^{3,6}$-Struktur von **$CrSi_2$** (Abb. 1, Tab. 1) und die $S^{2,4}$-Struktur von **$TiSi_2$** (Tab. 1). Beschreibt man die quasihexagonale Masche der (110)-Ebene der $MoSi_2$-Struktur so, daß T in 000 und B in $\frac{1}{3}\,\frac{2}{3}0$ und $\frac{2}{3}\,\frac{1}{3}0$ liegen und bezeichnet die Punkte 000; $\frac{1}{2}00$, $\frac{1}{2}\frac{1}{2}0$, $0\frac{1}{2}0$ mit A, B, C, D (Abb. 1), so gelten für folgende Typen die Stapelrhythmen $MoSi_2$: AB, $CrSi_2$: ABC, $TiSi_2$:ABCD (Wallbaum 41). An Tab. 1 liest man eine Elektronenregel für das Erscheinen der Strukturen ab: $T^6 \rightarrow MoSi_2$, $T^5 \rightarrow CrSi_2$ (Ausnahme $CrSi_2$), $T^4 \rightarrow TiSi_2$. Das Zutreffen der Regel, wonach Strukturen bei Erhöhung der Elektronenkonzentration eine einachsige Dehnung erfahren können (Schubert 57a), ist aus Abb. 2 zu entnehmen, welche das Achsverhältnis für eine Atomschicht angibt. Bezeichnenderweise liegt das Achsverhältnis für VSi_2 bereits unter dem Wert 0,816, der einer dichtesten Kugelpackung zukäme. — Eine ähnliche Umstapelung haben wir oben bei der Homöotypie $CuAl_2 \ldots CuMg_2 \ldots NiMg_2$ kennengelernt.

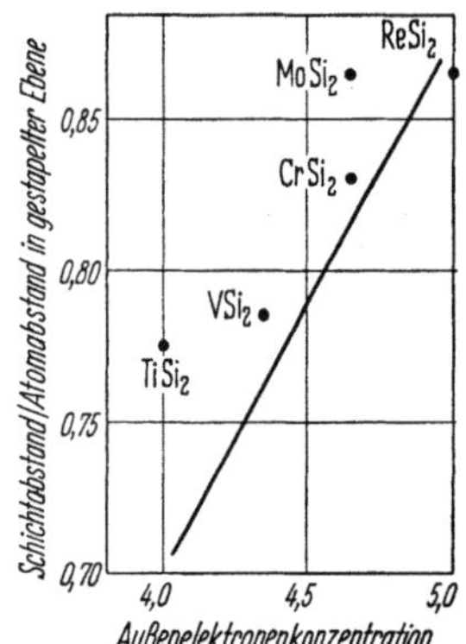

Abb. 2. Achsverhältnisse von Phasen der $MoSi_2$-Familie. Die eingetragene Gerade gibt eine Proportionalität der Koordinaten wieder

Nach obigem Ortskorrelationsvorschlag mit $\sqrt{7}$ muß sich die Elektronenarmut auf die Außenelektronenkorrelation beziehen.

Eine Verwandte des $MoSi_2$-Typs, die zum $TiAl_3$ hinüberleitet, das $ZrSi_2$ (A1-Korrelation), wurde im Zusammenhang mit $TiAl_3$ besprochen. Hier haben wir noch eine Stapelvariante zu betrachten, nämlich die $U_c^{2,4}$-Struktur von **$ThSi_2$** (Abb. 1, Tab. 1). Auch diese Zelle zeigt eine große c-Achse. Als Bauelement kann man ein basisparalleles quadratisches Netz von Th-Atomen erkennen, dessen quadratische Lücken mit Si-Hanteln parallel c ausgefüllt sind. Aus diesem Bauelement ist auch die $MoSi_2$-Struktur aufgestapelt. Auf die ersichtliche Verwandtschaft zur Bo_2Al-Struktur wurde von Aronsson (60) und Brown (61) hingewiesen. Man beachte, daß c/a sowohl größer als auch kleiner $2\sqrt{3}$ sein kann. Eine leicht orthorhombisch verzerrte $ThSi_2$-Struktur haben **$GdSi_2$** (Tab. 1) und $ThGe_2$ (Brown 61). Tetragonale Stapelvarianten werden wir auch in der $CuAl_2$-Familie wiederfinden (7.44).

Das Achsverhältnis ist deutlich niedriger als bei den $MoSi_2$-Strukturen, so daß jetzt in den (100)-Ebenen ein quasihexagonales (allerdings nicht mehr von T zentriertes) Bauelement erscheint. Durch die Innenzentrierung tritt in dem Bauelement eine Verwerfung auf. Als Ortskorrelationsvorschlag liegt nahe $a/2 = a_{A2}$, $l_c = 14$, PZ $= 56$, EA($Th^6Si_2^4$) $= 56$. Dieser Vorschlag beruht auf der Annahme, daß die Valenzelektronen der Th für sich eine Korrelation bilden, und daß die B-Elektronen mit den p-Elektronen der Th gekoppelt sind.

Al als Mehrheitskomponente zeigt die $U_b^{1,4}$-Struktur von **$BaAl_4$** (Abb. 1, Tab. 1). Die langgestreckte Zelle enthält wieder das oben erwähnte Stapelelement, aber darüber hinaus auch noch ebene Al-Schichten. Wenn man Ba gedanklich durch eine Hantel parallel zur c-Achse von Al_2 ersetzt, so kann man nach Ausübung von Stapeländerungen und Dehnungen eine F^1-Struktur erhalten. Auch hier findet sich wieder eine Verwandtschaft zu Bo_2Al. Die a-Konstante ist von ähnlicher Größe wie die Gitterkonstante der B^1-Modifikation des T-Elements. — Die Vertretertabelle besteht aus einem Zweig.

Für die Al-Elektronen liegt nahe $a/2 = a_{A2}$, $l_c = 10$, PZ $= 40$, EA $= 36$ (Ba^{4+2}, Al^3). Der vorliegende Ortskorrelationsvorschlag ist verwandt mit einem Vorschlag von Nowotny/Holub/Wittmann (59), der jedoch in der Elektronenabzählung nicht ganz befriedigend ist. — Entfernt man die Al-Al-Schichten aus dem Gitter, so erhält man eine Struktur, die sich verhältnismäßig einfach in eine $CuAl_2$-Struktur überführen läßt. In der Tat ist $CuAl_2$ eine Al-reiche Struktur. Auch $Th_2Zn(U_a^{2,4})$ gehört in diese Verwandtschaft (vgl. $ThZn_4$, $U_b^{1,4}$).

7.44 Weitere $CuAl_2$-Verwandte bei T-B^4-Systemen. In T^B-Si-Systemen findet man bei B-reichen Phasen Strukturen wie $FeSi_2$ (vgl. 7.3) und $CoSi_2(F_a^{1,2})$. In T^B-B^4-Systemen mit schwererer B-Komponente ergeben sich dagegen vorwiegend $CuAl_2$-Verwandte. Eine Stapelvariante der $CuAl_2$-Struktur wurde in der $Q^{4,8}$-Struktur von **$CoGe_2$** (Abb. 1, Tab. 1) bekannt. Gegenüber der $F^{1,2}$- oder $U_a^{2,4}$-Struktur ist die c-Achse verdoppelt; die Co-Atome sind gestapelt nach der Folge AABB, während die T in $CuAl_2$ nach AA und in $F^{1,2}$ nach AB gestapelt sind. Die Ge-Schichten sind unverschränkt (d. h. quadratisch) zwischen 2 T-Schichten AB und verschränkt zwischen 2 T-Schichten AA bzw. BB.

Das Achsverhältnis der Unterstruktur liegt mit $c/a = 0{,}95$ genau zwischen den Achsverhältnissen von $F_a^{1,2}$ und $U_a^{2,4}$. Wenn die Dehnung des Elektronengitters bezüglich der Kristallstruktur gerade zwischen $F_a^{1,2}$ und $U_a^{2,4}$ liegt, dann gibt es Bereiche, in denen die Beziehung mehr dem $F_a^{1,2}$-Typ ähnelt und solche, in denen sie mehr dem $U_a^{2,4}$-Typ ähnelt, so daß sich die Stapelfolge ebenfalls abwechselnd $F_a^{1,2}$-artig oder $U_a^{2,4}$-artig einstellt.

Später wurden ähnliche S-Varianten beschrieben. Die $U^{8,16}$-Struktur von **$PdSn_2$** (Tab. 1) zeigt wie $CoGe_2$ die Folge AABB der Pd. Die Sn-Netze entsprechen ebenfalls den Ge-Netzen von $CoGe_2$, die Art ihrer Stapelung ist aber so, daß die $c_{U_a^{2,4}}$-Achse vervierfacht wird, was sich röntgeno-

Tabelle 1

Einige $CuAl_2$-Homöotype, Zahlenangaben: a, c/a

$CoGe_2(Q^{4,8})$-Typ (Abb. 1)		
$Co_{0,9}Ge_2$	0,95	*11*96
$RhSn_2$(r)-Typ		
$RhSn_2$(r)	0,95	56He
$PdSn_2$-Typ		
$PdSn_2$	0,94	56He
$PtPb_4(T_a^{2,8})$-Typ (Abb. 2)		
$PtPb_4$	0,90	*15*90
$PtSn_4(Q^{2,8})$-Typ (Abb. 3)		
$PdSn_4$	0,89	*13*116
$PtSn_4$	0,89	*13*116
$RhSn_4$ vermutlich polymorph		*11*180
$AuSn_4$	0,89	*13*116

$PdSn_3(Q_b^{4,12})$-Typ (Abb. 4)		
$PdSn_3$	0,88	59SchLMB
$Ru_3Sn_7(B^{6,14})$-Typ (Abb. 5)		
Ru_3Sn_7	9,351 Å	*11*180
Ir_3Ge_7	$8{,}73_5$ kX	50SchP
Ir_3Sn_7	9,360 Å	*11*136
Ni_3In_7	9,18 Å	*11*133
Pd_3Ga_7	8,755 kX	50SchP
Pd_3In_7	9,42 kX	47HL
Pt_3Ga_7	$8{,}7_5$ kX	50SchP (Bhan)
Pt_3In_7	9,416 kX	50SchP
$NiGa_4$?		*11*123, Lymberéas Dipl.-Arbeit
$Co_2Al_3Si_4$		63Now
$Ni_3(Al,Si)_7$	$8{,}27_4$ kX	63Now

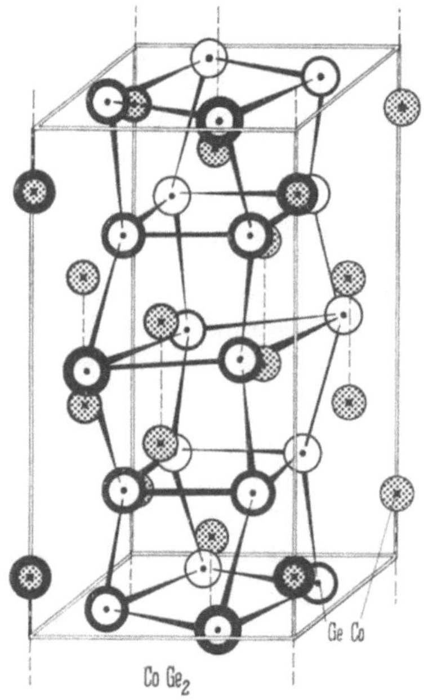

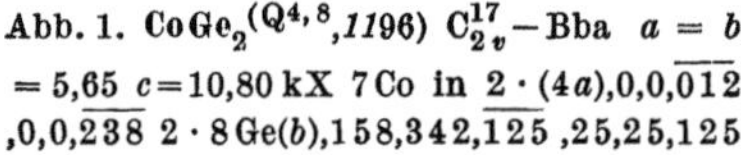
Abb. 1. $CoGe_2(Q^{4,8}$,*11*96) C_{2v}^{17} — Bba $a = b = 5{,}65$ $c = 10{,}80$ kX 7Co in 2 · (4a),0,0,$\overline{012}$,0,0,$\overline{238}$ 2 · 8Ge(b),158,342,$\overline{125}$,25,25,125

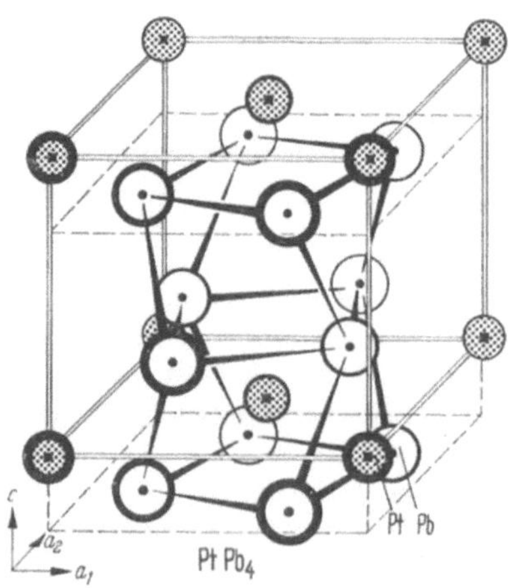

Abb. 2. $PtPb_4(T^{2,8}$,*15*90) D_{4h}^3 — P4/nbm $a = 6{,}66$ $c = 5{,}97$ Å 2Pt(a),0,0,0 8Pb(m),175,675,255

graphisch in kleinen Unterschieden im Liniensystem auswirkt. Auch **$RhSn_2$(r)** (HELLNER 56, Tab. 1) ist dem $CoGe_2$ sehr ähnlich, die Stapelfolge der Rh lautet hier AAABBB. Die mitgeteilte statistische Struktur ist jedoch nicht die Gleichgewichtsstruktur, weil nach allen Erfahrungen eine statistische Besetzung der angegebenen Art durch geeignete Warmbehandlung beseitigt werden kann.

Vakantstellenvarianten der $U_a^{2,4}$-Struktur zeigen sich besonders bei Verbindungen der Art $T^{10}B_n^4$, und zwar deshalb, weil hier B^4 die Al-Korrelation der Valenzelektronen allein aufbaut, so daß die Einfügung oder Entfernung von T-Atomen die Struktur des Valenzelektronengases nur untergeordnet beeinflußt. Die einfachste V-Variante ist die $T^{2,8}$-Struktur von **$PtPb_4$** (Abb. 2, Tab. 1), in der gegenüber $CuAl_2$ lediglich die Hälfte der T-Atome fortzulassen ist. — Die $Q^{2,8}$-Struktur von **$PtSn_4$** (Abb. 3, Tab. 1) hat gegenüber $PtPb_4$ eine verdoppelte c-Achse. Die $Q_b^{4,12}$-Struktur von **$PdSn_3$** (Abb. 4, Tab. 1) ist von der T-Stapelfolge AAVBBV, wobei V eine leer gelassene T-Schicht bedeuten soll.

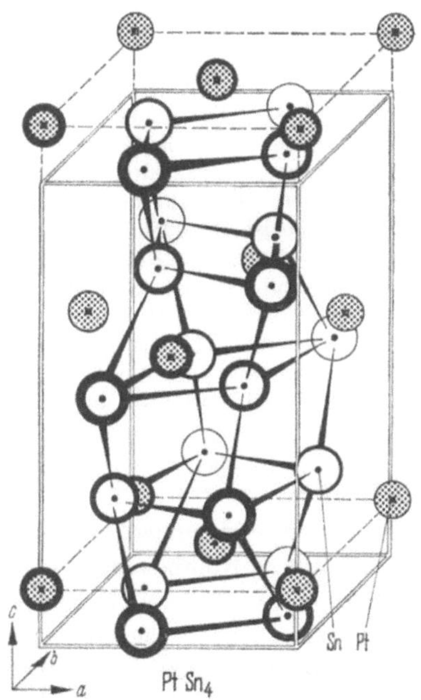

Abb. 3. $PtSn_4$($Q^{2,8}$, *13116*) C_{2v}^{17} — Aba2 $a = 6{,}38$ $b = 6{,}41$ $c = 11{,}35$ kX 4 Pt(a),0,0,00 2 · 8 Sn(b),173,327,125 ,327,173 ,875

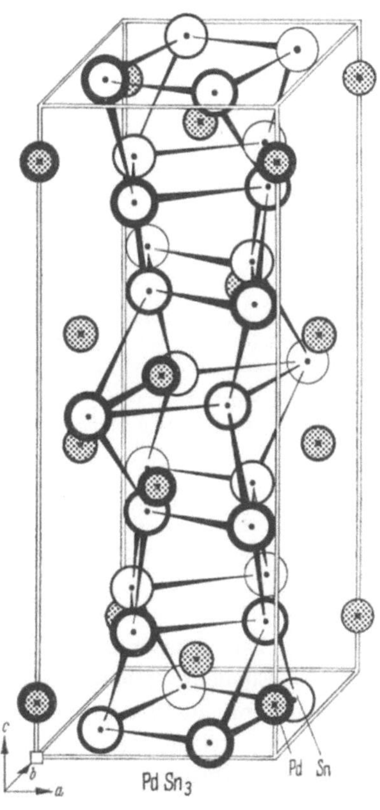

Abb. 4. $PdSn_3$($Q_b^{4,12}$, 59SchLMB) D_{2h}^{18} — Bbam $a = 6{,}46$ $b = 6{,}49$ $c = 17{,}17$ kX 8 Pd(d),0,0,084 8 Sn(f),17,33,00 16 Sn(g) ,33,17,168

Etwas entfernter verwandt ist die $B^{6,14}$-Struktur von $\mathbf{Ru_3Sn_7}$ (Abb. 5, Tab. 1). Man kann diese innenzentrierte Zelle wie die γ-Messingstruktur gedanklich aus 3^3 B^1-Zellen aufbauen und durch Leerstellenbildung und Atomverschiebung die Atomlage von Ru_3Sn_7 herleiten; Abb. 5 läßt die Beziehung zur $CuAl_2$-Struktur gut erkennen, Hellner und Laves (47) wiesen auf die Ähnlichkeit der Pulveraufnahmen zu denen von γ-Messing hin.

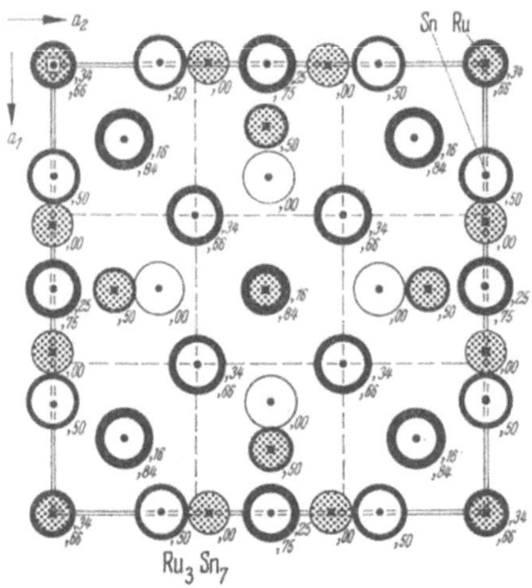

Abb. 5. $Ru_3Sn_7(B^{6,14}$, *11136*) O_h^9—Im3m $a=9{,}351$ Å 12 Ru(*e*) ,342,0,0 12 Sn(*d*),25,0,5 16 Sn(*f*),156,156,156

Die Ru_3Sn_7-Struktur kann als Vakantstellenvariante der messingartigen B^1-Strukturen angesehen werden. Die Zahl der fehlenden Atome ist $54 - 40 = 14$, so daß nach Norburys Regel PZ = 95, während EA = (84 ... 112), so daß Elektronenrücktritt angenommen werden muß. Die metrischen Daten sprechen für das Rumpfelektronenraster $a/9$ im Gegensatz zum Raster $a/10$ bei γ-Messing. Das gute Passen des früher (Schubert 56c) erwähnten $a/6$-Rasters überträgt sich auf das obige Raster.

7.5 T-B⁵-Legierungen

7.51 T-B⁵-Phasen mit höherem T-Gehalt von tetragonaler Symmetrie.

Die B^5-Elemente bilden bei 25 At.-% B^5 mit T-Komponenten keine elementähnlichen Strukturen mehr, anscheinend weil die VEK zu groß würde; es kristallisieren vielmehr sofort charakteristische Zwischenphasenstrukturen. Übersichten über T-P bzw. T-S-Phasen vgl. Rundqvist (62) bzw. Jellinek (63).

Tabelle 1

$\mathbf{Fe_3P}(U_b^{12,4})$-Typ (Abb. 1a)					
Cr_3P	55Ar, *18262*	Pd_3As	60SchMi	V_3P	55Ar
Mn_3P	55Ar	*ähnlich:*		V_3S	59PG
Fe_3P	55Ar	$Fe_3B_{0,6}P_{0,4}$	62aR	Mo_3P	55Ar, *18263*
Ni_3P	55Ar	Ti_3P	55Ar	$Ni_{12}P_5 = Ni_{2,4}P$	59RL

In der $U_b^{12,4}$-Struktur von $\mathbf{Fe_3P}$ (Abb. 1a, Tab. 1) findet man ein Bauelement der $CuAl_2$-Struktur, den Tetraederstern, wieder. Die Projektion dieses Bauelements auf die Basis liegt schräg im Basisquadrat und stützt so die Annahme, daß in einigen der obigen $CuAl_2$-Strukturen das Elektronengitter ebenfalls schräg zu den Basiskanten liegt. Die nicht in den T-T-Tetraedersternen enthaltenen Atome bilden T-B-Tetraedersterne. Eng verwandt ist die $T_b^{24,8}$-Struktur von **Ti₃P** bzw. $Fe_3B_{0,6}P_{0,4}$. Die große Variabilität des T-Partners in der Vertretertabelle entspricht der Annahme der B1-artigen Auffüllung der Korrelation der Außenelek-

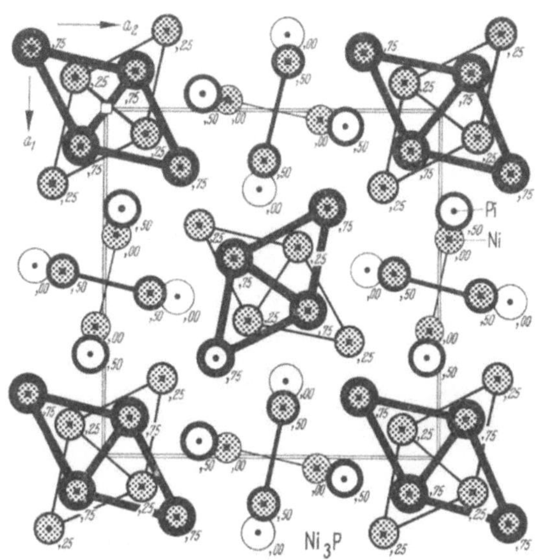

Abb. 1a. Fe_3P-Typ am Beispiel $Ni_3P(U_b^{12,4}$, 55A) $S_4^2/I\bar{4}$ $a = 8{,}95_2$ $c = 4{,}388$ Å 3·8 Ni(g),080,109,25 ,363,030,000 ,164,220,075 8 P(g),290,042,50

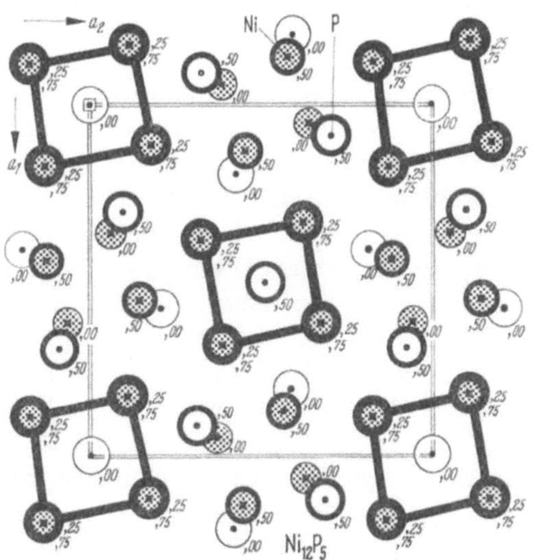

Abb. 1b. **$Ni_{12}P_5$**($U^{12,5}$, 59RL) C_{4h}^5–I4/m $a = 8{,}646$ $c = 5{,}070$ Å 16 Ni(i),116,182,248 8 Ni(h),368,060,0 2 P(a),0,0,0 8 P(h),195,415,0

tronen der T-Komponente, man wird also etwa annehmen $a/\sqrt{34} = d_{A1}$, $l_c = 4$, PZ = 136, EA($Fe_3^4P^5$) = 136. Eine bemerkenswerte Variante der Fe_3P-Struktur ist die $U^{12,5}$-Struktur von $\mathbf{Ni_{12}P_5}$ (Abb. 1b); die Tetraedersterne haben sich zu Würfeln aufgebläht, die durch P zentriert sind, so daß eine Beziehung zur $B^{1,1}$-Struktur deutlich wird. Man beachte auch die Beziehung zur Struktur von Ti_5Te_4, die eine Korrelation $a\sqrt{17} = a_{A2}$, $l_c = 4$ bzw. 5 nahelegt.

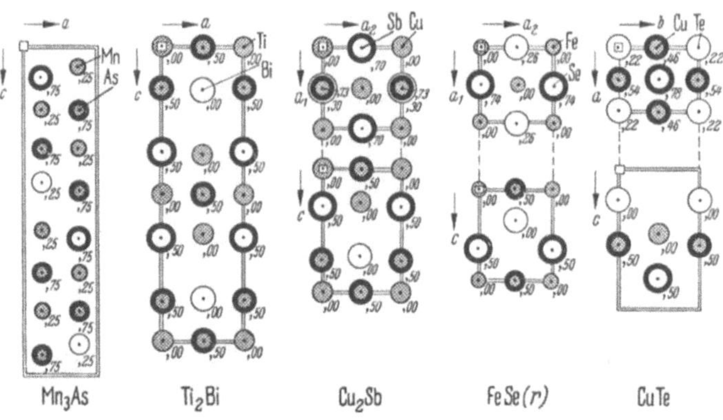

Abb. 2. $\mathbf{Mn_3As}$($O_e^{12,4}$,*1519*) D_{2h}^{13}–Pmmn $a = b = 3{,}788$ $c = 16{,}29$ Å $3 \cdot 2$Mn(*a*),25,25,193 ,25,25,$\overline{193}$,25,25,565 $3 \cdot 2$Mn(*b*),25,75,306 ,25,75,$\overline{306}$,25,75,$\overline{065}$ 2As(*a*),25,25,409 2As(*b*),25,75,091; $\mathbf{Ti_2Bi}$($T_c^{8,4}$, 58AWNK) D_{4h}^{9}–$P4_2$/mcm $a = 4{,}04$ $c = 14{,}5$ kX 2Ti(*a*),0,0,0 2Ti(*b*),5,5,0 4Ti(*i*),000,500,133 4Bi(*i*) ,000,500,353; $\mathbf{Cu_2Sb}$($T_d^{4,2}$,C38,*333*) D_{4h}^{7}–P4/nmm $a = 3{,}992$ $c = 6{,}091$ kX 2Cu(*a*),0,0,0 2Cu(*c*),0,5,27 2Sb(*c*),0,5,$\overline{30}$; **FeSe(r)**($T_a^{2,2}$,B10(PbO)-Typ,*3626*) D_{4h}^{7}–P4/nmm $a = 3{,}765$ $c = 5{,}518$ kX 2Fe(*a*),0,0,0 2Se(*c*),0,5,26; **CuTe**($O_b^{2,2}$, *17158*) D_{2h}^{13}–Pmmn $a = 3{,}15$ $b = 4{,}07$ $c = 6{,}92$ kX 2Cu(*b*),0,5,46 2Te(*a*),0,0,22

V_3S(h) ($U_c^{12,4}$) kristallisiert ebenfalls ähnlich wie Fe_3P, hat aber eine etwas höhere Symmetrie, welche bewirkt, daß der Tetraederstern gerade in der Zelle steht. **V_3S(r)** unterscheidet sich von (h) dadurch, daß die T-B-Sterne um $c/2$ verschoben sind. Dadurch wird, wie PEDERSEN/GRÖNVOLD (59) bemerken, die $T^{24,8}$-Zelle ähnlich einer βW-Struktur mit verdoppelten a_1- und a_2-Achsen. Während bei V_3S(r) die Tetraedersterne keine gemeinsamen Ecken haben, ist dies in der βW-Struktur der Fall.

Bei $\mathbf{Rh_2P}$ und $\mathbf{Ir_2P}$ findet sich der CaF_2-Typ, der hier als die Stützzahl betreffende Abwandlung einer F^1-artigen T-Struktur zu verstehen ist.

Eine Ersetzungsabart der fluoritartigen Gitter ist die $T_d^{4,2}$-Struktur von $\mathbf{Cu_2Sb}$ (Abb. 2, Tab. 2). Die Sb befinden sich ebenso wie bei der CaF_2-Struktur in einer F^1-Lage, aber die Cu bilden kein kubisch primitives Gitter, sondern besetzen außer den tetraedrischen Lücken der Sb(F^1)-Lage auch einige oktaedrische. Dadurch erhalten die Cu einen

F^1- bzw. B^1-ähnlichen Zusammenhang, der unterbrochen wird von $F_a^{1,1}$-artigen Schichten parallel zur Basis. Man erkennt 2 Zweige, die sich im Chemismus und im Achsverhältnis unterscheiden. Man beachte die Verwandtschaft des UP_2-Zweiges zu $MoSi_2$.

Tabelle 2. *Strukturfamilie des* Cu_2Sb

Cu_2Sb($T_d^{4,2}$ = C38)-Typ (Abb. 2), Zahlenangaben: a, c, $c/\sqrt{2}a$				
Cr_2As	3,613	6,333 kX	1,24	*65*,189
Mn_2As	3,761	6,265 kX	1,17	*15*19, 58P
Mn_2Sb	4,078	6,557 kX	1,14	*49*,122
Fe_2As	3,627	5,973 kX	1,16	*334*,288,334
CuMgAs	3,96	6,23 Å	1,11	*8*31
Cu_2Sb	3,992	6,091 kX	1,08	*333*,288
UP_2(D)	3,800	7,762	2,043	*16*25
$ThAs_2$	4,078	8,558 kX	2,099	55Fe
UAs_2(D)	3,954	8,116	2,053	*16*25
$HfSb_2$(h)	$3{,}91_6$	$8{,}67_6$ Å	2,22	63SchMi
$ThSb_2$	4,344	9,154 kX	2,107	56Fe
USb_2	4,272	8,741 Å	2,044	*16*23
$ThBi_2$				57Fe
UBi_2	4,445	8,908 Å	2,004	53Fe
$CeTe_2$				60DFPNCG
Leerstellenabarten (vgl. auch PbO), Zahlenangaben: a, c, $c/\sqrt{2}a$				
$Fe_{1,05}S$(B 10)				
FeSe(r)(B 10)	3,765	5,518 kX	$1{,}03_5$	*36*25
$Fe_{1,1}Te$(B 10)	3,823	6,277 Å	1,16	54GrHV
Cu_4Te_3	3,98	6,12 Å	1,09	*12*158
CuTe(C 38VD)				54AS
Stapelabarten (vgl. Abb. 2)				
Mn_3As				*15*19
Ti_2Bi				58AWNK

Für eine B^1-artige Struktur ohne Vakantstellen ist die VEK 7/3 = 2,3 des Cu_2Sb zu groß, dagegen für eine CaF_2-Variante mit weniger Elektronen passend. $a/2 = d_{A1}$, $l_c = 4{,}3 \approx 4$, PZ = 16, EA = 14. Das oberhalb Eins liegende CaF_2-artige Achsverhältnis zeigt wie bei $CuGa_2$ besondere Bindungen in den CuCu-Schichten an, d. h. eine Kommensurabilität der Ortskorrelation. Im UP_2-Zweig wird $l_c = 6$, PZ = 24, EA = 32.

Als Ersetzungsabart der Cu_2Sb-Struktur müssen die Strukturen von TlJ, MoBo usw. (4.53; 6.42; 2.36) aufgefaßt werden. — Wegen der Verwandtschaft zu den CuZn-artigen Phasen ist es nicht erstaunlich, daß es zum Cu_2Sb-Typ auch Leerstellenvarianten gibt. Bei $\mathbf{Cu_4Te_3}$ (Tab. 2) sind wegen der gegenüber Cu_2Sb höheren VEK (22/7 > 7/3) die Cu-Lagen, und zwar die in den Oktaederlücken nur teilweise besetzt. Ferner zeigt die $T_a^{2,2}$-Struktur von **FeSe(r)** (PbO-Typ, Tab. 2) eine F^1-Packung der Se, in deren Tetraederlücken ähnlich wie bei $FeSi_2$ schichtartig die

Fe-Atome eingebaut sind. Die Struktur muß also als ZnS-Abart mit besonderen Bindungen zwischen den T aufgefaßt werden. — Die $O_b^{2,2}$-Struktur von **CuTe** (Abb. 2), die eine D-Variante der FeSe-Struktur ist, zeigt gegenüber Cu_4Te_3 eine Fortsetzung der Vakantstellenbildung.

Mit dem Valenzelektronenraster $a/1{,}5 \approx b/2 = d_{A1}$, $l_c = 5$ ergibt sich PZ = 15 gegenüber EA = 14; auch die Rumpfelektronen scheinen sich mit $a/3$, $b/4$, $c/7$ anzupassen. Ähnliche Verzerrungen werden wir unten bei Pyritstrukturen wiederfinden. Man vergleiche auch PtS (4.61).

Stapelvarianten von Cu_2Sb sind die $O_e^{12,4}$-Struktur von $\mathbf{Mn_3As}$ (Abb. 2) und die $T_c^{8,4}$-Struktur von $\mathbf{Ti_2Bi}$ (Abb. 2).

Man erhält die Vorschläge für Mn_3As: $a/2 = d_{A1} = 1{,}9$, $l_c = 12$, PZ = 48, EA ($Mn_3^2As^5$) = 44 (wobei in den Mn-Schichten eine Korrelation der Rumpfelektronen wahrscheinlich ist), und für Ti_2Bi = $a/2 = d_{A1} = 2{,}02$ kX, $l_c = 10$, PZ = 40, EA ($Ti_2^2Bi^5$) = 36.

7.52 T-B⁵-Phasen mit höherem T-Gehalt von orthorhombischer und hexagonaler Symmetrie. Als voll aufgefüllte MnP-Struktur (7.54) ist die $O_d^{8,4}$-Struktur von $\mathbf{Ni_2Si(r)}$ (Abb. 1, Tab. 1) zu beschreiben. Auf diese Verwandtschaft wurde von KRIPIAKEWITSCH (51) hingewiesen (vgl. Abb. 7.54/1). Es ist auch nützlich, die Struktur zu vergleichen mit der Struktur von $Ni_3Si(C_a^{3,1})$. Während man bei Ni_3Si ein kubisches B-Teilgitter in einer F¹-Struktur findet, kann man hier nach dem Schema der aufgefüllten NiAs-Struktur eine B¹-artige Struktur bemerken, in der ein H²-artiges B-Teilgitter besteht. Außer dem mit Co_2Si beginnenden Zweig haben wir einen mit Co_2P beginnenden Zweig, in dem auch Ca_2Si usw. auftritt. Schließlich findet man den Antityp bei salzartigen Verbindungen wie z. B. $\mathbf{PbCl_2}$ (C23, SB *2*16, 252, BRAEKKEN), bei dem besonders das andersartige Achsverhältnis von $\mathbf{SrBr_2}$ (SB *7*10, 82) auffällt.

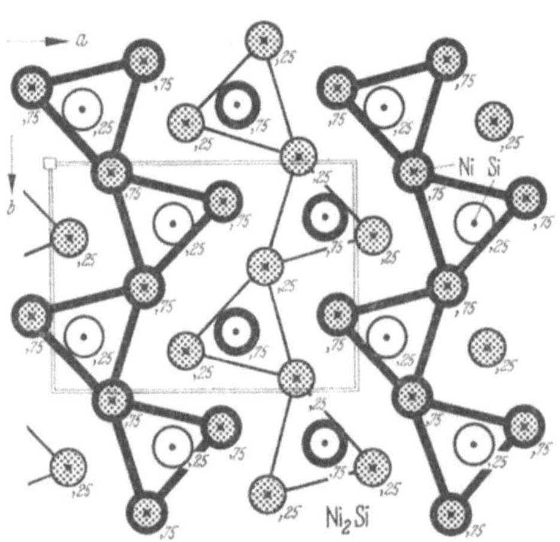

Abb. 1. $Ni_2Si(O_d^{8,4}$,C37,C23,*16*123) D_{2h}^{16} – Pbnm $a = 7{,}06$ $b = 4{,}99$ $c = 3{,}72$ Å 2 · 4 Ni(c),063,325,25 ,797,958,25 4 Si(c) ,386,264,25

Ähnlich wie bei MnP werden wir mit einer zusammengesetzten Ortskorrelation zu tun haben. Besonders zugänglich für einen Vorschlag erscheint das Ca_2Si zu sein. Die Heterotypie zu $Mg_2Si(F_a^{1,2})$ spricht gegen eine gemeinsame Ortskorrelation der Valenzelektronen. Die Valenzelektronen der Ca lassen sich in A1-Korrelation

Tabelle 1

$Ni_2Si(O_a^{8,4})$-Typ (Abb. 1), Zahlenangaben: a, b, c, b/c, $a/\sqrt{3}c$						
Ru_2Si	7,41₈	5,27₉	4,00₅ Å	1,32	1,07	59A
Co_2Si	7,123	4,928	3,745 kX	1,316	1,098	*322*, 55bG
Rh_2B	7,45	5,43	3,99 Å	1,361	1,078	*18*65
Rh_2Si	7,38₃	5,40₈	3,93₀ Å			59A
Rh_2Ge	7,58	5,45	4,01 Å	1,359	1,091	55a,bG
Rh_2Sn	8,192	5,509	4,212 kX	1,308	1,123	59SchLMB
Ir_2Si	7,615	5,284	3,989 Å	1,32	1,10	60BSch
Ni_2Si	7,07	5,00	3,73 Å	1,341	1,094	*16*123
Pd_2Zn	7,65	5,35	4,14 Å			61StH
Pd_2Al	7,760	5,404	4,049 kX	1,335	1,106	59SchLMB
Pd_2Ga	7,798	5,482	4,056 kX	1,352	1,110	59SchLMB
Pd_2In	8,22	5,60	4,21 kX	1,330	1,127	59SchLMB
Pd_2Sn	8,10	5,64	4,30 kX	1,312	1,088	59SchLMB
Ru_2P	6,896	5,902	3,859	1,53	1,03	60R
Co_2P	6,66	5,71	3,53 kX	1,618	1,089	*11*98
Ca_2Si	9,002	7,667	4,799 Å	1,598	1,083	55EW
Ca_2Ge	9,069	7,734	4,834 Å	1,600	1,083	55EW
Ca_2Sn	9,562	7,975	5,044 Å	1,581	1,094	55ELW
Ca_2Pb	9,647	8,072	5,100 Å	1,583	1,092	55ELW
$PbCl_2$-Typ (Antityp von Ni_2Si)						
$ZrAs_2$						
$BaCl_2$	9,33₃	7,823	4,705			*7*8
$BaBr_2$	9,83₆	8,824₇	4,94₈			*7*8
BaJ_2	10,56₆	8,86₂	5,26₈			*7*8
$SmCl_2$	8,97₃	7,53₂	4,49₇			*7*8
$EuCl_2$	8,91₄	7,49₉	4,49₃			*7*8
ThS_2	8,617	7,264	4,267 Å			*12*155
$ThSe_2$	9,046	7,595	4,411 kX			53E
$SnCl_2$	9,21	7,79	4,43			61vdB
$PbF_2\alpha$	7,61	6,41	3,80			*2*251
$PbCl_2$	9,03	7,61	4,52	1,68	1,15	*2*16
$PbBr_2$	9,51₈	8,03₈	4,71₇			*7*8
$US_2(\beta)$	8,45	7,08	4,22 Å			58P
$SrBr_2$	9,20	11,42!	4,30			*7*10

unterbringen, $a/3 = d_{\text{A}\,1} = 3{,}0$, $l_c = 2$, $l_b = 3$, PZ = 18, EA = 16; die Orthorhombizität geht wohl ähnlich wie bei MnP auf die Rumpfelektronen zurück, die auch die Knickung der Ca-Ketten parallel der b-Achse bewirken. Auch bei $CaS(F_a^{1,1})$ waren die Rumpfelektronen wesentlich für die Bindungsbeziehung. — Da die c_{NiAs} entsprechende Achse von Ni_2Si ungefähr gleich der von NiSi (MnP-Typ) ist, wird man eine ähnliche Korrelation der Valenzelektronen und der Rumpfelektronen wie in NiSi annehmen dürfen; die Korrelation in der Basis ist allerdings anders. Über einige spezielle Annahmen für die Rumpfelektronen vgl. Schubert/Esslinger (57).

Einen „kurzen" Co_2Si-Typ in Analogie zu den kurzen MnP und Markasittypen hat man nicht gefunden. An seiner Stelle tritt die

$H_e^{6,3}$-Struktur von **Fe_2P** (Abb. 2a, Tab. 2) auf. Die Fe bilden eine stark hexagonal verzerrte H^2-Lage vom Achsverhältnis 1,02, das kleiner als bei Ni_2In ist. In diese Packung sind die P eingelagert. Man kann die

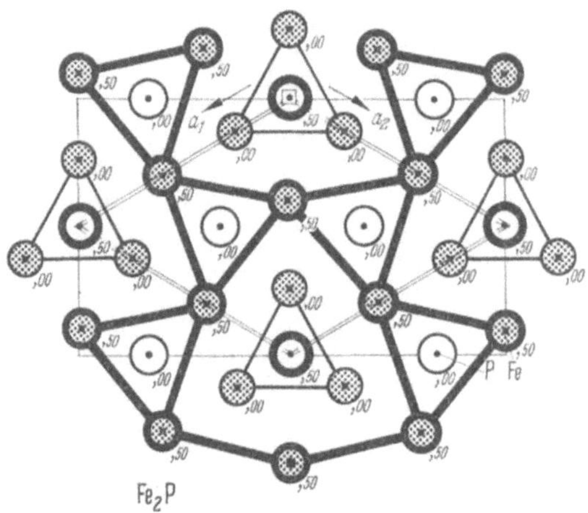

Abb. 2a. **Fe_2P**($H_e^{6,3}$, 59RJ) D_{3h}^3—P$\bar{6}$2m $a = 5{,}87$ $c = 3{,}46$ Å $c/a = 0{,}59$ 3Fe(*f*),256,0,0 3Fe(*g*),594,0,5 2P(*c*),333,667,0 1P(*b*) ,0,0,5

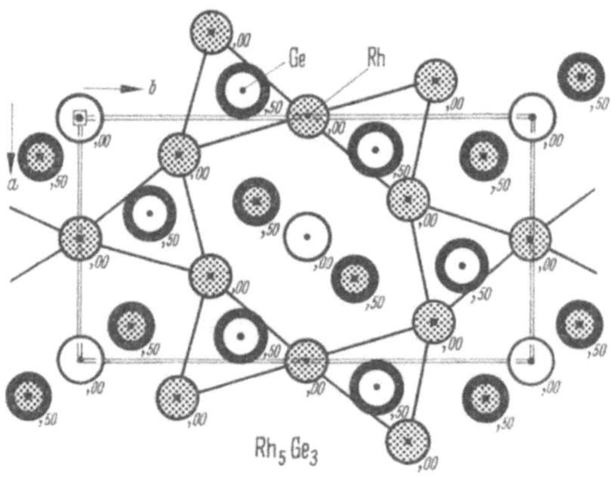

Abb. 2b. **Rh_5Ge_3**($O^{10,6}$,55aGe) D_{2h}^9—Pbam $a = 5{,}42$ $b = 10{,}32$ $c = 3{,}96$ Å 2Rh(*c*),00,50,00 4Rh(*g*),152,220,000 4Rh(*h*) ,330,393,500 2Ge(*a*),0,0,0 4Ge(*h*),388,152,500

Struktur deshalb in Vergleich setzen mit Fluoritstrukturen der Art Rh_2P, Ir_2P. Jedes P ist von 9 Fe umgeben. In der Vertretertabelle fallen besonders die ternären Fluorverbindungen mit ähnlicher Elektronenabzählung auf, ferner das Mg_2In, das dem Ca_2Si-Zweig in der Ni_2Si-Struktur entspricht. Man beachte schließlich die Verwandtschaft mit Ag_2Zn (2.65).

Tabelle 2

$Fe_2P(H_e^{6,3})$-Typ (Abb. 2a), Zahlenangaben: *a*, *c*, *c/a*				
Mn_2P	6,074	3,454	0,5687	*5134*, 59RJ
Fe_2P	5,865	3,456	0,5893	*1593*,*215*,*284*, 59RJ
Ni_2P	5,864	3,385	0,5772(915°)	*65*,*173*, 59RJ
Co_2As(h)	6,12	3,56	0,582	57HC
Pd_2Si	6,52	3,43	0,53	*1695*
Pd_2Ge	6,76	3,46	0,51	*1695*
Pt_2Si(h)	6,436	3,569	0,555	60SchMi
Pt_2Ge [1]	6,74	3,55	$0{,}52_5$	*1695*
Mg_2In [2]	8,25	3,42	0,413	63SchGF
Pu_2Co(?)	7,762	3,649	0,470	58P
Ni_6BSi_2	6,105	2,895	0,4742	59RJ
K_2ThF_6	6,577	3,823	0,581	*11330*
Weitere Isotype				*11330*
Na_2ThF_6 (ähnlich)	5,989	3,835	0,640	*11330*

$Rh_5Ge_3(O^{10,6})$-Typ (Abb. 2b), Zahlenangaben: *b*, *a*, *c*				
Rh_5Si_3	5,31	10,07	3,89	60BSch
Rh_5Ge_3	5,42	10,32	3,96	55aGe
Pd_5Al_3	5,35	10,41	4,03	59SchLMB
Pd_5Ga_3	5,42	10,51	4,03	59SchLMB
Pd_5In_3	5,60	11,02	4,24	59SchLMB
Pt_5Al_3	5,41	10,70	3,96	59SchLMB

[1] Vergleiche auch Ag_2Zn.

[2] Mg_2Ga und Mg_2Tl sind eng verwandt.

Für die Valenzelektronen kann man annehmen $a/3 = d_{A1} = 1{,}96$ Å, $l_c = 2{,}2 \approx 2$, PZ = 18, VEA = 15. Die Valenzelektronen können aber nicht allein ausschlaggebend sein, weil die T-Atome in der Mehrheit sind, für deren äußere Rumpfelektronen kann man vorschlagen: $a\sqrt{3}/6 = d_{B1}\sqrt{2}$, $l_c = 5$, PZ = 60, REA = 60. Der Gesamtvorschlag paßt zusammen mit denen für Pt_3Si und seine Homöotypen. Für Mg_2In folgt aus dem Vorschlag für $Mg_2Sn(F_a^{1,2})$ die Annahme $a\sqrt{3}/6 = d_{A1} = 2{,}4$, $l_c = 1{,}75$, PZ = 21 = EA.

Zu Fe_2P gehört als Leerstellenabart die $O^{10,6}$-Struktur von $\mathbf{Rh_5Ge_3}$ (Abb. 2b, Tab. 2) ferner die $O_b^{16,12}$-Struktur von $\mathbf{Rh_4P_3}$ (Abb. 3). Man erhält die letzte Elementarzelle durch Verdoppeln der *a*-Achse des flächenzentriert aufgestellten Fe_2P. Dementsprechend enthält die Zelle 12 P-Atome; d. h., es bestehen gegenüber Fe_2P T-Leerstellen, was dadurch zustande kommt, daß die Korrelation der B-Atome schon bei diesen Konzentrationen bedeutungsvoll wird; wir werden im folgenden diese Erscheinung häufig wiederfinden. Die deutliche Änderung der Struktur gegenüber Fe_2P kommt dadurch zustande, daß die fehlenden Rh in der Bindungsbeziehung der Rumpfelektronen nicht mehr wirksam sind.

Die $B^{6,8}$-Struktur von $\mathbf{Th_3P_4}$ (Abb. 4, Tab. 3) ist valenzmäßig zusammengesetzt. Jedes Th ist von 8 P im Abstand 2,98 kX umgeben,

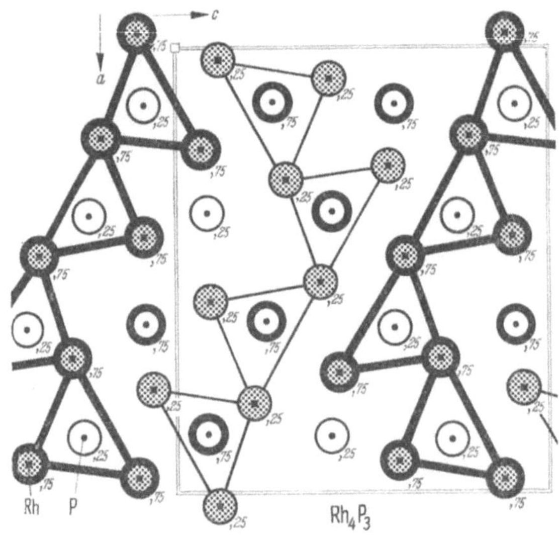

Abb. 3. $\mathbf{Rh_4P_3}$($O_b^{16,12}$, 60RH) D_{2h}^{16}–Pnma $a = 11,66$ $b = 3,32$ $c = 9,99$ Å 4 · 4 Rh(c),027,25,117 ,272,25,570 ,065,25,406 ,295,25,291 3 · 4 P(c),376,25,762 ,127,25,921 ,370,25,079

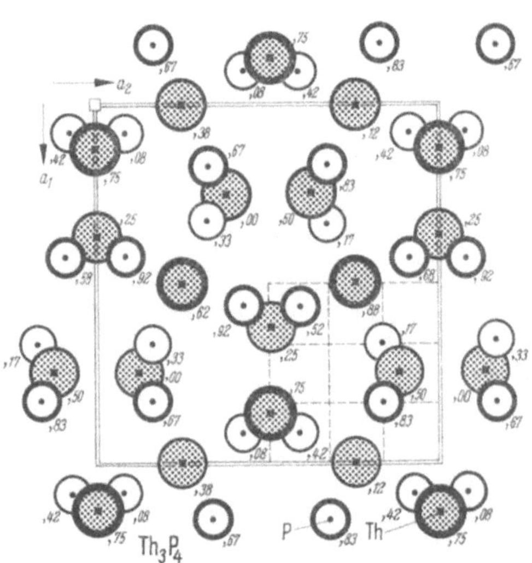

Abb. 4. $\mathbf{Th_3P_4}$($B^{6,8}$,D7_3,715) T_d^6–I$\bar{4}$3d $a = 8,60$ kX 12 Th(a),375,0,25 16 P(c),1/12,1/12,1/12

und jedes P gehört zu 3 Th. Beim Parameter $x = 0$ geht die P-Lage in eine B^1-Lage über, die Th lassen sich zu 3 Scharen von gewinkelten Ketten parallel den Achsen zusammenfassen. Wie die Vertretertabelle

Tabelle 3

$Th_3P_4(B^{6,8} = D7_3)$-Typ (Abb. 4)					
Th_3P_4	*7*15	U_3Bi_4	*16*30	$Sm_{3-}S_4$	58Hah
Th_3As_4	55Fe	Np_3P_4	*12*112	$Ac_{3-}S_4$	*12*179
Th_3Sb_4	56Fe	$Y_{3-}S_4$	58Hah	$Pu_{3-}S_4$	*12*179
Th_3Bi_4	57Fe	$La_{3-}S_4$	*12*179	$Am_{3-}S_4$	*12*179
U_3P_4	*8*107	$Ce_{3-}S_4$	*12*179	U_3Se_4	60PK
U_3As_4	*16*29	$Pr_{3-}S_4$	58Hah	U_3Te_4	*18*275
U_3Sb_4	*16*23	$Nd_{3-}S_4$	58Hah	Ce_3Te_4	60DFPNCG
Zweifachersetzungsabart $Pu_4(C_2)_3$, $Rb_4(O_2)_3$, $Cs_4(O_2)_3$ (Tab. 5.3/1)					
$Th_7S_{12}(H^{7,12})$-Typ					
Th_7S_{12}	*12*184	Th_7Se_{12}	58P		

zeigt, tritt die Struktur auch bei Sulfiden auf, angelehnt an TB-Phasen mit $F_a^{1,1}V$-Struktur, wobei vermutlich auch hier Leerstellen im T-Gitter anzunehmen sind. — Man vergleiche mit der vorliegenden Struktur die von $Cu_{15}Si_4$ (T^B-B-Phase). — Ein Antivertreter des Th_3P_4 ist $Rb_4(O_2)_3$ (SR*8*150, Helms/Klemm); die Th sind durch O_2 ersetzt, die nicht wie die C_2 in CaC_2 alle parallel sind, sondern auf die Richtungen $\langle 100 \rangle$ verteilt.

Folgender Bindungsrastervorschlag ist dem für die NaCl-Struktur angepaßt: $a/6 = d_{B1} = 1{,}43$, PZ = 216, EA = 224 ($Th_3^{8+4}P_4^5$). Man vergleiche auch $ThSi_2$.

Das obige 6-Raster erlaubt nicht, die 288 Elektronen bei $Rb_4(O_2)_3$ unterzubringen. Es kann sein, daß der Rasterquotient größer als 6 ist, oder daß sich die Elektronen der O in besonderer Weise der Rumpfelektronenkorrelation anpassen.

7.53 Überblick über die Strukturen von T^BB- und T^BB_2-Phasen. Wir haben bei den messingartigen Legierungen die Leerstellenabarten der B^1-Struktur besonders weit verfolgen können dadurch, daß wir vermöge der Wahl der Partner das Valenzelektronengas vorwiegend durch eine Komponente (die B-Komponente) aufbauten, so daß die Entfernung der anderen Komponente (T-Atome) aus der Struktur eine zweitrangige Änderung der Bindungsbeziehung darstellte. Wenn wir nun die Zusammensetzung TB festhalten und die VEK erhöhen, so gelangen wir in eine neue Strukturfamilie, welche andersartige Eigenschaften zeigt. In Abb. 1 sind die T_1B_1-Phasen von Legierungen aus $T^{6\cdots11}$- und $B^{2\cdots6}$-Komponenten zusammengestellt (Esslinger/Schubert 57). B^L-Elemente wurden nicht berücksichtigt, da sie zu Einlagerungsstrukturen führen, die früher besprochen worden sind. Man erkennt, daß ein großer Teil aller in Abb. 1 enthaltenen T_1B_1-Phasen die Strukturen von $CsCl(C^{1,1})$, $FeSi(C_a^{4,4})$, $MnP(O_c^{4,4})$ und $NiAs(H_a^{2,2})$ aufweist. Durch Vergleich mit den zuständigen Tabellen, die alle Vertreter der Typen enthalten ohne Rücksicht darauf, ob sie in Abb. 1

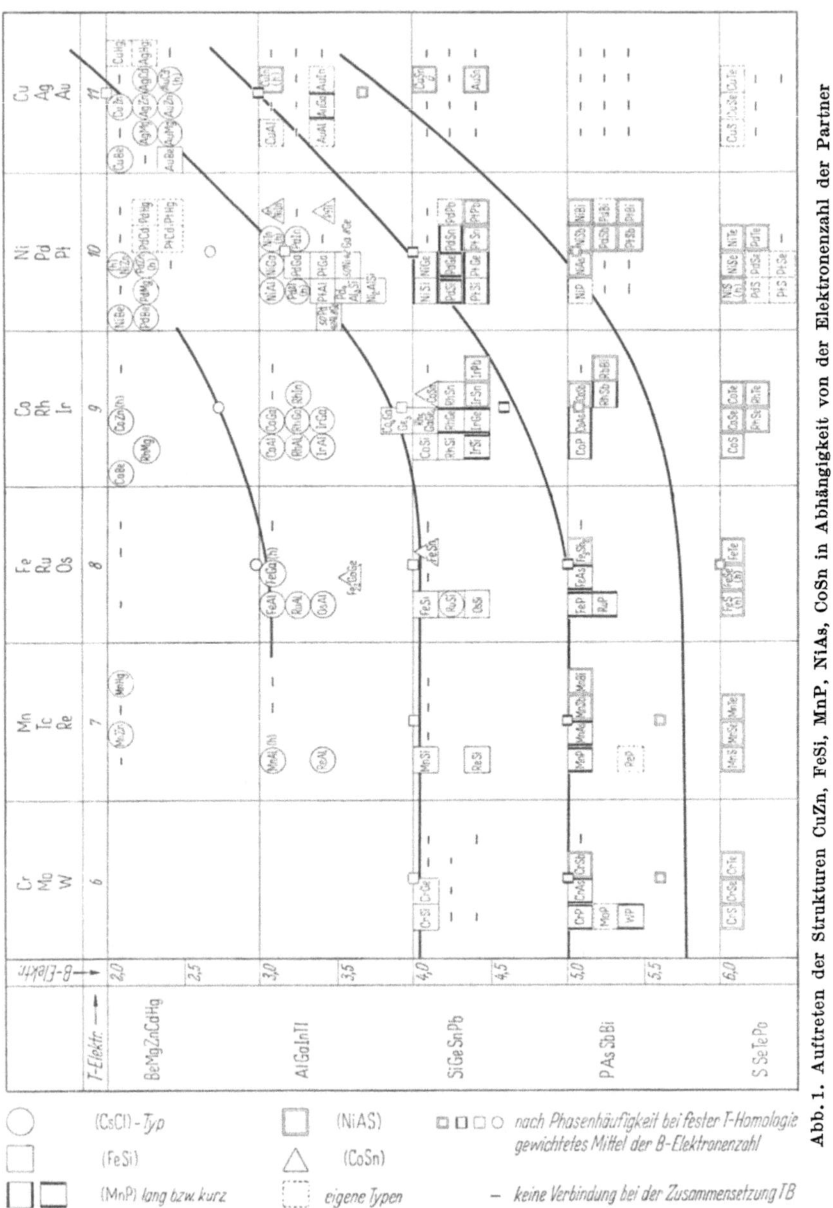

Abb. 1. Auftreten der Strukturen CuZn, FeSi, MnP, NiAs, CoSn in Abhängigkeit von der Elektronenzahl der Partner

vorkommen oder nicht, erkennt man, daß Abb. 1 die Vertreter der Typen von FeSi, MnP und NiAs im wesentlichen umfaßt. Die Vertreter der Typen zeigen eine gesetzmäßige Verteilung. Im linken Teil der Abbildung sind die verschiedenen Strukturtypen im wesentlichen

Tabelle 7.53/1. *Strukturen von TB_2-Verbindungen* (kV = keine Verbindung in der Nähe von 66 At.-%; eT = eigene Typen)

	Mn	Re	Fe	Ru	Os	Co	Rh	Ir	Ni	Pd	Pt	Cu	Ag	Au
Al	$MnAl_3$		$FeAl_{2,5}$			Co_2Al_5			$NiAl_3$	$PdAl_3$	C1	C16	kV	C1
Ga			$CoGa_3$	$CoGa_3$	$CoGa_3$	$CoGa_3$	$CoGa_3$	Co(h)	$\sim Ru_3Sn_7$	Ru_3Sn_7	C1 Ru_3Sn_7	C1D	kV	C1
In	kV		kV	kV	kV	kV	$CoGa_3$	$CoGa_3$	Ru_3Sn_7	Ru_3Sn_7	C1 Ru_3Sn_7	kV	C16	C1
Tl	kV		kV			kV			kV		kV	kV	kV	kV
Si	eT	C11b	eT	$RuSi_2$	$OsSi_2$	C1	$\sim RhSi_2$	$IrSi_3$	C1	kV	kV	kV	kV	kV
Ge	kV	$ReGe_2$	C16	$RuGe_2$	eT	$CoGe_2$		Ru_3Sn_7	kV	kV	eT	kV	kV	kV
Sn	C16	kV	C16	Ru_3Sn_7	kV	C16	C16 $\sim CoGe_2$	C1 Ru_3Sn_7	kV	$\sim CoGe_2$	C1	kV	kV	C2S
Pb	kV		kV			kV	C16		kV	C16	$PtPb_4$	kV	kV	C16
P	MnP_3	ReP_3	C181	C18	C18	Co_2P_3	RhP_2	IrP_2	NiP_2	PdP_2	C2	kV	AgP_2	Au_2P_3
As	kV	$ReAs_{2,3}$	C181	$RuAs_2$		C18?	$RhAs_2$	$IrAs_2$	C18m	C2	C2	kV	kV	kV
Sb	kV		C181			C181	$RhSb_2$	$IrSb_2$	C181	C2	C2	kV	kV	C2
Bi	kV		kV			kV	$RhBi_2$		$NiBi_3$	eT	C2	kV	kV	kV
S	C2	C7	C2/18m	C2	C2	C2	C2	IrS_2	C2	eT	C6	kV	kV	
Se	C2	$ReSe_2$	C18m	C2	C2	C2	C2	$IrSe_2$	C2	eT	C6	kV	kV	
Te	C2		C18m	C2	C2	C6/18m	C6/C2	$IrTe_3$	C6	C6	C6	kV	kV	eT

den B-Homologieklassen zugeordnet: $B^3 \rightarrow$ CuZn-Typ, $B^4 \rightarrow$ FeSi-Typ, $B^5 \rightarrow$ MnP-Typ, $B^6 \rightarrow$ NiAs-Typ (SHDANOW/GLAGOLEWA 54). Diese Zuordnung ist nicht ganz scharf, deshalb wurde in Abb. 1 bei festgehaltener T-Elektronenzahl über die B-Elektronenzahl nach dem Gewicht der Phasenhäufigkeit gemittelt und die so erhaltenen Punkte mit glatten Regressionslinien verbunden. Es zeigt sich, daß diese Linien etwa bei der Homologieklasse des Co nach oben abbiegen, so daß der abszissenparallele Verlauf in einen um 45° geneigten Anstieg übergeht. Diese Tatsache ist ein Ausdruck für den Valenzelektronenbeitrag Null der T-Elemente in valenzelektronenarmen TB-Legierungen (EKMANNS Regel vgl. 1.61).

Da die Nullwertigkeit der T-Atome in TB-Legierungen oben in die Existenz zweier voneinander wesentlich unabhängiger Ortskorrelationen umgedeutet worden war, haben wir also auch bei der vorliegenden Strukturfamilie 2 Ortskorrelationen aufzusuchen. Nach TOMAN (56) passen die Elektronenzahlen, die sich aus den Polyedern starker Brillouinebenen herleiten lassen, gut zur Erfahrung. Da jedoch die Bandmodellüberlegungen keine unmittelbaren Schlußfolgerungen auf Feinheiten der Struktur erlauben (z. B. auf die unten zu erwähnenden 2 MnP-Untertypen), werden wir wieder die Ortskorrelationsüberlegungen in den Vordergrund stellen.

Ähnlich wie bei den TB-Phasen findet man auch bei TB_2-Phasen eine bestimmte Verteilung der Strukturen in Abhängigkeit von der Valenz des B-Partners (Tab. 1, SCHUBERT 56). Folgende Strukturfamilien stehen dabei im Vordergrund: $PtAl_2(r, F_a^{1,2})$, $CuAl_2(U_a^{2,4})$, $FeS_2(O_b^{2,4})$, $FeS_2(C_a^{4,8})$ und $TiS_2(H_a^{1,2})$. Diese Familien entsprechen ähnlichen Familien bei TB-Phasen: $CuZn(C^{1,1}) \ldots PtAl_2(F_a^{1,2})$, $FeSi(C_a^{4,4}) \ldots CuAl_2(U_a^{2,4})$ bzw. $FeS_2(C_a^{4,8})$, $MnP(O_c^{4,4}) \ldots FeS_2(O_b^{2,4})$, $NiAs(H_a^{2,2}) \ldots CdJ_2(H_a^{1,2})$. Der Grund für diese Entsprechung liegt darin, daß die Bindungsbeziehung vornehmlich von der B-Komponente geliefert wird, so daß die T-Komponente aus einer TB-Phase mehr oder weniger leicht entfernt werden kann.

7.54 Der MnP-Typ und seine Abarten. Die $O_c^{4,4}$-Struktur von **MnP** (Abb. 1, Tab. 1) ist der FeSi- und der NiAs-Struktur verwandt. Sie läßt sich besonders einfach als orthorhombisch äußerlich und innerlich verzerrte Abart der unten zu besprechenden NiAs-Struktur verstehen, in der die T-Atome in die Oktaederlücken einer $B(H^2)$-Packung eingelagert sind. Da die NiAs-Struktur eine Stapelvariante der NaCl-Struktur ist, kann auch MnP in gewisser Weise als Stapelvariante von FeSi aufgefaßt werden. Um die geometrische Verwandtschaft zwischen FeSi und MnP zu erkennen, ist es zweckmäßig, die FeSi-Struktur hexagonal aufzustellen (Abb. 2). Man erkennt, daß parallel zur c_{NiAs}-Achse im FeSi-Typ schraubenartig gewinkelte T-Atomketten vorliegen, während der MnP-Typ einfach gewinkelte Ketten besitzt. Ferner ergibt sich folgende Verwandtschaft der Gitterkonstanten am Beispiel FeSi...FeP.

FeSi($C_a^{4,4}$)	FeP($O_c^{4,4}$)	Quotient
$a_{C_a^{4,4}}/\sqrt{2} = 3{,}16$ kX	$a_{H_a^{2,2}} = c_{O_c^{4,4}} = 3{,}089$ kX	1,02
$2a_{C_a^{4,4}}/\sqrt{3} = 5{,}16$ kX	$c_{H_a^{2,2}} = b_{O_c^{4,4}} = 5{,}177$ kX	1,00
$a_{C_a^{4,4}}\sqrt{3}/\sqrt{2} = 5{,}48$ kX	$a_{H_a^{2,2}}\sqrt{3} = a_{O_c^{4,4}} = 5{,}782$ kX	0,95

Die Vertretertabelle zeigt, daß 4 ... 5 Valenzelektronen je Verbindungseinheit unterzubringen sind und daß der MnP-Typ nach dem Achs-

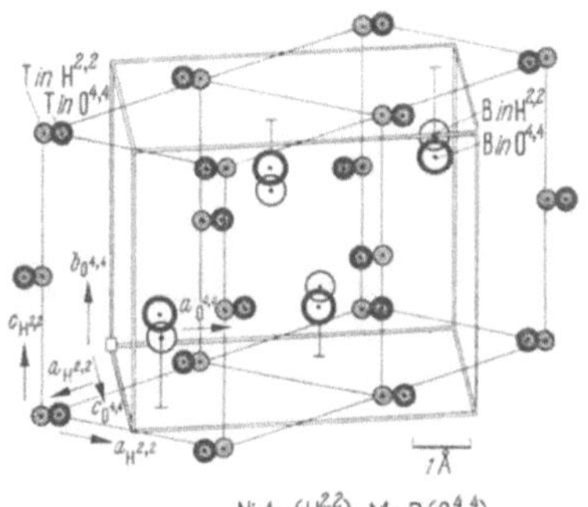

Abb. 1. Verwandtschaft NiAs($H_a^{2,2}$)–MnP($O_c^{4,4}$); **NiAs**($H_a^{2,2}$,B 8,*184*) D_{6h}^4–C6/mmc a = 3,61 c = 5,03 kX 2 Ni(a),0,0,0 2 As(c),333,667,25; **MnP**($O_c^{4,4}$,B 31,*317*) D_{2h}^{16}–Pbnm a = 5,905 b = 5,249 c = 3,167 kX 4 Mn(c),20,005,25 4 P(c),57,19,25

verhältnis $a/\sqrt{3}c$ in einen „langen" valenzelektronenarmen und einen „kurzen" valenzelektronenreichen Untertyp eingeteilt werden kann (PFISTERER/SCHUBERT 50), was herrührt von einer Änderung der

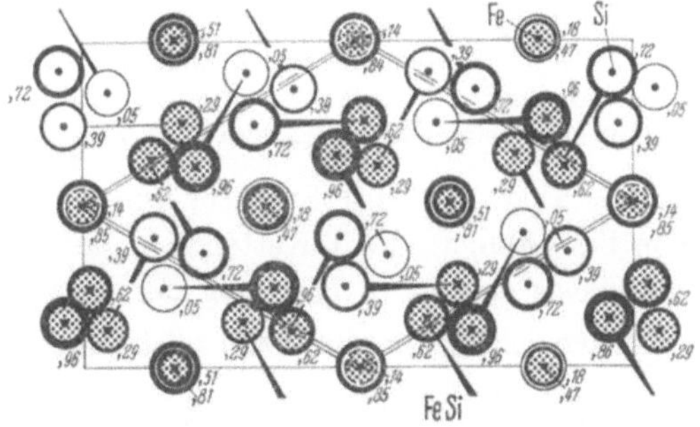

Abb. 2. **FeSi**-Struktur, hexagonal aufgestellt, vgl. Abb. 7.42/1

c-Achse, da auch das Achsverhältnis b/c in große und kleine Werte eingeteilt werden kann.

Das Valenzelektronengitter sollte ähnlich wie bei den messingartigen Strukturen eine gegenüber FeSi geänderte (um b_{MnP} gedrehte) Stellung zur quasihexagonalen Basisebene haben, um die „Stapeländerung FeSi → MnP" zu motivieren. Der

Tabelle 1

MnP($O_c^{4,4}$ = B31)-Typ (Abb. 1), Zahlenangaben: c_{B31}/kX = a_{B8}, b_{B31}/kX = c_{B8}, a_{B31}/kX, $b/c_{B31} = c/a_{B8}$, $(\sqrt{3}b/a)_{B31}$, $a_{B31}/\sqrt{3}c_{B31}$

CrP	3,12	5,35	5,93	1,715	1,56	1,097	*6*189,*18*263
WP	3,238	5,717	6,219	1,77	1,59	1,11	*18*263
MnP	3,167	5,249	5,905	1,658	1,54	1,077	*3*17
FeP	3,089	5,177	5,782	1,675	1,55	1,081	*3*17
RuP	3,168	5,520	6,120			1,11	60Ru
CoP	3,274	5,066	5,588	1,548	1,57	0,986	*3*17
VAs	3,327	5,867	6,304	1,76	1,61	1,09	55BN
CrAs	3,479	5,73	6,210	1,647	1,60	1,032	*6*189
MnAs	3,62	5,63	6,38	1,555	1,53	1,017	*3*17
FeAs	3,366	5,428	6,016	1,613	1,56	1,032	*1*596;*3*17
CoAs	3,51	5,15	5,96	1,467	1,50	0,981	*3*17
RhSb	3,868	5,940	6,320	1,536	1,62	0,943	*1*328
NiSi	3,34	5,18	5,62	1,550	1,60	0,972	*15*107
RhSi(h)	3,063	5,537	6,362	1,81	1,51	1,20	60BSch
IrSi	3,211	5,558	6,273	1,73	1,54	1,128	57KFS
PdSi	3,374	5,588	6,121	1,657	1,58	1,048	*1*328
PtSi	3,596	5,584	5,920	1,555	1,63	0,951	*1*328
RhGe	3,25	5,70	6,48	1,755	1,53	1,152	55aG
IrGe	3,483	5,600	6,268	1,608	1,55	1,039	*1*328
NiGe	3,421	5,370	5,799	1,569	1,60	0,978	*1*328
PdGe	3,474	5,770	6,246	1,661	1,60	1,038	*1*328
PtGe	3,694	5,721	6,076	1,549	1,63	0,949	*1*328
PdSn	3,86	6,12	6,31	1,586	1,68	0,944	*11*174
AuGa	3,414	6,254	6,384	1,835	1,70	1,080	*1*328

metrische Vergleich legt folgende Möglichkeit für die Valenzelektronenkorrelation in FeP nahe: $c/2 = d_{A1}$, $l_a = 4{,}33$, $l_b = 4$, PZ = 35, EA(Fe^4P^5) = 36. Man kann weiter annehmen, daß der kurze Typ eine Valenzelektronenkorrelation hat, bei der mehr als 2 Ebenen je c-Strecke vorhanden sind. Die Außenelektronen der T-Atome werden sich mit ihrer B1-Korrelation anpassen und wie bei FeSi von Bedeutung für die Knickung sein (ESSLINGER/SCHUBERT 57).

Eine interessante Abart der MnP-Struktur wurde gefunden in der $N_b^{2,2}$-Struktur von **CrS** (Abb. 3), die T-Ketten sind hier nicht geknickt, sondern gegen die Basis geneigt in Richtung der kürzesten Achse. — Der Ortskorrelationsvorschlag für die Valenzelektronen $b/2\sqrt{2} = a_{A2}$, $d_{A2} = 1{,}81$, $l_a = 1{,}5$, $l_c = 10$, PZ = 30, EA = 24 zeigt bemerkenswerte Kommensurabilitätseigenschaften, ist aber nicht gesichert, weil sie keine Durchdringungsbindung erkennen läßt.

Auch die $H^{12,12}$-Struktur von **FeS(r)** (Abb. 4) bildet eine bemerkenswerte Variante, die eine Zwischenstellung zwischen den Strukturen von MnP und NiAs einnimmt.

Eine Höchstzahl von Vakantstellen in der MnP-Struktur zeigen die FeS_2- (Markasit-) Phasen, die wir unten besprechen werden. Ein Zwischen-

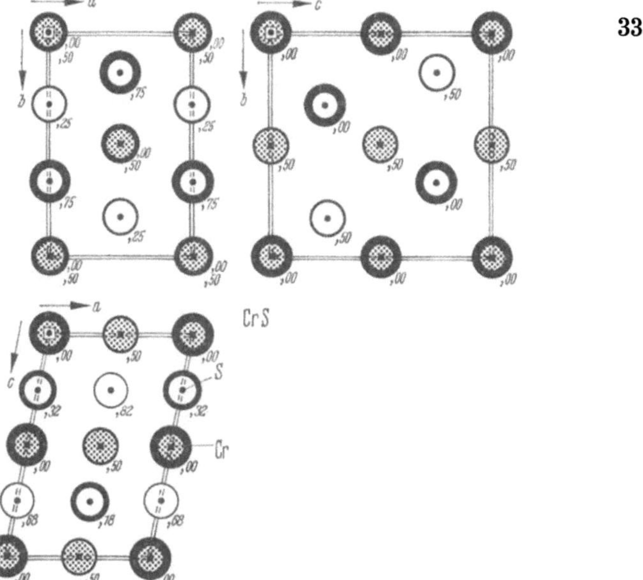

Abb. 3. **CrS**($N_b^{2,2}$, 57J) C_{2h}^6—C2/c $a = 3{,}826$ $b = 5{,}913$ $c = 6{,}089$ Å $\beta = 101^\circ\,36'$ 4Cr(*a*),0,0,0 4S(*e*),00,320,25

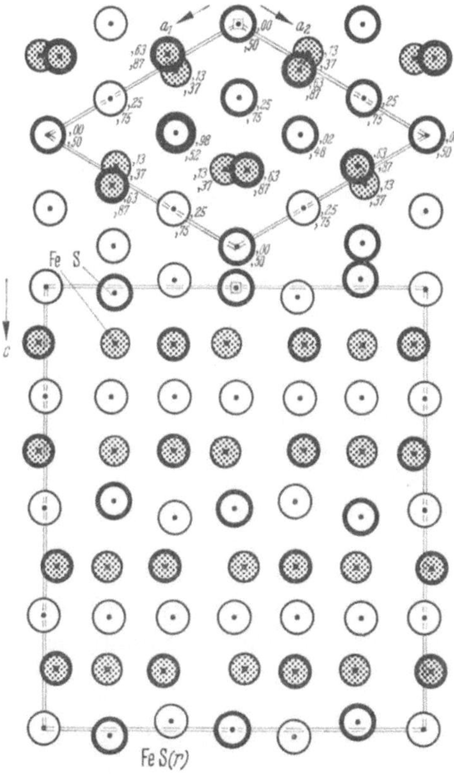

Abb. 4. **FeS**(r,$H^{12,12}$,56 Be) D_{3h}^4—P$\bar{6}$2c $a = 5{,}968 = \sqrt{3}\,a_{B8}$ $c = 11{,}74$ Å 12Fe(*i*),360,040,125 2S(*a*),0,0,0 4S(*f*),333,667,016 6S(*h*),667,0,25

typ wurde für die $O_e^{8,12}$-Struktur von **Pt_2Ge_3** (Abb. 5) gefunden; die Struktur hat eine gewisse Verwandtschaft zur $H_a^{2,2}$VS-Variante Pt_2Sn_3.

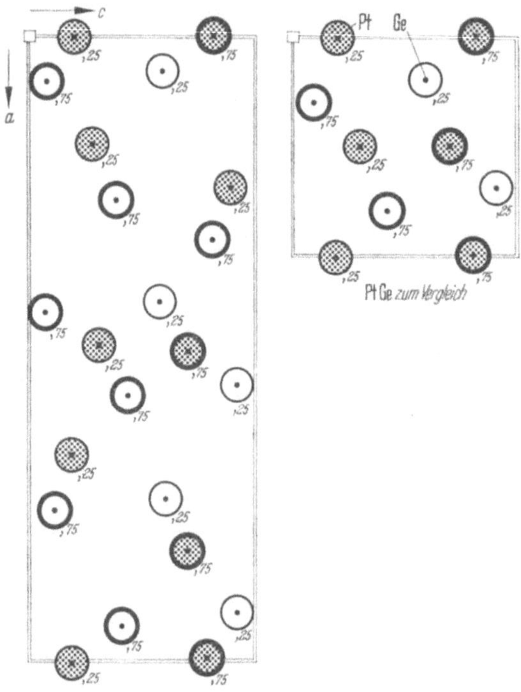

Abb. 5. $Pt_2Ge_3(O_e^{8,12}$, 60BSch) D_{2h}^{16}–Pnma $a=16{,}430$ $b=3{,}378$ $c=6{,}221$ Å $2\cdot4$Pt(c),$\overline{005}$,25,20 ,172,25,28 $3\cdot4$Ge(c) ,$\overline{075}$,25,$\overline{075}$,$\overline{26}$,25,$\overline{39}$,055,25,58

7.55 Struktur von NiAs. Wie Abb. 7.53/1 zeigt, sind die TB^5-Verbindungen z. T. auch in der $H_a^{2,2}$-Struktur von **NiAs** (Abb. 7.54/1, Tab. 1) gebaut. In dieser Struktur erkennt man eine H^2-Lage der B, in deren oktaedrische Lücken T-Atome eingelagert sind. Der NiAs-Typ ist also eine Stapelvariante der NaCl-Struktur. Die T sind hier jedoch wesentlich enger benachbart als in der NaCl-Struktur, was auf eine besondere Wechselwirkung zwischen ihnen hinweist (Laves 30, Klemm 38). Daß eine Heteropolarität im Zintlschen Sinne vorliegt, wurde entsprechend den Valenzregeln der Anorganischen Chemie von Dehlinger/Nowotny (43) auf Grund kristallchemischer Verwandtschaften angenommen und von Wever/Wintermann (61) auf Grund von Überführungsmessungen bestätigt. Die elektrostatische Energie ist beim NiAs-Typ aller Achsverhältnisse kleiner als beim NaCl-Typ, und bei vorgegebenem Abstand T—B soll $c/a = 1{,}77$ am günstigsten sein (Zemann 58). Die Verwandtschaft der NiAs- zur MnP-Struktur wurde schon von Hägg und Fylking bei der Auffindung der MnP-Struktur

Tabelle 1

NiAs($H_a^{2,2}$)-Typ (Abb. 7.54/1), Zahlenangaben: *a*, *c*/*a*

Verbindung	a	c/a	Lit.
Ti_2Ga	4,51	1,22	57A
Ti_2Sn	4,65	1,22	57PF
TiP(r) ähn.	3,487	3,34	54Schö
TiAs	3,64	1,69	55BNK
TiSb	4,07	1,55	*15*17
TiS	3,31	1,95	*18*128,289
Ti_3S_4(r) ähn.	3,43	3,34	56HH
$TiSe_{0,5\ldots0,7}$	3,58	1,77	57HN
TiSe(r)	7,15	1,68	*13*228 57HN
TiTe	3,84	1,67	*13*228
Zr_2Al	4,89	1,21	60aSchMi
ZrTe	3,95	$1{,}68_2$	57HN
VP	3,18	1,96	*18*262
VS	3,37	1,73	*7*4,75
VSe	3,59	1,67	*6*59; *7*4,76
VTe(r) ähnlich			*11*236; *13*181, 58GHH
$NbN_{0,95}(\delta)$	2,94	1,86	54Schö
$NbS_{0,9}$	3,33	1,92	63J
CrSb	4,11	1,33	*1*141
CrS(r)	3,46	$1{,}66_5$	*5*131
$Cr_{45}S_{55}$	3,42 monokl. v.		*5*139
Cr_2S_3	3,43	$1{,}62_5$	*5*131
CrSe	3,69	1,64	*1*138
$Cr_{45}Se_{55}$	3,61 monokl. v.		*6*190
Cr_2Se_3	3,61	1,60	*6*190
~CrTe	3,99	1,56	*10*43
+ weitere deformierte Varianten			
WP			*8*108
Mn_5Ge_2(h) ähnlich			*12*95
Mn_2Sn	4,40	1,245	*10*71
MnAs	3,72	1,53	*15*19
$Mn_{1+}Sb$	4,13	1,405	*1*142,765
MnBi	4,31	1,424	*7*4,220
MnSe?			*10*28
MnTe	4,13	1,63	38HM
Fe_2Ge	4,04	1,245	*9*84
Fe_5Sn_4(h)	4,24	1,23	*2*720; *11*148
Fe_2Sb_3	4,13	1,26	*1*143,597, 765; *2*747
FeS(h)	3,45	1,68	*1*132; *3*256; *5*41; *7*73
FeS(r) ähnlich			*1*132; *3*256; *5*41; *7*73
$Fe_{1,78}S_2$	3,46 monokl. v.		*10*90
$Fe_{2-x}S_2$(r)	3·3,45	1,69	*12*140
Fe_7S_8~$H_a^{2,2}$			52B
$Fe_{1-}Se$	3,65	1,64	*1*138; *3*625
FeTe	3,81	1,49	*1*765
+ deformierte Varianten			
Co_2Ge(h)			*12*64
Co_3Sn_2(h)	4,13	1,26	*6*177
Co_3Sn_2~$H_a^{2,2}$	4·4,10	1,27	*6*177
CoSb	3,88	1,34	*1*143,765
CoS	3,38	1,54	*1*132; *2*233; *6*9,174
CoSe	3,62	1,46	*1*138
+ deformierte Varianten			
CoTe	3,89	$1{,}38_5$	*1*138
$Rh_{3-}Si_2$(h)	3,95	1,28	60BSch
Rh_3Sn_2	4,34	1,28	*11*148
RhBi	4,08	1,39	*13*27
RhSe	3,64	1,51	59SchMi
RhTe	3,99	1,42	55G
Ir_3Si_2(h)	3,97	1,29	60SchMi
IrSn	3,99	1,396	*11*136
IrPb	3,99	1,394	*13*27
IrSb	3,98	1,39	58Ku
IrTe			55GM
Ni_2Ga + (R)	4,00	1,25	*13*111
Ni_2In	4,20	1,23	*11*132
Ni_3Si_2(h)	3,82	1,28	*13*27
Ni_2Ge	3,96	1,275	*9*84
Ni_3Sn_2(r)	4,09	1,27	*11*147
NiAs	3,62	1,394	*1*143
NiSb	3,92	1,31	*1*143,765
NiBi	4,08	1,314	*2*749
NiS(h)	3,44	1,555	*1*133
NiSe	3,67	1,46	*1*138
+ deformierte Varianten			

Tabelle 1 (Fortsetzung)

$NiAs(H_a^{2,2})$-Typ (Abb. 7.54/1), Zahlenangaben: *a*, *c*/*a*

NiTe	3,97	1,35	*1*138	PtTe			
NiPo			60WGV	Cu_2In(r)	4,29	1,23	*965*
Pd_2Tl	4,54	1,25	*18*158	Cu_6Sn_5	4,20	1,213	*1545*;*4*239
$Pd_{2-}Sn$	4,40	1,30	*11*173	Cu_2S(h)	3,89	1,72	(*2282*,*792*)
Pd_3Pb_2	4,48	1,28	*1065*				*12*156
PdSb	4,08	1,37	*1781*	AuSn	4,32	1,28	*1562*;*2*719
Pd_5Sb_3	4,45	1,31	53SchMi	MgPo	4,34	1,63	60WGV
Pd_5Bi_3(h)	4,51	1,29	53SchMi	MnFeGe	4,10	1,275	53C
PdTe	4,14	1,37	*1781*	MnCoGe	4,04	1,30	53C
Pt_3In_2			*11*123	MnNiGe	4,06	1,33	53C
			*18*158	FeCoGe	3,98	1,265	53C
PtSn	4,11	1,33	*2*720	FeNiGe	4,01	1,265	53C
PtPb	4,26	1,286	*1066*	CoNiSn	4,09	1,27	53C
PtSb	4,14	1,33	*1781*	CoNiSb	3,99	1,295	53C
PtBi			29T				

vermerkt. Die Tabelle der zahlreichen Vertreter geht in ihrem Chemismus $(T^{4\cdots 11})$ $(B^{3\cdots 6})$ (ausgenommen B^L-Atome!) nicht wesentlich über den Rahmen von Abb. 7.53/1 hinaus, sie zeigt jedoch, daß die NiAs-Struktur nicht an die Zusammensetzung $T_{50}B_{50}$ gebunden ist, sondern daß sie in Richtung auf die Zusammensetzungen T_2B (*Auffüllungsvariante*) bzw. TB_2 (*Leerstellenvariante*) verschoben werden kann. Die Zahl der B-Atome je Zelle bleibt dabei, wie die Erfahrung lehrt, konstant gleich Zwei, woraus erhellt, daß die B-Atome bis zu einem gewissen Grade ein Trägergitter bilden. Eine starke Auffüllung der NiAs-Struktur ist zuerst von NIAL (38) an $Co_{1,5}Sn$ gefunden worden. LAVES/WALLBAUM (41) zeigten durch Intensitätsdiskussionen, daß die zusätzlichen Atome in den tetraedrischen Lücken der H^2-Lage der B-Atome sitzen. Ein homogener Übergang von einer NiAs- in eine CdJ_2-Struktur wurde an CoTe bei höherer Temperatur von TENGNÉR (38) gefunden und für Ti-Se und Ti-Te von EHRLICH (49) sowie für Ni-Te von KLEMM/FRATINI (43) angenommen. Bei Raumtemperatur liegen jedoch häufig zwischen $H_a^{2,2}$ und $H_a^{1,2}$ ähnlich gebaute Phasen niedrigerer Symmetrie. Auch zeigen sich bei teilweiser Auffüllung *Ordnungsvarianten* der NiAs-Struktur. Der empirische Zusammenhang zwischen der B-Homologieklasse, der Auffüllung und dem Achsverhältnis ist in Abb. 1 deutlich gemacht. — LAVES/WALLBAUM (41) (vgl. auch MAKAROW 45) wiesen darauf hin, daß die NiAs-Phasen mit B^3- und B^4-Komponenten das niedrigste Achsverhältnis und die höchste Auffüllung T_2B erreichen, und daß die aufgefüllte Struktur in diesem Falle sich nur sehr wenig von einer B^1-Unterstruktur unterscheidet. Diese Tatsache zeigt erstens, daß innerhalb der NiAs-Struktur ebenfalls der Leerstellenbildungsprozeß stattfindet, den wir bei

CsCl-Strukturen vom CuZn-Zweig gefunden hatten (2.67) und zweitens, daß dieser Prozeß überlagert ist von einem Dehnungsprozeß, wie er auch in vielen anderen Fällen beobachtet wird. Da bei der Verkleinerung des Achsverhältnisses c/a die Gitterlücken größer werden, ist es verständlich, daß diese mehr und mehr durch die nullwertigen T-Atome

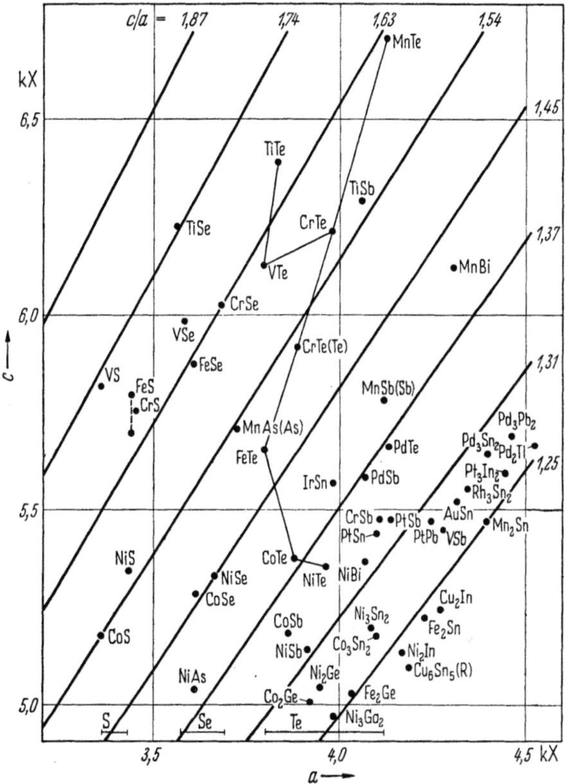

Abb. 1. Gitterkonstanten von NiAs-Phasen (57aSch)

aufgefüllt werden. Die schließliche Annäherung an eine CsCl-Struktur bei niedrigen VEK ist im Hinblick darauf, daß in Abb. 7.53/1 auch ein CsCl-Zweig auftritt, sehr befriedigend.

Die Verwandtschaft zu den messingartigen CsCl-Strukturen legt nahe, das Bandmodell der Elektronentheorie auf die NiAs-Struktur anzuwenden. Man kann eine Bandstruktur angeben, nach der bei niedrigem Elektronenbeitrag des B-Partners auch ein niedriges Achsverhältnis auftritt (Schubert 52a). Um dies einzusehen, beschreibe man die NiAs-Struktur als H^2-Struktur mit einigen Einlagerungen. Die Valenzelektronenzahl je B-Atom liegt bei etwa 5. Wir haben mithin gemäß Abb. 2.41/2 mit Taktion der BE $(110)_{NiAs}$ zu rechnen, die eine maximale Strukturamplitude hat und beim Achsverhältnis 1,22 in BE $(110)_{A2}$ übergeht. Abb. 2.41/2 läßt erkennen, daß in der Tat die richtige Abhängigkeit des Achsverhältnisses von der VEK folgt. Die Möglichkeit, bei kleinem Achsverhältnis T-Atome einzulagern, führt dazu, daß der NiAs-Typ in den meisten Legierungssystemen einen besonders breiten Homogenitätsbereich hat.

Da schon bei messingartigen Phasen die Ortskorrelation der Elektronen von Bedeutung war, haben wir auch hier nach deren Einfluß zu fragen. Die Kommensurabilitätsregel legt nahe, daß $l_c \neq 4$ (was günstig für NaCl-Struktur wäre); die Art der B-Komponenten könnte eine A1-Korrelation nahelegen, die beginnend bei B^5 zur B1-Korrelation aufgefüllt wird; die Dreierachsen der Korrelation und der Struktur werden parallel sein, und in der Basis wird $a/2 = d_{A1}$ sein, was zu $l_c = 3 \ldots 4$ führt. — Nach diesen Annahmen wird verständlich, daß a_{NiAs} praktisch eine Funktion der B-Komponente ist (Hägg 31a, Schönberg 54a, Abb. 1) und daß c/a wächst mit zunehmender VEK. Die NiAs-Struktur tritt also auf, wenn die Korrelation der NaCl-Struktur nicht aufgebaut werden kann wegen Mangel an Valenzelektronen oder wegen des Einflusses der B1-Korrelation. Bei MnS und MnSe($F_a^{1,1}$) stehen 2 Valenzelektronen je Mn zusätzlich zur Verfügung, so daß die NiAs-Anordnung nicht angenommen wird; bei den anderen TB^6-Verbindungen hingegen ist dies nicht der Fall, stets fehlen Valenzelektronen in der Nähe des B-Atoms zum Aufbau der Bindungsbeziehung der NaCl-Struktur. Das Achsverhältnis kann Werte größer oder gleich 1,63 annehmen, ohne daß der B1-Typ auftritt, weil die Korrelation der Valenzelektronen andersartig ist. — Der WC-Typ, der geometrisch und chemisch eng mit der NiAs-Struktur verwandt ist, unterscheidet sich vom NiAs-Typ in seiner Bindungsbeziehung: Die Außenelektronen der T-Atome bilden hier mit den Valenzelektronen der B-Atome eine gemeinsame A1-Korrelation. Vielleicht gilt dies auch noch für NiAs-Strukturen der Art TiS, so daß man hier eher mit Stapelvarianten rechnen könnte.

7.56 Auffüllungs- und Leerstellenvarianten. Analoge Auffüllungen, wie wir sie oben zum MnP-Typ kennengelernt haben, gibt es auch zur NiAs-Struktur. Als voll aufgefüllter Vertreter kann die $H_e^{4,2}$-Struktur von **Ni_2In** (von $Ni_{68}In_{32} \ldots Ni_{60}In_{40}$ homogen) genannt werden. Hier sind alle NiAs-Lagen besetzt und außerdem noch die beiden in NiAs freien trigonalprismatischen Lücken des T-Gitters mit T-Atomen aufgefüllt. Das Achsverhältnis liegt nur wenig über dem Wert $\sqrt{3/2} = 1{,}22_5$, der bei einer trigonal aufgestellten CsCl-Struktur auftritt. Es gibt allerdings einige wenige Vertreter (z. B. Zr_2Al) mit einem Achsverhältnis kleiner als $\sqrt{3/2}$, die in ihrer Bindungsbeziehung etwas andersartig sind. — Wie oben erwähnt, ist für die Auffüllung die Zahl der Valenzelektronen je Zelle maßgebend: z. B. wurden gefunden Ni_2In, Ni_3Sn_2, NiSb, $NiTe_{1\ldots2}$ oder Pd_2Tl, Pd_3Sn_2, Pd_5Sb_3, PdTe. Man kann annehmen, daß die Bindungsbeziehung das niedrige Achsverhältnis erzeugt und so eine höhere Auffüllung ermöglicht (Schubert/Esslinger 57).

Die teilweise aufgefüllten NiAs-Strukturen zeigen häufig eine Ordnung der eingelagerten Atome, und Bertaut (53) nahm auf Grund elektrostatischer Berechnungen an, daß auch alle *$H_a^{2,2}$ V-Strukturen* geordnet sind. Für die letzteren hat man sich besonders interessiert wegen des Antiferromagnetismus einiger NiAs-Vertreter, der bei Leerstellen in Ferrimagnetismus (1.61) übergehen kann. Ähnlich wie bei den

γ-Messing-Phasen hat man auch hier häufig Phasenbündel gefunden (z. B. im System Cr–S, JELLINEK 57). In der überwiegenden Zahl der Fälle sind die Leerstellen in der Tat geordnet (Tab. 1, Abb. 1). Nimmt man die Leerstellenverteilung so an, daß alle B-Atome einander gleichwertig bleiben, dann erhält man $H_a^{2,2}$VR-Strukturen der Zusammensetzung T_5B_6, T_4B_6, T_3B_6, T_2B_6 und TB_6; andere Zusammensetzungen ergeben sich nur bei stärkerer Erniedrigung der Symmetrie (JELLINEK 59). Die Tatsache, daß Vergrößerungen der Basismasche über den Faktor 2

Tabelle 1. *Leerstellenüberstrukturen der NiAs(B8)-Struktur* (vgl. Abb. 1)

Fe_7S_8($N^{14,16}$) (BERTAUT 53) C_{2h}^6—F2/d, $a = 11{,}9$ Å $= \sqrt{3}\cdot 2a_{B8}$, $b = 6{,}865$ Å $\approx 2a_{B8}$, $c = 22{,}72$ Å $\approx 4c_{B8}$, $\beta = 89{,}55°$.
Stapelsymbol: A,0,B,0,D,0,C,0, (, = S-Schicht, 0 = Fe-Schicht ohne Leerstellen, A,B,C,D = Fe-Schicht mit Leerstellen in $xy = 00, \frac{1}{4}\frac{1}{4}, \frac{1}{4}\frac{3}{4}, 0\frac{1}{2}$).
Vertreter: Fe_7S_8 (mon.).

Fe_7Se_8($H^{21,24}$) (OKAZAKI/HIRAKAWA 56) C_6^4—P6$_2$ (oder C222), $a = 12{,}5_3 = \sqrt{12}\cdot a_{B8}$, $b = 7{,}23_4 = 2a_{B8}$, $c = 17{,}6_5$ Å $= 3c_{B8}$.
Stapelsymbol: A,0,B,0,C,0,
Vertreter: Fe_7Se_8 (hex.).

Fe_7Se_8 (orth.) (OKAZAKI 59)
Stapelsymbol: A,0,B,0,C,0,
Vertreter: Fe_7Se_8

Cr_7S_8 ($H^{7/4,2}$, JELLINEK 57) D_{3d}^3—P$\bar{3}$m1, $a = 3{,}464 \approx a_{B8}$, $c = 5{,}762$ Å $\approx c_{B8}$, 1Cr(a), $\frac{3}{4}$Cr(b), 2S(d) $z = \frac{1}{4}$.
Stapelsymbol: $0\frac{3}{4}0$,
Vertreter: Cr_7S_8

Cr_5S_6($H^{10,12}$, JELLINEK 57) D_{3d}^2—P$\bar{3}$1c, $a = 5{,}982$ Å $= \sqrt{3}a_{B8}$, $c = 11{,}509$ Å $= 2c_{B8}$, 2Cr(a), 2Cr(c), 2Cr(b), 4Cr(f) $z = 0$, 12S(i), $x = \frac{1}{3}$, $y = 0$, $z = \frac{3}{8}$.
Stapelsymbol: B,0,C,0, ($A = 00$, $B = \frac{2}{3}\frac{1}{3}$, $C = \frac{1}{3}\frac{2}{3}$)
Vertreter: Cr_5S_6

Fe_3Se_4 ($N^{6,8}$, OKAZAKI/HIRAKAWA 56) C_{2h}^3—I2/m, $a = 6{,}16_7 = \sqrt{3}a_{B8}$, $b = 3{,}537 = a_{B8}$, $c = 11{,}17$ Å $= 2c_{B8}$, $\beta = 92{,}0°$.
Stapelsymbol: A,0,B,0 ($A = 00$, $B = \frac{1}{2}\frac{1}{2}$),
Vertreter: V_3Te_4 (vermutlich) GRÖNVOLD/HAGBERG/HARALDSEN (58); Cr_3S_4, JELLINEK (57); Fe_3Se_4, OKAZAKI/HIRAKAWA (56); Co_3Se_4, vielleicht, 55BGHP; Ni_3Se_4, HARALDSEN 57.

$Cr_{2+}S_3$ ($H^{8,12}$, JELLINEK 57) D_{3d}^2—P$\bar{3}$1c, $a = 5{,}939 = \sqrt{3}a_{B8}$, $c = 11{,}192$ Å $= 2c_{B8}$, 2Cr(c), 2Cr(b), 4Cr(f) $z = 0$, 12S(i) $x = \frac{1}{3}$, $y = 0$, $z = \frac{3}{8}$.
Stapelsymbol: ($A + B$),0,($A + C$),0,
Vertreter: $Cr_{2+}S_3$.

Cr_2S_3 ($R_b^{4,6}$, JELLINEK 57) C_{3i}^2—R$\bar{3}$, $a = 5{,}937 = \sqrt{3}a_{B8}$, $c = 16{,}698 = 3c_{B8}$, 3Cr(b), 3Cr(a), 6Cr(c) $z = \frac{1}{3}$, 18S(f) $x = \frac{1}{3}$, $y = 0$, $z = \frac{1}{4}$.
Stapelsymbol: ($A + B$),0,($B + C$),0,($C + A$),0,
Vertreter: Cr_2S_3

hinaus nicht gefunden wurden, und daß in der Tat die Zusammensetzungen Cr_5S_6 und Cr_2S_3 mit trigonalen Überstrukturen vorkommen (Tab. 1), ist ein Ausdruck für das Streben nach atomarmen Elementarzellen (1.64). — Übrigens unterstreicht auch die Anordnung der Leerstellen nach Abb. 1 den Unterschied zwischen den NiAs-Verwandten und z. B. Cr_2O_3 (Struktur von α-Al_2O_3), in dem auch eine H^2-Packung

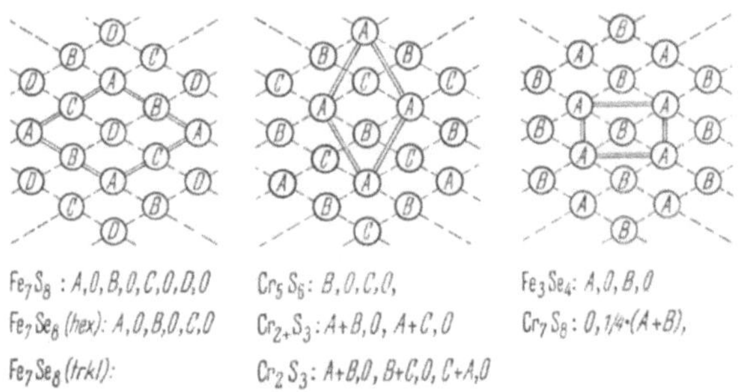

Abb. 1. Leerstellenverteilung in geordneten Vakantstellenvarianten der NiAs-Struktur (nach JELLINEK 59). Die Kreise bedeuten mögliche Projektionen der T-Atome auf die NiAs-Basis, - - - - NiAs-Unterstrukturmasche, = Überstrukturmasche in Basisebene. Im Stapelsymbol bedeutet jedes Zeichen eine Schicht von Atomen parallel zur Basis, B-Schicht, 0 T-Schicht ohne Leerstellen, A T-Schicht mit Leerstellen in A usw.

von O vorliegt, in deren Oktaederlücken sich die Cr befinden: bei Cr_2S_3 enthält nur jede zweite Cr-Ebene Leerstellen, während bei Cr_2O_3 jede Ebene Leerstellen enthält.

7.57 Stapelvarianten mit Leerstellen bei der NiAs-Struktur. Wir hatten oben erkannt, daß sich die NiAs-Struktur als Stapelvariante der NaCl-Struktur ansehen läßt, wobei die NiAs-Struktur auftreten kann, wenn das B-Atom keine komplettierte Achterschale aufweist. Wenn die Einflüsse, welche die NiAs-Stapelfolge begünstigen, nachlassen, werden Stapelvarianten möglich. Die hierhergehörigen Typen von WC, TiP, TiS wurden schon bei den Stapelvarianten der NaCl-Struktur im T-B^L-Gebiet behandelt. Hier müssen wir noch auf 2 Strukturen eingehen, bei denen die Stapeländerung durch T-Leerstellen bedingt ist: Pt_2Sn_3 und Fe_3S_4 (Abb. 1). Die NaCl-Struktur kann bei Leerstellenbildung in den $CdCl_2$-Typ übergehen, und dieser kann durch Zusammendrückung längs der trigonalen Achse in den CaF_2-Typ überführt werden. Im System Pt–Sn gibt es in der Tat neben PtSn- (Typ NiAs-) eine $PtSn_2$- (Typ CaF_2-) Phase (A1-Korrelation der Valenzelektronen). Die $H^{4,6}$-Struktur von **Pt_2Sn_3** (Abb. 1) ist zusammengesetzt aus NiAs- und CaF_2-artigen Schichten. Als Isotyp wurde gefunden $Au_4In_3Sn_3$, das quasiisoelektronisch ist (SCHUBERT/BREIMER/GOHLE 59).

Mit der für $PtSn_2$ angegebenen A1-Korrelation erhält man bei Pt_2Sn_3 $l_c = 7{,}5$, also keine ganze Kommensurabilität in c-Richtung;

es mag sein, daß die Rumpfelektronen eine bessere Kommensurabilität ergeben. Für den Einfluß der Pt-Elektronen auf die Valenzelektronenkorrelation spricht auch die Tatsache, daß in der Reihe PtSn, Pt_2Sn_3, $PtSn_2$ die a-Konstante nahezu linear wächst: 4,10, 4,32, 4,53 kX. Das Bestehen einer Stapelvariante legt nahe, daß für PtSn die NiAs-Struktur vor der CsCl-Struktur bevorzugt wird, weil Pt-Valenzelektronen beisteuert und weil die Korrelation der Rumpfelektronen im $H_a^{2,2}$-Typ vorteilhafter ist.

Die $R_c^{3,4}$-Phase $\mathbf{Fe_3S_4}$ (Abb. 1) konnte synthetisch noch nicht hergestellt werden. Die Autoren nehmen an, daß es sich um eine zweikomponentige Phase handelt. Diese Annahme bedarf jedoch noch weiterer Beweise, weil z. B. bei CSi bekannt ist, wie geringe Fremdgehalte Stapeländerungen erzeugen können. Die Struktur besteht ähnlich wie Pt_2Sn_3 aus gegenseitig verschobenen NiAs-Domänen parallel zur Basis. Da FeS_2 nicht vom CaF_2-Typ, sondern vom FeS_2-Typ ist, tritt eine beträchtliche Änderung des Achsverhältnisses nicht auf: $6c_{H_a^{2,2}} = 34{,}2$, $c_{Fe_3S_4} = 34{,}5$.

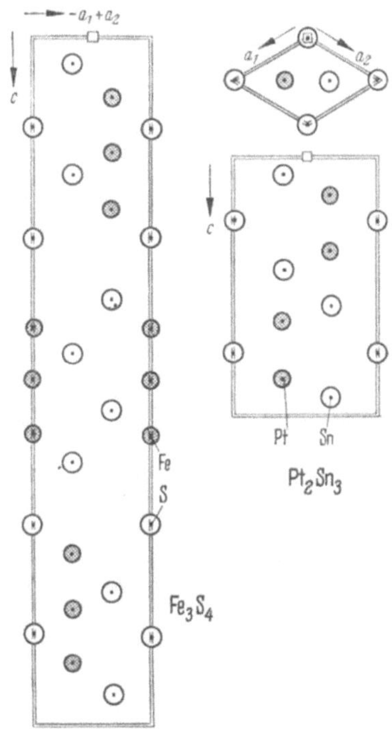

Abb. 1. $\mathbf{Fe_3S_4}$(?)($R_{10}^{3,4}$, 57EER) $D_{3d}^5-R\bar{3}m$ $a_h = 3{,}47$ $c_h = 34{,}5$ Å 3 Fe(b),0,0,5 6 Fe(c),0,0,417 6 S(c),0,0,289 6 S(c),0,0,127; $\mathbf{Pt_2Sn_3}$($H^{4,6}$,*11*177) $D_{6h}^4-P6_3/mmc$ $a=4{,}32$ $c = 12{,}94$ kX 4 Pt(f),333,667,14_3 2 Sn(b),0,0,25 2 Sn(f),333,667,$\overline{07}_0$

7.58 $\mathbf{FeAs_2}$ und Hömöotype. Die $O_b^{2,4}$-Struktur von $\mathbf{FeAs_2}$ **(Löllingit)** und $\mathbf{FeS_2}$ **(Markasit)** (Abb. 1, Tab. 1) zeigt ähnlich wie FeS_2 (Pyrit) S_2-Hanteln und eine oktaedrische Umgebung der Fe durch S; die Achse b von $FeS_2(O_b^{2,4})$ ist gleich lang wie a von $FeS_2(C_a^{4,8})$. Die Anordnung der Hanteln ist so, daß sich annähernd eine H^2-Lage der S-Atome ergibt. Wie bei der MnP-Struktur gibt es auch hier einen „langen" und einen „kurzen" Zweig (Buerger 37), und der kurze Zweig ist valenzelektronenreicher [man beachte jedoch $NiSb_2$ (lang) ... $NiAs_2$ (kurz)]. Die T-Atome sind hier nicht so angeordnet wie beim CdJ_2-Typ, daß sich leere und volle T-Schichten parallel zur Basis abwechseln, sondern so, daß jede T-Schicht Leerstellen zeigt. Diese Erscheinung steht wohl in Beziehung mit der Knickung der T-Ketten bei MnP. Man kann die Struktur auch beschreiben als gedehnte Rutilstruktur.

Tabelle 1. *FeS_2(Markasit, $O_b^{2,4}$)-Typ*

$FeAs_2$(Löllingit)-Zweig (lang), Zahlenangaben:	c	b	a	$a/\sqrt{2}c$	$b\sqrt{3}/a$	
$PtGe_2$	$2{,}90_8$	$5{,}76_7$	$6{,}18_5$	1,23	1,61	59SchMi
$CrCl_2$	3,48	5,98	6,64	1,10	1,56	61Tr et al.
$CrSb_2$	3,275	6,020	6,877	1,21	1,52	*922*
FeP_2	$2{,}72_5$	$4{,}97_5$	$5{,}65_7$	1,20	1,52	*322*,310
$FeAs_2$	$3{,}1_7$	$4{,}8_6$	$5{,}8_0$	1,05	1,45	*1217*,497; *2273*
$FeSb_2$	3,19	5,82	6,52	1,18	1,54	*1497* 597
RuP_2	2,87	5,12	5,89	1,18		60Ru
OsP_2	2,92	5,10	5 90	1,21		60Ru
$CoAs_2$	3,17	4,9	5,8	1,06	1,46	*1217*
$CoSb_2$(r)	$3{,}20_8$	$5{,}78_0$	$6{,}41_5$	1,15	1,56	*6175*
$NiSb_2$	$3{,}20_6$	$5{,}63_4$	$6{,}22_8$	1,12	1,56	*6172*
FeS_2(Markasit)-Zweig (kurz)						
$NiAs_2$	3,53	4,78	5,78	0,94	1,43	*794*; *1140*
FeS_2	$3{,}3_5$	$4{,}4_0$	5,35	0,92	1,42	*1495*; *552*
$FeSe_2$	3,575	4,791	5,715	0,92	1,45	*6166*
$FeTe_2$	3,849	5,340	6,260	0,94	1,48	*6166*
$CoTe_2$(r)	3,882	5,301	6,298	0,94	1,45	*6166*
$CaCl_2$(C35)-Zweig						
$CaCl_2$	4,20	6,24	6,43	0,88	1,68	*330*,278
$CaBr_2$	4,34	6,55	6,88	0,92	1,65	*78*,80
Co_2C	2,90	4,45	4,37			*1531*
Co_2N	2,85	4,61	4,34			*1531*
EO_7-Typ, monokline Überstruktur						
FeAsS∼						*430*
FeSbS∼						*7122*
EO_6-Typ						
MnO(OH)∼?						*428*

Es wurden Argumente für kovalente (Buerger 37) und ionische Bindung (Haraldsen 47) vorgebracht. Bezüglich der Ortskorrelation können wir auf MnP verweisen.

Ein weiterer $O_c^{2,4}$-Zweig der Markasitstruktur ist durch **$CaCl_2$** (Tab. 1) gegeben; die Erhöhung des Achsverhältnisses erinnert an ein gleiches Vorkommnis beim CdJ_2-Typ. Der Zweig leitet zu TiO_2 (Rutil) über. Die Bindungsbeziehung wird mit der von TiO_2 zu vergleichen sein. Der Ca-Rumpf ist von stärkerem Einfluß als der Ti-Rumpf und bewirkt vielleicht die Verzerrung; vielleicht ist aber auch die Tatsache im Spiel, daß für die 7 Cl-Elektronen nur sechs günstige Elektronenplätze da sind.

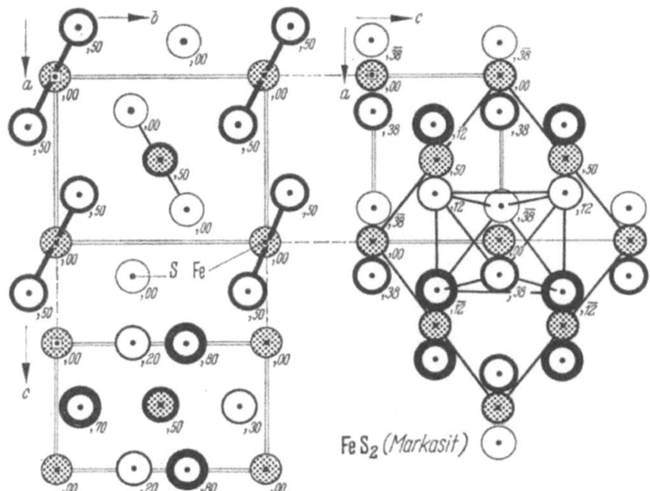

Abb. 1. $\mathbf{FeS_2}$($O_b^{2,4}$,C18, Markasit, *1495,552*) D_{2h}^{12}–Pnnm $c = 3{,}38_1$ $b = 5{,}41_4$ $a = 4{,}43_6$ kX
2Fe(a),0,0,0 4S(g),20,38,00

7.6 T-B^6-Verbindungen

7.61 T-B^6-Phasen mittlerer Zusammensetzung. Die Varianten der NiAs-Struktur, die man hier antreffen kann, wurden im vorhergehenden Kapitel erwähnt, so daß jetzt Strukturen zu betrachten sind, die nicht oder nur wenig mit der NiAs-Struktur zusammenhängen.

Im System Ti–Te, das TiTe(r, $H_a^{2,2}$) enthält, tritt bei höheren Ti-Gehalten die $U^{5,4}$-Struktur von $\mathbf{Ti_5Te_4}$ (Abb. 1) auf, die manche Ähnlichkeit zur Cu_2Sb-Struktur zeigt. Man kann sie beschreiben als aus B^1-Ketten von Ti und F^1-Ketten von Te bestehend, die sich längs c erstrecken und in Richtung der Basis einander abwechseln. Merkwürdigerweise sind beide Elemente gegenüber den kubischen Idealverhältnissen längs c gedehnt.

Die Lage der Atome in der Projektion auf die Basis legt ein quadratisches Raster $a/\sqrt{40} = d_{A1}$ mit $l_c = 3{,}3$ nahe. Man kann annehmen, daß dieses Raster in der Nähe der Te nur halb besetzt ist. Wenn man dort eine A2-artige Stapelung annähme, würde folgen, daß in der Basis die Kohärenz in jeder zweiten Elektronenplatzschicht schlecht wäre. Man kann deshalb vermuten, daß die Korrelation in der Nähe der Te kein Translationsgitter bildet.

Im System Co–S ist die NiAs-Struktur bei höheren Temperaturen nur bis herab zu 460 °C stabil, dagegen entsteht die $F^{9,8}$-Struktur von $\mathbf{Co_9S_8}$ (Abb. 2, Tab. 1) peritektisch bei 835 °C. Die S-Atome bilden eine F^1-Lage, 32 der Co füllen Tetraederlücken des Anionenteilgitters aus; bilden aber unter sich keine F^1-Lage, sondern eine charakteristisch abgewandelte Anordnung; 4 weitere Co füllen einige Oktaederlücken aus. Die Richtigkeit der Struktur wurde von KNOP/IBRAHIM (61) bestätigt. Einen Einfluß der Elektronenkonzentration schlug ROSENQUIST (54) vor.

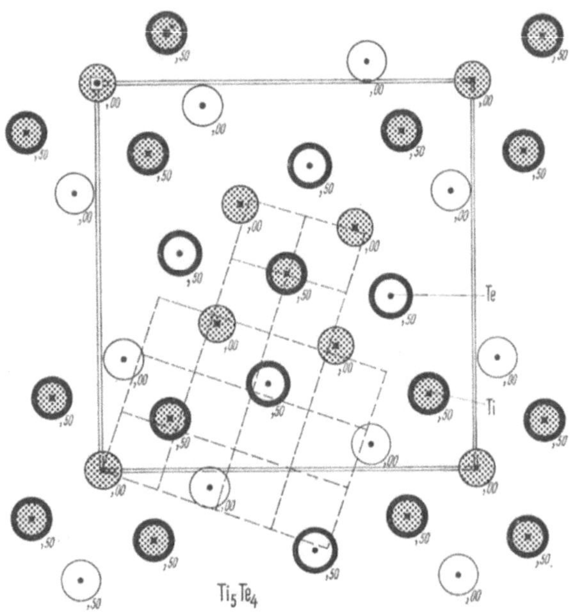

Abb. 1. Ti_5Te_4($U^{5,4}$, 61GKR) C^5_{4h}–I4/m a = 10,164 c = 3,772 Å 2Ti(a),000,000,000 8Ti(h),314,375,000 8Te(h),059,280,000

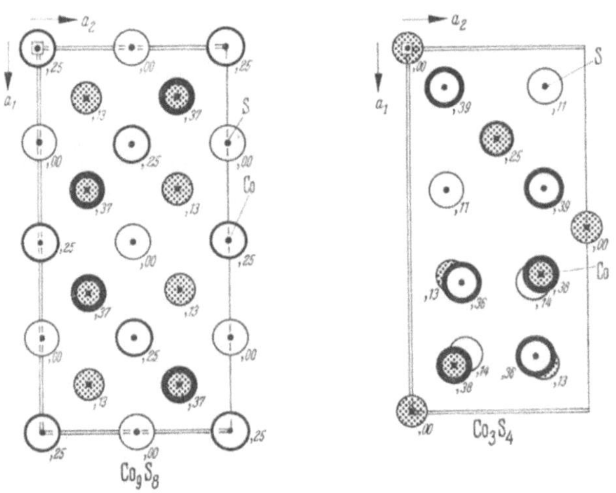

Abb. 2. Co_9S_8($F^{9,8}$,D8_9,*426*) O^5_h–Fm3m a = 9,907 kX 4Co(b),5,5,5 32Co(f),125,125,125 8S(c),25,25,25 24S(e),25,0,0; Co_3S_4($F^{6,8}_b$,D7_2,*69*) O^7_h–Fd3m a = 9,382 kX 8Co(a),0,0,0 16Co(d),625,625,625 32S(e),$\overline{1}35$,$\overline{1}35$,$\overline{1}35$. Es ist nur ein Viertel der Zelle gezeichnet

Tabelle 1

$Co_9S_8(F^{9,8})$-Typ (Abb. 2)		**NiS(r, $R^{3,3}$)-Typ** (Millerit) (Abb. 3)		**$Pd_4Se(T_b^{8,2})$-Typ**	
Co_9S_8	*4*26	NiS(r)	*11*33,*2*6	Pd_4S	62GR
Co_9Se_8	58P	NiSe(r)	*3*257	Pd_4Se	62GR
$(Fe,Ni)_9S_8$	*4*28				
Weitere Zusammensetzungen: KNOP/IBRAHIM (61)					
$Co_3S_4(F_b^{6,8})$-Typ (Abb. 2), Zahlenangabe: *a*		**$Ni_3S_2(R_b^{3,2})$-Typ**		**$Pd_{17}Se_{15}(C^{34,30})$-Typ**	
Co_3S_4	*6*9,174	Ni_3S_2	*6*75	$Rh_{17}S_{15}$	62Ge
Ni_3S_4 9,457	*11*288	Ni_3Se_2	57AS	$Pd_{17}Se_{15}$	62Ge
$FeNi_2S_4$	*11*289				
Cr_2FeS_4	*11*289				
Unverzerrte Spinellstrukturen vgl. 4.61					

Es liegt nahe, daß sich hier eine A1-Korrelation der Valenzelektronen ausbildet, die 8 Elektronen je S aufnimmt, d. h. 64 je Verbindungsgewicht, während nur 48 Elektronen angeboten werden. Nimmt man an, daß 4 Co je Verbindungseinheit vermöge ihrer besonderen Anordnung 16 Elektronenplätze zudecken (SCHUBERT 53a), so erhält man Vollbesetzung der freien Plätze und $d_{El} = 1{,}75$ kX. Die Bedeckung von 4 Elektronenplätzen wird erleichtert, wenn ein S tetraedrisch von Elektronenplätzen umgeben ist. Eine oktaedrische Umgebung könnte bei Co_3S_4 vorliegen.

In der $F_b^{6,8}$-Struktur von $\mathbf{Co_3S_4}$ (Abb. 2), das eine etwas verzerrte Fe_3O_4-Struktur besitzt, liegen 2 Co je Verbindungseinheit in Oktaederlücken; anscheinend geht jetzt die Aufgabe Elektronenplätze zuzudecken an diese Atome über. Die beiden besprochenen Strukturen sind ein weiterer Beweis dafür, daß die Lückenbesetzung in einer Anionenpackung nicht allein von Atomradienverhältnissen abhängt, sondern auch von den Gegebenheiten der Ortskorrelation der an der Bindung beteiligten Elektronen.

Die $R_b^{2,3}$-Struktur von $\mathbf{Ni_3S_2}$ ist quasikubisch [*6*75, R32, $a = 4{,}04$ kX, $\alpha = 90{,}3°$, 3 Ni(*e*),5,25,75, 2 S(*c*),25,25,25]. Die S bilden praktisch ein kubisch-raumzentriertes Gitter wie die O in Cu_2O ($a = 4{,}26$ kX), und die Ni sind um die Verbindungslinie der S angeordnet.

Es lassen sich verschiedene gute Ortskorrelationsvorschläge finden, z. B. $a/2 = a_{A2}$, $d_{El} = 1{,}75$, PZ = 16, EA = 12.

Ein weiteres seltenes Gitter stellt die $R^{3,3}$-Struktur von **NiS(r)** (Millerit, Abb. 3, Tab. 1) dar. NiS(h) hat eine $H_a^{2,2}$-Struktur mit den Gitterkonstanten $a = 3{,}42$, $c = 5{,}30$ kX, $c/a = 1{,}55$, $V = 26{,}8$, und durch Verdreifachung der *a*-Achse und Halbierung der *c*-Achse erhält man etwa die hexagonale Zelle der rhomboedrischen $R^{3,3}$-Struktur, die eine Art Stapelvariante von $H_a^{2,2}$ ist: Man ändert zuerst parallel der Basis die Stapelung so, daß die Stützzahl der S in ihrem Teilgitter von

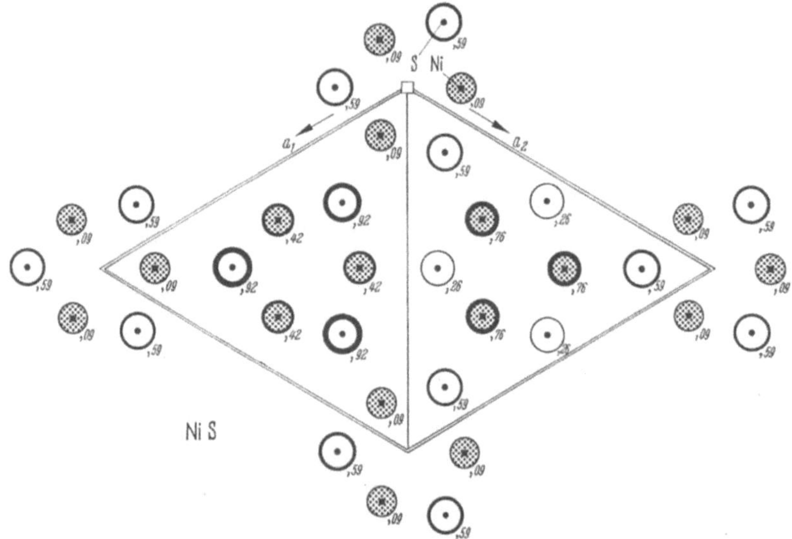

Abb. 3. NiS(r, Millerit, $R^{3,3}$,B13,*1*133,*26*) C_{3v}^5-R3m $a_r = 5{,}64$ $\alpha = 116{,}6°$ $a_h = 9{,}5_9$ $c_h = 3{,}14_5$ kX $6c/a = 1{,}96$ 3 Ni(*b*),00,00,264 3 S(*b*),714,714,361

3 auf 1 zurückgeht und verschiebt dann die trigonalprismatischen Bauelemente in Richtung der Hauptachse in geeigneter Weise gegeneinander, so daß die Struktur rhomboedrisch wird.

Mit $a/5 = d_{A1} = 1{,}91$ kX, $l_c = 2{,}0$ ergibt sich PZ = 50. Die wegen EA = 54 überschüssigen Valenzelektronen können sich B1-artig einlagern. Die Ni haben in der Basis zu je dreien den gleichen Abstand wie in der Elementstruktur.

Die Strukturen von PtS und PdS behandeln wir wegen gewisser Ähnlichkeiten mit B-B-Phasen im Kap. 4.

7.62 FeS_2 (Pyrit)-Struktur und Verwandte. Bei der $C_a^{4,8}$-Struktur von **FeS_2 (Pyrit)** (Abb. 1, Tab. 1) befindet sich das T-Atom in F^1-Lage, das B-Atom dagegen in einer Lage, die aus der kubisch primitiven Lage im CaF_2-Typ durch eine Art dreidimensionaler Verschränkung (ähnlich der zweidimensionalen von $CuAl_2$) hervorgeht. Die Struktur kann also innerlich verzerrte CaF_2-Struktur aufgefaßt werden. Da ein S nicht zu 4, sondern zu 3 Fe gehört, sind die T-Atome von B-Atomen nicht mehr 8-, sondern 6-koordiniert. Man kann die Struktur auch auffassen als NaCl-Gitter aus Fe-Atomen und S_2-Hanteln. Während die $CuAl_2$-Struktur vorwiegend mit B^4-Elementen vorkommt, findet man den Pyrittyp nur mit B^5- und B^6-Komponenten (Tab. 1), ohne daß in der Struktur weitere Vakantstellen auftreten. Es wird hier also die Leerstellengesetzmäßigkeit der B^1V-Strukturen verlassen.

Diese Tatsache muß in der Bindungsbeziehung ihren Ausdruck finden. Es liegt nahe, eine A1-Korrelation vom Raster $a/\sqrt{8} = d_{A1}$ anzunehmen, die 8 Plätze je Verbindungsgewicht hat und bei der die darüber hinaus vorhandenen Elektronen

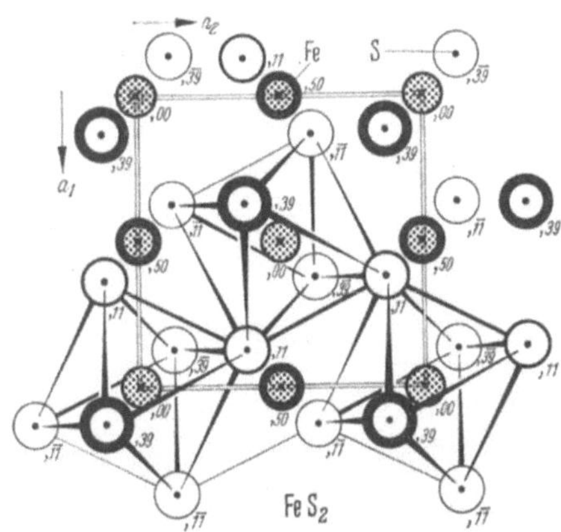

Abb. 1. FeS_2(Pyrit, $C_a^{4,8}$,C2,*1150*) T_h^6–Pa3 a = 5,40 kX 4Fe(a),0,0,0 8S(c),38₈,38₈,38₈. Eine ganz ähnliche Projektion hat: $PdSe_2$($O_e^{4,8}$, 56GR) D_{2h}^{15}–Pbca a=5,74 b=5,87 c=7,69 Å 4Pd(a),0,0,0 8Se(c),112,117,407

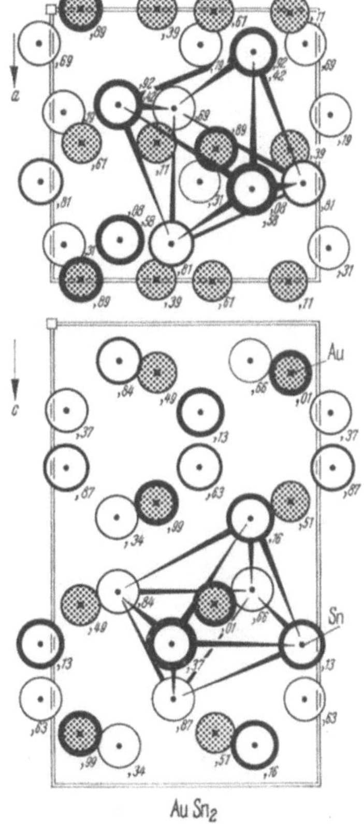

Abb. 2. $AuSn_2$($O_a^{8,16}$, 59SBG, isotyp zu TiO_2 (Brookit),*1778*) D_{2h}^{15}–Pbca a = 6,89 b = 7,02 c = 11,76 kX 8Au(c) ,010,$\overline{105}$,110 2 · 8Sn(c),$\overline{155}$,250,082 ,130,545,190

die Oktaederlücken der A1-Korrelation auffüllen. (Vielleicht könnte man das Basisraster auch mit a_{A2} deuten und erhielte $l_c = 6$.) Die genannte Korrelation ist eine Verbesserung einer früher angegebenen (Schubert 56c). Die besondere Art der Rasterung des Valenzelektronengases könnte als verantwortlich für die charakteristische Lage der B-Atome angesehen werden. Im Falle eines A2-Ortskorrelationsdrillings müßte die räumliche Verschränkung allerdings durch die Lagenmannigfaltigkeit des Rasters erklärt werden.

Die $O_e^{4,8}$-Struktur von $PdSe_2$ (vgl. Abb. 1, Tab. 1) ist eine quasitetragonale homogen verzerrte $C_a^{4,8}$-Struktur. Vergleicht man die Gitterkonstanten mit der von $PdAs_2$($C_a^{4,8}$) (a = 5,97 kX), so liegt die folgende Annahme über die Rasterquotienten nahe, $a/\sqrt{8} = d_{A1}$,

Tabelle 1. *Pyritfamilie*

FeS_2(Pyrit, $C_a^{4,8}$)-Typ (Abb. 1)

MnS_2	1153,215;3255	$PdSb_2$	1781	**$CoAs_3$($B^{4,12}$)(DO_2,** Skutterudit)-Typ	
$MnSe_2$	58P	PtP_2	3630;1781		
$MnTe_2$	1780	$PtAs_2$	1153,217,780		
FeS_2(h)	1780,153,215	$PtSb_2$	1781	CoP_3	59RL
RuS_2	1153,217,780	$PtBi_2$	934	NiP_3	59RL
$RuSe_2$	1781	$AuSb_2$	1780;2745	RhP_3	60Ru
$RuTe_2$	1781	ZnO_2	59Va	IrP_3	60Ru
OsS_2	1780,3288			PdP_3	60Ru
$OsSe_2$	1781	**$AuSn_2$($O_a^{8,16}$)**-Typ (Abb. 2)		$CoAs_3$	1232
$OsTe_2$	1781	Stapelvariante		$NiAs_{3-}$?	
CoS_2	1217,6174			$IrAs_3$	61KP
$CoSe_2$	1780,6166	$AuSn_2$	59SchBG	$CoSb_3$	53Ro
RhS_2	1781	TiO_2(Brookit), metastabil		$IrSb_3$	57KSS
$RhSe_2$	55GC		1778,214	$Sc(OH)_3$	11278
$RhTe_2$(r)	55G				
$Ir_{1-}Se_2$	58HA	**$PdSe_2$($O_e^{4,8}$)**-Typ			
$Ir_{1-}Te_2$	60HW	Deformationsvariante			
NiS_2	1217				
$NiSe_2$	1780;6166	PdS_2	56GR		
$PdAs_2$	1781	$PdSe_2$	56GR		

$l_c = 5{,}3 \approx 6$, PZ = 48, EA = 48; da die Struktur orthorhombisch ist, dürfte jedoch auch ein erheblicher Einfluß der Rumpfelektronen mitspielen.

Daß die Pyritstruktur ebenso wie die $CuAl_2$-Struktur Stapelvarianten aufweist, zeigt die $O^{8,16}$-Struktur von **$AuSn_2$** isotyp oder nahezu isotyp zu TiO_2-Brookit (Abb. 2, Tab. 1). Die quasitetragonale Zelle ergibt sich durch Verdoppelung der c-Achse einer $F_a^{1,2}$-artigen Zelle. Die Stapelfolge der Au-Atome kann in grober Näherung mit AABB bezeichnet werden. Das Achsverhältnis $c/a = 1{,}69$ ist bemerkenswert klein.

Mit $a/3 = d_{A1} = 2{,}30$ kX, $l_c = 8$ erhalten wir eine komprimierte A1-Korrelation mit PZ = 72 gegenüber EA = 72. Der Grund für die Verzerrung der Valenzelektronenkorrelation muß im Einfluß der Rumpfelektronen gesucht werden.

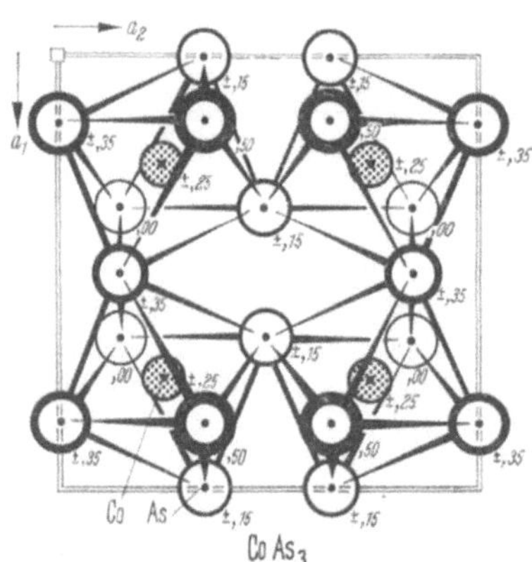

Abb. 3. $CoAs_3$($B^{4,12}$,DO_2,Skutterudit, 1232,250) T_h^5 – Im3 a = 8,18kX 8 Co(c),25,25,25 24 As(g),00,35,15

Verwandt zu FeS_2($C_a^{4,8}$) ist die $B^{4,12}$-Struktur von **$CoAs_3$** (Abb. 3, Tab. 1). Die Co-Atome sind oktaedrisch von As umgeben, wobei sich die Oktaeder ähnlich wie beim Pyrit zu einer kubischen Struktur zusammenschließen, die hier jedoch 8 Formeleinheiten umfaßt und innenzentriert ist. $CoAs_3$ ist also in gewisser Weise Stapelvariante von FeS_2 (Pyrit). Man kann die Struktur auch als Packung von As-Ikosaedern beschreiben, vgl. auch WAl_{12}.

Entsprechend dem Vorschlag für FeS_2 könnte man annehmen $a/4 = d_{A1}$, $l_c = 5,5 \approx 6$, PZ = 96, EA = 96 + 24. Eine offenbar bessere Möglichkeit ist $a/4 = a_{A2}$, PZ = 128, EA = 120. Dem Auftreten von $Sc(OH)_3$ in der Vertretertabelle entspricht die Isotypie TiO_2(Brookit) ... $AuSn_2$.

7.63 CdJ_2-Struktur und Verwandte. Entsprechend der NiAs-Struktur bei TB-Phasen tritt bei TB_2-Phasen außer der FeS_2(Pyrit)-Struktur die $H_a^{1,2}$-Struktur von **CdJ_2** (Abb. 1, Tab. 1, 2) auf. 2 B je Zelle bilden

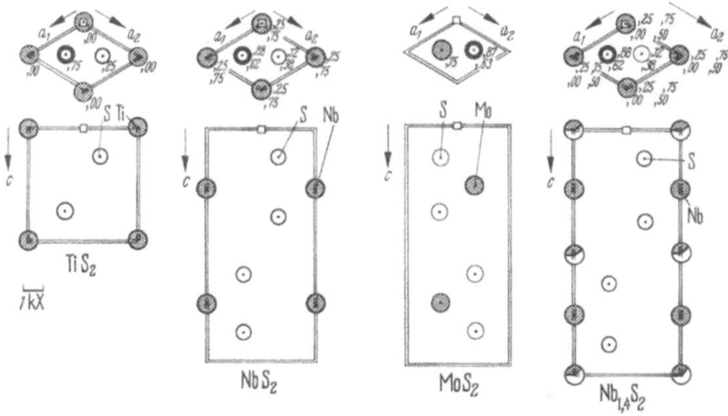

Abb. 1. Einige Stapelvarianten der CdJ_2-Struktur
TiS_2[CdJ_2($H_a^{1,2}$)-Typ,*1*213,780] D_{3d}^3–P$\bar{3}$m1 $a = 3,40$ $c = 5,69$ kX $c/a = 1,68$ 1 Ti(a),0,0,0 2 S(d),333,667,25; **NbS_2**($H_d^{2,4}$, 60JBM) D_{6h}^4–P6_3/mmc $a = 3,31$ $c = 11,89$ $c/a = 3,59$ 2 Nb(b),0,0,25 [oder (a),0,0,0] 4 S(f),333,667,125; **MoS_2**($H_c^{2,4}$,C7,*1*164) D_{6h}^4–P6_3/mmc $a = 3,15$ $c = 12,30$ kX $c/a = 3,90 = 2 \cdot 1,95$ 2 Mo(c),333,667,25 4 S(f),333,667,$\overline{130}$; **$Nb_{1,4}S_2$**($H_b^{3,4}$, 60JBM) D_{6h}^4–P6_3/mmc $a = 3,31$ $c = 12,6$ $c/a = 3,8 = 2 \cdot 1,9$ 2 Nb(b),0,0,25 $2 \cdot 0,4$ Nb($2a$),0,0,0 4 S(f),333,667,125

eine H^2-Lage, in deren Oktaederlücken ein T eingelagert ist. Die Vertretertabelle läßt nach dem Achsverhältnis 2 Zweige erkennen, die sich kennzeichnen lassen durch die Phasen TiS_2 und $CoTe_2$(h). Die B^7-Verbindungen lassen sich dem TiS_2-Zweig zuordnen. Zwischen dem TiS_2- und dem $CoTe_2$-Zweig scheint kein Übergang zu bestehen, man kennt z. B. $FeTe_2$($O_b^{2,4}$), $MnTe_2$($C_a^{4,8}$), „$CrTe_2$" und „VTe_2" (nicht existent), $TiTe_2$($H_a^{1,2}$). Im TiS_2-Zweig fällt besonders das große Achsverhältnis von VSe_2 auf. Eine Untersuchung der geometrischen Abwandlungsmöglichkeiten der CdJ_2-Struktur wurde von Aebi (54) angestellt.

Tabelle 1. *Stapelvarianten der CdJ_2-Struktur* (vgl. Abb. 1)

$Nb_{1,4}S_2$ ($H_b^{3,4}$, JELLINEK/BRAUER/MÜLLER 60), D_{6h}^4—$P6_3/mmc$, $a = 3{,}31$, $c = 12{,}6$, $c/a = 3{,}8 = 2 \cdot 1{,}9$, 2Nb(*b*) 2 · 0,4Nb(2*a*) 4S(*f*)$z = 1/8$.

$Nb_{1,8}S_2$ vielleicht homogen mit $Nb_{1,4}S_2$ zusammenhängend (JELLINEK/BRAUER/MÜLLER 60)

$Nb_{1,2}S_2$ ($R^{(1,2)2}$, JELLINEK/BRAUER/MÜLLER 60),
C_{3v}^5—R3m, $a = 3{,}33$ $c = 17{,}82$ Å $c/a = 5{,}35 = 3 \cdot 1{,}78$;
3Nb(*a*)$z = 0$, 3 · 0,2Nb(3*a*) $z \approx 5/6$, 3S(*a*) $z \approx 1/4$, 3S(*a*) $z = 5/12$.

NbS_2($H_d^{2,4}$, JELLINEK/BRAUER/MÜLLER 60) (Abb. 1)
D_{6h}^4—$P6_3/mmc$, $a = 3{,}31$ $c = 11{,}89$ $c/a = 3{,}59$;
2Nb(*b*) (oder (*a*)), 4S(*f*) $z = 1/8$,
Stapelsymbol: $B_B A_T B_B C_B A_T C_B$.

MoS_2 (aus reinsten Ausgangsmaterialien, $R_b^{1,2}$, JELLINEK/BRAUER/MÜLLER 60),
C_{3v}^5—R3m, $a = 3{,}17$ $c = 18{,}38$ Å $c/a = 5{,}80 = 3 \cdot 1{,}93$;
3Mo(*a*) $z = 0$, 3S(*a*) $z = 1/4$, 3S(*a*) $z = 5/12$,
Stapelsymbol: $B_B A_T B_B A_B C_T A_B C_B B_T C_B$
Vertreter: NbS_2(rhbdr.) 60JBM, MoS_2(rhbdr.) 60JBM.

MoS_2($H_c^{2,4}$, C7, SB*1*164, DICKINSON/PAULING),
D_{6h}^4—$P6_3/mmc$, $a = 3{,}15$ $c = 12{,}30$ kX $c/a = 3{,}90 = 2 \cdot 1{,}95$;
2Mo(*c*),1/3,2/3,1/4 4S(*f*),2/3,1/3,129,
Stapelsymbol: $C_B B_T C_B B_B C_T B_B$.

CdJ_2($H_a^{1,2}$, C6, SB*1*161, BOZORTH),
D_{3d}^3—$P\bar{3}m1$, $a = 4{,}24$ $c = 6{,}84$ kX $c/a = 1{,}61$;
1Cd(*a*)0,0,0, 2J(*d*),1/3,2/3,25,
Stapelsymbol: $A_{Cd} B_J C_J$.

CdJ_2($H_a^{2,4}$, C27, SB*3*22,282 HASSEL, diese Struktur kristallisiert aus der Schmelze!)
C_{6v}^4—C6mc, $a = 4{,}24$ $c = 13{,}67$ kX $c/a = 3{,}224 = 2 \cdot 1{,}612$
2Cd(*b*)1/3,2/3,0, 2J(*b*)1/3,2/3,3/8, 2J(*a*),0,0,5/8,
Stapelsymbol: $B_J B_{Cd} A_J C_J B_{Cd} A_J$.

$CdCl_2$($R_a^{1,2}$, C19, SB*1*742 PAULING) (vgl. 5.45)
D_{3d}^5—$R\bar{3}m$ $a_h = 3{,}99$ kX $c = 17{,}7$; 3Cd(*a*),0,0,0 6Cl(*c*),0,0,1/4
Stapelsymbol: $A_{Cd} B_{Cl} A_{Cl} B_{Cd} C_{Cl} B_{Cl} C_{Cd} A_{Cl} C_{Cl}$

Zum TiS_2-Zweig kennt man Stapelvarianten: die $H_c^{2,4}$-Struktur von **MoS_2** (Abb. 1, Tab. 1, 2) ist die zuerst gefundene Struktur dieser Familie. Die Stapelfolge der S ist AABB, die Mo befinden sich in trigonal-prismatischen Lücken, d. h. die Struktur bildet einen Übergang zum Bo_2Al-Typ. *Weitere Strukturen* dieser Familie zeigen Tab. 1 und Abb. 1. Bei den B^7-Verbindungen sind Iterationen des B-Stapelsymbols nicht gefunden worden, die B-Atome bleiben in dichtester Packung.

Nach GOLDSCHMIDT (29) sollen große T-Radien die CdJ_2- und die MoS_2-Strukturen vor der FeS_2(Pyrit)-Struktur begünstigen. Nach HULTGREN (32) soll vierwertiges Mo und W trigonal prismatische kovalente Bindungen betätigen können. —

Tabelle 2

CdJ_2-Familie, Zahlenangaben: *a* in kX bzw. Å, *c*/*a*

$CdJ_2(H_a^{1,2})$-Typ (Abb. 1)			
TiS_2	3,40	1,67	1213,780
$TiSe_2$	3,53	1,70	1213
$TiTe_2$	3,79	1,70	1213,780
ZrS_2	3,68	1,59	1214
$ZrSe_2$	3,79	1,63	1214
$ZrTe_2$	3,94	1,68	57HN
$SiTe_2$	4,28	1,57	53WW
SnS_2	3,62	1,61	1214,780
VSe_2	3,35	1,83	777
$TaS_2(\alpha)$	3,40	1,74	664
$CoTe_2$(h)	3,78	1,43	6166
$RhTe_2$(h)	3,92	1,38	55G
$IrTe_2$	3,93	1,37	60HW
$NiTe_2$	3,86	1,37	6166
$NiPo_2$			60WGV
PtO_2		1,55	57Sh
$PdTe_2$	4,03	1,27	1781
PtS_2	3,54	1,42	1781
$PtSe_2$	3,72	1,36	1781
$PtTe_2$	4,01	1,30	1781
$TiCl_2$	3,56	1,65	11259
VBr_2	3,77	1,63	11259
$MnBr_2$	3,82	1,62	2247
$FeBr_2$	3,74	1,65	2247
$CoBr_2$	3,68	1,66	2247
$MgBr_2$	3,81	1,64	2247
TiJ_2	4,11	1,66	11259
ThJ_2	4,13	1,70	12159
VJ_2	4,00	1,66	11259
MnJ_2	4,16	1,64	2247
FeJ_2	4,04	1,67	2247
CoJ_2	3,96	1,68	2247
MgJ_2	4,14	1,66	320
CaJ_2	4,48	1,55	320,281
CdJ_2	4,24	1,61	1189
YbJ_2	4,48	1,55	77,80
GeJ_2	4,13	1,64	662,5
PbJ_2	4,59	1,49	1191
ferner Dihydroxyde			
verzerrt: Abb. 2			
$AuTe_2$(Calaverit)		1,22	330
verwandt: Abb. 2			
$AuTe_2$(Krennerit)			415,115
Statistische Verteilung einer Komponente: vgl. W_2C-Typ			
$H_a^{2,4}$-Typ			
CdJ_2	4,24	3,22	322
$MoS_2(H_c^{2,4})$-Typ (Abb. 1)			
MoS_2	3,15	1,95	1214
$MoSe_2$			38St
$MoTe_2$	3,52	1,98	61KM
WS_2	3,18	1,97	1215
WSe_2	3,29	1,97	11260
WTe_2, deformiert, ähnlich			56KH
ReS_2	3,14	1,94	18387
$NbS_2(H_d^{2,4})$-Typ (Abb. 1)			
NbS_2			60JBM
$ZrSe_3(M^{2,6})$-Typ (Abb. 3)			
TiS_3			56HH
ZrS_3			57HHM
$ZrSe_3$			58KP
HfS_3			61Pl
$HfSe_3$			61Pl
NbS_3			61Pl
US_3			61Pl
USe_3			61Pl
$ZrTe_3$			57HN

Wir wollen wieder nach den möglichen Elektronenkorrelationen fragen. Zum $CoTe_2$-Zweig gehören nur TB_2^6-Verbindungen, und in den zugehörigen Legierungssystemen können NiAs-Strukturen auftreten. Es liegen daher die für NiAs vorgeschlagenen Korrelationen der Valenzelektronen nahe. Im TiS_2-Zweig könnte man A1-Korrelationen für beide Partner annehmen, die sich aneinander anpassen. Dadurch werden die d_{A1}-Abstände der Elektronen auffallend klein, mit $a/2 = d_{A1}$ würde $l_c = 4$ folgen, was nicht kommensurabel mit der Stapelfolge ist. Da aber in diese A1-Korrelation 2 Elektronen je B^6 B1-artig eingelagert werden (vermutlich in den nicht von T besetzten Schichtbereichen parallel zur Basis), könnte man auch die Zahl $l_c \approx 6$ annehmen und die Kommensurabilität wiedererhalten, wenn man annimmt, daß die Elektronen sich so verhalten, als ob sie ein rhomboedrisch primitives Gitter bilden. Zu dieser Ansicht paßt gut das große Achsverhältnis und die Stapeländerung bei den zu MoS_2 gehörigen Strukturen (SCHUBERT 56c). Bei den Strukturen vom $CoTe_2$(h)-Zweig dürfte die Korrelation der B-Elektronen ähnlich wie beim TiS_2-Zweig sein, aber die Außenelektronen der T stellen sich anders auf diese Korrelation ein und wirken so auch auf das Achsverhältnis zurück. Der Anstieg des Achsverhältnisses beim VBr_2-Zweig ist wieder im Sinne unserer Annahme. Man kann schließlich auch $a/\sqrt{3} = d_{B1}\sqrt{2}$, $l_c = 7$, PZ = 21, EA = 19 erwägen.

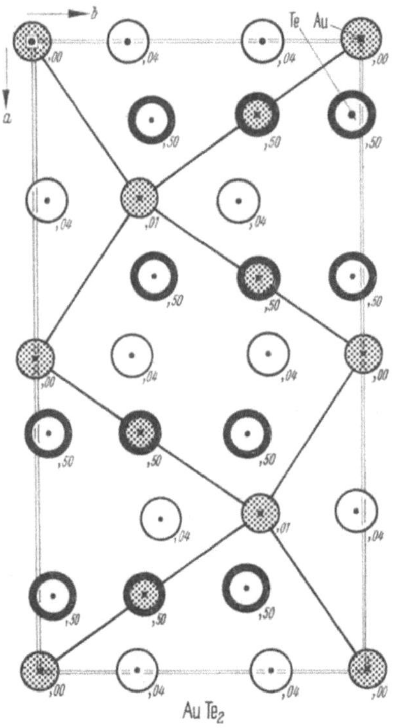

Abb. 2. **$AuTe_2$**($O_b^{8,16}$, Krennerit, C46,*4*15) C_{2v}^4 – Pma $a = 16{,}51$ $b = 8{,}80$ $c = 4{,}45$ kX 2 Au(*a*),0,0,00 2 Au(*c*),25,32,01 4 Au(*d*) ,12,67,50 2·2 Te(*c*),25,03,04 ,25,63,04 3·4 Te(*d*),00,30,04 13,37,50 ,12,97,50; **$AuTe_2$**($N_a^{1,2}$, Calaverit, C34,*3*30,315) C_{2h}^3 – C2/m $a = 7{,}18$ $b = 4{,}40$ $c = 5{,}07$ kX $\beta = 90°\,08'$ 2 Au(*a*),0,0,0 4 Te(*i*),69,00,29. Die schräg liegenden Rechtecke kennzeichnen diese Zelle

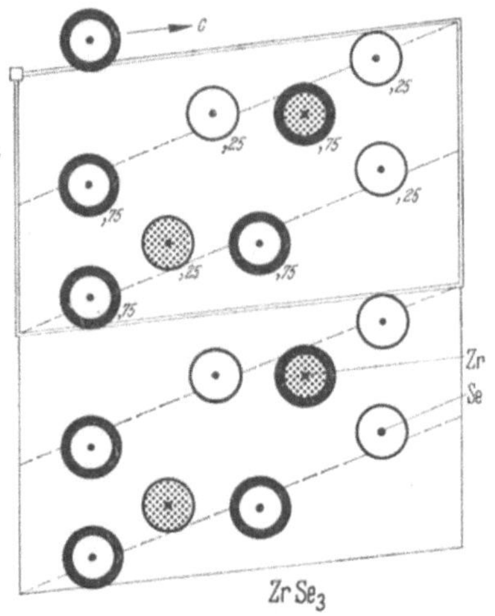

Abb. 3. **$ZrSe_3$**($M^{2,6}$, 58KP) C_{2h}^2 – $P2_1/m$ $a = 5{,}41$ $b = 3{,}77$ $c = 9{,}45$ Å $\beta = 97{,}5°$ 2 Zr(*e*),715,25,343 3 · 2 Se(*e*),236,25,447 ,545,25,825 ,112,25,831

Mit den TB_2^7-Verbindungen sind wir nun in die Nähe von Verbindungen mit komplettierter Edelgasschale gelangt. Es ist daher verständlich, daß einige verwandte Phasen in der Struktur von **$CdCl_2$** kristallisieren (vgl. 5.45). Eine rhomboedrische Stapelvariante zeigt das CdBrJ.

Als valenzelektronenreichste Mitglieder der betrachteten Familie haben wir die zu $AuTe_2$ gehörigen Strukturen zu erwähnen. 2 Minerale der Zusammensetzung $AuTe_2$ wurden beschrieben, Calaverit und Krennerit. Die $N_a^{1,2}$-Struktur von **$AuTe_2$ (Calaverit)** (Abb. 2, Tab. 2) soll monoklin sein, die angegebene Struktur läßt dafür merkwürdigerweise keinen Anhalt erkennen (was nicht besagt, daß die Monoklinität dadurch ausgeschlossen wird); der Unterschied des Winkels β von 90° ist nur

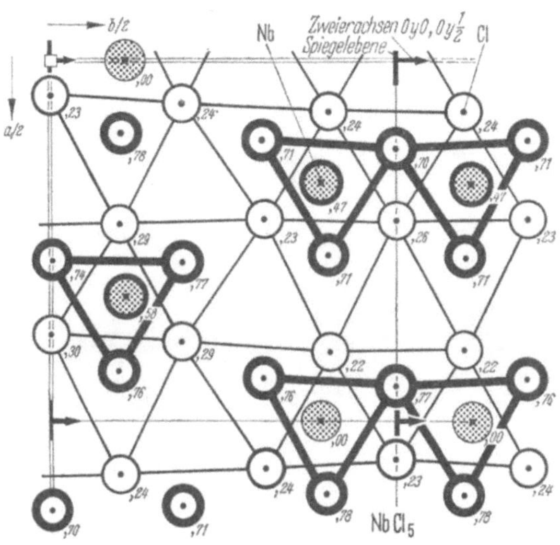

Abb. 4. $NbCl_5$($N^{6,30}$, 58ZS) C_{2h}^3–C2/m $a = 18,30$ $b = 17,96$ $c = 5,888$ Å $\beta = 90,6°$ 4Nb(*g*),0.11,0 8Nb(*j*),33,11,53 3 · 4Cl(*i*),05,0,23 ,28,0,74 ,38,0,30 6 · 8Cl(*j*),06,19,24 ,10,10,78 ,28,19,77 ,23,10,29 ,39,19,29 ,43,10,76

08′. Man kann die Struktur in guter Näherung beschreiben als orthorhombisch verzerrte CdJ_2-Struktur von dem sehr kleinen Achsverhältnis $(c/a)_{H_a^{1,2}} = \sqrt{3}\,c/a = 1{,}22$. Die Basis ist gedrungen, d.h. $a/b = 1{,}63 < \sqrt{3}$.

Vergleicht man mit den Gitterkonstanten $a = 7{,}18$, $b = 4{,}40$, $c = 5{,}07$ kX die Achsen von $PtTe_2(H_a^{1,2})$ $a = 4{,}01$, $c = 5{,}21$ kX, $c/a = 1{,}30$, so wird im Hinblick auf obige Ortskorrelationsvorschläge folgende Rasterung wahrscheinlich: $a/\sqrt{12} = d_{A1} = 2{,}07$, $l_b = 2{,}12$, $l_c = 3$. Bei einer dem $H_a^{1,2}$ analogen A1-Korrelation erhalten wir damit 25,6 Plätze, die einem Angebot von 26 Valenzelektronen gegenüberstehen würden.

Die $O_b^{8,16}$-Struktur von **$AuTe_2$ (Krennerit)** (Abb. 2, Tab. 2) zeigt nach Einkristallaufnahmen die Gitterkonstanten $a = 16{,}51$, $b = 8{,}80$, $c = 4{,}45$ kX. Die Punktlage läßt eine gewisse Verwandtschaft zu Calaverit erkennen. Man beachte auch die Beziehung zu $AuSn_2(O_a^{8,16})$.

Noch B-reichere Strukturen als TB_2 können als Leerstellenabarten des CdJ_2-Typs auftreten. Die $M^{2,6}$-Struktur von **$ZrSe_3$** (Krönert/Plieth 58, Abb. 3, Tab. 2) kann man sich so entstanden denken. Wie bei Fe_3Se_4 findet man Stellen von Zr-Leerstellen parallel $a_{H^{2,2}_a} = b_{ZrSe_3}$; während aber bei Fe_3Se_4 besetzte und nichtbesetzte Ketten in der Basis abwechseln, folgen hier auf eine Leerkette zwei besetzte.

Die sich abstoßenden besetzten Zr-Ketten verursachen Stapeländerungen im Se-Teilgitter mit Verwerfungsvektoren parallel a und parallel b. Auch die Hantelbildung der B^6 trägt zur Stabilität der Struktur bei. Die Bindungsbeziehung ist ähnlich wie in $ZrSe_2$.

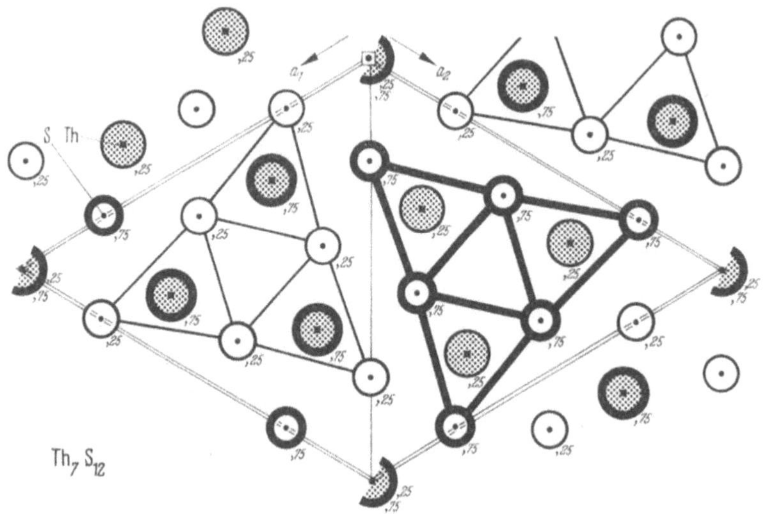

Abb. 5. Th_7S_{12}($H^{7,12}$,*12*184) $C^2_{6h}-C6_3/m$ $a = 11{,}086$ $c = 4{,}010$ Å 1Th(statistisch $2a$),0,0,25 6Th(h),153,$\overline{283}$,25 2 · 6S(h) ,514,375,25 ,235,000,25

Eine weitere Leerstellenvariante der CdJ_2-Struktur ist die $N^{6,30}$-Struktur von $\mathbf{NbCl_5}$ (Abb. 4), in der auch $NbBr_5$, $TaCl_5$ kristallisiert. Die Asymmetrie der T-Lage, die Ähnlichkeit zu der in $ZrSe_3$ hat, ist von besonderem Interesse. Einige T^A-S-Phasen kristallisieren im Sb_2S_3-Typ: vgl. B-B-Phasen.

Andere Phasen kristallisieren im $PbCl_2$-Typ der Antityp zu Ni_2Si ist, und bei dieser Verbindung behandelt wird.

Die $H^{7,12}$-Struktur von $\mathbf{Th_7S_{12}}$ (SR*12*184, Zachariasen, Abb. 5) zeigt eine gewisse Ähnlichkeit zu einem Anti-Fe_2P-Typ, also umgekehrt auch zum $PbCl_2$-Typ.

7.7 T-B⁷-Verbindungen

Eine Anzahl von TB^7_3-Verbindungen (z. B. $ScCl_3$, $TiCl_3$, VCl_3, $FeCl_3$) kristallisieren in der $R^{2,6}$-Struktur von BiF_3 (4.72), die eine V-Variante des CdJ_2-Typs ist. Dagegen kristallisiert $CrCl_3$ und CrJ_3

(W 48) in der $H^{6,18}$-Struktur von $CrCl_3$, die als V-Abart der $CdCl_2$-Struktur anzusehen ist (5.46).

Einige B^7-Verbindungen mit Lanthaniden und Aktiniden kristallisieren in der $H_e^{2,3}$-Struktur von **Y(OH)₃** (Abb. 1, Tab. 1), die durch Leerstellenbildung und geringe Atomverschiebungen aus der CdJ_2-Struktur herleiten läßt. Das Kation ist von 9 Anionen umgeben.

Mit $a/4 = d_{A1} = 1{,}56$, $l_c \approx 2{,}75 \approx 3$, PZ = 48 = EA ergibt sich ein guter Vorschlag, der ähnlich wie bei $Mg(OH)_2$ (CdJ_2-Typ) abgewandelt zu denken ist.

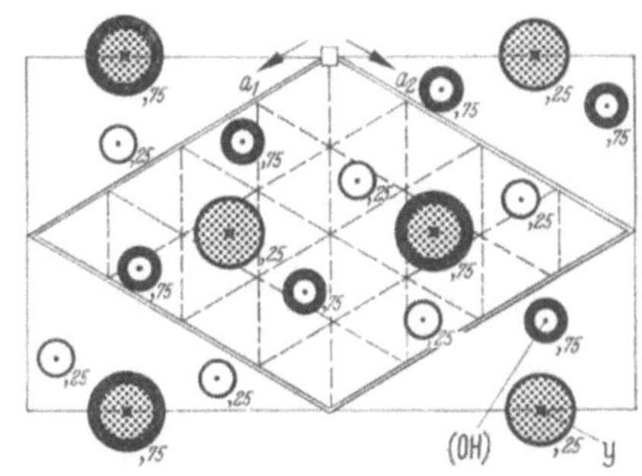

Abb. 1. $Y(OH)_3(H_e^{2,6}$,*11276*) $C_{6h}^2 - C6_3/m$ $a = 6{,}24$ $c = 3{,}53$ kX $c/a = 0{,}566$ 2 Y(*d*),6 6 7,3 3 3,2 5 6 OH(*h*),2 9,3 8,2 5

Eine Abart dieses Typs ist die $Q_c^{2,6}$-Struktur von **PuBr₃** (Abb. 2, Tab. 1). Sie kann durch kleine Atomverschiebungen in eine Struktur überführt werden, die sich vom CdJ_2-Typ unterscheidet durch Leerstellen im Kationenteilgitter und durch Stapelvariation längs einer zu c_{CdJ_2} parallelen Ebene. Man beachte den durch Re_3Bo gegebenen Zweig des Typs; Re^7 entspricht Br^7; ferner beachte man die Ähnlichkeit zu SbF_3.

Tabelle 1

$Y(OH)_3(H_e^{2,6})$-Typ (Abb. 1)

$Y(OH)_3$	*11278*	$CeCl_3$	*11278*	$AcBr_3$	*11278*
$La(OH)_3$	*11278*	$CeBr_3$	*11278*	UCl_3	*11278*
$Pr(OH)_3$	*11278*	$PrCl_3$	*11278*	UBr_3	*11278*
$Sm(OH)_3$	*11278*	$PrBr_3$	*11278*	$NpCl_3$	*11278*
$Gd(OH)_3$	*11278*	$NdCl_3$	*11278*	$NpBr_3(\alpha)$	*11278*
$Dy(OH)_3$	*11278*	$SmCl_2$	*18352*	$PuCl_3$	*11278*
$Er(OH)_3$	*11278*	$EuCl_2$	*18352*	$AmCl_3$	*11278*
$LaCl_3$	*11278*	$GdCl_2$	*18352*		
$LaBr_3$	*11278*	$AcCl_3$	*11278*		

$PuBr_3(Q_c^{2,6})$-Typ (Abb. 2)

LaJ_3	*11284*	$NpBr(\beta)$	*11284*	$AmBr_3$	*11284*
$NdBr_3$	*11284*	NpJ_3	*11284*	AmJ_3	*11284*
$SmBr_3$	*11284*	$PuBr_3$	*11284*	Re_3Bo	60ABR
UJ_3	*11284*	PuJ_3	48Wy		

$ThCl_4$-Typ (Abb. 3)

$ThCl_4$	*12167*	UCl_4	*12167*	$ThBr_4$	*13222*
$PaCl_4$	*13222*	$NpCl_4$	*12167*		

Mit $a/8 = c/6 \approx b/2{,}5 = d_{B1}$, PZ = 120, EA = 110, ergibt sich ein gut passender Vorschlag.

Eine bemerkenswerte Abart der CaF_2-Struktur zeigt die $U^{2,8}$-Struktur von **$ThCl_4$** (Abb. 3, Tab. 1). Man erkennt das kubisch primitive Cl-Teilgitter und die 8-Koordination des Th ($a\sqrt{2}/8 \approx c/5 = d_{B1}$, PZ = 160, EA = 128 bzw. 160).

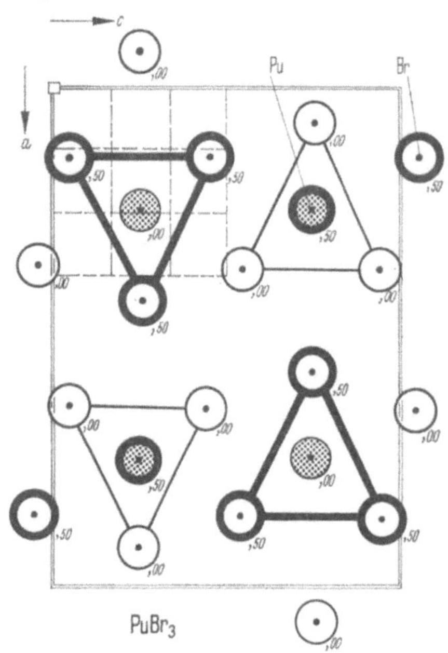

Abb. 2. **$PuBr_3$**($Q_e^{2,6}$,*11282*) D_{2h}^{17}–Ccmm $a = 12{,}65$ $b = 4{,}10$ $c = 9{,}15$ Å 4 Pu(*c*),25,0,25 4 Br(*c*),$\overline{07}$,0,25 8 Br(*f*),36,0,$\overline{05}$

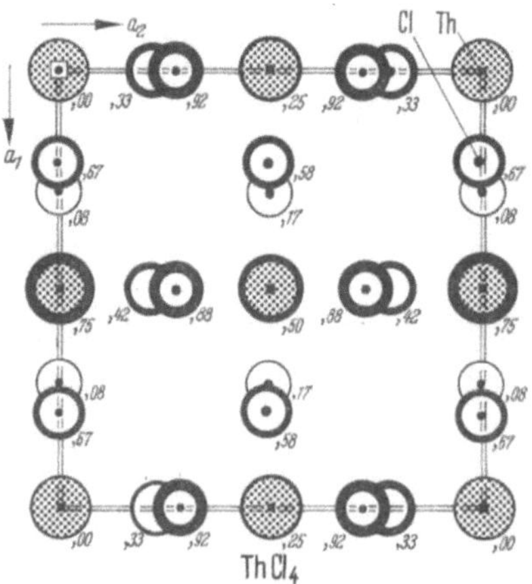

Abb. 3. **$ThCl_4$**($U^{2,8}$,*12166*) D_{4h}^{19}–I4/amd $a = 8{,}49$ $c = 7{,}48$ Å 4 Th(*a*),0,0,0 16 Cl(*h*),0,281,917

In der Zusammensetzung unterscheidet sich von $PuBr_3$ die chemisch und geometrisch ähnliche Struktur von **$PbCl_2$** (vgl. 7.52), zu der eine

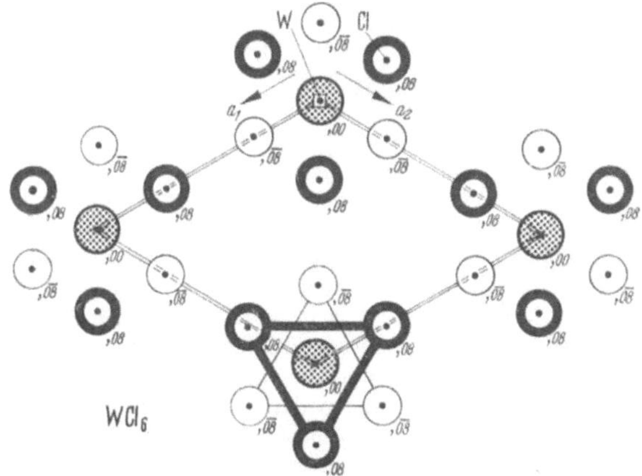

Abb. 4. **WCl_6**($R^{1,6}$,*9159*) $C^2_{3i}-R\bar{3}$ $a_h = 6{,}100$ $c_h = 16{,}71$ Å $c/a = 2{,}74$ 1 W(*a*),0,0,0 6 Cl(*f*),295,295,080

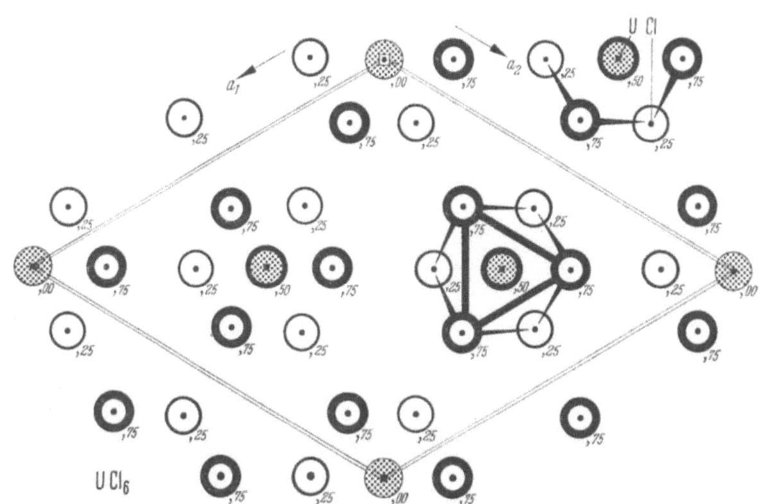

Abb. 5. UCl_6($H^{3,18}$,*11479*) $D^3_{3d}-C\bar{3}m$ $a = 10{,}97$ $c = 6{,}04$ Å 1 U(*a*),0,0,0 2 U(*d*),333,667,50 3 · 6 Cl(*i*),10,$\overline{10}$,25 ,43,$\overline{43}$,25 ,77,$\overline{77}$,25

Korrelation $a/6 \approx b/5 \approx c/3 \approx d_{B1}$, PZ = 90, EA = 72, paßt. Auch **WCl_6**($R^{1,6}$) (Abb. 4) und **UCl_6**($H^{3,18}$) (Abb. 5) leiten sich vom CdJ_2-Typ ab. Der kleine T-Gehalt führt zu einer Molekülstruktur von TCl_6-Molekülen.

7.8 Schlußbemerkung

Wir haben nun die bunte Landkarte der Strukturen zweikomponentiger Phasen vor uns ausgebreitet. Sie ist nicht lediglich eine Ortsnamensammlung, sondern ein Orientierungshilfsmittel für den, der sich in dem Gebiet bewegen möchte. Die geographischen Beziehungen unserer Karte sollten zum Ausdruck gebracht werden durch eine Systematik, die teils auf bekannten und teils auf neu gefundenen Zusammenhängen beruht. In einigen Fällen konnten die Zusammenhänge mit bekannten oder neuen Strukturargumenten gedeutet werden. Die grobe Vereinfachung, in der die Ortskorrelation der äußeren Elektronen hier berücksichtigt wurde, hat sich in vielen Fällen als nützliches Hilfsmittel bei der Ordnung der vielfältigen Erfahrung erwiesen; in anderen Fällen müssen die Vorschläge als weniger wahrscheinlich angesehen werden, sie wurden dann nur mitgeteilt als erste Arbeitshypothese. Solche Hypothesen hat M. Faraday offenbar entschuldigt, als er meinte: If on many points it is impossible to speak without committing oneself beyond what present facts will sustain, it is equally impossible and perhaps would be impolitic, not to reason upon. — Der direkte Nachweis der Ortskorrelation der Elektronen ist schwierig, so daß zur Zeit alle Erkenntnisse über sie auf indirektem Wege gewonnen werden müssen. Auch auf die Atome hat man erst hundert Jahre nach Auffindung sicherer indirekter Beweise mit direkten Experimenten geschlossen. Daß viele vorgeschlagene Ortskorrelationen einen bemerkenswerten Wahrheitsgehalt besitzen, ist ein Zeichen für die Brauchbarkeit der zugrunde liegenden Annahmen. Es erscheint daher als lohnende Aufgabe, diese ersten Annahmen so zu erweitern, zu vertiefen und umzuformen, daß eine Art Metakristallographie entsteht, die uns hinleitet zu einem besseren Verständnis des Erfahrungsgebiets der Struktur der kristallinen Verbindungen.

8. Verzeichnisse

8.1 Strukturtypenverzeichnis

Für die Anordnung der Strukturtypen (Zeilen der Tabelle) sind die folgenden Eigenschaften maßgebend:

1. Zusammensetzung der repräsentativen Phase nach abgerundeten Atomprozenten.

2. Bravaisgitter in der Reihenfolge *CBFTUHROPQSMNZ* (vgl. 1.33).

3. Die Zahl der Atome der Mehrheitskomponente in der primitiven Zelle (Reihenfolge der Komponenten im Struktursymbol wie in der chemischen Formel).

4. Gesichtspunkte untergeordneter Art.

Dabei nehmen die Gewichte der Eigenschaften ab in der Folge ihrer Aufzählung. Bei der Aufsuchung eines Typs stellt man also zuerst die Zusammensetzung des Hauptrepräsentanten fest, dann das Bravaisgitter, dann die Anzahl der Atome der Komponenten, ähnlich wie bei der experimentellen Bestimmung einer Struktur. Die Eigenschaft (1) war schon in der Strukturberichts-Typennomenklatur an die Spitze gestellt worden; die Eigenschaften (2) und (3) entsprechen dem Nomenklaturvorschlag (1961) der American Society for Testing Materials; für die Eigenschaft (4) sind leider noch keine systematischeren Richtlinien in Gebrauch gekommen. Vielleicht könnte man an Stelle von (4) die Koordination erster Sphäre (z. B. der Minderheitskomponente) oder einen Hinweis auf die Achsverhältnisse benützen; man kann aber für beide Eigenschaften verschiedene Strukturtypen angeben, bei denen sich die Eigenschaft nicht ändert. Sollte sich keine geeignete Eigenschaft als brauchbar herausstellen, so muß man einen kleinen Rest an Willkür in der Benennung in Kauf nehmen.

Die Kolonnen der Tabelle enthalten folgende Angaben:

Als *Hauptrepräsentant* für einen Typ (1. Kolonne) wurde meistens der zuerst aufgefundene Vertreter gewählt, wie es die zeitliche Entwicklung der Kenntnis nahelegt und auch dem allgemeinen Brauch entspricht.

Nach dem *Strukturberichtssymbol* (2.) wird gelegentlich die *Raumgruppe* (3.) genannt, falls es von Interesse für die Beurteilung der Nichtisotypie von in der Tabelle benachbarten Typen ist. Danach (4.) führen wir den Nomenklaturvorschlag des ASTM Comm. E-4 [ASTM Bull. (1957) 27] an, der sich vornehmlich auf metallische Strukturen bezieht. Nach dem im vorliegenden Buch benützten *Typen-Neusymbol* (5.) folgt ein *Literaturzitat* (6.) (betrifft SB, SR, reine Zahlenzitate, Band kursiv und Seite normal, oder Literaturverzeichnis dieses Buches, das nach Jahreszahlen und nach der alphabetischen Ordnung der Autorennamen geordnet ist), die Angabe der *Autoren* (7.) und schließlich (8.) die Angabe des *Abschnittes* dieses Buches, in dem die Struktur erwähnt wird.

8.11 Einkomponentige Phasen

Po(r)	—	(1C)	C^1	*12*121 Beamer/Maxwell 4.51
$N_2(t_2)$	(∼B21)	—	C^8	*2*13,228 Vegard (CO) 4.54
$Mn(h_1)$	A13	(20C)	C^{20}	*17*57;*23*,*3*221,326 Preston 3.22
W	A2	(2B)	B^1	*1*15,61 Debye 2.61, 2.62, 2.63 2.64
Mn(r)	A12	(58B)	B^{29}	*22*; *17*56 Bradley/Thewlis 3.22, 3.33
Cu	A1	(4F)	F^1	*1*13 Bragg 2.21, 2.22, 2.32
C(Diam.)	A4	(8Fa)	F^2	*1*19 Bragg 4.41
$Np(h_1)$	—	(4Ta)	T^4	*16*121 Zachariasen 3.24
$U(h_1)$	—	(30Ta)	T^{30}	*13*148 Tucker, *13*75 Shoemaker/Bergmann 3.24, 3.32
B	—	(50T)	T^{50}	*15*137 Hoard/Geller/Huges 4.33
In	A6	(2Ua)	U^1_a	*1*23,44 Hull/Davey 4.22
$Pu(h_4)$	A1 D_t	—	U^1_b	Jette (55) 3.24
Pa	—	(2Ub)	U^1_c	*16*133 Zachariasen 3.24
Sn(r)	A5	(4U)	U^2	*1*21,54 Mark/Polanyi 4.32
$HgSn_6$	—	(1H)	H^1	*15*70 Simson 4.32
Mg	A3	(2Ha)	H^2	*1*16,40 Hull 2.21, 2.22, 2.42 4.21 (Zn)
Se	*A*8	(3Ha)	H^3	*1*28 Bradley 4.51
C(r)	A9	(4Ha)	H^4_a	*1*28 Hull 4.33
$N_2(t_1)$	—	—	H^4_b	*2*183 Ruhemann 4.54
Nd	—	—	H^4_c	Ellinger (55) 2.22
Hg(r)	A10	(1Ra)	R^1_a	*17*37 McKeehan/Cioffi 4.21
Po(h)	—	(1Rb)	R^1_b	*12*121 Beamer/Maxwell 4.51
As	A7	(2Ra)	R^2	*1*25 James/Tunstall (Sb) 4.51
Sm	—	—	R^3	*17*255 Ellinger/Zachariasen 2.22
B(h)	—	—	R^{12}	Decker/Kasper (59) 4.33
B(h′)	—	—	R^{108}	Sands/Hoard (57) 4.33
Np(r)	—	(8Oa)	O^8	*16*119 Zachariasen 3.24
U(r)	A20	(4Qa)	Q^2	*6*3 Jacob/Warren 3.24
Ga	A11(D^{18}_{2h})	(8Qa)	Q^4_a	*2*1,33 Laves 4.31
I	A14(D^{18}_{2h})	—	Q^4_b	*17*60,*2*5 Harris/Mack/Blake 4.51
P(schwarz)	A17(D^{18}_{2h})	—	Q^4_c	*3*6 Hultgren/Gingrich/Warren 4.53
$Pu(h_2)$	—	—	S^8	Zachariasen/Ellinger (55) 3.24
S(r)	A16	(128S)	S^{32}	*3*4 Warren/Burwell 4.62
Pu(r…122°)	—	—	M^{16}	Zachariasen/Ellinger (57) 3.24
Se(α)	—	(32Ma)	M^{32}_a	*15*132 Burbank 4.51
Se(β)	—	(32Mb)	M^{32}_b	*16*156 Burbank 4.51
$Pu(h_1)$	—	—	N^{17}	Zachariasen/Ellinger (59) 3.24

8.12 Zweikomponentige Phasen

50 At.-%

CsCl	B2	(2C)	$C^{1,1}$	*1*74 Wyckoff 2.65, 5.44
$AgJ(h_2, \alpha)$	B23	—	$C^{2,2}$	*3*8,232 Strock 4.61
NbO	—	—	$C^{3,3}$	*8*123 Brauer 6.42

FeSi	B20	(8Cb)	$C_a^{4,4}$	*213* Phragmén	7.42
CO	B21	—	$C_b^{4,4}$	*213* Vegard	4.61
KGe	—	—	$C^{32,32}$	Busmann (60)	5.3
UCo	—	(16B)	$B^{4,4}$	*1394* Baenzinger/Rundle/Snow/Wilson	3.25
NaCl	B1	(8Fb)	$F_a^{1,1}$	*172* Bragg	5.44
ZnS(Sph)	B3	(8Fc)	$F_b^{1,1}$	*176,127* Bragg/Bragg	4.42
NaTl	B32	(16Fa)	$F^{2,2}$	*319,2733* Zintl/Dullenkopf	2.65
CuAu	$L1_0$	—	$T_a^{1,1}$	*1484,505* Johansson/Linde	2.33
TiCu(Cu)	$(L1_0)$	—	$T_b^{1,1}$	*1570* Karlsson	4.32 (CdHg), 7.1 (TiCu(Cu)) 4.22 (InBi),
PbO	B10(D_{4h}^7)	(4Tc)	$T_a^{2,2}$	*189* Dickinson	4.61 (PbO)
TiCu(Ti)	B11(D_{4h}^7)	—	$T_b^{2,2}$	*194,1569* Karlsson	7.1
PtS	B17(D_{4h}^9)	(4Td)	$T_c^{2,2}$	*29,234* Bannister/Hey	4.61
AuJ	—	—	$T^{4,4}$	Al. Weiss/Ar. Weiss (56)	4.71
PdS	B34	(16T)	$T^{8,8}$	*53* Gaskell	4.61
CoO(t)	—	—	$U^{1,1}$	*13167* Tombs/Rooksby	6.42
HgCl	$D3_1$	—	$U_a^{2,2}$	*1237,255* Mauguin/Hylleraas	4.53, 4.71
NbP(r)	—	—	$U_b^{2,2}$	Schönberg (54), Boller/Parthé (63)	6.42
TlSe	B37	(16Ua)	$U_a^{4,4}$	*76* Ketelaar/Hart/Moerel/Polder	4.43
MoB	—	(16Ub)	$U_b^{4,4}$	*1151* Kiessling	6.42
NaPb	—	—	$U^{16,16}$	Marsh/Shoemaker (53)	5.3
WC	—	(2Hb)	$H^{1,1}$	*1575* Westgren/Phragmén	6.43
NiAs	B8a	(4Hc)	$H_a^{2,2}$	*184* Aminoff	7.54
ZnO	B4	(4Hb)	$H_b^{2,2}$	*178* Bragg	4.42
BN	B12	(4Hd)	$H_c^{2,2}$	*195,139* Goldschmidt/Hassel	4.33
HgS (Zinnober)	B9	(6Hb)	$H_a^{3,3}$	*13179* Mauguin	4.62
CoSn	B35	(6Hc)	$H_b^{3,3}$	*64* Zintl/Harder/Nial	7.42
TaN	~B35	—	$H_c^{3,3}$	*18246* Schönberg	6.43
CSi III	B5	—	$H_a^{4,4}$	*180,11226* Ott	4.42
GaS	—	—	$H_b^{4,4}$	Hahn/Frank (55)	4.42
GaSe	—	—	$H_c^{4,4}$	Schubert/Dörre/K. (55)	4.42
TiP	—	(8Ha)	$H_d^{4,4}$	*18264* Schönberg	6.43
AgZn(r) vgl. $Ag_{2-}Zn(H^{6,3})$					
CSi II	B6	—	$H_a^{6,6}$	*182,11226* Ott	4.42
CuS	B18	(12Ha)	$H_b^{6,6}$	*210,230* Ofterdal	4.42
MoC_{1-}	—	—	$H_c^{6,6}$	*1890* Nowotny/Parthé/Kieffer/Benesowsky	6.43
FeS(r)	—	—	$H^{12,12}$	Bertaut (56)	7.54
PtCu	$L1_1$	—	$R_a^{1,1}$	*1485,517* Johansson/Linde	2.38
SnSb(r)	$B1D_{rbdr}$	—	$R_b^{1,1}$	*3651* Hägg/Hybinette	4.51, 4.52
$GaSe_{1+}$	—	—	$R^{2,2}$	Schubert/Dörre/K. (55)	4.42
NiS (α, Millerit)	B13	(6Ra)	$R^{3,3}$	*1133,26,234* Alsen/Kolkmeijer/Moesveld	7.61
CSi I	B7	—	$R^{5,5}$	*183,11226* Ott	4.42
TiS	—	—	$R^{9,9}$	Hahn/Harder (56)	6.43
CSi IV ... VII seltenere Typen, vgl. Text					4.42

AuCd	B19(D^5_{2h})	(4O)	$O^{2,2}_a$	*211* Ölander	2.43
CuTe	— (D^{13}_{2h})	—	$O^{2,2}_b$	Anderko/Schubert (54)	7.51
GeS	B16(D^{16}_{2h})	(8Ob)	$O^{4,4}_a$	*28,232* Zachariasen	4.53
FeB	B27(D^{16}_{2h})	(8Oc)	$O^{4,4}_b$	*312* Bjurström	6.42
MnP	B31(D^{16}_{2h})	(8Oe)	$O^{4,4}_c$	*317* Hägg/Fylking	7.54
$CuAu_2Zn$	— (D^9_{2h})	—	$O^{4,4}_d$	Wilkens/Schubert (58)	2.43
InS	— (D^{12}_{2h})	—	$O^{4,4}_e$	*18151* Schubert/D./Günzel	4.53
PbO(orth.)	— (D^{11}_{2h})	—	$O^{4,4}$	*11238* Byström/Anders,	
				Leciejewicz (61)	4.61
CdSb	—	(16Oa)	$O^{8,8}_a$	*1132* Almin	4.43
ThNi	—	—	$O^{8,8}_b$	Florio/Baenziger/Rundle	(56)
					3.25
CuAu[S]	—	—	$P^{10,10}$	Johansson/Linde (36)	2.34
plus weitere Varianten mit verschiedenem Verwerfungsebenenabstand					
				58SchKWH	2.34
TlJ	B33(D^{17}_{2h})	(8Qb)	$Q^{2,2}_a$	*46* Helmholz	4.53, 4.71
HF	—	—	$Q^{2,2}_b$	*18347* Atoji/Lipscomb	5.8
NaHg	— (D^{17}_{2h})	—	$Q^{4,4}_a$	Nielsen/Baenziger (54)	5.22
HgO	—	—	$O^{4,4}_b$	*1769* Zachariasen,	
				Aurivillius (54)	7.51
UGa	—	—	$Q^{8,8}$	Makarow/Lewdik (56)	7.34
TlF	B24	—	$S^{1,1}$	*39,226* Ketelaar	5.44
LiAs	—	—	$M^{8,8}$	Cromer (59)	5.5
AsS	—	(32Mc)	$M^{16,16}$	*3255* Buerger	4.62
CuO	B26(C^6_{2h})	—	$N^{2,2}_a$	*311,239* Tunell/Posnjak/	
				Ksanda	4.61
CrS	— (C^6_{2h})	—	$N^{2,2}_b$	Jellinek (57)	7.54
$Ni_{1-}Sn$	—	—	$N^{4,4}$	*1077* Nowotny/Schubert	7.42
KHg	—	—	$Z^{4,4}$	Duwell/Baenziger (55)	5.22
47 At.-%					
Co_9S_8	$D8_9$	(68F)	$F^{9,8}$	*426* Lindquist/Lindquist/	
				Westgren	7.61
$Pd_{17}Se_{15}$	—	—	$C^{34,30}$	Geller (62)	7.61
Cr_7S_8	—	—	$H^{7/4,2}$	Jellinek (57)	7.56
Fe_7Se_8	—	—	$H^{21,24}$	Okazaki/Hirakawa (56)	7.56
Fe_7S_8	—	—	$N^{14,16}$	Bertaut (53)	7.56
46 At.-%					
W_6Fe_7	$D8_5$	(13R)	$R^{6,7}$	*361* Arnfeld/Westgren	3.34
Cr_5S_6	—	—	$H^{10,12}$	Jellinek (57)	7.56
44 At.-%					
Ti_5Te_4	—	—	$U^{5,4}$	Grönvold/Kjekshus/Raaum	(61)
					7.61
Ti_5Ga_4	—	—	$H^{10,8}$	Pötzschke/Schubert (62)	7.41
P_4S_5	—	—	$M^{8,10}$	van Houten/Wiebenga (57)	4.62
43 At.-%					
Th_3P_4	$D7_3$	(28B)	$B^{6,8}$	*715* Meisel	7.52
Fe_3O_4	$H1_1$	(56Fb)	$F^{6,8}_a$	*1350* Bragg	4.61
Co_3S_4	$D7_2$	(56Fa)	$F^{6,8}_b$	*69,174* Lundquist/Westgren	7.61
Ti_3In_4	—	—	$T^{6,8}$	Schubert/Mitarbeiter (63)	7.2
Pb_3O_4	—	—	$T^{12,16}$	*11240* Byström/Westgren/	
				Gross	4.61

Zr_4Al_3	—	—	$H_a^{4,3}$	WILSON/THOMAS/SPOONER (60)	3.34
$Nb_{1,4}S_2$	—	—	$H_b^{3,4}$	JELLINEK/BRAUER/MÜLLER (60)	7.63
Sn_4As_3	—	—	$R_a^{4,3}$	3650 HÄGG/HYBINETTE	4.51
Al_4C_3	$D7_1$	(7Ra)	$R_b^{4,3}$	356 v. STACKELBERG/SCHNORRENBERG	4.42
Fe_3S_4(?)	—	—	$R_c^{3,4}$	ERD/EVANS/RICHTER (57)	7.56
Ni_4B_3	— (D_{2h}^{16})	—	$O_a^{16,12}$	RUNDQVIST (59)	6.42
Rh_4P_3	— (D_{2h}^{16})	—	$O_b^{16,12}$	RUNDQVIST/HEDE (60)	7.52
P_4S_3	—	—	$O^{32,24}$	LEUNG et al. (57)	4.62
P_4Se_3	—	—	$O^{64,48}$	KEULEN/VOS (59)	4.62
Ta_3B_4	—	(14P)	$P^{3,4}$	1232 KIESSLING	6.42
Ni_3Sn_4 vgl. $Ni_{1-}Sn(N^{4,4})$					
Fe_3Se_4	—	—	$N^{6,8}$	OKAZAKI/HIRAKAWA (56)	7.56
42 At.-%					
K_5Hg_7	—	—	$O^{20,28}$	DUWELL/BAENZIGER (60)	5.22
$Bo_{10}H_{14}$	—	—	$M^{40,56}$	13237 KASPER/LUCHT/HARKER	5.8
40 At.-%					
Rb_2O_3	—	(40Ba)	$B^{8,12}$	8150,1648 HELMS/KLEMM	5.3
Mn_2O_3	$D5_3$	(80B)	$B^{16,24}$	1785,238 ZACHARIASEN/PAULING	5.43
Ga_2S_3(r)	—	—	$F_b^{(0,6),1}$	12177 HAHN/KLINGLER	4.42
Sb_2O_3(r)	$D5_4$	—	$F^{8,12}$	1245,264 BOZORTH	4.61
U_3Si_2	—	(10Tb)	$T_a^{6,4}$	11285 ZACHARIASEN	6.31
Ti_2Ga_3	—	—	$T_b^{6,4}$	PÖTZSCHKE/SCHUBERT (62)	2.36
Bi_2O_3(h, β)	$D5_{12}$	—	$T_a^{8,12}$	59,71 SILLÉN	4.61
Na_3Hg_2	—	—	$T_b^{12,8}$	NIELSEN/BAENZIGER (54)	5.22
Zr_3Al_2	—	—	$T_c^{12,8}$	WILSON/SPOONER (60)	6.31
Zn_3P_2	$D5_9$	(40T)	$T^{24,16}$	351,354 v. STACKELBERG/PAULUS	5.43
Nb_3Au_2	—	—	$U^{3,2}$	SCHUBERT/et al./ATA (60)	7.1
Ni_2Al_3	$D5_{13}$	(5Hb)	$H_a^{2,3}$	510,67 BRADLEY/TAYLOR	2.67
La_2O_3	$D5_2$	(5Ha)	$H_b^{3,2}$	1744,785 PAULING	5.41
Pt_2Sn_3	—	(10H)	$H_a^{4,6}$	11177 SCHUBERT/PFISTERER	7.57
Bo_2O_3	—	—	$H^{6,9}$	16216 BERGER	4.61
$Cr_{2+}S_3$	—	—	$H^{8,12}$	JELLINEK (57)	7.56
Ga_2S_3(h)	B4VR	—	$H^{12,18}$	12178 HAHN/KLINGLER	4.42
Bi_2Te_3	C33	(5Ra)	$R_a^{2,3}$	7110,328 HARKER	4.52
Ni_3S_2	—	(5Rb)	$R_b^{3,2}$	675 WESTGREN	7.61
Al_2O_3(r, α)	$D5_1$	—	$R_a^{4,6}$	1240,258 BRAGG	4.61
Cr_2S_3	—	—	$R_b^{4,6}$	JELLINEK (57)	7.56
$PbO_{\sim 1,5}$(β)	— (C_{2v}^2)	—	$O_a^{8,12}$	11243 MAGNÉLI	4.61
Sb_2O_3(h)	— (D_{2h}^{10})	(20Oa)	$O_b^{8,12}$	1434 BUERGER/HENDRICKS	4.61
Sb_2S_3	$D5_8(D_{2h}^{16})$	—	$O_c^{8,12}$	349 HOFMANN, ŠĆAVNIČAR (60)	4.62
Cr_3C_2	$D5_{10}(D_{2h}^{16})$	(20Ob)	$O_d^{12,8}$	353 HELLBORN/WESTGREN	6.42
Pt_2Ge_3	—	—	$O_e^{8,12}$	BHAN/SCHUBERT (60)	7.54
Zr_2Al_3	—	—	$S^{4,6}$	PÖTZSCHKE/SCHUBERT (62)	
Pb_2O_3	—	—	$M^{4,6}$	11242 BYSTRÖM	4.61
As_2O_3(h, Claudetit)	—	—	$M_a^{8,12}$	13226,15194 FRUEH	4.61

Bi_2O_3(r)	—	—	$M_b^{8,12}$	8142 Sillén	4.61
As_2S_3	—	(20M)	$M_c^{8,12}$	12175 Morimoto/Ito	4.62
$PbO_{1,5}$(α)	—	—	$M^{48,72}$	11244 Magnéli	4.61
38 At.-%					
Cu_5Zn_8	$D8_2$	(52Ba)	$B^{10,16}$	1497,7198 Bradley/Thewlis	2.67
Cr_5Al_8	$D8_{10}$	(26R)	$R^{10,16}$	511,65 Bradley/Lu	2.67
37 At.-%					
Cr_5B_3	—	—	$U_a^{10,6}$	Bertaut/Blum (53)	6.31
W_5Si_3	(T1)	—	$U_b^{10,6}$	Aronsson (55)	7.41
Mn_5Si_3	$D8_8$	(16Hb)	$H^{10,6}$	424 Åmark/Borén/Westgren, Aronsson (60)	7.41
Th_7S_{12}	—	(19H)	$H^{7,12}$	12184 Zachariasen	7.63
$Nb_{1,2}S_2$	—	—	$R^{(1,2),2}$	Jellinek/Brauer/Müller (60)	7.63
Rh_5Ge_3	—	—	$O^{10,6}$	Geller (55a)	7.52
Au_5Zn_2Ga	—	—	$P^{10,6}$	Wilkens/Schubert (58)	2.37
Au_5Zn_3	—	—	$P^{40,24}$	Wilkens/Schubert (58)	2.37
Pt_5Ga_3	—	—	$Q^{5,3}$	Bhan/Schubert (60)	2.37
Ti_3O_5(h)	—	—	$Q^{6,10}$	15189, Shdanow/Rusakow (54)	6.52
Ti_3O_5(r)	—	—	$N^{6,10}$	Åsbrink/Magnéli (59)	6.52
36 At.-%					
P_4S_7	—	—	$M^{16,28}$	Vos/Wiebenga (55)	4.62
B_5H_9	—	—	$U^{5,9}$	15140 Dulmage/Lipscomb	5.8
33 At.-%					
Cu_2O	C3	—	$C_a^{4,2}$	1153,222 Bragg/Bragg	4.61
Ag_2Se(h)	—	—	$C_b^{4,2}$	4114 Rahlfs	4.61
FeS_2(h, Pyrit)	C2a	(12Ca)	$C_a^{4,8}$	1150 Bragg	7.62
CO_2	C2b	—	$C_b^{4,8}$	1150 De Smed/Keesom	4.61
N_2O_4	—	—	$B^{6,12}$	12146 Broadley/Robertson	4.61
CaF_2 (bzw. Mg_2Pb)	C1	(12Fa)	$F_a^{1,2}$	1148 Bragg	5.41
Cu_2Se(h)	—	—	$F_b^{1,2}$	4113 Rahlfs	5.42
Cu_2Mg	C15	(24F)	$F_a^{4,2}$	1490 Friauf	3.41
SiO_2(h_2)	C9	—	$F_b^{2,4}$	1169,5110 Wyckoff	4.61
Ti_2Ni	—	—	$F^{16,8}$	Yurko/Barton/Parr (59)	7.1
$FeSi_2$	—	—	$T_a^{1,2}$	1587 Phragmén, Aronsson (60)	7.33
$CuGa_2$	—	—	$T_b^{1,2}$	4237 Zintl/Treusch	7.33
HgJ_2(rot)	C13	—	$T_a^{2,4}$	1177 Bijvoet/Claassen/Karssen	4.42, 4.71
MgC_2	—	—	$T_b^{2,4}$	1174,1783 Irmann	5.3
TiO_2(Rutil)	C4	—	$T_c^{2,4}$	1155,204 Vegard	6.52
Cu_2Sb	C38	(6T)	$T_d^{4,2}$	333 Elander/Hägg/Westgren	7.51
SiO_2(h_2')	C30	—	$T_a^{4,8}$	325,299 Nieuwenkamp	4.61
TeO_2	C52	—	$T_b^{4,8}$	12145 Stelik/Balack	4.61
Ti_2Bi	—	—	$T_c^{8,4}$	Auer-Welsbach/Nowotny/Kohl (58)	7.51
SeO_2	C47	—	$T^{8,16}$	54 McCullough	4.61
Nb_2O	—	—	$U^{1,1/2}$	Brauer/Müller (59)	6.32
CaC_2	C11a	(6Ua)	$U_a^{1,2}$	1740 v. Stackelberg	5.3

$MoSi_2$	C11b	(6Ub)	$U_b^{1,2}$	*17*40 Zachariasen	7.1, 7.43
Zr_2Cu	$C11_bD$	—	$U_c^{1,2}$	*13*109 Augustson	3.21
ZrH_2, (Pt_2Si)	C1D	—	$U_d^{1,2}$	*16*102 Rundle/Shull/Wollan	3.21, 7.41
$CuAl_2$	C16	(12Ua)	$U_a^{2,4}$	*1*491 Friauf	6.31, 7.33
TiO_2 (Anatas)	C5	—	$U_b^{2,4}$	*1*158, 206 Vegard	6.52
$ThSi_2$	—	(12Ub)	$U_c^{2,4}$	*9*121 Brauer/Mitius	7.43
$HfGa_2$	—	—	$U_a^{4,8}$	Pötzschke/Schubert (62)	2.36
$PdSn_2$	—	—	$U^{8,16}$	Hellner (56)	7.44
CdJ_2	C6	(3Hb)	$H_a^{1,2}$	*1*161 Bozorth	4.71, 7.63
W_2C	L'3	—	$H_b^{2,1}$	*1*575 Westgren/Phragmén	6.33
B_2Al	C32	(3Hc)	$H_c^{2,1}$	*3*28 Hofmann/Jänicke	6.51
$LaCd_2$	—	—	$H_d^{2,1}$	Iandelli (59)	6.51
CdJ_2 (6-Schicht-typ)	C27	—	$H_a^{2,4}$	*3*22,282 Hassel	4.71, 7.63
Cu_2S(h)	—	—	$H_b^{4,2}$	*12*156 Below/Butusow/Ueda	4.42
MoS_2(natür.)	C7	(6Hd)	$H_c^{2,4}$	*1*164 Dickinson/Pauling	7.63
NbS_2	—	—	$H_d^{2,4}$	Jellinek/Brauer/Müller (60)	7.63
Ni_2In	$B8_b$	—	$H_e^{4,2}$	*11*132 Hellner/Laves	2.66
$SiO_2(r_1)$	C8α	—	$H_a^{3,6}$	*1*166,*3*21 Bragg/Gibbs/Wei	4.61
$SiO_2(r_2)$	C8β	—	$H_b^{3,6}$	*1*166 Gibbs	4.61
$Ag_{2-}Zn$(r)	—	(9Ha)	$H_c^{6,3}$	*15*120 Edmunds/Qurashi	2.66
$CrSi_2$	C40	(9Hc)	$H_d^{3,6}$	*3*35,629 Borén	7.43
Fe_2P	C22	(9Hb)	$H_e^{6,3}$	*2*15 Hendricks/Kosting, Rundqvist/Jellinek (59)	7.52
$MgZn_2$	C14	(12Hb)	$H_a^{4,8}$	*1*180 Friauf	3.41
$SiO_2(h_1)$	C10	—	$H_b^{4,8}$	*1*171 Gibbs	4.61
$NiMg_2$	—	(18Ha)	$H^{6,12}$	*1*595 Schubert/Anderko	7.2
Ni_2Mg	C36	(24Ha)	$H^{16,8}$	*3*31 Laves/Witte	3.41
$CdCl_2$	C19	—	$R_a^{1,2}$	*1*742 Pauling	5.45
MoS_2(rein)	—	—	$R_b^{1,2}$	Jellinek/Brauer/Müller (60)	7.63
$CaSi_2$	C12	(6Rb)	$R^{2,4}$	*1*175,218 Böhm/Hassel	6.51
Tl_2S	—	—	$R^{18,9}$	*7*92 Ketelaar/Gorter	4.22
$PdCl_2$	C50	—	$O_a^{2,4}$	*6*5,61 Wells	4.71
FeS_2 (r, Markasit)	C18	(6O)	$O_b^{2,4}$	*1*495,*5*52 Frielinghaus	7.58
$CaCl_2$ bzw. Co_2C	C35	—	$O_c^{4,2}$	*3*30,*1*531 Bever/Nieuwenkamp	6.33, 7.58
$HgCl_2$	C28(D_{2h}^{16})	—	$O_a^{4,8}$	*3*23,277,*13*206 Braekken/Scholten	4.71
$Zn(OH)_2$	C31(D_2^4)	—	$O_b^{4,8}$	*13*210 Corey/Wyckoff	5.8
Fe_2N	—	—	$O_c^{8,4}$	*11*143 Jack	6.33
$PbCl_2$, Co_2P, Ni_2Si	C37', C23, C53(D_{2h}^{16})	(12Oa)	$O_d^{8,4}$	*2*16,252 Braekken; *1*198 Nowotny; *16*123 Toman	7.52
$PdSe_2$	— (D_{2h}^{15})	—	$O_e^{4,8}$	Grönvold/Röst (56)	7.62
SrH_2	C29(D_{2h}^{16})	—	$O_f^{8,4}$	*3*24 Zintl/Harder	5.8

TiO_2(Brookit)	C21	—	$O_a^{8,16}$	*1778*,*214* PAULING/STURDIVANT 6.52, 7.62
$AuTe_2$ (Krennerit)	C46	(24Oa)	$O_b^{8,16}$	*415* TUNELL/KSANDA 7.63
$MoPt_2$	—	—	$P^{1\ 2}$	SCHUBERT/et al./ESSLINGER (56) 2.38
SiS_2	C42(D_{2h}^{26})	(12P)	$P_a^{2,4}$	*337* ZINTL/LOOSEN 4.62
KHg_2	— (D_{2h}^{28})	—	$P_b^{2,4}$	DUWELL/BAENZIGER (55) 5.22
$ZrSi_2$	C49	(12Q)	$Q_a^{2,4}$	*55* NÁRAY/SZABÓ; *18280* NOWOTNY 2.36
$ZrGa_2$	—	—	$Q_b^{2,4}$	PÖTZSCHKE/SCHUBERT (62) 2.36
UPt_2	—	—	$Q_c^{2,4}$	HATT/WILLIAMS (59) 3.25
SO_2	—	—	$Q_d^{2,4}$	*16223* POST/SCHWARZ/FANKUCHEN 4.61
$HgBr_2$	C24	—	$Q_e^{2,4}$	*218*,*250* VERWEEL/BIJVOET 4.71
$CoGe_2$	—	(24Q)	$Q^{4,8}$	*1196*,*1384* SCHUBERT/PFISTERER 7.44
$TiSi_2$	C54	(24S)	$S^{2,4}$	*712*,*95* LAVES/WALLBAUM 7.43
$CuMg_2$	—	(48S)	$S^{4,8}$	*864* EKWALL/WESTGREN 7.2
GeS_2	C44	(72S)	$S^{6,12}$	*411* ZACHARIASEN 4.62
ZrO_2	C43($P2_1/c$)	—	$M_a^{4,8}$	*49*,*119* v. NÁRAY/SZABÓ, 59 MCCULLOUGH/TRUEBLOOD 6.52
VO_2	— ($P2_1/c$)	—	$M_b^{4,8}$	ANDERSSON (56) 6.52
$AgTe_2$	—	—	$M_c^{8,4}$	FRUEH (59) 4.63
$AuTe_2$ (Calaverit)	C34	(6N)	$N_a^{1,2}$	*330*,*315* TUNELL/KSANDA 7.63
$CuCl_2$	—	—	$N_b^{1,2}$	*11263* WELLS 4.71
ThC_2	—	(12N)	$N_a^{2,4}$	*1369* HUNT/RUNDLE 6.51
$OsGe_2$	—	—	$N_b^{2,4}$	WEITZ/BORN/HELLNER (60)
31 At.-%				
Cu_9Al_4	$D8_3$	(52C)	$C^{36,16}$	*357*,*590* BRADLEY/JONES 2.67
30 At.-%				
Ru_3Sn_7	—	(40B)	$B^{6,14}$	*11136* NIAL 7.44
Th_7Fe_3	—	—	$H^{14,6}$	FLORIO/BAENZIGER/RUNDLE (56) 6.42
Cr_7C_3	—	—	$H^{56,24}$	*3363* WESTGREN 6.42
29 At.-%				
Mn_2Hg_5	—	—	$T^{4,10}$	DE WET (61) 7.2
$Ni_{12}P_5$	—	—	$U^{12,5}$	RUNDQVIST/LARSSON (59) 7.51
N_2O_5	—	—	$H_a^{4,10}$	*13230* GRISON/ERIKS/DE VRIES 4.61
W_2B_5	—	(14H)	$H_b^{4,10}$	*1149* KIESSLING 6.51
Co_2Al_5	$D8_{11}$	(28H)	$H^{8,20}$	*611*,*175* BRADLEY/CHENG 7.31
Mo_2B_5	—	(7Rb)	$R^{2,5}$	*1149* KIESSLING 6.51
P_2O_5 (metastabil)	—	—	$R^{8,20}$	*8145* DE DECKER/MCGILLAVRY 4.61
V_2O_5	$D8_7$	—	$O^{4,10}$	*13232*(*422*) BYSTRÖM/WILHELMI/BROTZEN 6.52
P_2O_5	—	—	$O^{8,20}$	*12182* MACGILLAVRY/DE DECKER 4.61
Mg_5Ga_2	—	—	$P^{10,4}$	
Fe_2Al_5	—	—	$\sim Q^{2,6}$	SCHUBERT/et al./KLUGE (53) 7.32
P_2O_5(stabil)	—	—	$S^{4,10}$	*8143* DE DECKER 4.61

P_4S_{10}	—	—	$Z^{8,20}$	VOS/WIEBENGA (55)	4.62
28 At.-%					
Nb_5Ga_{13}	—	—	$Q^{5,13}$	SCHUBERT/Mitarbeiter (63)	2.34
27 At.-%					
Mo_8O_{23}	—	—	$M^{16,46}$	*11*293 MAGNÉLI	6.52
Mo_9O_{26}	—	—	$M^{18,52}$	*11*293 MAGNÉLI	6.52
$W_{20}O_{58}$	—	—	$M^{20,58}$	*13*235 MAGNÉLI	6.52
Li_8Pb_3	—	—	$N_a^{8,3}$	ZALKIN/RAMSEY (56)	5.3
Mo_3Al_8	—	—	$N_b^{3,8}$	PÖTZSCHKE/SCHUBERT (62)	2.36
Mn_4Al_{11}	—	—	$Z^{4,11}$	BLAND (58)	7.32
25 At.-%					
Cu_3Au	$L1_2$	—	$C_a^{3,1}$	*1*486,506 JOHANSSON/LINDE	2.33
ReO_3	$D0_9$	(4C)	$C_b^{1,3}$	*2*31,299 MEISEL	6.52
Cr_3Si	A15	(8Ca)	$C^{6,2}$	*26*,*3*628 HARTMANN/EBERT/ BRETSCHNEIDER	3.31
H_3N	$D0_1$	—	$C^{12,4}$	*1*231,247 MARK/POHLAND	5.8
UH_3	—	—	$C^{8,24}$	*1*581 RUNDLE	2.7, 6.6
$CoAs_3$	$D0_2$	(32B)	$B^{4,12}$	*1*232,250 OFTEDAL	7.62
Fe_3Si	$L2_1 = D0_3$	(16Fb)	$F^{3,1}$	*1*488,588 PHRAGMÉN	2.65
$SrPb_3$	$L1_2D_t$	—	$T^{1,3}$	*3*639 ZINTL/NEUMAYR	2.33
WO_3(h)	—	—	$T^{2,6}$	*16*230 KEHL/HAY/WAHL	6.52
$CoGa_3$	—	—	$T^{4,12}$	SCHUBERT/L./M./BHAN (59)	7.33
V_3S(r)	—	—	$T_a^{24,8}$	PEDERSEN/GRÖNVOLD (59)	7.51
Ti_3P ($Fe_3B_{0,6}P_{0,4}$)	—	—	$T_b^{24,8}$	RUNDQVIST (62)	7.51
$Cu_{3-}Au_{1-}$(Zn)	$L1_2SS$	—	$T^{48,16}$	WILKENS/SCHUBERT (57)	2.34
$TiAl_3$	$D0_{22} = L1_2S_{1/2}$	(8U)	$U^{1,3}$	*2*762,*7*13 FINK/VAN HORN/BUDGE	2.34, 2.36
$ZrAl_3$	$D0_{23} = L1_2S_{1/4}$	(16Uc)	$U_a^{2,6}$	*7*14 BRAUER	2.36
plus weitere Varianten mit verschiedenem Verwerfungsebenenabstand: Cu_3Au[S]				58SchKWH	2.34
U_3Si	—	(16Ud)	$U_b^{6,2}$	*11*284 ZACHARIASEN	2.37
KN_3	$F5_2$ (KHF_2)	—	$U_c^{2,6}$	*1*276 BOZORTH	5.5
CuN_3	—	—	$U_a^{4,12}$	*11*356 WILSDORF	5.5
Fe_3P	—	—	$U_b^{12,4}$	ARONSSON (55)	7.51
V_3S(h)	—	—	$U_c^{12,4}$	PEDERSEN/GRÖNVOLD (59)	7.51
$Au_3Zn_{2/3}Ga_{1/3}$	—	—	$U^{18,6}$	WILKENS/SCHUBERT (58)	2.37
Au_3Zn_{1-}	—	—	$U^{24,8}$	IWASAKI (59)	2.37
Li_3N	—	—	$H_a^{3,1}$	*3*325 ZINTL/BRAUER	5.41
$UO_3(\alpha)$	—	—	$H_b^{1,3}$	*11*224 ZACHARIASEN	6.52
Ni_3Sn(r)	$D0_{19}(D_{6h}^4)$	(8Hc)	$H_a^{6,2}$	*5*7 DEHLINGER (Mg_3Cd)	2.43
Na_3As	$D0_{18}(D_{6h}^4)$	(8Hb)	$H_b^{6,2}$	*5*6 BRAUER/ZINTL	5.41
Fe_3N	—	—	$H_c^{6,2}$	*2*302 HENDRICKS/KOSTING	6.33
ReB_3	—	—	$H_d^{2,6}$	ARONSSON/STENBERG/ÅSELIUS (60)	6.51
$Y(OH)_3$	— (C_{6h}^2)	—	$H_e^{2,6}$	*11*276 SCHUBERT/SEITZ	7.7
BCl_3	—	—	$H_f^{2,6}$	*11*275 ROLLIER/ALBERTO	
$TiNi_3$	$D0_{24}$	(16Ha)	$H_a^{4,12}$	*7*14 LAVES/WALLBAUM	2.22, 2.51
C_2H_6	$D4_1$	—	$H_b^{4,12}$	*1*239 MARK/POHLAND	5.8
VCo_3	(*ABCACB*)	—	$H_a^{6,18}$	$PuAl_3$, LARSON/CROMER/ STAMBAUGH (57)	2.52

$CeNi_3$	—	—	$H_b^{6,18}$	CROMER/OLSEN (59)	3.42
Cu_3P	$D0_{21}(D_{3d}^4)$	(24Hb)	$H_c^{18,6}$	*67* STEENBERG	4.54
LaF_3	$D0_6(D_{6h}^3)$	—	$H_d^{6,18}$	*227* OFTEDAL	5.41
$CrCl_3$	$D0_4(D_3^3)$	—	$H_e^{6,18}$	*223* WOOSTER	5.46
NaN_3	$F5_1$ (Typ des $NaHF_2$)	—	$R^{1,3}$	*1276* RINNE/HENTSCHEL/ LEONHARDT	5.5
BiJ_3	$D0_5$	—	$R_a^{2,6}$	*225* BRAEKKEN	4.72
PdF_3	$D0_{12}$	—	$R_b^{2,6}$	*234* HEPWORTH/JACK/PEACOCK/ WESTLAND (57)	6.53
VF_3	—	—	$R_c^{2,6}$	*15145* JACK/GUTMANN	6.53
$NbBe_3$	—	—	$R^{3,9}$	SANDS/ZALKIN/KRIKORIAN(59)	3.42
$TiCu_3$	$D0_{19}S_{1/2}$	(8Oh)	$O^{2,6}$	*1569* KARLSSON	2.43
dazu weitere Varianten mit verschiedener Verwerfungslänge					2.43
Fe_3C	$D0_{11}(D_{2h}^{16})$	(16Ob)	$O_a^{12,4}$	*233* WESTGREN	6.31
$SbCl_3$	— (D_{2h}^{16})	—	$O_b^{4,12}$	LINDQVIST/NIGGLI (56)	4.72
BaS_3	$D0_{17}(D_2^3)$	—	$O_c^{4,12}$	*418* MILLER/KING	5.6
MoO_3	— (D_{2h}^{16})	—	$O_d^{4,12}$	*13219* ANDERSSON/MAGNÉLI	6.52
Mn_3As	—	(16Od)	$O_e^{12,4}$	*1519* NOWOTNY/FUNK/PESL	7.51
$MnAu_3$	—	—	$\sim O^{8,24}$	WATANABE (58)	2.34
$SO_3(\gamma)$	—	—	$O^{12,36}$	*8148* WESTRIK/MACGILLAVRY	4.61
$Pd_{1+}Cu_3$	—	—	$O^{88,232}$	WATANABE/HIRABAYASHI/OGAWA (55)	2.34
AgN_3	—	—	$P^{2,6}$	*375,393* BASSIÈRE	5.5
CrO_3	—	—	$Q_a^{2,6}$	*13218* BYSTRÖM/WILHELMI	6.52
SbF_3	—	—	$Q_b^{2,6}$	*9152* BYSTRÖM/WESTGREN	4.72
$PuBr_3$	— (D_{2h}^{17})	—	$Q_c^{2,6}$	*11282* ZACHARIASEN	7.7
Au_3Zn_{1+}(r)	—	—	$Q_a^{12,4}$	WILKENS/SCHUBERT (58)	2.37
$PdSn_3$	—	—	$Q_b^{4,12}$	SCHUBERT/L./M./BHAN (59)	7.44
Cu_3Sn	$D0_{19}S_{2/5}$	—	$Q^{30,10}$	SCHUBERT/K./W./HAUFLER (55)	2.43
$ZrSe_3$	—	—	$M^{2,6}$	KRÖNERT/PLIETH (58)	7.63
$AlBr_3$	—	—	$M_a^{4,12}$	*10104* RENES/MACGILLAVRY	4.71
WO_3(r)	—	—	$M_b^{4,12}$	UEDA/KOBAYASHI (53)	6.52
$Al(OH)_3$	$D0_7$	—	$M^{8,24}$	*338* MEGAW	5.8
$AlCl_3$	$D0'_{15}$	—	$N_a^{2,6}$	*11273* KETELAAR/MACGILLAVRY/ RENES	5.46
Pt_3Si (bzw. Pt_3Ge)	—	—	$N_b^{6,2}$	BHAN/SCHUBERT (60)	2.37
MnF_3	—	—	$N^{6,18}$	HEPWORTH/JACK (57)	6.53
J_2Cl_6	—	—	$Z^{2,6}$	*18390* BOSWIJK/WIEBENGA	4.72
Cs_2S_6	—	—	$Z^{4,12}$	*17448* ABRAHAMS/GRISON	5.6
23 At.-%					
Fe_3Zn_{10}	$D8_1$(?)	(52Ba)	$B^{6,20}$	*1497,562* OSAWA/OGAWA	2.67
$Cu_{10}Sb_3$(h)	—	—	$H_a^{20,6}$	GÜNZEL/SCHUBERT (58)	2.43
Mn_3Al_{10}	—	—	$H_b^{6,20}$	*1611* ROBINSON, TAYLOR (59)	7.31
22 At.-%					
Tl_7Sb_2	$L2_2$	—	$B^{21,6}$	*3175,362* MORRAL/WESTGREN	4.22
Li_7Pb_2	—	—	$H^{7,2}$	ZALKIN/RAMSEY (56)	5.3
Ce_2Ni_7	—	—	$H^{8,28}$	CROMER/LARSON (59)	3.42
21 At.-%					
$Cu_{15}Si_4$	$D8_6$	(76B)	$B^{30,8}$	*362,4138* MORRAL/WESTGREN	5.3

Th_6Mn_{23}	—	(116Fb)	$F_a^{6,23}$	*16*113 Florio/Rundle/Snow	3.33
$Cr_{23}C_6$	$D8_4$	(116Fa)	$F_b^{23,6}$	*359*,*367* Westgren	6.34
20 At.-%					
Fe_4N	$L'1_0$	—	$C^{4,1}$	*1487*,*2784* Hägg	6.32
SnJ_4	$D1_1$	—	$C^{8,32}$	*1234* Dickinson	5.47
$NiHg_4$	—	—	$B_a^{1,4}$	*2710*, *17*225 Lihl/Nowotny	2.67
SiF_4	$D1_2$	—	$B_b^{1,4}$	*237*,*305* Natta	4.72
H_4C	O1	—	$F^{1,4}$	*1613* McLennan/Plummer	5.8
$PtPb_4$	—	(10Ta)	$T_a^{2,8}$	*1590* Rösler/Schubert	7.44
Pd_4Se	—	—	$T_b^{8,2}$	Grönvold/Röst (62)	
Be_4B	—	—	$T_c^{8,2}$	Becher/Schäfer (62)	5.42
ThB_4	—	(20T)	$T^{4,16}$	*1336* Zalkin/Templeton	6.51
$MoNi_4$	—	(10Ub)	$U_a^{1,4}$	*9110* Harker	2.38
$BaAl_4$	$D1_3$	(10Ua)	$U_b^{1,4}$	*345* Andres/Alberti	7.43
$ThCl_4$	—	—	$U^{2,8}$	*12*166 Mooney	7.7
B_4C	—	(15R)	$R^{12,3}$	*9154* Shdanow/Sewastianow	4.33
$ZrAu_4$	—	—	$O^{4,16}$	Stolz/Schubert (62)	2.43
Ta_4O	—	—	$P^{1,1/4}$	*18*256 Schönberg	6.32
UAl_4	—	(20P)	$P^{4,16}$	*1324* Borie	3.25
$PtSn_4$	—	(20Q)	$Q^{2,8}$	*13*116 Schubert/Rösler	7.44
Mn_4B	—	(40S)	$S^{8,2}$	*1338* Kiessling	6.31
CsJ_4	—	—	$M^{4,16}$	*18*358 Hawinga/Boswijk/ Wiebenga	5.6
WAl_4	—	—	$N^{3,12}$	Bland/Clark (58)	7.32
$PuNi_4$	—	—	$N^{6,24}$	Cromer/Larson (60)	3.42
19 At.-%					
$Li_{22}Pb_5$	—	—	$F^{88,20}$	Zalkin/Ramsey (58)	5.3
U_2F_9	—	—	$B^{4,18}$	*11*290 Zachariasen	6.53
Co_2Al_9	—	(22M)	$M^{4,18}$	*118* Douglas	7.33
17 At.-%					
$PdBe_5$	C15R	—	$F^{1,5}$	*3613* Misch ($FeBe_5$)	3.41
PCl_5	—	—	$T^{4,20}$	*9157* Clark/Powell/Wells	4.72
$UF_5(\alpha)$	—	—	$U^{1,5}$	*12*169 Zachariasen	6.53
$PdGa_5$	—	—	$U^{2,10}$	Schubert/L./M./Bhan (59)	7.33
$UF_5(\beta)$	—	—	$U^{4,20}$	*12*170 Zachariasen	6.53
$CaZn_5$	—	(6Hf)	$H^{1,5}$	*1159* Haucke	3.42
WAl_5	—	—	$H^{2,10}$	Adam/Rich (55)	2.52
$MoAl_5(r)$	—	—	$R^{3,15}$	Schubert/et al./Pötzschke (60)	2.52
$SrZn_5$	—	—	$O_a^{4,20}$	Baenziger/Conant (56)	
PBr_5	—	—	$O_b^{4,20}$	*9156* vanDriel/MacGillavry	4.72
$BaZn_5$	—	—	$Q^{2,10}$	Baenziger/Conant (56)	
$NbCl_5$	—	—	$N^{6,30}$	Zalkin/Sands (58)	7.63
15 At.-%					
Mg_2Zn_{11}	—	—	$C^{6,33}$	*128* Samson	5.23
V_4Al_{23}	—	—	$H^{8,46}$	Smith/Ray (57)	7.31
14 At.-%					
CaB_6	$D2_1$	(7C)	$C^{1,6}$	*237* Alland	6.51
U_6Mn	—	(28U)	$U^{12,2}$	*1393* Baenziger/Rundle/ Snow/Wilson	3.25
$HgSn_6$ (vgl. Elemente)					

UCl_6	—	—	$H^{3,18}$	*11*479 Zachariasen	7.7
WCl_6	—	—	$R^{1,6}$	*9*159 Ketelaar/van Oosterhout	7.7
$CeCu_6$	—	—	$O^{4,24}$	Cromer/Larson/Roof (60)	3.42
$MnAl_6$	—	—	$Q^{2,12}$	Nicol (53)	7.32
$Sr(N_3)_2$	—	—	$S^{2,12}$	*11*357 Llewellyn/Whitmore	5.5
V_7Al_{45}	—	—	$N^{7,45}$	Brown (59)	7.31
Pt_7Mg	—	—	$F^{7,1}$	Bronger/Klemm (62)	
11 At.-%					
Fe_8N	—	(18U)	$U^{8,1}$	*1*583 Jack	6.33
KC_8	—	—	$H^{4,32}$	*2*180 Schleede/Wellmann	5.3
Th_2Ni_{17}	—	—	$H^{4,34}$	Florio/Baenziger/Rundle (56)	3.42
U_2Zn_{17}	—	—	$H^{12,102}$	Makarow/Winogradow (56)	3.42
Nb_2Be_{17}	—	—	$R^{2,17}$	Zalkin/Sands/Krikorian (59)	3.42
Th_2Zn_{17}	—	—	$R^{6,51}$	Makarow/Winogradow (56)	3.42
Th_2Fe_{17}	—	—	$N^{2,17}$	Florio/Baenzinger/Rundle (56)	3.42
9 At.-%					
VAl_{10}	—	—	$F^{4,40}$	Brown (57)	7.31
8 At.-%					
$BaHg_{11}$	—	(36C)	$C^{3,33}$	*1*625 Peyronel	5.23
WAl_{12}	—	—	$B^{1,12}$	*1*830 Adam/Rich	7.31
UB_{12}	—	(52F)	$F^{1,12}$	*1*234 Bertaut/Blum	6.51
$ThMn_{12}$ ($MoBe_{12}$)	—	(26U)	$U^{1,12}$	*16*113 Florio/Rundle/Snow	3.42
$BaCd_{11}$	—	—	$U^{2,22}$	Sanderson/Baenziger (53)	5.23
7 At.-%					
$NaZn_{13}$	$D2_3$	(112F)	$F^{2,26}$	*68* Ketelaar/Zintl/Haucke	5.22
$MnZn_{13}$	—	—	$N^{1,13}$	Brown (62)	
6 At.-%					
Fe_2C_{01}	—	—	$U^{1,1/20}$	*1*580 Fink/Campbell	6.32
KC_{16}	—	—	$H^{2,32}$	*2*180 Schleede/Wellmann	5.3
$ZrZn_{22}$	—	—	$F^{2,44}$	Samson (61)	

8.2 Phasenverzeichnis

Die folgende Tabelle soll über den Stand der Strukturaufklärung zweikomponentiger Phasen orientieren. Die Benennung der Phasen geschieht durch chemische Symbole, deren Indizes eine genäherte Zusammensetzung zum Ausdruck bringen. Die Anordnung der Phasen erfolgt nach homologen Mischsystemen (vgl. 1.41) in einer durch das periodische System der Elemente gegebenen Reihenfolge. Hinter dem chemischen Symbol einer beobachteten Phase steht in Klammern erstens ein Zeichen h, r, t (Hoch-, Raum-, Tieftemperaturphase), wenn zu einer Verbindung mehrere Phasen gehören und zweitens, wenn die Struktur der Phase aufgeklärt ist, das chemische Symbol des Prototyps ihrer Struktur. Ist die Phase selbst ein Prototyp für eine Struktur, so wird das Strukturneusymbol (vgl. 1.38) in der Klammer beigefügt; gehören zu dem chemischen Prototypensymbol mehrere Phasen, so findet man bei dem zugehörigen Mischsystem angegeben, welche Struktur mit dem Prototypensymbol gemeint ist. Über das Typenverzeichnis findet man die Stelle, an der die Struktur der Phase besprochen wird.

Bilden die Komponenten A, B eines Systems bei geeigneten Temperaturen einen zusammenhängenden einphasigen Bereich, so schreiben wir (A, B). Weitere Abkürzungen sind:

kI keine Intermediärphase beobachtet;
Iv Intermediärphase vorhanden, aber noch nicht bezüglich ihrer Zusammensetzung festgelegt;
Im Intermediärphasen möglich;
wI weitere Intermediärphasen beobachtet;
bR breite Randphasenbereiche.

Wird an eine Typenbezeichnung ein Homöotypiesymbol (1.38) angehängt, so ist dieses zur Vermeidung von Verwechslungen in eckige Klammern gesetzt. Eine Tilde ($\sim$) vor einer Verbindungsformel soll einen breiteren Homogenitätsbereich anzeigen, und vor einem Typenzeichen soll es auf nur annähernde Isotypie (Homöotypie) hinweisen. Ein Fragezeichen besagt, daß die vorausgehende Aussage kontrovers ist oder zweifelhaft erscheint.

A^1-A^1
Li-Na: *kI*;
Li-K: *kI*,
Na_2K(*$MgZn_2$*);
Li-Rb: *kI*,
Na-Rb: *kI*,
(K,Rb)(*W*);
Li-Cs: *kI*,
Na_2Cs,
(K,Cs)(*W*),
(Rb,Cs)(*W*);

A^1-A^2
Li_2Ca(*$MgZn_2$*),
Na-Ca: *kI*;

A^2-A^2
(Ca, Sr)(h, *W*)
(r, *Cu*);
(Ca,Ba)(h, *W*),
(Sr,Ba)(h, *W*);

A^1-T^3
Na_4Th;
Na-U: *kI*;

A^2-T^3
Ca-La: *kI*;
Ca-Ce: *Iv?*;
Ca-U: *kI*;

T^3-T^3
(La,Ce)(*Cu*);
(La,Th)(*Cu*),
(Ce,Th)(*Cu*);
La-U: *kI*,
Ce-U: *kI*,
Pr-U: *kI*,
Nd-U: *kI*,
Th-U: *kI*;
UNp(*kub., isotyp UPu*);
$ThPu_2$(*orth.*),
UPu_3(*tetr.*),
UPu(*tetr.*);

T^3-T^4
La-Ti: *kI*,
Ce-Ti: *kI*,
Th-Ti: *kI*,
U_2Ti(*B_2Al oder Ni_2In?*);
(Th, Zr)(h, *W*),
($U(h_2)$, Zr(h))(*W*)
$\sim UZr_2$(*$\sim B_2Al$ oder Ni_2In?*),
$Pu_{3...10?}Zr$
$PuZr_2$(*B_2Al*);

T^4-T^4
(Ti, Zr)(h, *W*)
(r, *Mg*);
(Ti, Hf)(h, *W*)
(r, *Mg*),
(Zr, Hf)(h, *W*)
(r, *Mg*);

T^3-T^5
U-V: *kI*,
Pu-V: *kI*;
Th-Nb: *kI*,
($U(h_2)$,Nb)(*W*);
Th-Ta: *Im*,
U-Ta: *kI*;

T^4-T^5
(Ti(h),V)(*W*), *ω-Str.*,
ZrV_2(*Cu_2Mg*),
HfV_2(*Cu_2Mg*);
(Ti(h),Nb)(*W*),
(Zr(h),Nb)(*W*),
(Hf(h),Nb)(*W*);
(Ti(h),Ta)(*W*),
Zr-Ta: *kI bei 800 °C*,
(Hf(h),Ta)(*W*);

T^5-T^5
(V,Nb)(*W*);
V_3Ta(?h, *Uβ*)
V_2Ta(*Cu_2Mg*),
(Nb,Ta)(*W*);

A^2-T^6
Ca-W: *kI*;

T^3-T^6
La-Cr: *kI*,
Th-Cr: *kI*,
U-Cr: *kI*,
Pu-Cr: *kI*;
Th-Mo: *kI*,
U_2Mo(*$MoSi_2$*);
U-W: *kI*;

T^4-T^2
$Ti_{10}Cr$(*met., ω-Str.*),
$TiCr_2$(h, *$MgZn_2$*)
(r, *Cu_2Mg*),
$ZrCr_2$(h, *Cu_2Mg*)
(r, *$MgZn_2$*),
$HfCr_2$(h, *Ni_2Mg*)
(r, *$MgZn_2$*);
(Ti, Mo)(*W*), *ω-Str.*,
$ZrMo_2$(*Cu_2Mg*)
$ZrMo_3$(*Cr_3Si*),
$HfMo_2$(h, *Cu_2Mg*)
(*Ni_2Mg*);
Ti-W: *kI*,
ZrW_2(*Cu_2Mg*),
HfW_2(*Cu_2Mg*);

T^5-T^6
$NbCr_2$(*Cu_2Mg*),
$TaCr_2$(h, *$MgZn_2$*)
(r, *Cu_2Mg*);
(V,Mo)(*W*),
(Nb,Mo)(*W*),
(Ta,Mo)(*W*);
V-W: *Iv?*,
(Nb,W)(*W*),
(Ta,W)(*W*);

T^6-T^6
(Cr,Mo)(h, *W*);
(Cr,W)(h, *W*),
(Mo,W)(h, *W*);

T^3-T^7
$ScMn_2$(*$MgZn_2$*),
YMn_2(*Cu_2Mg*),
La-Mn: *kI*,
Ce-Mn: *kI*,
$GdMn_2$(*Cu_2Mg*), *wI*,
$TbMn_2$(*Cu_2Mg*),
$DyMn_2$(*Cu_2Mg*),
$HoMn_2$(*Cu_2Mg*),
$ErMn_2$(*$MgZn_2$*),
$TmMn_2$(*$MgZn_2$*),
$CpMn_2$(*$MgZn_2$*),
$ThMn_2$(*$MgZn_2$*)
Th_6Mn_{23}(*Th_6Mn_{23}*, $F_a^{6,23}$)
$ThMn_{12}$(*$ThMn_{12}$*, $U^{1,12}$),
U_6Mn(*U_6Mn*, $U^{12,2}$)
UMn_2(*Cu_2Mg*),
$PuMn_2$(*Cu_2Mg*);
$ScTc_2$(*$MgZn_2$*)
$ScTc_8$(*Mnα*);
ScRe(*Mnα*)
$ScRe_2$(*$MgZn_2$*),
YRe_2(*$MgZn_2$*),
$CpRe_2$(*$MgZn_2$*),

$ThRe_2$(*MgZn₂*),
URe_2(h, *MgZn₂*),
$PuRe_2$(*MgZn₂*);

T^4-T^7
TiMn(*Uβ*)
$TiMn_2$(*MgZn₂*),
$ZrMn_2$(*MgZn₂*),
Hf_2Mn(*Ti₂Ni*)
$HfMn_2$(*Ni₂Mg*)
(r?, *MgZn₂*);
$TiTc_8$(*Mnα*),
$ZrTc_2$(*MgZn₂*)
$ZrTc_8$(*Mnα*),
$HfTc_2$(*MgZn₂*)
$HfTc_8$(*Mnα*);
$TiRe_{0...1}$(h, *W*)
TiRe(*Mnα*)
Ti_5Re_{24}(*Mnα*),
Zr_2Re(*tetr.*)
$ZrRe_2$(*MgZn₂*)
Zr_5Re_{24}(*Mnα*),
$HfRe_2$(*MgZn₂*)
$HfRe_5$(Mnα);

T^5-T^7
VMn_3(*Uβ*),
$NbMn_2$(*MgZn₂*),
$TaMn_2$(*MgZn₂*);
$NbTc_3$(*Mnα*),
$TaTc_4$(*Mnα*);
VRe(*Uβ*),
NbRe(h, *Uβ*)
~$NbRe_3$(*Mnα*),
Ta_3Re
~Ta_2Re_3(*Uβ*)
~$TaRe_3$(*Mnα*);

T^6-T^7
$CrMn_2$?(~*Mnα*)
$CrMn_3$(h, *Uβ*)
(r, ~*Uβ*),
$MoMn_2$(h, *Uβ*);
$CrTc_2$(*Uβ*),
$MoTc_3$(*Uβ*),
WTc_3(*Uβ*);
~$CrRe_2$(*Uβ*),
~Mo_2Re_3(*Uβ*)
~$MoRe_4$(*Mnα*),
$W_{37}Re_{63}$ ... $W_{58}Re_{42}$(*Uβ*)
~WRe_4(*Mnα*);

T^7-T^7
Mn_2Tc_3(*Uβ*);
MnRe(*Uβ*);

A^1-T^8
Li-Fe: *kI*,
Na-Fe: *kI*,
K-Fe: *kI*,
Rb-Fe: *kI*;

A^2-T^8
Ca-Fe: *kI*,
Sr-Fe: *kI*,
Ba-Fe: *kI*;

T^3-T^8
$ScFe_2$(*MgZn₂*),
YFe_2(*Cu₂Mg*)
YFe_3
YFe_4
YFe_9,
$CeFe_2$(*Cu₂Mg*)
$CeFe_5$(*CaZn₅*?),
$SmFe_2$(*Cu₂Mg*)
$GdFe_2$(*Cu₂Mg*),
$DyFe_2$(*Cu₂Mg*),
$HoFe_2$(*Cu₂Mg*),
$ErFe_2$(*Cu₂Mg*),
$TmFe_2$(*Cu₂Mg*),
Th_7Fe_3(*Th₇Fe₃*, $H^{14,6}$)
ThFe
$ThFe_3$(*hex.*)
$ThFe_5$(*CaZn₅*)
Th_2Fe_{17}(*Th₂Fe₁₇*, $N^{2,17}$),
U_6Fe(*U₆Mn*)
UFe_2(*Cu₂Mg*),
Pu_6Fe(*U₆Mn*)
$PuFe_2$(*Cu₂Mg*);
$ScRu_2$(*MgZn₂*),
YRu_2(*MgZn₂*),
$LaRu_2$(*Cu₂Mg*),
$CeRu_2$(*Cu₂Mg*),
$PrRu_2$(*Cu₂Mg*),
$NdRu_2$(Cu₂Mg),
$SmRu_2$(*Cu₂Mg*),
$GdRu_2$(*MgZn₂*),
$DyRu_2$(*MgZn₂*),
$HoRu_2$(*MgZn₂*),
$ErRu_2$(*MgZn₂*),
$CpRu_2$(*MgZn₂*),
Th_7Ru_3(*Th₇Fe₃*)
$ThRu_2$(*Cu₂Mg*),
U_2Ru
URu
URu_3(*Cu₃Au*),
$PuRu_2$(*Cu₂Mg*);
$ScOs_2$(*MgZn₂*),
YOs_2(*MgZn₂*),
$LaOs_2$(*Cu₂Mg*),
$CeOs_2$(*Cu₂Mg*),
$PrOs_2$(*Cu₂Mg*)
(*MgZn₂*),
$NdOs_2$(*MgZn₂*),
$SmOs_2$(*MgZn₂*),
$GdOs_2$(*MgZn₂*),
$DyOs_2$(*MgZn₂*),
$ErOs_2$(*MgZn₂*),
$CpOs_2$(*MgZn₂*),
Th_7Os_3(*Th₇Fe₃*)
$ThOs_2$(*Cu₂Mg*),
UOs_2(*Cu₂Mg*),
$Pu_{12}Os$
Pu_3Os(h,)
(r,)
Pu_5Os_3
$PuOs_2$(*MgZn₂*);

T^4-T^8
TiFe(*CsCl*)
$TiFe_2$(*MgZn₂*),
$ZrFe_2$(*Cu₂Mg*)
$Zr_{0,8}Fe_{2,2}$(*Ni₂Mg*),
Hf_2Fe(*Ti₂Ni*)
$HfFe_2$(h, *MgZn₂*)
(r, *Cu₂Mg*);
TiRu(*CsCl*),
ZrRu(*CsCl*)
$ZrRu_2$(*MgZn₂*),
HfRu(*CsCl*);
TiOs(*CsCl*),
ZrOs(*CsCl*)
$ZrOs_2$(*MgZn₂*),
HfOs(*CsCl*)
$HfOs_2$(*MgZn₂*);

T^5-T^8
VFe(*Uβ*),
Nb_3Fe_2(*Ti₂Ni*)
NbFe(*Uβ*)
$NbFe_2$(*MgZn₂*),
$TaFe_2$(*MgZn₂*);
$V_{64}Ru_{36}$(*CsCl*)
VRu(*CsCl def. tetr.*),
$Nb_{68}Ru_{32}$(*CsCl*)

NbRu(Pu(h$_4$)), *wI*,
Ta$_{62}$Ru$_{38}$($CsCl$)
TaRu($CsCl$ *def. tetr.*)
Ta$_2$Ru$_3$;
VOs($CsCl$), *wI*,
Nb$_3$Os(Cr_3Si)
Nb$_3$Os$_2$($U\beta$)
Nb$_2$Os$_3$($Mn\alpha$),
Ta$_3$Os($U\beta$)
Ta$_2$Os$_3$($M\alpha$);

T^6-T^8
(Cr,Fe)(h, W)
CrFe($U\beta$),
MoFe(h, $U\beta$)
Mo$_6$Fe$_7$(W_6Fe_7)
MoFe$_2$?($MgZn_2$),
WFe(h?, $U\beta$)
W$_6$Fe$_7$(W_6Fe_7, R^{6,7})
WFe$_2$($MgZn_2$);
Cr$_4$Ru?
Cr$_3$Ru(Cr_3Si)
~Cr$_2$Ru($U\beta$),
Mo$_5$Ru$_3$($U\beta$),
W$_3$Ru$_2$($U\beta$);
Cr$_3$Os(Cr_3Si)
Cr$_3$Os$_2$(h, $U\beta$), *wI*,
Mo$_3$Os(Cr_3Si)
Mo$_5$Os$_3$($U\beta$),
W$_2$Os($U\beta$), *wI*;

T^7-T^8
(Mn,Fe)(h, Cu)
~MnFe$_4$(*metast.*, Mg),
TcFe$_2$($U\beta$),
~Re$_2$Fe$_3$($U\beta$)
ReFe$_3$(h);
Mn-Ru: *bR*;
(Re,Os)(Mg);

T^8-T^8
Fe-Os: *kI*;

A^2-T^9
CaCo$_5$($CaZn_5$);
CaRh$_2$(Cu_2Mg),
SrRh$_2$(Cu_2Mg),
BaRh$_2$(Cu_2Mg);
CaIr$_2$(Cu_2Mg),
SrIr$_2$(Cu_2Mg), *wI*;

T^3-T^9
Sc$_2$Co($CuAl_2$)
ScCo$_2$(Cu_2Mg),
YCo$_2$(Cu_2Mg)
YCo$_5$($CaZn_5$),
La$_3$Co(Fe_3C)
LaCo$_5$($CaZn_5$),
Ce$_3$Co
CeCo$_2$(Cu_2Mg)
CeCo$_3$?
CeCo$_4$?
CeCo$_5$($CaZn_5$),
PrCo$_2$(Cu_2Mg)
PrCo$_5$($CaZn_5$),
NdCo$_2$(Cu_2Mg)
NdCo$_5$($CaZn_5$),
SmCo$_2$(Cu_2Mg)
SmCo$_5$($CaZn_5$),
GdCo$_2$(Cu_2Mg)
GdCo$_5$($CaZn_5$),
TbCo$_2$(Cu_2Mg)
TbCo$_5$($CaZn_5$),
DyCo$_2$(Cu_2Mg)
DyCo$_5$($CaZn_5$),
HoCo$_2$(Cu_2Mg)
HoCo$_5$($CaZn_5$),
ErCo$_2$(Cu_2Mg)
ErCo$_5$($CaZn_5$),
TmCo$_2$(Cu_2Mg),
CpCo$_2$(Cu_2Mg),
Th$_7$Co$_3$(Th_7Fe_3)
ThCo(TlJ)
Th$_2$Co$_5$(*hex.*)
ThCo$_5$($CaZn_5$)
Th$_2$Co$_{17}$(Th_2Fe_{17})
U$_6$Co(U_6Mn)
UCo(UCo, B^{4,4})
UCo$_2$(Cu_2Mg),
Pu$_6$Co(U_6Mn)
Pu$_3$Co
Pu$_2$Co(Fe_2P)
PuCo$_2$(Cu_2Mg)
PuCo$_3$
Pu$_2$Co$_{17}$(Th_2Ni_{17})
ScRh($CsCl$)
ScRh$_3$(Cu_3Au),
YRh$_2$(Cu_2Mg),
LaRh$_2$(Cu_2Mg),
CeRh$_2$(Cu_2Mg),
PrRh$_2$(Cu_2Mg),
NdRh$_2$(Cu_2Mg),
GdRh$_2$(Cu_2Mg),
DyRh$_2$(Cu_2Mg),
HoRh$_2$(Cu_2Mg),
ErRh$_2$(Cu_2Mg),
CpRh$_2$(Cu_2Mg),
Th$_7$Rh$_3$(Th_7Fe_3)
ThRh$_3$(Cu_3Au),
URh$_3$(Cu_3Au);
ScIr$_2$(Cu_2Mg),
YIr$_2$(Cu_2Mg),
LaIr$_2$(Cu_2Mg),
CeIr$_2$(Cu_2Mg),
PrIr$_2$(Cu_2Mg),
NdIr$_2$(Cu_2Mg),
GdIr$_2$(Cu_2Mg),
HoIr$_2$(Cu_2Mg),
ErIr$_2$(Cu_2Mg),
Th$_7$Ir$_3$(Th_7Fe_3)
ThIr$_2$(Cu_2Mg)
ThIr$_5$($CaZn_5$),
UIr$_2$(Cu_2Mg)
UIr$_3$(Cu_3Au);

T^4-T^9
Ti$_2$Co(Ti_2Ni)
TiCo($CsCl$)
Ti$_{1+}$Co$_2$(Cu_2Mg)
Ti$_{0,8}$Co$_{2,2}$(Ni_2Mg)
TiCo$_3$?(Cu_3Au?),
ZrCo($CsCl$)
ZrCo$_2$(Cu_2Mg)
ZrCo$_4$?,
Hf$_2$Co(Ti_2Ni)
HfCo($CsCl$)
HfCo$_2$(Cu_2Mg);
TiRh$_3$(Cu_3Au),
Zr$_2$Rh
ZrRh$_3$(Cu_3Au),
Hf$_2$Rh(Ti_2Ni)
HfRh$_3$(Cu_3Au);
Ti$_3$Ir(Cr_3Si)
TiIr$_3$(Cu_3Au),
Zr$_3$Ir
ZrIr$_2$($MgZn_2$)
(Cu_2Mg)
ZrIr$_3$(Cu_3Au),
Hf$_2$Ir(Ti_2Ni)
HfIr$_3$(Cu_3Au);

T^5-T^9
V$_3$Co(Cr_3Si)
~VCo($U\beta$)

$\mathrm{VCo_3}(VCo_3, \mathrm{H}_a^{6,18})$,
$\mathrm{NbCo_2}(Cu_2Mg)$
$\mathrm{Nb_{0,8}Co_{2,2}}?(Ni_2Mg)$,
$\mathrm{TaCo_2}(\mathrm{h}, Cu_2Mg)$
$(\mathrm{r}, MgZn_2)$
$\mathrm{Ta_{0,8}Co_{2,2}}?(Ni_2Mg)$;
$\mathrm{TaCo_3}$?
$\mathrm{V_3Rh}(Cr_3Si)$
$\mathrm{V_2Rh_3}(Mg)$
$\mathrm{VRh_3}(Cu_3Au)$,
$\mathrm{Nb_3Rh}(Cr_3Si)$
$\mathrm{Nb_3Rh_2}(U\beta)$
$\mathrm{NbRh_3}(Cu_3Au)$
$\sim\mathrm{Ta_3Rh_2}(\mathrm{h}, U\beta)$
$\mathrm{TaRh_3}(Cu_3Au)$;
$\mathrm{V_3Ir}(Cr_3Si)$, *wI*
$\mathrm{VIr_3}(Cu_3Au)$,
$\mathrm{Nb_3Ir}(Cr_3Si)$
$\mathrm{Nb_2Ir}(U\beta)$, *wI*
$\mathrm{NbIr_3}(Cu_3Au)$,
$\mathrm{Ta_3Ir}(U\beta)$, *wI*
$\mathrm{TaIr_3}(Cu_3Au)$;

T^6-T^9

$\mathrm{Cr_3Co_2}(\mathrm{h},\quad)$
$(\mathrm{r}, U\beta)$,
$\mathrm{Mo_3Co_2}(U\beta)$
$\mathrm{Mo_6Co_7}(W_6Fe_7)$
$\mathrm{MoCo_3}(Ni_3Sn)$,
$\mathrm{W_3Co_2}?(\mathrm{h}, U\beta)$
$\mathrm{WCo}?(\mathrm{h}, Mn\alpha)$
$\mathrm{W_6Co_7}(W_6Fe_7)$
$\mathrm{WCo_3}(Ni_3Sn)$;
$\mathrm{Cr_3Rh}(Cr_3Si)$
$\sim\mathrm{Cr_3Rh_2}(Mg)$,
$\mathrm{MoRh_2}(Mg)$,
$\mathrm{WRh_{\sim 2}}(Mg)$;
$\mathrm{Cr_3Ir}(Cr_3Si)$
$\mathrm{CrIr}(Mg)$
$\mathrm{CrIr_3}(Cu_3Au)$,
$\mathrm{Mo_3Ir}(Cr_3Si)$
$\mathrm{Mo_2Ir}(U\beta)$
$\mathrm{MoIr}(Mg)$, *wI*,
$\mathrm{W_3Ir}(U\beta)$
$\sim\mathrm{WIr_2}(Mg)$;

T^7-T^9

$(\mathrm{Mn(h_2),Co(h)})(Cu)$,
$(\mathrm{Re,Co(r)})(Mg)$;
$\mathrm{Mn_3Rh}(Cu_3Au)$
$\mathrm{MnRh}(CsCl)$;
$\mathrm{Mn_3Ir}(Cu_3Au)$
$\mathrm{MnIr}(\mathrm{h}, CsCl)$
$(\mathrm{r}, CuAu)$,
Re-Ir: *kI*;

T^8-T^9

$(\mathrm{Fe,Co})(\mathrm{h}, Cu)$
$\mathrm{FeCo}(CsCl)$,
$(\mathrm{Ru,Co(r)})(Mg)$,
$(\mathrm{Os,Co(r)})(Mg)$;
Fe-Rh: *Im*;
$\mathrm{FeIr}(CuAu?)$.
Os-Ir: *bR*;

T^9-T^9

$(\mathrm{Co(h),Rh})(Cu)$;
$(\mathrm{Co,Ir})(\mathrm{h}, Cu)$;

A^1-T^{10}

$\mathrm{LiPd_7}(Pt_7Mg)$
$\mathrm{LiPt_2}?(Cu_2Mg)$,
$\mathrm{LiPt_7}(Pt_7Mg)$
$\mathrm{NaPt_2}(Cu_2Mg)$;

A^2-T^{10}

$\mathrm{CaNi_5}(CaZn_5)$,
Ba-Ni: *kI*;
$\mathrm{CaPd_2}(Cu_2Mg)$,
$\mathrm{SrPd_2}(Cu_2Mg)$
$\mathrm{SrPd_5}(CaZn_5)$,
$\mathrm{BaPd_2}(Cu_2Mg)$;
$\mathrm{CaPt_2}(Cu_2Mg)$,
$\mathrm{CaPt_5}(CaZn_5)$
$\mathrm{SrPt_2}(Cu_2Mg)$
$\mathrm{SrPt_3}$
$\mathrm{SrPt_5}(CaZn_5)$,
$\mathrm{BaPt_2}(Cu_2Mg)$
$\mathrm{BaPt_5}(\mathrm{h}, CaZn_5)$;

T^3-T^{10}

$\mathrm{ScNi_2}(Cu_2Mg)$,
$\mathrm{Y_3Ni}$
$\mathrm{Y_3Ni_2}$
YNi
$\mathrm{YNi_2}(Cu_2Mg)$
$\mathrm{YNi_3}(rhbdr.)$
$\mathrm{YNi_{3,5}}$
$\mathrm{YNi_4}$
$\mathrm{YNi_5}(CaZn_5)$
$\mathrm{YNi_{8,5}}(hex.)$,
$\mathrm{La_3Ni}$
LaNi
$\mathrm{LaNi_2}(Cu_2Mg)$
$\mathrm{LaNi_3}$?
$\mathrm{LaNi_4}$?
$\mathrm{LaNi_5}(CaZn_5)$,
$\mathrm{Ce_3Ni}$
$\mathrm{Ce_7Ni_3}(Th_7Fe_3)$
$\mathrm{CeNi}(TlJ)$
$\mathrm{CeNi_2}(Cu_2Mg)$
$\mathrm{CeNi_3}(CeNi_3, \mathrm{H}_b^{6,18})$
$\mathrm{Ce_2Ni_7}(Ce_2Ni_7, H^{8,28})$
$\mathrm{CeNi_5}(CaZn_5)$,
$\mathrm{Pr_3Ni}$
PrNi
$\mathrm{PrNi_2}(Cu_2Mg)$
$\mathrm{PrNi_3}$?
$\mathrm{PrNi_4}$?
$\mathrm{PrNi_5}(CaZn_5)$,
$\mathrm{NdNi_2}(Cu_2Mg)$
$\mathrm{NdNi_5}(CaZn_5)$,
$\mathrm{SmNi_2}(Cu_2Mg)$
$\mathrm{SmNi_5}(CaZn_5)$,
$\mathrm{GdNi}(FeB)$
$\mathrm{GdNi_2}(Cu_2Mg)$
$\mathrm{GdNi_5}(CaZn_5)$,
$\mathrm{TbNi_2}(Cu_2Mg)$
$\mathrm{TbNi_5}(CaZn_5)$,
$\mathrm{DyNi}(FeB)$
$\mathrm{DyNi_2}(Cu_2Mg)$
$\mathrm{DyNi_5}(CaZn_5)$,
$\mathrm{HoNi_2}(Cu_2Mg)$
$\mathrm{HoNi_5}(CaZn_5)$,
$\mathrm{ErNi_2}(Cu_2Mg)$
$\mathrm{ErNi_5}(CaZn_5)$,
$\mathrm{TmNi_2}(Cu_2Mg)$,
$\mathrm{YbNi_2}(Cu_2Mg)$
$\mathrm{YbNi_5}(CaZn_5)$,
$\mathrm{CpNi_2}(Cu_2Mg)$,
$\mathrm{Th_7Ni_3}(Th_7Fe_3)$
$\mathrm{ThNi}(ThNi, O_b^{8,8})$
$\mathrm{ThNi_2}(B_2Al)$
$\mathrm{Th_2Ni_5}$
$\mathrm{ThNi_5}(CaZn_5)$
$\mathrm{Th_2Ni_{17}}(Th_2Ni_{17}, H^{4,34})$,
$\mathrm{U_6Ni}(U_6Mn)$
$\mathrm{U_7Ni_9}$
$\mathrm{U_5Ni_7}$
$\mathrm{UNi_2}(MgZn_2)$
$\mathrm{UNi_{3+}}$
$\mathrm{UNi_5}(PdBe_5)$,
$\mathrm{PuNi}(TlJ)$
$\mathrm{PuNi_2}(Cu_2Mg)$
$\mathrm{PuNi_3}(NbBe_3)$
$\mathrm{PuNi_4}(PuNi_4, N^{6,24})$
$\mathrm{PuNi_5}(CaZn_5)$

Pu_2Ni_{17}(Th_2Ni_{17});
Sc_2Pd(Ti_2Ni)
$ScPd_3$(Cu_3Au),
YPd_3(Cu_3Au),
$LaPd_3$(Cu_3Au),
$CePd_3$(Cu_3Au),
$NdPd_3$(Cu_3Au),
$GdPd_3$(Cu_3Au),
$HoPd_3$(Cu_3Au),
$ErPd_3$(Cu_3Au),
$CpPd_3$(Cu_3Au),
Th_2Pd
$ThPd_3$($TiNi_3$),
UPd(h)
U_5Pd_6(h)
UPd_3($TiNi_3$)
UPd_5?;
$ScPt_3$(Cu_3Au),
YPt_2(Cu_2Mg)
YPt_3(Cu_3Au),
$LaPt_2$(Cu_2Mg)
$LaPt_3$(Cu_3Au)
$LaPt_5$($CaZn_5$),
$CePt_2$(Cu_2Mg)
$CePt_5$($CaZn_5$),
$PrPt_2$(Cu_2Mg)
$PrPt_5$($CaZn_5$),
$NdPt_2$(Cu_2Mg)
$NdPt_5$($CaZn_5$),
GdPt(*FeB*)
$GdPt_2$(Cu_2Mg),
DyPt(*FeB*)
$DyPt_2$(Cu_2Mg)
$DyPt_3$(Cu_3Au),
Th_7Pt_3(Th_7Fe_3),
UPt
UPt_2(Ni_2Mg?,Ni_2In *def.*)
UPt_3(Ni_3Sn)
UPt_5;

T^4-T^{10}

Ti_2Ni(Ti_2Ni, $F^{16,8}$)
TiNi(h, *CsCl*)
$TiNi_3$($TiNi_3$, $H_a^{4,12}$),
Zr_2Ni($CuAl_2$)
ZrNi(*TlJ*)
Zr_4Ni_5
Zr_2Ni_5
Zr_2Ni_7
$ZrNi_5$($PdBe_5$),
Hf_2Ni($CuAl_2$)
HfNi(*TlJ*)
$HfNi_3$?($TiNi_3$)
$HfNi_5$($PdBe_5$);
Ti_2Pd($MoSi_2$[D])
Ti_2Pd_3
$TiPd_2$?
$TiPd_3$($TiNi_3$),
Zr_2Pd($MoSi_2$)
ZrPd
$ZrPd_{1,4}$
$ZrPd_2$($MoSi_2$)
$ZrPd_3$($TiNi_3$),
Hf_2Pd($MoSi_2$[D])
$HfPd_2$($MoSi_2$)
$HfPd_3$($TiNi_3$);
Ti_3Pt(Cr_3Si)
Ti_2Pt?(Ti_2Ni)
Ti_2Pt_3
$TiPt_3$(Cu_3Au),
Zr_3Pt
$ZrPt_3$($TiNi_3$),
Hf_2Pt(Ti_2Ni)
$HfPt_3$($TiNi_3$);

T^5-T^{10}

V_3Ni?(Cr_3Si)
V_3Ni_2($U\beta$)
VNi_2($MoPt_2$)
VNi_3($TiAl_3$),
Nb_6Ni_7(W_6Fe_7)
$NbNi_3$($TiCu_3$),
Ta_2Ni($CuAl_2$)
Ta_6Ni_7(W_6Fe_7)
$TaNi_3$($TiCu_3$);
V_3Pd(Cr_3Si)
VPd_2($MoPt_2$)
VPd_3($TiAl_3$),
Nb_3Pd_2(h, $U\beta$), *wI*
$NbPd_2$($MoPt_2$)
$NbPd_3$($TiAl_3$),
Ta_3Pd($U\beta$)
$TaPd_3$($TiAl_3$);
V_3Pt(Cr_3Si)
VPt(*AuCd*)
VPt_2($MoPt_2$)
VPt_3($TiAl_3$),
Nb_3Pt(Cr_3Si)
~Nb_2Pt(h, $U\beta$), *wI*
$NbPt_3$?($TiAl_3$),
~Ta_2Pt($U\beta$), *wI*
$TaPt_4$($TiAl_3$);

T^6-T^{10}

$CrNi_2$($MoPt_2$)
$MoNi_4$($MoNi_4$, $U_a^{1,4}$)
$MoNi_3$($TiCu_3$)
MoNi(h, $U\beta$)
(r,),
WNi_4($MoNi_4$);
CrPd(*CuAu*),
Mo_2Pd_3(h, *Mg*),
W-Pd: *kI*;
Cr_3Pt(Cr_3Si)
~$Cr_{63}Pt_{37}$ ...
$Cr_{20}Pt_{80}$(*CuAu*),
$Mo_{54}Pt_{46}$(*AuCd*)
MoPt(h, *Mg*)
(r, *AuCd*)
$MoPt_2$($MoPt_2$, $P^{1,2}$),
WPt_3;

T^7-T^{10}

MnNi(h, *CsCl*)
(r, *CuAu*)
$MnNi_3$(Cu_3Au);
MnPd(h, *CsCl*)
Mn_2Pd_3(*CuAu*)
$MnPd_2$(*tetr.*?),
Re-Pd: *kI*;
Mn_3Pt(Cu_3Au)
MnPt(h, *CsCl*?)
(r, *CuAu*)
$MnPt_3$(Cu_3Au),
Re-Pt: *kI, aber bR*;

T^8-T^{10}

(Fe,Ni)(h, *Cu*)
$FeNi_3$(Cu_3Au),
Os-Ni: *kI*;
(Fe,Pd)(h, *Cu*)
FePd(r, *CuAu*)
$FePd_3$(r, Cu_3Au);
(Fe,Pt)(h, *Cu*)
Fe_3Pt(Cu_3Au)
FePt(*CuAu*)
$FePt_3$(Cu_3Au),
Ru-Pt: *kI, aber bR*,
Os-Pt: *kI*;

T^9-T^{10}

(Co,Ni)(h, *Cu*)
CoNi(*Überstr.*)
$CoNi_3$(*Überstr.*);
(Co(h),Pd)(*Cu*),
(Rh,Pd)(*Cu*);
(Co(h),Pt)(*Cu*)

CoPt($CuAu$)
$CoPt_3$(Cu_3Au),
(Rh,Pt)(Cu),
(Ir,Pt)(h, Cu);

T^{10}-T^{10}

(Ni,Pd)(Cu);
Ni_3Pt(Cu_3Au)
NiPt($CuAu$),
(Pd,Pt)(Cu);

A^1-B^1

Li-Cu: *kI*;
Na-Cu: *kI*;
LiAg(h, $CsCl$)
$\sim Li_2Ag$($\sim Cu_5Zn_8$)
$\sim Li_4Ag$($\sim Cu_5Zn_8$)
$\sim Li_9Ag$($\sim Cu_5Zn_8$),
$NaAg_2$(Cu_2Mg)
LiAu?,
Na_2Au($CuAl_2$)
$NaAu_2$(Cu_2Mg),
KAu_2
KAu_4,
RbAu
$RbAu_2$,
Cs_4Au_5
CsAu;

A^2-B^1

Ca_4Cu?
$CaCu_5$($CaZn_5$),
$BaCu_{13}$($NaZn_{13}$), *wI*;
Ca_2Ag?
CaAg
$CaAg_2$(*orth.*)
$CaAg_3$(*tetr.*?)
$CaAg_4$,
Sr_3Ag_2
SrAg
$\sim SrAg_2$
$SrAg_5$($CaZn_5$),
Ba_3Ag?
Ba_4Ag_3?
Ba_2Ag_3
Ba_3Ag_5?
$BaAg_5$($CaZn_5$);
Ca_2Au
Ca_4Au_3
CaAu
$CaAu_2$
$CaAu_3$
$CaAu_4$,
Sr_9Au
Sr_3Au
Sr_3Au_2(h,)
(r,)
SrAu
$SrAu_2$
$SrAu_5$($CaZn_5$)
Ba_2Au_3
$BaAu_2$
$BaAu_5$($CaZn_5$)

T^3-T^1

YCu($CsCl$)
YCu_2
YCu_4
YCu_5($CaZn_5$)
LaCu
$LaCu_2$
$LaCu_4$(*tetr.*)
$LaCu_5$($CaZn_5$),
CeCu(FeB)
$CeCu_2$(B_2Al[D])
$Ce_{1+}Cu_{5-}$($CaZn_5$)
$CeCu_6$($CeCu_6$, $O^{4,24}$),
PrCu
$PrCu_2$
$PrCu_4$
$PrCu_5$($CaZn_5$)
$PrCu_6$,
$NdCu_5$($CaZn_5$)
$SmCu_5$($CaZn_5$)
GdCu($CsCl$)
$GdCu_5$($CaZn_5$)
$TbCu_5$($CaZn_5$)
DyCu($CsCl$)
$HoCu_5$($CaZn_5$)
Th_2Cu($CuAl_2$)
Th_3Cu_5
$ThCu_2$(B_2Al)
$ThCu_3$
$ThCu_6$,
UCu_5($PdBe_5$),
PuCu
$PuCu_3$
$PuCu_7$;
YAg($CsCl$)
LaAg($CsCl$)
$LaAg_2$
$LaAg_3$,
CeAg($CsCl$)
$CeAg_2$
$CeAg_3$
PrAg($CsCl$)
$PrAg_2$
$PrAg_3$,
NdAg($CsCl$)
$NdAg_2$
$NdAg_3$,
GdAg($CsCl$)
$GdAg_2$($MoSi_2$)
DyAg($CsCl$)
$DyAg_2$($MoSi_2$)
Th_2Ag($CuAl_2$)
Th_3Ag_5
$ThAg_2$(B_2Al)
$ThAg_3$, *wI*,
U-Ag: *kI*,
$PuAg_3$(*hex.*);
La_2Au
LaAu
$LaAu_2$
$LaAu_3$,
Ce_2Au
CeAu
$CeAu_2$
$CeAu_3$,
Pr_2Au
PrAu
$PrAu_2$
$PrAu_3$,
$GdAu_2$($MoSi_2$)
$DyAu_2$($MoSi_2$)
Th_2Au($CuAl_2$)
Th_3Au_5
$ThAu_2$(B_2Al)
$ThAu_3$,
U_2Au_3
UAu_3;

T^4-B^1

Ti_2Cu($MoSi_2$[D])
$Ti_{1+}Cu$($Ti_{1+}Cu$, $T_b^{2,2}$)
$TiCu_{1+}$($CuAu$, $T_b^{1,1}$)
Ti_2Cu_3
$TiCu_3$(h, *ungeord.*)
(r, $TiCu_3$, $O^{2,6}$),
Zr_2Cu($MoSi_2$)
ZrCu
Zr_2Cu_3
Zr_2Cu_5
$ZrCu_3$,
Hf_2Cu($MoSi_2$[D])

$HfCu_2$;
Ti_2Ag(*Cu₃Au[D]*)
TiAg(*CuAu*),
Zr_2Ag(*$MoSi_2$*)
ZrAg(*TiCu*);
Ti_3Au(*Cr_3Si*)
TiAu(h, *AuCd*)
(r, *TiCu*)
$TiAu_2$(*$MoSi_2$*)
$TiAu_4$(*$MoNi_4$*),
Zr_3Au(*Cr_3Si*)
Zr_2Au(*$MoSi_2$*)
Zr_5Au_4
Zr_7Au_{10}
$ZrAu_2$(*$MoSi_2$*)
$ZrAu_3$(*$TiCu_3$*)
$ZrAu_4$(*$ZrAu_3$*, $O^{4,16}$),
Hf_2Au(*$MoSi_2$*)
HfAu(h?,)
(r, *TiCu*)
Hf_7Au_{10}
$HfAu_2$(*$MoSi_2$*)
$HfAu_3$(*$TiCu_3$*)
$HfAu_4$(*$ZrAu_4$*)
$HfAu_{4+}$(*$MoNi_4$*);

T^5-B^1
V-Cu: *kI*,
Nb-Cu: *kI*,
Ta-Cu: *kI*;
V-Ag: *kI*,
Ta-Ag: *kI*;
V_3Au(*Cr_3Si*)
VAu_2(*orth. ~$MoSi_2$*)
VAu_4(*$MoNi_4$*),
Nb_3Au(*Cr_3Si*)
Nb_3Au_2(*Nb_3Au_2*, $U^{3,2}$)
$Nb_{11}Au_9$(*~Mnβ*)
$NbAu_2$(*B_2Al*),
Ta_3Au(*Cr_3Si*)
Ta_2Au(*Uβ*)
Ta_3Au_2(*Nb_3Au_2*);

T^6-B^1
Cr-Cu: *kI*,
Mo-Cu: *kI*,
W-Cu: *kI*;
Cr-Ag: *kI*,
Mo-Ag: *kI*,
W-Ag: *kI*;
$CrAu_4$(h, *$MoNi_4$*),
Mo-Au: *kI*;

T^7-B^1
Mn-Cu: *kI*,
Re-Cu: *kI*;
Mn-Ag: *kI*,
Re-Ag: *kI*;
Mn_3Au(*Cu_3Au?*)
Mn_2Au(*$MoSi_2$*)
MnAu(h, *CsCl*)
$MnAu_{1-}$(r, *CuAu*, $T_b^{1,1}$)
$MnAu_{1+}$(r, *CuAu*, $T_a^{1,1}$)
$MnAu_2$(*$MoSi_2$*)
$MnAu_3$(*Cu_3Au[SS]*)
$MnAu_4$(*$MoNi_4$*);

T^8-B^1
Fe-Cu: *kI*;
Fe-Ag: *kI*;
Fe-Au: *kI*,
Os-Au: *kI*;

T^9-B^1
Co-Cu: *kI*,
Rh-Cu: *Im*;
Co-Ag: *kI*,
Rh-Ag: *kI*,
Ir-Ag: *kI*;
Co-Au: *kI*,
Rh-Au: *kI*,
Ir-Au: *kI*;

T^{10}-B^1
(Ni,Cu)(*Cu*),
(Pd,Cu)(h, *Cu*)
$PdCu_{1+}$(r, *CsCl*)
~Pd_3Cu_7(r, *Cu_3Au[SS]*)
~$PdCu_3$(r, *Cu_3Au[S]*)
~$PdCu_5$(*Cu_3Au*),
(Pt,Cu)(h, *Cu*)
Pt_7Cu?
Pt_3Cu
PtCu(*PtCu*, $R_a^{1,1}$)
$PtCu_{3+}$(*Cu_3Au*)
$PtCu_3$(*Cu_3Au[S]*)
~$PtCu_4$(*Cu_3Au*);
Ni-Ag: *kI*,
(Pd,Ag)(*Cu*),
Pt_3Ag(h, *Cu[R]*)
(r, *Cu_3Au*)
PtAg(h, *rhbdr.*)
(r,)
$PtAg_3$(h, *Cu?*)
(r, *Cu_3Au*);

(Ni,Au)(h, *Cu*),
(Pd,Au)(*Cu*),
(Pt,Au)(h, *Cu*)
$PtAu_3$(*Cu_3Au*);

B^1-B^1
Cu-Ag: *kI*;
(Cu,Au)(h, *Cu*)
Cu_3Au(r, *Cu_3Au*, $C_a^{3,1}$)
CuAu(h_1, *CuAu[S]*, $P^{10,10}$)
(r, *CuAu*, $T_a^{1,1}$)
$CuAu_3$(r, *Cu_3Au*),
(Ag,Au)(*Cu*);

A^1-B^2
Li-Mg: *bR*;
Na-Mg: *kI*,
K-Mg: *kI*;
LiZn(*NaTl*)
Li_2Zn_3(h,)
(r, *kub.*)
$LiZn_2$
Li_2Zn_5(h,)
(r,)
$LiZn_4$(h, *Mg*)
(r,),
$NaZn_{13}$(*$NaZn_{13}$*$F^{2,26}$),
KZn_{13}(*$NaZn_{13}$*);
Li_3Cd(*Cu_3Au*)
LiCd(*NaTl*)
$LiCd_3$(h,)
$LiCd_3$(r, *Mg*),
$NaCd_2$
$NaCd_6$,
KCd_{13}(*$NaZn_{13}$*),
$RbCd_{13}$(*$NaZn_{13}$*),
$CsCd_{13}$(*$NaZn_{13}$*);
Li_6Hg
Li_3Hg(*Fe_3Si*)
Li_2Hg
LiHg(*CsCl*)
$LiHg_2$
$LiHg_3$(*Ni_3Sn*),
Na_3Hg = ? Na_5Hg_2(*rhbdr.*)
Na_3Hg_2(*Na_3Hg_2*, $T_b^{12,8}$)
NaHg(*NaHg*, $Q^{4,4}$)
Na_7Hg_8?
$NaHg_2$(*B_2Al(oder Ni_2In?)*)
$NaHg_4$(*hex.?*),
KHg(*KHg*, $Z^{4,4}$)
K_5Hg_7(*orth. Str.*)
KHg_2(*KHg_2*, $P_b^{2,4}$)

KHg_3
KHg_4?
KHg_{11}($BaHg_{11}$),
Rb_7Hg_8
Rb_3Hg_4
$RbHg_2$
Rb_2Hg_7
Rb_2Hg_9
$RbHg_6$
$RbHg_{11}$($BaHg_{11}$),
CsHg
Cs_3Hg_4
$CsHg_2$
$CsHg_4$
$CsHg_6$
$CsHg_{12}$;

A^2-B^2
$CaBe_{13}$($NaZn_{13}$);
$CaMg_2$($MgZn_2$),
$SrMg_2$($MgZn_2$)
$SrMg_3$?
$SrMg_4$?
$SrMg_9$,
$BaMg_2$($MgZn_2$)
$BaMg_4$,
$BaMg_9$(*hex.*);
Ca_5Zn_2?
CaZn
$CaZn_2$
$CaZn_5$($CaZn_5$, $H^{1,5}$)
$CaZn_{13}$($NaZn_{13}$),
$SrZn_5$($SrZn_5$, $O_a^{4,20}$)
$SrZn_{13}$($NaZn_{13}$),
BaZn(*CsCl*)
$BaZn_5$($BaZn_5$, $Q^{2,10}$)
$BaZn_{13}$($NaZn_{13}$);
Ca_3Cd_2?
CaCd(h,)
(r, *CsCl*)
$CaCd_2$($MgZn_2$)
$CaCd_3$?,
SrCd(*CsCl*)
$SrCd_{11}$($BaCd_{11}$),
BaCd(*CsCl*)
$BaCd_{11}$($BaCd_{11}$, $U^{2,22}$);
CaHg(*CsCl*)
$CaHg_3$
$CaHg_5$
$CaHg_{10}$,
SrHg(*CsCl*)
$SrHg_{11}$($BaHg_{11}$), *wI*,
BaHg(*CsCl*)
$BaHg_5$?
$BaHg_{11}$($BaHg_{11}$, $C^{3,33}$);

T^3-B^2
$ScBe_{13}$($NaZn_{13}$),
YBe_{13}($NaZn_{13}$),
$LaBe_{13}$($NaZn_{13}$),
$CeBe_{13}$($NaZn_{13}$),
$PrBe_{13}$($NaZn_{13}$),
$NdBe_{13}$($NaZn_{13}$),
$ThBe_{13}$($NaZn_{13}$),
UBe_{13}($NaZn_{13}$),
$NpBe_{13}$($NaZn_{13}$),
$PuBe_{13}$($NaZn_{13}$),
$AmBe_{13}$($NaZn_{13}$);
LaMg(*CsCl*)
$LaMg_2$(Cu_2Mg)
$LaMg_3$(Fe_3Si)
$LaMg_9$,
CeMg(*CsCl*)
$CeMg_2$(Cu_2Mg)
$CeMg_3$(Fe_3Si)
$CeMg_9$,
PrMg(*CsCl*)
$PrMg_2$(Cu_2Mg)
$PrMg_3$(Fe_3Si)
$PrMg_9$,
$NdMg_2$(Cu_2Mg)
$NdMg_3$(Fe_3Si),
$SmMg_2$(Cu_2Mg)
$SmMg_3$(Fe_3Si),
GdMg
$GdMg_3$
$GdMg_9$,
$ThMg_2$(h, Cu_2Mg)
(r, Ni_2Mg)
$ThMg_5$,
U-Mg: *kI*,
Pu_2Mg(CaF_2)
$PuMg_2$?;
LaZn(*CsCl*)
$LaZn_2$(Laves-Phase?)
$LaZn_{5-}$($CaZn_5$)
$LaZn_9$
$LaZn_{11}$($BaCd_{11}$),
Ce_4Zn?
Ce_2Zn?
CeZn(*CsCl*)
$CeZn_5$
$CeZn_9$
$CeZn_{11}$($BaCd_{11}$),
PrZn(*CsCl*)
$PrZn_{11}$($BaCd_{11}$),
Th_2Zn($CuAl_2$)
$ThZn_2$(B_2Al)
$ThZn_4$
Th_4Zn_7
Th_2Zn_{17}(Th_2Zn_{17}, $R^{6,51}$)
$ThZn_9$?($CaZn_5$),
U_2Zn_{17}(U_2Zn_{17}, $H^{12,102}$)
UZn_9(*hex.*),
$PuZn_2$(Cu_2Mg);
$ScCd_3$(Ni_3Sn),
LaCd(*CsCl*)
$LaCd_2$($LaCd_2$, $H_d^{2,1}$)
$LaCd_{11}$($BaHg_{11}$),
CeCd(*CsCl*)
$CeCd_2$($LaCd_2$)
$CeCd_3$(Fe_3Si)
Ce_2Cd_9
$CeCd_6$
$CeCd_{11}$($BaHg_{11}$),
PrCd(*CsCl*)
$PrCd_2$($LaCd_2$)
$PrCd_3$(Fe_3Si)
$PrCd_{11}$($BaHg_{11}$),
$NdCd_2$(B_2Al)
$NdCd_3$(Fe_3Si)
$NdCd_{11}$($BaHg_{11}$),
$SmCd_2$(B_2Al)
$SmCd_{11}$($BaHg_{11}$),
$ThCd_2$(B_2Al);
La_3Hg
LaHg(*CsCl*)
$LaHg_2$(B_2Al?, *orth.*?)
$LaHg_3$(Ni_3Sn)
$LaHg_4$(*kub.*, Cu_5Zn_8?),
CeHg(*CsCl*)
$CeHg_2$
$CeHg_3$(Ni_3Sn)
$CeHg_4$(h, Cu_5Zn_8?),
PrHg(*CsCl*)
$PrHg_2$(B_2Al)
$PrHg_3$(Ni_3Sn)
$PrHg_4$(Cu_5Zn_8?),
NdHg(*CsCl*)
$NdHg_2$(B_2Al)
$NdHg_3$(Ni_3Sn),
$NdHg_4$(Cu_5Zn_8?),
$SmHg_2$(B_2Al)
$SmHg_3$(Ni_3Sn)
$SmHg_4$(Cu_5Zn_8?),
ThHg(*CuAu*)

$ThHg_3$(*Mg*, $c/a = 1{,}40$),
UHg_2(B_2Al *oder* Ni_2In?)
UHg_3(*hex.*, ~*Mg*)
UHg_4(~*W*?),
$PuHg_3$(*Mg*)
$PuHg_4$(*isotyp* UHg_4);

T⁴-B²

$TiBe$
$TiBe_2$(Cu_2Mg)
$TiBe_3$($NbBe_3$)
αTi_2Be_{17}(Nb_2Be_{17})
βTi_2Be_{17}(Th_2Ni_{17})
$TiBe_{12}$($ThMn_{12}$),
$ZrBe_2$(B_2Al)
$ZrBe_5$($CaZn_5$)
Zr_2Be_{17}(Nb_2Be_{17})
$ZrBe_{13}$($NaZn_{13}$),
$HfBe_2$(B_2Al)
$HfBe_5$($CaZn_5$)
αHf_2Be_{17}(Nb_2Be_{17})
βHf_2Be_{17}(Th_2Ni_{17})
$HfBe_{13}$($NaZn_{13}$);
Ti-Mg: *kI*,
Zr-Mg: *kI*,
Hf-Mg: *kI*;
Ti_2Zn($MoSi_2$)
$TiZn$(*CsCl*)
$TiZn_2$($MgZn_2$)
$TiZn_3$(Cu_3Au)
$TiZn_{10}$(*orth.*)
$TiZn_{15}$,
Zr_2Zn
Zr_3Zn_2?
$ZrZn$(*CsCl*)
$ZrZn_2$(Cu_2Mg)
$ZrZn_3$(h,)
(r,)
$ZrZn_6$(*orth.*)
$ZrZn_{22}$($ZrZn_{22}$,),
Hf_2Zn($MoSi_2$)
$HfZn_2$(Ni_2Mg,Cu_2Mg)
$HfZn_3$
$HfZn_5$(*orth.*)
$HfZn_{22}$($ZrZn_{22}$);
Ti_2Cd($MoSi_2$[*D*])
$TiCd$(*TiCu*)
Zr_2Cd_3(*Cu*)
$ZrCd_3$(~*Cu*, *tetr. def.*);
Ti_3Hg(h_2, Cu_3Au)
(h_1, Cr_3Si)
$TiHg$(*CuAu*),
Zr_3Hg(Cr_3Si)
$ZrHg$(*CuAu*)
$ZrHg_3$(Cu_3Au);

T⁵-B²

VBe_2($MgZn_2$)
VBe_{12}($ThMn_{12}$),
Nb_3Be_2(U_3Si_2)
$NbBe_2$(Cu_2Mg)
$NbBe_3$($NbBe_3$, $R^{3,9}$)
Nb_2Be_{17}(Nb_2Be_{17}, $R^{2,17}$)
$NbBe_{12}$($ThMn_{12}$),
Ta_3Be_2(U_3Si_2)
$TaBe_2$(Cu_2Mg)
$TaBe_3$($NbBe_3$)
Ta_2Be_{17}(Nb_2Be_{17})
$TaBe_{12}$($ThMn_{12}$);
$NbZn$
Nb_2Zn_3
$NbZn_2$(Ni_2Mg)
$NbZn_3$(Cu_3Au);
V-Hg: *kI*,
Ta-Hg: *kI*;

T⁶-B²

$CrBe_2$($MgZn_2$)
$CrBe_{12}$($ThMn_{12}$),
Mo_3Be(Cr_3Si)
$MoBe_2$($MgZn_2$)
$MoBe_{12}$($ThMn_{12}$),
WBe_2($MgZn_2$)
WBe_{12}($ThMn_{12}$);
Cr-Mg: *Im*,
Mo-Mg: *kI*,
W-Mg: *kI*;
~$CrZn_{10}$(*hex.*)
$CrZn_{13}$?($MnZn_{13}$),
Mo-Zn: *kI*,
W-Zn: *vermutl. kI*;
Cr-Cd: *kI*;
Cr-Hg: *kI*,
Mo-Hg: *Im*?,
W-Hg: *kI*;

T⁷-B²

$MnBe_2$($MgZn_2$)
$MnBe_8$?(Cu_2Mg),
$MnBe_{12}$($ThMn_{12}$)
$ReBe_2$($MgZn_2$);
Mn-Mg: *kI*;
Mn_3Zn_2(h, *W*)
~Mn_2Zn_3(h, *Mg*)
$MnZn_3$(r, Cu_3Au)
$MnZn_4$(Cu_5Zn_8)
$MnZn_9$(h,)
(r,)
$MnZn_{13}$($MnZn_{13}$, $N^{1,13}$);
Mn-Cd: *kI*;
$MnHg$(h, *CsCl*)
Mn_2Hg_5(Mn_2Hg_5, $T^{4,10}$)
$MnHg_4$?

T⁸-B²

$FeBe_2$($MgZn_2$)
$FeBe_5$($PdBe_5$)
$FeBe_{11}$(*hex.*),
$FeBe_{12}$($ThMn_{12}$)
$RuBe_2$,
$OsBe_2$;
Fe-Mg: *kI*;
Fe_3Zn_{10}(Cu_5Zn_8)
$FeZn_9$(h,)
(r,)
$FeZn_{13}$($MnZn_{13}$),
Os-Zn: *kI*;
Fe-Cd: *kI*;
Fe-Hg: *kI*;

T⁹-B²

$CoBe$(*CsCl*)
Co_5Be_{12}(~Cu_5Zn_8, *def.*),
$CoBe_{12}$($ThMn_{12}$)
$RhBe_2$,
$IrBe_2$;
$CoMg_2$,
$RhMg$(*CsCl*);
$IrMg_3$(Na_3As), *wI*
$CoZn$(h, *CsCl*)
(r, *Mnβ*)
~Co_5Zn_{21}(Cu_5Zn_8)
$CoZn_7$(h,)
(r, ~Cu_5Zn_8)
$CoZn_{13}$($MnZn_{13}$),
~Rh_5Zn_{21}(Cu_5Zn_8);
Co_5Cd_{21}?(Cu_5Zn_8),
Rh_5Cd_{21}(Cu_5Zn_8);
Co-Hg: *kI*;

T¹⁰-B²

$NiBe$(*CsCl*)
Ni_5Be_{21}(~Cu_5Zn_8[*D*]),
Pd_3Be
Pd_2Be
Pd_3Be_2
Pd_4Be_3?

$Pd_{13}Be_{12}$?
$PdBe(CsCl)$
$PdBe_5(PdBe_5, F^{1,5})$
$PdBe_{12}(ThMn_{12})$,
$Pt_5Be_{21}(\sim Cu_5Zn_8)$
$PtBe_5(PdBe_5)$
$PtBe_{12}(ThMn_{12})$;
$Ni_2Mg(Ni_2Mg, H^{16,8})$
$NiMg_2(NiMg_2, H^{6,12})$,
$Pd_7Mg(Pt_7Mg)$
Pd_3Mg
$PdMg$(h,)
(r, $CsCl$)
$PdMg_{2,7}$
$PdMg_3(Na_3As)$
$PdMg_4$
$PdMg_6$,
$Pt_7Mg(Pt_7Mg)$
$Pt_3Mg(Cu_3Cu)$
$PtMg(FeSi)$
$PtMg_2$?;
$PtMg_3(Na_3As)$
$NiZn$(h, $CsCl$)
(r, $CuAu$)
$NiZn_3(\sim Cu_5Zn_8)$
$Ni_5Zn_{21}(Cu_5Zn_8)$
$NiZn_8$,
$Pd_2Zn(Ni_2Si)$
$PdZn$(h, $CsCl$)
(r, $CuAu$)
Pd_2Zn_3
$PdZn_4(\gamma', \sim Cu_5Zn_8)$
(γ, Cu_5Zn_8)
$PdZn_{12}$(*hex.*),
$Pt_3Zn(Cu_3Au)$
$Pt_3Zn_2(CuAu)$
$PtZn_2$(h, B_2Al?)
(r,)
$PtZn_3(\sim Cu_5Zn_8)$
$PtZn_4(Cu_5Zn_8)$
$PtZn_8$;
NiCd
$Ni_2Cd_5(\sim Cu_5Zn_8)$
$NiCd_4(\sim Cu_5Zn_8)$,
$Pd_3Cd_2(CuAu)$
PdCd(h)?
Pd_2Cd_3(h, W)
$PdCd_3(\sim Cu_5Zn_8)$
$PdCd_4(\sim Cu_5Zn_8)$
$Pd_5Cd_{21}(Cu_5Zn_8)$,
$Pt_3Cd(Cu_3Au)$
$PtCd(CuAu)$

$PtCd_2(\sim B_2Al)$
$Pt_3Cd_7(\sim Cu_5Zn_8)$
$PtCd_3(\sim Cu_5Zn_8)$
$PtCd_5(Cu_5Zn_8)$;
NiHg?(Mg)
$NiHg_4(NiHg_4, B_a^{1,4})$,
$PdHg(CuAu)$
Pd_2Hg_3
$PdHg_2(B_2Al)$
$Pd_2Hg_5(\sim Cu_5Zn_8)$
$PdHg_3$,
Pt_3Hg
Pt_2Hg
PtHg(h, $CuAu$)
$PtHg_2$(*tetr.*)
$PtHg_4(NiHg_4)$;

B^1-B^2

Cu_2Be(*W oder CsCl?*)
$CuBe(CsCl)$
$CuBe_3(Cu_2Mg)$,
Ag_2Be_3(h,)
$AgBe_3$(h, Cu_2Mg)
$AgBe_{12}(ThMn_{12})$,
Au_3Be
Au_2Be
Au_4Be_3
$AuBe(FeSi)$
$AuBe_3$
$AuBe_5(PdBe_5)$;
$Cu_2Mg(Cu_2Mg, F_a^{4,2})$
$CuMg_2(CuMg_2, S^{4,8})$,
$Ag_3Mg(ZrAl_3)$
$AgMg(CsCl)$
$AgMg_3$(*hex.?*),
Au_3Mg
$AuMg(CsCl)$
$AuMg_2$
Au_2Mg_5(h,)
$AuMg_3(Na_3As)$;
CuZn(h, W)
(r, $CsCl$)
$Cu_5Zn_8(Cu_5Zn_8, B^{10,16})$
Cu_5Zn_{8+}(*deform. Str.?*)
$CuZn_3$(h, *kub.*)
$CuZn_4(Mg)$,
AgZn(h, W)
$Ag_{2-}Zn$(r, $Ag_{2-}Zn$(r), $H^{6,3}$)
$Ag_5Zn_8(Cu_5Zn_8)$
$\sim AgZn_3(Mg)$,
$Au_4Zn(\sim Pd_{1+}Cu_3)$
Au_3Zn(h, $ZrAl_3$)

Au_3Zn_{1-}(r, Au_3Zn_{1-}(r), $U^{24,8}$)
Au_3Zn_{1+}(r, Au_3Zn(r), $Q_a^{12,4}$)
$Au_5Zn_3(Au_5Zn_3, P^{40,24})$
$AuZn(CsCl)$
$AuZn_3(h_2, \ )$
$(h_1, \sim Cu_5Zn_8) =$ Au_5Zn_8(r)
(r, UH_3)
$AuZn_8$(h, Mg)
(r, $\sim Mg[R]$);
$Cu_2Cd(MgZn_2)$
Cu_4Cd_3
$Cu_5Cd_8(Cu_5Zn_8)$
$CuCd_3$,
$AgCd(h_2, W)$
$AgCd(h_1, Mg)$
(r, $CsCl$)
Ag_5Cd_8(h, Cu_5Zn_8)
Ag_5Cd_8(r, $\sim Cu_5Zn_8$)
$AgCd_3(Mg)$,
$Au_{3+}Cd(TiNi_3)$
$Au_3Cd(TiAl_3)$
$Au_2Cd(Mg)$, *wI*
AuCd(h, $CsCl$)
AuCd(r, $AuCd, O_a^{2,2}$), *wI*
$Au_2Cd_3(h_3, \sim Cu_5Zn_8)$
$(h_2, \ )$
$(h_1, \ )$
(r,)
$AuCd_3$(h, Mg)
(r, $\sim Cu_5Zn_8$);
$Cu_4Hg_3(Cu_5Zn_8)$,
$Ag_5Hg_4(Mg)$
$Ag_3Hg_4(Cu_5Zn_8)$,
Au_3Hg(*Mg, geordnet*)
Au_2Hg?
$AuHg_2$(h, $\sim Cu_5Zn_8$)
(r,)
Au_2Hg_5
$AuHg_4$;

B^2-B^2

$Be_{13}Mg(NaZn_{13})$,
Mg_7Zn_3(*h*,)
MgZn
Mg_2Zn_3
$MgZn_2(MgZn_2, H_a^{4,8})$
$Mg_2Zn_{11}(Mg_2Zn_{11}, C^{6,33})$;
(Mg,Cd)(h, Mg)
$Mg_3Cd(Ni_3Sn)$
$MgCd(AuCd)$

$MgCd_3$(*Ni_3Sn*),
Zn-Cd: *kI*;
Be-Hg: *kI*,
Mg_3Hg(*Na_3As*)
Mg_5Hg_2
Mg_2Hg
Mg_5Hg_3(*Mn_5Si_3*)
MgHg(*CsCl*)
$MgHg_2$(*$MoSi_2$*)
Zn_3Hg(*Mg*)
Zn_3Hg_2,
CdHg(*CuAu*, $T_b^{1,1}$);

A^1-B^3
LiAl(*NaTl*)
$LiAl_2$,
Na-Al: *kI*,
K-Al: *kI*,
Rb-Al: *kI*,
Cs-Al: *kI*;
LiGa(*NaTl*),
Na_5Ga_8
$NaGa_3$,
K-Ga: *Im*;
LiIn(*NaTl*),
NaIn(*NaTl*);
Li_4Tl
Li_3Tl
Li_5Tl_2
Li_2Tl
~LiTl(*CsCl*),
Na_6Tl
Na_2Tl
NaTl(*NaTl*, $F^{2,2}$)
$NaTl_2$,
K_2Tl?
KTl;

A^2-B^3
CaB_6(*CaB_6*, $C^{1,6}$),
SrB_6(*CaB_6*);
BaB_6(*CaB_6*);
$CaAl_2$(*Cu_2Mg*)
$CaAl_4$(*$BaAl_4$*),
SrAl(h, *kub.*)
$SrAl_4$(*$BaAl_4$*),
Ba_9Al?
Ba_9Al_2?
BaAl(*hex.*)
$BaAl_2$
$BaAl_4$(*$BaAl_4$*, $U_b^{1,4}$);
$CaGa_2$(*B_2Al*),
$SrGa_2$(*B_2Al*),
$BaGa_2$(*B_2Al*);
CaIn;
CaTl(*CsCl*)
Ca_3Tl_4
$CaTl_3$(*Cu_3Au*),
SrTl(*CsCl*),
BaTl?;

T^3-B^3
ScB_2(*B_2Al*)
ScB_6(*CaB_6*),
YB_2(*B_2Al*)?
YB_4(*ThB_4*)
YB_6(*CaB_6*),
LaB_4(*ThB_4*)
LaB_6(*CaB_6*),
CeB_4(*ThB_4*)
CeB_6(*CaB_6*),
PrB_4(*ThB_4*)
PrB_6(*CaB_6*),
NdB_4(*ThB_4*)
NdB_6(*CaB_6*),
SmB_4(*ThB_4*)
SmB_6(*CaB_6*),
EuB_6(*CaB_6*),
GdB_4(*ThB_4*)
GdB_6(*CaB_6*),
TbB_4(*ThB_4*)
TbB_6(*CaB_6*),
DyB_4(*ThB_4*)
DyB_6(*CaB_6*),
HoB_4(*ThB_4*)
HoB_6(*CaB_6*),
ErB_4(*ThB_4*)
ErB_6(*CaB_6*),
TmB_6(*CaB_6*)
YbB_4(*ThB_4*)
YbB_6(*CaB_6*),
CpB_4(*ThB_4*)
CpB_6(*CaB_6*),
ThB_4(*ThB_4*, $T^{4,16}$)
ThB_6(*CaB_6*),
UB_2(*B_2Al*)
UB_4(*ThB_4*)
UB_{12}(*UB_{12}*, $F^{1,12}$),
PuB(*NaCl*)
PuB_2(*B_2Al*)
PuB_4(*ThB_4*)
PuB_6(*CaB_6*);
$ScAl_2$(*Cu_2Mg*),
Y_2Al(*tetr.*)
Y_3Al_2(*tetr.*)
YAl(*orth.*)
YAl_2(*Cu_2Mg*)
YAl_3(*hex.*),
La_3Al(*Cu_3Au*)
La_3Al_2
LaAl
$LaAl_2$(*Cu_2Mg*)
$LaAl_4$(h,)
(r, *$BaAl_4$*),
Ce_3Al(h, *Cu_3Au*)
(r, *Ni_3Sn*)
Ce_3Al_2?
CeAl(*W*?, *orth. Zelle*)
$CeAl_2$(*Cu_2Mg*)
$CeAl_4$(*$BaAl_4$*),
Pr_3Al(*Cu_3Au*)
Pr_3Al_2
PrAl
$PrAl_2$
$PrAl_4$(*$BaAl_4$*),
NdAl(*CsCl*)
$NdAl_2$(*Cu_2Mg*)
$NdAl_4$(*$BaAl_4$*),
Sm_3Al(*Cu_3Au*)
$SmAl_2$(*Cu_2Mg*)
$SmAl_{3+}$(*Ni_3Sn*),
$EuAl_2$(*Cu_2Mg*)
GdAl(*CsCl*)?
$GdAl_2$(*Cu_2Mg*)
$GdAl_3$(*Ni_3Sn*),
$TbAl_2$(*Cu_2Mg*),
DyAl(*CsCl*)?
$DyAl_2$(*Cu_2Mg*),
$HoAl_2$(*Cu_2Mg*),
$ErAl_2$(*Cu_2Mg*),
$TmAl_2$(*Cu_2Mg*),
$YbAl_2$(*Cu_2Mg*),
$CpAl_2$(*Cu_2Mg*),
Th_2Al(*$CuAl_2$*)
Th_3Al_2(h, *U_3Si_2*)
ThAl(*orth.*)
Th_4Al_7(h, *tetr.*)
$ThAl_2$(*B_2Al*)
$ThAl_3$(*Ni_3Sn*),
UAl_2(*Cu_2Mg*)
UAl_3(*Cu_3Au*)
UAl_4(*UAl_4*, $P^{4,16}$),
$NpAl_2$(*Cu_2Mg*)
$NpAl_3$(*Cu_3Au*)
$NpAl_4$(*UAl_4*),
Pu_3Al(*$SrPb_3$*)
PuAl(*CsCl*)

$\mathrm{PuAl_2}$(Cu_2Mg)
$\mathrm{PuAl_3}$(VCo_3)
$\mathrm{PuAl_4}$(UAl_4);
$\mathrm{YGa_2}$(B_2Al)
$\mathrm{LaGa_2}$(B_2Al),
$\mathrm{CeGa_2}$(B_2Al),
$\mathrm{Pr_3Ga}$
$\mathrm{Pr_3Ga_2}$
PrGa(TlJ)
$\mathrm{PrGa_2}$(B_2Al),
$\mathrm{NdGa_2}$(B_2Al),
$\mathrm{SmGa_2}$(B_2Al),
GdGa(TlJ)
$\mathrm{GdGa_2}$(B_2Al),
$\mathrm{TbGa_2}$(B_2Al),
DyGa(TlJ)
$\mathrm{DyGa_2}$(B_2Al),
$\mathrm{HoGa_2}$(B_2Al),
$\mathrm{ErGa_2}$(B_2Al),
$\mathrm{UGa_2}$
$\mathrm{UGa_3}$(Cu_3Au);
$\mathrm{Sc_3In}$(Ni_3Sn),
$\mathrm{LaIn_3}$(Cu_3Au),
$\mathrm{Ce_3In}$
$\mathrm{Ce_2In}$
CeIn
$\mathrm{Ce_2In_3}$
$\mathrm{CeIn_3}$(Cu_3Au),
$\mathrm{PrIn_3}$(Cu_3Au),
$\mathrm{NdIn_3}$(Cu_3Au),
$\mathrm{SmIn_3}$(Cu_3Au),
GdIn($CsCl$)
$\mathrm{GdIn_3}$(Cu_3Au),
DyIn($CsCl$)
$\mathrm{DyIn_3}$(Cu_3Au),
$\mathrm{Th_2In}$($CuAl_2$),
$\mathrm{UIn_3}$(Cu_3Au),
$\mathrm{Pu_3In}$(Cu_3Au);
$\mathrm{La_2Tl}$
LaTl($CsCl$)
$\mathrm{LaTl_3}$(Cu_3Au),
$\mathrm{Ce_2Tl}$
CeTl($CsCl$)
$\mathrm{CeTl_3}$(Cu_3Au),
$\mathrm{Pr_2Tl}$
PrTl($CsCl$)
$\mathrm{PrTl_3}$(Cu_3Au),
$\mathrm{NdTl_3}$(Cu_3Au),
$\mathrm{SmTl_3}$(Cu_3Au),
GdTl($CsCl$)
$\mathrm{GdTl_3}$(Cu_3Au),
DyTl($CsCl$)
$\mathrm{DyTl_3}$(Cu_3Au),
$\mathrm{UTl_3}$(Cu_3Au);

$\mathrm{T^4}$-$\mathrm{B^3}$

TiB(FeB)
$\mathrm{TiB_2}$(B_2Al)
$\mathrm{Ti_2B_5}$(W_2B_5),
ZrB(h, $NaCl$)?
$\mathrm{ZrB_2}$(B_2Al)
$\mathrm{ZrB_{12}}$(h, UB_{12}),
HfB($NaCl$)
$\mathrm{HfB_2}$(B_2Al)
$\mathrm{HfB_{12}}$?;
$\mathrm{Ti_3Al}$(Ni_3Sn)
ferner tetr. Str.?
TiAl($CuAu$, $T_b^{1,1}$)
$\mathrm{TiAl_2}$($HfGa_2$), *wI*
$\mathrm{TiAl_3}$($TiAl_3$, $U^{1,3}$),
$\mathrm{Zr_3Al}$(Cu_3Au)
$\mathrm{Zr_2Al}$(h, $CuAl_2$)
$\mathrm{Zr_2Al}$(Ni_2In)
$\mathrm{Zr_5Al_3}$(h, W_5Si_3)
$\mathrm{Zr_3Al_2}$(Zr_3Al_2, $T_c^{12,8}$)
$\mathrm{Zr_4Al_3}$(Zr_4Al_3, $H_a^{4,3}$)
$\mathrm{Zr_5Al_4}$(h, Ti_5Ga_4)
ZrAl(TlJ)
$\mathrm{Zr_2Al_3}$(Zr_2Al_3, $S^{4,6}$)
$\mathrm{ZrAl_2}$($MgZn_2$)
$\mathrm{ZrAl_3}$($ZrAl_3$, $U_u^{2,6}$),
$\mathrm{Hf_2Al}$(h, $CuAl_2$)
$\mathrm{Hf_3Al_2}$(Zr_3Al_2)
$\mathrm{Hf_4Al_3}$(Zr_4Al_3)
HfAl(TlJ)
$\mathrm{Hf_2Al_3}$(Zr_2Al_3)
$\mathrm{HfAl_2}$($MgZn_2$)
$\mathrm{HfAl_3}$(h, $TiAl_3$)
$\mathrm{HfAl_{3+}}$(r, $ZrAl_3$);
$\mathrm{Ti_3Ga}$(Ni_3Sn)
$\mathrm{Ti_2Ga}$(Ni_2In)
$\mathrm{Ti_5Ga_3}$(W_5Si_3)
$\mathrm{Ti_5Ga_4}$(Ti_5Ga_4, $H^{10,8}$)
TiGa($CuAu$)
$\mathrm{Ti_2Ga_3}$(Ti_2Ga_3, $T_b^{4,6}$)
$\mathrm{TiGa_2}$($HfGa_2$)
$\mathrm{TiGa_3}$($TiAl_3$),
$\mathrm{Zr_2Ga}$($CuAl_2$)
$\mathrm{Zr_5Ga_3}$(Mn_5Si_3)
$\mathrm{Zr_3Ga_2}$(U_3Si_2)
$\mathrm{Zr_5Ga_4}$(h, Ti_5Ga_4)
ZrGa(h,)
(r, MoB)
$\mathrm{Zr_2Ga_3}$(Zr_2Al_3)
$\mathrm{Zr_3Ga_5}$
$\mathrm{ZrGa_2}$($ZrGa_2$, $Q_b^{2,4}$)
$\mathrm{ZrGa_3}$($ZrAl_3$),
$\mathrm{Hf_2Ga}$($CuAl_2$)
$\mathrm{Hf_5Ga_3}$(Mn_5Sn_3)
$\mathrm{Hf_5Ga_4}$
HfGa
$\mathrm{Hf_2Ga_3}$(Zr_2Al_3)
$\mathrm{HfGa_2}$($HfGa_2$, $U^{4,8}$)
$\mathrm{HfGa_3}$($TiAl_3$);
$\mathrm{Ti_3In}$(Ni_3Sn), *wI*,
$\mathrm{Ti_3In_4}$(Ti_3In_4, $T^{6,8}$)
$\mathrm{Zr_3In}$(Cu_3Au), *wI*;
$\mathrm{ZrIn_2}$($HfGa_2$)
$\mathrm{ZrIn_3}$(h, $TiAl_3$)
(r, $ZrAl_3$)
$\mathrm{Hf_3In_4}$(Ti_3In_4)

$\mathrm{T^5}$-$\mathrm{B^3}$

$\sim\mathrm{V_3B_2}$(U_3Si_2)
VB(TlJ)
$\mathrm{V_3B_4}$(Ta_3B_4)
$\mathrm{VB_2}$(B_2Al), *wI?*,
$\sim\mathrm{Nb_3B_2}$(U_3Si_2)
NbB(TlJ)
$\mathrm{Nb_3B_4}$(Ta_3B_4)
$\mathrm{NbB_2}$(B_2Al),
$\mathrm{Ta_2B}$($CuAl_2$)
$\mathrm{Ta_3B_2}$(U_3Si_2)
TaB(TlJ)
$\mathrm{Ta_3B_4}$(Ta_3B_4, $P^{3,4}$)
$\mathrm{TaB_2}$(B_2Al),
$\mathrm{V_5Al_8}$(Cu_5Zn_8)
$\mathrm{VAl_3}$($TiAl_3$)
$\mathrm{V_4Al_{23}}$(V_4Al_{23}, $H^{8,46}$)
$\mathrm{V_7Al_{45}}$(V_7Al_{45}, $N^{7,45}$)
$\mathrm{VAl_{10}}$(VAl_{10}, $F^{4,40}$),
$\mathrm{Nb_3Al}$(Cr_3Si)
$\mathrm{Nb_2Al}$($\sim U\beta$)
$\mathrm{NbAl_3}$($TiAl_3$),
$\mathrm{Ta_2Al}$($U\beta$)
$\mathrm{TaAl_3}$($TiAl_3$);
$\mathrm{V_3Ga}$(Cr_3Si)
$\mathrm{V_6Ga_5}$(Ti_6Sn_5)
VGa(h)(Cu_5Zn_8)
$\mathrm{V_2Ga_5}$(Mn_2Hg_5),
$\mathrm{Nb_3Ga}$(Cr_3Si), *wI*
$\mathrm{Nb_5Ga_{13}}$(Nb_5Ga_{13}, $Q^{5,13}$)
$\mathrm{NbGa_3}$($TiAl_3$),
$\mathrm{Ta_5Ga_3}$(W_5Si_3);

T^6-B^3
$Cr_{\sim 4}B$($\sim Mn_4B$)
Cr_2B($CuAl_2$)
Cr_5B_3(Cr_5B_3, $U_a^{10,6}$)
CrB(TlJ)
Cr_3B_4(Ta_3B_4)
CrB_2(B_2Al),
Mo_2B($CuAl_2$)
Mo_5B_3(h, Cr_5B_3?)
MoB(h, TlJ)
(r, MoB, $U_b^{4,4}$)
MoB_2(h, B_2Al)
Mo_2B_5(Mo_2B_5, $R^{2,5}$)
MoB_4(*tetr.*),
W_2B($CuAl_2$)
WB(h, TlJ)
(r, MoB)
W_2B_5(W_2B_5, $H_b^{4,10}$)
WB_4;
Cr_2Al($MoSi_2$)
Cr_5Al_8(h,)
(r, Cr_5Al_8, $R^{10,16}$)
$Cr_{4+}Al_9$
Cr_4Al_{9+}
$CrAl_3$
$CrAl_4$
Cr_2Al_{11}
$CrAl_7$(V_7Al_{45}),
Mo_3Al(Cr_3Si)
Mo_3Al_8(Mo_3Al_8, $N_b^{3,8}$)
$MoAl_3$?
$MoAl_4$(h, WAl_4)
$MoAl_5$(h,)
(r, *rhbdr.*)
$MoAl_6$(*mon.*)
$MoAl_{12}$(WAl_{12}),
WAl_2(h,)
W_3Al_7(h,)
WAl_3(h,)
WAl_4(WAl_4, $N^{3,12}$)
WAl_5(WAl_5, $H^{2,10}$)
WAl_{12}(WAl_{12}, $B^{1,12}$);
Cr_3Ga(Cr_3Si),
$Cr_{1+}Ga_{4-}$($NiHg_4$)
Mo_3Ga(Cr_3Si)
$MoGa_{\sim 4}$,
W-Ga: *kI*;

T^7-B^3
$\sim Mn_4B$(Mn_4B, $S^{8,2}$)
Mn_2B($CuAl_2$)
MnB(FeB)
Mn_3B_4(Ta_3B_4)
MnB_2(B_2Al),
Re_3B(Re_3B,)
Re_7B_3(Th_7Fe_3)
Re_2B?(*tetr.*)
Re_2B_5?(W_2B_5)
ReB_3(ReB_3, $H_d^{2,6}$);
Mn_3Al_2(h_2, Mg)
(h_1, $CuAu$)
$MnAl$(h, $CsCl$)
(r, Cr_5Al_8)
Mn_4Al_{11}(Mn_4Al_{11}, $Z^{4,11}$)
$MnAl_3$(*orth.*)
Mn_3Al_{10}(Mn_3Al_{10}, $H_b^{6,20}$)
$MnAl_6$($MnAl_6$, $Q^{2,12}$)
$MnAl_{12}$,
$Re_{24}Al_5$(αMn)
$ReAl$($CsCl$)
$ReAl_2$
$ReAl_6$($MnAl_6$)
$ReAl_{12}$(WAl_{12});
Mn_3Ga(h_2, Mg)
$Mn_{\sim 3}Ga$(h_1, $SrPb_3$)
$Mn_{55}Ga_{45}$(Cr_5Al_8), *wI*
Mn_2Ga_5(Mn_2Hg_5)
$MnGa_4$($NiHg_4$)
$MnGa_6$(*orth.*);
Mn_3In(Cu_5Zn_8);
Mn-Tl: *kI*;

T^8-B^3
Fe_2B($CuAl_2$)
FeB(h,)
(r, FeB, $O_b^{4,4}$),
Ru_7B_3(Th_7Fe_3)
$Ru_{11}B_8$(*orth.*)
$RuB_{\sim 1}$(WC *od.* B_2Al)
$Ru_2B_{\sim 3}$(W_2B_5)
RuB_2(B_2Al)
OsB($\sim WC$)
OsB_2(B_2Al)
$Os_2B_{\sim 3}$(W_2B_5);
Fe_3Al(Fe_3Si)
$FeAl$($CsCl$)
Fe_2Al_3(h)
$FeAl_2$
Fe_2Al_5(*Unterstr. orth.*)
$FeAl_3$($FeAl_3$, $N^{12,39}$),
$RuAl$($CsCl$),
$OsAl$($CsCl$);
Fe_3Ga(Cu_3Au)
$Fe_{70}Ga_{30}$(h, Mg)
$Fe_{55}Ga_{45}$(h,)
(r, Cr_5Al_8)
$FeGa$(h, $CsCl$)
Fe_8Ga_{11}(*mon.*)
$FeGa_3$($CoGa_3$);
$RuGa_3$($CoGa_3$)
$OsGa_3$($CoGa_3$)
Fe-Tl: *kI*;

T^9-B^3
Co_3B(Fe_3C)
Co_2B($CuAl_2$)
CoB(FeB)
CoB_2,
Rh_7B_3(Th_7Fe_3)
$RhB_{\sim 1,1}$($NiAs$(*anti*))
RhB_{2+},
Ir_3B_2?
$IrB_{\sim 1,1}$($ThSi_2$)
IrB_2?;
$CoAl$($CsCl$)
Co_2Al_5(Co_2Al_4, $H^{8,20}$)
Co_4Al_{13}
Co_2Al_9(Co_2Al_9, $M^{4,18}$);
$RhAl$($CsCl$)
$IrAl$($CsCl$)
$CoGa$($CsCl$)
$CoGa_3$($CoGa_3$, $T^{4,12}$),
$RhGa$($CsCl$);
$RhGa_2$
$RhGa_3$($CoGa_3$)
$RhGa_6$
$IrGa$($CsCl$)
$IrGa_2$?
$IrGa_3$(h, $CoGa_3$)
(r,)
$IrGa_6$
$RhIn$($CsCl$);
$RhIn_3$($CoGa_3$)
Ir_2In_3
$IrIn_3$($CoGa_3$)
Co-Tl: *kI*;

T^{10}-B^3
Ni_3B(Fe_3C)
Ni_2B($CuAl_2$)
Ni_4B_3(Ni_4B_3, *orth.*, $O^{16,12}$)
(Ni_4B_3, *mon.*)
NiB(TlJ)
Ni_2B_3?,
Pd_3B(Fe_3C)

Pd_5B_2(*mon.*)
Pd_3B_2?,
Pt_3B_2
PtB(*NiAs(anti)*),
Ni_3Al(Cu_3Au)
Ni_3Al_2(h, *CuAu*)
NiAl(*CsCl*)
Ni_2Al_3(Ni_2Al_3, $H_a^{2,3}$)
$NiAl_3$(Fe_3C),
Pd_2Al(Ni_2Si)
Pd_5Al_3(Rh_5Ge_3)
PdAl(h, *CsCl*)
(r, *mon.*)
Pd_2Al_3(Ni_2Al_3)
$PdAl_3$(*orth.*), *wI*,
$Pt_{13}Al_3$(*tetr.*)
Pt_3Al(Cu_3Au)
Pt_5Al_3(Rh_5Ge_3)
Pt_3Al_2
PtAl(*FeSi*)
Pt_2Al_3(Pt_2Al_3, $H_b^{4,6}$)
$PtAl_2$(CaF_2)
$PtAl_3$
$PtAl_4$;
Ni_3Ga(Cu_3Au)
Ni_2Ga(*CuAu*)
Ni_3Ga_2(h, *NiAs*)
(r,)
NiGa(h, *W*)
(r, *CsCl*)
Ni_2Ga_3(Ni_2Al_3)
$NiGa_{\sim 4}$(Ru_3Sn_7), *wI*?,
Pd_3Ga
Pd_2Ga(Ni_2Si)
Pd_5Ga_3(Rh_5Ge_3)
PdGa(*FeSi*)
2 Hochtemp.-Phasen
Pd_3Ga_7(Ru_3Sn_7)
$PdGa_5$($PdGa_5$, $U^{2,10}$),
Pt_4Ga($\sim Pt_3Si$)
Pt_3Ga(Cu_3Au)
Pt_5Ga_3(Pt_5Ga_3, $Q^{5,3}$)
PtGa(*FeSi*)
Pt_2Ga_3(Ni_2Al_3)
$PtGa_2$(h, CaF_2)
Pt_3Ga_7(Ru_3Sn_7)
$PtGa_6$(*mon.*);
Ni_3In(Ni_3Sn(r))
Ni_2In(Ni_2In, $H_c^{4,2}$)
NiIn(h, *CsCl*)
(r, *CoSn*)
Ni_2In_3(Ni_2Al_3)
Ni_3In_7(Ru_3Sn_7),
Pd_3In($SrPb_3$, *wI*)
Pd_2In(h,)
(r, Ni_2Si)
Pd_5In_3(Rh_5Ge_3)
PdIn(*CsCl*)
Pd_2In_3(Ni_2Al_3)
Pd_3In_7(Ru_3Sn_7),
Pt_3In_2(*NiAs*)
Pt_2In_3(Ni_2Al_3)
$PtIn_2$(h, CaF_2)
Pt_3In_7(Ru_3Sn_7);
Ni-Tl: *kI*,
Pd_3Tl($SrPb_3$?)
Pd_2Tl(*NiAs*),
PtTl(*CoSn*);

B^1-B^3

CuB_{22}?,
AgB_2(B_2Al),
AuB_2(B_2Al);
Cu_3Al(h, *W*)
(r, $TiCu_3$?)
Cu_7Al_3(h,)
Cu_2Al(h,)
$\sim Cu_9Al_4$(r, $\sim Cu_5Zn_8$)
+ *weitere Varianten*
Cu_3Al_2
Cu_3Al_{2+}(h, ~*kub.*)
Cu_5Al_4(h,)
(r, *mon.*)
CuAl(h, *orth.*)
(r, *orth.*)
$CuAl_2$($CuAl_2$, $U_a^{2,4}$),
Ag_3Al(h, *W*)
Ag_3Al(r, βMn)
Ag_2Al(*Mg*),
Au_4Al(h, *W*)
(r, *Mn*(h_1))
Au_5Al_2($\sim Cu_5Zn_8$)
Au_2Al
AuAl
$AuAl_2$(CaF_2);
Cu_3Ga(h_2, *W*)
(h_1, *Mg*)
(r, ~*Mg*[*R*])
Cu_2Ga(h, Cu_5Zn_8)
(r, γ_1, $\sim Cu_5Zn_8$)
Cu_2Ga_{1+}(γ_2, $\sim Cu_5Zn_8$)
Cu_3Ga_2(γ_3, $\sim Cu_5Zn_8$)
$CuGa_2$($CuGa_2$, $T_b^{1,2}$),
$Ag_{\sim 3}Ga$(h, *Mg*)
(r, Ag_2Zn(r))
Ag_2Ga_3?,
Au_3Ga(h, *Mg*)
Au_7Ga_3
AuGa(*MnP*)
$AuGa_2$(CaF_2);
Cu_4In(h, *W*)
Cu_7In_3(h, Cu_5Zn_8)
(r, ~*NiAs oder* $\sim Cu_5Zn_8$)
Cu_2In(*NiAs*)
$Cu_{58}In_{42}$,
Ag_3In(h_2, *W*)
$Ag_{2+}In$(h_1, *Mg*)
(r, Ni_3Sn(r))
Ag_2In(h, Cu_5Zn_8)
(r, $\sim Cu_5Zn_8$)
$AgIn_2$($CuAl_2$),
Au_7In(h, $TiNi_3$)
Au_6In(h,)
(r, *Mg*)
$Au_{3,5}In$(h, *hex.*)
(r, $Cu_{10}Sb_3$(h))
Au_3In($TiCu_3$)
Au_7In_3(h, Cu_5Zn_8)
(r,)
Au_3In_2(h, Ni_2Al_3)
AuIn(*triklin*)
$AuIn_2$(CaF_2)
Cu-Tl: *kI*,
Ag-Tl: *kI*,
Au-Tl: *kI*;

B^2-B^3

Be_4B(Be_4B, $T^{8,2}$)
Be_2B(CaF_2)
BeB_2(*hex.*)
$\sim BeB_6$(*tetr.*),
MgB_2(B_2Al)
MgB_4
MgB_6?
MgB_{12}?,
Zn-B: *kI*;
Be-Al: *kI*,
Mg_4Al_3(*Mn*(r))
MgAl(h, ~*Mn*(r))
$Mg_{13}Al_{57}$
Mg_3Al_5(*kub.*),
Zn-Al: *kI*,
Cd-Al: *kI*,
Hg-Al: *kI*;

Be-Ga: *Im*,
Mg_5Ga_2(Mg_5Ga_2, $P^{10,4}$)
Mg_2Ga
MgGa(*MgGa*,)
$MgGa_2$,
Zn-Ga: *kI*,
Cd-Ga: *kI*,
Hg-Ga: *kI*;
$Mg_{3-}In$(Mg_3In)
Mg_3In(h, Cu_3Au)
Mg_5In_2(Mg_5Ga_2), *wI*
Mg_2In(Fe_2P)
MgIn(*CuAu*)
$MgIn_{2,5}$(Cu_3Au)
$MgIn_5$(*Cu*),
Zn-In: *kI*,
Cd_3In(h, *Cu*),
$CdIn_{10}$(h)(*Cu*)
Hg-In: *kI*;
Mg_5Tl_2(Mg_5Ga_2)
Mg_2Tl(Fe_2P? *oder* Mg_2Ga?)
MgTl(*CsCl*),
Zn-Tl: *kI*,
Cd-Tl: *kI*,
Hg_3Tl(Cu_3Au);

B^3-B^3

$B_{12}Al$(β, *orth.*)
(α, *tetr.*)
$B_{10}Al$(*orth.*)
B_2Al(h, B_2Al, $H_c^{2,1}$);
$B_{12}Ga$(*tetr.*),
Al-Ga: *kI*;
Al-In: *kI*,
Ga-In: *kI*;
B-Tl: *kI*,
Al-Tl: *kI*,
Ga-Tl: *kI*,
~In_2Tl(*Cu*);

A^1-B^4

LiC(*mon.*)
KC_8(KC_8, $H^{4,32}$)
KC_{16}(KC_{16}, $H^{2,32}$),
RbC_8(KC_8)
RbC_{16}(KC_{16}),
CsC_8(KC_8)
CsC_{16}(KC_{16});
$Li_{15}Si_4$($Cu_{15}Si_4$?)
Li_2Si,
NaSi
$NaSi_2$?,
KSi(*KGe*)
KSi_8,
RbSi(*KGe*)
$RbSi_8$,
CsSi(*KGe*)
$CsSi_8$;
NaGe,
KGe(*KGe*, $C^{32,32}$)
KGe_4,
RbGe(*KGe*)
$RbGe_4$,
CsGe(*KGe*)
$CsGe_4$;
Li_4Sn
Li_7Sn_2
Li_5Sn_2
Li_2Sn
LiSn
$LiSn_2$,
$Na_{15}Sn_4$(*orth.*)
Na_3Sn
Na_2Sn
Na_4Sn_3(h)
NaSn(h,)
(r,)
$NaSn_2$
$NaSn_3$
$NaSn_4$
$NaSn_6$,
K_2Sn
KSn
KSn_2
KSn_4(h,)
(r,);
$Li_{22}Pb_5$($Li_{22}Pb_5$, $F^{88,20}$)
Li_7Pb_2(Li_7Pb_2, $H^{7,2}$)
Li_3Pb(Fe_3Si)
Li_8Pb_3(Li_8Pb_3, $N_a^{8,3}$)
LiPb(h, *CsCl*)
(r, *CsCl*[*D*, *rhbdr.*]),
$Na_{15}Pb_4$($Cu_{15}Si_4$)
$Na_{13}Pb_5$
Na_5Pb_2(*rhbdr.*)
Na_9Pb_4(h,)
(r,)
NaPb(*NaPb*, $U^{16,16}$)
$NaPb_3$(Cu_3Au),
K_2Pb
KPb
KPb_2($MgZn_2$)
KPb_4;

A^2-B^4

CaC_2(h, *kub.*)
(r, CaC_2(r), $U_a^{1,2}$)
(t,),
SrC_2(CaC_2),
BaC_2(CaC_2);
Be-Si: *kI*,
Ca_2Si($PbCl_2$)
CaSi(h,)
(r, *TlJ*)
$CaSi_2$($CaSi_2$, $R^{2,4}$),
SrSi
$SrSi_2$,
BaSi
$BaSi_2$(B_2Al)
$BaSi_3$
$BaSi_{3,5}$?
$BaSi_4$?;
Ca_2Ge($PbCl_2$)
CaGe(*TlJ*)
$CaGe_2$($CaSi_2$);
SrGe?(*TlJ*)
Ca_2Sn($PbCl_2$)
CaSn(*TlJ*)
$CaSn_3$(Cu_3Au),
SrSn?
$SrSn_3$
$SrSn_5$,
Ba_2Sn
$BaSn_3$
$BaSn_5$;
Ca_2Pb($PbCl_2$)
CaPb
$CaPb_3$(Cu_3Au),
$SrPb_3$($SrPb_3$, $T^{1,3}$),
Ba_2Pb
BaPb
$BaPb_3$;

T^3-B^4

Sc_2C(W_2C)
ScC(*NaCl*),
Y_3C(Fe_4N)
YC_2(CaC_2),
La_2C_3(Rb_2O_3)
LaC_2(h, FeS_2?)
(r, CaC_2),
CeC(*NaCl*)
Ce_2C_3(Rb_2O_3)
CeC_2(CaC_2),
Pr_2C_3(Rb_2O_3)
PrC_2(CaC_2),

$Nd_2C_3(Rb_2O_3)$
$NdC_2(CaC_2)$,
$Sm_3C(NaCl)$
$Sm_2C_3(Rb_2O_3)$
$SmC_2(CaC_2)$,
$Gd_3C(NaCl)$
$Gd_2C_3(Rb_2O_3)$
$GdC_2(CaC_2)$,
$Tb_3C(NaCl)$
$Tb_2C_3(Rb_2O_3)$
$TbC_2(CaC_2)$,
$Dy_3C(NaCl)$
$Dy_2C_3(Rb_2O_3)$
$DyC_2(CaC_2)$,
$Ho_2C(NaCl)$
$Ho_2C_3(Rb_2O_3)$
$HoC_2(CaC_2)$,
$Er_3C(NaCl)$
$ErC_2(CaC_2)$,
$Tm_3C(NaCl)$
$TmC_2(CaC_2)$,
$Yb_3C(NaCl)$
$YbC_2(CaC_2)$,
$Cp_3C(NaCl)$
$CpC_2(CaC_2)$,
$ThC(NaCl)$
ThC_2(h,)
(r, ThC_2, $N^{2,4}$),
$UC(NaCl)$
U_2C_3(r, Rb_2O_3)
UC_2(h, *kub.*)
(r, CaC_2),
$NpC(NaCl)$
$Np_2C_3(Rb_2O_3)$
$NpC_2(CaC_2)$,
$PuC(NaCl)$
$Pu_2C_3(Rb_2O_3)$;
$Y_5Si_3(Mn_5Si_3)$
$YSi(TlJ)$
YSi_2(h, $ThSi_2$)
(r, $GdSi_2$),
$LaSi_2(ThSi_2)$,
Ce_3Si
Ce_2Si
Ce_4Si_3
$CeSi(FeB)$
$CeSi_2(ThSi_2)$,
$PrSi_2$(h, $ThSi_2$)
(r, $GdSi_2$),
$NdSi_2(ThSi_2)$,
$SmSi_2$(h, $ThSi_2$)
(r, $GdSi_2$),
$EuSi_2(ThSi_2)$,
$GdSi_2$(h, $ThSi_2$)
(r, $GdSi_2$),
$DySi_2$(h, $ThSi_2$)
(r, $GdSi_2$),
$YbSi_x$,
$Th_3Si_2(U_3Si_2)$
$ThSi(FeB)$
Th_3Si_5(h, B_2Al)
$ThSi_2$($ThSi_2$, $U_c^{2,4}$),
U_3Si(U_3Si, $U_b^{6,2}$)
U_3Si_2(U_3Si_2, $T_a^{6,4}$)
$USi(FeB)$
U_3Si_5(h, B_2Al)
$USi_2(ThSi_2)$
$USi_3(Cu_3Au)$,
$NpSi_2(ThSi_2)$,
Pu_5Si_3?
Pu_3Si_2?
$PuSi(FeB)$
$PuSi_2$(h, B_2Al)
(r, $ThSi_2$);
$Y_5Ge_3(Mn_5Si_3)$,
$LaGe_2(ThSi_2)$
$CeGe_2(ThSi_2)$,
$PrGe(TlJ)$
$PrGe_2(ThSi_2)$,
$NdGe_2(ThSi_2)$
$SmGe_2(ThSi_2)$
$GdGe(TlJ)$
$DyGe(TlJ)$
Th_3Ge
Th_3Ge_2(*tetr.*)
$ThGe(NaCl)$
$ThGe_{1,6}(B_2Al)$
$ThGe_2(ZrSi_2)$
$Th_{0,9}Ge_2(ZrGa_2)$
$ThGe_3$(*kub.?*),
$U_5Ge_3(Mn_5Si_3)$
U_3Ge_4(*orth.*)
$UGe_2(ZrSi_2)$
$UGe_3(Cu_3Au)$,
$Pu_2Ge_3(B_2Al)$
$PuGe_2(ThSi_2)$
$PuGe_3(Cu_3Au)$;
La_2Sn
La_2Sn_3
$LaSn_2$?
$LaSn_3(Cu_3Au)$,
Ce_2Sn
Ce_2Sn_3
$CeSn_3(Cu_3Au)$,
Pr_2Sn
Pr_2Sn_3
$PrSn_3(Cu_3Au)$,
$NdSn_3(Cu_3Au)$
$SmSn_3(Cu_3Au)$
Th-Sn: *kI*,
U_5Sn_4?
U_3Sn_5?
$USn_3(Cu_3Au)$,
$PuSn_3(Cu_3Au)$;
La_2Pb
$LaPb$
$LaPb_3(Cu_3Au)$,
Ce_2Pb
$CePb$
$CePb_3(Cu_3Au)$,
Pr_2Pb
$PrPb$
$PrPb_3(Cu_3Au)$,
$NdPb_3(Cu_3Au)$
$SmPb_3(Cu_3Au)$
$ThPb_3(Cu_3Au)$
UPb(*tetr.*)
$UPb_3(Cu_3Au)$,
Pu_2Pb
$PuPb_3(Cu_3Au)$;

T^4-B^4

$TiC(NaCl)$,
$ZrC(NaCl)$,
$HfC(NaCl)$;
$Ti_5Si_3(Mn_5Si_3)$
$TiSi(FeB)$, *wI*
$TiSi_2$($TiSi_2$, $S^{2,4}$)
$Zr_4Si(\sim Ti_3P)$
$Zr_2Si(CuAl_2)$
$Zr_5Si_3(Mn_5Si_3)$
$Zr_3Si_2(U_3Si_2)$
Zr_5Si_4
$ZrSi$(h, TlJ) (r, FeB)
$ZrSi_2$($ZrSi_2$, $Q_a^{2,4}$),
$Hf_2Si(CuAl_2)$
$Hf_5Si_3(Mn_5Si_3)$
$Hf_3Si_2(U_3Si_2)$
$HfSi(FeB)$, *wI*
$HfSi_2(ZrSi_2)$;
$Ti_5Ge_3(Mn_5Si_3)$
$TiGe$(FeB?)
$TiGe_2(TiSi_2)$,
$Zr_3Ge(\sim Ti_3P)$
$Zr_5Ge_3(Mn_5Si_3)$

$ZrGe(FeB)$
Zr_2Ge_3?
$ZrGe_2(ZrSi_2)$,
$Hf_3Ge(\sim Ti_3P)$
$Hf_2Ge(CuAl_2)$
$(Hf_5Ge_3 + C(Mn_5Si_3))$
$HfGe_2(ZrSi_2)$;
$Ti_3Sn(Ni_3Sn(r))$
$Ti_2Sn(Ni_2In)$
$Ti_5Sn_3(Mn_5Si_3)$
$Ti_6Sn_5(Ti_6Sn_5, H^{12,10})$,
$Zr_{3+}Sn(h, Cr_3Si)$
$Zr_5Sn_3(Mn_5Si_3)$
$\sim$ZrSn
$ZrSn_2(TiSi_2)$,
$Hf_5Sn_3(Mn_5Si_3)$
$Hf_5Sn_4(Ti_5Ga_4)$
$HfSn_2(CrSi_2)$;
$Ti_4Pb(Ni_3Sn)$
Ti_2Pb,
$Zr_5Pb_3(Mn_5Si_3)$;

T^5-B^4

$V_2C(W_2C)$
$V_4C_3 \ldots VC(NaCl)$,
$VC_2(CaC_2)$
$Nb_2C(W_2C)$
$NbC_{0,6}$
$Nb_{59}C_{41} \ldots Nb_{52}C_{48}(NaCl)$,
$Ta_2C(W_2C)$
$TaC_{0,6}$
$TaC(NaCl)$;
$V_3Si(Cr_3Si)$
$V_5Si_3(h, W_5Si_3)$
(r, Cr_5B_3)
$VSi_2(CrSi_2)$,
$Nb_3Si(\sim Ti_3P)$
$Nb_5Si_3(h, W_5Si_3)$
(r, Cr_5B_3)
$NbSi_2(CrSi_2)$,
$Ta_3Si(\sim Ti_3P)$
$Ta_2Si(CuAl_2)$
$Ta_5Si_3(h, W_5Si_3)$
(r, Cr_5B_3)
$TaSi_2(CrSi_2)$;
$V_3Ge(Cr_3Si)$
$V_5Ge_3(Mn_5Si_3)$,
$Nb_3Ge(Cr_3Si)$
$Nb_5Ge_3(W_5Si_3)$
$Nb_3Ge_2(Mn_5Si_3)$
$NbGe_2(CrSi_2)$,

$Ta_3Ge(h, \sim Fe_3P)$
$Ta_3Ge(r, \sim Ti_3P)$
$Ta_2Ge(\alpha, \quad)$
$Ta_5Ge_3(\beta, W_5Si_3)$
$TaGe_2(CrSi_2)$;
$V_3Sn(Cr_3Si)$,
$Nb_3Sn(Cr_3Si)$,
$Ta_3Sn(Cr_3Si)$;

T^6-B^4

$Cr_{23}C_6(Cr_{23}C_6, F_b^{23,6})$
$Cr_7C_3(Cr_7C_3, H^{56,24})$
$Cr_3C_2(Cr_3C_2, O_d^{12,8})$
$CrC(h, NaCl)$,
$Mo_2C(W_2C)$
$MoC(h, WC)$
$MoC(MoC, H_c^{6,6})$,
$W_2C(h, \quad)$
$(r, W_2C, H_b^{2,1})$
$WC(WC, H^{1,1})$;
$Cr_3Si(Cr_3Si, C^{6,2})$
$Cr_5Si_3(W_5Si_3)$
$CrSi(FeSi)$
$CrSi_2(CrSi_2, H_d^{3,6})$,
$Mo_3Si(Cr_3Si)$
$Mo_5Si_3(W_5Si_3)$
(Cr_5B_3)
$MoSi_2(MoSi_2, U_b^{1,2})$,
$W_3Si(Cr_3Si)$
$W_5Si_3(W_5Si_3, U_b^{10,6})$
$WSi_2(MoSi_2)$;
$Cr_3Ge(Cr_3Si)$
$Cr_5Ge_3(W_5Si_3)$
$CrGe(FeSi)$,
$Mo_3Ge(Cr_3Si)$
$Mo_5Ge_3(W_5Si_3)$
Mo_2Ge_3
$MoGe_2(\beta, h, MoSi_2)$
$(\alpha, \quad)$,
Cr-Sn: *kI*,
Mo-Sn: *kI*,
W-Sn: *kI*;
Cr-Pb: *kI*,
Mo-Pb: *kI*,
W-Pb: *kI*;

T^7-B^4

$Mn_{23}C_6(Cr_{23}C_6)$
$\sim Mn_7C_2(h, \quad)$
$Mn_3C(h, Fe_3C)$
$Mn_5C_2(mon.)$

$Mn_7C_3(Cr_7C_3)$,
Re-C: *kI*;
$Mn_3Si(Fe_3Si)$
$Mn_5Si_3(Mn_5Si_3, H^{10,6})$
$MnSi(FeSi)$
$MnSi_2(tetr.)$,
Re_3Si
$Re_5Si_3(W_5Si_3)$
$ReSi(FeSi)$
$ReSi_2(MoSi_2)$;
$Mn_{3,25}Ge(Ni_3Sn)$
$Mn_5Ge_2(h, \sim NiAs)$
$(r, \quad)$
$Mn_5Ge_3(Mn_5Si_3)$
Mn_3Ge_2,
$ReGe_2$;
$Mn_{3,25}Sn(Ni_3Sn)$
$Mn_2Sn(NiAs)$
$MnSn_2(CuAl_2)$,
Re-Sn: *kI*;
Mn-Pb: *kI*;

T^8-B^4

$Fe_{20}C(metast., Fe_{20}C, U^{1,1/20})$
$Fe_3C(metast., Fe_3C, O_a^{12,4})$
$Fe_{20}C_9(metast., orth.?)$
FeC?(*NaCl*?),
$RuC(WC)$,
$OsC(WC)$;
$Fe_3Si(Fe_3Si, F^{3,1})$
$Fe_2Si(h?)$
$Fe_5Si_3(h, Mn_5Si_3)$
$FeSi(FeSi, C_a^{4,4})$
$FeSi_2(FeSi_2, T_a^{1,2})$,
$Ru_2Si(PbCl_2)$
$Ru_{1+}Si(CsCl)$
$Ru_{1-}Si(FeSi?)$
$Ru_2Si_3(tetr.)$
$RuSi_2(RuGe_2)$,
$OsSi(FeSi)$
$Os_2Si_3(tetr.)$
$OsSi_2$(*isotyp* $OsGe_2$);
$Fe_2Ge(NiAs)$
$FeGe_2(CuAl_2)$,
$RuGe_2(tetr.)$,
$OsGe_2(OsGe_2, N^{2,4})$;
$Fe_3Sn(h, Ni_3Sn(r))$
$Fe_3Sn_2(h, mon.)$
$Fe_5Sn_4(h, NiAs)$
$FeSn(CoSn)$
$FeSn_2(CuAl_2)$,
$Ru_3Sn_7(Ru_3Sn_7, B^{6,14})$, *wI*,

Os-Sn: *kI*;
Fe-Pb: *kI*,
Ru-Pb: *kI*;

T^9-B^4

Co_3C(*Fe_3C, metast.*)
Co_2C(*$CaCl_2$*),
Rh-C: *kI*;
Co_3Si(h,)
Co_2Si(h,)
(r, *Ni_2Si*)
CoSi(*FeSi*)
$CoSi_2$(*CaF_2*),
Rh_2Si(*Ni_2Si*)
Rh_5Si_3(*Rh_5Ge_3*)
Rh_3Si_2
Rh_3Si_{2+}(h, *NiAs*)
RhSi(h, *MnP*)
(r, *FeSi, ferner CsCl?*)
Rh_2Si_{3-}(h,)
Rh_2Si_3(h,)
Rh_2Si_{3+},
Ir_3Si(*U_3Si*)
Ir_2Si(*$PbCl_2$*)
Ir_3Si_2(h, *NiAs*)
IrSi(*MnP*)
Ir_2Si_3
$IrSi_2$
$IrSi_3$(*Na_3As*);
Co_2Ge(h, *NiAs*)
(r,)
CoGe(*NiSn*)
Co_5Ge_7(*tetr.*)
$CoGe_2$(*$CoGe_2$*, $Q^{4,8}$),
Rh_2Ge(*Ni_2Si*)
Rh_5Ge_3(*Rh_5Ge_3*, $O^{10,6}$)
RhGe(*MnP*),
IrGe(*MnP*)
Ir_4Ge_5(*tetr.*)
Ir_3Ge_7(*Ru_3Sn_7*)
$IrGe_4$(*hex.*);
Co_3Sn_2(h, *NiAs*)
(r,)
CoSn(*CoSn*, $H_b^{3,3}$)
$CoSn_2$(*$CuAl_2$*),
Rh_2Sn(*Ni_2Si*)
$\sim Rh_3Sn_2$(*NiAs*)
RhSn(*FeSi*)
$RhSn_2$(h, *$CuAl_2$*)
(r, *Stapelvariante*)
$RhSn_4$,
IrSn(*NiAs*)
$IrSn_2$(*CaF_2*)
Ir_3Sn_7(*Ru_3Sn_7*);
Co-Pb: *kI*,
Rh_2Pb
$RhPb_2$(*$CuAl_2$*),
IrPb(*NiAs*);

T^{10}-B^4

Ni_6C?
Ni_3C(*Fe_3C*)
Ni_3C(*metast.*, *W_2C*)
Ni_3C_2?,
Pd_5C_2,
Pt-C: *Im*;
Ni_3Si(h_2,)
(h_1,)
(r, *Cu_3Au*)
Ni_5Si_2(*trig.*)
Ni_2Si(*$PbCl_2$*)
Ni_3Si_2(h, *NiAs*)
(r, *orth.*)
NiSi(*MnP*)
$NiSi_2$(*CaF_2*),
Pd_3Si(*Fe_3C*)
Pd_5Si_2?
Pd_2Si(*Fe_2P*)
PdSi(*MnP*),
Pt_3Si(h, *U_3Si*)
(r, *Pt_3Si*, $N_b^{6,2}$)
Pt_5Si_2(*tetr.*)
Pt_2Si(h, *Fe_2P*)
(r, (*ZrH_2*), *Pt_2Si*, $U_d^{1,2}$)
Pt_6Si_5(*Pt_6Si_5*)
PtSi(*MnP*);
Ni_3Ge(*Cu_3Au*)
$Ni_{70}Ge_{30}$(h,), *weitere Hochtemperaturphasen*
$Ni_{1,8}Ge$(*NiAs*)
NiGe(*MnP*),
$Pd_{84}Ge_{16}$(h, *W*)
Pd_4Ge
Pd_5Ge_2
Pd_2Ge(*Fe_2P*)
PdGe(*MnP*),
Pt_3Ge(*Pt_3Si*)
Pt_2Ge(*Fe_2P*)
Pt_3Ge_2(*orth.*)
PtGe(*MnP*)
Pt_2Ge_3(*Pt_2Ge_3*, $O_e^{8,12}$)
$PtGe_2$(*$CaCl_2$*);
Ni_3Sn(h, *Fe_3Si*)
(r, *Ni_3Sn*, $H_a^{6,2}$)
Ni_3Sn_2(*NiAs*)
Ni_3Sn_4(*$Ni_{1-}Sn$*),
Pd_3Sn(*Cu_3Au; tetr. Abschreckphase metast.?*)
Pd_2Sn(*Ni_2Si*)
$Pd_{2-}Sn$(h, *NiAs*)
Pd_3Sn_2(*NiAs mit Überstr.*)
PdSn(*MnP*)
$PdSn_2$(*$PdSn_2$*, $U^{8,16}$)
$PdSn_3$(*$PdSn_3$*, $Q_b^{4,12}$)
$PdSn_4$(*$PtSn_4$*),
Pt_3Sn(*Cu_3Au*)
PtSn(*NiAs*)
Pt_2Sn_3(*Pt_2Sn_3*, $H^{4,6}$)
$PtSn_2$(*CaF_2*)
$PtSn_4$(*$PtSn_4$*, $Q^{2,8}$);
Ni-Pb: *kI*,
Pd_3Pb(*Cu_3Au*)
Pd_3Pb_2(*NiAs*)
PdPb(*mon.*)
$PdPb_2$(*$CuAl_2$*),
Pt_3Pb(*Cu_3Au*)
PtPb(*NiAs*)
$PtPb_4$(*$PtPb_4$*, $T^{2,8}$);

B^1-B^4

Ag-C: *kI*
Au-C: *kI*;
Cu_7Si(h, *Mg*)
Cu_6Si(h, *W*)
Cu_5Si(h, *$\sim Cu_5Zn_8$*)
(r, *Mnβ*)
$Cu_{15}Si_4$(*$Cu_{15}Si_4$*, $B^{30,8}$)
Cu_3Si(h,)
(r,),
Ag-Si: *kI*,
Au-Si: *kI*;
Cu_5Ge(*Mg*)
Cu_3Ge(h, *W*)
(r, *$TiCu_3$*)
$Cu_{72}Ge_{28}$(h, $\sim$ *W*),
Ag-Ge: *kI*,
Au-Ge: *kI*;
Cu_6Sn(h, *W*)
Cu_4Sn(h_3, *W*)
(h_2, ζ, *hex.*, *$\sim Cu_5Zn_8$*)
(h_1, δ, *Cu_5Zn_8*)
Cu_3Sn(*Cu_3Sn*, $Q^{30,10}$)
$\sim Cu_6Sn_5$,
$\sim Ag_5Sn$(*Mg*)

Ag_3Sn(*Mg[D]*),
$Au_{10}Sn$(h, *$TiNi_3$*)
Au_6Sn(*Mg*)
AuSn(*NiAs*)
$AuSn_2$(*TiO_2, Brookit*)
$AuSn_4$(*$PtSn_4$*);
Cu-Pb: *kI*,
Ag-Pb: *kI*,
Au_2Pb(h, *Cu_2Mg*), *wI*(*tetr.*)
$AuPb_2$(*$CuAl_2$*);

B^2-B^4
Be_2C(*CaF_2*),
Mg_2C_3(*hex.*)
MgC_2(*tetr.*),
ZnC: *kI*,
Cd-C: *kI*;
Be-Si: *kI*,
Mg_2Si(*CaF_2*),
Zn-Si: *kI*,
Cd-Si: *kI*,
Hg-Si: *kI*;
Be-Ge: *Iw*,
Mg_2Ge(*CaF_2*),
Zn-Ge: *kI*,
Cd-Ge: *kI*,
Hg-Ge: *kI*;
Be-Sn: *kI*,
Mg_2Sn(*CaF_2*),
Zn-Sn: *kI*,
$CdSn_9$(h, *$HgSn_6$*),
$HgSn_3$?
$HgSn_5$(*orth. def.*)
$HgSn_6$(*$HgSn_6$, H^1*)
Mg_2Pb(*CaF_2*),
Zn-Pb: *kI*,
Cd-Pb: *kI*,
$HgPb_2$(*~$SrPb_3$*);

B^3-B^4
B_4C?(*B_4C, $R^{12,3}$*)
BC,
Al_4C_3(*Al_4C_3, $R_b^{4,3}$*);
B_6Si(*orth.*)
wI?,
B_4Si(*rhbdr.*)
B_3Si(*tetr.*?)
Al-Si: *kI*,
Ga-Si: *kI*,
In-Si: *kI*,
Tl-Si: *kI*;
Al-Ge: *kI*,
Ga-Ge: *kI*,
In-Ge: *kI*,
Tl-Ge: *kI*;
B-Sn: *kI*,
Al-Sn: *kI*,
Ga-Sn: *kI*,
In_3Sn(*Pu*(h_4)),
$InSn_5$(*$HgSn_6$*),
Tl_4Sn(*Cu*);
B-Pb: *kI*,
Al-Pb: *kI*,
Ga-Pb: *kI*,
In_3Pb(*Pu*(h_4)),
~Tl_4Pb(*Cu*)

B^4-B^4
CSi(*ZnS*), *viele weitere Stapelvarianten*;
(Si,Ge)(*Diamanttyp*);
C-Sn: *kI*,
Si-Sn: *kI*,
Ge-Sn: *kI*;
C-Pb: *kI*,
Si-Pb: *kI*,
Ge-Pb: *kI*,
Sn-Pb: *kI*;

A^1-B^5
Li_3N(*Li_3N, $H_a^{3,1}$*),
NaN_3(*NaN_3, $R^{1,3}$*);
KN_3(*KN_3, $U_c^{2,6}$*)
RbN_3(*KN_3*)
Li_3P(*Na_3As*),
Na_3P(*Na_3As*);
Li_3As(*Na_3As*)
LiAs(*LiAs, $M^{8,8}$*),
Na_3As(*Na_3As, $H_b^{6,2}$*)
NaAs
Na_3As_7
$NaAs_5$,
K_3As(*Na_3As*);
Li_3Sb(h, *Na_3As*)
(r, *Fe_3Si*),
Na_3Sb(*Na_3As*)
NaSb(*LiAs*),
K_3Sb(*Na_3As*)
KSb,
Rb_3Sb(*Na_3As*),
Cs_3Sb(*NaTl*)
CsSb;
Li_3Bi(*Fe_3Si*)
LiBi(h,)
(r, *CuAu*),
Na_3Bi(*Na_3As*)
NaBi(*CuAu*),
K_3Bi(h,)
(r, *Na_3As*)
K_3Bi_2
K_9Bi_7?
KBi_2(*Cu_2Mg*),
Rb_3Bi(*Na_3As*)
$RbBi_2$(*kub.*, *Cu_2Mg*),
Cs_3Bi
CsBi
$CsBi_2$(*Cu_2Mg*);

A^2-B^5
Ca_3N_2(h, *Mn_2O_3*)
(r, *hex.*?),
Sr_3N_2
SrN_6(*orth.*),
Ba_3N_2(*isotyp zu Sr_3N_2*);
Sr_3P_2;
Ca_3As_2
$CaAs_4$,
Sr_3As_2,
Ba_3As_2;
$Ca_{21}Sb_{12}$(*orth.*),
Sr_2Sb(*tetr.*),
Ba_3Sb_2;
$Ca_{21}Bi_{12}$(*orth.*)
$CaBi_3$,
Sr_2Bi(*tetr.*)
Sr_3Bi_2
SrBi
$SrBi_3$(*kub.*),
$Ba_{2,4}Bi$(*tetr.*)
$BaBi_3$(*kub.*);

T^3-B^5
ScN(*NaCl*),
LaN(*NaCl*),
CeN(*NaCl*),
PrN(*NaCl*),
NdN(*NaCl*),
SmN(*NaCl*),
EuN(*NaCl*),
GdN(*NaCl*),
TbN(*NaCl*),
DyN(*NaCl*),
HoN *NaCl*),
ErN(*NaCl*),
TmN(*NaCl*),

YbN(*NaCl*),
CpN(*NaCl*),
ThN(*NaCl*),
Th_2N_3(La_2O_3),
PaN_2(CaF_2),
UN(*NaCl*)
U_2N_3(Mn_2O_3)
UN_2(CaF_2),
NpN(*NaCl*),
PuN(*NaCl*);
LaP(*NaCl*),
CeP(*NaCl*),
PrP(*NaCl*),
NdP(*NaCl*),
SmP(*NaCl*),
ThP(*NaCl, immer P-Leerstellen*)
Th_3P_4(Th_3P_4, $B^{6,8}$),
UP(*NaCl*)
U_3P_4(Th_3P_4)
UP_2(Cu_2Sb),
Np_3P_4(Th_3P_4),
PuP(*NaCl*);
LaAs(*NaCl*),
CeAs(*NaCl*),
PrAs(*NaCl*),
NdAs(*NaCl*),
SmAs(*NaCl*),
ThAs(*NaCl*)
Th_3As_4(Th_3P_4)
$ThAs_2$(Cu_2Sb),
U_2As
UAs(*NaCl*),
U_3As_4(Th_3P_4)
UAs_2(Cu_2Sb),
PuAs(*NaCl*);
ScSb(*NaCl*),
La_2Sb
La_3Sb_2
LaSb(*NaCl*)
$LaSb_2$,
CeSb(*NaCl*),
PrSb(*NaCl*),
NdSb(*NaCl*),
SmSb(*NaCl*),
ThSb(*NaCl*)
Th_3Sb_4(Th_3P_4)
$ThSb_2$(Cu_2Sb),
USb(*NaCl*)
U_3Sb_4(Th_3P_4)
USb_2(Cu_2Sb);
ScBi(*NaCl*),
LaBi(*NaCl*),
Ce_3Bi
Ce_4Bi_3
CeBi(*NaCl*)
$CeBi_2$,
PrBi(*NaCl*),
SmBi(*NaCl*),
Th_2Bi
Th_3Bi_4
$ThBi_2$(Cu_2Sb)
UBi(*NaCl*)
U_3Bi_4(Th_3P_4)
UBi_2(Cu_2Sb),
PuBi(*NaCl*)
$PuBi_2$;

T^4-B^5

Ti_3N(*tetr. prim.*)
TiN(*NaCl*),
Zr(N)(*Mg, stab.*)
ZrN(*NaCl*),
HfN(*NaCl*);
Ti_3P(Ti_3P, $T^{24,8}$)
$Ti_{1+x}P$
TiP(*TiP*, $H_d^{4,4}$)
TiP_2,
Zr_3P
$Zr_{1-}P$(*NaCl*)
ZrP(*TiP*)
ZrP_2;
$Ti_{1-}As$(*Überstr. des NiAs*)
$Ti_{1+}As$(*NiAs*), *wI*,
ZrAs(*hex.*)
$ZrAs_2$($PbCl_2$);
Ti_4Sb(Ni_3Sn)
Ti_3Sb(βW)
TiSb(*NiAs*)
$TiSb_2$($CuAl_2$),
Zr_2Sb(*hex.*)
Zr_5Sb_3(Mn_5Si_3)
$ZrSb_2$,
Hf_3Sb
HfSb(*orth.*)
$HfSb_2$(h, Cu_2Sb)
(r,);
Ti_3Bi(*tetr.*)
Ti_2Bi(Ti_2Bi, $T_c^{8,4}$);

T^5-B^5

$V_{95}N_{05}$($Fe_{95}C_{05}$)
V_3N_{1+}(Fe_3N(h))
V_2N(W_2C)
VN(*NaCl*),
Nb_2N(W_2C)
Nb_4N_3(*WC*)
$NbN_{0,95}$(*RhB*)
NbN(*I, hex.*)
(*II, hex.*),
$TaN_{0,05}$(*Überstr. W*)
Ta_2N(W_2C)
$TaN_{0,80}$?(*WC*)
TaN($\sim$*CoSn*);
V_3P(Ti_3P)
VP(*NiAs*)
VP_2,
NbP(h, *ungeord.*)
(r, *NbP*, $U_b^{2,2}$)
NbP_2,
TaP(r, *NbP*)
TaP_2;
V_3As(Cr_3Si)
V_2As
VAs(*MnP*),
$NbAs_2$,
$TaAs_2$?;
V_3Sb(Cr_3Si)
VSb_2($CuAl_2$),
Nb_3Sb(Cr_3Si);
Ta_3Sb(Cr_3Si)

T^6-B^5

Cr_2N(W_2C)
CrN(*NaCl*),
Mo_2N_{1-}(h, $Fe_{95}C_{05}$)
Mo_2N(Fe_4N)
MoN(*MoN = WC Überstr.*),
W_2N(*NaCl*[*V*])
WN(*WC*)
WN_2;
Cr_3P(Fe_3P)
Cr_2P?
CrP(*MnP*)
CrP_2,
Mo_3P(V_3S(r))
MoP(*WC*)
MoP_2,
WP(*MnP*)
WP_2;
Cr_2As(Cu_2Sb)
Cr_3As_2
CrAs(*MnP*),
$MoAs_2$,

WAs_2;
$CrSb(\mathit{NiAs})$
$CrSb_2(\mathit{FeS_2(Mark.)})$;
Cr-Bi: *kI*,
Mo-Bi: *kI*;

T^7-B^5
$Mn_4N(\mathit{Fe_4N})$
$Mn_2N(\mathit{W_2C})$
Mn_3N_2(*Mn in* U_b^1-*Lage*),
$Re_2N(\mathit{Fe_4N})$;
$Mn_3P(\mathit{Fe_3P})$
$Mn_2P(\mathit{Fe_2P})$
$MnP(\mathit{MnP}, O_c^{4,4})$
MnP_3,
Re_2P
ReP
ReP_2
ReP_3;
$Mn_3As(\mathit{Mn_3As}, O_e^{12,4})$
$Mn_2As(\mathit{Cu_2Sb})$
$Mn_{1+}As(\mathit{MnP})$
$MnAs(\mathit{NiAs})$,
$ReAs_{2,3}$;
$Mn_2Sb(\mathit{Cu_2Sb})$
$Mn_3Sb_2(\mathit{NiAs})$
$MnSb(\sim \mathit{NiAs})$;
MnBi(h, *NiAs, kleineres c/a*)
(r, *NiAs*);

T^8-B^5
Fe_8N(*geordnet*)
$Fe_4N(\mathit{Fe_4N}, C^{4,1})$
$\sim Fe_3N$(h, $\mathit{Fe_3N}$(h), $H^{6,2}$)
$Fe_2N(\mathit{Fe_2N}, O_c^{8,4})$;
$Fe_3P(\mathit{Fe_3P}, U_b^{12,4})$
$Fe_2P(\mathit{Fe_2P}, H_e^{6,3})$
$FeP(\mathit{MnP})$
$FeP_2(\mathit{FeS_2}, O_b^{2,4})$
FeP_3,
$Ru_2P(\mathit{Ni_2Si}$(r))
$RuP(\mathit{MnP})$
$RuP_2(\mathit{FeS_2}, O_b^{2,4})$,
$OsP_2(\mathit{FeS_2}, O_b^{2,4})$;
$Fe_2As(\mathit{Cu_2Sb})$
Fe_3As_2(h,)
$FeAs(\mathit{MnP})$
$FeAs_2(\mathit{FeS_2}, O_b^{2,4})$,
$RuAs_2$;
$FeSb(\mathit{NiAs})$
$FeSb_2(\mathit{FeS_2}, O_b^{2,4})$;

Fe-Bi: *kI*,
RuBi,
Os-Bi: *kI*?;

T^9-B^5
$Co_3N(\mathit{Fe_3N}$?)
$Co_2N(\mathit{Co_2C})$;
$Co_2P(\mathit{PbCl_2})$
$CoP(\mathit{MnP})$
CoP_3,
$Rh_2P(\mathit{CaF_2})$
$Rh_4P_3(\mathit{Rh_4P_3}, O_b^{16,12})$
RhP_2
$RhP_3(\mathit{CoAs_3})$,
$Ir_2P(\mathit{CaF_2})$
IrP_2
$IrP_3(\mathit{CoAs_3})$;
Co_3As(*hex.*)
Co_5As_2
Co_2As(h, *tetr.*)
(r,)
Co_3As_2
$CoAs(\mathit{MnP})$
Co_2As_3(*hex.*)
$CoAs_2(\mathit{FeS_2}, O_b^{2,4})$
$CoAs_{3-}(\mathit{CoAs_3}, B^{4,12})$,
$IrAs_2$
$IrAs_3(\mathit{CoAs_3})$
$CoSb(\mathit{NiAs})$
$CoSb_2(\mathit{FeS_2}, O_b^{2,4})$
$CoSb_3(\mathit{CoAs_3})$,
$RhSb(\mathit{MnP})$
$RhSb_2$
$RhSb_4$?,
$IrSb(\mathit{NiAs})$,
$IrSb_2$(*mon.*)
$IrSb_3(\mathit{CoAs_3})$;
Co-Bi: *kI*,
$RhBi(\mathit{NiAs})$
$RhBi_2$(h, *mon.*)
(r, *orth.*)
$RhBi_3$(*orth.*)
(h, *hex.*),
$RhBi_4$(r, *kub.*)
IrBi
Ir_2Bi;

T^{10}-B^5
Ni_3N(h, $\mathit{W_2C}$[*R*]);
$Ni_3P(\mathit{Fe_3P})$
$Ni_{2,5}P$
$Ni_{12}P_5(\mathit{Ni_{12}P_5}, U^{12,5})$

$Ni_2P(\mathit{Fe_2P})$
Ni_6P_5
NiP_2
$NiP_3(\mathit{CoAs_3})$,
Pd_5P
$Pd_3P(\mathit{Fe_3C})$
Pd_5P_2
PdP_2
$PdP_3(\mathit{CoAs_3})$,
Pt_3P(h,)
Pt_2P(*mon.*)
$PtP_2(\mathit{FeS_2}, C_a^{4,8})$;
Ni_5As_2
Ni_3As_2
$NiAs(\mathit{NiAs}, H_a^{2,2})$
$NiAs_2(\mathit{FeS_2}, O_b^{2,4})$
$NiAs_{3-}?(\mathit{CoAs_3})$,
$Pd_3As(\mathit{Fe_3P})$
Pd_2As(h, $\mathit{Fe_2P}$)
Pd_3As_2
$PdAs_2(\mathit{FeS_2}, C_a^{4,8})$,
$PtAs_2(\mathit{FeS_2}, C_a^{4,8})$;
$Ni_{15}Sb$?
Ni_3Sb(h, $\mathit{Fe_3Si}$)
(r, $\mathit{TiCu_3}$)
Ni_7Sb_3
$NiSb(\mathit{NiAs})$
$NiSb_{2+}(\mathit{FeS_2}, O_b^{2,4})$,
Pd_3Sb(h,)
(r, *mehrere Phasen*)
Pd_5Sb_3(h, *NiAs*)
PdSb(NiAs)
$PdSb_2(\mathit{FeS_2}, C_a^{4,8})$,
Pt_4Sb
Pt_5Sb_2
$PtSb(\mathit{NiAs})$
$PtSb_2(\mathit{FeS_2}, C_a^{4,8})$;
$NiBi(\mathit{NiAs})$
$NiBi_3$(*orth.*),
Pd_3Bi(h,)
(r,)
Pd_2Bi(h, $\sim$*NiAs*)
PdBi(*orth.*)
$PdBi_2$(h, *tetr.*)
(r, *mon.*),
$PtBi(\mathit{NiAs})$
$PtBi_2$(h,)
(r, *FeS*, $C_a^{4,8}$)
$PtBi_3$;

B^1-B^5
$Cu_3N(\mathit{ReO_3})$

CuN_3(CuN_3, $U_a^{4,12}$),
Ag_3N(Fe_4N)
AgN_3(AgN_3, $P^{2,6}$),
Au-N: *kI*;
Cu_3P(Cu_3P, $H_c^{18,6}$)
CuP_2,
AgP_2
AgP_3,
Au_2P_3;
Cu_9As(*Mg*)
Cu_3As(Cu_3P)
Cu_5As_2(h,),
Ag_9As(h, *Mg*),
Au-As: *wI*;
$Cu_{5,5}Sb$(h, *Mg*)
$Cu_{4,5}Sb$($Cu_{4,5}Sb$,)
$Cu_{10}Sb_3$(h, $Cu_{10}Sb_3$, $H_a^{20,6}$)
Cu_3Sb(h_2, Fe_3Si)
(h_1, $TiCu_3$)
Cu_2Sb(Cu_2Sb, $T_d^{4,2}$),
Ag_9Sb(*Mg*)
Ag_3Sb(h, *Mg*[*D*])
(r, *Mg*[*DR*]),
$AuSb_2$(FeS_2, $C_a^{4,8}$),
Cu-Bi: *kI*,
Ag-Bi: *kI*,
Au_2Bi(h, Cu_2Mg);

B^2-B^5
Be_3N_2(Mn_2O_3),
Mg_3N_2(Mn_2O_3),
Zn_3N_2(Mn_2O_3),
Cd_3N_2(Mn_2O_3)
$Cd(N_3)_2$(*orth.*),
HgN_3;
Be_3P_2(Mn_2O_3),
Mg_3P_2(Mn_2O_3),
Zn_3P_2(Zn_3P_2, $T^{24,16}$)
ZnP_2(*tetr.*),
Cd_2P?
Cd_3P_2(Zn_3P_2)
CdP_2(*tetr.*)
CdP_4(*mon.*);
Mg_3As_2(Mn_2O_3)
$MgAs_4$,
Zn_3As_2(h,)
(r, Zn_3P_2)
$ZnAs_2$(*orth.*),
Cd_3As_2(h,)
(r, Zn_3P_2)
CdAs?(h, *metast.*?)
$CdAs_2$;
Mg_3Sb_2(h, Mn_2O_3)
(r, La_2O_3, $H_b^{3,2}$)
Zn_3Sb_2(h_2,) (h_1,)
(r,)
Zn_4Sb_3(h,)
(r,)
ZnSb(*CdSb*),
Cd_3Sb_2(*metast.*, *mon.*)
CdSb(*CdSb*, $O_a^{8,8}$),
Hg-Sb: *kI*;
Be-Bi: *kI*,
Mg_3Bi_2(h,)
(r, La_2O_3),
Zn-Bi: *kI*,
Cd-Bi: *kI*,
Hg-Bi: *kI*;

B^3-B^5
BN(*BN*, $H_c^{2,2}$),
AlN(*ZnO*),
GaN(*ZnO*),
InN(*ZnO*);
$B_{13}P_2$(*rhbdr.*),
BP(*ZnS*)
AlP(*ZnS*),
GaP(*ZnS*),
InP(*ZnS*),
Tl-P: *kI*;
AlAs(*ZnS*),
GaAs(*ZnS*),
InAs(*ZnS*)
Tl-As: *kI*;
AlSb(*ZnS*),
GaSb(*ZnS*),
InSb(*ZnS*),
Tl_4Sb(*Cu*)
Tl_7Sb_2(Tl_7Sb_2, $B^{21,6}$);
B-Bi: *kI*,
Al-Bi: *kI*
Ga-Bi: *kI*,
In_2Bi(Ni_2In, *Atome statist. verteilt*)
InBi(*PbO*),
Tl_3Bi(h, *Cu*)
$\sim Tl_3Bi$(r, Cu_3Au?)
$\sim TlBi_2$(Ni_2In);

B^4-B^5
SiN?
Si_3N_4(α,)
(β,),
Ge_3N_4,
Sn_3N_4?,
PbN_6(β, *mon.*);
(α, *orth.*)
GeP(*NaCl*?),
Sn_4P_3
Sn_3P_4
SnP_3,
Pb-P: *kI*;
C-As: *kI*,
SiAs(*mon.*)
$SiAs_2$,
GeAs
$GeAs_2$,
Sn_4As_3(Sn_4As_3, $R_a^{4,3}$)
SnAs(*NaCl*),
Pb-As: *kI*;
C-Sb: *kI*;
Si-Sb: *kI*,
Ge-Sb: *kI*,
SnSb(h, *NaCl*)
(r, *SnSb*, $R_b^{1,1}$),
Pb-Sb: *kI*;
C-Bi: *kI*,
Si-Bi: *kI*,
Ge-Bi: *kI*,
Sn-Bi: *kI*,
Pb_3Bi(*Mg*);

B^5-B^5
N_5P_3;
PAs;
P-Sb: *kI*,
(As,Sb)(h);
N-Bi: *kI*,
P-Bi: *kI*,
As-Bi: *kI*,
(Sb,Bi)(*As*);

A^1-B^6
Li_2O(CaF_2)
LiO(*tetr.*),
Na_2O(CaF_2)
Na_2O_2(*hex.*, *tetr.*)
NaO_2(*I*, *II*, FeS_2, $C_a^{4,8}$)
(*III*, FeS_2, $O_b^{2,4}$),
K_2O(CaF_2)
KO_2(h, *kub.*)
(r, CaC_2),
Rb_2(CaF_2)
$Rb_4(O_2)_3$(Th_3P_4)
Rb_2O_3(Pu_2C_3)

RbO_2(*CaC₂*),
Cs_7O
Cs_4O
Cs_2O($CdCl_2$)
$Cs_4(O_2)_3$(Th_3P_4)
Cs_2O_3(Pu_2C_3)
CsO_2(CaC_2);
Li_2S(CaF_2)
Na_2S(CaF_2)
NaS
Na_2S_3
NaS_2
Na_2S_5,
K_2S(CaF_2),
Rb_2S?(CaF_2)
RbS
Rb_2S_3
Rb_2S_5,
Cs_2S_2
Cs_2S_3
Cs_2S_5
Cs_2S_6(*trikl.*);
Li_2Se(CaF_2),
Na_2Se(CaF_2)
NaSe
Na_2Se_3
$NaSe_2$
$NaSe_3$,
K_2Se(CaF_2)
KSe
K_2Se_3
K_2Se_4
K_2Se_5,
Cs_2Se;
Li_2Te(CaF_2),
Na_2Te(CaF_2)
NaTe
$NaTe_3$,
K_2Te(CaF_2)
K_2Te_3
KTe,
Rb_2Te,
Cs_2Te;

A^2-B^6

CaO(*NaCl*)
CaO_2(CaC_2),
SrO(*NaCl*)
SrO_2(CaC_2),
BaO(*NaCl*)
BaO_2(CaC_2);
CaS(*NaCl*)
SrS(*NaCl*)
BaS(*NaCl*)
BaS_2(h,)
(r,)
BaS_3(BaS_3, $O_c^{4,12}$)
CaSe(*NaCl*),
SrSe(*NaCl*),
BaSe(*NaCl*);
CaTe(*NaCl*),
SrTe(*NaCl*),
BaTe(*NaCl*);
CaPo(*NaCl*),
SrPo(*NaCl*),
BaPo(*NaCl*);

T^3-B^6

Sc_2O_3(Mn_2O_3),
Y_2O_3(Mn_2O_3),
La_2O_3(La_2O_3, $H_b^{3,2}$)
(Mn_2O_3),
Ce_2O_3(La_2O_3)
Ce_3O_5(Mn_2O_3)
CeO_2(CaF_2),
PrO_2(CaF_2)
Pr_3O_5(Mn_2O_3)
Pr_2O_3(La_2O_3)
$Nd_{23}O$(La_2O_3)
(Mn_2O_3),
SmO(*NaCl*)
Sm_2O_3(Mn_2O_3),
Eu_3O_4(*orth.*)
Eu_2O_3(Mn_2O_3),
Gd_2O_3(Mn_2O_3) + *weitere Mod.*,
Tb_2O_3(Mn_2O_3)
$TbO_{1,7}$(*rhbdr.*)
$TbO_{1,8}$(CaF_2),
Dy_2O_3(Mn_2O_3),
Ho_2O_3(Mn_2O_3),
Er_2O_3(Mn_2O_3),
Tm_2O_3(Mn_2O_3),
Yb_2O_3(Mn_2O_3),
Cp_2O_3(Mn_2O_3),
Ac_2O_3(La_2O_3),
ThO(*NaCl*)
ThO_2(CaF_2),
PaO(*NaCl*)
PaO_2(CaF_2)
Pa_2O_5(*orth.*)
UO(*NaCl*)
UO_2(CaF_2)
U_3O_7(CaF_2, *def. tetr. kurz*)
$UO_{2,4}$(CaF_2, *def. tetr. lang*)
U_2O_5(*orth.*)
U_3O_8(*orth.*)
UO_3(α, UO_3, $H_b^{1,3}$)
(β, *mon.*),
NpO(*NaCl*)
NpO_2(CaF_2)
Np_3O_8(*orth.*), *wI*,
PuO(*NaCl*)
Pu_2O_3(β, La_2O_3)
(α, Mn_2O_3)
PuO_2(CaF_2),
AmO(*NaCl*)
Am_2O_3(α, Mn_2O_3)
AmO_2(CaF_2),
Cm_2O_3(*kub.*)
CmO_2(CaF_2);
ScS ... Sc_2S_3(*NaCl*)
YS(*NaCl*)
Y_2S_3(*mon.*)
Y_5S_7(*mon.*)
YS_2(*tetr.*),
LaS(*NaCl*)
La_2S_3(Th_3P_4),
CeS(*NaCl*)
Ce_3S_4(Th_3P_4) = Ce_2S_3?,
PrS(*NaCl*)
Pr_2S_3,
NdS(*NaCl*)
Nd_2S_3,
SmS(*NaCl*)
Sm_2S_3(α,)
(β,)
(γ,)
SmS_2(*kub.*),
EuS(*NaCl*),
Gd_2S_3,
Dy_2S_3,
Er_2S_3,
YbS(*NaCl*)
Yb_2S_3(*orth.*),
$Ac_{3-}S_4$(Th_3P_4)
ThS(*NaCl*)
Th_7S_{12}(Th_7S_{12}, $H^{7,12}$)
Th_2S_3(Sb_2S_3)
ThS_2($PbCl_2$)
Th_3S_7,
Np_2S_3(Sb_2S_3),
$U_{1+}S$(*NaCl*)
U_2S_3(Sb_2S_3)
U_3S_5

US_2(α, *tetr.*)
(β, $PbCl_2$)
(γ, *hex.*)
US_3($ZrSe_3$),
PuS($NaCl$)
$Pu_{3-x}S_4$(Th_3P_4),
Am_2S_3(Th_3P_4);
Sc_2Se_3,
Y_2Se_3,
$LaSe$($NaCl$)
La_2Se_3
$LaSe_2$,
$CeSe$($NaCl$)
Ce_2Se_3,
$PrSe$($NaCl$)
Pr_2Se_3
$PrSe_2$,
$NdSe$($NaCl$)
Nd_2Se_3,
$SmSe$($NaCl$)
Sm_2Se_3,
$EuSe$($NaCl$),
Dy_2Se_3,
Er_2Se_3,
$YbSe$($NaCl$)
Yb_2Se_3,
$ThSe$($NaCl$)
Th_2Se_3(Sb_2S_3)
Th_7Se_{12}(Th_7S_{12})
$ThSe_2$($PbCl_2$)
Th_3Se_7,
USe($NaCl$)
U_2Se_3
U_3Se_4(Th_3P_4)
U_3Se_5(*orth.*)
USe_2
USe_3($ZrSe_3$);
$LaTe$($NaCl$)
$CeTe$($NaCl$)
Ce_3Te_4(Th_3P_4)
$CeTe_2$(Cu_2Sb),
$PrTe$($NaCl$),
$NdTe$($NaCl$),
$SmTe$($NaCl$),
$EuTe$($NaCl$),
$YbTe$($NaCl$),
$ThTe$($CsCl$)
$ThTe_2$
Th_3Te_8,
UTe($NaCl$)
U_3Te_4(Th_3P_4)
U_2Te_3

UTe_2(*tetr.*),
$PuTe$($NaCl$);

T^4-B^6

Ti_3O_2
TiO(h, $NaCl$)
(r,)
Ti_2O_3(Al_2O_3)
Ti_3O_5(h, Ti_3O_5(h), $Q^{6,10}$)
(r, Ti_3O_5(r), $N^{6,10}$)
Ti_5O_9(*trikl.*)
TiO_2(r, TiO_2, *Rutil*, $T_c^{2,4}$)
(*metast.*, TiO_2, *Anatas*, $U_b^{2,4}$)
(*metast.*, TiO_2, *Brookit*, $O_a^{8,16}$)
ZrO(*metast.*, $NaCl$)
ZrO_2(h, *1250°C. HgJ(rot)*)
(r, ZrO_2, $M_a^{4,8}$)
HfO_2(ZrO_2);
$TiS_{0,66}$(WC)
TiS(h, $NiAs[R]$)
(r, $NiAs$)
Ti_3S_4(*TiP, bei höherem S-Gehalt: Überstr.*)
TiS_2(CdJ_2)
TiS_3($ZrSe_3$),
Zr_3S?
Zr_3S_2(WC)
Zr_4S_3(*tetr.*)
ZrS($NaCl$?)
Zr_3S_4($NaCl[V]$)
ZrS_2(CdJ_2)
ZrS_3($ZrSe_3$);
HfS_3($ZrSe_3$)
Ti($Se_{0,2}$)
$TiSe_{\sim 0,66}$($NiAs$)
$TiSe$($NiAs$, $[R]$)
$TiSe_2$(CdJ_2),
Zr_3Se_2(WC)
Zr_4Se_3(Zr_4S_3)
Zr_3Se_4(*SnSb mit Überstr.*)
$ZrSe_2$(CdJ_2)
$ZrSe_3$($ZrSe_3$, $M^{2,6}$);
$HfSe_3$($ZrSe_3$)
Ti_5Te_4($U^{5,4}$)
$TiTe \ldots TiTe_{0,75}$
($NiAs[R,D]$ *mon.*)
$TiTe_2$(CdJ_2),
Zr_3Te_2(WC)
Zr_4Te_3(Zr_4S_3)
$ZrTe$($NiAs[R]$)

$ZrTe_2$(CdJ_2)
$ZrTe_3$($ZrSe_3$);

T^5-B^6

V_4O($Fe_2C_{0,1}$)
V_2O(*hex.?*)
VO($NaCl$)
V_2O_3(Al_2O_3)
$VO_{1,67}$(*mon.*)
V_4O_{8-1}
V_5O_9
V_6O_{11}
V_7O_{13}
V_8O_{15}
VO_2(VO_2, $M_b^{4,8}$)
V_6O_{13}(*mon.*)
V_2O_5(*orth.*),
Nb_2O($Fe_2C_{0,1}$)
NbO(NbO, $C^{3,3}$)
NbO_2(TiO_2, $T_c^{2,4}$)
Nb_2O_5(*mehrere Mod.*),
Ta_4O(Ta_4O, $P^{1,1/4}$)
Ta_2O(*orth.*)
TaO($NaCl$)
TaO_2(TiO_2, $T_c^{2,4}$)
Ta_2O_5(h,)
(r, *orth., isotyp* Nb_2O_5);
V_3S(h, V_3S(h), $U_c^{12,4}$)
(r, V_3S(r), $T^{24,8}$)
VS($NiAs$)
V_2S_3
VS_4(*mon.*),
$Nb_{1,2}S_2$($Nb_{1,2}S_2$, *rhbdr.*)
$Nb_{1,4}S_2$($Nb_{1,4}S_2$, *hex.*)
NbS(Nb)(WC)
NbS(S)($\sim NiAs$)
NbS_2(h)(NbS_2,)
NbS_2(r, MoS_2, *rhbdr.*)
NbS_3($ZrSe_3$),
$Ta_{1+x}S_2$(*3S, rhbdr. Abart von 2S*)
$Ta_{1+y}S_2$(*6S*, δ)
$Ta_{1+z}S_2$(*2S*, β, NbS_2)
TaS_2(*1S*, α, CdJ_2)
(δ, $CaSi_2$)
TaS_3($ZrSe_3$?);
VSe($NiAs$)
V_2Se_3
VSe_2(CdJ_2),
$TaSe_{1\ldots 2}+wI$;
V_5Te_4(*mon.*)
$V_{47}Te_{53}$($NiAs$)

$\sim V_3Te_4$(*Cr_3S_4?*)
$V_{2+}Te_3$(h, *$\sim NiAs$*)
V_2Te_3(*$\sim NiAs$*),
$\sim Nb_2Te$
$\sim NbTe_2$
$\sim NbTe_3$,
$TaTe_{0,85}$(h,)
(r,)
$TaTe_{1,8}$
$TaTe_3$(*tetr.*);
Ta-Po: *kI*;

T^6-B^6
Cr_3O?(*Cr_3Si*)
Cr_3O_4(h,)?
Cr_2O_3(*Al_2O_3*)
CrO_2(*TiO_2*, $T_c^{2,4}$)
CrO_3(*CrO_3*, $Q_a^{2,6}$),
Mo_3O?(*kub.*)
MoO_2(*VO_2*)
Mo_4O_{11}(*orth., mon.?*)
Mo_8O_{23}(*Mo_8O_{23}*, $M^{16,46}$)
$Mo_{17}O_{47}$(*rhbdr.*)
Mo_9O_{26}(*Mo_9O_{26}*, $M^{18,52}$, *trikl.?*)
MoO_3(*MoO_3*, $O_d^{4,12}$),
W_3O?(*Cr_3Si*)
WO_2(*$\sim VO_2$*)
$W_{18}O_{49}$(*mon.*)
$W_{20}O_{58}$(*mon.*)
WO_3(h, *ReO_3*, *tetr.*[*D*])
(r, *mon.*);
$CrS_{0,97}$(*CrS*, $N_b^{2,2}$)
Cr_7S_8(*$\sim NiAs$*[*VR*])
Cr_5S_6(*$\sim NiAs$*[*VR*])
Cr_3S_4(*NiAs*[*VR*], *Fe_3S_4*)
$Cr_{0,69}S$(*NiAs*[*VR*])
$Cr_{0,67}S$(*rhbdr.*),
Mo_2S_3
MoS_2(*MoS_2 „natürl."*, $H_c^{2,4}$)
(*MoS_2 „rein"*, $R_b^{1,2}$),
WS_2(*MoS_2 natürl.*)
WS_3;
$CrSe$(*NiAs*)
$Cr_{45}Se_{55}$(*$\sim NiAs$, mon.*)
Cr_2Se_3(*$\sim NiAs$*),
Mo_2Se_3
$MoSe_2$(*CdJ_2*)
Mo_2Se_5
$MoSe_3$,
WSe_2(*MoS_2 natürl.*)
WSe_3;

$CrTe$(*NiAs*)
$Cr_{45}Te_{55}$(*$\sim NiAs$, mon.*)
Cr_2Te_3(*$\sim NiAs$*),
Mo_2Te_3
$MoTe_2$(*MoS_2, nat.*),
WTe_2(*orth.*);
Mo-Po: *kI*,
W-Po: *kI*;

T^7-B^6
MnO(r, *NaCl*)
(t, *rhbdr. def.*)
Mn_3O_4(*Fe_3O_4*, [*D tetr.*])
Mn_2O_3(*β*, *Mn_2O_3*, $B^{16,24}$)
(*γ, tetr.*)
MnO_2(*α*, *TiO_2*)
(*β, orth.*)
(*γ, orth.*),
TcO_2(*VO_2*),
ReO_2(*VO_2*)
(*orth.*)
Re_2O_7(*orth.*)
ReO_3(*ReO_3*, $C_b^{1,3}$);
MnS(*grün, NaCl*)
(*$\sim$rot, ZnS*)
(*$\sim$rot, ZnO*)
MnS_2(*FeS_2*, $C_a^{4,8}$),
Tc_2S_7,
ReS_2(*MoS_2, natürl.*)
Re_2S_7(*tetr.*);
$MnSe$(*α, NaCl*)
(*β, ZnS, metast.*)
(*γ, ZnO, metast.*)
(t, *NiAs?*)
$MnSe_2$(*FeS_2*, $C_a^{4,8}$),
$ReSe_2$
Re_2Se_7;
$MnTe$(*NiAs*)
$MnTe_2$(*FeS_2*, $C_a^{4,8}$);

T^8-B^6
FeO(h, *NaCl*)
(t, *NaCl, rhbdr. verz.*)
Fe_3O_4(*Fe_3O_4*, $F_a^{6,8}$)
(t, *rhbdr. oder orth.*)
Fe_2O_3(*α*, *Al_2O_3(α)*)
(*γ, metast.*, *$\sim Fe_3O_4$*)
(*weitere Mod.?*)
RuO_2(*TiO_2*, $T_c^{2,4}$)
RuO_4,
OsO_2(*TiO_2*, $T_c^{2,4}$)
OsO_4(*mon.*);

FeS(h, *NiAs*)
(r, *FeS*(r), $H^{12,12}$)
Fe_7S_8(*Fe_7S_8*, $N^{14,16}$)
FeS_2(h, *FeS_2*(h), $C_a^{4,8}$)
(r, *FeS_2*(r), $O_b^{2,4}$),
RuS_2(*FeS_2*, $C_a^{4,8}$),
OsS_2(*FeS_2*, $C_a^{4,8}$);
$FeSe_{1-}$(*PbO*)
$FeSe_{1+}$(*NiAs*)
Fe_7Se_8(*Fe_7Se_8*, $H^{21,24}$)
Fe_5Se_6
Fe_3Se_4(*Fe_3Se_4*, $N^{6,8}$)
$FeSe_2$(*FeS_2*, $O_b^{2,4}$),
$RuSe_2$(*FeS_2*, $C_a^{4,8}$),
$OsSe_2$(*FeS_2*, $C_a^{4,8}$);
Fe_9Te_8(*PbO*)
$FeTe_{1,1}$(h)
$FeTe_{1,4}$(h, *NiAs*[*D mon.*])
$FeTe_{1,45}$(h, *NiAs*)
$FeTe_2$(*FeS_2*, $O_b^{2,4}$),
$RuTe_2$(*FeS_2*, $C_a^{4,8}$),
$OsTe_2$(*FeS_2*, $C_a^{4,8}$);

T^9-B^6
CoO(r, *NaCl*)
(t, *tetr. def.*)
Co_3O_4(*Fe_3O_4*)
Co_2O_3(*Al_2O_3*)?
CoO_2?,
Rh_2O
RhO
Rh_2O_3(*Al_2O_3*),
IrO_2(*TiO_2*, $T_c^{2,4}$);
Co_4S_3(h,)
Co_9S_8(*Co_9S_8*, $F^{9,8}$)
CoS_{1+}(h, *NiAs*)
Co_3S_4(*Co_3S_4*, $F_b^{6,8}$)
CoS_2(*FeS_2*, $C_a^{4,8}$),
$Rh_{17}S_{15}$(*$Pd_{17}Se_{15}$*)
Rh_3S_4
Rh_2S_3
Rh_2S_5(*$\sim FeS_2$*, $\sim C_a^{4,8}$),
Ir_2S_3
IrS_2
Ir_3S_8;
Co_9Se_8(*Co_9S_8*)
$CoSe$(*NiAs*)
$\sim Co_3Se_4$(*$\sim NiAs$*[*D mon.*])
$CoSe_2$(*FeS_2*, $C_a^{4,8}$),
$RhSe$(*NiAs*)
$RhSe_2$(*FeS_2*, $C_a^{4,8}$),
$IrSe_2$

IrSe$_3$(*FeS*$_2$, $C_a^{4,8}$)
CoTe … CoTe$_{2-}$
(h, *NiAs* … *CdJ*$_2$)
Co$_3$Te$_4$
Co$_5$Te$_6$
CoTe$_2$(*Fe*$_2$*S*, $O_b^{2,4}$),
RhTe(*NiAs*)
RhTe$_2$(h, *CdJ*$_2$)
(r, *FeS*$_2$, $C_a^{4,8}$),
IrTe(*NiAs*)
IrTe$_2$(*CdJ*$_2$)
Ir$_{1-}$Te$_2$(*FeS*$_2$, $C_a^{4,8}$);

T^{10}-B^6
NiO(h, *NaCl*)
(r, [*D rhbdr.*])
wI,
PdO(*PtS*)
PdO$_2$,
PtO(*PtS*)
PtO$_2$(*CdJ*$_2$)
Ni$_3$S$_2$(h,)
(r, *Ni*$_3$*S*$_2$, $R_b^{3,2}$)
Ni$_6$S$_5$(h, *orth.*)
Ni$_7$S$_6$(*mon.?*)
NiS(h, *NiAs*)
(r, *NiS*, $R^{3,3}$)
Ni$_3$S$_4$(*Co*$_3$*S*$_4$)
NiS$_2$(*FeS*$_2$, $C_a^{4,8}$),
Pd$_4$S(*Pd*$_4$*Se*)
Pd$_{2,8}$S(h)
Pd$_{2,2}$S(*kub.*)
PdS(*PdS*, $T^{8,8}$)
PdS$_2$(*PdSe*$_2$),
PtS(*PtS*, $T_c^{2,2}$)
PtS$_2$(*CdJ*$_2$);
Ni$_2$Se
Ni$_3$Se$_2$(*Ni*$_3$*S*$_2$)
NiSe(*NiAs*)
(*NiS*)
NiSe$_{1,15}$(*orth.*)
NiSe$_{1,2}$(*NiAs, def. mon.*)
Ni$_3$Se$_4$
NiSe$_2$(*FeS*$_2$, $O_a^{4,8}$),
Pd$_4$Se(*Pd*$_4$*Se*, $T^{8,2}$)
Pd$_{2,8}$Se
Pd$_{17}$Se$_{15}$(*Pd*$_{17}$*Se*$_{15}$, $C^{34,30}$)
PdSe(*PdS*)
PdSe$_2$(*PdSe*$_2$, $O_e^{4,8}$),
PtSe$_{0,8}$(*mon.*)
PtSe$_2$(*CdJ*$_2$);
NiTe(*NiAs*)
NiTe$_2$(*CdJ*$_2$),
Pd$_4$Te(*kub.*)
Pd$_3$Te
Pd$_{2,5}$Te
Pd$_2$Te
PdTe(*NiAs*)
PdTe$_2$(*CdJ*$_2$),
Pt$_2$Te
PtTe(*orth.*)
PtTe$_2$(*CdJ*$_2$);
NiPo(*NiAs*)
NiPo$_2$(*CdJ*$_2$);

B^1-B^6
Cu$_2$O(*Cu*$_2$*O*, $C^{4,2}$)
CuO(*CuO*, $N_a^{2,2}$),
Ag$_2$O(*Cu*$_2$*O*)
AgO(*CuO*)
Ag$_2$O$_3$?,
Au$_3$O$_2$;
Cu$_2$S(h$_2$, *kub.* ∼*CaF*$_2$)
(h$_1$, *Cu*$_2$*S*(h), $H_b^{4,2}$)
(r, *orth.*)
Cu$_{1,96}$S(h$_1$, *tetr.*)
(r,)
Cu$_{1,8}$S(h, *Cu*$_2$*Se*(h))
CuS(*CuS*, $H_b^{6,6}$),
Ag$_2$S(h, *Ag*$_2$*Se*(h))
(r, *mon.*),
Au-S: *kI*;
Cu$_2$Se(h, *Cu*$_2$*Se*, $F_b^{2,1}$)
(r, [*D*])
Cu$_3$Se$_2$(*orth.*)
CuSe(*CuS*),
Ag$_2$Se(h, *Ag*$_2$*Se*(h), $C_b^{4,2}$)
(r,),
Au-Se: *kI*;
Cu$_2$Te(h$_3$, *Cu*$_2$*Se*, $F_b^{2,1}$)
(h$_2$,)
(h$_1$,)
(r, *hex.*)
Cu$_4$Te$_3$(∼*Cu*$_2$*Sb mit Vakantstellen*)
CuTe(*CuTe*, $O_b^{2,2}$),
Ag$_2$Te(h$_2$, *kub.*)
(h$_1$, *kub.*)
(r, *Ag*$_2$*Te*, $M^{8,4}$)
(Ag$_{12}$Te$_7$)
Ag$_3$Te$_2$(h,)
(r, *hex.*),
Au$_2$Te$_3$(*Mineral, trikl.*)
AuTe$_2$(*AuTe*$_2$, *Kremerit*, $O_b^{8,16}$)
(*AuTe*$_2$, *Calaverit*, $N_a^{1,2}$);
Cu-Po: *Im*,
Ag-Po: *Im*;

B^2-B^6
BeO(*ZnO*),
MgO(*NaCl*),
ZnO(*ZnO*, $H_b^{2,2}$)
ZnO$_2$(*FeS*$_2$, $C_a^{4,8}$),
CdO(*NaCl*),
Hg$_2$O
HgO(*HgO*, $O_h^{4,4}$)
metastat. Mod.;
BeS(*ZnS*),
MgS(*NaCl*),
ZnS(h, *ZnO*)
(r, *ZnS*, $F_b^{1,1}$),
CdS(h, *ZnO*)
(r, *ZnS*),
HgS(h, *ZnS*)
(r, *HgS*, $H_a^{3,3}$);
BeSe(*ZnS*),
MgSe(*NaCl*),
ZnSe(*ZnS*),
CdSe(*ZnO*) (*aus wäßriger Lösung: ZnS*, $F_b^{1,1}$),
HgSe(*ZnS*);
BeTe(*ZnS*),
MgTe(*ZnO*),
ZnTe(*ZnS*),
CdTe(*ZnS*),
HgTe(*ZnS*);
BePo(*ZnS*),
MgPo(*NiAs*),
ZnPo(*ZnS*),
CdPo(*ZnS*),
HgPo(*NaCl*);

B^3-B^6
Bo$_2$O$_3$(*Bo*$_2$*O*$_3$, $H^{6,9}$),
Al$_2$O$_3$(r, *α*, *Al*$_2$*O*$_3$)
(*metast.*, *γ*, *Fe*$_3$*O*$_4$)
(*γ′*, *ungeordn.*),
Ga$_2$O$_3$(*α*, *Al*$_2$*O*$_3$)
(*β*, *mon.*),
(*γ*, *Fe*$_3$*O*$_4$)
In$_2$O$_3$(*Mn*$_2$*O*$_3$),
Tl$_2$O
Tl$_2$O$_3$(*Mn*$_2$*O*$_3$);

Al_2S_3(h, Al_2O_3)
(r, *hex.*),
GaS(GaS, $H_b^{4,4}$)
Ga_2S_3(r, ZnS[V]),
InS(InS, $O_e^{4,4}$)
In_4S_5(*mon.*)
In_3S_4
In_2S_3(h, Fe_3O_4),
(*ungeordn.*)
Tl_2S(*rhbdr.*)
Tl_4S_3
TlS($TlSe$)
TlS_2;
Al_2Se_3(h,)
(r, ZnO),
$GaSe_{1-}$($GaSe$, $H_c^{4,4}$)
$GaSe_{1+}$($GaSe_{1+}$, $R^{2,2}$)
eine weitere Mod. vom
GaS-Typ?
Ga_2Se_3(ZnS[V]),
In_2Se(*orth.*)
InSe($GaSe_{1+}$, *ferner GaS*)
In_2Se_3(h, *hex.*)
(r,),
Tl_2Se(*tetr.*)
TlSe($TlSe$, $U_a^{4,4}$)
Tl_2Se_3;
Al_5Te
Al_2Te_3(h,)
(r,),
GaTe(*mon.*)
Ga_2Te_3(r, ZnS[V])
$GaTe_3$?,
In_2Te(*orth.*)
InTe($TlSe$)
In_2Te_3(ZnS[V,D])
In_2Te_5(*mon.*),
Tl_2Te(*tetr.*)
TlTe(*tetr.*)
Tl_2Te_3(*mon.*);

B⁴-B⁶

CO(t_2, CO(t_2), $C_b^{4,4}$)
(t_1, *Mg von rotier. CO*)
CO_2(CO_2, $C_b^{4,8}$),
SiO_2(SiS_2)
(h_2, *Cristobalit*, $F_b^{2,4}$)
(h_2', *Tiefcristobalit*, $T_a^{4,8}$)
(h_1, *Tridymit*, $H_b^{4,8}$)
(r_2, *Quarz*, $H_b^{3,6}$)
(r_1, *Tiefquarz*, $H_a^{3,6}$)
weitere metastab. Mod. durch
Abschrecken zu erhalten,
GeO_2(*wasserlöslich:*
TiO_2, $T_c^{2,4}$)
(SiO_2, *Quarz*),
SnO(PbO)
SnO_2(TiO_2),
PbO(*gelb*, h, *PbO*(*orth.*),
$O_f^{4,4}$)
(*rot*, r, *PbO*, $T_a^{2,2}$)
Pb_3O_4(Pb_3O_4, $T^{12,16}$)
Pb_2O_3(Pb_2O_3, $M^{4,6}$)
(α, $M^{48,72}$)
(β, $O_a^{8,12}$)
PbO_2(TiO_2, $T_c^{2,4}$)
(*orth. Mod.*);
CS_2,
SiS?
SiS_2(SiS_2, $P^{2,4}$),
GeS(GeS, $O_a^{4,4}$)
GeS_2(GeS_2, $S^{6,12}$),
SnS(GeS)
Sn_2S_3
SnS_2(CdJ_2),
PbS($NaCl$)
PbS_2;
SiSe
$SiSe_2$(SiS_2),
GeSe(*tetr.*, *GeS*)
$GeSe_2$(*orth.*),
SnSe(h, $NaCl$)
(r, GeS)
Sn_2Se_3(*tetr.*)
$SnSe_2$,
PbSe($NaCl$);
SiTe
$SiTe_2$(*rot*, CdJ_2)
(SiS_2),
GeTe(h, $NaCl$)
(r, $SnSb$)
$GeTe_{1+}$(*def.*),
SnTe($NaCl$),
PbTe($NaCl$);
C-Po: *kI*,
PbPo($NaCl$);

B⁵-B⁶

N_2O(CO_2)
N_2O_4(N_2O_4, $B^{6,12}$)
N_2O_5(N_2O_5, $H_a^{4,10}$),
P_2O_3
P_2O_5(P_2O_5, $S^{4,10}$)
weitere Mod.,
As_2O_3(h, As_2O_3(h), $M_a^{8,12}$)
(r, Sb_2O_3(r)),
Sb_2O_3(h, Sb_2O_3(h), $O_b^{8,12}$)
(r, Sb_2O_3, $F^{8,12}$)
Sb_2O_4
Sb_2O_5,
Bi_2O_3(h, Bi_2O_3(h), $T_a^{8,12}$)
(r, Bi_2O_3(r), $M_b^{8,12}$);
NS(AsS),
P_4S_3(P_4S_3, $O^{32,24}$)
P_4S_5(P_4S_5, $M^{8,10}$)
P_4S_7(P_4S_7, $M^{16,28}$)
P_4S_{10}(P_4S_{10}, $Z^{8,20}$),
AsS(AsS, $M^{16,16}$)
As_2S_3(As_2S_3, $M_c^{8,12}$),
Sb_2S_3(Sb_2S_3, $O_c^{8,12}$)
Sb_2S_5(*wäßrige Reaktion*),
Bi_2S_3(Sb_2S_3);
P_4Se_3(P_4Se_3, $O^{64,48}$)
P_2Se_5,
As_2Se_3(Bi_2Te_3),
Sb_2Se_3(Sb_2S_3),
Bi_2Se_3(Bi_2Te_3)
Bi_3Se_4(*rhbdr.*, Sn_3As_2)
BiSe($NaCl$);
P_2Te_3,
As_2Te_3(*mon.*),
Sb_2Te_3(Bi_2Te_3),
$Bi_{14}Te_6$
Bi_2Te
BiTe($NaCl$)
Bi_2Te_3(Bi_2Te_3, $R_a^{2,3}$);
Bi-Po: *kI*;

B⁶-B⁶

O_3S(O_3S, $O^{12,36}$)
weitere Mod.
O_2S(O_2S, $Q_d^{2,4}$);
O_2Se(O_2Se, $T^{8,16}$),
SSe_2;
O_2Te(O_2Te, $T_b^{4,8}$)
(*orth.*),
O_2Po(CaF_2)
S-Te: *kI*,
(Se,Te)(Se);
S_3Po_2;

A¹-B⁷

LiH($NaCl$),
NaH($NaCl$),
KH(K *in* F^1),

RbH(*Rb in* F^1),
CsH(*Cs in* F^1);
LiF(*NaCl*),
NaF(*NaCl*),
KF(*NaCl*),
RbF(*CsCl*),
CsF(*NaCl*);
LiCl(*NaCl*),
NaCl(*NaCl*, $F_a^{1,1}$),
KCl(*NaCl*),
RbCl(*NaCl*)
(t, *CsCl*),
CsCl(h, *NaCl*)
(r, *CsCl*, $C^{1,1}$);
LiBr(*NaCl*),
NaBr(*NaCl*),
KBr(*NaCl*),
RbBr(*NaCl*),
CsBr(*CsCl*);
LiJ(*NaCl*),
NaJ(*NaCl*),
KJ(*NaCl*),
RbJ(*NaCl*),
CsJ(*CsCl*)
$\mathrm{CsJ_3}$(*orth.*)
$\mathrm{Cs_4J}(\mathit{CsJ_4}, M^{4,16})$;

$\mathrm{A^2}$-$\mathrm{B^7}$

$\mathrm{CaH_2}(\mathit{SrH_2})$,
$\mathrm{SrH_2}(\mathit{SrH_2}, O_f^{8,4})$,
$\mathrm{BaH_2}(\mathit{SrH_2})$;
$\mathrm{CaF_2}(\mathit{CaF_2}, F_a^{1,2})$,
$\mathrm{SrF_2}(\mathit{CaF_2})$,
$\mathrm{BaF_2}(\mathit{CaF_2})$,
$\mathrm{RaF_2}(\mathit{CaF_2})$;
$\mathrm{CaCl_2}(\mathit{CaCl_2}, O_c^{4,2})$,
$\mathrm{SrCl_2}(\mathit{CaF_2})$,
$\mathrm{BaCl_2}(\mathit{PbCl_2})$;
$\mathrm{CaBr_2}(\mathit{CaCl_2})$,
$\mathrm{SrBr_2}(\mathit{PbCl_2})$,
$\mathrm{BaBr_2}(\mathit{PbCl_2})$;
$\mathrm{CaJ_2}(\mathit{CdJ_2})$,
$\mathrm{BaJ_2}(\mathit{PbCl_2})$;

$\mathrm{T^3}$-$\mathrm{B^7}$

$\mathrm{LaH_{2\ldots3}}(\mathit{CaF_2})$,
$\mathrm{CeH_2}(\mathit{CaF_2})$
$\mathrm{CeH_3}$,
$\mathrm{PrH_2}(\mathit{CaF_2})$,
$\mathrm{NdH_{2\ldots3}}(\mathit{CaF_2})$,
$\mathrm{SmH_2}(\mathit{CaF_2})$
$\mathrm{SmH_3}(\mathit{PuH_3})$,
$\mathrm{EuD_2}(\mathit{SrH_2})$,
$\mathrm{Gd_2H_3}$
$\mathrm{GdH_2}(\mathit{CaF_2})$
$\mathrm{GdH_3}$(*hex.*),
$\mathrm{YbH_{1,98}}(\mathit{SrH_2})$,
$\mathrm{PaH_3}(\mathit{UH_3})$,
$\mathrm{ThH_2}$(*Th in* U^1)
$\mathrm{Th_4H_{15}}(\mathit{Cu_{15}Si_4})$,
$\mathrm{AcH_2}$(*Ac in* F^1),
$\mathrm{UH_3}(\mathit{UH_3}, C^{8,24})$
weitere Mod.,
$\mathrm{PuH_{2\ldots2,7}}(\mathit{CaF_2})$
$\mathrm{PuH_3}$(*Pu in* H^2);
$\mathrm{ScF_3}(\sim\mathit{ReO_3})$,
$\mathrm{YF_3}$(*orth.*, $\mathit{BiF_3}$?)
$\mathrm{LaF_3}(\mathit{LaF_3}, H_d^{6,18})$,
$\mathrm{CpF_3}$(*orth.*),
$\mathrm{CeF_3}(\mathit{LaF_3})$
$\mathrm{CeF_4}(\mathit{ZrF_4})$,
$\mathrm{PrF_3}(\mathit{LaF_3})$,
$\mathrm{NdF_3}(\mathit{LaF_3})$,
$\mathrm{SmF_3}(\mathit{LaF_3})$
(*orth.*),
$\mathrm{EuF_2}(\mathit{CaF_2})$
$\mathrm{EuF_3}$(*orth.*)
($\mathit{LaF_3}$),
$\mathrm{GdF_3}$(*orth.*),
$\mathrm{TbF_3}$(*orth.*),
$\mathrm{TbF_4}(\mathit{ZrF_4})$
$\mathrm{DyF_3}$(*orth.*),
$\mathrm{HoF_3}$(*orth.*)
($\mathit{LaF_3}$),
$\mathrm{ErF_3}$(*orth.*),
$\mathrm{TuF_3}$(*orth.*)
($\mathit{LaF_3}$),
$\mathrm{YbF_3}$(*orth.*),
$\mathrm{AcF_3}(\mathit{LaF_3})$
$\mathrm{ThF_4}(\mathit{ZrF_4})$,
$\mathrm{PaF_4}(\mathit{ZrF_4})$
$\mathrm{UF_3}(\mathit{LaF_3})$
$\mathrm{UF_4}(\mathit{ZrF_4})$
$\mathrm{U_2F_9}(\mathit{U_2F_9}, B^{4,18})$
$\mathrm{UF_5}(\alpha, \mathit{UF_5}(\alpha), U^{1,5})$
$(\beta, \mathit{UF_5}(\beta), U^{4,20})$,
$\mathrm{NpF_3}(\mathit{LaF_3})$
$\mathrm{NpF_4}(\mathit{ZrF_4})$,
$\mathrm{PuF_3}(\mathit{LaF_3})$
$\mathrm{PuF_4}(\mathit{ZrF_4})$,
$\mathrm{AmF_3}(\mathit{LaF_3})$;
$\mathrm{AmF_4}(\mathit{ZrF_4})$
$\mathrm{ScCl_3}(\mathit{BiJ_3})$,
$\mathrm{YCl_3}$(*mon.*, $\mathit{AlCl_3}$),
$\mathrm{LaCl_3}(\mathit{Y(OH)_3})$,
$\mathrm{CeCl_3}(\mathit{Y(OH)_3})$,
$\mathrm{PrCl_3}(\mathit{Y(OH)_3})$,
$\mathrm{NdCl_3}(\mathit{Y(OH)_3})$,
$\mathrm{SmCl_2}(\mathit{PbCl_2})$
$\mathrm{SmCl_3}(\mathit{Y(OH)_3})$
$\mathrm{EuCl_2}(\mathit{PbCl_2})$,
$\mathrm{EuCl_3}(\mathit{Y(OH)_3})$
$\mathrm{GdCl_3}(\mathit{Y(OH)_3})$
$\mathrm{DyCl_3}(\mathit{AlCl_3})$
$\mathrm{HoCl_3}(\mathit{AlCl_3})$
$\mathrm{ErCl_3}(\mathit{AlCl_3})$
$\mathrm{TmCl_3}(\mathit{AlCl_3})$
$\mathrm{YbCl_3}(\mathit{AlCl_3})$
$\mathrm{CpCl_3}(\mathit{AlCl_3})$,
$\mathrm{AcCl_3}(\mathit{Y(OH)_3})$
$\mathrm{ThCl_4}(\mathit{ThCl_4}, U^{2,8})$,
$\mathrm{PaCl_4}(\mathit{ThCl_4})$
$\mathrm{UCl_3}(\mathit{Y(OH)_3})$
$\mathrm{UCl_4}(\mathit{ThCl_4})$
$\mathrm{UCl_5}$
$\mathrm{UCl_6}(\mathit{UCl_6}, H^{3,18})$,
$\mathrm{NpCl_3}(\mathit{Y(OH)_3})$
$\mathrm{NpCl_4}(\mathit{ThCl_4})$,
$\mathrm{PuCl_3}(\mathit{Y(OH)_3})$,
$\mathrm{AmCl_3}(\mathit{Y(OH)_3})$;
$\mathrm{LaBr_3}(\mathit{Y(OH)_3})$,
$\mathrm{CeBr_3}(\mathit{Y(OH)_3})$,
$\mathrm{PrBr_3}(\mathit{Y(OH)_3})$,
$\mathrm{NdBr_3}(\mathit{PuBr_3})$.
$\mathrm{SmBr_3}(\mathit{PuBr_3})$,
$\mathrm{AcBr_3}(\mathit{Y(OH)_3})$
$\mathrm{UBr_3}(\mathit{Y(OH)_3})$,
NpBr(β, $\mathit{PuBr_3}$)
$\mathrm{NpBr_3}(\mathit{Y(OH)_3})$
$\mathrm{PuBr_3}(\mathit{PuBr_3}, Q_c^{2,6})$,
$\mathrm{AmBr_3}(\mathit{PuBr_3})$,
$\mathrm{ThBr_4}(\mathit{ThCl_4})$;
$\mathrm{LaJ_3}(\mathit{PuBr_3})$,
$\mathrm{YbJ_2}(\mathit{CdJ_2})$,
$\mathrm{ThJ_2}(\mathit{CdJ_2})$,
$\mathrm{UJ_3}(\mathit{PuBr_3})$,
$\mathrm{NpJ_3}(\mathit{PuBr_3})$,
$\mathrm{PuJ_3}(\mathit{PuBr_3})$,
$\mathrm{AmJ_3}(\mathit{PuBr_3})$;

$\mathrm{T^4}$-$\mathrm{B^7}$

$\mathrm{TiH_{1\ldots2}}(\sim\mathit{CaF_2})$,
$\mathrm{TiH_2}$([*D tetr.*]),
$\mathrm{Zr_4H}(\mathit{Fe_4N})$
$\mathrm{Zr_2H}$?(*metast?*, *Zr in* U^1),
$\mathrm{ZrH_{1+}}$(*Zr in* F^1)

ZrH_{2-}(*Zr in U*[1])
HfH_{2+}(*tetr.*);
HfH_2(CaF_2)
HfH_{2-}(*pseudokub.*)
TiF_3(VF_3),
ZrF_4(ZrF_4, *mon.*),
HfF_4(ZrF_4);
$TiCl_2$(CdJ_2)
$TiCl_3$(BiJ_3)
weitere Mod.,
$ZrCl_4$(SnJ_4),
$TiBr_4$(SnJ_4);
TiJ_2(CdJ_2)
TiJ_4(SnJ_4);

T⁵-B⁷

$VH_{0,94}$(*tetr.*),
Nb_4H_3(*orth.*)
NbH($Fe_{95}C_{05}$)
NbH_2(*Nb in F*[1]),
Ta_2H?(*Ta in U*[1])
TaH(*Ta in P*[1]);
VF_3(VF_3, $R_c^{2,6}$),
NbF_3(ReO_3),
TaF_3(ReO_3);
VCl_3(BiJ_3),
$NbCl_5$($NbCl_5$, $N^{6,30}$),
$TaCl_5$($NbCl_5$);
VBr_2(CdJ_2);
VJ_2(CdJ_2),
NbJ_3
NbJ_4(*orth.*),
TaJ_5;

T⁶-B⁷

Cr_2H ... Cr_1H(*ZnO*)
CrH_2(CaF_2);
CrF_3(VF_3)
CrF_5
MoF_3(ReO_3);
$CrCl_2$($FeAs_2$)
$CrCl_3$($CrCl_3$, $H_e^{6,18}$),
$MoCl_5$($NbCl_5$),
WCl_6(WCl_6, $R^{1,6}$);
$CrBr_3$(BiJ_3);
CrJ_3($CrCl_3$);

T⁷-B⁷

Mn-H: *kI*,
Re-H: *kI*;
MnF_2(TiO_2, $T_c^{2,4}$);
MnF_3
MnF_4
$MnCl_2$($CdCl_2$);
$MnBr_2$(CdJ_2);
MnJ_2(CdJ_2);

T⁸-B⁷

FeF_2(TiO_2, $T_c^{2,4}$)
Fe_2F_5(*tetr.*)
FeF_3(VF_3),
RuF_3(VF_3)
RuF_5,
OsF_8;
$FeCl_2$($CdCl_2$)
$FeCl_3$(BiJ_3),
$RuCl_3$,
$OsCl_4$;
$FeBr_2$(CdJ_2);
$FeBr_3$(BiJ_3)
FeJ_2(CdJ_2);

T⁹-B⁷

Rh-H: *kI*;
CoF_2(TiO_2, $T_c^{2,4}$)
CoF_3(VF_3),
RhF_3(PdF_3),
IrF_3(PdF_3)
IrF_4
IrF_6;
$CoCl_2$($CdCl_2$),
$IrCl_2$(*orth.*)
$IrCl_3$;
$CoBr_2$(CdJ_2);
CoJ_2(CdJ_2);

T¹⁰-B⁷

Ni(H)(*metast.*,
Ni in H²-Lage),
Pd_2H(*Pd in F*[1]),
Pt-H: *kI*;
NiF_2(TiO_2, $T_c^{2,4}$)
PdF_2(TiO_2, $T_c^{2,4}$)
PdF_3(PdF_3, $R_b^{2,6}$),
PtF_4;
$NiCl_2$($CdCl_2$),
$PdCl_2$($PdCl_2$, $O_a^{2,4}$);
$NiBr_2$($CdCl_2$);
NiJ_2($CdCl_2$);

B¹-B⁷

CuH(*ZnO*)
(*kub. Phase?*),
Ag-H: *kI*,
Au-H: *kI*;
CuF(*ZnO*)
CuF_2(CaF_2),
Ag_2F(CdJ_2)
AgF(*NaCl*)
AgF_2;
CuCl(*ZnS*)
$CuCl_2$($CuCl_2$, $N_6^{1,2}$),
AgCl(*NaCl*);
CuBr(h_2, α, *AgJ*(h_2))
(h_1, β, *ZnO*)
(r, γ, *ZnS*)
$CuBr_2$($CuCl_2$),
AgBr(*NaCl*);
CuJ(h_2, ~*ZnS*,
stat. Atomvert.)
(h_1, *ZnO*)
(r, *ZnS*),
AgJ(h_2, α, *AgJ*, $C^{2,2}$)
(h_1, 137 ... 146 °C,
ZnO)
(r, *ZnS*);

B²-B⁷

BeH_2,
MgH_2
Cd-H: *kI*;
BeF_2(h, SiO_2(h_2), *Cristob.*)
(r, SiO_2(r), *Quarz*),
MgF_2(TiO_2, $T_c^{2,4}$),
ZnF_2(TiO_2, $T_c^{2,4}$),
CdF_2(CaF_2),
HgF_2(CaF_2);
$BeCl_2$(SiS_2),
$MgCl_2$($CdCl_2$),
$ZnCl_2$($CdCl_2$),
$CdCl_2$($CdCl_2$, $R_a^{1,2}$),
HgCl(*HgCl*, $U_a^{2,2}$)
$HgCl_2$($HgCl_2$, $O_a^{4,8}$);
$MgBr_2$(CdJ_2),
$ZnBr_2$($CdCl_2$),
$CdBr_2$($CdCl_2$)
wI,
HgBr(*HgCl*)
$HgBr_2$($HgBr_2$, $Q_a^{2,4}$);
MgJ_2(CdJ_2),
ZnJ_2($CdCl_2$),
CdJ_2(CdJ_2, $H_a^{1,2}$)
(CdJ_2(*6 Schichten*),
$H_a^{2,4}$),
weitere Stapelvar.,
HgJ(*HgCl*)
HgJ_2(HgJ_2(*rot*), $T_a^{2,4}$)
weitere Mod.;

B^3-B^7
B_2H_6(C_2H_6)
B_4H_{10}
B_5H_9(B_5H_9, $U^{5,9}$)
B_5H_{11}
$B_{10}H_{14}$($B_{10}H_{14}$, $M^{40,56}$)
B_9H_{15},
wI,
Al-H: *kI*;
AlF_3($\sim PdF_3$)
GaF_3(VF_3),
TlF(*TlF*, $S^{1,1}$);
B_2Cl_4(*orth.*)
BCl_3(BCl_3, $H_f^{2,6}$),
$AlCl_3$($AlCl_3$, $N_a^{2,6}$),
$GaCl_2$(*orth.*),
$InCl_3$($AlCl_3$)
TlCl(*CsCl*)
Tl_2Cl_3(*hex.*)
$TlCl_2$
$TlCl_3$($AlCl_3$)
BBr_3(BCl_3),
$AlBr_3$($AlBr_3$, $M_a^{4,12}$),
InBr(*TlJ*),
TlBr(*CsCl*),
InJ(*TlJ*),
TlJ(*TlJ*, $Q_a^{2,2}$);

B^4-B^7
C_2H_4
C_2H_6
CH_4
viele wI,
Sn-H: *kI*,
Pb-H: *kI*;
C_4F
CF,
SiF_4(SiF_4, $B_a^{1,4}$),
PbF_2(h, CaF_2)
(r, $PbCl_2$);
$SiCl_2$
$SiCl_4$,
$SnCl_2$(*orth.*),
$PbCl_2$($PbCl_2$, $O_d^{8,4}$);
CBr_4(*mon.*),
$SiBr_4$,
$GeBr_4$,
$PbBr_2$($PbCl_2$);
CJ_4(SnJ_4)
(*mon.*),
Si_2J_6
SiJ_4(SnJ_4),
GeJ_2(CdJ_2)
GeJ_4(SnJ_4)
SnJ_4(SnJ_4, $C^{8,32}$),
PbJ_2(CdJ_2);

B^5-B^7
NH_3(NH_3, $C^{4,12}$),
PH_3(*kub.*);
AsH_3(t, *kub.*),
Sb-H: *kI*,
Bi-H: *kI*;
AsF_5,
SbF_3(SbF_3, $Q_b^{2,6}$),
BiF_3($O_x^{4,12}$);
$AsCl_3$,
$SbCl_3$($SbCl_3$, $O_b^{4,12}$);
P_2J_4(*trikl.*),
AsJ_3(BiJ_3),
SbJ_3(BiJ_3),
BiJ_3(BiJ_3, $R_a^{2,6}$);

B^6-B^7
OH_2(SiO_2(h_1))
(t, *metast.*, SiO_2(h_2))
weitere Hochdruckmod.
O_2H_2(*tetr.*),
SH_2(*S in* F^1),
SeH_2(*Se in* F^1);
OF_2,
SF_6,
SeF_4
SeF_6;
O_7Cl_2
O_6Cl_2
O_2Cl
OCl_2,
SCl_4,
$SeCl_4$,
$TeCl_4$;
$TeBr_4$,
$PoBr_4$(*kub.*);
O_5J_2
O_4J_2
O_9J_4,
TeJ_4(*orth.*),
PoJ_4;

B^7-B^7
HF(t, *tetr.*);
HCl(t_1, *kub.*)
(t_2, *orth.*);
HBr(*versch. Mod.*);
HJ(*tetr.*);
F_3Cl;
F_5Br;
F_3Br
F_7J
F_5J,
Cl_3J(Cl_3J, $Z^{6,2}$),
ClJ
(Br,J)(*J*, Q_b^4).

8.3 Literaturverzeichnis

1902

Richards, T. W.: Z. phys. Chem. 40 (1902) 597; 49 (1904) 15.

1906

v. Groth, P.: Chemische Kristallographie, 5 Bde. Leipzig 1906/1919.

1911

Haber, F.: Verh. dtsch. phys. Ges. 13 (1911) 1117; vgl. 1128; vgl. ferner S. B. Preuß. Akad. (1919) 506, 990.

1914

Bragg, W. L.: Proc. roy. Soc., Lond. A 89 (1914) 468.

1915

Beckenkamp, J.: Statische und kinetische Kristalltheorien. Berlin: Borntraeger 1915.

Lindemann, F. A.: Phil. Mag. 29 (1915) 127; vgl. auch Rep. of Solvay Congr. (1924).

1920

v. Fedorow, E.: Das Kristallreich, Tabellen zur kristallochemischen Analyse. Petrograd 1920.

Landé, A.: Z. Phys. 1 (1920) 191; 2 (1920) 87.

1921

Ewald, P. P.: Ann. Phys., Lpz. 64 (1921) 253 — Z. Kristallogr. 56 (1921) 129.

Vegard, L.: Z. Phys. 5 (1921) 17; vgl. auch L. Vegard u. H. Dale: Z. Kristallogr. 67 (1928) 148. — Vegard, L., u. A. Kloster: Z. Kristallogr. 89 (1934) 560.

1922

Huggins, M. L.: J. Amer. chem. Soc. 44 (1922) 1841.

1923

Aminoff, G.: Z. Kristallogr. 58 (1923) 203.

Born, M.: Atomtheorie des festen Zustands. Leipzig: Teubner 1923.

Dickinson, R. G., u. L. Pauling: J. Amer. chem. Soc. 45 (1923) 1465.

Phragmén, G.: Jernkont. Ann. 107 (1923) 121.

Schoenflies, A.: Theorie der Kristallstruktur. Berlin: Borntraeger 1923.

Wasastjerna, J. A.: Soc. Sci. Fenn. Comn. Phys. Math. 1 (1923) Nr. 38.

1924

Bradley, A. J.: Phil. Mag. 47/48 (1924) 477.

1925

Bollnow, O. F.: Z. Phys. 33 (1925) 741.

Herzfeld, K., u. W. Heitler: Z. Elektrochem. 31 (1925) 536.

Johansson, C. H., u. J. O. Linde: Ann. Phys. 78 (1925) 439.

Westgren, A., u. G. Phragmén: Phil. Mag. 50 (1925) 311.

1926

Bradley, A. J., u. J. Thewlis: Proc. roy. Soc., Lond. A 112 (1926) 678.
Goldschmidt, V. M.: Skr. Norske Vid. Akad. Oslo 2 (1926) 83.
Grimm, H. G., u. A. Sommerfeld: Z. Phys. 36 (1926) 36; vgl. M. L. Huggins: Phys. Rev. 27 (1926) 286.
Hume-Rothery, W.: J. Inst. Met. 35 (1926) 295.

1927

Friauf, J. B.: J. Amer. chem. Soc. 49 (1927) 3107.
Heitler, W., u. F. London: Z. Phys. 44 (1927) 455.

1928

Goldschmidt, V. M.: Z. phys. Chem., Abt. A 133 (1928) 397.
Niggli, P.: Kristallographische und Strukturtheoretische Grundbegriffe, in Wien: Harms Handbuch der Experimentalphysik. Leipzig: Akad. Verlagsges. 1928.
Vegard, L., u. H. Dale: Z. Kristallogr. 67 (1928) 148.
Westgren, A., u. G. Phragmén: Metallwirtsch. 7 (1928) 700.
Wever, F.: Arch. Eisenhüttenw. 2 (1928/29) 739.

1929

Goldschmidt, V. M.: Trans. Faraday Soc. 25 (1929) 279.
Hägg, G.: Z. Kristallogr. 68 (1928) 470; 71 (1929) 134 — SB *1*596.
Pauling, L.: J. Amer. chem. Soc. 51 (1929) 1010.
Thomassen, L.: Z. phys. Chem. 2 (1929) 349.
Westgren, A., u. A. Almin: Z. phys. Chem., Abt. B 5 (1929) 14.

1930

Hägg, G.: Z. phys. Chem., Abt. B 7 (1930) 339.
Hume-Rothery, W.: Phil. Mag. 9 (1930) 65.
Laves, F.: Z. Kristallogr. 73 (1930) 202, 275.
Laves, F.: Bauzusammenhänge innerhalb der Kristallstrukturen. Leipzig 1930.
Westgren, A., u. W. Ekmann: Ark. Kemi Min. Geol. 10 (1930) 11.
Wever, F., u. H. Möller: Z. Kristallogr. 75 (1930) 362.

1931

van Arkel, A. E., u. J. H. de Boer: Chemische Bindung als elektrostatische Erscheinung. Leipzig 1931.
Bernal, J. D.: Ergebnisse der modernen Metallforschung in: Ergebnisse der technischen Röntgenkunde. Leipzig: Akad. Verlagsges. 1931.
Dehlinger, U.: Z. anorg. allg. Chem. 194 (1931) 223.
Ekmann, W.: Z. phys. Chem., Abt. B 12 (1931) 57.
Ewald, P. P., u. C. Hermann: Strukturbericht der Z. Kristallogr., 1—7. Leipzig 1931/43.
Fink, W. L., R. K. van Horn u. P. M. Budge: Trans. AIME 93 (1931) 421.
Goldschmidt, V. M.: a) Kristallchemie und Röntgenforschung in: Ergebnisse der technischen Röntgenkunde. Leipzig: Akad. Verlagsges. 1931 — b) Fortschr. Min. Krist. Petr. 15 (1931) 100.
Hägg, G.: a) Z. phys. Chem., Abt. B 6 (1929) 221; B 12 (1931) 33; b) B 12 (1931) 413.
Hume-Rothery, W.: Phil. Mag. 11 (1931) 649.
Solomon, D., u. W. Morris-Jones: Phil. Mag. 11(1931) 1090.

1932

Hultgren, R.: Phys. Rev. 40 (1932) 891.
Laves, F.: Nachr. Ges. Wiss. Göttingen, Math.-Phys. Kl. (1932) 519.

v. NEUMANN, J.: Mathematische Grundlagen der Quantenmechanik. Berlin: Springer 1932.

ZINTL, E., u. A. HARDER: Z. phys. Chem., Abt. B 16 (1932) 206.

1933

BORN, M., u. M. GÖPPERT-MAYER: In GEIGER/SCHEEL: Hdb. Phys. 24/2. Berlin: Springer 1933, 623.

EWALD, P. P.: Erforschung des Aufbaus der Materie mit Röntgenstrahlen, in GEIGER/SCHEEL: Hdb. Phys. 24/2. Berlin: Springer 1933.

GRIMM, H. G.: In GEIGER/SCHEEL: Hdb. Phys. 24/2. Berlin: Springer 1933, 1096.

HUND, F.: Allgemeine Quantenmechanik des Atom- und Molekülbaus, in GEIGER/SCHEEL: Hdb. Phys. 24/1. Berlin: Springer 1933; vgl. auch Theorie des Aufbaus der Materie. Stuttgart: Teubner 1961.

LAVES, F.: a) Z. phys. Chem., Abt. B 22 (1933) — b) Z. Kristallogr. 84 (1933) 256.

OWEN, E. A., u. L. PICKUP: Proc. roy. Soc., Lond. A 140 (1933) 179.

WESTGREN, A.: Jernkont. Ann. (1933) 1.

WIGNER, E. P., u. F. SEITZ: Phys. Rev. 43 (1933) 804.

1934

BILTZ, W., u. W. KLEMM: Raumchemie der festen Stoffe. Leipzig: L. Voss 1934.

FYLKING, K. E.: Ark. Kem. Min. Geol. B 11 (1934) Nr. 48 — SB 317,263.

GOLDSCHMIDT, V. M.: Kristallchemie, Hdb. Naturwiss. 15 (1934).

HASSEL, O.: Kristallchemie. Dresden/Leipzig: Steinkopff 1934.

HEUSLER, O.: Ann. Phys. 19 (1934) 155.

HUME-ROTHERY, W., G. W. MABBOTT u. K. M. CHANNEL-EVANS: Phil. Trans. roy. Soc., Lond. 233 A (1934) 1.

JONES, H.: Proc. roy. Soc., Lond. A 144 (1934) 225; A 147 (1934) 396.

LAVES, F., u. K. LÖHBERG: Nachr. Ges. Wiss. Göttingen, Math.-Phys. Kl. N. F. 1 (1934) 59.

MORRAL, F. R., u. A. WESTGREN: Svensk. kem. T. 46 (1934) 153.

SEITZ, F.: A matrix algebraic development of crystallographic groups. Z. Kristallogr. 88 (1934) 433; 90 (1935) 289; 91 (1935) 336; 94 (1936) 100.

ZINTL, E.: Z. Elektrochem. 40 (1934) 142.

1935

BORÉN, B., S. STÅHL u. A. WESTGREN: Z. phys. Chem., Abt. B 29 (1935) 231.

DEHLINGER, U.: a) Gitteraufbau metallischer Systeme, In MASING: Hdb. Metallphys. Leipzig: Akad. Verlagsges. 1935 — b) Z. Elektrochem. 41 (1935) 344.

HOFMANN, W.: Z. Kristallogr. 92 (1935) 161.

Internationale Tabellen zur Bestimmung von Kristallstrukturen. Berlin: Bortraeger 1935.

LAVES, F., u. W. DÖRING: Metallwirtsch. 14 (1935) 918.

LAVES, F., u. H. WITTE: Metallwirtsch. 14 (1935) 645.

SEITH, W., u. O. KUBASCHEWSKI: Z. Elektrochem. 41 (1935) 551.

ZINTL, E., u. A. HARDER: Z. Elektrochem. 41 (1935) 767.

ZINTL, E., u. G. WOLTERSDORF: Z. Elektrochem. 41 (1935) 876.

1936

FRÖHLICH, H.: Elektronentheorie der Metalle. Berlin: Springer 1936.

HUME-ROTHERY, W.: The Structure of Metals and Alloys. London: Inst. Met. 1936.

JOHANSSON, C. H., u. J. O. LINDE: Ann. Phys. 25 (1936) 1.

LAVES, F., u. H. WITTE: Metallwirtsch. 15 (1936) 15, 840.

MOTT, N. F., u. H. JONES: The Theory of Metals and Alloys. London: Oxford Univ. Press 1936.

1937

Bradley, A. J., u. A. Taylor: a) Proc. roy. Soc., Lond. A 159 (1937) 56 — b) Phil. Mag. 23 (1937) 1049.
Buerger, M. J.: Amer. Mineral. 22 (1937) 48.
Dehlinger, U.: Z. Phys. 105 (1937) 588; vgl. T. Muto: Sci. Pap. Inst. Phys. Chem. Res. Tokyo 34 (1938) 377.
Elliott, N.: J. Amer. chem. Soc. 59 (1937) 1958.
Haucke, W.: Z. Elektrochem. 43 (1937) 712.
Hellmann, H.: Einführung in die Quantenchemie. Leipzig/Wien: Deuticke 1937.
Hermann, C., u. O. Lohrmann: Strukturberichte der Z. Kristallogr. 2 (1937) 13.
Jones, H., u. N. F. Mott: Proc. roy. Soc., Lond. A 162 (1937) 49.
Ketelaar, J. A. A.: J. Chem. Phys. 5 (1937) 668.
Klemm, W., u. H. Bommer: Z. anorg. allg. Chem. 231 (1937) 138.
Laves, F.: Naturwiss. 25 (1937) 721.
Speiser, A.: Theorie der Gruppen endlicher Ordnung. Berlin: Springer 1937.
Witte, H.: a) Naturwiss. 25 (1937) 795 — b) Metallwirtsch. 16 (1937) 237 — c) Z. angew. Min. 1 (1937/38) 83.

1938

Auer, H.: Z. Metallkde. 30 (1938) 48.
Babich, M. M., u. Mitarbeiter: J. Techn. Phys. USSR 5 (1938) 193.
Betteridge, W.: Proc. phys. Soc., Lond. 50 (1938) 519 — SB *6*179.
Brandenberger, E.: Angewandte Kristallstrukturlehre. Berlin: Borntraeger 1938.
Fallot, M.: Ann. Phys. 10 (1938) 291.
Foex, G.: J. Phys. Radium 9 (1938) 37.
Haraldsen, H., u. F. Mehmed: Z. anorg. Chem. 239 (1938) 369.
Klemm, W.: Atti. X Congr. Int. Chim. 2 (1938) 690.
Konobejewski, S.: J. Inst. Met. 63 (1938) 161.
Kurdjumow, G., W. Mirezki u. T. Stellezkaja: Shur. Exp. Teor. Fis. 8 (1938) 22.
Nial, O.: Z. anorg. allg. Chem. 238 (1938) 287.
Pauling, L.: Phys. Rev. 54 (1938) 899.
Stillwell, C. W.: Crystal Chemistry. New York: McGraw-Hill 1938.
Tengnér, S.: Z. anorg. allg. Chem. 239 (1938) 126.
Witte, H.: Z. angew. Min. 1 (1938) 255.

1939

Bradley, A. J., u. G. C. Seager: J. Inst. Met. 64 (1939) 81.
Dehlinger, U.: Chemische Physik der Metalle und Legierungen. Leipzig: Akad. Verlagsges. 1939.
Ehrlich, P.: Z. Elektrochem. 45 (1939) 362.
Hoschek, H., u. W. Klemm: Z. anorg. allg. Chem. 242 (1939) 49.
Ketelaar, J. A. A., u. Mitarbeiter: Z. Kristallogr. A 101 (1939) 396.
Laves, F.: Naturwiss. 27 (1939) 65, dort weitere Literatur.
Laves, F., u. H. J. Wallbaum: a) Z. Kristallogr. A 101 (1939) 78 — b) Naturwiss. 27 (1939) 674.
Lipson, H., u. A. Taylor: Proc. roy. Soc., Lond. 173 (1939) 232.
Molière, G.: Z. Kristallogr. 101 (1939) 383.
Norbury, A. L.: J. Inst. Met. 65 (1939) 355.
Nowotny, H.: Z. Kristallogr. A 100 (1939) 540.
Ôsawa, A., u. M. Okamoto: Sci. Rep. Tohoku Imp. Univ. (i) 27 (1939) 326.
Schulze, G. E. R.: Z. Elektrochem. 45 (1939) 864.
Senff, H., u. W. Klemm: Z. anorg. allg. Chem. 242 (1939) 92.
Zintl, E.: Z. angew. Chem. 52 (1939) 1.

1940

BRAGG, W. L.: Proc. phys. Soc., Lond. 52 (1940) 105.

DEHLINGER, U., u. G. E. R. SCHULZE: Z. Kristallogr. 102 (1940) 377.

EKWALL, G., u. A. WESTGREN: Ark. Kem. Min. Geol. 14 B (1940).

HUSIMI, K.: Proc. Phys. Math. Soc. Japan 22 (1940) 264.

MOTT, N. F., u. F. R. N. NABARRO: Proc. phys. Soc., Lond. 52 (1940) 86.

RAYNOR, G. V.: Proc. roy Soc., Lond. A 174 (1940) 457; vgl. W. HUME-ROTHERY u. G. V. RAYNOR: Proc. roy. Soc., Lond. A 177 (1940) 27.

SEITZ, F.: Modern Theory of Solids. New York: McGraw-Hill 1940.

WAGNER, C.: Thermodynamik metallischer Mehrstoffsysteme. Leipzig: Akad. Verlagsges. 1940.

1941

BRAUER, G., u. R. RUDOLPH: Z. anorg. allg. Chem. 248 (1941) 405.

DEHLINGER, U., u. G. E. R. SCHULZE: Z. Metallkde. 33 (1941) 157.

EDWARDS, O. S., u. H. LIPSON: Proc. roy. Soc., Lond. A 180 (1941) 268.

KUBASCHEWSKI, O.: Z. Elektrochem. 47 (1941) 623; vgl. O. KUBASCHEWSKI u. E. L. EVANS: Metallurgical Thermochemistry. London: Butterworths Sci. Publ. 1951.

LAVES, F., u. H. J. WALLBAUM: Z. angew. Min. 4 (1941) 17.

NOWOTNY, H., u. W. SIBERT: Z. Metallkde. 33 (1941) 391; vgl. auch 34 (1942) 237.

WALLBAUM, H. J.: Z. Metallkde. 33 (1941) 378.

WILSON, A. J. C.: Proc. roy. Soc., Lond. A 180 (1941) 277.

1942

BRAUER, G., u. A. MITIUS: Z. anorg. allg. Chem. 249 (1942) 325.

BRILL, R., C. HERMANN u. CL. PETERS: Ann. Phys., Paris 41 (1942) 37 — SR *9* 105.

KLEMM, W., u. L. GRIMM: Z. anorg. allg. Chem. 250 (1942) 42.

LAVES, F., u. H. J. WALLBAUM: Z. anorg. allg. Chem. 250 (1942) 110.

NOWOTNY, H.: Z. Metallkde. 34 (1942) 247; vgl. auch 37 (1946) 31.

SCHEIL, E.: Z. Metallkde. 34 (1942) 242.

1943

D'ANS, J., u. E. LAX: Taschenbuch für Chemiker u. Physiker. Berlin: Springer 1943.

BOKII, G. B., u. E. E. WAINSTEIN: Dokl. Akad. Nauk SSSR 40 (1943) 232.

DEHLINGER, U., u. H. NOWOTNY: Z. Metallkde. 35 (1943) 151.

KLEMM, W., u. N. FRATINI: Z. anorg. allg. Chem. 251 (1943) 222.

KUBASCHEWSKI, O., u. F. WEIBKE: Thermochemie der Legierungen. Berlin: Springer 1943; vgl. O. KUBASCHEWSKI u. E. L. EVANS: Metallurgical Thermochemistry. London: Butterworths Sci. Publ. 1951.

MANNING, M. F.: Phys. Rev. 63 (1943) 190; ferner J. B. GREENE u. M. F. MANNING: Phys. Rev. 63 (1943) 203.

WALLBAUM, H. J.: a) Naturwiss. 31 (1943) 91 — b) Z. Metallkde. 35 (1943) 218.

ZENER, C.: Trans. AIME 152 (1943) 122.

1944

BRILL, R., C. HERMANN u. CL. PETERS: Naturwiss. 32 (1944) 33 — SR *9* 3; vgl. auch H. BENSCH, H. WITTE u. E. WÖLFEL: Z. phys. Chem. 4 (1955) 65.

DANA, J. D. & E. S.: The System of Mineralogy, by CH. PALACHE, H. BERMAN and C. FRONDEL, Vol. 1, 2, 3. New York 1944ff., dort weitere Literatur.

EYRING, H., J. WALTER u. G. C. KIMBALL: Quantum Chemistry. New York: Wiley 1944.

GILLAUD, C.: C. R. Acad. Sci., Paris 219 (1944) 614.

Isomorphiebericht. Chemie 57 (1944) 29.

RAYNOR, G. V.: J. Inst. Met. 70 (1944) 531.

1945

Fink, C. G., E. R. Jette, S. Katz u. F. J. Schnettler: Trans. elektrochem. Soc. 88 (1945) 229.

Makarow, E. S.: Isw. Akad. Nauk SSSR, Otd. Kim. Nauk (1945) 569 — SR *1026*.

Nial, O.: Dissertation Stockholm 1945 [Sv. Kem. T. 59 (1947) 165, 172, 177].

Niggli, P.: Grundlagen der Stereochemie. Basel: Birkhäuser 1945.

Pauling, L.: The Nature of the chemical Bond. Ithaca, N. Y.: Cornell Univ. Press 1945.

Raynor, G. V.: J. Inst. Met. 71 (1945) 553; vgl. auch Coffinberry/Hultgren: Trans. AIME 128 (1938) 249.

Zachariasen, W. H.: Theory of X-ray Diffraction in Crystals. New York 1945.

1946

Nowotny, H., u. K. Schubert: Z. Metallkde. 37 (1946) 17, 23.

1947

Barrett, C. S.: Phys. Rev. 72 (1947) 245.

Brandenberger, E.: Grundlagen der Werkstoffchemie. Zürich: Rascher 1947.

Burkhardt, J. J.: Die Bewegungsgruppen der Kristallographie. Basel: Birkhäuser 1947.

Byström, A., u. K. E. Almin: Acta chem. Scand. 1 (1947) 76.

Epelbaum, V., u. B. Ormont: J. phys. Chem. USSR 21 (1947) 3.

Haraldsen, H.: Vid. Akad. Avhandl. Math. Naturv. Kl. (1947) 4.

Hellner, E., u. F. Laves: Z. Naturforsch. 2a (1947) 177.

Nowotny, H., R. Kieffer u. G. Glenk: Z. Metallkde. 38 (1947) 257, 265.

Owen, E. A.: J. Inst. Met. 73 (1947) 471.

Pauling, L.: J. Amer. Chem. Soc. 69 (1947) 542; vgl. auch Proc. roy. Soc., Lond. A 196 (1949) 343.

Petrow, D. A., u. T. A. Badajewa: Shur. Fis. Khim. 21 (1947) 785.

Raynor, G. V.: Introduction to the Electron Theory of Metals. London: Inst. Met. 1947.

Schubert, K.: Z. Metallkde. 38 (1947) 349.

Schubert, K., u. A. Seitz: Z. anorg. Chem. 254 (1947) 116.

Verwey, E. J. W., u. E. L. Heilmann: J. chem. Phys. 15 (1947) 174.

1948

Ageew, N. W., u. D. L. Ageewa: Isw. Akad. Nauk SSSR Otdel. Kim. Nauk (1948) 17 — SR *103*.

Cottrell, A. H.: Theoretical Structural Metallurgy. London: Edward Arnold 1948.

Evans, R. C.: An Introduction to Crystal Chemistry. Cambridge: Univ. Press 1948.

Hellner, E.: Fortschr. Min. 27 (1948) 32.

Hückel, W.: Anorganische Strukturchemie. Stuttgart: Enke 1948.

Jack, K. H.: Proc. roy. Soc., Lond. A 195 (1948) 34, 41.

v. Laue, M.: Röntgenstrahlinterferenzen. Leipzig: Akad. Verlagsges. 1948 (Dritte Auflage, zusammen mit E. H. Wagner 1960).

Lundquist, D.: Acta chem. Scand. 2 (1948) 177.

Mathyas, Z.: Phil. Mag. 39 (1948) 429.

Pauling, L., u. A. M. Soldate: Acta Cryst. 1 (1948) 212.

Raynor, G. V.: Trans. Faraday Soc. (1948) 15.

Rundle, R. E.: Acta Cryst. 1 (1948) 180.

Schubert, K.: Z. Metallkde. 39 (1948) 88.

Schubert, K., u. H. Pfisterer: Naturwiss. 35 (1948) 222.

Schubert, K., u. A. Seitz: Z. anorg. Chem. 256 (1948) 226.

WAINSCHTEIN, B. K.: Dokl. Akad. Nauk SSSR 60 (1948) 1169.
WYCKOFF, R. W. G.: Crystal Structures. New York 1948.

1949

BERTAUT, F., u. P. BLUM: C. R. Acad. Sci., Paris 229 (1949) 666.
BRADLEY, A. J.: a) Physica 15 (1949) 170 — b) J. Iron Steel Inst. 163 (1949) 382.
EHRLICH, P.: Z. anorg. Chem. 260 (1949) 1.
FOWLER, R., u. E. A. GUGGENHEIM: Statistical Thermodynamics. Cambridge: Univ. Press 1949.
HAHN, H , u. W. KLINGLER: Z. anorg. Chem. 259 (1949) 135.
KEHL, G. L.: Principles of Metallographic Laboratory Practice. New York: McGraw-Hill 1949.
LAVES, F.: In C. J. SMITHELLS: Metals Reference Book. London 1949.
LÖHBERG, K.: Z. Metallkde. 40 (1949) 68.
RAYNOR, G. V.: Progr. in Met. Phys. 1 (1949) 1; vgl. auch H. JONES: Phil. Mag. 44 (1953) 907.
RAYNOR, G. V., u. D. W. WAKEMANN: Phil. Mag. 39 (1949) 245.
RAYNOR, G. V., u. M. B. WALDRON: Phil. Mag. 40 (1949) 198.
SCHUBERT, K., u. E. WALL: Z. Metallkde. 40 (1949) 383.
STRUNZ, H.: Mineralogische Tabellen. Leipzig: Akad. Verlagsges. 1949.
WILSON, A. J. C.: X-ray Optics. London: Methuen 1949.
ZACHARIASEN, W. H.: Acta Cryst. 2 (1949) 94.

1950

BARRETT, C. S.: Trans. AIME, J. Met. 188 (1950) 123.
BARRETT, C. S., J. S. BOWLES u. L. GUTTMANN: Trans. AIME, J. Met. 188 (1950) 1478.
BORELIUS, G., L. E. LARSON u. H. SELBERG: Ark. Fysik 2 (1950) 161.
GUGGENHEIM, E. A.: Thermodynamics. Amsterdam: North-Holland Publ. 1950.
GUTTMANN, L.: Trans. AIME, J. Met. 188 (1950) 1472.
HEUMANN, TH.: Nachr. Akad. Wiss. Göttingen, Math.-Phys. Kl. (1948) 21; (1950) 1.
HOSEMANN, R.: Z. Phys. 128 (1950) 1, 465.
HUME-ROTHERY, W.: The Structure of Metals and Alloys. London: Inst. Met. 1950.
KIESSLING, R.: Acta chem. Scand. 4 (1950) 209.
KLEMM, W.: Naturwiss. 37 (1950) 150, 172.
KRIPIAKEWITSCH, P. J., u. E. E. TSCHERKASCHIN: Usp. Chim. 19 (1950) 361.
MAHLER, W.: Diplomarbeit Stuttgart 1950.
PFISTERER, H., u. K. SCHUBERT: Z. Metallkde. 41 (1951) 385.
SCHUBERT, K.: a) Z. Naturforsch. 5a (1950) 345 — b) Naturwiss. 37 (1950) 561 — c) Z. Metallkde. 41 (1950) 417.
SCHUBERT, K., u. H. PFISTERER: Z. Metallkde. 41 (1950) 433.
SCHUBERT, K., u. U. RÖSLER: Z. Metallkde. 41 (1950) 298.
WELLS, A. F.: Structural inorganic Chemistry. Oxford: Clarendon Press 1950.
ZIEGLER, G.: Diplomarbeit Stuttgart 1950.

1951

BOHM, D.: Quantum Theory. New York: Prentice-Hall 1951.
ELLWOOD, E. C.: J. Inst. Met. 80 (1951/52) 217.
EPPRECHT, W.: Chimia 5 (1951) 49.
HALLA, F.: Kristallchemie und Kristallphysik metallischer Werkstoffe. Leipzig: Barth 1951 (Dritte Auflage 1957).
HENRY, N. F. M., H. LIPSON u. W. A. WOOSTER: Interpretation of X-ray diffraction photographs. London: MacMillan 1951.
HOARD, J. L., S. GELLER u. R. E. HUGHES: J. Amer. Chem. Soc. 73 (1951) 1892.

Hume-Rothery, W., J. O. Betterton u. J. Reynolds: J. Inst. Met. 80 (1951) 609.
Hume-Rothery, W., H. M. Irwing u. J. R. P. Williams: Proc. roy. Soc., Lond. 208 A (1951) 431.
Jawson, M. A., W. G. Henry u. G. V. Raynor: Proc. phys. Soc., Lond. B 64 (1951) 177, 190, 195.
Karlsson, N.: J. Inst. Met. 79 (1951) 391.
Kornilow, J. J.: Dokl. Akad. Nauk SSSR 81 (1951) 597.
Kripiakewitsch, P. J.: Dokl. Akad. Nauk SSSR 79 (1951) 439.
Lafferty, J. M.: J. appl. Phys. 22 (1951) 299.
Mathias, B. T., u. E. A. Wood: Phys. Rev. 84 (1951) 1255.
Niggli, A., u. P. Niggli: Z. angew. Math. Phys. 2 (1951) 217.
Nowotny, H.: Mh. Chem. 82 (1951) 949, 1086.
Nowotny, H., E. Bauer u. A. Stempfel: Mh. Chem. 82 (1951) 1086.
Pratt, J. N., u. G. V. Raynor: Proc. roy. Soc., Lond. A 205 (1951) 103.
Rösler, U., u. K. Schubert: Z. Metallkde. 42 (1951) 395.
Schubert, K., u. K. Anderko: Z. Metallkde. 42 (1951) 321.
Schubert, K., u. H. Fricke: Z. Naturforsch. 6a (1951) 781.
Slater, J. C.: Phys. Rev. 84 (1951) 179.
Tisza, L.: In R. Smoluchowski, J. E. Mayer u. W. A. Weyl: Phasetransformations in Solids. New York: Wiley 1951.
Vogt, E.: Z. Metallkde. 42 (1951) 155.
Wilson, A. J. C.: Structure Reports, Bd. 8. Utrecht 1951.
Zener, Cl.: Phys. Rev. 81 (1951) 440.
Zwicker, U.: Z. Metallkde. 42 (1951) 246.

1952

Auerhammer, W.: Diplomarbeit Stuttgart 1952.
Benoit, R., u. P. Blum: C. R. Acad. Sci., Paris 234 (1952) 2428.
Bertaut, F.: a) J. Phys. Radium 13 (1952) 499 — b) C. R. Acad. Sci., Paris 234 (1952) 1295.
Bittner, H., u. H. Nowotny: Mh. Chem. 83 (1952) 287.
Blumenthal, H.: J. Amer. chem. Soc. 74 (1952) 2942.
Bumps, E. S., H. D. Kessler u. M. Hansen: J. Met. 4 (1952) 609.
Byström, A., P. Kierkegaard u. O. Knop: Acta chem. Scand. 6 (1952) 709.
Collin, R. L.: Acta Cryst. 5 (1952) 431.
Coulson, C. A.: Valence. Oxford: Clarendon 1952.
Duwez, P., u. C. B. Jordan: Acta Cryst. 5 (1952) 213.
Duwez, P., u. H. Mertens: J. Met. 4 (1952) 72.
Duwez, P., u. J. L. Taylor: J. Met. 4 (1952) 70.
Ellwood, E. C.: J. Inst. Met. 80 (1952) 605.
Ferro, R.: R. C. Accad. Naz. Lincei 13 (1952) 401; 14 (1953) 89.
Florio, I. V., R. E. Rundle u. A. S. Snow: Acta Cryst. 5 (1952) 449.
Geisler, A. H., u. D. L. Martin: J. appl. Phys. 23 (1952) 375.
Gladyschewski, E. I., P. I. Kripiakewitsch u. M. I. Teslynk: Dokl. Akad. Nauk SSSR 85 (1952) 81.
Hiller, J. E.: Grundriß der Kristallchemie. Berlin: de Gruyter 1952.
Hume-Rothery, W., J. O. Betterton u. J. Reynold: J. Inst. Met. 80 (1952) 609.
Hume-Rothery, W., J. W. Christian u. W. B. Pearson: Metallurgical Equilibriumdiagrams. London: Inst. Phys. 1952.
Iandelli, A.: R. C. Accad. Naz. Lincei 13 (1952b) 138.
Iandelli, A., u. R. Ferro: Ann. Chim. (Rom) 42 (1952) 598.

International Tables for X-Ray Crystallography. Birmingham: Kynoch 1952.
Jack, K. H.: Acta Cryst. 5 (1952) 404.
Köster, W.: Z. Metallkde. 43 (1952) 297.
Kripiakewitsch, P. I., E. I. Gladyschewski u. E. E. Tscherkaschin: Dokl. Akad. Nauk SSSR 82 (1952) 253.
Kuo, K., u. G. Hägg: Nature, Lond. 170 (1952) 245.
Lieser, K. H., u. H. Witte: Z. Metallkde. 43 (1952) 396.
Lumsden, J.: Thermodynamics of Alloys. London: Inst. Met. 1952.
Nabarro, F. R. N., u. I. H. O. Varley: Proc. Cambr. Phil. Soc. 48 (1952) 316.
Nowotny, H.: Mh. Chem. 83 (1952) 221.
Nowotny, H., E. Bauer, A. Stempfel u. H. Bittner: Mh. Chem. 83 (1952) 221.
Pearson, W. B., u. J. W. Christian: Acta Cryst. 5 (1952) 157.
Pearson, W. B., u. W. Hume-Rothery: J. Inst. Met. 80 (1952) 641.
Pietrokowski, P.: Trans. AIME 194 (1952) 211.
Post, B., u. F. W. Glaser: J. chem. Phys. 20 (1952) 1050.
Raeuchle, R. F., u. R. E. Rundle: Acta Cryst. 5 (1952) 85.
Robinson, K.: a) Phil. Mag. 43 (1952) 775 — b) Acta Cryst. 5 (1952) 397.
Rostoker, W.: Trans. AIME 194 (1952) 209.
Schneiderhöhn, H.: Erzmikroskopisches Praktikum. Stuttgart: Schweizerbart 1952.
Schubert, K.: a) Z. Metallkde. 43 (1952) 1 — b) Naturwiss. 39 (1952) 159; vgl. auch N. F. Nickolas: Proc. phys. Soc., Lond. A 66 (1953) 201 — c) in: Zur Struktur und Materie der Festkörper. Berlin/Göttingen/Heidelberg: Springer 1952.
Schubert, K., u. K. Anderko: Naturwiss. 39 (1952) 351.
Schubert, K., u. G. Brandauer: Z. Metallkde. 43 (1952) 262.
Shdanow, W. A., u. E. I. Tscheglokow: Shur. Fis. Khim. 26 (1952) 326.
Shoemaker, D. P., R. E. Marsh, F. J. Ewing u. L. Pauling: Acta Cryst. 5 (1952) 637.
Teitel, R. E.: J. Met. 4 (1952) 397.
Weyl, H.: Symmetry. Princeton: Univ. Press 1952 (allgemeinverständlich).
Zachariasen, W. H.: Acta Cryst. 5 (1952) 19, 660, 664.

1953

Anderko, K., u. K. Schubert: Z. Metallkde. 44 (1953) 307.
Anderson, G.: Research 6 (1953) 45.
Bader, F.: Z. Naturforsch. 8a (1953) 334.
Barrett, C. F.: Structure of Metals. New York: McGraw-Hill 1953.
Basinski, Z. S., u. J. W. Christian: Acta Met. 1 (1953) 754.
Bauer, E., H. Nowotny u. A. Stempel: Mh. Chem. 84 (1953) 211, 692.
Berry, R. L., u. G. V. Raynor: Acta Cryst. 6 (1953) 178.
Bertaut, E.: Acta Cryst. 6 (1953) 557.
Bertaut, F., u. P. Blum: C. R. Acad. Sci., Paris 236 (1953) 1055.
Blochinzew, D. I.: Grundlagen der Quantenmechanik. Berlin: VEB Deutscher Verlag der Wissenschaften 1953.
Bloom, D. S., u. N. J. Grant: Trans. AIME 197 (1953) 88.
Brauer, G., u. R. Hermann: Z. anorg. Chem. 274 (1953) 11.
Brauer, G., u. K. H. Zapp: Naturwiss. 40 (1953) 604.
Burbank, R. D., u. F. N. Bensey: J. chem. Phys. 21 (1953) 602.
Castelliz, L.: Mh. Chem. 84 (1953) 765.
Dehlinger, U.: Z. Naturforsch. 8a (1953) 67.
Ellinger, F. H., u. W. H. Zachariasen: J. Amer. chem. Soc. 75 (1953) 5650.
Elliott, R. P., u. W. Rostoker: J. Met. 5 (1953) 1203.

D'EYE, R. W. M.: J. chem. Soc. (1953) 1670.
FEJES TÓTH, L.: Lagerungen in der Ebene, auf der Kugel und im Raum. Berlin/Göttingen/Heidelberg: Springer 1953.
FERRO, R.: R. C. Accad. Naz. Lincei 14 (1953) 89.
FROST, B. R. T., u. J. T. MASKREY: J. Inst. Met. 82 (1953) 171.
GOODENOUGH, J. B.: Phys. Rev. 89 (1953) 282.
HUME-ROTHERY, W.: Phil. Mag. 44 (1953) 1154.
JONES, H.: Phil. Mag. 44 (1953) 907.
KRUG, J., B. WAGNER, H. WITTE u. B. WÖLFEL: Naturwiss. 40 (1953) 599.
KUO, K.: Acta Met. 1 (1953) 301, 611, 720.
LIPSON, H., u. W. COCHRAN: Determination of Crystal Structures. London: Bell 1953.
MAGNÉLI, A.: Acta Cryst. 6 (1953) 495 — Nowa Acta Reg. Soc. Sci. Uppsala 14 (1950) Nr. 8.
MARSH, R. E., u. D. P. SHOEMAKER: Acta Cryst. 6 (1953) 197.
MAYKUTH, D. J.: J. Inst. Met. 81 (1953) 426.
NICOL, A. D. I.: Acta Cryst. 6 (1953) 285.
NOWOTNY, H., u. Mitarbeiter: Mh. Chem. 84 (1953) 1.
NOWOTNY, H., u. H. SCHACHNER: Mh. Chem. 84 (1953) 169.
RAUB, E., U. ZWICKER u. H. BAUR: Z. Metallkde. 44 (1953) 312.
ROBINSON, K.: Acta Cryst. 6 (1953) 854.
ROSENQVIST, T.: Acta Met. 1 (1953) 761.
RUNNALLS, O. I. C.: Trans. AIME 197 (1953) 1460.
SANDERSON, M. I., u. N. C. BAENZIGER: Acta Cryst. 6 (1953) 627.
SCHACHNER, H., H. NOWOTNY u. R. MACHENSCHALK: Mh. Chem. 84 (1953) 677.
SCHOTTKY, H.: Praktische Metallprüfung. Braunschweig: Westermann 1953.
SCHUBERT, K.: a) Z. Naturforsch. 8a (1953) 30 — b) Z. Metallkde. 44 (1953) 102.
SCHUBERT, K., u. Mitarbeiter (K. ANDERKO, M. KLUGE, H. BEESKOW, M. ILSCHNER, E. DÖRRE, P. ESSLINGER): Naturwiss. 40 (1953) 269.
SCHUBERT, K., u. E. DÖRRE: Naturwiss. 40 (1953) 604.
SCHUBERT, K., u. H. FRICKE: Z. Metallkde. 44 (1953) 457.
SCHUBERT, K., u. M. KLUGE: Z. Naturforsch. 8a (1953) 755.
SCHWOPE, A. D.: Zitiert nach G. L. MILLER: Zirconium. London: Butterworths Sci. Publ. 1954.
SEYBOLT, A. U., u. J. E. BURKE: Procedures in Experimental Metallurgy. New York: Wiley 1953.
SEYBOLT, A. U., u. H. T. SUMSION: J. Met. 5 (1953) 292.
SHELDON, E. A., u. A. I. KING: Acta Cryst. 6 (1953) 100.
STEINITZ, R., u. I. BINDER: Powder Met. Bull. 6 (1953) 123.
TEMPLETON, D. H., u. C. H. DAUBEN: J. Amer. chem. Soc. 75 (1953) 4560.
VAN THYNE, R. I., W. ROSTOKER u. H. D. KESSLER: J. Met. 5 (1953) 670.
UEDA u. KOBAYASHI: Phys. Rev. 91 (1953) 1565.
VALENTINER, S.: Z. Metallkde. 44 (1953) 59.
VOGT, E.: Appl. Sci. Res. B 4 (1953) 34.
WEISS, AL., u. AR. WEISS: a) Naturwiss. 41 (1953) 12 — Z. Naturforsch. 86 (1953) 104 — b) Z. anorg. Chem. 273 (1953) 124.
ZACHARIASEN, W. H.: Acta Cryst. 6 (1953) 393.
ZALKIN, A., u. D. H. TEMPLETON: J. Amer. chem. Soc. 75 (1953) 2453.

1954

AEBI, F.: Acta Cryst. 7 (1954) 26.
ANDERKO, K., u. K. SCHUBERT: Z. Metallkde. 45 (1954) 371.
ANDERSON, G.: Acta chem. Scand. 8 (1954) 1599.

ATOJI, M., u. W. N. LIPSCOMB: Acta Cryst. 7 (1954) 173.
AURIVILLIUS, K.: Acta chem. Scand. 8 (1954) 523.
BERTAUT, F.: C. R. Acad. Sci., Paris 239 (1954) 234.
BLUM, P., u. F. BERTAUT: Acta Cryst. 7 (1954) 81; vgl. auch A. ZALKIN u. D. H. TEMPLETON: J. chem. Phys. 18 (1950) 391.
BOKII, G. B.: Wwedenie w kristallochimiju. Moskau: Isd. Mosk. Univ. 1954.
BORN, M., u. K. HUANG: Dynamical Theory of Crystal Lattices. Oxford: Clarendon Press 1954.
BOSWIJK, K. H., u. E. H. WIEBENGA: Acta Cryst. 7 (1954) 417.
BRAUER, G., u. H. GRADINGER: Z. anorg. Chem. 277 (1954) 89.
BREWER, L., u. O. KRIKORIAN: Univ. Calif. Rep. L2544.
CHIOTTI, P.: J. Electrochem. Soc. 101 (1954) 567.
DONNAY, I. D. H., u. W. NOWACKI: Crystal Data, Geol. Soc. Amer. Mem. 60 (1954).
ELLIOTT, R. P., u. W. ROSTOKER: Acta Met. 2 (1954) 884.
FERRO, R.: Z. anorg. Chem. 275 (1954) 320.
FOËX, G., u. J. WUCHER: C. R. Acad. Sci., Paris 238 (1954) 1281.
FREETH, W. E., u. G. V. RAYNOR: J. Inst. Met. 82 (1954) 569.
FRIEDEL, J.: Adv. Phys. 3 (1954) 446.
GRÖNVOLD, F., H. HARALDSEN u. I. VIHOVDE: Acta chem. Scand. 8 (1954) 1927.
GUTH, E. D., u. L. EYRING: J. Amer. chem. Soc. 76 (1954) 5242.
HÄGG, G., u. N. SCHÖNBERG: a) Acta Cryst. 7 (1954) 351 — b) Ark. Kemi 7 (1954) 371.
HARTMANN, H.: Theorie der chemischen Bindung. Berlin/Göttingen/Heidelberg: Springer 1954.
HAVINGA, E. E., K. H. BOSWIJK u. E. H. WIEBENGA: Acta Cryst. 7 (1954) 487.
HELLAWELL, A., u. W. HUME-ROTHERY: Phil. Mag. 45 (1954) 797.
HUME-ROTHERY, W., u. B. R. COLES: Adv. Phys. 3 (1954) 149.
HUME-ROTHERY, W., u. G. V. RAYNOR: The Structure of Metals and Alloys. London: Inst. Metals 1954.
JAMES, R. W.: The Optical Principles of the Diffraction of X-Rays. London: Bell 1954.
JUZA, R., u. W. SCHULZ: Z. anorg. Chem. 275 (1954) 65.
KASPER, J. S.: Acta Met. 2 (1954) 456.
KIESSLING, R.: Fortschr. Chem. Forsch. 3 (1954) 41.
KNAPTON, A. G.: Acta Cryst. 7 (1954) 457.
KRÖNER, E.: Acta Met. 2 (1954) 302.
KUO, K., u. L. E. PERSSON: J. Iron Steel Inst. 178 (1954) 39.
LEE, I. A., u. G. V. RAYNOR: Proc. phys. Soc., Lond. 67 (1954) B 737.
LONGUET-HIGGINS, H. C., u. M. DE V. ROBERTS: Proc. roy. Soc., Lond. A 224 (1954) 336.
MARSH, R. E.: Acta Cryst. 7 (1954) 379.
MATHIAS, R. T.: Phys. Rev. 95 (1954) 1435.
MATTHIAS, B. T., T. H. GEBALLE, S. GELLER u. E. CORENZWIT: Phys. Rev. 95 (1954) 1435.
MCMILLAN, I. A.: Union Int. Cryst., 3. Congr. int. (1954) Résum. Comm. 27.
NIELSEN, I. W., u. N. C. BAENZIGER: Acta Cryst. 7 (1954) 277.
NOWOTNY, H., u. E. PARTHÉ: Planseeberichte 2 (1954) 34.
NOWOTNY, H., E. PARTHÉ, R. KIEFFER u. F. BENESOVSKY: Mh. Chem. 85 (1954) 255.
OGAWA, S., u. D. WATANABE: J. Phys. Soc. Japan 9 (1954) 475.
PIETROKOWSKY, P.: Trans. AIME, J. Met. 6 (1954) 219.
POST, B., F. W. GLASER u. D. MOSKOWITZ: Acta Met. 2 (1954) 20.

RAUB, E.: Z. Metallkde. 45 (1954) 23.
RAUB, E., u. W. MAHLER: Z. Metallkde. 45 (1954) 430, 648.
RAYNOR, G. V., u. J. A. LEE: Acta Met. 2 (1954) 616.
ROBINSON, K.: Acta Cryst. 7 (1954) 494.
ROSENQVIST, T.: J. Iron Steel Inst. 176 (1954) 37.
ROSTOCKER, W., u. A. YAMAMOTO: Trans. Amer. Soc. Met. 46 (1954) 1136.
RUDMAN, P. S., u. B. L. AVERBACH: Acta Met. 2 (1954) 576.
SAMSON, S.: Nature, Lond. 173 (1954) 1185.
SCHACHNER, H., E. CERWENKA u. H. NOWOTNY: Mh. Chem. 85 (1954) 245.
SCHACHNER, H., H. NOWOTNY u. H. KUDIELKA: Mh. Chem. 85 (1954) 1140.
SCHÖNBERG, N.: a) Acta Met. 2 (1954) 425 — b) Acta chem. Scand. 8 (1954) 199, 204, 208, 213, 226, 240, 932, 1347, 1460.
SCHUBERT, K.: Naturwiss. 41 (1954) 84.
SCHUBERT, K., E. DÖRRE u. E. GÜNZEL: Naturwiss. 41 (1954) 448.
SCHUBERT, K., B. KIEFER u. M. WILKENS: Z. Naturforsch. 9a (1954) 987.
SCHUBERT, K., u. Mitarbeiter (U. RÖSLER, W. MAHLER, E. DÖRRE u. W. SCHÜTT): Z. Metallkde. 45 (1954) 643.
SCREATON, R. M., u. R. B. FERGUSON: Acta Cryst. 7 (1954) 364.
SHDANOW, G. S.: Trudy Inst. Kristallogr. Akad. Nauk SSSR 10 (1954) 249.
SHDANOW, G. S., u. W. P. GLAGOLEWA: Trudy Inst. Kristallogr. Akad. Nauk SSSR 9 (1954) 211.
SHDANOW, G. S., u. A. W. RUSAKOW: Trudy Inst. Kristallogr. Akad. Nauk SSSR 9 (1954) 165.
SIDHU, S. S.: Acta Cryst. 7 (1954) 447.
TAYLOR, W. H.: Acta Met. 2 (1954) 684.
TYZACK, C., u. G. V. RAYNOR: Acta Cryst. 7 (1954) 505.
WANG, C. C., u. N. J. GRANT: Trans. AIME 200 (1954) 200.
WORNER, H. W.: Acta Met. 2 (1954) 310.

1955

ABRAHAMS, S. C.: Acta Cryst. 8 (1955) 661.
ADAM, J., u. J. B. RICH: Acta Cryst. 8 (1955) 349.
ARONSSON, B.: Acta chem. Scand. 9 (1955) 137, 1107.
ASPREY, L. B., F. H. ELLINGER, S. FRIED u. W. H. ZACHARIASEN: J. Amer. chem. Soc. 77 (1955) 1707.
AURIVILLIUS, B.: Acta chem. Scand. 9 (1955) 1206.
AURIVILLIUS, B., u. T. LUNDQUIST: Acta chem. Scand. 9 (1955) 1209.
BACHMEYER, K., u. H. NOWOTNY: Mh. Chem. 86 (1955) 741.
BACHMEYER, K., H. NOWOTNY u. A. KOHL: Mh. Chem. 86 (1955) 39.
BACON, G. E.: Neutron Diffraction. Oxford: Clarendon Press 1955.
BAGARJATSKI, J. A., et al.: Dokl. Akad. Nauk SSSR 105 (1955) 1225.
BAKER, T. W., u. J. WILLIAMS: Acta Cryst. 8 (1955) 519.
BARRETT, C. S.: J. Inst. Met. 84 (1955) 43.
BLACK, P. J.: a) Acta Cryst. 8 (1955) 39, 43 — b) Phil. Mag. 46 (1955) 155.
BÖHM, F., F. GRÖNVOLD, H. HARALDSEN u. H. PRYDZ: Acta chem. Scand. 9 (1955) 1510.
BRAUN, P. B., u. J. H. N. VAN VUCHT: Acta Cryst. 8 (1955) 117, 246.
BRINK, C., u. D. P. SHOEMAKER: Acta Cryst. 8 (1955) 734; 10 (1957) 1.
BROOK, G. B., G. J. WILLIAMS u. E. M. SMITH: J. Inst. Met. 83 (1955) 271.
COFFINBERRY, A. S., u. F. H. ELLINGER: USA Rep. A/Conf. 8/P/826 (1955).
DEHLINGER, U.: Theoretische Metallkunde. Berlin/Göttingen/Heidelberg: Springer 1955.
DUWELL, E. J., u. N. C. BAENZIGER: Acta Cryst. 8 (1955) 705.
ECKERLIN, P., H. J. MEYER u. E. WÖLFEL: Z. anorg. Chem. 281 (1955) 323.

ECKERLIN, P., u. E. WÖLFEL: Z. anorg. Chem. 280 (1955) 521.

ELLINGER, F. H.: J. Met. 7 (1955) 411.

ERNST, TH.: In LANDOLT-BÖRNSTEIN: Zahlenwerte und Funktionen, 6. Aufl. Berlin/Göttingen/Heidelberg: Springer 1955.

FERRO, R.: Acta Cryst. 8 (1955) 360.

GELLER, S.: a) Acta Cryst. 8 (1955) 15, 83 — b) J. Amer. chem. Soc. 77 (1955) 2641.

GELLER, S., u. B. B. CETLIN: Acta Cryst. 8 (1955) 272.

GELLER, S., B. T. MATTHIAS u. R. GOLDSTEIN: J. Amer. chem. Soc. 77 (1955) 1502.

GROENEVELD-MEIJER, W. O. J.: Amer. Mineral. 40 (1955) 646.

GRÖNVOLD, F.: J. Inorg. Nucl. Chem. 1 (1955) 357.

HAHN, H., u. G. FRANK: Z. anorg. Chem. 278 (1955) 333, 340.

HEAL, T. J., u. G. I. WILLIAMS: Acta Cryst. 8 (1955) 494.

HERTEL, E.: In LANDOLT-BÖRNSTEIN: Zahlenwerte und Funktionen, Bd. I. 4. Berlin/Göttingen/Heidelberg: Springer 1955.

IANDELLI, A.: R. C. Accad. Naz. Lincei (8) 19 (1955) 39, 307 — Gazz. Chim. Ital. 85 (1955) 881.

JAGODZINSKI, H.: Kristallographie. In S. FLÜGGE: Handbuch der Physik, Bd. VII, 1. Berlin/Göttingen/Heidelberg: Springer 1955.

JEPSON, J. O., u. P. DUWEZ: Trans. Amer. Soc. Met. 47 (1955) 543.

JETTE, E. R.: J. chem. Phys. 23 (1955) 365.

JONES, R. E., u. D. H. TEMPLETON: Acta Cryst. 8 (1955) 847.

KEELER, J. H., u. J. H. MALLERY: J. Met. 7 (1955) 394.

KITAIGORODSKII, A. I.: Organitscheskaja Kristallochimija. Moskau 1955, New York 1961.

KÖSTER, W., u. H. SCHMID: Z. Metallkde. 46 (1955) 195.

KOHLHAAS, R., u. H. OTTO: Röntgenstrukturanalyse von Kristallen. Berlin: Akademie-Verlag 1955.

KRIPIAKEWITSCH, P. I., u. E. I. GLADYSCHEWSKI: Dokl. Akad. Nauk SSSR 104 (1955) 82.

KUBASCHEWSKI, O., u. E. LL. EVANS: Metallurgical Thermochemistry. London: Pergamon Press 1955.

LAVES, F.: Crystal Structure and Atomic Size. In: Theory of Alloys Phases. Amer. Soc. Met., Cleveland/Ohio (1955) 124. Ferner in SMITHELLS: Metals Reference Book.

LIHL, F.: Mh. Chem. 86 (1955) 186.

LÖWDIN, P. O.: Phys. Rev. 97 (1955) 1474.

MAGNÉLI, A., u. G. ANDERSSON: Acta chem. Scand. 9 (1955) 1378.

MAGNÉLI, A., G. ANDERSSON u. G. SUNDKVIST: Acta chem. Scand. 9 (1955) 1402.

MARKOWSKY, L. J., J. D. KONDRASCHEW u. G. V. KANUTOWSKAJA: Shur. obschtsch. Kim. USSR 25 (1955) 433, 1045 — Dokl. Akad. Nauk SSSR 101 (1955) 97.

McNEES, R. A., u. A. W. SEARCY: J. Amer. chem. Soc. 77 (1955) 5290.

MOLIÈRE, K.: In LANDOLT-BÖRNSTEIN: Zahlenwerte und Funktionen, Bd. I.4. Berlin/Göttingen/Heidelberg: Springer 1955.

MURRAY, J. R.: J. Inst. Met. 84 (1955) 91.

PARTHÉ, E.: Öst. Chem.-Ztg. 56 (1955) 153.

PARTHÉ, E., B. LUX u. H. NOWOTNY: Mh. Chem. 86 (1955) 859.

PARTHÉ, E., H. NOWOTNY u. H. SCHMID: Mh. Chem. 86 (1955) 385, 859.

PARTHÉ, E., H. SCHACHNER u. H. NOWOTNY: Mh. Chem. 86 (1955) 182.

PEISER, H. S., H. P. ROOKSBY u. A. I. C. WILSON: X-Ray Diffraction by Polycrystalline Materials. London: Inst. Met. 1955.

POOLE, D. M., u. W. HUME-ROTHERY: J. Inst. Met. 83 (1955) 473.

RAEUCHLE, R. F., u. F. W. v. BATCHELDER: Acta Cryst. 8 (1955) 691.

RAUB, E., u. W. MAHLER: Z. Metallkde. 46 (1955) 210, 282.

Runnalls, O. I. C., u. R. R. Boucher: Nature, Lond. 176 (1955) 1019.
Schubert, K.: Z. Metallkde. 46 (1955) a) 43; b) 100 — c) Arch. Eisenhüttenw. 26 (1955) 299 — d) Acta Cryst. 8 (1955) 289.
Schubert, K., E. Dörre u. M. Kluge: Z. Metallkde. 46 (1955) 216.
Schubert, K., B. Kiefer, M. Wilkens u. R. Haufler: Z. Metallkde. 46 (1955) 692.
Siegel, S.: Acta Cryst. 8 (1955) 617.
Speiser, R., u. J. W. Spretnak: Trans. Amer. Soc. Met. 47 (1955) 493.
Vos, A., u. E. H. Wiebenga: Acta Cryst. 8 (1955) 217.
Watanabe, D., H. Hirabayashi u. S. Ogawa: Acta Cryst. 8 (1955) 510; vgl. auch J. Phys. Soc. Japan 11 (1956) 226.
Wiener, G. W., u. J. A. Berger: Trans. AIME 203 (1955) 360.
Zachariasen, W. H., u. F. H. Ellinger: Acta Cryst. 8 (1955) 431.

1956

Andersson, G.: Acta chem. Scand. 10 (1956) 623.
Baenziger, N. C., u. J. W. Conant: Acta Cryst. 9 (1956) 361.
Baenziger, N. C., R. E. Rundle u. A. I. Snow: Acta Cryst. 9 (1956) 93.
Baer, G.: Naturwiss. 43 (1956) 298.
Baur, W. H.: Acta Cryst. 9 (1956) 515.
Bertaut, F.: Bull. Soc. Franç. Miner. Crist. 79 (1956) 276.
Binder, I.: Powder Met. Bull. 7 (1956) 74.
Black, P. J.: Acta Met. 4 (1956) 172.
Bown, M. G., u. P. J. Brown: Acta Cryst. 9 (1956) 911.
Brewer, L., u. O. Krikorian: J. Electrochem. Soc. 103 (1956) 38.
Carlson, O. N., P. E. Armstrong u. H. A. Wilhelm: Trans. Amer. Soc. Met. 48 (1956) 843.
Carpenter, J. H., u. A. W. Searcy: J. Amer. chem. Soc. 78 (1956) 2079.
Darby, J. B., O. P. Arora u. P. A. Beck: Trans. AIME 206 (1956) 148.
Dehlinger, U., u. H. Pfleiderer: Z. Metallkde. 47 (1956) 229.
Ellinger, F. H.: J. Metals 8 (1956) 1256.
Eshelby, J. D.: Solid State Phys. 3 (1956) 79.
Ferro, R.: Acta Cryst. 9 (1956) 817.
Florio, J. V., N. C. Baenziger u. R. E. Rundle: Acta Cryst. 9 (1956) 367.
Foex, G., u. J. Wucher: J. Phys. Rad. 17 (1956) 454.
Geller, S.: Acta Cryst. 9 (1956) 885.
Gilde, D.: Z. anorg. Chem. 284 (1956) 142.
Graf, P., et al. (B. B. Cunningham, C. H. Dauben, J. C. Wallmann, D. H. Templeton u. H. Ruben): J. Amer. chem. Soc. 78 (1956) 2340.
Greenfield, P., u. P. A. Beck: Trans. AIME, J. Met. 8 (1956) 265.
Griffith, J. S.: J. Inorg. Nucl. Chem. 3 (1956) 15.
Grönvold, G., u. E. Röst: Acta chem. Scand. 10 (1956) 1620; vgl. Acta Cryst. 10 (1957) 329.
Guttmann, L.: Order-Disorder Phenomena in Metals. In: Solid State Physics, Vol. 3. New York: Academic Press 1956.
Hahn, H., u. B. Harder: Z. anorg. allg. Chem. 288 (1956) 241.
Haughton, I. L., u. A. Prince: The Constitutional Diagrams of Alloys. Inst. Metals London 1956.
Hellner, E.: Z. Kristallogr. 107 (1956) 99.
Herasymenko, P.: Acta Met. 4 (1956) 1.
Hoppe, R.: Z. anorg. allg. Chem. 283 (1956) 196.
Iandelli, A.: Z. anorg. allg. Chem. 288 (1956) 81.
Jacobson, E. L., R. D. Freeman, A. G. Tharp u. A. W. Searcy: J. Amer. chem. Soc. 78 (1956) 4850.

KASPER, J. S., u. B. W. ROBERTS: Phys. Rev. 101 (1956) 537.
KNOP, O., u. H. HARALDSEN: Canad. J. Chem. 34 (1956) 1142.
KORNILOW, I. I.: Dokl. Akad. Nauk SSSR 106 (1956) 476.
KREBS, H.: Acta Cryst. 9 (1956) 95 — Z. anorg. allg. Chem. 278 (1955) 82.
KUBASCHEWSKI, O., u. J. CATTERALL: Thermodynamical Data of Alloys. London/New York: Pergamon Press 1956.
KUO, K.: Trans. AIME, J. Met. 8 (1956) 97.
KUSSMANN, A., u. E. RAUB: Z. Metallkde. 47 (1956) 9.
LINDQVIST, J., u. A. NIGGLI: J. Inorg. Nucl. Chem. 2 (1956) 345.
MAKAROW, E. S., u. L. S. GUDKOW: Kristallografia 1 (1956) 650.
MAKAROW, E. S., u. W. A. LEWIK: Kristallografia 1 (1956) 644.
MAKAROW, E. S., u. S. I. WINOGRADOW: Kristallografia 1 (1956) 634.
MASSALSKI, T. B.: Intermediate Phases and Electronic Structure. In: Theory of Alloy phases. Cleveland/Ohio 1956, S. 63.
MOOSER, E., u. W. B. PEARSON: J. Electronics 1 (1956) 629.
MOSKOWITZ, D.: Trans. AIME, J. Met. 8 (1956) 1325.
MÜNSTER, A.: Statistische Thermodynamik. Berlin/Göttingen/Heidelberg: Springer 1956.
MÜNSTER, A., u. K. SAGEL: Z. phys. Chem. 7 (1956) 296.
NOWOTNY, H., A. W. SEARCY u. J. E. ORR: J. phys. Chem. 60 (1956) 677.
OKAZAKI, A., u. K. HIRAKAWA: J. Phys. Soc. Japan 11 (1956) 930.
OKAZAKI, A., u. J. UEDA: J. Phys. Soc. Japan 11 (1956) 470.
ORIANI: Acta Met. 4 (1956) 15, dort weitere Literatur.
PETERSON, D. T., P. F. DILJAK u. C. L. VOLD: Acta Cryst. 9 (1956) 1036.
POST, B., D. MOSKOWITZ u. F. W. GLASER: J. Amer. chem. Soc. 78 (1956) 1800.
RHINES, F. N.: Phase Diagrams in Metallurgy. New York: McGraw-Hill 1956.
RUNNALLS, O. J. C.: Canad. J. Chem. 34 (1956) 133.
SCHUBERT, K.: Z. Naturforsch. 11a (1956) a) 920; b) 999 — c) Z. Kristallogr. 108 (1956) 276.
SCHUBERT, K., u. Mitarbeiter (W. BURKHARDT, P. ESSLINGER, E. GÜNZEL, H. G. MEISSNER, W. SCHÜTT, J. WEGST u. M. WILCKENS): Naturwiss. 43 (1956) 248.
SHULL, C. G., u. E. O. WOLLAN: Application of Neutrondiffraction to Solid State Problems. Solid State Physics, Bd. 2, edited by F. SEITZ and D. TURNBULL. New York: Academic Press 1956.
SIDHN, S. S., L. R. HEATON u. D. D. ZAUBERIS: Acta Cryst. 9 (1956) 607.
SILCOCK, J. M., M. H. DAVIES u. H. K. HARDY: The Mechanism of Phasetransformations in Metals. London: Inst. Met. 1956, S. 93; vgl. auch I. M. SILCOCK: Trans. AIME 209 (1957) 521.
SLATER, J. C., et al.: Theory of Alloy Phases (a Seminar). Cleveland/Ohio: Amer. Soc. Met. 1956.
SPEDDING, F. H., A. H. DAANE u. K. W. HERRMANN: Acta Cryst. 9 (1956) 559.
TOMAN, K.: Czechosl. J. Phys. 6 (1956) 5.
VAUGHAN, D. A.: Trans. AIME, J. Met. 8 (1956) 78.
WEISS, AL., u. AR. WEISS: Z. Naturforsch. 11b (1956) 604.
WOOD, E. A., u. B. T. MATTHIAS: Acta Cryst. 9 (1956) 534.
ZALKIN, A., u. W. J. RAMSEY: J. phys. Chem. 60 (1956) 234, 1275.
ZHURAVLEV, N. N.: Kristallografia 1 (1956) 666.

1957

AGARWALAL, R. P., u. A. P. B. SINHA: Z. anorg. allg. Chem. 289 (1957) 203.
AGEEW, N. W., u. G. W. SAMSONOW: Dokl. Akad. Nauk SSSR (1959) 112 (1957) 853 — Shur. Neorg. Khim. 4 (1957) 1950.
ANDERKO, K.: Naturwiss. 44 (1957) 88.

ANDERKO, K., K. SAGEL u. U. ZWICKER: Z. Metallkde. 48 (1957) 57.
ARONSSON, B., u. T. LUNDSTRÖM: Acta chem. Scand. 11 (1957) 365.
BAGARIATSKY, J. A.: Krystallografia 2 (1957) 277.
v. BATCHELDER, F. W., u. R. F. RAEUCHLE: Acta Cryst. 10 (1957) 648.
BATTERMAN, B.: J. appl. Phys. 28 (1957) 556.
BOYKO, E. R.: Acta Cryst. 10 (1957) 712.
BRAUER, G., u. K. GINGERICH: Angew. Chem. 69 (1957) 480.
BROWN, P. J.: Acta Cryst. 10 (1957) 133.
ERD, R. C., T. EVANS u. D. H. RICHTER: Amer. Mineral. 42 (1957) 309.
ESSLINGER, P., u. K. SCHUBERT: Z. Metallkde. 48 (1957) 126.
FERRO, R.: Acta Cryst. 10 (1957) 476.
FUJIWARA, K.: J. Phys. Soc. Japan 12 (1957) 7.
GLADYSHEWSKI, E. J., u. KRIPIAKEWITSCH: Kristallografia 2 (1957) 730.
GOLDSCHMIDT, H. J.: Metallurgia 56 (1957) 17 — Research 10 (1957) 289.
GRAHAM, J., u. G. V. RAYNOR: Phil. Mag. 2 (1957) 1354.
GUINIER, A., u. G. v. ELLER: In: S. FLÜGGE: Handbuch der Physik, Bd. 32. Berlin/Göttingen/Heidelberg: Springer 1957.
GREAVES, R. H., u. H. WRIGHTON: Practical Mikroscopical Metallography. London: Chapman Hall 1957 (handbuchartig).
HAHN, H., B. HARDER, U. MUTSCHKE u. P. NESS: Z. anorg. allg. Chem. 292 (1957) 82.
HAHN, H., u. P. NESS: Naturwiss. 44 (1957) 534, 581.
HALTEMANN, E. K.: Acta Cryst. 10 (1957) 166.
HARALDSEN, H.: Experientia, Suppl. VII (1957) 165.
HEPWORTH, M. A., u. K. H. JACK: Acta Cryst. 10 (1957) 345.
HEPWORTH, M. A., K. H. JACK, R. D. PEACOCK u. G. J. WESTLAND: Acta Cryst. 10 (1957) 63.
HEUMANN, TH., u. M. KNIEPMEYER: Z. anorg. allg. Chem. 290 (1957) 191.
HEYDING, R. D., u. L. D. CALVERT: Canad. J. Chem. 35 (1957) 449.
HIRABAYARSHI, M., u. S. OGAWA: J. Phys. Soc. Japan 12 (1957) 259.
VAN HOUTEN, S., u. E. H. WIEBENGA: Acta Cryst. 10 (1957) 156.
HULTGREN, R.: Trans. AIME, J. Met. 209 (1957) 1240.
JACK, K. H., u. M. M. WACHTEL: Proc. roy. Soc., Lond. A 239 (1957) 46.
JELLINEK, F.: Acta Cryst. 10 (1957) 620.
KIESSLING, R.: Bonding in Metals. Metallurg. Rev. 2 (1957) 77.
KORST, W. L., L. N. FINNIE u. A. W. SEARCY: J. phys. Chem. 61 (1957) 1541.
KUDIELKA, H., H. NOWOTNY u. G. FINDEISEN: Mh. Chem. 88 (1957) 1048.
KUSMIN, R. N., G. S. SHDANOW u. N. N. SHURAWLEW: Krystallografia 2 (1957) 48.
LARSON, A. C., D. T. CROMER u. C. K. STAMBAUGH: Acta Cryst. 10 (1957) 443.
LEUNG, Y. CH., J. WASER, S. v. HOUTEN, A. VOS, G. A. WIEGERS u. E. H. WIEBENGA: Acta Cryst. 10 (1957) 574.
MEGAW, H. D.: Ferroelectricity in Crystals. London: Methuen 1957.
MILLNER, TH.: Z. anorg. allg. Chem. 292 (1957) 25.
MOSER, E., u. W. B. PEARSON: J. chem. Phys. 26 (1957) 893.
NEVITT, M. V., u. J. W. DOWNEY: Trans. AIME (1957) 1072.
NOWOTNY, H., E. DIMAKOPOULOU u. H. KUDIELKA: Mh. Chem. 88 (1957) 180.
NOWOTNY, H., u. H. HUSCHKA: Mh. Chem. 88 (1957) 494.
NOWOTNY, H., u. A. WITTMANN: Experientia, Suppl. VII (1957) 239.
PARTÉ, E.: Powder Met. Bull. 8 (1957) 23.
PAULING, L.: Acta Cryst. 10 (1957) 374.
PHILIP, T. V., u. P. A. BECK: Trans. AIME (1957) 1269.
PIETROKOWSKY, P., u. E. P. FRINK: Trans. Amer. Soc. Met. 49 (1957) 339.

RAUB, E.: Z. Metallkde. 48 (1957) 53.
ROLL, A., u. H. MOTZ: Z. Metallkde. 48 (1957) 272, 435, 495.
SANDS, D. E., u. J. L. HOARD: J. Amer. chem. Soc. 79 (1957) 5582.
SCHRADER, A.: Ätzheft. Berlin: Borntraeger 1957.
SCHUBERT, K.: a) Z. Naturforsch. 12a (1957) 310 — b) Bergakademie 9 (1957) 408.
SCHUBERT, K., u. P. ESSLINGER: Z. Metallkde. 48 (1957) 193.
SCHUBERT, K., u. Mitarbeiter (H. BREIMER, W. BURKHARD, E. GÜNZEL, R. HAUFLER, H. L. LUKAS, H. VETTER, J. WEGST u. M. WILKENS): Naturwiss. 44 (1957) 229.
SHDANOW u. Mitarbeiter: Kristallografia 2 (1957) 289.
SHISHAKOW, N. A.: Kristallografia 2 (1957) 677.
SHOEMAKER, D. P., C. B. SHOEMAKER u. F. C. WILSON: Acta Cryst. 10 (1957) 1.
SMITH, J. F., u. D. M. BAILEY: Acta Cryst. 10 (1957) 341.
SMITH, J. F., u. A. E. RAY: Acta Cryst. 10 (1957) 169.
SMITH, E., u. R. W. GUARD: Trans. AIME (1957) 1189.
TIDESWELL, N. W., F. H. KRUSE u. J. D. McCULLOUGH: Acta Cryst. 10 (1957) 99.
WATANABE, D.: Acta Cryst. 10 (1957) 483.
WILKENS, M., u. K. SCHUBERT: Z. Metallkde. 48 (1957) 550.
ZACHARIASEN, W. H., u. F. ELLINGER: Acta Cryst. 10 (1957) 776.
ZALKIN, A., u. W. J. RAMSEY: J. phys. Chem. 61 (1957) 1413.

1958

ANDERKO, K.: Z. Metallkde. 49 (1958) 165.
ARGENT, B. B., u. D. W. WAKEMAN: Trans. Faraday Soc. 54 (1958) 799.
ARONSSON, B.: Acta chem. Scand. 12 (1958) 31.
AUER-WELSBACH, H., H. NOWOTNY u. A. KOHL: Mh. Chem. 89 (1958) 154.
v. BATCHELDER, F. W., u. R. F. RAEUCHLE: Acta Cryst. 11 (1958) 122.
BETTERTON, J. O., u. J. H. FRYE: Acta Met. 6 (1958) 205.
BLAND, J. A.: Acta Cryst. 11 (1958) 236.
BLAND, J. A., u. D. CLARK: Acta Cryst. 11 (1958) 231.
BRAUER, G., u. H. MÜLLER: Angew. Chem. 70 (1958) 53.
COHEN, M. H., u. V. HEINE: Adv. Phys. 7 (1958) 395.
COMPTON, V. B.: Acta Cryst. 11 (1958) 446.
DOMAGALA, R. F., R. P. ELLIOTT u. W. ROSTOKER: Trans. AIME 212 (1958) 393.
DWIGHT, E. A., J. W. DOWNEY u. R. A. CONNER: Trans. AIME 212 (1958) 337.
ELLIOTT, R. P., u. W. ROSTOKER: Trans. Amer. Soc. Met. 50 (1958) 617.
FELTEN, E. J., I. BINDER u. B. POST: J. Amer. chem. Soc. 80 (1958) 3479.
FRANK, F. C., u. J. S. KASPER: Acta Cryst. 11 (1958) 184; 12 (1959) 483.
FUJIWARA, K., M. HIRABAYASHI, D. WATANABE u. S. OGAWA: J. Phys. Soc. Japan 13 (1958) 167.
GLADYSCHEWSKI, E. J., et al.: Dokl. Akad. Nauk Ukr.SSR (1958) 1208.
GLOCKER, R.: Materialprüfung mit Röntgenstrahlen. Berlin/Göttingen/Heidelberg: Springer 1958.
GOODENOUGH, J. B.: J. appl. Phys. 29 (1958) 513.
GRÖNVOLD, F., A. HAGBERG u. H. HARALDSEN: Acta chem. Scand. 12 (1958) 971.
GÜNZEL, E., u. K. SCHUBERT: Z. Metallkde. 49 (1958) a) 124; b) 234.
HAHN, H.: Chem. Soc., Spec. Publ. 12. London 1958.
HANSEN, M., u. K. ANDERKO: Constitution of Binary Alloys. New York: McGraw-Hill 1958.
HARTMAN, P.: Acta Cryst. 11 (1958) 365.
HAWORTH, C. W., u. W. HUME-ROTHERY: Phil. Mag. 3 (1958) 1013 — J. Inst. Met. 87 (1958) 265.
HELLNER, E.: J. Geology 66 (1958) 503.

HOARD, J. L., R. E. HUGHES u. D. E. SANDS: J. Amer. chem. Soc. 80 (1958) 4507.
IWANOW, D. S.: Sov. Phys. Dokl. 3 (1958) 396.
JURETSCHKE, H. J., u. R. STEINITZ: J. Phys. chem. Solids 4 (1958) 118.
KNAPTON, A. G.: J. Inst. Met. 87 (1958) 28 — 3. Planseeseminar (1958) 412.
KONO, H.: J. Phys. Soc. Japan 13 (1958) 1444.
KÖSTER, W., u. W. D. HAEHL: Z. Metallkde. 49 (1958) 647.
KÖSTER, W., u. W. LANG: Z. Metallkde. 49 (1958) 443.
KRÖNERT, W., u. K. PLIETH: Naturwiss. 45 (1958) 416.
KUSMIN, R. N.: Kristallografia 3 (1958) 366.
LANG, W.: Z. Metallkde. 49 (1958) 424.
LIGHTHILL, M. J.: Introduction to Fourieranalysis and Generalised Functions. Cambridge: Univ. Press 1958.
MASSALSKI, T. B.: Metallurg. Rev. 3 (1958) 45.
MASSON, D. B., u. C. S. BARRETT: Trans. AIME 212 (1958) 260.
NESHPOR, W. S., J. B. PADERNO u. G. W. SSAMSSONOW: Ber. Akad. Wiss. UdSSR 118 (1958) 515.
NESHPOR, W. S., u. G. W. SSAMSSONOW: Shur. Fis. Khim. 32 (1958) 1328.
NEVITT, M. V.: Trans. AIME 212 (1958) 350.
NEVITT, M. V., u. L. A. SCHWARTZ: Trans. AIME 212 (1958) 700.
NICKEL, O.: Z. Metallkde. 49 (1958) 57.
NOWOTNY, H., E. LAUBE, R. KIEFFER u. F. BENESSOVSKY: Mh. Chem. 89 (1958) 701.
OGAWA, S., D. WATANABE, H. WATANABE u. T. KOMODA: Acta Cryst. 11 (1958) 872.
OKAZAKI, A.: J. Phys. Soc. Japan 13 (1958) 1151.
PARTHÉ, E., u. J. T. NORTON: Acta Cryst. 11 (1958) 14.
PEARSON, W. P.: Lattice Spacings and Structures of Metals and Alloys. London: Pergamon Press 1958.
RUNDQVIST, S.: a) Acta chem. Scand. 12 (1958) 658 — b) Nature, Lond. 181 (1958) 259.
SAGEL, K.: Tabellen zur Röntgenstrukturanalyse. Berlin/Göttingen/Heidelberg: Springer 1958.
SCHUBERT, K.: Z. Naturforsch. 13a (1958) 443.
SCHUBERT, K., u. Mitarbeiter (H. BREIMER, R. GOHLE, H. L. LUKAS, H. G. MEISSNER u. E. STOLZ): Naturwiss. 45 (1958) 360.
SHURAWLEW, N. N.: Shur. Exp. Teor. Fis. 34 (1958) 827, 820.
SHURAWLEW, N. N., u. A. A. STEPANOWA: Kristallografia 3 (1958) 83.
SMOTHERS, W. J., u. CHIANG: Differential Thermal Analysis. New York 1958.
THARP, A. G., A. W. SEARCY u. H. NOWOTNY: J. Electrochem. Soc. 105 (1958) 473.
WATANABE, D.: J. Phys. Soc. Japan 13 (1958) 535.
WEGST, J., u. K. SCHUBERT: a) Z. Metallkde. 49 (1958) 533 — b) Acta Met. 6 (1958) 720.
WELLS, A. F.: The Structures of Crystals. In: Solid State Physics 7 (1958) 425.
WILKENS, M., u. K. SCHUBERT: Z. Metallkde. 49 (1958) 633.
WOOD, E. A., u. V. B. COMPTON: Acta Cryst. 11 (1958) 429.
WOOD, E. A., V. B. COMPTON, B. T. MATHIAS u. E. CORENZWIT: Acta Cryst. 11 (1958) 604.
ZALKIN, A., u. W. J. RAMSEY: J. phys. Chem. 62 (1958) 689.
ZALKIN, A., u. D. E. SANDS: Acta Cryst. 11 (1958) 615.
ZEMANN, J.: Acta Cryst. 11 (1958) 55.

1959

ADAM, J., u. M. D. ROGERS: Acta Cryst. 12 (1959) 951.
ARONSSON, B.: a) Acta chem. Scand. 13 (1959) 109 — b) Nature, Lond. 183 (1959) 1318.

ARONSSON, B., u. G. LUNDGREN: Acta chem. Scand. 13 (1959) 433.
ÅSBRINK, ST., u. A. MAGNÉLI: Acta Cryst. 12 (1959) 575.
ATOJI, M., J. E. SCHIRBER u. C. A. SWENSON: J. chem. Phys. 31 (1959) 628.
BOPP, F.: Z. Phys. 156 (1959) 348.
BRAUER, G., u. H. MÜLLER: Hochschmelzende Metalle. 3. Plansee-Seminar 1959.
BRAUN, P. B., u. J. L. MEIJERING: Rec. Trav. chim. Pays-Bas. 78 (1959) 71.
BRILL, R.: Z. Elektrochem. 63 (1959) 1088.
BROWN, P. J.: Acta Cryst. 12 (1959) 995.
BURKHARD, W., u. K. SCHUBERT: Z. Metallkde. 50 (1959) 196, 442.
CORLISS, L. M., J. M. HASTINGS u. J. R. WEISS: Phys. Rev. Letters 3 (1959) 211; vgl. auch G. E. BACON: Acta Cryst. 14 (1961) 823.
CROMER, D. T.: Acta Cryst. 12 (1959) 36, 41.
CROMER, D. T., u. A. C. LARSON: Acta Cryst. 12 (1959) 855.
CROMER, D. T., u. C. E. OLSEN: Acta Cryst. 12 (1959) 689.
CROMER, D. T., u. R. B. ROOF: Acta Cryst. 12 (1959) 942.
CUMPTON, V. B., u. B. T. MATHIAS: Acta Cryst. 12 (1959) 651.
DACHS, H.: Z. Kristallogr. 112 (1959) 60.
DECKER, B. F., u. J. S. KASPER: Acta Cryst. 12 (1959) 503.
DWIGHT, A. E.: Trans. AIME 215 (1959) 283.
DWIGHT, A. E., u. P. A. BECK: Trans. AIME 215 (1959) 977.
EICK, H. A., u. P. W. GILLES: J. Amer. chem. Soc. 81 (1959) 5030.
FOLBERTH, O. G.: Z. Naturforsch. 14a (1959) 94.
FOUNTAIN, R. W., u. W. D. FORGENG: Trans. AIME 215 (1959) 998.
FRUEH, A. I.: Z. Kristallogr. 112 (1959) 44.
GELLER, S.: Acta Cryst. 12 (1959) 944.
GLADYSHEWSKII, E. I.: Doporidi Akad. Nauk Ukr.SSR (1959) 294.
GLOSSOP, B., u. D. W. PASHLEY: Proc. roy. Soc., Lond. A 250 (1959) 132; vgl. auch D. W. PASHLEY u. A. E. B. PRESHLAND: J. Inst. Met. 87 (1959) 419.
GÖTTLICHER, S., u. E. WÖLFEL: Z. Elektrochem. 63 (1959) 891.
HATT, B. A., u. G. I. WILLIAMS: Acta Cryst. 12 (1959) 655.
HERPIN, A., P. MÉRIEL u. J. VILLAIN: C. R. Acad. Sci., Paris 249 (1959) 1334.
HEUMANN, TH., u. B. PREDEL: Z. Metallkde. 50 (1959) 309.
HÜTTER, L. J., u. H. H. STADELMAIER: Z. Metallkde. 50 (1959) 199; vgl. auch Acta Met. 6 (1958) 367.
IANDELLI, A.: National Physical Laboratory Symposium: Phys. Chem. of Metallic · Solutions and Intermetallic Compds., London (1959) 3 F.
International Tables for X-Ray Cristallographie, Vol. II. Birmingham: Kynoch 1959.
IUPAC: Nomenclature of Inorganic Chemistry. London: Butterworths Sci. Publ. 1959.
IWASAKI, H.: J. Phys. Soc. Japan 14 (1959) 1456.
JELLINEK, F.: Öst. Chem.-Ztg. 60 (1959) 311.
DE JONG, W. F.: Kompendium der Kristallkunde. Wien: Springer 1959.
KAUFMAN, L.: Acta Met. 7 (1959) 575.
KEULEN, E., u. A. VOS: Acta Cryst. 12 (1959) 323.
KJEKSHUS, A.: Int. Scand. Chem. Conf. Stockholm (1959).
KORCHYNSKY, M., u. R. W. FOUNTAIN: Trans. AIME 215 (1959) 1033.
LARK-HOROVITZ, K., u. V. A. JOHNSON: Methods of Experimental Physics: Solid State Physics. New York: Academic Press 1959.
MACKE, W.: Quanten. Leipzig: Akad. Verlagsges. 1959.
MAKAROW, E. S.: Crystal Chemistry of Simple Compounds of U, Th, Pu, Np. New York: Consultants Bureau 1959.

MARKAROW, J. S., u. W. N. BYKOW: Kristallografia 4 (1959) 183.
MARTIN, A. J., u. A. MOVRE: J. Less-Common Metals 1 (1959) 85.
MATJUSCHENKO, N. N., L. N. EFIMENKO u. D. P. SOLOPICHIN: Fisika Metallow i Metallowedenie 8 (1959) 878.
McCULLOUGH, J. D., u. K. N. TRUEBLOOD: Acta Cryst. 12 (1959) 507.
McKINSEY, C. R., u. G. M. FAULRING: Acta Cryst. 12 (1959) 701.
MITCHEL, R. S.: Z. Kristallogr. 111 (1959) 372.
MURRAY, J. R.: J. Less-Common Metals 1 (1959) 314.
NOWOTNY, H., F. HOLUB u. A. WITTMANN: National Physical Laboratory Symposium: Phys. Chem. of Metallic Solutions and Intermetallic Compounds. London (1959) 9.
OBROWSKI, W.: Naturwiss. 46 (1959) 490.
OETTEL, W. O.: Grundlagen der Metallmikroskopie. Leipzig: Akad. Verlagsges. 1959.
OKAZAKI, A.: J. Phys. Soc. Japan 14 (1959) 112.
PARTHÉ, E.: Acta Cryst. 12 (1959) 559.
PATTERSON, A. L., u. J. S. KASPER: In: International Tables for X-ray Crystallographie, Vol. 2 (1959).
PEDERSEN, B., u. F. GRÖNVOLD: Acta Cryst. 12 (1959) 1022.
PERRI, J. A., I. BINDER (bzw. BANKS) u. B. POST: J. phys. Chem. 63 (1959). 616, 2073.
ROBINS, D. A.: J. Less-Common Metals 1 (1959) 396.
RUNDQVIST, S.: Acta chem. Scand. 13 (1959) 1193.
RUNDQVIST, S., u. F. JELLINEK: Acta chem. Scand. 13 (1959) 425.
RUNDQVIST, S., u. E. LARSON: Acta chem. Scand. 13 (1959) 551.
SAITO, S.: Acta Cryst. 12 (1959) 500.
SAITO, S., u. P. A. BECK: Trans. AIME 215 (1959) 938; vgl. auch DWIGHT/BECK (59).
SAMSONOW, G. V.: Usp. Khim. 28 (1959) 189.
SANDS, D. E., A. ZALKIN u. O. H. KRIKORIAN: Acta Cryst. 12 (1959) 461.
SCHUBERT, K.: Z. Naturforsch. 14a (1959) 650.
SCHUBERT, K., u. Mitarbeiter (M. BALK, S. BHAN, H. BREIMER, P. ESSLINGER u. E. STOLZ): Naturwiss. 46 (1959) 647.
SCHUBERT, K., H. BREIMER u. R. GOHLE: Z. Metallkde. 50 (1959) 146.
SCHUBERT, K., H. L. LUKAS, H. G. MEISSNER u. S. BHAN: Z. Metallkde. 50 (1959) 534.
SCHULZE, G. E. R.: Z. Kristallogr. 111 (1959) 249.
SIBORENKO, F. A., P. W. GELD u. L. B. DUBROWSKAJA: Fisika Metallow i Metallowedenie 8 (1959) 735.
SMIRNOWA, N. L.: Kristallografia 1 (1956) 165, 502; 3 (1958) 232, 362; 4 (1959) 13.
SSAWITZKI, JE. M., M. A. TYLKINA u. I. A. ZYGANOWA: Atomnaja Energia 7 (1959) 231.
STÜWE, H. P.: Trans. AIME 215 (1959) 408.
TAYLOR, M. A.: Acta Cryst. 12 (1959) 393.
VANNERBERG, N. G.: Ark. Kemi 14 (1959) 119.
WALKER, C. B., u. M. MAREZIO: Acta Met. 7 (1959) 769.
WARREN, B. E.: Progr. Met. Phys. 8 (1959) 147.
WERNICK, J. H., u. S. GELLER: Acta Cryst. 12 (1959) 662.
WEYL, R.: Z. Kristallogr. 111 (1959) 401.
WILSON, C. G., D. SAMS u. T. J. RENOUT: Acta Cryst. 12 (1959) 947.
WITTIG, F. E.: Z. Elektrochem. 63 (1959) 327.
YOSHIMORI, A.: J. Phys. Soc. Japan 14 (1959) 807.
YURKO, G. A., J. W. BARTON u. J. G. PARR: Acta Cryst. 12 (1959) 909.
ZACHARIASEN, W. H., u. F. H. ELLINGER: Acta Cryst. 12 (1959) 175.
ZALKIN, A., R. G. BEDFORD u. D. E. SANDS: Acta Cryst. 12 (1959) 700.
ZALKIN, A., D. E. SANDS u. O. H. KRIKORIAN: Acta Cryst. 12 (1959) 713.

1960

ARONSSON, B.: a) Acta chem. Scand. 14 (1960) 1414 — b) Ark. Kemi 16 (1960) 377.
ARONSSON, B., M. BÄCKMAN u. S. RUNDQVIST: Acta chem. Scand. 14 (1960).
ARONSSON, B., S. RUNDQVIST u. E. STENBERG: Int. Union Cryst. Cambridge Conf. Abstr. (1960) 37.
ARONSSON, B., E. STENBERG u. J. ÅSELIUS: Acta chem. Scand. 14 (1960) 733.
BEAUDRY, B. J., u. A. H. DAANE: Trans. AIME 218 (1960) 855.
BHAN, S., u. K. SCHUBERT: Z. Metallkde. 51 (1960) 327 — Trans. Indian Inst. Met. 13 (1960) 332.
BOLLER, H., H. NOWOTNY u. A. WITTMANN: Mh. Chem. 91 (1960) 1174.
BUSMANN, E.: Naturwiss. 47 (1960) 82.
COOPER, M. J.: Acta Cryst. 13 (1960) 257.
CROMER, D. T., u. A. C. LARSON: Acta Cryst. 13 (1960) 909.
CROMER, D. T., A. C. LARSON u. R. B. ROOF: Acta Cryst. 13 (1960) 913.
DAS, B. N., u. P. A. BECK: Trans. AIME 218 (1960) 733.
DOMANGE, L., J. FLAHAUT, M. P. PARDO, A. NADERI, A. N. CHIRAZI u. M. GUITTARD: C. R. Acad. Sci., Paris 250 (1960) 857.
DUWELL, E. J., u. N. C. BAENZIGER: Acta Cryst. 13 (1960) 476.
EDSHAMMAR, L. E., u. B. HOLMBERG: Acta chem. Scand. 14 II (1960) 1219.
EDSHAMMAR, L. E., u. ST. ANDERSSON: Acta chem. Scand. 14 (1960) 223.
FELLER-KNIEPMEIER, M., u. TH. HEUMANN: Z. Metallkde. 51 (1960) 404.
FERRO, R., u. G. RANEBALDI: J. Less-Common Metals 2 (1960) 383.
FOLBERTH, O. G.: Z. Naturforsch. 15a (1960) 739.
GRAU, G., u. ST. ANDERSSON: Acta chem. Scand. 14 II (1960) 956.
GUPTA, K. P., N. S. RAJAN u. P. A. BECK: Trans. AIME 218 (1960) 617.
HASZKO, S. E.: Trans. AIME 218 (1960) 763.
D'HEURLE, F. M., et al.: Acta Met. (1960).
HOARD, J. L.: In J. A. KOHN et al.: Boron, Synthesis, Structure and Properties. New York: Plenum Press 1960.
HOARD, J. L., u. A. E. NEWKIRK: J. Amer. chem. Soc. 82 (1960) 70.
HOCKINGS, E. F., u. J. G. WHITE: J. phys. Chem. 64 (1960) 1042.
HÖHL, M.: Z. Metallkde. 51 (1960) 85.
IWASAKI, H., M. HIRABAYASHI, K. FUJIWARA, D. WATANABE u. S. OGAWA: J. Phys. Soc. Japan 15 (1960) 1771.
JELLINEK, F., G. BRAUER u. H. MÜLLER: Nature, Lond. 185 (1960) 376.
KANEMATSU, K., K. YASUKOCHI u. T. OHOYAMA: J. Phys. Soc. Japan 15 (1960) 2358.
KEMPTER, C. P., u. M. R. NADLER: J. chem. Phys. 33 (1960) 1580.
KIHARA, T.: J. Phys. Soc. Japan 15 (1960) 1920.
KNAPTON, A. G.: J. Less-Common Metals 2 (1960) 113.
KOMURA, Y., W. G. SLY u. D. P. SHOEMAKER: Acta Cryst. 13 (1960) 575.
KÖSTER, W., u. E. WACHTEL: Z. Metallkde. 51 (1960) 271.
McDONALD, B. J., u. W. J. STUART: Acta Cryst. 13 (1960) 447.
MEINHARDT, D., u. O. KRISEMENT: Z. Naturforsch. 15a (1960) 880.
MÜNSTER, A., u. K. SAGEL: Z. phys. Chem. 24 (1960) 217.
NASH, C. P., F. M. BOYDEN u. L. O. WHITTIG: J. Amer. chem. Soc. 82 (1960) 6203.
NEVITT, M. V.: Trans. AIME 218 (1960) 327.
NEVITT, M. V., J. W. DOWNEY u. R. A. MORRIS: Trans. AIME 218 (1960) 327, 1019.
OBROWSKY, W.: Naturwiss. 47 (1960) 14.
ORR, R. L., J. LUCIAT-LABRY u. R. HULTGREN: Acta Met. 8 (1960) 431.
PAINE, R. M., u. J. A. CARRABINE: Acta Cryst. 13 (1960) 680.

PARTHÉ, E.: a) Z. Kristallogr. 113 (1960) 251 — b) Acta Cryst. 13 (1960) 868.
PARWITZ u. KHODADAD: C. R. Acad. Sci., Paris 250 (1960) 3998.
RABENAU, A., A. STEGHERR u. P. ECKERLIN: Z. Metallkde. 51 (1960) 295.
RAY, A. E., u. J. F. SMITH: Acta Cryst. 13 (1960) 876.
RUNDQVIST, S.: Nature, Lond. 185 (1960) 31.
RUNDQVIST, S., u. A. HEDE: Acta chem. Scand. 14 (1960) 893.
ŠĆAVNIČAR, S.: Z. Kristallogr. 114 (1960) 85.
SCHMID, H.: Cobalt (1960) 1.
SCHUBERT, K., u. Mitarbeiter (T. R. ANATHARAMAN, H. O. K. ATA, S. BHAN, W. BURKHARD, R. GOHLE, H. G. MEISSNER, M. PÖTZSCHKE, W. ROSSTEUTSCHER u. E. STOLZ): Naturwiss. 47 (1960) 303, 512.
SCHUMANN, H.: Metallographie. Leipzig: VEB Deutscher Verlag für Grundstoffindustrie 1960.
SCOTT, R. E.: J. appl. Phys. 31 (1960) 2112.
SHURALEW, N. N., W. A. SMIRNOW u. T. A. MINGASIN: Kristallografia 5 (1960) 134.
SMIRNOV, V. I.: Lehrgang der höheren Mathematik. Berlin 1960.
SUGANUMA, R.: J. Phys. Soc. Japan 15 (1960) 1395.
TAYLOR, C. A., et al.: Abstracts of Commun. (1960) 22, 5. Internat. Congress Int. Union Cryst.
TYLKINA, M. A., K. W. PARANOWA u. E. M. SAWIZKII: Dokl. Akad. Nauk SSSR 131 (1960) 332.
VOLD, C. L.: Acta Cryst. 13 (1960) 743.
WATANABE, D.: J. Phys. Soc. Japan 15 (1960) 1030, 1251.
WEITZ, G., L. BORN u. E. HELLNER: Z. Metallkde. 51 (1960) 238.
WERNICK, J. H., u. S. GELLER: Trans. AIME 218 (1960) 866.
WIESE, J. R., u. L. MULDAWER: J. Phys. chem. Solids 15 (1960) 13.
WILSON, C. G., u. F. J. SPOONER: Acta Cryst. 13 (1960) 358.
WILSON, C. G., D. K. THOMAS u. F. J. SPOONER: Acta Cryst. 13 (1960) 56.
WITTEMANN, W. G., A. C. GIORGI u. D. T. VIER: J. phys. Chem. 64 (1960) 434.
ZALKIN, A., D. E. SANDS u. O. H. KRIKORIAN: Acta Cryst. 13 (1960) 160.

1961

BAENZIGER, N. C., u. J. L. MORIARTY: Acta Cryst. 14 (1961) 946, 948.
BAGARJATSKY, JU. A., G. I. NOSOWA u. T. V. TAGUNOWA: Acta Cryst. 14 (1961) 1087.
BAILEY, D. M., u. J. F. SMITH: Acta Cryst. 14 (1961) 57, 1084.
BARDOS, D. I., K. P. GUPTA u. P. A. BECK: Trans. AIME 221 (1961) 1087 — Nature, Lond. 192 (1961) 744.
BAUR, W. H.: Acta Cryst. 14 (1961) 209.
BELBEOCH, B., C. PIEKARSKI u. P. PÉRIO: Acta Cryst. 14 (1961) 837.
VAN DEN BERG, J. M.: Acta Cryst. 14 (1961) 1002.
BREHLER, B.: Z. Kristallogr. 115 (1961) 373.
BROWN, A.: Acta Cryst. 14 (1961) 856, 860.
BRUKL, C., H. NOWOTNY, O. SCHOB u. F. BENESOVSKY: Mh. Chem. 92 (1961) 781.
CROMER, D. T., u. A. C. LARSON: Acta Cryst. 14 (1961) 1226.
DAMJANOVIC, A.: Acta Cryst. 14 (1961) 82.
DWIGHT, A. E.: Trans. Amer. Soc. Met. 53 (1961) 479.
DWIGHT, A. E., J. W. DOWNEY u. R. A. CONNER: Acta Cryst. 14 (1961) 75.
ELLIOTT, R. P.: Trans. Amer. Soc. Met. 53 (1961) 321.
FERRO, R., u. R. CAPELLI: Acta. Cryst. 14 (1961) 1095.
FERRO, R., u. G. RAMBALDI: Acta Cryst. 14 (1961) 1094.
FINNEY, J. J., u. A. ROSENZWEIG: Acta Cryst. 14 (1961) 69.

Flahaut, J., L. Domange, M. Guittard u. J. Loriers: Bull. Soc. chim. France (1961) 102.
Fruchart u. Triquet: C. R. Acad. Sci., Paris 252 (1961) 1323.
Gladyschewsky, E. J.: Kristallografia 6 (1961) 267.
Grönvold, F., A. Kjekshus u. F. Raaum: Acta Cryst. 14 (1961) 930.
Gschneider, K. A.: Rare Earth Alloys. New York: van Nostrand 1961.
Haszko, S. E.: Trans. AIME 221 (1961) 201.
Hatt, B. A.: Acta Cryst. 14 (1961) 119.
d'Heurle, F. M., u. P. Gordon: Acta Met. 9 (1961) 304.
Hirabayashi, M., u. S. Ogawa: Acta Met. 9 (1961) 264.
Hume-Rothery, W.: Persönliche Mitteilung.
Kempter, C. P., u. R. J. Fries: J. chem. Phys. 34 (1961) 1994.
Kjekshus, A., u. G. Pedersen: Acta Cryst. 14 (1961) 1065.
Knop, O., u. M. A. Ibrahim: Canad. J. Chem. 39 (1961) 297.
Knop, O., u. R. D. Macdonald: Canad. J. Chem. 39 (1961) 897.
Larson, A. C., u. D. T. Cromer: Acta Cryst. 14 (1961) 73, 545.
Leciejewicz, J.: Acta Cryst. 14 (1961) 66, 80, 200.
Löhberg, K.: Naturwiss. 48 (1961) 46.
Nowotny, H., E. Rudy u. F. Benesovsky: Mh. Chem. 92 (1961) 393.
Nowotny, H., O. Schob u. F. Benesovsky: Mh. Chem. 92 (1961) 1300.
Obrowski, W.: Naturwiss. 48 (1961) 428.
Ohoyama, T., K. Yasukochi u. K. Kanematsu: J. Phys. Soc. Japan 16 (1961) 352.
Parthé, E.: Z. Kristallogr. 115 (1961) 52.
Plieth, K.: Persönliche Mitteilung.
Pötzschke, M., u. K. Schubert: vgl. 1962.
Raub, E., H. Beeskow u. D. Menzel: Z. Metallkde. 52 (1961) 189.
Roof, R. B., A. C. Larson u. D. T. Cromer: Acta Cryst. 14 (1961) 1084.
Samson, St.: Acta Cryst. 14 (1961) 1229.
Schob, O., H. Nowotny u. F. Benesovsky: Mh. Chem. 92 (1961) 1218.
Sato, H., u. R. S. Toth: Phys. Rev. 124 (1961) 1833.
Schubert, K., u. Mitarbeiter (H. G. Meissner, M. Pötzschke, W. Rossteutscher u. E. Stolz): Naturwiss., vgl. 1962.
Stadelmaier, H. H., u. R. K. Bridger: Metall 15 (1961) 761.
Stadelmaier, H. H., u. W. K. Hardy: Z. Metallkde. 52 (1961) 391.
Stolz, E., u. K. Schubert: Z. Metallkde., vgl. 1962.
Taylor, A.: X-Ray Metallography. New York: Wiley 1961.
Thomson, J. R.: Nature, Lond. 189 (1961) 217.
Tracy, J. W., et al.: Acta Cryst. 14 (1961) 927.
Vold, C. L.: Acta Cryst. 14 (1961) 1289.
de Wet, J. F.: Acta Cryst. 14 (1961) 733.
Wever, H., u. G. Wintermann: Z. Metallkde. 52 (1961) 329.
Wittig, F. E.: Pure appl. Chem. 2 (1961) 183.
Wittig, F. E., u. P. Scheidt: Z. phys. Chem. 28 (1961) 120.
Yasukochi, K., K. Kanematsu u. T. Ohoyama: J. Phys. Soc. Japan 16 (1961) 429.
Zalkin, A., D. E. Sands, R. G. Bedford u. O. H. Krikorian: Acta Cryst. 14 (1961) 63.

1962

Aldred, A. T.: Trans. AIME 224 (1962) 1082.
Becher, H. J., u. A. Schäfer: Z. anorg. Chem. 318 (1962) 304.
Bergsma, J., u. B. O. Loopstra: Acta Cryst. 15 (1962) 92.
Branus, M. D., T. B. Read, H. C. Gatos, M. C. Lavine u. J. A. Kafalas: J. Phys. chem. Solids 23 (1962) 971.

BRONGER, W., u. W. KLEMM: Z. anorg. Chem. 319 (1962) 58.
BROWN, A.: Acta Cryst. 15 (1962) 652.
COMPTON, V. B., u. B. T. MATHIAS: Acta Cryst. 15 (1962) 94.
DARBY, J. B., D. J. LAM, J. W. DOWNEY: J. Less-Common Metals 4 (1962) 558.
GELLER, S.: Acta Cryst. 15 (1962) 713.
GRÖNVOLD, F., u. E. RÖST: Acta Cryst. 15 (1962) 11.
HOSEMANN, R., u. S. N. BAGCHI: Direct Analysis of Diffraction by Matter. Amsterdam: North-Holland Publ. 1962.
KIRKPATRIK, M. E., D. M. BAILEY u. J. F. SMITH: Acta Cryst. 15 (1962) 252.
KRIPIAKEWITSCH, P. I., E. I. GLADYSCHEWSKI u. E. N. PYLAEWA: Kristallografia 7 (1962) 213.
KRIPIAKEWITSCH, P. I., u. JU. B. KUSMA: Kristallografia 7 (1962) 309.
LAUBE, E., u. H. NOWOTNY: Mh. Chem. 93 (1962) 681.
NEFF, H.: Grundlagen und Anwendung der Röntgenfeinstrukturanalyse. München: Oldenbourg 1962.
NEVITT, M. V.: Proc. Conf. Electronic Struct. und Alloy Chem. of Transit Elements AIME 1962.
NEVITT, M. V., u. J. W. DOWNEY: Trans. AIME 224 (1962) 195.
PLATA, S. LA, u. B. POST: Acta Cryst. 15 (1962) 97.
PÖTZSCHKE, M., u. K. SCHUBERT: Z. Metallkde. 53 (1962) 474, 548.
RUNDQVIST, S.: Ark. Kemi 20 (1962) 67 — a) Acta chem. Scand. 16 (1962) 1.
SATO, H., u. R. S. TOTH: Phys. Rev. 127 (1962) 469.
SCHABLASKE, R. V., B. S. TANI u. M. G. CHASANOV: Trans. AIME 224 (1962) 867.
SCHUBERT, K.: Z. Metallkde. 53 (1962) 605.
SCHUBERT, K., u. Mitarbeiter (H. G. MEISSNER, M. PÖTZSCHKE, W. ROSSTEUTSCHER u. E. STOLZ): Naturwiss. 49 (1962) 57.
SHURAWLEW, N. N., u. E. M. SMIRNOWA: Kristallografia 7 (1962) 312.
STOLZ, E., u. K. SCHUBERT: Z. Metallkde. 53 (1962) 433.
WATANABE, D.: Trans. Jap. Inst. Met. 3 (1962) 234.

1963

JELLINEK, F.: Ark. Kemi 20 (1963) 447.
KRIPIAKEWITSCH, P. I., u. E. I. GLADYSCHEWSKY: Kristallografia 8 (1963) 449.
MULDAWER, L.: Abstr. of 6. Int. Congress IUCr (1963) 101.
NOWOTNY, H., in P. A. BECK: Electr. Struct. and Alloy Chem. of the Trans. El. New York: Wiley 1963.
PARTHÉ, E., u. V. SADAGOPAN: Acta Cryst. 16 (1963) 202.
SCHUBERT, K., F. GAUZZI u. K. FRANK: Z. Metallkde. 54 (1963) 422.
SCHUBERT, K., u. Mitarbeiter (K. FRANK, R. GOHLE, A. MALDONADO, H. G. MEISSNER, A. RAMAN u. W. ROSSTEUTSCHER): Naturwiss. 50 (1963) 41.
WENTORF, R. H., u. J. S. KASPER: Science 139 (1963) 338.

8.4 Symmetrieverzeichnis

Die im Text benützte SCHOENFLIES-HERMANN-MAUGUINsche Raumgruppenbezeichnung erlaubt nicht in einfacher Weise die Punktlagen herzuleiten, die man beim Vergleich der Strukturformeln mit den Strukturbildern benötigt. Deshalb geben wir in folgender Tabelle ein Raumgruppensymbol an, das dazu benützt werden kann, die allgemeine Punktlage hinzuschreiben, wenn die Internationalen Tabellen nicht zur Hand sind. Die speziellen Punktlagen folgen aus den speziellen in der Strukturformel angegebenen Koordinaten. Eine ähnliche Tabelle wurde von ZACHARIASEN (1945) aufgestellt; die vorliegende Tabelle schließt sich in den Koordinatensystemen an die International Tables (52) an.

Die Tabelle beruht darauf, daß die Kristallklassen sich als semidirektes Produkt (Normalteiler links) von höchstens vier zyklischen Untergruppen schreiben lassen (wobei die Zähligkeit in Evidenz tritt), und daß die Quotienten der Raumgruppen durch die Translationsgruppe isomorph der Kristallklasse sind. Die Erzeugenden der Raumgruppen sind unhomogenlineare Transformationen, die wir bezeichnen: $a + A\,x =: (a, A)\,x$ (a = unhomogener Teil, A = Drehmatrix, x = Ortsvektor). Da in Kristallen nur Drehungen bzw. Drehinversionen auftreten, die man mit 1, 2, 3, 4, 6 bzw. $\bar{1}$, $\bar{2}$, $\bar{3}$, $\bar{4}$, $\bar{6}$ bezeichnen kann, benötigen wir außer diesen Symbolen und den Unhomogenteilen nur noch die Angabe der Achsen. Wir geben sie im Exponenten der Matrixsymbole an und ersparen dadurch die Angabe von Klammern. Außer den Exponenten a, b, c der Koordinatenachsen benützen wir noch die Symbole $d = a + b$ (Diagonale), $e = -a + b$, $r = a + b + c$ (Raumdiagonale). Für die Translationsgruppen benützen wir die konventionellen Zeichen. — Bei Berücksichtigung der Formel $(a, A) \cdot (b, B) = (a + A\,b, AB)$ kann man aus den unten angegebenen Erzeugenden die allgemeinen Punktlagen durch Anwendung der Potenzprodukte der Erzeugenden auf x, y, z herleiten. Als *Beispiel* berechnen wir die allgemeinen Punktlagen einiger Raumgruppen, indem wir von links nach rechts im Raumgruppensymbol fortschreiten:

C_2^1—P2—P0002^c: $x, y, z \quad \bar{x}, \bar{y}, z$

C_2^2—P2$_1$—P00$\frac{1}{2}$2^c: $x, y, z \quad \bar{x}, \bar{y}, \frac{1}{2} + z$

C_2^3—B2—B0002^c: $(0, 0, 0 \quad \frac{1}{2}, 0, \frac{1}{2}) + x, y, z \quad \bar{x}, \bar{y}, z$

D_2^1—P222—P0002^{a}0002^c: $x, y, z \quad x, \bar{y}, \bar{z} \quad \bar{x}, \bar{y}, z \quad \bar{x}, y, \bar{z}$

C_4^1—P4—P0004^c: $x, y, z \quad \bar{y}, x, z \quad \bar{x}, \bar{y}, z \quad y, \bar{x}, z$

D_4^1—P422—P0004^{c}0002^a: $x, y, z \quad \bar{y}, x, z \quad \bar{x}, \bar{y}, z \quad y, \bar{x}, z \quad x, \bar{y}, \bar{z}$
$\bar{y}, \bar{x}, \bar{z} \quad \bar{x}, y, \bar{z} \quad y, x, \bar{z}$

C_3^1–P3–P0003^c: $x, y, z \quad \bar{y}, x-y, z \quad y-x, \bar{x}, z$

D_3^1–P312–P0003^{c}0002^e: $x, y, z \quad \bar{y}, x-y, z \quad y-x, \bar{x}, z \quad \bar{y}, \bar{x}, \bar{z}$
$y-x, y, \bar{z} \quad x, x-y, \bar{z}$

D_3^2–P321–P0003^{c}0002^d: $x, y, z \quad \bar{y}, x-y, z \quad y-x, \bar{x}, z \quad y, x, \bar{z}$
$x-y, \bar{y}, \bar{z} \quad \bar{x}, y-x, z$

C_6^1–P6–P0006^c: $x, y, z \quad x-y, x, z \quad \bar{y}, x-y, z \quad \bar{x}, \bar{y}, z \quad y-x, \bar{x}, z$
$y, y-x, z$

O_h^{10}–Ia3d–I$\frac{3}{4}\frac{1}{4}\frac{3}{4}4^c\frac{1}{2}\frac{1}{2}02^a0003^r000\bar{1}$: $(0, 0, 0 \quad \frac{1}{2}, \frac{1}{2}, \frac{1}{2})$ +
$x, y, z \quad \frac{3}{4}-y, \frac{1}{4}+x, \frac{3}{4}+z \quad \frac{1}{2}-x, \bar{y}, \frac{1}{2}+z \quad \frac{3}{4}+y, \frac{3}{4}-x, \frac{1}{4}+z$
$\frac{1}{2}+x, \frac{1}{2}-y, \bar{z} \quad \frac{1}{4}-y, \frac{1}{4}-x, \frac{1}{4}-z \quad \bar{x}, \frac{1}{2}+y, \frac{1}{2}-z \quad \frac{1}{4}+y, \frac{3}{4}+x, \frac{3}{4}-z$
$z, x, y \quad \frac{3}{4}+z, \frac{3}{4}-y, \frac{1}{4}+x \quad \frac{1}{2}+z, \frac{1}{2}-x, \bar{y} \quad \frac{1}{4}+z, \frac{3}{4}+y, \frac{3}{4}-x$
$\bar{z}, \frac{1}{2}+x, \frac{1}{2}-y \quad \frac{1}{4}-z, \frac{1}{4}-y, \frac{1}{4}-x \quad \frac{1}{2}-z, \bar{x}, \frac{1}{2}+y \quad \frac{3}{4}-z, \frac{1}{4}+y, \frac{3}{4}+x$
$y, z, x \quad \frac{1}{4}+x, \frac{3}{4}+z, \frac{3}{4}-y \quad \bar{y}, \frac{1}{2}+z, \frac{1}{2}-x \quad \frac{3}{4}-x, \frac{1}{4}+z, \frac{3}{4}+y$
$\frac{1}{2}-y, \bar{z}, \frac{1}{2}+x \quad \frac{1}{4}-x, \frac{1}{4}-z, \frac{1}{4}-y \quad \frac{1}{2}+y, \frac{1}{2}-z, \bar{x} \quad \frac{3}{4}+x, \frac{3}{4}-z, \frac{1}{4}+y$
und alle invertierten Koordinaten.

Raumgruppensymbole für einfache Herleitung der Punktlage

C_1^1–P1	P0001	D_2^4–P$2_12_12_1$	P$\frac{1}{2}\frac{1}{2}02^a\frac{1}{2}0\frac{1}{2}2^c$
C_i^1–P$\bar{1}$	P000$\bar{1}$	D_2^5–C222_1	C$0002^a00\frac{1}{2}2^c$
C_2^1–P2	P0002^c	D_2^6–C222	C0002^a0002^c
C_2^2–P2_1	P$00\frac{1}{2}2^c$	D_2^7–F222	F0002^a0002^c
C_2^3–B2	B0002^c	D_2^8–I222	I0002^a0002^c
C_s^1–Pm	P$000\bar{2}^c$	D_2^9–I$2_12_12_1$	I$00\frac{1}{2}2^a0\frac{1}{2}02^c$
C_s^2–Pb	P$0\frac{1}{2}0\bar{2}^c$	C_{2v}^1–Pmm2	P$0002^c000\bar{2}^a$
C_s^3–Bm	B$000\bar{2}^c$	C_{2v}^2–Pmc2_1	P$00\frac{1}{2}2^c000\bar{2}^a$
C_s^4–Bb	B$0\frac{1}{2}0\bar{2}^c$	C_{2v}^3–Pcc2	P$0002^c00\frac{1}{2}\bar{2}^a$
C_{2h}^1–P2/m	P$0002^c000\bar{1}$	C_{2v}^4–Pma2	P$0002^c\frac{1}{2}00\bar{2}^a$
C_{2h}^2–P2_1/m	P$00\frac{1}{2}2^c000\bar{1}$	C_{2v}^5–Pca2_1	P$00\frac{1}{2}2^c\frac{1}{2}0\frac{1}{2}\bar{2}^a$
C_{2h}^3–B2/m	B$0002^c000\bar{1}$	C_{2v}^6–Pnc2	P$0002^c0\frac{1}{2}\frac{1}{2}\bar{2}^a$
C_{2h}^4–P2/b	P$0\frac{1}{2}02^c000\bar{1}$	C_{2v}^7–Pmn2_1	P$\frac{1}{2}0\frac{1}{2}2^c000\bar{2}^a$
C_{2h}^5–P2_1/b	P$0\frac{1}{2}\frac{1}{2}2^c000\bar{1}$	C_{2v}^8–Pba2	P$0002^c\frac{1}{2}\frac{1}{2}0\bar{2}^a$
C_{2h}^6–B2/b	B$0\frac{1}{2}02^c000\bar{1}$	C_{2v}^9–Pna2_1	P$00\frac{1}{2}2^c\frac{1}{2}\frac{1}{2}\frac{1}{2}\bar{2}^a$
D_2^1–P222	P0002^a0002^c	C_{2v}^{10}–Pnn2	P$0002^c\frac{1}{2}\frac{1}{2}\frac{1}{2}\bar{2}^a$
D_2^2–P222_1	P$0002^a00\frac{1}{2}2^c$	C_{2v}^{11}–Cmm2	C$0002^c000\bar{2}^a$
D_2^3–P2_12_12	P$\frac{1}{2}\frac{1}{2}02^a0002^c$	C_{2v}^{12}–Cmc2_1	C$00\frac{1}{2}2^c000\bar{2}^a$
		C_{2v}^{13}–Ccc2	C$0002^c\frac{1}{2}\frac{1}{2}\frac{1}{2}\bar{2}^a$
		C_{2v}^{14}–Amm2	A$0002^c000\bar{2}^a$
		C_{2v}^{15}–Abm2	A$0002^c0\frac{1}{2}0\bar{2}^a$

C_{2v}^{16}—Ama2 $\mathrm{A}0002^c\tfrac12 00\bar2^a$
C_{2v}^{17}—Aba2 $\mathrm{A}0002^c\tfrac12\tfrac12 0\bar2^a$
C_{2v}^{18}—Fmm2 $\mathrm{F}0002^c000\bar2^a$
C_{2v}^{19}—Fdd2 $\mathrm{F}0002^c\tfrac14\tfrac14\tfrac14\bar2^a$
C_{2v}^{20}—Imm2 $\mathrm{I}0002^c000\bar2^a$
C_{2v}^{21}—Iba2 $\mathrm{I}0002^c00\tfrac12\bar2^a$
C_{2v}^{22}—Ima2 $\mathrm{I}0002^c\tfrac12 00\bar2^a$

D_{2h}^{1}—Pmmm $\mathrm{P}0002^c0002^a000\bar1$
D_{2h}^{2}—Pnnn $\mathrm{P}\tfrac12\tfrac12 02^c0\tfrac12\tfrac12 2^a000\bar1$
D_{2h}^{3}—Pccm $\mathrm{P}0002^c00\tfrac12 2^a000\bar1$
D_{2h}^{4}—Pban $\mathrm{P}\tfrac12\tfrac12 02^c0\tfrac12 02^a000\bar1$
D_{2h}^{5}—Pmma $\mathrm{P}\tfrac12 002^c\tfrac12 002^a000\bar1$
D_{2h}^{6}—Pnna $\mathrm{P}\tfrac12 002^c0\tfrac12\tfrac12 2^a000\bar1$
D_{2h}^{7}—Pmna $\mathrm{P}\tfrac12 0\tfrac12 2^c0002^a000\bar1$
D_{2h}^{8}—Pcca $\mathrm{P}\tfrac12 002^c\tfrac12 0\tfrac12 2^a000\bar1$
D_{2h}^{9}—Pbam $\mathrm{P}0002^c\tfrac12\tfrac12 02^a000\bar1$
D_{2h}^{10}—Pccn $\mathrm{P}\tfrac12\tfrac12 02^c\tfrac12 0\tfrac12 2^a000\bar1$
D_{2h}^{11}—Pbcm $\mathrm{P}00\tfrac12 2^c0\tfrac12 02^a000\bar1$
D_{2h}^{12}—Pnnm $\mathrm{P}0002^c\tfrac12\tfrac12\tfrac12 2^a000\bar1$
D_{2h}^{13}—Pmmn $\mathrm{P}\tfrac12\tfrac12 02^c\tfrac12 002^a000\bar1$
D_{2h}^{14}—Pbcn $\mathrm{P}\tfrac12\tfrac12\tfrac12 2^c\tfrac12\tfrac12 02^a000\bar1$
D_{2h}^{15}—Pbca $\mathrm{P}\tfrac12 0\tfrac12 2^c\tfrac12\tfrac12 02^a000\bar1$
D_{2h}^{16}—Pnma $\mathrm{P}\tfrac12 0\tfrac12 2^c\tfrac12\tfrac12\tfrac12 2^a000\bar1$
D_{2h}^{17}—Cmcm $\mathrm{C}00\tfrac12 2^c0002^a000\bar1$
D_{2h}^{18}—Cmca $\mathrm{C}\tfrac12 0\tfrac12 2^c0002^a000\bar1$
D_{2h}^{19}—Cmmm $\mathrm{C}0002^c0002^a000\bar1$
D_{2h}^{20}—Cccm $\mathrm{C}0002^c00\tfrac12 2^a000\bar1$
D_{2h}^{21}—Cmma $\mathrm{C}\tfrac12 002^c0002^a000\bar1$
D_{2h}^{22}—Ccca $\mathrm{C}\tfrac12 002^c\tfrac12 0\tfrac12 2^a000\bar1$
D_{2h}^{23}—Fmmm $\mathrm{F}0002^c0002^a000\bar1$
D_{2h}^{24}—Fddd $\mathrm{F}\tfrac14\tfrac14 02^c0\tfrac14\tfrac14 2^a000\bar1$
D_{2h}^{25}—Immm $\mathrm{I}0002^c0002^a000\bar1$
D_{2h}^{26}—Ibam $\mathrm{I}0002^c00\tfrac12 2^a000\bar1$
D_{2h}^{27}—Ibca $\mathrm{I}\tfrac12 0\tfrac12 2^c00\tfrac12 2^a000\bar1$
D_{2h}^{28}—Imma $\mathrm{I}\tfrac12 0\tfrac12 2^c0002^a000\bar1$

C_4^1—P4 $\mathrm{P}0004^c$
C_4^2—$P4_1$ $\mathrm{P}00\tfrac14 4^c$
C_4^3—$P4_2$ $\mathrm{P}00\tfrac12 4^c$
C_4^4—$P4_3$ $\mathrm{P}00\tfrac34 4^c$
C_4^5—I4 $\mathrm{I}0004^c$
C_4^6—$I4_1$ $\mathrm{I}0\tfrac12\tfrac14 4^c$

S_4^1—$P\bar4$ $\mathrm{P}000\bar4^c$
S_4^2—$I\bar4$ $\mathrm{I}000\bar4^c$

C_{4h}^{1}—P4/m $\mathrm{P}0004^c000\bar1$
C_{4h}^{2}—$P4_2/m$ $\mathrm{P}00\tfrac12 4^c000\bar1$
C_{4h}^{3}—P4/n $\mathrm{P}0\tfrac12 04^c000\bar1$
C_{4h}^{4}—$P4_2/n$ $\mathrm{P}\tfrac12 0\tfrac12 4^c000\bar1$
C_{4h}^{5}—I4/m $\mathrm{I}0004^c000\bar1$
C_{4h}^{6}—$I4_1/a$ $\mathrm{I}\tfrac14\tfrac14\tfrac14 4^c000\bar1$

D_4^1—P422 $\mathrm{P}0004^c0002^a$
D_4^2—$P42_12$ $\mathrm{P}\tfrac12\tfrac12 04^c\tfrac12\tfrac12 02^a$
D_4^3—$P4_122$ $\mathrm{P}00\tfrac14 4^c00\tfrac12 2^a$
D_4^4—$P4_12_12$ $\mathrm{P}\tfrac12\tfrac12\tfrac14 4^c\tfrac12\tfrac12\tfrac34 2^a$
D_4^5—$P4_222$ $\mathrm{P}00\tfrac12 4^c0002^a$
D_4^6—$P4_22_12$ $\mathrm{P}\tfrac12\tfrac12\tfrac12 4^c\tfrac12\tfrac12\tfrac12 2^a$
D_4^7—$P4_322$ $\mathrm{P}00\tfrac34 4^c00\tfrac12 2^a$
D_4^8—$P4_32_12$ $\mathrm{P}\tfrac12\tfrac12\tfrac34 4^c\tfrac12\tfrac12\tfrac14 2^a$
D_4^9—I422 $\mathrm{I}0004^c0002^a$
D_4^{10}—$I4_122$ $\mathrm{I}0\tfrac12\tfrac14 4^c0\tfrac12\tfrac14 2^a$

C_{4v}^{1}—P4mm $\mathrm{P}0004^c000\bar2^a$
C_{4v}^{2}—P4bm $\mathrm{P}0004^c\tfrac12\tfrac12 0\bar2^a$
C_{4v}^{3}—$P4_2cm$ $\mathrm{P}00\tfrac12 4^c00\tfrac12\bar2^a$
C_{4v}^{4}—$P4_2nm$ $\mathrm{P}\tfrac12\tfrac12\tfrac12 4^c\tfrac12\tfrac12\tfrac12\bar2^a$
C_{4v}^{5}—P4cc $\mathrm{P}0004^c00\tfrac12\bar2^a$
C_{4v}^{6}—P4nc $\mathrm{P}0004^c\tfrac12\tfrac12\tfrac12\bar2^a$
C_{4v}^{7}—$P4_2mc$ $\mathrm{P}00\tfrac12 4^c000\bar2^a$
C_{4v}^{8}—$P4_2bc$ $\mathrm{P}00\tfrac12 4^c\tfrac12\tfrac12 0\bar2^a$
C_{4v}^{9}—I4mm $\mathrm{I}0004^c000\bar2^a$
C_{4v}^{10}—I4cm $\mathrm{I}0004^c00\tfrac12\bar2^a$
C_{4v}^{11}—$I4_1md$ $\mathrm{I}0\tfrac12\tfrac14 4^c000\bar2^a$
C_{4v}^{12}—$I4_1cd$ $\mathrm{I}0\tfrac12\tfrac14 4^c00\tfrac12\bar2^a$

D_{2d}^{1}—$P\bar42m$ $\mathrm{P}000\bar4^c0002^a$
D_{2d}^{2}—$P\bar42c$ $\mathrm{P}000\bar4^c00\tfrac12 2^a$
D_{2d}^{3}—$P\bar42_1m$ $\mathrm{P}000\bar4^c\tfrac12\tfrac12 02^a$
D_{2d}^{4}—$P\bar42_1c$ $\mathrm{P}000\bar4^c\tfrac12\tfrac12\tfrac12 2^a$
D_{2d}^{5}—$P\bar4m2$ $\mathrm{P}000\bar4^c0002^d$
D_{2d}^{6}—$P\bar4c2$ $\mathrm{P}000\bar4^c00\tfrac12 2^d$
D_{2d}^{7}—$P\bar4b2$ $\mathrm{P}000\bar4^c\tfrac12\tfrac12 02^d$
D_{2d}^{8}—$P\bar4n2$ $\mathrm{P}000\bar4^c\tfrac12\tfrac12\tfrac12 2^d$
D_{2d}^{9}—$I\bar4m2$ $\mathrm{I}000\bar4^c0002^d$
D_{2d}^{10}—$I\bar4c2$ $\mathrm{I}000\bar4^c00\tfrac12 2^d$
D_{2d}^{11}—$I\bar42m$ $\mathrm{I}000\bar4^c0002^a$
D_{2d}^{12}—$I\bar42d$ $\mathrm{I}000\bar4^c0\tfrac12\tfrac14 2^a$

D_{4h}^{1}—P4/mmm $\mathrm{P}0004^c0002^a000\bar1$
D_{4h}^{2}—P4/mcc $\mathrm{P}0004^c00\tfrac12 2^a000\bar1$
D_{4h}^{3}—P4/nbm $\mathrm{P}\tfrac12 004^c0\tfrac12 02^a000\bar1$
D_{4h}^{4}—P4/nnc $\mathrm{P}\tfrac12 004^c0\tfrac12\tfrac12 2^a000\bar1$
D_{4h}^{5}—P4/mbm $\mathrm{P}0004^c\tfrac12\tfrac12 02^a000\bar1$
D_{4h}^{6}—P4/mnc $\mathrm{P}0004^c\tfrac12\tfrac12\tfrac12 2^a000\bar1$
D_{4h}^{7}—P4/nmm $\mathrm{P}\tfrac12 004^c\tfrac12 002^a000\bar1$
D_{4h}^{8}—P4/ncc $\mathrm{P}\tfrac12 004^c\tfrac12 0\tfrac12 2^a000\bar1$
D_{4h}^{9}—$P4_2/mmc$ $\mathrm{P}00\tfrac12 4^c0002^a000\bar1$
D_{4h}^{10}—$P4_2/mcm$ $\mathrm{P}00\tfrac12 4^c00\tfrac12 2^a000\bar1$
D_{4h}^{11}—$P4_2/nbc$ $\mathrm{P}\tfrac12 0\tfrac12 4^c0\tfrac12 02^a000\bar1$
D_{4h}^{12}—$P4_2/nnm$ $\mathrm{P}\tfrac12 0\tfrac12 4^c0\tfrac12\tfrac12 2^a000\bar1$
D_{4h}^{13}—$P4_2/mbc$ $\mathrm{P}00\tfrac12 4^c\tfrac12\tfrac12 02^a000\bar1$
D_{4h}^{14}—$P4_2/mnm$ $\mathrm{P}\tfrac12\tfrac12\tfrac12 4^c\tfrac12\tfrac12\tfrac12 2^a000\bar1$

$D_{4h}^{15}-P4_2/nmc$ $P\frac{1}{2}0\frac{1}{2}4^c\frac{1}{2}002^a000\bar{1}$
$D_{4h}^{16}-P4_2/ncm$ $P\frac{1}{2}0\frac{1}{2}4^c\frac{1}{2}0\frac{1}{2}2^a000\bar{1}$
$D_{4h}^{17}-I4/mmm$ $I0004^c0002^a000\bar{1}$
$D_{4h}^{18}-I4/mcm$ $I0004^c00\frac{1}{2}2^a000\bar{1}$
$D_{4h}^{19}-I4_1/amd$ $I\frac{3}{4}\frac{1}{4}\frac{3}{4}4^c0002^a000\bar{1}$
$D_{4h}^{20}-I4_1/acd$ $I\frac{3}{4}\frac{1}{4}\frac{3}{4}4^c00\frac{1}{2}2^a000\bar{1}$

C_3^1-P3 $P0003^c$
$C_3^2-P3_1$ $P00\frac{1}{3}3^c$
$C_3^3-P3_2$ $P00\frac{2}{3}3^c$
C_3^4-R3 $R0003^c$

$C_{3i}^1-P\bar{3}$ $P0003^c000\bar{1}$
$C_{3i}^2-R\bar{3}$ $R0003^c000\bar{1}$

D_3^1-P312 $P0003^c0002^e$
D_3^2-P321 $P0003^c0002^d$
$D_3^3-P3_112$ $P00\frac{1}{3}3^c00\frac{2}{3}2^e$
$D_3^4-P3_121$ $P00\frac{1}{3}3^c0002^d$
$D_3^5-P3_212$ $P00\frac{2}{3}3^c00\frac{1}{3}2^e$
$D_3^6-P3_221$ $P00\frac{2}{3}3^c0002^d$
D_3^7-R32 $R0003^c0002^d$

C_{3v}^1-P3m1 $P0003^c000\bar{2}^d$
C_{3v}^2-P31m $P0003^c000\bar{2}^e$
C_{3v}^3-P3c1 $P0003^c00\frac{1}{2}\bar{2}^d$
C_{3v}^4-P31c $P0003^c00\frac{1}{2}\bar{2}^e$
C_{3v}^5-R3m $R0003^c000\bar{2}^d$
C_{3v}^6-R3c $R0003^c00\frac{1}{2}\bar{2}^d$

$D_{3d}^1-P\bar{3}1m$ $P0003^c0002^e000\bar{1}$
$D_{3d}^2-P\bar{3}1c$ $P0003^c00\frac{1}{2}2^e000\bar{1}$
$D_{3d}^3-P\bar{3}m1$ $P0003^c0002^d000\bar{1}$
$D_{3d}^4-P\bar{3}c1$ $P0003^c00\frac{1}{2}2^d000\bar{1}$
$D_{3d}^5-R\bar{3}m$ $R0003^c0002^d000\bar{1}$
$D_{3d}^6-R\bar{3}c$ $R0003^c00\frac{1}{2}2^d000\bar{1}$

C_6^1-P6 $P0006^c$
$C_6^2-P6_1$ $P00\frac{1}{6}6^c$
$C_6^3-P6_5$ $P00\frac{5}{6}6^c$
$C_6^4-P6_2$ $P00\frac{1}{3}6^c$
$C_6^5-P6_4$ $P00\frac{2}{3}6^c$
$C_6^6-P6_3$ $P00\frac{1}{2}6^c$

$C_{3h}^1-P\bar{6}$ $P000\bar{6}^c$

C_{6h}^1-P6/m $P0006^c000\bar{1}$
$C_{6h}^2-P6_3/m$ $P00\frac{1}{2}6^c000\bar{1}$

D_6^1-P622 $P0006^c0002^d$
$D_6^2-P6_122$ $P00\frac{1}{6}6^c00\frac{1}{3}2^d$
$D_6^3-P6_522$ $P00\frac{5}{6}6^c00\frac{2}{3}2^d$
$D_6^4-P6_222$ $P00\frac{1}{3}6^c00\frac{2}{3}2^d$
$D_6^5-P6_422$ $P00\frac{2}{3}6^c00\frac{1}{3}2^d$
$D_6^6-P6_322$ $P00\frac{1}{2}6^c0002^d$

C_{6v}^1-P6mm $P0006^c000\bar{2}^d$
C_{6v}^2-P6cc $P0006^c00\frac{1}{2}\bar{2}^d$
$C_{6v}^3-P6_3cm$ $P00\frac{1}{2}6^c00\frac{1}{2}\bar{2}^d$
$C_{6v}^4-P6_3mc$ $P00\frac{1}{2}6^c000\bar{2}^d$

$D_{3h}^1-P\bar{6}m2$ $P000\bar{6}^c0002^e$
$D_{3h}^2-P\bar{6}c2$ $P00\frac{1}{2}\bar{6}^c0002^e$
$D_{3h}^3-P\bar{6}2m$ $P000\bar{6}^c0002^d$
$D_{3h}^4-P\bar{6}2c$ $P00\frac{1}{2}\bar{6}^c0002^d$

D_{6h}^1-P6/mmm $P0006^c0002^d000\bar{1}$
D_{6h}^2-P6/mcc $P0006^c00\frac{1}{2}2^d000\bar{1}$
$D_{6h}^3-P6_3/mcm$ $P00\frac{1}{2}6^c00\frac{1}{2}2^d000\bar{1}$
$D_{6h}^4-P6_3/mmc$ $P00\frac{1}{2}6^c0002^d000\bar{1}$

T^1-P23 $P0002^a0002^c0003^r$
T^2-F23 $F0002^a0002^c0003^r$
T^3-I23 $I0002^a0002^c0003^r$
T^4-P2_13 $P\frac{1}{2}\frac{1}{2}02^a\frac{1}{2}0\frac{1}{2}2^c0003^r$
T^5-I2_13 $I\frac{1}{2}\frac{1}{2}02^a\frac{1}{2}0\frac{1}{2}2^c0003^r$

T_h^1-Pm3 $P0002^a0002^c0003^r000\bar{1}$
T_h^2-Pn3 $P0\frac{1}{2}\frac{1}{2}2^a\frac{1}{2}\frac{1}{2}02^c0003^r000\bar{1}$
T_h^3-Fm3 $F0002^a0002^c0003^r000\bar{1}$
T_h^4-Fd3 $F0\frac{1}{4}\frac{1}{4}2^a\frac{1}{4}\frac{1}{4}02^c0003^r000\bar{1}$
T_h^5-Im3 $I0002^a0002^c0003^r000\bar{1}$
T_h^6-Pa3 $P\frac{1}{2}\frac{1}{2}02^a\frac{1}{2}0\frac{1}{2}2^c0003^r000\bar{1}$
T_h^7-Ia3 $P\frac{1}{2}\frac{1}{2}02^a\frac{1}{2}0\frac{1}{2}2^c0003^r000\bar{1}$

O^1-P432 $P0004^c0002^a0003^r$
O^2-P4_232 $P\frac{1}{2}\frac{1}{2}\frac{1}{2}4^c0002^a0003^r$
O^3-F432 $F0004^c0002^a0003^r$
O^4-F4_132 $F\frac{1}{4}\frac{1}{4}\frac{1}{4}4^c0002^a0003^r$
O^5-I432 $I0004^c0002^a0003^r$
O^6-P4_332 $P\frac{3}{4}\frac{1}{4}\frac{3}{4}4^c\frac{1}{2}\frac{1}{2}02^a0003^r$
O^7-P4_132 $P\frac{1}{4}\frac{3}{4}\frac{1}{4}4^c\frac{1}{2}\frac{1}{2}02^a0003^r$
O^8-I4_132 $I\frac{3}{4}\frac{1}{4}\frac{3}{4}4^c\frac{1}{2}\frac{1}{2}02^a0003^r$

$T_d^1-P\bar{4}3m$ $P000\bar{4}^c0002^a0003^r$
$T_d^2-F\bar{4}3m$ $F000\bar{4}^c0002^a0003^r$
$T_d^3-I\bar{4}3m$ $I000\bar{4}^c0002^a0003^r$
$T_d^4-P\bar{4}3n$ $P\frac{1}{2}\frac{1}{2}\frac{1}{2}4^c0002^a0003^r$
$T_d^5-F\bar{4}3c$ $F00\frac{1}{2}\bar{4}^c0002^a0003^r$
T_d^6-I43d $I\frac{3}{4}\frac{3}{4}\frac{1}{4}\bar{4}^c\frac{1}{2}\frac{1}{2}02^a0003^r$

O_h^1-Pm3m $P0004^c0002^a0003^r000\bar{1}$
O_h^2-Pn3n $P\frac{1}{2}004^c0\frac{1}{2}\frac{1}{2}2^a0003^r000\bar{1}$
O_h^3-Pm3n $P\frac{1}{2}\frac{1}{2}\frac{1}{2}4^c0002^a0003^r000\bar{1}$
O_h^4-Pn3m $P0\frac{1}{2}\frac{1}{2}4^c0\frac{1}{2}\frac{1}{2}2^a0003^r000\bar{1}$
O_h^5-Fm3m $F0004^c0002^a0003^r000\bar{1}$
O_h^6-Fm3c $F00\frac{1}{2}4^c0002^a0003^r000\bar{1}$
O_h^7-Fd3m $F0\frac{3}{4}\frac{3}{4}4^c0\frac{1}{4}\frac{1}{4}2^a0003^r000\bar{1}$
O_h^8-Fd3c $F0\frac{3}{4}\frac{1}{4}4^c0\frac{1}{4}\frac{1}{4}2^a0003^r000\bar{1}$
O_h^9-Im3m $I0004^c0002^a0003^r000\bar{1}$
$O_h^{10}-Ia3d$ $I\frac{3}{4}\frac{1}{4}\frac{3}{4}4^c\frac{1}{2}\frac{1}{2}02^a0003^r000\bar{1}$

8.5 Sachverzeichnis

721/22/63—III/18/203

MIX
Papier aus verantwortungsvollen Quellen
Paper from responsible sources
FSC® C105338

If you have any concerns about our products,
you can contact us on
ProductSafety@springernature.com

In case Publisher is established outside the EU,
the EU authorized representative is:
Springer Nature Customer Service Center GmbH
Europaplatz 3, 69115 Heidelberg, Germany

Printed by Libri Plureos GmbH
in Hamburg, Germany